深入解析Windows操作系统
（第7版）（卷2）

[美] 安德里亚·阿列维（Andrea Allievi）
[美] 亚历克斯·伊奥尼斯库（Alex Ionescu）
[美] 马克·E.鲁辛诺维奇（Mark E.Russinovich） 著
[美] 大卫·A.所罗门（David A. Solomon）
刘晖 译

人民邮电出版社
北京

图书在版编目（C I P）数据

深入解析Windows操作系统 : 第7版. 卷2 / (美) 安德里亚·阿列维 (Andrea Allievi) 著 ; (美) 亚历克斯·伊奥尼斯库 (Alex Ionescu) , (美) 马克·E.鲁辛诺维奇 (Mark E. Russinovich) , (美) 大卫·A.所罗门 (David A. Solomon) 著 ; 刘晖译. -- 北京 : 人民邮电出版社, 2024.2
ISBN 978-7-115-61974-7

Ⅰ. ①深… Ⅱ. ①安… ②亚… ③马… ④大… ⑤刘… Ⅲ. ①Windows操作系统 Ⅳ. ①TP316.7

中国国家版本馆CIP数据核字(2023)第105387号

版权声明

◆ 著　[美] 安德里亚 • 阿列维（Andrea Allievi）
[美] 亚历克斯 • 伊奥尼斯库（Alex Ionescu）
[美] 马克 •E. 鲁辛诺维奇（Mark E. Russinovich）
[美] 大卫 • A. 所罗门（David A. Solomon）
译　刘 晖
责任编辑　佘 洁
责任印制　王 郁　焦志炜

◆ 人民邮电出版社出版发行　北京市丰台区成寿寺路 11 号
邮编　100164　电子邮件　315@ptpress.com.cn
网址　https://www.ptpress.com.cn
北京市艺辉印刷有限公司印刷

◆ 开本：787×1092　1/16
印张：47　2024 年 2 月第 1 版
字数：1 107 千字　2024 年 2 月北京第 1 次印刷
著作权合同登记号　图字：01-2021-6147 号

定价：199.80 元

读者服务热线：(010) 81055410　印装质量热线：(010) 81055316
反盗版热线：(010) 81055315
广告经营许可证：京东市监广登字 20170147 号

内容提要

本书剖析了 Windows 核心组件行为方式的内部原理，主要内容包括服务设备驱动程序和应用程序的系统机制（ALPC、对象管理器、同步、WNF、WoW64 和处理器执行模型）、底层硬件架构（陷阱处理、分段和侧信道漏洞）、Windows 虚拟化技术（基于虚拟化的安全、如何防范操作系统漏洞），操作系统为进行管理、配置和诊断所实现的底层机制细节，以及缓存管理器和文件系统驱动程序如何交互以提供对文件、目录和磁盘的可靠支持等。

本书适合经验丰富的程序员、架构师、软件质量和性能专家、安全从业人员和支持专家及 Windows 高级用户阅读。

谨以此书献给我的父母 Gabriella 和 Danilo，以及我的兄弟 Luca，感谢你们始终相信我，并鼓励我追逐自己的梦想。

——安德里亚·阿列维

献给我的妻子和女儿，她们从不放弃我，一直是我爱和温暖的源泉。献给我的父母，他们鼓舞并激励我追寻梦想，牺牲自我以为我提供更多机遇。

——亚历克斯·伊奥尼斯库

作者简介

安德里亚·阿列维（Andrea Allievi）是一名系统级开发者和安全研究工程师，拥有超过 15 年的从业经验。他于 2010 年从米兰-比可卡大学（University of Milano-Bicocca）毕业，并获得计算机科学学士学位。在毕业论文中，他展示了一种能攻击所有 Windows 7 内核保护机制（PatchGuard 和驱动程序强制签名）的 64 位主引导记录（MBR）Bootkit 的开发过程。安德里亚还是一名逆向工程师，专精于从内核级代码到用户模式代码的操作系统内部原理。他是全球首款 UEFI Bootkit（出于研究目的开发，并于 2012 年对外公布）的初始作者，开发过多种能绕过 PatchGuard 机制的技术，并撰写了大量研究论文和文章。同时，他还开发了多款用于移除恶意软件并消除高级持续威胁的系统工具和软件。在职业生涯中，他曾就职于多家计算机安全公司，包括意大利的 TgSoft、Saferbytes（现已被 MalwareBytes 收购）以及思科旗下的 Talos 安全团队。他最初于 2016 年加入微软，在微软威胁情报中心（MSTIC）担任安全研究工程师。自 2018 年 1 月起，安德里亚开始在微软内核安全核心团队担任资深操作系统内核工程师，主要负责为 NT 和安全内核（Secure Kernel）维护并开发新功能（例如 Retpoline 以及 CPU 预测执行漏洞缓解措施）。

安德里亚依然活跃在安全研究社区中，并通过 Microsoft Windows Internals 博客撰写和发布了多篇有关 Windows 内核新功能的技术文章，同时曾在多场技术大会（如 Recon 以及微软 BlueHat）上发言。你可通过 Twitter 关注他：@aall86。

亚历克斯·伊奥尼斯库（Alex Ionescu）是 CrowdStrike 公司端点工程副总裁兼创始首席架构师，他是一位世界级的安全架构师，也是底层系统软件、内核开发、安全培训以及逆向工程领域的顾问专家。二十多年来，他的安全研究为 Windows 内核及其相关组件中几十个关键安全漏洞以及多种错误行为的修复工作提供了巨大帮助。

亚历克斯曾担任 ReactOS（一种从零开始编写的开源 Windows 克隆系统）的首席内核开发者，他为其开发了大部分基于 Windows NT 的子系统。亚历克斯曾在负责开发 iPhone、iPad 以及 Apple TV 的苹果公司初始核心平台团队从事 iOS 内核、引导加载器以及驱动程序的研发工作。亚历克斯还是 Winsider Seminars & Solutions 公司的创始人，该公司专精于底层系统软件和逆向工程，并向众多机构提供安全培训。

亚历克斯在社区非常活跃，曾在全球二十多场活动中发表演讲。他也为全球组织和个人提供有关 Windows 内部原理的培训、支持和相关资源。你可以访问他的博客（www.alex-ionescu.com 以及 www.windows-internals.com/blog），或通过 Twitter 关注他：@aionescu。

序

在使用广受好评的 Windows 3.1 操作系统并深入探究其内部原理后，我立即意识到微软公司于 1993 年发布的 Windows NT 3.1 所拥有的改变世界的潜力。作为 Windows NT 的架构师和工程主管，大卫·卡特勒打造了一个安全、可靠、可扩展的 Windows 版本，同时它还与其上一代，即更成熟的"前任"有着相同的用户界面和功能来运行相同的软件。海伦·卡斯特撰写的著作 *Inside Windows NT* 对 Windows NT 的设计和架构提供了精彩剖析，但我相信有必要出版一本深入探究其内部工作细节的图书，并且我对此很感兴趣。基于大卫·卡特勒设计的 VAX/VMS 所出版的 *VAX/VMS Internals and Data Structures* 一书，尽可能从贴近源代码的角度提供了深入探讨，而我决定撰写此书的 Windows NT 版本。

当时的写作进展非常缓慢，我正忙着完成博士学业，并在一家小型软件公司开始自己的职业生涯。为了了解 Windows NT，我阅读文档，对其代码进行逆向工程，并开发 Regmon 和 Filemon 这样的系统监视工具，借此观察 Windows NT 表现出的内部行为，以便帮助自己了解其设计。随着学习的深入，我通过 *Windows NT Magazine* 月刊（一本面向 Windows NT 管理员的杂志）的 NT Internals 专栏分享了自己新发现的知识。这些专栏文章成为后续与 IDG 出版社签约并出版 *Windows Internals* 一书相关章节的基础。

由于本职工作的影响，并且我还要花费大量时间开发 Sysinternals（当时还叫 NTInternals）免费软件，并为自己新成立的 Winternals Software 公司开发商业软件，所以本书的写作进程受到拖累，交稿时间也一拖再拖。随后在 1996 年，大卫·所罗门出版的 *Inside Windows NT* 的第 2 版让我大为震惊，我发现该书既让人印象深刻，又让我感到沮丧。这本书完全重写了海伦那本书的内容，更深入、广泛地介绍了 Windows NT 的内部原理，而这些工作正是我原本打算要做的。同时这本书还通过新颖的"实验"环节，借助系统内置的，以及来自 Windows NT 资源包和设备驱动程序开发包（DDK）的工具与诊断实用工具，演示了与系统有关的重要概念和行为。大卫将标准提高了很多，让我意识到写一本从质量和深度两方面都能与他的作品媲美的书，要比我原本的计划更艰巨。

俗话说：如果不能打败他们，就加入他们。早先在 Windows 大会演讲时我就认识大卫·所罗门了，因此在这本书出版后的几周里，我给他发了一封电子邮件，自荐要参与到这本书的下一版的写作中，下一版将主要针对当时所谓的 Windows NT 5，也就是后来的 Windows 2000。我将主要基于自己之前的 NT Internals 专栏文章，撰写全新章节来涵盖大卫·所罗门尚未涉及的话题，同时围绕自己的 Sysinternals 工具撰写很多新的实验内容。为了让自己的提议更有吸引力，我还建议在这本书的随附资源光盘中提供全套 Sysinternals 工具（借助图书和杂志分发软件是当时一种很常见的做法）。

大卫·所罗门对此很感兴趣，但首先他需要得到微软公司的批准。我曾公开揭露

Windows NT Workstation 与 Windows NT Server 使用了完全相同的代码，只不过会根据注册表设置的差异而表现出不同的行为，这给微软造成了一些公关方面的麻烦。虽然他可以完整访问 Windows NT 源代码，可我不行，但我觉得这样也挺好，以免自己在为 Sysinternals 或 Winternals 开发软件时因为涉及未公开的 API 而陷入知识产权方面的麻烦。当时的时机很微妙，因为在他就此事询问微软时，我也一直在努力修复自己与 Windows 工程师的关系，微软最终默许了我们的合作。

与大卫 • 所罗门合作撰写 *Inside Windows 2000* 的过程极为有趣。虽然难以置信，但巧的是，他家和我家距离仅 20 分钟车程（我住在美国康涅狄格州的丹伯里，他住在康涅狄格州的谢尔曼）。我们会去对方家里进行“写作马拉松”，共同研究 Windows 内部原理，讲些与“极客”有关的段子和双关语，并围绕技术问题进行比赛，借助他的源代码以及我的反汇编工具、调试器和 Sysinternals 工具，看谁能先找到答案（如果有机会见到他，你可别戳他的痛处，因为当时总是我赢）。

就这样，我成了一本书的合作者，而这本书描述了有史以来最成功的商业操作系统之一。在涵盖 Windows XP 和 Windows Vista 的本书第 5 版的撰写过程中，我们邀请了亚历克斯 • 伊奥尼斯库。亚历克斯是全球最棒的逆向工程师和操作系统专家之一，在他的帮助下，本书的广度和深度得到进一步拓展，在可读性和细节方面达到甚至超越了我们当时的最高标准。随着本书范围继续扩大，并且 Windows 本身包含的新功能和子系统的数量不断增长，第 6 版的篇幅已经超出了第 5 版所确立的单卷出版限制，因此我们将其拆分为两卷。

在第 6 版的撰写过程中，我已经转岗至 Azure 部门，而当我们准备开始撰写第 7 版时，我已经完全没有时间参与本书的撰写工作了。大卫 • 所罗门已经退休，此外考虑到 Windows 已经从每几年发布一次大版本和版本号，转变为像 Windows 10 这样持续发布新功能和功能升级，本书的更新工作也变得更具挑战性。在第 7 版的卷 1 撰写过程中，帕维尔 • 约西沃维奇加入并帮助亚历克斯进行撰写，但现在他也因忙于其他项目，无法继续参与卷 2 的撰写。亚历克斯现在也正忙于自己的初创公司 CrowdStrike，我们甚至一度担心卷 2 能否顺利出版。

幸运的是，我们迎来了安德里亚。他和亚历克斯更新了卷 2 中的大量内容，包括启动和关机过程、注册表子系统以及 UWP。他们不仅更新了原有内容，还增加了全新的三章，深入介绍了 Hyper-V、缓存和文件系统，以及诊断和跟踪。作为有史以来最重要的软件之一，Windows 极为安全。而 *Windows Internals* 系列图书是有关 Windows 内部工作原理在技术上既深入又准确的著作。自己依然能够在这本书上留名，这让我倍感自豪。

在我职业生涯中有一个难忘的时刻，当时我们在邀请大卫 • 卡特勒为 *Inside Windows 2000* 作序。为此，大卫 • 所罗门和我曾多次拜访微软并与 Windows 工程师会面，这期间几次遇到了大卫 • 卡特勒。然而我们完全不知道他是否会同意，因此当他同意时，我们激动极了。现在轮到我为本书作序，这一切感觉有些难以置信，但与当年我们邀请大卫 • 卡特勒作序时的情况类似，能获得这个机会我倍感荣幸。希望有我的序言作为背书能给你同样的信心，让你相信这本书是权威、清晰和全面的，正如大卫 • 卡特勒当年为 *Inside Windows 2000* 所做的那样。

马克 • E. 鲁辛诺维奇
Azure 首席技术官和微软技术院士

前言

《深入解析 Windows 操作系统》（第 7 版）（卷 2）主要面向希望了解 Microsoft Windows 10（截至并包括 2021 年 5 月更新，即 21H1）与 Windows Server（从 Server 2016 直至 Server 2022）操作系统核心组件，包括 Windows 11X 及 Xbox 操作系统共用的众多内部组件工作原理的高级计算机专业人员（开发者、安全研究人员和系统管理员）。

首先，借助这些知识，开发者在针对特定 Windows 平台构建应用程序时可以更好地理解各种设计抉择背后的原理，并通过更好的决策打造更强大、可扩展性和安全性更高的软件。读者还可借此增强针对系统核心组件遇到的复杂问题进行调试的技能，同时了解能在其他方面令自己获益的各类工具。

其次，这些信息也能让系统管理员获益匪浅，因为了解操作系统的底层工作原理有助于更好地理解系统的预期性能和行为，当遇到问题后，这些知识有助于简化排错工作，并能围绕表面现象更好地解决各种关键问题。

最后，安全研究人员可以更好地发现应用程序和操作系统中的异常行为、滥用以及其他非预期行为，同时更好地理解现代化 Windows 操作系统针对这些情况提供的缓解措施和安全功能。取证专家可以借此了解应该使用哪些数据结构和机制找出篡改的迹象，以及 Windows 本身如何检测这些行为。

通过阅读本书，读者将能更好地理解 Windows 的工作原理及其背后的原因。

本书历史版本

本书是第 7 版，第 1 版名为 *Inside Windows NT*（Microsoft Press，1992），由海伦・卡斯特（在 Windows NT 3.1 首发前）撰写。*Inside Windows NT* 是市面上有关 Windows NT 的第一本书，针对系统架构和设计提供了很多重要见解。*Inside Windows NT*（第 2 版）（Microsoft Press，1998）由大卫・所罗门执笔，通过涵盖有关 Windows NT 4.0 的内容对第 1 版图书进行更新，同时技术深度也进一步增加。

Inside Windows 2000（第 3 版）（Microsoft Press，2000）由大卫・所罗门和马克・鲁辛诺维奇联手撰写。其中增加了很多新话题，例如启动和关机、服务内部原理、注册表内部原理、文件系统驱动程序以及网络，还介绍了 Windows 2000 在内核方面的变化，如 Windows 驱动程序模型（WDM）、即插即用、电源管理、Windows 管理规范（WMI）、加密、作业对象以及终端服务。*Windows Internals*（第 4 版）（Microsoft Press，2004）包含了有关 Windows XP 和 Windows Server 2003 的更新内容，并增加了有助于 IT 专业人员运

用已掌握的 Windows 内部原理知识来解决问题的内容，如 Windows SysInternals 重要工具的使用，以及崩溃转储分析。

Windows Internals（第 5 版）（Microsoft Press，2009）更新了与 Windows Vista 和 Windows Server 2008 有关的内容。当时马克·鲁辛诺维奇已成为微软全职员工（现在他是 Azure 的 CTO），他在编写该版的过程中邀请了一位新合作者亚历克斯·伊奥尼斯库。新增内容包括映像加载器、用户模式调试设施、高级本地过程调用（Advanced Local Procedure Call，ALPC）及 Hyper-V。随后出版的 *Windows Internals*（第 6 版）（Microsoft Press，2012）经历了彻底更新，包含与 Windows 7 和 Windows Server 2008 R2 内核变化有关的大量内容，同时通过新增的动手实验介绍了相关工具的变化。

第 7 版的变化

由于书稿篇幅已超出现代印刷出版的限制，本书第 6 版首次拆分成两卷，这使得作者能够更快速地将部分内容首先出版（卷 1 于 2012 年 3 月出版，卷 2 于 2012 年 9 月出版）。然而，当时的分卷完全基于页数，不同章节的整体安排顺序与之前的版本完全相同。

自第 6 版发布后，微软开始了操作系统的“统一”，并首先为 Windows 8 和 Windows Phone 8 使用了统一的内核，最终通过 Windows 8.1、Windows RT 和 Windows Phone 8.1 引入了现代化应用程序环境。这一愿望在 Windows 10 上终于实现了——Windows 10 已经可以运行在台式机、笔记本电脑、手机、服务器、Xbox One 游戏机、HoloLens 以及各种物联网（IoT）设备上。操作系统的“统一”得以顺利实现，是时候更新本书内容了，新版终于全面涵盖了近五年来的所有变化。

在本书的第 7 版（Microsoft Press，2017）中，帕维尔·约西沃维奇首次参与到本书的撰写工作中，他接替了大卫·所罗门作为“微软局内人”的角色，并负责本书的整体管理。而亚历克斯·伊奥尼斯库也像马克那样将主要精力转向 CrowdStrike（现已成为端点工程部门的副总裁）。因此帕维尔决定重构本书章节，以便让上下两卷能够更合理地整合书稿内容，而不至于让读者必须等待卷 2 出版后才能理解卷 1 中所涉及的概念。这也使得卷 1 的内容完全能够独立成章，并向读者介绍了有关 Windows 10 系统架构、进程管理、线程调度、内存管理、I/O 处理，以及用户、数据和平台安全性等诸多关键概念。卷 1 涵盖了 Windows 10（截至并包含版本 1703，即 2017 年 5 月的更新）以及 Windows Server 2016 的新内容。

卷 2 的变化

随着亚历克斯·伊奥尼斯库和马克·鲁辛诺维奇的时间被全职工作所占据，而帕维尔也开始参与其他项目，本书第 7 版的卷 2 多年来一直在寻找新的作者。安德里亚·阿列维最终挺身而出，继续创作并完成了该系列的后续内容，对此其他合作者表示万分感谢。与之前的合作者类似，安德里亚也能全面访问微软的源代码，同时他还是 Windows 操作系统内核团队的专职开发者，这在本书历史上还是头一次。在亚历克斯的建议和指导下，安德里亚顺利完成了撰写工作，并将自己的愿景融入这一系列图书中。

在意识到有关网络和崩溃转储分析等话题的章节已不再被当今读者所关注后，安德里亚围绕 Hyper-V 增加了一些激动人心的新内容。无论是 Azure 或客户端操作系统，如今 Hyper-V 已成为 Windows 平台战略的关键部分。该章节详细介绍了完全重写的引导过程和 ReFS、DAX 等全新存储技术，讨论了系统和管理机制的扩展更新，并通过全面更新的动手实验内容帮助读者更好地运用新的调试器技术和相关工具。

卷 1 和卷 2 较长的出版间隔时间使得本书能够实现彻底更新，本书涵盖了 Windows 10 最新的公开发布版本，即版本 2104（2021 年 5 月更新/21H1），以及 Windows Server 2019 和 2022。借此，读者就不会因为漫长的间隔而只能获得“落后”的信息。由于 Windows 11 以完全相同的操作系统内核为基础构建，读者同样能为这个新发布的系统版本做好充分准备。

动手实验

即使无法访问 Windows 源代码，我们依然可以通过内核调试器、Sysinternals 工具以及专为本书开发的其他工具一窥 Windows 的内部工作原理。如果可以通过某个工具查看或呈现 Windows 的某些内部行为，那么本书会在正文的“实验”环节中列出可供读者通过这些工具自行尝试的步骤。本书包含了大量此类实验，希望读者在阅读的同时能够自行尝试。切实了解 Windows 的内部工作原理有助于读者深刻理解本书的内容。

本书未涵盖的主题

Windows 是一个庞大的、复杂的操作系统。本书并不能涵盖与 Windows 内部原理有关的所有内容，而主要侧重于最基本的系统组件。例如，本书并未介绍 COM+这一 Windows 分布式面向对象的编程基础架构，也并未介绍 Microsoft .NET Framework 这种托管代码应用程序的基础框架。这是一本介绍“内部原理”的书，而非面向普通用户、程序员或系统管理员的书，因此，本书并不会介绍如何使用、编程或配置 Windows。

注意事项

本书介绍了 Windows 操作系统很多未公开的内部架构和操作行为（如内核结构和函数），因此在不同的版本之间这些内容可能有所变化。此处的“可能有所变化”并不是指本书中描述的细节肯定会在不同的版本中出现变化，而是指读者应做好可能有变化的心理准备。任何使用这些未公开接口或操作系统内部知识的软件，都可能无法在 Windows 后续版本中正常运行。更糟的是，在内核模式下运行的软件（如设备驱动程序）以及使用了这些未公开接口的软件在以后的新版 Windows 中运行可能会导致系统崩溃，甚至可能导致这些软件的用户数据丢失。

简而言之，在为终端用户系统开发任何类型的软件，或出于研究和学习之外的其他目的时，绝不应该使用本书提到的任何 Windows 内部功能、注册表键、行为、API 或其他未公开的细节。对于任何具体话题，建议始终优先以微软软件开发网络（MSDN）提供的正式文档为准。

阅读本书的前提

本书假设读者对 Windows 具备高级使用经验，并对 CPU 寄存器、内存、进程以及线程等操作系统和硬件概念有基本了解。如果读者对函数、指针以及类似的 C 语言构造有所了解，那么可以更好地理解本书的某些内容。

本书内容

本书分为两卷（与第 6 版一样），读者目前阅读的是第 7 版的卷 2。

- 第 8 章“系统机制”，介绍了操作系统为设备驱动程序和应用程序提供关键服务所需的重要内部机制，如 ALPC、对象管理器、同步例程。此外还介绍了运行 Windows 的硬件架构细节，包括陷阱处理、分段、侧信道漏洞以及解决这些问题的缓解措施。
- 第 9 章“虚拟化技术”，介绍了 Windows 操作系统如何通过现代处理器提供的虚拟化技术让用户在同一个系统中创建并使用多个虚拟机。Windows 还广泛使用虚拟化技术以提供更高的安全性，因此本章还全面讨论了安全内核与隔离用户模式。
- 第 10 章“管理、诊断和跟踪”，详细介绍了操作系统为进行管理、配置和诊断所实现的底层机制细节，尤其是 Windows 注册表、Windows 服务、WMI 和任务计划，以及诸如 Windows 事件跟踪（ETW）和 DTrace 等诊断服务。
- 第 11 章“缓存和文件系统”，介绍了最重要的“存储”组件（即缓存管理器和文件系统驱动程序）如何通过交互为 Windows 提供以高效、故障安全（fault-safe）的方式处理文件、目录和磁盘设备的能力。本章还介绍了 Windows 所支持的文件系统，尤其是 NTFS 和 ReFS。
- 第 12 章“启动和关机”，介绍了系统启动和关机过程中的完整操作流程，以及引导过程中涉及的操作系统组件。本章还分析了由 UEFI 带来的新技术，如安全启动、测量启动以及安全运行。

关于本书的随附资源

你可以通过以下网址下载本书的配套学习资源：MicrosoftPressStore.com/WindowsInternals7ePart2/downloads。

致谢

本书包含复杂的技术细节以及相关推理，这些往往很难从“局外人”的角度来描述和理解。纵观其出版历史，本书的价值之一在于，始终能向局外人提供逆向工程的视角，同时能得到微软内部承包商或员工的帮助，填补空白，并提供微软内部积累的知识和Windows 操作系统背后丰富的开发与发展历史。在卷 2 的写作过程中，作者要感谢安德里亚 • 阿列维的加入，作为主要作者，他帮助并推动了本书大部分内容的撰写和更新工作。

除了安德里亚，本书的成功也要感谢微软公司 Windows 开发团队的关键成员、微软公司的其他专家，以及同事、朋友和不同领域专家的审阅、反馈和支持，否则本书将无法实现目前这样的技术深度和准确性。

尤其是全新撰写的第 9 章“虚拟化技术”，正是在 Alexander Grest 和 Jon Lange 的帮助下才能如此完善且详细。他们都是相关领域内世界知名的专家，值得在此特别感谢，尤其是他们还花了多天时间帮助安德里亚理解晦涩的虚拟机监控程序和安全内核中大部分功能的内部细节。

亚历克斯希望特别感谢 Arun Kishan、Mehmet Iyigun、David Weston 以及 Andy Luhrs 对本书的持续宣传和推荐，同时亚历克斯以“局内人”身份获得的人脉和信息也让本书的准确性和完整性再上新高。

此外，我们还想感谢下列人员为本书提供的技术审阅和反馈，以及给予我们的其他帮助和支持：Saar Amar、Craig Barkhouse、Michelle Bergeron、Joe Bialek、Kevin Broas、Omar Carey、Neal Christiansen、Chris Fernald、Stephen Finnigan、Elia Florio、James Forshaw、Andrew Harper、Ben Hillis、Howard Kapustein、Saruhan Karademir、Chris Kleynhans、John Lambert、Attilio Mainetti、Bill Messmer、Matt Miller、Jake Oshins、Simon Pope、Jordan Rabet、Loren Robinson、Arup Roy、Yarden Shafir、Andrey Shedel、Jason Shirk、Axel Souchet、Atul Talesara、Satoshi Tanda、Pedro Teixeira、Gabrielle Viala、Nate Warfield、Matthew Woolman 和 Adam Zabrocki。

我们还想感谢 Hex-Rays（http://www.hex-rays.com）的 Ilfak Guilfanov 为亚历克斯 • 伊奥尼斯库提供了 IDA Pro Advanced 和 Hex-Rays 软件许可，包括最新版本的终生使用许可，这款宝贵的工具帮助我们加快了对 Windows 内核进行逆向工程的速度。Hex-Rays 团队针对反编译器功能的持续支持和版本更新让亚历克斯能够在没有源代码的情况下顺利完成本书的编写。

最后，我们还想感谢 Microsoft Press（Pearson）的员工，本书的顺利出版离不开他们的帮助。从 2018 年签署出版合同到两年半后最终成书，Loretta Yates、Charvi Arora 以及相关支持人员的无限耐心都值得特别感谢。

目录

第 8 章　系统机制

Windows 操作系统提供了多种可供执行体、内核以及设备驱动程序等内核模式组件使用的基本机制。本章将介绍下列系统机制及其用法：

- 处理器执行模型，包括 Ring 级别、段、任务状态、陷阱调度（包括中断、延迟过程调用（DPC）、异步过程调用（APC）、计时器、系统工作线程、异常调度以及系统服务调度）。
- 预测执行的屏障和其他软件侧信道缓解措施。
- 执行体对象管理器。
- 同步，包括自旋锁、内核调度程序对象、等待调度，以及与用户模式相关的同步基元（synchronization primitive），如基于地址的等待、条件变量以及精简读取器/写入器（Slim Reader-Writer，SRW）锁。
- 高级本地过程调用（Advanced Local Procedure Call，ALPC）子系统。
- Windows 通知设施（Windows Notification Facility，WNF）。
- WoW64。
- 用户模式调试框架。

此外，本章还将详细介绍通用 Windows 平台（Universal Windows Platform，UWP）以及驱动该平台的用户模式和内核模式服务，例如：

- 打包的应用程序（Packaged Application）和 AppX 部署服务。
- Centennial 应用程序和 Windows 桌面桥（Windows Desktop Bridge）。
- 进程状态管理（Process State Management，PSM）和进程生命周期管理（Process Lifetime Management，PLM）。
- 主机活动管理器（Host Activity Manager，HAM）和后台活动审查器（Background Activity Moderator，BAM）。

8.1　处理器执行模型

本节将深入介绍 Intel i386 处理器架构，以及现代系统中更常用的 AMD64 架构（i386 架构的扩展）的内部机制。虽然这两种架构最初由不同公司设计，但现在，这两家供应商已经实现了对方的设计。因此，尽管我们可能依然会在 Windows 文件和注册表键中看到这些后缀，但目前普遍用 x86（32 位）和 x64（64 位）指代这两种架构。

本节将讨论段（segmentation）、任务、Ring 级别等与关键机制相关的概念，以及陷阱（trap）、中断（interrupt）和系统调用（system call）等概念。

8.1.1 段

诸如 C/C++和 Rust 等高级编程语言会被编译为机器代码，通常可称之为汇编语言或汇编代码。借助这种低级语言可直接访问处理器寄存器。通常程序可访问以下三种主要类型的寄存器（调试代码时可见）：

- 程序计数器（Program Counter，PC），在 x86/x64 架构中可将其称为指令指针（Instruction Pointer，IP），由 EIP（x86）和 RIP（x64）寄存器所代表。该寄存器始终指向正在执行的汇编代码行（某些 32 位 ARM 架构存在例外情况）。
- 栈指针（Stack Pointer，SP），由 ESP（x86）和 RSP（x64）寄存器所代表。该寄存器会指向保存了当前栈位置的内存位置。
- 其他通用寄存器（General Purpose Register，GPR），包括但不限于 EAX/RAX、ECX/RCX、EDX/RDX、ESI/RSI 及 R8、R14 等寄存器。

虽然这些寄存器可包含指向内存的地址值，但在访问内存位置时还需要其他寄存器的介入，这是一种称为受保护模式段（protected mode segmentation）的机制。为此需要检查各种段寄存器，此类寄存器亦可称为选择器（selector）：

- 所有针对程序计数器的访问首先需要检查代码段（Code Segment，CS）寄存器。
- 所有针对栈指针的访问首先需要检查栈段（Stack Segment，SS）寄存器。
- 对其他寄存器的访问由段重写（Override）决定，段重写所用的编码方式可强制针对特定寄存器进行检查，如数据段（Data Segment，DS）、扩展段（Extended Segment，ES）或 F 段（F Segment，FS）。

这些选择器位于 16 位段寄存器中，可在一种名为全局描述符表（Global Descriptor Table，GDT）的数据结构中进行查找。为了定位 GDT，处理器还会用到另一个 CPU 寄存器：GDT 寄存器，也就是 GDTR。这些选择器的格式如图 8-1 所示。

28位偏移量	表指示器(TI)	Ring级别(0~3)

图 8-1 x86 段选择器的格式

段选择器中的偏移量可以在 GDT 中查看，除非 TI 位设置为使用另一种名为本地描述符表（Local Descriptor Table，LDT）的数据结构，该数据结构由 LDTR 所确定，但现代 Windows 操作系统中已不再使用该数据结构了。因为这种工作方式会造成这样一种结果：在被发现的段项（或者无效段项）中产生一般性保护错误（#GP）或段错误（#SF）异常。

这个段项在现代操作系统中通常被称为段描述符，主要提供两种关键用途：

- 对于代码段，它给出运行这个段选择器所加载的代码即将执行的 Ring 级别，也叫代码特权级别（Code Privilege Level，CPL）。Ring 级别的范围介于 0 到 3 之间，会被缓存至实际选择器的最低两位，如图 8-1 所示。Windows 操作系统会使用 Ring 0 来运行内核模式组件和驱动程序，并使用 Ring 3 运行应用程序和服务。

  此外在 x64 系统中，代码段还可体现出这是一个长模式还是兼容模式的段。前者允许 x64 代码以原生方式执行，后者可激活与 x86 的遗留兼容模式。x86 系统中也存在类似机制，据此可将段标记为 16 位段或 32 位段。
- 对于其他段，它给出访问这些段所需的 Ring 级别，也叫描述符特权级别（Descriptor Privilege Level，DPL）。虽然在当今现代操作系统中已经算是一项过时的检查，但处理器（以及应用程序）依然会强制要求正确设置该段。

最后，在 x86 系统中，段项也可以使用 32 位基址，该值会被添加到已载入（使用重写引用该段的）寄存器的其他任意值中。随后会使用相应的段限制来检查底层寄存器的值是否超过某个固定上限。因为在大部分操作系统中，该基址会被设置为 0（且限制为 0xFFFFFFFF），所以 x64 架构代码摒弃了这个概念，但 FS 和 GS 选择器除外，它们的工作方式略有差异，如下：

- 如果代码段为长模式，那么会从 FS_BASE 这个特殊模块寄存器（Model Specific Register，MSR）中的 0C0000100h 处获得 FS 段的基址。对于 GS 段，则查看当前的 Swap 状态，该状态可通过 swapgs 指令修改，随后则会载入 GS_BASE MSR（0C0000101h）或 GS_SWAP MSR（0C0000102h）。

  如果 FS 或 GS 段选择器寄存器中设置了 TI 位，则会从 LDT 项相应的偏移量处获得对应的值，该值只能采用 32 位基址。这样做是为了保证与某些忽略 32 位基址限制操作系统的兼容性。
- 如果代码段为兼容模式，那么会照常从相应的 GDT 项（如果 TI 位已设置，则会从 LDT 项）读取基址。该限制会强制实施，并且会通过段重写后寄存器中的偏移量进行验证。

FS 和 GS 段这种有趣的行为可被 Windows 等操作系统用于实现某种类型的线程本地寄存器效果，借此，段基址可指向某种特定的数据结构，进而以简单的方式访问其中的特定偏移量/字段。

例如，Windows 会将线程环境块（Thread Environment Block，TEB）的地址存储在 x86 系统的 FS 段或 x64 系统的 GS（已交换）段中（TEB 已在卷 1 第 3 章中进行了详细介绍）。随后，当在 x86 系统中执行内核模式代码时，该 FS 段会被手动修改为一个不同的段项，该段项包含内核处理器控制区（Kernel Processor Control Region，KPCR）的地址，而在 x64 系统中则是由 GS（未交换）段存储该地址。

因此，段可在 Windows 上实现这两种效果：在处理器级别下编码并强制实施可供代码片段执行的特权级别，并分别为用户模式和内核模式代码提供对 TEB 和 KPCR 数据结构的直接访问。请注意，由于 GDT 是由 CPU 寄存器（GDTR）指向的，因此每个 CPU 都可以有自己的 GDT。实际上，Windows 正是借此保证了每个 GDT 都加载相应的每个处理器 KPCR，并且在当前处理器上，当前执行线程的 TEB 同样会保存在自己的段中。

实验：在 x64 系统中查看 GDT

在进行远程调试或分析崩溃转储文件（都需要用到 LiveKD）时，我们可以使用 dg 这个调试器命令查看 GDT 的内容，包括所有段的状态及其基址（如果相关）。该命令可接收起始段和终止段，也就是下文范例中的 10 和 50：

```
0: kd> dg 10 50
                                                    P Si Gr Pr Lo
Sel        Base              Limit          Type    l ze an es ng flags
---- ----------------- ----------------- ---------- - -- -- -- -- --------
0010 00000000`00000000 00000000`00000000 Code RE Ac 0 Nb By P  Lo 0000029b
0018 00000000`00000000 00000000`00000000 Data RW Ac 0 Bg By P  Nl 00000493
0020 00000000`00000000 00000000`ffffffff Code RE Ac 3 Bg Pg P  Nl 00000cfb
0028 00000000`00000000 00000000`ffffffff Data RW Ac 3 Bg Pg P  Nl 00000cf3
```

```
0030 00000000`00000000 00000000`00000000 Code RE Ac 3 Nb By P Lo 000002fb
0050 00000000`00000000 00000000`00003c00 Data RW Ac 3 Bg By P Nl 000004f3
```

此处的关键段为 10h、18h、20h、28h、30h 和 50h（上述输出结果有省略，删除了与本话题无关的项）。

在 10h（KGDT64_R0_CODE）中可以看到一个处于 Ring 0 的长模式代码段，该代码段在 Pl 列下显示数字“0”，在 Long 列下显示字母“Lo”，其类型为 Code RE。类似地，在 20h（KGDT64_R3_CMCODE）中可以看到一个处于 Ring 3 的 Nl 段（Nl 代表 Not Long，也就是兼容模式），该段可用于在 WoW64 子系统中执行 x86 代码。而在 30h（KGDT64_R3_CODE）中可以看到一个等价的长模式段。随后请注意 18h（KGDT64_R0_DATA）和 28h（KGDT64_R3_DATA）段，它们对应栈、数据和扩展段。

还有最后一个段 50h（KGDT_R3_CMTEB），除非我们在转储 GDT 时在 WoW64 下运行某些 x86 代码，否则该段的基址通常为零。根据上文的介绍，在兼容模式下运行时，该段通常会存储 TEB 的基址。

要查看 64 位 TEB 和 KPCR 段，我们需要转储相应的 MSR。在进行本地或远程内核调试时，可通过下列命令进行转储（这些命令无法用于崩溃转储）：

```
lkd> rdmsr c0000101
msr[c0000101] = ffffb401`a3b80000

lkd> rdmsr c0000102
msr[c0000102] = 000000e5`6dbe9000
```

我们可以将这些值与@$pcr 和@$teb 的值进行对比，随后应该能看到相同的值，例如：

```
lkd> dx -r0 @$pcr
@$pcr                 : 0xffffb401a3b80000 [Type: _KPCR *]

lkd> dx -r0 @$teb
@$teb                 : 0xe56dbe9000 [Type: _TEB *]
```

实验：在 x86 系统中查看 GDT

在 x86 系统中，虽然 GDT 包含类似的段，但分别位于不同的选择器中。此外，由于使用了双 FS 段来替代 swapgs 功能，并且缺乏长模式，因此选择器的数量也会有所差异，如下所示：

```
kd> dg 8 38
                                      P Si Gr Pr Lo
Sel    Base     Limit      Type       l ze an es ng flags
---- -------- -------- ---------- - -- -- -- -- --------
0008 00000000 ffffffff Code RE Ac 0 Bg Pg P Nl 00000c9b
0010 00000000 ffffffff Data RW Ac 0 Bg Pg P Nl 00000c93
0018 00000000 ffffffff Code RE    3 Bg Pg P Nl 00000cfa
0020 00000000 ffffffff Data RW Ac 3 Bg Pg P Nl 00000cf3
0030 80a9e000 00006020 Data RW Ac 0 Bg By P Nl 00000493
0038 00000000 00000fff Data RW    3 Bg By P Nl 000004f2
```

此处的关键段为 08h、10h、18h、20h、30h 和 38h。在 08h（KGDT_R0_CODE）

中可以看到一个处于 Ring 0 的代码段。类似地，在 18h（KGDT_R3_CODE）中会看到一个 Ring 3 的段。随后请注意 10h（KGDT_R0_DATA）和 20h（KGDT_R3_DATA）段，它们对应栈、数据和扩展段。

在 x86 系统中，可以在 30h（KGDT_R0_PCR）段中看到 KPCR 的基址，并在 38h（KGDT_R3_TEB）段中看到当前线程 TEB 的基址。此类系统的段不使用 MSR。

延迟段加载

根据上文有关段的描述和相关值的介绍，在 x86 或 x64 系统中调查 DS 和 ES 段的值可能会有“惊喜”：它们的值未必会与相应 Ring 级别所定义的值相匹配。例如，一个 x86 用户模式线程可能包含下列段：

```
CS = 1Bh (18h | 3)
ES, DS = 23 (20h | 3)
FS = 3Bh (38h | 3)
```

然而，在 Ring 0 的系统调用中，可能会看到如下段：

```
CS = 08h (08h | 0)
ES, DS = 23 (20h | 3)
FS = 30h (30h | 0)
```

类似地，内核模式执行的 x64 线程也可以将自己的 ES 和 DS 段设置为 2Bh（28h | 3）。造成这种差异的原因在于一项名为延迟段加载（lazy segment loading）的功能。此外，这种差异体现在平面内存模型下运作的系统中，如果当前代码特权级别（CPL）为 0，那么数据段的描述符特权级别（DPL）将毫无意义。由于更高位的 CPL 始终可以访问更低位 DPL 的数据（但无法反向访问），因此在进入内核时将 DS 和 ES 段设置为各自“适当”的值后，还需要在返回用户模式时将这些值还原。

虽然 10h 处的 MOV DS 指令看似无关紧要，但在遇到该指令后，处理器的微码需要执行一系列选择器正确性检查，这会为系统调用和中断处理增加大量处理成本。因此，为避免增加这些成本，Windows 始终会使用 Ring 3 数据段值。

8.1.2 任务状态段

除了代码和数据段寄存器，x86 和 x64 架构中还有另一种特殊寄存器：任务寄存器（Task Register，TR），这也是 GDT 中充当偏移量的另一个 16 位选择器。然而，此时的段项并不与代码或数据相关联，而是与任务相关联。这意味着，对于处理器的内部状态而言，当前执行的代码片段会调用任务状态（task state），在 Windows 中所调用的为当前线程。现代 x86 操作系统会使用这些由段代表的任务状态（即任务状态段，Task State Segment，TSS）构建各种可关联至关键处理器陷阱（下文将详细介绍）的任务。在最基本的情况下，TSS 可代表一个页目录（借助 CR3 寄存器），如 x64 系统中的 PML4（有关分页的详细信息请参阅卷 1 第 5 章），也可代表代码段、堆栈段、指令指针，甚至最多可代表四个栈指针（每个 Ring 级别一个指针）。此类 TSS 主要用于如下场景：

- 在未出现特定陷阱时，可代表当前执行状态。如果处理器当前正运行在 Ring 3 级别下，那么随后处理器可从该 TSS 加载 Ring 0 栈，以便正确地处理中断和异常。

- 解决处理调试错误（#DB）时的架构竞争条件，这需要有包含自定义调试错误处理程序和内核栈的专用 TSS。
- 代表在出现双重错误（#DF）陷阱时需要加载的执行状态。借此可在安全（备份）内核栈而非当前线程的内核栈上切换至双重错误处理程序，而后者可能也是出现错误的原因。
- 代表在出现不可屏蔽的中断（#NMI）时需要加载的执行状态。类似地，该 TSS 可用于在安全内核栈上加载 NMI 处理程序。
- 对于会在计算机检查异常（#MCE）中使用的其他类似任务，出于相同原因，它们也可以在专用的安全内核栈中运行。

在 x86 系统中，可以在 GDT 的 028h 选择器中找到主要的（当前）TSS，这也解释了在 Windows 的正常执行过程中 TR 会位于 028h 的原因。此外，#DF TSS 位于 58h，NMI TSS 位于 50h，#MCE TSS 位于 0A0h，#DB TSS 位于 0A8h。

在 x64 系统上，由于 TSS 功能已被降级为主要执行在专用内核栈上运行的陷阱处理程序，因此删除了系统具有多个 TSS 的功能。目前只使用一个 TSS（在 Windows 中位于 040h），它使用了一个由八个可能的栈指针组成的数组，该数组名为中断栈表（Interrupt Stack Table，IST）。先前遇到的每个陷阱都会关联至 IST 索引，而不再关联至自定义 TSS。在下一节内容中，随着我们转储几个 IDT 项，你就会直观感受到 x86 和 x64 系统以及它们处理这些陷阱的方法上的差异。

实验：在 x86 系统中查看 TSS

在 x86 系统中，我们可以使用上一个实验中用过的 dg 命令在 28h 处查看系统范围内的 TSS:

```
kd> dg 28 28
                                          P Si Gr Pr Lo
Sel    Base     Limit      Type           l ze an es ng flags
---- -------- -------- ---------- - -- -- -- -- --------
0028 8116e400 000020ab TSS32 Busy 0 Nb By P  Nl 0000008b
```

上述命令将返回 KTSS 数据结构的虚拟地址，随后可使用 dx 或 dt 命令对其创建转储:

```
kd> dx (nt!_KTSS*)0x8116e400
(nt!_KTSS*)0x8116e400                 : 0x8116e400 [Type: _KTSS *]
    [+0x000] Backlink         : 0x0 [Type: unsigned short]
    [+0x002] Reserved0        : 0x0 [Type: unsigned short]
    [+0x004] Esp0             : 0x81174000 [Type: unsigned long]
    [+0x008] Ss0              : 0x10 [Type: unsigned short]
```

请注意，上述指令只设置了 Esp0 和 Ss0 字段，因为 Windows 绝不会在上文介绍的陷阱之外的其他情况下使用基于硬件的任务切换。因此这个 TSS 的唯一用途是在硬件中断期间加载相应的内核栈。

正如在“陷阱调度”一节中所述，对于不会受到“Meltdown”处理器架构漏洞影响的系统，这个栈指针也是当前线程的内核栈指针（基于卷 1 第 5 章介绍过的 KTHREAD

结构）；但对于受此漏洞影响的系统，这个栈指针会指向处理器描述符区域内部的过渡栈。同时，栈段将始终设置为 10h，即 KGDT_R0_DATA。

如上文所述，计算机检查异常（#MC）使用了另一个 TSS。我们同样可以通过 dg 命令查看：

```
kd> dg a0 a0
                                              P Si Gr Pr Lo
Sel     Base     Limit     Type               l ze an es ng flags
---- -------- -------- ----------          - -- -- -- -- --------
00A0 81170590 00000067 TSS32 Avl           0 Nb By P  Nl 00000089
```

不过这一次我们会使用.tss 命令而非 dx 命令，该命令可格式化 KTSS 结构中的不同字段，并以类似于在当前执行线程中那样的方式显示任务。本例中的输入参数为栈选择器（A0h）。

```
kd> .tss a0

eax=00000000 ebx=00000000 ecx=00000000 edx=00000000 esi=00000000 edi=00000000
eip=81e1a718 esp=820f5470 ebp=00000000 iopl=0         nv up di pl nz na po nc
cs=0008 ss=0010 ds=0023 es=0023 fs=0030 gs=0000                  efl=00000000

hal!HalpMcaExceptionHandlerWrapper:
81e1a718 fa              cli
```

请留意段寄存器的设置方式与上文“延迟段加载”中所提到的方式是一致的，并且程序计数器（EIP）指向了#MC 的处理程序。此外，为了不受内存错误影响，该栈被配置为指向内核二进制库中的一个安全栈。最后，尽管并未显示在.tss 的输出结果中，但 CR3 实际上被配置为系统页目录。在“陷阱调度”一节，我们还将使用!idt 命令重新查看这个 TSS。

实验：在 x64 系统中查看 TSS 和 IST

很不幸，x64 系统中的 dg 命令存在 Bug，无法正确显示 64 位基址，因此，为了获取 TSS 段（40h）的基址，我们需要对两个段创建转储，并将高位、中位和低位基址的数据结合在一起：

```
0: kd> dg 40 48
                                                            P Si Gr Pr Lo
Sel        Base              Limit          Type            l ze an es ng flags
---- ----------------- ----------------- ---------- - -- -- -- -- --------
0040 00000000`7074d000 00000000`00000067 TSS32 Busy 0 Nb By P  Nl 0000008b
0048 00000000`0000ffff 00000000`0000f802 <Reserved> 0 Nb By Np Nl 00000000
```

因此在本例中，KTSS64 位于 0xFFFFF8027074D000。作为获取该地址的另一种方式，请注意每个处理器的 KPCR 都包含一个名为 TssBase 的字段，其中也包含一个指向 KTSS64 的指针：

```
0: kd> dx @$pcr->TssBase
@$pcr->TssBase                 : 0xfffff8027074d000 [Type: _KTSS64 *]
    [+0x000] Reserved0         : 0x0 [Type: unsigned long]
    [+0x004] Rsp0              : 0xfffff80270757c90 [Type: unsigned __int64]
```

请留意，此处看到的虚拟地址与GDT中看到的地址是相同的。此外我们还会发现，除RSP0之外，其他所有字段都是零，与x86架构类似，RSP0包含（在不受“Meltdown”硬件漏洞影响的计算机上）当前线程内核栈的地址，或包含处理器描述符区域过渡栈的地址。

执行该实验所用的系统配备了一个第10代Intel处理器，因此RSP0等于当前内核栈：

```
0: kd> dx @$thread->Tcb.InitialStack
@$thread->Tcb.InitialStack : 0xffff80270757c90 [Type: void *]
```

最后，查看中断栈表会看到关联至#DF、#MC、#DB和NMI陷阱的各种栈，在“陷阱调度”一节我们还将进一步查看中断调度表（Interrupt Dispatch Table，IDT）是如何引用这些栈的：

```
0: kd> dx @$pcr->TssBase->Ist
@$pcr->TssBase->Ist     [Type: unsigned __int64 [8]]
    [0] :             0x0 [Type: unsigned __int64]
    [1] :             0xfffff80270768000 [Type: unsigned __int64]
    [2] :             0xfffff8027076c000 [Type: unsigned __int64]
    [3] :             0xfffff8027076a000 [Type: unsigned __int64]
    [4] :             0xfffff8027076e000 [Type: unsigned __int64]
```

在讨论了GDT中Ring级别、代码执行以及某些关键段之间的关系后，我们将通过下文的“陷阱调度”一节一起看看不同代码段（及其Ring级别）之间实际的过渡过程。但在讨论陷阱调度前，我们先分析在易受熔断（Meltdown）硬件旁路攻击影响的系统中TSS配置是如何变化的。

8.2 硬件侧信道漏洞

现代CPU可以在内部寄存器之间以非常快的速度（皮秒级别）计算并移动数据。处理器的寄存器是一种稀缺资源，因此，操作系统和应用程序代码总是通过指令让CPU将数据从CPU寄存器移动至主存，反之亦然。CPU可以访问不同类型的内存。位于CPU封装内部以及可由CPU执行引擎直接访问的内存称为缓存（Cache），缓存具有高速和昂贵的特点。CPU通过外部总线访问的内存通常可称为RAM（随机访问内存，Random Access Memory），RAM速度更慢，价格更低，但容量更大。内存与CPU之间的位置关系定义了一种所谓的“基于内存层次结构”的内存，这些内存有着不同的速度和容量（位置越接近CPU的内存，速度就越快，但容量就越小）。如图8-2所示，现代计算机的CPU通常包含L1、L2和L3这三级高速缓存内存，每个物理内核均可直接访问这些高速缓存。L1和L2缓存距离CPU的内核最近，并且是每个内核专用的。L3缓存距离最远，并且始终被所有CPU内核共享（不过嵌入式处理器一般不具备L3缓存）。

访问时间是缓存的一个重要特征，其访问时间几乎等同于CPU的寄存器（其实缓存比寄存器略慢一些）。主存的访问时间则会慢数百倍。这意味着，如果CPU按顺序执行所有指令，由于需要通过指令访问位于主存中的数据，整体速度会慢很多倍。为了解决这个问题，现代 CPU 采取了不同的策略。在历史上，这些策略曾引发了侧信道攻击（也叫预测式攻击），事实证明，这会极大地影响终端用户系统的整体安全性。

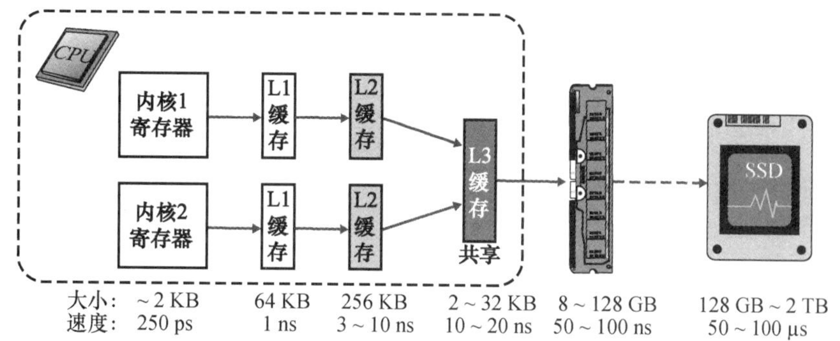

图 8-2　现代 CPU 的缓存和存储内存及其平均容量与访问时间

为了准确描述侧信道硬件攻击以及 Windows 所采取的缓解措施，我们首先需要通过一些基本概念了解 CPU 内部的工作原理。

8.2.1　乱序执行

现代微处理器通过自己的流水线执行计算机指令。流水线包含很多阶段，如指令获取、解码、寄存器分配和更名、指令重排序、执行，以及退出。CPU 应对内存访问速度不够快的一种常用策略是：让执行引擎忽略指令顺序，优先执行所需资源已可用的指令。这意味着 CPU 并不会按照某种严格一致的顺序执行指令，借此能够通过让所有内核尽可能满载的方式将所有执行单元的利用率提升至最大限度。在确定某些指令很快将会被用到并被提交（退出）之前，现代处理器能够以预测性的方式执行数百条此类指令。

上述乱序执行方法最大的问题之一在于分支指令。一条带有附带条件的分支指令会在机器代码中定义两个可能的路径，而最终要执行的“正确”路径取决于之前执行过的指令。在计算具体情况时，因为所依赖的“之前执行过的指令”需要访问速度缓慢的 RAM，因此整体速度也会被拖慢。此时，执行引擎需要等待定义条件的指令退出（意味着需要等待内存总线完成内存访问操作），随后才能以乱序执行的方式执行正确路径下所包含的后续指令。间接分支也会遇到类似情况。在间接分支中，CPU 的执行引擎并不知道分支（通常为 Jump 或 Call）的具体目标，因为必须从主存中获取相关地址。在这个语境中，“推测执行”（speculative execution）这个术语意味着 CPU 的流水线需要以并行或乱序的方式解码并执行多条指令，但其结果并不会退出至永久性寄存器中，在分支指令最终执行完毕之前，内存写入操作依然会处于挂起状态。

8.2.2　CPU 分支预测器

在彻底评估分支条件前，CPU 如何得知哪个分支（路径）需要执行？（由于目标地址未知，间接分支同样存在类似问题。）答案位于 CPU 封装所包含的两个组件中：分支预测器（branch predictor）和分支目标预测器（branch target predictor）。

分支预测器是 CPU 中一种复杂的数字电路，在最终得以确认前，它会尽可能猜测每个分支最终的行进路径。借助类似方式，CPU 中所包含的分支目标预测器会在最终确定前，尽可能预测间接分支的目标。虽然实际的硬件实现主要取决于 CPU 制造商，但这两个组件都用到了一种名为分支目标缓冲（Branch Target Buffer，BTB）的内部缓存，BTB 可以使用由索引函数生成的地址标签记录分支的目标地址（或有关条件分支过去曾经做过什么的相关信息），该地址标签与缓存生成标签的方法类似，下一节会详细介绍。当分支指令首次执行时，会将目标地址存储在 BTB 中。通常，当执行流水线首次停机时，会迫使 CPU 等待从主存中成功获取条件或目标地址。当同一个分支第二次执行时，会使用 BTB 中的目标地址来获取预测的目标并将其置于流水线中。图 8-3 展示了 CPU 分支目标预测器简化后的架构范例。

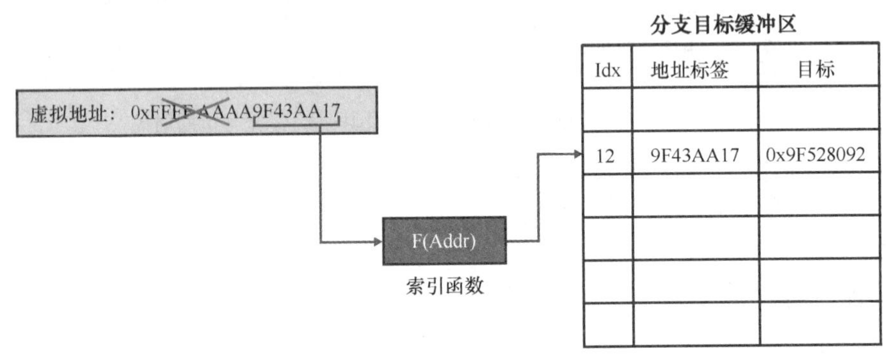

图 8-3　CPU 分支目标预测器简化后的架构范例

如果预测出错，并且已经以预测的方式执行了错误的路径，那么指令流水线会被刷新，之前预测执行的结果会被丢弃。随后会向 CPU 流水线中送入其他路径，并从正确的分支开始重新执行。这个过程也叫分支预测错误。在这种情况下，浪费掉的 CPU 周期总数并不会多于顺序执行并等待分支条件的结果或评估间接地址所使用的 CPU 周期数。然而，CPU 依然会在预测执行的过程中产生各种副作用，例如 CPU 缓存行污染。不幸的是，一些副作用可能会被攻击者发现并利用，进而危及系统的整体安全性。

8.2.3　CPU 缓存

正如上一节所述，CPU 缓存（Cache）是一种高速内存，可大幅缩短获取和存储数据与指令所需的时间。数据会以固定大小的块（通常为 64 或 128 字节）在内存和缓存之间传输，这种数据块也叫缓存行或缓存块。当一个缓存行从内存复制到缓存时，会创建一个缓存项。该缓存项中包含数据副本以及用于分辨所请求内存位置的标签。与分支目标预测器不同，缓存始终会通过物理地址创建索引（否则多个地址空间之间的映射和变更过程将变得极为复杂）。从缓存的角度来看，一个物理地址可以拆分为不同的成分，其中较高的位通常代表标签，较低的位代表缓存行以及行本身的偏移量。标签具备唯一性，可用于区分每个缓存块所属的内存地址，如图 8-4 所示。

当 CPU 读/写内存位置时，首先会检查缓存中是否存在对应的项（会在可能包含来自该地址数据的任何缓存行中检查。但某些缓存可能存在不同的“向”，下文很快将会提到）。如果处理器发现来自该位置的内存数据已经位于缓存中，此时就出现了“缓存命中”的情况，处理器会立即通过该缓存行读/写数据；如果数据不在缓存中，此谓之“缓存未命中”，此时 CPU 会在缓存中分配一个新项，并将数据从主存中复制进去，随后进行访问。

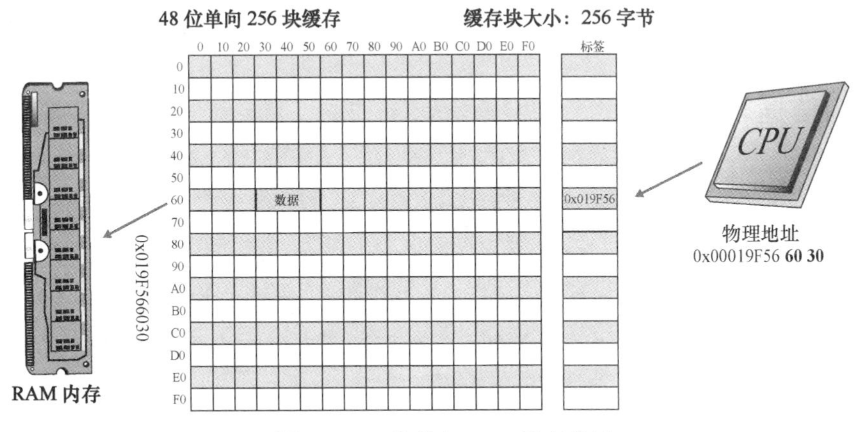

图 8-4　48 位单向 CPU 缓存范例

图 8-4 展示了一个单向 CPU 缓存，该缓存最大可寻址 48 位虚拟地址空间。在本例中，CPU 正在从虚拟地址 0x19F566030 中读取 48 字节数据。内存内容最开始已从主存读取到缓存块 0x60，该块已经被完全装满，但所请求的数据位于偏移量 0x30 处。范例缓存只有 256 块，每块 256 字节，因此多个物理地址可以装入编号为 0x60 的块中。标签（0x19F56）能够唯一地区分数据在主存中所在的物理地址。

通过类似的方式，当 CPU 接到指令向一个内存地址写入新内容时，它首先会更新该内存地址所属的一个或多个缓存行。某些时候，CPU 还会将数据写回至物理 RAM，这主要取决于内存页面所应用的缓存类型（write-back、write-through、uncached 等）。请注意，在多处理器系统中这具有重要的意义：必须设计某种缓存一致协议，以避免出现主 CPU 更新某个缓存块后，其他 CPU 针对陈旧数据执行操作的情况（多 CPU 缓存一致算法是存在的，但超出了本书的讨论范畴）。

当出现缓存未命中情况时，为了给新的缓存项腾出空间，CPU 有时会清除某个现有的缓存块。选择要清除的缓存项（意味着选择用哪个缓存块来存储新数据）时所用的算法叫作放置策略（placement policy）。如果放置策略只能替换特定虚拟地址的一个块，这种情况可以叫作直接映射（如图 8-4 所示缓存只有一个方向，且属于直接映射）。相反，如果缓存可以自由选择（具备相同块编号的）任意项来保存新数据，这样的缓存也叫全相联（fully associative）缓存。很多缓存机制在实现方面进行了妥协，使得主存中的每个项可保存到缓存中 N 个位置中的任何一个位置内，这种机制也叫 N 向组相联（N-ways set associative）。因此一个“向”可以看作缓存的一个组成部分，缓存中每个向的容量相等，并按照相同的方式进行索引。图 8-5 展示了一个四向组相联缓存。图中所示的缓存可以存储分属于四

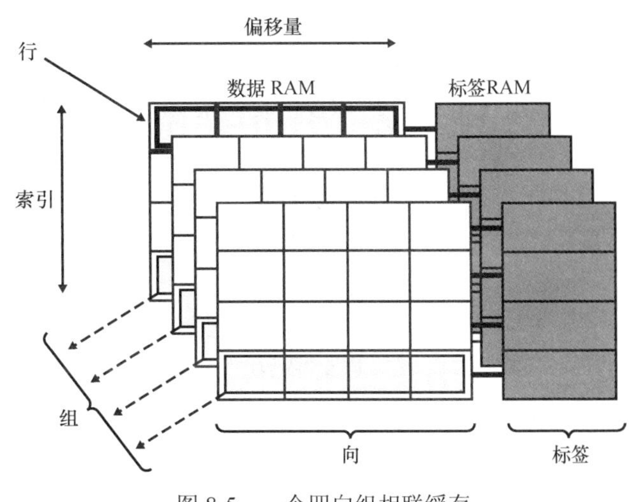

图 8-5　一个四向组相联缓存

个不同物理地址的数据，并通过不同的四个缓存组（使用不同标记）对相同的缓存块创建索引。

8.2.4 侧信道攻击

如上节内容所述，现代 CPU 的执行引擎只有在指令真正退出后才会写入计算结果。这意味着，就算有多条指令已经乱序执行完毕，并且对 CPU 寄存器和内存架构不会产生任何可见的影响，但这样做依然会对微架构（microarchitecture）产生一定的副作用，尤其是会影响到 CPU 缓存。2017 年年底出现了一种针对 CPU 乱序引擎和分支预测器发起的新颖攻击，这种攻击所依赖的前提条件是，微架构所产生的副作用是可衡量的，尽管这些影响无法通过任何软件代码直接访问。

围绕这种方式产生的最具破坏性且最有效的硬件侧信道攻击分别名为 Meltdown 和 Spectre。

Meltdown

Meltdown，又被称为恶意数据缓存负载（Rogue Data Cache Load，RDCL），可供恶意的用户模式进程读取所有内存，而该进程完全不需要具备相关授权。该攻击利用了处理器的乱序执行引擎，以及内存访问指令处理过程中内存访问和特权检查两个环节之间存在的内部争用条件。

在 Meltdown 攻击中，恶意的用户模式进程首先会刷新整个缓存（从用户模式调用可执行该操作的指令），随后该进程会执行一个非法的内核内存访问，并执行指令以可控的方式（使用一个 probe 数组）填满缓存。因为该进程无法访问内核内存，所以此时处理器会产生异常，该异常会被应用程序捕获，进而导致进程被终止。然而由于乱序执行的缘故，CPU 已经执行了（但未退出，这意味着在任何 CPU 寄存器或 RAM 中均无法检测到对架构产生的影响）非法内存访问之后发出的指令，因此已经使用非法请求的内核内存内容填满了缓存。

随后恶意应用程序会衡量访问数组（该数组已被用于填充 CPU 的缓存块）中每个页面所需的时间，借此探测整个缓存。如果访问时间落后于某个阈值，则意味着数据位于缓存行中，攻击者进而就可以通过从内核内存读取的数据推断出准确的内容。图 8-6 取自最早有关 Meltdown 的研究论文（详见 https://meltdownattack.com/ ），其中展示了 1 MB probe 数组（由 256 个 4KB 的页组成）的访问时间。

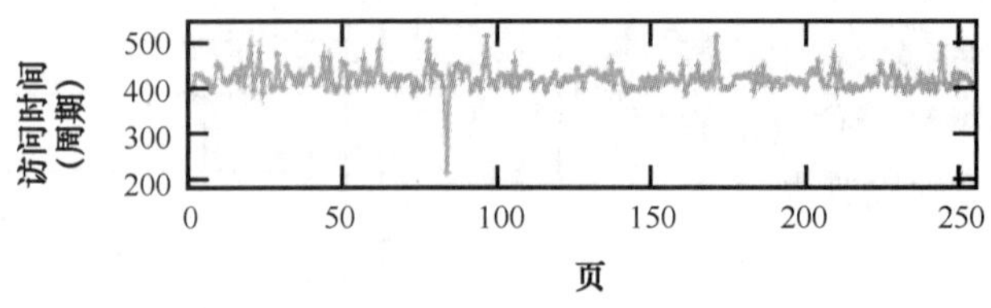

图 8-6　访问一个 1 MB probe 数组所需的 CPU 时间

如图 8-6 所示，每个页面的访问时间都是类似的，只有一个页面的时间有较大差异。假设一次可读取 1 字节的机密数据，而 1 字节只能有 256 个值，那么只要准确得知数组中的哪个页面导致了缓存命中，攻击者就可以知道内核内存中到底存储了哪一字节的数据。

Spectre

Spectre 攻击与 Meltdown 攻击类似，意味着它也依赖上文介绍的乱序执行漏洞，但 Spectre 所利用的 CPU 组件主要为分支预测器和分支目标预测器。起初，Spectre 攻击曾出现过两种变体，这两种变体都可以总结为如下三个阶段：

1）在设置阶段，攻击者会通过低特权（且由攻击者控制的）进程反复执行多次操作，误导 CPU 分支预测器，此举意在通过训练让 CPU 执行（合法的）条件分支或精心定义好的间接分支目标。

2）在第二阶段，攻击者会迫使作为受害者的高特权应用程序（或上一阶段所使用的进程）以预测执行的方式执行错误预测分支中所包含的指令。这些指令通常会将机密信息从受害者应用程序的上下文中转移至微架构信道（通常为 CPU 缓存）。

3）在最终阶段，攻击者会通过低特权进程恢复存储在 CPU 缓存（微架构信道）中的敏感信息，为此攻击者会探测整个缓存（与 Meltdown 攻击的做法相同），借此即可获得本应在受害者高特权地址空间中受到保护的机密信息。

Spectre 攻击的第一个变体可通过迫使 CPU 分支预测器以预测执行的方式执行条件分支中错误的分支，进而获取存储在受害者进程地址空间（该地址空间可以是攻击者所控制的地址空间，或不受攻击者控制的地址空间）中的机密信息。该分支通常是一个函数的一部分，这个函数会在访问内存缓冲区中所包含的某些非机密数据之前执行边界检查。如果该缓冲区与某些机密数据相邻，并且攻击者控制了提供给分支条件的偏移量，攻击者即可反复训练分支预测器并提供合法的偏移量值，借此顺利通过边界检查并让 CPU 执行正确的路径。

随后，攻击者会准备一个精心定义的 CPU 缓存（通过精心调整内存缓冲区大小，使得边界检查无法位于缓存中）并为实现边界检查分支的函数提供一个非法的偏移量。通过训练，CPU 分支预测器会始终沿用最初的合法路径，然而这一次的路径是错误的（此时本应选择其他路径）。因此访问内存缓冲区的指令会以预测执行的方式来执行，进而导致在边界之外执行以机密数据为目标的读取操作。通过这种方式，攻击者即可探测整个缓存并读取机密数据（与 Meltdown 攻击的做法类似）。

Spectre 攻击的第二个变体利用了 CPU 分支目标预测器，并会对间接分支投毒。通过这种方式，即可在攻击者控制的上下文中，借助间接分支错误预测的路径读取受害者进程（或操作系统内核）的任意内存数据。如图 8-7 所示，对于变体 2，攻击者会通过恶意目标对分支预测器进行误导性训练，使得 CPU 能在 BTB 中构建出足够的信息，进而以乱序执行的方式执行位于攻击者所选择的地址中的指令。在受害者的地址空间内，该地址本应指向 Gadget。Gadget 是一组可以访问机密数据，并将其存储在缓冲区（该缓冲区会以受控的方式进行缓存）中的指令（攻击者需要间接控制受害者一个或多个 CPU 寄存器的内容，如果 API 接受不可信的输入数据，那么这种目的很好实现）。

在攻击者完成对分支目标预测器的训练后，即可刷新 CPU 缓存并调用由目标高特权实体（进程或操作系统内核）提供的服务。实现该服务的代码必须同时实现与攻击者控制的进程类似的间接分支。随后，CPU 分支目标预测器会以预测执行的方式执行位于错误目标地址中的 Gadget。这与变体 1 和 Meltdown 攻击一样，会在 CPU 缓存中产生微架构副作用，进而使其可以从低特权上下文中读取。

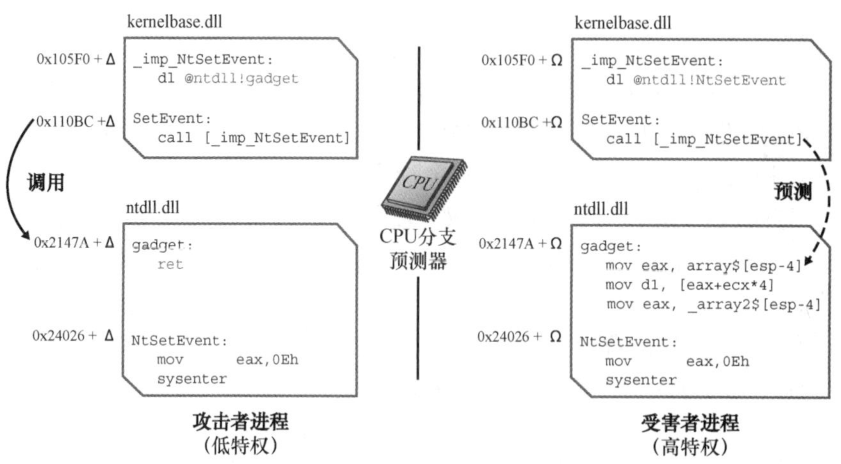

图 8-7　Spectre 攻击变体 2 的结构

其他侧信道攻击

Spectre 和 Meltdown 攻击一经曝光，就催生了多种类似的侧信道硬件攻击。与 Meltdown 和 Spectre 相比，虽然其他攻击方式的破坏性和影响范围并没有那么大，但我们依然有必要了解这类全新侧信道攻击所采用的整体方法。

CPU 性能优化措施所催生的预测式存储旁路（Speculative Store Bypass，SSB），可以让 CPU 评估过的加载指令不再依赖之前所用的存储，而是能够在存储的结果退出前以预测执行的方式执行。如果预测错误，则可能导致加载操作读取陈旧数据，其中很可能包含机密信息。读取到的数据可以转发给预测过程中执行的其他操作。这些操作可以访问内存并生成微架构副作用（通常位于 CPU 缓存中）。借此攻击者即可衡量副作用并从中恢复机密信息。

Foreshadow（又名 L1TF）是一种更严重的攻击，在设计上，这种攻击最初是为了从硬件隔区（SGX）中窃取机密数据，随后广泛应用于在非特权上下文中执行的普通用户模式软件。Foreshadow 利用了现代 CPU 预测执行引擎中的两个硬件漏洞，分别如下：

- 在不可访问的虚拟内存中进行预测。在本场景中，当 CPU 访问由页表项（Page Table Entry，PTE）所描述的虚拟地址中存储的某些数据时，如果未包含“存在”位（意味着该地址非有效地址），则将以正确的方式生成一个异常。然而，如果该项包含有效地址转换，CPU 就可以根据读取的数据预测执行指令。与其他所有侧信道攻击方式类似，处理器并不会重试这些指令，但会产生可衡量的副作用。在这种情况下，用户模式应用程序即可读取内核内存中保存的机密数据。更严重的是，该应用程序在某些情况下还能读取其他虚拟机中的数据：当 CPU 转换客户物理地址（Guest Physical Address，GPA）时，如果在二级地址转换（Second Level Address Translation，SLAT）表中遇到了不存在的项，就会产生相同的副作用（有关 SLAT、GPA 以及转换机制的详细信息，请参阅本书卷 1 第 5 章，以及卷 2 第 9 章）。
- 在 CPU 内核的逻辑（超线程）处理器上进行预测。现代 CPU 的每个物理核心可以具备多条执行流水线，借此即可通过共享的执行引擎以乱序的方式同时执行多个指令（这是一种对称多线程（Symmetric Multi-Threading，SMT）架构，详见第 9 章）。在这种处理器中，两个逻辑处理器（Logical Processor，LP）共享同一个缓存。因此，当一个 LP 在高特权上下文中执行某些代码时，对端的另一个 LP 即可读取这个 LP 的高特权代码执行过程中产生的副作用。这会对系统的整体安全性造成极为严重的影响。与 Foreshadow 的第一个变体类似，在低特权上下文中执行攻击者代码的 LP，甚至只需要等待虚拟机代码通过调度由对端 LP 执行，即可窃取其他高安全性虚拟机中存储的机密信息。Foreshadow 的这个变体属于一种 Group 4 漏洞。

微架构副作用并非总是以 CPU 缓存为目标。为了更好地访问已缓存和未缓存的内存并对微指令重新排序，Intel 的 CPU 使用了其他中等级别的高速缓冲区（不同缓冲区的介绍已超出本书范畴）。微架构数据采样（Microarchitectural Data Sampling，MDS）攻击可暴露下列微架构结构所包含的机密数据：

- **存储缓冲区（store buffer）**。在执行存储操作时，处理器会将数据写入一个名为存储缓冲区的内部临时微架构结构中，这样 CPU 就能在数据被真正写入缓存或主存（对于未缓存的内存访问）之前继续执行指令。当加载操作从与之前的存储相同的内存地址读取数据时，处理器可以从该存储缓冲区直接转发数据。
- **填充缓冲区（fill buffer）**。填充缓冲区是一种内部处理器结构，主要用于在一级数据缓存未命中（并且执行了 I/O 或特殊寄存器操作）时收集（或写入）数据。填充缓冲区在 CPU 缓存和 CPU 乱序执行引擎之间充当了中介的作用，其中可能保留了上一个内存请求所涉及的数据，这些数据可能会以推测的方式转发给加载操作。
- **加载端口（load port）**。加载端口是一种临时的内部 CPU 结构，主要用于从内存或 I/O 端口执行加载操作。

微架构缓冲区通常属于单一 CPU 内核，但会被 SMT 线程共享。这意味着，即使难以通过可靠的方式对这些结构发起攻击，在特定情况下依然有可能跨越 SMT 线程，通过推测的方式从中提取机密数据。

一般来说，所有硬件侧信道漏洞的后果都是相同的：可以从受害者地址空间中窃取机密数据。为了防范 Spectre、Meltdown 以及上文提到的其他各种侧信道攻击，Windows 实现了多种缓解措施。

8.3 Windows 中的侧信道缓解措施

本节简要介绍 Windows 如何通过各种缓解措施防范侧信道攻击。总的来说，某些侧信道缓解措施是由 CPU 制造商通过微码（microcode）更新实现的。然而，并非所有这类措施都始终可用，有些缓解措施需要由软件（Windows 内核）启用。

8.3.1 KVA 影子

内核虚拟地址影子（kernel virtual address shadowing）也称 KVA 影子（在 Linux 的世界中称为 KPTI，代表内核页表隔离，kernel page table isolation），可在内核与用户页表之

间创建清晰的隔离，借此缓解 Meltdown 攻击。当处理器未以正确的特权级别访问时，预测执行使得 CPU 能够获取到内核数据，但这要求在转换目标内核页的页表中存在一个有效的页帧编号。Meltdown 攻击针对的内核内存通常会使用系统页表中有效的叶项（leaf entry）进行转换，这意味着需要具备监管特权级别（有关页表和虚拟地址转换的介绍请参阅本书卷 1 第 5 章）。在启用 KVA 影子后，系统会为每个进程分配并使用两个顶级页表：

- 内核页表，用于映射整个进程地址空间（包括内核和用户页）。在 Windows 中，用户页会以不可执行的方式进行映射，这是为了防止内核代码执行以用户模式分配的内存（这类似于硬件 SMEP 提供的功能）。
- 用户页表（又名影子页表），只负责映射用户页以及最少量不包含任何机密信息的内核页，可用于为页表切换、内核栈提供最基本的功能，以及中断、系统调用和其他转换、陷阱的处理。这组内核页也叫过渡（transition）地址空间。

在这个过渡地址空间中，NT 内核通常会映射一种名为 KPROCESSOR_DESCRIPTOR_AREA 的数据结构，该数据结构被包含在处理器的 PRCB 中，其中包含需要在用户（或影子）和内核页表之间共享的数据，如处理器的 TSS、GDT 以及内核模式 GS 基址的副本。此外，该过渡地址空间还包括 NT 内核映像“.KVASCODE”节下的所有影子陷阱处理程序。

当启用 KVA 影子的系统运行非特权用户模式线程（如以非管理员特权级别运行）时，处理器并不会映射任何可能包含机密数据的内核页。因此 Meltdown 攻击将彻底失效，因为内核页不再有效映射至进程的页表，并且任何以这些页为目标的 CPU 预测操作都无法继续进行。当用户进程使用系统调用，或当 CPU 在用户模式进程中执行代码的同时遇到中断时，CPU 会在过渡栈上构建一个陷阱帧，并按照上文所述的方式将其同时映射至用户和内核页表。随后 CPU 会执行影子陷阱处理程序的代码，借此处理中断或系统调用。在处理系统调用时通常还需要切换至内核页表，复制内核栈中的陷阱帧，然后跳转至最初的陷阱处理程序（这意味着需要实现一种妥善的算法，以便刷新 TLB 中陈旧的项。下文将详细介绍 TLB 刷新算法）。这样即可在映射了整个地址空间的情况下，执行最初的陷阱处理程序。

初始化

在内核初始化第 1 阶段的早期，当处理器功能位（feature bit）计算完毕后，NT 内核会借助内部例程 KiDetectKvaLeakage 判断 CPU 是否会受到 Meltdown 攻击。该例程会获取处理器信息，并将除 Atom（一种有序处理器）外其他所有 Intel 处理器的内部变量 KiKvaLeakage 都设置为“1”。

内部变量 KiKvaLeakage 设置完毕后，系统会通过 KiEnableKvaShadowing 例程启用 KVA 影子，并开始准备处理器的 TSS 和过渡栈。处理器 TSS 的 RSP0（内核）和 IST 栈会设置为指向相应的过渡栈。随后在基栈中写入一种名为 KIST_BASE_FRAME 的数据结构，借此让过渡栈（其大小为 512 字节）做好准备。该数据结构使得过渡栈能够链接至自己的非过渡内核栈（只有在页表切换之后才能访问），如图 8-8 所示。请注意，常规的非 IST 内核栈并不需要该数据结构。操作系统可以从 CPU 的 PRCB 中获取用户与内核模式切换所需的全部数据。每个线程都有对应的内核栈。当新线程被选中执行后，调度器会将其内核栈链接至处理器的 PRCB，以此激活该内核栈。这是内核栈与 IST 栈的一个重要差异，并且每个处理器中只存在一个 IST 栈。

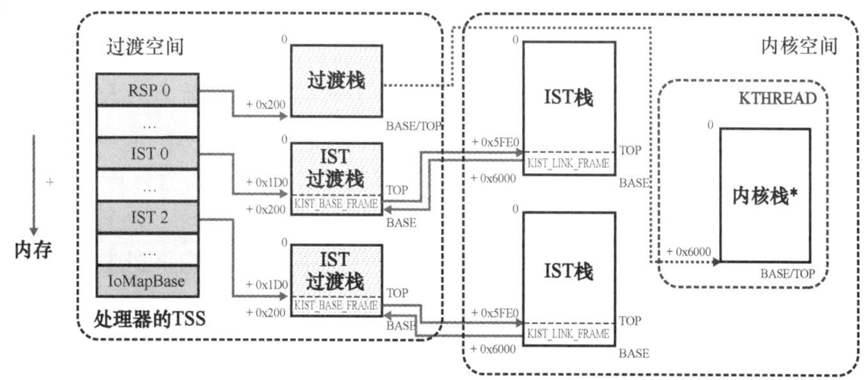

图 8-8 KVA 影子被激活后，CPU 任务状态段（TSS）的配置情况

KiEnableKvaShadowing 例程还承担一个重要职责：确定适合的 TLB 刷新算法（下面将详细介绍）。而确定后的结果（全局项或 PCID）会存储在全局变量 KiKvaShadowMode 中。最后，对于非引导处理器，该例程会调用 KiShadowProcessorAllocation 在影子页表中映射每个处理器的共享数据结构。对于 BSP 处理器，则会在初始化阶段 1 的后期，当 SYSTEM 进程及其影子页表均已成功创建（且 IRQL 已被降至被动级别）之后再进行映射。只有在这种情况下，影子陷阱处理程序（全局的，且并非每个处理器专用的）才会映射至用户页表。

影子页表

当进程的地址空间创建完成后，内存管理器将使用内部例程 MiAllocateProcessShadow 分配影子（或用户）页表。新进程的影子页表在创建好后内容为空。随后，内存管理器会将 SYSTEM 进程的所有内核影子顶级页表项复制到新进程的影子页表中。

借此，操作系统可快速将整个过渡地址空间（位于内核中，被所有用户模式进程共享）映射给新进程。对于 SYSTEM 进程，影子页表依然为空，正如上一节所述，该页表将由 KiShadowProcessorAllocation 例程填充，这个例程会使用内存管理器服务将特定的内存块映射至影子页表，并重建整个页面层次结构。

内存管理器只会在特定情况下更新影子页表，并且仅有内核可以写入映射或解除映射。当一个请求需要分配或映射新内存到用户进程地址空间时，可能会遇到特定地址的顶级页表项丢失的情况。在这种情况下，内存管理器会分配整个页表层次结构的所有页面，并将新的顶级 PTE 存储在内核页表中。然而在启用 KVA 后，仅这样做还不够，内存管理器还必须在影子页表中写入顶级 PTE。否则在陷阱处理程序正确切换页表后，返回用户模式之前，该地址将无法出现在用户映射中。

相比内核页表，内核地址会使用不同的方式映射至过渡地址空间。为防止错误地将与映射至过渡地址空间中的内存块距离太过接近的地址共享出来，内存管理器会始终为被共享的一个或多个 PTE 重建页表层次结构映射。这也意味着当内核需要在进程的过渡地址空间中映射某些新页面时，都必须在所有进程的影子页表中重复进行该映射（该操作完全由内部例程 MiCopyTopLevelMappings 负责）。

TLB 刷新算法

在 x86 架构中，切换页表通常会导致刷新当前处理器的 TLB（Translation Look-aside Buffer，转译后备缓冲区）。TLB 是一种缓存，处理器会用它来快速转译在执行代码或访问数据时所用的虚拟地址。TLB 中的有效项可以让处理器无须查询页表链，因此可加快执行速度。在未启用 KVA 影子的系统中，TLB 中用于转译内核地址的项无须显式刷新。在 Windows 中，内核地址空间在大部分情况下是唯一的，并会被所有进程共享。Intel 和 AMD 采用不同的技术来避免每次切换页表时刷新内核项，例如全局/非全局位和进程上下文标识符（Process-Context Identifier，PCID）。Intel 与 AMD 的架构手册中详细描述了 TLB 及其刷新方法，本书不再深入讨论。

通过使用 CPU 的新功能，操作系统可以只刷新用户项，以此确保性能不受影响。但在启用 KVA 影子的情况下无疑是无法接受这种做法的，因为线程有义务切换页表，即使是在进入或退出内核时。在启用 KVA 的系统中，Windows 会借助一种算法确保只在必要时才明确刷新内核和用户 TLB 项，进而实现下列两个目标：

- 在执行线程用户代码时，TLB 中不维持任何有效的内核项。否则这些内核项可能被攻击者使用与 Meltdown 类似的推测技术所利用，进而读取机密的内核数据。
- 在切换页表时，只刷新最少量的 TLB 项。这样可确保因启用 KVA 影子而导致的性能损失处于可接受范围内。

TLB 刷新算法主要应用于这三个场景：上下文切换、进入陷阱以及退出陷阱。无论是只支持全局/非全局位，还是在此基础上还能支持 PCID 的系统，都可以运行该算法。对于只支持全局/非全局位的系统，非 KVA 影子的配置将有所差异，其中所有内核页面都会标记为“非全局”，而过渡页和用户页会标记为“全局”。进行页表切换时，全局页不会被刷新（系统会更改 CR3 寄存器的值）。对于支持 PCID 的系统，则会将内核页标记为 PCID 2，并将用户页标记为 PCID 1。此时会忽略全局位和非全局位。

在当前执行的线程结束其量程（quantum）时，将会初始化上下文切换。当内核被调度去执行隶属于其他进程地址空间的线程时，TLB 算法会保证 TLB 中的所有用户页均已移出（这意味着对于使用全局/非全局位的系统，需要进行一次彻底的 TLB 刷新，并且用户页会被标记为全局）。在内核退出陷阱（内核执行完代码返回用户模式）时，算法会保证 TLB 中的所有内核项已被移出（或作废）。这一点很容易实现，在支持全局/非全局位的处理器上，只需重新加载页表即可迫使处理器将所有非全局页作废；在支持 PCID 的系统中，用户页表会使用 User PCID 重新加载，进而让所有陈旧的内核 TLB 项自动作废。

该策略允许内核进入陷阱，即系统正在执行用户代码时产生了中断，或线程使用了系统调用，此时 TLB 中的一切都不会作废。上述 TLB 刷新算法的方案如表 8-1 所示。

表 8-1 KVA 影子 TLB 刷新策略

配置类型	用户页	内核页	过渡页
KVA 影子已禁用	非全局	全局	N / D
KVA 影子已启用，PCID 策略	PCID 1，非全局	PCID 2，非全局	PCID 1，非全局
KVA 影子已启用，全局/非全局策略	全局	非全局	全局

8.3.2 硬件间接分支控制（IBRS、IBPB、STIBP、SSBD）

处理器制造商也为不同的侧信道攻击设计了硬件层面的缓解措施。这些缓解措施在设计上能够与软件措施配合生效。有关侧信道攻击的硬件缓解措施主要通过下列间接分支控制机制来实现，具体采用何种机制通常是由 CPU 特殊模块寄存器（MSR）中的一位决定的。

- **间接分支限制推测（Indirect Branch Restricted Speculation，IBRS）**：可在切换至不同安全上下文（用户/内核模式，或 VM 根/非根）时彻底禁用分支预测器（并刷新分支预测器缓冲区）。如果操作系统在过渡到更高特权的模式后设置了 IBRS，那么间接分支预测目标将无法继续被低特权模式下执行的软件所控制。此外，在启用 IBRS 后，间接分支预测目标将无法被其他逻辑处理器所控制。操作系统通常会将 IBRS 设置为 1，并在返回至较低特权安全上下文之前始终保持该设置。
  IBRS 的实现取决于 CPU 制造商：一些 CPU 会在启用 IBRS 后彻底禁用分支预测器缓冲区（这是一种禁止行为），而其他 CPU 可能只会刷新预测器的缓冲区（这是一种刷新行为）。在这些 CPU 中，IBRS 缓解措施的工作方式与 IBPB 的较为类似，因此这些 CPU 通常只会实现 IBRS。
- **间接分支预测器屏障（Indirect Branch Predictor Barrier，IBPB）**：在设置为“1”后，会刷新分支预测器的内容，以此防止之前执行过的软件控制同一个逻辑处理器上的间接分支预测目标。
- **单线程间接分支预测器（Single Thread Indirect Branch Predictor，STIBP）**：可对同一个物理 CPU 内核上不同逻辑处理器之间共享的分支预测进行限制。将逻辑处理器的 STIBP 设置为“1”后，可防止当前正在执行的逻辑处理器的间接分支预测目标被同一个内核中其他逻辑处理器上执行（或曾经执行过）的软件所控制。
- **预测存储旁路禁止（Speculative Store Bypass Disable，SSBD）**：可以让处理器不以预测执行的方式加载，除非所有较旧的存储均处于已知状态。这样即可确保加载操作不会因为同一个逻辑处理器上较旧存储所产生的旁路，而以预测的方式使用陈旧的数据值，从而可防范预测性存储旁路攻击（详见上文“其他侧信道攻击”一节）。

NT 内核会使用一种复杂的算法来确定上述间接分支限制机制的值，而这些值也会在上文有关 KVA 影子介绍中所提到的三个场景中产生相应的变化，这三个场景分别为上下文切换、进入陷阱以及退出陷阱。在兼容的系统中，系统会在始终启用 IBRS 的情况下运行内核代码（除非启用了 Retpoline）。如果没有可用的 IBRS（但 IBPB 和 STIBP 均可支持），内核将在启用 STIBP 的情况下运行，并在每次进入陷阱时（使用 IBPB）刷新分支预测器缓冲区（这样，分支预测器就不会被用户模式运行的代码或在其他安全上下文中运行的“同胞”线程所影响）。如果 CPU 支持 SSBD，则 SSBD 会始终在内核模式中启用。

出于性能方面的考虑，用户模式线程在执行时通常并不会启用硬件预测缓解措施，或只启用 STIBP（取决于 STIBP 配对是否启用，详见下一节）。如果需要，则必须通过全局或每个进程的预测执行功能手动启用针对预测性存储旁路攻击的防护。实际上，所有预测缓解措施均可通过全局注册表值 HKLM\System\CurrentControlSet\Control\Session Manager\Memory Management\FeatureSettings 加以调整。这是一个 32 位掩码值，其中的每一位对应一个具体的设置。表 8-2 总结了不同的功能设置及其含义。

表 8-2　功能设置及其对应的值

名称	值	含义
FEATURE_SETTINGS_DISABLE_IBRS_EXCEPT_HVROOT	0x1	禁用 IBRS，但非嵌套根分区除外（Server SKU 的默认设置）
FEATURE_SETTINGS_DISABLE_KVA_SHADOW	0x2	强制禁用 KVA 影子
FEATURE_SETTINGS_DISABLE_IBRS	0x4	忽略计算机配置，直接禁用 IBRS
FEATURE_SETTINGS_SET_SSBD_ALWAYS	0x8	始终在内核和用户模式下设置 SSBD
FEATURE_SETTINGS_SET_SSBD_IN_KERNEL	0x10	仅在内核模式下设置 SSBD（会导致用户模式代码容易遭受 SSB 攻击）
FEATURE_SETTINGS_USER_STIBP_ALWAYS	0x20	忽略 STIBP 配对，始终为用户线程启用 STIBP
FEATURE_SETTINGS_DISABLE_USER_TO_USER	0x40	禁用默认的预测缓解策略（仅限 AMD 系统），只启用“用户对用户”的缓解措施。设置该标记后，内核模式下运行时将不再使用预测执行控制措施
FEATURE_SETTINGS_DISABLE_STIBP_PAIRING	0x80	始终禁用 STIBP 配对
FEATURE_SETTINGS_DISABLE_RETPOLINE	0x100	始终禁用 Retpoline
FEATURE_SETTINGS_FORCE_ENABLE_RETPOLINE	0x200	无论 CPU 可支持 IBPB 或 IBRS，均启用 Retpoline（为防范 Spectre v2，Retpoline 至少需要 IBPB）
FEATURE_SETTINGS_DISABLE_IMPORT_LINKING	0x20000	忽略 Retpoline，直接禁用导入优化

8.3.3　Retpoline 和导入优化

硬件缓解措施会对系统性能产生极大影响，因为在启用这些缓解措施后，CPU 的分支预测器会受到限制甚至被彻底禁用。对游戏和关键业务应用程序来说，大幅度的性能下降往往是无法接受的。用于防范 Spectre 的 IBRS（或 IBPB）可能是对性能产生最大影响的缓解措施。在内存屏障（memory fence）指令的帮助下，可以在不使用任何硬件缓解措施的情况下防范 Spectre 的第一个变体，例如 x86 架构中所用的 LFENCE。这些指令会迫使处理器在屏障本身建立完成之前不以预测执行的方式执行任何新操作，仅在屏障建立完成（并且在此之前的所有指令均已退出）后，处理器的流水线才会重新开始执行（并预测）新的操作码（Opcode）。不过 Spectre 的第二个变体依然需要通过硬件缓解措施来预防，进而会因为 IBRS 和 IBPB 导致性能退化。

为了解决这个问题，Google 的工程师设计了一种新颖的二进制修改技术，名为 Retpoline。Retpoline 代码序列如图 8-9 所示，可将间接分支从预测执行中隔离出来。这样无须执行存在漏洞的间接调用，处理器可以跳转至一个安全控制序列，该序列可动态地修改栈，记录最终的预测，并通过“Return”操作抵达新的目标。

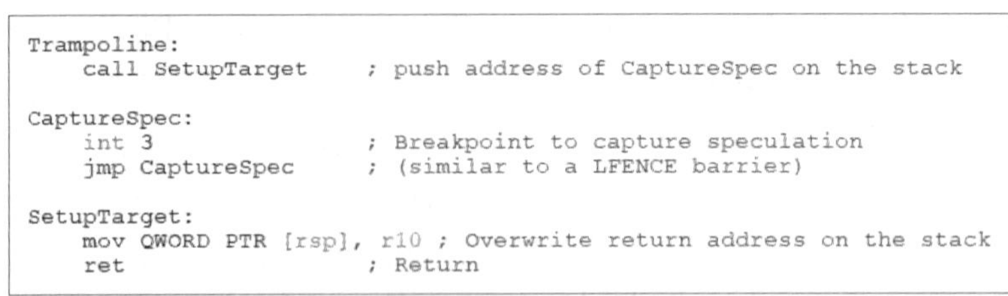

```
Trampoline:
    call SetupTarget      ; push address of CaptureSpec on the stack

CaptureSpec:
    int 3                 ; Breakpoint to capture speculation
    jmp CaptureSpec       ; (similar to a LFENCE barrier)

SetupTarget:
    mov QWORD PTR [rsp], r10 ; Overwrite return address on the stack
    ret                   ; Return
```

图 8-9　x86 CPU 的 Retpoline 代码序列

在 Windows 中，Retpoline 是在 NT 内核里实现的，这样可通过动态值重定位表（Dynamic Value Relocation Table，DVRT），动态地为内核与外部驱动程序映像应用 Retpoline 代码序列。当内核映像使用 Retpoline 编译（通过兼容的编译器）时，编译器会在映像的 DVRT 里为代码中存在的每个间接分支插入一个项，以此描述其地址和类型。执行该间接分支的操作码会照原样保存在最终的代码中，但会被增加一个大小可变的填充（padding）。DVRT 中的项包含 NT 内核动态修改间接分支的操作码所需的全部信息。这种架构确保了使用 Retpoline 选项编译的外部驱动程序也可以在老版本操作系统中运行，为此只需跳过 DVRT 表中这些项的解析操作即可。

注意 DVRT 的开发最初是为了支持内核 ASLR（Address Space Layout Randomization，地址空间布局随机化，详见卷 1 第 5 章）。随后 DVRT 表通过扩展包含了 Retpoline 描述符。系统可以识别映像中所包含的 DVRT 表的版本。

在初始化的阶段 1，内核将检测处理器是否会受到 Spectre 攻击，如果系统可兼容并具备足够可用的硬件缓解措施，就会启用 Retpoline 并将其应用到 NT 内核映像和 HAL。RtlPerformRetpolineRelocationsOnImage 例程会扫描 DVRT，将表中每项所描述的间接分支替换为不容易受到预测攻击，且以 Retpoline 代码序列为目标的直接分支。间接分支最初的目标地址会保存在一个 CPU 寄存器（AMD 和 Intel 处理器的 R10 寄存器）中，并通过一条指令覆盖写入由编译器生成的填充。Retpoline 代码序列会存储在 NT 内核映像的 RETPOL 节中，为该节提供支撑的页面会映射至每个驱动程序映像的结尾处。

启动前，内部例程 MiReloadBootLoadedDrivers 会将引导驱动程序物理迁移至其他位置，并为每个驱动程序的映像进行必要的修复（包括 Retpoline）。所有引导驱动程序、NT 内核以及 HAL 映像都会被 Windows 加载器（Windows Loader）分配一块连续的虚拟地址空间，该空间不包含相关的控制区域，因此这些空间将不可分页。这意味着为这些映像提供支撑的内存将始终驻留，并且 NT 内核可以使用同一个 RtlPerformRetpolineRelocationsOnImage 函数直接在代码中修改每个间接分支。如果启用了 HVCI，那么系统必须调用安全内核（Secure Kernel）以应用 Retpoline（借助安全调用 PERFORM_RETPOLINE_RELOCATIONS）。实际上，在这个场景中，驱动程序的可执行内存会按照第 9 章介绍的安全内核写入执行限制措施加以保护，不允许任何形式的修改，仅安全内核可以进行修改。

注意 Retpoline 和导入优化修复措施是由内核在 PatchGuard（也叫内核补丁保护，Kernel Patch Protection，详见本书卷 1 第 7 章）初始化并提供一定程度的保护之前对引导驱动程序应用的。对于驱动程序和 NT 内核本身，修改受保护驱动程序的代码节是一种非法操作。

运行时驱动程序（详见本书卷 1 第 5 章）由 NT 内存管理器负责加载，可创建出由驱动程序的映像文件支撑的节对象（section object）。这意味着为了跟踪内存节中的页面，需要创建一个控制区（包括原型 PTE 数组）。对于驱动程序节，一些物理页面最初被放入内存中只是为了验证代码的完整性，随后就会被转移至备用表（standby list）中。当这样的节随后被映射并且驱动程序的页面被首次访问时，来自备用表（或来自备份文件）的物理页面会被页面错误处理程序按需进行具体化。Windows 会对原型 PTE 所指向的共享页面应用 Retpoline。如果同一节同时也被用户模式的应用程序所映射，内存管理器就会新建一个私有页，并将共享页面中的内容复制到私有页，借此重新恢复 Retpoline（以及导入优化）的修复措施。

注意 一些较新的 Intel 处理器还会对“Return”指令进行预测。此类 CPU 将无法启用 Retpoline，因为无法借此防范 Spectre v2。在这种情况下，只能使用硬件缓解措施。增强型 IBRS（一种新的硬件缓解措施）解决了 IBRS 的性能退化问题。

Retpoline 位图

在 Windows 中实现 Retpoline 的最初设计目标（局限）之一在于需要为混合环境（同时包含兼容和不兼容 Retpoline 的驱动程序）提供支持，并针对 Spectre v2 提供整体性系统保护。这意味着不支持 Retpoline 的驱动程序应在启用 IBRS（或在启用 STIBP 的情况下同时为内核项启用 IBPB，详见“硬件间接分支控制”一节）的情况下运行，其他驱动程序则可在不启用任何硬件预测缓解措施的情况下运行（此时可由 Retpoline 代码序列和内存屏障提供保护）。

为了动态实现与老旧驱动程序的兼容性，在初始化的阶段 0 过程中，NT 内核会分配并初始化一个动态位图，以此跟踪组成整个内核地址空间的每个 64 KB 内存块。在这种模型中，设置为“1”的位代表 64 KB 的地址空间块包含可兼容 Retpoline 的代码，反之则会设置为“0”。随后，NT 内核会将代表 HAL 和 NT 映像（始终兼容 Retpoline）的地址空间对应的位设置为“1”。每次加载新的内核映像后，系统都会尝试为其应用 Retpoline。如果能成功应用，那么 Retpoline 位图中对应的位也会被设置为“1”。

Retpoline 代码序列还可进一步加入位图检查功能：每次执行间接分支时，系统会检查最初的调用目标是否位于可兼容 Retpoline 的模块中。如果检查通过（且相关位被设置为“1”），则系统会执行 Retpoline 代码序列（见图 8-9）并以安全的方式进入目标地址。否则（当 Retpoline 位图中的位被设置为“0”时）将会初始化 Retpoline 退出序列。随后，当前 CPU 的 PRCB 会设置 RUNNING_NON_RETPOLINE_CODE 标记(用于上下文切换)，IBRS 会被启用（或启用 STIBP，取决于硬件配置），需要时会发出 IBPB 和 LFENCE，并生成内核事件 SPEC_CONTROL。最后，处理器依然能以安全的方式进入目标地址（由硬件缓解措施提供所需的保护能力）。

当线程量程终止且调度器选择新线程后，调度器会将当前处理器的 Retpoline 状态(由是否出现 RUNNING_NON_RETPOLINE_CODE 标记来表示)保存在旧线程的 KTHREAD 数据结构中。通过这种方式，当旧线程被选中再次执行（或发生了进入内核陷阱事件）时，系统就会知道自己需要重新启用所需的硬件预测缓解措施，进而确保系统能够始终获得保护。

导入优化

DVRT 中的 Retpoline 项还描述了以导入函数为目标的间接分支。DVRT 会借助导入的控制传输项，使用指向 IAT 中正确项的索引来描述此类分支（IAT 是指 Image Import Address Table，即映像导入地址表，这是一种由加载器编译的导入函数指针数组）。当 Windows 加载器编译了 IAT 后，其内容通常就不太可能发生变化了（但存在一些罕见的例外情况）。如图 8-10 所示，其实并不需要将指向导入函数的间接分支转换为 Retpoline 分支，因为 NT 内核可以保证两个映像（调用方和被调用方）的虚拟地址足够接近，可直接调用（不超过 2 GB 的）目标。

```
StandardCall:
    call QWORD PTR [IAT+ExAllocatePoolOffset]  ; 7 bytes
    nop  DWORD PTR [RAX+RAX]     ; 5 bytes

ImportOptimizedCall:
    mov  R10, QWORD PTR [IAT+ExAllocatePoolOffset] ; 7 bytes
    call ExAllocatePool           ; Direct call (5 bytes)

RetpolineOnly:
    mov R10, QWORD PTR [IAT+ExAllocatePoolWithTagOffset]  ; 7 bytes
    call _retpoline_import_r10  ; Direct call (5 bytes)
```

图 8-10 ExAllocatePool 函数不同的间接分支

导入优化（import optimization，在内部通常称为"导入链接"）这项功能可使用 Retpoline 动态重定向，将指向导入函数的间接调用转换为直接分支。如果使用直接分支将代码执行过程转向至导入函数，则无须应用 Retpoline，因为直接分支不会受到预测攻击。NT 内核会在应用 Retpoline 的同时应用导入优化，虽然这两个功能可以单独配置，但为了正常生效，它们都用到了相同的 DVRT 项。借助导入优化，甚至在不会受到 Spectre v2 攻击的系统中，Windows 也可以进一步获得性能提升（直接分支不需要任何额外的内存访问）。

8.3.4 STIBP 配对

在超线程（hyper-thread）系统中，为保护用户模式代码免受 Spectre v2 攻击，系统至少会在启用了 STIBP 的情况下运行用户线程。在非超线程系统中则无须这样做：因为先前执行内核模式代码时已经启用了 IBRS，此时已经可以防止先前执行的用户模式线程进行预测。如果启用了 Retpoline，当跨进程切换线程并且首次从内核陷阱返回时，就已经发出了所需的 IBPB。这确保了在执行用户线程代码前，CPU 分支预测器缓冲区一定为空。

在超线程系统中启用 STIBP 会导致性能退化，因此，默认情况下，用户模式线程的 STIBP 会被禁用，这会导致线程可能受到来自同胞 SMT 线程的预测攻击。终端用户可以通过 USER_STIBP_ALWAYS 功能设置，或使用 RESTRICT_INDIRECT_BRANCH_PREDICTION 这个进程缓解选项为用户线程手动启用 STIBP（详见"硬件间接分支控制"一节）。

上述场景并非最理想的。更好的解决方案是通过 STIBP 配对机制来实现。STIBP 配对是由 I/O 管理器在 NT 内核初始化的阶段 1 启用的（使用 KeOptimizeSpecCtrlSettings 函数），但这需要满足一些条件。系统必须启用超线程，CPU 需要支持 IBRS 和 STIBP。此外，只有非嵌套虚拟化环境或禁用 Hyper-V 的情况下才能支持 STIBP 配对（详见第 9 章）。

在 STIBP 配对场景中，系统会为每个进程分配一个安全域标识符（存储在 EPROCESS 数据结构中），该标识符由一个 64 位数字表示。System 安全域标识符（等于"0"）只会分配给使用 System 或完整管理令牌运行的进程。Nonsystem 安全域则会在进程创建时（由内部函数 PspInitializeProcessSecurit）按照如下规则分配：

- 如果新建的进程未明确分配新的主令牌，那么它会从创建它的父级进程获得相同的安全域。
- 如果新进程明确指定了新的主令牌（例如使用 CreateProcessAsUser 或 CreateProcessWithLogon API），则会从内部符号 PsNextSecurityDomain 开始为新进程生成新的用户安全域 ID。随后每生成一个新的域 ID，其值都会增加（保证了在系统运行全过程中不会产生冲突的安全域）。

- 请注意，进程最初创建完毕后，还可以使用 NtSetInformationProcess API（以及 ProcessAccessToken 信息类）分配新的主令牌。为了让该 API 的操作成功实现，进程需要创建为挂起状态（其中未运行任何线程）。至此，该进程依然具备最初的令牌并处于非冻结状态。新安全域则会按照上文介绍的规则进行分配。

安全域还可以以手动方式分配给属于同一组的不同进程。应用程序可以使用 NtSetInformationProcess API 以及 ProcessCombineSecurityDomainsInformation 类，将进程的安全域替换为同一组中其他进程的安全域。该 API 可接收两个进程句柄，并在两个令牌都被冻结的情况下替换第一个进程的安全域，而这两个进程可以通过 PROCESS_VM_WRITE 和 PROCESS_VM_OPERATION 访问权打开对方。

STIBP 配对机制的正常生效离不开安全域。STIBP 配对可将逻辑处理器（LP）与其"同胞"链接在一起（两者共享一个物理内核。本节内容中出现的 LP 和 CPU 这两个术语可互换）。只有在本地 CPU 和远程 CPU 的安全域相同，或者两个 LP 中有一个闲置时，两个 LP 才会由 STIBP 配对算法（实现于内部函数 KiUpdateStibpPairing 中）进行配对。这些情况下，两个 LP 都可以在不设置 STIBP 的情况下运行，并暗地受到预测执行保护（对相同安全上下文中运行的同胞 CPU 进行此类攻击无法获得任何好处）。

STIBP 配对算法实现于 KiUpdateStibpPairing 函数中，其中包含一个完整的状态机。只有当 CPU 的 PRCB 中所存储的配对状态信息变得陈旧时，陷阱退出处理程序才会调用该例程（会在系统退出内核模式开始执行用户模式线程时调用）。LP 的配对状态主要会因为如下两个原因变得陈旧：

- NT 调度器选择了在当前 CPU 上执行的新线程。如果新线程的安全域不同于旧线程，CPU 的 PRCB 配对状态就会被标记为陈旧。随后 STIBP 配对算法会重新评估两者的配对状态。
- 当同胞 CPU 脱离闲置状态时，它会请求远程 CPU 重新评估自己的 STIBP 配对状态。

请注意，当 LP 在启用 STIBP 的情况下运行代码时，可防范来自同胞 CPU 的预测。STIBP 配对是基于相反概念开发的：启用 STIBP 的情况下执行 LP 时，可保证同胞 CPU 能够防范来自自己的预测。这意味着当通过上下文切换进入不同的安全域时，完全不需要中断同胞 CPU 的执行，哪怕对方正在禁用 STIBP 的情况下运行用户模式代码。

上述场景唯独不适用于这种情况：调度器选择的 VP 调度线程（在启用根调度器的情况下为虚拟处理器提供支撑，详见第 9 章）隶属于 VMMEM 进程。这种情况下，系统会立刻向同胞线程发送 IPI 以便更新其 STIBP 配对状态。实际上，运行客户端虚拟机代码的 VP 调度线程始终可以决定禁用 STIBP，导致同胞线程（同样运行于 STIBP 禁用的情况下）处于不受保护的状态。

实验：查询系统的侧信道缓解状态

Windows 会使用原生 API NtQuerySystemInformation，通过 SystemSpeculationControlInformation 和 SystemSecureSpeculationControlInformation 这两个信息类暴露侧信道缓解信息。很多工具可利用该 API 向终端用户显示系统的侧信道缓解状态：

- 由 Matt Miller 开发并由微软官方提供支持的 PowerShell 脚本 SpeculationControl，这是一个开源工具，已发布至如下 GitHub 代码库：https://github.com/microsoft/SpeculationControl。

- 由亚历克斯·伊奥尼斯库（本书作者之一）开发的 SpecuCheck 工具，同样已开源并发布至如下 GitHub 代码库：https://github.com/ionescu007/SpecuCheck。
- 由安德里亚·阿列维（本书作者之一）开发的 SkTool，（在撰写本书时）已被纳入较新的 Windows Insider 版本中。

上述三个工具都能提供大致相同的结果。但只有 SkTool 能够显示安全内核中实现的侧信道缓解措施（虚拟机监控程序和安全内核详见第 9 章）。在这个实验中，我们将了解自己系统中启用了哪些缓解措施。请下载 SpecuCheck 并打开命令提示符窗口（在搜索框中输入 cmd）执行该工具，随后应该能看到类似如下的输出结果：

```
SpecuCheck v1.1.1    --   Copyright(c) 2018 Alex Ionescu
https://ionescu007.github.io/SpecuCheck/  --   @aionescu
--------------------------------------------------------

Mitigations for CVE-2017-5754 [rogue data cache load]
--------------------------------------------------------
[-] Kernel VA Shadowing Enabled:                          yes
     > Unnecessary due lack of CPU vulnerability:       no
     > With User Pages Marked Global:                   no
     > With PCID Support:                              yes
     > With PCID Flushing Optimization (INVPCID):      yes

Mitigations for CVE-2018-3620 [L1 terminal fault]
[-] L1TF Mitigation Enabled:                              yes
     > Unnecessary due lack of CPU vulnerability:       no
     > CPU Microcode Supports Data Cache Flush:        yes
     > With KVA Shadow and Invalid PTE Bit:            yes
```

（为节省版面，上述输出结果已节略。）

此外，也可下载最新的 Windows Insider 版本并尝试使用 SkTool 工具。在不添加任何命令行参数的情况下启动该工具后，默认即可显示虚拟机监控程序和安全内核的状态。要查看所有侧信道缓解措施的状态，需要使用/mitigations 这个命令行参数来调用该工具：

```
Hypervisor / Secure Kernel / Secure Mitigations Parser Tool 1.0
Querying Speculation Features... Success!
   This system supports Secure Speculation Controls.

System Speculation Features.
   Enabled: 1
   Hardware support: 1
   IBRS Present: 1
   STIBP Present: 1
   SMEP Enabled: 1
   Speculative Store Bypass Disable (SSBD) Available: 1
   Speculative Store Bypass Disable (SSBD) Supported by OS: 1
   Branch Predictor Buffer (BPB) flushed on Kernel/User transition: 1
   Retpoline Enabled: 1
   Import Optimization Enabled: 1
   SystemGuard (Secure Launch) Enabled: 0 (Capable: 0)
   SystemGuard SMM Protection (Intel PPAM / AMD SMI monitor) Enabled: 0

Secure system Speculation Features.
```

```
KVA Shadow supported: 1
KVA Shadow enabled: 1
KVA Shadow TLB flushing strategy: PCIDs
Minimum IBPB Hardware support: 0
IBRS Present: 0 (Enhanced IBRS: 0)
STIBP Present: 0
SSBD Available: 0 (Required: 0)
Branch Predictor Buffer (BPB) flushed on Kernel/User transition: 0
Branch Predictor Buffer (BPB) flushed on User/Kernel and VTL 1 transition: 0
L1TF mitigation: 0
Microarchitectural Buffers clearing: 1
```

8.4 陷阱调度

中断和异常是一类会导致处理器在常规控制流范围外执行代码的操作系统状况。硬件和软件都可能导致此类状况。陷阱（trap）是指在发生异常或中断时，处理器捕获执行中的线程并将控制权转交到操作系统中固定位置的机制。在 Windows 中，处理器会将控制权转交给陷阱处理程序（trap handler），这是一种针对特定中断或异常的函数。图 8-11 展示了一些可能会激活陷阱处理程序的状况。

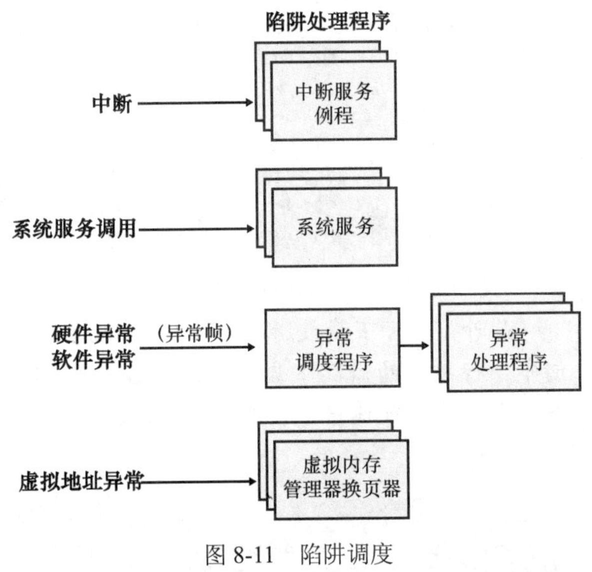

图 8-11 陷阱调度

内核会通过如下方式区分中断和异常。中断（interrupt）是一种异步事件（可能会在任何时间发生），但通常与处理器正在执行的工作无关。中断主要由 I/O 设备、处理器时钟或计时器生成的，可以启用（开启）或禁用（关闭）。作为对比，异常（exception）是一种同步状况，通常是在执行特定指令时产生的（对计算机检查的中止是一种处理器异常，但这通常与指令的执行无关）。异常和中止有时也被称为错误（fault），如页面错误（page fault）或双重错误（double fault）。在相同条件下用相同数据再次运行程序可以重现异常。异常的常见范例包括内存访问冲突、某些调试器指令及“除以零”错误等。内核也会将系统服务调用视为异常（不过从技术的角度来看，它们其实是系统陷阱）。

无论硬件或软件都可能产生异常和中断。例如，硬件问题可能造成总线错误异常，软件 Bug 可能导致“除以零”异常。同样，I/O 设备也可产生中断，而内核本身也可能产生软件中断（如 APC 或 DPC，下面将介绍它们）。

产生硬件异常或中断后，x86 和 x64 处理器首先会检查当前代码段（Code Segment，CS）是否位于 CPL 0 或更低级别（即当前线程是在内核模式还是用户模式下运行）。如果线程已经运行在 Ring 0 级别，则处理器会为当前栈存储（或推送）下列信息，这相当于进行了从内核到内核的过渡。

- 当前处理器的标记（EFLAGS/RFLAGS）。
- 当前的代码段（CS）。
- 当前的程序计数器（EIP/RIP）。
- 可选：某些类型异常的错误代码。

当处理器实际在 Ring 3 级别下运行用户模式代码时，首先会根据任务寄存器（Task Register，TR）查找当前的 TSS，随后在 x86 系统中切换至 SS0/ESP0，或在 x64 系统中直接切换至 RSP0，这一过程已在“任务状态段”中进行了介绍。随着处理器开始在内核栈上执行，它会首先存储之前的 SS（用户模式值）和 ESP（用户模式栈），随后存储从内核到内核过渡期间的其他相同数据。

存储这些数据可以获得双重收益。首先，可以在内核栈中记录足够的计算机状态信息，以便在当前线程的控制流中返回最初的点位并继续执行，就好像什么事情都没有发生过。其次，由此操作系统可以（根据保存的 CS 值）得知陷阱的来源，例如可以得知某个异常是来自用户模式代码还是内核系统调用。

由于处理器仅存储还原控制流所必需的信息，计算机的其他状态（包括 EAX、EBX、ECX、EDI 等寄存器）均保存在陷阱帧中，这是 Windows 在线程的内核栈中分配的一种数据结构。陷阱帧存储了线程的执行状态，属于线程完整上下文的超集，并包含额外的状态信息。若要查看其定义，可在内核调试器中使用 dt nt!_KTRAP_FRAME 命令，或下载 Windows 驱动程序开发包（WDK）并查看 NTDDK.H 头文件，其中包含相关定义及备注信息（有关线程上下文的详细介绍请参阅本书卷 1 第 5 章）。内核会将软件中断作为硬件中断的一部分加以处理，或当线程调用与软件中断有关的内核函数时以同步的方式来处理。

大部分情况下，在将控制权转交给产生陷阱的其他函数之前或之后，内核会安装前端陷阱处理函数，并以此执行与陷阱有关的常规处理任务。举例来说，如果遇到设备中断，内核硬件中断陷阱处理程序会将控制权转交给设备驱动程序为中断设备提供的中断服务例程（Interrupt Service Routine，ISR）。如果相关状况是由系统服务的调用所致，那么常规系统服务陷阱处理程序会将控制权转交给执行体中的特定系统服务函数。

在一些不常见的情形下，内核还会收到本不应看到或处理的陷阱或中断。有时这些情况也叫虚假陷阱或非预期陷阱。陷阱处理程序通常会执行系统函数 KeBugCheckEx，当内核检测到有问题或错误的行为时，它会将计算机挂起，如果不检查这样的情况，则可能会导致数据出错。下一节将进一步详细介绍中断、异常以及系统服务调度。

8.4.1 中断调度

硬件生成的中断通常源自那些需要通知处理器自己何时需要服务的 I/O 设备。中断驱动的设备可以用重叠的方式集中处理 I/O 操作，以此让操作系统最大限度地充分利用处理器。当线程向/从一个设备启动 I/O 传输后，即可在设备完成传输操作的过程中执行其他工作。当设备传输操作完成后，会向处理器发出中断，以便要求获得服务。指点设备、打印机、键盘、磁盘驱动器以及网卡通常都属于中断驱动的设备。

系统软件也可以产生中断。举例来说，内核产生软件中断以初始化线程调度，并以异步的方式打断线程的执行。内核还可以禁用中断，这样处理器就不会再遇到中断，但这种情况并不常见，通常只发生在一些关键时刻，如对中断控制器进行编程或调度异常时。

为响应设备中断，内核会安装中断陷阱处理程序。中断陷阱处理程序可以将控制权转交给处理该中断的外部例程（ISR），或者转交给响应该中断的内部内核例程。设备驱动程序会为设备中断的相关服务提供 ISR，其他类型的中断则由内核提供中断处理例程。

在下面几节我们将介绍硬件向处理器发出设备中断通知的方式、内核可支持的中断类型、设备驱动程序与内核交互的方式（这是中断处理工作的一部分）、内核可识别的软件中断（以及用于实现中断的内核对象）。

硬件中断处理

在 Windows 可支持的硬件平台上，外部 I/O 中断将成为中断控制器（例如 I/O 高级可编程中断控制器，I/O Advanced Programmable Interrupt Controller，IOAPIC）的一种输入。随后控制器将打断一个或多个处理器的本地高级可编程中断控制器（Local Advanced Programmable Interrupt Controller，LAPIC），最终在输入线上中断处理器。

被中断的处理器会向控制器查询全局系统中断向量（Global System Interrupt Vector，GSIV），GSIV 有时会表现为一个中断请求（Interrupt Request，IRQ）编号。中断控制器可将 GSIV 转换为处理器中断向量，随后将该向量作为中断调度表（Interrupt Dispatch Table，IDT）这种数据结构的索引，IDT 存储在 CPU 的 IDT 寄存器（即 IDTR）中，可以为中断向量返回匹配的 IDT 项。

根据 IDT 项所包含的信息，处理器可以将控制转交给 Ring 0 级别下运行的相应中断调度例程（这一进程的具体描述可参阅本节开头处），或者也可以使用一种名为中断门（interrupt gate）的进程，加载新的 TSS 并更新任务寄存器（TR）。对于 Windows，在系统引导过程中，内核会向 IDT 中填充指针，这些指针指向部分专用内核与 HAL 例程，它们与每个异常以及内部处理过的中断相对应。此外，还有一些指针会指向一种名为 KiIsrThunk 的形式转换（Thunk）内核例程，借此处理第三方设备驱动程序可注册的外部中断。在 x86 和 x64 架构的处理器中，与中断向量 0～31 所关联的前 32 个 IDT 项是为处理器陷阱保留的，详见表 8-3 的介绍。

表 8-3 处理器陷阱

向量（助记缩写）	含义
0 (#DE)	除法错误
1 (#DB)	调试陷阱
2 (NMI)	不可屏蔽的中断
3 (#BP)	断点陷阱
4 (#OF)	溢出错误
5 (#BR)	边界错误
6 (#UD)	未定义的操作码错误
7 (#NM)	FPU 错误
8 (#DF)	双重错误
9 (#MF)	协处理器错误（已弃用）
10 (#TS)	TSS 错误

续表

向量（助记缩写）	含义
11 (#NP)	段错误
12 (#SS)	栈错误
13 (#GP)	常规保护错误
14 (#PF)	页面错误
15	保留
16 (#MF)	浮点错误
17 (#AC)	对齐检查错误
18 (#MC)	机器检查中止
19 (#XM)	SIMD 错误
20 (#VE)	虚拟化异常
21 (#CP)	控制保护异常
22～31	保留

其余 IDT 项包含硬编码的值（例如向量 30～34 始终用于与 Hyper-V 有关的 VMBus 中断）以及设备驱动程序、硬件、中断控制器与平台软件（如 ACPI）协商获得的值。例如，键盘控制器可能会在一个 Windows 系统中发出中断向量 82，而在另一个系统中可能会发出中断向量 67。

实验：查看 64 位 IDT

我们可以使用调试器命令**!idt** 查看 IDT 的内容，包括与 Windows 为中断（包括异常和 IRQ）分配的陷阱处理程序相关的信息。在不包含任何标记的情况下运行**!idt** 命令，可以显示简化后的输出结果，其中仅包含已注册的硬件中断（在 64 位计算机上还会包含处理器陷阱处理程序）。

下列范例展示了在 x64 系统上运行**!idt** 命令后看到的结果：

```
0: kd> !idt

Dumping IDT: fffff8027074c000

00:     fffff8026e1bc700 nt!KiDivideErrorFault
01:     fffff8026e1bca00 nt!KiDebugTrapOrFault  Stack = 0xFFFFF8027076E000
02:     fffff8026e1bcec0 nt!KiNmiInterrupt  Stack = 0xFFFFF8027076A000
03:     fffff8026e1bd380 nt!KiBreakpointTrap
04:     fffff8026e1bd680 nt!KiOverflowTrap
05:     fffff8026e1bd980 nt!KiBoundFault
06:     fffff8026e1bde80 nt!KiInvalidOpcodeFault
07:     fffff8026e1be340 nt!KiNpxNotAvailableFault
08:     fffff8026e1be600 nt!KiDoubleFaultAbort  Stack = 0xFFFFF80270768000
09:     fffff8026e1be8c0 nt!KiNpxSegmentOverrunAbort
0a:     fffff8026e1beb80 nt!KiInvalidTssFault
0b:     fffff8026e1bee40 nt!KiSegmentNotPresentFault
0c:     fffff8026e1bf1c0 nt!KiStackFault
0d:     fffff8026e1bf500 nt!KiGeneralProtectionFault
0e:     fffff8026e1bf840 nt!KiPageFault
10:     fffff8026e1bfe80 nt!KiFloatingErrorFault
11:     fffff8026e1c0200 nt!KiAlignmentFault
12:     fffff8026e1c0500 nt!KiMcheckAbort  Stack = 0xFFFFF8027076C000
```

```
13:     fffff8026e1c0fc0 nt!KiXmmException
14:     fffff8026e1c1380 nt!KiVirtualizationException
15:     fffff8026e1c1840 nt!KiControlProtectionFault
1f:     fffff8026e1b5f50 nt!KiApcInterrupt
20:     fffff8026e1b7b00 nt!KiSwInterrupt
29:     fffff8026e1c1d00 nt!KiRaiseSecurityCheckFailure
2c:     fffff8026e1c2040 nt!KiRaiseAssertion
2d:     fffff8026e1c2380 nt!KiDebugServiceTrap
2f:     fffff8026e1b80a0 nt!KiDpcInterrupt
30:     fffff8026e1b64d0 nt!KiHvInterrupt
31:     fffff8026e1b67b0 nt!KiVmbusInterrupt0
32:     fffff8026e1b6a90 nt!KiVmbusInterrupt1
33:     fffff8026e1b6d70 nt!KiVmbusInterrupt2
34:     fffff8026e1b7050 nt!KiVmbusInterrupt3
35:     fffff8026e1b48b8 hal!HalpInterruptCmciService (KINTERRUPT fffff8026ea59fe0)
b0:     fffff8026e1b4c90 ACPI!ACPIInterruptServiceRoutine (KINTERRUPT ffffb88062898dc0)
ce:     fffff8026e1b4d80 hal!HalpIommuInterruptRoutine (KINTERRUPT fffff8026ea5a9e0)
d1:     fffff8026e1b4d98 hal!HalpTimerClockInterrupt (KINTERRUPT fffff8026ea5a7e0)
d2:     fffff8026e1b4da0 hal!HalpTimerClockIpiRoutine (KINTERRUPT fffff8026ea5a6e0)
d7:     fffff8026e1b4dc8 hal!HalpInterruptRebootService (KINTERRUPT fffff8026ea5a4e0)
d8:     fffff8026e1b4dd0 hal!HalpInterruptStubService (KINTERRUPT fffff8026ea5a2e0)
df:     fffff8026e1b4e08 hal!HalpInterruptSpuriousService (KINTERRUPT fffff8026ea5a1e0)
e1:     fffff8026e1b8570 nt!KiIpiInterrupt
e2:     fffff8026e1b4e20 hal!HalpInterruptLocalErrorService (KINTERRUPT fffff8026ea5a3e0)
e3:     fffff8026e1b4e28 hal!HalpInterruptDeferredRecoveryService
                             (KINTERRUPT fffff8026ea5a0e0)
fd:     fffff8026e1b4ef8 hal!HalpTimerProfileInterrupt (KINTERRUPT fffff8026ea5a8e0)
fe:     fffff8026e1b4f00 hal!HalpPerfInterrupt (KINTERRUPT fffff8026ea5a5e0)
```

在执行上述实验的系统中，ACPI SCI ISR 位于中断编号 B0h。此外，我们还可以看到，中断 14 (0Eh)对应了 KiPageFault，由上文的介绍可知，这是一种预定义的 CPU 陷阱。

另外我们还会注意到，有些中断（尤其是 1、2、8、12）的旁边有一个栈指针。这些栈指针对应了上文“任务状态段”中所介绍的陷阱，需要由专用的安全内核栈来处理。通过转储 IDT 项，调试器可以得知这些栈指针的存在，而我们也可以使用 **dx** 命令并取消对 IDT 中某个中断向量的引用来达到相同的目的。虽然我们可以从处理器的 IDTR 获得 IDT，但其实也可以从内核的 KPCR 结构中获得，该结构在一个名为 IdtBase 的字段中有一个指向 IDT 的指针。

```
0: kd> dx @$pcr->IdtBase[2].IstIndex
@$pcr->IdtBase[2].IstIndex : 0x3 [Type: unsigned short]

0: kd> dx @$pcr->IdtBase[0x12].IstIndex
@$pcr->IdtBase[0x12].IstIndex : 0x2 [Type: unsigned short]
```

将上述 IDT 值与上一个实验中转储的 x64 TSS 值进行比较，就会看到与该实验有关的可匹配的内核栈指针。

每个处理器都有自己的 IDT（由自己的 IDTR 所指向），因此必要时，不同的处理器可以运行不同的 ISR。例如在多处理器系统中，每个处理器都能收到时钟中断，但只有一个处理器可以更新系统时钟以响应此中断。不过所有的处理器都可以使用该中断来衡量线程量程，并在线程量程结束后发起重调度。类似地，有些系统配置可能需要由特定的处理器来处理某些设备中断。

可编程中断控制器架构

传统 x86 系统依赖 i8259A 可编程中断控制器（Programmable Interrupt Controller，PIC），这是一项源自早期 IBM PC 的标准。i8259A PIC 仅适用于单处理器系统，且只包含 8 条中断线（interrupt line）。然而 IBM PC 体系结构还额外定义了一种名为 Secondary 的第二个 PIC，其中断可通过多路传输（multiplexed）进入主 PIC 的一条中断线中。这样总共就可以提供 15 个中断（7 个位于主 PIC，8 个位于辅 PIC，通过主 PIC 的第八条中断线进行多路传输）。由于 PIC 会通过如此奇特的方式处理 8 个以上的设备，并且 15 个中断依然不太够用，以及受各种电气问题（很容易造成虚假的中断）以及单处理器支持本身存在局限的影响，所以现代系统逐渐淘汰了这种类型的中断控制器，转而使用一种名为 i82489 高级可编程中断控制器（Advanced Programmable Interrupt Controller，APIC）的变体。

由于 APIC 可适用于多处理器系统，所以 Intel 与其他公司还定义了多处理器规范（Multiprocessor Specification，MPS），这适用于 x86 多处理器系统的设计标准且以 APIC 的使用为中心，并将连接外部硬件设备的 I/O APIC（IOAPIC）与连接处理器内核的本地 APIC（LAPIC）进行了集成。随着时间的推移，MPS 标准被融入高级配置和电源接口（Advanced Configuration and Power Interface，ACPI）中，这两个标准的首字母缩写如此相似纯属巧合。为了兼容单处理器操作系统以及在单处理器模式下启动多处理器系统的引导代码，APIC 支持一种 PIC 兼容模式，该模式可提供 15 个中断，并且中断只会被传递给主处理器。APIC 架构如图 8-12 所示。

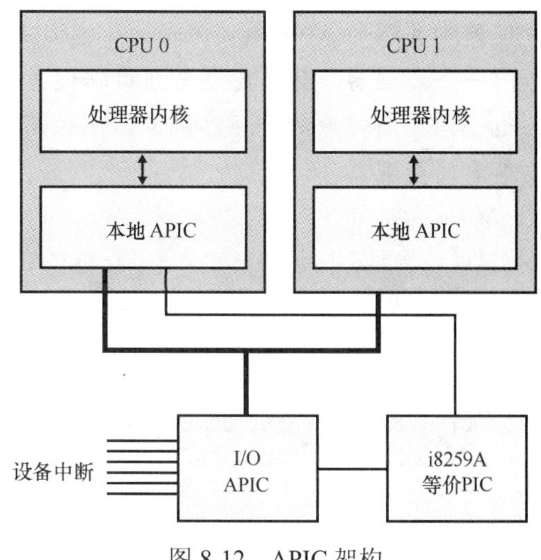

图 8-12 APIC 架构

如上文所述，APIC 包含多个组件：一个负责从设备接收中断的 I/O APIC，多个在总线上接收来自 I/O APIC 的中断并打断所关联处理器的本地 APIC，以及一个将 APIC 信号转换为等价 PIC 信号且可兼容 i8259A 的中断控制器。由于系统中可能存在多个 I/O APIC，所以主板上通常会在它们以及处理器之间放置一定的核心逻辑。该逻辑负责实现中断路由算法，借此跨越多个处理器对设备中断的负载进行均衡，并充分利用位置的毗邻性，将设备中断发送给刚刚处理过相同类型中断的同一个处理器。软件程序可以通过一种固定的路由算法对 I/O APIC 重编程，进而绕过这种芯片组逻辑。大部分情况下，Windows 会用自己的路由逻辑对 I/O APIC 重编程以便支持各种功能（如中断路由控制），但设备驱动程序和固件也可以这样做。

因为 x64 架构可兼容 x86 操作系统，所以 x64 系统必须提供与 x86 相同的中断控制器。不过此时的一个重大差异在于，x64 版本的 Windows 会拒绝在不包含 APIC 的系统中运行，因为 x64 版 Windows 需要使用 APIC 实现中断控制，而 x86 版的 Windows 可同时支持 PIC 和 APIC 硬件。这种情况在 Windows 8 和 Windows 后续版本中有所变化，无论 CPU 架构如何，这些系统都只能在 APIC 硬件上运行。x64 系统的另一个差异在于，APIC 的任务优先级寄存器（Task Priority Register，TPR）已经直接绑定至处理器的控制寄存器 8（Control

Register 8，CR8）。包括 Windows 在内的现代操作系统会使用该寄存器存储当前软件中断优先级（在 Windows 中这叫 IRQL），并在做出路由决策时告知 IOAPIC。下文很快将介绍有关 IRQL 处理的更多信息。

实验：查看 PIC 和 APIC

我们可以分别使用内核调试器命令**!pic** 和**!apic** 查看单处理器系统的 PIC 配置以及多处理器系统的当前本地 APIC。单处理器系统中的**!pic** 命令输出结果如下。请注意，即使在具备 APIC 的系统中，该命令依然可以生效，因为为了模拟老旧硬件，APIC 系统始终包含相关联的等价 PIC。

```
lkd> !pic
----- IRQ Number ----- 00 01 02 03 04 05 06 07 08 09 0A 0B 0C 0D 0E 0F
Physically in service:  Y  .  .  .  .  .  .  .  .  Y  Y  Y  .  .  .  .
Physically masked:      Y  Y  Y  Y  Y  Y  Y  Y  Y  Y  Y  Y  Y  Y  Y  Y
Physically requested:   Y  .  .  .  .  .  .  .  .  Y  Y  Y  .  .  .  .
Level Triggered:        .  .  .  .  .  .  .  .  .  .  .  .  .  .  .  .
```

在启用 Hyper-V 的系统中运行**!apic** 命令的输出结果如下，从中可见，由于 **SINTI** 项的存在，此处引用了 Hyper-V 的综合中断控制器（Synthetic Interrupt Controller，SynIC，详见第 9 章的介绍）。另外还请注意，在本地内核调试过程中，该命令可显示与当前处理器相关联的 APIC，换句话说，也就是在运行该命令时恰好用于运行调试器线程的任何一个处理器。如果要查看崩溃转储或远程系统，可以使用~命令，后跟想要查看的本地 APIC 所对应的处理器编号。无论哪种情况，**ID:**标记旁边的编号都对应了我们想要查看的处理器。

```
lkd> !apic
Apic (x2Apic mode)  ID:1 (50014)  LogDesc:00000002  TPR 00
TimeCnt: 00000000clk  SpurVec:df  FaultVec:e2  error:0
Ipi Cmd: 00000000`0004001f  Vec:1F  FixedDel    Dest=Self    edg high
Timer..: 00000000`000300d8  Vec:D8  FixedDel    Dest=Self    edg high    m
Linti0.: 00000000`000100d8  Vec:D8  FixedDel    Dest=Self    edg high    m
Linti1.: 00000000`00000400  Vec:00  NMI         Dest=Self    edg high
Sinti0.: 00000000`00020030  Vec:30  FixedDel    Dest=Self    edg high
Sinti1.: 00000000`00010000  Vec:00  FixedDel    Dest=Self    edg high    m
Sinti2.: 00000000`00010000  Vec:00  FixedDel    Dest=Self    edg high    m
Sinti3.: 00000000`000000d1  Vec:D1  FixedDel    Dest=Self    edg high
Sinti4.: 00000000`00020030  Vec:30  FixedDel    Dest=Self    edg high
Sinti5.: 00000000`00020031  Vec:31  FixedDel    Dest=Self    edg high
Sinti6.: 00000000`00020032  Vec:32  FixedDel    Dest=Self    edg high
Sinti7.: 00000000`00010000  Vec:00  FixedDel    Dest=Self    edg high    m
Sinti8.: 00000000`00010000  Vec:00  FixedDel    Dest=Self    edg high    m
Sinti9.: 00000000`00010000  Vec:00  FixedDel    Dest=Self    edg high    m
Sintia.: 00000000`00010000  Vec:00  FixedDel    Dest=Self    edg high    m
Sintib.: 00000000`00010000  Vec:00  FixedDel    Dest=Self    edg high    m
Sintic.: 00000000`00010000  Vec:00  FixedDel    Dest=Self    edg high    m
Sintid.: 00000000`00010000  Vec:00  FixedDel    Dest=Self    edg high    m
Sintie.: 00000000`00010000  Vec:00  FixedDel    Dest=Self    edg high    m
Sintif.: 00000000`00010000  Vec:00  FixedDel    Dest=Self    edg high    m
TMR: 95, A5, B0
IRR:
ISR:
```

Vec 后跟的各种编号代表了特定命令的 IDT 中所关联的向量。例如，在上述输出结果中，中断编号 0x1F 关联了中断处理器中断（Interrupt Processor Interrupt，IPI）向量，而中断编号 0xE2 负责处理 APIC 错误。再次查看上一个实验中**!idt** 命令的输出结果将会发现，0x1F 是内核的 APC 中断（意味着刚刚使用了 IPI 从一个处理器向另一个处理器发送了 APC），而 0xE2 当然就是 HAL 的本地 APIC 错误处理程序。

下列输出是**!ioapic** 命令的运行结果，其中显示了 I/O APIC 的配置，以及连接到设备的中断控制器组件。例如，请留意 GSIV/IRQ 9（系统控制中断，System Control Interrupt，SCI）是如何关联到向量 B0h 的，而在上一个实验的**!idt** 命令输出结果中，当时关联的是 ACPI.SYS。

```
0: kd> !ioapic
Controller at 0xfffff7a8c0000898 I/O APIC at VA 0xfffff7a8c0012000
IoApic @ FEC00000  ID:8 (11)  Arb:0
Inti00.: 00000000`000100ff  Vec:FF  FixedDel  Ph:00000000       edg high    m
Inti01.: 00000000`000100ff  Vec:FF  FixedDel  Ph:00000000       edg high    m
Inti02.: 00000000`000100ff  Vec:FF  FixedDel  Ph:00000000       edg high    m
Inti03.: 00000000`000100ff  Vec:FF  FixedDel  Ph:00000000       edg high    m
Inti04.: 00000000`000100ff  Vec:FF  FixedDel  Ph:00000000       edg high    m
Inti05.: 00000000`000100ff  Vec:FF  FixedDel  Ph:00000000       edg high    m
Inti06.: 00000000`000100ff  Vec:FF  FixedDel  Ph:00000000       edg high    m
Inti07.: 00000000`000100ff  Vec:FF  FixedDel  Ph:00000000       edg high    m
Inti08.: 00000000`000100ff  Vec:FF  FixedDel  Ph:00000000       edg high    m
Inti09.: ff000000`000089b0  Vec:B0  LowestDl  Lg:ff000000       lvl high
Inti0A.: 00000000`000100ff  Vec:FF  FixedDel  Ph:00000000       edg high    m
Inti0B.: 00000000`000100ff  Vec:FF  FixedDel  Ph:00000000       edg high    m
```

软件中断请求级别（IRQL）

虽然中断控制器会按照一定的优先级顺序来执行中断，但 Windows 会强制实行自己的中断优先级方案，名为中断请求级别（Interrupt Request Level，IRQL）。在内部，内核会使用数字 0～31（x86）或 0～15（x64 以及 ARM/ARM64）代表 IRQL，数字越大，中断优先级越高。虽然内核为软件中断定义了一套标准的 IRQL，但 HAL 会将硬件中断编号映射至这些 IRQL。图 8-13 展示了为 x86 架构和 x64（以及 ARM/ARM64）架构定义的 IRQL。

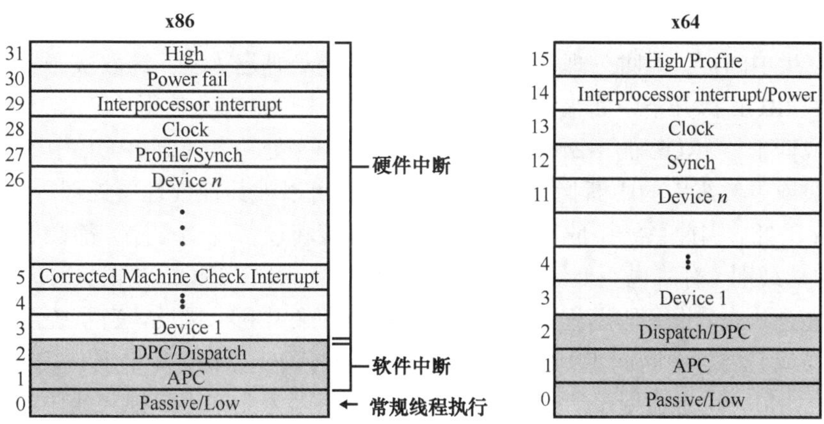

图 8-13　x86 和 x64 的中断请求级别（IRQL）

中断会按照优先级顺序获得服务，较高优先级的中断可以抢占低优先级中断获得服务的机会。当发生高优先级中断后，处理器会保存被中断线程的状态，并调用与该中断关联的陷阱调度程序。陷阱调度程序会提升 IRQL 并调用中断的服务例程。该服务例程执行完毕后，中断调度程序会将处理器的 IRQL 降低为该中断发生之前的级别，随后加载保存的计算机状态。被中断的线程可以从之前断掉的地方恢复执行。当内核降低 IRQL 时，之前被遮蔽的低优先级中断可能会被具体化（materialize）。如果发生这种情况，内核会重复执行该过程来处理新中断。

IRQL 优先级与线程调度优先级（详见本书卷 1 第 5 章）有着截然不同的含义。调度优先级是线程本身的一种属性，而 IRQL 是中断来源（如键盘或鼠标）的一种属性。此外，每个处理器都有一个会随操作系统代码执行而改变的 IRQL 设置。正如上文所述，在 x64 系统中，IRQL 会存储在 CR8 寄存器中，后者会映射回 APIC 的 TPR 上。

每个处理器的 IRQL 设置决定了处理器可以接收哪些中断。IRQL 还可用于对内核模式数据结构进行同步访问（下面将详细介绍同步）。当内核模式线程运行时，会调用 KeRaiseIrql 和 KeLowerIrql 直接提升或降低处理器的 IRQL，或者更常见的做法是通过调用获取内核同步对象的函数来间接更改 IRQL。如图 8-14 所示，如果中断来源的 IRQL 高于当前级别，则这种中断会打断处理器的执行；而如果中断来源的 IRQL 等于或低于当前级别，那么在有执行线程低于该 IRQL 之前，此类中断会被遮蔽。

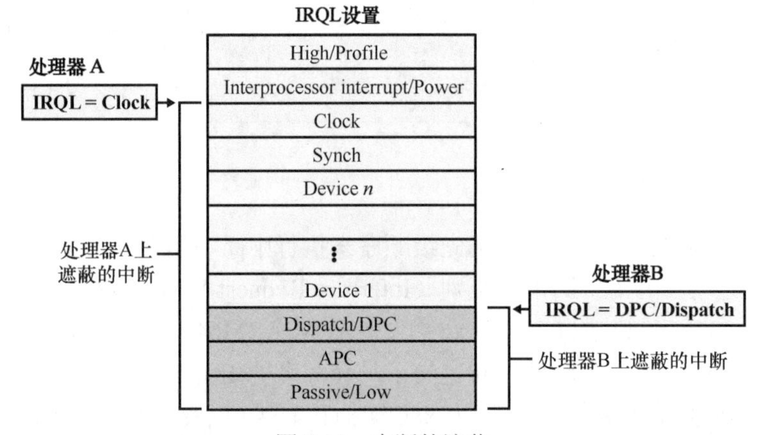

图 8-14　中断的遮蔽

根据所要执行的操作，内核模式线程可以提高或降低自己运行所在处理器的 IRQL。例如，当发生中断后，陷阱处理程序（或者也可能是处理器本身，这取决于具体架构）会将处理器的 IRQL 提升至中断来源所分配的 IRQL。这种提升会使得（仅这一个处理器上）所有等于或低于该 IRQL 的中断被遮蔽，这样即可确保处理器对高 IRQL 中断提供的服务不会被同级或更低级别的中断拦截。被遮蔽的中断可以被其他处理器处理，或一直等待，直到 IRQL 降低。因此系统中的所有组件（包括内核和设备驱动程序）都会尽可能地保持 IRQL 为被动级别（有时也叫低级别）。这样做是因为，即使 IRQL 在很长时间里没能保持非必要的提升状态，设备驱动程序也可以及时响应硬件中断。因此，当系统没有执行任何中断工作（或需要与中断同步）或处理诸如 DPC 或 APC 等软件中断时，IRQL 可以始终为“0”。很明显，这也适用于所有用户模式的处理，因为允许用户模式代码碰触 IRQL 可能会对系统运行产生极大影响。实际上，以大于 0 的 IRQL 返回到用户模式线程会导致系统立即崩溃（BugCheck），对驱动程序来说这是一种非常严重的 Bug。

最后请注意，调度程序自身是以 IRQL 2 级别运行的（例如，因为抢占而从一个线程上下文切换至另一个线程），因此才有了“调度级别”（dispatch level）的概念，意味着处理器在这个级别以及更高级别上将表现为类似单线程合作运行的工作方式。然而此时的一些做法是非法的，例如，等待处于这种 IRQL 的调度程序对象（有关该话题的详情请参阅下文“同步”一节），因为通过上下文切换进入另一个线程（或 Idle 线程）的情况永远不会发生。另一个限制在于，仅未分页的内存可以在 DPC/Dispatch 级别或更高 IRQL 级别上访问。

这一规则实际上属于第一个限制所产生的副作用，因为试图访问非常驻内存的操作会导致页面错误。当发生页面错误时，内存管理器会发起磁盘 I/O 操作，随后需要等待文件系统驱动程序从磁盘中读取页面内容。进而，这个等待过程需要调度器执行上下文切换（如果没有别的用户线程等待运行，也许会切换至 Idle 线程），而这就违反了“调度器无法被调用”这一规则（因为在读取磁盘时，IRQL 依然处于 DPC/Dispatch 级别或更高级别）。进一步还会导致另一个问题：I/O 完成操作通常发生在 APC_LEVEL，即使有时并不需要等待，I/O 也永远无法完成，因为真正需要“完成”的 APC 根本没有机会运行。

如果违反上述两个限制中的任何一个，系统会崩溃并显示 IRQL_NOT_LESS_OR_EQUAL 或 DRIVER_IRQL_NOT_LESS_OR_EQUAL 崩溃代码（有关系统崩溃的详细讨论请参阅第 10 章）。违反这些限制是设备驱动程序最常见的 Bug 之一。Windows 驱动程序验证器（Windows driver verifier）提供了一个选项，可以帮助我们查找这种类型的 Bug。

反之，这也意味着当运行在 IRQL 1（也叫 APC 级别）时，依然可以进行抢占或上下文切换。这使得 IRQL 1 的行为结果在本质上更像是一种线程本地 IRQL 而非处理器本地 IRQL，因为在 IRQL 1 上执行的等待或抢占操作会导致调度器将当前 IRQL 保存到线程的控制块（位于 KTHREAD 结构中，详见本书卷 1 第 5 章）中，并将处理器的 IRQL 还原为新执行线程的 IRQL。这意味着处于被动级别（IRQL 0）的线程依然可以抢占运行在 APC 级别（IRQL 1）的线程，因为在 IRQL 2 以下的级别中，是由调度器来决定由哪个线程控制处理器的。

实验：查看 IRQL

我们可以使用调试器命令 **!irql** 查看处理器已保存的 IRQL。已保存的 IRQL 代表调试器进入之前那一刻的 IRQL，在这之后，IRQL 将提升至一个静态且无实际意义的值：

```
kd> !irql
Debugger saved IRQL for processor 0x0 -- 0 (LOW_LEVEL)
```

请注意，IRQL 值会保存在两个位置。第一个位置是处理器控制区（Processor Control Region，PCR），其中所存储的值代表当前的 IRQL；第二个位置是 PCR 的扩展，即处理器区控制块（Processor Region Control Block，PRCB），其中包含了 DebuggerSavedIRQL 字段中已保存的 IRQL。使用这种保存方式的原因在于，远程内核调试器的使用会将 IRQL 升高至 HIGH_LEVEL，以便在用户调试计算机时阻止所有异步的处理器操作，因为这种操作会导致 **!irql** 命令的输出结果变得毫无意义。因此会使用这种“保存”的值代表调试器连接之前那一刻的 IRQL。

每个中断级别都有具体的用途。例如，内核会发出处理器间中断（Inter-processor

Interrupt，IPI）来请求另一个处理器执行某操作，如调度要执行的特定线程，或者更新自己的转译后备缓冲区（TLB）缓存。系统时钟会以固定间隔生成中断，内核通过更新时钟并衡量线程执行时间作为对此的响应。HAL 为中断驱动的设备提供了中断级别，而具体数字取决于处理器和系统配置。内核会使用软件中断（详见本章下文）来发起线程调度，并以异步方式打断线程的执行。

将中断向量映射至 IRQL

在非 APIC 架构的系统中，GSIV/IRQ 与 IRQL 之间的映射必须非常严格。为避免一些情况下中断控制器可能认为某个中断线的优先级比其他中断线更高，在 Windows 的世界里，IRQL 其实会反映一种相反的情况。好在凭借 APIC，Windows 可以轻松地通过 APIC 的 TPR 暴露这些 IRQL，这些 IRQL 随后可被 APIC 用于做出更完善的交付决策。此外，在 APIC 系统中，每个硬件中断的优先级并不会绑定至自己的 GSIV/IRQ，而是会绑定至中断向量，具体来说，会将向量中较高的 4 位重新映射为优先级。由于 IDT 中最多可包含 256 个项，因此就可以产生 16 个可能的优先级（例如向量 0x40 可以代表优先级 4），这与 TPR 可以保存的 16 个数字相同，这些数字也可以重新映射至 Windows 所实现的相同的 16 个 IRQL！

因此，Windows 为了判断要为某个中断分配哪个 IRQL，首先必须判断该中断对应的中断向量，并对 IOAPIC 进行编程，以便相关的硬件 GSIV 使用该向量。或者反过来看，如果硬件设备需要某个特定的 IRQL，Windows 必须选择一个能重新映射至该优先级的中断向量。这些决策是由即插即用管理器与一种名为“总线驱动程序”的设备驱动程序配合做出的，借此可确定总线上所连接的设备（PCI、USB 设备等）以及要为每个设备分配的中断。

总线驱动程序会将这些信息上报至即插即用管理器，后者在权衡过所有其他设备可接受的中断分配情况后，决定具体为每个设备分配哪个中断。随后，即插即用管理器会调用一个即插即用中断仲裁程序（Arbiter），借此将中断映射至 IRQL。该仲裁程序由 HAL（Hardware Abstraction Layer，硬件抽象层）暴露，同时也需要与 ACPI 总线驱动程序及 PCI 总线驱动程序配合，共同决定相应的映射关系。大多数情况下，会通过轮询的方式选择最终的向量编号，因此无法通过计算的方式预先得知该编号。本节稍后的一个实验将展示调试器如何通过中断仲裁程序查询这些信息。

除了与硬件中断相关的仲裁中断向量，Windows 还有一系列预定义的中断向量（见表 8-4），这些向量在 IDT 中始终具备相同的索引。

表 8-4 预定义的中断向量

向量	用途
0x1F	APC 中断
0x2F	DPC 中断
0x30	Hypervisor 中断
0x31～0x34	VMBus 中断
0x35	CMCI 中断
0xCD	Thermal 中断

续表

向量	用途
0xCE	IOMMU 中断
0xCF	DMA 中断
0xD1	时钟计时器中断
0xD2	时钟 IPI 中断
0xD3	时钟 Always on 中断
0xD7	Reboot 中断
0xD8	Stub 中断
0xD9	Test 中断
0xDF	Spurious 中断
0xE1	IPI 中断
0xE2	LAPIC 错误中断
0xE3	DRS 中断
0xF0	Watchdog 中断
0xFB	Hypervisor HPET 中断
0xFD	Profile 中断
0xFE	Performance 中断

通过表 8-4 可知，这些向量编号的优先级（上文曾经提到，优先级信息存储在较高的 4 位或半字节（Nibble）中）通常会与图 8-14 中所示的 IRQL 保持匹配，例如 APC 中断为 1，DPC 中断为 2，IPI 中断为 14，Profile 中断为 15。关于这个话题，下面一起看看在现代 Windows 系统中这些预定义的 IRQL 分别是什么。

预定义的 IRQL

接下来一起详细看看这些预定义的 IRQL 的使用，首先从图 8-13 中所示的最高级别开始：

- 通常只有在内核将系统停止于 KeBugCheckEx 状态并对所有中断进行屏蔽（masking out）或连接了远程内核调试器的情况下，才会使用高级别。在非 x86 系统中，Profile 级别共享了相同的值，在启用该功能的情况下，Profile 计时器也是在该级别下运行的。Performance 中断（与如 Intel Processor Trace，即 Intel PT 及其他硬件性能监视单元，即 PMU 功能有关）也运行在该级别下。
- Interprocessor interrupt 级别可用于请求另一个处理器执行某个操作，如更新处理器的 TLB 缓存或修改所有处理器的控制寄存器。Deferred Recovery Service（DRS）级别也共享了相同的值，在 x64 系统中，Windows Hardware Error Architecture（WHEA，Windows 硬件错误架构）会使用该级别从某些机器检查错误（Machine Check Errors，MCE）中恢复。
- Clock 级别被系统时钟所使用，内核可借此跟踪时间，并为线程衡量和分配 CPU 时间。
- Synchronization IRQL 供调度程序和调度器代码内部使用，借此保护全局线程调度和等待/同步代码的访问过程。通常，该级别会被定义为 Device IRQL 之下最高的级别。
- Device IRQL 可用于对设备中断划分优先级（有关硬件中断级别映射至 IRQL 的具体方法请参阅上一节）。

- 当 CPU 或固件通过机器检查错误（MCE）接口上报了严重但已纠正的硬件状况后，可通过 Corrected machine check interrupt 级别向操作系统发出信号。
- DPC/Dispatch 级别和 APC 级别的中断是内核与设备驱动程序生成的软件中断（下文将详细介绍 DPC 和 APC）。
- Passive 级别是最低的 IRQL，严格来说，该级别并非真正的中断级别，而是一种设置，常规线程可在该设置下执行并产生所有其他中断。

中断对象

内核提供了一种可移植机制（一种名为中断对象的内核控制对象，即 KINTERRUPT），设备驱动程序可借此为自己的设备注册 ISR。中断对象包含了内核将设备 ISR 关联至特定硬件中断所需的全部信息，如 ISR 的地址、中断的极性（polarity）和触发器模式、设备中断所处的 IRQL、共享状态、GSIV 和其他中断控制器数据，以及性能统计信息的主机。

这些中断对象是从一个通用内存池分配的，当设备驱动程序（通过 IoConnectInterrupt 或 IoConnectInterruptEx）注册中断时，其中一个中断对象会被初始化所有的必要信息。基于有资格接收该中断（由设备驱动程序指定的中断相关性决定该资格）的处理器编号，每个有资格的处理器将会分配到一个 KINTERRUPT 对象，通常来说，这包括计算机上的每个处理器。随后，当选择了中断向量后，每个有资格的处理器的 KPRCB 中会有一个数组（名为 InterruptObject）被更新，借此即可指向专为该处理器分配的 KINTERRUPT 对象。

KINTERRUPT 分配完成后，系统会检查和验证所选中断向量是否为可共享的向量；如果可共享，还会检查是否有现有的 KINTERRUPT 已经声明了该向量。如果已声明，内核会更新（KINTERRUPT 数据结构的）DispatchAddress 字段，使其指向 KiChainedDispatch 函数，并将这个 KINTERRUPT 添加到第一个已与该向量关联的现有 KINTERRUPT 所包含的链表（InterruptListEntry）中。但如果是专用向量，则会使用 KiInterruptDispatch 函数。

中断对象还存储了与中断有关的 IRQL，这样 KiInterruptDispatch 或 KiChainedDispatch 就可以在调用 ISR 之前将 IRQL 提升至正确的级别，并在 ISR 返回后降低 IRQL。这个包含两个步骤的过程是必需的，因为初始调度是通过硬件执行的，因此无法在初始调度上传递指向中断对象或其他参数的指针。

当中断发生时，IDT 会指向 KiIsrThunk 函数的 256 个副本之一，每个副本都有一个不同的汇编代码行负责推送内核栈上的中断向量（因为该向量并非由处理器提供的），随后调用一个共享的 KiIsrLinkage 函数执行后续处理工作。此外，按照上文介绍，该函数还会构建相应的陷阱帧，并最终调用存储在 KINTERRUPT 中的调度地址（上述两个函数之一）。这个函数会读取当前 KPRCB 的 InterruptObject 数组以查找 KINTERRUPT，并将栈上的中断向量用作索引进而取消对匹配指针的引用。如果 KINTERRUPT 不存在，那么该中断会被视为非预期中断。根据注册表 HKLM\SYSTEM\CurrentControlSet\Control\Session Manager\Kernel 键下 BugCheckUnexpectedInterrupts 的值，系统可能会因 KeBugCheckEx 而崩溃，或者中断会被悄然忽略，执行过程会恢复至原始控制点。

在 x64 Windows 系统中，内核会使用特定例程来优化中断调度，这些例程通过忽略不需要的功能进而节省处理器运行周期。例如为没有关联内核管理自旋锁的中断（此类中断通常被希望与 ISR 保持同步的驱动程序所用）使用 KiInterruptDispatchNoLock 例程，为不希望使用 ETW 性能跟踪的中断使用 KiInterruptDispatchNoLockNoEtw 例程，为激活之后无须发送“中断终止”信号的虚假中断使用 KiSpuriousDispatchNoEOI 例程。

最后，还可以为将 APIC 设置为 Auto-End-of-Interrupt（Auto-EOI）模式的中断使用 KiInterruptDispatchNoEOI 例程，因为中断控制器会自动发送 EOI 信号，内核无须额外的代码来亲自执行 EOI。例如，很多 HAL 中断例程会利用“无锁”调度代码，因为 HAL 无须内核与自己的 ISR 保持同步。

另一个内核中断处理程序是 KiFloatingDispatch，它可用于需要保存浮点状态的中断。内核模式代码通常不允许使用浮点（MMX、SSE、3DNow!）操作，因为这些寄存器无法跨越上下文切换过程保存，ISR 可能需要使用这些寄存器（例如显卡 ISR 执行快速绘图操作）。连接中断时，驱动程序可将 FloatingSave 参数设置为 TRUE，进而请求内核使用浮点调度例程来保存浮点寄存器（但这会大幅增加中断延迟）。请注意，仅 32 位系统支持此做法。

无论使用哪个调度例程，最终都需要调用 KINTERRUPT 中的 ServiceRoutine 字段，这里存储了驱动程序的 ISR。或者对于下文即将介绍的消息信号中断（Message Signaled Interrupt，MSI），作为指向 KiInterruptMessageDispatch 的指针，随后可由该中断调用 KINTERRUPT 中的 MessageServiceRoutine 指针。请注意，在某些情况下，例如处理内核模式驱动程序框架（Kernel Mode Driver Framework，KMDF）驱动程序或处理基于 NDIS 或 StorPort 等某些微型端口（Miniport）驱动程序时（有关驱动程序框架的详情请参阅本书卷 1 第 6 章），可能需要用到这些框架或端口驱动程序特定的例程，由这些例程在最终调用底层驱动程序之前执行进一步的处理工作。

图 8-15 展示了与中断对象有关的中断所包含的典型中断控制流。

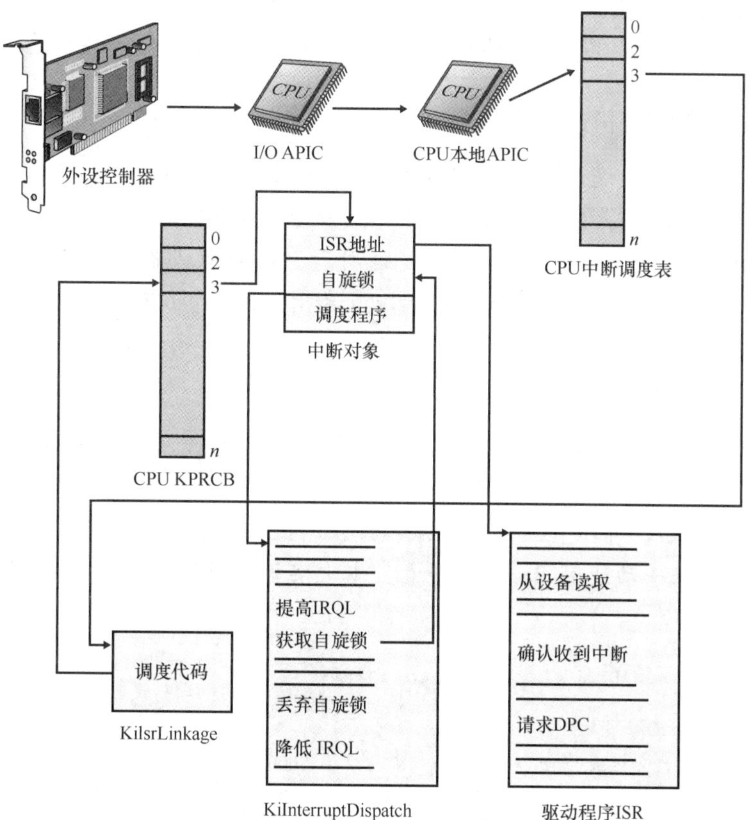

图 8-15 典型的中断控制流

将 ISR 与特定中断级别进行关联的过程也称“连接中断对象”，而将 ISR 与 IDT 分离的过程称为“断开中断对象”。这些操作需要通过调用内核函数 IoConnectInterruptEx 和 IoDisconnectInterruptEx 来完成，可供设备驱动程序在载入系统时“开启”ISR，并在卸载驱动程序时“关闭”ISR。

如上文所述，使用中断对象注册 ISR 可防止设备驱动程序无谓地直接与中断硬件交互（具体方式因不同处理器架构而异），并且无须了解有关 IDT 的任何细节。内核的这一功能有助于开发可移植的设备驱动程序，因为该功能使得我们无须使用汇编语言开发驱动程序代码，也无须在设备驱动程序代码中考虑不同处理器的差异。中断对象还提供了其他好处。通过使用中断对象，内核可将 ISR 的执行过程与设备驱动程序中可能需要与 ISR 共享数据的其他部分保持同步(有关设备驱动程序如何响应中断的详细信息请参阅本书卷1第6章)。

上文还提到了链式调度（chained dispatch）的概念，该功能使得内核能够非常轻松地为任何中断级别调用多个 ISR。如果多个设备驱动程序创建了中断对象并将其连接到同一个 IDT 项，在特定中断线发生中断后，KiChainedDispatch 例程可调用每一个 ISR。借此内核即可轻松地支持菊花链式（daisy-chain）配置，让多个设备共享同一个中断线。当任何一个 ISR 向中断调度程序返回一种状态，借此声明中断的所有权后，这种链便会断开。

如果共享同一个中断的多个设备同时需要服务，那么无法通过 ISR 确认的设备会在中断调度程序降低 IRQL 后再次中断系统。只有在所有希望使用同一个中断的设备驱动程序告知内核自己可以共享中断（这种情况可由 KINTERRUPT 对象中的 ShareVector 字段来代表）的情况下，才允许创建链式配置；如果无法共享中断，即插即用管理器会重新调整它们的中断分配情况，以保证中断的分配符合每个驱动程序有关共享的要求。

实验：查看中断的内部机理

我们可以通过内核调试器查看中断对象的内部细节，包括其 IRQL、ISR 地址以及自定义中断分发代码。首先请执行调试器命令 **!idt** 以检查能否找到一个引用了 I8042KeyboardInterruptService 的项，这是适用于 PS2 键盘设备的 ISR 例程。此外，也可以查看指向 Stornvme.sys 或 Scsiport.sys，或者指向我们可识别的其他任何第三方驱动程序的项。在 Hyper-V 虚拟机中则可以直接使用 Acpi.sys 项。具备 PS2 键盘设备项的系统会显示如下结果：

```
  70:    fffff8045675a600 i8042prt!I8042KeyboardInterruptService (KINTERRUPT
ffff8e01cbe3b280)
```

运行 **dt** 命令后，可以直接点击调试器提供的链接查看该中断所关联的中断对象的内容，或者也可以手动使用 **dx** 命令查看。本次实验中所用计算机上的 KINTERRUPT 内容如下所示：

```
  6: kd> dt nt!_KINTERRUPT ffff8e01cbe3b280
     +0x000 Type             : 0n22
     +0x002 Size             : 0n256
     +0x008 InterruptListEntry : _LIST_ENTRY [ 0x00000000`00000000 - 0x00000000`00000000 ]
     +0x018 ServiceRoutine   : 0xfffff804`65e56820
                               unsigned char i8042prt!I8042KeyboardInterruptService
```

```
   +0x020 MessageServiceRoutine : (null)
   +0x028 MessageIndex      : 0
   +0x030 ServiceContext    : 0xffffe50f`9dfe9040 Void
   +0x038 SpinLock          : 0
   +0x040 TickCount         : 0
   +0x048 ActualLock        : 0xffffe50f`9dfe91a0 -> 0
   +0x050 DispatchAddress   : 0xfffff804`565ca320 void nt!KiInterruptDispatch+0
   +0x058 Vector            : 0x70
   +0x05c Irql              : 0x7 ''
   +0x05d SynchronizeIrql   : 0x7 ''
   +0x05e FloatingSave      : 0 ''
   +0x05f Connected         : 0x1 ''
   +0x060 Number            : 6
   +0x064 ShareVector       : 0 ''
   +0x065 EmulateActiveBoth : 0 ''
   +0x066 ActiveCount       : 0
   +0x068 InternalState     : 0n4
   +0x06c Mode              : 1 ( Latched )
   +0x070 Polarity          : 0 ( InterruptPolarityUnknown )
   +0x074 ServiceCount      : 0
   +0x078 DispatchCount     : 0
   +0x080 PassiveEvent      : (null)
   +0x088 TrapFrame         : (null)
   +0x090 DisconnectData    : (null)
   +0x098 ServiceThread     : (null)
   +0x0a0 ConnectionData    : 0xffffe50f`9db3bd90 _INTERRUPT_CONNECTION_DATA
   +0x0a8 IntTrackEntry     : 0xffffe50f`9d091d90 Void
   +0x0b0 IsrDpcStats       : _ISRDPCSTATS
   +0x0f0 RedirectObject    : (null)
   +0x0f8 Padding           : [8] ""
```

本例中，Windows 为该中断分配的 IRQL 为 7，这与中断向量 0x70 是一致的（该向量的高 4 位为 7）。此外，我们可从 DispatchAddress 字段中看到这是一个常规的 KiInterruptDispatch 样式中断，不包含额外优化或共享。

如果想查看该中断关联了哪个 GSIV（IRQ），此时可通过两种方式实现。首先，新版 Windows 会将该数据以 INTERRUPT_CONNECTION_DATA 结构嵌入 KINTERRUPT 的 ConnectionData 字段，具体情况可参阅上一个命令的输出结果。此外，我们也可以使用 **dt** 命令从自己的系统中转储指针，方法如下：

```
6: kd> dt 0xffffe50f`9db3bd90 _INTERRUPT_CONNECTION_DATA Vectors[0]..
nt!_INTERRUPT_CONNECTION_DATA
   +0x008 Vectors       : [0]
      +0x000 Type          : 0 ( InterruptTypeControllerInput )
      +0x004 Vector        : 0x70
      +0x008 Irql          : 0x7 ''
      +0x00c Polarity      : 1 ( InterruptActiveHigh )
      +0x010 Mode          : 1 ( Latched )
      +0x018 TargetProcessors :
      +0x000 Mask          : 0xff
      +0x008 Group         : 0
      +0x00a Reserved      : [3] 0
   +0x028 IntRemapInfo :
      +0x000 IrtIndex      : 0y000000000000000000000000000000 (0)
      +0x000 FlagHalInternal : 0y0
```

```
      +0x000 FlagTranslated : 0y0
     +0x004 u              : <anonymous-tag>
   +0x038 ControllerInput :
     +0x000 Gsiv           : 1
```

上述输出结果中的 Type 表明，这是一个传统的、基于线/控制器的输入，而 Vector 和 Irql 字段确认了前一个实验中我们已经在 KINTERRUPT 中看到的数据。随后通过查看 ControllerInput 结构，我们可以看到 GSIV 为 1（即 IRQ 1）。如果查看的是不同类型的中断（如消息信号中断，详见下文），则应取消对 MessageRequest 字段的引用。

我们还可以通过另一种方法将 GSIV 映射至中断向量：当通过所谓的仲裁程序管理设备资源时，Windows 会持续跟踪整个过程。对于每一类资源，可通过仲裁程序维持虚拟资源的使用情况（如中断向量）和物理资源（如中断线）之间的关系。因此我们可以查询 ACPI IRQ 仲裁程序并获得相关映射关系。为此可使用 **!apciirqarb** 命令获取有关 ACPI IRQ 仲裁程序的信息：

```
6: kd> !acpiirqarb

Processor 0 (0, 0):
Device Object: 0000000000000000
Current IDT Allocation:
...
  000000070 - 00000070 D ffffe50f9959baf0 (i8042prt) A:ffffce0717950280 IRQ(GSIV):1
...
```

请注意，键盘的 GSIV 为 IRQ 1，这是一个古老的遗留数值，甚至可以从今天一直追溯至 IBM PC/AT 时代。我们也可以使用 **!arbiter 4**（“4”可以让调试器只显示 IRQ 仲裁程序）查看 ACPI IRQ 仲裁程序内部包含的项：

```
6: kd> !arbiter 4

DEVNODE ffffe50f97445c70 (ACPI_HAL\PNP0C08\0)
  Interrupt Arbiter "ACPI_IRQ" at fffff804575415a0
    Allocated ranges:
      0000000000000001 - 0000000000000001 ffffe50f9959baf0 (i8042prt)
```

本例中要注意，上述范围代表了 GSIV（IRQ）而非中断向量。此外要注意，上述这些输出结果中我们都可以看到向量的所有信息，这是以设备对象的类型来表示的（本例中为 0xFFFFE50F9959BAF0）。随后即可使用 **!devobj** 命令查看本例中 i8042prt 设备（对应着 PS/2 驱动程序）的相关信息：

```
6: kd> !devobj 0xFFFFE50F9959BAF0
Device object (ffffe50f9959baf0) is for:
 00000049 \Driver\ACPI DriverObject ffffe50f974356f0
Current Irp 00000000 RefCount 1 Type 00000032 flags 00001040
SecurityDescriptor ffffce0711ebf3e0 DevExt ffffe50f995573f0 DevObjExt ffffe50f9959bc40
DevNode ffffe50f9959e670
ExtensionFlags (0x00000800) DOE_DEFAULT_SD_PRESENT
Characteristics (0x00000080) FILE_AUTOGENERATED_DEVICE_NAME
AttachedDevice (Upper) ffffe50f9dfe9040 \Driver\i8042prt
Device queue is not busy.
```

该设备对象关联了一个设备节点，其中存储了该设备的所有物理资源。至此我们已经可以使用**!devnode**命令转储这些资源，并使用 0xF 标记同时查看原始数据和转换后的资源信息：

```
6: kd> !devnode ffffe50f9959e670 f
DevNode 0xffffe50f9959e670 for PDO 0xffffe50f9959baf0
  InstancePath is "ACPI\LEN0071\4&36899b7b&0"
  ServiceName is "i8042prt"
  TargetDeviceNotify List - f 0xffffce0717307b20 b 0xffffce0717307b20
  State = DeviceNodeStarted (0x308)
  Previous State = DeviceNodeEnumerateCompletion (0x30d)
  CmResourceList at 0xffffce0713518330 Version 1.1 Interface 0xf Bus #0
    Entry 0 - Port (0x1) Device Exclusive (0x1)
      Flags (PORT_MEMORY PORT_IO 16_BIT_DECODE
      Range starts at 0x60 for 0x1 bytes
    Entry 1 - Port (0x1) Device Exclusive (0x1)
      Flags (PORT_MEMORY PORT_IO 16_BIT_DECODE
      Range starts at 0x64 for 0x1 bytes
    Entry 2 - Interrupt (0x2) Device Exclusive (0x1)
      Flags (LATCHED
      Level 0x1, Vector 0x1, Group 0, Affinity 0xffffffff
...
  TranslatedResourceList at 0xffffce0713517bb0 Version 1.1 Interface 0xf Bus #0
    Entry 0 - Port (0x1) Device Exclusive (0x1)
      Flags (PORT_MEMORY PORT_IO 16_BIT_DECODE
      Range starts at 0x60 for 0x1 bytes
    Entry 1 - Port (0x1) Device Exclusive (0x1)
      Flags (PORT_MEMORY PORT_IO 16_BIT_DECODE
      Range starts at 0x64 for 0x1 bytes
    Entry 2 - Interrupt (0x2) Device Exclusive (0x1)
      Flags (LATCHED
      Level 0x7, Vector 0x70, Group 0, Affinity 0xff
```

通过设备节点可知，该设备有一个包含三项内容的资源列表，其中一项为对应于 IRQ 1 的中断项（级别和向量编号代表了 GSIV 而非中断向量）。从后续显示的转换后的资源列表可知 IRQL 为 7（这是级别编号），而中断向量为 0x70。

在 ACPI 系统中，我们可以通过一种更简单的方式获取此类信息，为此可查看上述**!acpiirqarb**命令的扩展输出结果。该输出结果还会显示 IRQ 与 IDT 之间的映射表：

```
Interrupt Controller (Inputs: 0x0-0x77):
    (01)Cur:IDT-70 Ref-1 Boot-0 edg hi    Pos:IDT-00 Ref-0 Boot-0 lev unk
    (02)Cur:IDT-80 Ref-1 Boot-1 edg hi    Pos:IDT-00 Ref-0 Boot-1 lev unk
    (08)Cur:IDT-90 Ref-1 Boot-0 edg hi    Pos:IDT-00 Ref-0 Boot-0 lev unk
    (09)Cur:IDT-b0 Ref-1 Boot-0 lev hi    Pos:IDT-00 Ref-0 Boot-0 lev unk
    (0e)Cur:IDT-a0 Ref-1 Boot-0 lev low   Pos:IDT-00 Ref-0 Boot-0 lev unk
    (10)Cur:IDT-b5 Ref-2 Boot-0 lev low   Pos:IDT-00 Ref-0 Boot-0 lev unk
    (11)Cur:IDT-a5 Ref-1 Boot-0 lev low   Pos:IDT-00 Ref-0 Boot-0 lev unk
    (12)Cur:IDT-95 Ref-1 Boot-0 lev low   Pos:IDT-00 Ref-0 Boot-0 lev unk
    (14)Cur:IDT-64 Ref-2 Boot-0 lev low   Pos:IDT-00 Ref-0 Boot-0 lev unk
    (17)Cur:IDT-54 Ref-1 Boot-0 lev low   Pos:IDT-00 Ref-0 Boot-0 lev unk
    (1f)Cur:IDT-a6 Ref-1 Boot-0 lev low   Pos:IDT-00 Ref-0 Boot-0 lev unk
    (41)Cur:IDT-96 Ref-1 Boot-0 edg hi    Pos:IDT-00 Ref-0 Boot-0 lev unk
```

不出所料，IRQ 1 关联给了 IDT 项 0x70。有关设备对象、资源以及相关概念的详细信息，请参阅卷 1 第 6 章。

8.4.2　基于线的中断和基于消息信号的中断

共享的中断经常会导致较高的中断延迟，甚至可能导致稳定性问题。对于物理中断线路（interrupt line）有限的计算机，这是一种需要尽力避免的副作用。例如，对于能同时支持 USB、Compact Flash 存储卡、Sony Memory Stick 记忆棒、Secure Digital 存储卡以及其他介质的多合一读卡器，同一个物理设备中包含的所有控制器通常都会连接到同一个中断线，随后被不同设备驱动程序配置为共享的中断向量。这会导致延迟增加，因为需要按顺序轮流调用每个驱动程序才能确定为该媒体设备发出中断的实际控制器。

更好的解决方案是让每个设备控制器使用自己的中断，并通过同一个驱动程序管理不同的中断，以此得知这些中断来自哪个设备。然而，为一个设备使用四个传统的 IRQ 线会很快导致 IRQ 线耗尽。此外无论如何，每个 PCI 设备都只能连接到一个 IRQ 线，因此，对于上述那样的多媒体读卡器，即使需要，也无法使用超过一个的 IRQ。

通过 IRQ 线生成中断的另一个问题在于，如果无法正确管理 IRQ 信号，可能会导致计算机遇到中断风暴或其他类型的死锁，因为在 ISR 确认信号之前，信号需要处于“高”或“低”的状态（此外，中断控制器通常必须收到 EOI 信号）。如果由于存在 Bug 而无法实现上述操作，系统将永久陷入中断状态，后续中断将无法被屏蔽，甚至同时出现这两种情况。最后，基于线的中断在多处理器环境中的可扩展性有限。很多情况下，当即插即用管理器为一个中断选择了一组处理器后，最终将由硬件决定要中断哪个处理器，设备驱动程序在其中起到的作用极为有限。

为解决上述所有问题，PCI 2.2 标准中首次引入了一种名为消息信号中断（Message-Signaled Interrupt，MSI）的机制。虽然这是该标准的一种可选组件，并且很少出现在客户端计算机（主要被服务器用于改善网卡和存储控制器性能）中，但随着 PCI Express 3.0 和后续标准的普及，大部分现代操作系统已经可以全面支持这种模型。在 MSI 的世界里，设备可以通过 PCI 总线对一个特定内存地址执行写入操作，以此向自己的驱动程序传递消息。从硬件的角度来看，实际上这可以视为一种直接内存访问（Direct Memory Access，DMA）操作。该操作会产生一个中断，随后 Windows 即可使用消息内容（值）和消息传递到的地址来调用 ISR。设备还可以向内存地址传递多个消息（最多 32 个），以此根据不同事件传递不同的消息载荷。

对于某些要求更高性能和更低延迟的系统，PCI 3.0 标准引入了 MSI-X 技术，这是对原有 MSI 模型的扩展，该技术可支持 32 位（而不再是 16 位）的消息，最多可支持 2048 个（不再是仅仅 32 个）不同的消息，更重要的是，该技术可以为每个 MSI 载荷使用不同的地址（地址可动态确定）。不同地址的使用使得 MSI 载荷可以被写入属于不同处理器的不同物理地址范围，或写入不同的目标处理器集，这种方式高效地实现了通过非一致内存访问（Nonuniform Memory Access，NUMA）来感知中断交付，进而可将中断发送给最初发起相关硬件请求的处理器。通过在中断完成过程中监视负载和距离最近的 NUMA 节点，该技术可以大幅改善延迟与可扩展性。

在上述这些模型中，因为要基于内存值进行通信，并且因为内容是与中断一起交付的，因此可以不再需要 IRQ 线（进而使得系统对于 MSI 整体限于中断向量的数量，而非 IRQ 线的数量），而是需要通过驱动程序 ISR 向设备查询与中断有关的数据，进而降低了延迟。由于该模型可提供大量设备中断，也使得共享中断的必要性显著降低，进而通过将中断数据直接交付给相关 ISR 而进一步降低了延迟。

也正因如此，我们可以看到大部分调试器命令会使用 GSIV 这个术语来替代 IRQ，因为 GSIV 可以概括地描述 MSI 向量（由不同的“负数”进行区分）、传统的基于 IRQ 的线，甚至嵌入式设备中的通用输入/输出（General Purpose Input Output，GPIO）引脚。此外，ARM 和 ARM64 系统并未使用上述任何一种模型，而是使用了通用中断控制器（Generic Interrupt Controller，GIC）架构。从图 8-16 中可以看到两个计算机系统中的设备管理器，其中分别显示了传统的基于 IRQ 的 GSIV，以及以负数形式显示的 MSI 值的分配情况。

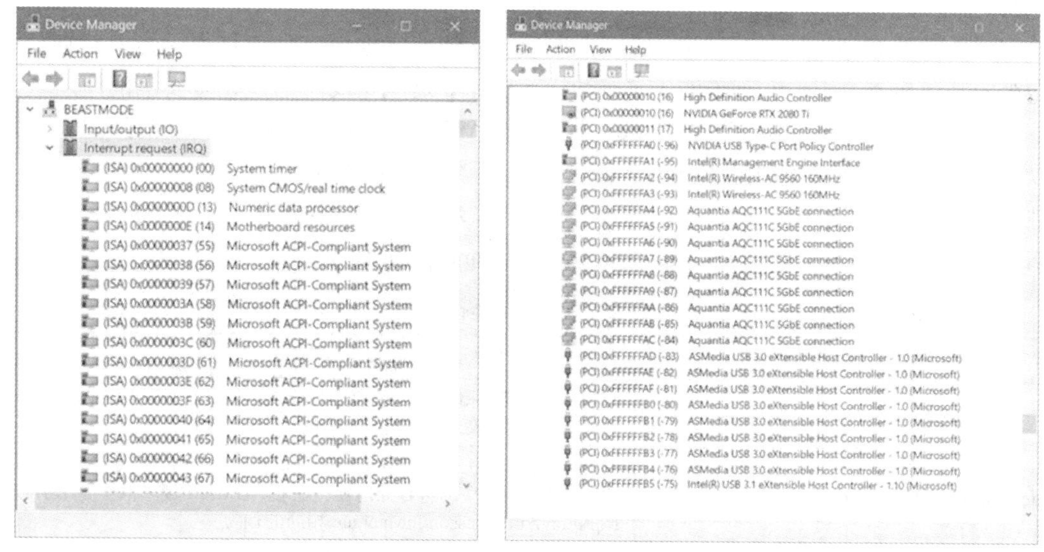

图 8-16 基于 IRQ 和 MSI 的 GSIV 分配情况

中断路由控制

在非虚拟化环境中运行且一个处理器组包含 2～16 个处理器的客户端（即非服务器 SKU）系统中，Windows 会通过一种名为中断路由控制（Interrupt Steering）的功能满足消费级现代操作系统对能耗和延迟的需求。在该功能的帮助下，可以按需将中断的负载分摊到多个处理器，以避免单一 CPU 可能造成的瓶颈，而内核休止引擎（Core Parking Engine，详见本书卷 1 第 6 章）亦可将中断路由至未休止的内核，以避免大量中断的分配导致太多处理器在同一时间处于被唤醒的状态。

中断路由控制的具体功能取决于中断控制器。例如，在支持 GIC 的 ARM 系统中，所有等级敏感的以及边缘（锁存）触发的中断均可进行路由控制；而在 APIC 系统（除非在 Hyper-V 中运行）中，仅等级敏感的中断可进行路由控制。然而，由于 MSI 始终是等级边缘触发（level edge-triggered）的，所以会导致该技术提供的收益大幅降低，为应对这种情况，Windows 还实现了另一种中断重定向模型。

在启用路由控制后，中断控制器通过重编程将 GSIV 交付给不同处理器的 LAPIC（在 ARM GIC 环境中也会实现类似的交付机制）。在必须进行重定向的情况下，所有处理器都会成为 GSIV 的交付目标，随后实际收到该中断的处理器需要手动向该中断原本应该路由到的目标处理器发送一个 IPI。

除了内核休止引擎所使用的中断路由控制，Windows 还会通过系统信息类暴露这些功能，该信息类会由 KeIntSteerAssignCpuSetForGsiv 通过 Windows 10 的实时音频功能和 CPU 集（CPU Set）功能进行处理，详见本书卷 1 第 4 章。由此特定 GSIV 即可路由至能够被用户模式应用程序选择的特定处理器组，但前提是应用程序需具备 Increase Base Priority 权限，通常只有管理员或本地服务账户具备该权限。

中断的相关性和优先级

Windows 允许驱动程序开发者和管理员在一定程度上控制处理器相关性（选择接收中断的处理器或处理器组）和相关性策略（决定处理器的选择方式以及要选择处理器组中的哪个处理器）。此外，Windows 还能根据 IRQL 的选择情况实现一种用于为中断划分优先级的基元机制。相关性策略的定义如表 8-5 所示，这些策略可通过设备实例的注册表键中 Interrupt Management\Affinity Policy 子键下一个名为 InterruptPolicyValue 的注册表值加以控制。因此管理员无须配置任何代码，即可将该值添加到特定驱动程序的注册表键中，进而改变其行为。有关中断相关性的详细介绍可参阅微软文档：https://docs.microsoft.com/windows-hardware/drivers/kernel/interrupt-affinity-and-priority。

表 8-5　IRQ 相关性策略

名称	值
IrqPolicyMachineDefault	该设备无需特定相关性策略。Windows 将使用默认的计算机策略，即选择计算机（逻辑处理器不超过 8 个的计算机）上任何可用处理器
IrqPolicyAllCloseProcessors	在 NUMA 计算机中，即插即用管理器会将中断分配给靠近设备（位于同一个节点中）的所有处理器；在非 NUMA 计算机中，将使用与 IrqPolicyAllProcessorsInMachine 相同的行为
IrqPolicyOneCloseProcessor	在 NUMA 计算机中，即插即用管理器会将中断分配给靠近设备（位于同一个节点中）的一个处理器；在非 NUMA 计算机中，将选择系统中任何一个可用处理器
IrqPolicyAllProcessorsInMachine	中断将由计算机中任何可用处理器处理
IrqPolicySpecifiedProcessors	中断仅由 AssignmentSetOverride 注册表值下的相关性掩码指定的处理器处理
IrqPolicySpreadMessagesAcrossAllProcessors	不同的消息信号中断将分散到有资格的处理器所组成的最佳处理器集中，并在可能的情况下尽量跟踪 NUMA 拓扑问题。该策略需要设备和平台支持 MSI-X
IrqPolicyAllProcessorsInGroupWhenSteered	中断完全由中断路由控制机制进行控制，因此中断会分配给所有处理器 IDT，并根据路由控制规则动态选择目标处理器

除了设置上述相关性策略，我们还可以根据表 8-6 列出的注册表值设置中断的优先级。

表 8-6　IRQ 优先级

名称	值
IrqPriorityUndefined	该设备无需特定优先级。此时将获得默认优先级（IrqPriorityNormal）
IrqPriorityLow	该设备可容忍高延迟，因此可获得低于常规的 IRQL（3 或 4）
IrqPriorityNormal	该设备可获得平均延迟，因此可获得与其中断向量相关的默认 IRQL（5 或 11）
IrqPriorityHigh	该设备需要尽可能降低延迟，因此可获得超出正常情况的高 IRQL（12）

我们需要意识到 Windows 并非实时操作系统，因此这些 IRQ 优先级仅仅是提供给系统的一种“暗示”，只能用于控制与中断有关的 IRQL，无法提供 Windows IRQL 优先级方

案机制之外的其他优先级。由于 IRQ 优先级也存储在注册表中，因此管理员可以自由地为未利用此功能的驱动程序更改相关注册表值，以便有更低的延迟。

软件中断

虽然大部分中断是硬件生成的，但 Windows 内核也能为很多任务生成软件中断，这些任务包括：

- 初始化线程调度。
- 处理非时间关键型中断。
- 处理计时器过期。
- 在特定线程的上下文中以异步方式执行过程。
- 为异步 I/O 操作提供支持。

下面将详细介绍这些任务。

调度或延迟过程调用（DPC）中断

DPC 通常是一种与中断有关的功能，会在所有设备中断处理完毕后执行某种处理任务。该功能名称中的“延迟”是指相关任务也许不会立即执行。内核会使用 DPC 处理计时器过期（并释放等待该计时器的线程）并在线程的量程过期后重新调度处理器（这一过程发生在 DPC IRQL 下，但其实并非通过常规内核 DPC 进行的）。设备驱动程序可使用 DPC 处理中断并执行更高 IRQL 下不可用的操作。为了向硬件中断提供及时的服务，Windows 会在设备驱动程序的配合下尝试保持该 IRQL 低于设备的 IRQL 级别。实现这一目标的方法之一是让设备驱动程序 ISR 仅执行确认设备所需的最少量必要工作，保存可变的中断状态，并将数据传输工作或对时间要求不敏感的中断处理工作延迟到在 DPC/Dispatch IRQL 下通过 DPC 来执行（有关 I/O 系统的详细信息请参阅本书卷 1 第 6 章）。

如果 IRQL 为被动模式或处于 APC 级别，DPC 将立即执行并阻止所有其他非硬件相关的处理任务，因此该机制通常也用于强制立即执行高优先级的系统代码。借此，DPC 为操作系统提供了生成中断并在内核模式下执行系统函数的能力。例如，当一个线程无法继续执行时（也许因为该线程已终止或自愿进入等待状态），内核会直接调用调度程序来立即执行上下文切换。然而，有时候内核会检测到自己深陷于多层代码中，进而需要重新调度。此时内核会请求进行调度，但会延迟调度操作的发生，直到自己完成当前操作。DPC 软件中断是实现这种延迟处理目标的一种便利方法。

当内核需要同步访问与调度有关的内核结构时，会始终将处理器的 IRQL 提升至 DPC/Dispatch 级别或更高级别。这会同时禁用其他的软件中断和线程调度。当内核检测到需要进行调度时，会请求一个 DPC/Dispatch 级别的中断，但由于 IRQL 已处于或高于该级别，处理器会将该中断置于检查状态。内核完成当前活动后，发现自己需要将 IRQL 降低至 DPC/Dispatch 级别以下，并需要检查是否有挂起的调度中断。如果有，则 IRQL 会降低至 DPC/Dispatch 级别并开始处理调度中断。使用软件中断激活线程调度程序，是一种在所需条件满足之前进行延迟调度的方法。DPC 由 DPC 对象表示，这是一种对用户模式程序不可见，但对设备驱动程序和其他系统代码可见的内核控制对象。内核在处理 DPC 中断时所调用系统函数的地址是 DPC 对象中包含的最重要信息。等待执行的 DPC 例程会保存在内核管理的队列中，该队列名为 DPC 队列，每个处理器都有一个这样的队列。若要请求

DPC，系统代码会调用内核初始化一个DPC对象，并将其保存在DPC队列中。

默认情况下，内核会将DPC对象放置在请求了该DPC的处理器（通常也是负责执行ISR的处理器）所属的两个DPC队列之一的末尾处。不过设备驱动程序可以重写此行为，为此只需要指定一个DPC优先级（低、中、中高、高，其中“中”为默认优先级）并为该DPC选择一个特定处理器作为目标。针对特定CPU的DPC也称定向DPC（Targeted DPC）。如果DPC优先级为“高”，则内核会将该DPC对象插入队列前方；如果为其他任何优先级，则会置于队列末尾。

当处理器的IRQL即将从DPC/Dispatch级别或更高级别降至更低级别（APC或被动级别）时，内核将开始处理DPC。Windows会保证IRQL依然处于DPC/Dispatch级别，并从当前处理器的队列中持续“取出”DPC对象，直到队列为空（也就是说，内核开始“排空”队列），并会按顺序调用每个DPC函数。只有在队列为空后，内核才会让IRQL降至低于DPC/Dispatch的级别，并让常规线程继续执行。图8-17展示了DPC的处理过程。

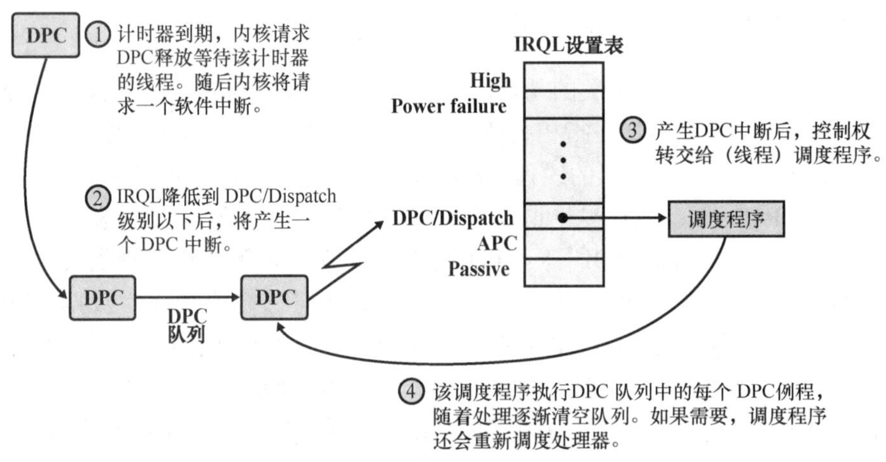

图8-17 DPC的处理过程

DPC优先级还会以其他方式对系统行为产生影响。内核通常会使用DPC/Dispatch级别的中断发起DPC队列排空操作。但只有在DPC被当前处理器（执行ISR的处理器）控制且DPC的优先级高于“低”优先级时，内核才会生成此类中断。如果DPC的优先级为“低”，那么只有在该处理器尚未解决的DPC请求数量（存储在KPRCB的DpcQueueDepth字段中）超过某一阈值（在KPRCB中该阈值被称为MaximumDpcQueueDepth）之后，或特定时间窗口内处理器所请求的DPC数量极低的情况下，内核才会请求这样的中断。

如果某个DPC的目标CPU不同于运行ISR的CPU，且该DPC的优先级为“高”或“中高”时，内核就会立即向目标CPU发送信号（发送“调度IPI”）以排空其DPC队列，但前提是目标处理器必须为空闲状态。如果优先级为“中”或“低”，那么目标处理器DPC队列中的请求数量（依然是DpcQueueDepth）必须超过内核触发DPC/Dispatch中断的阈值（MaximumDpcQueueDepth）。系统闲置线程也可以排空它所运行的处理器的DPC队列。虽然DPC目标和优先级机制非常灵活，但设备驱动程序很少需要更改自己DPC对象的默认行为。表8-7总结了可以发起DPC队列排空的各种情况。从生成规则的角度来看，“中高”和“高”优先级其实是等同的，它们之间的差异在于插入队列的位置，“高”优先级中断会被插入头部，“中高”优先级中断会被插入尾部。

表 8-7 DPC 中断生成规则

DPC 优先级	以 ISR 的处理器为目标的 DPC	以其他处理器为目标的 DPC
低	DPC 队列长度超过 DPC 队列最大长度，或 DPC 请求速率低于 DPC 请求最小速率	DPC 队列长度超过 DPC 队列最大长度，或系统为空闲状态
中	始终	DPC 队列长度超过 DPC 队列最大长度，或系统为空闲状态
中高	始终	目标处理器为空闲状态
高	始终	目标处理器为空闲状态

另外，表 8-8 描述了各种 DPC 中断生成变量及其默认值，以及该如何通过注册表修改这些值。除了注册表，我们也可以通过 SystemDpcBehaviorInformation 这个系统信息类来设置这些值。

表 8-8 DPC 中断生成变量及其默认值

变量	定义	默认值	覆盖值
KiMaximumDpcQueueDepth	发出中断前可加入队列的 DPC 数量（即便是“中”和更低优先级的 DPC）	4	DpcQueueDepth
KiMinimumDpcRate	“低”优先级 DPC 不导致生成本地中断的前提下，处理器每个时钟周期可处理的 DPC 数量	3	MinimumDpcRate
KiIdealDpcRate	如果 DPC 已挂起但未生成中断，在 DPC 队列深度最大值被减小前，处理器每个时钟周期可处理的 DPC 数量	20	IdealDpcRate
KiAdjustDpcThreshold	如果 DPC 未挂起，在 DPC 队列深度最大值被增大前，可处理的处理器时钟周期数量	20	AdjustDpcThreshold

由于用户模式线程以低 IRQL 执行，DPC 在很多时候会中断常规用户线程的执行。DPC 例程的执行并不考虑哪些线程正在运行，这意味着当 DPC 例程运行时，并不能假定当前已经映射了哪些进程地址空间。DPC 例程可以调用内核函数，但无法调用系统服务，无法生成页面错误，也无法创建或等待调度程序对象（下文将详细介绍）。不过 DPC 例程可以访问未分页系统内存地址，因为无论当前进程是哪个，系统地址空间始终会被映射。

由于所有用户模式内存都可分页且 DPC 会在任意进程上下文中执行，DPC 代码永远不能以任何方式访问用户模式内存。在支持管理模式访问保护（Supervisor Mode Access Protection，SMAP）或永无特权访问（Privileged Access Never，PAN）的系统中，Windows 会在处理 DPC 队列（及执行例程）的过程中激活这些功能，保证访问用户模式内存的任何操作均会立即导致 Bugcheck 错误。

DPC 中断线程执行带来的另一个副作用是最终会导致线程的运行时间被“窃取”。因为当调度器认为当前线程正在执行时，实际上执行的可能是 DPC。卷 1 第 4 章中讨论过调度器会通过一些机制跟踪线程运行所消耗的 CPU 时钟周期准确数量，并在必要时扣除 DPC 和 ISR 时间，以此为线程失去的运行时间做出补偿。

虽然这保证了线程不会牺牲自己的量程作为代价，但仍意味着，从用户的角度来看，钟表时间（也就是现实世界中流逝的时间）依然用于处理其他事情了。假设用户正在通过在线音乐服务听自己喜欢的歌曲，如果 DPC 运行耗时 2 秒，在这 2 秒时间里，音乐可能会卡顿或重复播放一小段相同内容。在线视频流媒体甚至键盘鼠标的输入也可能会受到类似影响。因此，对于客户端系统或工作站工作负载来说，DPC 已成为导致很多可察觉系统卡顿问题的主要原因，即使是最高优先级的线程，也可能被 DPC 的运行所打断。为了让某些包含需长时间运行 DPC 的驱动程序能够正确实现，Windows 开始支持线程式 DPC（Threaded DPC）。顾名思义，线程式 DPC 可以在实时优先级（优先级 31）的线程上以被动模式执行 DPC 例程，这样 DPC 就可以抢占大部分用户模式线程（因为大部分应用程序线程并不在实时优先级的范围内运行），但同时又允许其他中断、非线程式 DPC、APC 以及其他优先级为 31 的线程能够抢占这种 DPC 例程的执行。

线程式 DPC 默认已经启用，我们可在注册表的 HKEY_LOCAL_MACHINE\System\CurrentControlSet\Control\Session Manager\Kernel 键下添加一个名为 ThreadDpcEnable 的 DWORD 值，并将其数值设置为“0”，这样即可禁用线程式 DPC。线程式 DPC 必须由开发者通过 KeInitializeThreadedDpc API 进行初始化，由此可将 DPC 的内部类型设置为 ThreadedDpcObject。由于线程式 DPC 可以被禁用，所以使用该机制的驱动程序开发者必须按照与非线程式 DPC 例程相同的规则编写自己的例程，不能访问已分页内存、执行调度程序等待，或者假设执行所用的 IRQL 级别。此外，此类驱动程序的开发者也不应使用 KeAcquire/ReleaseSpinLockAtDpcLevel API，因为相关函数会假设 CPU 处于调度级别。实际上，线程式 DPC 必须使用 KeAcquire/ReleaseSpinLockForDpc，借此在检查当前 IRQL 后执行相应操作。

虽然线程式 DPC 是一项出色的功能，可帮助驱动程序开发者尽可能地保护系统资源，但无论是从开发者还是系统管理员的角度，这都是一项选择性使用的功能。因此大部分 DPC 依然以非线程式的模式执行，并可能导致上述系统卡顿问题。Windows 会使用大量性能跟踪机制诊断并协助解决与 DPC 有关的问题。第一个问题当然是通过性能计数器和更精确的 ETW 跟踪机制来跟踪 DPC 和 ISR 所消耗的时间。

实验：监视 DPC 活动

可以使用 Process Explorer 监视 DPC 活动，为此请打开“System Information”对话框并切换至 CPU 选项卡，这里列出了每一次 Process Explorer 刷新显示结果（默认为 1 秒）过程中所执行的中断和 DPC 数量。

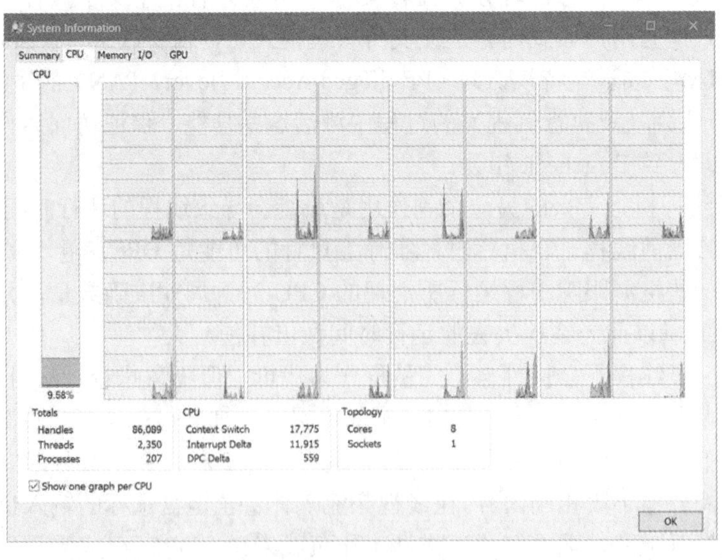

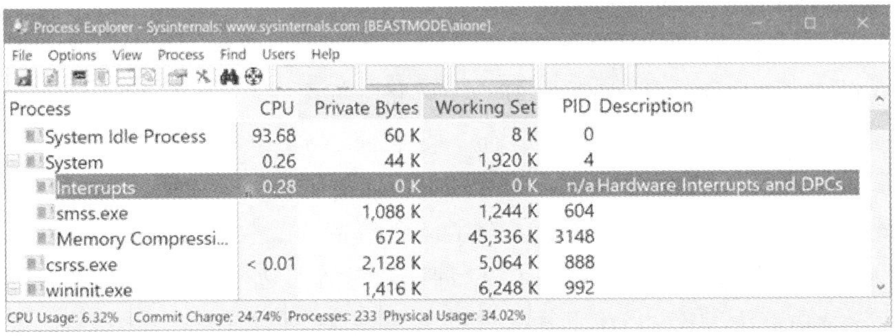

Process Explorer - Sysinternals: www.sysinternals.com [BEASTMODE\aione]

File Options View Process Find Users Help

Process	CPU	Private Bytes	Working Set	PID	Description
System Idle Process	93.68	60 K	8 K	0	
System	0.26	44 K	1,920 K	4	
Interrupts	0.28	0 K	0 K	n/a	Hardware Interrupts and DPCs
smss.exe		1,088 K	1,244 K	604	
Memory Compressi...		672 K	45,336 K	3148	
csrss.exe	< 0.01	2,128 K	5,064 K	888	
wininit.exe		1,416 K	6,248 K	992	

CPU Usage: 6.32% Commit Charge: 24.74% Processes: 233 Physical Usage: 34.02%

也可以使用内核调试器查看 KPRCB 中名称以“Dpc”开头的各种字段，例如，DpcRequestRate、DpcLastCount、DpcTime 以及 DpcData（其中包含 DpcQueueDepth 和 DpcCount，分别对应非线程式和线程式 DPC）。此外，较新版本的 Windows 还包含 IsrDpcStats 字段，该字段是一个指向_ISRDPCSTATS 结构的指针，这个结构已包含在公开发布的符号文件中。例如，下列命令可显示当前 KPRCB 中已加入队列的（线程式和非线程式）DPC 总数，以及已执行过的 DPC 数量：

```
lkd> dx new { QueuedDpcCount = @$prcb->DpcData[0].DpcCount + @$prcb->DpcData[1].
DpcCount, ExecutedDpcCount = ((nt!_ISRDPCSTATS*)@$prcb->IsrDpcStats)->DpcCount },d
    QueuedDpcCount   : 3370380
    ExecutedDpcCount : 1766914 [Type: unsigned __int64]
```

上述范例输出结果中的差异是正常的，驱动程序可能会将已位于队列中的 DPC 再次加入队列，而 Windows 可以安全地处理这种情况。此外，最开始 DPC 可能会被加入特定处理器的队列（但并不以任何具体处理器作为目标），在某些情况下，它可能在另一个处理器上执行，例如，当驱动程序使用 KeSetTargetProcessorDpc（该 API 可以让驱动程序将特定处理器作为 DPC 目标）时。

Windows 不仅可以帮助用户手动调查由 DPC 导致的延迟问题，还能通过一套内置的机制解决少数导致严重问题的常见场景。首先是 DPC Watchdog 和 DPC Timeout 机制，这些机制可通过注册表 HKEY_LOCAL_MACHINE\SYSTEM\CurrentControlSet\Control\Session Manager\Kernel 键下的 DPCTimeout、DpcWatchdogPeriod 以及 DpcWatchdogProfileOffset 等值进行配置。

如果 IRQL 降低事件在很长时间里都未注册，DPC Watchdog 将负责监视在 DISPATCH_LEVEL 或更高级别执行的所有代码。另外，DPC Timeout 负责监视特定 DPC 的执行时间。默认情况下，特定 DPC 会在大约 20 秒后超时，而所有 DISPATCH_LEVEL（以及更高级别）的执行会在 2 分钟后超时。这两项限制都可以通过上文提到的注册表值进行配置（DPCTimeout 控制了特定 DPC 的时间限制，而 DpcWatchdogPeriod 控制了在高 IRQL 下运行的所有代码的整体执行情况）。当达到这些阈值后，系统可能会发出 DPC_WATCHDOG_VIOLATION 的 Bugcheck 错误（由此可判断到底是哪种情况），如果附加了内核调试器，则会发出一个可以继续运行的断言。

驱动程序开发者如果希望通过自己的工作避免出现这些情况，可以使用 KeQueryDpcWatchdogInformation API 查看这些注册表当前配置的值以及剩余时间。此外，

KeShouldYieldProcessor API 也可以将这些值（以及其他与系统状态有关的值）纳入考虑范围，进而为驱动程序返回相关提示信息，供驱动程序决定接下来是否继续处理自己的 DPC 工作，或是否在可行的情况下将 IRQL 重新降低至 PASSIVE_LEVEL（主要适用于 DPC 并未执行但驱动程序持有了锁或是通过某种方式与 DPC 进行同步的情况）。

在最新版本的 Windows 10 中，每个 PRCB 还包含一个 DPC 运行时历史记录表（DpcRuntimeHistoryHashTable），其中保存了一个哈希（或散列）表桶，它由最近执行的特定 DPC 回调函数及其运行所消耗的 CPU 周期数量等痕迹信息所组成。在分析内存转储或远程系统时，可在无须借助 UI 工具的情况下通过这些信息研究延迟问题，但更重要的是，内核也可以使用这些信息。

驱动程序开发者通过 KeInsertQueueDpc 将 DPC 插入队列时，该 API 将枚举处理器的表并检查该 DPC 之前是否曾执行并耗费了相当长时间（默认为 100 毫秒，可通过注册表 HKEY_LOCAL_MACHINE\SYSTEM\CurrentControlSet\Control\Session Manager\Kernel 下的 LongDpcRuntimeThreshold 值进行配置）。如果是这种情况，上文提到的 DpcData 结构中将被设置 LongDpcPresent 字段。

对于每个闲置线程（有关线程调度和闲置线程的详细信息请参阅本卷 1 第 4 章），现在的内核也可以创建 DPC 委派线程（DPC Delegate Thread）。这是一种具备高度唯一性的线程，隶属于 System Idle Process（这一点与闲置线程，即 Idle Thread 一样）。这种线程永远不会被包含在调度器的默认线程选择算法中，而是在内核中专供内核自己使用。图 8-18 展示了一个具备 16 个逻辑处理器、16 个闲置线程和 16 个 DPC 委派线程的系统。请注意，在这种情况下，这些线程有着真实的线程 ID（TID），图中 Processor 列显示的信息即可视为其 TID。

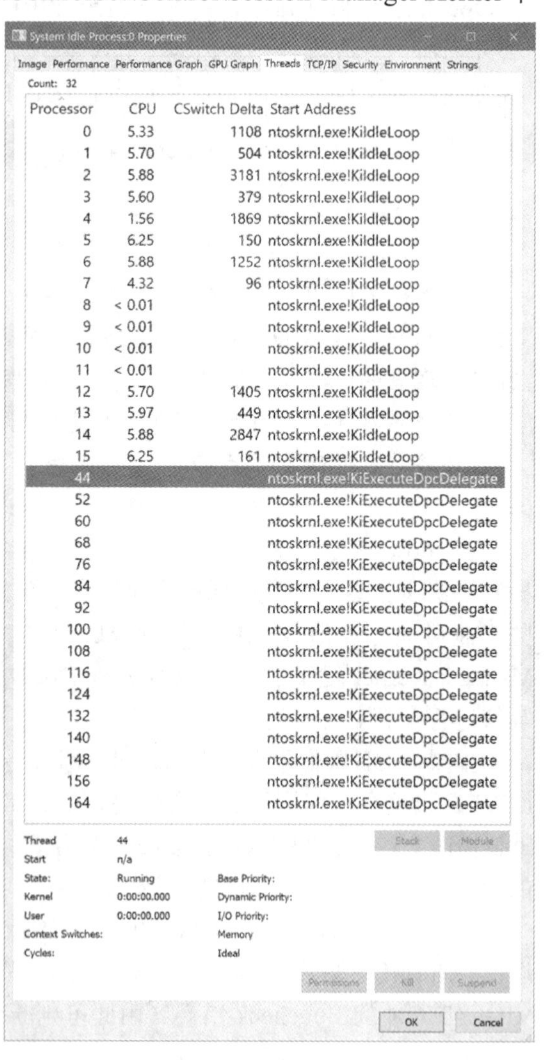

图 8-18　具备 16 个 CPU 的系统中的 DPC 委派线程

内核调度 DPC 时，会检查 DPC 队列深度是否已超过这种长时间运行 DPC 的阈值（默认深度为 2，可通过上文多次提到的注册表键进行配置）。如果已超出，则需要决定是否通过查看当前执行中线程的属性来缓解这种情况，而具体要研究的属性包括：该线程是否闲置、是否为实时线程，其相关性掩码是否决定了该线程通常需要在不同的处理器上运行。基于结果，内核可能决定调度 DPC 委派线程作为代替，从本质来看，这等于是将该 DPC 从运行时间所剩无几的线程切换至一个优先级尽可能高的专用线程中（但依然在 DISPATCH_LEVEL 级别下执行）。这样原本被抢占的线程（或位于待命列表中的任何其他线程）就有机会重新调度至其他 CPU。

该机制与上文提到的线程式 DPC 类似，但也有些差异。委派线程依然运行在 DISPATCH_LEVEL 级别下。实际上，当委派线程在 NT 内核初始化（详见第 12 章）的阶段 1 创建并启动时，就会将自己的 IRQL 提升至 DISPATCH 级别，保存到自己内核线程数据结构的 WaitIrql 字段中，并自发地请求调度器对另一个待机或就绪线程进行上下文切换（通过 KiSwapThread 例程实现）。因此，委派 DPC 为系统提供了一种自动化均衡操作，并不需要由驱动程序开发者选择性地采用并慎重地应用在自己的代码中。

如果是具备该功能的新版本 Windows 10 系统，可在内核调试器中运行下列命令来查看对委派线程的需求到底有多频繁，这可以从系统引导后执行的上下文切换次数推断出来：

```
lkd> dx @$cursession.Processes[0].Threads.Where(t => t.KernelObject.ThreadName->
ToDisplayString().Contains("DPC Delegate Thread")).Select(t => t.KernelObject.Tcb.
ContextSwitches),d
    [44]            : 2138 [Type: unsigned long]
    [52]            : 4 [Type: unsigned long]
    [60]            : 11 [Type: unsigned long]
    [68]            : 6 [Type: unsigned long]
    [76]            : 13 [Type: unsigned long]
    [84]            : 3 [Type: unsigned long]
    [92]            : 16 [Type: unsigned long]
    [100]           : 19 [Type: unsigned long]
    [108]           : 2 [Type: unsigned long]
    [116]           : 1 [Type: unsigned long]
    [124]           : 2 [Type: unsigned long]
    [132]           : 2 [Type: unsigned long]
    [140]           : 3 [Type: unsigned long]
    [148]           : 2 [Type: unsigned long]
    [156]           : 1 [Type: unsigned long]
    [164]           : 1 [Type: unsigned long]
```

异步过程调用中断

异步过程调用（Asynchronous Procedure Call，APC）为用户程序和系统代码提供了一种在特定用户线程的上下文（进而在特定进程地址空间）中执行的方法。由于 APC 需要在特定用户线程的上下文中排队执行，因此也会受制于线程调度规则，无法在与 DPC 相同的环境中运行。也就是说，APC 无法在 DISPATCH_LEVEL 下运行，可能会被更高优先级的线程抢占，可以执行阻塞等待，可以访问可分页的内存。

话虽如此，但由于 APC 依然是一种软件中断，因此必须以某种方式从线程的主执行路径"夺取"控制权，本节将会介绍这是通过在名为 APC_LEVEL 的 IRQL 上操作实现的。这意味着尽管 APC 的运行不像 DPC 那样会遇到相同限制，但开发者依然需要遵守某些规则，下文还将详细介绍这一点。

APC 是由一个名为 APC 对象的内核控制对象描述的。待执行的 APC 在内核管理的两个 APC 队列中等待。这与 DPC 队列不同，DPC 队列是每个处理器专用的（并会分为线程的和非线程的），而 APC 队列是每个线程的，每个线程有两个 APC 队列：一个适用于内核 APC，另一个适用于用户 APC。

在需要将 APC 加入队列时，内核会查看 APC 的模式（用户或线程），随后将 APC 加入执行该 APC 例程的线程所属的相应队列。在介绍该 APC 如何以及何时执行之前，我们先来看看两种模式之间的差异。当 APC 被加入线程队列时，该线程可能处于下列三种情况之一：

- 线程当前正在运行（甚至可能就是当前线程）。
- 线程当前正在等待。
- 线程正在执行其他操作（就绪、准备等）。

首先请回忆卷 1 第 4 章的内容，执行等待的线程具备一个可告警的状态。除非针对某个线程彻底禁用了 APC，否则对于内核 APC，该状态会被忽略，也就是说，APC 总是会终止等待，而这一行为的结果会在下文进一步讨论。不过对于用户 APC，只有在等待操作是可告警的并且代表某个用户模式组件进行了实例化，或者其他正在挂起的用户 APC 已经开始终止该等待（如果有大量处理器试图将 APC 加入同一个线程的队列，就会发生这种情况）的情况下，该线程才是可以中断的。

用户 APC 也永远不会中断正在用户模式下运行的线程，此时该线程需要执行可告警的等待，或者通过 Ring 级别转换或上下文切换重新访问用户 APC 队列。然而对于内核 APC，在目标线程所在处理器上请求中断会将 IRQL 提升至 APC_LEVEL 级别，通知处理器必须查看当前运行中线程的内核 APC 队列。并且在这两种场景下，如果线程正在“做其他事情”，则需要通过某种转换让该线程进入运行中或等待中的状态。而这种操作实际上会导致线程被挂起，例如不再执行被加入自己队列中的 APC。

除了上文介绍的有关可告警场景，我们曾提到线程的 APC 是可被禁用的。内核与驱动程序开发者可通过两种机制做到这一点，一种是在执行某些代码时直接将其 IRQL 提升至 APC_LEVEL 或更高级别。由于线程已经处于运行中的状态，因此通常会产生一个中断，但根据之前介绍过的 IRQL 规则，如果处理器已经处于 APC_LEVEL（或更高）级别，中断将会被遮掩。因此，只有当 IRQL 被降低至 PASSIVE_LEVEL，挂起的中断才会被交付，APC 才能正常执行。

如果希望将 APC 重新交付给线程，强烈建议使用第二种机制，即使用内核 API KeEnterGuardedRegion 并配合使用 KeLeaveGuardedRegion，这种方式可避免更改中断控制器状态。这些 API 是递归的，可通过嵌套的方式多次调用。只要依然在这样的区域中，就可以安全地通过上下文切换至其他线程，因为状态更新操作会应用于线程对象（KTHREAD）结构中的 SpecialApcDisable 字段，而不是每个处理器的状态。

类似地，上下文切换也可以发生在 APC_LEVEL 级别上，即使这是每个处理器的状态。调度程序会将 IRQL 保存在 KTHREAD 的 WaitIrql 字段中，随后将处理器 IRQL 设置为新传入线程的 WaitIrql（该 IRQL 可能是 PASSIVE_LEVEL）。这会导致一种非常有趣的情况：从技术上来说，PASSIVE_LEVEL 级别的线程可抢占 APC_LEVEL 级别的线程。这种可能性很常见并且完全正常，并且这也证明了在线程执行方面，调度器本身的重要性远远超过任何 IRQL。只有提升至 DISPATCH_LEVEL 级别，禁用线程抢占，才能让 IRQL 取代调度器。由于最终只有 APC_LEVEL 的 IRQL 存在这样的行为，因此这通常也被称为线程本地 IRQL（Thread-local IRQL），虽然并不完全准确，但该机制已经足以描述此处提到的这种行为。

无论内核开发者如何禁用 APC，有一条规则是始终适用的：代码不能以 PASSIVE_

LEVEL 之上的任何 APC 级别返回至用户模式，SpecialApcDisable 也不能设置为“0”之外的其他任何值。实际出现这种情况会立即触发 Bugcheck，通常这意味着某些驱动程序忘了释放锁，或者离开了自己的保护区域。

对于两种 APC 模式，每种模式也有两个类型的 APC：常规 APC 与特殊 APC，这取决于不同的模式，这两种 APC 的行为也存在差异。下面将分别讨论每种组合。

- **特殊内核 APC**。这种组合产生的 APC 会始终被插入 APC 队列中其他所有现有特殊内核 APC 的尾部，但在任何常规内核 APC 之前的位置。内核例程会收到指向 APC 参数和常规例程的指针，并在 APC_LEVEL 级别上运行，这样就可以选择将新的常规 APC 加入队列。
- **常规内核 APC**。此类 APC 始终会被插入 APC 队列的末尾，由此，特殊内核 APC 就可以将新的常规内核 APC 加入队列并稍后执行，上文的例子中描述了这样的情况。此类 APC 不仅可以通过上文提到的两种机制禁用，也可以通过一种名为 KeEnterCriticalRegion 的 API（配合 KeLeaveCriticalRegion）禁用，这会更新 KTHREAD 中的 KernelApcDisable 计数器，但不会更新 SpecialApcDisable 计数器。
- 这些 APC 首先会在 APC_LEVEL 级别下执行自己的内核例程，并向其发送参数和常规例程指针。如果常规例程尚未清除，则会将 IRQL 降低至 PASSIVE_LEVEL 并照常执行常规例程，只不过此时会通过值的形式来传递输入参数。一旦常规例程返回，IRQL 将再次重新提升至 APC_LEVEL。
- **常规用户 APC**。这种组合会导致 APC 被插入 APC 队列的末尾，进而供内核例程按照上一段所描述的方法在 APC_LEVEL 级别下首次执行。随后如果常规例程依然存在，该 APC 将准备进行用户模式的交付（很明显，是在 PASSIVE_LEVEL 级别进行的），为此会创建一个陷阱帧和执行帧，并最终导致在返回用户模式后，将由 Ntdll.dll 中的用户模式 APC 调度程序接管控制权，还将调用所提供的用户指针。一旦用户模式 APC 返回，调度程序将使用 NtContinue 或 NtContinueEx 系统调用返回到原来的陷阱帧。
- 这里需要注意，如果内核例程最后清理了常规例程，那么已收到告警的线程将失去该状态；相反，如果没有收到告警，则会变为已告警状态并且用户 APC 挂起标记会被设置，这可能导致其他用户模式 APC 被尽快交付。这是由 KeTestAlertThread API 负责执行的，本质上，其行为依然类似于常规 APC 在用户模式下执行，尽管内核例程已经取消了该调度。
- **特殊用户 APC**。这种组合产生的 APC 是较新版本的 Windows 10 中新增的，概括体现了一种为线程终止 APC 而做的特殊调度情况，其他开发者也可以使用这种组合。下文很快将会提到，终止远程（非当前）线程的操作需要使用 APC，但该操作只有在所有内核模式代码均已执行完毕后才能进行。以用户 APC 的形式交付终止代码很适合这种情况，但这也意味着用户模式的开发者应避免通过执行不可告警的等待或使用其他用户 APC 填充队列的方式进行终止。

为了解决这种问题，长久以来，内核都会通过一种硬编码的检查来验证用户 APC 的内核例程是否使用了 KiSchedulerApcTerminate。如果是，则用户 APC 会被视为“特殊”的，放置在队列的开头处。此外，线程的状态也会被忽略，并且始终设置为“用户 APC 正在挂起”的状态，这会迫使系统在下一次用户模式 Ring 级别转换或上下文切换到该线程时执行该APC。

该功能是专为终止代码路径保留的，这意味着开发者如果希望为用户APC的执行提供类似保证，无论可告警状态如何，都必须进一步使用更复杂的机制，如使用SetThreadContext手动更改线程上下文，但这种做法易出错。为了解决此问题，QueueUserAPC2 API应运而生，该API可通过QUEUE_USER_APC_FLAGS_SPECIAL_USER_APC标记传递，也能以官方可支持的方式为开发者提供类似功能。此类APC在加入队列后始终位于其他任何用户模式APC之前（极为特殊的终止APC除外），并且对于等待中的线程，还会忽略可告警标记。此外，该APC首先会以一种非常特殊的内核APC形式插入，其内核例程几乎可以立即执行，并将APC重新注册为一个特殊用户APC。

表8-9总结了每一类APC的插入与交付行为。

表8-9　APC的插入与交付行为

APC类型	插入行为	交付行为
特殊（内核）	插入最后一个特殊APC之后（位于所有其他常规APC之前）	IRQL降低时，内核例程将在APC级别交付，此时线程不在保护区域内。当插入APC时，它将收到特定参数的指针
常规（内核）	插入内核模式APC列表末尾	IRQL降低时，内核例程将在APC_LEVEL级别交付，此时线程不在关键（或保护）区域内。当插入APC时，它将收到特定参数的指针。如果存在常规例程，在相关内核例程执行完毕后，这些常规例程将在PASSIVE_LEVEL级别上执行，并会收到相关内核例程返回的参数（可能是执行插入或新建操作时使用的原始参数）
常规（用户）	插入用户模式APC列表末尾	IRQL降低时，内核例程将在APC_LEVEL级别交付，此时线程将被设置为“用户APC挂起中”标记（意味着APC已被加入队列，线程处于可告警的等待状态），当插入APC时，它将收到特定参数的指针 如果存在常规例程，当相关内核例程执行完毕后，这些常规例程将在PASSIVE_LEVEL级别上以用户模式执行，并会收到相关内核例程返回的参数（可能是执行插入或新建操作时使用的原始参数）。如果常规例程被内核例程清理，则它会针对该线程执行Test-alert操作
用户线程终止APC（KiSchedulerApcTerminate）	插入用户模式APC列表开头	立即设置为“用户APC挂起中”标记并按照与上文所述类似的规则进行处理，但在返回用户模式时会在PASSIVE_LEVEL级别上进行交付，并收到线程终止特殊APC所返回的参数
特殊（用户）	插入用户模式APC列表开头，但在线程终止APC（如果存在的话）之后	与上一种情况相同，但参数是通过QueueUserAPC2（NtQueueApcThreadEx2）的调用方控制的。内核例程是一种内部的KeSpecialUserApcKernelRoutine函数，该函数可重新插入APC，将其由最初的特殊内核APC转换为特殊用户APC

执行体会使用内核模式APC来执行必须在特定线程地址空间（以及上下文）中执行的操作系统工作。例如，它可以使用特殊内核模式APC指示线程停止执行可中断的系统服务，或借此记录某个线程地址空间内的一次异步I/O操作结果。环境子系统会使用特殊内核模式APC让线程变得可挂起或终止自身运行，或借此让线程获取或设置自己的用户模式执行上下文。Windows Subsystem for Linux（WSL）会使用内核模式APC来模拟向UNIX应用程序进程子系统传递的UNIX信号。

内核模式APC的另一个重要用途与线程的挂起和终止有关。由于这些操作可从任意线程发起并以其他任意线程为目标，内核会使用APC来查询线程上下文以及终止线程。

设备驱动程序通常会阻止 APC，或通过进入关键/保护区域防止在自己持有了锁的情况下执行此类操作，否则锁可能将永远无法释放，进而导致系统宕机。

设备驱动程序也可以使用内核模式 APC。举例来说，如果发起一个 I/O 操作并且有线程进入等待状态，此时可调度执行另一个进程中的其他线程。当设备数据传输操作完成后，I/O 系统必须通过某种方式重新进入发起该 I/O 操作的线程的上下文，以便将 I/O 操作结果复制到包含该线程的进程的地址空间缓冲区中。I/O 系统使用一种特殊的内核模式 APC 来执行该操作，除非应用程序使用了 SetFileIoOverlappedRange API 或 I/O 完成端口，在这种情况下，缓冲区可能是内存中的全局缓冲区，否则，只有在线程从端口拉取到完成结果之后才能进行复制（I/O 系统对 APC 的使用已在卷 1 第 6 章进行过详细介绍）。

很多 Windows API（如 ReadFileEx、WriteFileEx 以及 QueueUserAPC）也会使用用户模式 APC。例如 ReadFileEx 和 WriteFileEx 函数可允许调用方指定 I/O 操作结束后要调用的完成例程。I/O 完成是通过查询发起 I/O 操作的线程所对应的 APC 实现的，然而对完成例程的回调并不一定发生在将 APC 加入队列的时候，因为用户模式 APC 只能交付给处于可告警等待状态的线程。为了进入等待状态，线程可以等待对象句柄并指定自己的等待是可告警的（使用 Windows 的 WaitForMultipleObjectsEx 函数），或者可以直接测试自己是否有正在挂起的 APC（使用 SleepEx）。在这两种情况下，如果有用户模式 APC 正处于挂起状态，内核会中断（告警）这个线程，将控制转交给 APC 例程，并在 APC 例程完成后恢复线程的执行。与在 APC_LEVEL 级别下执行的内核模式 APC 不同，用户模式 APC 会在 PASSIVE_LEVEL 级别下执行。

APC 的交付会导致等待队列重新排序，此处的“等待队列”可以理解为一个列表，其中列出了哪个线程正在等待什么，以及它们等待的具体顺序（有关如何解决这些等待的详细信息，请参阅“低 IRQL 同步”一节）。如果在交付 APC 时线程处于等待状态，在 APC 例程完成后，将重新发起或重新执行该等待。如果等待依然未能解决，线程将返回至等待状态，但这一次它会处于对象等待列表的末尾。例如，由于 APC 可用于挂起线程的执行过程，如果线程正在等待任何对象，那么其等待状态将被移除，直到线程恢复执行，随后该线程将被放置在线程列表的末尾，继续等待访问自己所等待的对象。正在执行可告警的内核模式等待的线程还可在线程终止时被唤醒，借此该线程就可以检查自己的唤醒到底是因为终止还是其他什么原因造成的。

8.4.3 计时器处理

系统的时钟间隔计时器可能是 Windows 计算机上最重要的设备，因为它有着高 IRQL 值（CLOCK_LEVEL）并且起着至关重要的作用。如果不使用该中断，Windows 将无法跟踪时间，导致无法准确计算正常的运行时间和时钟时间，更严重的是，还会导致计时器无法过期，线程将永远无法使用自己的量程。如果不使用该中断，Windows 还将无法成为一种可抢占的操作系统（preemptive operating system），此时，除非当前运行中的线程释放了 CPU，否则任何处理器上将永远无法运行关键的后台任务和调度。

计时器的类型和间隔

传统上，Windows 控制计算机的系统时钟在某个适当的间隔内激发，后来还允许驱动程序、应用程序以及管理员根据需要修改时钟间隔。因此，系统时钟可以按照固定的周期性间隔进行激发，而时钟本身则是由自 PC/AT 时代起每台计算机都配备的可编程中断计时器（Programmable Interrupt Timer，PIT）芯片或实时时钟（Real Time Clock，RTC）维护的。PIT 运行所用的晶振被调谐为以 NTSC 彩色载波频率的 1/3 来运行（这是因为该晶振最初被首款 CGA 图形卡用于视频输出功能），HAL 可在此基础上通过多种可行的复合机制实现毫秒级别的间隔，这些间隔始于 1 ms，最长可达 15 ms。而 RTC 运行在 32.768 kHz 频率下，由于该频率本身是 2 的幂次，因此很容易配置为以 2 的幂次为间隔的各种频率运行。在基于 RTC 的系统中，可由 APIC 多处理器 HAL 将 RTC 配置为每 15.6 ms 激发一次，这大约等于每秒激发 64 次。

PIT 和 RTC 存在很多问题：它们速度很慢，是一种连接到遗留总线上的外部设备，能实现的时钟粒度太粗，迫使所有处理器必须以同步方式访问自己的硬件寄存器，难以模拟，在新的嵌入式硬件设备（如物联网和移动设备）上已经越来越罕见。因此，硬件供应商开发了各种新型计时器，例如 ACPI 计时器（有时也叫电源管理（Power Management，PM）计时器）和 APIC 计时器（直接集成在处理器内部）。ACPI 计时器针对不同的硬件架构实现了一流的灵活性和可移植性，但延迟较大，且在实现方面会导致各类问题的很多瑕疵。APIC 计时器虽然高效，但通常已被用于实现其他的平台需求，如性能分析，即 Profiling（不过较新的处理器已开始提供专用 Profiling 计时器）。

为了解决该问题，微软与业内厂商联手创建了一种名为高性能事件计时器（High Performance Event Timer，HPET）的规范，借此对 RTC 进行了大量改进。在具备 HPET 的系统中，将使用 HPET 代替 RTC 或 PIC，此外，ARM64 系统也有自己的计时器架构，名为通用中断计时器（Generic Interrupt Timer，GIT）。针对所有这些不同的机制，HAL 会维持一种复杂的层次结构，借此针对特定系统确定可以使用的最佳计时器。这一过程的具体顺序如下：

1）如果是在虚拟机内部运行，为避免进行任何类型的模拟，首先会尝试找到一种合成的虚拟机监控程序（Hypervisor）计时器。

2）在物理硬件上，会试图找到 GIT，但该机制仅适用于 ARM64 系统。

3）如果可能，会试图找到一种每处理器的计时器，例如本地 APIC 计时器（如果尚未被使用）。

4）否则会寻找 HPET，具体查找顺序为：兼容 MSI 的 HPET，遗留的周期性 HPET，任何其他类型的 HPET。

5）如果未找到 HPET，则会使用 RTC。

6）如果未找到 RTC，则会试图寻找某些其他类型的计时器，如 PIT 或 SFI 计时器，并在可能的情况下，会优先尝试寻找支持 MSI 中断的此类计时器。

7）如果依然未找到任何计时器，意味着系统实际并不包含兼容 Windows 的计时器，这种情况应该是不会出现的。

HPET 和 LAPIC 计时器还提供了另一个优势：除了只支持上文提到的典型的周期性模式外，这些计时器还可配置为一种“一次激发”（one shot）模式。该功能使得较新版本的 Windows 可以使用一种动态时钟周期模型（dynamic tick model），下文还将详细介绍这种模型。

计时器粒度

某些类型的 Windows 应用程序需要非常快的响应速度，例如多媒体应用程序。实际上，某些多媒体任务甚至需要低至 1 ms 的响应速度。因此，Windows 从早期开始就实现了一系列 API 与机制，以此降低系统时钟中断的间隔，进而可以更频繁地产生时钟中断。这些 API 并不会调整特定计时器所指定的速率（后续版本 Windows 通过增加增强的计时器提供了这样的功能，具体介绍请参见下一节），而是会提高系统中所有计时器的精度，但这也有可能导致其他计时器更频繁地过期。

也就是说，Windows 依然会尽可能将时钟计时器还原为初始值。当进程每次请求更改时钟间隔时，Windows 会增加一个内部引用计数器，并将其关联给该进程。驱动程序（也能更改时钟速率）也可以通过类似的方式加入这个全局引用计数器中。在所有驱动程序还原了时钟，且所有修改过时钟的进程已退出或还原改动后，Windows 会将时钟还原至其默认值（否则将时钟调整为被进程或驱动程序使用过的第二高的值）。

实验：识别高频计时器

由于高频计时器可能会导致一些问题，Windows 会使用 Windows 事件跟踪（Event Tracing for Windows，ETW）机制跟踪所有请求更改系统时钟间隔的进程和驱动程序，并显示这种请求的产生时间和所请求的间隔。目前的间隔如下图所示，开发者和系统管理员可以通过这些数据判断那些在其他方面完全正常，但电池性能较低的系统的问题所在，并能借此降低大型系统的整体能耗。要获取这些数据，只需运行 **powercfg/energy** 指令，随后就可以得到一个名为 energy-report.html 的 HTML 文件，其内容类似下图所示。

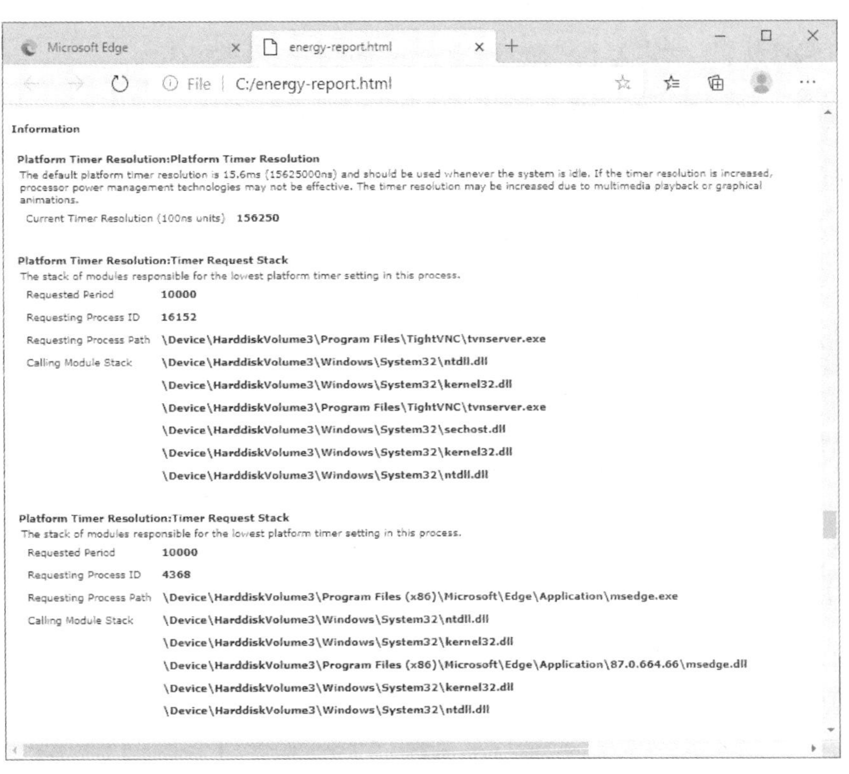

向下拖动页面打开 Platform Timer Resolution（平台计时器精度）小节，在这里可以看到所有曾经更改过计时器精度并且依然活跃的应用程序，以及导致相关调用的调用栈。计时器精度对应的数值以“百纳秒”为单位，因此数值为 20000 的时段对应了 2 ms。在如上例子中，有两个应用程序（Microsoft Edge 以及远程桌面服务器 TightVNC）分别请求过更高的精度。

我们也可以通过调试器获取此类信息。对于每个进程，EPROCESS 结构中都包含了下列字段，这有助于我们发现计时器精度的变化：

```
+0x4a8 TimerResolutionLink : _LIST_ENTRY [ 0xfffffa80'05218fd8 - 0xfffffa80'059cd508 ]
+0x4b8 RequestedTimerResolution : 0
+0x4bc ActiveThreadsHighWatermark : 0x1d
+0x4c0 SmallestTimerResolution : 0x2710
+0x4c8 TimerResolutionStackRecord : 0xfffff8a0'0476ecd0 _PO_DIAG_STACK_RECORD
```

请注意，调试器还会额外显示另一类信息：特定进程曾经请求过的最小计时器精度。本例中所示的进程属于 PowerPoint 2010，在放映幻灯片过程中，该应用通常会请求较低的计时器精度；但在编辑幻灯片过程中通常不会这样做。上文所示代码中 PowerPoint 的 EPROCESS 字段内容也证明了这一点，而相应的栈可通过转储 PO_DIAG_STACK_RECORD 结构来进行解析。

最后，TimerResolutionLink 字段通过双向链表 ExpTimerResolutionListHead 连接了所有曾经更改过计时器精度的进程。如果 powercfg 命令不可用或需要查阅历史进程的信息，则可使用调试器数据模型解析该列表，由此得知系统中所有已经或曾经更改过计时器精度的进程。例如，由下列输出结果可知，Edge 曾在不同的时间请求过 1 ms 的精度，此外，远程桌面客户端和 Cortana 也有过类似的操作。不过 WinDbg Preview 不仅曾请求过更改精度，并且它在运行该命令时依然在请求更改精度。

```
lkd> dx -g Debugger.Utility.Collections.FromListEntry(*(nt!_LIST_ENTRY*)&nt!Ex
pTimerReso
lutionListHead, "nt!_EPROCESS", "TimerResolutionLink").Select(p => new { Name =
((char*)
p.ImageFileName).ToDisplayString("sb"), Smallest = p.SmallestTimerResolution,
Requested = p.RequestedTimerResolution}),d
==========================================================
=          = Name              = Smallest = Requested =
==========================================================
= [0]      - msedge.exe        - 10000    - 0         =
= [1]      - msedge.exe        - 10000    - 0         =
= [2]      - msedge.exe        - 10000    - 0         =
= [3]      - msedge.exe        - 10000    - 0         =
= [4]      - mstsc.exe         - 10000    - 0         =
= [5]      - msedge.exe        - 10000    - 0         =
= [6]      - msedge.exe        - 10000    - 0         =
= [7]      - msedge.exe        - 10000    - 0         =
= [8]      - DbgX.Shell.exe    - 10000    - 10000     =
= [9]      - msedge.exe        - 10000    - 0         =
= [10]     - msedge.exe        - 10000    - 0         =
= [11]     - msedge.exe        - 10000    - 0         =
= [12]     - msedge.exe        - 10000    - 0         =
```

```
= [13]    - msedge.exe        - 10000    - 0          =
= [14]    - msedge.exe        - 10000    - 0          =
= [15]    - msedge.exe        - 10000    - 0          =
= [16]    - msedge.exe        - 10000    - 0          =
= [17]    - msedge.exe        - 10000    - 0          =
= [18]    - msedge.exe        - 10000    - 0          =
= [19]    - SearchApp.exe     - 40000    - 0          =
=================================================================
```

计时器过期

上文曾经提到与时钟源生成的中断相关联的 ISR，其主要任务之一是跟踪系统时间，这主要是通过 KeUpdateSystemTime 例程实现的。该 ISR 的另一个作用是跟踪逻辑运行时间，例如进程/线程执行时间以及系统时钟周期时间，诸如 GetTickCount 等 API 会使用这些底层数据，以供开发者在自己的应用程序中执行计时操作。这部分工作是由 KeUpdateRunTime 进行的。不过在执行任何此类工作前，KeUpdateRunTime 会检查是否有计时器已过期。

Windows 计时器可以是绝对计时器，这种计时器暗含了明确的未来过期时间；也可以是相对计时器，其中包含一个为负数的过期值，在插入计时器后，可通过该值从当前时间中进行扣减。从内部运作来看，所有计时器都会转换为绝对过期时间，不过系统会持续跟踪每个时间到底是“真正的”绝对时间还是转换后的相对时间。这个差异在某些情况下非常重要，例如在夏令时（甚至手动调整时钟）的情况下，如果用户将时钟从 1:00 p.m. 改为 7:00 p.m.，此时绝对计时器依然可以在 8:00 p.m.激发。但相对计时器（例如一个被设置为“两小时后过期”的计时器）将无法感知时钟的变化，因为两小时实际上还没有到。在遇到类似这种系统时间产生变化的情况下，内核会重编程与相对计时器有关联的绝对时间，以便匹配新的设置。

当时钟仅以周期模式激发的时候，由于时钟会以已知间隔的倍数过期，因此计时器可关联的系统时间的每个倍数，也可以叫作时钟指针（Hand），这是一种索引，存储在计时器对象的调度程序头部。Windows 会通过这种方式，根据数组将所有驱动程序和应用程序的计时器整理为链表，表中的每一项对应了系统时间一种可能的倍数。由于现代版本 Windows 10 的运行不再必须依赖周期性的时钟周期（这归功于动态时钟周期功能），因此时钟指针也被重新定义为到期时间的上 46 位（以 100 ns 为单位）。这样每个时钟指针可以获得大约 28 ms 的“时间”。此外，因为在一个特定的时钟周期过程中（尤其是没有以固定的周期间隔激发时），可能会有多个时钟指针具备即将过期的计时器，Windows 不能只检查当前时钟指针，而是需要使用一个位图来跟踪每个处理器的计时器表中的每个时钟指针。这些挂起的时钟指针都可通过该位图找到，并在每个时钟中断期间进行检查。

无论使用何种方法，这 256 个链表都会保存到一个名为计时器表（位于 PRCB 中）的表中，这样每个处理器就可以单独让自己的计时器过期，而不需要获取全局锁。该过程如图 8-19 所示。新版的 Windows 10 最多可使用两个计时器表，因此总共可产生 512 个链表。

稍后我们还将讨论如何决定计时器会被插入哪个逻辑处理器的计时器表。因为每个处理器都有自己的计时器表，每个处理器也都需要处理自己的计时器过期工作。当处理器被初始化时，该表中会被填入绝对计时器，为避免产生不连贯的状态，这些计时器的过期时间是无限的。因此，为确定某个时钟是否已过期，就只需要检查与当前时钟指针相关的对应链表中是否存在任何计时器即可。

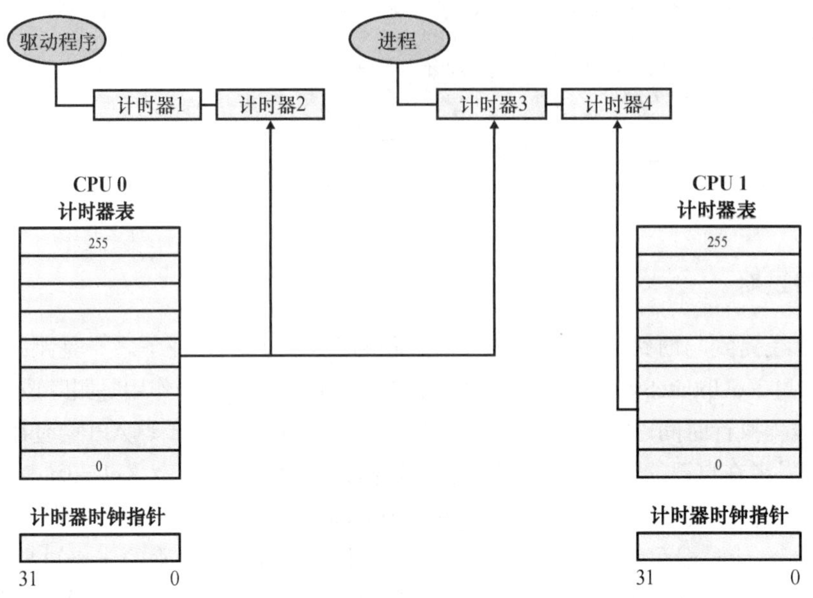

图 8-19 每处理器计时器列表范例

虽然更新计数器和检查链表操作的执行速度都很快，但对每个计时器执行该操作并使其过期，则可能会造成巨大的运行开销，毕竟目前所有这些工作都是在 CLOCK_LEVEL 级别（一种特别提升后的 IRQL）上进行的。类似于驱动程序 ISR 通过将 DPC 加入队列来延迟自己工作的做法，时钟 ISR 也会请求 DPC 软件中断并在 PRCB 中设置标记，这样 DPC 排空机制就会知道哪些计时器需要过期。同理，在更新进程/线程运行时的时候，如果时钟 ISR 确定某个线程的量程已经过期，此时也会请求 DPC 软件中断并设置一个不同的标记。这些标记是针对每个 PRCB 专用的，因为每个处理器通常都会自行处理自己的运行时更新，而这是由于每个处理器都在运行不同的线程，并关联了不同的任务。表 8-10 列出了在计时器过期和处理过程中所涉及的各种字段。

表 8-10 计时器处理所涉及的 KPRCB 字段

KPRCB 字段	类型	描述
LastTimerHand	索引（最大 265）	由该处理器处理的最后一个计时器时钟指针。在新版系统中已包含在 TimerTable 中，因为新系统已经有两个表了
ClockOwner	布尔值	表示当前处理器是否为时钟的所有者
TimerTable	KTIMER_TABLE	计时器表列表中的列表头数量（256 个，新版系统为 512 个）
DpcNormalTimerExpiration	位	表示为请求计时器到期，已发出了 DISPATCH_LEVEL 中断

DPC 主要供设备驱动程序使用，但内核也可以使用。内核主要会使用 DPC 处理量程的过期。在系统时钟的每次时钟周期过程中，会在时钟的 IRQL 级别上发出一个中断。时钟中断处理程序（运行于 Clock IRQL 级别下）会更新系统时间并减小一个计数器的值，该计数器用于跟踪当前线程的运行时长。当该计数器归零后，意味着线程的时间量程已过期，此时内核可能需要重新调度处理器，并在 DPC/Dispatch IRQL 级别上完成一个低优先级的任务。时钟中断处理程序会将 DPC 加入队列以发起线程分发操作，随后完成自己的

工作并降低处理器的 IRQL。由于 DPC 中断的优先级低于设备中断，因此，在时钟中断完成之前所产生的任何挂起的设备中断都会先于 DPC 中断进行处理。

当 IRQL 最终降低至 DISPATCH_LEVEL 之后，作为 DPC 处理工作的一部分，还会选中这两个标记。

卷 1 第 4 章曾介绍过与线程调度和量程过期有关的操作。这里我们简要介绍计时器过期的工作方式。由于计时器会通过时钟指针相互链接，过期代码（由 PRCB 在 TimerExpirationDpc 字段中关联的 DPC 执行，通常为 KiTimerExpirationDpc）会从头到尾解析该列表（在插入时，将优先插入距离时钟间隔倍数最接近的计时器，其次会选择最接近下一个间隔但依然位于当前时钟指针范围的计时器）。要让计时器过期，主要涉及两个任务：

- 计时器会被视为一种调度程序同步对象（在超时或直接等待的过程中，线程会在计时器上等待）。计时器上还会运行 Wait-testing（等待测试）和 Wait-satisfaction（等待满足）算法，下文介绍同步的章节中还将详细介绍具体的工作方式。用户模式应用程序以及一些驱动程序就是通过这种方法使用计时器的。
- 计时器会被视为一种与 DPC 回调例程相关联的控制对象，计时器过期时将会执行该例程。该方法仅供驱动程序使用，可以针对计时器过期实现非常低延迟的响应（等待/调度程序方法则需要通过各种额外的逻辑来实现等待信号）。此外，因为计时器过期本身是在 DISPATCH_LEVEL 级别执行的，DPC 也运行在该级别下，因此很适合充当计时器回调。

随着每个处理器被唤醒来处理时钟间隔计时器，借此执行系统时间和运行时间的处理工作，当一个轻微的延迟/拖延后导致 IRQL 从 CLOCK_LEVEL 降低至 DISPATCH_LEVEL 级别时，该过程中还会处理计时器的过期。图 8-20 展示了双处理器系统中的这一行为：其中实线箭头代表时钟中断的激发，而虚线箭头代表在处理器具备相关计时器的情况下，可能需要进行的计时器过期处理工作。

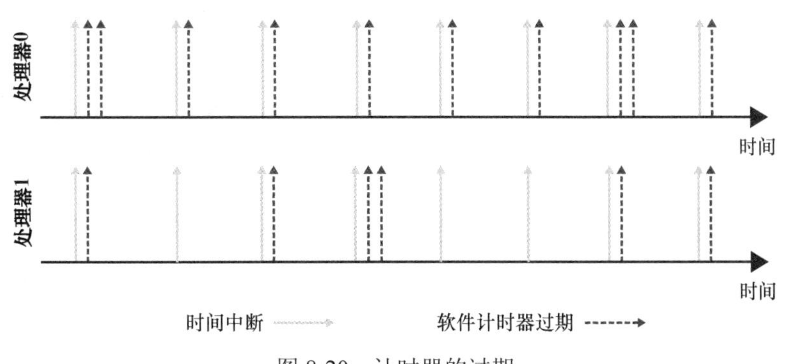

图 8-20　计时器的过期

处理器的选择

插入计时器时还要做出一个关键决定：选择适合的表，换句话说，就是选择最适合的处理器。首先，内核会检查计时器序列化是否被禁用。如果禁用，随后还会检查计时器的过期是否关联了 DPC。如果 DPC 已被关联到某个目标处理器，那么此时就会选择该处理器的计时器表。如果该计时器没有与其关联的 DPC，或如果 DPC 未绑定至某个处理器，则内核会扫描当前处理器组中所有尚未休止的处理器（有关内核休止的详细信息，请参阅卷 1 第 4 章）。如果当前处理器已休止，则会选择同一 NUMA 节点中尚未休止且距离最接近的处理器，否则会使用当前处理器。

这种行为的本意是为了改善 Hyper-V 服务器系统的性能与可伸缩性，但其实也有助于改善高负荷系统的性能。随着系统计时器的堆积（因为大部分驱动程序并不为自己的 DPC 设置关联性），CPU 0 将变得越来越拥堵，有越来越多计时器过期代码需要执行，这会导致延迟增加，甚至导致 DPC 的处理产生极高延迟以及缺失。此外，计时器过期还可能导致与通常负责驱动程序（例如网络数据包代码）中断处理的 DPC 产生竞争，这会导致整个系统速度受到影响。Hyper-V 还会让这种情况进一步加剧，此时 CPU 0 可能必须处理大量虚拟机所关联的计时器和相关 DPC，而每个虚拟机都有自己的计时器和相关联的设备。

通过将计时器分散到多个处理器上（见图 8-21），每个处理器的计时器过期负载即可完全由未休止的多个逻辑处理器来分摊。在 32 位系统中，计时器对象会将与自己关联的处理器的编号存储在调度程序头部；在 64 位系统中，则会存储在对象本身之内。

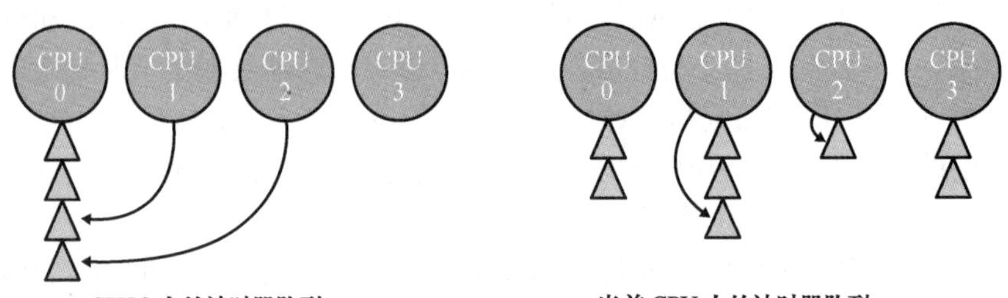

图 8-21　计时器队列行为

这种行为虽然能让服务器系统大幅获益，但对客户端系统的影响通常并不会太大。此外，这会使得每个计时器的过期事件（例如时钟周期）变得更复杂，因为处理器可能已经闲置，但此时可能依然关联了计时器，这就意味着该处理器依然需要接收时钟周期，甚至可能还需要扫描其他每个处理器的表。另外，因为多个处理器可能会同时取消和插入计时器，这也意味着计时器的过期本质上属于一种异步行为，这可能并非始终是我们需要的。这种复杂性使得系统几乎无法实现新型待机[①]所需要的“复原阶段”（resiliency phase），因为无法保证始终使用同一个处理器来管理时钟。因此在客户端系统中，如果可使用新型待机功能，计时器序列化将被启用，此时无论何种情况，内核始终将选择 CPU 0。这也使得 CPU 0 在实际行为上成为默认的时钟所有者，该处理器将始终处于激活状态，以便随时选择时钟中断（具体请参见下文）。

注意　该行为是由内核变量 KiSerializeTimerExpiration 控制的，这个变量会根据一个注册表设置进行初始化，服务器和客户端 Windows 系统中，该设置使用了不同的值。通过在注册表 HKLM\SYSTEM\CurrentControlSet\Control\Session Manager\Kernel 键下修改或创建一个名为 SerializeTimerExpiration 的值，并将其数值设置为“0”和“1”之外的其他任何内容，即可

① 新型待机（Modern Standby）早期也叫 Connected Standby，是 Windows 8 开始引入的一种全新节能模式，意在让计算机实现与手机等移动设备类似的“待机”和唤醒能力，并与手机一样在“待机”状态下维持网络连接，以接收各应用的推送通知。——译者注

禁用计时器序列化功能，进而使得计时器可以平均分配到不同的处理器。删除该值，或将其设置为“0”，可以让内核根据新型待机功能的可用性自行决定是否使用计时器序列化。将其设置为“1”，可永久启用序列化，哪怕系统并不支持新型待机。

实验：查看系统计时器

我们可以使用内核调试器转储系统中当前已注册的计时器，以及每个计时器所关联的 DPC（如果有的话）信息。具体的输出结果类似下列范例所示：

```
0: kd> !timer
Dump system timers

Interrupt time: 250fdc0f 00000000 [12/21/2020 03:30:27.739]

PROCESSOR 0 (nt!_KTIMER_TABLE fffff8011bea6d80 - Type 0 - High precision)
List Timer              Interrupt Low/High Fire Time                   DPC/thread

PROCESSOR 0 (nt!_KTIMER_TABLE fffff8011bea6d80 - Type 1 - Standard)
List Timer              Interrupt Low/High Fire Time                   DPC/thread
  1 ffffdb08d6b2f0b0    0807e1fb 80000000 [          NEVER          ] thread ffffdb08d748f480
  4 ffffdb08d7837a20    6810de65 00000008 [12/21/2020 04:29:36.127]
  6 ffffdb08d2cfc6b0    4c18f0d1 00000000 [12/21/2020 03:31:33.230] netbt!TimerExpiry
                                                                    (DPC @ ffffdb08d2cfc670)
    fffff8011fd3d8a8 A fc19cdd1 00589a19 [ 1/ 1/2100 00:00:00.054] nt!ExpCenturyDpcRoutine
                                                                    (DPC @ fffff8011fd3d868)
  7 ffffdb08d8640440    3b22a3a3 00000000 [12/21/2020 03:31:04.772] thread ffffdb08d85f2080
    ffffdb08d0fef300    7723f6b5 00000001 [12/21/2020 03:39:54.941]
                          FLTMGR!FltpIrpCtrlStackProfilerTimer (DPC @ ffffdb08d0fef340)
 11 fffff8011fcffe70    6c2d7643 00000000 [12/21/2020 03:32:27.052] nt!KdpTimeSlipDpcRoutine
                                                                    (DPC @ fffff8011fcffe30)
    ffffdb08d75f0180    c42fec8e 00000000 [12/21/2020 03:34:54.707] thread ffffdb08d75f0080
 14 fffff80123475420    283baec0 00000000 [12/21/2020 03:30:33.060] tcpip!IppTimeout
                                                                    (DPC @ fffff80123475460)
. . .
 58 ffffdb08d863e280 P 3fec06d0 00000000 [12/21/2020 03:31:12.803] thread ffffdb08d8730080
    fffff8011fd3d948 A 90eb4dd1 00000887 [ 1/ 1/2021 00:00:00.054] nt!ExpNextYearDpcRoutine
                                                                    (DPC @ fffff8011fd3d908)
. . .
104 ffffdb08d27e6d78 P 25a25441 00000000 [12/21/2020 03:30:28.699]
                               tcpip!TcpPeriodicTimeoutHandler (DPC @ ffffdb08d27e6d38)
    ffffdb08d27e6f10 P 25a25441 00000000 [12/21/2020 03:30:28.699]
                               tcpip!TcpPeriodicTimeoutHandler (DPC @ ffffdb08d27e6ed0)
106 ffffdb08d29db048 P 251210d3 00000000 [12/21/2020 03:30:27.754]
                          CLASSPNP!ClasspCleanupPacketTimerDpc (DPC @ ffffdb08d29db088)
    fffff80122e9d110 258f6e00 00000000 [12/21/2020 03:30:28.575]
                               Ntfs!NtfsVolumeCheckpointDpc (DPC @ fffff80122e9d0d0)
108 fffff8011c6e6560  19b1caef 00000002 [12/21/2020 03:44:27.661]
```

```
                                tm!TmpCheckForProgressDpcRoutine (DPC @ fffff8011c6e65a0)
111 ffffdb08d27d5540 P  25920ab5 00000000 [12/21/2020 03:30:28.592]
                              storport!RaidUnitPendingDpcRoutine (DPC @ ffffdb08d27d5580)
    ffffdb08d27da540 P  25920ab5 00000000 [12/21/2020 03:30:28.592]
                              storport!RaidUnitPendingDpcRoutine (DPC @ ffffdb08d27da580)
. . .
Total Timers: 221, Maximum List: 8
Current Hand: 139
```

在上述范例（为节省版面，有所省略）中，包含多个与驱动程序相关且很快即将过期的计时器，这些计时器分别关联至 Netbt.sys 和 Tcpip.sys 驱动程序（均与网络功能有关）以及 Ntfs（存储控制器驱动程序）。此外还有一些在后台负责清理工作的计时器即将过期，例如与电源管理、ETW、注册表刷新、用户账户控制（UAC）虚拟化有关的计时器。另外，还有十几个计时器没有关联任何 DPC，这些可能是等待调度的用户模式或内核模式计时器。我们可以针对线程指针运行**!thread** 命令来验证这一点。

最后，Windows 系统中还有三个始终存在的有趣计时器，这些计时器分别负责检查夏令时时区的变化、检查新年是否即将到来，以及检查新世纪是否即将到来。根据这些计时器过期时间的远近，除非在相关时间点即将到来时执行该实验，否则就可以很轻松地找出它们。

计时器时钟周期的智能分配

从图 8-20 所示的负责处理时钟的 ISR 和过期计时器的处理器范例中可知，尽管并不存在相关联的过期计时器（虚线箭头），但处理器 1 依然会被唤醒多次（实线箭头）。虽然只要处理器 1 处于运行状态就会体现出这样的行为（这是为了更新线程/进程运行次数和调度状态），但如果处理器 1 处于空闲状态（且不包含过期计时器）呢？它是否依然需要处理时钟中断？上文曾经提到，此时唯一需要做的工作是更新整体系统时间/时钟周期，因此仅指定一个处理器作为时间维持处理器（本例中为处理器 0）就已足够，这样其他处理器就可以继续处于睡眠状态；如果这些处理器被唤醒，任何与时间有关的调整工作均可通过与处理器 0 重新同步来实现。

实际上，Windows 已经实现了这样的目标（在内部这称为计时器时钟周期的智能分配），图 8-22 展示了处于此场景下的处理器状态，其中处理器 1 正在睡眠（与上文情况不同，当时我们假定它正在运行代码）。图 8-22 中，处理器 1 只被唤醒了 5 次以处理自己的过期计时器，这就产生了更大的间隙（睡眠时段）。内核所使用的 KiPendingTimerBitmaps 变量中包含一个由相关性掩码结构（affinity mask structure）组成的数组，该数组决定了哪个逻辑处理器需要按照特定计时器时钟指针（时钟周期间隔）接收时钟间隔。随后即可据此对中断控制器进行恰当的编程，并确定将向哪些处理器发送 IPI 以发起计时器处理工作。

留出尽可能大的间隙，这一点非常重要，这是由电源管理功能在处理器上的工作方式决定的：当处理器检测到工作负载即将越来越少时，它便会降低自己的能耗（P 状态），直到自己最终处于闲置状态。随后处理器可以选择性地将自身的部分电路关闭，逐渐进入更深度的闲置/睡眠状态，例如可能会关闭缓存。然而，处理器的再次唤醒需要耗费电力并花费一定时间，因此，仅在当处理器处于特定状态下，在时间和能耗方面获得的好处超过进入并退出该状态所需的时间和能耗的情况下，设计者才会冒险让处理器进入更深度的闲置/睡眠状态（C 状态）。很明显，花费 10 ms 进入某种睡眠状态但该状态只维持了 1 ms，这是一种很不合理的做法。通过防止时钟中断在（由于计时器的存在而显得）非必要的时候唤醒睡眠中的处理器，才能让处理器在更长时间内处于更深度的 C 状态。

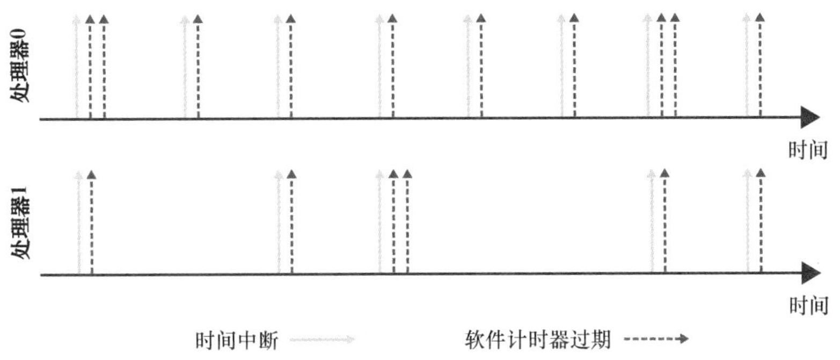

图 8-22 应用于处理器 1 的计时器时钟周期智能分配

计时器合并

在没有计时器将要过期的时间里让睡眠中的处理器只产生最少量的时钟中断，这种做法虽然能大幅延长 C 状态的间隔，但在计时器粒度仅为 15 ms 的情况下，很多计时器很可能会在任意时钟指针范围内排队并频繁过期，哪怕处理器 0 也会遇到这种情况。减少软件计时器过期所产生的工作量，不仅有助于降低延迟（因为需要在 DISPATCH_LEVEL 级别上执行的工作更少），同时可以让其他处理器在睡眠状态下维持更长时间（因为我们可以确信处理器被唤醒只是为了处理即将过期的计时器，因此过期计时器的数量越少，在睡眠状态维持的时间就越长）。实际上，过期计时器的数量减少不仅会对睡眠状态（以及延迟）产生切实影响，还会对这些计时器过期的周期性产生影响：6 个计时器在同一个时钟指针范围内同时过期，这总好过 6 个计时器在 6 个不同时钟指针范围内过期。因此，为了全面优化闲置时间的持续长度，内核需要通过一种合并（coalescing）算法将不同的计时器时钟指针合并为包含多个过期的同一个时钟指针。

计时器合并生效依赖的一个假设前提：对于大部分驱动程序和用户模式应用程序，它们并不非常关心自己计时器的确切激发时长（但某些多媒体应用程序除外）。随着原始计时器时长的增长，这种“不关心”的范围也会扩大：一个本应每 30 s 被唤醒一次的应用程序可能并不介意自己每 31 s 或每 29 s 被唤醒一次；而一个本应每 1 s 轮询一次的驱动程序，如果每 1 s 外加 50 ms，或每 1 s 减去 50 ms 轮询一次，通常也不会造成太大的问题。大部分周期性计时器都依赖一个重要的保证：在某一特定范围内，自己的激发时长可以保持固定不变。举例来说，如果一个计时器被更改为每 1 s 外加 50 ms，那么它依旧可以永远在该范围内进行激发，而不会有时候以每 2 s，有时候以每 0.5 s 为间隔激发。然而，并非所有计时器可以合并为更粗粒度，因此 Windows 只会为标记为“可合并”的计时器启用该机制。计时器可通过 KeSetCoalescableTimer 这个内核 API 或用户模式对应的

SetWaitableTimerEx 添加该标记。

借助这些 API，驱动程序和应用程序开发者可以自由地为内核提供自己的计时器所能容忍的最大宽容度（或可容忍延迟），这个最大宽容度可理解为一段时间长度的最大值，当发出请求并等待了这么长的时间后，计时器将依然能正确工作（在上文的例子中，那个 1 s 计时器的宽容度是 50 ms）。推荐的最小宽容度为 32 ms，这对应了 15.6 ms 时钟周期的两倍，任何比这个数字更小的值实际上都不会导致任何合并，因为即将过期的计时器甚至已经无法从一个时钟周期移动到另一个时钟周期。无论指定怎样的宽容度，Windows 都会将计时器与四个首选合并间隔之一进行对齐，这四个首选合并间隔分别为 1 s、250 ms、100 ms 以及 50 ms。

在为周期性计时器设置了可容忍的延迟后，Windows 会使用一种名为 Shifting（挪动）的过程让该计时器在不同周期之间漂移，直到它与特定宽容度相关的首选合并周期中最优化的周期间隔倍数保持对齐（随后该信息会被编码至调度程序的头文件中）。对于绝对计时器，则会扫描首选合并间隔列表，并根据距离调用方所指定的最大宽容度，在最接近的可接受合并间隔内生成一个首选的过期时间。这种行为意味着绝对计时器会始终尽可能远离自己的实际过期时间点，这样可以让计时器尽可能地分散，并为处理器提供更长的睡眠时间。

对于计时器的合并，我们可以参考图 8-20 并假设所有计时器都指定了宽容度，因此是可以合并的。但在一种情况下 Windows 会决定合并计时器，如图 8-23 所示。请注意，处理器 1 总共只收到了三个时钟中断，因此会导致闲置睡眠时间大幅延长，进而可以进入能耗更低的 C 状态。此外，处理器 0 上某些时钟中断需要执行的工作并不多，因此在每个时钟中断时，可能会消除降低至 DISPATCH_LEVEL 级别所需的延迟。

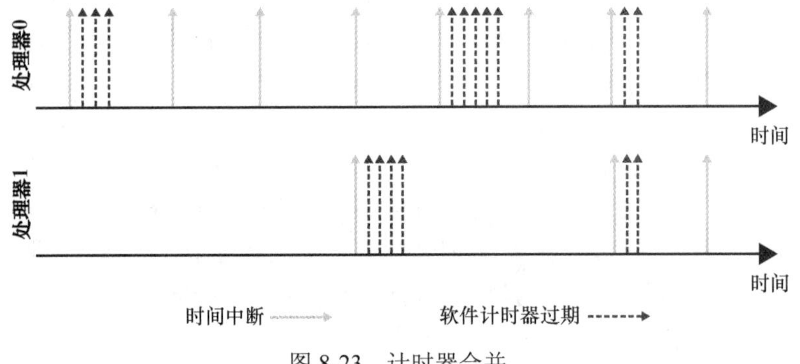

图 8-23　计时器合并

增强计时器

首先，增强计时器的出现主要是为了解决原本的计时器系统经过多次改进后依然无法解决的大量需求问题。例如，虽然计时器合并有助于降低能耗，但也会导致计时器产生不一致的过期时间，哪怕是在根本无须降低能耗的情况下也是如此（换句话说，计时器合并是一种“全有或全无”的做法）。其次，Windows 用于实现高精度计时器的唯一机制就是让应用程序和驱动程序以全局形式降低时钟的时钟周期，但这种方式会对系统产生巨大的负面影响。出乎意料的是，尽管此时这类计时器的精度可能已经提高，但实际上可能未必很精确，因为无论粒度精细到何种程度，常规的计时器过期操作依然可能会先于时钟的时钟周期而发生。

最后，还请回忆卷 1 第 6 章介绍过的新型待机功能，这个功能引入了诸如计时器虚拟化和桌面活动审查器（Desktop Activity Moderator，DAM）[①] 等功能，在新型待机的复原阶段，这些功能会主动延迟计时器的过期，借此模拟 S3 的睡眠状态。但是在该阶段，依然需要允许一些重要的系统计时器活动定期运行。

这三个需求催生了增强计时器，这类计时器在内部称为 Timer2 对象，是由一些新增的系统调用（例如 NtCreateTimer2 和 NtSetTimer2）或驱动程序 API（例如 ExAllocateTimer 和 ExSetTimer）创建的。增强计时器支持四种行为模式，其中某些模式是互斥的：

- **No-wake**：此类增强计时器是对计时器合并进行的改进，可以提供原本只能在睡眠时段中使用的可容忍延迟。
- **High-resolution**：此类增强计时器对应于高精度计时器，但具备专属的精确时钟速率。时钟速率只需要在接近计时器到期时间时才需要以此速率运行。
- **Idle-resilient**：此类增强计时器可以在深度睡眠状态（例如新型待机的复原阶段）下依然保持活跃状态。
- **Finite**：此类增强计时器不包含上文所介绍的任何一种特性。

High-resolution 计时器也可以是 Idle resilient 计时器，反之亦然。但 Finite 计时器无法具备上述任何一种特性。那么，如果 Finite 类型的增强计时器不包含任何“特殊”行为，最初又为何创建这种类型的计时器？实际上，由于新增的 Timer2 基础架构是对自 Windows 内核最初开发时就已具备的老旧计时器逻辑的重写，因此，抛开这些特殊功能不谈，它们还提供了其他一些好处：

- 它使用了一种自平衡的红黑二叉树，而没有使用来自计时器表的链表。
- 它允许驱动程序明确启用或禁用回调，而无须手动创建 DPC。
- 它为每个操作提供了全新并且更简洁的 ETW 跟踪项，这能对故障分析工作起到一定帮助。
- 它通过某些指针混淆技术和额外的断言提供了更深入的安全性，从而强化了针对单纯以数据为目标的攻击和破坏行为的防御能力。

因此，完全以 Windows 8.1 和后续版本系统为目标的驱动程序开发者，即使不需要这些额外的功能，也强烈建议使用全新的增强计时器基础架构。

注意 微软技术文档中提到的 ExAllocateTimer API 并不允许驱动程序创建 Idle-resilient 类型的计时器。实际上，这样的操作企图会导致系统崩溃。只有微软在系统中内置的驱动程序可以使用 ExAllocateTimerInternal API 创建此类计时器。不建议读者使用该 API 创建计时器，因为内核维持了一个静态的硬编码列表，其中列出了所有已知的合法调用方，并要求调用方必须提供唯一标识符对全过程进行跟踪，借此即可知道允许不同组件创建多少个此类计时器。任何违反该规则的操作都会导致系统崩溃（蓝屏死机）。

相比常规计时器，增强计时器的过期规则也更复杂，因为这类计时器最终会面临两个可能的截止时间。第一个叫作最小截止时间（minimum due time），决定了允许该计时器

① 桌面活动审查器是 Windows 8 客户端系统引入的一个全新组件，主要用于当系统进入新型待机状态后暂停所有桌面应用程序的运行，并限制第三方系统服务的运行。——译者注

过期的最早系统时钟时间；第二个叫作最大截止时间（maximum due time），代表该计时器应该过期的最晚系统时钟时间。Windows 可以保证计时器会在这两个时间点间的某一刻过期，这可以是常规的时钟周期每个间隔（例如 15 ms）所导致的，或者是因为对计时器过期操作的临时检查（例如当一个中断唤醒了闲置线程时）所导致的。该间隔通过将开发者传入的预期过期时间按照所传入的“不唤醒容忍度”进行调整计算而来。如果指定了无限制的唤醒容忍度，那么计时器将不具备最大截止时间。

因此，一个 Timer2 对象最多可以驻留在红黑二叉树的两个节点中：用于检查最小截止时间的节点 0，以及用于检查最大截止时间的节点 1。No-wake 和 High-resolution 计时器位于节点 0 内，而 Finite 和 Idle-resilient 计时器位于节点 1 内。

上文曾经提到这些属性有些是可以合并的，那么这又该如何与两个节点配合生效？很明显，一个红黑二叉树是不够的，系统无疑需要更多这种二叉树，这也叫作集合（Collection，详见公开的 KTIMER2_COLLECTION_INDEX 数据结构），上文提到的每一类增强计时器对应一个二叉树。随后，计时器可被插入节点 0 或节点 1，或同时插入这两者，或哪一个也不插入，这主要取决于表 8-11 中列出的规则与组合。

表 8-11 计时器类型和节点集合索引

计时器类型	节点 0 集合索引	节点 1 集合索引
No-wake	NoWake，如果有容忍度	NoWake，如果有非无限的容忍度或无容忍度
Finite	从不会插入该节点	Finite
High-resolution	始终插入 Hr	Finite，如果有非无限的容忍度或无容忍度
Idle-resilient	NoWake，如果有容忍度	Ir，如果有非无限容忍度或无容忍度
High resolution 和 Idle-resilient	始终插入 Hr	Ir，如果有非无限容忍度或无容忍度

节点 1 可以看成对默认的旧版计时器行为创建的镜像：会在每个时钟周期里检查计时器是否即将过期。因此计时器只要位于节点 1 中，就注定会过期，这也暗示了其最小截止时间与其最大截止时间是相同的。然而，有着无限容忍度的计时器是不会被放入节点 1 的，因为从技术的角度来看，只要 CPU 永远保持睡眠状态，这样的计时器将永远不过期。

High-resolution 计时器则完全相反，系统会始终在此类计时器即将过期的“正确”时间点上进行检查，永远不会提前，因此它们会被放入节点 0。然而，如果它们准确的过期时间对于节点 0 中的检查而言“太早了”，那么也可能会放入节点 1，此时它们会像常规（有限）计时器一样处理（也就是说，实际过期时间会比预期时间略晚一些）。如果调用方提供了容忍度，系统处于闲置状态，并且产生了合并计时器的机会，则也有可能发生这种情况。

类似地，对于 Idle-resilient 计时器，如果系统并不处于复原阶段，那么此类计时器并不同时属于 High-resolution 计时器（这是增强计时器的默认状态），将会位于 NoWake 集合中；其他情况下此类计时器将位于 Hr 集合中。然而，在需要检查节点 1 的时钟周期内，尽管系统可能处于深度睡眠状态，只有位于特殊的 Ir 集合内的计时器才能被识别成为需要执行的计时器。

这种情况最初可能会令人感到困惑，但这种状态使得所有以合法方式合并的计时器在系统时钟周期内（节点 1，强制实施最大截止时间）进行检查时，或在计算出的下一个最接近的截止时间（节点 0，强制实施最小截止时间）进行检查时，能够表现出正确的行为。

当每个计时器被插入相应集合（KTIMER2_COLLECTION）和相关联的一个或多个红黑树节点时，集合的下一个截止时间会被更新，变更为集合中任意一个计时器最早的截止时间，此时可通过一个全局变量（KiNextTimer2Due）体现任意集合中任意一个计时器最早的截止时间。

实验：列出增强的系统计时器

我们可以使用上文实验中曾经用到的内核调试器查看增强计时器（Timer2），它们会显示在输出结果的最末尾:

```
KTIMER2s:
Address,           Due time,                               Exp. Type   Callback, Attributes,
ffffa4840f6070b0  1825b8f1f4 [11/30/2020 20:50:16.089] (Interrupt) [None] NWF (1826ea1ef4
                                                                    [11/30/2020 20:50:18.089])
ffffa483ff903e48  1825c45674 [11/30/2020 20:50:16.164] (Interrupt) [None] NW P (27ef6380)
ffffa483fd824960  1825dd19e8 [11/30/2020 20:50:16.326] (Interrupt) [None] NWF (1828d80a68
                                                                    [11/30/2020 20:50:21.326])
ffffa48410c07eb8  1825e2d9c6 [11/30/2020 20:50:16.364] (Interrupt) [None] NW P (27ef6380)
ffffa483f75bde38  1825e6f8c4 [11/30/2020 20:50:16.391] (Interrupt) [None] NW P (27ef6380)
ffffa48407108e60  1825ec5ae8 [11/30/2020 20:50:16.426] (Interrupt) [None] NWF (1828e74b68
                                                                    [11/30/2020 20:50:21.426])
ffffa483f7a194a0  1825fe1d10 [11/30/2020 20:50:16.543] (Interrupt) [None] NWF (18272f4a10
                                                                    [11/30/2020 20:50:18.543])
ffffa483fd29a8f8  18261691e3 [11/30/2020 20:50:16.703] (Interrupt) [None] NW P (11e1a300)
ffffa483ffcc2660  18261707d3 [11/30/2020 20:50:16.706] (Interrupt) [None] NWF (18265bd903
                                                                    [11/30/2020 20:50:17.157])
ffffa483f7a19e30  182619f439 [11/30/2020 20:50:16.725] (Interrupt) [None] NWF (182914e4b9
                                                                    [11/30/2020 20:50:21.725])
ffffa483ff9cfe48  182745de01 [11/30/2020 20:50:18.691] (Interrupt) [None] NW P (11e1a300)
ffffa483f3cfe740  18276567a9 [11/30/2020 20:50:18.897] (Interrupt)
              Wdf01000!FxTimer::_FxTimerExtCallbackThunk (Context @ ffffa483f3db7360) NWF
                                              (1827fdfe29 [11/30/2020 20:50:19.897]) P (02faf080)
ffffa48404c02938  18276c5890 [11/30/2020 20:50:18.943] (Interrupt) [None] NW P (27ef6380)
ffffa483fde8e300  1827a0f6b5 [11/30/2020 20:50:19.288] (Interrupt) [None] NWF (183091c835
                                                                    [11/30/2020 20:50:34.288])
ffffa483fde88580  1827d4fcb5 [11/30/2020 20:50:19.628] (Interrupt) [None] NWF (18290629b5
                                                                    [11/30/2020 20:50:21.628])
```

在本例中，我们看到的主要是 No-wake（NW）增强计时器，以及对应的最小截止时间。其中一些计时器是周期性的（P），会在过期时间里重新插入。此外，一些计时器还具备最大截止时间，这意味着它们被指定了容忍度，可显示自己将会过期的最晚时间。最后，还有一个增强计时器关联了回调，这个计时器归 WDF（Windows Driver Foundation）框架所有（有关 WDF 驱动程序的更多信息请参阅卷 1 第 6 章）。

8.4.4　系统工作线程

在系统初始化过程中，Windows 会在 System 进程中创建多个名为系统工作线程（system worker thread）的线程，这些线程的存在只是为了代表其他线程执行某些工作。很多情况下，运行于 DPC/Dispatch 级别的线程在执行函数时将只能在更低的 IRQL 级别下执行。例如 DPC 例程，就可以在 DPC/Dispatch 这个 IRQL 级别下通过任意线程上下文执行（因为 DPC 的执行可以抢占系统中的任意线程），该例程可能需要访问分页池，或等待使用调度程序对象将其与应用程序线程的执行保持同步。由于 DPC 例程无法降低 IRQL，因此必须将此类处理工作传递给能在低于 DPC/Dispatch 的 IRQL 级别下执行的线程。

一些设备驱动程序和执行体组件会创建自己专用的线程，以便在被动级别上执行此类处理工作，然而，大部分情况下则会直接使用系统工作线程，这样可以避免系统中有额外线程时产生的非必要调度以及内存开销。执行体组件可调用执行体函数 ExQueueWorkItem 或 IoQueueWorkItem 来请求系统工作线程的服务。设备驱动程序只能使用后者（因为后者可将工作项（work item）关联给 Device 对象，进而实现更强的可追责能力，并能支持工作项处于活跃状态时驱动程序进行卸载操作这样的场景）。这些函数会将工作项放入线程工作所需的队列调度程序对象中（队列调度程序对象的详细信息请参阅卷 1 第 6 章“I/O 完成端口”一节）。

IoQueueWorkItemEx、IoSizeofWorkItem、IoInitializeWorkItem 以及 IoUninitializeWorkItem 这些 API 的行为也较为相似，但它们会与驱动程序的 Driver 对象或自己的某一个 Device 对象创建关联。

工作项包含一个指向例程的指针以及一个参数，线程在处理工作项时可将这些内容传递给例程。需要以被动级别执行的设备驱动程序或执行体组件可实现该例程。举例来说，必须等待调度程序对象的 DPC 例程可以初始化一个工作项，该工作项指向驱动程序中等待调度程序对象的例程。在某些阶段中，系统工作线程会从自己的队列中移除工作项并执行驱动程序的例程。当驱动程序的例程执行完毕后，系统工作线程会检查是否还有更多的工作项等待处理。如果没有更多等待处理的工作项，系统工作线程会被阻塞，直到新的工作项放入队列。在系统工作线程处理自己的工作项时，DPC 例程可能已经执行完毕，但也可能尚未执行完毕。

系统工作线程可分为多种类型：

- 常规工作线程（normal worker thread），在优先级 8 级别下执行，其他方面的行为与延迟的工作线程类似。
- 后台工作线程（background worker thread），在优先级 7 级别下执行，会继承与常规工作线程相同的行为。
- 延迟的工作线程（delayed worker thread），在优先级 12 级别下执行，主要处理对时间要求不敏感的工作项。
- 关键工作线程（critical worker thread），在优先级 13 级别下执行，主要用于处理对时间要求敏感的工作项。
- 超关键工作线程（super-critical worker thread），在优先级 14 级别下执行，其他方面与关键工作线程类似。
- 极关键工作线程（hyper-critical worker thread），在优先级 15 级别下执行，其他方面与关键工作线程类似。

- 实时工作线程（real-time worker thread），在优先级 18 级别下执行，是唯一能在实时调度范围（详见卷 1 第 4 章）下运行的工作线程，这意味着此类工作线程不会受制于优先级提升或常规的时间切片。

由于所有这些工作队列的命名方式开始让人感到混淆，较新版本的 Windows 引入了自定义优先级工作线程，建议所有驱动程序开发者使用这种新的工作线程，因为它可以让驱动程序传入自己的优先级级别。

系统引导的早期阶段会调用一个特殊的内核函数 ExpLegacyWorkerInitialization，该函数可以为延迟的工作队列线程和关键工作队列线程设置初始数值，具体数值则通过可选的注册表参数进行配置。大家可能在本书之前的版本中看到过相关的细节介绍，不过需要注意，这些变量的存在只是为了兼容外部编排工具，现代的 Windows 10 系统和后续版本系统的内核从未真正使用过它们。这是因为较新的内核实现了一种名为 Priority queue（KPRIQUEUE）的全新内核调度程序对象，将其与数量完全动态的内核工作线程结合在一起，并进一步将原本的单一工作线程队列拆分为每个 NUMA 节点的工作线程。

在 Windows 10 和后续版本中，内核会根据需要动态创建额外的工作线程，默认的数量上限为 4096 个（可参阅 ExpMaximumKernelWorkerThreads），但可通过修改注册表设置将上限增大至最多 16384 个线程，或减少至最少 32 个。我们可以在注册表 HKLM\SYSTEM\CurrentControlSet\Control\Session Manager\Executive 键下通过 MaximumKernelWorkerThreads 值修改该设置。

我们在卷 1 第 5 章曾经介绍过，每个分区对象都包含一个执行体分区，该分区也是与执行体（主要是系统工作线程逻辑）有关的分区对象的一部分。其中包含的一个数据结构可用于跟踪分区中每个 NUMA 节点的工作队列管理器（队列管理器由死锁检测计时器、工作队列项收割器及指向实际执行管理工作的线程句柄组成）。此外，其中还包含一个指针数组，这些指针指向了 8 个可能的工作队列（EX_WORK_QUEUE）中的每一个。这些队列会关联一个单独的索引，并跟踪最小线程（可保证的）和最大线程的数量，以及截至目前已处理的工作项数量。

每个系统都包含两个默认工作队列：ExPool 队列和 IoPool 队列。前者主要被用到了 ExQueueWorkItem API 的驱动程序和系统组件所使用，后者主要适用于 IoAllocateWorkItem 类型的 API。最后，最多还可以为内部系统定义额外的 6 个队列，这些队列主要被内部（不可导出）的 ExQueueWorkItemToPrivatePool API 使用，使用了 0～5 的池标识符（因此对应的队列索引为 2～7）。目前，仅内存管理器的存储管理器（详见卷 1 第 5 章）用到了这些功能。

执行体会尽可能尝试着将关键工作线程的数量与系统执行过程中不断变化的工作负载保持匹配。当工作项处理完毕或被加入队列后，会通过检查来判断是否需要新的工作线程。如果需要，则会发送一个事件信号，唤醒相关NUMA 节点和分区的 ExpWorkQueueManagerThread。当遇到下列任一情况时，还会额外创建一个工作线程：

- 队列中线程数量少于最小线程数量。
- 尚未达到最大线程数量，所有工作线程都在忙碌，但队列中依然有等待处理的工作项，或上一次尝试将工作项加入队列的操作企图失败了。

此外，对于每个工作队列管理器（即每个分区上的每个 NUMA 节点），

ExpWorkQueueManagerThread 会以每秒一次的频率确定是否已经发生了死锁。这个死锁的具体定义是：最后一个时间间隔内，排队的工作项数量增加，但所处理工作项的匹配数未增加。如果发生这种情况，系统将忽略任何线程数量的最大值限制，额外创建一个工作线程，以便尽可能地清除潜在的死锁。随后这项检测工作会被禁用，直到系统认为有必要再次进行检测（例如达到线程数量最大值时）。由于处理器拓扑可能因为热添加动态处理器而产生变化，因此这个额外创建的线程还负责更新处理器的相关性和数据结构，以便能继续跟踪新添加的处理器。

最后，每当经历了工作线程的超时值分钟数两倍的时间后（默认超时值 10 分钟，因此也就是每 20 分钟一次），该线程还会检查自己是否需要摧毁任何系统工作线程。我们可以通过 WorkerThreadTimeoutInSeconds 这个注册表值将默认超时值改为 2～120 分钟。这个过程也称收割（reaping），它保证了系统工作线程数量不会失控。如果系统工作线程等待了很长时间（具体时间由工作线程超时值定义），并且没有依然在等待处理的工作项，那么该线程就会被收割（这意味着当前线程数量会以一种及时的方式进行清理）。

实验：列出系统工作线程

不幸的是，由于系统工作线程每分区改组（reshuffling）功能的存在（已经不再像以前那样按 NUMA 节点进行，自然也就不再具备全局特性），内核调试器的 **!exqueue** 命令已经无法列出按照类型进行分类的系统工作线程列表，这样做将会直接出错。

由于 EPARTITION、EX_PARTITION 以及 EX_WORK_QUEUE 数据结构均已包含在公开的符号中，因此可以使用调试器数据模型查看队列及其管理器。例如，我们可以这样查看主（默认）系统分区 NUMA 节点 0 工作线程管理器：

```
lkd> dx ((nt!_EX_PARTITION*)(*(nt!_EPARTITION**)&nt!PspSystemPartition)->ExPartition)->
    WorkQueueManagers[0]
((nt!_EX_PARTITION*)(*(nt!_EPARTITION**)&nt!PspSystemPartition)->ExPartition)->
    WorkQueueManagers[0]        : 0xffffa483edea99d0 [Type: _EX_WORK_QUEUE_MANAGER *]
    [+0x000] Partition          : 0xffffa483ede51090 [Type: _EX_PARTITION *]
    [+0x008] Node               : 0xfffff80467f24440 [Type: _ENODE *]
    [+0x010] Event              [Type: _KEVENT]
    [+0x028] DeadlockTimer      [Type: _KTIMER]
    [+0x068] ReaperEvent        [Type: _KEVENT]
    [+0x080] ReaperTimer        [Type: _KTIMER2]
    [+0x108] ThreadHandle       : 0xffffffff80000008 [Type: void *]
    [+0x110] ExitThread         : 0x0 [Type: unsigned long]
    [+0x114] ThreadSeed         : 0x1 [Type: unsigned short]
```

或者这样查看 NUMA 节点 0 的 ExPool，目前其中包含 15 个线程，并已处理了将近 400 万个工作项！

```
lkd> dx ((nt!_EX_PARTITION*)(*(nt!_EPARTITION**)&nt!PspSystemPartition)->ExPartition)->
    WorkQueues[0][0],d
((nt!_EX_PARTITION*)(*(nt!_EPARTITION**)&nt!PspSystemPartition)->ExPartition)->
    WorkQueues[0][0],d          : 0xffffa483ede4dc70 [Type: _EX_WORK_QUEUE *]
    [+0x000] WorkPriQueue       [Type: _KPRIQUEUE]
    [+0x2b0] Partition          : 0xffffa483ede51090 [Type: _EX_PARTITION *]
    [+0x2b8] Node               : 0xfffff80467f24440 [Type: _ENODE *]
    [+0x2c0] WorkItemsProcessed : 3942949 [Type: unsigned long]
```

```
    [+0x2c4] WorkItemsProcessedLastPass : 3931167 [Type: unsigned long]
    [+0x2c8] ThreadCount      : 15 [Type: long]
    [+0x2cc (30: 0)] MinThreads       : 0 [Type: long]
    [+0x2cc (31:31)] TryFailed        : 0 [Type: unsigned long]
    [+0x2d0] MaxThreads       : 4096 [Type: long]
    [+0x2d4] QueueIndex       : ExPoolUntrusted (0) [Type: _EXQUEUEINDEX]
    [+0x2d8] AllThreadsExitedEvent : 0x0 [Type: _KEVENT *]
```

随后即可通过 WorkPriQueue 的 ThreadList 字段枚举该队列关联的所有工作线程:

```
lkd> dx -r0 @$queue = ((nt!_EX_PARTITION*)(*(nt!_EPARTITION**)&nt!PspSystemPartition)->
    ExPartition)->WorkQueues[0][0]
@$queue = ((nt!_EX_PARTITION*)(*(nt!_EPARTITION**)&nt!PspSystemPartition)->ExPartition)->
    WorkQueues[0][0]            : 0xffffa483ede4dc70 [Type: _EX_WORK_QUEUE *]

lkd> dx Debugger.Utility.Collections.FromListEntry(@$queue->WorkPriQueue.ThreadListHead,
    "nt!_KTHREAD", "QueueListEntry")
Debugger.Utility.Collections.FromListEntry(@$queue->WorkPriQueue.ThreadListHead,
    "nt!_KTHREAD", "QueueListEntry")
    [0x0]           [Type: _KTHREAD]
    [0x1]           [Type: _KTHREAD]
    [0x2]           [Type: _KTHREAD]
    [0x3]           [Type: _KTHREAD]
    [0x4]           [Type: _KTHREAD]
    [0x5]           [Type: _KTHREAD]
    [0x6]           [Type: _KTHREAD]
    [0x7]           [Type: _KTHREAD]
    [0x8]           [Type: _KTHREAD]
    [0x9]           [Type: _KTHREAD]
    [0xa]           [Type: _KTHREAD]
    [0xb]           [Type: _KTHREAD]
    [0xc]           [Type: _KTHREAD]
    [0xd]           [Type: _KTHREAD]
    [0xe]           [Type: _KTHREAD]
    [0xf]           [Type: _KTHREAD]
```

这只是 ExPool 的情况。别忘了系统中还有一个 IoPool，它是这个 NUMA 节点（节点 0）上的下一个索引（索引 1）。我们可以继续通过实验查看其他私有池，例如存储管理器的池。

```
lkd> dx ((nt!_EX_PARTITION*)(*(nt!_EPARTITION**)&nt!PspSystemPartition)->ExPartition)->
    WorkQueues[0][1],d
((nt!_EX_PARTITION*)(*(nt!_EPARTITION**)&nt!PspSystemPartition)->ExPartition)->
    WorkQueues[0][1],d          : 0xffffa483ede77c50 [Type: _EX_WORK_QUEUE *]
    [+0x000] WorkPriQueue       [Type: _KPRIQUEUE]
    [+0x2b0] Partition          : 0xffffa483ede51090 [Type: _EX_PARTITION *]
    [+0x2b8] Node               : 0xfffff80467f24440 [Type: _ENODE *]
    [+0x2c0] WorkItemsProcessed : 1844267 [Type: unsigned long]
    [+0x2c4] WorkItemsProcessedLastPass : 1843485 [Type: unsigned long]
    [+0x2c8] ThreadCount      : 5 [Type: long]
    [+0x2cc (30: 0)] MinThreads       : 0 [Type: long]
    [+0x2cc (31:31)] TryFailed        : 0 [Type: unsigned long]
    [+0x2d0] MaxThreads       : 4096 [Type: long]
    [+0x2d4] QueueIndex       : IoPoolUntrusted (1) [Type: _EXQUEUEINDEX]
    [+0x2d8] AllThreadsExitedEvent : 0x0 [Type: _KEVENT *]
```

8.4.5 异常调度

相比可能在任意时间产生的中断，异常（exception）则是由运行中的程序的执行直接导致的某些状况。Windows 使用了一种名为结构化异常处理（structured exception handling）的设施，可让应用程序控制异常的发生。随后，应用程序即可修复相应状况并返回异常发生时的状态，并解除堆栈（借此终止产生异常的子例程的执行）或向系统告知异常未被识别，系统应该继续搜索可能处理该异常的异常处理程序。本节会假设读者已经熟悉 Windows 结构化异常处理背后的基本概念。对于不熟悉的读者，建议首先阅读 Windows SDK 中有关 Windows API 参考文档的概述部分，或者阅读由 Jeffrey Richter 与 Christophe Nasarre 合作撰写的 *Windows via C/C++*一书（Microsoft Press，2007 年）第 23～25 章的内容。另外请注意，虽然异常处理可通过语言扩展（例如 Microsoft Visual C++中的__try 构造）来访问，但这实际上是一种系统机制，因此与具体语言是无关的。

在 x86 和 x64 处理器上，所有异常都有预定义的中断号，该中断号直接对应指向特定异常陷阱处理程序的 IDT 中的项。表 8-12 列出了 x86 定义的异常以及所分配的中断号。由于 IDT 中的第一个项已经被异常所使用，因此硬件中断会分配表中较为靠后的项，这一点在上文也有所提及。

表 8-12 x86 异常及其中断号

中断号	异常	助记符
0	除法错误	#DE
1	调试（单步）	#DB
2	不可遮蔽中断（NMI）	—
3	断点	#BP
4	溢出	#OF
5	边界检查（范围已超出）	#BR
6	无效操作码	#UD
7	NPX 不可用	#NM
8	双重错误	#DF
9	NPX 段溢出	—
10	无效任务状态段（TSS）	#TS
11	段不存在	#NP
12	栈段错误	#SS
13	常规保护	#GP
14	页面错误	#PF
15	Intel 保留	—
16	x87 浮点	#MF
17	对齐检查	#AC
18	机器检查	#MC
19	SIMD 浮点	#XM 或#XF
20	虚拟化异常	#VE
21	控制保护（CET）	#CP

除了简单到可以被陷阱处理程序所处理的异常外，其他所有异常都是由一个名为异常调度程序（Exception Dispatcher）的内核模块提供服务的。异常调度程序的作用是查找可以处理异常的异常处理程序。内核定义了很多架构独立的异常，例如内存访问冲突、整数除以零、整数溢出、浮点异常、调试器断点等。要查看架构独立异常的完整清单，请参阅 Windows SDK 参考文档。

内核陷阱及其处理程序会使用对用户程序来说透明的方式来处理某些异常。例如，在执行被调试的程序时遇到断点便会产生一个异常，内核会调用调试器处理这样的异常。但内核在处理某些其他异常时也会直接向调用方返回不成功的状态代码。

少数异常可在未经改动的情况下通过过滤回到用户模式。例如，某些类型的非法内存访问或算术溢出会生成操作系统无法处理的异常。32 位应用程序可建立基于帧的异常处理程序来应对这些异常。此处的“基于帧”是指异常处理程序是与特定过程（procedure）的激活关联在一起的。调用某个过程时，代表该过程激活的栈帧会被推送到栈上。一个栈帧可关联一个或多个异常处理程序，其中每个异常处理程序负责保护源程序中特定的代码块。当发生异常时，内核会搜索与当前栈帧关联的异常处理程序。如果没找到，则内核将搜索与上一个栈帧关联的异常处理程序，以此类推，直到找到基于帧的异常处理程序。如果依然未找到任何异常处理程序，则内核将调用自己的默认异常处理程序。

对于 64 位应用程序，结构化的异常处理并不使用基于帧的处理程序（基于帧的技术已被证明很容易受到恶意用户攻击）。相反，应用程序编译过程中，会在映像中放置一个表，其中包含每个函数的处理程序。内核会据此查找与每个函数关联的处理程序，这个过程使用了与上文介绍的 32 位代码处理方式相同的算法。

内核本身在内部大量使用了结构化异常处理，借此可以安全地确认来自用户模式的指针可以安全地执行读取或写入操作。驱动程序在处理运行 I/O 控制代码（IOCTL）时发送的指针也可以使用相同的技术。

另一种异常处理机制叫作矢量异常处理。仅用户模式应用程序可以使用该方法。有关该方法的详细信息可参阅 Windows SDK 或 Microsoft Docs：https://docs.microsoft.com/windows/win32/debug/vectored-exception-handling。

当异常（无论是软件显式产生的异常还是硬件隐式产生的异常）发生时，会在内核中引发一系列连锁事件。CPU 硬件会将控制权转交给内核陷阱处理程序，后者会（像出现中断时那样）创建一个陷阱帧。在异常解决后，陷阱帧使得系统能够从之前的位置恢复。陷阱处理程序还会创建异常记录，其中包含了出现异常的原因和其他相关信息。

如果异常出现在内核模式下，异常调度程序会直接调用例程来查找能处理该异常的、基于帧的异常处理程序。由于未处理的内核模式异常会被视为致命的操作系统错误，因此我们可以假设调度程序始终能找到异常处理程序。然而有些陷阱无法找到适合的异常处理程序，因为内核始终会假设此类错误是致命的，只有内核内部代码中非常严重的 Bug 或驱动程序代码中极严重的不一致问题（这只能通过故意修改底层系统代码导致，驱动程序不应对此负责）才会导致此类错误。此类致命错误会导致系统进行错误检查（Bug Check），并显示 UNEXPECTED_KERNEL_MODE_TRAP 错误代码。

如果异常出现在用户模式下，异常调度程序会以更精细的方式执行一些操作。

Windows 子系统有一个调试器端口（这实际上是一个调试器对象，下文很快将会介绍）和一个异常端口，可用在 Windows 进程中接收来自用户模式异常的通知（此处的“端口”是指 ALPC 端口对象，下文将详细介绍）。内核会使用这些端口进行默认的异常处理，如图 8-24 所示。

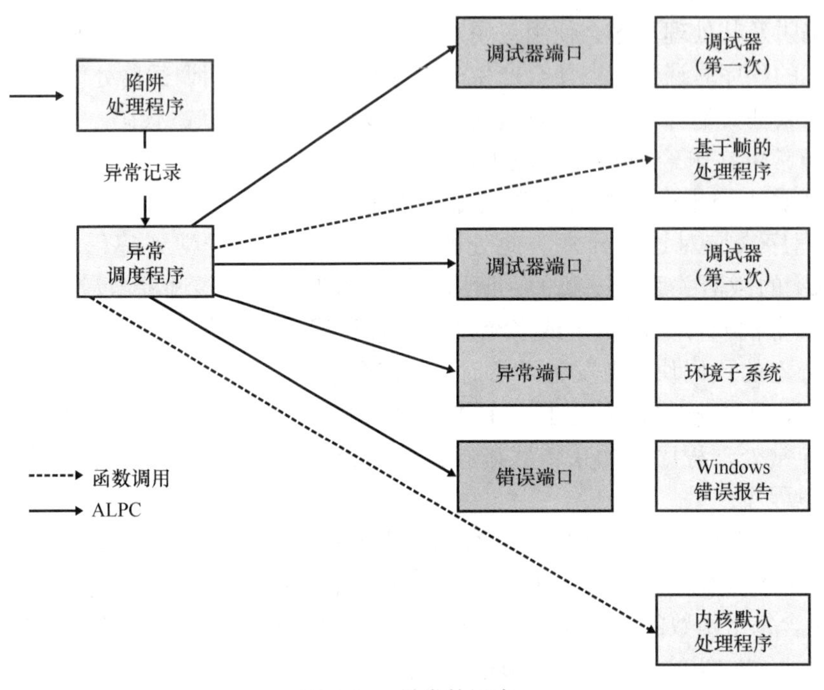

图 8-24　异常的调度

调试器断点是异常的常见来源。因此，异常调度程序所执行的第一个操作就是查看引起异常的进程是否关联了调试器进程。如果是，异常调度程序则会向该进程关联的调试器对象发送一条调试器对象消息（在内部，系统会将其称为“端口”，这是为了兼容可能依赖 Windows 2000 中某些行为的程序，因为 Windows 2000 使用了 LPC 端口而非调试对象）。

如果进程未附加调试器进程，或者调试器无法处理该异常，那么异常调度程序会切换至用户模式，将该陷阱帧复制到格式为 CONTEXT 数据结构（详见 Windows SDK）的用户栈中，并调用例程来查找结构化或矢量异常处理程序。如果未找到，或任何处理程序均无法处理该异常，异常分发程序则会重新切换回内核模式，并再次调用调试器，以便让用户进一步执行调试操作（这个过程也叫二次通知，即 Second-chance notification）。

如果调试器未运行并且未找到用户模式的异常处理程序，内核会向与线程的进程相关联的异常端口发送一条消息。该异常端口（如果存在的话）是由控制该线程的环境子系统注册的。该异常端口使得（大概率正在侦听该端口的）环境子系统有机会将异常转换为与该环境相关的信号或异常。然而，如果内核在异常的处理过程中已经进行到这种程度，并且子系统并未处理异常，则内核会向 Csrss（Client/Server Run-Time Subsystem，客户端/服务器运行时子系统）中用于 Windows 错误报告（WER，详见第 10 章）的系统范围内的错误端口发送一条消息，并执行默认异常处理程序，随后直接终止导致该异常的线程所属的进程。

未经处理的异常

所有 Windows 线程都具备一个能处理“未经处理的异常”的异常处理程序。该异常处理程序是在 Windows 内部的 Start-of-thread 函数中声明的。当用户创建进程或任何额外的线程时，便会运行 Start-of-thread 函数。该函数可调用初始线程上下文结构中所指定的、由环境提供的线程启动例程，随后这个例程会进一步调用 CreateThread 所指定的、由用户提供的线程启动例程。

内部 Start-of-thread 函数的通用代码如下所示：

```
VOID RtlUserThreadStart(VOID)
{
    LPVOID StartAddress = RCX; // Located in the initial thread context structure
    LPVOID Argument = RDX; // Located in the initial thread context structure
       LPVOID Win32StartAddr;
    if (Kernel32ThreadInitThunkFunction != NULL) {
        Win32StartAddr = Kernel32ThreadInitThunkFunction;
    } else {
        Win32StartAddr = StartAddress;
    }
    __try
    {
        DWORD ThreadExitCode = Win32StartAddr(Argument);
        RtlExitUserThread(ThreadExitCode);
    }
    __except(RtlpGetExceptionFilter(GetExceptionInformation()))
    {
        NtTerminateProcess(NtCurrentProcess(), GetExceptionCode());
    }
}
```

请注意，如果线程包含自己无法处理的异常，则会调用 Windows 未经处理的异常过滤器。该函数的作用是提供系统定义的行为，以便当存在未经处理的异常时能够启动 WerFault.exe 进程。然而在默认配置下，第 10 章即将介绍的 Windows Error Reporting（Windows 错误报告）服务将处理该异常，因此这个未经处理的异常过滤器将永远不被执行。

实验：查看 Windows 线程的真实用户起始地址

每个 Windows 线程都在系统提供的函数（而非用户提供的函数）中开始执行，这个事实解释了为何系统中每个 Windows 进程的线程 0（以及第二个线程）的起始地址都是相同的。我们可以使用 Process Explorer 或内核调试器查看用户提供的函数地址。

由于 Windows 进程中的大部分线程都始于系统提供的一个包装器函数（wrapper function），在显示进程中线程的起始地址时，Process Explorer 会跳过代表该包装器函数的初始调用帧，并直接显示该栈中的第二个帧。例如，请注意下图所示的 Notepad.exe 进程的线程起始地址。

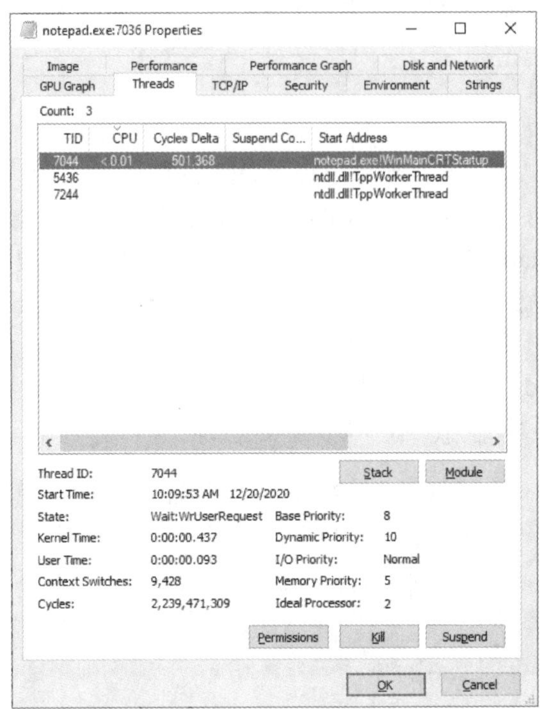

当显示调用栈时，Process Explorer 并不会显示完整的调用层次结构。请注意在点击 **Stack** 按钮后显示的结果。

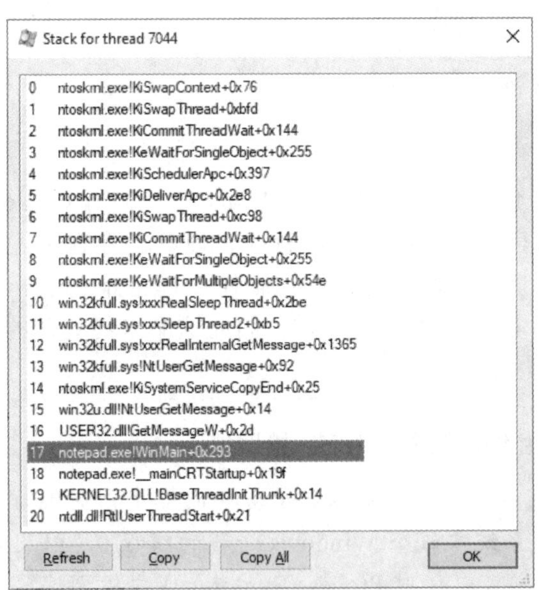

图中第 20 行是这个栈中的第一个帧，即内部线程包装器的起始位置。第二个帧（第 19 行）是环境子系统（本例中为 Kernel32）的线程包装器，因为我们查看的是一个 Windows 子系统应用程序。第三个帧（第 18 行）则是 Notepad.exe 的主入口点。

要显示正确的函数名称，我们应该为 Process Explorer 配置合适的符号。为此首先需要安装调试工具，该工具已包含在 Windows SDK 或 WDK 中。随后应选择 **Options**

菜单中的 **Configure Symbols** 菜单项。dbghelp.dll 路径应指向调试器工具文件夹中的文件（通常为 C:\Program Files\Windows Kits\10\Debuggers，但请注意，位于 C:\Windows\System32 下的 dbghelp.dll 文件将无法工作），而 Symbols 路径也需要正确配置，以便从微软的符号存储库将符号下载到本地文件夹。具体配置如下图所示。

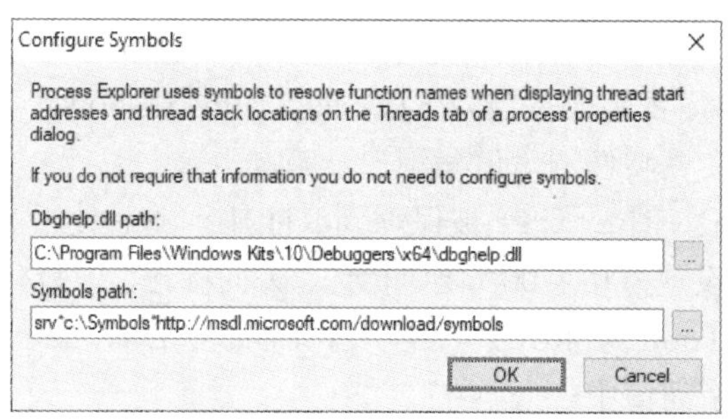

8.4.6 系统服务处理

如图 8-24 所示，内核的陷阱处理程序可以调度中断、异常和系统服务调用。8.4.5 节已经介绍了中断和异常处理的工作过程，本节将介绍系统服务。系统服务的调度（见图 8-25）是通过执行分配给系统服务调度机制的指令所触发的。Windows 用于系统服务调度的指令取决于执行时使用的处理器，以及是否启用了虚拟机监控程序代码完整性（Hypervisor Code Integrity，HVCI），下文将介绍这些内容。

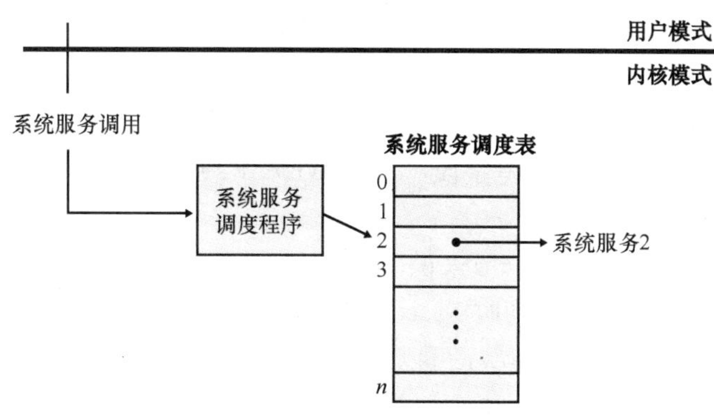

图 8-25 系统服务调度

架构性系统服务调度

在大部分 x64 系统中，Windows 使用了 Syscall 指令，这会导致我们在本章中介绍的一些关键处理器状态产生变化，具体变化则取决于某些预编程的特殊模块寄存器（MSR）：

- 0xC0000081，也叫 STAR（SYSCALL Target Address Register，SYSCALL 目标地址寄存器）。
- 0xC0000082，也叫 LSTAR（Long-Mode STAR，长模式 STAR）。
- 0xC0000084，也叫 SFMASK（SYSCALL Flags Mask，SYSCALL 标记掩码）。

当遇到 Syscall 指令时，处理器会执行下列操作：

- 从 STAR 的第 32 位到第 47 位加载代码段（Code Segment，CS），Windows 将其设置为 0x0010（KGDT64_R0_CODE）。
- 从 STAR 的第 32 位到第 47 位加载栈段（Stack Segment，SS）并加上“8”，这就得到了 0x0018（KGDT_R0_DATA）。
- 指令指针（Instruction Pointer，RIP）被保存到 RCX 中，并从 LSTAR 加载新值，如果未启用 Meltdown（KVA 影子）缓解措施，Windows 会将其设置为 KiSystemCall64，否则会设置为 KiSystemCall64Shadow。（有关 Meltdown 漏洞的详情请参阅上文“硬件侧信道漏洞”一节。）
- 当前处理器标记（RFLAGS）被保存到 R11 中，随后使用 SFMASK 添加掩码，后者被 Windows 设置为 0x4700（陷阱标记、方向标记、中断标记以及嵌套任务标记）。
- 栈指针（Stack Pointer，RSP）以及所有其他段（DS、ES、FS 和 GS）被保存在各自的当前用户空间值中。

因此，尽管指令的执行只占用极少量的处理器周期，但确实会让处理器处于不安全且不稳定的状态：因为用户模式的栈指针依然处于载入状态，GS 依然指向了 TEB，但 Ring 级别（也就是 CPL）目前为“0”，从而会产生内核模式特权。Windows 会快速做出反应，将处理器置于一致的操作环境中。除了可能在老式处理器上发生的与 KVA 影子有关的操作外，KiSystemCall64 必须精确执行如下这些步骤：

- 通过使用 swapgs 指令，现在 GS 可以指向 PCR，该过程在上文已进行了介绍。
- 当前栈指针（RSP）会被保存至 PCR 的 UserRsp 字段。由于现在 GS 已被正确加载，因此无须使用任何栈或寄存器即可完成该操作。
- 从 PRCB（该结构会被保存为 PCR 的一部分）的 RspBase 字段加载新的栈指针。

至此内核栈已成功加载，该函数会使用上文介绍的格式构建一个陷阱帧。这个陷阱帧中包含了被设置为 KGDT_R3_DATA（0x2B）的 SegSs、来自 PCR 中 UserRsp 的 Rsp、来自 R11 的 Eflags、被设置为 KGDT_R3_CODE（0x33）的 SegCs，以及来自 RCX 的 Rip。通常来说，处理器陷阱设置了这些字段，但是 Windows 必须根据 syscall 的运行模拟相关行为。

在从 R10 加载了 RCX 后，一般来说，会由 x64 ABI 要求将任意函数（包括 Syscall）的第一个参数放置在 RCX 中，同时 Syscall 会要求使用调用方的指令指针重写 RCX，这一点在上文中已经介绍了。Windows 可以感知到这种行为，并会在发出 syscall 指令前将 RCX 复制到 R10。很快我们将介绍这步操作会还原相关的值。

随后的操作与处理器的缓解措施有关，例如监管人模式访问保护（Supervisor Mode Access Prevention，SMAP）（此时会发出 Stac 指令）以及各种处理器侧信道缓解措施（比如会清空分支跟踪缓冲区（Branch Tracing Buffer，BTB）或返回存储缓冲区（Return Store Buffer，RSB））。此外，对于支持控制流强制技术（Control-flow Enforcement Technology，CET）的处理器，还必须正确地同步线程的影子栈（shadow stack）。除此之外，陷阱帧的其他元素也会被存储起来，例如各种非易失寄存器和调试寄存器，随后开始对系统调用进行非架构性的处理。下面将详细讨论这些内容。

然而，并非所有的处理器都是 x64 架构的，对于 x86 处理器还需要注意一些问题，例如，此时会使用一种名为 Sysenter 的指令。由于 32 位处理器已经越来越少见了，我们不准备花费太多篇幅详细介绍该指令，但值得一提的是，该指令的行为是较为类似的：从多种 MSR 中加载处理器的某些状态，随后由内核执行一些额外的工作，例如设置陷阱帧。更多信息可参阅 Intel 处理器的相关手册。类似地，ARM 架构的处理器使用了 Svc 指令，该指令有着自己的行为和操作系统级别的处理方式，但目前这些处理器在 Windows 总装机量中都只占据了很小的比例。

Windows 还必须处理另外一种情况：那些不具备基于模式的执行控制（Mode Base Execution Control，MBEC）功能的处理器，在启用虚拟机监控程序代码完整性（HVCI）的情况下，会由于设计上存在的问题导致无法做到 HVCI 所提供的承诺（第 9 章将介绍 HVCI 和 MBEC）。具体来说，攻击者可以分配用户空间的可执行内存，而 HVCI 允许这种做法（通过将相应的 SLAT 项标记为可执行），进而导致 PTE 损坏（无法针对内核篡改提供保护），并让这块虚拟地址显示为内核页。在 MMU 看来，由于这个页面是内核页，监管人模式执行保护（Supervisor Mode Execution Prevention，SMEP）机制将无法禁止代码的执行，又因为该页面最初是以用户物理页的形式分配的，所以 SLAT 项也将无法禁止其执行。借此攻击者就可以随意执行任何内核模式代码，这违反了 HVCI 最基本的原则。

MBEC 及其同类技术（受限用户模式，Restricted User Mode）通过在 SLAT 项的数据结构中引入不同的内核与用户可执行位解决了这个问题，以此可让虚拟机监控程序（或让安全内核通过 VTL1 特有的超调用）将用户页标记为“内核不可执行但用户可执行”。遗憾的是，在不具备该功能的处理器上，虚拟机监控程序别无选择，只能用陷阱捕获所有代码特权级别的变更，并在两组不同的 SLAT 项之间切换，其中一组会将所有用户物理页标记为不可执行，另一组会将其标记为可执行。虚拟机监控程序通过将 IDT 标记为空（借此可有效地将其限制设置为 0）和以解码底层指令的方式来捕获 CPL 变更，这种操作的开销很大。然而，因为中断可以直接被虚拟机监控程序用陷阱捕获，从而避免了这些开销。因此，如果检测到启用 HVCI 的系统不具备 MBEC 这样的功能，那么用户空间中的系统调用调度代码往往会发出中断。共享用户数据（shared user data）结构中的 SystemCall 位（详见卷 1 第 4 章）将决定此时的具体处理。

因此，当 SystemCall 被设置为 1 时，x64 Windows 会使用 int 0x2e 指令，这会产生一个陷阱，包括一个无须操作系统参与的、完整构建的陷阱帧。有趣的是，此时使用的指令与 Pentium Pro（奔腾 Pro）之前的早期 x86 处理器所用的指令完全相同。为了与有着三十年以上历史的旧软件（一些此类软件中已经通过硬编码方式写入了这样的指令）实现向后兼容性，x86 系统依然支持这些指令。不过在 x64 系统中，只有在上述情况下可以使用 0x2e，因为其他情况下内核并不会填充相关的 IDT 项。

无论最终使用哪种指令，用户模式系统调用调度代码时，始终会将系统调用索引存储在一个寄存器中（x86 和 x64 为 EAX，32 位 ARM 为 R12，ARM64 为 X8），我们将通过接下来介绍的非架构性系统调用处理代码进一步查看该索引。此外，为了进一步简化相关工作，标准函数调用处理器 ABI（Application Binary Interface，应用程序二进制接口）是跨边界维护的，例如，x86 系统中的参数会放置在栈上，而 x64 系统中的 RCX（由于受 Syscall 行为的影响，从技术上来说其实应该是 R10）、RDX、R8、R9 会在该栈的基础上为这四者加上其他参数。

调度完成后，处理器该如何返回自己原先的状态呢？对于通过 int 0x2e 进行的基于陷阱的系统调用，将由 iret 指令根据栈上的硬件陷阱帧来还原处理器状态。不过对于 Syscall 和 Sysenter，处理器分别通过名为 Sysret 和 Sysexit 的专用指令再次利用了我们之前在项上看到的 MSR 和硬编码寄存器。前者的具体行为如下所示：

- 从 STAR 的第 48～63 位加载栈段（Stack Segment，SS），Windows 将其设置为 0x0023（KGDT_R3_DATA）。
- 从 STAR 的第 48～63 位加载代码段（Code Segment，CS）并为其加上 0x10，这就得到了 0x0033（KGDT64_R3_CODE）。
- 从 RCX 加载指令指针（RIP）。
- 从 R11 加载处理器标记（RFLAGS）。
- 栈指针（RSP）和其他段（DS、ES、FS 与 GS）依然保持当前的内核空间值。

因此，与系统调用的进入一样，退出机制也必须清理一些处理器状态。也就是说，RSP 会从我们之前分析过的进入代码恢复到保存在制造商硬件陷阱帧中的 Rsp 字段，其他所有保存的寄存器做法都是类似的。RCX 寄存器将从保存的 Rip 加载，R11 将从 EFlags 加载，swapgs 指令会在发出 sysret 指令之前使用。由于 DS、ES 和 FS 从未被触及，因此它们依然可以维持各自最初的用户空间值。最后，EDX 以及 XMM0 到 XMM5 会被归零，所有其他的非易失性寄存器会在执行 sysret 指令前从陷阱帧中还原。另外还会对 Sysexit 和 ARM64 的退出指令（eret）执行等效的操作。此外，如果启用了 CET，那么与进入路径类似，在退出路径上，影子栈也必须执行正确的同步。

实验：定位系统服务调度程序

如上文所述，x64 系统调用会基于一系列 MSR 进行，而这些 MSR 均可使用调试器命令 **rdmsr** 查看。首先请注意 STAR，其中显示了 KGDT_R0_CODE（0x0010）和 KGDT64_R3_DATA（0x0023）。

```
lkd> rdmsr c0000081
msr[c0000081] = 00230010`00000000
```

随后即可开始调查 LSTAR，接着就可以使用 **ln** 命令来查看它是否指向 KiSystemCall64（对于不需要 KVA 影子的系统）或指向 KiSystemCall64Shadow（对于需要 KVA 影子的系统）：

```
lkd> rdmsr c0000082
msr[c0000082] = fffff804`7ebd3740

lkd> ln fffff804`7ebd3740
(fffff804`7ebd3740) nt!KiSystemCall64
```

下面查看 SFMASK，其中应包含我们之前介绍过的值：

```
lkd> rdmsr c0000084
msr[c0000084] = 00000000`00004700
```

x86 系统调用通过 Sysenter 进行，并使用了一组不同的 MSR，包括 0x176，其中存储了 32 位系统调用处理程序：

```
lkd> rdmsr 176
msr[176] = 00000000'8208c9c0

lkd> ln 00000000'8208c9c0
(8208c9c0)   nt!KiFastCallEntry
```

在不具备 MBEC 但使用了 HVCI 的 x86 和 x64 系统中，可以使用调试器命令 **!idt 2e** 查看 IDT 中注册的 int 0x2e 处理程序：

```
lkd> !idt 2e

Dumping IDT: fffff8047af03000
2e:          fffff8047ebd3040 nt!KiSystemService
```

还可以使用 **u** 命令反汇编 KiSystemService 或 KiSystemCall64 例程。对于中断处理程序，我们最终会注意到：

```
nt!KiSystemService+0x227:
fffff804`7ebd3267 4883c408         add     rsp,8
fffff804`7ebd326b 0faee8           lfence
fffff804`7ebd326e 65c604255308000000 mov   byte ptr gs:[853h],0
fffff804`7ebd3277 e904070000       jmp     nt!KiSystemServiceUser (fffff804`7ebd3980)
```

而 MSR 处理程序会落入下列内容：

```
nt!KiSystemCall64+0x227:
fffff804`7ebd3970 4883c408         add     rsp,8
fffff804`7ebd3974 0faee8           lfence
fffff804`7ebd3977 65c604255308000000 mov   byte ptr gs:[853h],0
nt!KiSystemServiceUser:
fffff804`7ebd3980 c645ab02         mov     byte ptr [rbp-55h],2
```

由此可以看到，最终所有代码路径都将抵达 KiSystemServiceUser，并由它跨越所有处理器执行大部分通用操作，具体过程将在下一节详细介绍。

非架构性系统服务调度

如图 8-25 所示，内核会使用系统调用编号，在系统服务调度表中定位系统服务信息。在 x86 系统中，该表类似于上文介绍过的中断调度表（interrupt dispatch table），只是其中的每一项都包含一个指向系统服务（而不是中断处理例程）的指针。在其他平台（包括 32 位的 ARM 和 ARM64）上，该表的实现方式略有差异，并不是包含指向系统服务的指针，而是包含与表本身相关的偏移量。这种寻址机制更适合 x64 和 ARM64 应用程序二进制接口（ABI）和指令编码格式，也更符合 ARM 处理器的 RISC 本质特征。

注意 不同版本操作系统中的系统服务编号经常会发生变化，微软不仅会偶尔添加或删除系统服务，而且该表还经常会被随机化并乱序排列，这是为了让那些硬编码系统调用编号发起的攻击失效。

无论什么架构，系统服务分发程序会在所有平台上执行一些通用操作：

- 将额外的寄存器（如调试寄存器或浮点寄存器）保存在陷阱帧中。
- 如果线程属于一个微进程（pico process），则将其转发给系统调用的 Pico 提供程序例程（有关 Pico 提供程序的详情，请参阅卷 1 第 3 章）。
- 如果线程是一个 UMS 调度的线程，则会调用 KiUmsCallEntry 以便与主线程（primary thread）同步（有关 UMS 的详细介绍请参阅卷 1 第 1 章）。对于 UMS 主线程，会在线程对象中设置 UmsPerformingSyscall 标记。

- 将系统调用的第一个参数存储到线程对象的 FirstArgument 字段，并将系统调用编号存储到 SystemCallNumber。
- 调用共享的用户/内核系统调用处理程序（KiSystemServiceStart），由它将线程对象的 TrapFrame 字段设置为自己所存储的当前栈指针。
- 启用中断交付。

至此，该线程开始正式经历系统调用，其状态完全一致并且可以中断。接下来需要选择正确的系统调用表，并可能将线程升级为 GUI 线程，具体细节则取决于下一节将要介绍的线程对象中的 GuiThread 和 RestrictedGuiThread 字段。随后只要 TEB 的 GdiBatchCount 字段非零，就会对 GUI 线程执行 GDI 批处理操作。

系统调用调度程序必须将未通过寄存器（取决于 CPU 具体架构）传递的任何调用方参数从线程的用户模式栈复制到其内核模式栈。这是为了避免让每个系统调用手动复制参数（可能需要汇编代码和异常处理），并确保内核访问参数时用户无法更改这些参数。该操作在一个特殊的代码块中完成，异常处理程序可以识别该代码块，并将其与用户栈的复制关联在一起，这确保了在攻击者或存在 Bug 的程序扰乱用户栈后，内核依然不会崩溃。由于系统调用可以接受任意数量的参数（大部分情况下都是这样的），因此下一节将讨论内核如何知道要复制多少个参数。

这里需要注意，这些参数复制操作是浅层的：如果传递给系统服务的任何参数指向了用户空间中的缓冲区，则必须先探测是否能够安全地访问，随后内核模式的代码才能读取或写入该缓冲区。如果缓冲区被多次访问，则可能需要将其捕获或复制到本地的内核缓冲区中。该探测和捕获操作是由每个系统调用分别进行的，并非由处理程序负责。然而系统调用分发程序还必须执行一个关键操作：设置线程原本的模式（previous mode）。该模式的值可以是 KernelMode 或 UserMode，当当前线程执行陷阱时，这个值必须实现同步，借此才可以识别传入异常、陷阱或系统调用的特权级别。因此，系统调用可以使用 ExGetPreviousMode 正确地处理用户和内核调用方。

调度程序的主体还要执行最后两步操作。首先，如果配置了 DTrace 并启用了系统调用跟踪，则会围绕系统调用来调用相应的进入/退出回调。或者如果启用了 ETW 跟踪但未启用 DTrace，则会围绕系统调用记录相应的 ETW 事件。抑或 DTrace 或 ETW 均未启用，那么这个系统调用就不需要任何额外的逻辑。其次也是最后一步，还需要让 PRCB 中的 KeSystemCalls 变量递增，该变量是以性能计数器的形式展现的，我们可以通过性能和可靠性监视器监视该计数器。

至此，系统调用调度已完成，随后在系统调用退出过程中还将执行相反的步骤。这些步骤会酌情还原并复制用户模式的状态，按需处理用户模式 APC 的交付，处理与各种架构缓冲区有关的侧信道缓解措施，并最终根据具体平台返回相应的 CPU 指令。

内核发出的系统调用调度

由于系统调用可通过用户模式代码和内核模式代码执行，因此，任何指针、处理程序以及行为均应该被视为来自用户模式，很明显这是不对的。

为了解决这个问题，内核会将这些调用导出为专用的 Zw 版本，也就是说，内核会导出为 ZwCreateFile 而非 NtCreateFile。此外，由于 Zw 函数必须由内核手动导出，因此，只有微软希望供第三方使用的 API 才能导出。例如，ZwCreateUserProcess 就无法按照名称导出，因为内核驱动程序不应该启动用户应用程序。这种导出的 API 实际上并非为相应的 Nt 版本简单创建的别名或包装器，它们是相应 Nt 系统调用的“蹦床”，并且使用了相同的系统调用调度机制。

与 KiSystemCall64 类似，它们也构建了一种假的硬件陷阱帧（在栈上推送 CPU 时收到来自内核模式的中断后生成的数据），并且与陷阱一样，它们也禁用了中断。例如在 x64 系统中，KGDT64_R0_CODE（0x0010）选择器会作为 CS 来推送，而当前内核栈会作为 RSP 来推送。每个这种“蹦床”会将系统调用编号放入相应的寄存器中（例如 x86 和 x64 系统中的 EAX），再调用 KiServiceInternal 在陷阱帧中保存额外的数据，读取当前的“原本的模式”并将其保存在陷阱帧中，随后将“原本的模式”设置为 KernelMode（这是一个重大的差异）。

用户发出的系统调用调度

正如卷 1 第 1 章中介绍的那样，Windows 执行体服务所用的系统服务调度指令位于系统库 Ntdll.dll 中。子系统 DLL 可调用 Ntdll 中的函数来实现自己的公开功能。但 Windows USER 和 GDI 函数（包括 DirectX 内核图形函数）属于例外，这些系统服务调度指令是在 Win32u.dll 中实现的，并未涉及 Ntdll.dll。这两种情况如图 8-26 所示。

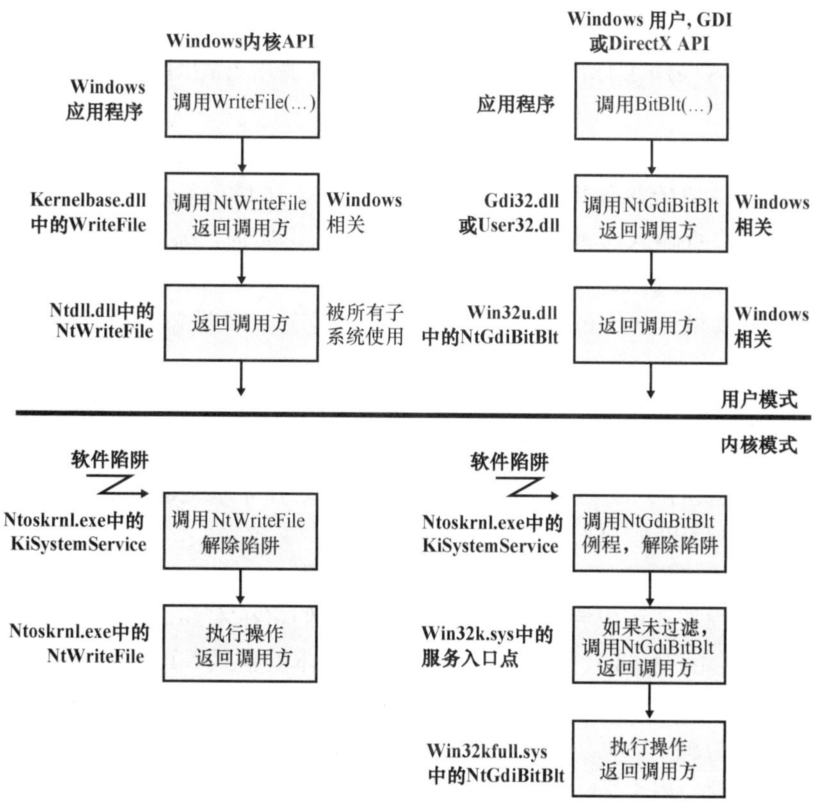

图 8-26　系统服务调度

如图 8-26 所示，Kernel32.dll 中的 Windows WriteFile 函数会导入并调用 API-MS-Win-Core-File-L1-1-0.dll（这是一个 MinWin 重定向 DLL，有关 API 重定向的详细信息请参阅

卷 1 第 3 章）中的 WriteFile 函数，随后会调用 KernelBase.dll（实际实现的位置）中的 WriteFile 函数。在检查与子系统有关的一些参数后，会调用 Ntdll.dll 中的 NtWriteFile 函数，该函数接下来执行相应指令来产生系统服务陷阱，并传递代表 NtWriteFile 函数的系统服务编号。

Ntoskrnl.exe 中的系统服务调度程序（本例中为 KiSystemService）会调用真正的 NtWriteFile 来处理 I/O 请求。对于 Windows USER、GDI 和 DirectX 内核图形函数，系统服务调度会在 Windows 子系统可加载的内核模式部分（Win32k.sys）调用该函数，随后可能会过滤系统调用或将其转发给相应的模块，例如桌面系统中的 Win32kbase.sys 或 Win32kfull.sys，Windows 10X[①]系统中的 Win32kmin.sys 或 DirectX 调用中的 Dxgkrnl.sys。

系统调用的安全性

由于内核中包含正确同步系统调用操作的“原本模式”所需的机制，因此每个系统调用服务都可以在处理过程中依赖这个值。上文曾经提到，这些函数必须首先探测指向任何类型用户模式缓冲区的任何参数。这里的“探测”是指：

1）确保该地址低于 MmUserProbeAddress，即比最高的用户模式地址低 64 KB（例如 32 位系统中的 0x7FFF0000）。

2）确保该地址与调用方意图访问的数据边界对齐，例如 Unicode 字符为 2 字节，64 位指针为 8 字节，以此类推。

3）如果缓冲区要用于输出，还需要确保当系统调用开始时，该缓冲区实际上是可写的。

请注意，输出缓冲区可能会在将来的任何时间点变为无效或只读，为了避免内核崩溃，系统调用必须始终使用本章上文介绍过的 SEH 访问输出缓冲区。出于类似原因，虽然系统不检查输入缓冲区的可读性（因为无论如何，输入缓冲区都可能被迫投入使用），但必须使用 SEH 来确保输入缓冲区可以被安全地读取。而 SEH 并不能防止无法对齐或野内核指针（wild kernel pointer）的情况，因此必须执行上文列出的前两个步骤。

很明显，对任何内核模式调用方进行上述第一项检查都会立即失败，而这也是“原本的模式”开始生效的第一个地方：对非用户模式的调用跳过探测操作，并假定所有缓冲区都是有效的、可读取的或根据需要可写入的。然而，这并非系统调用唯一需要执行的验证类型，因为可能还会出现其他比较危险的情况：

- 调用方可能提供了一个对象句柄。内核在引用对象时通常会绕过所有安全访问检查，并且内核还可以完整访问内核句柄（我们将在本章“对象管理器”一节详细介绍），但用户模式代码并不会这样做。“原本的模式”可用于通知对象管理器依然需要执行访问检查，因为该请求来自用户空间。
- 更复杂的情况下，驱动程序可使用诸如 OBJ_FORCE_ACCESS_CHECK 等标记来表明：尽管使用了 Zw API（以此将原本的模式设置为 KernelMode），但对象管理器依然需要像处理来自 UserMode 的请求那样对待该请求。

① Windows 10X 是 Windows 10 时期，微软针对双屏幕设备（如双屏幕笔记本电脑，原本的键盘位置被另一块屏幕取代）开发的一种新操作系统。目前该项目已终止，但相关“遗产”已被融入 Windows 11 中（例如居中显示的开始菜单和任务栏按钮）。——译者注

- 同理，调用方可能已经指定了一个文件名。在打开文件时，系统调用可能会使用 IO_FORCE_ACCESS_CHECKING 标记迫使安全引用监视器验证对文件系统的访问，这一点很重要，否则，诸如 ZwCreateFile 等调用有可能将“原本的模式”更改为 KernelMode 而绕过访问检查。如果驱动程序需要代表来自用户空间的 IRP 创建文件，同样也需要这样做。
- 对文件系统的访问也可能带来与符号链接或其他类型的重定向攻击有关的风险，此时高特权内核模式代码可能会错误地使用各种与特定进程有关或用户可访问的重分析点。
- 一般来说，对于使用 Zw 接口执行的任何会导致链式系统调用的操作都要注意，该操作会将“原本的模式”重置为 KernelMode 并酌情做出相应的响应。

服务描述符表

上文曾经提到，在执行系统调用前，必须由用户模式或内核模式的“蹦床”首先将系统调用编号放入处理器寄存器（如 RAX、R12 或 X8）中。从技术角度来看，该编号包含两个元素，如图 8-27 所示。第一个元素存储在低 12 位中，代表系统调用索引；第二个元素存储在接下来的 2 位（12～13）中，充当表标识符。很快我们将会介绍，借此内核即可实现最多四种不同类型的系统服务，每种服务都存储在一个表中，而每个表最多可容纳 4096 个系统调用。

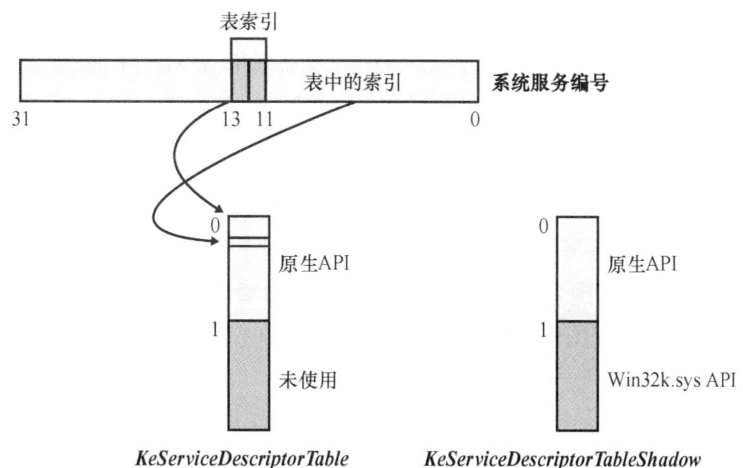

图 8-27 系统服务编号与系统服务之间的转换

内核会使用三个可能的数组跟踪系统服务表，这三个数组分别为 KeServiceDescriptorTable、KeServiceDescriptorTableShadow 以及 KeServiceDescriptorTableFilter。每个数组最多包含两个项，其中存储了下列三类数据：

- 一个指向该服务表所实现的系统调用数组的指针。
- 该服务表中包含的系统调用数量，也称 Limit（限制）。
- 一个指向该服务表中每个系统调用对应的参数字节数组的指针。

第一个数组中始终只有一项，指向了 KiServiceTable 和 KiArgumentTable，其中可包含略多于 450 个系统调用（具体数量取决于 Windows 版本）。默认情况下，所有线程都会发出仅访问该表的系统调用。在 x86 系统中，这是由线程对象中的 ServiceTable 指针强制执行的，其他所有平台则会将符号 KeServiceDescriptorTable 硬编码到系统调用调度程序中。

当线程发出的系统调用首次超过限制时，内核会调用 PsConvertToGuiThread，由此向 Win32k.sys 中的 USER 和 GDI 服务告知该线程的情况，并在成功返回后设置线程对象的 GuiThread 标记或 RestrictedGuiThread 标记。具体设置哪个标记取决于是否启用了 EnableFilteredWin32kSystemCalls 进程缓解选项（有关该选项的详细介绍请参阅卷 1 第 7 章）。在 x86 系统中，取决于具体设置了哪个标记，随后线程对象的 ServiceTable 指针将会指向 KeServiceDescriptorTableShadow 或 KeServiceDescriptorTableFilter，其他平台上则在每个系统调用时选择一个硬编码的符号（虽然会对性能产生些许影响，但后一种方式可避免产生容易被恶意软件滥用的挂钩点）。

大家可能已经猜到，其他数组中包含了第二个项，该项代表了在 Windows 子系统 Win32k.sys 的内核模式部分所实现的 Windows USER 和 GDI 服务。在较新版本的 Windows 中，该项还代表了由 Dxgkrnl.sys 实现的 DirectX 内核子系统服务，不过最初这些服务是通过 Win32k.sys 传输的。第二项会分别指向 W32pServiceTable 或 W32pServiceTableFilter，以及 W32pArgumentTable 或 W32pArgumentTableFilter，这取决于 Windows 版本，可包含大约 1250 个或更多的系统调用。

注意　内核并不链接 Win32k.sys，因此会导出一个 KeAddSystemServiceTable 函数，以便在尚未填写 KeServiceDescriptorTableShadow 和 KeServiceDescriptorTableFilter 表时能够向这些表中添加额外的项。如果 Win32k.sys 已经调用了这些 API，该函数将会失效，并且一旦调用该函数，PatchGuard 就会去保护数组，最终使其结构变为只读状态。

Filter 项之间唯一的实质性区别在于，它们会使用诸如 stub_UserGetThreadState 这样的名称指向 Win32k.sys 中的系统调用，但实际的数组会指向 NtUserGetThreadState。前者的存根（Stub）在部分情况下会根据已为进程加载的过滤器集来检查是否为该系统调用启用了 Win32k.sys 过滤。根据检查结果，如果过滤器集明确禁止，则调用会失败并返回 STATUS_INVALID_SYSTEM_SERVICE，或最终调用原始函数（例如 NtUserGetThreadState），这种情况下如果启用了审核，则可能还会返回遥测结果。

另一方面，参数表可以帮助内核了解要将多少个栈字节从用户栈复制到内核栈，具体过程详见上文的“调度”一节。参数表中的每个项均对应具备该索引并且匹配的系统调用，其中还存储了要复制的字节数量（最多 255 字节）。然而，x86 系统之外其他所有平台的内核还采用了一种名为系统调用表压缩（system call table compaction）的机制，该机制可将调用表中的系统调用指针与参数表中的字节数组合成一个值。该功能的工作原理如下。

1）获取系统调用函数指针，并从系统调用表本身开头处开始计算 32 位差值。由于该表是一个全局变量，位于包含了这些函数的同一个模块内，因此，±2 GB 的范围应该足够了。

2）从参数表中获取栈字节数并将其除以 4，以此将其转换为参数数量（某些函数可能采用 8 字节参数，但从目的的角度考虑，它们将被直接视为两个“参数”）。

3）将第 1 步得到的 32 位差值左移 4 位，最终使其成为 28 位差值（再次提醒，这样做没问题，因为没有内核组件会大于 256 MB）并执行按位或运算以添加第 2 步得到的参数数量。

4）使用第 3 步获得的值重写系统调用函数指针。

这种优化方式虽然乍看起来并不好，但实际上有很多优点：通过避免在系统调用过程中在两个不同数组中查找减少了缓存的使用，减少了指针取消引用操作的数量，可充当一个混淆层进而使得更难以针对系统调用表进行挂钩或修补操作，同时也让 PatchGuard 可以更容易地保护系统调用表。

实验：将系统调用编号映射为函数和参数

我们可以重现内核在处理系统调用 ID 时所进行的查找，以此了解哪个函数负责处理该过程以及总共需要多少个参数。在 x86 系统中，我们可以直接用调试器通过 **dps** 命令转储每个系统调用表（如 KiServiceTable），“dps”代表 dump pointer symbol（转储指针符号），该命令可以代替我们进行查找。此外，也可通过 **db**（dump bytes，转储字节）命令转储 KiArgumentTable（或 Win32k.sys 中的任何系统调用表）。

不过根据上文介绍过的编码方式，更有趣的练习是在 ARM64 或 x64 系统中转储这些数据。为此请执行如下操作。

1）只要撤销上文介绍过的压缩操作，即可转储特定的系统调用。获取基准表并将其添加至所需索引中存储的 28 位偏移量，如下所示，其中内核系统表中的系统调用 3 会显示为 NtMapUserPhysicalPagesScatter:

```
lkd> ?? ((ULONG)(nt!KiServiceTable[3]) >> 4) + (int64)nt!KiServiceTable
unsigned int64 0xfffff803`1213e030

lkd> ln 0xfffff803`1213e030
(fffff803`1213e030) nt!NtMapUserPhysicalPagesScatter
```

2）通过获取 4 位的参数数量，即可看到该系统调用所接收的基于栈的 4 字节参数数量:

```
lkd> dx (((int*)&(nt!KiServiceTable))[3] & 0xF)
(((int*)&(nt!KiServiceTable))[3] & 0xF) : 0
```

3）请注意，这并不意味着该系统调用没有参数。因为这是 x64 系统，调用可以接受 0~4 之间任意数量的参数，而所有参数都位于寄存器（RCX、RDX、R8 和 R9）中。

4）我们还可通过调试器数据模型，使用投射创建 LINQ 谓词并转储整个表，因为 KiServiceLimit 变量对应了服务描述符表中相同的限制字段（正如影子描述符表中 Win32k.sys 的 W32pServiceLimit 项）。输出结果应类似如下所示:

```
lkd> dx @$table = &nt!KiServiceTable
@$table = &nt!KiServiceTable : 0xfffff8047ee24800 [Type: void *]

lkd> dx (((int(*)[90000])&(nt!KiServiceTable)))->Take(*(int*)&nt!KiServiceLimit)->
     Select(x => (x >> 4) + @$table)
(((int(*)[90000])&(nt!KiServiceTable)))->Take(*(int*)&nt!KiServiceLimit)->Select
     (x => (x >> 4) + @$table)
    [0]              : 0xfffff8047eb081d0 [Type: void *]
    [1]              : 0xfffff8047eb10940 [Type: void *]
```

```
    [2]             : 0xfffff8047f0b7800 [Type: void *]
    [3]             : 0xfffff8047f299f50 [Type: void *]
    [4]             : 0xfffff8047f012450 [Type: void *]
    [5]             : 0xfffff8047ebc5cc0 [Type: void *]
    [6]             : 0xfffff8047f003b20 [Type: void *]
```

5）我们还可以使用该命令更复杂的版本将指针转换为对应的符号形式，本质上，这等于重新实现了适用于 x86 Windows 的 **dps** 命令：

```
lkd> dx @$symPrint = (x => Debugger.Utility.Control.ExecuteCommand(".printf \"
    %y\\n\"," +
    ((unsigned __int64)x).ToDisplayString("x")).First())
@$symPrint = (x => Debugger.Utility.Control.ExecuteCommand(".printf \"%y\\n\"," +
((unsigned __int64)x).ToDisplayString("x")).First())

lkd> dx (((int(*)[90000])&(nt!KiServiceTable)))->Take(*(int*)&nt!KiServiceLimit)->Select
    (x => @$symPrint((x >> 4) + @$table))
(((int(*)[90000])&(nt!KiServiceTable)))->Take(*(int*)&nt!KiServiceLimit)->Select(x =>
@$symPrint((x >> 4) + @$table))
    [0]             : nt!NtAccessCheck (fffff804`7eb081d0)
    [1]             : nt!NtWorkerFactoryWorkerReady (fffff804`7eb10940)
    [2]             : nt!NtAcceptConnectPort (fffff804`7f0b7800)
    [3]             : nt!NtMapUserPhysicalPagesScatter (fffff804`7f299f50)
    [4]             : nt!NtWaitForSingleObject (fffff804`7f012450)
    [5]             : nt!NtCallbackReturn (fffff804`7ebc5cc0)
```

6）如果只对内核的服务表感兴趣，但对 Win32k.sys 项不感兴趣，也可以使用调试器的**!chksvctbl -v** 命令，让输出结果包含所有这些数据，同时以此检查可能被 Rootkit 附加的内联挂钩：

```
lkd> !chksvctbl -v
#   ServiceTableEntry          DecodedEntryTarget(Address)                CompactedOffset
==========================================================================================
0   0xfffff8047ee24800               nt!NtAccessCheck(0xfffff8047eb081d0)  0n-52191996
1   0xfffff8047ee24804   nt!NtWorkerFactoryWorkerReady(0xfffff8047eb10940)  0n-51637248
2   0xfffff8047ee24808           nt!NtAcceptConnectPort(0xfffff8047f0b7800)  0n43188226
3   0xfffff8047ee2480c nt!NtMapUserPhysicalPagesScatter(0xfffff8047f299f50)  0n74806528
4   0xfffff8047ee24810         nt!NtWaitForSingleObject(0xfffff8047f012450)  0n32359680
```

实验：查看系统服务活动

我们可以通过观察 System 对象的 System Calls/Sec 性能计数器来监视系统服务活动。打开性能监视器，点击“**监视工具**”下的“**性能监视器**”，随后点击“**添加**”按钮将计数器添加到图表即可。请选择 **System** 对象，选中 **System Calls/Sec** 计数器，随后点击“**添加**”按钮将其加入图表。

我们可能还要增大图表的最大值，因为系统中的常态是每秒进行数十万个调用，系统配备的处理器越多，调用数量就越多。下图显示了这些数据在本书作者的计算机上所呈现的样子。

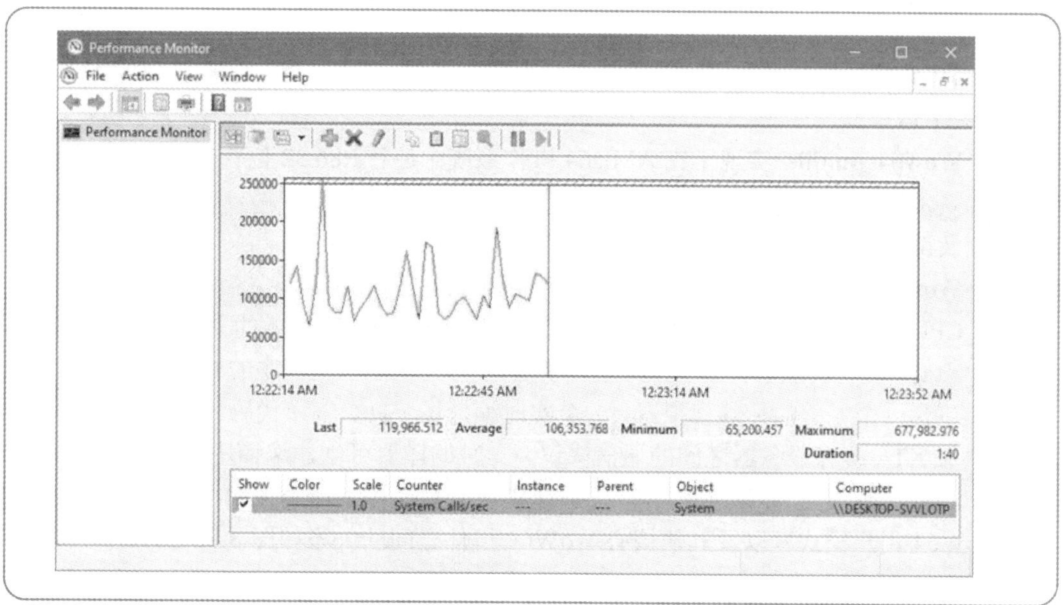

8.5 WoW64（Windows-on-Windows）

WoW64（64 位 Windows 中模拟的 Win32 环境）是指用于在 64 位平台（属于不同的 CPU 架构）上执行 32 位应用程序的软件。WoW64 最初是一个研究项目，旨在让旧版 Windows NT 3.51 的 Alpha 和 MIPS 版本能够运行 x86 代码。自那时（1995 年前后）起，该技术经历了巨大的变化。当微软公司于 2001 年发布 64 位 Windows XP 版本时，WoW64 就已包含在该系统中，借此即可用新的 64 位操作系统运行旧的 x86 32 位应用程序。在现代 Windows 版本中，WoW64 通过进一步扩展，已经可以支持在 ARM64 系统中运行 ARM32 和 x86 应用程序。

WoW64 核心以一系列用户模式 DLL 的形式实现，并由内核提供部分支持，进而创建出通常只有 64 位原生数据结构才会包含的目标架构版本，例如处理器环境块（Process Environment Block，PEB）和线程环境块（Thread Environment Block，TEB）。内核还实现了通过 Get/SetThreadContext 更改 WoW64 上下文的功能。负责 WoW64 的核心用户模式 DLL 包括以下几方面：

- **Wow64.dll**：在用户模式下实现了 WoW64 核心。它所创建的精简的软件层可充当 32 位应用程序的一种中间内核，并可以此为基础进行仿真模拟。它还可处理 CPU 上下文状态更改以及由 Ntoskrnl.exe 导出的基础系统调用，并负责实现文件系统重定向和注册表重定向。
- **Wow64win.dll**：为 Win32k.sys 导出的 GUI 系统调用实现了形式转换（thunking）。Wow64win.dll 和 Wow64.dll 均包含形式转换代码，可将与调用有关的约定从一种架构转换为另一种架构。

其他模块是特定架构专用的，主要用于对隶属于不同架构的机器代码进行转换。某些情况下（如 ARM64），机器代码需要进行模拟或实时编译（jitting）。本书中我们将使用“jitting”这个词代表即时编译（just-in-time compilation）技术，该技术可在运行过程中编译一小块代码（名叫“编译单元”），而无须每次模拟并执行一条指令。

机器代码的转换、模拟或实时编译主要由下列 DLL 负责，随后这些代码即可在目标操作系统中运行：

- **Wow64cpu.dll**：实现了在 AMD64 操作系统中运行 x86 32 位代码的 CPU 模拟器，负责管理 WoW64 中每个运行中线程的 32 位 CPU 上下文，为从 32 位到 64 位（以及反向）的 CPU 模式切换提供处理器架构支持。
- **Wowarmhw.dll**：实现了在 ARM64 系统中运行 ARM32（AArch32）应用程序的 CPU 模拟器，这实际上是与 x86 系统中 Wow64cpu.dll 等效的 ARM64 组件。
- **Xtajit.dll**：实现了在 ARM64 系统中运行 x86 32 位应用程序的 CPU 模拟器。其中包含一个完整的 x86 模拟器、一个实时编译器（负责编译代码），以及实时编译器与 XTA 缓存服务器之间的通信协议。实时编译器可创建编译块，其中包含从 x86 映像转换后的 ARM64 代码。这些编译块会存储在本地缓存中。

WoW64 用户模式库以及其他核心 WoW64 组件之间的关系如图 8-28 所示。

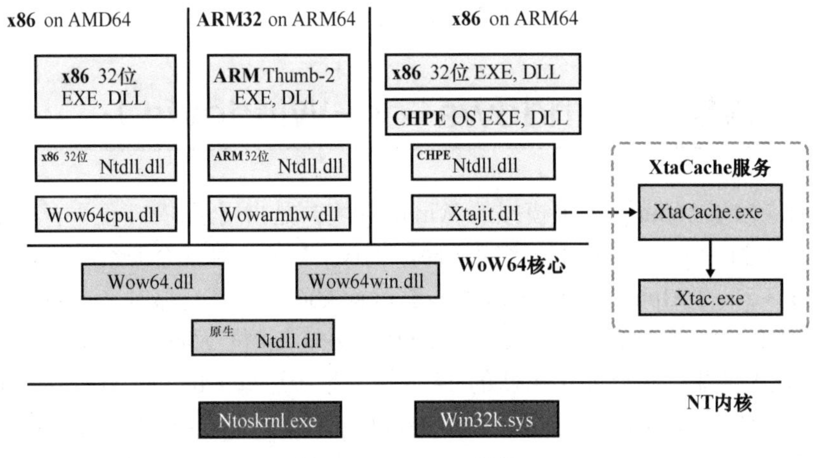

图 8-28 WoW64 架构

注意 针对安腾（Itanium）架构计算机设计的老版本 Windows 包含了一个集成在 WoW64 层中的完整 x86 模拟器，名为 Wowia32x.dll。安腾处理器无法以高效的方式原生执行 x86 32 位指令，因此需要模拟器介入。安腾架构已于 2019 年 1 月正式退役。

较新的 Windows Insider 版还支持在 ARM64 系统上执行 64 位 x86 代码，微软针对此行为还设计了一套全新的实时编译器。然而，在 ARM 系统中模拟 AMD64 代码并非通过 WoW64 进行的。AMD64 模拟器架构的相关介绍已超出了本书的内容范围。

8.5.1 WoW64 核心

正如上一节所述，WoW64 核心是独立于平台的：它创建了一个软件层，借此可管理 32 位代码在 64 位操作系统中的执行。实际的转换工作由特定于具体平台的另一个名为模拟器（simulator，也叫二进制转换器）的组件负责。本节将讨论 WoW64 核心的作用及其与模拟器互操作的方式。虽然 WoW64 的核心几乎完全在用户模式下实现（位于 Wow64.dll 库中），但其中也有一部分位于 NT 内核中。

NT 内核中的 WoW64 核心

在系统启动（阶段 1）过程中，I/O 管理器会调用 PsLocateSystemDlls 例程，借此将系统可支持的所有系统 DLL 映射至 System 进程用户地址空间（并将其基址存储在一个全局数组中）。其中还包含 WoW64 版本的 Ntdll，如表 8-13 所示。在进程管理器（PS）开始启动的阶段 2 期间，会解析内部内核变量中所存储的 DLL 的某些入口点。其中的一个导出项 LdrSystemDllInitBlock 用于将 WoW64 信息和函数指针传递给新的 WoW64 进程。

表 8-13 不同的 Ntdll 版本列表

路径	内部名称	描述
c:\windows\system32\ntdll.dll	Ntdll.dll	系统 Ntdll 会映射至每个用户进程（最小进程除外），这也是唯一标记为“必需”的版本
c:\windows\SysWow64\ntdll.dll	Ntdll32.dll	32 位 x86 Ntdll 会映射至 64 位 x86 主机系统中运行的 WoW64 进程
c:\windows\SysArm32\ntdll.dll	Ntdll32.dll	32 位 ARM Ntdll 会映射至 64 位 ARM 主机系统中运行的 WoW64 进程
c:\windows\SyChpe32\ntdll.dll	Ntdllwow.dll	32 位 x86 CHPE Ntdll 会映射至 64 位 ARM 主机系统中运行的 WoW64 进程

当进程最初被创建时，内核会使用一种算法来决定该进程是否可以在 WoW64 下运行，该算法会分析主进程是否可执行 PE 映像，并检查系统中是否映射了正确版本的 Ntdll。如果系统确定该进程是 WoW64 进程，当内核初始化其地址空间时，就会同时映射原生版本的 Ntdll 和正确的 WoW64 版本 Ntdll。

正如卷 1 第 3 章所述，每个非最小进程都有一个可从用户模式访问的 PEB 数据结构。对于 WoW64 进程，内核也会分配 32 位版本的 PEB，并将指向它的指针存储在一个小型数据结构（EWoW64PROCESS）中，该数据结构会链接到代表新进程的主 EPROCESS 结构。随后内核会填充由 32 位版本的 LdrSystemDllInitBlock 符号所描述的数据结构，包括由 Wow64 Ntdll 导出的指针。

在为进程分配线程时，内核会经历类似的过程：除了线程的初始用户栈（其初始大小可通过主映像的 PE 头指定），还要分配执行 32 位代码所需的另一个栈。这个新栈也叫线程的 WoW64 栈。在为线程构建 TEB 时，内核会分配足够容量的内存，以便同时存储 64 位 TEB 以及随后的 32 位 TEB。

此外，在基础的 64 位栈之上还会分配一个小型数据结构（名为 WoW64 CPU Area Information，WoW64 CPU 区域信息）。后者包含目标映像机器标识符、一个与平台相关的 32 位 CPU 上下文（X86_NT5_CONTEXT 或 ARM_CONTEXT 数据结构，具体取决于目标架构），以及一个指向每线程 WoW64 CPU 共享数据的指针，这些内容都可被模拟器使用。指向这个小型数据结构的指针还会存储在线程的 TLS 插槽 1 中，以供二进制转换器快速引用。图 8-29 展示了只包含一个初始单线程的 WoW64 进程的最终配置。

用户模式 WoW64 核心

除了上一节描述的各种差异外，对于非 WoW64 进程，进程及其初始线程的诞生方式完全相同，但从主线程调用原生版本 Ntdll 中的加载器初始化函数 LdrpInitialize 并开始执行的那一刻起，情况开始发生变化。当检测到该线程是新进程的上下文中第一个开始执行的线程后，加载器会调用进程初始化例程 LdrpInitializeProcess，并结合其他多个因素（详情请参阅卷 1 第 3 章“进程初始化的早期工作”一节）来判断该进程是否为 WoW64 进程，而具体依据为检查是否存在 32 位 TEB（位于原生 TEB 之后，会与原生 TEB 链接在一起）中。如果检查发现存在 32 位 TEB，那么原生 Ntdll 会将内部全局变量 UseWoW64 设置为 1，进而构建 WoW64 核心库（wow64.dll）的路径，并将其映射至 4 GB 虚拟地址空间限制之上的位置（这样就不会干扰为该进程模拟的 32 位地址空间）。随后 Ntdll 会获取负责处理进程/线程挂起、APC 与异常调度的 WoW64 函数的地址，并将该地址存储在某些内部变量中。

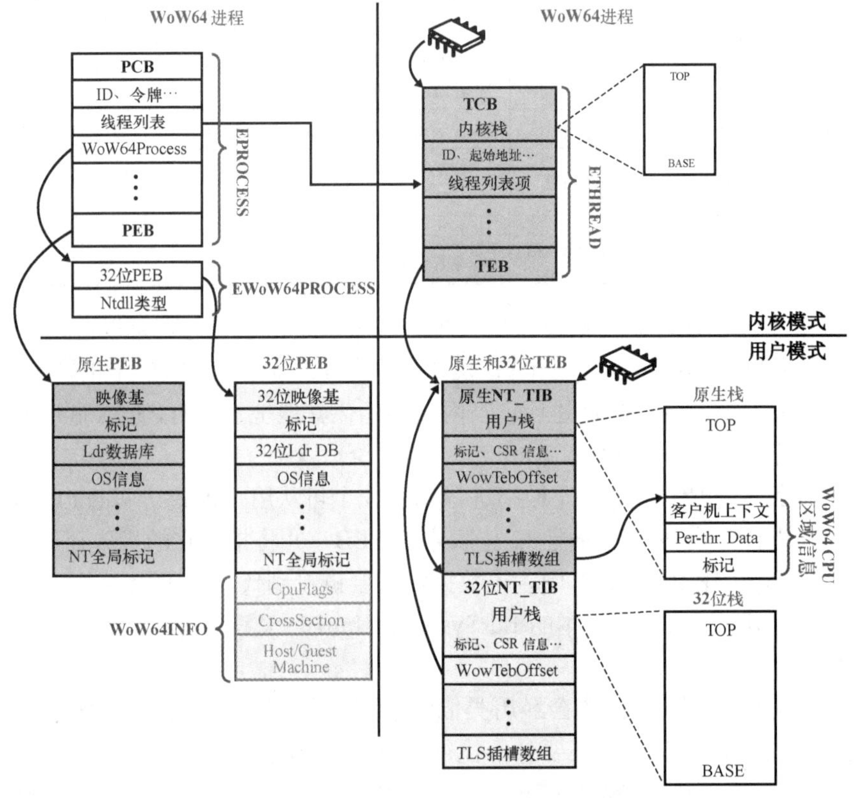

图 8-29　只包含一个线程的 WoW64 进程的内部配置

当进程初始化例程结束后，Windows 加载器会通过导出的 Wow64LdrpInitialize 例程将执行过程转换至 WoW64 核心，随后永远不会返回。至此，每个新线程都将通过该入口点启动（而无须使用传统的 RtlUserThreadStart）。WoW64 核心会在 TLS 插槽 1 处获得指向内核存储的 CPU WoW64 区域的指针。如果该线程是进程中的第一个线程，则会调用 WoW64 进程初始化例程，该例程会执行如下操作：

1）尝试加载 WoW64 Thunk Logging DLL（wow64log.dll）。该 DLL 用于记录 WoW64 调用，但并未包含在商业版的 Windows 版本中，因此可直接跳过。

2）通过 NT 内核填充的 LdrSystemDllInitBlock 查找 Ntdll32 基址和函数指针。

3）初始化文件系统和注册表重定向。文件系统和注册表重定向是在 WoW64 核心的 Syscall 层实现的，可拦截 32 位注册表和文件系统的请求，转换其路径，随后再调用原生的系统调用。

4）初始化 WoW64 服务表，该表中包含指向 NT 内核与 Win32k GUI 子系统所属系统服务的指针（类似于标准内核系统服务），并包含 Console 与 NLS 服务（均为 WoW64 系统服务调用，本章下文将介绍重定向）。

5）填充 NT 内核为该进程分配的 32 位版本的 PEB，并根据进程主映像架构加载正确的 CPU 模拟器。系统会查询 HKLM\SOFTWARE\Microsoft\Wow64\<arch>键的“默认”注册表值（其中的<arch>可以是 x86 或 arm，这取决于目标架构），该值包含模拟器的主 DLL 名称。随后将模拟器载入并映射至进程的地址空间。模拟器主 DLL 的部分导出函数经过解析会存储在一个名为 BtFuncs 的内部数组中。该数组是将与平台相关的二进制转换器及 WoW64 子系统链接在一起的关键：WoW64 仅通过它调用模拟器的函数。例如，BtCpuProcessInit 函数就代表了模拟器的进程初始化例程。

6）形式转换跨进程机制通过分配并映射一个 16 KB 的共享内存节来完成初始化。当一个 WoW64 进程调用一个以另一个 32 位进程为目标的 API 时（该操作会在不同进程之间传播形式转换操作），会产生一个合成的工作项。

7）WoW64 层会（通过调用导出的 BtCpuNotifyMapViewOfSection）通知模拟器主模块以及 32 位版本的 Ntdll 已被映射至地址空间。

8）WoW64 核心会将指向 32 位系统调用调度程序的指针存储在 32 位版本 Ntdll 导出的 Wow64Transition 变量中，这样系统调用调度程序就可以正常工作了。

当进程初始化例程运行完毕时，线程就准备好开始进行 CPU 模拟了。线程会调用模拟器的线程初始化函数并准备一个全新的 32 位上下文，并转换最初由 NT 内核填充的 64 位上下文。最后，还会根据新的上下文准备 32 位栈，以便执行 32 位版本 LdrInitializeThunk 函数。模拟操作是通过模拟器的 BTCpuSimulate 导出函数启动的，该函数永远不会返回至调用方（除非模拟器中发生严重错误）。

8.5.2 文件系统重定向

为了维持兼容性，并减少从 Win32 向 64 位 Windows 移植应用程序的工作量，不同版本的系统目录名称是完全一致的。因此\Windows\System32 文件夹中包含了原生的 64 位映像。WoW64 在拦截所有系统调用时，会对与路径有关的所有 API 进行转换，并将多种系统路径替换为 WoW64 的等价路径（主要取决于目标进程的架构），具体如表 8-14 所示。该表还列出了通过使用系统环境变量进行重定向的路径（例如%PROGRAMFILES%变量会将 32 位应用程序设置为\Program Files (x86)，会将 64 位应用程序设置为\Program Files 文件夹）。

表 8-14 WoW64 重定向的路径

路径	架构	重定向后的位置
c:\windows\system32	x86 on AMD64	C:\Windows\SysWow64
	x86 on ARM64	C:\Windows\SyChpe32（或 C:\Windows\SysWow64，如果 Sychep32 中不存在目标文件夹）
	ARM32	C:\Windows\SysArm32
%ProgramFiles%	Native	C:\Program Files
	x86	C:\Program Files (x86)
	ARM32	C:\Program Files (Arm)

续表

路径	架构	重定向后的位置
%CommonProgramFiles%	Native	C:\Program Files\Common Files
	x86	C:\Program Files (x86)
	ARM32	C:\Program Files (Arm)\Common Files
C:\Windows\regedit.exe	x86	C:\Windows\SysWow64\regedit.exe
	ARM32	C:\Windows\SysArm32\regedit.exe
C:\Windows\LastGood\System32	x86	C:\Windows\LastGood\SysWow64
	ARM32	C:\Windows\LastGood\SysArm32

出于兼容性和安全性方面的原因，\Windows\System32 的几个子目录不受重定向的影响，这样 32 位应用程序对它们的访问实际上会直接访问这些子目录本身。这些不被重定向的子目录包括：

- %windir%\system32\catroot 和%windir%\system32\catroot2
- %windir%\system32\driverstore
- %windir%\system32\drivers\etc
- %windir%\system32\hostdriverstore
- %windir%\system32\logfiles
- %windir%\system32\spool

最后，WoW64 还提供了一种机制，借此可通过 Wow64DisableWow64FsRedirection 与 Wow64RevertWow64FsRedirection 函数，以每个线程为基础控制内置于 WoW64 中的文件重定向。该机制会在 TLS 的“索引 8”处存储启用/禁用值，WoW64 的内部 RedirectPath 函数会参考该值。不过该机制可能会让延迟加载的 DLL 产生一些问题（例如通过通用文件对话框打开文件甚至在软件的国际化方面），因为一旦禁用了重定向，系统在内部加载期间也将不再使用重定向，这会导致某些仅 64 位的文件面临无法找到的情况。对开发者而言，此时一种更安全的方法是使用%SystemRoot%\Sysnative 路径，或者上文提及的那些始终保持一致的路径。

注意 由于某些 32 位应用程序可能确实需要能够感知并处理 64 位映像，此时可让源自 32 位应用程序的任何 I/O 访问虚拟目录\Windows\Sysnative，以避免被文件重定向。该目录实际上并不存在，这是一个虚拟路径，可供应用程序（即使是 WoW64 下运行的应用程序）访问真正的 System32 目录。

8.5.3 注册表重定向

应用程序和组件会将自己的配置数据存储在注册表中。组件通常会在安装过程中的注册环节将自己的配置数据写入注册表。如果同一个组件分别被安装并注册为 32 位和 64 位二进制文件，那么后注册的组件将覆盖先注册的组件，因为它们会写入注册表的同一个位置。

为了在无须更改 32 位组件代码的情况下以透明的方式解决此问题，注册表被分为两部分：Native 和 WoW64。默认情况下，32 位组件会访问注册表的 32 位视图，64 位组件会访问注册表的 64 位视图。这就为 32 位和 64 位组件提供了一种安全的执行环境，并能将 32 位应用程序的状态与 64 位应用程序的状态（如果存在的话）分隔开。

正如下文“系统调用”中将要介绍的那样，WoW64 系统调用层可拦截由 32 位进程发出的所有系统调用。当 WoW64 拦截可以打开或创建注册表键的注册表系统调用时，它会将键路径转换为指向注册表的 WoW64 视图（除非调用方明确要求访问 64 位视图）。借助多种树状数据结构，WoW64 可跟踪重定向后的注册表键，这些树状数据结构中存储了共享的和拆分的注册表键与子键列表（锚点树节点定义了系统该从什么位置开始重定向）。WoW64 会在下列这些位置重定向注册表：

- HKLM\SOFTWARE
- HKEY_CLASSES_ROOT

并非注册表的上述整个根配置单元（Hive）都是拆分的。属于这些根键的子键可以存储在注册表中私有的 WoW64 部分内（此时的子键就是一种拆分键）。否则子键可在 32 位和 64 位应用程序之间共享（此时的子键是一种共享键）。在锚节点所跟踪的每个拆分键下，WoW64 会创建一个名为 WoW6432Node（针对 x86 应用程序）或 WowAA32Node（针对 ARM32 应用程序）的键。该键中存储了 32 位配置信息。注册表的所有其他部分（例如 HKLM\SYSTEM）均是 32 位和 64 位应用程序共享的。

作为一种额外措施，如果 x86 32 位应用程序向注册表写入以数据“%ProgramFiles%”或“%CommonProgramFiles%”开头的 REG_SZ 或 REG_EXPAND_SZ 值，WoW64 会将实际的值改为“%ProgramFiles(x86)%”和“%CommonProgramFiles(x86)%”，以便匹配文件系统重定向以及上文介绍的相关布局。但为了符合这种情况，32 位应用程序必须严格写入上述这些字符串，其他任何数据都会被忽略并正常写入。

对于需要将注册表键明确指定为某种视图的应用程序，可以为 RegOpenKeyEx、RegCreateKeyEx、RegOpenKeyTransacted、RegCreateKeyTransacted 以及 RegDeleteKeyEx 函数设置下列标记：

- **KEY_WoW64_64KEY**：从 32 位或 64 位应用程序中明确打开 64 位键，禁用上文提到的 REG_SZ 或 REG_EXPAND_SZ 拦截措施。
- **KEY_WoW64_32KEY**：从 32 位或 64 位应用程序中明确打开 32 位键。

8.5.4 AMD64 平台上的 x86 模拟

AMD64 平台上的 x86 模拟器（Wow64cpu.dll）接口相当简单。模拟器进程初始化函数会根据是否存在软件 MBEC（Mode Based Execute Control，基于模式的执行控制，详见第 9 章）而启用快速系统调用接口。当 WoW64 核心通过调用模拟器的接口 BtCpuSimulate 开始模拟时，模拟器会（根据 WoW64 核心提供的 32 位 CPU 上下文）构建 WoW64 栈帧，为快速系统调用的调度初始化 Turbo 形式转换数组，并准备 FS 段寄存器使其指向线程的 32 位 TEB。最后，它还会设置一个以 32 位段（通常是 0x20 段）为目标的调用门（call gate），切换栈，并发起到最终 32 位入口点的远跳（首次执行时，入口点会设置为 32 位版本的 LdrInitializeThunk 加载器函数）。当 CPU 执行该远跳时，会检测到调用门的目标为一个 32 位段，因此会将 CPU 执行模式改为 32 位。只有在调度了中断或系统调用后，代码的执行才会退出 32 位模式。有关调用门的详细信息请参阅 Intel 与 AMD 的软件开发手册。

注意 当首次切换至 32 位模式时，模拟器会使用 IRET 操作码而不进行远调用（far call）。这是因为所有 32 位寄存器，包括易失性寄存器和 EFLAGS 都需要初始化。

系统调用

对于 32 位应用程序，WoW64 层的行为与 NT 内核本身类似：特殊的 32 位版 Ntdll.dll、User32.dll 以及 Gdi32.dll 均位于\Windows\Syswow64 文件夹中（这里还有其他负责进程间通信的 DLL，例如 Rpcrt4.dll）。当一个 32 位应用程序需要操作系统的协助时，会直接调用这些位于特殊的 32 位版操作系统库中的函数。与相应的 64 位版等价物类似，操作系统例程可以直接在用户模式下执行自己的任务，或者也可以请求 NT 内核的协助。在后一种情况下，需要通过存根（stub）函数（例如常规 64 位 Ntdll 中实现的函数）调用系统调用。存根会将系统调用索引放入一个寄存器中，但存根并不发出原生的 32 位系统调用指令，而是会（通过 WoW64 核心所编译的 Wow64Transition 变量）调用 WoW64 系统调用调度程序。

WoW64 系统调用调度程序是在与特定平台相关的模拟器（wow64cpu.dll）中实现的。它会发出另一个远跳以便转换至原生 64 位执行模式，随后从模拟中退出。二进制转换器会将栈切换至 64 位模式并保存 CPU 原本的上下文。随后会捕获与系统调用相关的参数并对其进行转换。这种转换过程也叫“形式转换”（thunking），借此通过 32 位 ABI 执行的机器代码就可以与 64 位代码实现互操作。调用过程的相关约定（由 ABI 描述）定义了数据结构、指针和值在每个函数参数中传递的方法以及通过机器代码访问的方法。

模拟器中的形式转换主要通过两种策略执行。对于无须与客户端所提供的复杂数据结构进行交互操作（但需要处理简单的输入/输出值）的 API，将由 Turbo 形式转换（模拟器中实现的一种小型转换例程）负责转换并直接调用原生 64 位 API。其他复杂的 API 需要 Wow64SystemServiceEx 例程的协助，由该例程从系统调用索引中提取正确的 WoW64 系统调用编号，并调用正确的 WoW64 系统调用函数。WoW64 系统调用是在 WoW64 核心库和 Wow64win.dll 中实现的，与原生系统调用同名，但名称包含“wh-”前缀（例如 NtCreateFile 这个 WoW64 API 可通过 whNtCreateFile 调用）。

正确完成转换后，模拟器会发出相应的原生 64 位系统调用。当原生系统调用返回后，WoW64 会在必要时对任何输出参数进行转换或形式转换，将其从 64 位格式转换为 32 位格式，并重新启动模拟过程。

异常调度

与 WoW64 系统调用类似，异常调度也会迫使 CPU 退出模拟。当发生异常时，NT 内核会确定该异常是否由执行用户模式代码的线程所产生。如果是，NT 内核会在活跃栈上构建一个扩展的异常帧，并通过返回到 64 位 Ntdll 中的用户模式 KiUserExceptionDispatcher 函数来调度该异常。

请注意，异常产生时，64 位异常帧（其中包含捕获的 CPU 上下文）会被分配到当时处于活动状态的 32 位栈中。因此需要在调度到 CPU 模拟器之前对其进行转换。这正是 Wow64PrepareForException 函数（由 WoW64 核心库导出）所起的作用：在原生 64 位栈上分配空间，并将原生异常帧从 32 位栈复制到 64 位栈中。随后它会切换至 64 位栈，并将原生异常和上下文记录转换为相应的 32 位形式，将结果存储到 32 位栈中（取代 64 位异常帧）。至此，WoW64 核心即可从 32 位版的 KiUserExceptionDispatcher 调度程序函数重启模拟，通过与原生 32 位 Ntdll 相同的方式调度异常。

32 位用户模式 APC 交付也遵循了类似的实现方式。常规的用户模式 APC 可通过原生 Ntdll 的 KiUserApcDispatcher 进行交付。当 64 位内核即将向 WoW64 进程调度用户模式 APC 时，它会将 32 位 APC 地址映射至 64 位地址空间中更高的范围。随后 64 位 Ntdll 将调用 WoW64 核心库所导出的 Wow64ApcRoutine 例程，借此捕获用户模式的原生 APC 和上下文记录，并将其重新映射回 32 位栈。随后它会准备一个 32 位用户模式 APC 和上下文记录，并通过 32 位版的 KiUserApcDispatcher 函数重启 CPU 模拟，进而使用与原生 32 位 Ntdll 相同的方式调度 APC。

8.5.5 ARM

ARM 是一系列精简指令集计算（Reduced Instruction Set Computing，RISC）架构，最初由 ARM Holding 公司设计而来。与英特尔公司和 AMD 公司不同，该公司主要设计 CPU 的架构并将其授权给其他公司（例如高通和三星），由获得授权的公司生产 CPU 成品。因此 ARM 架构包含很多发行版和版本，经过近些年的快速发展，已从 1993 年发布的 ARMv3 版本所实现的简单的 32 位 CPU 快速发展至目前的 ARMv8。最新的 ARM64v8.2 CPU 可原生支持多种执行模式（或状态），最常见的模式包括 AArch32、Thumb-2 以及 AArch64：

- AArch32 是最经典的执行模式，该模式下的 CPU 仅执行 32 位代码，可使用 32 位寄存器，通过 32 位总线从主内存读/写数据。
- Thumb-2 执行模式属于 AArch32 模式的一个子集。Thumb 指令集旨在提高低功耗嵌入式系统的代码密度。在该模式下，CPU 可以混合执行 16 位和 32 位指令，同时依然可访问 32 位寄存器和内存。
- AArch64 是现代执行模式。该执行模式下的 CPU 可以访问 64 位通用寄存器，并通过 64 位总线从主内存读/写数据。

适用于 ARM64 的 Windows 10 系统可运行于 AArch64 或 Thumb-2 执行模式下（一般不使用 AArch32）。Thumb-2 主要适用于之前的 Windows RT 系统。ARM64 处理器的当前状态是由当前异常级别（Exception Level，EL）决定的，该级别定义了不同的特权级：ARM 目前定义了三个异常级别和两个安全状态。本书的第 9 章将详细介绍这些内容，此外也可参阅 ARM 架构参考手册。

8.5.6 内存模型

在“硬件侧信道漏洞”一节，我们曾提到缓存一致性协议（cache coherency protocol）的概念，这种协议保证了在被多个处理器访问时，可从一个 CPU 的核心缓存中观察到相同的数据（MESI 就是一种知名的缓存一致性协议）。与缓存一致性协议类似，现代 CPU 还需要提供内存一致性（或排序）模型，以解决多处理器环境中的另一个问题：内存重排序（memory reordering）。一些架构（例如 ARM64）确实可以自由地对内存访问进行重排序，这是为了更高效地使用内存子系统并实现内存访问指令的并行运行（可在访问慢速内存总线时实现更好的性能）。此类架构遵循了一种弱内存模型，这与遵循强内存模型的 AMD64 架构截然不同，AMD64 架构中的内存访问指令一般会按照程序顺序来执行。弱模型可以让处理器以更高效的方式更快速地访问内存，但这会为多处理器软件的开发带来很多与同步有关的问题。作为对比，强模型更直观也更稳定，但其不足在于速度太慢。

可以进行内存重排序（即遵循弱模型）的 CPU 提供了一些可充当内存屏障的机器指令。屏障可以防止处理器对屏障前后的内存访问进行重排序，有助于解决多处理器系统的同步问题。内存屏障速度很慢，因此只在 Windows 中的关键多处理器代码严格需要这种功能时才会使用，尤其是在基元（如自旋锁、互斥、推锁）的同步过程中。

下一节将会介绍，在多处理器环境中转换 x86 代码时，ARM64 的实时编译总是会用到内存屏障。但实际上，该过程并不能推断将要执行的代码是否可以由多个线程同时并行执行（因此可能会产生同步问题。x86 遵循强内存模型，因此不会遇到重排序问题。上一节也从通用的角度介绍了乱序执行问题）。

注意　除了 CPU，内存重排序也会对编译器产生影响。在编译过程中，出于效率和速度方面的原因，编译器可以重排序（并可能移除）源代码中的内存引用。这种重排序也叫编译器重排序，而上文所描述的主要是处理器重排序。

8.5.7　ARM64 平台上的 ARM32 模拟

ARM64 下模拟 ARM32 应用程序的方式与 AMD64 下模拟 x86 的方式极为类似。如上一节所述，ARM64v8 CPU 能够在 AArch64 和 Thumb-2 执行状态之间动态切换（因此可以直接通过硬件执行 32 位指令）。然而与 AMD64 系统不同，该 CPU 无法在用户模式下通过某种特殊指令切换执行模式，因此需要 WoW64 层来调用 NT 内核以请求切换执行模式。为此需要使用 ARM-on-ARM64 CPU 模拟器（Wowarmhw.dll）导出的 BtCpuSimulate 函数将非易失 AArch64 寄存器保存到 64 位栈中，还原 WoW64 CPU 区域中存储的 32 位上下文，并最终发出一个明确定义的系统调用（该调用具备一个无效的 Syscall 编号：−1）。

NT 内核异常处理程序（在 ARM64 架构中，该异常处理程序也是 Syscall 处理程序）检测到由于系统调用而引发了异常，因此将检查 Syscall 编号。如果该编号是特殊的“−1”，NT 内核就知道该请求是因为来自 WoW64 的执行模式变更所引发的。此时，NT 内核会调用 KiEnter32BitMode 例程，借此将更低的 EL（异常级别）的新执行状态设置为 AArch32，消除异常，然后返回到用户模式。

随后，代码会在 AArch32 状态下开始执行。与 AMD64 系统的 x86 模拟器类似，只有在引发异常或调用了系统调用的情况下，执行控制才会返回给模拟器。异常与系统调用的调度方式均与 AMD64 中的 x86 模拟器完全相同。

8.5.8　ARM64 平台上的 x86 模拟

x86-on-ARM64 CPU 模拟器（Xtajit.dll）与上文介绍的其他二进制转换器均不相同，这主要是因为它无法通过硬件直接执行 x86 指令。ARM64 处理器完全无法理解任何 x86 指令。因此 x86-on-ARM 模拟器实现了一套完整的 x86 模拟器和实时编译器，借此转换 AArch64 代码中的 x86 操作码块，并直接执行转换后的代码块。

在为新的 WoW64 进程调用模拟器进程初始化函数（BtCpuProcessInit）时，会将 HKLM\SOFTWARE\Microsoft\Wow64\x86\xtajit 路径与主进程映像的名称相结合，为该进程构建实时编译器的主注册表键。如果该键已存在，则模拟器会从中查询多种配置信息（最常用的信息包括多处理器兼容性和 JIT 块阈值大小。请注意，模拟器还会通过应用程序的兼容性数据库查询配置信息）。随后模拟器会分配并编译 Syscall 页面，顾名思义，该页面会用于发出 x86 Syscall（随后在 Wow64Transition 变量的影响下，该页面会被链接至 Ntdll）。至此，模拟器即可确定该进程是否可以使用 XTA 缓存。

模拟器使用两种缓存来存储预编译的代码块：为每个线程分配的内部缓存，其中包含模拟器在编译供线程执行的 x86 代码过程中生成的代码块（这些代码块也叫实时编译块）；由 XtaCache 管理的外部 XTA 缓存，其中包含由 XtaCache 服务为 x86 映像延迟生成的所有实时编译的块。每个映像的 XTA 缓存存储在一个外部缓存文件（下面将介绍相关信息）中。进程初始化例程还会分配 CHPE 位图，该位图涵盖可能被 32 位进程使用的整个 4 GB 地址空间。这个位图可以使用一位来代表包含 CHPE 代码的内存页面（下文还将详细讨论 CHPE）。

模拟器线程初始化例程（BtCpuThreadInit）初始化编译器，并在原生栈上分配每个线程的 CPU 状态，原生栈是一个包含每线程编译器状态的重要数据结构，其中包括 x86 线程上下文、x86 代码发射器（Emitter）状态、内部代码缓存，以及模拟 x86 CPU 的配置（段寄存器、FPU 状态、模拟的 CPUID）。

模拟器的映像加载通知

与任何其他二进制转换器不同，当新映像被映射到进程地址（包括 CHPE Ntdll）空间时，x86-on-ARM64 CPU 模拟器必须接收到通知。这是通过 WoW64 核心实现的，在从 32 位代码中调用 NtMapViewOfSection 这个原生 API 时，它可以进行拦截，并通过导出的 BTCpuNotifyMapViewOfSection 例程通知 Xtajit 模拟器。这种通知功能很重要，因为模拟器需要据此更新内部编译器数据，例如：

- CHPE 位图（当目标映像包含 CHPE 代码页时，需要将位设置为 1 来进行更新）。
- 内部模拟的 CFG（Control Flow Guard，控制流防护）状态。
- 映像的 XTA 缓存状态。

尤其是当新加载一个 x86 或 CHPE 映像时，模拟器需要（通过注册表和应用程序兼容性填充码）决定是否为该模块使用 XTA 缓存。如果检查成功，模拟器会向 XtaCache 服务请求更新后的映像缓存，借此更新全局每个进程的 XTA 缓存状态。如果 XtaCache 服务可以识别并打开该映像更新后的缓存文件，则可向模拟器返回一个节对象，该节对象可用于加速映像的执行（节中包含预编译的 ARM64 代码块）。

编译的混合可移植可执行文件（CHPE）

在 ARM64 环境中实时编译 x86 进程是一项充满挑战性的工作。为了保证应用程序的响应性，编译器必须保留足够的性能。而最主要的问题之一在于两种架构的内存排序机制有很大差异。x86 模拟器并不知道原始 x86 代码是如何设计的，因此不得不在 x86 映像每次访问内存时频繁用到内存屏障。执行内存屏障，这本身就是一个速度缓慢的操作，平均来说，很多应用程序大约 40%的时间都会用于运行操作系统代码。这意味着如果无须模拟操作系统库，那么将会显著改善应用程序的性能。

这些因素催生了编译的混合可移植可执行文件（Compiled Hybrid Portable Executable，CHPE）机制。CHPE二进制文件是一种特殊的混合可执行文件，其中同时包含可兼容x86和ARM64的代码，而这些代码是在完全了解原始源代码的情况下生成的（编译器非常确切要在哪里使用内存屏障）。与ARM64兼容的机器代码叫作混合（或CHPE）代码，这些代码依然在AArch64模式下执行，但实际上是按照32位ABI生成的，因此能与x86代码实现更好的互操作性。

CHPE二进制文件会被创建为标准的x86可执行文件（其机器ID依然是x86对应的014C），主要区别在于CHPE文件中包含由混合映像（hybrid image）元数据（这些元数据可存储为映像加载配置目录的一部分）中的表所描述的混合代码。当CHPE二进制文件被载入WoW64进程的地址空间时，模拟器将会为每个包含混合元数据中所描述的混合代码的页面设置一个位为“1”，借此更新CHPE位图。当实时编译器编译x86代码块并检测到代码正在试图调用混合函数时，就不再浪费时间进行编译，而是（使用32位栈）直接执行。

实时编译的x86代码会按照自定义的ABI来执行，这意味着在ARM64寄存器的使用方式以及参数在不同函数之间的传递方式等方面，并没有什么标准的约定。CHPE代码并不遵循与实时编译代码相同的寄存器约定（尽管混合代码依然会遵循32位ABI）。这意味着我们无法从编译器构建的实时编译代码块直接调用CHPE代码。为了解决这个问题，CHPE二进制文件还包含三种类型的形式转换函数，借此实现CHPE与x86代码的互操作性。

- **pop** 形式转换，可将来自客户端（x86）调用方的传入（或传出）参数转换为CHPE约定，并直接将执行转移至混合代码，借此让x86代码调用混合函数。
- **push** 形式转换，可将来自混合代码的传入（或传出）参数转换为客户端（x86）约定，并调用模拟器以恢复x86代码的执行，借此让CHPE代码调用x86例程。
- **export** 形式转换，这是一种兼容性形式转换，用于为从操作系统模块导出x86函数绕路（detour）以修改其功能的应用程序提供支持。从CHPE模块导出的函数依然包含少量x86代码（通常有8字节），这些代码在语义方面不提供任何功能，但可供外部应用程序插入绕路。

x86-on-ARM模拟器会尽最大努力始终加载CHPE系统二进制文件，而非标准的x86二进制文件，但这种做法并非始终可行。如果CHPE二进制文件不存在，则模拟器将从SysWoW64文件夹加载标准x86二进制文件。此时操作系统模块需要进行完全实时编译。

实验：转储混合代码地址范围表

Windows SDK和WDK中提供的Microsoft Incremental linker（link.exe）工具可以显示CHPE映像的映像加载配置目录中所存储的混合元数据中包含的某些信息。有关该工具的更多信息以及安装方法请参阅第9章。

在这个实验中，我们将转储kernelbase.dll的混合元数据，这个系统库文件在编译时就添加了对CHPE的支持。读者也可以通过其他CHPE库文件执行该实验。在ARM64计算机上安装SDK或WDK后，请打开Visual Studio Developer Command Prompt（如果使用了EWDK的ISO镜像，则请打开LaunchBuildEnv.cmd脚本文件）。随后进入CHPE

文件夹，并通过下列命令转储 kernelbase.dll 文件的映像加载配置目录：

```
cd c:\Windows\SyChpe32
link /dump /loadconfig kernelbase.dll > kernelbase_loadconfig.txt
```

请注意，在本例中，命令的输出结果已被重定向至 kernelbase_load-config.txt 文本文件中，因为输出内容太多，所以无法在控制台窗口中直观显示出来。随后请用记事本打开该文本文件，并向下拖动，直到看到类似下面的内容：

```
Section contains the following hybrid metadata:

              4 Version
       102D900C Address of WowA64 exception handler function pointer
       102D9000 Address of WowA64 dispatch call function pointer
       102D9004 Address of WowA64 dispatch indirect call function pointer
       102D9008 Address of WowA64 dispatch indirect call function pointer (with CFG check)
       102D9010 Address of WowA64 dispatch return function pointer
       102D9014 Address of WowA64 dispatch leaf return function pointer
       102D9018 Address of WowA64 dispatch jump function pointer
       102DE000 Address of WowA64 auxiliary import address table pointer
       1011DAC8 Hybrid code address range table
              4 Hybrid code address range count

   Hybrid Code Address Range Table

              Address Range
         ----------------------
         x86   10001000 - 1000828F (00001000 - 0000828F)
         arm64 1011E2E0 - 1029E09E (0011E2E0 - 0029E09E)
         x86   102BA000 - 102BB865 (002BA000 - 002BB865)
         arm64 102BC000 - 102C0097 (002BC000 - 002C0097)
```

该工具确认了 kernelbase.dll 在混合代码地址范围表中有四个范围：其中两部分包含 x86 代码（实际上模拟器并未使用），另外两部分包含 CHPE 代码（该工具错误地将其显示为“arm64”）。

XTA 缓存

如上述几节所述，x86-on-ARM64 模拟器除了使用内部每个线程的缓存外，还使用一种名为 XTA 缓存的外部全局缓存，该缓存由负责实现延迟实时编译的受保护服务 XtaCache 所管理。这是一个自启动服务，在启动时会打开（或创建）C:\Windows\XtaCache 文件夹，并通过恰当的 ACL 保护该文件夹（仅 XtaCache 服务和 Administrators 组成员可以访问该文件夹）。该服务会通过{BEC19D6F-D7B2-41A8-860C-8787BB964F2D}连接端口启动自己的 ALPC 服务器，随后在退出前会分配 ALPC 以及延迟实时编译工作线程。

ALPC 工作线程负责将所有请求调度给 ALPC 服务器。尤其是，当模拟器（客户端）在 WoW64 进程的上下文中运行时，需要连接到 XtaCache 服务，创建一个跟踪 x86 进程的全新数据结构，并将其与 218 KB 的已映射内存节一起存储在内部列表中，这个内存节会在客户端与 XtaCache 之间共享（为该节提供支撑的内存在内部被称为跟踪缓冲区，即 Trace buffer）。模拟器会使用这个内存节来发送提示信息，借助这些提示信息可以了解哪些 x86 代码已通过实时编译而成为可执行应用程序，但目前并不包含在任何缓存中，以及了解这些代码所属的模块 ID。内存节中存储的信息会由 XTA 缓存每秒处理一次，或在缓冲区已满的情况下立即处理一次。这取决于列表中有效项的数量，XtaCache 可决定是否直接启动延迟实时编译。

当新映像被映射至 x86 进程后，WoW64 层会通知模拟器，并由模拟器向正在寻找已存在 XTA 缓存文件的 XtaCache 发送一条消息。为找到缓存文件，XtaCache 服务首先需要打开并映射可执行映像，然后计算其哈希值。根据可执行映像的路径及其内部二进制数据可生成两个哈希值。这些哈希值非常重要，可避免执行为可执行映像的老版本编译的实时编译代码块。随后会使用如下命名方案生成 XTA 缓存文件名称：<module name>.<module header hash>.<module path hash>.<multi/uniproc>.<cache file version>.jc。缓存文件包含所有预编译代码块，后者可直接被模拟器执行。因此，如果存在有效的缓存文件，XtaCache 会创建一个文件映射节，并将其注入客户端 WoW64 进程。

延迟实时编译器可看作 XtaCache 的驱动引擎。当该服务决定调用时，会创建并初始化一个代表实时编译 x86 模块的新版缓存文件。随后延迟实时编译器会调用 XTA 脱机编译器（xtac.exe），开始进行延迟编译。编译器会在受保护的低特权环境中启动（AppContainer 进程），并以低优先级模式运行。编译器唯一的作用是编译即将由模拟器执行的 x86 代码。新代码块会被添加到老版缓存文件（如果存在的话）所在位置，并存储于新版缓存文件中。

实验：查看 XTA 缓存

较新版本的 Process Monitor（进程监视器）可在 ARM64 环境中原生运行。我们可以使用 Process Monitor 来观察为 x86 进程生成并使用 XTA 缓存的过程。在本实验中，我们需要一个运行 Windows 10 的 2019 年 5 月更新（1903）或后续版本的 ARM64 系统。最开始，必须确保本实验即将使用的 x86 应用程序还未被系统执行过。在本例中，我们将安装一个旧版本的 x86 版 MPC-HC 媒体播放器，该播放器可从 https://sourceforge.net/projects/mpc-hc/files/lat-est/download 下载。其他任何 x86 应用程序同样可用在该实验中。

安装 MPC-HC（或其他 x86 应用程序），在运行该程序前，首先打开 Process Monitor 并为 XtaCache 服务的进程名称（XtaCache.exe，该服务通过自己的进程运行，并未使用共享进程）添加一个过滤器。该过滤器的配置情况可参阅下图。

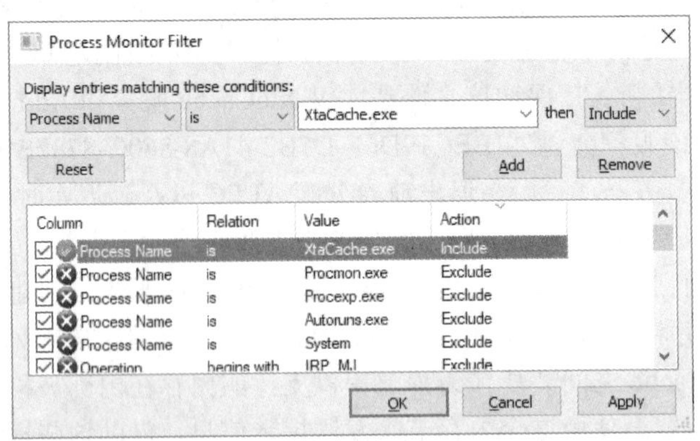

如果尚未执行该操作，请从 **File** 菜单选择 **Capture Events** 开始捕获事件。随后启动 MPC-HC 并尝试着播放一些视频。退出 MPC-HC 并在 Process Monitor 中停止事件捕获。此时 Process Monitor 已经显示了大量事件信息。我们可以点击工具栏上对应的图标来删除与注册表有关的活动（本实验无须关注注册表活动）以便过滤出需要的结果。

拖动事件列表会发现，XtaCache 服务首先会尝试打开 MPC-HC 缓存文件，但该文件并不存在，因此尝试失败了。这意味着模拟器将要开始自行编译 x86 映像并将信息定期发送给 XtaCache。随后，XtaCache 的工作线程会调用延迟实时编译器，进而创建一个新版的 Xta 缓存文件并调用 Xtac 编译器，将缓存文件节映射给其本身以及 Xtac。

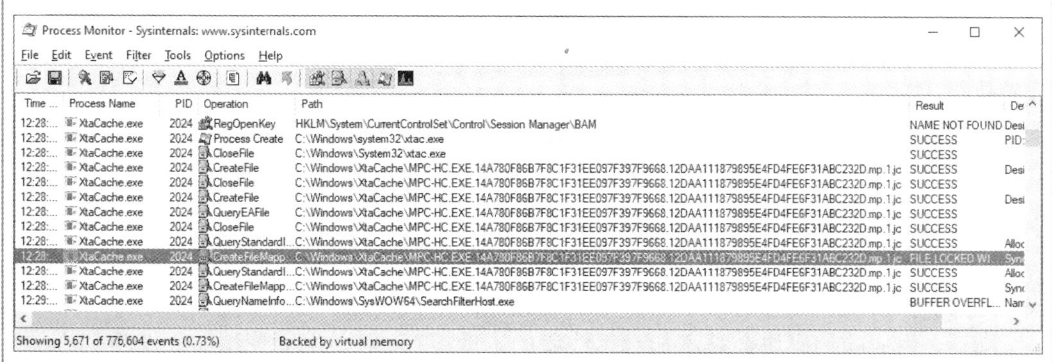

重新进行该实验就会发现，Process Monitor 中出现了不同的事件：缓存文件会被立即映射给 MPC-HC WoW64 进程。这样模拟器即可直接开始执行，因此执行速度应该会更快。我们也可以试着删除已生成的 XTA 缓存文件。随后，如果再次启动 MPC-HC x86 应用程序，XtaCache 服务会自动重建缓存文件。

然而要注意，%SystemRoot%\XtaCache 文件夹受到 XtaCache 服务所拥有的 ACL 的妥善保护。要访问该文件夹，需要首先以管理员身份打开命令提示符窗口，然后运行下列命令：

```
takeown /f c:\windows\XtaCache
icacls c:\Windows\XtaCache /grant Administrators:F
```

实时编译和执行

为了启动客户进程，x86-on-ARM64 CPU 模拟器必须解释或实时编译 x86 代码。解释客户代码意味着需要每次转换并执行一条机器指令，这是一个缓慢的过程，因此模拟器只支持实时编译策略：借此将 x86 代码动态地编译为 ARM64 代码，并将结果存储在客户“代码块”中，直到发生下列这些情况：

- 检测到非法的操作码、数据或指令断点。
- 遇到一条以已经访问过的代码块为目标的分支指令。
- 代码块大于预先确定的限制（512 字节）。

模拟引擎首先会在本地和 XTA 缓存中检测（由 RVA 进行索引的）代码块是否已经存在。如果缓存中存在这样的代码块，则模拟器将直接使用调度程序例程来执行，进而构建出 ARM64 上下文（其中包含主机寄存器值）并将其存储在 64 位栈中，随后切换至 32 位栈并为客户 x86 线程状态做好准备。此外，它还会准备用于运行实时编译后 x86 代码（其中也包括 x86 上下文）的 ARM64 寄存器。请注意，这方面存在一个明确定义的非标准调用约定：调度程序的作用，类似于负责将执行过程从 CHPE 转移到 x86 上下文的 Pop 形式转换的作用。

代码块执行完毕后，调度程序还会执行一系列相反的操作：将新的 x86 上下文保存在 32 位栈中，切换回 64 位栈，并还原老的 ARM64 上下文（包含模拟器状态信息）。当调度程序退出时，模拟器将能准确得知执行被打断时的确切 x86 虚拟地址，随后即可从这个新的内存地址重新开始进行模拟。与缓存的项类似，模拟器也会检查目标地址是否指向包含 CHPE 代码的内存页面（可通过全局 CHPE 位图得知该信息）。如果包含，那么模拟器将会解析目标函数的 pop 形式转换，将其地址添加到线程的本地缓存中，并直接开始执行。

如果上述两个条件之一得到验证，模拟器即可实现与执行原生映像类似的性能，否则将调用编译器来构建原生转换后的代码块。编译过程分为如下三个阶段：

1）**解析**阶段，为需要添加到代码块的每个操作码构建指令描述符。

2）**优化**阶段，优化指令流。

3）**代码生成**阶段，将最终的 ARM64 机器码写入新的代码块。

随后，生成的代码块会被添加到每线程的本地缓存。请注意，模拟器无法将其添加到 XTA 缓存，这主要是出于安全性和性能方面的考虑。否则攻击者将污染更高特权进程的缓存（进而导致恶意代码有可能在更高特权进程的上下文中执行）。此外，模拟器没有足够的 CPU 时间，以便在保证应用程序响应能力的前提下生成高度优化的代码（尽管有一个专门的代码优化阶段）。

不过，有关已编译 x86 代码块的信息，已经与承载该 x86 代码的二进制文件 ID 信息一起被插入共享的 Trace 缓冲区所映射的列表中。在 Trace 缓冲区的帮助下，XTA 缓存的延迟实时编译器知道自己需要对模拟器实时编译的 x86 代码进行编译。因此它可以生成优化的代码块，并将其加入模块的 XTA 缓存文件中，随后由模拟器直接执行。因此，x86 进程只有首次执行时的速度会略慢于其他时候。

系统调用和异常调度

在 x86-on-ARM64 CPU 模拟器中，当 x86 线程执行系统调用时，它会调用模拟器所分配的 Syscall 页面中的代码，从而引发 0x2E 异常。每个 x86 异常都会迫使代码块退出。当从代码块退出时，根据异常的矢量编号，调度程序会通过内部函数调度异常，进而调用标准的 WoW64 异常处理程序或系统调用调度程序。相关内容已在上文有关 AMD64 平台上进行 x86 模拟的章节中讨论过。

实验：在 ARM64 环境中调试 WoW64

较新版本的 WinDbg（Windows 调试器）可以调试任何模拟器中运行的机器代码。这意味着在 ARM64 系统中，我们可以调试原生 ARM64、ARM Thumb-2 以及 x86 应用程序；而在 AMD64 系统中，我们只能调试 32 位和 64 位的 x86 程序。调试器还能轻松地在原生 64 位和 32 位栈之间切换，借此我们可以同时调试原生（包括 WoW64 层和模拟器）以及客户端代码（此外，调试器还支持 CHPE）。

在这个实验中，我们将使用 ARM64 计算机启动 x86 应用程序，并在 ARM64、ARM Thumb-2 和 x86 这三个执行模式之间切换。对于该实验，我们需要安装最新版的调试工具，该工具已包含在 WDK 或 SDK 中。安装其中任何一个工具包后，请打开 ARM64 版本的 Windbg（位于开始菜单中）。

在启动调试会话前，我们应该禁用 XtaJit 模拟器生成的异常，例如数据未对齐（data misaligned）和页面内 I/O 错误（in-page I/O error）（这些异常已经被模拟器本身处理过了）。为此请在 **Debug** 菜单中点击 **Event Filters**，随后从列表中选择 **Data Misaligned** 事件并选中 **Execution** 组所对应的 **Ignore** 选项。请针对 **In-page I/O** 错误重复执行该操作。最后我们的配置应该类似下图所示。

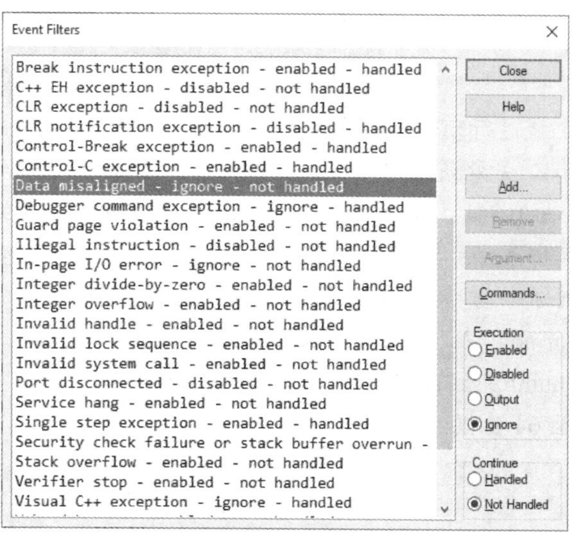

点击 **Close**，并在调试器主界面上选中 **File** 菜单下的 **Open Executable**。接着选择一个位于%SystemRoot%\SysWOW64 文件夹下的 32 位 x86 可执行文件（本例中我们将使用 notepad.exe，但其他任意 x86 应用程序都可以使用）。另外请通过 **View** 菜单打开 **Disassembly** 窗口。如果符号已经正确配置（有关配置符号的方法请参阅 https://docs.microsoft.com/windows-hardware/drivers/debugger/symbol-path），随后应该能看到第一个原生 Ntdll 断点，我们可以使用 **k** 命令显示栈信息加以确认：

```
0:000> k
# Child-SP          RetAddr           Call Site
00 00000000`001eec70 00007ffb`bd47de00 ntdll!LdrpDoDebuggerBreak+0x2c
01 00000000`001eec90 00007ffb`bd47133c ntdll!LdrpInitializeProcess+0x1da8
02 00000000`001ef580 00007ffb`bd428180 ntdll!_LdrpInitialize+0x491ac
03 00000000`001ef660 00007ffb`bd428134 ntdll!LdrpInitialize+0x38
04 00000000`001ef680 00000000`00000000 ntdll!LdrInitializeThunk+0x14
```

此时模拟器尚未加载：NT 内核已将原生和 CHPE 版 Ntdll 映射至目标二进制文件，而 WoW64 核心二进制文件已经在断点之前被原生 Ntdll 通过 LdrpLoadWow64 函数加载。我们可以（使用 **lm** 命令）枚举当前已加载的模块，并通过 **.f+** 命令移动到栈的下一个帧，借此确认这一点。在 **Disassembly** 窗口中，应当能看到 LdrpLoadWow64 例程的调用：

```
00007ffb`bd47dde4 97fed31b bl          ntdll!LdrpLoadWow64 (00007ffb`bd432a50)
```

随后使用 **g** 命令（或 **F5** 键）恢复执行。我们应该能看到有多个模块被载入进程地址空间，并且这一次会在 x86 上下文中引发另一个断点。如果使用 **k** 命令再次显示栈信息，应该可以注意到会显示一个新列。此外调试器还会在自己的提示符中添加“x86”的字样：

```
0:000:x86> k
 #   Arch ChildEBP RetAddr
00    x86 00acf7b8 77006fb8 ntdll_76ec0000!LdrpDoDebuggerBreak+0x2b
01   CHPE 00acf7c0 77006fb8 ntdll_76ec0000!#LdrpDoDebuggerBreak$push_thunk+0x48
02   CHPE 00acf820 76f44054 ntdll_76ec0000!#LdrpInitializeProcess+0x20ec
03   CHPE 00acfad0 76f43e9c ntdll_76ec0000!#_LdrpInitialize+0x1a4
04   CHPE 00acfb60 76f43e34 ntdll_76ec0000!#LdrpInitialize+0x3c
05   CHPE 00acfb80 76ffc3cc ntdll_76ec0000!LdrInitializeThunk+0x14
```

如果将新老两个栈进行比较就会发现，栈地址发生了巨大的变化（因为进程现在正在使用 32 位栈执行）。另外请注意，某些函数前面显示了#符号，WinDbg 使用该符号代表包含 CHPE 代码的函数。至此，我们可以像常规 x86 操作系统中那样以步进的方式执行 x86 代码。模拟器会负责模拟并隐藏所有细节。若要观察模拟器的运行方式，我们需要使用**.effmach** 命令转移至 64 位上下文。该命令可接收不同的参数，“x86”代表 32 位 x86 上下文，“arm64”或“amd64”（取决于目标平台）代表原生 64 位上下文，“arm”代表 32 位 ARM Thumb2 上下文，“CHPE”代表 32 位 CHPE 上下文。本例中可使用“arm64”参数切换至 64 位栈：

```
0:000:x86> .effmach arm64
Effective machine: ARM 64-bit (AArch64) (arm64)
0:000> k
 # Child-SP          RetAddr           Call Site
00 00000000`00a8df30 00007ffb`bd3572a8 wow64!Wow64pNotifyDebugger+0x18f54
01 00000000`00a8df60 00007ffb`bd3724a4 wow64!Wow64pDispatchException+0x108
02 00000000`00a8e2e0 00000000`76e1e9dc wow64!Wow64RaiseException+0x84
03 00000000`00a8e400 00000000`76e0ebd8 xtajit!BTCpuSuspendLocalThread+0x24c
04 00000000`00a8e4c0 00000000`76de04c8 xtajit!BTCpuResetFloatingPoint+0x4828
05 00000000`00a8e530 00000000`76dd4bf8 xtajit!BTCpuUseChpeFile+0x9088
06 00000000`00a8e640 00007ffb`bd3552c4 xtajit!BTCpuSimulate+0x98
07 00000000`00a8e6b0 00007ffb`bd353788 wow64!RunCpuSimulation+0x14
08 00000000`00a8e6c0 00007ffb`bd47de38 wow64!Wow64LdrpInitialize+0x138
09 00000000`00a8e980 00007ffb`bd47133c ntdll!LdrpInitializeProcess+0x1de0
0a 00000000`00a8f270 00007ffb`bd428180 ntdll!_LdrpInitialize+0x491ac
0b 00000000`00a8f350 00007ffb`bd428134 ntdll!LdrpInitialize+0x38
0c 00000000`00a8f370 00000000`00000000 ntdll!LdrInitializeThunk+0x14
```

通过这两个栈可以看到，模拟器原本在执行 CHPE 代码，随后调用了一个 push 形式转换借此重启动对 LdrpDoDebuggerBreak 这个 x86 函数的模拟，进而借助 Wow64pNotifyDebugger 例程向调试器告知一个异常（通过原生 Wow64RaiseException 管理）。通过使用 Windbg 的**.effmach** 命令，即可调试包括原生、CHPE 以及 x86 代码在内的不同上下文。借助 **g @$exentry** 命令，即可移动到 Notepad 的 x86 入口点并继续运行 x86 代码或模拟器本身的调试会话。大家也可以在其他环境中重复进行该实验，例如对 SysArm32 下的应用进行调试。

8.6 对象管理器

正如本书卷1第2章所述，为了向执行体实现的各种内部服务提供一致且安全的访问，Windows 实现了一种对象模型。本节要介绍的 Windows 对象管理器就是负责创建、删除、保护和跟踪对象的执行体组件。对象管理器与资源控制有关的操作集中到了一起，否则这些操作将只能分散在操作系统的各处。对象管理器在设计上满足了一系列目标的要求，这些内容将在实验之后详细介绍。

实验：浏览对象管理器

本节会通过一系列实验向大家展示如何查看对象管理器数据库。这些实验会用到下列工具，建议不熟悉这些工具的读者先掌握这些工具的用法：

- WinObj（可通过 Sysinternals 获得）可显示对象管理器的内部命名空间以及与对象有关的信息（例如引用计数、打开的句柄数量、安全描述符等）。GitHub 上提供的 WinObjEx64 是一个类似工具，提供了更多高级功能，它是开源的，但未经微软认可或签名。
- Sysinternals 提供的 Process Explorer、Handles 以及 Resource Monitor（详细介绍可参阅本书卷 1 第 1 章）可显示进程已打开的句柄。Process Hacker 也可以显示打开的句柄，并能显示某些对象类型的其他详细信息。
- 内核调试器!handle 扩展，可显示进程打开的句柄及进程内部的 Io.Handles 数据模型对象，例如@$curprocess。

WinObj 和 WinObjEx64 提供了一种对对象管理器所维护的命名空间进行遍历的方法（稍后将介绍，并非所有对象都有名称）。运行这两个工具中的任何一个即可查看布局，如下图所示。

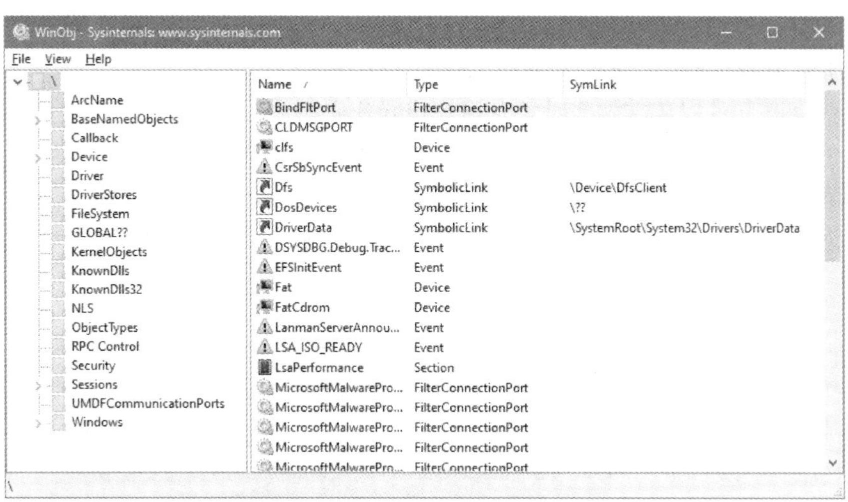

Windows 的 Openfiles/query 命令可列出当前在系统中打开的本地和远程文件，该命令需要启用一个名为 Maintain objects list 的 Windows 全局标记（有关全局标记的详情请

参阅第 10 章“全局标记”一节）。输入 **Openfiles/Local** 即可得知该标记是否已启用。可以用 **Openfiles/Local ON** 命令启用该标记，但为了让设置生效，需要重启动系统。Process Explorer、Handle 和 Resource Monitor 无须启用对象跟踪，因为它们可以查询所有系统句柄并创建每进程对象列表。Process Hacker 使用最新的 Windows API 查询每进程句柄，也无须该标记。

对象管理器在设计上可满足下列目标：

- 提供通用、统一的系统资源使用机制。
- 将对象保护隔离到操作系统的一个位置内，以保证统一且一致的对象访问策略。
- 提供一种对进程使用的对象进行“收费”的机制，从而限制对系统资源的使用。
- 建立一种能够很容易纳入现有对象（如设备、文件、文件系统目录或其他独立对象集合）的命名方案。
- 为各种操作系统的环境要求提供支持，如进程从父进程继承资源的能力（该能力是 Windows 和 UNIX 子系统应用程序所必需的），以及创建可区分大小写文件名的能力（这是 UNIX 子系统应用程序所必需的）。虽然 UNIX 子系统应用程序已被弃用，但这些机制对随后开发的 Windows Subsystem for Linux 提供了一定帮助。
- 建立统一的对象保留规则（即在所有进程全部使用完之前，确保对象始终可用）。
- 提供为特定会话隔离对象的能力，以便在命名空间中同时实现本地对象和全局对象。
- 允许通过符号链接重定向对象名称和路径，并允许对象所有者（如文件系统）实现自己类型的重定向机制（如 NTFS 交接点，即 junction point）。这些重定向机制结合在一起形成所谓的重分析（reparsing）。

在内部，Windows 有三种主要的对象类型：执行体对象、内核对象及 GDI/用户对象。执行体对象是由执行体的各个组件（例如进程管理器、内存管理器、I/O 子系统等）所实现的对象。内核对象是由 Windows 内核实现的一种类似基元的对象。这些对象对用户模式代码不可见，只能在执行体内部创建和使用。内核对象提供构建执行体对象所需的一些基本功能，例如同步。因此很多执行体对象会包含（封装）一个或多个内核对象，如图 8-30 所示。

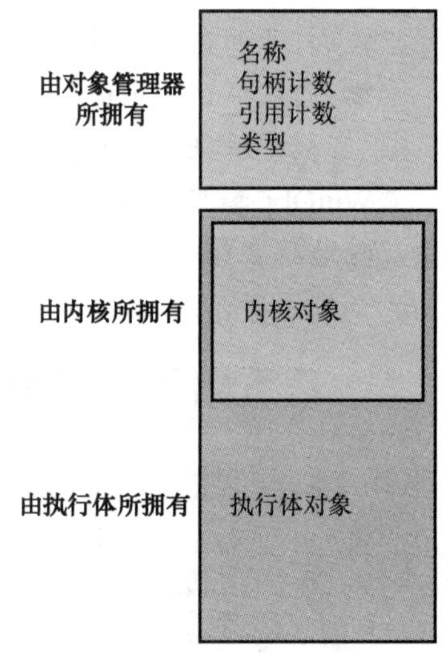

图 8-30 包含内核对象的执行体对象

> **注意** 从另一方面来看，大部分 GDI/用户对象都属于 Windows 子系统（Win32k.sys），并不与内核交互。因此这些内容已超出本书范围，读者可通过 Windows SDK 进一步了解有关此类对象的信息。但 Desktop 和 Windows Station User 对象是两个例外，它们被包装在执行体对象中，此外大部分 DirectX 对象（Shaders、Surfaces、Compositions）也会包装为执行体对象。

下文将进一步介绍内核对象的结构及用它们实现同步的方法。本节后续部分将专注于介绍对象管理器的工作方式，以及执行体对象、句柄和句柄表的结构。这里只简要介绍如何通过对象来实现 Windows 的安全访问检查，有关该话题的详细讨论请参阅本书卷 1 第 7 章。

8.6.1 执行体对象

每个 Windows 环境子系统都会向其应用程序投射不同的操作系统映像。执行体对象和对象服务是环境子系统用来构建自己版本的对象与其他资源的基元。

执行体对象通常由环境子系统代表用户应用程序创建，或由操作系统的各种组件在其正常操作的过程中创建。例如，若要创建一个文件，Windows 应用程序会调用 Windows 的 CreateFileW 函数，该函数是在 Windows 子系统 DLL Kernelbase.dll 中实现的。经过一些验证和初始化后，CreateFileW 函数将调用原生 Windows 服务 NtCreateFile 来创建一个执行体文件对象。

环境子系统为其应用程序提供的对象集可能大于或小于执行体提供的对象集。Windows 子系统会使用执行体对象导出自己的对象集，其中很多对象是与执行体对象直接对应的。例如，Windows 互斥体（mutex）和信号量（semaphores）就直接基于执行体对象（而执行体对象又基于对应的内核对象）。此外，Windows 子系统还提供命名管道和邮件槽（mailslot），这些资源基于执行体文件对象。当使用 Windows Subsystem for Linux（WSL）时，其子系统驱动程序（LxCore.sys）会使用执行体对象和服务作为向其应用程序呈现 Linux 风格进程、管道和其他资源的基础。

表 8-15 列出了执行体提供的主要对象，并简单介绍了它们所呈现的内容。本书在描述执行体组件的相关章节里进一步介绍了有关这些执行体对象的详细信息（对于直接导出到 Windows 的执行体对象，也可参阅 Windows API 参考文档）。要查看完整的对象类型列表，请在提升权限的命令提示符窗口中运行 Winobj 并打开 ObjectTypes 目录。

注意 执行体总共实现了约 69 个对象类型（取决于 Windows 版本）。其中一些对象仅限于定义了它们的执行体组件使用，并不能被 Windows API 直接访问，例如 Driver、Callback 以及 Adapter。

表 8-15 暴露给 Windows API 的执行体对象

对象类型	可呈现
Process	执行一组线程对象所需的虚拟地址空间和控制信息
Thread	进程中的可执行实体
Job	通过作业以单一实体形式管理的进程集合
Section	共享的内存区域（即 Windows 中的文件映射对象）
File	打开的文件或 I/O 设备实例，例如管道（pipe）或套接字（socket）
Token	进程或线程的安全配置文件（安全 ID、用户权利等）
Event KeyedEvent	具有可用于同步或通知的持久状态（有信号或无信号）的对象。后者则可使用全局键来引用底层同步基元，避免消耗内存，通过避免分配操作使其可用于低内存条件下
Semaphore	一种计数器，可允许最大数量的线程访问被信号量保护的资源，进而提供一种资源门（resource gate）
Mutex	一种用于对资源进行序列化访问的同步机制
Timer、IRTimer	一种在固定时间流逝后对线程发出通知的机制。后者这种对象也叫 Idle Resilient Timers，会被 UWP 应用程序和某些服务用于创建不受连接待机（connected standby）功能影响的计时器
IoCompletion IoCompletionReserve	一种适用于线程的方法，可对 I/O 操作的完成提供入列和出列通知（在 Windows API 中被称为 I/O 完成端口）。后者可用于预先分配端口，以应对内存不足的情况

续表

对象类型	可呈现
Key	一种注册表中数据的引用机制。尽管“键”出现在对象管理器命名空间中，但它们实际是由配置管理器管理的，类似于文件对象是由文件系统驱动程序管理的这种情况。一个键对象可关联零个或多个键值，键值中包含有关该键的数据
Directory	对象管理器命名空间中的一种虚拟目录，负责包含其他对象或对象目录
SymbolicLink	命名空间中对象和其他对象之间的一种虚拟名称重定向链接，例如 C:，实际上就是指向\Device\HarddiskVolumeN 的符号链接
TpWorkerFactory	分配用于执行一组特定任务的线程集合。内核可以管理要通过队列执行的工作项数量，有多少线程负责执行这些工作，并能动态地创建和终止工作线程，同时会遵循调用方设置的某些限制。Windows 会通过线程池暴露工作工厂（worker factory）对象
TmRm (Resource Manager) TmTx (Transaction) TmTm (Transaction Manager) TmEn (Enlistment)	在资源管理器或事务管理器运行过程中，被内核事务管理器（Kernel Transaction Manager，KTM）用于各种事务或登记的对象。对象可通过 CreateTransactionManager、CreateResourceManager、CreateTransaction 和 CreateEnlistment 这些 API 创建
RegistryTransaction	供低层轻量级注册表事务 API 使用的对象，它们不使用完整的 KTM 能力，但依然允许对注册表键进行简单的事务型访问
WindowStation	包含剪贴板、一系列全局原子和一组 Desktop 对象的对象
Desktop	包含在窗口站（window station）中的对象。Desktop 对象往往包含逻辑显示表面，并包含窗口、菜单和挂钩
PowerRequest	与线程相关联的对象，该线程将执行多种工作，并调用 SetThreadExecutionState 请求特定的电源变更，如阻止睡眠（例如用户可能正在播放电影）
EtwConsumer	代表已使用 StartTrace API 注册（进而可调用 ProcessTrace 来接收来自对象队列的事件）的已连接 ETW 实时消耗者
CoverageSampler	在特定 ETW 会话上启用代码覆盖跟踪时，由 ETW 创建
EtwRegistration	代表与已使用 EventRegister API 注册的用户模式（或内核模式）ETW 提供程序有关的注册对象
ActivationObject	一种对象，可用于跟踪由 Win32k.sys 中原始输入管理器（Raw Input Manager）所管理的窗口句柄的前台状态
ActivityReference	跟踪由进程生命周期管理器（PLM）管理的进程，并在连接待机期间保持唤醒状态
ALPC Port	主要被远程过程调用（Remote Procedure Call，RPC）库用于在使用 ncalrpc 传输时提供本地 RPC（LRPC）能力。也可被内部服务用作进程和内核间的常规 IPC 机制
Composition、DxgkCompositionObject DxgkCurrentDxgProcessObject DxgkDisplayManagerObject DxgkSharedBundleObject DxgkSharedKeyedMutexObject DxgkShartedProtectedSessionObject DgxkSharedResource DxgkSwapChainObject DxgkSharedSyncObject	用户空间中的 DirectX 12 API 将其用作高级着色器和 GPGPU 能力的一部分，这些执行体对象包装了底层的 DirectX 句柄
CoreMessaging	提供一个 CoreMessaging IPC 对象，进而使用自己的定制化命名空间和能力去包装 ALPC 端口，主要被现代的输入管理器（input manager）所使用，但亦可暴露给 WCOS 系统中的任何 MinUser 组件
EnergyTracker	可暴露给 UMPO（User Mode Power）服务，以便跨越不同硬件跟踪并汇总能源使用情况，并将能耗情况关联给每个应用程序
FilterCommunicationPort FilterConnectionPort	为过滤器管理器（Filter Manager）API 暴露出的基于 IRP 的接口提供支撑的底层对象，借此可在用户模式服务和应用程序之间实现通信，并实现由过滤器管理器管理的微型过滤器（Mini-filter），例如在使用 FilterSendMessage 时

续表

对象类型	可呈现
Partition	使内存管理器、缓存管理器和执行体能够从管理的角度，相较于系统内存的其他部分而言，将物理内存区域视作是唯一的，进而提供自己的管理线程、能力、分页、缓存等实例。主要被游戏模式（Game Mode）①和 Hyper-V 等功能使用，借此更好地将系统与底层工作负载区分开来
Profile	由性能分析（Profiling）API 使用，可用于捕获基于时间的执行桶，进而跟踪从指令指针（Instruction Pointer，IP）直到 PMU 计数器中所存储的底层处理器缓存信息等一切内容
RawInputManager	绑定到 HID 设备（如鼠标、键盘或平板电脑）的对象，可借此读取和管理 HID 设备正在接收的窗口管理器输入内容。主要由现代 UI 管理代码所使用（例如处理涉及 Core Messaging 的任务）
Session	这种对象代表了内存管理器对交互式用户会话的视图，并能跟踪 I/O 管理器有关第三方驱动程序连接/断开/注销/登录操作的通知
Terminal	仅在启用终端热管理器（terminal thermal manager）的情况下可以启用，代表设备上可由用户模式电源管理（UMPO）机制管理的用户终端
TerminalEventQueue	仅在 TTM 系统上启用，与上述对象类型类似，该类型对象代表了被传递给设备终端的事件，UMPO 会借此与内核的电源管理器进行通信
UserApcReserve	与 IoCompletionReserve 类似，可预先创建数据结构，以便在内存不足的时候重复使用，该对象可将 APC 内核对象（KAPC）封装为执行体对象
WaitCompletionPacket	可由用户模式线程池 API 中引入的全新异步等待功能所使用，该对象可将已完成的调度程序的等待包装为可传递到 I/O 完成端口的 I/O 数据包
WmiGuid	被 Windows Management Instrumentation（WMI）API 在用户模式或内核模式下，按照 GUID 在打开 WMI 数据块时使用（例如使用 IoWMIOpenBlock 打开时）

注意 因为 Windows NT 最初需要支持 OS/2 操作系统，因此其互斥（Mutex）必须与 S/2 的互斥对象（Mutual-exclusion object）设计保持兼容，这种设计要求线程能够放弃对象，并使其无法访问。由于在此类对象看来这种行为是不寻常的，因此又创建了另一种内核对象：Mutant（突变体）。最终，Windows NT 放弃了对 OS/2 的支持，Windows 32 子系统开始以 Mutex 的名称使用此类对象（但内部依然将其称为 Mutant）。

8.6.2 对象结构

如图 8-31 所示，每个对象都有一个对象头（object header）、一个对象主体（object body），并且可能还有一个对象尾（object footer）。对象管理器控制着对象头和对象尾，而拥有它们的执行体组件控制着自己所创建对象类型的对象主体。每个对象头还包含一个特殊对象的索引，该对象名为类型（Type）对象，其中包含与每个对象实例有关的共同信息。此外，最多还存在 8 个可选的子头（Subheader）：名称信息对象头、配额信息对象头、进程信息对象头、句柄信息对象头、审核信息对象头、填充信息对象头、扩展信息对象头，以及创建者信息对象头。如果存在扩展信息对象头，这意味着该对象也有对象尾，并且对象头会包含指向对象尾的指针。

① 游戏模式（Game Mode）是 Windows 10 中曾经提供过的一种功能，将系统置于该模式下可暂时禁用一些后台系统服务和任务，进而改善计算机游戏游玩体验。——译者注

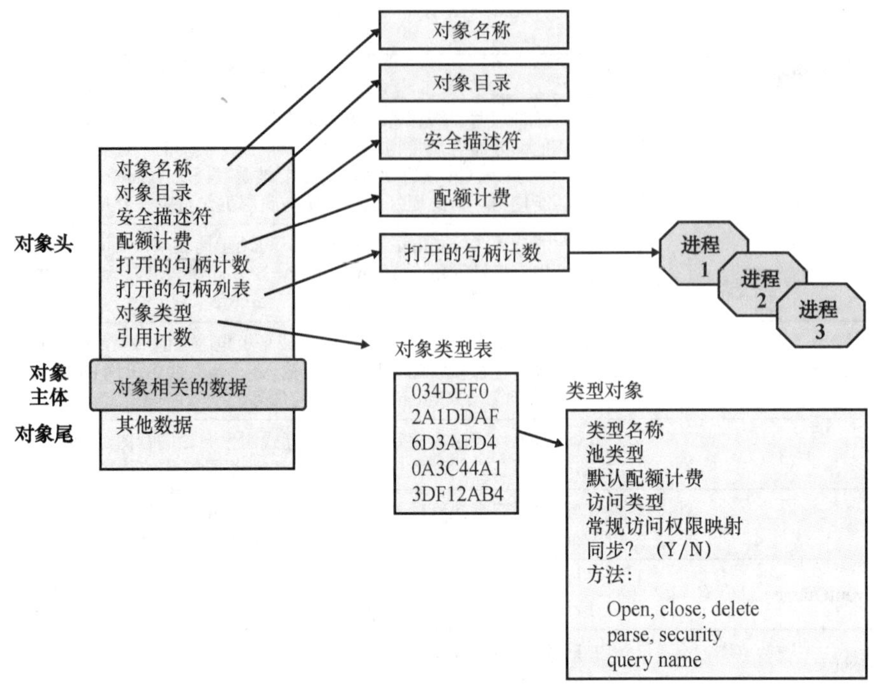

图 8-31　对象的结构

对象头和对象主体

对象管理器使用存储在对象头中的数据来管理对象，这一过程并不考虑对象本身的类型。表 8-16 简要介绍了对象头字段，而表 8-17 介绍了可选对象子头中包含的字段。

除了对象头中包含可适用于任何类型对象的信息外，子头中还包含与特定对象有关的可选信息。请注意，这些结构位于从对象头开始处不同的偏移位置上，具体的值则取决于主对象头所关联的子头数量（但上文提到的创建者信息除外）。对于所存在的每个子头，InfoMask 字段都会进行必要的更新以反映其存在。当对象管理器检查特定子头时，它会检查 InfoMask 字段是否设置了对应的位，随后会使用剩余的位在全局 ObpInfoMaskToOffset 表中选择正确的偏移量，进而找到从对象头开始处计算的子头偏移量。

表 8-16　对象头字段

字段	用途
Handle count	维护对象当前打开的句柄数量计数
Pointer count	维护对象的引用计数（包括每个句柄一个引用），以及每个句柄的使用引用计数（32 位系统最多 32 个，64 位系统最多 32768 个）。内核模式组件可通过指针引用对象，无须句柄
Security descriptor	决定谁可以使用对象以及可用来做什么。请注意，根据定义，未具名对象无法设置安全性
Object type index	包含了 Type 对象的索引，而 Type 对象包含了该类型对象共有的属性。所有类型的对象均存储在 ObTypeIndexTable 表中。为了提供一些安全缓解能力，该索引会使用一个动态生成并且存储在 ObHeaderCookie 中的 Sentinel 值，与对象头本身地址的最后 8 位一起进行异或运算（XOR）
Info mask	位掩码（Bitmask）描述了表 8-17 中列出的可选子头结构中哪些是实际存在的，但创建者信息子头除外，如果该子头存在，那么将始终位于对象前端。位掩码会使用 ObpInfoMaskToOffset 表转换为一个负的偏移量，使得每个子头都与一个相对于其他已存在子头相关的 1 字节索引相关联
Flags	对象的特征和对象属性。所有对象标记的完整列表请参阅表 8-20
Lock	在修改对象头或其任意子头所包含的字段时使用的锁，可应用于每个对象

续表

字段	用途
Trace Flags	与跟踪和调试工具有关的其他标记，详见表 8-20
Object Create Info	在对象被完全插入命名空间之前所存储的、有关对象创建过程的临时信息。创建完毕后，该字段会被转换为指向配额块（Quota Block）的指针

当子头以任何一种组合方式出现时都会存在这些偏移量，但由于只要存在子头，就会始终以固定且恒定的顺序进行分配，因此特定对象头仅具备与先于对象头的子头数量最大值相等的可能位置数。例如，由于名称信息子头始终是最先分配的，因此只有一个可能的偏移量，而句柄信息子头（第三个被分配）就会有三个可能的位置，因为它可能在配额子头之后分配了，也可能未分配，该子头也可能是在名称信息之后分配的。表 8-17 列出了所有的可选对象子头及其位。至于创建者信息子头，会通过对象头标记中的一个值来决定该子头是否存在（有关这些标记的详细信息请参阅表 8-20）。

表 8-17 可选对象子头及其位

名称	用途	位	偏移量
Creator information	将对象链接至同一类型所有对象的列表中，并以可回溯形式记录对象的创建过程	0 (0x1)	ObpInfoMaskToOffset[0])
Name information	包含对象名称，负责让对象能对其他进程可见以便进行共享，并提供指向对象目录的指针，该目录为存储的对象名称提供了层次结构	1 (0x2)	ObpInfoMaskToOffset[InfoMask & 0x3]
Handle information	通过项数据库（或单独的一个项）包含了针对该对象已打开句柄的所有进程信息（以及每进程句柄数）	2 (0x4)	ObpInfoMaskToOffset[InfoMask & 0x7]
Quota information	当进程打开对象的句柄时，列出对该进程征收的资源费用	3 (0x8)	ObpInfoMaskToOffset[InfoMask & 0xF]
Process information	对于独占对象，包含了指向所拥有进程的指针。下文将详细介绍独占对象	4 (0x10)	ObpInfoMaskToOffset[InfoMask & 0x1F]
Audit information	包含指向最初创建对象时使用的原始安全描述符的指针。在启用审核时，这会被 File 对象使用，以保证一致性	5 (0x20)	ObpInfoMaskToOffset[InfoMask & 0x3F]
Extended information	为需要对象尾的对象（例如 File 和 Silo Context 对象）存储了指向对象尾的指针	6 (0x40)	ObpInfoMaskToOffset[InfoMask & 0x7F]
Padding information	未存储任何内容（空的垃圾空间），如果有必要，可在缓存边界上实现对象主体的对齐	7 (0x80)	ObpInfoMaskToOffset[InfoMask & 0xFF]

上述每个子头都是可选的，并且只在系统引导或对象创建的特定条件下出现。表 8-18 列出了所有这些条件。

表 8-18 需要对象子头出现的不同条件

名称	条件
Creator information	对象类型必须启用 Maintain type list 标记。如果驱动程序验证程序已启用，那么驱动程序对象会设置该标记。启用 Maintain object type list 这个全局标记（详见上文讨论）会应用给所有对象。Type 对象会始终设置该标记
Name information	对象创建时必须已有名称
Handle information	对象类型必须启用 Maintain handle count 标记。File 对象、ALPC 对象、WindowStation 对象以及 Desktop 对象已经在各自的对象类型结构中设置了该标记

续表

名称	条件
Quota information	对象必须不是由初始（或闲置）系统进程创建的
Process information	对象创建时必须设置了 Exclusive object 标记（有关对象标记的详情请参阅表 8-20）
Audit Information	对象必须是 File 对象，并且必须为文件对象事件启用审核
Extended information	对象必须有对象尾，这可能是为了处理撤销信息（被 File 和 Key 对象使用），或者为了扩展用户上下文信息（被 Silo Context 对象使用）
Padding Information	对象类型必须启用 Cache aligned 标记。进程和线程对象已设置了该标记

如上文所述，如果存在扩展信息对象头，那么在对象主体的尾部还会分配对象尾。与对象子头不同，对象尾是一种静态大小的结构，会为所有可能的对象尾类型进行预分配。此类对象尾有两种，如表 8-19 所示。

表 8-19　对象尾的存在条件

名称	条件
Handle Revocation Information	必须使用 ObCreateObjectEx 创建对象，并在 OB_EXTENDED_CREATION_INFO 结构中传入 AllowHandleRevocation。File 和 Key 对象都是这样创建的
Extended User Information	必须使用 ObCreateObjectEx 创建对象，并在 OB_EXTENDED_CREATION_INFO 结构中传入 AllowExtendedUserInfo。Silo Context 对象是这样创建的

最后，一些属性和标记决定了对象在创建时或某些操作过程中所体现出的行为。每当创建任何新对象时，对象管理器就会以一种名为对象属性（object attribute）的结构收到这些标记。该结构定义了对象名称、对象应插入的根对象目录、对象的安全描述符，以及对象属性标记（object attribute flag）。表 8-20 列出了可关联到对象的不同标记。

注意　当通过 Windows 子系统中的 API（例如 CreateEvent 或 CreateFile）创建对象时，调用方无须指定任何对象属性，子系统 DLL 会在后台处理这些工作。因此，通过 Win32 创建的所有具名对象，无论是全局实例还是每个会话实例，都会进入 BaseNamedObjects 目录，因为这是 Kernelbase.dll 在对象属性结构中指定的根对象目录。有关 BaseNamedObjects 的详细信息以及它与每个会话命名空间之间的关系，请参阅下文的介绍。

表 8-20　对象标记

属性标记	对象头标记位	用途
OBJ_INHERIT	保存在句柄表项中	决定了该对象的句柄是否被子进程继承，以及进程是否可以使用 DuplicateHandle 来创建副本
OBJ_PERMANENT	PermanentObject	定义了与下文将介绍的引用计数有关的对象保留行为
OBJ_EXCLUSIVE	ExclusiveObject	指定了该对象只能被创建它的进程所使用
OBJ_CASE_INSENSITIVE	不存储，运行时使用	指定了在名称空间中查找该对象需要区分大小写。该设置可被对象类型的 Case insensitive 标记覆盖
OBJ_OPENIF	不存储，运行时使用	指定了如果对象已存在，针对该对象名称的创建操作应产生打开操作，而不应直接失败
OBJ_OPENLINK	不存储，运行时使用	指定了对象管理器应打开符号链接的句柄，而非目标的句柄
OBJ_KERNEL_HANDLE	KernelObject	指定了该对象的句柄应当是内核句柄（详见下文介绍）
OBJ_FORCE_ACCESS_CHECK	不存储，运行时使用	指定了即使从内核模式打开了该对象，也要执行完整的访问检查

续表

属性标记	对象头标记位	用途
OBJ_KERNEL_EXCLUSIVE	KernelOnlyAccess	禁止任何用户模式进程打开对象句柄，可用于保护\Device\PhysicalMemory 和\Win32kSessionGlobals 节对象
OBJ_IGNORE_IMPERSONATED_DEVICEMAP	不存储，运行时使用	代表在模拟令牌时不应使用源用户的 DOS 设备映射，而应维护当前模拟进程的 DOS 设备映射来进行对象查找。这是针对某些基于文件的重定向攻击所提供的安全缓解措施
OBJ_DONT_REPARSE	不存储，运行时使用	禁用任何类型的重分析操作（符号链接、NTFS 重分析点、注册表重定向），并在发生上述任何一种情况时返回 STATUS_REPARSE_POINT_ ENCOUNTERED。这是针对某些路径重定向攻击所提供的安全缓解措施
N/A	DefaultSecurityQuota	指定该对象的安全描述符使用了默认的 2 KB 配额
N/A	SingleHandleEntry	指定了句柄信息子头仅包含一个项，而非一个数据库
N/A	NewObject	指定了对象已创建但尚未插入对象命名空间
N/A	DeletedInline	指定了对象并未通过延迟删除工作线程删除，而是通过调用 ObDereferenceObject(Ex)以内联方式删除的

除了对象头，每个对象还包含一个对象主体，每一类对象主体的格式与内容均是唯一的，相同类型的所有对象共享相同的对象主体格式。通过创建对象类型并为其提供服务，执行体组件可以控制该类型所有对象主体中数据的相关操作。因为对象头的大小是静态且已知的，对象管理器可以轻松查找某个对象的对象头，为此只需要从对象指针的大小中减去对象头的大小即可。正如上文所述，为了访问子头，对象管理器还会从对象头指针中减去另一个已知的值。对于对象尾，可以使用扩展信息子头来查找指向对象尾的指针。

由于对象头、对象尾以及子头的结构均已实现了标准化，对象管理器可以提供一小部分通用服务，所以可对存储在任何对象头中的属性进行操作，并将其用于任何类型的对象（不过一些通用服务对某些对象来说是无意义的）。Windows 子系统会将某些此类通用服务提供给 Windows 应用程序使用，这些服务的相关信息请参阅表 8-21。

表 8-21 通用对象服务

服务	用途
Close	关闭对象句柄，如果允许的话（详见下文）
Duplicate	通过复制句柄并将其提供给另一个进程来共享对象，如果允许的话（详见下文）
Inheritance	如果句柄被标记为可继承，并且在启用句柄继承的情况下创建了子进程，则该行为类似于从这些句柄进行复制
Make permanent/temporary	更改对象的保留（详见下文）
Query object	获取与对象标准属性有关的信息，并在对象管理器层面上获得其他可管理的细节信息
Query security	获取对象的安全描述符
Set security	更改对象的保护措施
Wait for a single object	将等待块（wait block）与一个对象关联，随后该对象即可同步线程的执行，或者通过等待完成数据包与 I/O 完成端口建立关联
Signal an object and wait for another	向对象发出信号，在支撑对象的调度对象上执行唤醒语义，随后照此方法等待一个对象。从调度程序的角度来看，唤醒/等待操作是以原子性的方式实现的
Wait for multiple objects	将等待块与一个或多个（最多可达 64 个）对象关联，随后这些对象即可同步线程的执行，或通过等待完成数据包与 I/O 完成端口建立关联

虽然大部分对象类型并不会实现所有服务，但它们至少会提供创建、打开、基本管理等服务。例如，I/O 系统会为自己的文件对象提供“创建文件”服务，进程管理器会为自己的进程对象提供“创建进程”服务。

某些对象可能不会直接暴露此类服务，并且它们可能是由用户的某些操作而在内部创建的。例如，在用户模式下打开 WMI 数据块时会创建一个 WmiGuid 对象，但不会向应用程序暴露任何能用于关闭或查询服务的句柄。这里需要注意的重点是：并不存在某种单一的通用创建例程。

这样的例程可能会相当复杂。举例来说，初始化一个文件对象所需的一系列参数，肯定会不同于初始化一个进程对象所需的参数。此外，当线程调用一个对象服务来确定句柄所引用的对象类型并调用相应版本的服务时，对象管理器都会产生额外的处理开销。

类型对象

对象头包含所有对象的共有数据，但对于对象的每个实例可能会采用不同的值。例如，每个对象都有一个唯一的名称，并可能有唯一的安全描述符。然而，对象还可能包含一些对特定类型的所有对象都保持不变的数据。举例来说，在打开某类型对象的句柄后，即可针对该类型对象独有的一系列访问权限进行选择。执行体为线程对象提供了终止和挂起等访问权限，并为文件对象提供了读取、写入、追加和删除等访问权限。下文很快将要介绍的同步，也是一个与特定类型对象有关的属性范例。

为了节省内存，对象管理器只会在新建某个对象类型时，将这些静态的、与对象类型有关的属性存储一次。对象管理器会使用自己独有的一种类型对象来记录这些数据。如图 8-32 所示，如果已经设置了对象跟踪调试标记（详见下文“Windows 全局标记”一节），则类型对象会与相同类型的所有对象链接在一起（例如图中的进程类型），这样对象管理器就可以在需要时找到并枚举所有对象。该功能用到了上文介绍过的创建者信息子头。

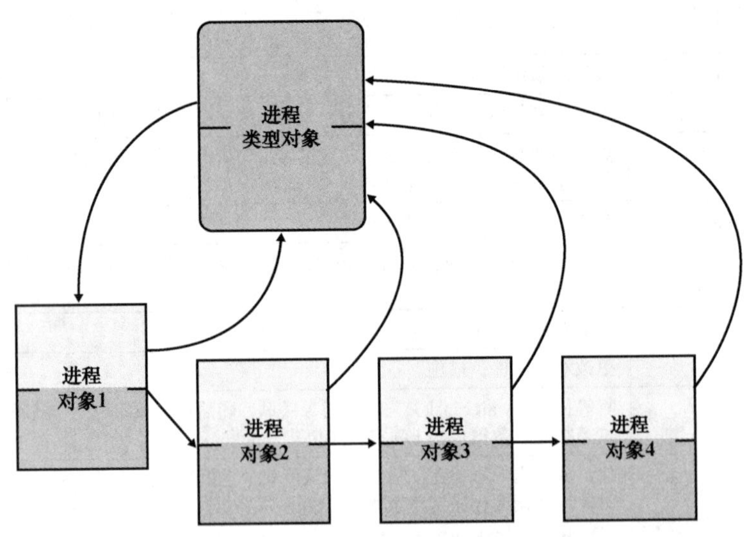

图 8-32　进程对象和进程类型对象

实验：查看对象头和类型对象

我们可以通过内核调试器查看进程对象类型的数据结构，为此，首先需要使用调试器数据模型命令 **dx @$cursession.Processes** 识别出进程对象：

```
lkd> dx -r0 &@$cursession.Processes[4].KernelObject
&@$cursession.Processes[4].KernelObject :          0xffff898f0327d300 [Type: _EPROCESS *]
```

随后使用进程对象的地址作为参数执行 **!object** 命令：

```
lkd> !object 0xffff898f0327d300
Object: ffff898f0327d300 Type: (ffff898f032954e0) Process
    ObjectHeader: ffff898f0327d2d0 (new version)
    HandleCount: 6 PointerCount: 215645
```

请注意，在 32 位 Windows 中，对象头始于对象主体开头位置之前的 0x18（十进制等于 24）字节处，而在 64 位 Windows 中，始于对象头本身大小之前的 0x30（十进制等于 48）字节处。我们可通过下列命令查看对象头：

```
lkd> dx (nt!_OBJECT_HEADER*)0xffff898f0327d2d0
(nt!_OBJECT_HEADER*)0xffff898f0327d2d0      : 0xffff898f0327d2d0 [Type: _OBJECT_HEADER *]
    [+0x000] PointerCount     : 214943 [Type: __int64]
    [+0x008] HandleCount      : 6 [Type: __int64]
    [+0x008] NextToFree       : 0x6 [Type: void *]
    [+0x010] Lock             [Type: _EX_PUSH_LOCK]
    [+0x018] TypeIndex        : 0x93 [Type: unsigned char]
    [+0x019] TraceFlags       : 0x0 [Type: unsigned char]
    [+0x019 ( 0: 0)] DbgRefTrace       : 0x0 [Type: unsigned char]
    [+0x019 ( 1: 1)] DbgTracePermanent : 0x0 [Type: unsigned char]
    [+0x01a] InfoMask         : 0x80 [Type: unsigned char]
    [+0x01b] Flags            : 0x2 [Type: unsigned char]
    [+0x01b ( 0: 0)] NewObject         : 0x0 [Type: unsigned char]
    [+0x01b ( 1: 1)] KernelObject      : 0x1 [Type: unsigned char]
    [+0x01b ( 2: 2)] KernelOnlyAccess : 0x0 [Type: unsigned char]
    [+0x01b ( 3: 3)] ExclusiveObject   : 0x0 [Type: unsigned char]
    [+0x01b ( 4: 4)] PermanentObject   : 0x0 [Type: unsigned char]
    [+0x01b ( 5: 5)] DefaultSecurityQuota : 0x0 [Type: unsigned char]
    [+0x01b ( 6: 6)] SingleHandleEntry : 0x0 [Type: unsigned char]
    [+0x01b ( 7: 7)] DeletedInline     : 0x0 [Type: unsigned char]
    [+0x01c] Reserved         : 0xffff898f [Type: unsigned long]
    [+0x020] ObjectCreateInfo : 0xfffff8047ee6d500 [Type: _OBJECT_CREATE_INFORMATION *]
    [+0x020] QuotaBlockCharged : 0xfffff8047ee6d500 [Type: void *]
    [+0x028] SecurityDescriptor : 0xffffc704ade03b6a [Type: void *]
    [+0x030] Body             [Type: _QUAD]
    ObjectType        : Process
    UnderlyingObject [Type: _EPROCESS]
```

随后可复制刚才用 **!object** 命令显示的指针来查看对象类型的数据结构：

```
lkd> dx (nt!_OBJECT_TYPE*)0xffff898f032954e0
(nt!_OBJECT_TYPE*)0xffff898f032954e0        : 0xffff898f032954e0 [Type: _OBJECT_TYPE *]
    [+0x000] TypeList         [Type: _LIST_ENTRY]
    [+0x010] Name             : "Process" [Type: _UNICODE_STRING]
```

```
  [+0x020] DefaultObject      : 0x0 [Type: void *]
  [+0x028] Index              : 0x7 [Type: unsigned char]
  [+0x02c] TotalNumberOfObjects : 0x2e9 [Type: unsigned long]
  [+0x030] TotalNumberOfHandles : 0x15a1 [Type: unsigned long]
  [+0x034] HighWaterNumberOfObjects : 0x2f9 [Type: unsigned long]
  [+0x038] HighWaterNumberOfHandles : 0x170d [Type: unsigned long]
  [+0x040] TypeInfo           [Type: _OBJECT_TYPE_INITIALIZER]
  [+0x0b8] TypeLock           [Type: _EX_PUSH_LOCK]
  [+0x0c0] Key                : 0x636f7250 [Type: unsigned long]
  [+0x0c8] CallbackList       [Type: _LIST_ENTRY]
```

输出结果显示的对象类型结构包含对象类型名称、跟踪到的此类型活跃对象的总数，以及跟踪到的此类型句柄和对象峰值数量。CallbackList 还会跟踪与此类型对象相关的对象管理器过滤回调。TypeInfo 字段则存储了为所有该类型对象保存通用属性、标记和设置的数据结构，以及指向对象类型的自定义方法的指针，下文很快将介绍这些内容：

```
lkd> dx ((nt!_OBJECT_TYPE*)0xffff898f032954e0)->TypeInfo
((nt!_OBJECT_TYPE*)0xffff898f032954e0)->TypeInfo         [Type: _OBJECT_TYPE_INITIALIZER]
    [+0x000] Length            : 0x78 [Type: unsigned short]
    [+0x002] ObjectTypeflags   : 0xca [Type: unsigned short]
    [+0x002 ( 0: 0)] CaseInsensitive   : 0x0 [Type: unsigned char]
    [+0x002 ( 1: 1)] UnnamedObjectsOnly : 0x1 [Type: unsigned char]
    [+0x002 ( 2: 2)] UseDefaultObject : 0x0 [Type: unsigned char]
    [+0x002 ( 3: 3)] SecurityRequired : 0x1 [Type: unsigned char]
    [+0x002 ( 4: 4)] MaintainHandleCount : 0x0 [Type: unsigned char]
    [+0x002 ( 5: 5)] MaintainTypeList : 0x0 [Type: unsigned char]
    [+0x002 ( 6: 6)] SupportsObjectCallbacks : 0x1 [Type: unsigned char]
    [+0x002 ( 7: 7)] CacheAligned     : 0x1 [Type: unsigned char]
    [+0x003 ( 0: 0)] UseExtendedParameters : 0x0 [Type: unsigned char]
    [+0x003 ( 7: 1)] Reserved         : 0x0 [Type: unsigned char]
    [+0x004] ObjectTypeCode    : 0x20 [Type: unsigned long]
    [+0x008] InvalidAttributes : 0xb0 [Type: unsigned long]
    [+0x00c] GenericMapping    [Type: _GENERIC_MAPPING]
    [+0x01c] ValidAccessMask   : 0x1fffff [Type: unsigned long]
    [+0x020] RetainAccess      : 0x101000 [Type: unsigned long]
    [+0x024] PoolType          : NonPagedPoolNx (512) [Type: _POOL_TYPE]
    [+0x028] DefaultPagedPoolCharge : 0x1000 [Type: unsigned long]
    [+0x02c] DefaultNonPagedPoolCharge : 0x8d8 [Type: unsigned long]
    [+0x030] DumpProcedure     : 0x0 [Type: void (__cdecl*)(void *,_OBJECT_DUMP_CONTROL *)]
    [+0x038] OpenProcedure     : 0xfffff8047f062f40 [Type: long (__cdecl*)
                (_OB_OPEN_REASON,char,_EPROCESS *,void *,unsigned long *,unsigned long)]
    [+0x040] CloseProcedure    : 0xfffff8047F087a90 [Type: void (__cdecl*)
                          (_EPROCESS *,void *,unsigned __int64,unsigned __int64)]
    [+0x048] DeleteProcedure   : 0xfffff8047f02f030 [Type: void (__cdecl*)(void *)]
    [+0x050] ParseProcedure    : 0x0 [Type: long (__cdecl*)(void *,void *,_ACCESS_STATE *,
                   char,unsigned long,_UNICODE_STRING *,_UNICODE_STRING *,void *,
                                        _SECURITY_QUALITY_OF_SERVICE *,void * *)]
    [+0x050] ParseProcedureEx : 0x0 [Type: long (__cdecl*)(void *,void *,_ACCESS_STATE *,
                   char,unsigned long,_UNICODE_STRING *,_UNICODE_STRING *,void *,
             _SECURITY_QUALITY_OF_SERVICE *,_OB_EXTENDED_PARSE_PARAMETERS *,void * *)]
    [+0x058] SecurityProcedure : 0xfffff8047eff57b0 [Type: long (__cdecl*)
             (void *,_SECURITY_OPERATION_CODE,unsigned long *,void *,unsigned long *,
                                  void * *,_POOL_TYPE,_GENERIC_MAPPING *,char)]
    [+0x060] QueryNameProcedure : 0x0 [Type: long (__cdecl*)(void *,unsigned char,_
                   OBJECT_NAME_INFORMATION *,unsigned long,unsigned long *,char)]
    [+0x068] OkayToCloseProcedure : 0x0 [Type: unsigned char (__cdecl*)(_EPROCESS *,
                                                         void *,void *,char)]
    [+0x070] WaitObjectflagMask : 0x0 [Type: unsigned long]
    [+0x074] WaitObjectflagOffset : 0x0 [Type: unsigned short]
    [+0x076] WaitObjectPointerOffset : 0x0 [Type: unsigned short]
```

类型对象无法从用户模式操作，因为对象管理器没有为它们提供服务。不过类型对象所定义的一些属性对某些原生服务以及 Windows API 例程是可见的。类型初始化程序中所存储的信息如表 8-22 所示。

表 8-22 类型初始化程序字段

属性	用途
Type name	此类型对象的名称（Process、Event、ALPC Port 等）
Pool type	表示此类型对象应该从已分页内存还是未分页内存中分配
Default quota charges	要向进程配额“计费”的默认分页和未分页池数值
Valid access mask	当打开到此类型对象句柄时，线程可请求的访问类型（读取、写入、终止、挂起等）
Generic access rights mapping	四个常规访问权限（读取、写入、执行、全部）与特定类型访问权限之间的映射
Retain access	永远无法被任何第三方对象管理器回调（详见上文提供的回调列表）移除的访问权限
Flags	代表对象是否永远不能拥有名称（例如进程对象），其名称是否应该区分大小写，是否需要安全描述符，是否需要与缓存对齐（需要填充的子头），是否支持对象过滤回调，以及是否应该维护句柄数据库（Handle information 子头）和类型列表链接（Creator information 子头）。Use default object 标记还定义了本表下文列出的 Default object 字段的行为。最后，Use extended parameters 标记可启用下文介绍的 Extended parse procedure（扩展解析过程）方法
Object type code	用于描述该对象的类型（需要与已知的名称值进行比较）。文件对象会将其设置为 1，同步对象会将其设置为 2，线程对象会将其设置为 4。ALPC 还可使用该字段存储与消息相关的句柄属性信息
Invalid attributes	指定了对此类型对象无效的对象属性标记（详见表 8-20）
Default object	指定了在等待该对象时，对象类型的创建者发出请求之后要使用的内部对象管理器事件。请注意，某些对象（例如文件对象和 ALPC 端口对象）已经包含了内嵌的调度程序对象，此时该字段会用作标记，代表应转为使用的等待对象掩码/偏移量/指针字段
Wait object flags, pointer, offset	如果针对该对象调用了上文介绍的任何一种常规等待服务（WaitForSingleObject 等），可供对象管理器大致定位要为同步使用的底层内核调度程序对象
Methods	在对象生命周期内的某一刻，或为了响应某些用户模式调用，对象管理器可自动调用的一个或多个例程

作为 Windows 应用程序可见的属性之一，同步（synchronization）是指线程通过等待对象改变自己的状态而对执行过程实现同步的能力。线程可以与执行体作业、进程、线程、文件、事件、信号量、互斥、计时器以及很多其他不同类型的对象保持同步。不过其他执行体对象并不支持同步。对象对同步的支持能力基于下列三种可能：

- 执行体对象是调度程序对象的封装，包含调度程序头，这种内核结构将在下文“低 IRQL 同步”中介绍。
- 对象类型的创建者请求了一个默认对象，随后对象管理器提供了这个对象。
- 执行体对象包含内嵌的调度程序对象，例如对象主体内部的某些事件，并且对象的所有者在注册该对象类型（详见表 8-14）时向对象管理器提供了自己的偏移量（或指针）。

对象方法

表 8-22 中的最后一个属性 Methods 由一系列内部例程组成，这些例程类似于 C++构造函数和解析函数，也就是说，在创建或销毁对象时会自动调用这些例程。对象管理器还会在其他情况下调用对象方法，进而对这种设计进行扩展，例如，当某人打开或关闭对象

句柄，或者某人试图更改对象的保护机制时。一些对象类型指定了这些方法，但其他一些对象类型并未指定，这主要取决于对象类型的使用方式。

当执行体组件新建对象类型时，可以向对象管理器注册一个或多个方法。随后，对象管理器即可在此类型的对象生命周期内某些明确的时间点上调用这些方法，这通常会发生在以某种方式创建、删除或修改对象时。对象管理器可支持的方法如表 8-23 所示。

表 8-23 对象方法

方法	方法调用时机
Open	创建、打开、复制或继承对象句柄时
Close	关闭对象句柄时
Delete	对象管理器删除对象之前
Query name	线程请求对象的名称时
Parse	对象管理器搜索对象名称时
Dump	未使用时
Okay to close	对象管理器接到指示要关闭句柄时
Security	进程读取或更改对象（例如位于辅助对象命名空间中的文件）的保护机制时

使用这些对象方法的原因之一是为了解决一些明显的问题：某些对象操作是通用的（关闭、复制、安全等）。完全概括这些通用例程要求对象管理器的设计者必须预测所有对象类型。这不仅会给内核带来极大的复杂性，而且必须由内核导出创建对象类型所需的这些例程。由于这会允许外部内核组件创建自己的对象类型，内核将无法预测潜在的自定义行为。不过这样的能力并未以文档的形式提供给驱动程序开发者，仅 Pcw.sys、Dxgkrnl.sys、Win32k.sys、FltMgr.sys 等内部驱动程序可以由此定义 WindowStation、Desktop、PcwObject、Dxgk*、FilterCommunication/ConnectionPort、NdisCmState 等对象。借助对象方法的可扩展性，这些驱动程序可以通过定义例程来处理诸如删除和查询等操作。

使用这些方法的另一个原因在于，可以在对象生命周期的管理过程中实现一种虚拟构造函数和解析函数机制。借此，底层组件即可在句柄的创建、关闭和对象销毁的过程中执行额外操作。在需要时，这些机制甚至可用于实现禁止句柄的关闭和创建操作，例如卷 1 第 3 章中介绍的受保护进程机制，就利用了自定义句柄创建方法来防止低保护级别的进程打开高保护级别进程的句柄。这些方法还针对对象管理器内部 API 提供了可见性，例如通过通用服务实现的复制和继承。

最后，由于这些方法还可覆盖名称解析和查询功能，因此可用于在对象管理器的范围之外实现一种辅助命名空间。实际上 File 和 Key 对象就是这样工作的：它们的命名空间由文件系统驱动程序和配置管理器负责内部管理，对象管理器仅能看到\REGISTRY 和\Device\HarddiskVolumeN 对象。稍后我们将详细介绍这些方法的细节和用例。

对象管理器只有在其类型初始化程序的指针未设置为 NULL 的情况下才会调用例程，但有一个例外：安全例程，该例程默认会设置为 SeDefaultObjectMethod。该例程不需要知道对象的内部结构，因为它只处理对象的安全描述符，并且之前已经提过，安全描述符的指针会存储在通用对象头中，而非对象主体中。然而，如果某个对象确实需要自行进行额外的安全检查，则会定义一种自定义安全例程，它会像 File 和 Key 对象一样工作，即使用一种能够由文件系统或配置管理器直接管理的方式存储安全信息。

在创建、打开、复制或继承对象时，对象管理器会在创建对象句柄时调用 Open 方法。例如，WindowStation 和 Desktop 对象就提供了 Open 方法。实际上，WindowStation 对象类型需要 Open 方法，以便让 Win32k.sys 能够将内存共享给充当桌面相关内存池的进程。

我们可以用 I/O 系统中使用的 Close 方法作为另一个例子。I/O 管理器会为文件对象类型注册一个 Close 方法，当对象管理器关闭一个文件对象句柄时，它会调用该 Close 方法。这个 Close 方法会检查正在关闭文件句柄的进程是否拥有文件上任何未完成的锁，如果有，则会删除这些锁。检查文件锁，这并非对象管理器本身能够或应该做的事情。

在从内存中删除临时对象之前，对象管理器会调用 Delete 方法（如果已注册这样的方法）。例如，内存管理器会为节对象类型注册一个 Delete 方法，用来释放被该节占用的物理页面，同时还可验证节对象被删除之前，内存管理器曾为该节分配的所有内部数据结构是否均已删除。需要再次提醒的是，对象管理器无法执行这项工作，因为它不了解内存管理器的内部工作。其他类型对象的 Delete 方法也是按照类似方式工作的。

当发现有对象存在于对象管理器的命名空间范围以外时，Parse 方法（以及类似的 Query name 方法）可以让对象管理器将查找对象的控制权转交给辅助（secondary）对象管理器。当对象管理器查找对象名称时，如果遇到关联了 Parse 方法的路径，此时查找工作将会暂停。随后对象管理器会调用 Parse 方法，并将自己正在查找的对象名称的剩余查找工作传递给该方法。除了对象管理器的命名空间外，Windows 中还有两个命名空间：包含了配置管理器实现的注册表命名空间，以及 I/O 管理器在文件系统驱动程序的帮助下所实现的文件系统命名空间（有关配置管理器的详情请参阅第 10 章，有关 I/O 管理器和文件系统驱动程序的详情请参阅卷 1 第 6 章）。

例如，当一个进程打开了名为\Device\HarddiskVolume1\docs\resume.doc 的对象句柄时，对象管理器会遍历其名称树，直到自己到达名为 HarddiskVolume1 的设备对象。在看到该对象关联了 Parse 方法后，对象管理器会调用该方法，并将自己正在搜索的对象名称的其余部分传递给该方法，本例中所传递的为字符串 docs\resume.doc。设备对象的 Parse 方法是一种 I/O 例程，因为 I/O 管理器定义了设备对象的类型并为其注册了 Parse 方法。I/O 管理器的 Parse 例程会接收该名称字符串，并将其传递给相应的文件系统，由文件系统找到并打开磁盘中的文件。

与 Parse 方法类似，I/O 系统还会使用 Security 方法。当有线程试图查询或更改用于保护文件的安全信息时，都会调用 Security 方法。文件对象与其他对象的安全信息有所差异，因为安全信息存储在文件本身而非内存中。因此，必须调用 I/O 系统来查找安全信息，随后才能读取或更改这些信息。

最后，Okay to close 方法可充当额外保护层，防止系统工作使用的句柄被恶意（或错误地）关闭。例如，每个进程都有一个指向 Desktop 对象或指向自己线程的可见窗口所在对象的句柄。在标准安全模型下，这些对象可以关闭自己的桌面句柄，因为进程可以完全控制自己的对象。但这种情况会导致线程最终没有与之关联的桌面，违背了窗口模型。为防止产生这种情况，Win32k.sys 会为 Desktop 和 WindowStation 对象注册一个 Okay to close 例程。

对象句柄和进程句柄表

当进程按照名称创建或打开对象时，它会收到一个句柄，该句柄代表了自己对该对象的访问。使用句柄引用对象，这种方式比使用名称引用速度更快，因为对象管理器可以跳过名称查找环节直接找到对象。正如上文所述，在创建进程的时候，进程还可以通过继承句柄的方式获得对象句柄（前提是创建者在 CreateProcess 调用中指定了继承句柄标记且句柄被标记为可继承，或者在创建时或创建后使用 Windows 的 SetHandleInformation 函数）。另外，进程还可以从其他进程复制句柄（详见 Windows 的 DuplicateHandle 函数）。

所有用户模式进程必须先拥有一个对象句柄，随后进程的线程才能使用该对象。使用句柄操作系统资源并不是一种新做法。例如，C 和 C++运行时库就可以返回指向已打开文件的句柄。句柄可以充当指向系统资源的间接指针，这种间接性使得应用程序无法直接操作系统数据结构。

对象句柄还提供了其他的优点。首先，除了所引用指代的目标外，文件句柄、事件句柄和进程句柄之间没有任何区别。这种相似性为引用的（无论任何类型的）对象提供了一种统一的接口。其次，对象管理器拥有创建句柄和定位句柄所引用对象的专有权利。这意味着对象管理器可以对对象产生影响的每一个用户模式操作进行仔细检查，并查看调用方的安全配置文件是否允许针对目标对象执行所请求的操作。

注意　执行体组件和设备驱动程序可以直接访问对象，这是因为它们运行在内核模式下，因此可以访问系统内存中的对象结构。然而，它们必须增加对象的引用计数，用来声明自己对这些对象的使用，这样对象才不会在依然使用的过程中被撤销分配（详情可参阅下文“对象保留”一节）。但是要成功使用对象，设备驱动程序需要知道对象的内部结构定义，可大部分对象并未提供这些信息。因此，我们需要尽量让设备驱动程序使用相应的内核 API 来修改或读取对象的此类信息。例如，设备驱动程序可以获得指向 Process 对象（EPROCESS）的指针，但其结构是不透明的，而必须使用 Ps* API 代替。对于其他对象，类型本身也是不透明的（例如大部分执行体对象会包装一个调度程序对象，如事件或互斥）。对于这些对象，驱动程序必须使用与用户模式应用程序最终调用相同的系统调用（如 ZwCreateEvent），并使用句柄而不是对象指针。

实验：查看打开的句柄

运行 Process Explorer 并确保底部窗格已启用，随后即可通过配置查看打开的句柄。（点击 **View→Lower Pane View**，然后点击 **Handles**。）随后打开命令提示符窗口即可查看新创建的 Cmd.exe 进程的句柄表。我们应当可以看到代表当前目录的打开文件句柄。例如，假设当前目录为 C:\Users\Public，Process Explorer 会显示如下内容。

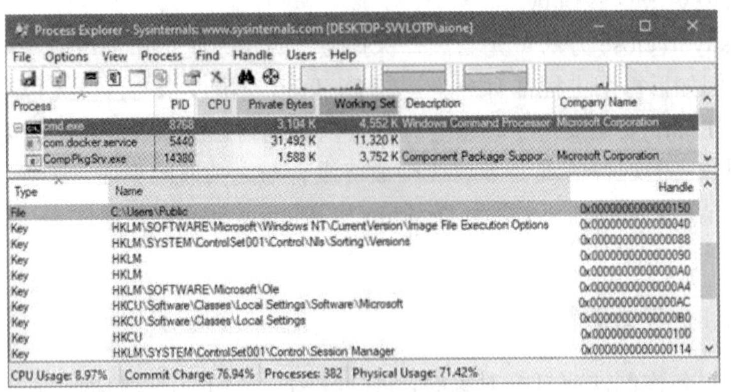

随后按下空格键，或选择 **View→Update Speed**，再选择 **Pause Now**，这样可以暂停 Process Explorer 的运行。接下来使用 **cd** 命令更改当前目录，并按下 **F5** 刷新显示结果。我们可以在 Process Explorer 中看到指向上一个当前目录的句柄已关闭，并且打开了一个指向新的当前目录的新句柄。之前的句柄会使用红色强调显示，新句柄则会用绿色突出显示。

Process Explorer 的将差异之处用不同颜色突出显示的功能，让我们可以轻松发现句柄表中的变化。举例来说，如果某个进程正在泄漏句柄，使用 Process Explorer 查看句柄表就可以快速发现已经打开但没有关闭的句柄（一般来说，我们会看到同一个对象包含很长的句柄列表）。这些信息可以帮助程序员发现句柄泄漏。

资源监视器也可以针对我们选择的进程显示所有打开的具名句柄，为此只需选择进程名称旁边的复选框。下图展示了命令提示符进程所打开的句柄。

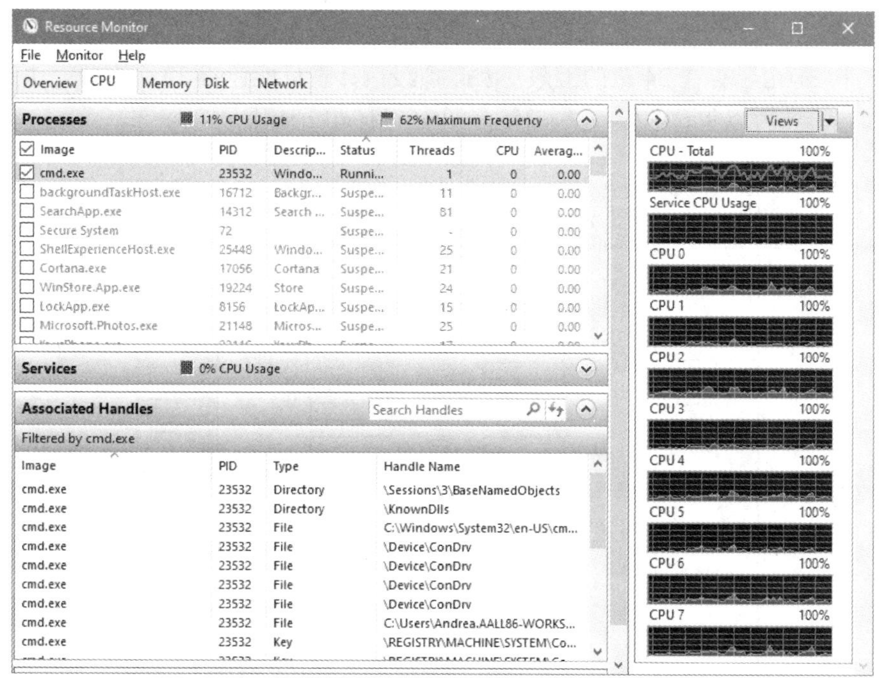

我们还可以使用 Sysinternals 的命令行工具 Handle 查看打开的句柄表。例如，下列精简后的 Handle 输出结果展示了在更改目录前后，Cmd.exe 进程的句柄表中所包含的文件对象句柄。默认情况下，Handle 会过滤掉所有非文件句柄，除非使用 **–a** 开关，使用后可以像 Process Explorer 那样显示进程中的所有句柄。

```
C:\Users\aione>\sysint\handle.exe -p 8768 -a users
Nthandle v4.22 - Handle viewer
Copyright (C) 1997-2019 Mark Russinovich
Sysinternals - www.sysinternals.com
cmd.exe            pid: 8768 type: File            150: C:\Users\Public
```

对象句柄可以看成该对象相关句柄表的索引，由执行体进程（EPROCESS）块（详见本书卷 1 第 3 章）进行指向。将该索引乘以 4（移动 2 位）即可为某些 API 行为所使用的每个句柄位腾出空间，例如禁止 I/O 完成端口的通知或更改进程调试的工作方式。因此第一个句柄索引为 4，第二个为 8，以此类推。使用句柄 5、6、7 将直接重定向至与句柄 4 相同的对象，而句柄 9、10、11 则引用了与句柄 8 相同的对象。

进程句柄表包含指向进程当前已打开句柄的所有对象的指针，并且句柄值会尽可能地重用，这样下一个新的句柄索引将会尽可能地利用现有的已关闭句柄索引。如图 8-33 所示，句柄表实现了一种三级结构，这种结构类似于传统 x86 内存管理单元所实现的虚拟到物理地址转换机制，但出于兼容性方面的原因，其上限为 24 位，这导致每个进程最多可以有 16777215（$2^{24}-1$）个句柄。图 8-34 展示了 Windows 的句柄表中每个条目的布局。为节约内核内存成本，创建进程时只分配最底层的句柄表，其他层级将按照需求创建。子句柄表（Subhandle table）包含一个内存页可装下尽可能多数量的条目，但需要减去一个用于审核的条目。例如，对于 64 位系统，一个内存页为 4096 字节，除以句柄表一个条目的大小（16 字节）得到 256，再减去 1 得到 255，也就是说，最底层的句柄表共可包含 255 个条目。中层句柄表可包含一整页指向子句柄表的指针，因为子句柄表的数量取决于内存页的大小以及平台指针的大小。同样以 64 位系统为例，只需计算 4096/8 即可得知共包含 512 个条目。但由于存在 24 位的上限，因此顶级指针表只能包含 32 个条目。由这些数量相乘可知，总共可以包含 32×512×255，即 16711680 个句柄。

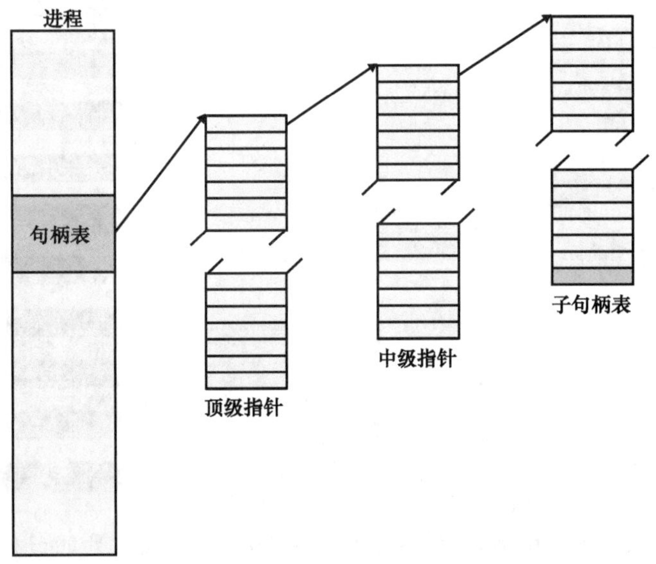

图 8-33　Windows 进程句柄表的架构

实验：创建最大数量的句柄

Sysinternals 提供的测试程序 Testlimit 包含了一个选项，可以打开尽可能多的对象句柄，直到无法继续打开。我们可以此查看自己系统中的一个进程最多可以创建多少个句柄。由于句柄表是从分页缓冲池中分配的，因此我们可能在实际达到一个进程可创建的句柄数量最大值之前，就遇到分页缓冲池耗尽的情况。要查看自己系统可以创建多少句柄，可执行如下步骤：

1）根据 32/64 位 Windows 版本下载对应的 Testlimit 可执行文件：https://docs.microsoft.com/sysinternals/downloads/testlimit。

2）运行 Process Explorer，点击 **View**，再点击 **System Information**。接下来点击 **Memory** 选项卡。请留意分页缓冲池的当前大小和最大大小（要显示缓冲池大小的最大值，需要将 Process Explorer 配置为能够正确访问内核映像，即 Ntoskrnl.exe 的符号）。为了在运行 Testlimit 程序时可以看到缓冲池的使用量，请不要关闭该系统信息界面。

3）打开一个命令提示符窗口。

4）使用-h 开关运行 Testlimit 程序（运行 **testlimit –h**）。当 Testlimit 无法继续打开新句柄时，会显示自己已经创建的句柄总数。如果该数值小于约 1600 万，那么可能意味着在达到每线程句柄数的理论最大值之前，分页缓冲池就已耗尽。

5）关闭命令提示符窗口，这样即可直接终止 Testlimit 进程，进而关闭所有打开的句柄。

如图 8-34 所示，在 32 位系统中，每个句柄表条目由一种具备两个 32 位成员的结构组成：一个指向对象的指针（该指针包含 3 个标记，因此消耗了最低的 3 位，又因为所有对象都是 8 字节对齐的，因此这些位可以假定为 0），以及所授予的访问掩码（访问掩码只需要 25 位，因为通用权限永远不会存储在句柄条目中）。此外，还有另外两个标记和引用使用量计数，下文将会介绍这些内容。

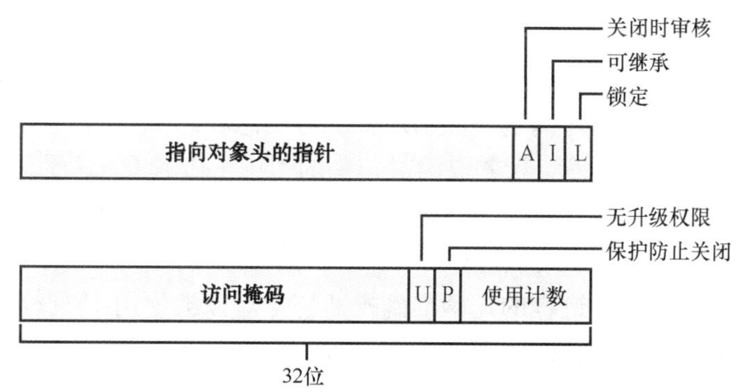

图 8-34 32 位句柄表条目的结构

64 位系统中存在相同的基本数据段，但编码方式有所差异。举例来说，64 位系统只需要 44 位即可对指针对象进行编码（假设处理器具备四级分页和 48 位虚拟内存），因为对象是 16 字节对齐的，因此现在可以假设最低的 4 位为 0。借此即可将 “Protect from close”（保护防止关闭）标记编码到上文提到的 32 位系统最初所使用的 3 个标记中，因此总共可以使用 4 个标记。另一个变化在于，引用使用量计数会被编码至指针旁边的剩余 16 位中，而不再编码到访问掩码旁。最后，“No rights upgrade”（无升级权限）标记依然保留在访问掩码旁，但剩余的 6 位是空闲的，并且依然有 32 位的对齐是空闲的，因此总共需要 16 字节。对于具有五级分页的 LA57 系统[①]，情况又产生了变化，此时指针必须为 53 位，而使用量计数位将仅剩 7 位。

既然已经提到了各种标记，那么接下来一起看看这些标记是做什么用的。首先，第一

① LA57 系统是指处理器的 Linear Address（线性地址）为 57 位的系统，这是通过 Intel EM64T 模式下的 x86_64 处理器新增的一种五级分页模式实现的。顾名思义，五级分页可通过一种包含五个层级的分页结构来转译处理器的线性地址，相比原本的四级分页，可将处理器线性地址由 48 位扩展至 57 位，进而让处理器和应用程序可以访问更大容量的内存。——译者注

个标记是一个锁定位，代表对应的条目当前是否正被使用。从技术上来看，这个位代表“解锁”，意味着我们通常期待这个最低位已被正常设置。第二个标记是继承标志，决定了该进程创建的其他进程能否在自己的句柄表中获得该句柄的一个副本。如上文所述，句柄能否继承，可在创建句柄时指定，或在句柄创建完毕后使用 SetHandleInformation 函数设置。第三个标记代表关闭该对象是否要生成审核消息（该标记并未暴露给 Windows，仅供对象管理器在内部使用）。随后的“Protect from close”位决定了是否允许调用方关闭该句柄（该标记也可使用 SetHandleInformation 函数设置）。最后的“No rights upgrade”位决定了如果句柄被复制给具备更高特权的进程，是否应该同步地升级访问权限。

后 4 个标记可通过传递给 ObReferenceObjectByHandle 等 API 的 OBJECT_HANDLE_INFORMATION 结构暴露给驱动程序，并能映射至 OBJ_INHERIT (0x2)、OBJ_AUDIT_OBJECT_CLOSE (0x4)、OBJ_PROTECT_CLOSE (0x1)和 OBJ_NO_RIGHTS_UPGRADE (0x8)，这也正好与上文提到的在创建对象时设置的 OBJ_attribute 定义中的“缺口”完全对应。因此，运行时的对象属性最终可对某对象的特定行为及特定对象的句柄所表现的特定行为进行编码。

最后，我们还曾提过，对象头的指针计数器字段的编码和句柄表条目中都存在引用使用量计数器。这个方便的功能可将预先存在的引用的缓存数量（基于可用位的数量）编码为每个句柄表条目的一部分，随后将具有相同对象句柄的所有进程的使用量计数相加后放入对象头的指针计数器中。因此指针计数器的数值是句柄数、通过 ObReferenceObject 产生的内核引用数，以及每个句柄缓存的引用数三者的总和。

每当进程用完一个对象时，只需取消对句柄的引用（基本上，这是通过调用任意可接受句柄作为输入，并最终将其转换为对象的 Windows API 实现的）即可减少缓存的引用数，也就是说，这会让计数器的数值减少 1，直到数值最终归零，随后将不再对其进行跟踪。由此我们可以通过特定进程的句柄准确推断特定对象被使用/访问/管理的次数。

将调试器命令**!trueref** 与**-v** 标记配合使用，即可显示引用对象的每个句柄，以及准确的使用次数（但需要同时统计已使用/已丢弃用量计数器的数值）。在下文的一个实验中，我们将使用该命令进一步了解对象的使用情况。

系统组件和设备驱动程序通常需要打开用户模式应用程序无法访问或从一开始就根本不应绑定到特定进程的对象句柄。为此可在与 System 进程关联的内核句柄表（内部以 ObpKernelHandleTable 名称引用）中创建句柄。该表中的句柄只能从内核模式以任意进程上下文访问，这意味着内核模式函数可在任意进程上下文中引用该句柄而不影响性能。

当句柄的高位被设置（即当内核句柄表中的句柄引用数量在 32 位系统中大于 0x80000000，或在 64 位系统中大于 0xFFFFFFFF80000000）时，对象管理器即可从内核句柄表中识别对句柄的引用（从数据类型的角度来看，因为句柄实际上被定义为指针，因此编译器会强制进行符号扩展）。

内核句柄表还充当了 System 进程和最小化进程的句柄表，因此 System 进程创建的所有句柄（例如 System 线程中运行的代码）都被隐式地作为内核句柄，因为这些进程 EPROCESS 结构的 ObjectTable 已设置了 ObpKernelHandleTable 符号。理论上，这意味着具备足够特权的用户模式进程可以使用 DuplicateHandle API 将内核句柄提取到用户模式中，但自 Windows Vista 引入了受保护进程的概念（详见本书卷 1）后，以这种方式发起的攻击已经得到了缓解。

此外，作为一种安全缓解措施，任何由内核驱动程序创建的句柄，只要将“原本的模式”设置为 KernelMode，就会在新版 Windows 中自动被转换为内核句柄，这样即可防止句柄被无意泄漏给用户模式下的应用程序。

实验：使用内核调试器查看句柄表

内核调试器中的**!handle** 命令可接收三个参数：

```
!handle <handle index> <flags> <processid>
```

“handle index”（句柄索引）代表句柄表中的句柄条目（“0”意味着“显示所有句柄”）。第一个句柄的索引为 4，第二个为 8，以此类推。例如，输入**!handle 4** 可显示当前进程的第一个句柄。

“flags”则是一种位掩码，其中“位 0”意味着“仅显示句柄条目中的信息”，“位 1”意味着“显示可用句柄（而非仅显示已使用句柄）”，“位 2”意味着“显示句柄所引用对象的相关信息”。下列命令可显示 ID 为 0x1540 的进程在句柄表中的完整信息：

```
lkd> !handle 0 7 1540

PROCESS ffff898f239ac440
    SessionId: 0 Cid: 1540    Peb: 1ae33d000 ParentCid: 03c0
    DirBase: 211e1d000 ObjectTable: ffffc704b46dbd40 HandleCount: 641.
    Image: com.docker.service

Handle table at ffffc704b46dbd40 with 641 entries in use

0004: Object: ffff898f239589e0 GrantedAccess: 001f0003 (Protected) (Inherit) Entry:
ffffc704b45ff010
Object: ffff898f239589e0 Type: (ffff898f032e2560) Event
    ObjectHeader: ffff898f239589b0 (new version)
        HandleCount: 1 PointerCount: 32766

0008: Object: ffff898f23869770 GrantedAccess: 00000804 (Audit) Entry: ffffc704b45ff020
Object: ffff898f23869770 Type: (ffff898f033f7220) EtwRegistration
    ObjectHeader: ffff898f23869740 (new version)
        HandleCount: 1 PointerCount: 32764
```

并不需要记住所有这些位的含义并将进程 ID 转换为十六进制，也可以借助调试器数据模型，使用进程的 Io.Handles 命名空间来访问句柄。例如，输入 **dx @$curprocess.Io.Handles[4]**即可显示当前进程的第一个句柄，包括访问权和名称。下列命令可以显示 PID 为 5440（即 0x1540）进程的所有句柄的详细信息：

```
lkd> dx -r2 @$cursession.Processes[5440].Io.Handles
@$cursession.Processes[5440].Io.Handles
    [0x4]
        Handle           : 0x4
        Type             : Event
        GrantedAccess    : Delete | ReadControl | WriteDac | WriteOwner | Synch |
QueryState | ModifyState
        Object           [Type: OBJECTHEADER]
    [0x8]
        Handle           : 0x8
```

```
        Type              : EtwRegistration
        GrantedAccess
        Object            [Type: _OBJECT_HEADER]
    [0xc]
        Handle            : 0xc
        Type              : Event
        GrantedAccess     : Delete | ReadControl | WriteDac | WriteOwner | Synch |
QueryState | ModifyState
        Object            [Type: _OBJECT_HEADER]
```

还可以使用支持 LINQ 谓词的调试器数据模型执行更有趣的搜索，例如查找可读取/写入的具名节对象映射:

```
lkd> dx @$cursession.Processes[5440].Io.Handles.Where(h => (h.Type == "Section") &&
(h.GrantedAccess.MapWrite) && (h.GrantedAccess.MapRead)).Select(h => h.ObjectName)
@$cursession.Processes[5440].Io.Handles.Where(h => (h.Type == "Section") &&
(h.GrantedAccess.MapWrite) && (h.GrantedAccess.MapRead)).Select(h => h.ObjectName)
    [0x16c]          : "Cor_Private_IPCBlock_v4_5440"
    [0x170]          : "Cor_SxSPublic_IPCBlock"
    [0x354]          : "windows_shell_global_counters"
    [0x3b8]          : "UrlZonesSM_DESKTOP-SVVLOTP$"
    [0x680]          : "NLS_CodePage_1252_3_2_0_0"
```

实验：使用内核调试器搜索打开的文件

虽然可以使用 Process Hacker、Process Explorer、Handle 以及 OpenFiles.exe 工具搜索打开的文件句柄，但在查看故障转储或进行远程分析时，这些工具可能并非总是可用。此时也可以使用**!devhandles** 命令搜索特定卷上打开的文件句柄（有关设备、文件和卷的详细信息请参阅第 11 章）。

1）选择感兴趣的盘符，并获得指向其 Device 对象的指针，为此可使用**!object** 命令，如下所示:

```
lkd> !object \Global??\C:
Object: ffffc704ae684970 Type: (ffff898f03295a60) SymbolicLink
    ObjectHeader: ffffc704ae684940 (new version)
    HandleCount: 0  PointerCount: 1
    Directory Object: ffffc704ade04ca0 Name: C:
    flags: 00000000 ( Local )
    Target String is '\Device\HarddiskVolume3'
    Drive Letter Index is 3 (C:)
```

2）使用**!object** 命令获得目标卷 Device 对象的名称:

```
1: kd> !object \Device\HarddiskVolume1
Object: FFFF898F0820D8F0 Type: (fffffa8000ca0750) Device
```

3）将 Device 对象的指针与**!devhandles** 命令配合使用，所显示的每个对象都会指向一个文件:

```
lkd> !devhandles 0xFFFF898F0820D8F0

Checking handle table for process 0xffff898f0327d300
Kernel handle table at ffffc704ade05580 with 7047 entries in use
```

```
PROCESS ffff898f0327d300
    SessionId: none Cid: 0004    Peb: 00000000 ParentCid: 0000
    DirBase: 001ad000 ObjectTable: ffffc704ade05580 HandleCount: 7023.
    Image: System

019c: Object: ffff898F080836a0 GrantedAccess: 0012019f (Protected) (Inherit)
(Audit) Entry: ffffc704ade28670
Object: ffff898F080836a0 Type: (ffff898f032f9820) File
    ObjectHeader: ffff898F08083670 (new version)
        HandleCount: 1 PointerCount: 32767
        Directory Object: 00000000 Name: \$Extend\$RmMetadata\$TxfLog\
                                         $TxfLog.blf {HarddiskVolume4}
```

尽管该扩展可以正常生效，但大家可能注意到需要等待30秒到1分钟才能开始看到前几个句柄。实际上，我们可以使用支持LINQ谓词的调试器数据模型实现相同的效果，这种方式可以立刻显示返回的结果：

```
lkd> dx -r2 @$cursession.Processes.Select(p => p.Io.Handles.Where(h =>
     h.Type == "File").Where(f => f.Object.UnderlyingObject.DeviceObject ==
     (nt!_DEVICE_OBJECT*)0xFFFF898F0820D8F0).Select(f =>
     f.Object.UnderlyingObject.FileName))
@$cursession.Processes.Select(p => p.Io.Handles.Where(h => h.Type == "File").
Where(f => f.Object.UnderlyingObject.DeviceObject == (nt!_DEVICE_OBJECT*)
0xFFFF898F0820D8F0).Select(f => f.Object.UnderlyingObject.FileName))
    [0x0]
    [0x19c]     : "\$Extend\$RmMetadata\$TxfLog\$TxfLog.blf" [Type: _UNICODE_STRING]
    [0x2dc]     : "\$Extend\$RmMetadata\$Txf:$I30:$INDEX_ALLOCATION" [Type: _UNICODE_STRING]
    [0x2e0]     : "\$Extend\$RmMetadata\$TxfLog\$TxfLogContainer00000000000000000002"
                 [Type: _UNICODE_STRING]
```

保留对象

对象可以代表从事件到文件再到进程间消息的一切东西，因此，应用程序和内核代码创建对象的能力，对任何一段 Windows 代码的正常运行及运行时需要表现的行为都至关重要。如果对象分配失败，通常会导致功能丢失（进程无法打开文件）甚至数据丢失或系统崩溃（进程无法分配同步对象）等各种问题。更糟糕的是，在某些情况下，对象创建失败所导致的错误报告行为本身也需要分配新的对象。为了处理这种情况，Windows 实现了两个特殊的保留对象：用户 APC 保留对象（user APC reserve object）和 I/O 完成数据包保留对象（I/O completion packet reserve object）。请注意，保留对象机制是完全可扩展的，未来版本的 Windows 可能增加其他保留对象类型，从广义上来看，保留对象机制可以将任何内核模式的数据结构包装为对象（具备关联的句柄、名称和安全性）以供后续使用。

正如上文所述，APC 可用于诸如挂起、终止和 I/O 完成等操作，并与希望提供异步回调的用户模式应用程序进行通信。当用户模式应用程序请求一个以其他线程为目标的用户 APC 时，需要用到 Kernelbase.dll 中的 QueueUserApc API，以此调用 NtQueueApcThread 这个系统调用。在内核中，该系统调用会尝试着分配一块分页缓冲池，并在其中存储与 APC 关联的 KAPC 控制对象结构。在内存不足的情况下，该操作会失败，从而阻止 APC 的交付，根据该 APC 的用途，这可能导致数据丢失或功能丢失。

为了防止这种情况，用户模式应用程序可以在启动时使用 NtAllocateReserveObject

这个系统调用请求内核预分配 KAPC 结构。随后应用程序可以使用另一个系统调用 NtQueueApcThreadEx，该系统调用包含一个额外的参数，可用于存储保留对象的句柄。这样，内核就不需要分配新的结构，而是可以尝试着获取保留对象（通过将其 InUse 位设置为 True）并一直使用该保留对象，直到不再需要 KAPC 对象，此时该保留对象会被释放回系统中。目前，为防止第三方开发者无法妥善管理系统资源，保留对象 API 仅在内部通过操作系统组件的系统调用使用。例如，RPC 库可使用保留的 APC 对象来保证当内存不足时，异步回调依然可以正常返回。

当应用程序需要以无故障方式交付 I/O 完成端口的消息或数据包时，也可能发生类似的情况。一般来说，可以使用 Kernelbase.dll 中的 PostQueuedCompletionStatus API（该 API 会调用 NtSetIoCompletion API）发送数据包。与用户 APC 类似，内核必须分配一个 I/O 管理器结构来包含完成数据包的相关信息，如果该分配失败，则将无法创建数据包。借助保留对象，应用程序可以在启动时使用 NtAllocateReserveObject API 让内核预分配 I/O 完成数据包，并使用系统调用 NtSetIoCompletionEx 为该保留对象提供句柄，以此保证提供成功操作的路径。与用户 APC 保留对象类似，该功能同样是为系统组件保留的，RPC 库和 Windows Peer-To-Peer BranchCache 服务可以使用该功能保证异步 I/O 操作能够成功完成。

对象安全性

当打开一个文件时，必须指定自己是要进行读取还是写入操作。如果试图针对一个以读取访问方式打开的文件执行写入操作，那么将会收到错误信息。同理，在执行体中，当进程创建对象或打开现有对象的句柄时，进程也必须指定一系列自己需要的访问权限，也就是说，需要指定自己希望对该对象执行怎样的操作。进程可以请求一组可适用于所有对象类型的标准访问权限（例如读取、写入、执行），或者指定对特定对象类型执行不同权限的访问。例如，进程可以对文件对象请求删除或附加访问，同样也可以针对线程对象请求挂起或终止的权限。

当进程打开对象句柄时，对象管理器会调用安全引用监视器（安全系统在内核模式中的一部分）并传递进程的一组所需访问权限。安全引用监视器会检查该对象的安全描述符是否允许执行进程所请求的访问类型。如果允许，则安全引用监视器会返回一组访问权限并将其授予该进程，随后对象管理器会将这些权限存储在自己创建的对象句柄中。本书卷 1 第 7 章曾介绍过安全系统是如何确定谁可以访问哪些对象的。

随后，每当进程的线程通过服务调用的方式使用该句柄时，对象管理器都可以快速检查句柄中所存储的已授予的访问权限是否与线程调用的对象服务所暗含的用法相匹配。举例来说，如果调用方请求对一个节对象进行读取访问，但随后调用了一个服务试图进行写入访问，那么该操作将会失败。

实验：查看对象的安全性

我们可以使用 Process Hacker、Process Explorer、WinObj、WinObjEx64 或 AccessChk（这些均为 Sysinternals 提供的工具，或发布到 GitHub 的开源工具）来查看对象的各种访问权限。下面一起查看对象访问控制列表（ACL）的不同方法：

- 我们可以使用 WinObj 或 WinObjEx64 查看系统中的任何对象（包括对象目录），

为此只需右键点击对象并选择 **Properties**。例如，选择 BaseNamedObjects 目录，选择 **Properties**，随后打开 **Security** 选项卡，就可以看到一个类似下图所示的对话框。由于 WinObjEx64 支持更广泛的对象类型，因此可以通过该对话框查看更多类型系统资源的相关信息。

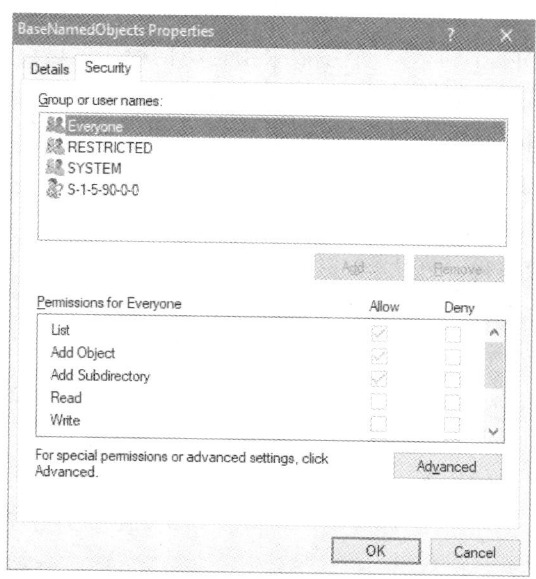

检查该对话框中的设置可以发现一些有趣的情况，例如 Everyone 组没有该目录的删除访问权限，但 SYSTEM 账户有该权限（因为具备 SYSTEM 特权的 Session 0 服务会将自己的对象存储在这里）。

- 除了使用 WinObj 或 WinObjEx64，我们也可以按照上文“查看打开的句柄”实验中介绍的方法，使用 Process Explorer 查看进程的句柄表，或者使用 Process Hacker 查看此类信息。在查看 Explorer.exe 进程的句柄表时会发现一个指向 \Sessions\n\BaseNamedObjectsdirectory 目录的 Directory 对象句柄（其中 n 是在引导时定义的任意数字的会话编号，下文很快将介绍会话命名空间）。双击该对象句柄后打开 **Security** 选项卡即可看到类似的对话框（不过显示了更多用户和授予的权限）。
- 还可以使用 AccessChk 配合 **-o** 开关查询任意对象的安全信息，输出结果如下文所示。请注意，使用 AccessChk 还可以查看对象的完整性级别（有关完整性级别和安全引用监视器的详细信息，请参阅本书卷 1 第 7 章）。

```
C:\sysint>accesschk -o \Sessions\1\BaseNamedObjects

Accesschk v6.13 - Reports effective permissions for securable objects
Copyright (C) 2006-2020 Mark Russinovich
Sysinternals - www.sysinternals.com

\Sessions\1\BaseNamedObjects
  Type: Directory
  RW Window Manager\DWM-1
  RW NT AUTHORITY\SYSTEM
  RW DESKTOP-SVVLOTP\aione
```

```
RW DESKTOP-SVVLOTP\aione-S-1-5-5-0-841005
RW BUILTIN\Administrators
R  Everyone
   NT AUTHORITY\RESTRICTED
```

Windows 还支持 Ex（扩展）版本的 API（例如 CreateEventEx、CreateMutexEx、CreateSemaphoreEx），并能添加另一个参数来指定访问掩码。这样，应用程序就可以使用随机访问控制列表（Discretionary Access Control List，DACL）正确地保护自己的对象，而不会破坏自己使用创建对象 API 打开对象句柄的能力。有人可能会纳闷客户端应用程序为何不直接使用 OpenEvent，毕竟它们也可以支持所需的访问参数。在处理失败的打开调用时，使用打开对象 API 会造成一种固有的竞争状况，即客户端应用程序会试图在事件创建出来之前打开该事件。在大部分这种类型的应用程序中，失败都是因为打开 API 后紧跟了创建 API。然而，我们无法保证这个创建操作符合原子性的要求，也就是说，无法保证创建操作只发生一次。

实际上，多个线程或进程可能同时执行创建 API，并且它们会试图同时创建事件。这种竞争状况及处理这种情况所额外需要的复杂性，使得打开对象 API 并不适合成为这种问题的解决方案，因此会使用 Ex API 代替。

对象的保留

对象可分为两种类型：临时对象和永久对象。大部分对象都是临时对象，也就是说，会在使用过程中保留临时对象，但会在用完后释放。永久对象则会在明确释放之前始终被保留。由于大部分对象是临时对象，因此后续内容将介绍对象管理器如何实现对象的保留，即只在需要的过程中保留临时对象，在不需要时将其删除。

由于所有需要访问对象的用户模式进程必须先打开对象句柄，因此对象管理器可以轻松地跟踪进程数量，以及有多少进程正在使用某一个对象。这些句柄的跟踪工作也是实现保留对象的工作之一。对象管理器会通过两个环节实现对象保留。第一个环节叫作名称保留，由已存在对象的打开句柄数控制。每次有进程打开一个对象句柄后，对象管理器会增大对象头中打开句柄计数器的数值。当进程用完该对象并关闭句柄后，对象管理器会减小打开句柄计数器的数值。当该计数器数值归零后，对象管理器就会将该对象的名称从自己的全局命名空间中删除。这种删除操作可防止进程继续打开该对象的句柄。

对象保留的第二个环节是当对象不再被使用时，停止维持对象本身（即彻底删除对象）。操作系统代码通常会使用指针而非句柄来访问对象，因此对象管理器还必须记录自己已经分配给操作系统进程的对象指针数量。每次发出一个对象指针时，对象管理器都会增大该对象引用计数器的数值，这个计数器也叫指针计数器。当内核模式组件用完指针后，会调用对象管理器减小该对象的引用计数器数值。系统也会在增大句柄计数器数值的同时增大引用计数器的数值，并在减小句柄计数器数值的同时减小引用计数器的数值，因为句柄也是对对象的引用，必须加以跟踪。

最后，我们还要介绍使用量引用计数器，该计数器可以缓存指针计数器的引用数量，数值会在每次进程使用句柄时减小。出于性能原因，Windows 8 开始增加了使用量引用计数器。当内核被要求从自己的句柄中获取对象指针时，内核能在无须获取全局句柄表锁的情况下进行解析。这意味着在较新版本的 Windows 中，上文“对象句柄和进程句柄表”一节介绍的句柄表条目将包含一个使用量引用计数器，该计数器会在应用程序或内核驱动程序首次“使用”对象句柄时进行初始化。请注意，在该语境中，“使用”这个词是指通过句柄解析对象指针的行为，该操作是由 ObReferenceObjectByHandle 等 API 在内核中执行的。

让我们通过图 8-35 这个例子来看看这三个计数器。该图中描绘了 64 位系统中使用的两个事件对象。进程 A 创建了第一个事件，并获得了该事件的句柄。该事件具备名称，这也意味着对象管理器会将其插入正确的目录对象（例如\BaseNamedObjects）中，并为其分配初始引用计数器“2”和句柄数“1”。初始化操作完成后，进程 A 等待第一个事件，该操作使得内核可以使用（或引用）事件句柄，并将句柄的使用量引用计数器分配为 32767（十六进制的 0x7FFF，将第 15 位设置为 1）。该数值会被添加到第一个事件对象的引用计数器中，使得该计数器的数值加一，因此最终值变为 32770（此时句柄计数器的值依然为 1）。

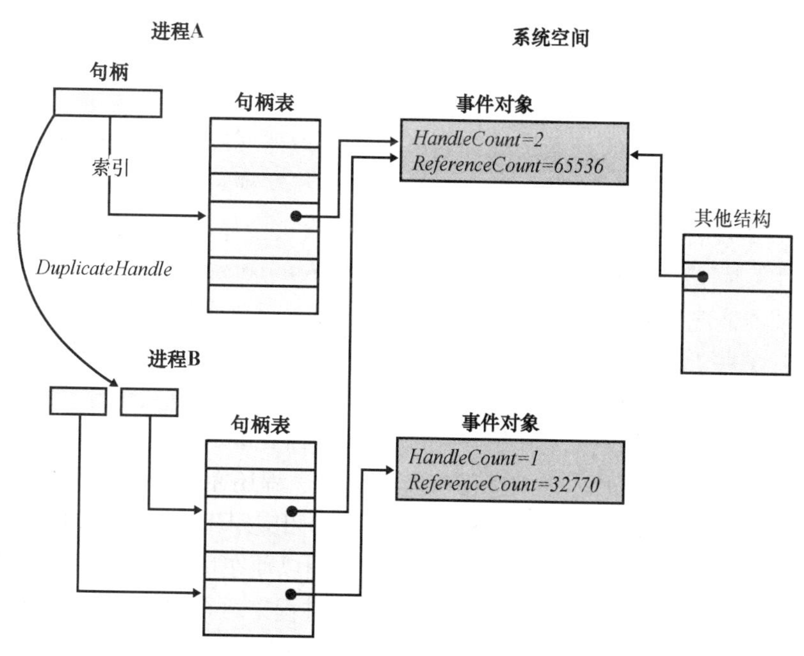

图 8-35 句柄和引用计数器

进程 B 初始化，创建第二个具名事件并发出信号。最后一个操作将使用（引用）第二个事件，使其引用计数器数值也达到 32770。随后，进程 B 打开第一个事件（由进程 A 分配）。该操作会让内核创建一个新句柄（仅在进程 B 的地址空间内有效），这会让第一个事件对象的句柄计数器和引用计数器的数值增加到 2 和 32771（注意，此时新句柄表条目的使用量引用计数器尚未初始化）。进程 B 在向第一个事件发送信号之前，会将自己的句柄使用三次：第一个操作会将句柄的使用量引用计数器初始化为 32767，并将该数值添加到对象引用计数器中，让该计数器进一步增加 1 个单位，并让总体值最终达到 65539。针对句柄的后续操作则会在不影响对象的引用计数器前提下减小使用量引用计数器的值。当内核用完该对象后，总是会取消对对象指针的引用，而该操作会释放内核对象的引用计数器。因此使用 4 次（包括信号发送操作）之后，第一个对象的句柄计数器变成了 2，引用计数器变成了 65535。此外，第一个事件还会被某些内核模式的结构所引用，因此其最终的引用计数器将变为 65536。

当进程关闭一个对象的句柄时（该操作会导致在内核中执行 NtClose 例程），对象管理器知道自己需要从对象的引用计数器中减去句柄使用量引用计数器的数值。这样即可正确地取消对句柄的引用。在上述例子中，即使进程 A 和进程 B 同时关闭了自己第一个对象的句柄，该对象也可以继续存在，因为其引用计数器会变为 1（但其句柄计数器会变为 0）。然而，当进程 B 关闭了第二个事件对象的句柄后，该对象将被撤销分配，因为其引用计数器归零了。

这种行为意味着即便对象的打开句柄计数器归零，对象的引用计数器可能依然保持为正数，操作系统依然在以某种方式使用着这个对象。最终，只有当引用计数器归零后，对象管理器才会从内存中删除该对象。该删除操作需要遵守某些规则，并且在某些情况下还需要调用方的配合。例如，因为对象可以存在于分页和非分页内存池中（取决于对象类型中的设置），如果在 DISPATCH_LEVEL 的 IRQL 或更高层面上发生了取消引用操作，并且该操作导致指针计数器归零，那么系统在试图立即释放分页池中对象占用的内存时将立即崩溃（回想一下可以知道，这种访问其实是非法的，因为永远不应该为页面错误提供服务）。这种情况下，对象管理器会执行延迟删除操作，将操作放入被动级别（IRQL 0）运行的工作线程队列中。下面将详细介绍系统工作线程。

另一个需要延迟删除的场景是处理内核事务管理器（Kernel Transaction Manager，KTM）对象。某些情况下，一些驱动程序可能持有与这种对象有关的锁，删除这种对象会导致系统试图获取锁。然而，驱动程序可能永远没机会释放自己的锁，从而导致死锁。处理 KTM 对象时，驱动程序开发者必须使用 ObDereferenceObjectDeferDelete，以便在忽略 IRQL 级别的情况下强制进行延迟删除。最后，I/O 管理器会将这种机制用作一种优化措施，以此让某些 I/O 操作可以更快速地完成，而无须等待对象管理器删除对象。

由于对象的保留会通过这种方式起效，应用程序只需要维持一个打开的对象句柄，即可保证对象及其名称始终保留在内存中。如果开发者需要编写包含两个或更多协作进程的应用程序，那么完全无须担心一个进程可能在其他进程还在使用的情况下删除了某个对象。此外，只要操作系统还在使用某个对象，那么关闭应用程序的对象句柄并不会导致该对象被删除。例如，一个进程可能会创建第二个进程以便在后台执行程序，随后该进程立即关闭了进程句柄。由于操作系统需要通过第二个进程来运行程序，因此会维持其进程对象的引用。只有当后台程序运行完毕，对象管理器减小了第二个进程的引用计数后，该进程对象才会被删除。

由于可能会泄漏内核池内存并最终导致整个系统范围的内存不足，甚至以某些微妙的方式破坏应用程序，对象泄漏会对系统造成极大的危险。Windows 包含了一系列调试机制，我们可以通过这些机制监视、分析、调试与句柄和对象有关的问题。此外，WinDbg 也提供了两个可以纳入这些机制的扩展，进而提供更简单的图形化分析能力。表 8-24 介绍了这些调试机制。

表 8-24　适用于对象句柄的调试机制

机制	启用方式	内核调试器扩展
句柄跟踪数据库	在 Gflags.exe 中选中 User Stack Trace（用户栈跟踪）选项以便对整个系统和每个进程进行内核栈跟踪	!htrace <handle value> <process ID>
对象引用跟踪	每进程名称或每对象类型池标记，通过 Gflags.exe 配置 Object Reference Tracing（对象引用跟踪）选项	!obtrace <object pointer>
对象引用标记	驱动程序必须调用相应的 API	不适用

当试图了解每个句柄在应用程序或系统上下文中的使用情况时，启用句柄跟踪数据库将能为我们提供巨大的帮助。调试器扩展!htrace 可以显示特定句柄被打开时所捕获的栈跟踪结果。在发现句柄泄漏后，可通过栈跟踪确定创建该句柄的代码，并可分析是否缺少对某些函数（如 CloseHandle）的调用。

对象引用跟踪!obtrace 扩展通过展示每个新建句柄的栈跟踪结果，以及内核每次引用（以及每次打开、复制或继承）并取消引用句柄时的栈跟踪结果进行更多的监视。通过分析这些模式，即可在系统层面上更轻松地对对象的滥用情况进行调试。此外，这些引用跟踪也为我们提供了一种方法，可用于理解在处理某些对象时的系统行为。例如，通过跟踪进程，可显示系统中所有已经注册回调通知的驱动程序（如 Process Monitor）的引用情况，并有助于检测可能在内核模式下引用句柄但从不取消引用的恶意或有 Bug 的第三方驱动程序。

注意 在为特定对象类型启用对象引用跟踪时，只需使用 **dx** 命令查看 OBJECT_TYPE 结构的关键成员即可了解池标记的名称。系统中的每个对象类型都有一个引用该结构的全局变量，例如 PsProcessType。此外，我们也可以使用 **!object** 命令查看指向该结构的指针。

与前两种机制不同，对象引用标记并非一种必须通过全局标记或调试器启用的调试功能，而是一系列 API，可以让设备驱动程序开发者使用这些 API（包括 ObReferenceObjectWithTag 和 ObDereferenceObjectWithTag）引用对象或取消引用。与池标记类似（有关池标记的详细信息请参阅本书卷 1 第 5 章），这些 API 可供开发者提供一个四字符的标记，以此区分每个引用/取消引用对。在使用上文提到的!obtrace 扩展时，也会显示出每个引用和取消引用操作的标记，这就避免了仅使用调用栈这种机制来找出可能存在的泄漏或引用不足等问题，尤其是当驱动程序将特定调用执行了数千次时。

资源记账

与对象保留类似，资源记账（resource accounting）也与对象句柄的使用密切相关。打开的句柄数为正数时意味着有进程正在使用该资源，同时也意味着一些进程正在为对象所占用的内存而“计费”。当对象的句柄数和引用计数归零后，曾经使用该对象的进程将不再为此“计费”。

很多操作系统会使用类似配额的系统限制进程对系统资源的访问。然而，强加给进程的配额有时候是多种多样并且复杂的，用于跟踪配额的代码会分散在操作系统各处。例如，在某些操作系统中，I/O 组件可能会记录并限制进程打开的文件数量，而内存组件可能限制进程的线程分配的内存数量，进程组件可能会限制用户创建的新进程的最大数量或限制一个进程中可以包含的线程最大数量。这些限制中的每一个都是在操作系统的不同部分跟踪执行的。

相比之下，Windows 对象管理器为资源的记账提供了一种中央设施。每个对象头都包含一个名为 Quota charges 的属性，以此记录当进程中的线程打开一个对象句柄时，对象管理器从该进程所分配的分页或非分页内存池配额中扣减的配额数量。

Windows 中的每个进程都会指向一种配额结构，其中记录了非分页池、分页池和分页文件使用量的限制和当前值。这些配额默认为 0（无限制），但可通过修改注册表值的方式修改（需要添加/编辑注册表 HKLM\SYSTEM\CurrentControlSet\Control\Session Manager\

Memory Management 下的 NonPagedPoolQuota、PagedPoolQuota 和 PagingFileQuota)。请注意，同一个交互式会话中的所有进程将共享同一个配额块（没有公开的方法可供我们用进程自己的配额块来创建进程）。

对象名称

当创建大量对象时，考虑的一个重要因素是需要设想一个成功的系统来跟踪所有对象。对象管理器需要通过以下信息来帮助我们做到这一点：

- 一种将对象相互区分的方式。
- 一种寻找和检索特定对象的方法。

第一个要求是通过为对象分配名称来实现的。这是一种大多数操作系统都会提供的扩展，例如为特定的资源、文件、管道或共享内存块命名的能力。相比之下，执行体也允许由对象代表的任何资源具备名称。第二个要求，即查找和获取对象的方法，也是通过对象名称满足的。只要对象管理器按照名称存储对象，即可按照名称来查找对象。

对象名称还可用于满足第三个要求：允许进程共享对象。执行体的对象命名空间是一种全局命名空间，对系统中的所有进程可见。进程可以创建对象并将其名称放入这个全局命名空间，随后另一个进程即可通过指定对象名称的方式打开该对象的句柄。如果对象不以这种方式共享，那么对象的创建者就不应该为对象分配名称。

为提高效率，对象管理器不会在每次有人使用对象时都查找对象的名称。相反，对象管理器只会在两种情况下查找名称。首先是当进程创建了具名对象时，此时对象管理器会查找名称以验证该名称尚未被使用，随后才会将这个新名称存储在全局命名空间中。其次是当进程打开具名对象的句柄时，对象管理器会查找该名称，找到对象，随后将对象句柄返回给调用方，进而调用方就可以使用句柄引用这个对象。在查找名称时，对象管理器可允许调用方选择进行区分大小写或不区分大小写的搜索功能，该功能为 Windows Subsystem for Linux（WSL）和其他需要区分大小写文件名的环境提供了必要的支持。

对象目录

对象管理器会使用对象目录（object directory）对象来为具备层次结构的命名机制提供支持。该对象类似于文件系统目录，可包含其他对象的名称，甚至可以包含其他对象目录。对象目录对象维持了足够的信息，借助这些信息可将对象名称转换为指向对象自身对象头的指针。对象管理器使用这些指针来构造返回给用户模式调用方的对象句柄。内核模式代码（包括执行体组件和设备驱动程序）和用户模式代码（例如子系统）都可以创建对象目录并在其中存储对象。

对象可以存储在命名空间中的任何位置，但某些对象类型始终会出现在特定目录中，因为它们是由专门的组件以特定的方式创建的。例如，I/O 管理器会创建名为\Driver 的对象目录，其中包含了代表已加载的非文件系统的内核模式驱动程序的对象名称。由于 I/O 管理器是唯一负责（使用 IoCreateDriver API）创建驱动程序对象的组件，因此这里只应该包含驱动程序对象。

表 8-25 列出了所有 Windows 系统中都具备的标准对象目录，以及这些目录中可以存储的对象类型。在下列所有目录中，仅\AppContainerNamedObjects、\BaseNamedObjects 和\Global??是可供符合公开 API 要求的标准 Win32 或 UWP 应用程序普遍使用的（详情请

参阅“会话命名空间”一节)。

表 8-25 标准对象目录

目录	存储的对象名称类型
\AppContainerNamedObjects	仅出现在非会话 0 的交互式会话的\Sessions 对象目录下，包含在应用容器（App Container）中运行的进程使用 Win32 或 UWP API 创建的具名内核对象
\ArcName	将 ARC 样式的路径映射为 NT 样式路径的符号链接
\BaseNamedObjects	全局互斥、事件、信号量、可等待计时器、作业、ALPC 端口、符号链接以及节对象
\Callback	回调对象（仅驱动程序可以创建）
\Device	大部分驱动程序（文件系统和过滤器管理器设备除外）所拥有的设备对象，外加 VolumesSafeForWriteAccess 事件和某些符号链接（如 SystemPartition 和 BootPartition）。此外还包含可供内核组件直接访问 RAM 的 PhysicalMemory 节对象。最后，还包含某些对象目录，例如 Http.sys 加速器驱动程序使用的 Http，以及每个物理硬盘驱动器的 HarddiskN 目录
\Driver	类型非“File System Driver”或“File System Recognizer”（SERVICE_FILE_SYSTEM_DRIVER 或 SERVICE_RECOGNIZER_DRIVER）的驱动程序对象
\DriverStore(s)	可安装和管理操作系统驱动程序的位置对应的符号链接。一般来说，至少会有 SYSTEM 指向\SystemRoot，但在 Windows 10X 设备上可包含更多条目
\FileSystem	文件系统驱动程序对象（SERVICE_FILE_SYSTEM_DRIVER）和文件系统识别程序（SERVICE_RECOGNIZER_DRIVER）驱动程序与设备对象。过滤器管理器也会在 Filters 对象目录下创建自己的设备对象
\GLOBAL??	代表 MS-DOS 设备名称的符号链接对象（\Sessions\0\DosDevices\<LUID>\Global 目录是到该目录的符号链接）
\KernelObjects	包含指示内核池资源状况、某些操作系统任务的完成，以及代表每个交互式会话的会话对象（至少会话 0）和每个内存分区的分区对象（至少 MemoryPartition0）。此外还包含用于对引导配置数据库（BC）进行同步访问所需的互斥。最后，还包含动态符号链接，这些符号链接可以使用自定义回调引用物理内存中正确的分区并提交资源状况，同时还可用于检测内存错误
\KnownDlls	SMSS 启动时映射的已知 DLL 的节对象，以及包含已知 DLL 路径的符号链接
\KnownDlls32	在 64 位 Windows 中，\KnownDlls 包含原生 64 位二进制文件，因此该目录可用于存储这些 DLL 的 WoW64 32 位版本
\NLS	已映射的国家语言支持（National Language Support，NLS）表的节对象
\ObjectTypes	ObCreateObjectTypeEx 所创建的每个对象类型的对象类型对象
\RPC Control	使用本地 RPC（ncalrpc）时，创建并用于代表远程过程调用（RPC）端点的 ALPC 端口。其中包括显式命名的端点以及自动生成的 COM（OLEXXXXX）端口名称和未命名端口（LRPC-XXXX，其中 XXXX 是随机生成的十六进制值）
\Security	特定安全子系统对象使用的 ALPC 端口和事件
\Sessions	每会话命名空间目录（参见下一节的介绍）
\Silo	如果已经创建了至少一个 Windows Server 容器，例如，使用 Docker for Windows 以及非虚拟机容器，那么此处可包含每个 Silo ID（容器的根作业的作业 ID）的对象目录，这样随后即可包含 Silo 本地的对象命名空间
\UMDFCommunicationPorts	用户模式驱动程序框架（User-Mode Driver Framework，UMDF）所使用的 ALPC 端口
\VmSharedMemory	在启动遗留 Win32 应用程序时，由 Win32k.sys 的虚拟化实例（VAIL）和 Windows 10X 中的其他窗口管理器组件使用的节对象。此外也包含代表连接对端的 Host 对象目录
\Windows	Windows 子系统 ALPC 端口、共享节以及 WindowStations 对象目录中的窗口站。对于会话 0 以外的会话，桌面窗口管理器（DWM）会将自己的 ALPC 端口、事件以及共享节存储在该目录中。最后，这里还存储了 Themes 服务节对象

对象名称对计算机（或对多处理器计算机中的所有处理器）来说是全局的，但跨越网

络时不可见。不过对象管理器的解析方法可以让我们访问另一台计算机中的具名对象。例如，提供文件对象服务的 I/O 管理器可将对象管理器的功能拓展给远程文件。当要求打开远程文件对象时，对象管理器会调用一种解析方法，进而让 I/O 管理器拦截请求并将其交付给网络重定向器（可跨越网络访问文件的驱动程序）。远程 Windows 系统中的服务器代码会调用自己所在系统中的对象管理器和 I/O 管理器找到文件对象，并跨越网络返回相关信息。

由于非应用容器进程通过 Win32 和 UWP API 创建的内核对象（例如互斥、事件、信号量、可等待计时器以及节）都将自己的名称存储在单个对象目录中，因此这些对象中的任意两个都不能使用相同名称，哪怕它们属于不同类型。这种限制使得我们必须更慎重地选择名称，以避免与其他名称的冲突。例如，我们可以为名称添加 GUID 作为前缀，以及/或者将名称与用户的安全标识符（SID）相结合，但即便如此也只能让每个用户的单一应用程序实例受益。

名称冲突问题看似无关紧要，但在处理具名对象时必须注意一个与安全性有关的问题：对象名称的恶意抢注。虽然不同会话中的对象名称相互间会受到保护，但当前会话命名空间内部并不具备可通过标准 Windows API 来设置的标准保护措施。这会使得与特权应用程序在同一个会话中运行的非特权应用程序有可能访问高特权应用程序的对象，导致上文对象安全性一节中提到的问题。不幸的是，即便对象创建者使用适当的 DACL 保护自己的对象，也无法防止恶意抢注攻击，在这种攻击中，非特权应用程序会先于特权应用程序创建对象，从而拒绝合法应用程序的访问。

为了缓解这种问题，Windows 提供了私有命名空间（private namespace）的概念。私有命名空间可以让用户模式应用程序通过 CreatePrivateNamespace API 创建对象目录，并将这些目录与使用 CreateBoundaryDescriptor API 创建的边界描述符（boundary descriptor，一种可保护目录的特殊数据结构）关联在一起。这些描述符中包含的 SID 指定了允许访问对象目录的安全主体。通过这种方式，特权应用程序就可以确信非特权应用程序将无法对自己的对象发起拒绝服务攻击（虽然这种方式无法阻止特权应用程序针对非特权应用程序发起这样的攻击，但这样的攻击毫无意义）。此外，边界描述符还可以包含完整性级别，借此根据进程的完整性级别，保护可能与应用程序属于相同用户账户的其他对象（有关完整性级别的详细信息请参阅卷 1 第 7 章）。

边界描述符可有效缓解恶意抢注攻击的原因之一在于，与对象不同，边界描述符的创建者（在 SID 和完整性级别两方面）必须具备边界描述符的访问权限。因此非特权应用程序只能创建非特权边界描述符。同理，当一个应用程序想要打开私有命名空间中的对象时，必须使用创建该命名空间的相同边界描述符来打开命名空间。因此，特权应用程序或服务提供的特权边界描述符将无法与非特权应用程序创建的相匹配。

实验：查看基础具名对象和私有对象

我们可以使用 Sysinternals 提供的 WinObj 工具或 WinObjEx64 来查看具名基础对象列表。不过在本实验中，我们会使用 WinObjEx64，因为它支持额外的对象类型，并且可以显示私有命名空间。运行 Winobjex64.exe，点击树状列表中的 BaseNamedObjects 节点，随后可以看到类似下图所示的内容。

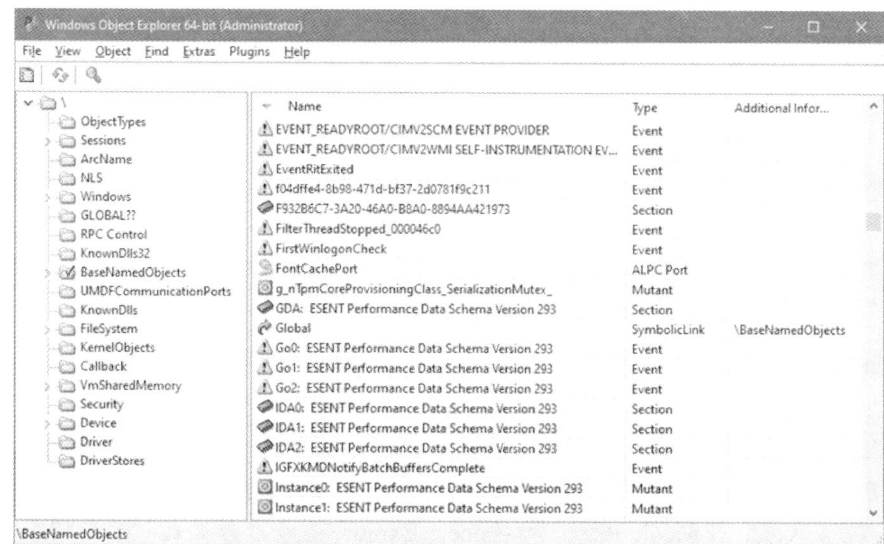

右侧列出了具名对象，图标代表了不同的对象类型。

- 互斥会显示为停止符号。
- 节（Windows 文件映射对象）会显示为内存芯片。
- 事件会显示为感叹号。
- 信号量会显示为类似交通信号灯的图标。
- 符号链接会显示弯曲的箭头图标。
- 文件夹代表对象目录。
- 电源/网络插头代表 ALPC 端口。
- 计时器会显示为钟表。
- 各种类型的齿轮、锁、芯片等图标代表其他类型的对象。

随后在 **Extras** 菜单下选择 **Private Namespaces**，将能看到类似下图所示的列表。

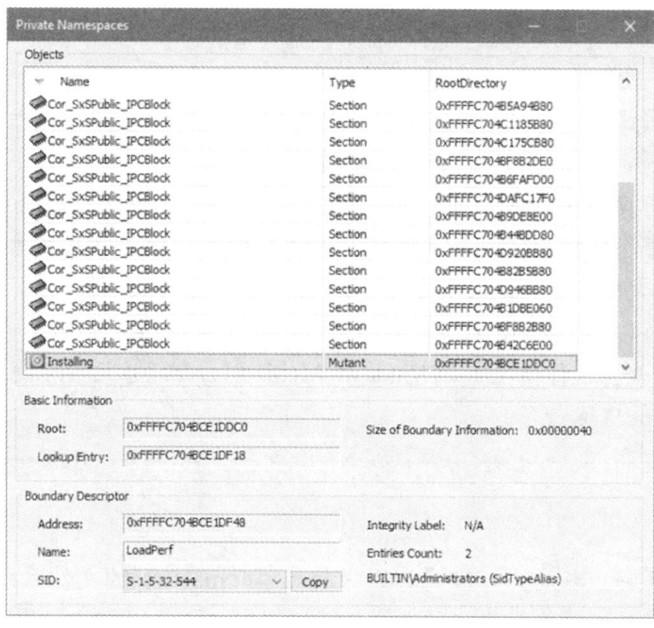

对于每个对象，我们可以看到边界描述符的名称（例如 Installing 这个互斥就是 LoadPerf 边界的一部分）以及相关的一个或多个 SID 与完整性级别（本例中未明确设置完整性，并且 SID 包含在 Administrators 组中）。请注意，为了正常使用该功能，我们必须在运行该工具的计算机上启用（本地或远程）内核调试，因为 WinObjEx64 需要使用 WinDbg 的本地内核调试驱动程序读取内核内存。

实验：篡改单实例应用程序的“单开”行为

Windows Media Player 以及 Microsoft Office 等应用程序是通过具名对象实现单实例运行方式最常见的例子。我们发现，当启动 Wmplayer.exe 可执行文件时，Windows Media Player 只会出现一次，再次尝试启动只能让已经启动的窗口切换至最前端。我们可以使用 Process Explorer 篡改句柄列表，将计算机变成混音器！方法如下。

1）启动 Windows Media Player 和 Process Explorer，查看句柄表（点击 **View-Lower Pane View** 和 **Handles**）。随后应该能看到一个名称中包含 Microsoft_WMP_70_CheckForOtherInstanceMutex 的句柄，如下图所示。

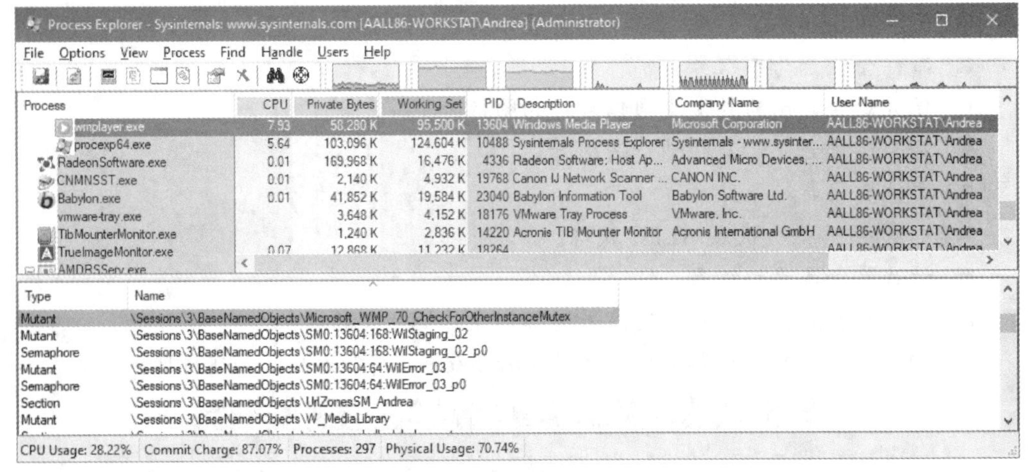

2）右键点击该句柄并选择 **Close Handle**，询问时确认该操作。注意，需要以管理员身份启动 Process Explorer 才能关闭其他进程的句柄。

3）再次运行 Windows Media Player，这次会创建第二个进程。

4）分别在每个实例中播放不同的歌曲。我们也可以使用系统托盘中的混音器（点击音量图标）增大任意一个进程的音量，进而产生混音的效果。

应用程序可以先于 Windows Media Player 运行并创建具备相同名称的对象，而非关闭具名对象的句柄。这种情况下，Windows Media Player 将永远无法运行，因为它会以为自己已经在系统中运行了。

符号链接

在某些文件系统（例如 NTFS，以及 Linux 和 macOS 的文件系统）中，符号链接（symbolic link）可以让用户创建一种文件名或目录名，在使用这些名称时，操作系统会将名称转换为不同的文件或目录名。符号链接是一种简单的方法，可以帮助用户以间接的方式共享文件或目录内容，在原本具备层级的目录结构的不同目录之间创建交叉链接。

对象管理器实现了一种名为符号链接的对象，这种对象可对自己对象命名空间中的名称产生类似的作用。符号链接可以出现在对象名称字符串中的任意位置。当调用方引用符号链接的对象名称时，对象管理器会遍历其对象命名空间，直到抵达符号链接对象。对象管理器会查看符号链接的内容，查找可替代该符号链接名称的字符串，然后重新开始查找名称。

执行体会在一个地方使用符号链接对象：将 MS-DOS 样式的设备名称转换为 Windows 内部设备名称。在 Windows 中，用户可以使用“C:”“D:”这样的名称代表硬盘驱动器，并使用“COM1”“COM2”这样的名称代表串口。Windows 子系统会创建这些符号链接对象，并将其放置在对象管理器命名空间的\Global??目录下，也可以通过 DefineDosDevice API 为其他驱动器盘符执行类似的操作。

某些情况下，符号链接的底层目标并非静态的，而是可能取决于调用方的上下文。例如，旧版本 Windows 在\KernelObjects 目录下有一个名为 LowMemoryCondition 的事件，但由于内存分区（详见卷 1 第 5 章）的引入，事件信号的条件现在取决于调用方具体是在哪个分区中运行（以及能看到哪些分区）的。因此，现在每个内存分区都有一个 LowMemoryCondition 事件，调用方必须重定向至自己所在分区对应的事件。这是通过对象上一个特殊的标记、缺乏目标字符串，以及对象管理器每次解析链接时执行的符号链接回调多方因素共同作用实现的。借助 WinObjEx64，我们可以看到已注册的回调，如图 8-36 所示（此外也可以在调试器中运行 **!object \KernelObjects\LowMemoryCondition** 命令并使用 **dx** 命令转储 _OBJECT_SYMBOLIC_LINK 结构）。

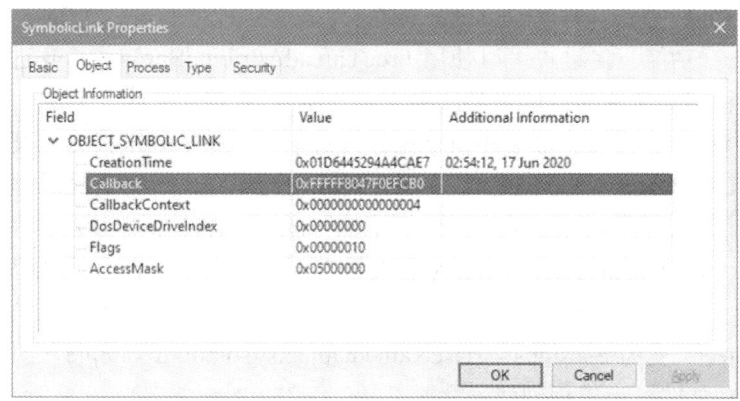

图 8-36 LowMemoryCondition 符号链接重定向回调

会话命名空间

服务可以完整访问全局（global）命名空间，该全局命名空间也是命名空间的第一个实例。随后，常规的用户应用程序即可对这个全局命名空间进行读/写（但无法删除）访问（但也有少量例外，下文将会介绍）。然而接下来，交互式用户会话会被分配一个该命名空间的“会话专用”视图，这也叫本地（local）命名空间。本地命名空间为会话中运行的所有应用程序提供了基础具名对象的读取/写入访问权限，并可用于隔离与某些 Windows 子系统有关的对象（特权对象）。每个会话的本地化命名空间包括\DosDevices、\Windows、\BaseNamedObjects 以及\AppContainerNamedObjects。

为命名空间中相同的部分创建单独副本，这个过程也叫命名空间的实例化（instancing）。对\DosDevices 进行实例化，即可让用户获得不同的网络驱动器盘符和Window 对象（例如串口）。在 Windows 中，全局\DosDevices 目录名为\Global??，\DosDevices 实际上就指向了这个目录，本地\DosDevices 目录则是由登录会话 ID 加以区分的。

Win32k.sys 会将 Winlogon 创建的交互式窗口站\WinSta0 插入\Windows 目录中。一个终端服务环境可以为多个交互式用户提供支持，但每个用户需要通过单独版本的 WinSta0 来维持一种“错觉”，让用户以为自己正在访问 Windows 中预定义的交互式窗口站。最后，常规的 Win32 应用程序和系统还会在\BaseNamedObjects 中创建共享的对象，包括事件、互斥及内存节。如果两个用户正在运行同一个会创建具名对象的应用程序，那么每个用户会话必须具备该对象的私有版本，这样该应用程序的两个实例才不会因为访问同一个对象而相互干扰。然而，如果通过 AppContainer 运行 Win32 应用程序，或应用程序属于 UWP 应用程序，沙盒机制会阻止应用程序访问\BaseNamedObjects，此时将使用\AppContainerNamedObjects 这个对象目录代替，而该目录也进一步包含更多子目录，其名称完全与 AppContainer 的 Package SID 保持对应（有关 AppContainer 和 Windows 沙盒模型的详细信息，请参阅本书卷 1 第 7 章）。

通过在\Sessions\n（其中 n 是会话标识符）下与用户会话相关的目录中创建上文提到的 4 个目录的私有版本，对象管理器实现了本地命名空间。例如，当远程会话 2 中的一个 Windows 应用程序创建了一个具名事件后，Win32 子系统（作为 Kernelbase.dll 中 BaseGetNamedObjectDirectory API 的一部分）会以透明的方式将对象名称从\BaseNamedObjects 重定向为\Sessions\2\BaseNamedObjects，或者对于 AppContainer 会重定向为\Sessions\2\AppContainerNamedObjects\<PackageSID>\。

访问具名对象的另一种方法是使用一项名为基础具名对象隔离（Base Named Object Isolation）的安全功能。父进程可以使用 ProcThreadAttributeBnoIsolation 进程属性启动子进程（有关进程启动属性的详情可参阅卷 1 第 3 章），并提供自定义对象目录前缀。这也使得 KernelBase.dll 能够创建目录并初始化一组对象（例如符号链接）为其提供支持，随后让 NtCreateUserProcess 在子进程的 Token 对象中通过原生版本进程属性数据设置前缀和相关初始句柄（更具体来说需要设置 BnoIsolationHandlesEntry 字段）。

随后，BaseGetNamedObjectDirectory 会查询 Token 对象以检查 BNO 隔离是否已启用，如果已启用，则会将该前缀附加给任何具名对象操作，举例来说，这会让\Sessions\2\BaseNamedObjects 变为\Sessions\2\BaseNamedObjects\IsolationExample。因此，无须使用 AppContainer 功能即可为进程创建沙盒。

所有与命名空间管理有关的对象管理器功能均能感知实例化的目录，并参与营造出一种所有会话都使用了同一个命名空间的“假象”。由 Windows 应用程序传递的 Windows 子系统 DLL 前缀名会使用\??来引用\DosDevices 目录中的对象（例如 C:\Windows 会变为\??\C:\Windows）。当对象管理器看到特殊的\??前缀后，随后要执行的操作取决于具体的 Windows 版本，但始终会依赖执行体进程对象（EPROCESS，详见卷 1 第 3 章）中一个名为 DeviceMap 的字段，该字段会指向同一个会话中其他进程共享的数据结构。

DeviceMap 结构的 DosDevicesDirectory 字段会指向代表进程本地\DosDevices 的对象管理器目录。当对象管理器看到对\??的引用后，便会使用 DeviceMap 结构的 DosDevicesDirectory 字段定位进程的本地\DosDevices。如果对象管理器在该目录中未找到对象，随后会检查目录对象的 DeviceMap 字段。如果该字段有效，则会在 DeviceMap 结构的 GlobalDosDevicesDirectory

字段所指向的目录（始终为\Global??）中查找对象。

在某些情况下，即使应用程序运行在另一个会话中，可感知会话的应用程序可能依然需要访问全局会话中的对象。应用程序这样做，可能是为了与自己运行在远程会话中的其他实例，或与控制台会话（即会话 0）同步。对于这些情况，对象管理器提供了一种特殊的覆盖\Global，应用程序可以在任何对象名称前添加前缀，进而访问该全局命名空间。例如，当会话 2 中的应用程序打开一个名为\Global\ApplicationInitialized 的对象时，会被重定向至\BaseNamedObjects\ApplicationInitialized，而非\Sessions\2\BaseNamedObjects\ApplicationInitialized。

希望访问全局\DosDevices 目录中对象的应用程序，只要对象并非存在于自己的本地\DosDevices 目录中，就无须使用\Global 前缀。这是因为，如果在本地目录中找不到，那么对象管理器会自动在全局目录中查找对象。不过应用程序也可以使用\GLOBALROOT 来强制在全局目录中查找。

会话目录之间会彼此隔离，但正如上文所述，常规的用户应用程序也可以创建带有\Global 前缀的全局对象。不过这方面还存在一个重要的安全缓解措施，即节和符号链接对象无法以全局方式创建，除非调用方运行在会话 0 中；或者如果调用方具备一个名为 Create global object 的特殊权限，除非对象的名称被包含在一个“未保护名称”授权列表中（该列表存储在注册表 HKLM\SYSTEM\CurrentControlSet\Control\Session Manager\kernel 键的 ObUnsecureGlobalNames 值中）。默认情况下，这些名称通常包括：

- netfxcustomperfcounters.1.0；
- SharedPerfIPCBlock；
- Cor_Private_IPCBlock；
- Cor_Public_IPCBlock_。

实验：查看命名空间的实例化

我们登录后即可看到会话 0 命名空间与其他会话命名空间之间所存在的隔离。原因在于第一个控制台用户会登录至会话 1（服务则运行在会话 0 中）。以管理员身份运行 Winobj.exe 并点击\Sessions 目录，随后即可看到一个子目录，其中列出了每个活跃会话的数值名称。如果打开其中一个目录，就可以看到名为 DosDevices、Windows、AppContainerNamedObjects 以及 BaseNamedObjects 的子目录，这些就是对应会话的本地命名空间子目录。本地命名空间如下图所示。

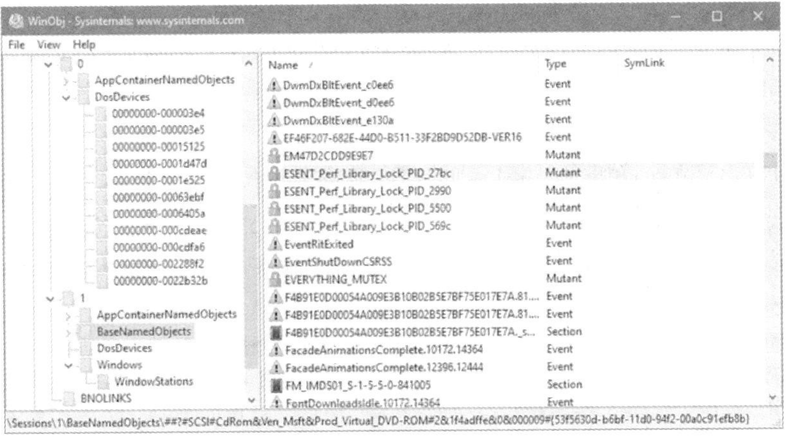

随后运行 Process Explorer，选择我们自己会话中的一个进程（例如 Explorer.exe）并查看其句柄表（点击 **View→Lower Pane View**，随后点击 **Handles**）。我们应该可以在\Sessions\n（其中“n”是会话 ID）下看到一个到\Windows\WindowStations\WinSta0的句柄。

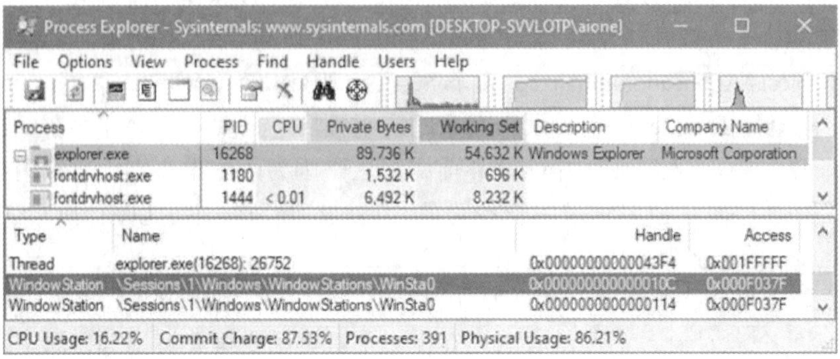

对象过滤

Windows 在对象管理器中包含了一个过滤器模型，该模型有些类似于将在第 10 章介绍的文件系统微型过滤器模型以及注册表回调。该过滤模型所提供的主要价值之一在于，借此能够使用现有过滤技术中使用的海拔高度（altitude）概念[①]，这意味着在整个过滤栈上，可以由多个驱动程序在相应的位置对对象管理器的事件进行过滤。此外，该模型还可以让驱动程序拦截诸如 NtOpenThread 和 NtOpenProcess 之类的调用，甚至可以修改从进程管理器处获取的访问掩码。以此可防止对打开的句柄执行某些操作，例如防止恶意软件终止善意的安全进程或阻止密码转储应用程序，以获取对 LSA 进程内存进行读取的权限。不过要注意，由于兼容性方面的原因，读取操作是无法彻底阻止的，例如，无法借此让任务管理器不能查询命令行或进程的映像名。

此外，驱动程序还可以充分利用前回调（pre callback）和后回调（post callback），进而在某个操作发生之前为其做好准备，并在操作发生后做出反应或确定最终信息。每个操作都可以指定这些回调（目前仅支持打开、创建和复制），并且可以针对每种对象类型进行指定（目前仅支持进程、线程和桌面对象）。对于每个回调，驱动程序可以指定自己的内部上下文值，该值可跨越所有调用返回给驱动程序，甚至跨越前后回调对。这些回调可以使用 ObRegisterCallbacks API 注册，并使用 ObUnregisterCallbacks API 撤销注册，驱动程序需要负责保证切实执行了取消注册操作。

这些 API 的使用仅限符合下列这些特征的映像：

- 即使在 32 位计算机上，也必须根据内核模式代码签名（KMCS）策略中规定的相同规则对映像签名。映像编译时需使用/integritycheck 链接器标记，该标记会在 PE 头中设置 IMAGE_DLLCHARACTERISTICS_FORCE_INTEGRITY 值。借此可

① 此处所说的“海拔高度”是一种以十进制数字形式表示的无限精度字符串，决定了微型过滤器驱动程序在系统启动时的加载位置。简单来说，可以将从最底层物理硬件到最上层应用的整个 I/O 栈看成一座山，海拔高度数值越低的驱动程序，加载到的位置越靠近“地面”。当数据沿着 I/O 栈传输时，可被不同海拔高度的驱动程序按顺序依次过滤处理。——译者注

以让内存管理器检查映像签名，而无须考虑其他默认设置是否会导致不进行检查。

- 必须使用包含可执行代码加密后每页面哈希的编录对映像签名，这样系统即可检测出加载到内存中之后的映像是否产生了什么变化。

在执行回调前，对象管理器会在目标函数指针上调用 MmVerifyCallbackFunction，进而定位与拥有该地址的模块关联的加载器数据表条目，并验证 LDRP_IMAGE_INTEGRITY_FORCED 标记是否已设置。

8.7 同步

互相排斥（mutual exclusion）是操作系统开发过程中的一个关键概念。互相排斥是指确保同一时间有且仅有一个线程可以访问特定资源。当资源本身不适合共享访问或共享可能导致不可预测的结果时，互相排斥就很有必要了。举例来说，如果两个线程同时将一个文件复制到打印机端口，则可能会输出相互穿插的结果。类似地，如果当一个线程读取某个内存位置的同时，另一个线程在写入该内存位置，第一个线程将会收到无法预测的数据。一般来说，可写资源不能无限制地共享，而无须修改的资源是可以这样共享的。图 8-37 展示了当运行在不同处理器上的两个线程同时向一个循环队列写入数据会发生的事情。

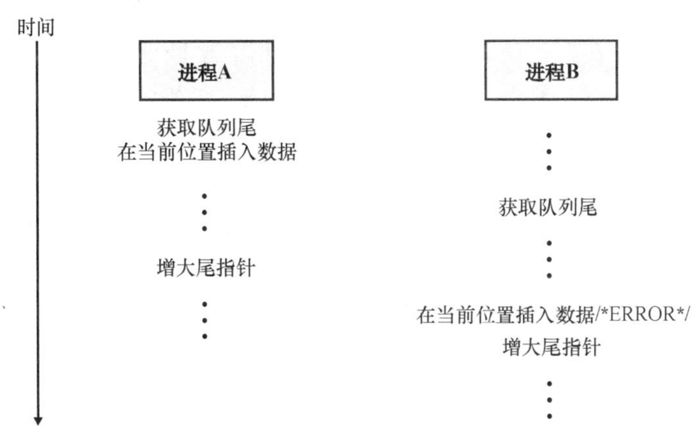

图 8-37　内存的错误共享方式

因为第二个线程在第一个线程更新操作完成前已经获得了队列尾部指针的值，所以它将自己的数据插入第一个线程所在的相同位置，进而覆盖数据并导致一个队列位置为空。虽然图 8-37 展示的是多处理器系统中可能发生的情况，但如果操作系统在第一个线程更新队列尾部指针之前就将上下文切换到第二个线程，单处理器系统也会发生类似的问题。

访问不可共享资源的代码片段，也可称为临界区（critical section）。为保证代码正确，临界区中一次只能执行一个线程。当一个线程正在写入文件、更新数据库或修改共享的变量时，其他线程均不能访问相同的资源。图 8-37 所示的伪代码就是一个在不存在互相排斥的情况下以错误方式访问共享数据结构的临界区。

尽管互相排斥问题对大部分操作系统来说都很重要，但对 Windows 这种紧密耦合的对称多处理器（SMP）操作系统来说尤其重要（且非常复杂）。因为在这种操作系统中，相同的系统代码会同时运行在多个处理器上，且需要共享存储全局内存中的某些数据结构。Windows 内核的作用是提供一种机制，系统代码可以通过这种机制防止两个线程同时修改同一个数据。内核提供了互相排斥的基元，内核与执行体的其他部分可以实现全局数据结构的同步访问。

由于调度程序需要在 DPC/Dispatch 这个 IRQL 级别上对其数据结构进行同步访问，因此，当 IRQL 为 DPC/Dispatch 级别或更高级别（提升级别或高 IRQL 级别）时，内核与执行体将无法依赖那些可能导致页面错误或需要通过重调度操作实现数据同步访问的同步机制。下文将介绍当 IRQL 为高级别时，内核与执行体如何使用互相排斥机制保护自己的全局数据结构，以及当 IRQL 为低级别（低于 DPC/Dispatch 级别）时内核与执行体会使用怎样的互相排斥与同步机制。

8.7.1 高 IRQL 同步

在执行过程的不同阶段，内核必须保证同一时间有且仅有一个进程正在临界区中执行。内核临界区是一种可以修改全局数据结构（例如内核的调度程序数据库或其 DPC 队列）的代码片段。除非内核能保证线程能够以互相排斥的方式访问这些数据结构，否则操作系统将无法正常运行。

这方面最大的担忧来自中断。举例来说，内核可能正在更新全局数据结构，但此时发生的一个中断，其中断处理例程也更改了这个结构。简单的单处理器操作系统有时会禁止这种操作，为此只需要在自己访问全局数据时禁用所有中断即可，但 Windows 内核使用了一种更成熟的解决方案。在使用全局资源之前，内核会暂时屏蔽同样会使用该资源的中断处理程序所对应的中断。为此，内核会将处理器的 IRQL 提高至有可能访问该全局数据的任何潜在中断来源使用的最高 IRQL 级别。例如，一个位于 DPC/Dispatch 级别的中断会导致调度程序通过调度程序数据库开始运行，因此，内核中任何需要使用调度程序数据库的其他部分，只要将 IRQL 提高至 DPC/Dispatch 级别，就可以在自己使用调度程序数据库之前屏蔽所有 DPC/Dispatch 级别的中断。

这种策略适合单处理器系统，但并不适合多处理器系统。在一个处理器上提高 IRQL 并不能防止其他处理器产生中断。内核还需要保证能跨越多个处理器实现互相排斥的访问。

互锁操作

同步机制的最简单形式依赖于硬件对整数值的多处理器安全操作和执行比较能力所提供的支持。这些支持包括 InterlockedIncrement、InterlockedDecrement、InterlockedExchange 以及 InterlockedCompareExchange 等函数。举例来说，InterlockedDecrement 函数会使用 x86 和 x64 的 Lock 指令前缀（如 lock xadd），借此在执行加法操作期间锁定多处理器总线，进而让另一个同时修改该内存位置以进行减法操作的处理器在“减法处理器读取原始值”和“将相减后的值写入”这两个操作之间无法修改内存。内核与驱动程序都使用了这种形式的基本同步。在目前的微软编译器套件中，这些函数也被称为内部函数，因为这些函数的代码是在编译阶段通过内联汇编器直接生成的，而非通过函数调用生成（将参数推送到栈中，调用函数，将参数复制到寄存器，随后将参数从栈中取出并返回给调用方，这一系列操作的开销很可能远高于这些函数最初实际需要承担的工作）。

自旋锁

内核用于实现多处理器互相排斥的机制叫作自旋锁（spinlock）。自旋锁是一种与全局数据结构关联的锁定基元，例如，图 8-38 所示的 DPC 队列就是一种自旋锁。

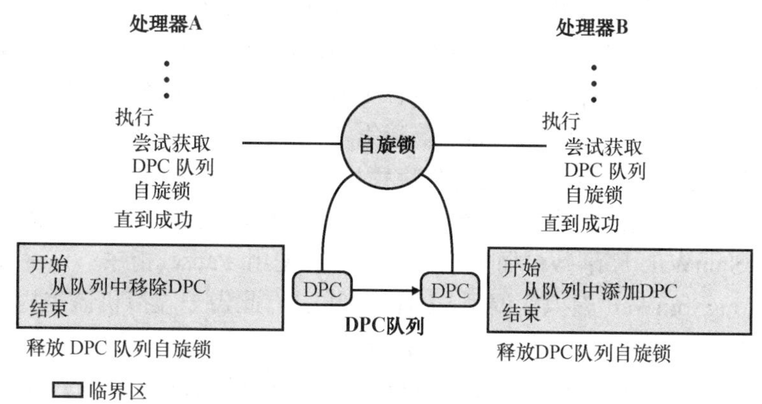

图 8-38　自旋锁的使用

在进入图 8-38 所示的任何一个临界区之前，内核必须获得与受保护 DPC 队列相关的自旋锁。如果自旋锁非空闲，内核会持续尝试获取锁，直到成功。自旋锁之所以使用这个名称是因为内核（以及处理器）会等待它“旋转”，直到自己获得该锁。

自旋锁与它所保护的数据结构一样，都位于映射到系统地址空间的非分页内存中。获取和释放自旋锁的代码使用汇编语言编写，这主要是为了提高速度并充分利用底层处理器架构所提供的各种锁定机制。在很多体系结构中，自旋锁是通过硬件支撑的测试和设置（test-and-set）操作实现的，会测试锁变量的值，并通过一条原子指令获取锁。通过一条指令测试并获取锁，可以防止第二个线程在“第一个线程测试变量”以及“第一个线程获得锁”两个操作期间得到该锁。另外，诸如上文提到的 Lock 这样的硬件指令也可用于测试和设置操作，进而让 x86 和 x64 处理器的 lock bts 操作码组合在一起，同样可用于锁定多处理器总线，否则，可能会有许多个处理器将以原子化的方式执行该操作（如果不使用锁，则只能在当前处理器上保证该操作的原子性）。类似地，在 ARM 处理器上，也可以用类似的方式使用 ldrex 和 strex 等指令。

Windows 中的所有内核自旋锁都有一个关联的 IRQL，并且始终处于 DPC/Dispatch 级别或更高级别。因此，当线程试图获取自旋锁时，该处理器上所有与自旋锁处于相等或更低 IRQL 的操作都将停止。由于线程的调度是在 DPC/Dispatch 级别上进行的，因此，持有自旋锁的线程将永远不会被抢占，因为该 IRQL 会屏蔽调度机制。这种屏蔽使得在受到自旋锁保护的临界区中运行的代码可以继续执行，只有这样，才能更快地释放锁。内核对自旋锁的使用非常慎重，会最大限度地减少在持有自旋锁情况下执行的指令数量。任何试图获取自旋锁的处理器基本上都会很繁忙，会陷入无尽的等待，消耗电量（繁忙的等待会导致 CPU 100%占用率），但无法执行任何实际工作。

在 x86 和 x64 处理器上，可以在繁忙的等待循环中插入一个特殊的 Pause 汇编指令；而在 ARM 处理器上，可通过 Yield 实现类似效果。这个指令可以告知处理器正在处理的循环指令是自旋锁（或类似构造）获取循环的一部分。这种指令可以提供三个好处。

- 通过让核心略微延迟而非不断循环，可显著降低能耗。
- 在 SMT 内核上，可以让 CPU 意识到旋转逻辑内核所做的“工作”并不是非常重要的，因而可将更多的 CPU 时间分配给第二个逻辑内核。
- 由于繁忙的等待循环会导致从发出等待的线程到总线的读取请求风暴（可能是乱序生成的），因此，CPU 在检测到写入操作（也就是当拥有锁的线程释放锁）之后，会试图尽快纠正内存乱序的情况。因此，一旦自旋锁被释放，CPU 就会对任何挂起的内存读取操作重排序，以保证顺序的正确。这个重排序会导致系统性能的巨大损耗，但可通过 Pause 指令避免。

如果内核检测到自己运行在可支持自旋锁启发（详见第 9 章）且兼容 Hyper-V 的虚拟机监控程序中，当检测到自旋锁当前由另一个 CPU 拥有时，自旋锁设施可以使用 HvlNotifyLongSpinWait 库函数，而无须继续旋转并使用 Pause 指令。该函数会发出一个 HvCallNotifyLongSpinWait 虚拟化调用（Hypercall），借此告知虚拟机监控程序调度器，应该由另一个虚拟处理器接管，而不应模拟旋转。

内核通过一组内核函数（包括 KeAcquireSpinLock 和 KeReleaseSpinLock）让自旋锁可被执行体的其他部分所用。例如，设备驱动程序需要自旋锁来保证，设备寄存器和其他全局数据结构一次只能被设备驱动程序的一个部分（并且仅通过一个处理器）访问。自旋锁无法被用户程序使用，用户程序应该使用下一节将要介绍的对象。设备驱动程序还需要保护自己的数据结构不受相关中断的影响。由于自旋锁 API 通常只将 IRQL 提升至 DPC/Dispatch 级别，这还不足以防止中断。因此，内核还会导出 KeAcquireInterruptSpinLock 和 KeReleaseInterruptSpinLock API，它们可将本章开头介绍的 KINTERRUPT 对象作为参数。系统会在中断对象内部查找与中断关联的 DIRQL，并将 IRQL 提升至适当的级别以确保能正确地访问与 ISR 共享的结构。

设备还可以使用 KeSynchronizeExecution API 将整个函数与 ISR 同步，而不仅仅只同步一个临界区。任何情况下，中断自旋锁保护的代码都必须以极快的速度执行，任何延迟会导致高于正常的中断延迟，并会大幅影响性能。

内核自旋锁对使用自己的代码进行了一定限制。如上文所述，由于自旋锁始终具备 DPC/Dispatch 或更高级别的 IRQL，因此，如果试图让调度器执行调度操作，或如果导致页面错误，持有自旋锁的代码会让整个系统崩溃。

队列自旋锁

为提高自旋锁的可扩展性，很多情况下会使用一种名为队列自旋锁（queued spinlock）的特殊自旋锁来替代标准自旋锁，尤其是在预计会发生争用且需要保证公平性的情况下。

队列自旋锁工作方式如下：当处理器想要获取当前正被其他处理器持有的队列自旋锁时，会将自己的标识符放入一个与该自旋锁关联的队列中。当持有该自旋锁的处理器释放锁后，该锁会被交给队列中标识出的下一个处理器。同时，如果处理器正在等待忙碌的自旋锁，它并不会检查自旋锁本身的状态，而是会检查该队列中排在自己前面的每个处理器所设置的每处理器标记的状态，以此了解自己的等待何时会结束。

队列自旋锁会在每个处理器标记上旋转，而非在全局自旋锁上旋转，这一事实会产生两个影响。首先，多处理器的总线不会被处理器之间的同步严重占用，并且位的内存位置不在单个 NUMA 节点中，因此必须通过每个逻辑处理器的缓存才能窥探。其次，不再只能由等待组中的随机处理器获得自旋锁，队列自旋锁强制让处理器以先进先出（FIFO）的顺序获得锁。FIFO 顺序意味着当多个处理器访问同一个锁时可以实现更一致的性能（公平性）。虽然减小总线流量和提高公平性都是很大的好处，但队列自旋锁也会产生额外的开销，包括额外的互锁操作都会增加成本。开发者必须权衡管理负担和好处，以决定是否值得使用队列自旋锁。

Windows 使用了两种类型的队列自旋锁。第一类仅用于内核内部，第二类还能被外部和第三方驱动程序使用。首先，Windows 定义了一系列全局队列自旋锁，为此会将指向这些自旋锁的指针存储到每个处理器的处理器控制区（PCR）所包含的数组中。例如在 x64 系统中，这些指针会被存储在 KPCR 数据结构的 LockArray 字段。

全局自旋锁可通过调用 KeAcquireQueuedSpinLock 获取，并需指定指向存储了自旋锁指针的数组索引。全局自旋锁的数量最初在每个版本的操作系统中都有所增加，但随着时间的推移，开始使用更高效的锁层级，不再需要全局每处理器锁定（global per-processor locking）。我们可以在 WDK 头文件 Wdm.h 的 KSPIN_LOCK_QUEUE_NUMBER 枚举中查看这些锁的索引定义表，然而请注意，通过设备驱动程序获取这样的一个队列自旋锁，已经是一种不受支持且不建议使用的操作。毕竟这些锁是为内核的内部使用而保留的。

实验：查看全局队列自旋锁

我们可以使用内核调试器命令**!qlocks** 来查看全局队列自旋锁（被每个处理器的 PCR 中的队列自旋锁数组指向的自旋锁）的状态。在下列范例中请注意，任何处理器都没有获得任何锁，对于进行实时调试的本地系统来说，这是一种非常标准的情况。

```
lkd> !qlocks
Key: O = Owner, 1-n = Wait order, blank = not owned/waiting, C = Corrupt

                       Processor Number
    Lock Name         0  1  2  3  4  5  6  7

KE   - Unused Spare
MM   - Unused Spare
MM   - Unused Spare
MM   - Unused Spare
CC   - Vacb
CC   - Master
EX   - NonPagedPool
IO   - Cancel
CC   - Unused Spare
```

队列自旋锁的入栈

设备驱动程序可通过 KeAcquireInStackQueuedSpinLock 和 KeReleaseInStackQueuedSpinLock 函数使用动态分配的队列自旋锁。一些组件（包括缓存管理器、执行体池管理器以及 NTFS）会使用此类锁，而不是全局队列自旋锁。

KeAcquireInStackQueuedSpinLock 可接收指向自旋锁数据结构的指针和自旋锁队列的句柄。自旋锁队列的句柄实际上是一种数据结构，内核会在其中存储有关锁状态的信息，包括锁的所有者，以及正在排队等待该锁变为可用状态的处理器。因此，该句柄不应是全局变量，它通常是一种栈变量，能对调用方线程提供有保证的本地性，并负责自旋锁的 InStack 部分以及 API 名称。

读取方/写入方自旋锁

虽然使用队列自旋锁可大幅改善高争用情况下的延迟，但 Windows 还支持另一种自旋锁，可消除很多情况下的争用，进一步提供更多好处。多读单写自旋锁也叫执行自旋锁（executive spinlock），是对常规自旋锁增强后的产物，可通过 ExAcquireSpinLockExclusive、ExAcquireSpinLockShared API 及其 ExReleaseXxx 等价物暴露。此外还有可用于更多高级用例的 ExTryAcquireSpinLockSharedAtDpcLevel 和 ExTryConvertSharedSpinLockToExclusive 函数。

顾名思义，此类锁可在不存在写入方的情况下以非争用共享的方式获取自旋锁。如果锁具备写入方，读取方最终必须释放锁，并且在写入方活跃的情况下不允许进一步产生读取方（也不会有其他写入方）。举例来说，如果驱动程序开发者发现自己经常需要对链表进行迭代，但很少需要插入或删除内容，则大部分情况下都可通过此类锁消除争用，从而避免使用更复杂的队列自旋锁。

执行体互锁操作

为执行更高级的操作（如在单链表和双链表中添加和删除条目），内核提供了一些在自旋锁基础上构建的简单同步函数。例如用于单链表的 ExInterlockedPopEntryList 和 ExInterlockedPushEntryList，以及用于双链表的 ExInterlockedInsertHeadList 和 ExInterlockedRemoveHeadList。此外还有其他函数，如 ExInterlockedAddUlong 和 ExInterlockedAddLargeInteger。所有这些函数都要将一个标准自旋锁作为参数，并在整个内核与设备驱动程序代码中使用。

这些函数并不依赖标准 API 来获取和释放自旋锁参数，而是会将所需代码嵌入函数中，并使用不同的排序方案。为此，Ke 自旋锁 API 会首先测试并设置位，以查看该锁是否已被释放；随后会以原子性的方式执行一个锁测试和设置操作，以便获取该锁，这些例程会禁用处理器上的中断并立即尝试进行原子性的测试与设置。如果最初的尝试失败，则会再次启用中断，并继续使用标准的忙碌等待算法，直到测试和设置操作返回“0”，此时整个函数都会再次重启动。由于存在这些细微差异，用于执行体互锁函数的自旋锁绝对不能与上文介绍过的标准内核 API 结合使用。当然，非互锁操作也不能与互锁操作混用。

注意　某些执行体互锁操作会在可能的情况下静默地忽略自旋锁。例如 ExInterlockedIncrementLong 或 ExInterlockedCompareExchange API 会使用与标准互锁函数和内部函数相同的锁前缀。这些函数在锁操作不适合或不可用的老系统（如非 x86 系统）中很有用。因此这些调用现已被弃用，并以静默的方式通过内联为内部函数提供支持。

8.7.2　低 IRQL 同步

在多处理器环境中，内核之外的执行软件也需要以同步的方式访问全局数据结构。例如，内存管理器只有一个页帧（page frame）数据库，该数据库可作为全局数据结构访问，而设备驱动程序需要保证自己能以独占方式访问自己的设备。通过调用内核函数，执行体即可创建、获取并释放自旋锁。

然而，自旋锁只能在部分程度上满足执行体对同步机制的需求。因为等待自旋锁的过程实际上会让处理器停止运行，而自旋锁只能在以下这些严格受限的情况下使用。

- 必须快速访问受保护资源，并且不与其他代码进行复杂的交互。
- 临界区代码不能通过分页操作移出内存，不能引用可分页数据，不能调用外部程序（包括系统服务），不能产生中断或异常。

这些限制是有界限的，可能无法在所有情况下都能得到满足。此外，除了互相排斥，执行体还需要执行其他类型的同步，还必须为用户模式提供同步机制。

当自旋锁不可用时，还有其他一些额外的同步机制可供选择：

- 内核调度程序对象（互斥、信号量、事件、计时器）
- 快速互斥和受保护互斥
- 推锁（Pushlock）
- 执行体资源
- 运行一次初始化（InitOnce）

此外，同样以低 IRQL 执行的用户模式代码需要拥有自己的锁定基元，Windows 支持各种用户模式专用锁定基元。

- 引用内核调度程序对象（突变体、信号量、事件、计时器）的系统调用
- 条件变量（CondVars）
- Slim Reader-Writer 锁（SRW 锁）
- 基于地址的等待
- 运行一次初始化（InitOnce）
- 临界区

稍后我们会详细介绍用户模式基元及其底层的内核模式支持，现在将专注于内核模式对象。表 8-26 对比了这些机制的功能以及它们与内核模式 APC 交付所进行的交互。

表 8-26 内核同步机制

	暴露供设备驱动程序使用	禁用常规的内核模式 APC	禁用特殊的内核模式 APC	支持递归获取	支持共享和独占获取
内核调度程序互斥	是	是	否	是	否
内核调度程序信号量、事件、计时器	是	否	否	否	否
快速互斥	是	是	是	否	否
受保护互斥	是	是	是	否	否
推锁	是	否	否	否	是
执行体资源	是	否	否	是	是
断开（Rundown）保护	是	否	否	是	否

内核调度程序对象

内核还以内核对象形式为执行体提供额外的同步机制，内核对象统称为调度程序对象。Windows API 可见的同步对象可从这些内核调度程序对象获得它们的同步能力。每个支持同步的 Windows API 可见对象都封装了至少一个内核调度程序对象。Windows 程序

员可通过 WaitForSingleObject 和 WaitForMultipleObjects 函数查看执行体的同步语义，而这些函数是 Windows 子系统调用对象管理器所提供的类似系统服务实现的。Windows 应用程序中的线程可以与各种对象同步，包括 Windows 进程、线程、事件、信号量、互斥、可等待计时器、I/O 完成端口、ALPC 端口、注册表键或文件对象。实际上，内核暴露出的几乎所有对象都可等待。其中一些是适宜的调度程序对象，另外一些则是其中包含调度程序对象的更大的对象（例如端口、键或文件）。表 8-27（详见“对象的信号状态”一节）列出了适宜的调度程序对象，Windows API 允许等待的其他任何对象在内部都可能包含其中一个基元。

执行体资源和推锁是另外两种值得一提的执行体同步机制。这些机制提供了独占访问（如互斥）和共享读取访问（多个读取方针对同一个结构共享只读访问）的能力。然而，它们仅对内核模式代码可用，因此无法通过 Windows API 访问。同时它们也不是真正的对象，它们具备一种通过原始指针和 Ex API 暴露的 API，但并不涉及对象管理器及其句柄系统。下文将介绍等待调度程序对象的实现细节。

等待调度程序对象

线程与调度程序对象同步的传统方式是等待对象句柄，或对于某些类型的对象，可直接等待对象的指针。NtWaitForXxx 类 API（亦可暴露给用户模式）可使用句柄，而 KeWaitForXxx API 可直接处理调度程序对象。

一方面，由于 Nt API 需要与对象管理器（ObWaitForXxx 类函数）通信，因此会按照上文“对象类型”一节介绍的方式进行抽象。例如，Nt API 允许将句柄传递给文件对象，因为对象管理器会使用对象类型中的信息将等待重定向到 FILE_OBJECT 内部的 Event 字段。另一方面，Ke API 只适用于真正的调度程序对象，即以 DISPATCHER_HEADER 结构开头的对象。无论采用何种方法，这些调用最终都会导致内核将线程置于等待状态。

另一种截然不同且更现代的调度程序对象等待方式是依赖异步等待。该方式可利用现有的 I/O 完成端口基础设施，通过一种名为等待完成数据包（wait completion packet）的中间对象，将调度程序对象与支撑 I/O 完成端口的内核队列进行关联。在这种机制下，线程本质上注册了一个等待，但不会直接阻塞调度程序对象，也不会进入等待状态。相反，当等待被满足后，I/O 完成端口将插入等待完成数据包，并作为通知发送给需要从该 I/O 完成端口拉取内容或进行等待的任何一方。借此，一个或多个线程将能针对各种对象注册等待，并由一个单独的线程（或线程池）实际进行等待。大家可能已经猜到，这种机制正是线程池 API（在 CreateThreadPoolWait 和 SetThreadPoolWait 等 API 中）支持等待回调功能的关键。

最后，较新版本的 Windows 10 还借助目前为 Hyper-V 保留的 DPC Wait Event 功能，对这种异步等待机制进一步进行扩展（虽然该 API 已导出，但尚未提供相关文档）。这也为调度程序提供了最后一种仅供内核模式驱动程序使用的等待方式。在该方式中，延迟过程调用（DPC，详见上文介绍）可与调度程序对象相关联，而无须与线程或 I/O 完成端口关联。与上文介绍的机制类似，DPC 可向对象注册，当等待满足后，DPC 会在当前处理器队列中排队（就好像驱动程序刚调用了 KeInsertQueueDpc 那样）。当调度程序锁被丢弃且 IRQL 返回到低于 DISPATCH_LEVEL 的级别后，DPC 会在当前处理器上执行，此时驱动程序提供的回调即可针对对象信号状态做出反应。

无论哪种等待机制，正被等待的同步对象均可处于两种状态之一：信号状态（signaled state）或非信号状态（nonsignaled state）。线程在等待满足前无法恢复执行，而这种情况主要发生在当线程正在等待的句柄所对应的调度程序对象同时发生了状态变化，从非信号状态变为信号状态（例如其他线程设置了事件对象）时。

为了与对象同步，线程需要调用对象管理器所提供的某种等待系统服务，并传递自己希望同步的对象的句柄。线程可以等待一个或多个对象，同时可指定如果在一定时间内没有结束，自己的等待应当被取消。每当内核将一个对象设置为信号状态时，内核的某个信号例程就会检查是否有线程正在等待该对象，而不是正在等待其他对象变为信号状态。如果有，内核会从等待状态中释放一个或多个线程，使其可以继续执行。

为了以异步方式通知对象已变为信号状态，线程会创建一个 I/O 完成端口，并调用 NtCreateWaitCompletionPacket 来创建等待完成数据包对象，并接收返回给自己的句柄。随后，线程会调用 NtAssociateWaitCompletionPacket 传入 I/O 完成端口以及刚创建的等待完成数据包的句柄，并将其与自己想通知的对象的句柄结合在一起。当内核将对象设置为信号状态时，信号例程都会意识到当前没有任何线程在等待该对象，进而检查该等待是否关联了 I/O 完成端口。如果有，则内核会向与端口关联的队列对象发送信号，这会导致当前等待它的任何线程被唤醒并使用等待完成数据包（或者队列只是发出信号，直到有线程进入并试图进行等待）。或者如果该等待没有关联 I/O 完成端口，则会检查是否关联了 DPC，这会导致在当前处理器上排队。这样即可处理上文提到的仅内核的 DPC Wait Event 机制。

下列有关设置事件的范例演示了同步机制与线程调度进行交互的方式：

- 用户模式线程等待事件对象的句柄。
- 内核将线程的调度状态改为等待中，随后将该线程加入等待某事件的线程列表。
- 另一个线程设置了事件。
- 内核沿着等待事件的线程列表向下移动。如果某个线程的等待条件已满足（参阅下方的注意事项），那么内核会让该线程从等待状态脱离。如果是优先级可变的线程，内核可能还会提高其执行优先级（有关线程调度的详情请参阅卷 1 第 4 章）。

注意 一些线程可能正在等待多个对象，因此会继续等待，除非指定了 WaitAny 等待，在这种等待中，只要一个对象（而非全部对象）变为信号状态，线程就会被唤醒。

对象的信号状态

不同对象的信号状态截然不同。线程对象在其生命周期内会处于非信号（nonsignaled）状态，并会在线程终止时由内核设置为信号状态。类似地，当进程的最后一个线程被终止时，内核也会将进程对象设置为信号状态。相比之下，计时器对象（如警报）会在某一时间被设置为“关闭”。当其时间到期时，内核会将计时器对象设置为信号状态。

在选择同步机制时，程序员必须考虑决定各种同步对象行为的规则。当对象被设置为信号状态时，线程的等待是否结束取决于线程正在等待的对象类型，具体如表 8-27 所示。

当一个对象被设置为信号状态后，等待它的线程通常会立即从等待状态中释放。

表 8-27　信号状态的定义

对象类型	何时设置为信号状态	对正在等待的线程产生的效果
进程	最后一个线程被终止	全部被释放
线程	线程被终止	全部被释放
事件（通知类型）	线程设置了事件	全部被释放
事件（同步类型）	线程设置了事件	一个线程被释放并可能被提升，事件对象被重置
门（锁定类型）	线程向门发信号	第一个等待的线程被释放并收到提升
门（信号类型）	线程向类型发信号	第一个等待的线程被释放
键控事件	线程使用键设置事件	等待该键以及与信号发出方位于同一个处理器的线程被释放
信号量	信号量计数器降至“1”	一个线程被释放
计时器（通知类型）	设置的时间已到或时间间隔过期	全部均被释放
计时器（同步类型）	设置的时间已到或时间间隔过期	一个线程被释放
互斥	线程释放互斥	一个线程被释放且获得互斥的所有权
队列	有东西被放入队列	一个线程被释放

例如，通知事件对象（在 Windows API 中称为手动重置事件，manual reset event）可用于宣布某个事件的发生。当事件对象被设置为信号状态时，所有等待该事件的线程均会被释放。但一次等待多个对象的线程属于例外，此类线程可能需要继续等待，直到所等待的其他对象也变为信号状态。

与事件对象相比，互斥对象具有与之关联的所有权（除非是在 DPC 期间获得的）。它可用于对资源获得互斥的访问，同一时间仅一个线程可以持有互斥。当互斥对象空闲时，内核会将其设置为信号状态，随后选择一个等待中的线程来执行，同时还会继承已应用的任何优先级提升操作（有关优先级提升的详情，请参阅卷 1 第 4 章）。内核选择的线程将获得互斥对象，所有其他线程则需要继续等待。

互斥对象亦可被放弃，当目前拥有互斥对象的线程被终止后，便会发生这种情况。当线程被终止时，内核会枚举该线程拥有的所有互斥，并将其设置为已放弃的状态，就信号逻辑而言，该状态会被视为一种信号状态，因为互斥的所有权会被转移给等待中的线程。

上述简短的讨论并不是为了列举使用各种执行体对象的所有原因和应用方式，而是为了介绍它们的基本功能和同步行为。有关如何在 Windows 程序中使用这些对象的详细信息，请参阅 Windows 参考文档中与对象同步有关的话题，以及由 Jeffrey Richter 和 Christophe Nasarre 撰写的 Microsoft Press 出版的 *Windows via C/C++*一书。

无对象等待（线程警报）

虽然等待或通知线程变为信号状态的功能非常强大，并且程序员可以使用的调度程序对象种类十分丰富，但有时也需要更简单的方式。一个线程想要等待一种特定状况的发生，而另一个线程可能需要在该状况发生后发出信号。虽然可以通过将事件与状况绑定来达到这种目的，但这样做需要一些资源（例如内存和句柄），资源的获取和创建操作可能失败，整个过程需要一定时间，并且很复杂。Windows 内核为不依赖调度程序对象的同步提供了两种机制：

- 线程警报（thread alert）。

- 按 ID 发出的线程警报（thread alert by ID）。

虽然名称类似，但这两种机制工作方式并不相同。先来看看线程警报的工作方式。首先，希望同步的线程使用 SleepEx（最终导致 NtDelayExecutionThread）进入可告警睡眠状态。内核线程也可选择使用 KeDelayExecutionThread。上文在有关软件中断和 APC 的章节曾介绍过可告警功能这一概念。这种情况下，线程可以指定超时值或让睡眠状态无限持续。其次，另一方可使用 NtAlertThread（或 KeAlertThread）API 向线程告警，这会导致睡眠状态被中止，返回状态代码 STATUS_ALERTED。为了完整讲述所有可能的情况，还需要注意，线程也可以选择不进入可告警的睡眠状态，而是稍后在自己选择的时间调用 NtTestAlert（或 KeTestAlertThread）API。最后，线程还可以选择挂起自己（通过 NtSuspendThread 或 KeSuspendThread）以避免进入可告警的等待状态。这种情况下，另一方可以使用 NtAlertResumeThread 向线程告警并恢复该线程的运行。

尽管这种机制优雅又简单，但也存在一些问题，首先是无法区分警报是否与等待有关，换句话说，任何其他线程也可能提醒正在等待的线程，此时将无法区分不同的警报。其次，警报 API 并未提供官方文档，这意味着虽然内部内核与用户服务可以使用该机制，但第三方开发者不应使用这种警报。然后，一旦线程收到警报，任何排队等待的 APC 都会开始执行，例如当这些警报 API 被应用程序使用后，用户模式 APC 也会开始执行。最后，NtAlertThread 依然需要打开目标线程的句柄，从技术上来看，该操作会被视作一种获取资源的操作，但也可能失败。调用方理论上可以提前打开句柄，从而保证告警操作成功完成，但这依然会让整个机制增加句柄方面的成本。

为应对这些问题，Windows 内核从 Windows 8 开始采用了一种更现代的机制：按 ID 发出线程警报。虽然该机制背后的系统调用（NtAlertThreadByThreadId 和 NtWaitForAlertByThreadId）并未提供公开文档，但稍后要介绍的 Win32 用户模式等待 API 是有相关文档的。这些系统调用非常简单，无需资源，只使用线程 ID 作为输入。当然，由于未使用句柄，可能会造成一些安全问题，这些 API 的一个不足之处在于只能用于与当前进程中的线程同步。

这种机制的行为解释起来也相当明显：首先，线程使用 NtWaitForAlertByThreadId API 进行阻塞，传入一个可选的超时。这会让线程进入真正的等待状态且无须考虑可告警性的问题。实际上，虽然名称有警报二字，但这类等待按照设计是不可告警的。其次，另一个线程调用 NtAlertThreadByThreadId API 会导致内核查找线程 ID，以确保该线程属于发起调用的进程，随后会检查该线程是否确实阻塞了对 NtWaitForAlertByThreadId 的调用。如果该线程属于这种情况，那么只需直接唤醒。这种简单、优雅的机制是下文要介绍的很多用户模式同步基元的核心，可用于包括从壁垒到更复杂的同步方法在内的很多东西。

数据结构

在跟踪谁正在等待，它们如何等待，它们在等待什么，以及整个等待操作正处于怎样的状态方面，有三个数据结构起到了关键作用。这三个结构分别为：调度程序头（dispatcher header）、等待块（wait block）以及等待状态寄存器（wait status register）。前两个结构是在 WDK 的包含文件 Wdm.h 中公开定义的，最后一个结构虽未提供相关文档，但在类型为 KWAIT_STATUS_REGISTER 的公开符号中可见（且 Flags 字段对应了 KWAIT_STATE 枚举）。

调度程序头是一种打包的结构，因为它需要在一个固定大小的结构中保存大量信息（有关调度程序头数据结构定义的详细信息，请参阅“实验：查看等待队列”一节）。其定义中使用的一种主要技术是将互斥的标记存储在与结构相同的内存位置（偏移量），在编程理论中这种做法也叫联合。通过使用 Type 字段，内核可以知道这些字段中的哪些是相关的。例如，互斥可以为 Abandoned 状态，但计时器可以为 Relative 状态。同理，计时器可以 Inserted 到计时器列表，但调试器只能对一个进程保持 Active 状态。除了这些特定字段，调度程序头还包含与调度程序对象无关但有意义的信息：与对象关联的等待块的信号状态和等待列表头。

这些等待块代表着一个线程（或者在异步等待情况下，代表一个 I/O 完成端口）被绑定到某一个对象。处于等待状态的每个线程都有一个最多包含 64 个等待块的数组，这些等待块代表了线程正在等待的对象（可能还包括一个指向内部线程计时器的等待块，可用于满足调用方已经指定的超时值）。或者如果使用了“按 ID 发出的警报”基元，则会存在一个带有特殊指示的块，以此表明这并非基于调度程序的等待。Object 字段会被 NtWaitForAlertByThreadId 的调用方所指定的 Hint 替代。维护该数组主要有以下两个目的。

- 当线程终止时，它所等待的所有对象必须取消引用，等待块需要删除并与对象断开连接。
- 当线程被正在等待的一个对象唤醒（即变为信号状态并满足等待）后，它可能一直在等待的其他所有对象必须取消引用，删除等待块并断开连接。

正如上文提到的每个线程都拥有一个数组，其中包含自己所等待的所有对象那样，每个调度程序对象也有一个与自己绑定的等待块相关的链表。保存该链表的目的在于，在一个调度程序对象收到信号后，内核可以快速确定谁在等待该对象（或哪个 I/O 完成端口被绑定到该对象），并应用下文很快会介绍的等待满足逻辑。

因为在每个 CPU 上运行的平衡集管理器线程（有关平衡集管理器的详情请参阅卷 1 第 5 章）需要分析每个线程一直在等待的时间（这是为了决定是否将内核栈换出页面），每个 PRCB 也会有一个列表，其中包含正在等待且符合要求，最后会在该处理器上运行的线程。这一过程重用了 KTHREAD 结构的 Ready List 字段，因为线程不能同时处于就绪状态和等待状态。符合要求的线程必须满足下列三个条件。

- 等待必须以 UserMode 的等待模式发出（KernelMode 的等待会假设为时间敏感的，不值得付出栈交换成本）。
- 线程必须设置 EnableStackSwap 标记（内核驱动程序可使用 KeSetKernelStackSwapEnable API 禁用）。
- 线程的优先级必须处于或低于 Win32 实时优先级范围起点（24，即“实时”进程优先级类中普通线程的默认值）。

等待块的结构始终是固定的，但它的一些字段会根据等待的类型以不同方式使用。例如，通常来说，等待块会有一个指向正被等待的对象的指针，但正如上文所述，“按 ID 发出警报”的等待并不涉及任何对象，因此这可以代表由调用方指定的 Hint。类似地，虽然等待块通常会指回等待该对象的线程，但也可以指向 I/O 完成端口队列，此时，作为异步等待的一部分，等待完成数据包会与对象相关联。

此外还需要始终维持两个字段：wait type（等待类型）和 wait block state（等待块状态），并且取决于类型，可能还存在 wait key（等待键）。等待类型在等待是否被满足过程中非常重要，因为它决定了具体要使用五种可能的等待满足机制中的哪一种：对于 wait any（等待任意）机制，内核并不关心其他对象的状态，因为至少其中一个对象（当前对象）已经收到了信号。另外，对于 wait all（等待全部）机制，只有在所有其他对象同时处于信号状态后，内核才会唤醒线程，这需要针对等待块及其关联对象进行迭代。

此外还有 wait dequeue（等待出队）这种特殊情况，此时调度程序对象实际上是一个队列（I/O 完成端口），有一个线程等待该队列提供可用的完成数据包（通过调用 KeRemoveQueue(Ex)或(Nt)IoRemoveIoCompletion）。附加到队列的等待块以 LIFO（后进先出，而不像其他调度程序对象那样使用 FIFO，即先进先出顺序）唤醒顺序运行，因此，在队列收到信号后即可执行正确的操作（请注意，线程可能在等待多个对象，因此可能还有其他等待块正处于 Wait any 或 Wait all 状态，这些状态也需要定期处理）。

对于 wait notification（等待通知），内核知道没有任何线程与对象关联，并且这是一个异步等待，因此会向相关 I/O 完成端口的队列发送信号（因为队列本身就是一个调度程序对象，这会导致队列以及任何潜在等待队列的线程满足二级等待）。

最后还有 wait DPC（等待 DPC），这是最新引入的等待类型，可以让内核知道没有与此等待相关的线程或 I/O 完成端口，只有相关的 DPC 对象。此时，指针会指向一个初始化后的 KDPC 结构，一旦调度程序锁被丢弃，内核就会立刻执行当前处理器的队列。

等待块还包含一个易失的等待块状态（KWAIT_BLOCK_STATE），该状态定义了该等待块在当前所从事的事务等待操作中的当前状态。表 8-28 详细列出了不同状态、这些状态的含义及其在等待逻辑代码中所产生的效果。

表 8-28 等待块状态

状态	含义	效果
WaitBlockActive (4)	该等待块作为处于等待状态线程的一部分，已主动链接到对象	等待满足期间，该等待块将从等待块列表中取消链接
WaitBlockInactive (5)	与此等待块关联的线程等待已满足（或设置时的超时值已过期）	等待满足期间，该等待块不会从等待块列表中取消链接，因为等待满足处于活跃状态期间必须已经取消链接
WaitBlockSuspended (6)	与此等待块关联的线程正在进行轻量级挂起操作	本质上与 WaitBlockActive 相同，但仅在恢复线程时使用。常规等待满足期间会被忽略（期间应该不可见，因为挂起的线程无法等待！）
WaitBlockBypassStart (0)	等待尚未提交时，正在向线程发送信号	等待满足期间（应该会在线程进入真正等待状态前立即实现），等待线程必须与信号发送方同步，因为等待对象可能位于栈上，而这存在一种风险：将等待块标记为非活跃，可能导致等待方展开栈，而此时信号发送方可能依然在访问栈
WaitBlockBypassComplete (1)	与此等待块关联的线程等待现已正确同步（等待满足已实现），“绕过”场景现已完成	等待块现在基本上会被视作与非活跃等待块等同（会被忽略）
WaitBlockSuspendBypassStart (2)	轻量级挂起尚未提交时，正在向线程发送信号	等待块基本会被视作与 WaitBlockBypassStart 等同
WaitBlockSuspendBypassComplete (3)	与此等待块关联的轻量级挂起现在已正确同步	等待块现在的行为与 WaitBlockSuspended 无异

上文还提到了等待状态计时器。随着 Windows 7 全局内核调度程序锁的移除，线程

（或为了开始等待而需要的其他任何对象）的整体状态可以在等待操作仍在进行的过程中发生变化。由于不再有任何全局状态同步，因此没有什么可以阻止（在其他逻辑处理器上执行的）另一个线程向正在等待的对象发送信号、向线程告警，甚至向其发送 APC。因此内核调度程序会对每个等待中的线程对象跟踪多个额外的数据点：线程当前的细化等待状态（KWAIT_STATE，请勿将其与等待块状态混淆）以及任何可能修改正在进行中的等待操作结果的挂起状态变更。这两类数据构成等待状态寄存器（KWAIT_STATUS_REGISTER）。

当线程接到指示（例如 WaitForSingleObject 调用）开始等待特定对象时，它首先会尝试通过进入等待而转入进行中的等待状态（WaitInProgress）。如果此时该线程没有挂起的警报，那么操作会成功（基于等待的可告警性以及等待的当前处理器模式，这决定了警报是否可以抢占等待）。如果有警报，则完全不会进入等待状态，调用方会收到相应的状态代码；否则随后线程会进入 WaitInProgress 状态，此时主线程的状态会被设置为 Waiting（等待中），等待原因和等待时间会被记录在案，同时还会注册所指定的任何超时值。

等待开始后，线程可以根据需要初始化等待块（并在进程中将其标记为 WaitBlockActive），随后继续锁定属于此等待的所有对象。由于每个对象都有自己的锁，因此，当多个处理器可能需要分析包含很多对象的等待链（由 WaitForMultipleObjects 调用产生）时，内核必须要能维持一致的锁定顺序方案。内核使用了一种名为地址排序（address ordering）的技术来实现这一点：因为每个对象都有一个各异且静态的内核模式地址，因此可以按照单调递增的地址顺序对这些对象进行排序，从而保证所有调用方总是以相同的顺序获取和释放锁。这意味着调用方提供的对象数组将被复制并酌情进行排序。

下一步需要检查是否可以立即满足等待，例如，线程可能被告知需要等待一个已经被释放的互斥对象或事件已经收到信号。这种情况下，等待可以立即被满足，该过程涉及相关等待块的取消链接（然而这种情况下尚未插入任何等待块），同时需要执行等待退出操作（处理等待状态寄存器中标记的所有挂起的调度程序操作）。如果这种捷径失败，随后内核会尝试着检查该等待指定的超时（如果存在的话）是否已过期。这种情况下等待的并非“被满足”，而是“过期”，尽管结果可能相同，但这会让退出代码的处理速度略微加快一些。

如果上述捷径均无效，那么等待块会被插入线程的等待列表中，随后线程会试图提交自己的等待（同时对象锁会被释放，进而其他处理器可以修改该线程目前理应试图等待的所有对象的状态）。假如是其他处理器对该线程或其等待对象不感兴趣的非争用场景，只要等待状态寄存器未标记为包含未决变更，等待就会切换至已提交状态。提交操作会链接至 PRCB 列表中的等待线程，如果需要，还会激活一个额外的等待队列线程，并插入与等待超时有关的计时器（如果有的话）。因为此时可能已经过去了相当多的周期，因此可能已经超过了超时时间。这种情况下，插入计时器会导致立即向线程发送信号，从而满足计时器的等待以及等待的总超时值。否则在更常见的情况下，CPU 会通过上下文切换运行准备好执行的下一个线程（有关调度的详细信息请参阅卷 1 第 4 章）。

在多处理器计算机上高度争用的代码路径中，尝试提交等待的线程很可能并且很大概率已经在等待的过程中经历了更改。一种可能的情况是：正在等待的某一个对象刚刚收到信号。如前文所述，这会导致相关等待块进入 WaitBlockBypassStart 状态，并且线程的等待状态寄存器现在会显示为 WaitAborted 等待状态。另一种可能的情况是：已经向等待的线程发出了警报或 APC，但并不设置 WaitAborted 状态，而是启用等待状态寄存器中的一个与之相对应的位。因为 APC 可以打断等待（取决于 APC 类型、等待模式和可告警性），此时会交付 APC 并中止等待。可以修改等待状态寄存器而不产生完整中止周期的操作包括：修改线程的优先级或相关性，与上文提到的情况类似，这些操作会在因为提交失败而退出等待时进行处理。

正如在卷 1 第 4 章“调度”一节中简单提过的，在使用 SuspendThread 和 ResumeThread 的情况下，最新版本的 Windows 实现了一种轻量级挂起机制，该机制不再总是将 APC 放入队列，然后获取线程对象中嵌入的挂起事件。相反，如果符合以下情况，现有等待将被转换为挂起状态。

- KiDisableLightWeightSuspend 为 0（管理员可以使用注册表 HKLM\SYSTEM\CurrentControlSet\Session Manager\Kernel 键下的 DisableLightWeightSuspend 值关闭这项优化措施）。
- 线程状态为 Waiting，即线程已经处于等待状态。
- 等待状态寄存器被设置为 WaitCommitted，即线程的等待已被完全占用。
- 该线程不是 UMS 主线程或调度线程（有关用户模式调度的详细信息请参阅卷 1 第 4 章），因为这需要在调度器的挂起 APC 中实现额外的逻辑。
- 线程在 IRQL 0（被动级别）发出等待，因为 APC_LEVEL 级别的等待所需的特殊处理只有“挂起 APC”可以提供。
- 线程当前没有已禁用的 APC，也没有进行中的 APC，因为这些情况需要额外的同步，只有调度器的挂起 APC 交付可以实现这种同步。
- 由于调用了 KeStackAttachProcess，线程当前没有附加到不同的进程，因为与上一种情况类似，这也需要特殊的处理。
- 如果与线程等待关联的第一个等待块不处于 WaitBlockInactive 块状态，其等待类型必须为 WaitAll，否则这意味着至少有一个活跃的 WaitAny 块。

正如上述列表所暗示的那样，这种转换是通过获取当前活跃的等待块，并将其转换为 WaitBlockSuspended 状态的方式实现的。如果等待块当前指向一个对象，就会从其调度程序头的等待列表中取消链接（这样，向对象发送的信号将不再能唤醒该线程）。如果线程关联了计时器，则会被取消并从线程的等待块数组中移除，同时设置一个标记代表该操作已完成。最后，最初的等待模式（Kernel 或 User）也会被保存在一个标记中。

由于不再使用真正的等待对象，这种机制需要引入表 8-28 中列出的三个额外的等待块状态及四个全新的等待状态：WaitSuspendInProgress、WaitSuspended、WaitResumeInProgress 以及 WaitResumeAborted。这些新状态的行为方式与它们常规的等价物类似，但解决了上文所提到的轻量级挂起操作中所提到的争用状况。

例如，当一个线程恢复时，内核会检测它是否被置于轻量级挂起状态，并会撤销该操作，然后将等待寄存器设置为 WaitResumeInProgress。随后将枚举每个等待块，对于任何处于 WaitBlockSuspended 状态的块，会将其置于 WaitBlockActive 状态然后重新链接回对象调度程序头的等待块列表，除非在此期间对象收到信号，此时则会将对象设置为 WaitBlockInactive 状态，这也与常规的唤醒操作类似。最后，如果线程有一个与自己的等待相关的超时被取消，线程的计时器会被重新插入计时器表中，并保持原先的过期（超时）时间。

图 8-39 展示了调度程序对象到等待块，再到线程，最后到 PRCB 之间的关系（前提

是线程有资格进行栈交换)。在本例中，CPU 0 有两个等待中（已提交）的线程：线程 1 正在等待对象 B，线程 2 正在等待对象 A 和对象 B。如果对象 A 收到信号，内核会注意到这一点，因为线程 2 也在等待另一个对象，线程 2 还无法准备好开始执行。另一方面，如果对象 B 收到信号，内核可以立即让线程 1 准备好执行，因为该线程无须等待其他对象（或者，如果线程 1 也在等待其他对象，但它的等待类型为 WaitAny，此时内核依然可以唤醒线程 1)。

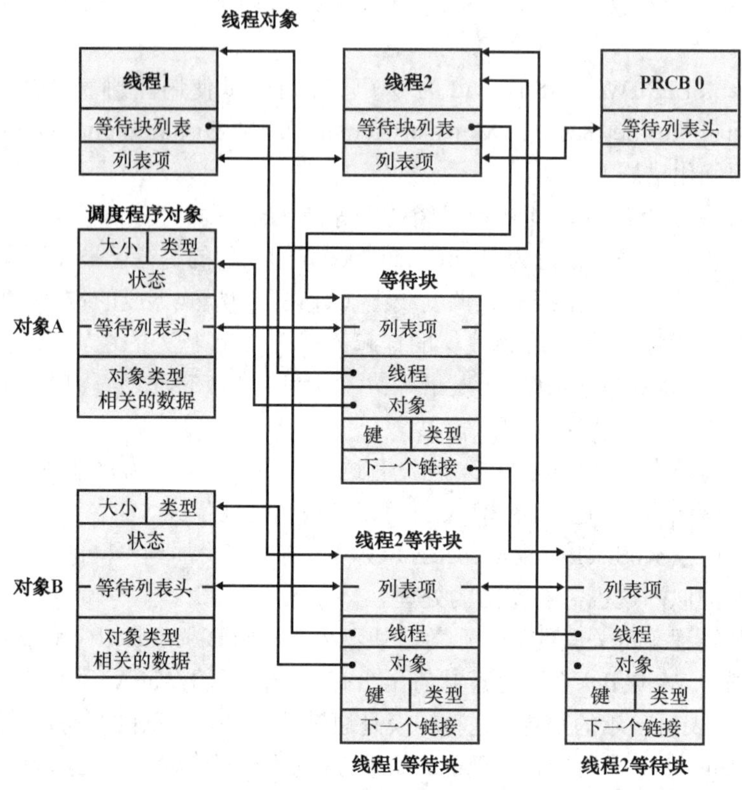

图 8-39　“等待”的数据结构

实验：查看等待队列

我们可以使用内核调试器的**!thread** 命令查看线程正在等待的对象列表。例如，下列命令摘录自**!process** 命令的输出结果，显示了该线程正在等待一个事件对象：

```
lkd> !process 0 4 explorer.exe

    THREAD ffff898f2b345080 Cid 27bc.137c Teb: 00000000006ba000
    Win32Thread: 0000000000000000 WAIT: (UserRequest) UserMode Non-Alertable
            ffff898f2b64ba60 SynchronizationEvent
```

也可以使用 **dx** 命令解读对象的调度程序头，如下所示：

```
lkd> dx (nt!_DISPATCHER_HEADER*)0xffff898f2b64ba60
(nt!_DISPATCHER_HEADER*)0xffff898f2b64ba60: 0xffff898f2b64ba60 [Type: _DISPATC
HER_HEADER*]
    [+0x000] Lock             : 393217 [Type: long]
    [+0x000] LockNV           : 393217 [Type: long]
```

```
[+0x000] Type              : 0x1 [Type: unsigned char]
[+0x001] Signalling        : 0x0 [Type: unsigned char]
[+0x002] Size              : 0x6 [Type: unsigned char]
[+0x003] Reserved1         : 0x0 [Type: unsigned char]
[+0x000] TimerType         : 0x1 [Type: unsigned char]
[+0x001] TimerControlFlags : 0x0 [Type: unsigned char]
[+0x001 ( 0: 0)] Absolute         : 0x0 [Type: unsigned char]
[+0x001 ( 1: 1)] Wake             : 0x0 [Type: unsigned char]
[+0x001 ( 7: 2)] EncodedTolerableDelay : 0x0 [Type: unsigned char]
[+0x002] Hand              : 0x6 [Type: unsigned char]
[+0x003] TimerMiscFlags    : 0x0 [Type: unsigned char]
[+0x003 ( 5: 0)] Index            : 0x0 [Type: unsigned char]
[+0x003 ( 6: 6)] Inserted         : 0x0 [Type: unsigned char]
[+0x003 ( 7: 7)] Expired          : 0x0 [Type: unsigned char]
[+0x000] Timer2Type        : 0x1 [Type: unsigned char]
[+0x001] Timer2Flags       : 0x0 [Type: unsigned char]
[+0x001 ( 0: 0)] Timer2Inserted   : 0x0 [Type: unsigned char]
[+0x001 ( 1: 1)] Timer2Expiring   : 0x0 [Type: unsigned char]
[+0x001 ( 2: 2)] Timer2CancelPending : 0x0 [Type: unsigned char]
[+0x001 ( 3: 3)] Timer2SetPending : 0x0 [Type: unsigned char]
[+0x001 ( 4: 4)] Timer2Running    : 0x0 [Type: unsigned char]
[+0x001 ( 5: 5)] Timer2Disabled   : 0x0 [Type: unsigned char]
[+0x001 ( 7: 6)] Timer2ReservedFlags : 0x0 [Type: unsigned char]
[+0x002] Timer2ComponentId : 0x6 [Type: unsigned char]
[+0x003] Timer2RelativeId : 0x0 [Type: unsigned char]
[+0x000] QueueType         : 0x1 [Type: unsigned char]
[+0x001] QueueControlFlags : 0x0 [Type: unsigned char]
[+0x001 ( 0: 0)] Abandoned        : 0x0 [Type: unsigned char]
[+0x001 ( 1: 1)] DisableIncrement : 0x0 [Type: unsigned char]
[+0x001 ( 7: 2)] QueueReservedControlFlags : 0x0 [Type: unsigned char]
[+0x002] QueueSize         : 0x6 [Type: unsigned char]
[+0x003] QueueReserved     : 0x0 [Type: unsigned char]
[+0x000] ThreadType        : 0x1 [Type: unsigned char]
[+0x001] ThreadReserved    : 0x0 [Type: unsigned char]
[+0x002] ThreadControlFlags : 0x6 [Type: unsigned char]
[+0x002 ( 0: 0)] CycleProfiling   : 0x0 [Type: unsigned char]
[+0x002 ( 1: 1)] CounterProfiling : 0x1 [Type: unsigned char]
[+0x002 ( 2: 2)] GroupScheduling  : 0x1 [Type: unsigned char]
[+0x002 ( 3: 3)] AffinitySet      : 0x0 [Type: unsigned char]
[+0x002 ( 4: 4)] Tagged           : 0x0 [Type: unsigned char]
[+0x002 ( 5: 5)] EnergyProfiling  : 0x0 [Type: unsigned char]
[+0x002 ( 6: 6)] SchedulerAssist  : 0x0 [Type: unsigned char]
[+0x002 ( 7: 7)] ThreadReservedControlFlags : 0x0 [Type: unsigned char]
[+0x003] DebugActive       : 0x0 [Type: unsigned char]
[+0x003 ( 0: 0)] ActiveDR7        : 0x0 [Type: unsigned char]
[+0x003 ( 1: 1)] Instrumented     : 0x0 [Type: unsigned char]
[+0x003 ( 2: 2)] Minimal          : 0x0 [Type: unsigned char]
[+0x003 ( 5: 3)] Reserved4        : 0x0 [Type: unsigned char]
[+0x003 ( 6: 6)] UmsScheduled     : 0x0 [Type: unsigned char]
[+0x003 ( 7: 7)] UmsPrimary       : 0x0 [Type: unsigned char]
[+0x000] MutantType        : 0x1 [Type: unsigned char]
[+0x001] MutantSize        : 0x0 [Type: unsigned char]
[+0x002] DpcActive         : 0x6 [Type: unsigned char]
[+0x003] MutantReserved    : 0x0 [Type: unsigned char]
[+0x004] SignalState       : 0 [Type: long]
[+0x008] WaitListHead      [Type: _LIST_ENTRY]
    [+0x000] Flink             : 0xffff898f2b3451c0 [Type: _LIST_ENTRY *]
    [+0x008] Blink             : 0xffff898f2b3451c0 [Type: _LIST_ENTRY *]
```

该结构是一种联合，因此我们可以忽略与特定对象类型不对应的值，因为这些值是不相关的。然而，除了查看 Windows 内核源代码或 WDK 头文件的注释，我们还很难判断哪些字段与哪个类型相关。为了方便起见，表 8-29 列出了调度程序头标记及其适用的对象。

表 8-29　调度程序头标记的用法和含义

标记	适用于	含义
Type	所有调度程序对象	来自 KOBJECTS 枚举的值，用于标识调度程序对象的类型
Lock	所有对象	用于在等待期间需要修改状态或链接的时候锁定对象，实际上对应于 Type 字段的第 7 位（0x80）
Signaling	门	当门收到信号时，为了唤醒线程而需要提高的优先级
Size	事件、信号量、门、进程	为适合单个字节的要求，将对象的大小除以 4 之后的大小
Timer2Type	闲置可复原计时器	Type 字段的映射
Timer2Inserted	闲置可复原计时器	在计时器插入计时器句柄表的时候设置
Timer2Expiring	闲置可复原计时器	在计时器正在到期时设置
Timer2CancelPending	闲置可复原计时器	在取消计时器时设置
Timer2SetPending	闲置可复原计时器	在注册计时器时设置
Timer2Running	闲置可复原计时器	在计时器回调当前处于活跃状态时设置
Timer2Disabled	闲置可复原计时器	在禁用计时器时设置
Timer2ComponentId	闲置可复原计时器	用于标识与计时器关联的、众所周知的组件
Timer2RelativeId	闲置可复原计时器	在之前指定的组件 ID 中标识这是哪一个计时器
TimerType	计时器	Type 字段的映射
Absolute	计时器	过期时间为绝对值而非相对值
Wake	计时器	代表可唤醒计时器，意味着收到信号后应退出待机状态
EncodedTolerableDelay	计时器	计时器在预期周期之外运行时可支持的最大容差量（以 2 的幂变化）
Hand	计时器	计时器句柄表索引
Index	计时器	计时器过期表索引
Inserted	计时器	在计时器被插入计时器句柄表时设置
Expired	计时器	在计时器已过期时设置
ThreadType	线程	Type 字段的映射
ThreadReserved	线程	未使用
CycleProfiling	线程	已为此线程启用 CPU 周期分析（Profiling）
CounterProfiling	线程	已为此线程启用硬件 CPU 性能计数器监控/分析
GroupScheduling	线程	已为此线程启用调度组，例如在 DFSS（分布式公平共享调度器）模式下运行，或通过实现 CPU 限流的作业对象运行
AffinitySet	线程	线程有一个与之关联的 CPU 集
Tagged	线程	线程已分配属性标签
EnergyProfiling	线程	为该线程所属的进程启用了能耗估算
SchedulerAssist	线程	Hyper-V XTS（eXTended Scheduler）已启用，并且该线程属于 VM 最小进程内部的虚拟处理器（VP）线程
Instrumented	线程	指定该线程是否具备用户模式检测回调

续表

标记	适用于	含义
ActiveDR7	线程	正在使用硬件断点，因此 DR7 处于活跃状态，应在上下文操作期间进行清理。该标记有时也叫作 DebugActive
Minimal	线程	该线程属于一个最小进程
AltSyscall	线程	已为拥有该线程的进程注册了一个备用系统调用处理程序，例如 Pico Provider 或 Windows CE PAL
UmsScheduled	线程	该线程是 UMS Worker（已调度）线程
UmsPrimary	线程	该线程是 UMS Scheduler（主要）线程
MutantType	突变体	Type 字段的映射
MutantSize	突变体	未使用
DpcActive	突变体	DPC 期间获得了突变体
MutantReserved	突变体	未使用
QueueType	队列	Type 字段的映射
Abandoned	队列	队列不再被任何线程等待
DisableIncrement	队列	不应为了唤醒线程并处理队列中的数据包而提高线程优先级

最后，调度程序头也包含上文提到的 SignalState 字段以及 WaitListHead 字段。不过需要注意，在等待列表头指针相同时，这可能意味着没有正在等待的线程，或意味着有一个线程正在等待该对象。若要区分这两种情况，可以看看相同的指针是否恰好是列表本身的地址，如果是，那么代表完全没有正在等待的线程。在上文的例子中，0XFFFF898F2B3451C0 并非列表本身的地址，因此可以这样转储等待块：

```
lkd> dx (nt!_KWAIT_BLOCK*)0xffff898f2b3451c0
(nt!_KWAIT_BLOCK*)0xffff898f2b3451c0          : 0xffff898f2b3451c0 [Type: _KWAIT_BLOCK *]
    [+0x000] WaitListEntry        [Type: _LIST_ENTRY]
    [+0x010] WaitType             : 0x1 [Type: unsigned char]
    [+0x011] BlockState           : 0x4 [Type: unsigned char]
    [+0x012] WaitKey              : 0x0 [Type: unsigned short]
    [+0x014] SpareLong            : 6066 [Type: long]
    [+0x018] Thread               : 0xffff898f2b345080 [Type: _KTHREAD *]
    [+0x018] NotificationQueue    : 0xffff898f2b345080 [Type: _KQUEUE *]
    [+0x020] Object               : 0xffff898f2b64ba60 [Type: void *]
    [+0x028] SparePtr             : 0x0 [Type: void *]
```

本例中，等待类型是 WaitAny，因此可以知道有一个线程正在阻塞事件，还能得到线程的指针。此外还能看到，该等待块是活跃的。接下来可以进一步调查线程结构中与等待相关的几个字段：

```
lkd> dt nt!_KTHREAD 0xffff898f2b345080 WaitRegister.State WaitIrql WaitMode
WaitBlockCount
        WaitReason WaitTime
      +0x070 WaitRegister          :
      +0x000 State                 : 0y001
      +0x186 WaitIrql              : 0 ''
      +0x187 WaitMode              : 1 ''
      +0x1b4 WaitTime              : 0x39b38f8
      +0x24b WaitBlockCount        : 0x1 ''
      +0x283 WaitReason            : 0x6 ''
```

数据显示是一个在 IRQL 0（被动级别）下执行的已提交等待，其等待模式为 UserMode，其时间显示为自启动以来 15 ms 的时钟周期，而产生的原因在于用户模式应用程序的请求。我们还可以发现，这是该线程唯一的等待块，意味着该线程并未等待其他任何对象。

如果等待列表头包含多个条目，我们还可以对等待块的 WaitListEntry 字段中的第二个指针值执行相同命令（并最终在等待块的线程指针上执行!thread），借此来遍历列表并查看等待该对象的其他线程。如果这些线程正在等待多个对象，则可以查看其 WaitBlockCount 以了解还存在多少个其他等待块，并直接为指针增加 sizeof(KWAIT_BLOCK)所对应的值。

另一种可能是，等待类型为 WaitNotification，此时可以使用通知队列指针来转储 Queue (KQUEUE)结构，这本身是一个调度程序对象。此外可能还会有自己的非空等待块列表，这会显示与工作线程相关的等待块，而这个工作线程将以异步方式接收到对象已获得信号的通知。要确定最终会执行哪个回调，我们需要转储用户模式线程池数据结构。

键控事件

一种名为键控事件（keyed event）的同步对象特别值得一提，因为它在用户模式独占同步基元和按照 ID 发出警报基元的开发过程中扮演了关键角色。通过下文的介绍大家会知道，这实际上是 Windows 中实现的一种类似于 Linux 操作系统中 Futex（一种经过了充分研究的计算机科学概念）的东西。最初实现键控事件是为了帮助进程在使用临界区时处理内存不足的情况，是一种用户模式的同步对象，很快我们还将详细介绍。有一种未公开的键控事件允许线程指定自己要等待的“键”，当同一个进程的另一个线程使用相同的键向该事件发送信号后，这个线程就会被唤醒。但正如上文所述，如果觉得这与警报机制比较类似，那是因为键控事件实际上可以看成警报的前兆。

如果发生争用，EnterCriticalSection 会动态分配一个事件对象，想要获取临界区的线程会等待拥有该临界区的其他线程向 LeaveCriticalSection 发送信号。显然，在内存不足的时候这会导致一个问题：临界区的获取可能会失败，因为系统无法分配所需的事件对象。在“病态”情况下，内存不足本身也可能是应用程序试图获取临界区而导致的，这种情况下系统将会遇到死锁。但内存不足并非导致这种失败的唯一情况，一些较为罕见的情况下可能是句柄耗尽导致的。如果进程达到句柄数量上限，事件对象的新句柄创建就会失败。

似乎预先分配一个全局标准事件对象可以解决这种问题，就像上文曾介绍过的保留对象那样。然而，由于一个进程可以有多个临界区，每一个都有自己的锁定状态，这种做法需要预先分配未知数量的事件对象，因此这种方法并不会有效。不过键控事件最主要的特点在于，一个事件可以在不同线程之间重用，只要每个线程提供一个不同的键加以区分即可。通过使用临界区的虚拟地址本身作为这个“键”，这种做法可以有效地让多个临界区（进而让等待方）使用同一个键控事件句柄，而这个句柄是可以在进程启动时预先分配的。

当线程发出键控事件信号或等待键控事件时，会使用一种名为“键”的唯一标识符，键可用于区分不同的键控事件实例（键控事件与单一临界区之间的关联）。当所有者线程发送信号释放键控事件后，只会唤醒等待该键的一个线程（与同步事件行为类似，与通知事件行为相反）。继续介绍使用自己的地址作为键的临界区的例子，这也意味着每个进程依然需要自己的键控事件，因为虚拟地址很明显只能在一个进程的地址空间内维持唯一性。然而事实证明，内核只能唤醒当前进程中的等待方，因此，不同进程之间的键实际上是被隔离的，这意味着整个系统只能有一个键控事件对象。

因此，当 EnterCriticalSection 调用 NtWaitForKeyedEvent 等待键控事件时，会给出一个 NULL 句柄作为该键控事件的参数，告诉内核自己无法创建键控事件。内核会识别出这种行为并使用一个名为 ExpCritSecOutOfMemoryEvent 的全局键控事件。这样做的好处在于，进程不再需要为具名的键控事件浪费一个句柄，因为内核会跟踪该对象及其引用。

然而，键控事件不仅仅是低内存情况下的后备目标。当多个等待方在等待同一个键并且需要被唤醒时，该键会多次收到信号，这需要由对象维持一个列出了所有等待方的列表，以便针对每个等待方执行“唤醒”操作（回想一下，向一个键控事件发送信号的结果与向一个同步事件发送信号的结果是一样的）。即使等待方列表不包含任何线程，线程也可以向键控事件发送信号，这种情况下，将由发出信号的线程来等待事件。

如果没有这种后备机制，那么发出信号的线程可能会在用户模式代码中将键控事件视为未收到信号，并尝试进行等待的情况下向键控事件发出信号。等待可能是在发出信号的线程向键控事件发出信号之后发生的，这会导致错过脉冲，进而导致等待中的线程死锁。通过在这种情况下强制发出信号的线程进行等待，实际上保证了只在当有一方正在寻找（等待）的情况下，才会真正向键控事件发出信号。这种行为也使得键控事件与 Linux Futex 较为相似但也并不完全相同，并使得键控事件可以跨越多个用户模式基元使用，例如 SRW（Slim Read Writer）锁，我们很快将介绍这些内容。

注意 当键控事件等待代码需要等待时，它会使用内核模式线程对象（ETHREAD）中一种名为 KeyedWaitSemaphore 的内置信号量（该信号量会与 ALPC 等待信号量共享自己的位置）。有关线程对象的详情请参阅卷 1 第 4 章。

然而，键控事件并未取代临界区所实现的标准事件对象。最开始在 Windows XP 时代，这是因为键控事件在大量使用的情况下无法提供可扩展性能。仔细回忆一下会发现，之前介绍的所有算法都只能用于关键的低内存场景中，此时性能和可扩展性并没有那么重要。取代标准事件对象，会给键控事件造成本不应承担的压力。主要的性能瓶颈在于，键控事件通过一种双链表列出了所有等待方，此类列表的遍历速度很慢，这意味着遍历整个列表需要花费大量时间。这种情况下，具体所需的时间取决于正在等待的线程数量。由于对象是全局的，列表中可能会包含数十个线程，因此每次设置或等待键的时候都需要花费很长时间进行遍历。

注意 该列表的头保存在键控事件对象中，而线程会通过内核模式线程对象（ETHREAD）的 KeyedWaitChain 字段（会与线程的退出时间共享，存储为 LARGE_INTEGER，其大小与双链表的大小相同）链接在一起。有关该对象的详细信息请参阅卷 1 第 4 章。

Windows Vista 使用哈希表（而非链表）保存等待方线程，由此改善了键控事件的性能。这项优化措施最终使得 Windows 能够提供三个全新的轻量级用户模式同步基元（下文很快将会介绍），这些基元都需要依赖键控事件。不过临界区会继续使用事件对象，这主要是为了保证应用程序的兼容性和调试功能，因为事件对象及其内部原理都是公开且记录在案的，而键控事件是不透明的，也并未暴露给 Win32 API。

不过随着 Windows 8 引入了全新的按照线程 ID 进行报警的功能，一切又再次发生了变化，取消了整个系统对键控事件的使用（但键控事件依然保留供 init once 同步中的一种情况使用，下文很快将会提到）。随着时间推移，临界区结构最终放弃了对常规事件对象的使用，转为使用这种新的功能（需要时可通过应用程序兼容性铺垫来恢复对原始事件对象的使用）。

快速互斥和受保护互斥

快速互斥（fast mutex）也叫执行体互斥，相较互斥对象，它们可提供更好的性能，因为它们尽管建立在调度程序对象（一种事件）上，但只有在执行快速互斥时才会等待。与总是通过调度程序获取的标准互斥不同，在存在争用的情况下，这种特性会让快速互斥获得更好的性能。快速互斥已被广泛应用在设备驱动程序中。

然而，这种效率也要付出成本，因为快速互斥仅适用于所有内核模式 APC（上文进行过介绍）交付可以被禁用的情况下，不像常规互斥对象只需要阻止常规 APC 的交付。有鉴于这一点，执行体定义了两个可用于获取快速互斥的函数：ExAcquireFastMutex 和 ExAcquireFastMutexUnsafe。前者可以将处理器的 IRQL 提升至 APC 级别以阻止所有 APC 交付，后一个“不安全”函数可在将 IRQL 提升至 APC 级别，进而将所有内核模式 APC 交付全部禁用的情况下调用。ExTryToAcquireFastMutex 的执行过程与第一个函数类似，但如果快速互斥已经被持有，实际上它并不会等待，而是直接返回 FALSE。快速互斥的另一个局限在于，无法以递归的方式获取，这一点与互斥对象有所差异。

Windows 8 和后续版本中的受保护互斥（guarded mutex）与快速互斥相同，但要通过 KeAcquireGuardedMutex 和 KeAcquireGuardedMutexUnsafe 获取。与快速互斥类似，受保护互斥也存在 KeTryToAcquireGuardedMutex 方法。

在 Windows 8 之前，这些函数并不会通过将 IRQL 提升至 APC 级别而禁用 APC，而是会进入一个受保护区域，借此可在线程的对象结构中设置一个特殊计数器以禁用 APC 交付，直到该区域退出，这一点上文也有提及。在使用 PIC（本章上文同样进行了介绍）的老版本系统中，这种方式比通过 IRQL 的做法速度更快。此外，受保护互斥使用了一种门调度程序对象，因此速度会比事件略快一些，但这个差异目前也已经不复存在。

受保护互斥的另一个问题在于内核函数 KeAreApcsDisabled。在 Windows Server 2003 之前，该函数通过检查代码是否在临界区运行而判断常规 APC 是否被禁用。在 Windows Server 2003 中，该函数被改为确定代码是否处于临界区或受保护部分中，如果特殊内核 APC 被禁用，该函数也会返回 TRUE。

因为当特殊内核 APC 被禁用时，驱动程序不应执行某些操作，因此，我们调用 KeGetCurrentIrql 来检查 IEQL 是否为 APC 级别，这种做法是有意义的，这也是禁用特殊内核 APC 的唯一方法。然而，随着受保护区域和受保护互斥的引入，即使内存管理器大量使用了这些机制，这些检查也会因为受保护互斥不提升 IRQL 而失败。为此，驱动程序必须调用 KeAreAllApcsDisabled，以此通过受保护部分来检查特殊内核 APC 是否被禁用。这种特性与驱动程序验证器（Driver Verifier）中脆弱的检查功能相结合，会导致误报，最终这一切还导致决定使用快速互斥代替受保护互斥。

执行体资源

执行体资源是一种支持共享访问和独占访问的同步机制，与快速互斥类似，获取执行体资源之前需要禁用所有内核模式 APC 交付。执行体资源也建立在调度程序对象基础上，只会用于存在争用的情况下。整个系统中都用到了执行体资源，尤其是文件系统驱动程序，因为此类驱动程序往往有较长的等待期，并且在等待期间依然要在一定程度上允许进行 I/O 操作（例如读取）。

如果线程要等待获取可共享访问的执行体资源，需要等待该资源相关联的信号量；而如果线程要等待获取可独占访问的执行体资源，需要等待事件。共享的等待方会使用一种包含无限计数器的信号量，因为当独占的持有者通过向信号量发送信号释放资源后，所有等待方都会被唤醒并获得资源访问权。当线程等待独占访问的资源目前被其他线程所拥有时，该线程会等待一个同步事件对象，因为当该事件收到信号后，只有一个等待方会被唤醒。在上文关于同步事件的介绍中曾经提过，一些事件的取消等待（Unwait）操作实际上可能导致优先级提升，使用执行体资源时就会出现这种情况，而这也是执行体资源需要像互斥那样跟踪所有权的原因（有关执行体资源优先级提升的详情，请参阅本书卷 1 第 4 章）。

共享访问和独占访问提供的灵活性催生了多种资源获取函数：ExAcquireResourceSharedLite、ExAcquireResourceExclusiveLite、ExAcquireSharedStarveExclusive 以及 ExAcquireShareWaitForExclusive。这些函数均在 WDK 中提供了相关文档。

新版 Windows 增加了使用相同 API 名称但辅以“Fast”字样的快速执行体资源，如 ExAcquireFastResourceExclusive、ExReleaseFastResource 等。因为通过不同的方式来处理锁的所有权，这些资源的速度更快，但除了弹性文件系统（Resilient File System，ReFS），其他组件并未使用这种资源。在高争用的文件系统访问场景中，ReFS 的性能略优于 NTFS，部分原因也是因为锁定速度更快。

实验：列出已获得的执行体资源

内核调试器的**!locks** 命令可以使用内核的执行体资源链表并转储其状态。默认情况下，该命令只能列出当前拥有的执行体资源，通过曾经公开记录的**–d** 选项可列出所有执行体资源，但现在已不再支持。不过我们依然可以使用**-v** 标记转储所有资源的详细信息。该命令的部分输出结果如下：

```
lkd> !locks -v
**** DUMP OF ALL RESOURCE OBJECTS ****

Resource @ nt!ExpFirmwareTableResource (0xfffff8047ee34440)    Available
Resource @ nt!PsLoadedModuleResource (0xfffff8047ee48120)    Available
    Contention Count = 2
Resource @ nt!SepRmDbLock (0xfffff8047ef06350)    Available
    Contention Count = 93
Resource @ nt!SepRmDbLock (0xfffff8047ef063b8)    Available
Resource @ nt!SepRmDbLock (0xfffff8047ef06420)    Available
Resource @ nt!SepRmDbLock (0xfffff8047ef06488)    Available
Resource @ nt!SepRmGlobalSaclLock (0xfffff8047ef062b0)    Available
Resource @ nt!SepLsaAuditQueueInfo (0xfffff8047ee6e010)    Available
Resource @ nt!SepLsaDeletedLogonQueueInfo (0xfffff8047ee6ded0)    Available
```

```
Resource @ 0xffff898f032a8550   Available
Resource @ nt!PnpRegistryDeviceResource (0xfffff8047ee62b00)   Available
    Contention Count = 27385
Resource @ nt!PopPolicyLock (0xfffff8047ee458c0)   Available
    Contention Count = 14
Resource @ 0xffff898f032a8950   Available
Resource @ 0xffff898f032a82d0   Available
```

请注意，从资源结构中提取的争用计数（contention count）记录了线程试图获取资源，但因为资源被其他线程所拥有而只能等待的次数。通过调试器进入运行中的系统后，我们可能足够幸运捕获到一些这种被持有的资源，例如：

```
2: kd> !locks
**** DUMP OF ALL RESOURCE OBJECTS ****
KD: Scanning for held locks.....

Resource @ 0xffffde07a33d6a28   Shared 1 owning threads
    Contention Count = 28
     Threads: ffffde07a9374080-01<*>
KD: Scanning for held locks....

Resource @ 0xffffde07a2bfb350   Shared 1 owning threads
    Contention Count = 2
     Threads: ffffde07a9374080-01<*>
KD: Scanning for held locks..........................................................

Resource @ 0xffffde07a8070c00   Shared 1 owning threads
     Threads: ffffde07aa3f1083-01<*> *** Actual Thread ffffde07aa3f1080
KD: Scanning for held locks..........................................................

Resource @ 0xffffde07a8995900   Exclusively owned
     Threads: ffffde07a9374080-01<*>
KD: Scanning for held locks..........................................................
    9706 total locks, 4 locks currently held
```

我们可以查看特定资源对象的详情，包括拥有该资源的线程以及正在等待该资源的其他线程。为此需要指定-v开关并提供资源地址，但前提是当前存在被获取（拥有）的资源。例如，下列这个被持有的共享资源似乎与NTFS有关，有线程正试图从文件系统执行读取操作：

```
2: kd> !locks -v 0xffffde07a33d6a28

Resource @ 0xffffde07a33d6a28    Shared 1 owning threads
    Contention Count = 28
     Threads: ffffde07a9374080-01<*>

     THREAD ffffde07a9374080 Cid 0544.1494   Teb: 000000ed8de12000
     Win32Thread: 0000000000000000 WAIT: (Executive) KernelMode Non-Alertable
         ffff8287943a87b8  NotificationEvent
     IRP List:
         ffffde07a936da20: (0006,0478) flags: 00020043 Mdl: ffffde07a8a75950
         ffffde07a894fa20: (0006,0478) flags: 00000884 Mdl: 00000000
     Not impersonating
     DeviceMap                 ffff8786fce35840
     Owning Process            ffffde07a7f990c0       Image:        svchost.exe
     Attached Process          N/A            Image:          N/A
     Wait Start TicksCount     3649           Tickss: 0
     Context Switch Count      31             IdealProcessor: 1
     UserTime                  00:00:00.015
     KernelTime                00:00:00.000
```

```
Win32 Start Address 0x00007ff926812390
Stack Init ffff8287943aa650 Current ffff8287943a8030
Base ffff8287943ab000 Limit ffff8287943a4000 Call 0000000000000000
Priority 7 BasePriority 6 PriorityDecrement 0 IoPriority 0 PagePriority 1
Child-SP          RetAddr           Call Site
ffff8287`943a8070 fffff801`104a423a nt!KiSwapContext+0x76
ffff8287`943a81b0 fffff801`104a5d53 nt!KiSwapThread+0x5ba
ffff8287`943a8270 fffff801`104a6579 nt!KiCommitThreadWait+0x153
ffff8287`943a8310 fffff801`1263e962 nt!KeWaitForSingleObject+0x239
ffff8287`943a8400 fffff801`1263d682 Ntfs!NtfsNonCachedIo+0xa52
ffff8287`943a86b0 fffff801`1263b756 Ntfs!NtfsCommonRead+0x1d52
ffff8287`943a8850 fffff801`1049a725 Ntfs!NtfsFsdRead+0x396
ffff8287`943a8920 fffff801`11826591 nt!IofCallDriver+0x55
```

推锁

推锁（pushlock）是另一种基于事件对象的优化同步机制，与快速互斥和受保护互斥类似，推锁仅在锁争用时才会等待事件。不过推锁也提供了优于两种互斥的优势：推锁与执行体资源一样，能够以共享或独占的模式获取。然而与执行体资源的不同之处在于，推锁由于其大小而提供了一种额外优势：资源对象的大小为 104 字节，而推锁的大小和指针相当。因此推锁无须进行分配或初始化，可以保证在内存不足时正常工作。内核中的很多组件已经从执行体组件转为使用推锁，现代的第三方驱动程序也全部使用了推锁。

推锁可分为四种类型：常规（Normal）、缓存感知（Cache-aware）、自动扩展（Auto-expand）以及基于地址（Address-based）。常规推锁只需要与指针一样大小的存储容量（32 位系统为 4 字节，64 位系统为 8 字节）。当线程获得常规推锁后，如果该推锁目前尚未被任何一方拥有，推锁代码会将该推锁标记为“已被拥有”。如果推锁被独占拥有，或线程希望独占拥有但该推锁目前正被其他线程所共享，该线程会在线程栈上分配一个等待块，在等待块中初始化一个事件对象，随后将该等待块添加到与该推锁相关的等待列表中。当其他线程释放该推锁后，线程会唤醒一个等待方（如果存在的话），为此会为等待方的等待块中的事件发送信号。

由于推锁的大小与指针相同，因此其中会包含各种位，并借助这些位来描述自己的状态。随着推锁从争用状态变为非争用状态，这些位的含义也会发生变化。在初始状态下，推锁包含下列结构。

- 一个锁定位，如果锁已被获取，则会被设置为“1”。
- 一个等待位，如果锁处于争用状态并且有其他方正在等待，则会被设置为“1”。
- 一个等待位，如果锁已经被分配给某个线程并且等待方的列表需要优化，则会被设置为“1”。
- 一个多重共享位，如果推锁被共享并且目前被多个线程所获取，则会被设置为“1”。
- 28（32 位 Windows）或 60（64 位 Windows）个共享计数位，包含目前获取该推锁的线程的数量信息。

正如上文所述，当线程需要以独占方式获取推锁，而该推锁已被多个读取方或一个写入方所获取时，内核会分配一个推锁等待块。而推锁值本身的结构也会发生变化，共享计数位将变为等待块的指针。因为该等待块是在栈上分配的，并且头文件包含一个特殊的对齐指令来强制保证 16 字节对齐，任何推锁等待块结构中底部的 4 位都将归零。因此在指针取消引用的目的中，这些位会被忽略，而上文提到的 4 位会与指针值结合在一起。由于这种对齐移除了共享计数位，因此共享计数会被存储在等待块中。

缓存感知推锁通过为系统中的每个处理器分配一个推锁，将其与缓存感知推锁相关联，为常规（基本）推锁添加了一个额外的“层”。当线程想要获取可共享访问的缓存感知推锁时，只需获取分配给共享模式下当前处理器的推锁即可；如果要以独占方式获得缓存感知推锁，则线程可以获取独占模式下当前处理器的推锁。

不过大家可能已想到，随着 Windows 现在最多已经可以支持包含 2560 个处理器的系统，缓存感知推锁中潜在的缓存填充插槽（Cache-padded slot）需要进行大量的固定分配，即便处理器较少的系统也是如此。系统对处理器热添加功能的支持让问题变得更棘手，因为从技术的角度来看，这需要提前预分配所有的 2560 个插槽，从而导致数 KB 大小的锁结构。为了解决这个问题，现代版本的 Windows 还实现了一种自动扩展推锁。顾名思义，此类缓存感知推锁可以根据需要，基于争用或基于处理器数量动态增加缓存插槽的数量，借此保证能够顺利扩展，同时借助执行体的插槽分配程序，预留出分页或非分页内存池（取决于分配自动展开推锁时锁传入的标记）。

然而对第三方开发者来说，缓存感知推锁（以及以此为基础发展出来的自动扩展推锁）的相关用法并未提供官方文档，尽管某些数据结构（例如 Windows 10 21H1 以及后续版本中的 FCB 头）确实以不透明的方式使用了这些机制（有关 FCB 头的详细信息请参阅第 11 章）。内核中使用了自动扩展推锁的内部部分还包括内存管理器，内存管理器会通过该机制保护地址窗口扩展（Address Windowing Extension，AWE）数据结构。

最后，还有另一种未提供文档，但可导出的推锁：基于地址的推锁，它使用了一种类似于稍后要介绍的用户模式下基于地址的等待机制，进一步完善了推锁的实现。除了作为一种不同“类型”的推锁，基于地址的推锁更多地被用于代表其背后所使用的接口。在一端，一个调用方使用 ExBlockOnAddressPushLock 传入一个推锁、感兴趣的某个变量的虚拟地址、变量大小（最多 8 字节），及一个包含预期或期望变量值的比较地址。如果该变量当前没有预期值，将使用 ExTimedWaitForUnblockPushLock 初始化一个等待。这种行为与争用推锁的获取行为类似，不同之处在于可指定超时值。在另一端，另一个调用方在对监视的地址进行更改后使用 ExUnblockOnAddressPushLockEx 向等待方发出信号，告知对方值已更改。这种技术在处理受到锁或互锁操作保护的数据时非常有用，借此相互竞争的读取方就可以在锁之外等待写入方通知更改已完成。除了内存占用更小，推锁相较于执行体资源的另一个优势在于，在争用情况下，推锁不需要冗长的“记账”和整数操作即可获取或释放。因为与指针一样小，内核可以使用原子 CPU 指令执行这些任务（例如在 x86 和 x64 处理器上使用的 lock cmpxchg 指令，能以原子方式将新老锁进行对比和交换）。如果这种原子性的对比和交换失败，锁将包含调用方未预料到的值（调用方通常期待锁未被使用，或以共享的方式获取锁），随后即可调用更复杂的争用版本。

为了进一步改善性能，内核会将推锁功能暴露为内联函数，这意味着在非争用获取期间不会产生任何函数调用，汇编代码会直接插入每个函数中。这会让代码的大小略微增加，但避免了缓慢的函数调用。最终，推锁还会使用多种算法上的小技巧来避免锁护送（lock convoy，这种情况是指多个相同优先级的线程都在等待同一个锁，因而导致几乎没有完成什么实际的工作），并借此实现自我优化：等待推锁的线程列表会定期重新排序，以便在推锁被释放时提供更公平的行为。

另一种适用于推锁（包括基于地址的推锁）获取的性能优化措施是：发生争用的过程中，在让调度程序对象等待推锁等待块事件之前，执行类似于机会性自旋锁的行为。如果系统还有至少一个尚未休止（unparked）的处理器（有关内核休止的详细信息，请参阅卷 1 第 4 章），内核会像自旋锁那样进入一种紧密的、基于旋转的 ExpSpinCycleCount 循环，但并不会提升 IRQL，而是会为每次迭代发出一个 Yield 指令（例如 x86/x64 的 Pause 指令）。如果在任何迭代期间推锁似乎已被释放，那么将执行互锁操作获取该推锁。

如果旋转周期超时，或者互锁操作（因为竞争）失败，或者没有至少一个额外的尚未休止的处理器，则会在推锁等待块中为事件对象使用 KeWaitForSingleObject。在包含一个以上逻辑处理器的计算机中，ExpSpinCycleCount 会被设置为 10240 个周期，且无法修改。如果系统搭载 AMD 处理器并实现了 MWAITT（MWAIT 计时器）规范，则会使用 Monitorx 和 Mwaitx 指令代替旋转循环。这种基于硬件的功能可以在无须进入循环的前提下，在 CPU 层面上等待某个地址的值发生变化，同时还可允许提供超时值（由内核根据 ExpSpinCycleCount 提供），这样就无须陷入无尽的等待。

最后需要注意的是，随着自动提升功能（详见卷 1 第 4 章）的引入，推锁也默认利用了这个功能，除非调用方使用新的 ExXxxPushLockXxxEx 函数，允许传入禁用该功能的 EX_PUSH_LOCK_FLAG_DISABLE_AUTOBOOST 标记（该标记未提供官方文档）。在默认情况下，非 Ex 函数现在可以调用更新的 Ex 函数，但无法提供这个标记。

基于地址的等待

考虑到键控事件中存在的一些情况，Windows 内核现在暴露给用户模式的键同步基元是一种按照 ID 发送警报（alert-by-ID）的系统调用（以及对应的按照 ID 等待警报，wait-on-alert-by-ID）。借助这两种无须内存分配和句柄的简单系统调用，可以构建任意数量的进程本地同步，其中就包括下面即将介绍的基于地址的等待机制。在此之上还有其他基元，例如临界区以及 SRW 锁，都是基于此形成的。

基于地址的等待基于三个已经提供了文档的 Win32 API 调用：WaitOnAddress、WakeByAddressSingle 以及 WakeByAddressAll。KernelBase.dll 中的这些函数只是 Ntdll.dll 的转发器，其中真正的实现也以类似的名称存在，这些名称均以“Rtl”字样开头，代表 Run Time Library（运行时库）。Wait API 会接收指向自己感兴趣值的地址、值的大小（最大 8 字节）、不需要的值的地址及超时值。Wake API 只能接收地址。

首先，RtlWaitOnAddress 会构建一个本地地址等待块，借此跟踪线程 ID 和地址，并将其插入进程环境块（Process Environment Block，PEB）中的一个进程哈希表中。这与之前介绍过的 ExBlockOnAddressPushLock 的实际工作较为类似，但后者不需要这个哈希表，因为调用方需要将推锁指针存储在某个位置。随后，与内核 API 类似，RtlWaitOnAddress 会检查目标地址是否包含与“不需要的值”不同的值，如果包含，则会移除该地址等待块并返回 FALSE；否则会调用一个内部函数加以阻塞。

如果有多个可用的未休止处理器，阻塞函数会先尝试着在用户模式下对代表可用性的地址等待块位的值进行旋转，以避免进入内核，该位基于 RtlpWaitOnAddressSpinCount 的值，如果系统包含超过一个处理器，则该值会被写死为“1024”。如果等待块依然存在争用，则会使用 NtWaitForAlertByThreadId 向内核发出系统调用，并将作为提示参数的地址和超时值传入。

如果函数因为超时而返回，那么地址等待块中会设置标记来代表这种情况，并且该块会被移除，函数将返回 STATUS_TIMEOUT。不过还有一种较为微妙的竞争关系：调用方可能恰巧在等待超时后的几个周期内调用了 Wake 函数。由于等待块标记被一条比较-交换指令所修改，所以代码可以检测到这种情况并再一次实际调用 NtWaitForAlertByThreadId，这次将不包含超时。借此可保证能够返回，因为代码知道唤醒正在进行中。不过要注意，在非超时的情况下，无须移除等待块，因为唤醒方已经移除了。

在等待方这一端，RtlWakeOnAddressSingle 和 RtlWakeOnAddressAll 都利用了相同的辅助函数，该函数可对输入的地址进行哈希处理，并在本节上文提到的 PEB 哈希表中查找。通过与比较-交换指令慎重地进行同步，即可从哈希表中移除地址等待块，并且，如果已通过提交唤醒了任何等待方，还会遍历相同地址的所有匹配等待块，在该 API 单一版本的全部或第一个应用中，为每个等待块调用 NtAlertThreadByThreadId。

借助这样的实现，我们基本上已经具备了键控事件的用户模式实现，该实现不依赖任何内核对象或句柄，甚至不依赖任何全局对象，从而彻底避免了资源不足时的失败。因此，内核只需要负责将线程置于等待状态，或将处于等待状态的线程唤醒。

下面将介绍在争用期间利用该功能提供同步的各类基元。

临界区

临界区是 Windows 在基于内核的同步基元基础上为用户模式应用程序开发者提供的主要同步基元之一。相较于内核模式的对应基元，临界区相对下文涉及的其他用户模式基元的最大优势之一在于，在锁未被争用的情况（99%甚至更多时候都是这种情况）下，节省了一次到内核模式的往返。然而，存在争用的情况下依然需要调用内核，因为这是系统中唯一可以执行复杂的唤醒和调度逻辑，以便让这些对象可以正常工作的地方。

临界区可使用一个本地位提供主要的独占锁逻辑（类似于推锁），以便让自己维持在用户模式下。如果该位设置为“0”，临界区即可被获取，随后所有者会将该位设置为“1”。该操作无须调用内核，而是会使用上文介绍过的互锁 CPU 操作。临界区的释放也会产生类似行为，通过互锁操作将这个位的状态由“1”改为“0”。另外，很多人可能已经猜到了，如果该位已经为“1”并且其他调用方试图获取该临界区，必须调用内核以便让线程进入等待状态。

类似于推锁和基于地址的等待，为避免进入内核，临界区也实现了进一步优化措施：旋转（spinning），这有些类似于锁定位上的自旋锁（尽管处于 IRQL 0 被动级别），借此实现足够快速的清除以避免阻塞等待。在默认情况下，旋转会设置为 2000 个周期，但可在创建时使用 InitializeCriticalSectionEx 或 InitializeCriticalSectionAndSpinCount API 设置为其他值，创建之后也可调用 SetCriticalSectionSpinCount 修改默认值。

注意　正如上文所述，为了进行优化，WaitForAddressSingle 已经实现了繁忙的旋转等待，且默认为 1024 个周期。因此从技术上来看，旋转操作默认将花费 3024 个周期：首先在临界区的锁定位上旋转，随后在等待地址块的锁定位上旋转，最后才能真正进入内核。

在确实需要进入真正的争用路径时，临界区会在首次被调用时尝试着初始化自己的 LockSemaphore 字段。在现代版本的 Windows 中，只有在设置 RtlpForceCSToUseEvents

后才会这样做，如果通过应用程序兼容性数据库为当前进程设置了 KACF_ALLOCDEBUGINFOFORCRITSECTIONS (0x400000)标记，就会发生这种情况。然而，如果该标记已设置，还会创建底层的调度程序事件对象（即使该字段代表了信号量，该对象也是一种事件）。随后假设事件已创建，还会调用 WaitForSingleObject 以阻塞临界区（通常会使用每个进程可配置的超时值以便为死锁的调试提供帮助，然后重新尝试进行等待）。

在未请求应用程序兼容性铺垫，或内存严重不足时虽然请求了铺垫但无法创建事件的情况下，临界区将不再使用该事件（也不再使用上文提到的任何键控事件功能）。相反，此时将直接利用上文介绍的基于地址的等待机制（并同样使用上一段所介绍的相同的死锁检测超时机制）。本地位的地址会提供对 WaitOnAddress 的调用，只要临界区被 LeaveCriticalSection 释放，即可调用事件对象的 SetEvent，或调用本地位的 WakeAddressSingle。

注意 尽管我们一直使用 Win32 名称来指代 API，但实际上，临界区是由 Ntdll.dll 实现的，而 KernelBase.dll 只是将函数转发给以“Rtl”字样开头的相同函数，因为它们是运行时库的一部分。因此 RtlLeaveCriticalSection 会调用 NtSetEvent、RtlWakeAddressSingle 等函数。

因为临界区并非内核对象，因此也存在某些局限。主要是我们无法获得临界区的内核句柄，因此对象管理器的安全、命名或其他功能都不适用于临界区。两个进程无法使用相同的临界区来协调自己的操作，也不能进行复制或继承。

用户模式资源

用户模式资源也提供了比内核基元更细化的锁定机制。资源能够以共享模式或独占模式获取，进而使其可充当数据库等数据结构的多读取方（共享）、单写入方（独占）锁。当以共享模式获取一个资源而其他线程试图获取同一个资源时，将无须访问内核，因为没有正处于等待状态的线程。只有当一个线程试图以独占访问方式获取资源时，或资源已经被独占的所有者锁定时，才需要访问内核。

为了使用与内核中相同的调度和同步机制，资源会直接使用现有的内核基元。资源数据结构（RTL_RESOURCE）包含指向两个内核信号量对象的句柄。当资源被多个线程独占获取后，该资源会通过一个释放计数释放独占信号量，因为资源最多只能有一个所有者。当资源被多个线程共享获取后，资源会释放共享信号量，以及与共享的所有者数量相同的释放计数。这种级别的细节通常会对开发者隐藏起来，并且这些内部对象也永远不应直接使用。

资源最初是为了支持 SAM（Security Account Manager，安全账户管理器，详见本书卷 1 第 7 章）而实现的，并未通过 Windows API 暴露给标准应用程序。下文将要介绍的精简读取器-写入器（Slim Reader-Writer，SRW）锁会通过具备详细文档的 API 实现一个类似但高度优化的锁定基元，不过一些系统组件依然使用了资源机制。

条件变量

条件变量（condition variable）为等待条件测试特定结果的一系列线程的同步提供了一种 Windows 原生实现。尽管通过用户模式的其他同步方法也能实现该操作，但缺乏用于检查条件测试结果并开始结果中某一变化所需的原子机制。系统需要围绕这些代码进行额外的同步。

用户模式线程通过调用 InitializeConditionVariable 来初始化条件变量并设置其初始状态。在需要发起对变量的等待时，会调用 SleepConditionVariableCS，借此使用一个临界区（线程必须已经完成该临界区的初始化）来等待变量的更改，更好的情况则是使用 SleepConditionVariableSRW，借此将使用下文即将介绍的 SRW 锁，从而让调用方获得对独占（写入方）获取进行共享（读取方）的优势。

同时，设置线程还必须在修改了变量后使用 WakeConditionVariable（或 WakeAllConditionVariable）。取决于实际使用的函数，该调用可释放一个或全部等待中线程的临界区或 SRW 锁。这听起来像是基于地址的等待，因为这就是基于地址的等待，并且还能对比较和等待操作的原子性提供额外保证。此外，条件变量是在基于地址的等待之前实现的（也就先于按照 ID 发出的警报），并且必须依赖键控事件，因此只能近似实现所需行为。

在条件变量出现前，通常需要使用通知事件或同步事件（回忆可知，它们在 Windows API 中被称为“自动重置”或“手动重置”）来指示变量的更改，例如工作队列的状态。等待这种更改需要获取一个临界区随后将其释放，然后等待一个事件。等待之后，还需要重新获取临界区。在这一系列获取和释放过程中，线程可能已经切换了上下文，如果其中一个线程调用了 PulseEvent 就会导致问题(类似于键控事件在没有等待方的情况下强制等待其他线程发出信号所要解决的问题)。有了条件变量后，临界区或 SRW 锁的获取可以由应用程序来维护，此时会调用 SleepConditionVariableCS/SRW，并且只有在实际工作完成后才会释放。这使得写操作工作队列的代码（和类似的实现）可以用更简单，更可预测的方式完成。

然而，随着 SRW 锁和临界区移动至基于地址的等待基元，条件变量已经可以直接利用 NtWaitForAlertByThreadId 并直接向线程发出信号，同时可以构建在结构上类似于上文介绍的地址等待块的条件变量等待块。借此可完全消除对键控事件的需求，只不过为了实现向后兼容性，依然需要保留键控事件。

精简读取器/写入器（SRW）锁

尽管条件变量是一种同步机制，但并非完整的基元锁，因为它们会围绕自己锁定的行为进行隐式值比较，并且依赖于更高级的抽象（也就是“锁”）。同时，基于地址的等待是一种基元操作，但只提供了基本的同步基元，而非真正的锁定。在这两个世界之间，Windows 有一种真正的锁定基元，它几乎与推锁完全相同，那就是精简读取器/写入器锁（SRW 锁）。

与内核中的对应物一样，SRW 锁的大小同样与指针相等，使用原子操作来获取和释放，可防止锁护送并会重新调整等待方列表，能够以共享和独占的模式获取。与推锁类似，SRW 锁可以从共享模式升级或转换为独占模式，反之亦然，并且在递归获取方面也遵循相同的限制。唯一的真正区别在于：SRW 锁是用户模式代码独有的，而推锁是内核模式代码独有的，两者无法从一层共享或暴露给另一层。因为 SRW 锁同样使用了 NtWaitForAlertByThreadId 基元，因此无须进行内存分配，并且可以保证永远不会失败（除非使用方法有误）。

SRW 锁不仅可以彻底取代应用程序代码中的临界区，从而减少分配大型 CRITICAL_

SECTION 结构（原本需要创建事件对象）的需求，而且提供了多读取方、单写入方功能。SRW 锁必须首先使用 InitializeSRWLock 进行初始化，或者使用 Sentinel 值进行静态初始化，随后即可通过相应的 API（AcquireSRWLockExclusive、ReleaseSRWLockExclusive、AcquireSRWLockShared 以及 ReleaseSRWLockShared）以独占的或共享的模式获取或释放。此外，还可通过 API 以机会性的方式获取锁，保证不会发生阻塞操作，以及将锁从一种模式转换为另一种模式。

注意 与大部分其他 Windows API 不同，SRW 锁函数不返回任何值，相反，它们会在无法获取锁时生成异常。这会让获取操作失败变得更明显，遇到这种情况，原本假设成功获取锁的代码就可以直接终止，而不用冒着可能损坏用户数据的风险继续处理。由于 SRW 锁不会因资源耗尽而失败，因此在共享模式下错误地释放了非共享 SRW 锁之后，STATUS_RESOURCE_NOT_OWNED 将成为唯一可能的异常。

Windows SRW 锁会以平等的方式对待读取方和写入方，这意味着在这两种情况下都应该能实现相同的性能。这也使得 SRW 锁成为临界区的绝佳替代品，因为临界区是写入方独有或独占的同步机制，并且也针对资源优化提供了替代方案。如果 SRW 锁针对读取方进行优化，那么将成为一种糟糕的独占锁，好在事实并非如此。因此上文我们曾提到，条件变量也可以通过 SleepConditionVariableSRW API 使用 SRW 锁。也就是说，键控事件虽然不再用于一种机制（SRW）中，但依然用在其他机制（CS）中，因此，基于地址的等待削弱了除代码更小之外的其他所有好处，并削弱了具备共享锁以及独占锁的能力。尽管如此，以老版本 Windows 为目标的代码也应当使用 SRW 锁，以保证在依然使用了键控事件的内核中提供更多好处。

运行一次初始化

在多线程编程领域存在一个典型问题：如何保证以原子性的方式执行一段负责某类初始化任务（如分配内存、初始化某些变量，甚至按需创建对象）的代码。如果一段代码可以被多个线程同时调用（例如负责初始化 DLL 的 DllMain 例程），即可通过多种方法尝试着以正确、原子性、唯一的方式执行初始化任务。

对于这种情况，Windows 实现了一次性初始化（Init once）机制，即 One-time 初始化（在内部也叫 Run once 初始化）。该 API 以 Win32 变体的形式存在，可调用 Ntdll.dll 的运行时库（Rtl），就好像上文介绍的其他各种机制一样。此外，它还能调用一系列记录在案的 Rtl API 集，这些 API 可通过 Ntoskrnl.exe 暴露给内核程序员（很明显，用户模式开发者也可以绕过 Win32 直接使用 Ntdll.dll 中的 Rtl 函数，但不推荐这样做）。这两种实现唯一的差别在于，内核最终会使用事件对象进行同步，而用户模式会使用键控事件（实际上需要传入一个 NULL 句柄，以使用曾被临界区使用过的低内存键控事件）。

注意 由于最新版本的 Windows 在内核模式实现了一种基于地址的推锁，并在用户模式下实现了基于地址的等待基元，因此，Rtl 库可能会通过更新转为使用 RtlWakeAddressSingle 和 ExBlockOnAddressPushLock，实际上，未来版本的 Windows 将可能始终这样做：键控事件只是为老版本 Windows 中的调度程序事件对象提供了一个类似的接口。必须再次提醒的是，请不要完全依赖本书所介绍的各种内部细节，因为这些细节随时有可能出现变化。

Init once 机制允许以同步方式（意味着其他线程必须等待初始化完成）和异步方式（意味着其他线程可以试着进行自己的初始化并展开竞争）执行某些代码。在了解了同步机制后，再来看看异步执行背后的逻辑。

在同步执行情况下，开发者所编写的代码通常可以在专用函数中的全局变量被复查之后开始执行。例程所需的任何信息均可通过 Init once 例程中可接受的参数变量传递。而任何输出信息都会通过上下文变量返回（初始化操作本身的状态可作为布尔值返回）。为确保正确执行，开发者只需要在使用 InitOnceInitialize API 初始化 INIT_ONCE 对象后，通过参数、上下文以及 Run-once 函数指针调用 InitOnceExecuteOnce 即可。其余工作将由系统完成。

对于想要使用异步模型的应用程序，线程可调用 InitOnceBeginInitialize，并收到一个 BOOLEAN 挂起状态以及上文所提到的上下文。如果挂起状态为 FALSE，意味着初始化已经发生，线程将使用结果所包含的上下文值（函数也可能返回 FALSE，这意味着初始化失败）。然而，如果挂起状态返回 TRUE，则线程应当通过竞争优先创建对象。随后执行的代码将完成所需的各种初始化任务，例如创建对象或分配内存。当这些工作完成后，线程会使用之前工作的结果作为上下文调用 InitOnceComplete，并收到 BOOLEAN 状态。如果该状态为 TRUE，意味着线程赢得了竞争，它所创建或分配的对象将成为全局对象。随后取决于具体用法，该线程可以保存该对象或将其返回给调用方。

在更复杂的情况下，如果状态为 FALSE，这意味着线程竞争失败。此时该线程必须撤销自己所做的全部工作，如删除对象或释放内存，随后再次调用 InitOnceBeginInitialize。不过这一次不用像第一次那样请求重新开始竞争，而是可以使用 INIT_ONCE_CHECK_ONLY 标记，这样线程就知道自己曾经在竞争中输过，并转为请求竞争胜利者的上下文（例如胜利者所创建或分配的对象或内存）。这会返回另一个状态，可以是 TRUE，意味着上下文有效，可以直接使用或返回给调用方；但也可以是 FALSE，意味着初始化已失败，大家都不能执行工作（例如可能是因为内存不足）。

在这两种情况下，运行一次初始化机制类似于条件变量和 SRW 锁机制。Init once 结构大小与指针相同，内联的汇编版本 SRW 获取/释放代码可用于非争用情况，键控事件则可用于争用已经发生（该机制以同步模式使用时会发生这种情况）而其他线程必须等待初始化的情况下。异步模式下会以共享模式使用锁，因此多个线程可以同时进行初始化。尽管不像按照 ID 发出警报基元那么高效，但键控事件保证了 Init once 机制在内存耗尽时依然能够工作。

8.8　高级本地过程调用

所有现代操作系统都需要一种机制，以便在用户模式下的一个或多个进程之间，或在内核的服务和用户模式下的客户端之间，安全、高效地传输数据。通常情况下，邮件槽、文件、命名管道和套接字等 UNIX 机制可用于实现可移植性，但在其他情况下，开发者也可以利用操作系统特定的功能，例如 Win32 图形应用程序中无处不在的窗口消息。此外，Windows 还实现了一种名为高级（或异步）本地过程调用（Advanced Local Procedure Call，ALPC）的内部 IPC 机制，这是一种高速、可扩展、安全的设施，可用于传递任意大小的消息。

注意 ALPC 取代了最初伴随 Windows NT 第一个内核设计中所采用的古老的 IPC 机制：LPC。因此，至今某些变量、字段和函数可能依然将其称为“LPC”。不过要注意，为了保证兼容性，目前的 LPC 是在 ALPC 基础上模拟而来的，已经从内核中移除（遗留的系统调用依然存在，但会被包装成 ALPC 调用）。

尽管 ALPC 作为内部机制无法供第三方开发者使用，但在 Windows 的各个部分依然实现了广泛应用。

- 使用远程过程调用（RPC）的 Windows 应用程序，作为一种公开的 API，当通过 ncalrpc 传输指定本地 RPC 时，会间接用到 ALPC，这是一种用于在同一系统的进程之间进行通信的 RPC 形式。ALPC 现已成为几乎所有 RPC 客户端的默认传输，此外，当 Windows 驱动程序使用内核模式 RPC 时，也会暗含地使用 ALPC 作为唯一允许的传输。
- 当 Windows 进程或线程启动时，以及在任何 Windows 子系统运行期间，都会使用 ALPC 与子系统进程（CSRSS）通信。所有子系统均会通过 ALPC 与会话管理器（SMSS）通信。
- 当 Windows 进程引发异常时，内核的异常调度程序会使用 ALPC 与 Windows 错误报告（Windows Error Reporting，WER）服务通信。进程也可以自行与 WER 通信，例如，通过未处理的异常处理程序进行通信（WER 详见第 10 章）。
- Winlogon 会使用 ALPC 与本地安全认证进程（LSASS）通信。
- 安全引用监视器（一种执行体组件，详见本书卷 1 第 7 章）会使用 ALPC 与 LSASS 进程通信。
- 用户模式电源管理器和电源监视器会通过 ALPC 与内核模式电源管理器通信，例如，当 LCD 亮度被更改后。
- 用户模式驱动程序框架（User-Mode Driver Framework，UMDF）使得用户模式驱动程序能够通过 ALPC 与内核模式反射器驱动程序进行通信。
- CoreUI 所用的全新核心消息（core messaging）机制以及现代 UWP UI 组件会使用 ALPC 与 Core Messaging Registrar 注册，并发送序列化消息对象，这种方式取代了老旧的 Win32 窗口消息模型。
- 在启用凭据保护（credential guard）功能后，隔离的 LSASS 进程会使用 ALPC 与 LSASS 通信。类似地，安全内核也会通过 ALPC 向 WER 传输 Trustlet 崩溃转储信息。

从这些例子可以看出，ALPC 通信涵盖了所有可能的安全边界类型：从非特权应用程序到内核，从 VTL 1 Trustlet 到 VTL 0 服务，以及这之间的一切。因此，安全性和性能成了相关设计中的一个关键要求。

8.8.1 连接模型

通常来说，ALPC 消息会被用于服务器进程以及该服务器的一个或多个客户端进程之间。两个或更多个用户模式进程之间，或内核模式组件与一个或多个用户模式进程之间，甚至两个内核模式组件之间（尽管这并非是最有效的通信方式）也可建立 ALPC 连接。

为了维持通信所需要的状态，ALPC 会暴露出一个名为端口对象（port object）的执行体对象。虽然这只是一个对象，但可以代表多种类型的 ALPC 端口。

- **服务器连接端口**。一种命名端口，充当了服务器连接的请求点。客户端可以连接到这种端口进而连接到服务器。
- **服务器通信端口**。一种未命名端口，服务器可借此与自己的客户端通信。服务器会为每个活跃的客户端提供一个这种端口。
- **客户端通信端口**。一种未命名端口，每个客户端需要借此与自己的服务器通信。
- **未连接通信端口**。一种未命名端口，客户端可以借此与自己进行本地通信。这种模型在从 LPC 到 ALPC 的转换过程中被废除了，但为了保证兼容性，依然会对遗留的 LPC 进行模拟。

ALPC 遵循了一种连接和通信模型，这一点类似于 BSD Socket 编程。服务器首先需要创建一个服务器连接端口（NtAlpcCreatePort），随后客户端尝试着连接到该端口（NtAlpcConnectPort）。如果服务器处于侦听状态（使用 NtAlpcSendWaitReceivePort），则将会收到连接请求消息并可选择接受该请求（NtAlpcAcceptConnectPort）。以此将创建客户端和服务器通信端口，并且每个端点进程将会收到一个指向其通信端口的句柄。随后将通过该句柄发送消息（依然使用 NtAlpcSendWaitReceivePort），服务器继续使用相同 API 接收这些消息。因此，在最简单的情况下，将有一个位于循环中的服务器线程调用 NtAlpcSendWaitReceivePort 接收被自己接受的连接请求，以及自己所要处理并响应的消息。服务器可读取 PORT_HEADER 结构以区分不同消息，这个结构位于每个消息的头部，包含了与消息类型有关的信息。表 8-30 列出了各种不同的消息类型。

表 8-30　ALPC 消息类型

类型	含义
LPC_REQUEST	一种常规的 ALPC 消息，可能会获得一个同步的回复
LPC_REPLY	一种 ALPC 消息数据报，作为对前一个数据报的异步回复来发送
LPC_DATAGRAM	一种 ALPC 消息数据报，会被立即释放，无法同步回复
LPC_LOST_REPLY	已弃用，被遗留的 LPC Reply API 所使用
LPC_PORT_CLOSED	在 ALPC 端口的最后一个句柄被关闭后发送，通知客户端和服务器另一端已结束
LPC_CLIENT_DIED	由进程管理器（PspExitThread）使用遗留 LPC 发送至线程注册的终止端口以及进程注册的异常端口
LPC_EXCEPTION	由用户模式调试框架（DbgkForwardException）使用遗留 LPC 发送给异常端口
LPC_DEBUG_EVENT	已弃用，当遗留的用户模式调试服务属于 Windows 子系统的一部分时，被这些调试服务所使用
LPC_ERROR_EVENT	当用户模式产生硬错误（NtRaiseHardError）后发送，会使用遗留 LPC 发送至目标线程的异常端口（如果有的话），否则会发送至错误端口，通常是 CSRSS 所拥有的错误端口
LPC_CONNECTION_REQUEST	这种 ALPC 消息代表客户端企图连接到服务器的连接端口
LPC_CONNECTION_REPLY	一种内部消息，会在服务器调用 NtAlpcAcceptConnectPort 以接收客户端的请求时发送
LPC_CANCELED	当所等待的消息被取消后，客户端或服务器收到的回复
LPC_UNREGISTER_PROCESS	当前进程的异常端口被交换到另一个端口后进程管理器发送的消息，借此所有者（通常为 CSRSS）可以为切换了端口的线程解除其数据结构的注册

服务器也可以拒绝连接，这可能是出于安全性方面的原因，或者仅仅是由于协议或版本方面的问题。因为客户端可以通过连接请求发送自定义载荷，这种特性通常被各种服务用来确保正确的客户端，或仅一个客户端可以与服务器通信。如果发现任何异常，那么服务器可以拒绝连接，并且可以选择返回一个包含拒绝客户端连接原因等信息的载荷（这样客户端就可以酌情采取必要应对措施，或进行调试）。

连接建立后，会通过一种连接信息结构（实际上是一个 Blob，下文很快将会提到）存储所有不同端口之间的联系信息，如图 8-40 所示。

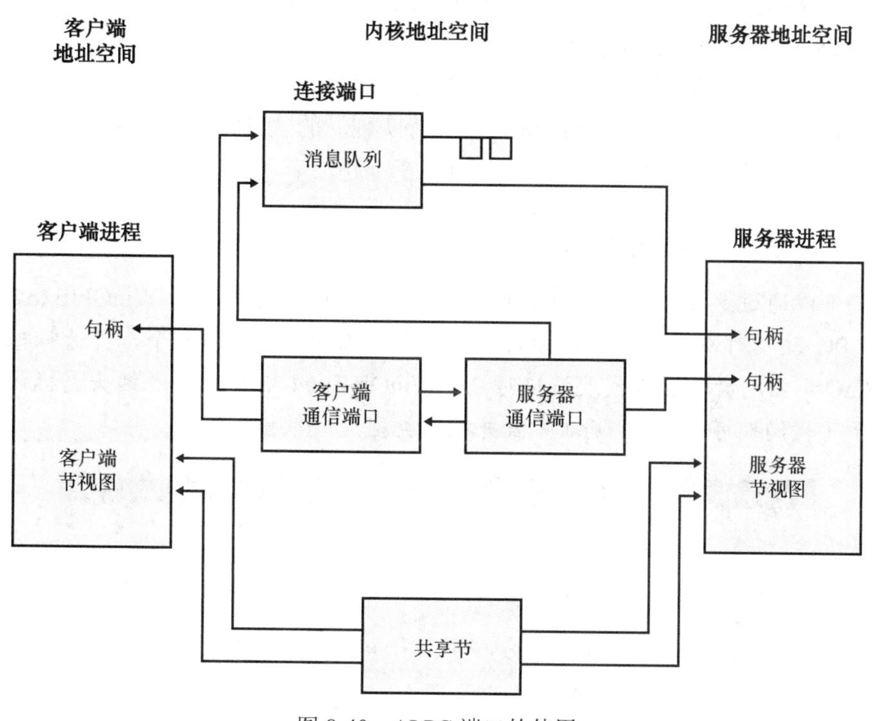

图 8-40 ALPC 端口的使用

8.8.2 消息模型

通过使用 ALPC，客户端和使用阻塞消息的线程将轮流执行围绕 NtAlpcSendWaitReceivePort 系统调用的循环，其中一端发送请求并等待回复，另一端则反向重复该过程。然而，因为 ALPC 支持异步消息，任何一方都有可能不进行阻塞，而是选择执行其他一些运行时任务并在稍后检查消息（下文很快将介绍其中一些方法）。ALPC 支持以下几种交换消息载荷的方法：

- 消息可通过标准双缓冲机制发送给另一个进程，在这期间，内核将保持消息的副本（从源进程复制），切换到目标进程，然后从内核缓冲区中复制数据。为了实现兼容性，如果使用了遗留 LPC，则只能通过这种方式发送最大 256 字节的消息，而 ALPC 可以为最大 64 KB 的消息分配扩展缓冲区。
- 消息可以存储在 ALPC 节对象中，客户端和服务器进程可通过该对象映射视图（有关节映射的详情请参阅卷 1 第 5 章）。

发送异步消息的能力产生了一个重要的副作用：消息可以被取消，例如，当一个请求花费了太长时间，或用户发出指示想要取消所实现的操作时。ALPC 通过 NtAlpcCancelMessage 系统调用为此提供支持。

ALPC 消息可处于 ALPC 端口对象所实现的下列五个不同队列中的任何一个之内。

- **main queue**（主队列）：消息已发送，客户端正在进行处理。
- **pending queue**（挂起队列）：消息已发送，调用方正在等待回复，但尚未发送回复。
- **large message queue**（大消息队列）：消息已发送，但调用方的缓冲区太小无法接收。调用方将获得另一次机会分配更大的缓冲区，随后再次请求消息载荷。
- **canceled queue**（已取消队列）：消息已发送到端口但随后被取消了。
- **direct queue**（直接队列）：消息已发送，并附加了一个直接事件。

请注意，还有第六个名为 wait queue（等待队列）的队列，该队列并不将消息连接在一起，而是会将等待某个消息的所有线程连接在一起。

实验：查看子系统 ALPC 端口对象

我们可以通过 Sysinternals 的 WinObj 工具或 GitHub 上提供的 WinObjEx64 查看命名的 ALPC 端口对象。以管理员模式运行这两个工具中的任意一个，并选择根目录。随后 WinObj 会用齿轮图标代表端口对象，WinObjEx64 则会用电源插头图标代表，如下图所示（我们也可以点击 Type 字段并按照类型为对象排序）。

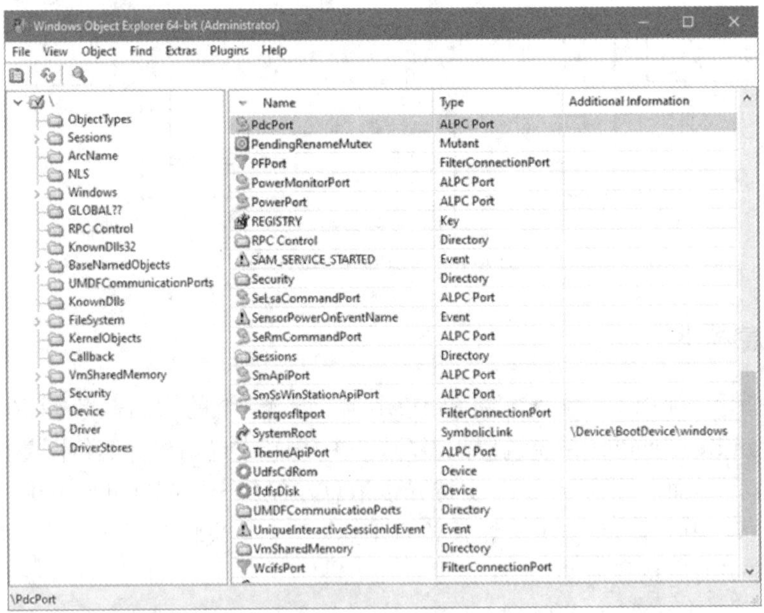

我们应当可以看到电源管理器、安全管理器以及 Windows 的其他内部服务所使用的 ALPC 端口。如果想要查看 RPC 使用的 ALPC 端口对象，可以选择\RPC Control 目录。除了本地 RPC 外，ALPC 的主要用户之一是 Windows 子系统，它们会使用 ALPC 与所有 Windows 进程中的 Windows 子系统 DLL 通信。由于 CSRSS 会为每个会话加载一次，因此可以在相应的\Sessions\X\Windows 目录下找到它的 ALPC 端口对象，如下图所示。

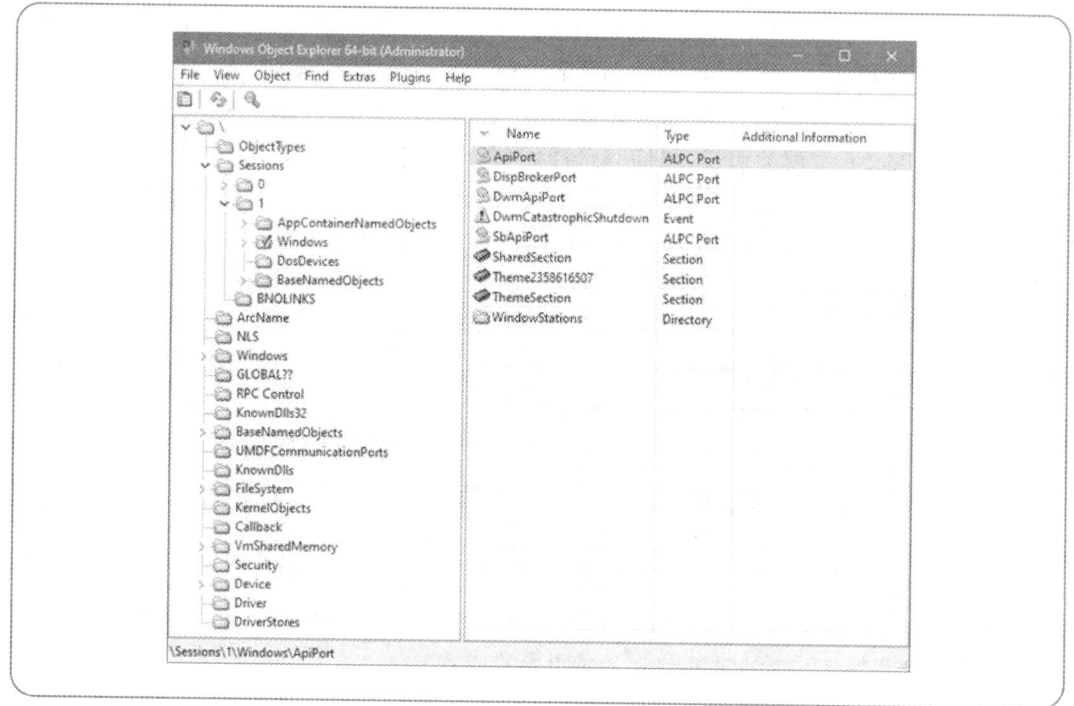

8.8.3 异步操作

ALPC 的同步模型与早期 NT 设计中的原始 LPC 架构有所关联，并且与诸如 Mach 端口等其他阻塞式 IPC 机制较为类似。尽管设计上很简单，但阻塞式 IPC 算法包含很多死锁的可能性，为了应对这些情况，产生了很多复杂代码，因而需要更灵活的异步（非阻塞）模型。因此 ALPC 主要设计为同时也能支持异步操作，这是可扩展的 RPC 和其他用途所必需的，例如，在用户模式驱动程序中支持挂起 I/O。ALPC 还有一项基本功能，即阻塞具备超时参数的调用，这在最初的 LPC 中并未实现。借此，遗留应用程序即可避免某些死锁场景。

然而，ALPC 也为异步消息进行了优化，并为异步通知提供了三种不同的模型。第一种模型实际上并不通知客户端或服务器，而是直接复制数据载荷。在该模型下，需要由实现方来选择可靠的同步方法。例如，客户端和服务器可以共享同一个通知事件对象，或者客户端可以轮询抵达的数据。该模型使用的数据结构是 ALPC 完成列表（请不要将它与 Windows I/O 完成端口相混淆）。ALPC 完成列表是一种高效、非阻塞的数据结构，可以在客户端之间进行原子性的数据传递，下文的“性能”一节将进一步介绍其内部结构。

另一种通知模型是使用 Windows 完成端口机制（位于 ALPC 完成列表基础之上）的等待模型。这使得线程能够一次检索多个载荷，控制并发请求的最大数量，并充分利用原生的完成端口功能。用户模式线程池的实现提供了内部 API，进程可以使用这些 API 管理与同样使用该模型实现的工作线程所在相同基础结构中的 ALPC 消息。Windows 中的 RPC 系统在（通过 ncalrpc）使用本地 RPC 时，也会通过该功能，进而充分利用内核所提供的支持来提供高效的消息传递，而 Msrpc.sys 中的内核模式 RPC 运行时也是如此。

因为驱动程序可在任意上下文中运行，并且通常不会为自己的运行创建专用系统线程，ALPC 也提供了另一种机制，借此使用执行体回调对象实现一种更基础、基于内核的通知。驱动程序可使用 NtSetInformationAlpcPort 注册自己的回调和上下文，随后每当收到消息，自己就会被调用。例如，内核中的电源相关性协调器（Power Dependency Coordinator，Pdc.sys）就会通过该机制与自己的客户端通信。值得注意的是，使用执行体回调对象能在性能方面带来一些优势，但也会产生一些安全风险。因为回调是以阻塞的方式（在接到信号后）执行的，并且与信号代码内联，因此总会在 ALPC 消息发送方的上下文中运行（即与调用 NtAlpcSendWaitReceivePort 的用户模式线程内联）。这意味着内核组件可能有机会检查其客户端的状态，而无须付出上下文切换的成本，并且还有可能在发送方的上下文中直接使用消息的载荷。

然而，这并非绝对的保证（如果实现方不了解这种情况，这本身也会成为一种风险），原因在于多个客户端可能同时向同一个端口发送消息，而现有消息可能是客户端在服务器注册自己的执行体回调对象之前发出的。另外，当服务器还在处理其他客户端之前发送的消息时，另一个客户端也有可能发出了另一条消息。在这些情况下，服务器可能运行在发送了消息的客户端上下文中，但实际分析的消息可能来自另一个客户端。服务器应该区分这种情况（因为发送端的客户端 ID 已编码到消息的 PORT_HEADER 中），并附加或分析正确的发送端状态（可能需要付出上下文切换的成本）。

8.8.4　视图、区域和节

服务器和客户端可以选择更高效的数据传递机制，而非在各自进程之间发送消息缓冲区，这种机制也是 Windows 内存管理器的核心：节对象（详见卷 1 第 5 章）。借此内存将能以共享的方式分配，为客户端和服务器提供一致、平等的内存视图。这种情况下可以传输尽可能多的数据，数据只需要复制到一个地址范围，便会立即在另一个范围内可用。然而共享内存通信（例如 LPC 原本提供的通信机制）也有一些不足之处，尤其是对安全性产生的影响。例如，因为客户端和服务器必须访问共享的内存，非特权客户端可以借此破坏服务器的共享内存，甚至借助潜在漏洞构建可执行的载荷。此外，因为客户端知道服务器数据的位置，因此可以使用这些信息绕过 ASLR 保护（详见卷 1 第 5 章）。

ALPC 在节对象基础上提供了自己的安全机制。在 ALPC 中，必须使用相应的 NtAlpcCreatePortSection API 创建特定的 ALPC 节对象，借此产生对端口的正确引用，并实现原子性的节垃圾回收（也可通过手动 API 进行删除）。随着 ALPC 节对象的所有者开始使用该节，所分配的块（Chunk）将会创建为 ALPC 区域（Region），它代表了该节中已使用的地址范围，并为消息提供了一个额外的引用。最后，在共享内存范围内，客户端可以获得该内存的视图（View），这代表了自己地址空间内部的本地映射。

区域还支持多种安全选项。首先，区域可以通过安全模式或不安全模式进行映射。在安全模式下，区域只能包含两个视图（映射），当服务器希望以私密的方式与客户端进程分享数据时，通常会使用该模式。此外，在特定端口的上下文中，只能为特定的共享内存范围打开一个区域。最后，区域可以标记为写访问保护，这样将只有一个进程上下文（服务器）可以对视图进行写入操作（使用 MmSecureVirtualMemoryAgainstWrites），而其他客户端只能进行只读访问。这些设置缓解了很多以共享内存为目标的特权提升攻击，也让 ALPC 比传统 IPC 机制更具弹性。

8.8.5 属性

ALPC 不仅可以进行简单的消息传递，还能将特定上下文信息添加到每个消息中，并让内核借此跟踪消息的有效性、寿命和具体的实现等信息。ALPC 的用户也可以分配自己的自定义上下文信息。无论是由系统管理或由用户管理，ALPC 都会把这些数据称为属性（Attribute）。内核总共管理了七个属性。

- 安全属性，包含模仿客户端，以及高级 ALPC 安全功能（详见下文）所需的关键信息。
- 数据视图属性，负责管理与 ALPC 节相关区域所关联的不同视图，此外也可用于设置某些标记，例如 auto-release（自动释放）标记，回复时，需要手动撤销对视图的映射。
- 上下文属性，可将用户管理的上下文指针放置在端口，或通过某个端口发送的消息上。此外，序列号、消息 ID 以及回调 ID 也保存在这里并由内核负责管理，借此 ALPC 用户即可实现唯一性、基于消息的哈希和排序。
- 句柄属性，包含与消息相关的句柄有关的信息（详见下文“句柄处理”一节）。
- 令牌属性，可用于在无须使用完整安全属性的情况下，获取消息发送方的 Token ID、Authentication ID 和 Modified ID（但无法单独用于实现模仿）。
- 直接属性，可用于发送关联有同步对象的直接消息（详见下文“直接事件”一节）。
- 代表 xxx 工作（work-on-behalf-of）属性，用于对工单（work ticket）进行编码，进而实现更完善的电源管理和资源管理决策（详见下文“电源管理”一节）。

上述部分属性最初由服务器或客户端在发送消息时传入，会被转换为内核自己的内部 ALPC 表达。如果 ALPC 用户请求返回这些数据，内核会以安全的方式提供。在少数情况下，服务器或客户端始终可请求这些属性，因为 ALPC 在内部已将其关联给消息，并使其始终可用（如上下文属性或令牌属性）。通过实现这种模型并将其与内部的句柄表相结合（详见下文），ALPC 可以在客户端和服务器之间保持关键数据的不透明，同时依然维持内核模式下真正的指针。

为了正确定义属性，内部的 ALPC 用户可以使用多种 API，例如 AlpcInitializeMessageAttribute 和 AlpcGetMessageAttribute。

8.8.6 Blob、句柄和资源

尽管 ALPC 子系统只暴露了一个对象管理器对象类型（端口），也必须在内部管理一些数据结构，以便执行相关机制所需要的任务。例如，ALPC 需要分配并跟踪与每个端口相关的消息以及消息属性，这些跟踪工作需要涵盖消息的完整生命周期。但 ALPC 并未使用对象管理器的数据管理例程，而是自行实现了一种名为 Blob 的轻量级对象。与对象类似，Blob 可以自动分配和垃圾回收，可引用跟踪，并通过同步进行锁定。此外，Blob 可以使用自定义的分配和撤销分配回调，借此其所有者就可以控制跟踪每个 Blob 可能需要的额外信息。最后，ALPC 还使用了执行体的句柄表实现（会被用于对象和 PID/TID），借此提供了 ALPC 专用句柄表，可供 ALPC 为 Blob 生成私有句柄，而无须使用指针。

例如，在 ALPC 模型中，消息就是 Blob，消息的构造函数会生成一个消息 ID，该 ID 本身就是一种包含在 ALPC 句柄表中的句柄。其他 ALPC Blob 还包括：

- 连接 Blob，存储了客户端和服务器通信端口信息，以及服务器连接端口和 ALPC 句柄表。
- 安全 Blob，存储了模仿客户端所必需的安全性数据，同时还存储了安全属性。
- 节、区域和视图 Blob，描述了 ALPC 的共享内存模型。视图 Blob 最终还要负责存储数据视图属性。
- 保留 Blob，实现了对 ALPC 保留对象的支持（详见本章上文“保留对象”一节）。
- 句柄数据 Blob，包含实现 ALPC 句柄属性支持所需的信息。

由于 Blob 是从可分页内存中分配的，因此必须仔细地跟踪，以保证能在适当的时候将其删除。对于某些类型的 Blob 这很容易，例如，当发出 ALPC 消息后，包含该消息的 Blob 便会被删除。然而某些类型的 Blob 可能代表了附加到同一条 ALPC 消息的多个属性，内核必须适当地管理此类 Blob 的寿命。例如，由于一条消息可以关联多个视图（例如多个客户端访问同一个共享内存时），必须将这些视图与引用它们的消息一起进行跟踪。ALPC 通过一种资源的概念实现了该功能。每个消息都关联了一个资源列表，在为消息分配关联的 Blob（而非简单的指针）时，该 Blob 也会以消息资源的形式添加。而 ALPC 库提供了查找、刷新和删除相关资源的功能。安全 Blob、保留 Blob 以及视图 Blob 都会存储为资源。

8.8.7　句柄的传递

UNIX 域套接字和 Mach 端口（分别是 Linux 和 macOS 中最复杂且最常用的 IPC 机制）的一个重要特征是，能够在所发送的消息中编码一个文件描述符，随后在接收过程中对该描述符进行复制，进而实现 UNIX 风格的文件（如管道、套接字或实际的文件系统位置）访问。借助 ALPC，Windows 也能从这样的模型中获益，并由 ALPC 暴露句柄属性。借助该属性，发送方可以将一个对象类型、与句柄复制方法有关的信息，以及该句柄在发送方句柄表中的索引进行编码。如果句柄索引与发送方宣称发送的对象类型匹配，即可在系统（内核）句柄表中暂时创建复制的句柄。这部分操作保证了发送方真正发出了自己所宣称的内容，并且此刻发送方所进行的任何操作都不会让句柄或对应的对象失效。

随后，接收方请求暴露句柄属性，并指定自己期望的对象类型。如果匹配，则内核句柄会被再次复制一次，这一次会复制为接收方句柄表中的用户模式句柄（随后内核中的副本会被关闭）。句柄的传递就此结束，接收方可以保证有一个与发送方所引用对象完全相同的句柄，并且是接收方所期望的类型。此外，由于复制工作是由内核进行的，这意味着有特权的服务器可以向无特权客户端发送消息，而无须客户端对发送消息的进程具备任何类型的访问权。

这种句柄传递机制在最初实现时，主要被 Windows 子系统（CSRSS）所使用，它需要获知现有 Windows 进程所创建的所有子进程，这样，当轮到自己执行时才能成功连接到 CSRSS，因为 CSRSS 已经获知了父进程的创建操作。然而，这会造成几个问题，例如无法发送超过一个的句柄（当然也无法发送超过一种类型的对象）。此外，这种方式还会迫使接收方必须始终接收与端口上消息有关的所有句柄，而无法在一开始提前得知该消息是否有与之相关的句柄。

为了解决这些问题，Windows 8 和后续版本实现了一种间接的句柄传递机制，借此可发送不同类型的多个句柄，而接收方可以针对每个消息手动接收对应的句柄。如果有端口接收并启用这种间接句柄（基于非 RPC ALPC 的服务器通常不使用间接句柄），当使用 NtAlpcSendWaitReceivePort 接收新消息时，句柄将不再根据传入的句柄属性自动复制，此时 ALPC 客户端和服务器将手动查询特定消息包含多少个句柄，分配足够的数据结构以接收句柄值及其类型，随后再请求复制所有句柄，使用 NtAlpcQueryInformationMessage 解析与所期待类型相符的句柄（关闭/丢弃非期待句柄），并最终传入收到的消息。

这种新行为还在安全性方面带来了一个好处：句柄不再因为调用方指定了句柄属性和匹配的类型而立即自动复制，而是只有在针对每个消息发出请求时才会复制。因为服务器尽管可能期待消息 A 的句柄，但并不一定期待其他所有消息的句柄，如果服务器在解析消息 B 或消息 C 时没有考虑到需要关闭这些句柄，那么依然可能遇到非直接句柄问题。如果使用间接句柄，那么服务器将永远不会为此类消息调用 NtAlpcQueryInformationMessage，句柄也永远不会被复制（或必须将其关闭）。

借助这些改进，ALPC 句柄传递机制的用途已经远远超出了上文列出的这几种有限的用例，并且还与 RPC 运行时与 IDL 编译器实现了集成。现在，我们已经可以使用 system_handle(sh_type)语法来代表 RPC 从客户端封送（Marshal）给服务器（反之亦然）的 20 多种不同的类型句柄。此外，如上文所述，尽管 ALPC 从内核的角度提供了类型检查，RPC 运行时本身也需要进行额外的类型检查，例如检查命名管道、套接字和实际的文件是否均为“文件对象”（因此具备“文件”类型的句柄），例如，RPC 运行时可通过封送和撤销封送检查进行检测，当 IDL 文件代表 system_handle(sh_pipe)时，是否传递了套接字句柄（通过调用 GetFileAttribute、GetDeviceType 等 API 实现）。

这项新功能被 AppContainer 基础架构大量使用，也是各种代理（在执行完能力检查后）打开的句柄被 WinRT API 传送并复制回沙盒应用程序以供直接使用的主要句柄传送方式。DNS 客户端也使用了该功能，借此可以填充 GetAddrInfoEx API 的 ai_resolutionhandle 字段。

8.8.8 安全性

为防止基于 IPC 常规解析 Bug 发起的攻击，ALPC 实现了多种安全机制、完整的安全边界，以及相关缓解措施。在基础层面上，ALPC 端口对象将由负责管理对象安全性的同一个对象管理器接口进行管理，借此可防止非特权应用程序通过 ACL 得到服务器端口句柄。在此基础上，ALPC 提供了基于 SID 的信任模型，该模型继承自最初的 LPC 设计，可供客户端凭借端口名称之外的其他因素验证自己所连接的服务器。客户端进程可通过安全端口向内核提交自己所期待连接的对端服务器进程 SID。在连接时，内核会验证该客户端是否真的连接到自己期待的服务器，借此缓解命名空间仿冒攻击（在这种攻击中，不可信的服务器会伪造真正服务器的端口）。

ALPC 还可让客户端与服务器以符合原子性、唯一性的方式标识负责每条消息的线程和进程。它还能通过 NtAlpcImpersonateClientThread API 支持完整的 Windows 模拟（Impersonation）模型。其他 API 则使 ALPC 能查询与所有已连接客户端有关的 SID，并查询客户端安全令牌中的 LUID（本地唯一标识符详见卷 1 第 7 章）。

ALPC 端口所有权

端口所有权的概念对 ALPC 非常重要，它为感兴趣的客户端和服务器提供了各种安全保证。首先最重要的是，仅 ALPC 连接端口的所有者可以接收该端口的连接。这确保了如果端口句柄被以某种方式复制或继承给其他进程，其他进程也无法非法地接收传入连接。此外，在直接或间接使用句柄属性的情况下，无论当前由谁解析消息，句柄属性都能始终在端口所有者进程的上下文中复制。

当内核组件与客户端使用 ALPC 通信时，这些检查必不可少，此时内核组件可能被附加至一个完全不同的进程（甚至作为 System 进程的一部分，使用系统线程运行，借此使用 ALPC 端口消息），获知端口的所有者，意味着 ALPC 不会错误地依赖当前进程。

然而反过来看，对内核组件来说，不考虑当前进程是什么，在一个端口上任意接收传入连接，这种行为可能是有益的。一个明显的例子是：在使用执行体回调对象进行消息传送时。在这种情况下，因为回调是一个或多个发送方进程上下文中的同步调用，而内核连接端口很可能是在 System 上下文（例如 DriverEntry）中执行时创建的，那么在接收该连接时，当前进程和端口所有者进程可能出现不匹配的情况。ALPC 提供了一种只能由内核调用方使用的特殊端口属性标记，该标记使得连接端口成为一种系统端口，此时将忽略对端口所有者的检查。

端口所有权的另一个重要用例是：通过执行服务器 SID 验证来检查客户端是否发出了请求，详见上文“安全性”一节。该验证总是会通过检查连接端口所有者令牌的方式完成，此时并不考虑谁正在监听该端口的消息。

8.8.9　性能

ALPC 会通过多种策略改善性能，主要用到了 ALPC 对完成列表的支持，这一点在上文已经简单介绍过。在内核层面上，完成列表在本质上是一种用户内存描述符列表（Memory Descriptor List，MDL），它会被探测并锁定，然后映射至某个地址（有关 MDL 的详情请参阅卷 1 第 5 章）。因为与负责跟踪物理页面的 MDL 相关联，当客户端向服务器发送消息时，载荷复制操作可以直接发生在物理层面，而不需要像其他 IPC 机制的常见做法那样，要求内核对消息进行双重缓冲。

完成列表本身是作为一个已完成项的 64 位队列来实现的，用户模式和内核模式的使用者都可以使用互锁的“比较-交换”操作向队列中插入或移除项。此外，为了简化分配，一旦一个 MDL 成功进行了初始化，将使用一个位图来识别可用的内存区域，这些区域可用来容纳依然在排队的新消息。该位图的算法还会使用处理器上的本地锁指令来提供物理内存区域的原子性分配和撤销分配操作，这些操作可被完成列表使用。完成列表则可通过 NtAlpcSetInformationPort 设置。

最后一个值得介绍的优化措施是：内核不会在发送消息的时候复制数据，而是会设置延迟复制载荷，借此可在无须进行任何复制的情况下只捕获需要的信息。只有当接收方请求消息时才会真正复制消息数据。很明显，如果使用了共享的内存，这种方法将无法提供任何优势，但在异步的内核缓冲区消息传递机制中，可以通过这种方法优化取消场景和高流量场景。

8.8.10 电源管理

正如上文提到的，在供电能力有限的环境（如移动平台）中运行时，Windows 会通过多种技术更好地管理能耗和处理器可用性，例如，在支持的架构（如 ARM64 的 big.LITTLE[①]）上采用异构处理，以及通过新型待机等方式进一步降低系统在轻量级负载下的能耗。

为了更好地支持这些机制，ALPC 额外实现了两个功能：ALPC 客户端将唤醒引用（wake reference）推送至自己 ALPC 服务器唤醒通道的能力，以及 Work On Behalf Of（代表 xxx 工作）这一新属性。后者是一个属性，当发送方需要将请求与当前工单关联在一起，或新建工单来描述发送消息的线程时，即可选择为消息关联该属性。

这种工单的用法如下：举例来说，当发送方目前是作业对象的一部分（可能因为作业位于 Silo/Windows 容器中，或发送方是异构调度系统和新型待机系统的一部分）时，发送方与线程的关联会导致系统多个部分将 CPU 周期、I/O 请求数据包、磁盘/网络带宽的使用，以及能耗的估测值归因于“所代表”的线程，而非实际承担工作的线程。

此外，为避免 big.LITTLE 优先级倒置问题（出现这种问题时，RPC 线程会仅仅因为自己是后台服务而被卡在小核心上），系统还会采取前台优先级捐赠和其他调度步骤。通过使用工单，线程会被强行调度至大核心，并获得一个“捐助”而来的前台提升。

最后，还可以使用唤醒引用来避免系统进入新型待机（也叫现代待机，详见卷 1 第 6 章）状态时，或者当 UWP 应用程序成为被挂起的目标时遭遇死锁。这些引用可将拥有 ALPC 端口的进程寿命“固定起来”，以此防止进程生命周期管理器（或电源管理器，针对 Win32 应用程序）试图针对这些进程强制执行挂起/深度冻结操作。一旦消息传递并处理完毕，唤醒引用即可被丢弃，这样，如果需要，就可以让进程挂起了（回想一下可知，终止进程不会造成问题，因为向已终止进程/已关闭端口发送消息，会通过特殊的 PORT_CLOSED 回复立即唤醒发送方，而不会阻塞并等待一个永远不会到来的回应）。

8.8.11 ALPC 直接事件属性

回顾一下，ALPC 为客户端和服务器的通信提供了两种机制：请求和数据报。其中，前者是双向的，需要得到响应；而后者是单向的，永远不会收到同步的回复。此时还需要一种“中间地带”，即数据报类型的消息，它无法收到回复，但其接收方可以通过某种方式进行确认，这样发送方就会知道消息已成功执行，而无须实现复杂的响应处理机制。实际上，直接事件属性（direct event attribute）恰恰提供了这样的功能。

通过让发送方将内核事件对象的句柄（通过 CreateEvent）与 ALPC 消息相关联，直接事件属性可以获得底层的 KEVENT，并为其添加一个引用，借此将其附着在 KALPC_MESSAGE 结构上。随后，当接收进程收到该消息后，即可暴露出这个直接事件属性，并导致进程收到信号。客户端可以使用一个与 I/O 完成端口相关联的等待完成数据包（Wait Completion Packet），或者可以处于一个同步等待的调用中，例如事件句柄上的 WaitForSingleObject，

① 即所谓的“大小核”：在一个“处理器”中同时配备多个“性能核（大核）”和“能效核（小核）”，并根据需求动态地选择适合的内核来运行。目前一些较新的处理器均采用了类似技术，如 ARM64 的 big.LITTLE 以及 Intel 的 Performance Hybrid Architecture（性能混合架构）。——译者注

此时客户端将收到通知和等待满足信号，这样即可得知消息已经成功交付。

该功能以前是由RPC运行时手动提供的，可以让调用RpcAsyncInitializeHandle的客户端传入RpcNotificationTypeEvent，并使用异步RPC消息将HANDLE与事件对象关联在一起。但这并不需要强迫另一端的RPC在运行时响应所请求的消息，这样发送方的RPC运行时就可以在本地向事件发出信号以示完成，ALPC则会将其放入直接事件属性，并将消息放置到直接消息队列，而不是常规消息队列中。ALPC子系统将在消息交付时发出信号，在内核模式下这很有效，可避免额外的跳转和上下文切换。

8.8.12 调试和跟踪

在已检验版本（checked build）[①]的内核中，ALPC消息可以记录到日志中。所有ALPC属性、Blob、消息区域（message zone）以及调度事务都可以分别记录，WinDbg中未公开的**!alpc**命令可以转储这些日志。在零售版系统中，IT管理员和排错人员可以启用NT内核记录器的ALPC事件来监控ALPC消息。ETW（Event Tracing for Windows，Windows事件跟踪，详见第10章）不包含载荷数据，但包含连接、断开连接、发送/接收以及等待/解锁等信息。最后，即使在零售版系统中，也可以通过某些**!alpc**命令获取有关ALPC端口和消息的信息。

实验：转储连接端口

在这个实验中，我们将为会话1（控制台用户的典型交互式会话）中运行的Windows进程使用CSRSS API端口。当Windows应用程序启动时，它都会连接到所在会话对应的CSRSS的API端口上。

1）使用**!object**命令获得指向连接端口的指针：

```
lkd> !object \Sessions\1\Windows\ApiPort
Object: ffff898f172b2df0 Type: (ffff898f032f9da0) ALPC Port
    ObjectHeader: ffff898f172b2dc0 (new version)
    HandleCount: 1  PointerCount: 7898
    Directory Object: ffffc704b10d9ce0 Name: ApiPort
```

2）使用**!alpc /p** 转储端口对象本身的信息，由此可确认一些情况，例如，CSRSS就是所有者：

```
lkd> !alpc /P ffff898f172b2df0
Port ffff898f172b2df0
  Type                        : ALPC_CONNECTION_PORT
  CommunicationInfo           : ffffc704adf5d410
    ConnectionPort            : ffff898f172b2df0 (ApiPort), Connections
    ClientCommunicationPort   : 0000000000000000
    ServerCommunicationPort   : 0000000000000000
  OwnerProcess                : ffff898f17481140 (csrss.exe), Connections
  SequenceNo                  : 0x0023BE45 (2342469)
  CompletionPort              : 0000000000000000
  CompletionList              : 0000000000000000
  ConnectionPending           : No
```

① checked build是为了便于开发者进行调试等操作而通过MSDN订阅等渠道提供的一种“特殊版本”的Windows，与之对应的，我们日常使用的“普通版”Windows可称为free build。——译者注

```
ConnectionRefused          : No
Disconnected               : No
Closed                     : No
FlushOnClose               : Yes
ReturnExtendedInfo         : No
Waitable                   : No
Security                   : Static
Wow64CompletionList        : No

5 thread(s) are waiting on the port:

  THREAD ffff898f3353b080  Cid 0288.2538  Teb: 00000090bce88000
  Win32Thread: ffff898f340cde60 WAIT
  THREAD ffff898f313aa080  Cid 0288.19ac  Teb: 00000090bcf0e000
  Win32Thread: ffff898f35584e40 WAIT
  THREAD ffff898f191c3080  Cid 0288.060c  Teb: 00000090bcff1000
  Win32Thread: ffff898f17c5f570 WAIT
  THREAD ffff898f174130c0  Cid 0288.0298  Teb: 00000090bcfd7000
  Win32Thread: ffff898f173f6ef0 WAIT
  THREAD ffff898f1b5e2080  Cid 0288.0590  Teb: 00000090bcfe9000
  Win32Thread: ffff898f173f82a0 WAIT
  THREAD ffff898f3353b080  Cid 0288.2538  Teb: 00000090bce88000
  Win32Thread: ffff898f340cde60 WAIT
  Main queue is empty.

  Direct message queue is empty.

  Large message queue is empty.

  Pending queue is empty.

  Canceled queue is empty.
```

3）可以使用未公开的**!alpc /lpc**命令查看哪些客户端连接到了该端口，其中包含该会话中运行的所有 Windows 进程。或者也可以在新版 WinDbg 中直接点击 ApiPort 名称旁边的 Connections 链接。此外，还可以看到与每个链接相关的服务器和客户端通信端口，以及任何队列中存在的任何未决消息：

```
lkd> !alpc /lpc ffff898f082cbdf0

ffff898f082cbdf0('ApiPort') 0, 131 connections
        ffff898f0b971940 0 ->ffff898F0868a680 0 ffff898f17479080('wininit.exe')
        ffff898f1741fdd0 0 ->ffff898f1742add0 0 ffff898f174ec240('services.exe')
        ffff898f1740cdd0 0 ->ffff898f17417dd0 0 ffff898f174da200('lsass.exe')
        ffff898f08272900 0 ->ffff898f08272dc0 0 ffff898f1753b400('svchost.exe')
        ffff898f08a702d0 0 ->ffff898f084d5980 0 ffff898f1753e3c0('svchost.exe')
        ffff898f081a3dc0 0 ->ffff898f08a70070 0 ffff898f175402c0('fontdrvhost.ex')
        ffff898F086dcde0 0 ->ffff898f17502de0 0 ffff898f17588440('svchost.exe')
        ffff898f1757abe0 0 ->ffff898f1757b980 0 ffff898f17c1a400('svchost.exe')
```

4）请注意，如果运行了其他会话，则可以在这些会话中重复上述实验（甚至在系统会话，即会话 0 中进行）。最终即可得到计算机中运行的所有 Windows 进程的列表。

8.9 Windows 通知设施

Windows 通知设施（Windows Notification Facility，WNF）是一种无须注册的现代化

发布/订阅机制的核心支撑，最早于 Windows 8 中引入，主要是为了解决系统架构方面的一些缺陷问题，例如，向感兴趣的各方通知某些操作、事件或状态的存在，并提供与这些状态变化有关的数据载荷。

为了说明其具体用途，请考虑这样的情况：服务 A 想要通知潜在客户端 B、C 和 D，告诉它们磁盘已经过扫描可安全地执行写操作，同时告知扫描过程中发现的损坏扇区数量（如果有的话）。但因为无法保证客户端 B、C 和 D 会在服务 A 之后启动，实际上，它们有很大概率先于服务 A 启动。这种情况下，如果它们继续执行，就将成为一种不安全的做法，正确的做法是等待服务 A 执行并报告磁盘已经可以安全地进行写操作。但如果服务 A 尚未运行呢？其他方又该如何从一开始就进行等待？

一种典型的解决方案是让 B 创建一个 CAN_I_WAIT_FOR_A_YET 事件，然后让 A 在启动后查找该事件，创建一个 A_SAYS_DISK_IS_SAFE 事件并发送 CAN_I_WAIT_FOR_A_YET 信号，这样 B 就知道已经可以安全地等待 A_SAYS_DISK_IS_SAFE 了。在只有一个客户端的情况下这是一种可行的做法，但如果还要同时考虑 C 和 D，情况就变得更复杂，因为它们可能需要经历相同的逻辑，并可能在 CAN_I_WAIT_FOR_A_YET 事件的创建方面展开竞争，进而打开现有事件（本例中该事件由 B 创建）并等待该事件收到的信号。虽然这也可以做到，但如何保证该事件真的是由 B 创建的呢？这就造成一种围绕名称所进行的恶意“仿冒”以及以此为基础导致的拒绝服务攻击。最终，我们可以设计一种安全的协议，但这需要 A、B、C 和 D 的开发者做大量复杂的工作。如果还要同时考虑坏扇区数量这件事，情况还将变得更复杂。

8.9.1 WNF 功能

上述场景是操作系统设计中一个很常见的问题，而该问题显然不应交由单独的开发者来处理。操作系统的部分工作正是为这种与架构有关的常见挑战提供简单、可扩展、高性能的解决方案，现代 Windows 平台中的 WNF 正是以此为目标诞生的，它提供了：

- 定义状态名称的能力，该状态名称可订阅或发布给任意线程，这一点可由标准的 Windows 安全描述符（通过 DACL 和 SACL）来保证。
- 将此类状态名称与最多 4 KB 载荷关联在一起的能力，该载荷能够与所订阅状态发生的变化一起检测到（并能将变化一起发布出去）。
- 拥有众所周知的状态名称的能力，这些名称由操作系统提供，无须由发布者创建，并可能与使用者产生竞争，这样，即使发布者尚未启动，使用者也可以对状态变化通知进行阻塞。
- 在系统重启后持久保存状态数据的能力，这样，使用者即可看到之前发布的数据，哪怕自己当时尚未启动。
- 为每个状态名称分配状态变化时间戳的能力，这样，即使系统重启动，使用者无须激活也可以知道新数据是否在某个时间点发布（以及是否需要针对之前发布的数据采取行动）。
- 为特定状态名称分配范围的能力，这样，同一个状态名称的多个实例即可存在于一个交互式会话 ID、一个服务器 Silo（容器）、特定用户令牌/SID，甚至一个单独的进程中。

- 在跨越内核/用户边界的同时，执行与 WNF 状态名称有关的所有发布和使用工作的能力，这样组件就可以与另一端的其他组件进行交互。

8.9.2 WNF 用户

可想而知，通过提供所有这些丰富的语义，各类服务与内核组件能够利用 WNF 向数百个客户端提供通知以及其他状态变化信号（该做法可以细化，从不同系统库中的每个 API 到更大规模的进程均可支持）。实际上，一些关键的系统组件和基础架构已经在使用 WNF 了，例如：

- 电源管理器和各种相关组件会使用 WNF 为某些操作发送信号，如笔记本电脑上盖的关闭和打开、电池充电状态、显示器关闭和开启、用户存在检测等。
- 外壳（Shell）及其组件会使用 WNF 跟踪应用程序启动、用户活动、锁屏行为、任务栏行为、Cortana 的使用，以及开始菜单行为。
- 系统事件代理（System Events Broker，SEB）是一种完整的基础架构，UWP 应用程序和代理会利用它接收有关系统事件的通知，例如音频输入和输出。
- 进程管理器会使用每进程临时 WNF 状态名称来实现唤醒通道，进程生命周期管理器会使用该通道实现自己的部分机制，让某些事件能强制唤醒被标记为暂停（深度冻结）的进程。

WNF 的所有用户可能需要一整本书才能完整列举，因为除了各种临时名称（例如每处理器唤醒通道），目前使用的各种众所周知的状态名称已经超过 6000 种。不过下文的实验介绍了如何使用本书随附工具中包含的 wnfdump 实用工具列举系统的所有 WNF 事件及其数据，并与其进行交互。Windows 调试工具还提供了!wnf 扩展，我们会在后续实验中介绍如何通过该扩展实现相同的目的。同时，表 8-31 列出了一些重要的 WNF 状态名称前缀及其用途。我们会在 Windows 的各种 SKU 版本中遇到大量 Windows 组件和代号（从 Windows Phone 到 Xbox），这也体现了 WNF 机制的丰富性和普遍性。

表 8-31 WNF 状态名称前缀

前缀	名称数量	用途
9P	2	Plan 9 重定向器
A2A	1	应用到应用
AAD	2	Azure Active Directory
AA	3	分配的访问权限
ACC	1	无障碍可访问性
ACHK	1	引导磁盘完整性检查 (Autochk)
ACT	1	活动
AFD	1	辅助功能驱动程序 (Winsock)
AI	9	应用程序安装
AOW	1	Android-on-Windows（已弃用）
ATP	1	Microsoft Defender ATP
AUDC	15	音频捕获
AVA	1	语音激活
AVLC	3	音量限制更改

续表

前缀	名称数量	用途
BCST	1	应用程序广播服务
BI	16	代理基础架构
BLTH	14	蓝牙
BMP	2	后台媒体播放器
BOOT	3	引导加载器
BRI	1	屏幕亮度
BSC	1	浏览器配置（适用于遗留的 IE 浏览器，已弃用）
CAM	66	能力访问管理器
CAPS	1	中央访问策略
CCTL	1	通话控制中介
CDP	17	已连接设备平台（“Rome”项目/应用程序接力）
CELL	78	蜂窝通信服务
CERT	2	证书缓存
CFCL	3	飞行配置客户端更改
CI	4	代码完整性
CLIP	6	剪贴板
CMFC	1	配置管理功能配置
CMPT	1	兼容性
CNET	10	蜂窝通信网络（数据）
CONT	1	容器
CSC	1	客户端缓存
CSHL	1	可组合外壳
CSH	1	自定义外壳主机
CXH	6	云体验主机
DBA	1	设备代理访问
DCSP	1	诊断日志 CSP
DEP	2	部署（Windows 安装）
DEVM	3	设备管理
DICT	1	词典
DISK	1	磁盘
DISP	2	显示
DMF	4	数据迁移框架
DNS	1	DNS
DO	2	交付优化
DSM	2	设备状态管理器
DUMP	2	崩溃转储
DUSM	2	数据用量订阅管理
DWM	9	桌面窗口管理器
DXGK	2	DirectX 内核
DX	24	DirectX

续表

前缀	名称数量	用途
EAP	1	可扩展身份验证协议
EDGE	4	DNS
EDP	15	企业数据保护
EDU	1	教育
EFS	2	加密文件服务
EMS	1	紧急管理服务
ENTR	86	企业组策略
EOA	8	轻松访问
ETW	1	Windows 事件跟踪
EXEC	6	执行组件（散热监测）
FCON	1	功能配置
FDBK	1	反馈
FLTN	1	飞行通知
FLT	2	飞行管理器
FLYT	1	飞行 ID
FOD	1	按需（提供的）功能
FSRL	2	文件系统运行时（FsRtl）
FVE	15	全卷加密
GC	9	游戏内核
GIP	1	图形
GLOB	3	全球化
GPOL	2	组策略
HAM	1	主机活动管理器
HAS	1	主机认证服务
HOLO	32	全息服务
HPM	1	人存在管理器
HVL	1	虚拟机监控程序库（Hvl）
HYPV	2	Hyper-V
IME	4	输入法编辑器
IMSN	7	沉浸式外壳通知
IMS	1	权利
INPUT	5	输入
IOT	2	物联网
ISM	4	输入状态管理器
IUIS	1	沉浸式 UI 规模
KSR	2	内核软重启
KSV	5	内核流
LANG	2	语言功能
LED	1	LED 警报
LFS	12	位置框架服务

续表

前缀	名称数量	用途
LIC	9	许可
LM	7	许可管理器
LOC	3	地理位置
LOGN	8	登录
MAPS	3	地图
MBAE	1	MBAE
MM	3	内存管理器
MON	1	监视器设备
MRT	5	微软资源管理器
MSA	7	微软账户
MSHL	1	最小化外壳
MUR	2	媒体 UI 请求
MU	1	未知
NASV	5	自然身份验证服务
NCB	1	网络连接代理
NDIS	2	内核 NDIS
NFC	1	近场通信（NFC）服务
NGC	12	下一代加密
NLA	2	网络位置感知
NLM	6	网络位置管理器
NLS	4	国家化语言服务
NPSM	1	“正在播放”会话管理器
NSI	1	网络存储接口服务
OLIC	4	操作系统许可
OOBE	4	拆箱体验
OSWN	8	操作系统存储
OS	2	基础操作系统
OVRD	1	Window 超驰
PAY	1	支付代理
PDM	2	打印设备管理器
PFG	2	笔优先手势
PHNL	1	电话线
PHNP	3	私人电话
PHN	2	电话
PMEM	1	持久内存
PNPA-D	13	即插即用管理器
PO	54	电源管理器
PROV	6	运行时预配配置
PS	1	内核进程管理器
PTI	1	推送安装服务

续表

前缀	名称数量	用途
RDR	1	内核 SMB 重定向器
RM	3	游戏模式资源管理器
RPCF	1	RPC 防火墙管理器
RTDS	2	运行时触发器数据存储
RTSC	2	建议的故障排除客户端
SBS	1	安全启动状态
SCH	3	安全通道（SChannel）
SCM	1	服务控制管理器
SDO	1	简单设备方向更改
SEB	61	系统事件代理
SFA	1	辅助因素身份验证
SHEL	138	外壳
SHR	3	互联网连接共享（ICS）
SIDX	1	搜索索引器
SIO	2	登录选项
SYKD	2	SkyDrive (Microsoft OneDrive)
SMSR	3	SMS 路由器
SMSS	1	会话管理器
SMS	1	SMS 消息
SPAC	2	存储空间
SPCH	4	语音
SPI	1	系统参数信息
SPLT	4	服务
SRC	1	系统无线电更改
SRP	1	系统复制
SRT	1	系统还原（Windows 恢复环境）
SRUM	1	睡眠学习
SRV	2	服务器消息块（SMB/CIFS）
STOR	3	存储
SUPP	1	支持
SYNC	1	电话同步
SYS	1	系统
TB	1	时间代理
TEAM	4	TeamOS 平台
TEL	5	Microsoft Defender ATP 遥测
TETH	2	移动热点服务
THME	1	主题
TKBN	24	触控键盘代理
TKBR	3	令牌代理
TMCN	1	平板模式控制通知

续表

前缀	名称数量	用途
TOPE	1	触控事件
TPM	9	受信任的平台模块（TPM）
TZ	6	时区
UBPM	4	用户模式电源管理器
UDA	1	用户数据访问
UDM	1	用户设备管理器
UMDF	2	用户模式驱动程序框架
UMGR	9	用户管理器
USB	8	通用串行总线（USB）栈
USO	16	更新编排器
UTS	2	用户信任的信号
UUS	1	未知
UWF	4	统一写入过滤器
VAN	1	虚拟区域网络
VPN	1	虚拟私有网络
VTSV	2	保管库服务
WAAS	2	Windows 即服务
WBIO	1	Windows 生物识别
WCDS	1	无线 LAN
WCM	6	Windows 连接管理器
WDAG	2	Windows Defender 应用程序防护
WDSC	1	Windows Defender 安全设置
WEBA	2	Web 身份验证
WER	3	Windows 错误报告
WFAS	1	Windows 防火墙应用程序服务
WFDN	3	WiFi 显示器连接 (MiraCast)
WFS	5	Windows 家庭安全
WHTP	2	Windows HTTP 库
WIFI	15	Windows 无线网络（WiFi）栈
WIL	20	Windows 检测库
WNS	1	Windows 通知服务
WOF	1	Windows 覆盖过滤器
WOSC	9	Windows One 设置配置
WPN	5	Windows 推送通知
WSC	1	Windows 安全中心
WSL	1	Windows Subsystem for Linux
WSQM	1	Windows 软件质量指标（SQM）
WUA	6	Windows 更新
WWAN	5	无线广域网（WWAN）服务
XBOX	116	XBOX 服务

8.9.3 WNF 状态名称和存储

WNF 状态名称用看起来像是随机的 64 位标识符来表示，例如 0xAC41491908517835，然后使用 C 预处理器宏（如 WNF_AUDC_CAPTURE_ACTIVE）来定义一个友好名称。然而实际上，这些数字会用于对版本号（1）、寿命（持久和临时）、范围（进程实例、容器实例、用户实例、会话实例、计算机实例）、永久数据标记进行编码，而对于众所周知的状态名称，还会通过一个前缀代表状态名称的所有者，后跟唯一序列号。图 8-41 展示了这种格式。

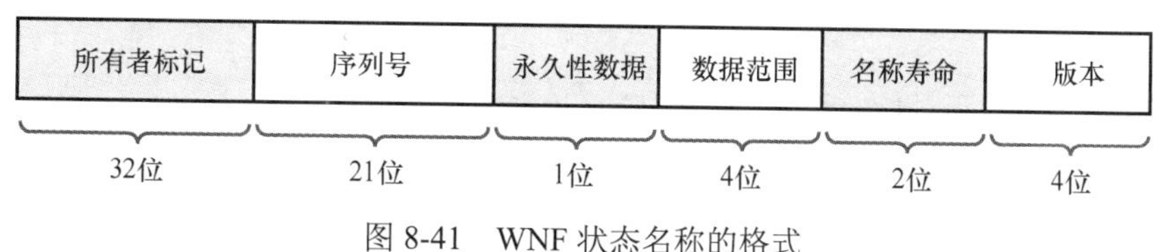

图 8-41　WNF 状态名称的格式

正如上文所述，状态名称可能是众所周知的，这意味着它们可以被预先配置，以便能够以任意顺序使用。为了实现这一点，WNF 会使用注册表作为支撑该功能的存储，将安全描述符、最大数据大小、类型 ID（如果有的话）编码后存储在注册表 HKLM\SYSTEM\CurrentControlSet\Control\Notifications 键下。对于每个状态名称，这些信息会被存储在一个与 64 位编码的 WNF 状态名称标识符相匹配的值中。

此外，WNF 状态名称还可注册为持久（persistent）名称，这意味着无论注册方进程的寿命如何，在系统持续运行过程中，这些名称都会始终保持为已注册状态。这种做法类似于"对象管理器"一节所介绍的持久对象，同样，注册这种状态名称需要 SeCreatePermanentPrivilege 权限。此类 WNF 状态名称同样存在于注册表中，不过会保存在注册表 HKLM\SOFTWARE\Microsoft\Windows NT\CurrentVersion\VolatileNotifications 键下，并会充分利用注册表的易失（volatile）标记[①]功能，在系统重启动后直接消失。使用"易失的"注册表键来保存"持久的"WNF 数据，这一点可能让人有些疑惑。不过要注意，如上文所述，这里所谓的"持久"是指系统启动完毕后，下次启动之前这段时间内的"持久"（而非与进程寿命直接关联，因此 WNF 将其称为"临时的"，下文将详细介绍这个问题）。

此外，WNF 状态名称也可以注册为永久（permanent）名称，这样的状态名称在系统重启动后依然存在。而这可能也是很多人期待的"持久"类型。这是通过另一个注册表键实现的，只不过此时没有使用易失标记，会被保存在注册表 HKLM\SOFTWARE\Microsoft\Windows NT\CurrentVersion\Notifications 键下。这种程度的持久性同样需要具备 SeCreatePermanentPrivilege 权限。对于这些类型的 WNF 状态，在注册表层级中还有一个额外的、名为 Data 的注册表键，对于每个 64 位编码的 WNF 状态名称，其中包含标识符、最后更改时间戳以及二进制数据。请注意，如果计算机上从未写入过 WNF 状态名称，那么后面这些信息可能会缺失。

---

① 应用了"易失标记"的注册表键不会保存在注册表数据库中，只位于内存中，因此，当系统重启动后，这些键会直接丢失。——译者注

实验：查看注册表中的 WNF 状态名称和数据

在这个实验中，我们将使用注册表编辑器查看众所周知的 WNF 状态名称，以及一些永久和持久的名称范例。通过查看注册表的原始二进制数据，还可看到数据和安全描述符信息。

打开注册表编辑器并转向 HKEY_LOCAL_MACHINE\SYSTEM\CurrentControlSet\Control\Notifications 键。

查看这里列出的数值，应该能看到类似下图所示的界面。

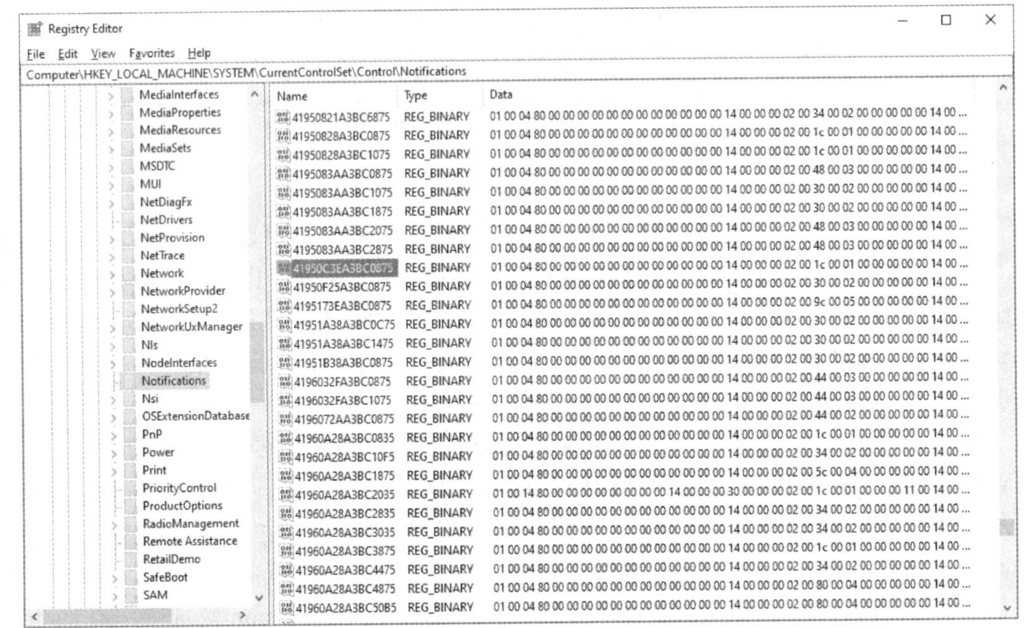

双击名为 41950C3EA3BC0875 的值（WNF_SBS_UPDATE_AVAILABLE），随后会打开原始注册表数据二进制编辑器。注意下图所示内容，在这里可以看到安全描述符（选中的二进制数据，其中包含 SID S-1-5-18）以及最大数据大小（0 字节）。

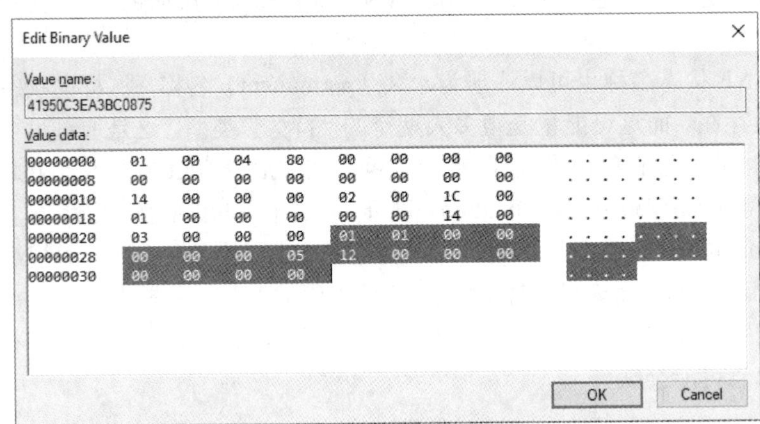

请注意，不要修改这里看到的任何值，随意修改可能导致系统无法运行或易于受到攻击。

最后，如果想要查看永久的 WNF 状态名称，可以使用注册表编辑器打开 HKEY_LOCAL_MACHINE\SOFTWARE\Microsoft\Windows NT\CurrentVersion\Notifications\Data 键，并查看 418B1D29A3BC0C75 这个值（WNF_DSM_DSMAPPINSTALLED）。如下图所示，在这里可以看到该系统中最后安装的应用程序（MicrosoftWindows.UndockedDevKit）。

```
Edit Binary Value
Value name:
418B1D29A3BC0C75
Value data:
00000000  28  00  00  00  4D  00  69  00   ( . . . M . i .
00000008  63  00  72  00  6F  00  73  00   c . r . o . s .
00000010  6F  00  66  00  74  00  57  00   o . f . t . W .
00000018  69  00  6E  00  64  00  6F  00   i . n . d . o .
00000020  77  00  73  00  2E  00  55  00   w . s . . . U .
00000028  6E  00  64  00  6F  00  63  00   n . d . o . c .
00000030  6B  00  65  00  64  00  44  00   k . e . d . D .
00000038  65  00  76  00  4B  00  69  00   e . v . K . i .
00000040  74  00  5F  00  31  00  30  00   t . _ . 1 . 0 .
00000048  2E  00  30  00  2E  00  32  00   . . 0 . . . 2 .
00000050  31  00  32  00  39  00  32  00   1 . 2 . 9 . 2 .
OK  Cancel
```

完全任意的状态名称也可以注册为临时名称。此类名称与上文介绍的名称有些区别。首先，因为其名称事先是未知的，因此需要名称的使用方和生成方能通过某种方式相互传递标识符。一般来说，无论谁先试图使用或创建这样的状态数据，最终都会在内部创建并/或使用匹配的注册表键存储相关数据。然而，对于临时的 WNF 状态名称，这一点是无法实现的，因为名称将完全基于单调递增的序列号。

其次还要注意这样一种情况：无法使用注册表键对临时的状态名称进行编码，这种名称会与注册特定状态名称实例的进程所绑定，所有数据仅存储在内核池中。例如，此类名称可用于实现上文提到的每个进程的唤醒通道。其他用途包括电源管理器通知，以及由 SCM 使用的直接服务触发器。

WNF 的发布和订阅模型

当发布方使用 WNF 时，需要遵循一种标准化的模式来注册状态名称（如果是非众所周知的名称）并发布自己想要暴露的数据。此外，发布方也可以选择不发布任何数据，而是直接提供一个 0 字节缓冲区，这样即可作为一种"点亮"状态的方式向订阅方发送信号，哪怕此时并未存储任何数据。

另一端的使用方会使用 WNF 的注册功能将回调与特定 WNF 状态名称关联在一起。每当发布了变更后，就会激活该回调。对于内核模式，调用方需要调用适当的 WNF API 以接收与该状态名称相关的数据（会提供一定大小的缓冲区，这样调用方就可以在需要时分配内存池，或者选择使用栈）。对于用户模式，该 Ntdll.dll 内部的底层 WNF 负责分配一个由堆支撑的缓冲区，并直接向订阅方所注册的回调提供一个指向该数据的指针。

在上述两种情况下，回调提供了变更戳，它作为一个具备唯一性的单调序列号，可用于检测缺失的已发布数据（如果订阅方因为某些原因不再活跃，而发布方还在继续发生变化，就会出现这种情况）。此外，该回调还可以关联一个自定义的上下文，这在 C++的情况下非常有用，可将静态函数指针与它的类关联起来。

注意　WNF 提供了一个 API，可用于查询特定 WNF 状态名称是否已被注册（借此，使用方就可以在检测到发布方尚未激活时实现特殊的逻辑），同时还提供了一个用于查询特定状态名称当前是否有任何活跃订阅的 API（借此，发布方即可实现一些特殊逻辑，例如延迟额外数据的发布，因为这可能会覆盖之前发布的状态数据）。

WNF 可能需要管理数千个订阅，为此它会为每个内核或用户模式的订阅关联一种数据结构，并将同一个 WNF 状态名称的所有订阅绑定在一起。这样，在发布了一个状态名称后，即可解析订阅列表，随后用户模式会将一个交付载荷添加到一个链表中，并向每个进程的通知事件发出信号。这样 Ntdll.dll 中的 WNF 交付代码即可调用 API 以使用该载荷（以及同时添加到列表中的任何其他额外的交付载荷）。对于内核模式，相关机制会简单一些：直接在发布方的上下文中以同步的方式执行回调。

请注意，我们可以通过两种模式订阅通知：数据（Data）通知模式和元（Meta）通知模式。前者会执行大部分人所期待的操作，当新数据被关联给 WNF 状态名称后执行回调；后者则更有趣一些，因为当新的使用方变得活跃或不活跃，以及当发布方被终止（易失状态名会存在此类概念）时，它会发出通知。

还要注意，用户模式订阅会产生一个额外的问题：因为 Ntdll.dll 管理着整个进程的 WNF 通知，因此多个组件（例如动态链接库/DLL）可能会对同一个 WNF 状态名称请求自己的回调（但会出于不同原因并使用不同的上下文）。这种情况下，Ntdll.dll 库需要将注册上下文与每个模块关联起来，这样每个进程的交付载荷才能被转换为正确的回调，并且仅在所请求的交付模式与订阅方的通知类型相符时才进行交付。

实验：使用 WnfDump 实用工具转储 WNF 状态名称

在这个实验中，我们将使用本书随附工具（WnfDump）向 WNF_SHEL_DESKTOP_APPLICATION_STARTED 状态名称和 WNF_AUDC_RENDER 状态名称注册 WNF 订阅。

请在命令提示符下使用下列标记执行 **wnfdump**：

```
-i WNF_SHEL_DESKTOP_APPLICATION_STARTED -v
```

该工具会显示状态名称信息并读取其数据，并产生类似这样的输出结果：

```
C:\>wnfdump.exe -i WNF_SHEL_DESKTOP_APPLICATION_STARTED -v
WNF State Name                                   | S | L | P | AC | N | CurSize | MaxSize

WNF_SHEL_DESKTOP_APPLICATION_STARTED             | S | W | N | RW | I |      28 |     512
65 00 3A 00 6E 00 6F 00-74 00 65 00 70 00 61 00 e.:.n.o.t.e.p.a.
64 00 2E 00 65 00 78 00-65 00 00 00             d...e.x.e...
```

由于该事件与启动桌面应用程序的 Explorer（“外壳”）相关联，所以可以看到自己通过双击、开始菜单或运行菜单等方式所启动的最后几个应用程序之一（通常是 ShellExecute API 用到的应用程序）。输出结果中还显示了变更戳，这是一个计数器，借此可以知道自当前 Windows 实例启动以来（因为这是一个持久事件，而非永久事件），通过这种方式启动的桌面应用程序数量。

使用开始菜单启动另一个新的桌面应用程序（例如“画图”），尝试再次执行 **wnfdump** 命令。随后可以看到变更戳的数值增加了，并且输出结果会包含新的二进制数据。

8.9.4 WNF 事件聚合

尽管WNF本身已经为客户端和服务提供了一种交换状态信息并将状态通知给对方的强大方法，但一些情况下特定客户端/订阅方可能会对不止一个 WNF 状态名称感兴趣。

例如，可能有一个 WNF 状态名称会在屏幕背光关闭后发布，另一个则会在无线网卡被关闭后发布，还有一个会在用户离开设备后发布。可能会有一个订阅方希望在上述任何一个 WNF 状态名称发布之后收到通知，但另一个订阅方可能希望前两个或最后一个名称发布之后收到通知。

然而，Ntdll.dll 提供给用户模式客户端的 WNF 系统调用和基础架构（以及内核所提供的 API 表面）只能针对单个 WNF 状态名称执行操作。因此，上述例子需要通过每个订阅方自行实现的状态机手动处理。

为了向这种常见需求提供方便，用户模式以及内核模式都有一个组件可以处理此类状态机的复杂性，并暴露出一个简单的 API：Common Event Aggregator（CEA，通用事件聚合器），内核模式调用方是在 CEA.SYS 中实现的，用户模式调用方则是在 EventAggregation.dll 中实现的。这些库可导出一组 API（例如 EaCreateAggregatedEvent 和 EaSignalAggregatedEvent），借此实现中断那样的行为（WNF 状态为 True 时启动回调，WNF 状态为 False 时停止回调），并能使用诸如 AND、OR 和 NOT 等运算符对条件进行组合。

CEA 的用户包括 USB 栈以及 Windows Driver Foundation（WDF），它为 WNF 状态名称的变化暴露了一种框架回调。此外，Power Delivery Coordinator（Pdc.sys）也会使用 CEA 构建类似本节开头提到的那种电源状态机。第 9 章将要介绍的统一后台进程管理器（Unified Background Process Manager，UBPM）也依赖 CEA 来实现一些功能，例如，根据低功耗或闲置等情况启动和停止服务。

WNF 还是系统事件代理（System Event Broker，SEB）服务的组成部分，该服务在 SystemEventsBroker.dll 中实现，其客户端库位于 SystemEventsBrokerClient.dll 中。后者可导出诸如 SebRegisterPrivateEvent、SebQueryEventData 以及 SebSignalEvent 等 API，随后这些API可通过RPC接口传递给服务。在用户模式下，SEB是通用 Windows平台（Universal Windows Platform，UWP）、用于问询系统状态的各类 API，以及根据 WNF 暴露的某些状态的变化自我触发的服务必不可少的基础。特别是在 OneCore 衍生的各类系统，例如 Windows Phone 和 Xbox（上文曾经提到，系统本身就用到了数百个众所周知的 WNF 状态名称）中，SEB 已成为系统通知功能的核心驱动力，取代了窗口管理器（window manager）通过诸如 WM_DEVICEARRIVAL、WM_SESSIONENDCHANGE、WM_POWER 等消息提供的遗留角色。

SEB 可通过管道进入 UWP 应用程序所使用的代理基础架构（Broker Infrastructure，BI），可供应用程序（即使运行在 AppContainer 中）访问映射至全系统状态的 WNF 事件。此外，对于 WinRT 应用程序，Windows.ApplicationModel.Background 命名空间暴露了一个 SystemTrigger 类，进而实现了 IBackgroundTrigger，借此可通过管道进入 SEB 的 RPC 服务和 C++ API，对于某些众所周知的系统事件，最终还可转换为 WNF_SEB_XXX 这样的事件状态名称。这是一个非常完美的例子，证明了像 WNF 这样很少有公开文档介绍的内部机制，最终也可以成为现代 UWP 应用程序开发过程中公开的高级 API 的核心。SEB

只是 UWP 暴露的众多代理之一，本章末尾还将详细介绍后台任务和代理基础架构。

8.10　用户模式调试

系统对用户模式调试的支持工作可分为三个模块。第一个模块位于执行体中，使用 Dbgk（代表调试框架，Debugging Framework）作为前缀。它为调试事件的注册和侦听提供了必要的内部函数，负责管理调试对象，并可将信息打包来供用户模式的对应部分直接使用。能与 Dbgk 直接通信的用户模式组件位于原生系统库 Ntdll.dll 中，属于一组名称以 DbgUi 为前缀的 API。这些 API 负责（以不透明方式）包装底层调试对象的实现，通过将子系统应用程序围绕 DbgUi 实现对 API 进行包装，即可让所有子系统应用程序能够进行调试。最后，用户模式调试的第三个组件属于子系统 DLL，这是每个子系统为了对其他应用程序进行调试所暴露的公开的 API（位于 Windows 子系统的 KernelBase.dll 中）。

8.10.1　内核支持

内核通过上文提到的调试对象为用户模式的调试提供了支持。调试对象提供了一系列系统调用，其中大部分可直接映射至 Windows 调试 API，而这些 API 通常可先通过 DbgUi 层访问。调试对象本身的构造极为简单，包含一系列用于决定状态的标记、一个向任何等待方通知调试器事件已存在的事件、一个由等待处理的调试事件组成的双链表，以及一个用于锁定对象的快速互斥。内核只需要这些信息即可成功地接收并发送调试器事件，而每个被调试进程都在自己的执行体进程结构中包含一个指向该调试对象的调试端口号。

一旦进程获得相关的调试端口，表 8-32 所列出的事件即可导致调试事件被插入事件列表中。

表 8-32　内核模式调试事件

事件标识符	含义	触发者
DbgKmExceptionApi	出现了一个异常	用户模式异常发生期间的 KiDispatchException
DbgKmCreateThreadApi	新线程已创建	用户模式线程的启动
DbgKmCreateProcessApi	新进程已创建	如果 EPROCESS 中尚未设置 CreateReported 标记，则启动第一个并且处于用户模式的线程
DbgKmExitThreadApi	一个线程已退出	如果 ETHREAD 中已经设置了 ThreadInserted 标记，则是用户模式线程的终止
DbgKmExitProcessApi	一个进程已退出	如果 ETHREAD 中已经设置了 ThreadInserted 标记，则是进程中最后一个用户模式线程的终止
DbgKmLoadDllApi	一个 DLL 已加载	如果 TEB 中尚未设置 SuppressDebugMsg 标记，且当节是映像文件（也可以是 EXE 文件）时，则是 NtMapViewOfSection
DbgKmUnloadDllApi	一个 DLL 已卸载	如果 TEB 中尚未设置 SuppressDebugMsg 标记，且当节是映像文件（也可以是 EXE 文件）时，则是 NtUnmapViewOfSection
DbgKmErrorReportApi	一个用户模式异常必须转发给 WER	如果 DbgKmExceptionApi 消息返回了 DBG_EXCEPTION_NOT_HANDLED，这种特殊情况的消息将通过 ALPC 发送，而不使用调试对象，这样 WER 即可接管异常的处理工作

除了表 8-32 中提到的原因，在调试器对象首次与进程建立关联后，除了上述常规情况外，还可能触发几种特殊情况。在连接调试器后，第一个 Create process 和 Create thread 消息将以手动方式发送，首先针对进程本身及其主线程发送；然后为进程中所有的其他线程发送 Create thread 消息；最后为被调试的可执行文件发送 Load DLL 事件，可从 Ntdll.dll 开始发送，再为被调试进程当前加载的每个 DLL 发送。类似地，如果调试器已经连接，但创建了克隆的进程（分叉），那么还会为克隆进程中的第一个线程发送相同的事件（因为克隆的地址空间中不仅包含 Ntdll.dll，也包含其他已加载的 DLL）。

此外，还可以为线程设置一个特殊标记，该标记名为 Hide from debugger（对调试器隐藏），可在线程创建时设置或动态地设置。开启该标记后，会导致 TEB 中的 HideFromDebugger 标记被设置，随后即使连接了调试端口，当前线程执行的所有操作也不会引发调试器消息。

一旦调试器对象与进程相关联，该进程就会进入深度冻结状态，这同样适用于 UWP 应用程序。需要注意的是，这会让所有线程暂停运行，并阻止创建任何新的远程线程。在这一点上，调试器的责任是开始请求将调试事件发送过来。调试器通常会针对调试对象执行等待，借此请求将调试事件发送回用户模式。这样即可让该调用在调试事件列表中循环进行。随着每个请求从列表中移除，其内容会从内部 DBGK 结构转换为下一层可以理解的原生结构。这种结构也不同于 Win32 结构，因此还需要进行另一层转换。即使所有挂起的调试信息被调试器处理完毕后，内核也不会自动恢复进程的运行。此时需要由调试器负责调用 ContinueDebugEvent 函数以恢复执行。

除了对某些多线程问题进行复杂处理外，该框架的基本模型其实非常简单：生成方+使用方，其中生成方会通过内核中的代码生成表 8-32 中所列出的调试事件，而使用方则是等待这些事件并在收到事件后加以确认的调试器。

8.10.2 原生支持

虽然用户模式调试的基本协议非常简单，但并不能直接被 Windows 应用程序使用，而是需要由 Ntdll.dll 中的 DbgUi 函数包装起来。这种抽象是必要的，这样才能让原生应用程序以及不同的子系统使用这些例程（因为 Ntdll.dll 中的代码没有依赖性）。该组件提供的大部分函数类似于 Windows API 函数以及相关系统调用。在内部，这些代码还提供了创建与线程相关联的调试对象所需的功能。所创建的调试对象的句柄永远不会被暴露，而是会存储在执行连接操作的调试器线程的线程环境块（TEB）中（有关 TEB 的详情请参阅卷 1 第 4 章）。这个值会被保存在 DbgSsReserved[1]字段中。

在调试器连接到一个进程后，会期待该进程被中断，也就是说，应该由注入该进程的线程引发 int 3（断点）操作。如果没有发生该操作，调试器将永远无法真正控制该进程，而只能看到调试器事件一闪而过。Ntdll.dll 负责创建线程并将其注入目标进程。请注意，该线程在创建时使用了一个特殊标记，内核会在 TEB 上设置该标记，进而导致 SkipThreadAttach 标记被设置，这避免了 DLL_THREAD_ATTACH 通知以及 TLS 槽的使用，因为被避免的这两种情况会导致调试器每次中断进程时产生不必要的副作用。

Ntdll.dll 还提供了一些 API，借此可将调试器事件的原生结构转换为 Windows API 所能理解的结构。这是通过表 8-33 中列出的转换来完成的。

表 8-33　从原生到 Win32 的转换

原生状态变化	Win32 状态变化	详情
DbgCreateThreadStateChange	CREATE_THREAD_DEBUG_EVENT	
DbgCreateProcessStateChange	CREATE_PROCESS_DEBUG_EVENT	lpImageName 始终为 NULL，fUnicode 始终为 TRUE
DbgExitThreadStateChange	EXIT_THREAD_DEBUG_EVENT	
DbgExitProcessStateChange	EXIT_PROCESS_DEBUG_EVENT	
DbgExceptionStateChange DbgBreakpointStateChange DbgSingleStepStateChange	OUTPUT_DEBUG_STRING_EVENT、RIP_EVENT 或 EXCEPTION_DEBUG_EVENT	基于异常代码来决定（异常代码可能为 DBG_PRINTEXCEPTION_C / DBG_PRINTEXCEPTION_WIDE_C、DBG_RIPEXCEPTION 或其他）
DbgLoadDllStateChange	LOAD_DLL_DEBUG_EVENT	fUnicode 始终为 TRUE
DbgUnloadDllStateChange	UNLOAD_DLL_DEBUG_EVENT	

实验：查看调试器对象

虽然我们一直使用 WinDbg 进行内核模式调试，但其实也可以用它调试用户模式的程序。请试着通过下列步骤启动 Notepad.exe 并连接调试器：

1）运行 WinDbg，随后点击 **File→Open Executable**。

2）打开\Windows\System32\目录并选择 Notepad.exe。

3）因为我们无须真正进行调试，因此可忽略随后出现的所有提示信息。接着在命令行窗口中输入 **g** 即可让 WinDbg 继续执行记事本。

运行 Process Explorer，确定已经启用了底部窗格，并将其配置为显示打开的句柄（选择 **View→Lower Pane View**，随后选择 **Handles**）。我们还需要查看未命名句柄，因此请选择 **View→Show Unnamed Handles And Mappings**。

点击 Windbg.exe（如果使用 WinDbg Preview，则点击 EngHost.exe）进程，并查看句柄表。在这里应该可以看到一个指向调试器对象的打开的未命名句柄（按照 Type 排列表格可以更轻松地找到该句柄），类似下图所示。

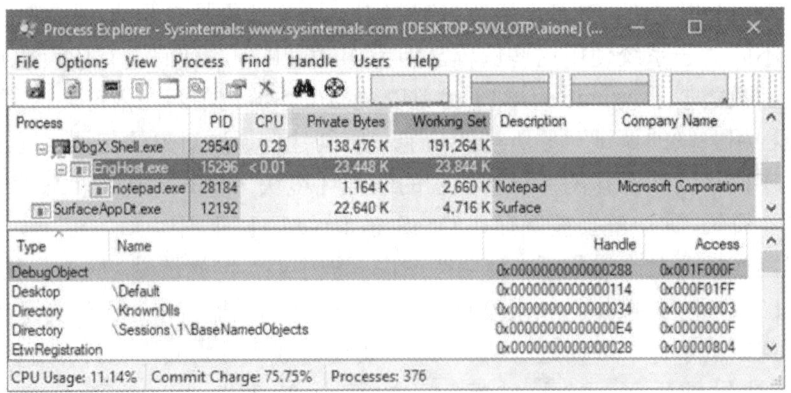

试着右键点击该句柄并将其关闭。记事本窗口会消失，WinDbg 中会显示如下信息：

```
ERROR: WaitForEvent failed, NTSTATUS 0xC0000354
This usually indicates that the debuggee has been
```

```
killed out from underneath the debugger.
You can use .tlist to see if the debuggee still exists.
```

实际上，如果查看给出的 NTSTATUS 代码描述，就会找到类似“An attempt to do an operation on a debug port failed because the port is in the process of being deleted”（针对调试端口执行操作的企图失败了，因为该端口正在被删除）这样的文字，而这恰恰是我们关闭句柄所做的事情。

如上所示，原生 DbgUi 接口除了抽象本身，并未对该框架提供其他支持。它所做的最复杂的工作就是原生和 Win32 调试器结构之间的转换。该转换涉及对结构进行的一些额外改变。

8.10.3 Windows 子系统支持

负责让诸如 Microsoft Visual Studio 或 WinDbg 对用户模式应用程序进行调试的最后一个组件位于 KernelBase.dll 中，它提供了文档化的 Windows API。除了将一个函数名转换为另一个函数名这种琐碎的工作外，调试基础架构中的这部分内容还负责另一个重要的管理工作：管理重复的文件和线程句柄。

上文曾经提过，每次发送 Load DLL 事件时，内核都会复制一个映像文件的句柄并在事件结构中传递，这有些类似于 Create process 事件中对进程可执行文件句柄执行的操作。在每个等待调用中，KernelBase.dll 会检查该事件是否会导致从内核复制一个新的进程或线程句柄（两个 Create 事件）。如果会，则 KernelBase.dll 将分配一个结构用于存储进程 ID、线程 ID 以及该事件关联的线程或进程句柄。这个结构会被链接到 TEB 中的第一个 DbgSsReserved 数组索引。上文曾经提过，调试对象句柄也会存储在这里。同样，KernelBase.dll 还会检查退出事件。在检测到此类事件后，它会在数据结构中为句柄添加“标记”。

一旦调试器用完句柄并执行 Continue 调用，KernelBase.dll 会解析这些结构，查找任何已退出线程对应的句柄，并为调试器关闭这些句柄。否则，这些线程和进程将永远无法退出，因为只要调试器还在运行，就始终存在指向它们并且被打开的句柄。

8.11 打包的应用程序

从 Windows 8 开始，系统需要一些能在不同类型设备（例如手机、Xbox 以及成熟的个人计算机）上运行的 API。Windows 也真正开始为这些全新的设备类型而设计，这些设备使用了不同的平台和 CPU 架构（例如 ARM）。而 Windows 8 还首次引入了一种全新的、与具体平台无关的应用程序架构：Windows Runtime（也叫 WinRT）。WinRT 支持使用 C++、JavaScript 以及托管语言（C#、VB.NET 等）进行开发，基于 COM，可同时为 x86、AMD64 以及 ARM 处理器提供原生支持。后来 WinRT 演变为通用 Windows 平台（Universal Windows Platform，UWP）。UWP 在设计上克服了 WinRT 的一些困难，但也是在 WinRT 基础上构建的。UWP 应用程序无须在清单中指定自己是为哪个版本的操作系统开发的，而是能够以一个或多个设备家族为目标进行开发的。

UWP 提供了保证所有设备家族中均可用的 Universal Device Family API（通用设备家族 API），以及面向特定设备的 Extension API（扩展 API）。开发者能够以一种设备类型为目标，并在清单中添加扩展 SDK，此外也可以在运行时有条件地测试 API 是否存在，并酌情调整应用程序的行为。通过这种方式，如果有在智能手机上运行的 UWP 应用，在将手机连接到桌面计算机或适合的手机扩展坞后，该应用就可以表现出类似于直接在计算机上运行时那样的行为。

UWP 为应用提供了多种服务。

- 自适应控制和输入：图形元素可调整自己的布局和比例，以适应不同的大小和 DPI 的屏幕。此外，输入处理被抽象到底层应用中，这意味着 UWP 应用可以在不同的屏幕以及不同输入方式（如触控、触笔、鼠标、键盘或 Xbox 游戏手柄）的设备上良好运行。
- 为每个 UWP 应用提供一个集中的商店，进而提供无缝的应用安装、卸载和升级体验。
- 名为 Fluent 的统一设计系统（已集成在 Visual Studio 中）。
- 一种名为 AppContainer 的沙盒环境。

AppContainer 最初是为 WinRT 设计的，UWP 应用程序同样在使用。我们曾在卷 1 第 7 章介绍过有关 AppContainer 安全性的相关内容。

为了正确地执行并管理 UWP 应用程序，Windows 内建了一种全新的应用程序模型，内部将其称为 AppModel，代表现代应用程序模型（modern application model）。现代应用程序模型不断演化，在操作系统每次版本更新时已经经历了多次变化。本书将分析 Windows 10 的现代应用程序模型。这种新模型包含多个组件，不同的组件相互配合，以能源效率更高的方式正确地管理着打包应用程序及其后台活动。

- **主机活动管理器（Host Activity Manager，HAM）**：主机活动管理器是 Windows 10 引入的新组件，取代并集成了控制 UWP 应用程序生命（及其状态）的很多老组件（进程生命周期管理器、前台管理器、资源策略、资源管理器）。主机活动管理器位于后台任务基础架构服务（BrokerInfrastructure）中，但它与后台代理基础架构（Background Broker Infrastructure）组件并不是同一个概念。主机活动管理器的工作与进程状态管理器密切相关，它由两个库实现，这两个库分别代表客户端（Rmclient.dll）和服务器（PsmServiceExtHost.dll）接口。
- **进程状态管理器（Process State Manager，PSM）**：PSM 已被 HAM 部分取代，并被认为是 HAM 的一部分（实际上 PSM 已经成为了 HAM 的一个客户端）。它维护并存储了打包应用程序的每个主机的状态。虽然它与 HAM 在同一个服务（BrokerInfrastructure）中实现，但 PSM 位于不同的 DLL（Psmsrv.dll）中。
- **应用程序激活管理器（Application Activation Manager，AAM）**：AAM 组件负责不同种类和类型打包应用程序的激活。它在 ActivationManager.dll 库中实现，而该库位于用户管理器服务中。AAM 是 HAM 的客户端。
- **视图管理器（View Manager，VM）**：VM 检测并管理 UWP 用户界面事件与活动，并与 HAM 通信以保持 UI 应用程序处于前台以及非暂停状态。此外，VM 还帮助 HAM 检测 UWP 应用程序何时进入后台状态。视图管理器是在 CoreUiComponents.

dll 这个.NET 托管库中实现的，后者需要依赖 Modern Execution Manager（现代执行管理器）客户端接口（ExecModelClient.dll）才能正确地向 HAM 注册。这些库都位于用户管理器服务中，而该服务本身在 Sihost 进程中运行（该服务需要正确地管理 UI 事件）。

- **后台代理基础架构（Background Broker Infrastructure，BI）**：BI 负责管理应用程序的后台任务、其执行策略以及事件。其核心服务器主要在 bisrv.dll 库中实现，负责管理代理生成的事件，并评估策略以决定是否运行某个后台任务。后台代理基础架构位于 BrokerInfrastructure 服务中，撰写这部分内容时，已不再被 Centennial 应用程序所使用。

这种全新应用程序模型还包含其他几个次要组件，因为已超出了本书范围，故不再详述。

为了能够在 Windows 10 S[①]这样的安全设备上运行应用程序（甚至标准的 Win32 应用程序），并为了帮助老应用程序转换为新模型，微软设计了 Desktop Bridge（内部代号 Centennial）。开发者可通过 Visual Studio 或 Desktop App Converter 来使用这种桥接技术。虽然技术上可以在 AppContainer 中运行 Win32 应用程序，但并不推荐这样做，因为标准 Win32 应用程序在设计上需要访问更广泛的系统 API 表面，而 AppContainer 在这方面受到了较大限制。

8.11.1 UWP 应用程序

在卷 1 第 7 章，我们已经介绍了 UWP 应用程序及其安全环境。为了更好地理解本章涉及的概念，有必要对现代 UWP 应用程序的一些基本特性进行简要的介绍。Windows 8 为进程引入了一些重要的新属性：

- 程序包标识符。
- 应用程序标识符。
- AppContainer。
- Modern UI。

我们已经全面介绍过 AppContainer（详见卷 1 第 7 章）。当用户下载一个现代 UWP 应用程序时，应用程序通常会封装在 AppX 程序包中。一个程序包可以包含同一个作者所发布的不同应用程序，这些应用程序会相互链接在一起。程序包标识符是一种逻辑结构，能够以唯一的方式定义程序包，它包含名称、版本、架构、资源 ID 以及发行商五个部分。程序包标识符可以用两种方式来表示：一是使用程序包全名（package full name，最初也叫 package moniker），这是一种由程序包标识符的每部分内容通过下划线连接组合成的字符串；二是使用程序包家族名（package family name），这是由程序包和发行商名称组成的另一种字符串。在这两种情况下，发行商需要负责使用 Base32 对完整的发行商名称字符串进行编码。在 UWP 的世界中，“程序包 ID”和“程序包全名”这两个术语的含义是相同的。例如，Adobe Photoshop 程序包就是通过

① S 模式是 Windows 10/11 的一种特殊运行模式。该模式下，系统将只能运行来自 Windows 应用商店的应用，无法安装商店之外的应用。该模式未提供零售版系统，用户只能购买预装该模式系统的品牌机。S 模式可无缝切换至普通模式，但该切换是单向的，无法从普通模式切换回 S 模式。——译者注

下列全名分发的：

AdobeSystemsIncorporated.AdobePhotoshopExpress_2.6.235.0_neutral_split.scale-125_ynb6jyjzte8ga

其中：

- AdobeSystemsIncorporated.AdobePhotoshopExpress 是程序包的名称。
- 2.6.235.0 是版本。
- Neutral 是目标架构。
- Split_scale 是资源 ID。
- ynb6jyjzte8ga 是发行商的 Base32 编码（采用了 Crockford 变体，为避免字母与数字混淆而不使用 i、l、u 和 o 这几个英文字母）。

而程序包家族名称则是更简单的 AdobeSystemsIncorporated.AdobePhotoshopExpress_ynb6jyjzte8ga 字符串。

构成程序包的每个应用程序都由一个应用程序标识符所代表。应用程序标识符能以唯一的方式来标识组成面向用户的程序所包含的全部窗口、进程、快捷方式、图标和功能的集合，但不会考虑程序具体的实现方式（这意味着在 UWP 世界中，应用程序可以由不同的进程组成，但这些进程依然属于同一个应用程序标识符）。应用程序标识符通过一个简单的字符串来表示（在 UWP 世界中这叫作程序包相关应用程序 ID，即 Package Relative Application ID，通常可缩写为 PRAID）。后者总会与程序包家族名称组合在一起，构成应用程序用户模型 ID（Application User Model ID，通常可缩写为 AUMID）。例如，Windows 现代开始菜单应用程序的 AUMID 是 Microsoft.Windows.ShellExperienceHost_cw5n1h2txyewy!App，其中的 App 部分就是它的 PRAID。

程序包全名和应用程序标识符均位于描述现代应用程序安全上下文的令牌所包含的 WIN://SYSAPPID 安全特性中。有关 UWP 应用程序运行所需的安全环境的详细介绍，请参阅卷 1 第 7 章。

8.11.2 Centennial 应用程序

从 Windows 10 开始，新的应用程序模型已可开始兼容标准 Win32 应用程序。开发者只需要使用一个名为 Desktop App Converter 的特殊微软工具运行应用程序的安装文件即可。Desktop App Converter 会在沙盒服务器 Silo（内部将其称为 Argon Container）中启动安装程序，拦截创建应用程序的程序包所需的全部文件系统和注册表 I/O，并将所有文件存储在一个 VFS（Virtualized File System，虚拟化文件系统）私有文件夹中。Desktop App Converter 应用程序的全面介绍已超出了本书范围，有关 Windows 容器和 Silo 的详细信息请参阅卷 1 第 3 章。

与 UWP 应用程序不同，Centennial 运行时并不创建用于运行 Centennial 进程的沙盒，而是会在其基础上应用一种精简的虚拟化层。因此，相比标准 Win32 程序，Centennial 应用程序的安全性并不低，也不会以较低完整性级别的令牌来运行。Centennial 应用程序甚至可以使用管理员账户启动。此类应用程序运行在应用程序 Silo（内部将其称为 Helium Container）中，其目的在于保持兼通性的同时维持状态的分离，并提供两种形式的“监牢”：注册表重定向和虚拟文件系统（VFS）。图 8-42 展示了一个 Centennial 应用程序（Kali Linux）的范例。

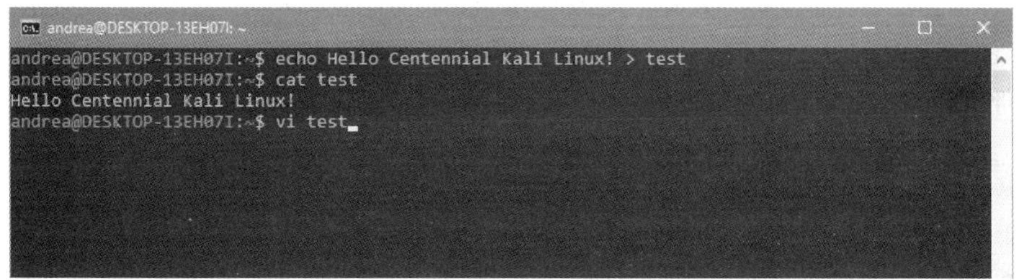

图 8-42　Windows 应用商店中的 Kali Linux 发行版就是一种典型的 Centennial 应用程序

当程序包激活时，系统会对应用程序应用注册表重定向，并将主 System 配置单元（Hive）合并到 Centennial Application 注册表配置单元。在安装到用户工作站后，每个 Centennial 应用程序可包含 registry.dat、user.dat 以及（可选的）userclasses.dat 三个注册表配置单元。Desktop Convert 生成的注册表文件代表“不可变的”配置单元，会在安装时写入并且不应更改。当应用程序启动时，Centennial 运行时会将不可变配置单元合并到真正的 System 注册表配置单元（实际上，Centennial 运行时还会执行“去标记化”过程，因为配置单元中存储的每个值都包含相应的值）。

注册表合并与虚拟化服务是由虚拟注册表命名空间过滤器驱动程序（WscVReg）提供的，该驱动程序已集成在 NT 内核（配置管理器）中。当程序包激活时，用户模式的 AppInfo 服务会与 VRegDriver 设备通信，进而对 Centennial 应用程序的注册表活动进行合并与重定向。在这种模式下，如果应用程序试图读取的注册表值位于虚拟化的配置单元中，I/O 实际上会被重定向到程序包的配置单元。对这种值进行写入操作是禁止的。如果虚拟化配置单元中不存在所需值，则会直接在真正的配置单元中创建，而不需要任何类型的重定向。整个 HKEY_CURRENT_USER 根键还会应用一种不同的重定向机制，在该键下，每个新子键或值都只存储在下列路径的程序包配置单元中：C:\ProgramData\Packages\<PackageName>\<UserSid>\SystemAppData\Helium\Cache。表 8-34 列出了应用于 Centennial 应用程序的注册表虚拟化摘要。

表 8-34　应用于 Centennial 应用程序的注册表虚拟化

操作	结果
读取或枚举 HKEY_LOCAL_MACHINE\Software	该操作会返回动态合并的程序包配置单元以及本地系统中对应的部分。程序包配置单元中存在的注册表键和值总会优先于本地系统中存在的键和值
对 HKEY_CURRENT_USER 的所有写入	重定向到 Centennial 程序包虚拟化配置单元
程序包内部的所有写入	如果注册表值存在于一个程序包配置单元中，则不允许写入 HKEY_LOCAL_MACHINE\Software
程序包外部的所有写入	只要值不存在于一个现有的程序包配置单元中，则允许写入 HKEY_LOCAL_MACHINE\Software

当 Centennial 运行并设置 Silo 应用程序容器时，会遍历程序包 VFS 文件夹中的所有文件和目录。该过程也是程序包激活组件所提供的 Centennial 虚拟文件系统配置的一部分。Centennial 运行时包含一个列表，其中列出了 VFS 目录中每个文件夹的映射，如表 8-35 所示。

表 8-35 为 Centennial 应用虚拟化的系统文件夹列表

文件夹名称	重定向后的目标位置	架构
SystemX86	C:\Windows\SysWOW64	32 位/64 位
System	C:\Windows\System32	32 位/64 位
SystemX64	C:\Windows\System32	仅 64 位
ProgramFilesX86	C:\Program Files (x86)	32 位/64 位
ProgramFilesX64	C:\Program Files	仅 64 位
ProgramFilesCommonX86	C:\Program Files (x86)\Common Files	32 位/64 位
ProgramFilesCommonX64	C:\Program Files\Common Files	仅 64 位
Windows	C:\Windows	中性
CommonAppData	C:\ProgramData	中性

文件系统虚拟化是由三个不同的驱动程序提供的，Argon 容器大量使用了这些驱动程序。

- **Windows 绑定微过滤驱动程序（Windows Bind minifilter driver，BindFlt）**：负责管理 Centennial 应用程序的文件重定向。这意味着如果 Centennial 应用需要读取或写入一个现有的虚拟化文件，则 I/O 会被重定向至文件的原始位置。当应用程序试图在一个虚拟化文件夹（如 C:\Windows）中创建文件，并且该文件尚不存在时，该操作将被允许（前提是用户具备所需权限），此时将不进行重定向。
- **Windows 容器隔离微过滤驱动程序（Windows Container Isolation minifilter driver，Wcifs）**：负责合并不同虚拟化文件夹（也叫不同的“层”）的内容并创建一种唯一视图。Centennial 应用程序使用该驱动程序将本地用户的应用程序数据文件夹（通常为 C:\Users\<UserName>\AppData）内容合并到应用的应用程序缓存文件夹（位于 C:\User\<UserName>\Appdata\Local\Packages\<Package Full Name\LocalCache）。该驱动程序甚至可以管理多个程序包的合并，这意味着每个程序包都可以针对合并文件夹获得自己的私有视图并在此执行各种操作。为了支持该功能，该驱动程序会在目标文件夹的重分析点中存储每个程序包的层 ID(Layer ID)。借此即可在内存中构建层映射，并针对不同的私有区域（内部将其称为 Scratch 区域）执行操作。在撰写这部分内容时，这个高级功能只针对相关的集进行了配置，下文将进一步介绍该功能。
- **Windows 容器名称虚拟化微过滤驱动程序(Windows Container Name Virtualization minifilter driver，Wcnfs)**：当 Wcifs 驱动程序合并多个文件夹时，Centennial 会使用 Wcnfs 来设置本地用户应用程序数据文件夹的名称重定向。与上文提到的情况不同，当应用在虚拟化的应用程序数据文件夹中新建文件或文件夹时，无论该文件是否已经存在，文件都会被存储到应用程序缓存文件夹中，而非真正的文件夹中。

有一个重要的概念需要注意：BindFlt 能对单个文件进行过滤操作，而 Wcnfs 和 Wcifs 驱动程序能对文件夹执行操作。Centennial 会使用微过滤器的通信端口正确设置虚拟化文件系统基础架构。该设置过程会使用一种基于消息的通信系统来完成（Centennial 运行时向微过滤器发送消息并等待响应）。表 8-36 列出了应用于 Centennial 应用程序的文件系统虚拟化概要。

表 8-36 应用于 Centennial 应用程序的文件系统虚拟化

操作	结果
读取或枚举众所周知的 Windows 文件夹	该操作可返回相应的 VFS 文件夹与本地系统对应文件夹动态合并后的结果。VFS 文件夹中的文件将始终优先于本地系统中现有的对应文件
写入应用程序数据文件夹	对应用程序数据文件夹的所有写入会被重定向至本地 Centennial 应用程序缓存
程序包文件夹内部的所有写入	禁止写入，只读
程序包文件夹外部的所有写入	用户具备权限便允许

8.11.3 主机活动管理器

系统中原本有很多组件会以不够协调的方式与打包的应用程序状态进行交互，但 Windows 10 对这些组件进行了统一。因此一个名为主机活动管理器（Host Activity Manager，HAM）的全新组件开始成为中心组件，独自负责管理打包应用程序的状态并向其所有客户端提供统一的 API 集。

与原先的方式不同，主机活动管理器会向自己的客户端暴露基于活动的接口。"主机"是应用程序模型所认可的最小的隔离单元对象。而打包应用程序中代表 Windows 作业对象的资源状态、暂停/恢复状态、冻结状态，以及优先级，都可以作为一种单元加以管理。对于简单的应用程序，作业对象可能只包含一个进程；但对于拥有多个后台任务的应用程序（如多媒体播放器），其中也可能包含多个不同进程。

在这种新的现代应用程序模型中，作业的类型分为三种。

- **Mixed**：前台和后台活动的混合，但通常会与应用程序的前台部分相关联。包含后台任务的应用程序（例如音乐播放或打印）会使用这种类型的作业。
- **Pure**：纯粹用于后台工作的主机。
- **System**：代表应用程序执行 Windows 代码的主机（例如后台下载）。

活动（Activity）始终归属于主机，它代表了客户端某些概念（例如窗口、后台任务、任务完成等）的通用接口。如果主机的作业未处于冻结状态，并且有至少一个运行中的活动，那么这样的主机会被视为"活跃的"。HAM 客户端组件负责管理活动的交互并控制其寿命。很多组件都可以看成 HAM 客户端：视图管理器、代理基础架构、各种 Shell 组件（例如 Shell Experience Host）、AudioSrv、任务完成，甚至 Windows 服务控制管理器。

现代应用程序的生命周期由四种状态组成：运行中（Running）、暂停中（Suspending）、暂停完成（Suspend-complete）以及已暂停（Suspended）。这些状态及其相互之间的交互请参考图 8-43。

- **运行中**。该状态下的应用程序正在执行自己的部分代码，而并未暂停运行。不仅仅是处于前台的应用程序，运行后台任务（如播放音乐、打印，或执行其他任何后台任务）的应用程序也可以处于该状态下。
- **暂停中**。这是一种持续时间有限的过渡状态，当 HAM 要求应用程序暂停时会出现该状态。HAM 可能会出于不同原因提出此要求，例如，应用程序失去了前台焦点，系统资源不足或即将进入省电状态，或仅仅只是因为应用正在等待某些 UI 事件。出现这种情况后，应用程序需要在有限的时间（通常最多 5 秒）内进入已暂停状态，否则将会被终止。

- **暂停完成**。该状态下的应用程序已完成暂停操作，并将情况告知系统。因此，其暂停过程会被视为已完成。
- **已暂停**。一旦应用程序完成暂停过程并通知系统，系统将使用 NtSetInformationJobObject API 调用（通过 JobObjectFreezeInformation 信息类）冻结该应用程序的作业对象，随后该应用程序的任何代码均将无法运行。

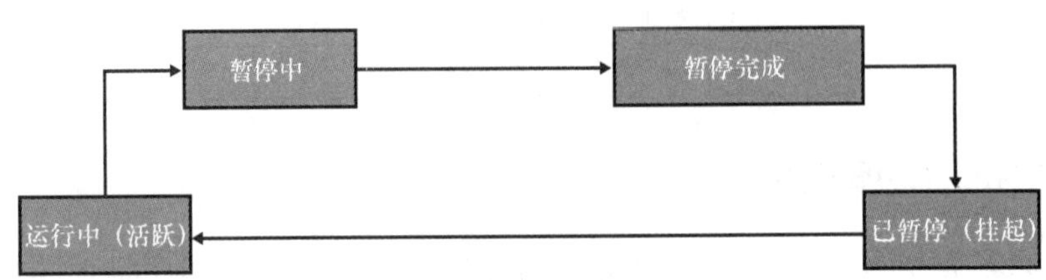

图 8-43 打包应用程序的生命周期结构图

以维持系统效率并节约系统资源为目标的主机活动管理器，默认情况下会始终要求应用程序暂停。HAM 客户端需要向 HAM 发出请求才能让应用程序始终保持活跃。对于前台应用程序，由视图管理器这个组件负责保持应用程序活跃状态。对于后台任务，则由代理基础架构负责判断要让承载后台活动的哪些进程保持活跃（同样要向 HAM 请求保持应用程序活跃）。

打包的应用程序没有终止（Terminated）状态。这意味着应用程序没有真正意义上的退出或终止状态这样的概念，并且应用程序也不应该试图终止自己。终止打包应用程序的实际模式是：首先将其暂停，随后如果有必要，由 HAM 针对应用程序的作业对象调用 NtTerminateJobObject API。HAM 可以自动管理应用程序的寿命，并只在需要时销毁进程。但终止应用程序的决定并不是由 HAM 自己做出的，而是由客户端（例如视图管理器或应用程序激活管理器）发出相关请求。打包的应用程序无法分辨出自己是被暂停还是被终止。这样 Windows 就可以自动还原应用程序原本的状态，哪怕应用程序已经被终止或系统已经重启动。因此可以说，打包应用程序模型完全不同于标准的 Win32 应用程序模型。

为了正确地暂停并恢复打包的应用程序，主机活动管理器会使用新增的 PsFreezeProcess 和 PsThawProcess 内核 API。进程的冻结（Freeze）和解冻（Thaw）操作类似于暂停和恢复，但也存在如下两个重大差异。

- 在深度冻结进程的上下文中注入或新建的线程将无法运行，哪怕在创建时并未使用 CREATE_SUSPENDED 标记或通过调用 NtResumeProcess API 来启动线程的情况下也是如此。
- 在 EPROCESS 数据结构中实现了一个新的 Freeze 计数器。这意味着进程可以被多次冻结。为了让进程解冻，解冻请求的总数必须等于冻结请求的数量。只有在这种情况下，非暂停状态的线程才允许运行。

8.11.4 状态存储库

现代应用程序模型引入了一种新方式来存储打包应用程序的设置、程序包依赖以及常规的应用程序数据。状态存储库（state repository）已成为一种全新的中心仓库，其中包含所有此类数据，并为所有现代应用程序的管理提供一条重要的中心原则，即每次从应用商店下载、安装、激活或删除应用程序时，都需要通过该存储库读/写新数据。这方面有一个经典的使用范例：在用户点击开始菜单中的磁贴后，就会用到状态存储库。开始菜单会解析应用程序激活文件（可以是 EXE 或 DLL 文件，详见卷 1 第 7 章）的完整路径，并从存储库中读取（该过程实际上已经进行了简化，因为 ShellExecutionHost 进程已经在初始化时枚举了所有现代应用程序）。

状态存储库主要通过 Windows.StateRepository.dll 和 Windows.StateRepositoryCore.dll 这两个库实现。状态存储库服务运行了该存储库中与服务器有关的部分，而 UWP 应用程序需要通过 Windows.StateRepositoryClient.dll 库与存储库通信（所有存储库 API 都是被完全信任的，因此 WinRT 客户端需要使用代理才能正确地与服务器通信，这是另一个 DLL，即 Windows.StateRepositoryPs.dll 所实现的规则）。状态存储库的根位置位于 HKLM\SOFTWARE\Microsoft\Windows\CurrentVersion\Appx\PackageRepositoryRoot 注册表值中，该值通常会指向 C:\ProgramData\Microsoft\Windows\AppRepository 路径。

状态存储库是通过多个数据库（也叫"分区"）实现的。这些数据库中的表也被称为"实体"。不同的分区在访问和寿命方面存在不同的限制。

- **Machine**：该数据库包含程序包定义、应用程序的数据与标识符，以及主要和辅助磁贴（用于开始菜单），这是定义谁能访问哪些程序包的主注册表。相关数据会被不同组件（例如 TileDataRepository 库，资源管理器和开始菜单会用它来管理不同磁贴）广泛读取，但它主要是由 AppX 部署来写入的（很少被其他次要组件写入）。Machine 分区通常会存储在状态存储库根文件夹下一个名为 StateRepository-Machine.srd 的文件中。
- **Deployment**：存储了整个计算机的相关数据，通常只在新程序包向系统注册或移除时，被部署服务（AppxSvc）所使用。其中包含应用程序文件列表以及每个现代应用程序清单文件的副本。Deployment 分区通常存储在一个名为 StateRepository-Deployment.srd 的文件中。

所有分区都存储在 SQLite 数据库内。Windows 将自己版本的 SQLite 编译到 StateRepository.Core.dll 库中，该库可以暴露状态存储库数据访问层（Data Access Layer，DAL）API，而这些 API 大多是内部数据库引擎的包装器，进而可由状态存储库服务加以调用。

有时，不同的组件需要知道状态存储库中的某些数据是何时被写入或修改的。在 Windows 10 的周年更新版本中，状态存储库通过更新已经可以支持变更和事件跟踪，进而应对各种场景。

- 组件想要订阅某个实体的数据变更。该组件会在数据产生变化时收到回调并通过 SQL 事务来实现。一个部署操作可包含多个 SQL 事务，当每个数据库事务结束时，状态存储库会判断部署操作是否完成，如果完成，则会调用每个已注册的侦听器。
- 进程被启动或从已暂停状态唤醒，需要了解自从自己上一次被通知或查看之后有哪些数据产生了变化。状态存储库可通过 ChangeId 字段满足这种请求，在支持该功能的表中，这个字段代表了一条记录的唯一时间标识符。
- 进程从状态存储库检索数据，需要知道自从自己上一次检查后，数据是否产生了变化。数据的变化总是会通过一个名为 Changelog 的新表记录到兼容的实体中。该表会始终记录时间以及创建该数据的事件变更 ID 的变化情况，并会在适用的情况下记录删除数据的事件变更 ID 的变化情况。

现代开始菜单的正常工作离不开状态存储库的变更和事件跟踪功能。每当

ShellExperienceHost 进程启动时，都会请求状态存储库在每次修改、创建或删除磁贴时通知自己的控制器（NotificationController.dll）。当用户通过应用商店安装或删除现代应用程序时，应用程序部署服务器会执行数据库事务来插入或删除磁贴。当该事务结束时，状态存储库会向事件发送信号以唤醒控制器。借此，开始菜单即可以近乎实时的方式改变自己的外观。

注意　现代开始菜单也可以通过类似方式，在每次新安装一个标准 Win32 应用程序后，自动添加或删除对应的项。应用程序的安装程序通常会在传统开始菜单文件夹位置（系统级路径 C:\ProgramData\Microsoft\Windows\Start Menu 或每用户路径 C:\Users\<UserName>\AppData\Roaming\Microsoft\Windows\Start Menu）下创建一个或多个快捷方式。现代开始菜单会使用 AppResolver 库提供的服务为所有开始菜单文件夹注册文件系统通知（用到了 ReadDirectoryChangesW 这个 Win32 API）。借此，当被监控的文件夹中添加了新的快捷方式后，该库即可获得回调并向开始菜单发出信号，使其重新绘制内容。

实验：见证状态存储库

我们可以使用自己惯用的 SQLite 浏览器应用程序轻松地打开并查看状态存储库的每个分区。在该实验中，我们需要下载并安装 SQLite 浏览器，例如，开源的 DB Browser for SQLite（下载地址：http://sqlitebrowser.org/）。标准用户无权访问状态存储库路径。此外，在尝试访问时，每个分区的文件可能处于正被使用的状态。因此，我们需要将数据库文件复制到其他位置，随后再使用 SQLite 浏览器打开。请在以管理员身份运行（在搜索框中输入 **cmd**，右键点击“命令提示符”并选择“以管理员身份运行”）的命令提示符窗口中运行下列命令：

```
C:\WINDOWS\system32>cd "C:\ProgramData\Microsoft\Windows\AppRepository"
C:\ProgramData\Microsoft\Windows\AppRepository>copy StateRepository-Machine.srd
"%USERPROFILE%\Documents"
```

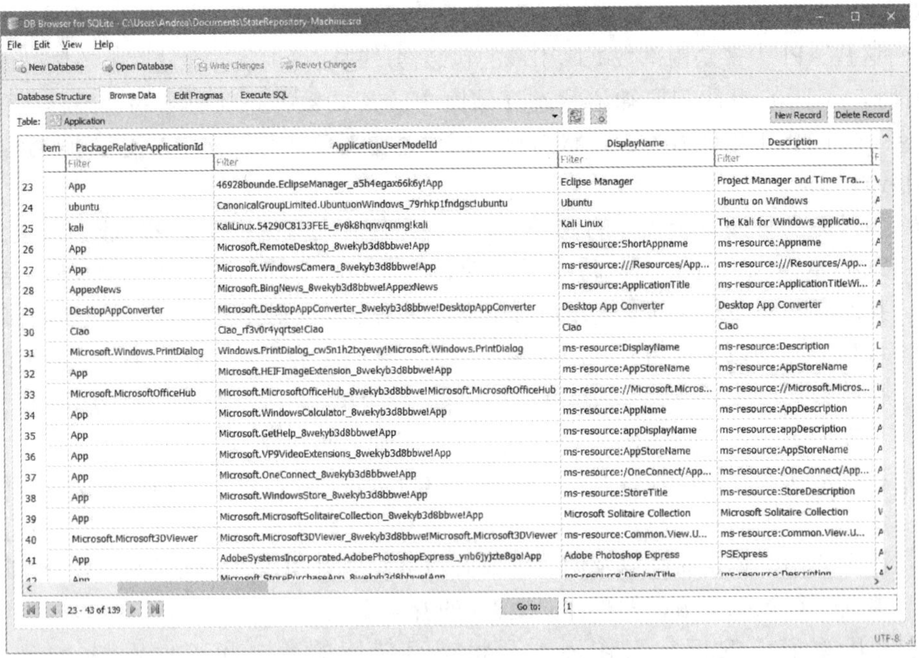

这样就可以将状态存储库的 Machine 分区复制到自己的“文档”文件夹中。随后需要打开它。使用开始菜单中创建的链接或搜索框中的搜索结果启动 DB Browser for SQLite，随后点击 **Open Database** 按钮。打开“文档”文件夹，在 **File Type** 复选框中选择 **All Files (*)**（状态存储库的数据库并未使用标准的 SQLite 文件扩展名），随后打开复制到这里的 StateRepository-machine.srd 文件。DB Browser for SQLite 的主视图显示了数据库结构。在这个实验中，我们需要选择 **Browse Data** 标签页，随后查看 Package、Application、PackageLocation 以及 PrimaryTile 这几个表。

应用程序激活管理器和现代应用程序模型的很多其他组件会使用标准 SQL 查询从状态存储库中提取所需的数据。例如，要提取现代应用程序的程序包位置和可执行文件名称，可以使用类似下面这样的 SQL 查询：

```
SELECT p.DisplayName, p.PackageFullName, pl.InstalledLocation, a.Executable, pm.Name
FROM Package AS p
INNER JOIN PackageLocation AS pl ON p._PackageID=pl.Package
INNER JOIN PackageFamily AS pm ON p.PackageFamily=pm._PackageFamilyID
INNER JOIN Application AS a ON a.Package=p._PackageID
WHERE pm.PackageFamilyName="<Package Family Name>"
```

DAL（数据访问层）也使用类似的查询为自己的客户端提供服务。

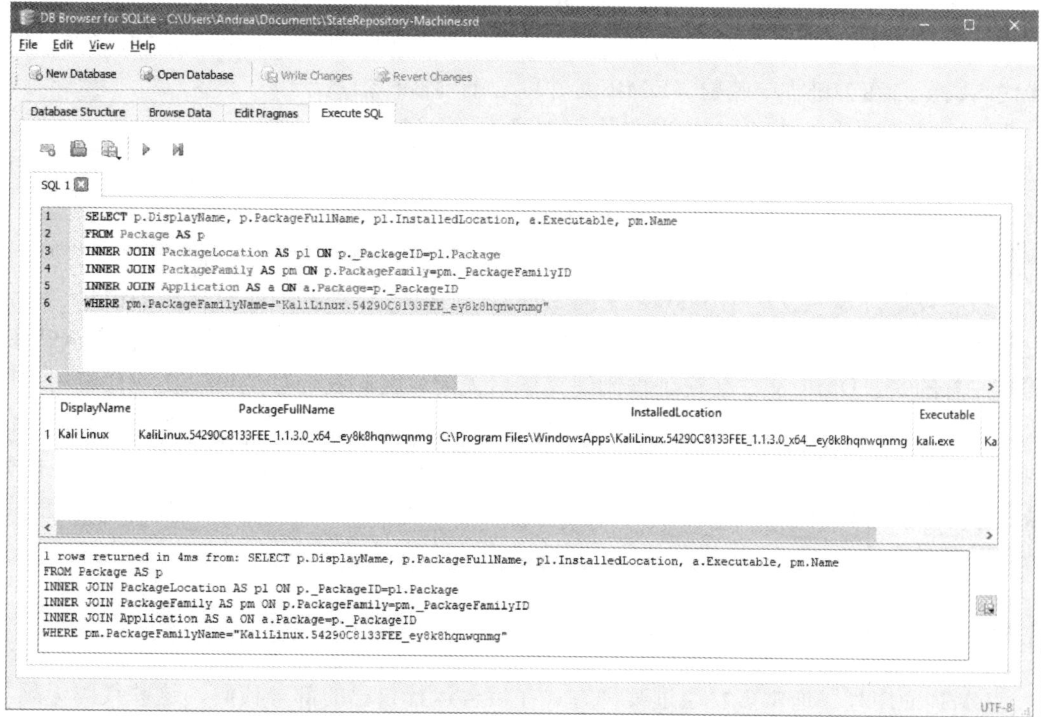

我们可以先记录表中的记录总数，随后从应用商店安装一个新应用程序。部署过程完毕后，再次复制该数据库文件并查看就会发现，记录的总数出现了变化。多个表中的记录数量都会发生变化，尤其是当新安装的应用程序新建了磁贴时，甚至 PrimaryTile 表也会为开始菜单中新增加的磁贴添加一条新记录。

8.11.5　依赖项小型存储库

打开 SQLite 数据库并使用 SQL 查询提取所需信息的操作开销可能很高。此外，当前的架构还需要通过 RPC 完成一些进程间的通信。这两个局限有时会因限制性太大而难以满足。用户通过命令行控制台启动新应用程序（例如通过执行别名来启动）就是一个典型的例子。每当系统产生一个进程时都检查状态存储库，这会造成巨大的性能问题。为了解决这些问题，应用程序模型引入了依赖项小型存储库（Dependency Mini Repository，DMR），这是一种较小规模的存储，其中只包含现代应用程序的信息。

与状态存储库不同，依赖项小型存储库不使用任何数据库，而是通过一种微软专有的二进制格式来存储数据，这些数据可被任何安全上下文中的文件系统所访问（甚至内核模式驱动程序也可以解析 DMR 数据）。其中 System Metadata（系统元数据）目录由状态存储库根路径中名为 Packages 的文件夹所表示，里面包含一个子文件夹列表，每个子文件夹对应一个已安装的程序包。依赖项小型存储库由一个.pckgdep 文件所代表，其名称与用户的 SID 相同。在为用户注册程序包时，部署服务会创建 DMR 文件（更多细节请参阅下文“程序包注册”一节）。

当系统为属于打包应用程序的程序创建进程时，将大量使用依赖项小型存储库（位于 AppX Pre-CreateProcess 扩展中）。因此，依赖项小型存储库完全实现于 Win32 的 kernelbase.dll 中（但一些存根函数位于 kernel.appcore.dll 中）。当创建进程并打开 DMR 文件时，会读取并解析其内容，并将结果映射至父进程的内存中。子进程创建完成后，加载器代码甚至会在子进程中映射。DMR 文件包含下列多种信息。

- 程序包信息，如 ID、完整名称、完整路径、发行商。
- 应用程序信息：应用程序用户模型 ID 和相关 ID、描述、显示名称以及徽标图像。
- 安全上下文：AppContainer SID 和能力。
- 目标平台和程序包依赖性图（当一个程序包依赖一个或多个其他程序包时使用）。

按照设计，未来版本 Windows 中的 DMR 文件还可以在需要时包含更多信息。在使用依赖项小型存储库的情况下，进程的创建速度将足够快，并且不需要查询状态存储库。需要注意的是，DMR 文件会在进程创建完毕后关闭。因此我们甚至可以在现代应用程序执行过程中重写入.pckgdep 文件，向其中添加可选程序包。借此，用户可在无须重启动的前提下为现代应用程序添加功能。程序包小型存储库的一小部分内容（主要是程序包的完整名称和路径）甚至可以作为缓存，复制到不同的注册表键以便进一步提高访问速度。这种缓存通常会用于一些常用操作（如检查某个程序包是否存在）。

8.11.6　后台任务和代理基础架构

UWP 应用程序通常需要通过某种方式在后台运行自己的部分代码，这些代码无须与前台主进程交互。UWP 可支持后台任务，这样即可为主进程暂停或未运行的应用程序提供必需的功能。应用程序可能会出于多种原因而需要使用后台任务：实时通信、邮件、即时信息、多媒体音乐、视频播放器等。后台任务可通过触发器和条件关联在一起。触发器是一种全局系统异步事件，当它发生时，将发送信号启动对应的后台任务。取决于所适用的条件，此时后台任务可能已经启动了，或者还未启动。例如，即时信息应用程序中使用的后台任务只会在用户已登录（这是一种系统事件触发器），并且具备可用互联网连接（这是一种条件）的情况下启动。

Windows 10 中包含两种类型的后台任务。

- **进程内后台任务**。应用程序代码及其后台任务在同一个进程中运行。从开发者的角度来看，此类后台任务更易于实现，但也存在一个很大的不足：如果代码中存在 Bug，整个应用程序都可能崩溃。进程内后台任务支持的触发器比进程外后台任务少一些。
- **进程外后台任务**。应用程序代码及其后台任务通过不同的进程运行（这些进程也可以运行在不同的作业对象中）。此类后台任务更有弹性，会运行在 backgroundtaskhost.exe 这个宿主进程中，可以使用所有的触发器和条件。如果后台任务的代码存在 Bug，则不会危及整个应用程序。但这种后台任务最主要的不足在于，不同进程之间的进程间通信完全需要通过执行 RPC 代码的方式实现，这会对性能造成一定的影响。

为了向用户提供最佳体验，所有后台任务都在执行时间上存在限制，总共可执行 30 秒。执行 25 秒后，后台代理基础架构（background broker infrastructure）服务会调用任务的取消句柄（在 WinRT 中，这叫作 OnCanceled 事件）。该事件发生后，后台任务依然有 5 秒时间完成清理工作并退出。否则包含后台任务代码的进程（对于进程外任务，这是指 BackgroundTaskHost.exe，进程内任务则是应用程序进程本身）会被终止。个人或商用 UWP 应用程序的开发者可以移除该限制，但不包含该限制的应用程序将无法上架微软官方的应用商店。

后台代理基础架构（BI）是管理所有后台任务的中心组件。该组件主要在 bisrv.dll（服务器端）实现，此文件位于代理基础架构服务中。有两类客户端可以使用后台代理基础架构提供的服务：标准 Win32 应用程序与服务，它们可以导入 bi.dll 后台代理基础架构客户端库；此外还有 WinRT 应用程序，它们会始终链接到 biwinrt.dll，这个库为现代应用程序提供了 WinRT API。后台代理基础架构无法在不使用代理的情况下存在。代理也是一种组件，主要用于产生被后台代理服务器使用的各类事件。代理分为多种类型，如下是最重要的类型。

- **系统事件代理（System Event Broker）**：为诸如网络连接状态变化、用户登录和注销、系统电池状态变化等系统事件提供触发器。
- **时间代理（Time Broker）**：提供重复性或一次性的计时器支持。
- **网络连接代理（Network Connection Broker）**：为 UWP 应用程序提供了一种在某些端口上建立了网络连接后接收事件的方式。
- **设备服务代理（Device Services Broker）**：提供了设备抵达触发器（例如用户连接或断开某个设备），工作时需要侦听源自内核的 PNP 事件。
- **移动宽带体验代理（Mobile Broad Band Experience Broker）**：为电话和 SIM 卡提供了所有关键的触发器。

代理的服务器部分通过 Windows 服务的形式实现。每种代理的具体实现各异，但大部分都需要订阅 Windows 内核发布的 WNF 状态（详见“Windows 通知设施”一节），但也有一些基于标准 Win32 API 构建（例如时间代理）。所有这些代理在实现方面的细节已经超出了本书的范围。代理可以简单地将其他某些地方（例如 Windows 内核）生成的事件进行转发，或者也可以基于某些条件和状态生成新事件。代理可以转发自己通过 WNF

管理的事件：每个代理会创建一个 WNF 状态名称，并由后台基础架构进行订阅。借此，当代理发布了新的状态数据后，一直在侦听的代理基础架构就可以被唤醒，并将事件转发给对应的客户端。

每个代理甚至还可以包含客户端基础架构：一个 WinRT 库和一个 Win32 库。后台代理基础架构及其代理可以向自己的客户端暴露三种类型的 API。

- **不信任的 API：**通常由运行在 AppContainer 或沙盒环境中的 WinRT 组件使用。此时会进行补充性的安全检查。此类 API 的调用方无法指定不同的程序包名称或以其他用户身份进行操作（即 BiRtCreateEventForApp）。
- **部分信任的 API：**由中等完整性级别环境中的 Win32 组件使用。此类 API 的调用方可以指定现代应用程序的程序包完整名称，但无法以其他用户身份进行操作（即 BiRtCreateEventForApp）。
- **完全信任的 API：**只能由具备高特权的系统性或管理性 Win32 服务使用。此类 API 的调用方能够以其他用户的身份执行操作，也可以使用不同的程序包（即 BiCreateEventForPackageName）。

这些代理的客户端可以决定是否直接订阅特定代理，或订阅后台代理基础架构提供的事件。WinRT 始终会使用后一种方法。图 8-44 展示了一个现代应用程序后台任务对时间触发器进行初始化的范例。

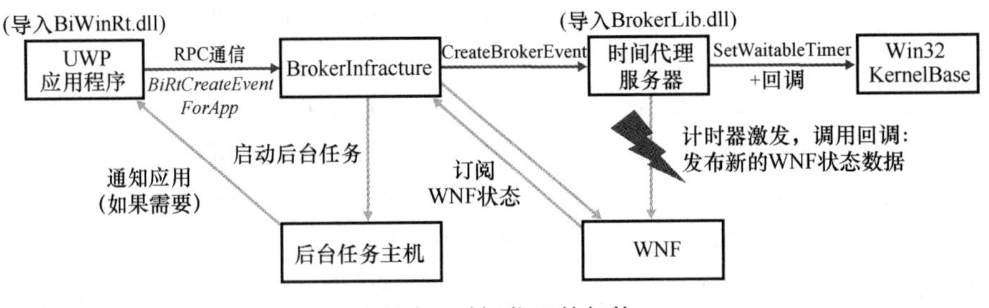

图 8-44 时间代理的架构

后台代理基础架构还为代理及其客户端提供了另一个重要服务：后台任务的存储能力。这意味着当用户关闭随后重启动系统后，所有已注册的后台任务都可以还原并重新计划安排，一切都可恢复至系统重启动之前的状态。为了准确实现这种能力，当系统引导并且服务控制管理器（详见第 10 章）启动代理基础架构服务时，后者会在初始化的过程中分配一个根存储 GUID，并使用 NtLoadKeyEx 这个原生 API 加载后台代理注册表配置单元的一个私有副本。该服务会让 NT 内核使用一个特殊标记（REG_APP_HIVE）加载该配置单元的私有副本。BI 配置单元位于 C:\Windows\System32\Config\BBI 文件中。该配置单元的根键会被挂载为\Registry\A\<Root Storage GUID>，仅能由代理基础架构服务的进程（此时为 svchost.exe，因为代理基础架构运行在一个共享的服务宿主内）访问。代理基础架构配置单元包含一个由事件和工作项组成的列表，其中的内容会使用 GUID 进行排序和区分。

- **事件代表后台任务的触发器。**事件可关联代理 ID（代表提供此事件类型的代理）、程序包完整名称、UWP 应用程序所关联的用户及其他一些参数。
- **工作项代表已计划的后台任务。**工作项可包含名称、条件列表、任务入口点，以及相关的触发器事件 GUID。

BI 服务可枚举每个子键，随后还原所有触发器和后台任务。它还会清理无主事件（未与任何工作项关联的事件）。最后，它会发布一个 WNF 就绪状态名称。这样一来，所有代理就可以被唤醒并完成自己的初始化工作了。

后台代理基础架构已被 UWP 应用程序深入使用。甚至普通的 Win32 应用程序和服务也可以通过自己的 Win32 客户端库使用 BI 和代理。例如，计划任务服务、后台智能传输服务、Windows 推送通知服务以及 AppReadiness 服务都是这样做的。

8.11.7 打包应用程序的安装和启动

打包应用程序的寿命与标准 Win32 应用程序截然不同。在 Win32 世界中，应用程序的安装过程各不相同，最简单的只需要复制和粘贴所需的可执行文件，但复杂的则需要执行烦琐的安装程序。尽管只需要执行一个可执行文件即可启动应用程序，但 Windows 加载器承担了所有复杂工作。对于主要通过 Windows 应用商店来安装的现代应用程序，其安装过程则遵循一种明确定义的规程。在开发者模式下，管理员甚至可以使用外部的.Appx 文件来安装现代应用程序，不过所用的程序包文件必须包含数字签名。这种程序包注册过程较复杂，涉及多个组件。

在深入介绍程序包注册之前，有必要了解与现代应用程序有关的另一个重要概念：程序包激活。程序包激活是指启动一个现代应用程序的过程，这一过程中可以向用户展示 GUI，但也可以不展示。该过程因现代应用程序的不同类型而各异，涉及很多系统组件。

8.11.8 程序包激活

用户无法仅通过执行.exe 文件的方式启动 UWP 应用程序（专为此用途创建的 AppExecution 别名除外，本章下文将详细介绍 AppExecution 别名）。为了正确地激活现代应用程序，用户需要点击现代菜单中的磁贴，使用资源管理器能够正确解析的特殊链接文件，或使用其他某些激活选项（双击应用程序的文档、调用特殊 URL 等）。随后将由 ShellExperienceHost 进程根据应用程序类型决定执行哪种类型的激活操作。

UWP 应用程序

激活管理器（activation manager）是管理此类激活的主要组件，它在 ActivationManager.dll 中实现，由于需要与用户桌面交互，因此运行在一个 sihost.exe 服务中。激活管理器会与视图管理器（View Manager）进行严格的合作。现代菜单会通过 RPC 调用到激活管理器中，随后激活管理器会启动激活过程，大致流程如图 8-45 所示。

- 获取需要激活的用户的 SID、程序包家族 ID 以及程序包的 PRAID。这样即可验证程序包是否真的在系统中注册（会用到依赖项小型存储库及其注册表缓存）。
- 如果上述检查发现需要注册程序包，则会调用到 AppX Deployment 客户端并开始注册程序包。在“按需注册”的情况下，可能需要注册某些程序包，例如应用程序已下载但尚未安装（这样可以节约时间，尤其是在企业环境中），或者应用程序可能需要更新。激活管理器可以通过状态存储库得知具体是上述哪种情况。
- 使用 HAM 注册应用程序，并为新程序包及其初始活动创建 HAM 主机。
- 激活管理器与视图管理器（通过 RPC）通信，进而对新会话的 GUI 激活进行初始化（就算后台激活也需要这样做，视图管理器始终需要获得相关通知）。

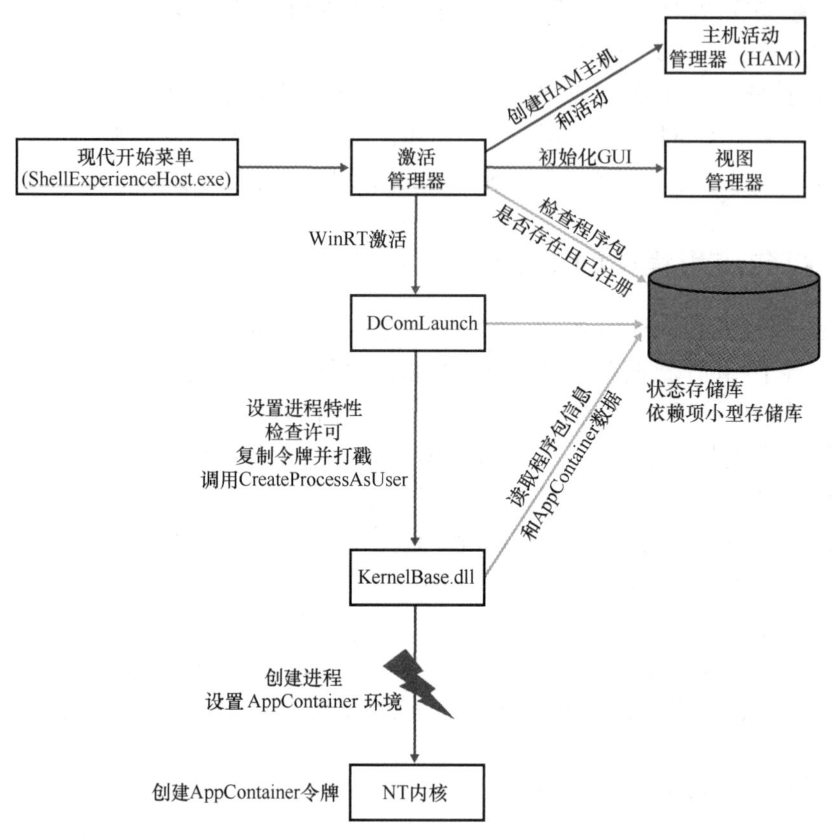

图 8-45 现代 UWP 应用程序激活流程

- 激活过程在 DcomLaunch 服务中继续，因为激活管理器在这一阶段会使用 WinRT 类启动底层进程创建过程。
- DcomLaunch 服务负责启动 COM、DCOM 和 WinRT 服务器以响应对象激活请求，它是在 rpcss.dll 库中实现的。DcomLaunch 会记录激活请求并准备调用 CreateProcessAsUser 这个 Win32 API。但在此之前，它还需要设置正确的进程属性（如程序包完整名称），以确保用户具备启动该应用程序的正确许可，随后还需要复制用户令牌，设置新的低完整性级别，并用必需的安全属性添加戳记（请注意，DcomLaunch 服务使用 System 账户运行，具备 TCB 特权。这种类型的令牌操作必须具备 TCB 特权。详见卷 1 第 7 章）。随后，DcomLaunch 会调用 CreateProcessAsUser，通过进程的某个属性解析传递来的程序包完整名称，并创建出一个已暂停进程。
- 后续激活过程继续在 Kernelbase.dll 中进行。DcomLaunch 产生的令牌依然不是 AppContainer，但其中包含了 UWP 安全属性。CreateProcessInternal 函数中的一段特殊代码会使用依赖项小型存储库的注册表缓存收集与打包应用程序有关的下列信息：根文件夹、程序包状态、AppContainer 程序包 SID，以及应用程序能力列表。随后它会验证许可未被篡改（很多游戏会用到该功能）。接下来，依赖项小型存储库文件会被映射至父进程，并开始解析 UWP 应用程序 DLL 的替代加载路径。

- 使用 BasepCreateLowBox 函数创建 AppContainer 令牌、它的对象名称空间以及符号链接，这些工作大部分都在用户模式下进行，但实际的 AppContainer 令牌创建工作是使用 NtCreateLowBoxToken 内核函数进行的。有关 AppContainer 令牌的详细信息请参阅卷 1 第 7 章。
- 使用 NtCreateUserProcess 内核 API 照常创建内核进程对象。
- CSRSS 子系统接到通知后，BasepPostSuccessAppXExtension 函数会将依赖项小型存储库映射至子进程的 PEB 中，并将子进程与父进程解除映射。随后即可恢复主线程，借此启动新进程了。

Centennial 应用程序

Centennial 应用程序的激活过程与 UWP 激活类似，但实现方式完全不同。对于这类激活，始终会由现代菜单 ShellExperienceHost 调用 Explorer.exe。Centennial 激活类型涉及多个库（如 Daxexec.dll、Twinui.dll 以及 Windows.Storage.dll），并会在 Explorer 中进行映射。当 Explorer 收到激活请求后，它会获取程序包完整名称和应用程序 ID，并通过 RPC 从状态存储库获取主应用程序可执行文件路径和程序包属性。随后它会执行与 UWP 激活相似的步骤（步骤 2～4）。但主要差异在于，Centennial 激活在这一阶段的操作并未使用 DcomLaunch 服务，而是会使用 Shell32 库的 ShellExecute API 启动进程。更新后的 ShellExecute 代码已经可以识别 Centennial 应用程序，进而可以（通过 COM）使用 Windows.Storage.dll 中的特殊激活过程。Windows.Storage.dll 库可通过 RPC 调用 AppInfo 服务中的 RAiLaunchProcessWithIdentity 函数。AppInfo 可使用状态存储库验证应用程序许可和应用程序所有文件的完整性，随后调用进程令牌。接着它会使用必要的安全属性为令牌添加戳记，并最终创建处于已暂停状态的进程。AppInfo 可使用 PROC_THREAD_ATTRIBUTE_PACKAGE_FULL_NAME 这个进程属性将程序包完整名称传递给 CreateProcessAsUser API。

与 UWP 不同的是，Centennial 激活完全不会创建 AppContainer，AppInfo 会调用 DaxExec.dll 的 PostCreateProcessDesktopAppXActivation 函数来实现 Centennial 应用程序（注册表和文件系统）虚拟化层的初始化。更多信息请参阅上文“Centennial 应用程序”一节。

实验：通过命令行激活现代应用程序

借助这个实验，我们可以更好地理解 UWP 与 Centennial 的差异，并发现选择使用 ShellExecute API 激活 Centennial 应用程序这种决定背后的动机。在这个实验中，我们需要安装至少一个 Centennial 应用程序。在撰写这部分内容时，我们可以在 Windows 应用商店中通过一个简单的办法找出这种类型的应用程序。在商店中打开目标应用程序的详情页后，向下滚动页面打开“**其他信息**”选项。如果在“支持的语言”之前看到“此应用可以：使用全部系统资源”字样，就意味着这是一个 Centennial 类型的应用程序。

在这个实验中我们将使用 Notepad++。请在 Windows 应用商店中搜索并安装“(unofficial) Notepad++”应用程序。随后打开相机应用和 Notepad++。以管理员身份打开一个命令提示符窗口（可在搜索框中输入 **cmd**，右键点击“**命令提示符**”并选择

“以管理员身份运行”)。随后使用下列命令查找这两个正在运行的打包应用程序的完整路径：

```
wmic process where "name='WindowsCamera.exe'" get ExecutablePath
wmic process where "name='notepad++.exe’" get ExecutablePath
```

接着使用下列命令创建两个指向应用程序可执行文件的链接：

```
mklink "%USERPROFILE%\Desktop\notepad.exe" "<Notepad++ executable Full Path>"
mklink "%USERPROFILE%\Desktop\camera.exe" "<WindowsCamera executable full path>
```

将“<”和“>”符号之间的内容替换为通过前两个命令找出的，真正的可执行文件路径。

随后即可关闭命令提示符和这两个应用程序。此时桌面上应该已经出现了两个新建的链接。与 Notepad.exe 链接不同，如果试图从桌面启动相机应用，则激活操作将会失败，Windows 会显示类似下图这样的错误对话框。

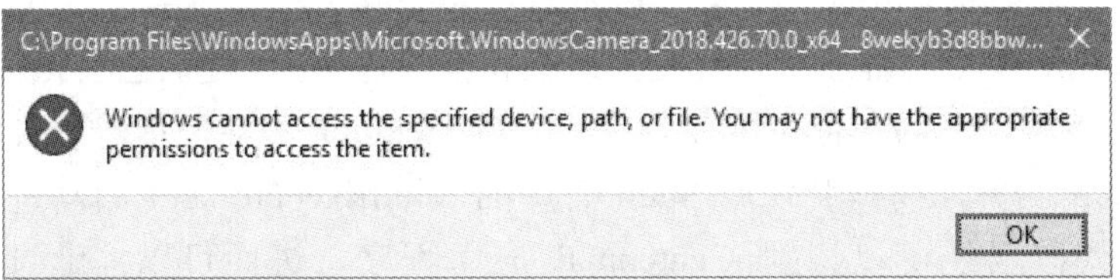

这是因为 Windows 资源管理器会使用 Shell32 库激活可执行文件的链接。对于 UWP 应用程序，Shell32 库完全不知道自己要启动的可执行文件是一个 UWP 应用程序，因此它会在不指定任何程序包标识符的情况下调用 CreateProcessAsUser API。然而，Shell32 可以识别 Centennial 应用，因此整个激活过程可顺利完成，应用程序也可以正常启动。如果试图在命令提示符窗口中启动这两个链接，则它们都将无法正确启动应用程序。这是因为命令提示符完全没有使用 Shell32，而是会通过自己的代码直接调用 CreateProcess API。该实验展示了每种类型打包应用程序的不同激活方式。

注意　从 Windows 10 Creators Update（RS2）开始，现代应用程序模型已经可以支持可选程序包（optional package，内部将其称为 RelatedSet）的概念。可选程序包在游戏中有着广泛应用，借此即可让主游戏支持 DLC（扩展包）。一些软件套件也能受益于此，Microsoft Office 就是一个很好的例子。用户可以下载并安装 Word，其中包含的框架程序包里面包括了 Office 的所有通用代码。随后当用户需要安装 Excel 时，部署操作即可跳过主框架程序包的下载过程，因为 Word 可选程序包已经包含于 Office 的主框架。

可选程序包通过清单文件与主程序包建立关联。清单文件（使用 AMUID）包含了对主程序包的依赖声明。可选程序包架构的深入介绍已超出了本书范围。

AppExecution 别名

如上文所述，打包应用程序不能直接通过可执行文件来激活。这会受到很大的局限，对新的现代控制台应用程序来说尤为严重。为了能通过命令行启动现代应用（Centennial 和 UWP 应用），从 Windows 10 Fall Creators Update（版本 1709）开始，现代应用程序模型引入了 AppExecution 别名的概念。借助这项新功能，用户可以通过控制台命令行启动 Edge 或任何其他现代应用程序。本质上，AppExecution 别名是一种 0 字节长度的可执行文件，位于 C:\Users\<UserName>\AppData\Local\Microsoft\WindowsApps（如图 8-46 所示）。该位置会被加入系统可执行文件搜索路径列表（通过 PATH 环境变量实现），因此，若要运行现代应用程序，用户只需指定位于该文件夹中的可执行文件的文件名，无须像在“运行”对话框或控制台命令行中那样指定完整路径。

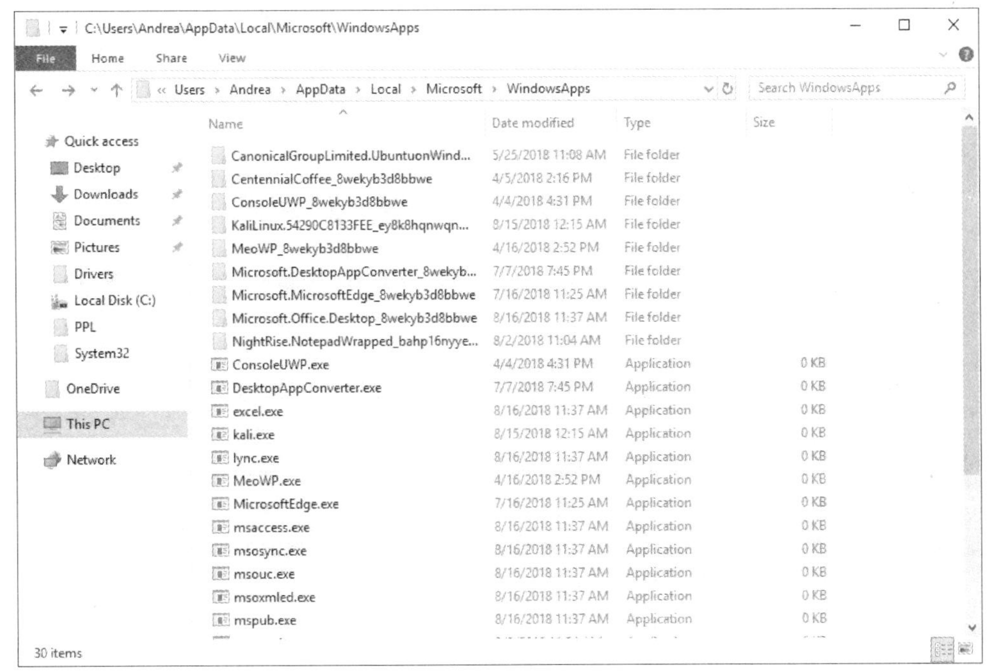

图 8-46 AppExecution 别名的主文件夹

0 字节的文件该如何执行？这要归功于文件系统中一个鲜为人知的功能：重分析点。重分析点通常可用于创建符号链接，但其中不仅可以存储符号链接信息，也可以存储任何其他数据。现代应用程序模型使用该功能将打包应用程序的激活数据（程序包家族名称、应用程序用户模型 ID、应用程序路径）直接存储在重分析点中。

当用户启动 AppExecution 别名可执行文件时，会照常使用 CreateProcess API。但用于编排内核模式进程创建的 NtCreateUserProcess 系统调用（详见卷 1 第 3 章“CreateProcess 流程”一节）会失败，因为该文件的内容为空。作为常规进程创建工作的一部分，文件系统会（通过 IoCreateFileEx API）打开目标文件并（在分析路径的最后一个节点时）遇到重分析点数据，随后向调用方返回 STATUS_REPARSE 代码。NtCreateUserProcess 会将该代码转换为 STATUS_IO_REPARSE_TAG_NOT_HANDLED 错误并退出。借此，CreateProcess API 可以知道进程创建因为无效的重分析点而失败，因此会调用到 ApiSetHost. AppExecutionAlias.dll 库，该库包含了解析现代应用程序重分析点所需的代码。

该库的代码解析重分析点，得到了打包应用程序的激活数据。随后，为了用必要的安全属性为令牌添加戳记，还会调用 AppInfo 服务。AppInfo 验证用户具备运行该打包应用程序所需的许可，再通过状态存储库检查文件的完整性。实际的进程创建是由调用方进程完成的。CreateProcess API 检测到重分析错误并使用正确的软件包可执行文件路径（通常位于C:\Program Files\WindowsApps\）重启动自己的执行过程。这一次，它可以正确地创建进程以及AppContainer令牌，或为Centennial应用正确完成虚拟化层的初始化工作（实际上，对于Centennial应用，需要再次为AppInfo使用另一个RPC）。此外，它还会创建应用程序所需的HAM主机及活动。至此，激活完成。

实验：读取AppExecution别名数据

这个实验将从0字节的可执行文件中提取AppExecution别名数据。我们可以使用本书随附资源提供的FsReparser实用工具解析重分析点或NTFS文件系统的扩展特性。直接在命令提示符窗口中运行该工具并指定命令行参数READ即可：

```
C:\Users\Andrea\AppData\Local\Microsoft\WindowsApps>fsreparser read MicrosoftEdge.exe

File System Reparse Point / Extended Attributes Parser 0.1
Copyright 2018 by Andrea Allievi (AaLl86)

Reading UWP attributes...
Source file: MicrosoftEdge.exe.

The source file does not contain any Extended Attributes.

The file contains a valid UWP Reparse point (version 3).
Package family name: Microsoft.MicrosoftEdge_8wekyb3d8bbwe
Application User Model Id: Microsoft.MicrosoftEdge_8wekyb3d8bbwe!MicrosoftEdge
UWP App Target full path: C:\Windows\System32\SystemUWPLauncher.exe
Alias Type: UWP Single Instance
```

从上述输出结果中可以看到，CreateProcess API可以提取正确执行现代应用程序激活操作所需的全部信息。这也解释了为何可以在命令行下启动Edge浏览器。

8.11.9 程序包注册

当用户安装现代应用程序时，通常会在Windows应用商店查找应用程序并点击“获取”按钮。随后开始下载一个包含一系列文件的打包文件，其中包含程序包清单文件、应用程序的数字签名，以及代表数字签名中不同证书之间信任链的块图（block map）。这个打包文件最初会存储在C:\Windows\SoftwareDistribution\Download文件夹中。AppStore进程（WinStore.App.exe）还会与管理下载请求的Windows Update服务（wuaueng.dll）通信。

下载的文件属于一种清单（manifest），其中包含现代应用程序所有文件的列表、应用程序依赖项、许可数据，以及正确注册程序包所需执行的步骤。Windows Update服务可以识别出这是一个现代应用程序的下载请求，随后会验证调用方进程的令牌（应该是一个AppContainer），并使用AppXDeploymentClient.dll库提供的服务验证该程序包是否已安装到系统中。随后它会创建一个AppX部署请求，并通过RPC将其发送给AppX部署服务器。AppX部署服务器以PPL服务的形式运行在共享的服务宿主进程中（宿主进程甚至承载了以相同受保护级别运行的客户端许可服务）。部署请求会被放入一个异步管理的队列。在AppX部署服务器看到这样的请求后，会将请求取消排队并创建一个线程，真正开始现代应用程序部署过程。

注意 从 Windows 8.1 开始，UWP 部署栈开始支持捆绑包（bundle）的概念。捆绑包是一种包含多种资源（例如只针对特定区域提供的不同语言或功能）的程序包。部署栈实现了一种适用性逻辑，可在检查用户配置和系统设置后，只从压缩的捆绑包中下载真正需要的那部分文件。

现代应用程序部署过程需要进行一系列复杂的活动，我们可以将部署过程分为下列三个主要阶段。

阶段 1：程序包暂存

当 Windows Update 下载完应用程序清单后，AppX 部署服务器会验证程序包的所有依赖性是否均得到满足，随后检查应用程序的先决条件，例如可支持的目标设备（手机、台式计算机、Xbox 等），并检查目标卷的文件系统是否被支持。应用程序的所有先决条件会与每个依赖项一起罗列在清单文件中。如果所有检查都成功通过，暂存过程会创建程序包根目录（通常位于 C:\Program Files\WindowsApps\<PackageFullName>）及其子文件夹。此外，暂存过程还会对这些目录应用适当的 ACL 以便加以必要保护。对于 Centennial 类型的现代应用程序，则会加载 daxexec.dll 库并创建 Windows 容器隔离微过滤驱动程序所需的 VFS 重分析点（详见上文“Centennial 应用程序”一节），这是为了对应用程序数据文件夹进行正确的虚拟化。最后，它会将程序包跟路径保存到 HKLM\SOFTWARE\Classes\LocalSettings\Software\Microsoft\Windows\CurrentVersion\AppModel\PackageRepository\Packages\<PackageFullName>注册表键下的 Path 注册表值中。

随后，暂存过程会在磁盘上预分配应用程序的文件，计算最终需要下载的数据量，提取包含所有程序包文件（压缩为 AppX 文件）的服务器 URL，最后，再次使用 Windows Update 服务从远程服务器下载 AppX。

阶段 2：用户数据暂存

该阶段仅在用户更新应用程序时才会执行。这个阶段只是简单地还原上一个程序包中的用户数据，并将其存储到新应用程序路径中。

阶段 3：程序包注册

程序包注册是部署过程中最重要的阶段。这个复杂的阶段用到了 AppXDeploymentExtensions.onecore.dll 库提供的服务（以及 AppXDeploymentExtensions.desktop.dll 为台式计算机上的部署提供的有关服务）。我们将其称为 Package Core Installation（程序包核心安装）。在该阶段，AppX 部署服务器主要负责更新状态存储库。它会在这个存储库中为程序包、程序包中包含的一个或多个应用程序、新磁贴、程序包能力、程序包许可等内容创建新的项。为此，AppX 部署服务器会用到数据库事务，但只有在没有出现任何错误的情况下，才会最终提交这些事务（如果出错，那么事务会被丢弃）。当组成状态存储库部署操作的所有数据库事务都正确提交后，状态存储库即可调用已注册的侦听方，借此向每个请求通知的客户端发出通知（有关状态存储库变更和事件跟踪的详情，请参阅“状态存储库”一节）。

程序包注册的最后一个步骤是创建依赖项小型存储库文件，并更新计算机的注册表以体现状态存储库中存储的新数据。部署过程至此结束。新应用程序已经可以激活并运行了。

注意　为了提高可读性，上述部署过程已进行了大幅简化。在上文所述的暂存阶段，我们省略了初始过程中的一些子阶段，例如用于解析 AppX 清单文件的索引阶段、用于创建工作方案并分析程序包依赖性的依赖项管理器阶段，以及与 PLM 通信并验证程序包尚未安装或未在使用中的程序包使用中（package in use）阶段。

此外，如果某个操作失败，部署栈必须能够撤销所有改动。上文也没有详细介绍其他撤销阶段。

8.12　总结

本章介绍了组成 Windows 执行体的一些关键基础系统机制。第 9 章将介绍为改善整体系统安全性，并且为虚拟机、隔离的容器以及安全隔区提供快速执行环境、Windows 所支持的虚拟化技术。

第 9 章　虚拟化技术

虚拟化是一种在同一台物理计算机上同时运行多个操作系统的重要技术。在撰写这部分内容时，不同的硬件供应商已经提供了多种类型的虚拟化技术，这些技术经历了多年的发展和完善。虚拟化技术不仅可在一台物理计算机上同时运行多个操作系统，同时也成为虚拟安全模式（Virtual Secure Mode，VSM）、虚拟机监控程序实施的代码完整性（Hypervisor-Enforced Code Integrity，HVCI）等重要安全功能的基础，这一切都离不开虚拟机监控程序（Hypervisor）。

本章将概要介绍 Windows 虚拟化解决方案：Hyper-V。Hyper-V 由虚拟机监控程序（负责管理与平台相关的虚拟化硬件）和虚拟化栈组成。我们会介绍 Hyper-V 内部架构，并简要介绍其组件（内存管理器、虚拟处理器、拦截器、调度器等）。虚拟化栈建立在虚拟机监控程序之上，为根分区和客户机分区提供了不同的服务。我们将介绍虚拟化栈所包含的全部组件（虚拟机工作进程、虚拟机管理服务、VID 驱动程序、VMBus 等），以及可支持的各种硬件模拟。

在本章最后，我们还将介绍一些基于虚拟化的技术，例如 VSM 和 HVCI，同时还会介绍这些技术为系统带来的各种安全服务。

9.1　Windows 虚拟机监控程序

Hyper-V 虚拟机监控程序（也叫 Windows 虚拟机监控程序）是一种“一类”（原生或裸机）虚拟机监控程序：一种直接在主机硬件上运行的小型操作系统，借此管理一个根分区和一个或多个客户机操作系统。与“二类”（托管式）虚拟机监控程序需要像常规应用程序那样在传统操作系统基础上运行的做法不同，Windows 虚拟机监控程序可对根操作系统进行抽象，而根操作系统知道虚拟机监控程序的存在，并能与其通信进而执行一个或多个客户虚拟机。由于虚拟机监控程序已包含在操作系统中，可以管理内部运行的客户机，并能与客户机进行交互，因此虚拟机监控程序可以通过标准的管理机制（如 WMI 以及相关服务）与操作系统实现全面集成。在这种情况下，根操作系统即可包含一些“启发”（Enlightenment）。启发是内核以及某些设备驱动程序中包含的一种特殊优化措施，它们可以检测到代码是在虚拟机监控程序的管理下虚拟化运行的，进而能够考虑到环境的特征，以不同的或更高效的方式运行某些任务。

图 9-1 展示了 Windows 虚拟化栈的基本架构，下面还将详细介绍其中的各个组件。

该架构的最底部是虚拟机监控程序，它会在系统启动非常早期的阶段启动，随后即可提供虚拟化栈（通过 Hypercall 接口）使用的服务。虚拟机监控程序早期初始化过程的详细介绍可参阅第 12 章。虚拟机监控程序的启动是由 Windows 加载器（Windows loader）发起的，它会决定是否要启动虚拟机监控程序以及安全内核，如果虚拟机监控程序和安全内核均已启动，则虚拟机监控程序会使用 Hvloader.dll 提供的服务来检测正确的硬件平台，随后加载并启动适当版本的虚拟机监控程序。由于 Intel 和 AMD（以及 ARM64）处理器对硬件辅助虚拟化技术有着不同的实现，因此需要不同的虚拟机监控程序。系统启动时，通过 CPUID 指令查询处理器后，便会选择正确的虚拟机监控程序。Intel 系统将加载 Hvix64.exe 二进制文件，AMD 系统将使用 Hvax64.exe 映像。截至 Windows 10 于 2019 年 5 月的更新（19H1），ARM64 版本的 Windows 也开始支持自己的虚拟机监控程序，这是通过 Hvaa64.exe 映像实现的。

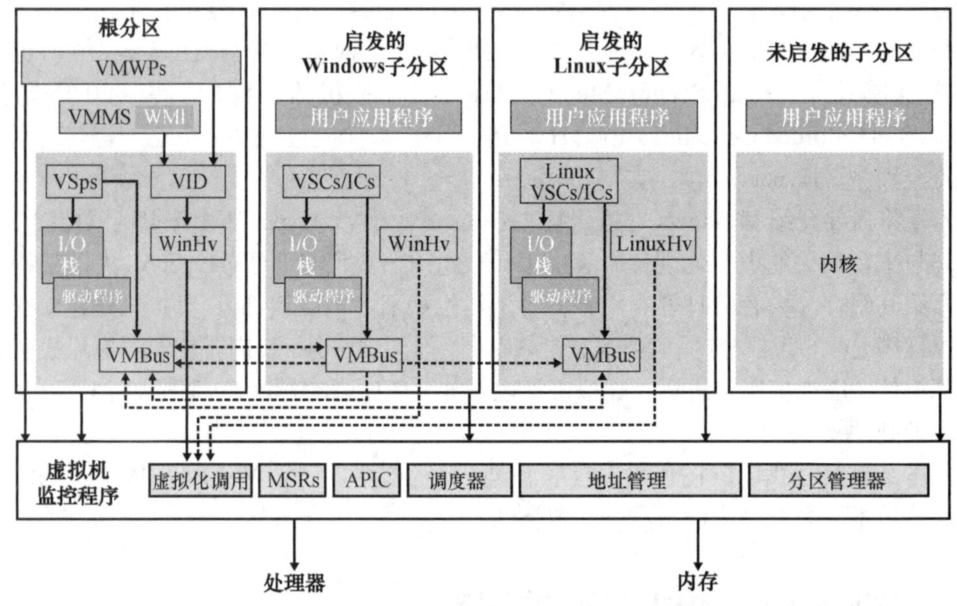

图 9-1　Hyper-V 架构栈（虚拟机监控程序和虚拟化栈）

从较高层面来看，虚拟机监控程序所使用的硬件虚拟化扩展是一种介于操作系统内核与处理器之间的薄层。该层负责以安全的方式拦截并模拟操作系统执行的敏感操作，并且运行在比操作系统内核更高的特权级别下（Intel 将该模式称为 VMXROOT，大部分书籍和文献将 VMXROOT 安全域定义为“Ring 1”）。当底层操作系统执行的操作被拦截后，处理器会停止运行操作系统代码，并将执行转移给更高特权级别的虚拟机监控程序。这种操作通常被称为 VMEXIT 事件。同样，当虚拟机监控程序处理完被拦截的操作后，需要通过某种方式让物理 CPU 重新执行操作系统代码。硬件虚拟化扩展已经定义了新的操作码，借此可让 VMENTER 事件顺利发生，并让 CPU 以原先的特权级别重新开始执行操作系统代码。

9.1.1　分区、进程和线程

Windows 虚拟机监控程序背后有一个关键的架构性组件：分区（partition）。本质上，分区代表一种主要的隔离单元，或者操作系统所安装的一个实例，也可以指传统意义所说的主机或客户机。但是在 Windows 虚拟机监控程序模型中并未使用这两种称呼，而是分别将其称为根分区和子分区。分区由一些物理内存、一个或多个虚拟处理器（Virtual Processor，VP）及其本地虚拟 APIC 和计时器组成（在全局范围内，分区还可以包含一块虚拟主板和多个虚拟外设。但这些都是虚拟化栈的概念，并不属于虚拟机监控程序）。

一个 Hyper-V 系统至少包含一个根分区（主操作系统在根分区中控制计算机的运行）、虚拟化栈，以及其他相关组件。虚拟化环境中运行的每个操作系统都代表一个子分区，其中还可能包含某些额外的工具，借此可优化硬件访问或实现操作系统管理功能。分区能够以一定的层次结构进行组织。根分区可以控制每个子分区，并能在子分区中发生某些类型的事件后收到通知（拦截）。根分区中发生的大部分物理硬件访问可由虚拟机监控程序进行透传（passed through），这意味着父分区可以直接与硬件通信（但有些例外）。相对来说，子分区通常无法直接与物理计算机的硬件通信（同样存在一些例外，详见“虚拟化栈”一节）。每个 I/O 都会被虚拟机监控程序所拦截，并在需要时重定向至根分区。

Windows 虚拟机监控程序的主要设计目标是，尽可能小巧并模块化，甚至需要类似某种微内核（Microkernel），但无须支持任何虚拟机监控程序驱动程序或提供完整的单体式模块。这意味着大部分虚拟化工作实际上是由单独的虚拟化栈（参考图 9-1）完成的。这个虚拟机监控程序可以使用现有的 Windows 驱动程序架构并与实际的 Windows 设备驱动程序进行通信。这种架构导致需要通过多个组件提供并管理相应的行为，而这一切被统称为虚拟化栈。虽然虚拟机监控程序需要先于根操作系统（以及父分区）从启动磁盘读取并由 Windows 加载器执行，但依然需要由父分区负责提供整个虚拟化栈。由于这些都是微软的组件，因此，只有 Windows 计算机可能成为根分区。根分区中的 Windows 操作系统需要为系统中的硬件提供设备驱动程序，同时还需要负责运行虚拟化栈。同时，根分区也是所有子分区的管理点。根分区包含的主要组件如图 9-2 所示。

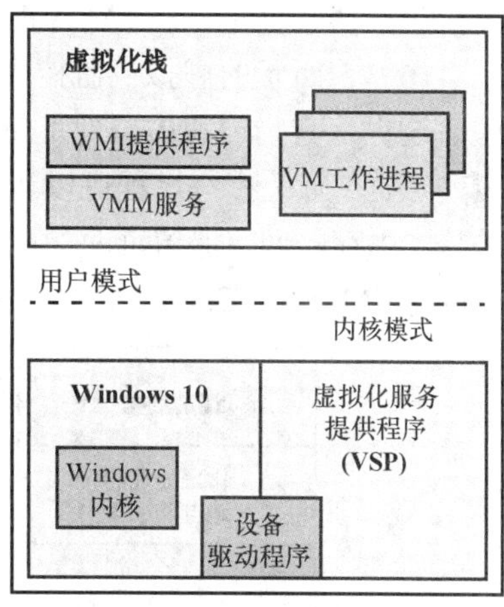

图 9-2 根分区包含的主要组件

子分区

子分区是一个与父分区并行运行的实例，其中可以运行任意操作系统（可以保存子分区状态或将其暂停，子分区不一定始终处于运行状态）。父分区需要完整访问 APIC、I/O 端口及其物理内存（但无法访问虚拟机监控程序以及安全内核的物理内存），子分区与其不同，出于安全和管理方面的原因，子分区只能对自己的地址空间视图（客户机物理地址，即 GPA 空间，由虚拟机监控程序负责管理）获得有限的访问，并且子分区无法直接访问硬件（不过子分区可以直接访问某些类型的设备，详见“虚拟化栈”一节）。在虚拟机监控程序的访问方面，子分区也只能对通知和状态变更实现有限的访问。例如，子分区无法控制其他分区（也无法新建分区）。

子分区的虚拟化组件数量比父分区的少很多，因为子分区并不需要负责运行虚拟化栈，只需要与虚拟化栈通信即可。另外，这些组件是可选的，因为虽然这些组件有助于改善环境性能，但并非子分区运行所必不可少的。图 9-3 展示了典型的 Windows 子分区所包含的组件。

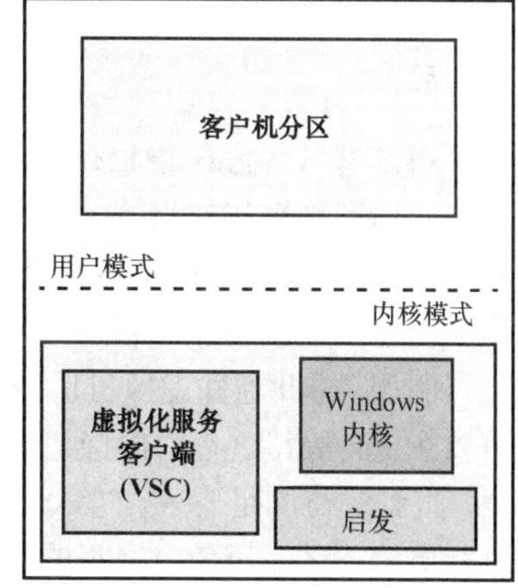

图 9-3 Windows 子分区包含的组件

进程和线程

Windows 虚拟机监控程序使用分区数据结构代表虚拟机。如上文所述，分区包含一些内存（客户机物理内存）以及一个或多个虚拟处理器（VP）。在虚拟机监控程序内部，每个虚拟处理器都是一个可调度的实体，而虚拟机监控程序与标准 NT 内核类似，也包含一个调度器。这个调度器会将隶属于不同分区的虚拟处理器执行工作分发给每个物理 CPU（“Hyper-V 调度器”一节将详细介绍不同类型的虚拟机监控程序调度器）。虚拟机监控程序的线程（TH_THREAD 数据结构）充当了虚拟处理器及其可调度单元之间的“黏合剂”。图 9-4 展示了这种数据结构，该结构也代表了当前的物理执行上下文。其中包含线程执行栈、调度数据、一个指向线程虚拟处理器的指针、线程调度循环（详见下文）入口点，以及最重要的一个指向线程所属虚拟机监控程序进程的指针。

虚拟机监控程序会为自己创建的每个虚拟处理器构建一个线程，并将新构建的线程与虚拟处理器数据结构（VM_VP）关联在一起。

图 9-5 所示的虚拟机监控程序的进程（TH_PROCESS 数据结构）代表了一个分区，同时这也是其物理和虚拟地址空间的容器。其中包含线程（由虚拟处理器所支撑）列表、调度数据（有关哪些进程可以运行的物理 CPU 亲和性），以及一个指向分区基本内存数据结构（内存隔间、保留页面、页面目录根等）的指针。进程通常是在虚拟机监控程序构建分区（VM_PARTITION 数据结构）时创建的，这个进程将用于代表新的虚拟机。

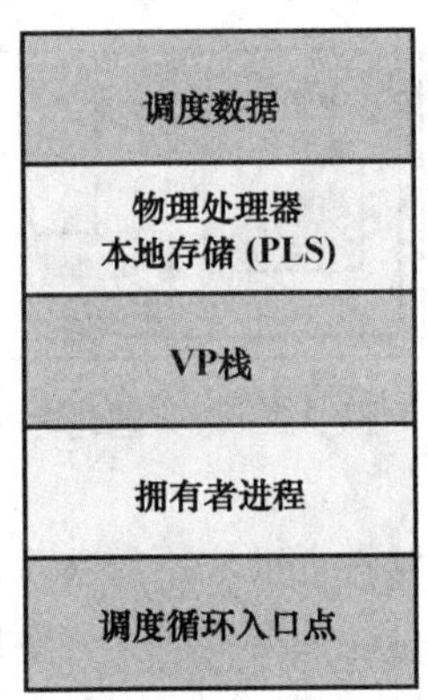

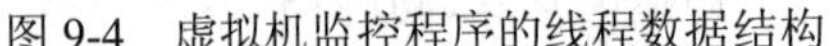
图 9-4　虚拟机监控程序的线程数据结构

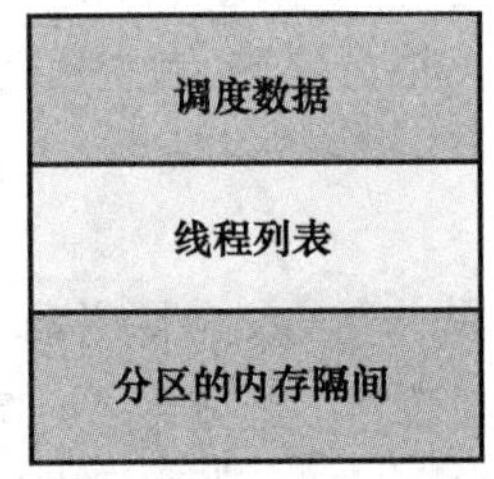

图 9-5　虚拟机监控程序的进程数据结构

启发

启发是 Windows 虚拟化技术中一种关键的性能优化措施。它可以看作对标准 Windows 内核代码直接进行的修改，借此即可检测到操作系统正在子分区中运行，进而以不同的方式执行工作。通常来说，这些优化都是与特定硬件高度相关的，并会导致向虚拟机监控程序发出虚拟化调用（Hypercall）通知。

例如，借此通知虚拟机监控程序出现了长时间忙于等待的旋转循环。虚拟机监控程序可以在旋转等待过程中保持某些状态，并决定在同一个物理处理器上调度另一个虚拟处理器，直到等待满足要求。进入和退出中断状态以及访问 APIC 的工作可由虚拟机监控程序进行协调，进而避免对真正的访问进行捕获和虚拟化。

另一个例子与内存管理有关，尤其是转换旁视缓冲区（Translation Lookaside Buffer,

TLB）刷新（有关这些概念的详细介绍请参阅卷 1 第 5 章）。通常，操作系统会执行一条 CPU 指令来刷新一个或多个陈旧的 TLB 项，这只会影响处理器。但在多处理器系统中，通常必须从每个活跃处理器的缓存中刷新 TLB 项（为此，系统会向每个活跃处理器发送一个处理器间中断）。然而，因为子分区可能会与多个其他子分区共享相同的物理 CPU，而在发起 TLB 刷新时，其中一些子分区可能正在执行不同虚拟机的虚拟处理器，该操作也会刷新这些虚拟机的信息。此外，虚拟处理器可能被重新调度以便只执行 TLB 刷新 IPI，这会导致明显的性能下降。通过虚拟机监控程序运行的 Windows 将发出虚拟化调用，让虚拟机监控程序只刷新属于某个子分区的特定信息。

分区的特权、属性和版本功能

最开始创建分区时（通常由 VID 驱动程序创建）并不会关联虚拟处理器（VP），此时 VID 驱动程序可以自由地添加或删除分区的某些特权。实际上，在最开始创建分区时，虚拟机监控程序会根据分区类型为其分配一些默认特权。

分区的特权决定了分区中运行的被启发的操作系统可以代表该分区执行的操作（通常使用虚拟化调用或综合 MSR（Model Specific Register，模型特定寄存器）来表示）。例如，Access Root Scheduler（访问根调度器）特权允许子分区通知根分区某事件已发出信号并可重新调度客户机的虚拟处理器（这通常会提高客户机虚拟处理器所支撑的线程的优先级）。而 Access VSM（访问 VSM）特权可以让分区启用 VTL 1 并访问其属性和配置信息（通常以综合寄存器的方式暴露）。表 9-1 列出了虚拟机监控程序默认分配的所有特权。

表 9-1 分区的特权

分区类型	默认特权
根分区和子分区	读/写虚拟处理器的运行时计数器 读取当前分区引用时间 访问 SynIC 计时器和寄存器 查询/设置虚拟处理器的虚拟 APIC 辅助页面 读/写虚拟化调用 MSR 请求虚拟处理器 IDLE 项 读取虚拟处理器的索引 映射虚拟化调用代码区或取消映射 读取虚拟处理器的模拟 TSC（时间戳计数器）及其频率 控制分区 TSC 并对模拟重新进行启发 读/写 VSM 综合寄存器 读/写虚拟处理器的每 VTL 寄存器 启动一个 AP 虚拟处理器 启用分区的快速虚拟化调用支持
仅根分区	创建子分区 按照 ID 查找并引用分区 从分区隔间中存入/取出内存 向连接端口发送消息 向连接端口的分区事件发送信号 创建/删除分区的连接端口并获取其属性 连接/断开分区的连接端口 映射虚拟机监控程序统计页面（描述了 VP、LP、分区或虚拟机监控程序）或取消映射 为分区启用虚拟机监控程序调试器

续表

分区类型	默认特权
仅根分区	调度子分区的虚拟处理器并访问 SynIC 综合 MSR 触发启发系统重置 读取分区的虚拟机监控程序调试器选项
仅子分区	在根分区中生成可扩展的虚拟化调用拦截 向根调度器中虚拟处理器支撑的线程通知某事件已收到信号
EXO 分区	无

分区特权只能在创建分区并启动虚拟处理器之前设置，当分区中的虚拟处理器开始执行后，虚拟机监控程序将不允许请求设置特权。分区属性与特权类似，但不存在这个限制，任何时候都可以设置或查询分区属性。每个分区可以查询或设置不同的属性组。表 9-2 列出了这些属性组。

表 9-2 分区的属性

分区属性	描述
调度属性	设置/查询与经典和核心调度器相关的属性，如 Cap、Weight 和 Reserve
时间属性	允许分区被暂停/恢复
调试属性	更改虚拟机监控程序调试器运行时配置
资源属性	查询分区的虚拟硬件平台属性（如 TLB 大小、SGX 支持等）
兼容性属性	查询与初始兼容性功能紧密相关的虚拟硬件平台属性

当创建分区时，VID 基础架构会向虚拟机监控程序提供兼容性级别（可在虚拟机的配置文件中指定）。根据兼容性级别，虚拟机监控程序可以启用或禁用由虚拟处理器暴露给底层操作系统的特定虚拟硬件功能。很多功能可以根据虚拟机的兼容性级别调整虚拟处理器的行为方式，例如硬件页属性表（Page Attribute Table，PAT），这是一种可配置的虚拟内存缓存类型。在 Windows 10 Anniversary Update（RS1）之前，客户虚拟机内部无法使用 PAT，因此无论虚拟机的兼容性级别是否指定了 Windows 10 RS1，虚拟机监控程序都不会向底层客户机操作系统暴露 PAT 寄存器。但如果兼容性级别高于 Windows 10 RS1，则虚拟机监控程序会向客户虚拟机中运行的底层操作系统暴露对 PAT 的支持。当系统启动并开始创建根分区时，虚拟机监控程序会为系统启用最高兼容性级别。因此，根操作系统就可以使用物理硬件所能支持的全部功能。

9.1.2 虚拟机监控程序的启动

第 12 章将介绍 UEFI 工作站的启动方式，以及在加载和启动正确版本的虚拟机监控程序二进制文件过程中所涉及的全部组件。本节将简要讨论当 HvLoader 模块执行过程转移给虚拟机监控程序，并由它首次开始控制计算机之后，计算机内部所发生的事情。

HvLoader 负责（根据 CPU 制造商信息）加载正确版本的虚拟机监控程序二进制映像，并创建虚拟机监控程序加载器块。它会记录一个最小化的处理器上下文，这是虚拟机监控程序启动第一个虚拟处理器所必需的。随后，HvLoader 会切换至一个刚创建的全新地址空间，并调用虚拟机监控程序映像入口点 KiSystemStartup，以此将执行转移给虚拟机监控程序映像，让处理器准备好运行虚拟机监控程序并初始化 CPU_PLS 数据结构。CPU_PLS 代表物理处理器，可充当 NT 内核的 PRCB 数据结构，虚拟机监控程序可以使用 GS 段对其进行快速寻址。但与 NT 内核不同的是，KiSystemStartup 只对启动处理器进行调用（应用程序处理器的启动顺序将在“应用程序处理器启动”中进行介绍），因此这会将真正的初始化工作推给另一个函数：BmpInitBootProcessor。

BmpInitBootProcessor 会启动复杂的初始化序列。该函数将检查系统并查询 CPU 可支持的所有虚拟化功能（如 EPT 和 VPID，可查询的功能与平台密切相关，并会因 Intel、AMD 或 ARM 版本的虚拟机监控程序而异）。随后，该函数会确定虚拟机监控程序调度器，由该调度器管理虚拟机监控程序调度虚拟处理器的方式。对于 Intel 和 AMD 服务器系统，默认调度器为核心调度器，而所有客户端系统（包括 ARM64）的默认调度器是根调度器。调度器类型可通过 BCD 的 hypervisorschedulertype 选项手动调整（下文将详细介绍不同的虚拟机监控程序调度器）。

随后会初始化嵌套的启发。嵌套的启发可以让虚拟机监控程序以嵌套的配置来执行，其中根虚拟机监控程序（也叫 L0 虚拟机监控程序）管理真实硬件，另一个虚拟机监控程序（也叫 L1 虚拟机监控程序）负责在虚拟机中执行。这一阶段完成后，BmpInitBootProcessor 例程将执行下列组件的初始化工作：

- 内存管理器（初始化 PFN 数据库和根隔间）。
- 虚拟机监控程序的硬件抽象层（HAL）。
- 虚拟机监控程序的进程和线程子系统（取决于所选调度器的类型）。此时将创建系统进程及其初始线程。这是一个特殊进程，不会与任何分区绑定，其中承载了执行虚拟机监控程序代码的线程。
- VMX 虚拟化抽象层（VAL）。VAL 的用途是对所有可支持的硬件虚拟化扩展（Intel、AMD 以及 ARM64）之间的差异进行抽象。其中包含的代码还负责实现虚拟机监控程序中所使用的计算机虚拟化技术与特定平台有关的功能（例如在 Intel 平台上，VAL 层负责管理对“不受限客户机”的支持，以及 EPT、SGX、MBEC 等功能）。
- 综合中断控制器（Synthetic Interrupt Controller，SynIC）以及 I/O 内存管理单元（I/O Memory Management Unit，IOMMU）。
- 地址管理器（Address Manager，AM），这个组件负责管理分配给分区的物理内存（也叫作客户机物理内存，即 GPA）以及这种内存与真实物理内存（也叫作系统物理内存）之间的转换。虽然 Hyper-V 的第一代实现可支持影子页表（一种用于地址转换的软件技术），但自从 Windows 8.1 开始，可由地址管理器使用与特定平台相关的代码配置硬件所提供的虚拟机监控程序地址转换机制（Intel 平台中称“可扩展页表”，AMD 平台中称“嵌套页表”）。在虚拟机监控程序的语境中，分区的物理地址空间也称地址域（address domain）。与具体平台无关的物理地址空间转换通常也称二级地址转换（Second Layer Address Translation，SLAT）。该术语实际上是指 Intel 的 EPT、AMD 的 NPT 或 ARM 的二级地址转换机制。

至此，虚拟机监控程序已经可以通过分配初始的、依赖于特定硬件的虚拟机控制结构（Intel 为 VMCS，AMD 为 VMCB），并通过第一个 VMXON 操作启用虚拟化，成功完成与启动处理器相关的 CPU_PLS 数据结构的构建。最终，还会对每个处理器的中断映射数据结构进行初始化。

实验：连接虚拟机监控程序调试器

在这个实验中，我们将连接到虚拟机监控程序调试器，进而分析上文介绍过的虚拟机监控程序启动序列。虚拟机监控程序调试器只支持串口或网络传输，只能使用物理计算机调试虚拟机监控程序，或者在启用“嵌套虚拟化”（详见“嵌套虚拟化”一节）的情况下进行调试。如果使用嵌套虚拟化，将只能为 L1 虚拟化的虚拟机监控程序启用串口调试。

在这个实验中，我们需要单独准备一台支持虚拟化扩展、安装并启用了 Hyper-V 角色的物理计算机。我们需要使用该计算机作为被调试的系统，将其连接到运行了调试工具（充当调试器）的宿主机系统。或者通过另一种方式，如果不想使用另外一台物理计算机，也可以使用嵌套的虚拟机，具体做法详见下文的“在 Hyper-V 上启用嵌套虚拟化”实验。

首先我们需要在宿主机系统中下载并安装 Windows 调试工具，该工具已包含在 Windows SDK（或 WDK）中，可在 https://developer.microsoft.com/windows/downloads/windows-10-sdk 下载。或者也可以在本实验中使用 WinDbgX。截至撰写这段内容时，可在 Windows 应用商店搜索“WinDbg Preview”安装该工具。

本次实验中被调试的系统必须禁用“安全启动”（secure boot）。虚拟机监控程序调试功能无法兼容安全启动。有关禁用安全启动功能的具体做法请参考计算机的说明书（通常需要在 UEFI Bios 中调整 Secure Boot 设置）。若要在被调试的系统中启用虚拟机监控程序调试器，首先需要以管理员身份启动命令提示符窗口（在搜索框中输入 **cmd**，选择“**以管理员身份运行**”）。

如果要通过网卡调试虚拟机监控程序，则需要输入下列命令，将<HostIp>替换为宿主机系统的 IP 地址，将<HostPort>替换为宿主机上一个有效的端口（始于 49152），将<NetCardBusParams>替换为被调试系统的网卡总线参数，该参数需要以 XX.YY.ZZ 的格式指定（其中 XX 是总线编号，YY 是设备编号，ZZ 是功能编号）。我们可以使用设备管理器或 Windows SDK 中提供的 KDNET.exe 工具查看网卡的总线参数：

```
bcdedit /hypervisorsettings net hostip:<HostIp> port:<HostPort>
bcdedit /set {hypervisorsettings} hypervisordebugpages 1000
bcdedit /set {hypervisorsettings} hypervisorbusparams <NetCardBusParams>
bcdedit /set hypervisordebug on
```

下图展示了一个范例系统，其中用于对虚拟机监控程序进行调试的网络接口位于 0.25.0 总线参数，调试器的调试目标为 IP 地址 192.168.0.56、端口 58010 的宿主机系统。

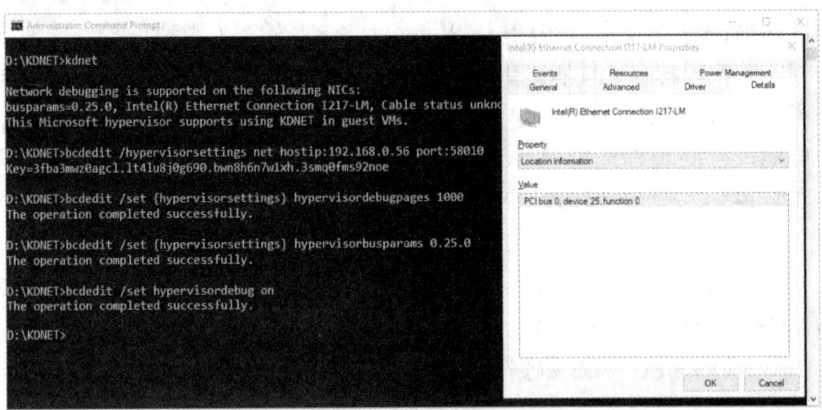

请记录返回的调试键。在重启动被调试的系统后，需要在宿主机中使用下列命令运行 Windbg:

```
windbg.exe -d -k net:port=<HostPort>,key=<DebuggingKey>
```

这样即可对虚拟机监控程序进行调试并查看其启动序列，不过微软可能不会公开虚拟机监控程序主模块的符号。

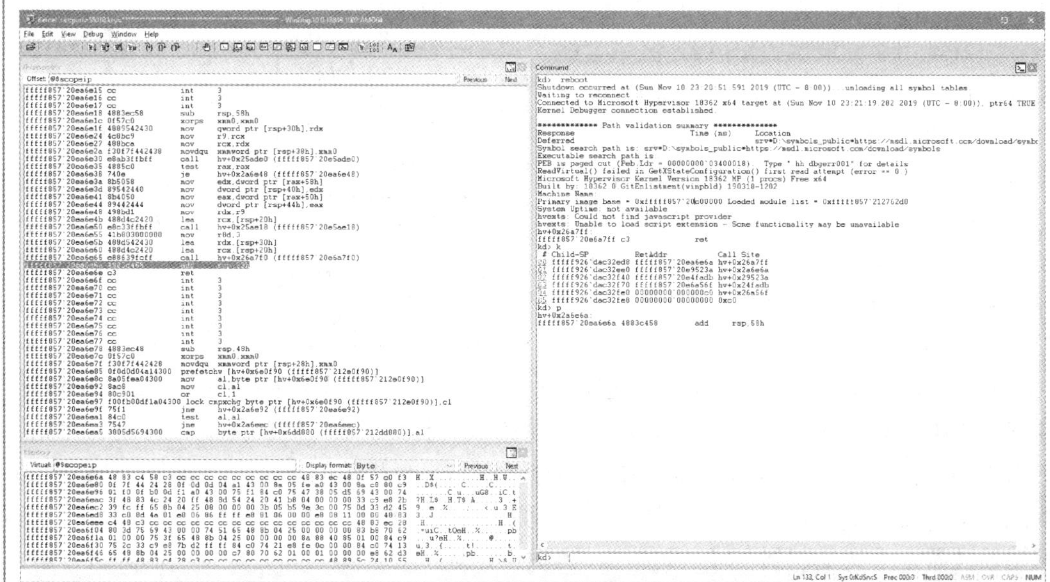

在启用嵌套虚拟化的虚拟机中，可使用下列命令在被调试的系统中启用 L1 虚拟机监控程序调试器的串口调试:

```
bcdedit /hypervisorsettings SERIAL DEBUGPORT:1 BAUDRATE:115200
```

创建根分区和启动虚拟处理器

虚拟机监控程序完整初始化过程的第一步需要创建根分区和用于启动系统的第一个虚拟处理器（也叫 BSP VP）。根分区与子分区的创建几乎遵循完全相同的规则，如此循序渐进地对每一层分区进行初始化。尤其是：

1）虚拟机层初始化可允许的最大数量 VTL 级别，并根据分区类型设置分区特权（详情请参阅上一节）。此外，虚拟机层还将根据特定分区的兼容性级别确定分区可允许的功能。根分区可支持最多数量的可允许功能。

2）虚拟处理器层初始化虚拟化的 CPUID 数据，当客户机操作系统请求 CPUID 时，分区的所有虚拟处理器都将使用此数据。虚拟处理器层还会创建虚拟机监控程序进程，以此为分区提供支撑。

3）地址管理器（AM）使用与计算机平台相关的代码构建分区的初始物理地址空间（Intel 的 EPT 或 AMD 的 NPT）。所构建的物理地址空间取决于分区类型。根分区会使用标识映射，这意味着所有客户机物理内存都会与系统物理内存相对应（更多信息详见“分区的物理地址空间”一节）。

在为分区正确配置了 SynIC、IOMMU 以及拦截器的共享页面后，虚拟机监控程序会为根分区创建并启动 BSP 虚拟处理器，这是用于重新执行启动过程的唯一虚拟处理器。

虚拟机监控程序虚拟处理器（VP）可由图 9-6 所示的大型数据结构（VM_VP）来表示。VM_VP 数据结构维护了跟踪虚拟处理器状态所需的全部数据：平台相关寄存器状态（如常规用途、调试、XSAVE 区域、栈）及其数据、虚拟处理器的私有地址空间，以及 VM_VPLC 数据结构数组，该数组可用于跟踪虚拟处理器的每个虚拟信任级别（Virtual Trust Level，VTL）状态。VM_VP 还包含一个指向虚拟处理器支撑线程的指针，以及一个指向目前执行虚拟处理器的物理处理器的指针。

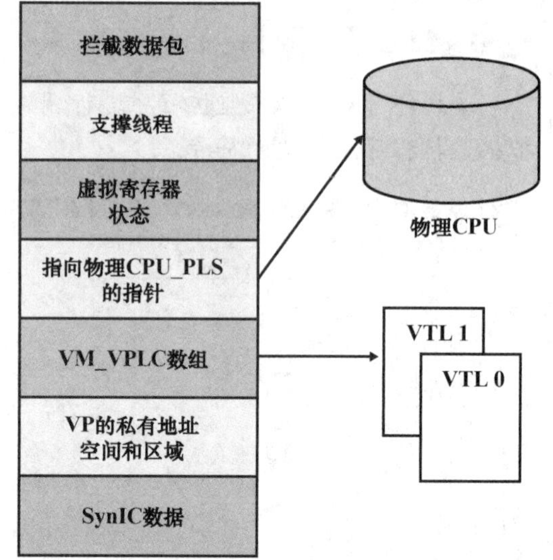

图 9-6 代表一个虚拟处理器的 VM_VP 数据结构

对于分区，BSP 虚拟处理器的创建过程与普通虚拟处理器的过程类似。由 VmAllocateVp 函数负责从分区的隔间中分配并初始化所需内存，借此存储 VM_VP 数据结构和分区中与平台相关的部分，并存储 VM_VPLC 数组（支持的每个 VTL 对应一个数组）。启动时，虚拟机监控程序会将 HvLoader 指定的初始处理器上下文复制到 VM_VP 结构，随后创建虚拟处理器的私有地址空间并进行附加（只有在启用了地址空间隔离功能后才需要这样做）。最后，还需要创建虚拟处理器的支撑线程。这是一个重要步骤：虚拟处理器的构建工作还会在自己的支撑线程的上下文中继续进行。在这一阶段，虚拟机监控程序的主系统线程还会继续等待，直到新的 BSP VP 初始化完成。等待过程中，虚拟机监控程序调度器会选择新创建的线程并执行 ObConstructVp 例程，借此在新的支撑线程的上下文中构建虚拟处理器。

ObConstructVp 会通过类似于分区的方式构建并初始化虚拟处理器的每一层，尤其会执行下列操作：

1）虚拟化管理器（VM）层将物理处理器数据结构（CPU_PLS）附加至虚拟处理器并将 VTL 0 设置为活跃。

2）VAL 层初始化虚拟处理器中与平台相关的部分，如寄存器、XSAVE 区域、栈以及调试数据。此外，对于可支持的每个 VTL，还需要分配并初始化 VMCS 数据结构（AMD 系统则为 VMCB），该数据结构将被硬件用于跟踪虚拟机状态以及 VTL 的 SLAT 页表，后者使得每个 VTL 可以相互隔离（有关 VTL 的详情请参阅下文“虚拟信任级别（VTL）和虚拟安全模式（VSM）”一节）。最后，VAL 层启用 VTL 0 并将其设置为活跃。特定于平台的 VMCS（或 AMD 系统的 VMCB）将被完全编译，VTL 0 的 SLAT 表会被设置为活跃，实模式模拟器初始化完成。VMCS 中与主机状态有关的部分会被设置为以虚拟机监控程序 VAL 分发循环为目标。该例程是虚拟机监控程序中最重要的部分，它管理着每个客户机生成的所有 VMEXIT 事件。

3）虚拟处理器层分配虚拟处理器的虚拟化调用页，并为每个 VTL 分配辅助和拦截消息页。这些页面将被虚拟机监控程序用于与客户机操作系统共享代码或数据。

当 ObConstructVp 完成自己的工作后，虚拟处理器的调度线程会激活该虚拟处理器及其综合中断控制器（SynIC）。如果这是根分区的第一个虚拟处理器，则调度线程会还原存储在 VM_VP 数据结构中的初始虚拟处理器上下文，为此需要在与平台相关的 VMCS（或 VMCB）处理器区域中写入所捕获的每个寄存器（该上下文已被 HvLoader 在启动过程的早期阶段指定）。调度线程最终会发出代表虚拟处理器初始化工作完成的信号（随后主系统线程将进入闲置循环状态），并进入特定平台的 VAL 调度循环。VAL 调度循环检测到这是一个新的虚拟处理器，开始为其首次执行做准备，随后将执行 VMLAUNCH 指令启动新虚拟机。新虚拟机会在 HvLoader 将执行转移至虚拟机监控程序的那一刻重新启动。后续的启动过程将照常进行，不过是在新的虚拟机监控程序分区上下文中进行。

9.1.3 虚拟机监控程序内存管理器

相比 NT 或安全内核的内存管理器，虚拟机监控程序内存管理器相对较简单。虚拟机监控程序以内存隔间（memory compartment）为单位管理一系列物理内存页面。在虚拟机监控程序启动前，虚拟机监控程序加载器（Hvloader.dll）会分配虚拟机监控程序加载器块，并预计算虚拟机监控程序正确启动和创建根分区所需的物理页面数量最大值。该数值取决于初始化 IOMMU 以存储内存范围结构、系统 PFN 数据库、SLAT 页表还有 HAL VA 空间所需的页面数量。虚拟机监控程序加载器会预分配计算出的物理页面数量最大值，将其标记为保留，并将这个页面列表的数组附加到加载器块。随后，当虚拟机监控程序启动时，会使用由虚拟机监控程序加载器分配的页表创建根隔间。

内存隔间的数据结构布局如图 9-7 所示。该数据结构可跟踪隔间中“存档”的物理页面总数，随后这些页面可分配到某些地方或直接释放。隔间会将物理页面存储在按照 NUMA 节点进行排序的各种列表中，但只有每个列表的头部会存储在隔间内。每个物理页面的状态及其在 NUMA 列表中的链接是通过 PFN 数据库中的项维持的。隔间还会跟踪自己与根的关系。新隔间可以使用属于父分区（或根分区）的物理页面来创建。类似地，当隔间被删除后，所有残留的物理页面也会返回给父分区。

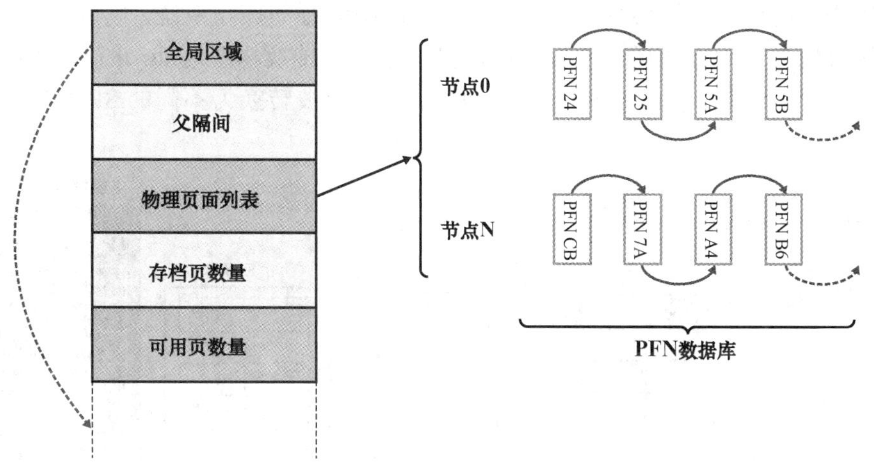

图 9-7 虚拟机监控程序的内存隔间。全局区域的虚拟地址空间会从隔间数据结构的末端开始保留

当虚拟机监控程序需要一些物理内存来执行某些工作时，会从活跃隔间（取决于具体

分区）进行分配。这意味着该分配有可能失败。如果失败，则可能会出现如下两种情况。

- 如果是为虚拟机监控程序的内部服务发出的分配请求（通常这是代表根分区进行的），则不应失败，而是应该让系统直接崩溃（这也解释了为何最初计算的要分配给根隔间的页面总数必须精确）。
- 如果是代表子分区进行的分配（通常通过虚拟化调用进行），则虚拟机监控程序会让请求失败并返回 INSUFFICIENT_MEMORY 状态。根分区检测到该错误并分配一些物理页面（更多详情请参阅下文“虚拟化栈”一节），这些页面将通过 HvDepositMemory 虚拟化调用存入子隔间。随后即可重新初始化分配操作，并且通常将会成功。

从隔间分配的物理页面通常会使用虚拟地址映射至虚拟机监控程序。在创建隔间时，会分配一个足以映射新隔间、隔间的 PDE 位图及其全局区域的虚拟地址范围（大小为 4 GB 或 8 GB，取决于这是根隔间还是子隔间）。

虚拟机监控程序的区域（zone）中可封装一个私有 VA 范围，该范围不会与虚拟机监控程序的整个地址空间共享（详见下文“地址空间隔离”一节）。虚拟机监控程序会使用一个根页表来执行（与 NT 内核使用 KVA 影子的方法完全不同）。根页表中有两个保留项，保留的目的是在每个区域和虚拟处理器的地址空间之间动态切换。

分区的物理地址空间

正如上一节所述，在最初创建分区时，虚拟机监控程序会为之分配物理地址空间。物理地址空间包含硬件将分区的客户机物理地址（GPA）转换为系统物理地址（SPA）所需的全部数据结构。实现这种转换的硬件功能通常称为二级地址转换（Second Level Address Translation，SLAT）。SLAT 这个术语无关于具体平台，硬件制造商使用不同的名称来称呼它：Intel 称之为 EPT，即扩展页表（Extended Page Table）；AMD 称之为 NPT，即嵌套页表（Nested Page Table）；AMD 直接将其称为第 2 阶地址转换（Stage 2 Address Translation）。

SLAT 的实现方式通常与 x64 页表的实现方式类似，用到了四级转换（x64 虚拟地址转换的详细介绍请参阅卷 1 第 5 章）。分区中运行的操作系统会像在裸机硬件上运行那样使用相同的虚拟地址转换。然而，对于分区中运行的操作系统，物理处理器通常需要执行两级转换：一级适用于虚拟地址，另一级用于转换物理地址。图 9-8 展示了客户机分区的 SLAT 设置。在客户机分区中，GPA 通常会被转换为不同的 SPA。但根分区并不会这样做。

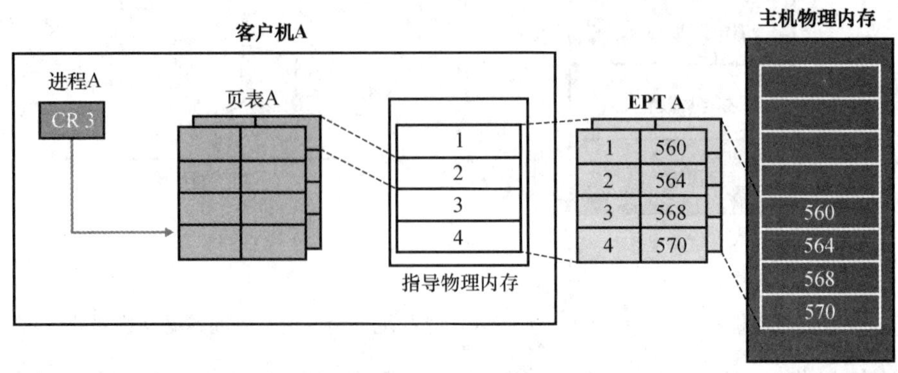

图 9-8 客户机分区的地址转换

虚拟机监控程序创建根分区时，会通过标识映射建立初始物理地址空间。在这种模型下，每个 GPA 都对应于相同的 SPA（例如，根分区中的客户机帧 0x1000 会映射至裸机物理帧 0x1000）。虚拟机监控程序会预分配将计算机完整物理地址空间映射至所有允许的根分区虚拟信任级别（VTL）所需的内存（具体数量由 Windows 加载器使用 UEFI 服务发现，详见第 12 章），根分区通常支持两个 VTL。分区所属每个 VTL 的 SLAT 页表包含相同的 GPA 和 SPA 项，但通常会设置不同的保护级别。应用给每个分区物理帧的保护级别可用于创建互相隔离的不同安全域（VTL）。VTL 的详细介绍请参阅“安全内核”一节。虚拟机监控程序页会被标记为硬件保留，不会映射至分区的 SLAT 表（实际上，它们是通过一个指向假 PFN 的无效入口点来映射的）。

注意 出于性能方面的考虑，虚拟机监控程序在构建物理内存映射时，可以检测大块的连续物理内存，并且会使用类似于虚拟内存那样的做法，使用大页面来映射这些块。如果由于某种原因，分区中运行的操作系统决定对物理页面应用更细化的保护，那么虚拟机监控程序将使用保留的内存打破 SLAT 表中的大页面。

老版本虚拟机监控程序还支持通过另一种技术来映射分区的物理地址空间：影子页（shadow paging）。影子页主要被不支持 SLAT 的计算机使用。该技术会产生极高的性能开销，因此现在已不再支持（在不支持 SLAT 的计算机上，虚拟机监控程序将拒绝启动）。

根的 SLAT 表是在创建分区时构建的，但对客户机分区来说情况略有不同。在创建子分区时，虚拟机监控程序会为其创建初始物理地址空间，但只为每个分区的 VTL 分配根页表（PML4）。在新虚拟机启动前，VID 驱动程序（虚拟化栈的一部分）会通过从根分区分配的方式保留该虚拟机所需的物理页面，页面的具体数量取决于虚拟机内存大小（请注意，这里说的是物理内存，只有驱动程序可以分配物理页面）。VID 驱动程序维护着一个物理页面列表，该列表会被分析并拆分成大页面，随后通过 HvMapGpaPages 这个 Rep 虚拟化调用①发送给虚拟机监控程序。

在发送映射请求前，VID 驱动程序会调用虚拟机监控程序来创建所需的 SLAT 页表以及内部物理内存空间的数据结构。分区中每个可用 VTL 还会被分配 SLAT 页表层次结构（该操作也叫预提交）。这个操作有可能失败，例如，新分区的隔间未包含足够的物理页面时。在这种情况下，根据上一节的介绍，VID 驱动程序会从根分区分配更多的内存，并将其存入子分区的隔间。随后，VID 驱动程序就可以自由地映射子分区的所有物理页面。虚拟机监控程序会构建并编译所需的全部 SLAT 页表，并根据 VTL 级别分配不同的保护（大页面需要的间接级别数量会少一个）。至此，子分区的物理地址空间创建工作完成。

地址空间隔离

现代 CPU 中发现的预测执行漏洞（Meltdown、Spectre 或 Foreshadow）可以让攻击者通过推测性方式读取 CPU 缓存中的陈旧数据，进而读取到更高执行特权上下文中保存的机密数据。这意味着客户虚拟机中运行的软件有可能以推测性方式，读取隶属于虚拟机监

① 虚拟化调用（Hypercall）可分为两类：简单（Simple）和重复（Rep，Repeat 的缩写）。简单虚拟化调用只能执行一个操作，其输入和输出参数集的大小是固定的。重复虚拟化调用可执行一系列简单虚拟化调用。除了可以使用固定大小的输入和输出参数集外，重复虚拟化调用还可以调用固定大小的输入和输出元素列表。——译者注

控程序或更高特权根分区的私有内存。Spectre、Meltdown 以及所有此类侧信道漏洞的技术细节以及 Windows 的缓解措施详见第 8 章。

通过实施 HyperClear 缓解措施，虚拟机监控程序也可以缓解大部分此类攻击。HyperClear 缓解措施依赖这三个关键组件来保证虚拟机之间的强隔离：核心调度器、虚拟处理器地址空间隔离以及敏感数据擦除。在现代多核心 CPU 中，通常会由不同的 SMT 线程共享同一个 CPU 缓存（有关核心调度器和对称多线程的详细介绍请参阅“Hyper-V 调度器”一节）。在虚拟化环境中，一个核心中的 SMT 线程可以根据自己的活动，独立地进入或退出虚拟机监控程序上下文。例如，中断之类的事件可能导致 SMT 线程从客户机虚拟处理器上下文的运行中切出，并开始在虚拟机监控程序的上下文中运行。每个 SMT 线程都可能独立执行这种操作，因此，一个 SMT 线程可能正在虚拟机监控程序上下文中执行，但同时其同胞 SMT 线程依然在虚拟机的客户机虚拟处理器上下文中运行。借此，攻击者通过一个 SMT 线程在信任度较低的虚拟机的虚拟处理器上下文中运行的代码，就有可能通过侧信道漏洞窃取同胞 SMT 线程运行的虚拟机监控程序上下文中所包含的敏感数据。

虚拟机监控程序通过为每个客户机 SMT 线程（这种线程支撑了虚拟处理器）维持相互独立的虚拟地址范围，提供了强大的数据隔离机制，借此防范有恶意的客户虚拟机。当虚拟机监控程序上下文进入特定的 SMT 线程时，任何机密数据都是无法寻址的。此时唯一可以进入 CPU 缓存的数据是与当前客户机虚拟处理器相关联的数据，或虚拟机监控程序共享的数据。如图 9-9 所示，当 SMT 线程运行的虚拟处理器进入虚拟机监控程序时，根调度器会强制要求其他虚拟处理器上正在运行的同胞 LP 必须属于同一个虚拟机。此外，共享的机密数据也不会映射至虚拟机监控程序。当虚拟机监控程序需要访问机密数据时，需要保证其他同胞 SMT 线程中没有别的已调度虚拟处理器。

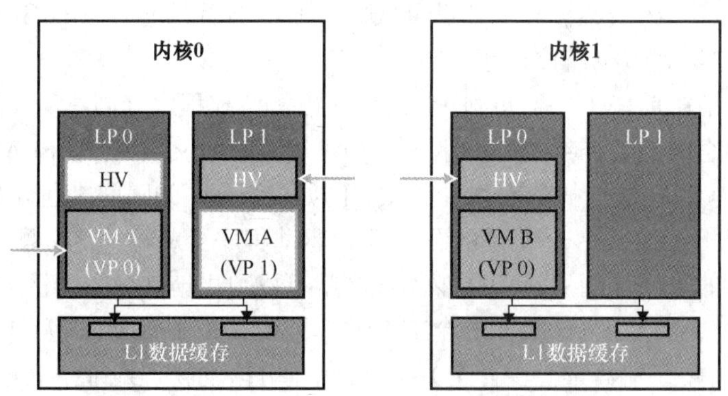

图 9-9 HyperClear 缓解措施

与 NT 内核不同，虚拟机监控程序总是通过一个页表根来运行，这就形成一个全局虚拟地址空间。虚拟机监控程序定义了私有地址空间的概念，但其名称容易让人误解。实际上，为了映射私有地址空间或取消其映射，虚拟机监控程序保留了两个全局根页表项（PML4 项，可生成一个 1 TB 的虚拟地址范围）。虚拟机监控程序在最开始构建虚拟处理器时，会分配两个私有页表根项。这些项将用于映射虚拟处理器的机密数据，例如，它的栈以及包含私有数据的数据结构。切换地址空间意味着在全局页表根中写入这两个项（这也解释了为何“私有地址空间”的名称这么有误导性，实际上，该名称代表的是私有地址

“范围”)。虚拟机监控程序只会在两种情况下切换私有地址空间：新建虚拟处理器时，以及切换线程时（别忘了，线程是由虚拟处理器支撑的，而核心调度器会保证同胞 SMT 线程不会在不同的分区中执行虚拟处理器）。运行过程中，虚拟机监控程序线程只会映射自己虚拟处理器的私有数据，而无法访问其他机密数据。

私有地址空间中机密数据的映射是借助由 MM_ZONE 数据结构所代表的内存区域实现的。内存区域可以封装私有地址空间的私有 VA 子范围，虚拟机监控程序通常会将每个虚拟处理器的机密存储在这里。

这种内存区域的工作方式与私有地址空间类似。内存区域并不会映射全局页表根中的根页表项，而是会映射私有地址空间所使用的两个根项中包含的私有页目录。内存区域维持了一个页目录数组，该数组可映射至私有地址空间或解除映射，此外还包含一个用于跟踪已使用页表的位图。图 9-10 展示了私有地址空间和内存区域之间的关系。内存区域可以按需映射至私有地址空间或解除映射，但通常只会在创建虚拟处理器时切换。实际上，虚拟机监控程序无须在切换线程时切换内存区域，私有地址空间封装了内存区域所暴露的 VA 范围。

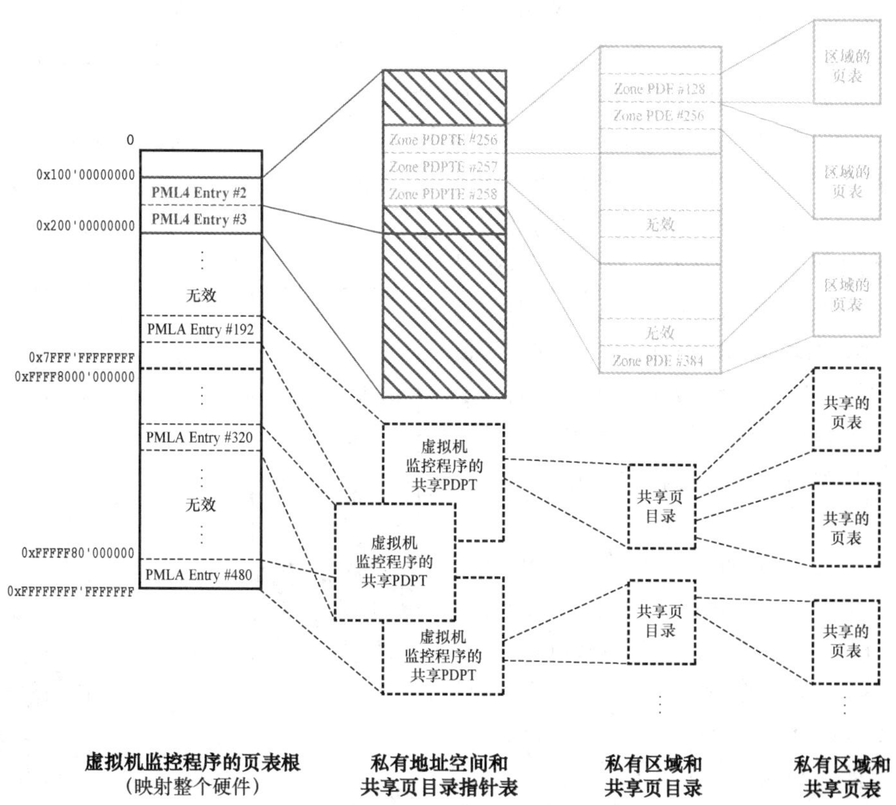

图 9-10 虚拟机监控程序的私有地址空间和私有内存区域

在图 9-10 中，页表中与私有地址空间有关的结构填充了斜线，与内存区域有关的结构显示为灰色，隶属于虚拟机监控程序的共享结构使用了虚线外框。私有地址空间的切换是一种开销很低的操作，只需要更改虚拟机监控程序页表根中的两个 PML4 项。从私有地址空间附加或分离内存区域则只需要修改区域的 PDPTE（区域的 VA 大小是可变的，而 PDTPE 总是会连续分配）。

动态内存

虚拟机可按照百分率使用为自己分配物理内存。例如，一些虚拟机只使用了为自己分配的客户机物理内存中的一小部分，导致大量已分配物理内存被释放或归零。而当内存压力较高时，其他虚拟机的性能可能会受到一定影响，因为分配的客户机物理内存不足，导致需要大量使用页面文件。为了防止出现这种情况，虚拟机监控程序和虚拟化栈支持了动态内存这一概念。动态内存是指以动态的方式为虚拟机分配或移除物理内存的功能。该功能由多个组件提供。

- NT 内核的内存管理器，为物理内存的热添加和热移除提供了支持（这也适用于裸机系统）。
- 虚拟机监控程序，通过 SLAT 提供支持（由地址管理器负责管理）。
- 虚拟机工作进程，可使用动态内存控制器模块（Vmdynmem.dll）与子分区中运行的 VMBus 动态内存 VSC 驱动程序（Dmvsc.sys）建立的连接。

为了准确介绍动态内存，我们应该首先简要看看NT内核是如何创建页面帧编号（Page Frame Number，PFN）数据库的。Windows 会使用 PFN 数据库跟踪物理内存，详细介绍可参阅卷 1 第 5 章。为了创建 PFN 数据库，NT 内核首先需要计算映射物理地址可能的最大值所需的理论大小（标准 64 位系统为 256 TB），随后将映射所需的 VA 空间完全标记为保留空间，并将基址存储到 MmPfnDatabase 全局变量中。请注意，这个保留的 VA 空间中目前尚未分配页表。NT 内核会（使用 UEFI 服务）在启动管理器所发现的物理内存描述符之间循环，将它们聚合在尽可能长的范围内，并使用大页面为每个范围映射底层的 PFN 数据库项。这会产生一个非常重要的含义：如图 9-11 所示，PFN 数据库拥有最大可能的物理内存数量，但只有其中很小的一个子集会被映射至真正的物理内存（这种技术也叫作稀疏内存）。

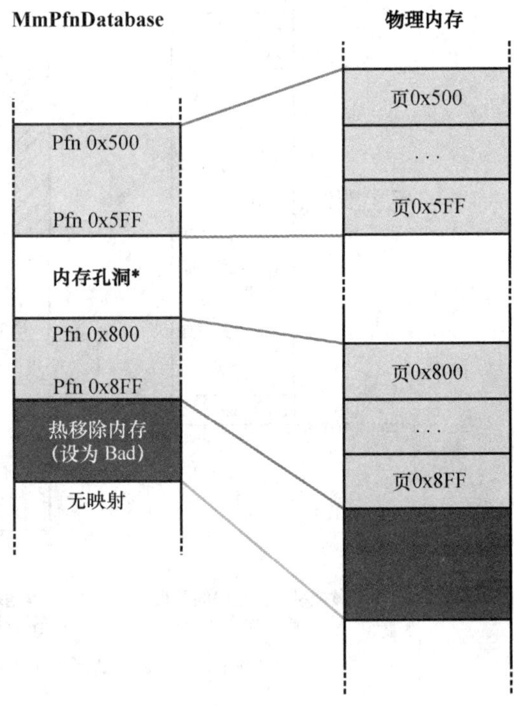

图 9-11 部分物理内存被移除后的 PFN 数据库范例

物理内存热添加和热移除的实现要归功于这一原则。将新的物理内存添加到系统后，即插即用内存驱动程序（Pnpmem.sys）检测到这一情况并调用 NT 内核导出的 MmAddPhysicalMemory 例程。该例程会启动一个复杂的过程来计算新范围中确切的页数以及这些页面所属的 NUMA 节点，随后在保留的 VA 区域中创建必要的页表，借此将新的 PFN 项映射至数据库。随后新增的物理页面会被加入空闲列表（详见卷 1 第 5 章）。

当一些物理内存被热移除后，系统会执行一个相反的过程：首先检查这些页面所属的正确物理页面列表，更新内部内存计数器（例如物理页面的总数），最终释放对应的 PFN 项，意味着这些项会被标记为“损坏”。随后，内存管理器将永远不再使用带有这种标记的物理页面。实际的虚拟空间不会从 PFN 数据库中解除映射，释放的 PFN 所描述的物理内存还可以在未来重新添加。

被启发的虚拟机启动后，动态内存驱动程序（Dmvsc.sys）会检测这个子虚拟机是否支持热添加功能。如果支持，该驱动程序会创建一个工作线程来协商协议并连接到 VSP 的 VMBus 通道（有关 VSC 和 VSP 的详情请参阅“虚拟化栈”一节）。VMBus 连接通道可以将子分区中运行的动态内存驱动程序连接至动态内存控制器模块（Vmdynmem. dll），该模块会在根分区的虚拟机工作进程中进行映射。随后将启动一个消息交换协议。在每一秒，子分区通过查询内存管理器暴露的各种性能计数器（全局页面文件使用量、可用/已提交/脏页面数量、每秒页面错误数量、已释放和已归零页面列表中的页面数量）来获得一份内存压力报告，该报告随后会发送给根分区。

根分区中的虚拟机工作进程会使用 VMMS 均衡器（VmCompute 服务的一个组件）暴露出的服务进行必要的计算，借此判断需要执行热添加操作的概率。如果根分区的内存状态支持热添加操作，则 VMMS 均衡器会计算需要存入子分区的页面数量，并通过 COM 回调虚拟机工作进程，由该进程在 VID 驱动程序的协助下开始执行热添加操作。

1）在根分区中保留适当数量的物理内存。

2）调用虚拟机监控程序，借此将根分区保留的系统物理页面映射至子虚拟机中映射的某些客户机物理页面，并设置必要的保护。

3）向动态内存驱动程序发送一条消息，进而针对虚拟机监控程序先前映射的客户机物理页面执行热添加操作。

子分区中的动态内存驱动程序会使用 NT 内核暴露出的 MmAddPhysicalMemory API 来执行热添加操作。该 API 可以映射 PFN 数据库中用于描述新增客户机物理内存的 PFN 项，并在需要时为该数据库添加新的支撑页面。

通过类似方式，当 VMMS 均衡器检测到子虚拟机有大量的可用物理页面时，可能会要求子分区（依然通过虚拟机工作进程来要求）热移除某些物理页面。动态内存驱动程序会使用 MmRemovePhysicalMemory API 执行热移除操作。NT 内核会验证均衡器所指定范围内的每个页面已经处于归零或空闲列表中，或这些页面位于可以安全换出的栈中。如果所有条件都适用，那么动态内存驱动程序会将“热移除”页面范围重新发送回虚拟机工作进程，该进程会使用 VID 驱动程序提供的服务从子分区中解除对这些物理页面的映射，并将其释放回 NT 内核。

注意 启用嵌套虚拟化之后将无法支持动态内存功能。

9.1.4 Hyper-V 调度器

虚拟机监控程序是一种在根分区的操作系统（Windows）中运行的微型操作系统。因此，它能决定哪个线程（支撑了虚拟处理器）应该由哪个物理处理器执行。如果系统中运行了多个虚拟机，并且虚拟机所使用的虚拟处理器的总数已经超过物理处理器的数量，那么这个功能更为重要。虚拟机监控程序调度器的作用是：在当前分配的时间切片结束后，选择在物理 CPU 上执行的下一个线程。Hyper-V 可以使用三种调度器。为了正确管理所有这些调度器，虚拟机监控程序暴露了调度器 API，以及一系列可以进入虚拟机监控程序调度器的例程。它们的唯一用途是将 API 调用重定向至特定的调度器实现。

实验：控制虚拟机监控程序的调度器类型

客户端版本的 Windows 默认会使用根调度器启动，而 Windows Server 2019 默认使用核心调度器运行。在这个实验中，我们将查看自己系统所启用的虚拟机监控程序调度器，并了解如何在从下次重启动系统时切换至其他虚拟机监控程序调度器。

Windows 虚拟机监控程序会在确定要启用的调度器后记录一条系统事件。我们可以使用事件查看器工具搜索已记录的事件，为此请在搜索框中输入 **eventvwr**。启动事件查看器后，请展开 **“Windows 日志”** 节点并点击 **“系统日志”**。随后请搜索 ID 为 2、事件来源为 Hyper-V-Hypervisor 的事件。请点击窗口右侧的 **“过滤当前日志”** 按钮，或点击 **“事件 ID”** 列，随后即可用 ID 降序排列所有事件（该操作可能需要执行一段时间）。双击找到的事件，即可看到类似下图所示的窗口。

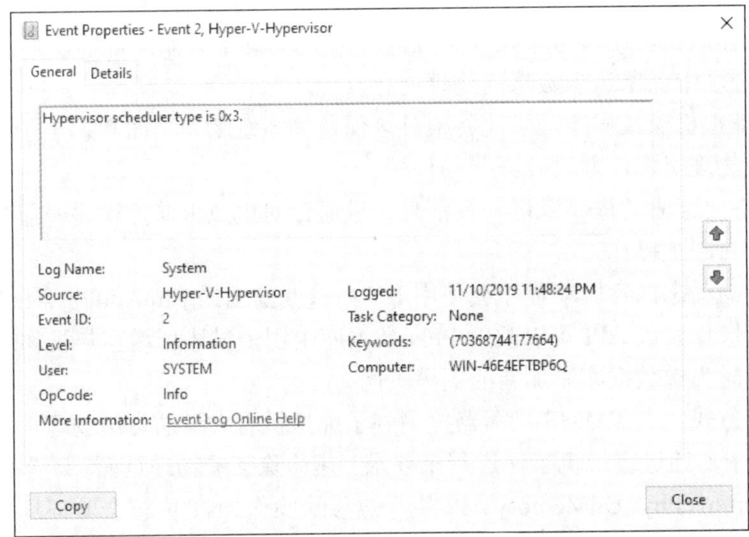

ID 为 2 的事件揭示了所使用的虚拟机监控程序调度器类型，其中：

1 = 经典调度器，SMT 被禁用

2 = 经典调度器

3 = 核心调度器

4 = 根调度器

上述示例截图来自一台运行 Windows Server 的系统，该系统默认使用核心调度器运行。若要将调度器类型改为经典（或根）调度器，请以管理员身份打开命令提示符窗口（在搜索框中输入 **cmd**，并选择 **“以管理员身份运行”**），随后运行下列命令：

```
bcdedit /set hypervisorschedulertype <Type>
```

其中：<Type>设置为“Classic”可使用经典调度器，设置为“Core”可使用核心调度器，设置为“Root”可使用根调度器。设置完毕后需要重启动系统并再次查看新生成的来自 Hyper-V-Hypervisor、ID 为 2 的事件。也可以在使用管理员身份运行的 PowerShell 窗口中使用下列命令查看当前启用的虚拟机监控程序调度器：

```
Get-WinEvent -FilterHashTable @{ProviderName="Microsoft-Windows-Hyper-V-Hypervisor"; ID=2} -MaxEvents 1
```

上述命令可从系统事件日志中提取最新的 ID 为 2 的事件。

```
Administrator: Windows PowerShell
Windows PowerShell
Copyright (C) Microsoft Corporation. All rights reserved.

Try the new cross-platform PowerShell https://aka.ms/pscore6

PS C:\Users\Administrator> Get-WinEvent -FilterHashTable @{ProviderName="Microsoft-Windows-Hyper-V-Hypervisor"; ID=2} -M
axEvents 1


   ProviderName: Microsoft-Windows-Hyper-V-Hypervisor

TimeCreated                     Id LevelDisplayName Message
-----------                     -- ---------------- -------
11/11/2019 8:28:05 AM            2 Information      Hypervisor scheduler type is 0x2.

PS C:\Users\Administrator> _
```

经典调度器

自 Hyper-V 发布以来，所有版本的 Hyper-V 都默认使用经典调度器。经典调度器在默认配置中实现了一种简单的轮询策略，让当前执行状态（执行状态取决于系统中运行的虚拟机总数）中的任何虚拟处理器都能获得相等的调度概率。经典调度器还支持为虚拟处理器设置相关性，并在考虑到物理处理器 NUMA 节点的情况下执行调度决策。经典调度器不知道客户虚拟处理器当前在执行什么，唯一的例外由自旋锁启发来定义。当分区中运行的 Windows 内核要针对自旋锁执行主动等待时，会发出一个虚拟化调用，借此通知虚拟机监控程序（高 IRQL 同步机制详见第 8 章）。经典调度器可以抢占当前执行的虚拟处理器（如果该虚拟处理器尚未用完分配给自己的时间切片）并能调度另一个虚拟处理器。借此即可节省活跃 CPU 的旋转周期。

经典调度器默认为每个虚拟处理器分配相等的时间切片。这意味着在超额订阅了较高工作负载的系统中，因为有多个虚拟处理器会试图执行，而物理处理器已经非常繁忙，性能可能会快速降低。为了解决这种问题，经典调度器支持多种调优选项（如图 9-12 所示），借此可修改其内部的调度决策。

- **虚拟处理器保留**。用户可以代表客户机提前保留 CPU 容量。通过这种保留，可以指定当客户机被调度运行时，为该计算机预留的物理处理器的容量百分比。借此，Hyper-V 只会在 CPU 可用容量最小值满足该比例时才会调度虚拟处理器运行（这意味着提供可保证的已分配时间切片）。
- **虚拟处理器限制**。与虚拟处理器保留类似，用户也可以限制虚拟处理器可以使用的物理 CPU 容量比例。这意味着在高负载情况下，会减少分配给特定虚拟处理器的可用时间切片。
- **虚拟处理器权重**。该选项控制了当保留条件被满足时，虚拟处理器能被调度的概率。在默认配置中，每个虚拟处理器具备相等的执行概率。当用户对某个虚拟机所属的虚拟处理器配置了权重后，会根据用户选择的相对权重系数来决定调度决策。例如，假设一个包含四个 CPU 的系统需要同时运行三个虚拟机，第一个虚拟机的权重系数为 100，第二个为 200，第三个为 300。假设系统的所有物理处理器都分配了统一数量的虚拟处理器，那么第一个虚拟机的虚拟处理器被调度的概率就是 17%，第二个虚拟机的为 33%，第三个虚拟机的为 50%。

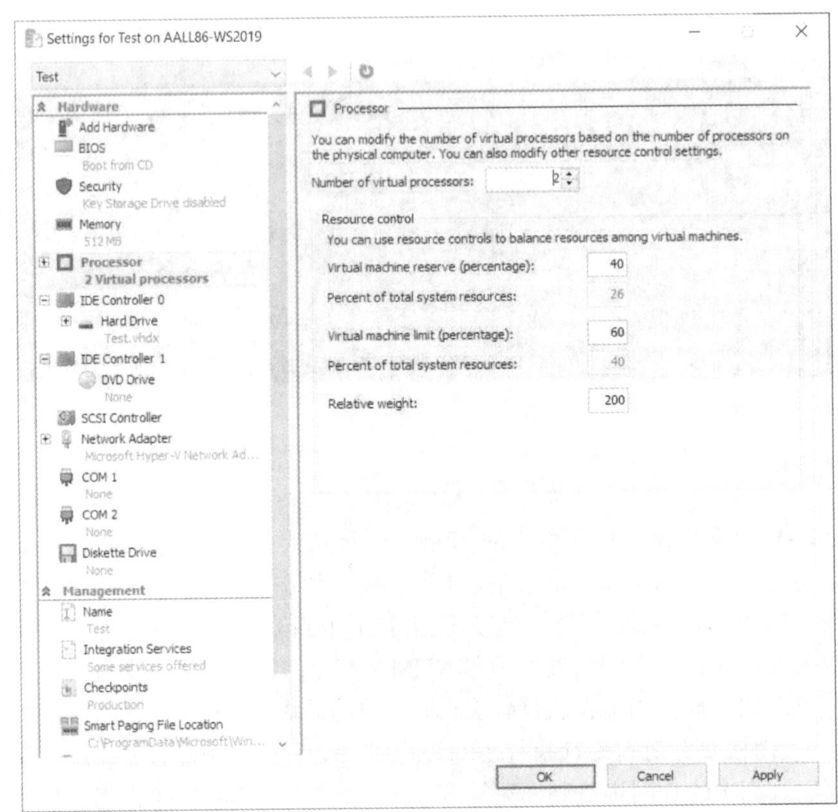

图 9-12　经典调度器的调优设置属性页，该页面仅在启用经典调度器的情况下可用

核心调度器

通常来说，传统 CPU 的核心只有一条执行流水线，指令流会通过这条流水线一个接一个地执行。一个指令进入管道，通过包含多个环节的步骤（如加载数据、计算、存储数据）执行处理，随后从管道中退出。不同类型的指令会用到 CPU 核心的不同部分。现代 CPU 的核心通常能以乱序（相对于进入管道的顺序而言属于“乱序”）的方式执行指令流中的多个连续指令。支持乱序执行的现代 CPU 通常会实现一种名为对称多线程（Symmetric MultiThreading，SMT）的机制：CPU 的一个核心有两个执行管线，会向系统提供一个以上的逻辑处理器，因此，可通过一个共享的执行引擎以并排的方式执行两个指令流（如缓存等核心资源是共享使用的）。这两个执行流水线可作为一个独立处理器（CPU）暴露给软件。从现在开始，我们将使用逻辑处理器（LP）这个术语来代表 SMT 核心暴露给 Windows、可充当独立 CPU 使用的执行流水线（SMT 详见卷 1 第 2 章和第 4 章）。

这种硬件实现导致了很多安全问题：由一个共享的逻辑 CPU 执行的指令可能干扰并影响其他同胞 LP 所执行的指令。此外，因为物理核心的缓存也是共享的，LP 将能修改缓存内容，导致其他同胞 CPU 有可能通过测量处理器访问同一个缓存行内存寻址所花费的时间来探测缓存中存储的数据，进而窥探其他逻辑处理器所访问的“机密数据”（详见

第 8 章中的“侧信道攻击”一节）。经典调度器通常可以选择属于不同虚拟机的两个线程，随后由同一个处理器核心的两个逻辑处理器执行。这显然是不可接受的，因为在这种情况下，第一个虚拟机可能会读取到其他虚拟机的数据。

为了解决这个问题，并且为了以可预测的性能运行启用 SMT 的虚拟机，Windows Server 2016 引入了核心调度器。核心调度器可以利用 SMT 属性为客户机虚拟处理器提供隔离和更强的安全边界。启用核心调度器后，Hyper-V 会将虚拟核心调度到物理核心上，并能保证属于不同虚拟机的虚拟处理器永远不会调度到物理核心的同胞 SMT 线程上。核心调度器使得虚拟机能够更充分地使用 SMT。暴露给虚拟机的虚拟处理器可以是一个 SMT 集的组成部分，客户虚拟机中运行的操作系统和应用程序可以使用 SMT 行为和编程接口（API）控制 SMT 线程并实现跨线程调度，一切与非虚拟化方式下的运行完全一样。

图 9-13 展示了在两个 CPU 核心上分布了四个逻辑处理器的 SMT 系统范例。图中运行了三个虚拟机，第一个和第二个虚拟机各有四个虚拟处理器，这四个虚拟处理器各自组成两组，而第三个虚拟机只有一个虚拟处理器。虚拟机中的虚拟处理器组分别标记为 A、B、C、D 和 E。每个组中的闲置虚拟处理器（未执行代码）被填充为较深的颜色。

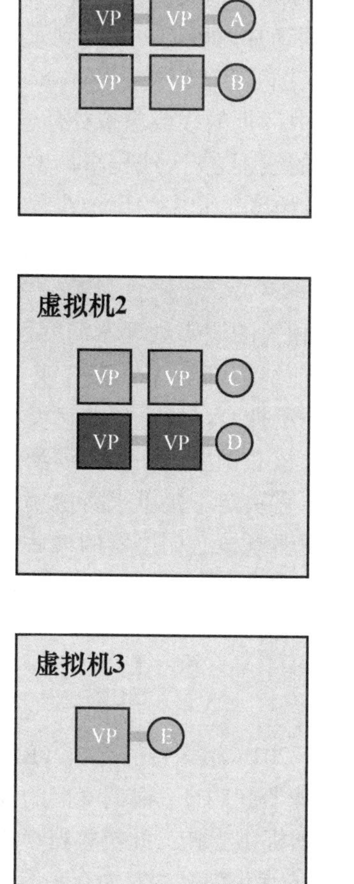

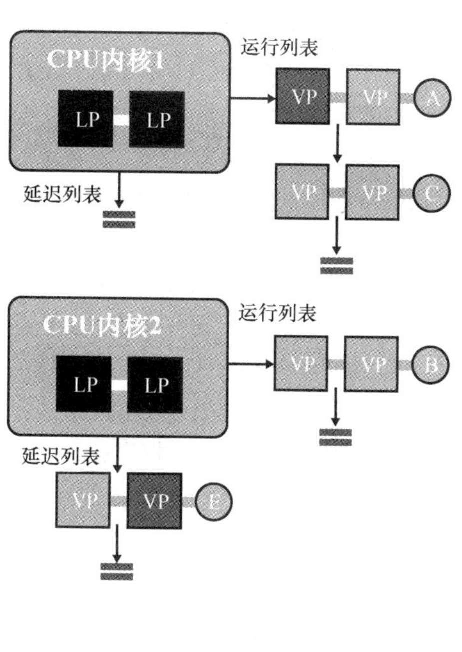

图 9-13 包含两个处理器核心，运行了三个虚拟机的 SMT 系统范例

每个核心有一个运行列表，其中包含了准备执行的虚拟处理器组；此外还有一个延迟列表，其中包含了准备运行但尚未添加到核心运行列表的虚拟处理器组。虚拟处理器组会在物理核心上执行。如果一个组中的所有虚拟处理器都处于闲置状态，该虚拟处理器组会被取消调度，不再出现在任何运行列表中（图 9-13 中的虚拟处理器组 D 就是这种情况）。虚拟处理器组 E 刚刚脱离了闲置状态，其中的虚拟处理器被分配到 CPU 核心 2。图 9-13 中还显示了一个假的同胞虚拟处理器，这是因为核心 2 的逻辑处理器从未调度过其他任何虚拟处理器，而该核心的同胞逻辑处理器正在执行隶属于虚拟机 3 的虚拟处理器。同样，如果逻辑处理器组中的一个虚拟处理器变为闲置但其他虚拟处理器依然在执行（例如组 A），其他虚拟处理器也不会调度到物理核心上。每个核心会执行自己运行列表中处于首位的虚拟处理器组。如果没有可执行的虚拟处理器组，核心将变为闲置状态，开始等待虚拟处理器组被放入自己的延迟运行列表。发生这种情况后，核心会从闲置状态唤醒并清空自己的延迟运行列表，将内容放入自己的运行列表中。

核心调度器是由不同组件实现的（见图 9-14），这些组件之间实现了严格的分层。核心调度器的中心是调度单元，它可代表一个虚拟核心或一组 SMT 虚拟处理器（对于非 SMT 虚拟机，可代表一个虚拟处理器）。根据虚拟机的类型，调度单元可绑定一个或两个线程。虚拟机监控程序的进程拥有一个调度单元列表，该列表拥有为虚拟机的虚拟处理器提供支撑的线程。调度单元是核心调度器进行调度的一种单位，运行期间，调度设置（如保留、权重以及上限）都将应用到调度单元这一层面上。在时间切片时段内，调度单元始终维持活跃，可被阻断并解除阻断，可在不同的物理处理器核心之间迁移。这方面有个重要概念：调度单元类似于经典调度器中的线程，但不具备可在其中运行的栈或虚拟处理器上下文。调度单元是与运行在物理处理器核心上的调度单元绑定的线程之一，线程组调度器则是每个调度单元的仲裁者。作为一种实体，仲裁者决定了活跃调度单元中的哪个线程会被物理处理器核心中的哪个逻辑处理器执行，它会执行线程的相关性，应用线程调度策略，并更新每个线程的相关计数器。

物理处理器核心的每个逻辑处理器都包含一个与之相关的逻辑处理器调度程序实例。逻辑处理器调度程序负责切换线程、维持计时器并为当前线程刷新 VMCS（或 VMCB，取决于具体架构）。逻辑处理器调度程序由核心调度程序所拥有，每个核心调度程序代表物理处理器上的一个核心，拥有两个 SMT 逻辑处理器。核心调度程序管理着当前活跃的调度单元。单元调度器会被绑定给自己的核心调度程序，它决定了接下来将由哪个调度单元在单元调度器所属的物理处理器核心上运行。调度管理器是核心调度器的最后一个重要组件，它拥有系统中所有的单元调度器，并对其状态有一个全局的视图。它可以为单元调度器提供负载均衡和理想核心分配服务。

根调度器

根调度器（也叫集成调度器）最初在 Windows 10 于 2018 年 4 月的更新（RS4）中引入，旨在让根分区能够调度隶属于客户机分区的虚拟处理器（VP）。根调度器的设计目标是为 Windows Defender 应用程序防护所使用的轻量级容器提供支持。此类容器（内部称之为 Barcelona 容器或 Krypton 容器）必须由根分区管理，并应尽可能减少对内存和存储空间的用量（有关 Krypton 容器的详细介绍已超出了本书内容范围。有关服务器容器的详细介绍请参阅卷 1 第 3 章）。此外，根操作系统调度器可以随时收集有关容器内部工作负载 CPU 利用率的指标，并将这些数据作为输入，应用于系统中所有其他工作负载的相同调度策略。

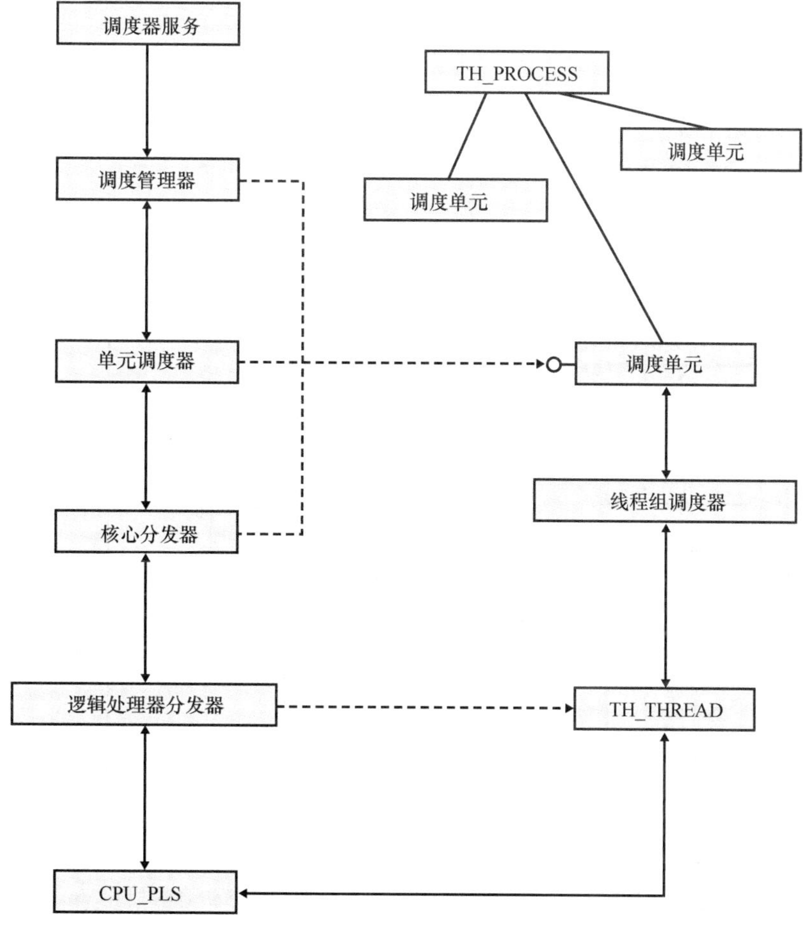

图 9-14　核心调度器的组件

根分区操作系统实例中的 NT 调度器管理着系统逻辑处理器调度工作的方方面面。为此，VID 驱动程序内部的集成调度器根组件会在根分区内部（新 VMMEM 进程的上下文中）为每个客户机虚拟处理器创建一个虚拟处理器调度线程（本章下文将详细介绍 VA 支持的虚拟机）。根分区中的 NT 调度器会将虚拟处理器调度线程作为常规线程对象那样进行调度，但会遵守 VM/VP 特定调度策略和启发。每个 VP 调度线程会运行一个 VP 调度循环，直到 VID 驱动程序终止对应的虚拟处理器。

当虚拟机工作线程（VMWP，详见本章下文“虚拟化栈”一节）通过 SETUP_PARTITION IOCTL 请求创建了分区和虚拟处理器后，VID 驱动程序将创建 VP 调度线程。VID 驱动程序会与 WinHvr 驱动程序通信，后者将初始化虚拟机监控程序的客户机分区创建工作（通过 HvCreatePartition 虚拟化调用）。如果所创建的分区代表由 VA 支持的虚拟机，或系统中的根调度器处于活跃状态，VID 驱动程序将通过一个内核扩展调用 NT 内核，借此创建与新建客户机分区关联的 VMMEM 最小进程。VID 驱动程序还会为属于该分区的每个虚拟处理器创建一个 VP 调度线程。该 VP 调度线程是在 VID 驱动程序以及 WinHvr 中实现的，会在内核模式下通过 VMMEM 进程的上下文执行（VMMEM 中不包含用户模式代码）。如图 9-15 所示，每个 VP 调度线程会运行一个 VP 调度循环，直到 VID 终止相应的虚拟处理器，或客户机分区产生了拦截。

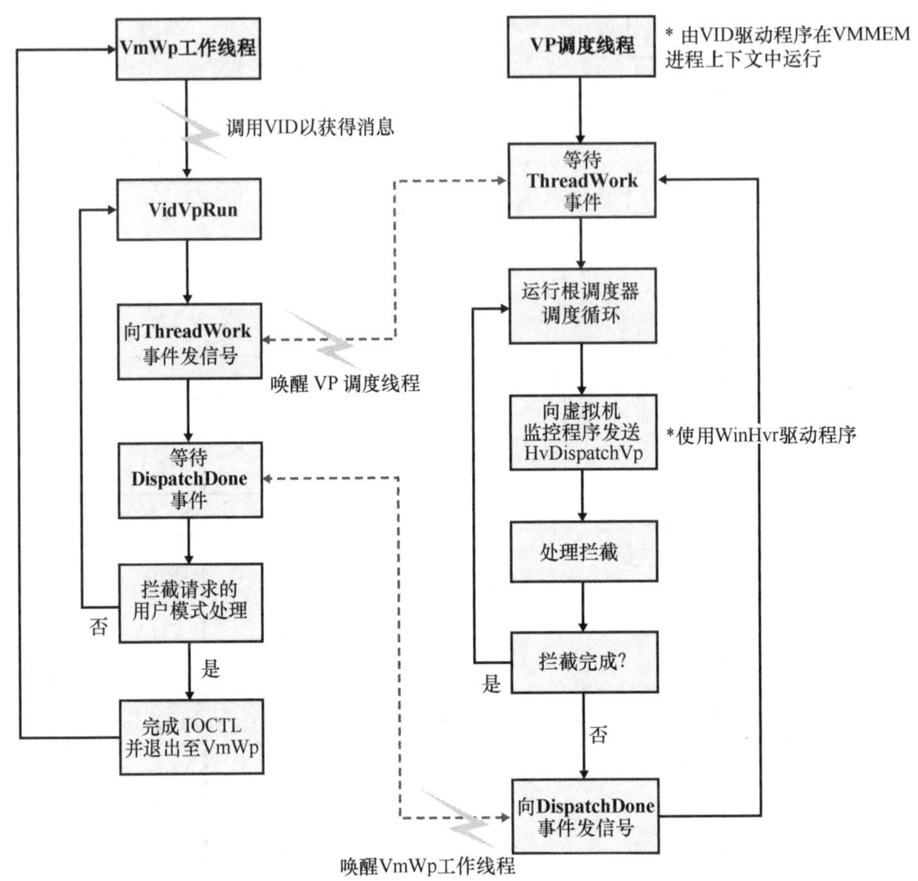

图 9-15　根调度器的 VP 调度线程以及负责处理虚拟机监控程序消息的相关 VmWp 工作线程

在 VP 调度循环中，VP 调度线程负责下列工作。

1）调用虚拟机监控程序新增的 HvDispatchVp 虚拟化调用接口，以将 VP 调度到当前处理器。在每个 HvDispatchVp 虚拟化调用中，虚拟机监控程序会试图将上下文从当前根 VP 切换至指定的客户机 VP 并让它运行客户机代码。这个虚拟化调用最重要的特征之一在于：它发出的代码应该以 PASSIVE_LEVEL IRQL 级别运行。虚拟机监控程序会让客户机 VP 持续运行，直到 VP 自愿阻塞、VP 为根生成了一个拦截，或产生了一个以根 VP 为目标的中断。时钟中断依然由根分区处理。当客户机 VP 耗尽分配给自己的所有时间切片后，该 VP 支撑的线程会被 NT 调度器抢占。发生上述三种事件中的任何一个后，虚拟机监控程序都会重新切换回根 VP 并完成 HvDispatchVp 虚拟化调用，随后返回到根分区。

2）如果虚拟机监控程序中相应的 VP 被阻塞，则会阻塞 VP 调度事件。当客户机 VP 在任何时候自愿被阻塞时，VP 调度线程都会在 VP 调度事件上阻塞自身，直到虚拟机监控程序解除对相应客户机 VP 的阻塞并通知 VID 驱动程序。VID 驱动程序会向 VP 调度事件发信号，随后 NT 调度器解除对 VP 调度线程的阻塞，从而可以进行另一个 HvDispatchVp 虚拟化调用。

3）在从调度虚拟化调用返回时，处理由虚拟机监控程序报告的所有拦截。如果客户机虚拟处理器为根生成了拦截，VP 调度线程将在从 HvDispatchVp 虚拟化调用返回时处理该拦截请求，并在 VID 处理完该拦截后发出另一个 HvDispatchVp 请求。每个拦截的管理方式各异。如果拦截需要由用户模式的 VMWP 进程处理，WinHvr 驱动程序会退出循环并返回到 VID，VID 可以为提供支撑的 VMWP 线程发送事件信号，并等待拦截消息被 VMWP 进程处理，随后才会重新启动循环。

为了正确地将发给 VP 调度线程的信号从虚拟机监控程序交付给根，集成调度器提供了一种调度器消息交换机制。虚拟机监控程序会通过共享页面向根分区发送调度器消息。当新消息准备好交付时，虚拟机监控程序会向根分区注入一个 SINT 中断，根分区会将其交付给 WinHvr 驱动程序中相应的 ISR 处理程序，由该处理程序将消息路由至 VID 拦截回调（VidInterceptIsrCallback）。该拦截回调会试图直接处理来自 VID 驱动程序的拦截消息。如果无法直接处理，则会向一个同步事件发送信号，借此让调度循环退出，进而让一个 VmWp 工作线程在用户模式下调度该拦截。

相比虚拟机监控程序的其他调度器实现，在启用根调度器的情况下，上下文切换会产生较高的开销。例如当系统在两个客户机虚拟处理器之间切换时，总是需要产生两个到根分区的出口。集成调度器会以不同方式处理虚拟机监控程序的根 VP 线程和客户机 VP 线程（尽管在内部，它们由同一个 TH_THREAD 数据结构表示）。

- 只有根 VP 线程可以让客户机 VP 线程在自己的物理处理器上排队。根 VP 线程的优先级高于正在运行或已调度的任何客户机 VP。如果根 VP 未被阻塞，集成调度器会尝试着尽快将上下文切换至根 VP 线程。
- 客户机 VP 线程有两组状态：线程内部状态和线程根状态。线程根状态反映了虚拟机监控程序与根分区通信所用的 VP 调度线程的状态。集成调度器为每个客户机 VP 线程维持了这些状态，借此可以知道何时为相应的 VP 调度线程向根发送唤醒信号。

只有根 VP 可以对自己处理器上的客户机 VP 进行调度。这一点得以实现，可能是由于 HvDispatchVp 虚拟化调用的存在（这种情况下，我们可以说虚拟机监控程序正在处理“外部工作”），或者其他虚拟化调用需要向目标客户机 VP 发送同步请求（这就是所谓的“内部工作”）。如果客户机 VP 最后一次运行于当前物理处理器上，调度器即可立即调度客户机 VP 线程。否则调度器需要向客户机 VP 最后运行使用的处理器发送一个刷新请求，并等待远程处理器刷新 VP 上下文。后一种情况也叫作“迁移”，这种情况需要由虚拟机监控程序（借助线程本地状态和根状态，这里不再详述）进行跟踪。

实验：操作根调度器

NT 调度器决定何时选择并运行隶属于某个虚拟机的虚拟处理器，以及需要运行多久。该实验将演示上文讨论过的情况：所有 VP 调度线程都会在由 VID 驱动程序创建的 VMMEM 进程上下文中执行。若要完成该实验，我们需要一台安装 Windows 10 的 2018 年 4 月更新（RS4）或后续版本系统的计算机，在该计算机中安装 Hyper-V 角色，并创建一台安装了操作系统、可以正常运行的虚拟机。创建虚拟机的详细过程请参阅 https://docs.microsoft.com/virtualization/hyper-v-on-windows/quick-start/quick-create-virtual-machine。

首先我们需要确认根调度器已启用。本章“控制虚拟机监控程序的调度器类型”实验中介绍了具体做法。实验所用的虚拟机应处于关机状态。

右击任务栏并选择“**任务管理器**”以打开任务管理器窗口，随后点击“**详细信息**”

选项卡，确认运行中的活跃 VMMEM 进程数量。如果没有虚拟机正在运行，那么应该不会出现该进程。如果安装了 Windows Defender 应用程序防护（WDAG）角色，那么应该有一个现有的 VMMEM 进程实例，该进程承载了预加载的 WDAG 容器（此类虚拟机会在下文“VA 支持的虚拟机”一节详细介绍）。如果 VMMEM 进程实例已存在，请留意它的进程 ID（PID）。

在搜索框中输入 **Hyper-V Manager** 后打开 Hyper-V 管理器，并启动虚拟机。虚拟机和客户机操作系统成功启动后，重新切换到任务管理器并查找新出现的 VMMEM 进程。点击这个新增的 VMMEM 进程并展开“用户名”一列，随后可以看到该进程已经关联给以该虚拟机 GUID 作为用户名的令牌。我们可以在管理员身份运行的 PowerShell 窗口中通过下列命令获取自己虚拟机的 GUID（请将“<VmName>”替换为虚拟机的名称）：

```
Get-VM -VmName "<VmName>" | ft VMName, VmId
```

虚拟机 ID 与 VMMEM 进程的用户名应该相同，如下图所示。

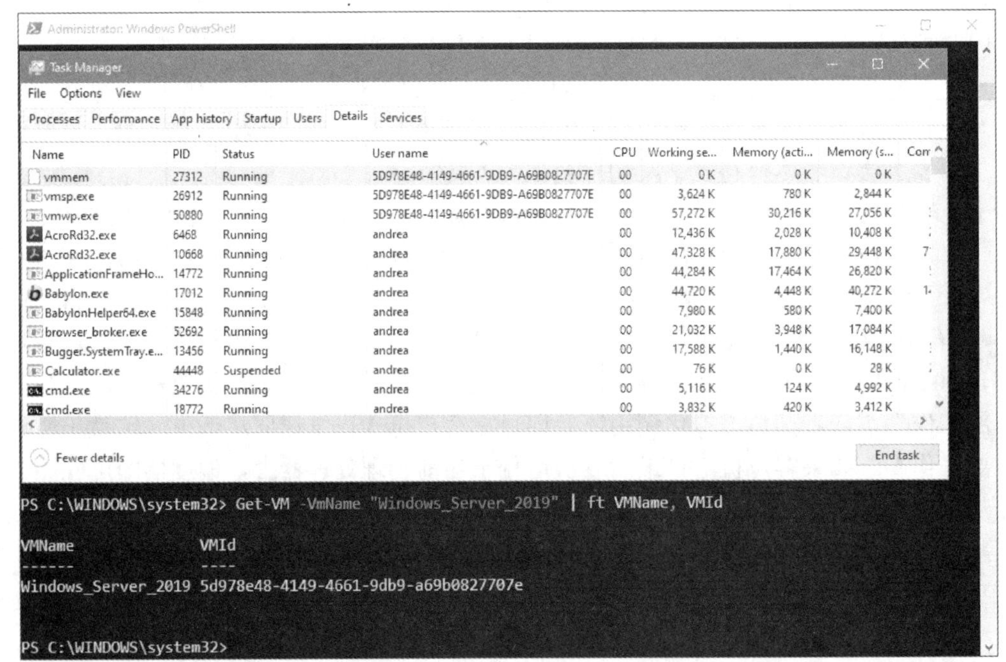

安装 Process Explorer（可从 https://docs.microsoft.com/sysinternals/downloads/process-explorer 下载）并以管理员身份运行。搜索上一步确定的正确 VMMEM 进程的 PID（本例中为 27312），右击并选择 **Suspend**。VMMEM 进程的 CPU 选项卡随后会显示“Suspended”，而不再显示正确的 CPU 时间。

重新切换回该虚拟机会发现，虚拟机会无法响应并且彻底卡住。根源是我们刚才挂起的进程，它承载了该虚拟机所包含的所有虚拟处理器的调度线程。这会导致 NT 内核无法调度这些线程，进而也就使得 WinHvr 驱动程序无法发出恢复 VP 执行所需的 HvDispatchVp 虚拟化调用。

如果右键点击挂起的 VMMEM 并选择 **Resume**，该虚拟机即可恢复执行并继续正常运行。

9.1.5 虚拟化调用和虚拟机监控程序 TLFS

虚拟化调用为根分区或子分区中运行的操作系统提供了一种从虚拟机监控程序中请求服务的机制。虚拟化调用有一套明确定义的输入和输出参数。虚拟机监控程序顶级功能规范（Top Level Functional Specification，TLFS）可在线获取（https://docs.microsoft.com/virtualization/hyper-v-on-windows/reference/tlfs），该规范定义了在指定这些参数时不同的调用惯例。此外，它还列出了虚拟机监控程序所有公开可用的功能、分区属性、虚拟机监控程序，以及 VSM 接口。

虚拟化调用之所以可用，是因为与平台无关的操作码（Opcode）的存在（Intel 系统中叫作 VMCALL，AMD 系统中叫作 VMMCALL，ARM64 中叫作 HVC），调用这种操作码会导致虚拟机监控程序产生 VM_EXIT。VM_EXIT 是一个事件，会导致虚拟机监控程序重启动以在虚拟机监控程序特权级别下执行自己的代码，这一特权级别高于系统中运行的任何其他软件（固件的 SMM 上下文除外），在这一过程中，虚拟处理器处于挂起状态。很多情况下会产生 VM_EXIT 事件。在特定平台的 VMCS（或 VMCB）不透明数据结构中，可以通过硬件维护的一个索引记录 VM_EXIT 的退出原因。如果是因为虚拟化调用引起了退出，那么当虚拟机监控程序得到该索引后，它会读取调用方（对于 64 位的 Intel 和 AMD 系统，通常来自于 CPU 的通用寄存器 RCX）指定的虚拟化调用输入值。虚拟化调用的输入值（请参考图 9-16）是一个 64 位值，指定了虚拟化调用代码、属性，以及用于该虚拟化调用的调用约定。调用约定分为三类。

- **标准虚拟化调用**。在 8 字节对齐的客户机物理地址（GPS）中存储输入和输出参数。操作系统会通过通用寄存器（Intel 和 AMD 64 位平台上的 RDX 和 R8）传递这两个地址。
- **快速虚拟化调用**。通常不允许使用输出参数，而是使用标准虚拟化调用中所用的那两个通用寄存器，只将输入参数传递给虚拟机监控程序（最大 16 字节）。
- **可扩展快速虚拟化调用**（或 XMM 快速虚拟化调用）。与快速虚拟化调用类似，但此类调用会使用额外的 6 个浮点寄存器，以便让调用方传输最大 112 字节的输入参数。

63:60	59:48	47:44	43:32	31:27	26:17	16	15:0
RsvdZ (4位)	Rep start index (12位)	RsvdZ (4位)	Rep count (12位)	RsvdZ (5位)	Variable header size (10位)	Fast (1位)	Call Code (16位)

图 9-16 虚拟化调用输入值（来自虚拟机监控程序 TLFS）

虚拟化调用分为两类：简单和重复。简单虚拟化调用只能执行一个操作，其输入和输出参数集的大小是固定的。重复虚拟化调用可以执行一系列简单虚拟化调用。当调用方使用重复虚拟化调用时，可以通过 Rep 计数器代表输入或输出元素列表中包含的元素数量。调用方还可以指定 Rep 起始索引，借此代表要使用的下一个输入或输出参数。

所有虚拟化调用都可以返回另一个名为虚拟化调用结果值的 64 位值（如图 9-17 所示）。一般来说，结果值描述了操作的结果，但重复虚拟化调用的结果值描述了已完成的总次数。

63:44	43:32	31:16	15:0
Rsvd (20位)	Rep complete (12位)	Rsvd (16位)	Result (16位)

图 9-17　虚拟化调用结果值（来自虚拟机监控程序 TLFS）

虚拟化调用的完成需要花费一些时间。对主机来说，保留一个不会接收中断的物理 CPU 是一种危险的做法。例如，Windows 会通过一个机制检测 CPU 是否在超过 16 毫秒的时间里没有接收其时钟周期中断。如果检测到这种情况，系统会停止运行并显示蓝屏死机（BSOD）错误。因此对于某些虚拟化调用（包括全部的重复虚拟化调用），虚拟机监控程序会依赖一种虚拟化调用延续机制。如果一个虚拟化调用无法在规定时间（通常为 50 毫秒）内完成，控制权将（通过一种名为 VM_ENTRY 的操作）返回给调用方，但指令指针不会越过调用该虚拟化调用的指令。借此，尚未完成的中断即可继续处理，并能继续调度其他虚拟处理器。当最初的调用方线程恢复执行后，即可重新执行虚拟化调用指令，借此推动操作继续完成。

驱动程序通常绝对不会直接通过平台相关的操作码发出虚拟化调用。相反，驱动程序会使用 Windows 虚拟机监控程序接口驱动程序所暴露的服务。该驱动程序分为两个版本。

- **WinHvr.sys**。如果操作系统在根分区中运行并且暴露了可供根分区和子分区使用的虚拟化调用，那么该驱动程序会在系统启动时加载。
- **WinHv.sys**。只在操作系统在子分区中运行时加载，暴露了仅供子分区使用的虚拟化调用。

虚拟化栈广泛使用了 Windows 虚拟机监控程序接口驱动程序所导出的例程和数据结构，尤其是 VID 驱动程序，正如上文所述，它在整个 Hyper-V 平台中起到了关键作用。

9.1.6　拦截

根分区应该能创建一种虚拟环境，进而让未经修改的（为了在物理硬件上运行而开发的）客户机操作系统能够在虚拟机监控程序的客户机分区中顺利运行。这种传统客户机可能会试图访问虚拟机监控程序分区中并不存在的物理设备（如访问某些 I/O 端口或写入特定 MSR）。对于这种情况，虚拟机监控程序提供了主机拦截设施。当客户虚拟机的虚拟处理器执行某些指令或生成某些异常时，获得授权的根分区可以拦截这些事件，并改变被拦截指令的效果，对子分区来说，这种行为反映了自己对于物理硬件预期想要实现的行为。

子分区发生拦截事件后，其虚拟处理器会被暂停，综合中断控制器（Synthetic Interrupt Controller，SynIC，详见下文）会从虚拟机监控程序向根分区发送拦截消息。该消息的成功接收离不开虚拟机监控程序的综合 ISR（Interrupt Service Routine，中断服务例程），如果系统被启发并在虚拟机监控程序中运行，NT 内核会在启动过程的阶段 0 安装该服务（详见第 12 章）。虚拟机监控程序的综合 ISR（KiHvInterrupt）通常会安装在向量 0x30 处，可将其执行转换为外部回调，而 VID 驱动程序在启动时已注册完毕（通过暴露的 NT 内核 API：HvlRegisterInterruptCallback）。

VID 驱动程序也是一种拦截驱动程序，这意味着它可以向虚拟机监控程序注册主机拦截，进而接收发生在子分区中的所有拦截事件。分区初始化完成后，虚拟机工作进程会为虚拟化栈的多种组件注册拦截（例如为虚拟机的每个虚拟 COM 端口注册虚拟主板寄存器 I/O 拦截）。它会向 VID 驱动程序发送一个 IOCTL，借此使用 HvInstallIntercept 这个虚拟化调用为子分区安装拦截。当子分区产生拦截后，虚拟机监控程序会暂停虚拟处理器并向根分区注入一个综合中断，该中断由 KiHvInterrupt 这个 ISR 负责管理。后者会将执行转移到已注册的 VID 中断回调，这个回调则会管理事件，并清除被暂停虚拟处理器的中断暂停综合寄存器，借此重新启动虚拟处理器。

虚拟机监控程序支持对子分区中的下列事件进行拦截。

- 访问 I/O 端口（读取或写入）。
- 访问虚拟处理器的 MSR（读取或写入）。
- 执行 CPUID 指令。
- 异常。
- 访问通用寄存器。
- 虚拟化调用。

9.1.7 综合中断控制器

虚拟机监控程序会通过综合中断控制器（SynIC）对根分区和客户机分区的中断和异常进行虚拟化，而 SynIC 是本地 APIC 进行虚拟化后的扩展（有关 APIC 的详情，请参阅 Intel 或 AMD 软件开发者手册）。SynIC 负责将虚拟中断调度给虚拟处理器（VP）。调度到分区的中断可分为两类：外部中断与综合中断（综合中断也可以叫作内部中断或直接称之为虚拟中断）。外部中断来自其他分区或设备；综合中断来自虚拟机监控程序本身，以分区的 VP 为目标。

在分区中创建 VP 后，虚拟机监控程序会为可支持的每个 VTL 创建并初始化一个 SynIC，随后会启动 VTL 0 的 SynIC，这意味着会在 VMCS（或 VMCB）硬件数据结构中对物理 CPU 的 APIC 启用虚拟化。在处理外部硬件中断时，虚拟机监控程序支持三类 APIC 虚拟化。

- 在标准配置下，APIC 会通过事件注入硬件支持进行虚拟化。这意味着分区每次访问虚拟处理器的本地 APIC 寄存器、I/O 端口或 MSR（对于 x2APIC）时，都会产生一个 VMEXIT，导致虚拟机监控程序代码通过 SynIC 调度中断，最终这会导致通过操作 VMCS/VMCB 不透明字段将事件“注入”到正确的客户机虚拟处理器（这是在通过类似物理 APIC 的逻辑决定该中断是否可交付之后发生的）。
- APIC 模拟模式的工作方式与标准配置类似。硬件发送的每个物理中断（通常通过 IOAPIC 发送）依然会导致 VMEXIT，但虚拟机监控程序不会注入任何事件，而是会操作处理器所使用的一个虚拟 APIC 页，以便对 APIC 寄存器的某些访问进行虚拟化。当虚拟机监控程序希望注入事件时，则会直接操作映射至该虚拟 APIC 页的某些虚拟寄存器。当 VMENTRY 发生时，事件由硬件交付。与此同时，如果客户机 VP 操作了自己本地 APIC 的某些部分，则不会产生任何 VMEXIT，但相关改动会被存储在虚拟 APIC 页中。
- 发布的中断允许某些类型的外部中断直接交付给客户机分区，而无须产生任何 VMEXIT。借此即可将直接访问设备直接映射到子分区，且不会由于 VMEXIT 造成任何性能损失。物理处理器在处理虚拟中断时，会直接将它们记录为虚拟 APIC 页中的“挂起”（详见 Intel 或 AMD 的软件开发者手册）。

当虚拟机监控程序启动一个处理器时，通常会初始化物理处理器的综合中断控制器模块（由 CPU_PLS 数据结构表示）。物理处理器的 SynIC 模块是一个由中断描述符组成的数组，借此可在物理中断和虚拟中断之间建立联系。如图 9-18 所示，虚拟机监控程序中断描述符（IDT 项）包含了 SynIC 正确调度中断所需的数据，尤其是要将中断交付给的实体（如分区、虚拟机监控程序、假中断）、目标 VP（根、子、多 VP 或综合中断）、中断向量、目标 VTL，以及其他与中断有关的特征。

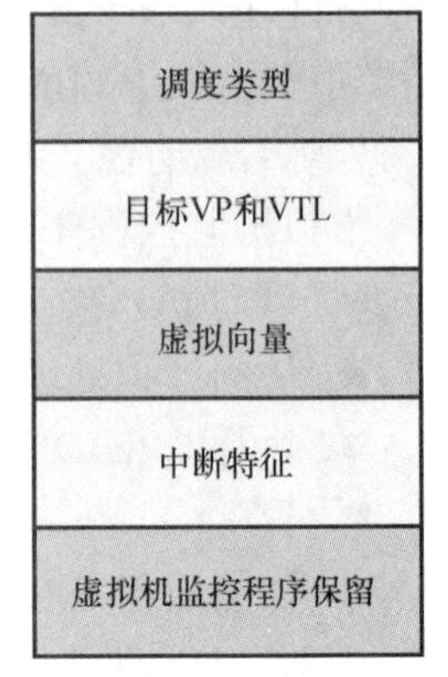

图 9-18　虚拟机监控程序物理中断描述符

在默认配置中，所有中断都会交付给 VTL 0 的根分区或虚拟机监控程序本身（在第二种情况下，中断项将会是 Hypervisor Reserved）。只有在直接访问设备被映射到子分区后，外部中断才能交付给客户机分区，例如 NVMe 设备就是一个很好的例子。

每次选择一个由线程支撑的虚拟处理器来执行时，虚拟机监控程序都会检查是否需要交付一个（或多个）综合中断。如上文所述，综合中断不由任何硬件生成，通常由虚拟机监控程序自身产生（需要满足某些条件），并且依然接受 SynIC 的管理，因此虚拟中断可以注入正确的虚拟处理器中。尽管它们被 NT 内核广泛使用（启发的时钟计时器就是一个很好的例子），但综合中断已成为虚拟安全模式（Virtual Secure Mode，VSM）的基础。该功能的详细信息请参阅本章下文“安全内核”一节。

根分区可以使用 HvAssertVirtualInterrupt 这个虚拟化调用（详见 TLFS）向子分区发送自定义的虚拟中断。

分区间通信

综合中断控制器还在为虚拟机提供分区间通信设施方面发挥了重要作用。虚拟机监控程序为不同分区之间的通信提供了两种主要机制：消息和事件。这两者都可以使用综合中断将通知发送给目标虚拟处理器。消息和事件可以通过预分配的连接从源分区发送到目标分区，而该连接有一个相互关联的目标端口。

使用 SynIC 提供的分区间通信服务的组件有很多，VMBus 是其中最重要的组件之一（VMBus 架构的详细介绍请参阅本章下文“虚拟化栈”一节）。根中的 VMBus 根驱动程序（Vmbusr.sys）会分配一个端口 ID（端口可由一个 32 位的 ID 识别），并通过 WinHv 驱动程序提供的服务发出 HvCreatePort 虚拟化调用，借此在子分区中创建端口。

端口是在虚拟机监控程序中从接收方的内存池里分配的。创建端口时，虚拟机监控程序会从端口内存中分配 16 个消息缓冲区。在虚拟处理器的 SynIC 中，这些消息缓冲区通过一个与 SINT（Synthetic Interrupt Source，综合中断源）相关联的队列进行维护。虚拟机监控程序暴露了 16 个中断源，借此 VMBus 根驱动程序最多可以管理 16 个消息队列。一条综合消息的大小为固定的 256 字节，但只能传输 240 字节的内容（其中 16 字节被用作消息头）。HvCreatePort 虚拟化调用的调用方可以决定以哪些虚拟处理器和 SINT 为目标。

为了正确接收消息，WinHv 驱动程序会分配一个综合中断消息页（SIMP），并将其与虚拟机监控程序共享。当一条消息为目标分区排队时，虚拟机监控程序会将消息从其内部队列复制到正确的 SINT 所对应的 SIMP 槽。随后，VMBus 根驱动程序会创建一个连接，并通过 HvConnectPort 虚拟化调用将子虚拟机中打开的端口关联给父虚拟机。当子虚拟机在正确的 SINT 槽中启用了对综合中断的接收后，即可开始通信，发送方可以指定目标端口 ID 并发出 HvPostMessage 虚拟化调用，借此将消息发布给客户端。虚拟机监控程序会向目标虚拟处理器注入一个综合中断，进而可以从消息页（SIMP）中读取消息内容。

虚拟机监控程序支持三种类型的端口和连接。

- **消息端口**。可以向分区或从分区传输 240 字节的消息。消息端口与父分区和子分区的一个 SINT 相关联，消息可通过一个端口消息队列依次传递。这一特性使得消息很适合用于 VMBus 通道的设置和拆除（详见本章下文“虚拟化栈”一节）。
- **事件端口**。可接收与一组标记相关的简单中断，这些标记由虚拟机监控程序在对端发出 HvSignalEvent 虚拟化调用时设置。此类端口通常被用作一种同步机制。例如 VMBus 可以使用事件端口通知消息已被发布到某个特定通道所描述的唤醒缓冲区中。当事件中断传递到目标分区后，接收方可以确切得知该中断的目标通道是什么，而这都要归功于与事件相关联的标记。
- **监视器端口**。这是对事件端口的进一步优化。为每个 HvSignalEvent 虚拟化调用产生 VMEXIT 并进行虚拟机上下文切换是一种开销很高的操作。监视器端口在设置时可在虚拟机监控程序和分区之间分配一个共享页面，其中包含的数据结构可指出哪个事件端口与特定的被监视通知标记（页面中的一个“位”）相关联。这样，当源分区希望发出同步中断时，只需在共享页面中设置对应的标记即可。虚拟机监控程序迟早会注意到共享页面中设置的这个“位”，并触发一个到该事件端口的中断。

9.1.8 Windows 虚拟机监控程序平台 API 和 EXO 分区

Windows 正在越来越多地将 Hyper-V 虚拟机监控程序用在与传统的虚拟机运行无关的其他功能中。尤其是，正如本章第二部分将要讨论的那样，作为现代 Windows 版本中一个重要的安全组件，VSM 就可以利用虚拟机监控程序，为提供关键系统服务或处理密码等机密信息的功能实现更高程度的隔离。若要启用这些功能，计算机上必须默认运行了虚拟机监控程序。

外部的虚拟化产品（如 VMware、Qemu、VirtualBox、Android Emulator 等）使用硬件提供的虚拟化扩展构建了自己的虚拟机监控程序，这也是此类产品正常运行所必需的。但这些虚拟机监控程序并不能兼容 Hyper-V，Hyper-V 需要在根分区中的 Windows 内核启动前就启动自己的虚拟机监控程序（Windows 虚拟机监控程序是一种原生的，或“裸机”形式的虚拟机监控程序）。

与 Hyper-V 类似，外部虚拟化解决方案也由虚拟机监控程序和虚拟化栈组成，其中虚拟机监控程序为处理器的执行和虚拟机的内存管理提供底层抽象，虚拟化栈则包含虚拟化解决方案为虚拟机提供模拟环境所需的组件（如虚拟机的主板、固件、存储控制器、设备等）。

Windows 虚拟机监控程序平台 API（详见 https://docs.microsoft.com/virtualization/api/）

的主要目标是在 Windows 虚拟机监控程序上运行第三方虚拟化解决方案。具体来说，第三方虚拟化产品应当能创建、删除、启动和停止虚拟机，而相关特征（固件、模拟设备、存储控制器）则由自己的虚拟化栈所定义。第三方虚拟化栈及其管理接口依然可以在根分区的 Windows 中运行，进而使其客户能照常使用自己的虚拟机。

如图 9-19 所示，Windows 虚拟机监控程序平台的所有 API 都运行在用户模式下，并通过 WinHvPlatform.dll 和 WinHvEmulation.dll 这两个库在 VID 与 WinHvr 驱动程序的基础上实现（后者实现了 MMIO 的指令模拟器）。

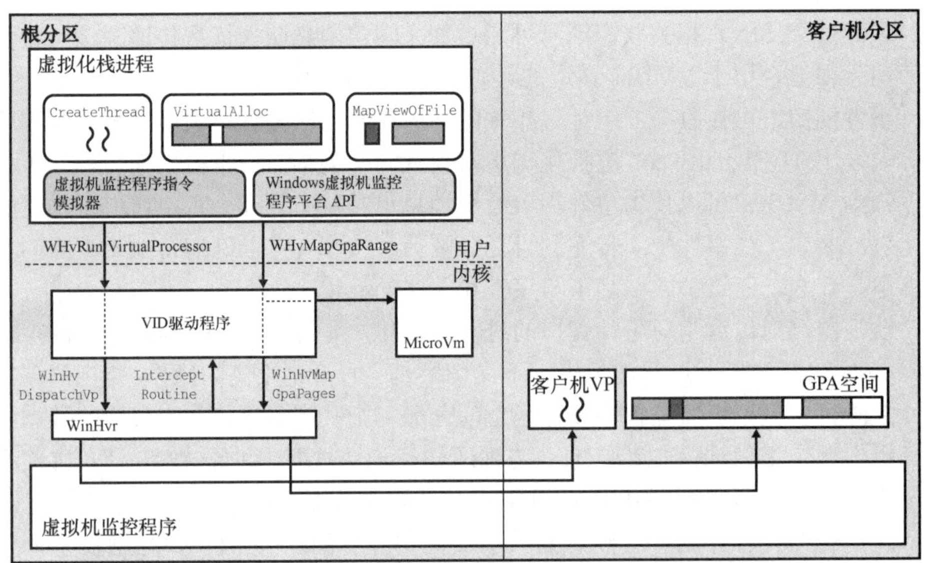

图 9-19　Windows 虚拟机监控程序平台 API 架构

用户模式应用程序通常可按照下列流程创建虚拟机及相关的虚拟处理器。

1）使用 WHvCreatePartition API 在 VID 库（Vid.dll）中创建分区。

2）使用 WHvSetPartitionProperty API 配置各种内部分区属性（如虚拟处理器数量、APIC 仿真模式、请求的 VMEXIT 种类等）。

3）使用 WHvSetupPartition API 在 VID 驱动程序和虚拟机监控程序中创建分区（虚拟机监控程序中的此类分区也叫作 EXO 分区，下文很快将会介绍）。该 API 还可创建分区的虚拟处理器，创建的虚拟处理器将处于暂停状态。

4）使用 WHvCreateVirtualProcessor API 在 VID 库中创建相应的虚拟处理器。这一步很重要，因为该 API 设置了一个消息缓冲区并将其映射到用户模式应用程序，借此才能在虚拟机监控程序与运行虚拟 CPU 的线程之间实现异步通信。

5）通过经典的 VirtualAlloc 函数（详见本书卷 1 第 5 章）预留一个大范围的虚拟内存，借此分配分区所需的地址空间，该空间还会通过 WHvMapGpaRange API 在虚拟机监控程序中进行映射。在客户机虚拟地址空间中分配客户机物理内存时，可提交保留虚拟内存的不同范围，借此为客户机物理内存提供更细化的保护。

6）创建页表并复制已提交内存中的初始固件代码。

7）使用 WHvSetVirtualProcessorRegisters API 设置初始虚拟处理器的寄存器内容。

8）调用 WHvRunVirtualProcessor 阻止 API 来运行虚拟处理器。只有当客户机代码执行的操作需要在虚拟化栈中处理时（虚拟机监控程序中的 VMEXIT 明确要求由第三方虚拟化栈来管理），或者出现了外部请求时（如销毁虚拟处理器），该函数才会返回。

只有当注册表中的 HKLM\System\CurrentControlSet\Services\Vid\Parameters\ExoDeviceEnabled 值被设置为 1 时，Windows 虚拟机监控程序平台 API 通常才能向\Device\VidExo 设备对象（由 VID 驱动程序在初始化时创建）发送不同 IOCTL，进而调用虚拟机监控程序的不同服务，否则系统不会启用对虚拟机监控程序 API 的支持。

一些对性能敏感的虚拟机监控程序平台 API（如 WHvRun VirtualProcessor）甚至可以直接从用户模式调用虚拟机监控程序，这要归功于 Doorbell 页，这是一种特殊但无效的客户机物理页，访问这种页面时始终会导致 VMEXIT。Windows 虚拟机监控程序平台 API 可通过 VID 驱动程序获得 Doorbell 页的地址，并且每次从用户模式发起虚拟化调用时，还会写入 Doorbell 页。由于 Doorbell 页的物理地址会在 SLAT 页表中标记为“特殊”，因此所产生的错误能被虚拟机监控程序识别并准确处理。虚拟机监控程序可以像处理常规虚拟化调用那样，从虚拟处理器的寄存器中读取虚拟化调用的代码和参数，并最终将执行转移至虚拟化调用的处理例程。当后者执行完毕后，虚拟机监控程序最终会执行 VMENTRY，并落在产生错误的指令之后。这样可以为支撑客户机虚拟处理器的线程节约大量时钟周期，因为不再需要进入内核来发出虚拟化调用。此外，VMCALL 和类似的操作码始终需要内核特权才能执行。

新的第三方虚拟机的虚拟处理器是通过根调度器调度的。如果根调度器被禁用，虚拟机监控程序平台 API 的任何功能都将无法运行。虚拟机监控程序中创建的分区属于 EXO 分区。EXO 分区是一种最小化分区，其中不包含任何综合功能，并且具备一些非常适合用于创建第三方虚拟机的特征。

- 总是由 VA 进行支持（有关 VA 支持的虚拟机，即微型虚拟机的详情请参阅本章下文“虚拟化栈”一节）。分区的内存承载进程是一种用户模式应用程序，创建的是虚拟机，而非 VMMEM 进程的新实例。
- 它们不具备任何分区特权，也不支持 0 级之外的其他 VTL（Virtual Trust Level，虚拟信任级别）。所有传统分区的特权都需要引用综合函数，这些函数通常由虚拟机监控程序暴露给 Hyper-V 虚拟化栈。EXO 分区是供第三方虚拟化栈使用的，因此不需要传统分区特权所提供的任何函数。
- 需要手动管理时间。虚拟机监控程序未向 EXO 分区提供任何虚拟时钟中断源，第三方虚拟化栈必须自行提供。这意味着每次试图读取虚拟处理器的时间戳计数器都会导致在虚拟机监控程序中产生 VMEXIT，借此将拦截路由至运行该虚拟处理器的用户模式线程。

注意 与传统的虚拟机监控程序分区相比，EXO 分区还包括一些细微差别。不过这些差别与我们讨论的内容无关，因此本书并未涉及。

9.1.9 嵌套虚拟化

大型服务器和云服务提供商有时候需要在客户机分区内部运行容器或额外的虚拟机。如图 9-20 所示，虚拟机监控程序运行在裸机硬件之上，被视作 L0 虚拟机监控程序（L0

代表 Level 0，即 0 级），它使用硬件提供的虚拟化扩展创建了一个客户虚拟机。此外，该 L0 虚拟机监控程序还模拟了处理器的虚拟化扩展并将其暴露给客户虚拟机（这种暴露虚拟化扩展的能力就叫作嵌套虚拟化）。客户虚拟机只需使用 L0 虚拟机监控程序暴露的模拟虚拟化扩展即可运行另一个虚拟机监控程序实例（此时该实例为 L1 虚拟机监控程序，L1 代表 Level 1，即 1 级）。L1 虚拟机监控程序创建了嵌套的根分区并在其中启动了 L2 根操作系统。以同样的方式，L2 根操作系统可以与 L1 虚拟机监控程序相互协调启动嵌套的客户虚拟机。在这样的配置中，最终的客户虚拟机可以称为 L2 客户机。

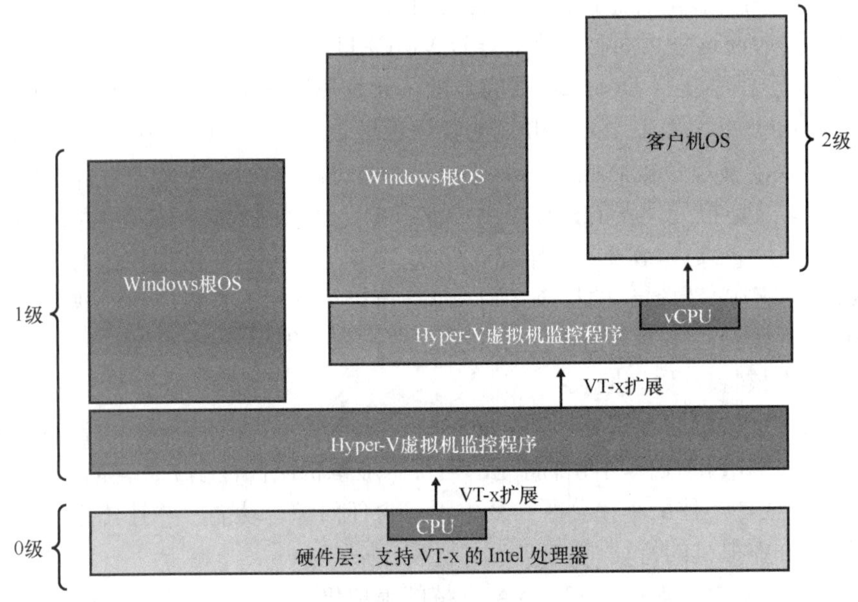

图 9-20　嵌套虚拟化的结构

嵌套虚拟化是一种软件构造：虚拟机监控程序必须能模拟并管理虚拟化扩展。L1 客户虚拟机执行的每条虚拟化指令都会导致 L0 虚拟机监控程序中产生一个 VMEXIT，随后虚拟机监控程序即可通过自己的模拟器重构该指令并执行模拟所需的工作。截至撰写这部分内容，仅 Intel 和 AMD 硬件可支持这种做法。嵌套虚拟化能力需要为 L1 虚拟机明确启用，否则当客户机操作系统执行虚拟化指令时，L0 虚拟机监控程序会为虚拟机注入常规保护异常。

在 Intel 硬件上，Hyper-V 可通过下列两个主要概念实现嵌套虚拟化。

- VT-x 虚拟化扩展模拟。
- 嵌套地址转换。

正如本节上文所讨论的那样，对于 Intel 硬件，描述虚拟机基本数据结构的是虚拟机控制结构（Virtual Machine Control Structure，VMCS）。除了代表 L1 虚拟机的标准物理 VMCS 之外，当 L0 虚拟机监控程序创建的虚拟处理器属于支持嵌套虚拟化的分区时，此时将分配一些嵌套的 VMCS（这与虚拟 VMCS 是两个不同概念，请勿混淆）。嵌套 VMCS 是一种软件描述符，其中包含了 L0 虚拟机监控程序为 L2 分区启动并运行嵌套的虚拟处理器所需的全部信息。正如“虚拟机监控程序的启动”一节简要介绍的那样，当 L1 虚拟机监控程序启动时，会检测自己是否运行在虚拟化环境中。如果是，则会启用各种嵌套启发，如启发的 VMCS 或直接虚拟刷新（详见下文）。

如图 9-21 所示，对于每个嵌套 VMCS，L0 虚拟机监控程序还会创建一个虚拟 VMCS 和一个硬件物理 VMCS，这两个类似的数据结构代表了运行 L2 虚拟机的虚拟处理器。虚拟 VMCS 很重要，它在嵌套虚拟化数据的维持方面起到了重要作用。物理 VMCS 则会在 L2 虚拟机启动时被 L0 虚拟机监控程序加载，当 L0 虚拟机监控程序拦截了 L1 虚拟机监控程序执行的 VMLAUNCH 指令时会发生该操作。

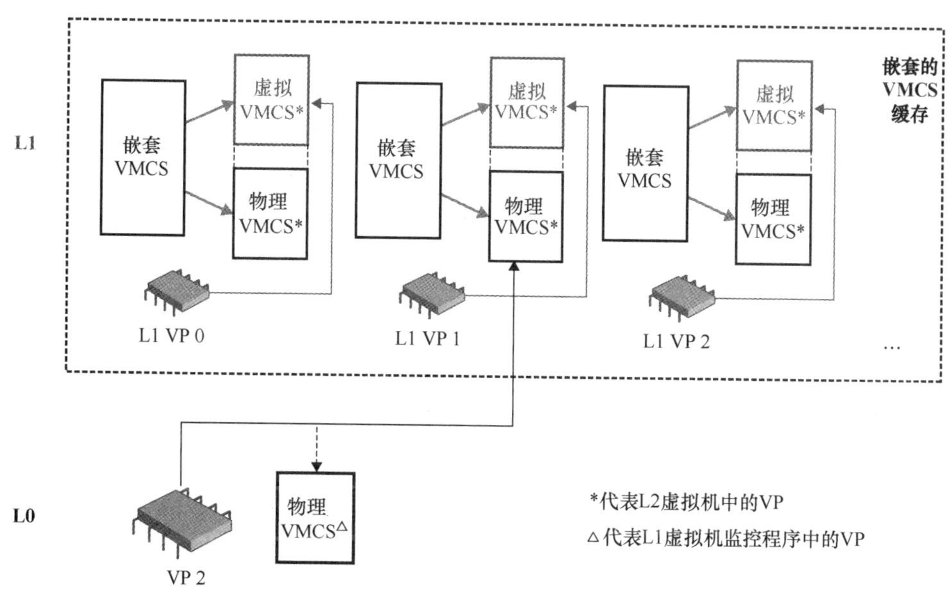

图 9-21 一个使用虚拟处理器 2 运行 L2 虚拟机的 L0 虚拟机监控程序

在图 9-21 中，L0 虚拟机监控程序调度了通过 VP2（使用嵌套的虚拟处理器 1）运行的，由 L1 虚拟机监控程序所管理的 L2 虚拟机。L1 虚拟机监控程序只能对复制到虚拟 VMCS 中的虚拟化数据进行操作。

VT-x 虚拟化扩展模拟

在 Intel 硬件上，L0 虚拟机监控程序可同时支持启发和未启发的 L1 虚拟机监控程序。不过唯一可以获得官方支持的做法是在 Hyper-V 的基础上运行另一个 Hyper-V。

在未启发的虚拟机监控程序中，所有在 L1 客户机中执行的 VT-x 指令都会产生 VMEXIT。当 L1 虚拟机监控程序分配了用于描述全新 L2 虚拟机的客户机物理 VMCS 后，通常会将其标记为活跃（在 Intel 硬件上是通过 VMPTRLD 指令实现的）。L0 虚拟机监控程序会拦截该操作，并将已分配的嵌套 VMCS 与 L1 虚拟机监控程序指定的客户机物理 VMCS 关联在一起。此外，它还会为 VMCS 填充初始值，并将当前虚拟处理器的嵌套 VMCS 设置为活跃状态（但并不会切换物理 VMCS，执行上下文还会保留在 L1 虚拟机监控程序中）。由 L1 虚拟机监控程序针对物理 VMCS 执行的每个后续读取或写入操作始终会被 L0 虚拟机监控程序拦截并重定向至虚拟 VMCS（请参阅图 9-21）。

当 L1 虚拟机监控程序启动虚拟机（执行一种名为 VMENTRY 的操作）后，还会执行特定的硬件指令（Intel 硬件上为 VMLAUNCH 指令），这些指令也会被 L0 虚拟机监控程序拦截。对于未启发的情况，L0 虚拟机监控程序会将虚拟 VMCS 的所有客户机字段复制到代表 L2 虚拟机的另一个物理 VMCS 中，并通过将其指向 L0 虚拟机监控程序的入口点来写入主机字段，同时会将其设置为活跃状态（在 Intel 平台上这是通过硬件 VMPTRLD 指令实现的）。如果 L1 虚拟机监控程序使用了二级地址转换（Intel 硬件上这叫 EPT），L0 虚拟机监控程序将会映射当前活跃的 L1 扩展页表（详情请参阅下一节）。最后，它还会执行特定的硬件指令以执行实际的 VMENTRY。最终硬件开始执行 L2 虚拟机的代码。

在执行 L2 虚拟机过程中，每个会导致 VMEXIT 的操作都会将执行上下文切回 L0（而非 L1）虚拟机监控程序。作为回应，L0 虚拟机监控程序会在代表 L1 虚拟机监控程序上下文的原始物理 VMCS 上执行另一个 VMENTRY，并注入一个综合 VMEXIT 事件。L1 虚拟机监控程序重新开始执行，并像常规非嵌套 VMEXIT 那样处理拦截的事件。当 L1 完成对综合 VMEXIT 事件的内部处理后，它会执行 VMRESUME 操作，该操作会再次被 L0 虚拟机监控程序拦截，并使用与上文描述类似的初始 VMENTRY 操作那样进行管理。

每次 L1 虚拟机监控程序执行虚拟化指令后都执行一个 VMEXIT，这是一种开销很高的操作，无疑会使 L2 虚拟机的运行速度普遍受到影响。为了解决此问题，Hyper-V 虚拟机监控程序为启发的 VMCS 提供了支持，这种优化措施在启用后，可以让 L1 虚拟机监控程序从 L1 与 L0 虚拟机监控程序共享的内存页（而非物理 VMCS）加载、读取并写入虚拟化数据。这个共享页也叫作启发的 VMCS。当 L1 虚拟机监控程序操作属于 L2 虚拟机的虚拟化数据时，并不需要使用会导致 L0 虚拟机监控程序产生 VMEXIT 的硬件指令，而是可以直接从启发的 VMCS 中读写。这种设计可显著提高 L2 虚拟机的性能。

在支持启发的情况下，L0 虚拟机监控程序只需要拦截 VMENTRY 和 VMEXIT 操作（以及其他一些与本讨论无关的操作）。L0 虚拟机监控程序管理 VMENTRY 的方式与非启发场景类似，但在执行上文描述的任何操作前，首先会将共享的启发 VMCS 内存页中包含的虚拟化数据复制到代表 L2 虚拟机的虚拟 VMCS 中。

注意 值得一提的是，对于非启发场景，L0 虚拟机监控程序还支持通过另一种技术防止产生 VMEXIT 同时管理嵌套的虚拟化数据，这种技术名为影子 VMCS。影子 VMCS 是一种与启发 VMCS 较为类似的硬件优化技术。

嵌套地址转换

正如“分区的物理地址空间”一节所述，虚拟机监控程序使用 SLAT 为虚拟机提供隔离的客户机物理地址空间，并将 GPA 转换为真正的 SPA。而嵌套的虚拟机需要在现有这两层基础上使用另一个额外的硬件转换层。为了向嵌套虚拟化提供支持，这个新层应当能将 L2 GPA 转换为 L1 GPA。由于建立一种支持三层转换的处理器 MMU 需要更复杂的电子器件，Hyper-V 虚拟机监控程序采取了另一种策略来提供额外的地址转换层：影子嵌套页表。影子嵌套页表使用了类似于影子页（可参阅上一节）的技术，可直接将 L2 GPA 转换为 SPA。

在创建了支持嵌套虚拟化的分区后，L0 虚拟机监控程序会分配并初始化一个嵌套页表影子域。这种数据结构可用于存储与分区中所创建的不同 L2 虚拟机相互关联的影子嵌套页表列表。此外，其中还存储了分区的活跃域世代编号（详见下一节的讨论）以及嵌套内存统计数据。

当 L0 虚拟机监控程序为了启动 L2 虚拟机而执行初始 VMENTRY 时，它会分配与该虚拟机有关的影子嵌套页表，并用空值进行初始化（创建出空的物理地址空间）。当 L2 虚拟机开始执行代码时，由于嵌套页故障（Intel 硬件上这叫作 EPT 违规），L2 虚拟机会立即生成 VMEXIT。L0 虚拟机监控程序此时并不会将故障注入 L1，而会遍历由 L1 虚拟机监控程序为客户机构建的嵌套页表。如果在其中找到了 L2 GPA 对应的有效条目，则会读取对应的 L1 GPA，将其转换为 SPA，并创建所需的影子嵌套页表层次结构，以便将其映射至 L2 虚拟机。随后它会使用有效的 SPA 填充叶表项（虚拟机监控程序使用大页面来映射影子嵌套页）并将描述用的嵌套 VMCS 设置为活跃状态，借此直接恢复 L2 虚拟机的执行。

为了让嵌套地址转换正常工作，L0 虚拟机监控程序需要获知对 L1 嵌套页表所做的所有改动，否则 L2 虚拟机可能会用陈旧的条目来运行。这种实现是特定于具体平台的，通常来说，虚拟机监控程序会保护 L2 嵌套页表，只允许读取访问，这样即可在 L1 虚拟机监控程序修改了嵌套页表后获得通知。不过 Hyper-V 虚拟机监控程序采取了另一种更聪明的策略，可以保证描述 L2 虚拟机的影子嵌套页表始终会得到更新，这是因为满足了如下两个前提条件。

- 当 L1 虚拟机监控程序在 L2 嵌套页表中添加新条目时，不会对嵌套虚拟机执行任何其他操作（L0 虚拟机监控程序不会进行拦截）。只有当嵌套页表错误导致 L0 虚拟机监控程序产生 VMEXIT 时（上文讨论过这种情况），才会在影子嵌套页表中新增加一个条目。
- 对于非嵌套虚拟机，当嵌套页表中有条目被更改或删除后，虚拟机监控程序始终会发出 TLB 刷新，以便让硬件 TLB 以正确的方式失效。对于嵌套虚拟化，当 L1 虚拟机监控程序发出 TLB 刷新时，L0 会拦截请求并让影子嵌套页表彻底失效。L0 虚拟机监控程序还借助存储在影子 VMCS 和嵌套页表影子域中的世代 ID 维持了一种名为虚拟 TLB 的概念（虚拟 TLB 架构的讨论已超出了本书的范围）。

因为一个地址的变化而让影子嵌套页表彻底失效，这种做法看似有些多余，但这是由硬件支持决定的（Intel 硬件的 INVEPT 指令不允许指定要从 TLB 中删除哪一个 GPA）。在经典虚拟机中这不算什么问题，因为很少会对物理地址空间进行改动。当经典虚拟机启动后，它的所有内存均已分配完成（详见“虚拟化栈”一节）。不过 VA 支持的虚拟机和 VSM 并不属于这种情况。

为了改善非经典嵌套虚拟机和 VSM 的性能（详见下一节），虚拟机监控程序对“直接虚拟刷新”提供了支持，借此为 L1 虚拟机监控程序提供了两个能让 TLB 失效的虚拟化调用。尤其是 HvFlushGuestPhysicalAddressList 这个虚拟化调用（详见 TLFS 文档记录）可以让 L1 虚拟机监控程序将影子嵌套页表中的某一个具体条目失效，而无须为了刷新整个影子嵌套页表并通过多个 VMEXIT 重建而导致性能受到影响。

实验：在 Hyper-V 中启用嵌套虚拟化

如本节所述，为了在 L1 Hyper-V 虚拟机中运行虚拟机，首先需要在宿主系统中启用嵌套虚拟化功能。为了完成本实验，我们需要一台搭载 Intel 或 AMD CPU、安装了 Windows

10 或 Windows Server 2019（版本不低于 Anniversary Update RS1）的工作站。我们将使用 Hyper-V 管理器或 Windows PowerShell 创建一个内存不少于 4GB 的二类虚拟机。同时本实验还会在创建好的虚拟机中再创建一个嵌套的 L2 虚拟机，因此必须分配足够的内存。

第一次启动虚拟机并完成初始配置后，需要关闭该虚拟机，随后以管理员身份打开 PowerShell 窗口（在搜索框中输入 **Windows PowerShell**，随后右击 **PowerShell 图标**并选择“**以管理员身份运行**”）。随后运行下列命令，其中“<VmName>”应替换为我们自己的虚拟机名称：

```
Set-VMProcessor -VMName "<VmName>" -ExposeVirtualizationExtension $true
```

若要验证嵌套虚拟化功能是否已经成功启用，请运行：

```
$(Get-VMProcessor -VMName "<VmName>").ExposeVirtualizationExtensions
```

返回的结果应该是 True。

启用嵌套虚拟化功能后，即可重新启动虚拟机。在通过该虚拟机运行 L1 虚拟机监控程序前，首先需要通过控制面板添加必要的组件。在虚拟机的搜索框内输入“**控制面板**”，点击打开，随后点击“**程序**”，然后选择“**打开或关闭 Windows 功能**”。整个 Hyper-V 节点下的所有功能都必须选中，如下图所示。

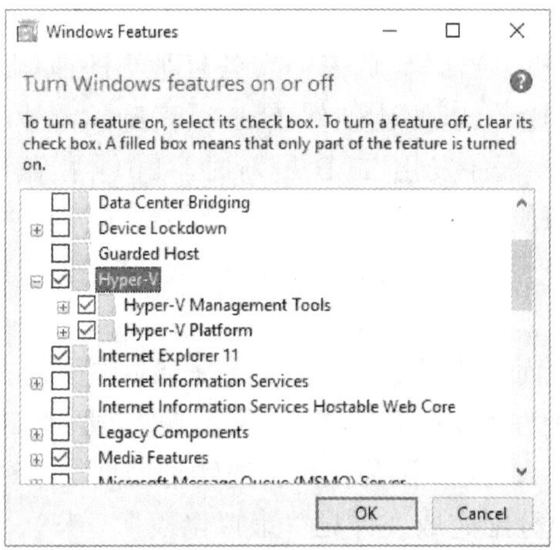

点击“**确定**”。添加操作完成后，点击“**重启动**”让虚拟机重新启动（这一步是必需操作）。虚拟机重启动后，即可通过系统信息应用程序（在搜索框中输入 **msinfo32**。详见本章下文的“检测 VBS 及其提供的服务”实验）确认 L1 虚拟机监控程序的存在。如果因为某些原因该虚拟机监控程序未启动，可在虚拟机中打开一个管理员身份的命令提示符窗口（在搜索框中输入 **cmd** 并选择“**以管理员身份运行**”），运行下列命令强制启动：

```
bcdedit /set {current} hypervisorlaunchtype Auto
```

随后即可用 Hyper-V 管理器或 Windows PowerShell 直接在虚拟机内部创建 L2 客户虚拟机。结果类似下图所示。

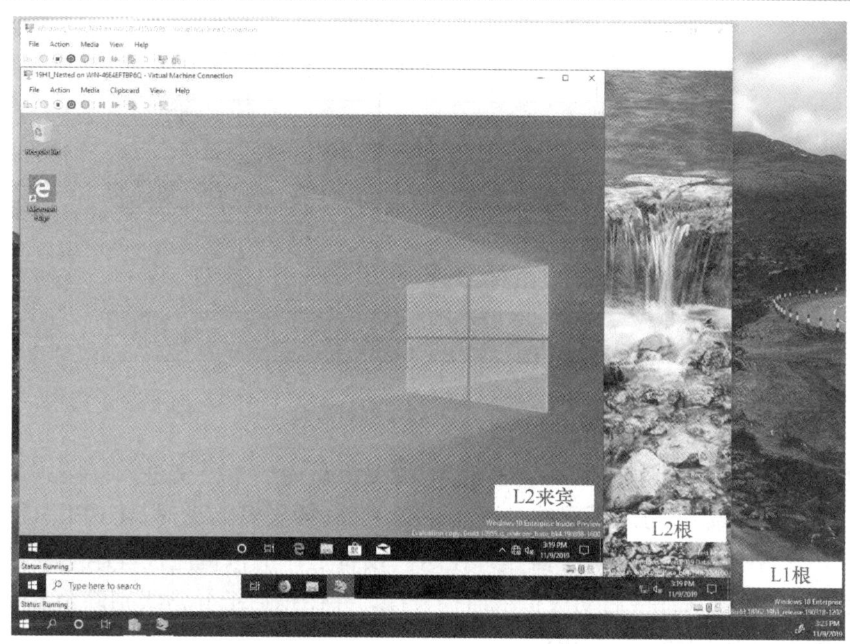

我们还可以在 L2 根分区中启用 L1 虚拟机监控程序调试器，具体做法类似本章上文的“连接虚拟机监控程序调试器”实验。在撰写这部分内容时，这方面唯一的限制是嵌套配置下无法使用网络调试，唯一能对 L1 虚拟机监控程序进行的调试方式是使用串口。这意味着在宿主机系统中，我们需要为 L1 虚拟机启用两个虚拟串口（一个用于虚拟机监控程序，另一个用于 L2 根分区）并将其连接到命名管道。对于二类虚拟机，可以使用下列 PowerShell 命令在 L1 虚拟机中设置两个串口（与上一条命令类似，需要将“<VMName>”替换为实际的虚拟机名称）：

```
Set-VMComPort -VMName "<VMName>" -Number 1 -Path \\.\pipe\HV_dbg
Set-VMComPort -VMName "<VMName>" -Number 2 -Path \\.\pipe\NT_dbg
```

随后即可配置虚拟机监控程序调试器连接到 COM1 串口，而 NT 内核调试器可连接至 COM2（详见上一个实验）。

9.1.10 ARM64 上的 Windows 虚拟机监控程序

x86 和 AMD64 架构对硬件虚拟化技术的支持是在最初的设计诞生很久之后才添加进来的，与之不同的是 ARM64 架构在最初的设计中就考虑了对硬件虚拟化的支持。尤其是，如图 9-22 所示，ARM64 执行环境已被分为三个安全域（Exception Level，异常级别）。EL 决定了特权级别，EL 越高，执行的代码就具备越多的特权。尽管所有用户模式应用程序都应在 EL0 中运行，NT 内核以及内核模式的驱动程序通常会在 EL1 中运行。一般来说，一个软件只能在一个异常级别中运行。EL2 是专为虚拟机监控程序（在 ARM64 中也被叫作“虚拟机管理器”）的运行而设的特权级别，这也是上述规则唯一的例外。虚拟机监控程序提供了虚拟化服务，它可以在 EL2 和 EL1 的“不安全世界”中运行（EL2 不包含“安全世界”，有关 ARM TrustZone 的讨论详见本节下文）。

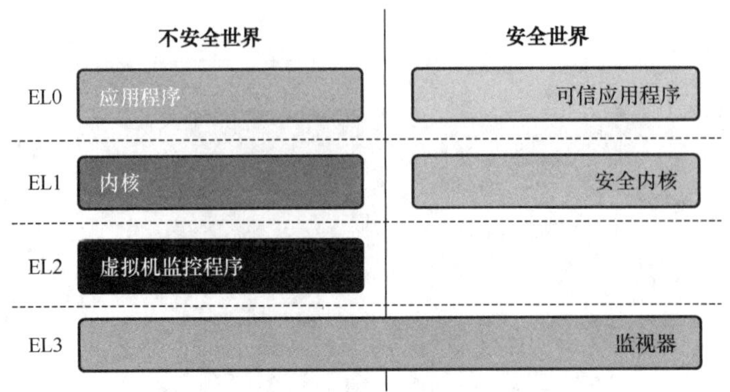

图 9-22　ARM64 执行环境

AMD64 架构的 CPU 只能在某些假定的情况下从内核上下文进入根模式（运行虚拟机监控程序的执行域），与之不同的是，当标准 ARM64 设备启动时，UEFI 固件和启动管理器会在 EL2 中开始自己的执行操作。在这些设备上，虚拟机监控程序加载器（取决于具体的启动流程）可以直接启动虚拟机监控程序，并在稍后把异常级别降至 EL1（为此需要发出一个异常返回指令，即 ERET）。

在异常级别之上，TrustZone 技术让系统在安全和非安全这两种执行安全状态之间进行划分。安全的软件一般可以同时访问安全和非安全的内存与资源，而普通软件只能访问非安全的内存与资源。非安全状态通常也被称为常规世界（normal world）。这种设计使得操作系统能够在同一套硬件上与另一个受信任的操作系统并行运行，进而对某些软件和硬件攻击提供保护。安全状态也叫安全世界（secure world），通常用于运行安全设备（它们的固件以及 IOMMU 范围），并且一般来说，所有需要处理器处理的东西都位于安全状态下。

为了正确地与安全世界通信，非安全操作系统会发出安全方法调用（Secure Method Call，SMC），这种调用提供了一种类似于标准操作系统 Syscall 的机制。SMC 由 TrustZone 负责管理。TrustZone 通常可以通过一个内存保护薄层为常规世界和安全世界实现隔离，这种内存薄层由明确定义的硬件内存保护单元提供（高通将其称为 XPU）。XPU 由固件配置，只允许特定执行环境访问特定内存位置（常规世界中的软件无法访问安全世界的内存）。

在 ARM64 服务器计算机上，Windows 可以直接启动虚拟机监控程序。虽然可以启用 TrustZone，但客户端计算机通常不具备 XPU（大部分能运行 Windows 的客户端 ARM64 设备都是由高通提供的）。在这类客户端设备中，安全世界和常规世界之间的隔离是由一种名为 QHEE 的专有虚拟机监控程序提供的，它可以通过二阶内存转换提供内存隔离（这一层的作用与 Windows 虚拟机监控程序所用的 SLAT 层作用类似）。QHEE 可以拦截运行中的操作系统发出的每个 SMC，它可将 SMC 直接转发给 TrustZone（但首先需要验证是否具备必要权限），或代表 TrustZone 执行某些工作。在这些设备中，TrustZone 还有一个重要的职责：加载并验证设备固件的真实性，并通过与 QHEE 进行协调，正确地执行安全启动（secure launch）引导方法。

虽然 Windows 中一般不使用安全世界（安全/非安全世界的界限已经由虚拟机监控程序通过 VTL 级别提供），但 Hyper-V 虚拟机监控程序依然运行在 EL2 下。这使其无法兼容同样运行在 EL2 下的 QHEE 虚拟机监控程序。为了正确解决这个问题，Windows 采用了一种特殊的启动策略：在 QHEE 的协助下对安全启动过程进行协调。当安全启动终止时，QHEE 虚拟机监控程序将被卸载并放弃执行 Windows 虚拟机监控程序，Windows 虚拟机监控程序则会在安全启动的过程中加载。在后续启动过程中，当安全内核成功启动并且 SMSS 创建了第一个用户模式会话时，还将新建一个特殊的 Trustlet（高通将其称为 QcExt）。这个 Trustlet 充当了原始 ARM64 虚拟机监控程序，它可以拦截所有 SMC 请求，验证请求的完整性，通过安全内核暴露的服务提供必要的内存隔离，并发送和接收来自 EL3 中安全监视器的命令。

SMC 拦截架构在 NT 内核与 ARM64 Trustlet 中均有实现，但已超出了本书的范围。新引入的 Trustlet 可以让大部分客户端 ARM64 设备在启动时就默认启用安全启动和虚拟安全模式（VSM，详见下文）。

9.2 虚拟化栈

尽管虚拟机监控程序提供了隔离能力以及用于管理虚拟硬件的底层服务，但虚拟机的所有上层实现都是由虚拟化栈提供的。虚拟化栈可管理虚拟机的状态，为虚拟机提供内存，通过提供虚拟主板、系统固件以及多种类型的虚拟设备（模拟设备、合成设备、直接访问设备）来提供虚拟化的硬件。虚拟化栈还包含 VMBus，这个重要的组件能在客户虚拟机和根分区之间提供高速通信通道，并可由内核模式客户端库（KMCL）抽象层访问。

本节将介绍虚拟化栈提供的一些重要服务，并分析组成虚拟化栈的组件。图 9-23 展示了虚拟化栈的主要组件。

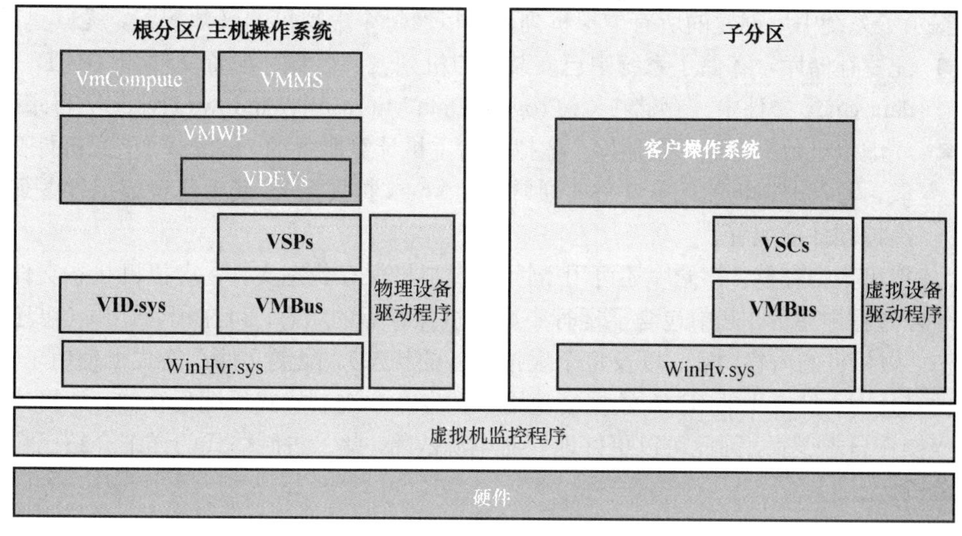

图 9-23 虚拟化栈的组件

9.2.1 虚拟机管理器服务和工作进程

虚拟机管理器服务（Vmms.exe）负责为根分区提供 Windows 管理规范（Windows Management Instrumentation，WMI）接口，这样即可通过微软管理控制台（MMC）插件或 PowerShell 管理子分区。VMMS 服务可以代表虚拟机（在内部可通过 GUID 区分不同的虚拟机）管理通过 WMI 接口收到的请求，如启动、电源关闭、关机、暂停、恢复、重启动等。它还控制了一些设置，例如哪些设备对子分区可见，为每个分区定义了怎样的内存和处理器分配情况。VMMS 还管理着设备的添加与移除。当虚拟机启动时，VMMS 服务还起到了一个关键作用：创建对应的虚拟机工作进程（VMWP.exe）。VMMS 还管理了虚拟机快照，会将运行中虚拟机的快照请求重定向至 VMWP 进程，或直接为非运行状态的虚拟机创建快照。

VMWP 负责执行典型的单体式虚拟机监控程序需要执行的大部分虚拟化工作（与基于软件的虚拟化解决方案所做的工作类似）。这意味着需要管理特定子分区的虚拟机状态（以便允许执行可支持的功能，如快照和状态转换），响应来自虚拟机监控程序的各种通知，针对暴露给子分区的某些设备（即模拟设备）执行模拟，并要与虚拟机服务和配置组件进行配合。工作进程的重要作用在于启动虚拟主板并维持虚拟机所包含的每个虚拟设备的状态。它还包含了一些负责虚拟化栈远程管理工作的组件，以及一个可供远程桌面客户端连接到任意子分区并远程查看其用户界面、与其交互的 RDP 组件。虚拟机工作进程暴露的 COM 对象提供了 VMMS 以及 VmCompute 服务所需的接口，借此可与代表特定虚拟机的 VMWP 实例通信。

虚拟机宿主机计算服务（通过 Vmcompute.exe 和 Vmcompute.dll 库实现）则是另一个重要组件，承载了虚拟机管理器服务中未实现的大部分计算密集型操作，例如，分析虚拟机的内存报告（针对动态内存）、管理 VHD 和 VHDX 文件，以及创建容器所需的基础层，这些操作都是在虚拟机宿主机计算服务中实现的。在所暴露的 COM 对象帮助下，工作进程和 VMMS 可以与宿主机计算服务通信。

虚拟机管理器服务、工作进程、虚拟机计算服务都能打开并解析多种配置文件，这些文件揭示了系统中所创建的所有虚拟机列表，以及每个虚拟机的具体配置。尤其是：

- 配置存储库，存储了系统中已安装虚拟机列表、名称、配置文件和 GUID，位于 data.vmcx 文件中，存储在 C:\ProgramData\Microsoft\Windows Hyper-V 目录下。
- “虚拟机数据存储”存储库（虚拟机宿主机计算服务的一部分），借此可打开、读取、写入虚拟机的配置文件（通常使用.vmcx 扩展名），其中包含虚拟设备列表和虚拟硬件的配置。

“虚拟机数据存储”存储库还可用于读/写虚拟机保存状态文件。虚拟机状态文件在虚拟机暂停过程中生成，其中包含了运行中虚拟机保存后的状态，可在稍后还原（可还原分区状态、虚拟机的内存内容，以及每个虚拟设备的状态）。配置文件在格式上使用了 XML 形式的键值对。纯文本的 XML 数据会使用一种专有二进制格式压缩后存储，该格式还支持写入操作日志逻辑，因此可以更好地应对电源故障。此二进制格式的详细介绍已超出了本书范围。

9.2.2　VID 驱动程序和虚拟化栈内存管理器

虚拟基础架构驱动程序（VID.sys）也许是虚拟化栈最重要的组件之一。它为子分区中运行的虚拟机提供了分区、内存、进程管理服务，并将其暴露给根分区中的虚拟机工作进程。虚拟机工作进程和 VMMS 服务使用 VID 驱动程序与虚拟机监控程序通信，而这主要是归功于 Windows 虚拟机监控程序接口驱动程序（WinHv.sys 和 WinHvr.sys）实现的、并由 VID 驱动程序导入的那些接口。这些接口包含了为虚拟机监控程序的虚拟化调用管理提供支持所需的全部代码，可以让操作系统或常规的内核模式驱动程序使用标准 Windows API 调用（而非虚拟化调用）访问虚拟机监控程序。

VID 驱动程序还包含了虚拟化栈内存管理器。上一节我们曾介绍过虚拟机监控程序内存管理器，它负责管理虚拟机监控程序本身的物理和虚拟内存。而虚拟机的客户机物理内存是由虚拟化栈内存管理器负责分配和管理的。当虚拟机启动时，所生成的虚拟机工作进程（VMWP.exe）会调用内存管理器的服务（由 IMemoryManager COM 接口定义）构建客户虚拟机的 RAM。为虚拟机分配内存的操作分为以下两个步骤。

1）虚拟机工作进程（使用 VMMS 进程中内存平衡器提供的服务）获得全局系统内存状态报告，随后根据可用系统内存确定要向 VID 驱动程序请求多大的物理内存块（通过 VID_RESERVE IOCTL 实现，可请求内存块大小各异，64MB～4GB）。随后 VID 驱动程序将使用 MDL 管理函数（尤其是 MmAllocatePartitionNodePagesForMdlEx）分配内存块。出于性能方面的考虑，以及为了避免内存碎片化，VID 驱动程序实现了一种“尽最大努力”的算法以尽可能分配巨型或大型物理页面（分别为 1GB 和 2MB），如果无法满足才会考虑分配标准的小页面。内存块分配完成后，其页面会被存入由 VID 驱动程序维持的一个内部“储备”桶。该桶包含一个按照服务质量（QoS）创建的数组进行排序的页面列表。这个 QoS 根据页面类型（巨型、大型、小型）以及所属 NUMA 节点确定。该过程在 VID 的术语中叫作“保留物理内存”（请勿将其与 NT 内存管理器的“保留虚拟内存”混淆）。

2）从虚拟化栈角度来看，物理内存承诺（commitment）是指清空桶中的保留页面，将其移入 VID 内存块（VSMM_MEMORY_BLOCK 数据结构）的过程，该内存块是由虚拟机工作进程使用 VID 驱动程序的服务创建并拥有的。在创建内存块过程中，VID 驱动程序首先会在虚拟机监控程序中（通过 Winhvr 驱动程序和 HvDepositMemory 虚拟化调用）存入额外的物理页面。这些额外页面是为虚拟机创建 SLAT 表页面层次结构所必需的。随后，VID 驱动程序会请求虚拟机监控程序对描述整个客户机分区 RAM 的物理页面进行映射。虚拟机监控程序在 SLAT 表中插入有效条目，并设置正确的权限，借此创建分区的客户机物理地址空间。GPA 范围会被插入一个属于 VID 分区的列表中。VID 内存块由虚拟机工作进程所拥有，该内存块还被用于跟踪客户机内存，并会被用在 DAX 文件支撑的内存块中（有关 DAX 卷和 PMEM 的详细信息，请参阅第 11 章）。随后，虚拟机工作进程即可将这些内存块用于多种用途，例如在管理模拟的设备时访问某些页面。

9.2.3 虚拟机的诞生

虚拟机的启动过程主要由 VMMS 和 VMWP 进程管理。当虚拟机（在内部由 GUID 标识）启动请求（通过 PowerShell 或 Hyper-V 管理器 GUI 应用程序）被传递给 VMMS 服务后，VMMS 服务开始启动过程，从“数据存储”存储库中读取虚拟机的配置，这些配置包括虚拟机的 GUID 以及组成虚拟硬件的所有虚拟设备（VDEV）列表。随后该服务会验证包含了虚拟机虚拟磁盘的 VHD（或 VHDX）文件路径是否具备正确的访问控制列表（ACL，下文将详细介绍）。如果虚拟机配置所指定的 ACL 有误，VMMS 服务（使用

SYSTEM 账户运行）会重写一个与新的 VMWP 进程实例兼容的新 ACL。VMMS 会使用 COM 服务与主机计算服务通信，以生成新的 VMWP 进程实例。

主机计算服务通过查询位于 Windows 注册表（HKCU\CLSID\{f33463e0-7d59-11d9-9916-0008744f51f3}键）中的 COM 注册数据获得虚拟机工作进程的路径，随后会使用一个明确定义的访问令牌新建进程，该访问令牌是以虚拟机的 SID 为所有者创建的。实际上，Windows 安全模型的 NT 权威（NT Authority）定义了一个众所周知的子权威值（83），借此识别虚拟机（有关系统安全组件的详细信息请参阅卷 1 第 7 章）。主机计算服务会等待 VMWP 进程完成初始化（这样所暴露的 COM 接口即可准备就绪）。随后执行会返回至 VMMS 服务，该服务最终可以向 VMWP 进程请求启动虚拟机（通过暴露出的 IVirtualMachine COM 接口）。

如图 9-24 所示，虚拟机工作进程会为虚拟机执行“冷启动”状态转换。在虚拟机工作进程中，整个虚拟机是通过“虚拟主板”公开的服务进行管理的。对于第一代虚拟机，该虚拟主板模拟了 Intel i440BX 主板；对于第二代虚拟机，则模拟了一种专有的主板。虚拟主板管理并维持了虚拟设备列表，并负责为每个虚拟设备执行状态转换。正如下一节即将介绍的，每个虚拟设备都会作为 DLL 中的 COM 对象（公开 IVirtualDevice 接口）来实现。虚拟主板会从虚拟机的配置中枚举每个虚拟设备，并加载代表每个设备的相关 COM 对象。

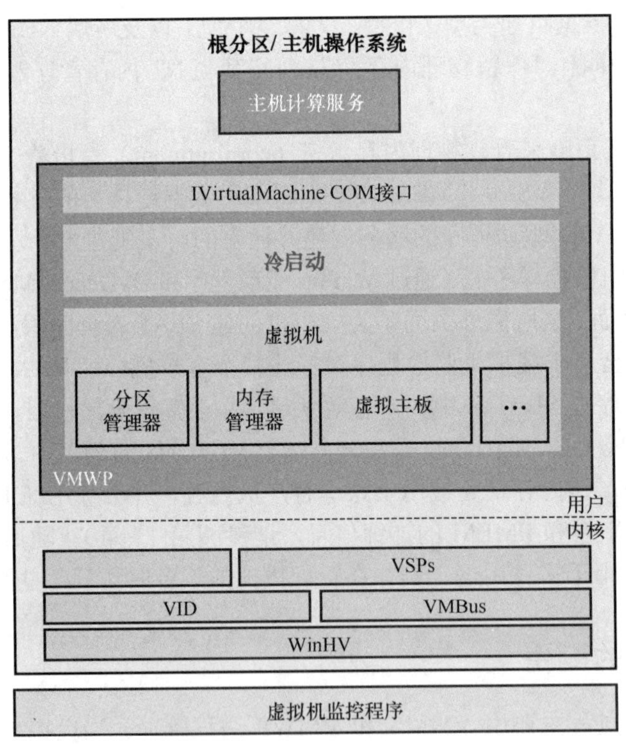

图 9-24　虚拟机工作进程及其执行虚拟机“冷启动”的接口

虚拟机工作进程通过预留每个虚拟设备所需的资源来开始启动过程。然后它会通过 VID 驱动程序从根分区分配物理内存，借此构建虚拟机客户机物理地址空间（虚拟 RAM）。这个阶段已经可以给虚拟主板上电，并按顺序给每个 VDEV 上电。每个设备的上电过程是不同的，例如合成设备通常会与自己的虚拟化服务提供程序（Virtualization Service

Provider，VSP）通信以进行初始化配置。

虚拟 BIOS（在 Vmchipset.dll 库中实现）是一个值得深入讨论的虚拟设备。它的上电方法允许虚拟机包含可在启动自举（Bootstrap）虚拟处理器时执行的初始固件。BIOS VDEV 会从支持自己的库所包含的资源部分为虚拟机提取正确的固件（第一代虚拟机使用传统的 BIOS，其他虚拟机使用 UEFI），构建固件中的易失性配置部分（如 ACPI 和 SRAT 表），随后使用 VID 驱动程序提供的服务将其注入适当的客户机物理内存中。VID 驱动程序则可以将 VID 内存块描述的内存范围映射到用户模式内存中，供虚拟机工作进程访问（内部将该过程称为“内存孔隙创建”）。

当所有虚拟设备已成功上电后，虚拟机工作进程将会向 VID 驱动程序发送一个适当的 IOCTL，借此启动虚拟机的自举虚拟处理器，进而启动虚拟处理器及其消息泵（message pump，用于在 VID 驱动程序和虚拟机工作进程之间交换消息）。

实验：理解虚拟机工作进程以及虚拟磁盘文件的安全性

上一节讨论了当虚拟机启动请求被（通过 WMI）传递给 VMMS 进程后，主机计算服务（Vmcompute.exe）是如何启动虚拟机工作进程的。在与主机计算服务通信前，VMMS 会为新的工作进程实例生成一个安全令牌。

为向虚拟机提供正确的支持，Windows 安全模型增加了三种新实体（Windows 安全模型详见卷 1 第 7 章）。

- 一个“虚拟机”安全组，使用 S-1-5-83-0 作为安全标识符。
- 一个根据虚拟机的唯一标识符（GUID）生成的虚拟机安全标识符（SID）。虚拟机 SID 将会是为虚拟机工作进程所生成的安全令牌的所有者。
- 一种虚拟机工作进程安全能力，可用于让 AppContainer 中运行的应用程序访问虚拟机工作进程所需的 Hyper-V 服务。

在这个实验中，我们将通过 Hyper-V 管理器，在一个只有当前用户和 Administrators 组的用户可以访问的位置新建一个虚拟机，随后我们将检查虚拟机文件和虚拟机工作进程的安全性会产生怎样的变化。

首先以管理员身份打开命令提示符，并使用下列命令创建一个文件夹（本例为 C:\TestVm）：

```
md c:\TestVm
```

随后需要剥离所有继承的 ACE（访问控制项，详见卷 1 第 7 章），并为 Administrators 组和当前登录的用户添加完整访问的 ACE。上述操作可通过如下命令实现（请将 C:\TestVm 替换为实际的目录路径，而<UserName>是当前登录用户的用户名）：

```
icacls c:\TestVm /inheritance:r
icacls c:\TestVm /grant Administrators:(CI)(OI)F
icacls c:\TestVm /grant <UserName>:(CI)(OI)F
```

若要验证该文件夹具备正确的 ACL，请打开资源管理器（可使用 Win+E 组合键），右键点击该文件夹并选择“**属性**”，随后打开“**安全性**”选项卡。此时应看到类似下图所示的界面。

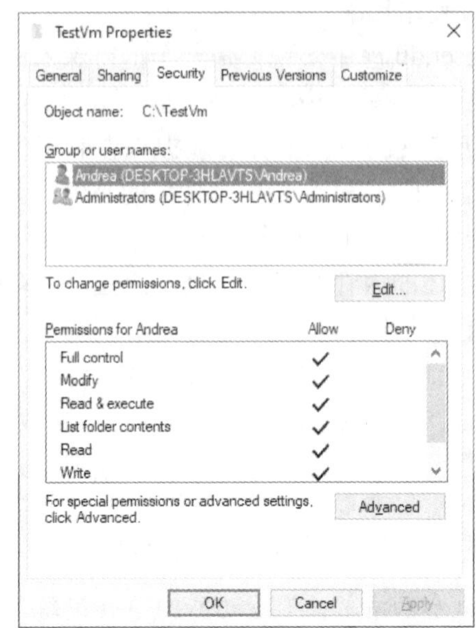

打开 Hyper-V 管理器并新建一个虚拟机（及对应的磁盘文件），将其存储在新创建的文件夹中（完整操作过程可参阅 https://docs.microsoft.com/virtualization/hyper-v-on-windows/quick-start/create-virtual-machine）。对于这个实验，我们不需要为虚拟机安装操作系统。新建虚拟机向导运行完毕后，即可启动虚拟机（本例中为 VM1）。

以管理员身份打开 Process Explorer 并找到 vmwp.exe 进程。右键点击该进程，选择**"属性"**。毫无意外，我们可以看到其父进程为 vmcompute.exe（主机计算服务）。打开**"安全性"**选项卡可以看到，虚拟机的 SID 已被设置为该进程的所有者，并且该令牌属于 Virtual Machines 这个组。

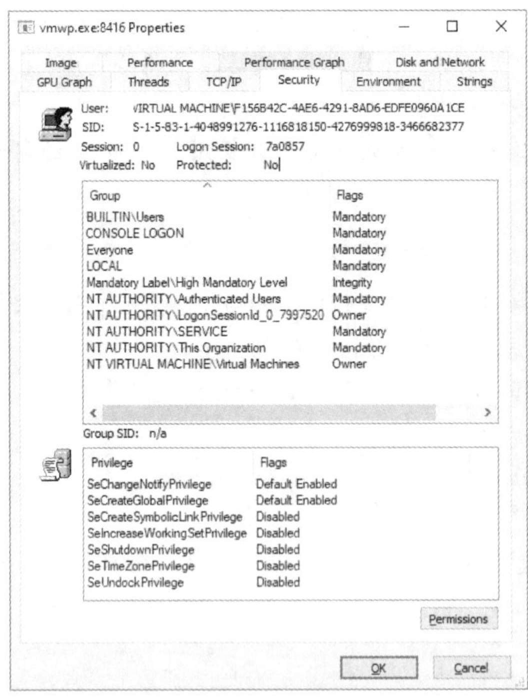

该 SID 的构成方式可反映出虚拟机 GUID。在本例中，虚拟机的 GUID 为{F156B42C-4AE6-4291-8AD6-EDFE0960A1CE}（我们也可以使用 PowerShell 来验证这一点，详细方法请参阅“操作根调度器”实验）。GUID 是一个 16 字节的序列，被组织成一个 32 位（4 字节）整数、两个 16 位（2 字节）整数，以及最后的 8 字节。上述例子中的 GUID 是按照如下方式组织的。

- 0xF156B42C 是最开头的 32 位整数，用十进制表示则为 4048991276。
- 0x4AE6 和 0x4291 是随后的两个 16 位整数，结合在一起组成了一个 32 位值，值的内容为 0x42914AE6，即十进制的 1116818150（注意：系统是小端序的，重要性不大的字节位于较低的地址上）。
- 最后的字节序列为 0x8A、0xD6、0xED、0xFE、0x09、0x60、0xA1 以及 0xCE（人工易读的 GUID 中的第三部分：8AD6，这是一个字节序列，而非一个 16 位的值），这些字节会合并为两个 32 位值：0xFEEDD68A 和 0xCEA16009，也就是十进制的 4276999818 和 3466682377。

如果将计算出的所有十进制数字与 NT 权威发出的常规 SID 标识符（S-1-5）以及虚拟机基准 RID（83）结合在一起，应该就能获得与 Process Explorer 中所示相同的 SID（本例中为 S-1-5-83-4048991276-1116818150-4276999818-3466682377）。

正如在 Process Explorer 中看到的，VMWP 进程的安全令牌不包含 Administrators 组，并且也不是代表当前登录的用户创建而来的。那么虚拟机工作进程又为何可以访问虚拟磁盘以及虚拟机配置文件？

答案就藏在 VMMS 进程中，在创建虚拟机时，该进程会扫描虚拟机路径上的每个组件，并修改所需文件夹和文件的 DACL。尤其是虚拟机根文件夹（根文件夹名称与虚拟机名称相同，因此应该可以在所创建的目录下找到一个与虚拟机同名的子文件夹）的正确访问，这要归功于所添加的虚拟机安全组 ACE。虚拟磁盘文件的正常访问则要归功于为虚拟机 SID 提供的允许访问 ACE。

我们可以使用资源管理器验证这一点：打开虚拟机的虚拟磁盘文件夹（名为 Virtual Hard Disks，位于虚拟机根文件夹中），右击 VHDX（或 VHD 文件）并选择“**属性**”，随后打开“**安全性**”选项卡。除了最初设置的 ACE，我们应该可以看到两个新增的 ACE（一个是虚拟机 ACE，另一个是适用于 AppContainer 的 VmWorker 进程能力）。

如果停止虚拟机并尝试从文件中删除虚拟机 ACE，随后该虚拟机就无法再启动了。要将虚拟磁盘还原为正确的 ACL，请运行这个 PowerShell 脚本：https://gallery.technet.microsoft.com/Hyper-V-Restore-ACL-e64dee58。

9.2.4 VMBus

VMBus 是 Hyper-V 虚拟化堆栈提供的一种机制，可供虚拟机实现分区间通信。这是一种能在客户机和宿主机之间建立通道的虚拟总线设备，这些通道可用于在分区间共享数据并创建半虚拟化设备（也叫综合设备）。

承载虚拟化服务提供程序（VSP）的根分区可通过 VMBus 通信，借此处理来自子分区的设备请求。在另一端，子分区（或客户机）可通过虚拟化服务使用程序（Virtualization Service Consumer，VSC）借助 VMBus 将设备请求重定向至 VSP。子分区需要借助 VMBus 和 VSC 驱动程序来使用半虚拟化的设备堆栈（有关虚拟硬件支持的详细信息请参阅“虚拟硬件支持”一节）。VMBus 通道主要通过“上游”和“下游”两个环形缓冲区让 VSC 和 VSP 传输数据。这些环形缓冲区会由虚拟机监控程序映射至两端的分区中，如上一节所述，虚拟机监控程序还能通过 SynIC 提供分区间通信。

工作进程在启动虚拟机时，最先启动的虚拟设备（VDEV）之一就是 VMBus VDEV（在 Vmbusvdev.dll 中实现）。在上电的过程中，它会向 VMBus 根设备（名为\Device\RootVmBus）发送 VMBUS_VDEV_SETUP IOCTL，借此可以将虚拟机工作进程连接至 VMBus 根驱动程序（Vmbusr.sys）。VMBus 根驱动程序会协调与子虚拟机进行双向通信的父端点。其初始设置例程还会在目标虚拟机暂未上电时调用，而它的一个重要作用是创建 XPartition 数据结构，该数据结构表示子虚拟机的 VMBus 实例，可用于连接所需的 SynIC 综合中断源（也叫 SINT，详见“综合中断控制器”一节）。在根分区中，VMBus 使用了两个综合中断源：一个用于初始消息握手（发生在通道创建前），另一个用于环形缓冲区发出的综合事件信号。不过子分区只使用了一个 SINT。设置例程会在子虚拟机中分配主消息端口，并在根中分配相应的连接，对于隶属于该虚拟机的每个虚拟处理器，还会分配事件端口及其连接（用于从子虚拟机接收综合事件）。

这两个综合中断源会分别使用名为 KiVmbusInterrupt0 和 KiVmbusInterrupt1 的 ISR 例程进行映射。在这两个例程的帮助下，根分区可以准备好接收来自子虚拟机的综合中断和消息。当收到消息（或事件）后，ISR 会将一个延迟过程调用（DPC）排队，借此检查消息是否有效。如果有效，会将一个工作项排队，稍后该工作项将被运行在被动 IRQL 级别的系统处理（这会对消息队列产生进一步的影响）。

根分区中的 VMBus 就绪后，根中的每个 VSP 驱动程序即可使用 VMBus 内核模式客户端库公开的服务为子虚拟机分配并提供 VMBus 通道。VMBus 内核模式客户端库（缩写为 KMCL）可通过不透明的 KMODE_CLIENT_CONTEXT 数据结构代表 VMBus 通道，该数据结构也是在创建通道时（具体来说是 VSP 调用 VmbChannelAllocate API 时）分配并初始化的。随后，根 VSP 通常会调用 VmbChannelEnabled API（子分区中的该函数可打开通道，建立与根分区的实际连接）以便向子虚拟机提供通道。KMCL 通过两个驱动程序实现：一个运行在根分区中（Vmbkmclr.sys），一个会被载入子分区

（Vmbkmcl.sys）。

在根分区中提供通道是一种相对复杂的操作，涉及下列步骤。

1）KMCL 驱动程序通过 VDEV 上电例程中初始化的文件对象与 VMBus 根驱动程序进行通信，VMBus 驱动程序获得表示子分区的 XPartition 数据结构，并启动通道提供过程。

2）VMBus 驱动程序提供的底层服务分配并初始化表示单个“通道”的 LOCAL_OFFER 数据结构，并预分配一些由 SynIC 预定义的消息。随后，VMBus 会在根中创建综合事件端口，随后子分区就可以在将数据写入环形缓冲区之后连接到信号事件。表示所提供通道的 LOCAL_OFFER 数据结构会被添加到一个内部服务器通道列表中。

3）VMBus 创建通道后，会尝试着向子分区发送 OfferChannel 消息，目的是通知子分区新通道已就绪。然而在这个阶段 VMBus 会失败，因为另一端（子虚拟机）尚未准备好，并且还没有开始初始消息握手。

在所有 VSP 完成了通道的供应操作，并且所有 VDEV 已经上电（详见上一节）后，虚拟机工作进程会启动虚拟机。为了让通道完全初始化并让相关连接启动，客户机分区应加载并启动 VMBus 子驱动程序（Vmbus.sys）。

初始 VMBus 消息握手

Windows 中的 VMBus 子驱动程序是一种由 PNP 管理器枚举并启动的 WDF 总线驱动程序，位于 ACPI 根枚举器中（Linux 有另一个版本的 VMBus 子驱动程序，但本书不会涉及该版本）。当子虚拟机的 NT 内核启动时，VMBus 驱动程序会初始化自己的内部状态（意味着将会分配所需数据结构和工作项）并创建\Device\VmBus 根功能设备对象（Functional Device Object，FDO），借此开始执行。随后 PNP 管理器会调用 VMBus 的资源分配处理程序例程。后者将配置正确的 SINT 源（在 WinHv 驱动程序的帮助下，对某一个 HvRegisterSint 寄存器发出 HvSetVpRegisters 虚拟化调用），并将其连接至 KiVmbusInterrupt2 ISR。此外，它还会获取 SIMP 页，借此向根分区发送和接收综合消息（详见“综合中断控制器”一节），并创建代表父（根）分区的 XPartition 数据结构。

当 PNP 管理器发出启动 VMBus 的 FDO 的请求后，VMBus 驱动程序会启动初始消息握手。在这个阶段，每个消息的发送都是通过发出 HvPostMessage 虚拟化调用实现的（同时还需借助 WinHv 驱动程序），借此虚拟机监控程序即可将综合中断注入目标分区（本例中的目标是分区）。接收方只需读取 SIMP 页面即可收到消息，接收方会将新的消息类型设置为 MessageTypeNone，借此发出消息已读取的信号（详见虚拟机监控程序 TLFS）。消息的读者可将图 9-25 所示的初始消息握手过程看作分为两个阶段的过程。

第一阶段由初始联系（Initiate Contact）消息所表示，该消息只会在虚拟机的生命周期中发送一次，由子虚拟机发给根分区，目的在于协商双方可支持的 VMBus 协议版本。截至撰写这部分内容，VMBus 协议主要分为五个版本，此外还有一些额外的变体。根分区会解析该消息，要求虚拟机监控程序映射客户端所分配的监视器页面（如果协议支持的话），并发送可接受的协议版本作为回复。请注意，如果情况与此不符（例如根分区运行的 Windows 版本低于子虚拟机中运行的版本），子虚拟机会重启动该过程并对 VMBus 协议版本进行降级，直到建立可兼容的版本。至此，子虚拟机已经准备好发送请求供应（Request Offers）消息，这会导致根分区发送已经由 VSP 提供的所有通道列表。这样，子分区即可在稍后的握手协议中打开通道。

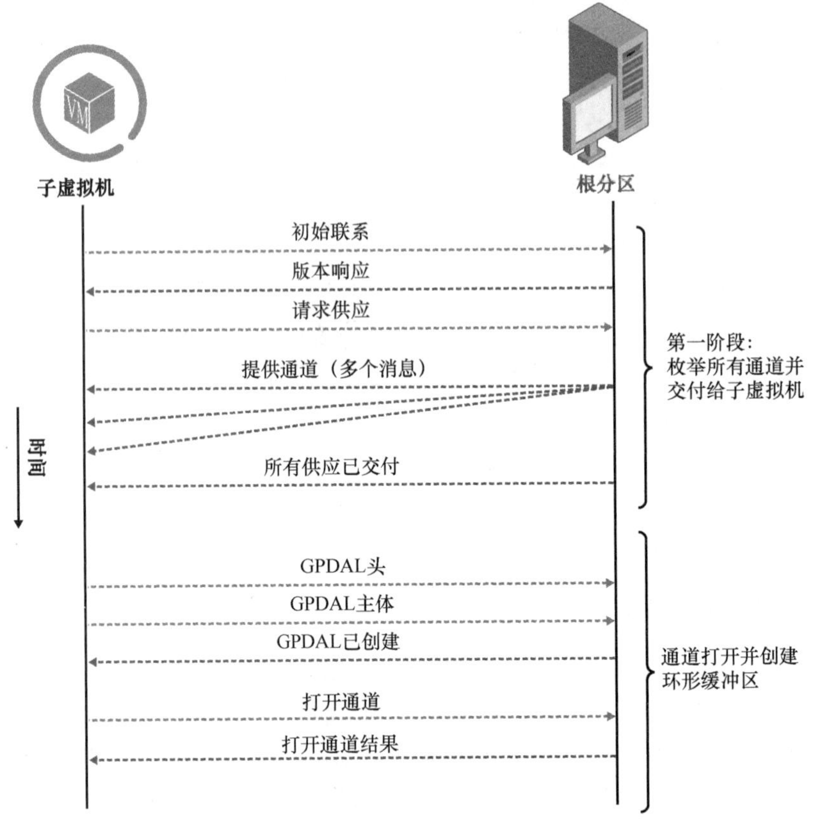

图 9-25　VMBus 初始消息握手

图 9-25 强调了在设置 VMBus 通道时由虚拟机监控程序发出的各种综合消息。根分区会浏览服务器通道列表（LOCAL_OFFER 数据结构，详见上文）提供的通道列表，并通过每个通道为子虚拟机发送一条供应通道（Offer Channel）消息。该消息与上文“VMBus”一节所介绍的通道提供协议最后发送的消息完全相同，因此，尽管每个虚拟机的生命周期中初始消息握手的第一阶段只会发生一次，但只要提供了通道，第二阶段就可以随时启动。供应通道消息包含的重要数据（例如通道类型和实例 GUID）可用于区分每个通道。对于 VDEV 通道，PNP 管理器可以使用这两个 GUID 正确地识别相关虚拟设备。

为了响应该消息，子分区会分配表示通道的客户端 LOCAL_OFFER 数据结构以及相关 XInterrupt 对象，同时会判断该通道是否需要创建物理设备对象（PDO），VDEV 通道通常总是需要创建。这种情况下，VMBus 驱动程序会创建代表新通道的 PDO 实例，所创建的设备可通过安全描述符获得必要保护，使其只能通过系统账户和管理员账户访问。随后 VMBus 标准设备接口也会被附加至新建的 PDO，借此在新的 VMBus 通道（由 LOCAL_OFFER 数据结构代表）和设备对象之间维持关联。PDO 创建完成后，PNP 管理器即可通过供应通道消息包含的 VDEV 类型和实例 GUID 识别并加载正确的 VSC 驱动程序。这些接口会变为新建 PDO 的一部分，可通过设备管理器查看。详细信息请参阅下面的实验。随后在 VSC 驱动程序加载完成后，通常即可调用 VmbEnableChannel API（由 KMCL 暴露，详见上文）“打开”渠道并创建最终的环形缓冲区。

实验：查看通过 VMBus 暴露的虚拟设备（VDEV）

每个 VMBus 通道均可通过类型和实例 GUID 来区分。对于属于 VDEV 的通道，其类型和实例 GUID 还可用于区分所公开的设备。当 VMBus 子驱动程序创建实例 PDO 时，会将通道的类型和实例 GUID 包含在多个设备的属性中，例如实例路径、硬件 ID、兼容 ID。本实验将介绍如何枚举 VMBus 上构建的所有 VDEV。

为完成该实验，需要通过 Hyper-V 管理器创建并启动一个 Windows 10 虚拟机。虚拟机启动并运行后，请打开设备管理器（在搜索框中输入“**设备管理器**”）。随后在设备管理器窗口中点击“**查看**”菜单，并选择“**按连接列出设备**”。VMBus 总线驱动程序是通过 ACPI 枚举器枚举并启动的，因此我们需要展开 ACPI x64-based PC 根节点，随后展开 Microsoft ACPI-Compliant System 子节点下的“ACPI 模块设备”，如下图所示。

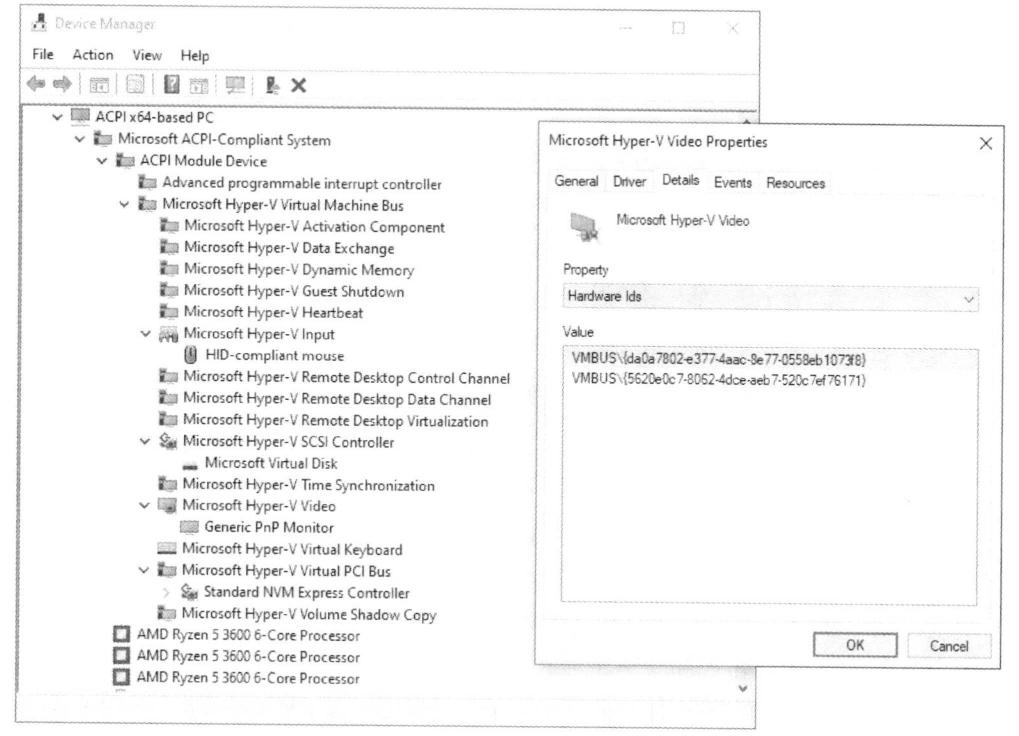

打开 ACPI 模块设备后会看见另一个名为 Microsoft Hyper-V Virtual Machine Bus 的节点，它代表根 VMBus PDO。在该节点下，设备管理器会显示当根分区提供了相关 VMBus 通道后，由该 VMBus FDO 创建的所有实例设备。

随后右击任何一个 Hyper-V 设备（如 Microsoft Hyper-V Video 设备）并选择“**属性**”。为了显示支持该虚拟设备的 VMBus 通道类型和实例 GUID，请打开“**属性**”窗口的“**详细信息**”选项卡。有三个设备属性中包含了通道的类型和实例 GUID（以不同格式呈现）：设备实例路径、硬件 ID 以及兼容 ID。虽然兼容 ID 仅包含 VMBus 通道类型 GUID（本例中为{da0a7802-e377-4aac-8e77-0558eb1073f8}），但硬件 ID 和设备实例路径同时包含了类型和实例 GUID。

打开 VMBus 通道并创建环形缓冲区

为了正确启动分区间通信并创建环形缓冲区，必须首先打开一个通道。通常来说，在分配了通道的客户端（依然通过 VmbChannel Allocate 进行）后，VSC 会调用从 KMCL 驱动程序导出的 VmbChannelEnable API。正如上一节所述，子分区中的这个 API 可以打开一个已经由根提供的 VMBus 通道。KMCL 驱动程序会与 VMBus 驱动程序通信，获取通道参数（如通道类型、实例 GUID、使用的 MMIO 空间），并为接收的数据包创建工作项。随后它会分配如图 9-26 所示的环形缓冲区。这个环形缓冲区的大小通常是由 VSC 调用 KMCL 导出的 VmbClientChannelInitSetRingBufferPageCount API 来指定的。

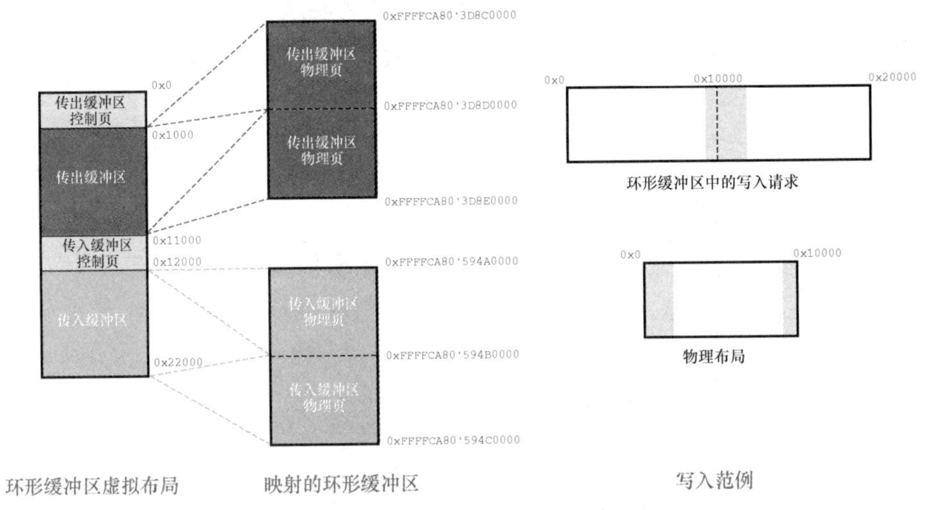

图 9-26　子分区中分配的一个 16 页环形缓冲区范例

环形缓冲区是从子虚拟机的非分页池中分配的，会使用一种名为双重映射（double mapping）的技术通过内存描述符列表（MDL）进行映射（MDL 详见卷 1 第 5 章）。在这种技术中，所分配的 MDL 可描述缓冲区中双倍数量的传入（或传出）物理页面。MDL 的 PFN 数组通过包含缓冲区的物理页面内容进行两次填充：一次填充该数组的前半部分，另一次填充后半部分。借此即可创建出“环形缓冲区”。

例如在图 9-26 中，传入和传出缓冲区分别为 16 个页面（0x10），传出缓冲区被映射至地址 0xFFFFCA803D8C0000。如果发送方将一个 1KB 的 VMBus 数据包写入接近缓冲区末尾的位置，假设写入偏移量 0x9FF00 处，写入将会成功（不会引发访问违规异常），但数据中的一部分会被写入缓冲区末尾，另一部分会写入开头。在图 9-26 中，仅 256（0x100）字节会被写入缓冲区末尾，而剩余 768（0x300）字节会被写入开头。

传入和传出缓冲区均被一个控制页所包围。该页面会在两个端点之间共享，并构成了虚拟机环形控制块。这种数据结构可用于跟踪写入环形缓冲区的最后一个数据包的位置。此外该数据结构还包含一些位，可用于控制当数据包需要交付时，是否发出一个中断。

环形缓冲区创建完毕后，KMCL 驱动程序会向 VMBus 发送一个 IOCTL，要求创建一个 GPA 描述符列表（GPADL）。GPADL 是一种类似于 MDL 的数据结构，可用于描述一大块物理内存。但与 MDL 的不同之处在于，GPADL 包含一个由客户机物理地址（GPA，总是以 64 位数字表示，这一点与 MDL 中包含的 PFN 不同）组成的数组。VMBus 驱动程序向根分区发送不同消息，借此传输整个 GPADL，描述传入和传出的环形缓冲区（综合消息最大可达 240 字节，详见上文）。根分区会重建整个 GPADL 并将其存储在一个内部列表中。当子虚拟机发出最终的打开通道（Open Channel）消息后，GPADL 会被映射至根分区中。根 VMBus 驱动程序解析收到的 GPADL，并使用 VID 驱动程序提供的服务将其映射至自己的物理地址空间（借此维持了组成虚拟机物理地址空间的内存块范围列表）。

至此通道已就绪：子分区和根分区可以直接读写环形缓冲区中的数据进行通信了。当发送方完成自己的数据写入操作后，即可调用 KMCL 驱动程序公开的 VmbChannelSendSynchronousRequest API，该 API 可调用 VMBus 服务，在与该通道相关的 Xinterrupt 对象的监视器页面中发送信号（老版本 VMBus 协议使用了一个中断页，其中包含一个与每个通道相对应的位），或者 VMBus 也可以直接向通道的事件端口发信号，这只取决于所需的延迟。

除 VSC 之外，其他组件也使用 VMBus 实现了更高级别的接口。例如 VMBus 管道，它是在两个内核模式库（Vmbuspipe.dll 和 Vmbuspiper.dll）中实现的，并且依赖 VMBus 驱动程序（通过 IOCTL）公开的服务。Hyper-V 套接字（也叫 HvSocket）允许使用标准网络接口（套接字）实现分区间高速通信。客户端通过指定目标虚拟机的 GUID 和 Hyper-V 套接字服务注册 GUID（若要使用 HvSocket，两端必须在注册表 HKLM\SOFTWARE\Microsoft\Windows NT\CurrentVersion\Virtualization\GuestCommunicationServices 键下注册），即可在不使用目标 IP 地址和端口的情况下连接至 AF_HYPERV 类型的套接字。Hyper-V 套接字是通过多个驱动程序实现的：HvSocket.sys 是传输驱动程序，负责公开套接字基础架构使用的底层服务；HvSocketControl.sys 是提供程序控制驱动程序，用于在系统中不存在 VMBus 接口时加载 HvSocket 提供程序；HvSocket.dll 是一个库，公开了补充的套接字接口（与 Hyper-V 套接字绑定），可从用户模式应用程序中调用。有关 Hyper-V 套接字和 VMBus 管道内部基础架构的详细介绍已超出本书的范围，相关内容可参阅微软文档。

9.2.5 虚拟硬件支持

为了正确运行虚拟机，虚拟化堆栈需要为虚拟化设备提供支持。Hyper-V 支持不同类型的虚拟设备，这些设备是通过虚拟化堆栈的多个组件实现的。发往以及来自虚拟设备的 I/O 主要由根操作系统负责协调，I/O 包括存储、网络、键盘、鼠标、串口以及 GPU（图形处理单元）。虚拟化堆栈可以向客户虚拟机公开三类设备。

- 模拟设备，（按照行业标准）也可称为完全虚拟化的设备。
- 综合设备，也叫半虚拟化设备。
- 硬件加速设备，也叫作直接访问设备。

为了针对物理设备执行 I/O 操作，处理器通常会从设备所属的输入和输出端口（I/O 端口）读取和写入数据。CPU 可以通过两种方式访问 I/O 端口。

- 通过一个独立的 I/O 地址空间，这是一种与物理内存地址空间不同的空间，在 AMD64 平台上，该空间可由 6.4 万个不同的可寻址 I/O 端口组成。这是一种较老的方法，通常只用于遗留的设备。

- 通过内存映射的 I/O 访问。可以像内存组件那样响应的设备，能够通过处理器的物理内存地址空间访问，这意味着 CPU 可以通过标准指令访问内存：底层物理内存会被映射至设备。

图 9-27 展示了一个模拟设备范例（第一代虚拟机所用的虚拟 IDE 控制器），该设备使用内存映射的 I/O 与虚拟处理器传输数据。

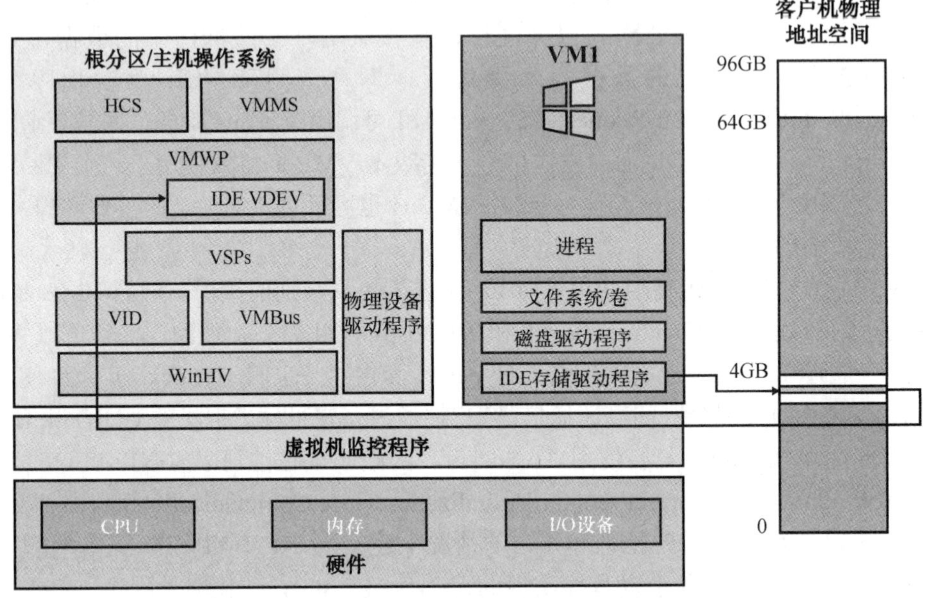

图 9-27　虚拟 IDE 控制器，它使用模拟的 I/O 执行数据传输

该模式下，每次虚拟处理器读写设备 MMIO 空间或发出指令以访问 I/O 端口时，都会向虚拟机监控成程序发出 VMEXIT。虚拟机监控程序调用相应的拦截例程，将例程调度给 VID 驱动程序。VID 驱动程序会构建一条 VID 消息，并将其放入一个内部队列。该队列会由一个内部 VMWP 线程排空，这个线程会等待并调度从 VID 驱动程序收到的虚拟处理器消息。这个线程叫作消息泵线程，隶属于一个在 VMWP 创建时初始化的内部线程池。虚拟机工作线程可识别导致 VMEXIT 的物理地址，将其与相应虚拟设备（VDEV）关联，并调用一个 VDEV 回调（通常是读取或写入回调）。VDEV 代码会使用指令模拟器提供的服务执行故障指令，并正确地模拟虚拟设备（本例中的 IDE 控制器）。

注意　虚拟机工作进程中的完整指令模拟器也可用于其他用途，例如加快子分区中拦截密集型代码的运行。此时，该模拟器可以让两次拦截期间的执行上下文保留在工作进程中，因为 VMEXIT 会产生较大的性能开销。旧版本硬件虚拟化扩展禁止在虚拟机中执行实模式代码，对于这种情况，虚拟化堆栈会使用模拟器在虚拟机中执行实模式代码。

半虚拟化设备

虽然模拟设备总是会产生 VMEXIT 并且相当慢，但图 9-28 展示了一种综合或半虚拟化设备范例：综合存储适配器。综合设备知道自己运行在虚拟化环境中，这样可以降低虚拟设备的复杂性，使其实现更高性能。一些综合虚拟设备只以虚拟形式存在，不会模拟任何真正的物理硬件（如综合 RDP）。

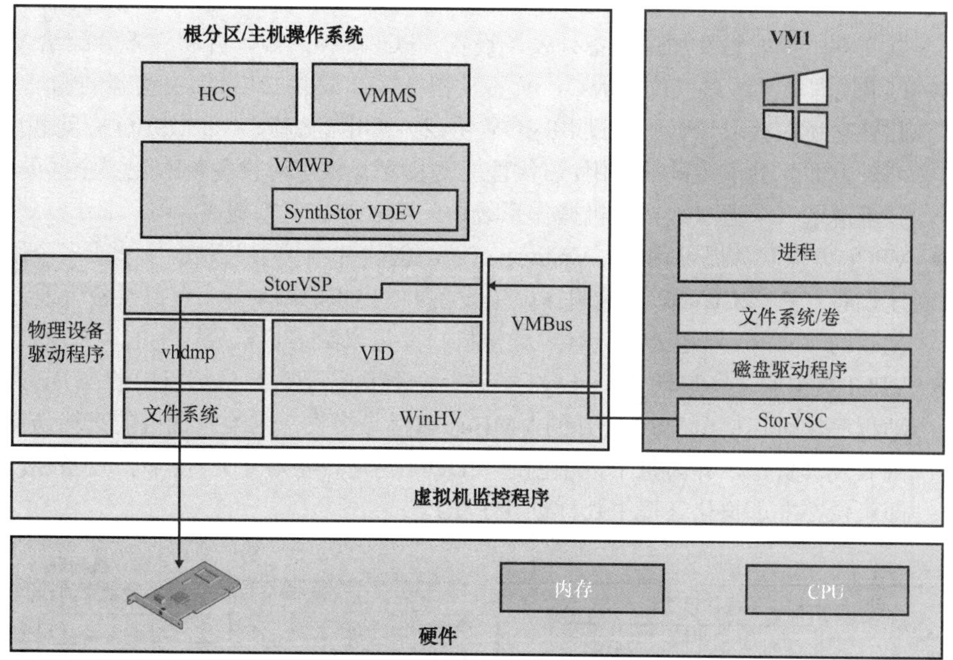

图 9-28 存储控制器半虚拟化设备

半虚拟化设备通常包含三个主要组件。

- 一个虚拟化服务提供程序（VSP）驱动程序，该组件运行在根分区中，可通过 VMBus 提供的服务（详见上文）将特定虚拟化接口公开给客户机。
- 一个综合 VDEV，会被映射至虚拟机工作进程，并且通常只在虚拟设备的驱动、拆除、保存和还原过程中提供协调作用。设备的常规工作过程中一般不会用到该组件。综合 VDEV 会初始化并分配设备特定的资源（例如本例中的 SynthStor VDEV 会初始化虚拟存储适配器），但最重要的是，它可以让 VSP 为客户机 VSC 提供 VMBus 通信通道。该通道可用于与根分区通信，以及通过虚拟机监控程序发出与设备有关的通知信号。
- 一个虚拟化服务使用程序（VSC）驱动程序，该组件运行在子分区中，可理解 VSP 所公开的与虚拟化有关的接口，并使用 VSP 通过 VMBus 公开的共享内存读/写消息和通知，这样虚拟设备即可比模拟的设备更快速地在子虚拟机中运行。

硬件加速设备

在服务器版系统中，硬件加速设备（也叫直接访问设备）可供物理设备重映射至客户机分区，而这是通过 VPCI 基础架构公开的服务实现的。如果物理设备支持诸如单根输入/输出虚拟化（Single-root Input/Output Virtualization，SR IOV）或离散设备分配（Discrete Device Assignment，DDA），即可映射至客户机分区。客户机分区可以直接访问与设备相关的 MMIO 空间，并在无须虚拟机监控程序进行任何拦截的情况下，直接通过客户机内存执行 DMA 访问。IOMMU 提供了所需的安全性，并保证了设备只能在属于虚拟机的物理内存中发起 DMA 传输。

图 9-29 展示了负责管理硬件加速设备的组件。

- 运行在虚拟机工作进程中的 VPci VDEV（Vpcievdev.dll），它的作用是从虚拟机配置文件中提取硬件加速设备列表，设置 VPCI 虚拟总线，并将设备分配给 VSP。
- PCI 代理驱动程序（Pcip.sys），负责从根分区卸载并安装 DDA 兼容的物理设备，此外它还在获取设备（通过 SR-IOV 协议）使用的资源（如 MMIO 空间和中断）列表方面起到了关键的作用。该代理驱动程序提供了对设备物理配置空间的访问，并呈现了一个无法被宿主机操作系统访问的“未挂载”设备。
- VPCI 虚拟服务提供程序（Vpcivsp.sys），创建并维护了关联给一个或多个硬件加速设备（在 VPCI VSP 中这叫作虚拟设备）的虚拟总线对象。虚拟设备可通过 VSP 创建的 VMBus 通道公开给客户虚拟机，并提供给客户机分区中的 VSC 使用。
- VPCI 虚拟服务客户端（Vpci.sys），这是一种运行于客户虚拟机中的 WDF 总线驱动程序，可连接至 VSP 公开的 VMBus 通道，接收暴露给虚拟机的直接访问设备列表及其资源，并为每个设备创建 PDO（物理设备对象）。随后，设备驱动程序即可像在非虚拟化环境中那样创建 PDO。

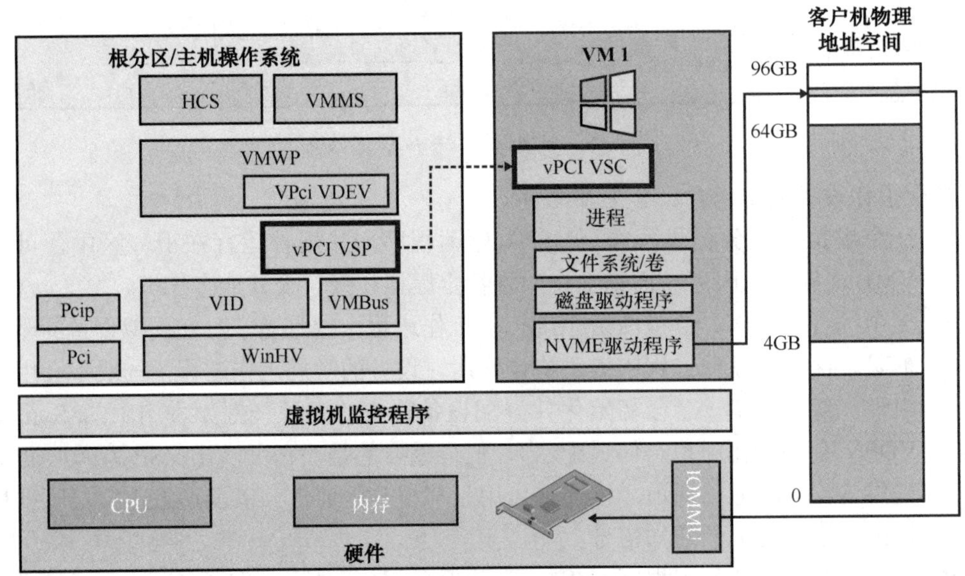

图 9-29　硬件加速设备

当用户要将硬件加速设备映射至虚拟机时，需要使用一些 PowerShell 命令（详见下面的实验），借此将设备从根分区“卸载”。该操作会迫使 VMMS 服务与标准 PCI 驱动程序（通过公开的 PciControl 设备）通信。VMMS 服务通过提供设备描述符（以总线、设备及功能 ID 形式）向 PCI 驱动程序发送 PCIDRIVE_ADD_VMPROXYPATH 这个 IOCTL。PCI 驱动程序检查描述符，如果验证成功，会将其添加至 HKLM\System\CurrentControlSet\Control\PnP\Pci\VmProxy 注册表值。随后 VMMS 使用 PNP 管理器暴露的服务启动 PNP 设备（重新）枚举。在枚举阶段，PCI 驱动程序可以找到新的代理设备并加载 PCI 代理驱动程序（Pcip.sys），将该设备标记为虚拟化堆栈保留，使其对宿主机操作系统不可见。

第二步需要将设备分配给虚拟机。这种情况下，VMMS 会将设备描述符写入虚拟机配置文件。当虚拟机启动时，VPCI VDEV（Vpcievdev.dll）从虚拟机配置中读取直接访问设备的描述符，并开始一个复杂的配置过程，这个过程主要由 VPCI VSP（Vpcivsp.sys）负责协调。实际上，在“上电”回调中，VPCI VDEV 会向 VPCI VSP（运行在根分区中）发送不同的 IOCTL，这是为了执行虚拟总线的创建操作并将硬件加速设备分配给客户虚拟机。

“虚拟总线”是一种数据结构，VPCI 基础架构可将其用作“黏合剂”来维持根分区、客户虚拟机，以及所分配的直接访问设备之间的连接。VPCI VSP 会分配并启动提供给客户虚拟机的 VMBus 通道，并将其封装在虚拟总线内。此外，虚拟总线还包含一些指向重要数据结构的指针，例如用于双向通信的已分配 VMBus 数据包、客户机电源状态等。虚拟总线创建完毕后，VPCI VSP 会执行设备分配工作。

硬件加速设备在内部是通过 LUID 识别的，并由一种 VPCI VSP 分配的虚拟设备对象来表示。VPCI VSP 可以根据设备的 LUID 定位适合的代理驱动程序（也叫作 Mux 驱动程序，通常为 Pcip.sys）。VPCI VSP 会从代理驱动程序查询 SR-IOV 或 DDA 接口，并借此获得直接访问设备的即插即用信息（硬件描述符），同时收集资源需求（MMIO 空间、BAR 寄存器、DMA 通道）。至此，设备就准备好可以附加至客户虚拟机：VPCI VSP 会使用 WinHvr 驱动程序公开的服务向虚拟机监控程序发出 HvAttachDevice 虚拟化调用，借此重新配置系统的 IOMMU，以便将设备的地址空间映射至客户机分区。

由于 VPCI VSC（Vpci.sys）的存在，客户虚拟机可以知道所映射的设备。VPCI VSC 是一种 WDF 总线驱动程序，由客户虚拟机中的 VMBus 总线驱动程序枚举并启动。它包含两个主要组件：一个在虚拟机启动时创建的 FDO（功能设备对象），以及一个或多个代表映射至客户虚拟机中的物理直接访问设备的 PDO（物理设备对象）。当 VPCI VSC 总线驱动程序在客户虚拟机中运行时，它会创建并启动 VMBus 通道中用于与 VSP 交换消息的客户端部分。“发送总线关系”是 VPCI VSC 通过 VMBus 通道发送的第一条消息。根分区中的 VSP 对此的响应是发送一个列表，该列表中包含的硬件 ID 描述了目前连接到虚拟机的硬件加速设备。当 PNP 管理器需要获得设备与 VPCI VSC 之间的新关系时，后者会为发现的每个直接访问设备新建一个 PDO。VSC 驱动程序还会向 VSP 发送其他消息，主要用途是请求 PDO 所需的资源。

初始设置完成后，设备管理过程中将很少用到 VSC 和 VSP。客户虚拟机中硬件加速设备的驱动程序会附加至相关 PDO 并管理外设，就好像这些设备是直接安装在物理计算机上的那样。

实验：将硬件加速的 NVMe 磁盘映射至虚拟机

如上一节所述，在 Windows Server 2019 宿主机上，支持 SR-IOV 和 DDE 技术的物理设备可以直接映射至客户虚拟机中。在这个实验中，我们要将通过 PCI-Ex 总线连接至系统，并且支持 DDE 的 NVMe 磁盘链接给一个运行 Windows 10 的虚拟机（Windows Server 2019 还支持直接分配显卡，但这已超出了本实验的范围）。

正如 https://docs.microsoft.com/virtualization/community/team-blog/2015/20151120-discrete-device-assignment-machines-and-devices 中所述，为了能被重新分配，设备需要符合某些特征，例如支持消息信号中断和内存映射 I/O。此外，运行虚拟机监控程序的计算机还需要支持 SR-IOV 并具备适当的 I/O MMU。在这个实验中，首先要确认系统 BIOS 中已经启用了 SR-IOV 标准（此处不再详述，具体操作请参阅计算机制造商文档）。

随后需要下载一个 PowerShell 脚本来验证自己的 NVMe 控制器是否兼容离散设备分配（discrete device assignment）。请访问 https://github.com/MicrosoftDocs/Virtualization-Documentation/tree/master/hyperv-samples/benarm-powershell/DDA 并下载名为 survey-dda.ps1 的 PowerShell 脚本。随后以管理员身份打开一个 PowerShell 窗口（在搜索框中输入 **PowerShell** 并选择“**以管理员身份运行**”），并运行 **Get-ExecutionPolicy** 命令检查 PowerShell 脚本执行策略是否被设置为 Unrestricted（不受限）。如果该命令的输出结果为“**Unrestricted**”之外的其他情况，请输入 **Set-ExecutionPolicy -Scope LocalMachine -ExecutionPolicy Unrestricted**，按下回车键，然后输入 **Y** 以确认。

执行下载的 survey-dda.ps1 脚本后，其输出结果会强调显示 NVMe 设备是否可以重新分配给客户虚拟机。输出结果范例如下：

```
Standard NVM Express Controller
Express Endpoint -- more secure.
    And its interrupts are message-based, assignment can work.
PCIROOT(0)#PCI(0302)#PCI(0000)
```

请记录位置路径（本例中为 PCIROOT(0)#PCI(0302)#PCI(0000)字符串）。接下来我们需要将目标虚拟机的自动停止操作设置为“关闭”（DDA 的必要步骤）并断开设备。本例中的虚拟机名为“Vibranium”，请在 PowerShell 窗口中输入下列命令（请将虚拟机名称和设备位置替换为实际值）：

```
Set-VM -Name "Vibranium" -AutomaticStopAction TurnOff
Dismount-VMHostAssignableDevice -LocationPath "PCIROOT(0)#PCI(0302)#PCI(0000)"
```

如果最后一个命令返回操作失败的错误，很可能是因为尚未禁用设备。请打开“**设备管理器**”并找到 NVMe 控制器（本例中为 Standard NVMe Express Controller），右击并选择“**禁用设备**”。随后即可再次运行最后一条命令，这次应该可以成功运行。随后运行下列命令将设备分配给虚拟机：

```
Add-VMAssignableDevice -LocationPath "PCIROOT(0)#PCI(0302)#PCI(0000)" -VMName
"Vibranium"
```

上一条命令可以将 NVMe 控制器从宿主机中彻底移除，我们可以在宿主机系统中使用设备管理器来验证这一点。随后需要启动虚拟机，为此可以使用 Hyper-V 管理器工具或 PowerShell。如果启动虚拟机后看到类似下图所示的错误信息，则可能意味着 BIOS 中尚未正确配置 SR-IOV，或 I/O MMU 不符合必需的要求（很可能因为不支持 I/O 映射）。

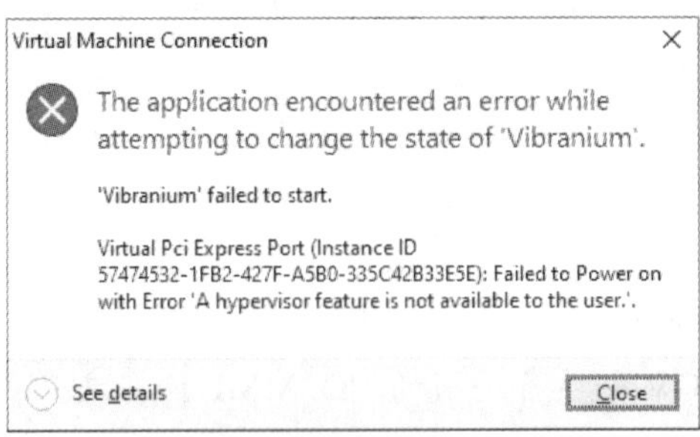

否则虚拟机应该可以正常启动。在这种情况下，我们应该可以在子虚拟机的设备管

理器中同时看到 NVMe 控制器和 NVMe 磁盘。我们可以在子虚拟机中使用磁盘管理工具创建分区，具体做法与宿主机操作系统中的操作完全相同。NVMe 磁盘可以全速运行，不会有性能损失（可以使用磁盘性能评测工具加以验证）。

若要正确地将设备从虚拟机中移除并重新挂载到宿主机操作系统，首先需要关闭虚拟机，随后运行下列命令（请注意，始终别忘了替换虚拟机名称和 NVMe 控制器位置）：

```
Remove-VMAssignableDevice -LocationPath "PCIROOT(0)#PCI(0302)#PCI(0000)" -VMName
"Vibranium"
Mount-VMHostAssignableDevice -LocationPath "PCIROOT(0)#PCI(0302)#PCI(0000)"
```

最后一条命令运行完成后，NVMe 控制器应当就可以重新出现在宿主机操作系统的设备管理器中。只需重新启用并重启动宿主机，即可在宿主机中使用这个 NVMe 磁盘了。

9.2.6 VA 支持的虚拟机

虚拟机的用途有很多，其中一种是在隔离的环境（容器）中正确运行传统软件（服务器 Silo 和应用程序 Silo 就是容器的两种类型，详见卷 1 第 3 章）。完整隔离的容器（内部命名为 Xenon 和 Krypton）需要能快速启动，开销低，并且尽可能减少内存占用。此类虚拟机的客户机物理内存通常会被多个容器共享。例如 Windows Defender Application Guard 就提供了一种容器，该功能可以通过容器提供完整隔离的浏览器或 Windows 沙盒，并借助容器获得完全隔离的虚拟化环境。通常来说，容器会共用相同的虚拟机固件、操作系统，并且通常还会共用某些相同的应用程序（这些共享组件组成了容器的基础层）。在专用的客户机物理内存空间中运行每个容器，这种做法并不可行，可能会极大地浪费物理内存。

为了解决这个问题，虚拟化堆栈为 VA 支持的虚拟机提供了支持。VA 支持的虚拟机可以使用宿主机操作系统的内存管理器为客户机分区的物理内存提供高级功能，如内存去重、内存修剪、直接映射、内存克隆，以及最重要的分页功能（所有这些概念均在卷 1 第 5 章进行了详细介绍）。对于传统的虚拟机来说，客户机内存是由 VID 驱动程序分配的，为此需要静态分配来自宿主机的系统页面，并将其映射至虚拟机的 GPA 空间，随后才能让虚拟处理器有机会开始执行；但对于 VA 支持的虚拟机来说，GPA 空间和 SPA 空间之间添加了一个新的中间层，此时不再需要将 SPA 页面直接映射到 GPA 空间，VID 可以创建一个初始为空的 GPA 空间，同时创建一个用户模式最小化进程（名为 VMMEM）来承载 VA 空间，并使用 MicroVM 设置 GPA 到 VA 的映射。MicroVM 是 NT 内核的一个新组件，它与 NT 内存管理器紧密集成，可负责 GPA 到 VA 的映射（由 VID 维护）以及 VA 到 SPA 的映射（由 NT 内存管理器维护），最终实现 GPA 到 SPA 的映射。

这个新增的中间层可以让 VA 支持的虚拟机充分利用原本供 Windows 进程使用的大部分高级内存管理功能。正如上一节所述，虚拟机工作进程在启动虚拟机时，需要让 VID 驱动程序创建分区的内存块。如果是 VA 支持的虚拟机，则会创建内存块范围 GPA 映射位图，借此跟踪为新虚拟机的 RAM 提供支持的已分配虚拟页面。随后虚拟机工作进程还会创建分区的 RAM 内存，这是由一个大范围的 VA 空间支持的。VA 空间通常会与虚拟机已分配的 RAM 内存容量一样大（但这并非必要条件：不同的 VA 范围可映射为不同的 GPA 范围），并且会在 VMMEM 进程的上下文中使用原生的 NtAllocateVirtualMemory API 进行保留。

如果“延迟提交”优化未启用（详见下一节），VID 驱动程序将再次调用 NtAllocateVirtualMemory API，这是为了提交整个 VA 范围。正如卷 1 第 5 章所述，提交的内存会消耗系统的提交限制，但依然不会分配任何物理页面（所有描述整个范围的 PTE 项都是无效的 PTE）。VID 驱动程序在这个阶段会使用 Winhvr 要求虚拟机监控程序将整个分区的 GPA 映射至一个特殊的无效 SPA（为此需要使用与标准分区一样的 HvMapGpaPages 虚拟化调用）。如果客户机分区访问的客户机物理内存是由这个特殊的无效 SPA 映射到 SLAT 表所产生的，此时会向虚拟机监控程序发出一个 VMEXIT，使其可以识别这个特殊值并向根分区注入内存拦截。

VID 驱动程序最后会调用 VmCreateMemoryRange 例程向 MicroVM 告知 VA 支持的 GPA 的新范围（MicroVM 服务由 NT 内核通过一个内核扩展公开给 VID 驱动程序）。MicroVM 将分配并初始化一个 VM_PROCESS_CONTEXT 数据结构，其中包含了两个重要的红黑树：一个描述虚拟机中分配的 GPA 范围，一个描述根分区中对应的系统虚拟地址（SVA）范围。随后一个指向已分配数据结构的指针会被保存到 VMMEM 实例的 EPROCESS 中。

当虚拟机工作进程希望写入 VA 支持的虚拟机的内存时，或由于 GPA 到 SPA 的无效转换产生了内存拦截时，VID 驱动程序会调用 MicroVM 页面错误处理程序（VmAccessFault）。该处理程序会执行两个重要操作：首先，它会在描述出错虚拟页面的页表中插入一个有效 PTE 来解决错误（详见卷 1 第 5 章），然后会更新子虚拟机的 SLAT 表（为此需要调用 WinHvr 驱动程序，由它发出另一个 HvMapGpaPages 虚拟化调用）。随后，虚拟机的客户机物理页面即可直接换出，因为私有进程内存通常都是可分页的。这就产生了一个重要的影响：要求 MicroVM 的大部分函数都以被动 IRQL 级别来运行。

NT 内存管理器的多个服务均可用于 VA 支持的虚拟机。尤其是克隆模板允许将 VA 支持的两个虚拟机的内存进行快速克隆，直接映射可以让共享的可执行映像或数据文件的节对象映射至 VMMEM 进程以及指向 VA 区域的 GPA 范围。底层物理页面可在不同虚拟机和宿主机进程之间共享，进而可大幅提高内存密度。

VA 支持的虚拟机的优化措施

如上一节所述，如果客户机访问缺乏支持的动态内存，或不具备所需权限，此时的访问成本将会相当高：如果客户机企图访问不可访问的内存，将发出 VMEXIT，这需要虚拟机监控程序挂起客户机虚拟处理器，调度根分区的虚拟处理器，并向其中注入一个内存拦截消息。VID 的拦截回调处理程序需要在高 IRQL 级别下调用，但处理该请求并调用 MicroVM 需要在 PASSIVE_LEVEL 级别下进行。因此需要将 DPC 放入队列。DPC 例程通过设置事件来唤醒负责处理拦截的相应线程。当 MicroVM 页面错误处理程序解决该错误并调用虚拟机监控程序以更新 SLAT 项（这要使用另一个虚拟化调用，并产生另一个 VMEXIT）之后，才能恢复客户机虚拟处理器的运行。

运行时产生大量内存拦截会导致性能受到巨大影响。为了避免这种问题，系统以客户机启发（或一些简单配置）的方式实现了很多优化措施。

- 内存清零启发。
- 内存访问提示。
- 启发式页面错误。
- 延迟提交和其他优化措施。

内存清零启发

为避免将原本由根分区或其他虚拟机使用的内存构件中包含的信息泄露给另一个虚拟机，内存支持的客户机 RAM 必须首先清零，然后才能通过映射供其他客户机访问。一般来说，操作系统会在启动过程中将所有物理内存清零，因为在物理系统中，这些内容是非确定性（nondeterministic）的。对于虚拟机，这意味着内存需要清零两次：一次由虚拟化宿主机清零，一次由客户机操作系统清零。对于以物理形式支持的虚拟机，这顶多浪费了 CPU 周期；但对于 VA 支持的虚拟机，客户机操作系统进行的清零会产生代价高昂的内存拦截。为避免无谓的拦截，虚拟机监控程序提供了内存清零启发。

当 Windows 加载器加载主操作系统时，会使用 UEFI 固件提供的服务得到计算机的物理内存图。当虚拟机监控程序启动 VA 支持的虚拟机时，会公开 HvGetBootZeroedMemory 的虚拟化调用，Windows 加载器可以借此查询实际上已经清零的物理内存范围列表。在将执行转向 NT 内核之前，Windows 加载器会将获得的已清零页面与通过 EFI 服务获得的物理内存描述符合并，并将结果存储到加载器块（有关启动机制的详情请参阅第 12 章）中。NT 内核通过跳过初始内存清零操作，即可将合并后的描述符直接插入已清零的页面列表中。

虚拟机监控程序也通过类似方式为热添加内存的清零启发提供了支持，这是通过一种简单的实现做到的：当动态内存 VSC 驱动程序（dmvsc.sys）向 NT 内核发起添加物理内存的请求时，会指定 MM_ADD_PHYSICAL_MEMORY_ALREADY_ZEROED 标记，这会提示内存管理器（MM）直接将新页面添加到清零后的页面列表。

内存访问提示

对于以物理形式支持的虚拟机，根分区对于客户机内存管理器将如何使用物理页面所能提供的信息极为有限。对于这些虚拟机，这类信息大多都是不相关的，因为几乎所有的内存和 GPA 映射都是在虚拟机启动时创建的，随后将保持静态映射。对于 VA 支持的虚拟机，这类信息则非常有用，因为宿主机内存管理器所管理的最小化进程的工作集中就包含了虚拟机的内存（VMMEM）。

这样的热提示可以让客户机表明要将一组物理页面映射至客户机，因为这些页面很快就要访问，或者需要频繁访问。这也意味着页面会被添加到最小化进程的工作集中。VID 处理这类提示的方法是告诉 MicroVM 立即对物理页面进行错误处理，而不要将其从 VMMEM 进程的工作集中移除。

冷提示也可以通过类似方式让客户机表明一组物理页面应该从客户机中取消映射，因为很快就不再使用了。VID 驱动程序处理此类提示的方法是将其转发给 MicroVM，进而立即将页面从工作集中移除。通常来说，客户机会为已经被后台清零页面线程清零的页面使用冷提示（详见卷 1 第 5 章）。

VA 支持的客户机分区可以使用 HvMemoryHeatHint 虚拟化调用为页面指定内存提示。

启发式页面错误

启发式页面错误（Enlightened Page Fault，EPF）处理是一种可以让 VA 支持的客户机分区重新调度虚拟处理器上线程的功能，该功能会导致 VA 支持的 GPA 页面产生内存拦截。通常来说，此类页面的内存拦截处理方式为：以同步方式解决根分区的访问错误，并在访问错误完成后恢复虚拟处理器的运行。当启用了 EPF 并且 VA 支持的 GPA 页面发生内存拦截后，根分区中的 VID 驱动程序会创建一个后台工作线程，由该线程调用 MicroVM 页面错误处理程序并向客户机虚拟处理器发出一个同步异常（不要将它与异步中断混淆），这样就可以告知当前线程导致了内存拦截。

客户机重新调度该线程，同时宿主机正在处理访问错误。访问错误完成后，VID 驱动程序会将原先导致故障的 GPA 添加到一个完成队列中，并向客户机发出一个异步中断。该中断会导致客户机检查完成队列，并解除对正在等待 EPF 完成的任何线程所进行的封锁。

延迟提交和其他优化措施

启用延迟提交这项优化措施，会迫使 VID 驱动程序在首次访问前不要提交每一个支持页面。这有可能在无须增大页面文件的情况下同时运行更多虚拟机，但因为提供支持的 VA 空间只是保留空间，并未提交，所以虚拟机在运行过程中可能因达到根分区的提交限额而崩溃。这种情况下已经没有更多可用内存了。

我们还可以通过其他优化措施设置由 MicroVM 页面错误处理程序分配的页面大小（可分配“大”或“小”页面），并在首次访问时固定支持页面，这样可以防止老化和修剪，通常可实现更一致的性能，但代价是需要消耗更多的内存，并且会降低内存密度。

VMMEM 进程

VMMEM 进程的存在主要出于以下两个原因。

- 在启用根调度器的情况下承载虚拟处理器调度线程循环，并代表客户机虚拟处理器的调度单元。
- 为 VA 支持的虚拟机承载 VA 空间。

VMMEM 进程由 VID 驱动程序在创建虚拟机分区时创建。与普通分区（详见上一节）一样，虚拟机工作进程会通过 VID.dll 库初始化虚拟机的设置，该库可通过 IOCTL 调用 VID。如果 VID 驱动程序检测到新分区由 VA 支持，则它会通过 VsmmNtSlatMemoryProcessCreate 函数调用 MicroVM 来创建最小化进程。MicroVM 使用的 PsCreateMinimalProcess 函数可分配进程，创建地址空间，并将该进程插入进程列表。随后它会保留地址空间中底部的 4 GB，以确保直接映射的映像最终不会出现在这里（这会降低客户机的熵和安全性）。VID 驱动程序会为新的 VMMEM 进程应用一个特定的安全描述符，仅 SYSTEM 和虚拟机工作进程可以访问该进程（虚拟机工作进程会使用特定令牌启动，该令牌的所有者会被设置为使用虚拟机的唯一 GUID 生成的 SID）。这一点非常重要，如果不这样做，VMMEM 进程的虚拟地址空间将会被所有人访问。通过读取进程虚拟内存，恶意用户有可能读取到虚拟机专用的客户机物理内存。

9.3　基于虚拟化的安全性

正如上一节所述，Hyper-V 提供了在 Windows 系统中管理和运行虚拟机所需的服务。虚拟机监控程序保证了分区之间可实现必要的隔离。这样，一个虚拟机就无法影响另一个虚拟机的运行。本节将介绍 Windows 虚拟化基础架构的另一个重要组件：安全内核，它提供了基于虚拟化的安全性所需的基础服务。

首先，我们会介绍安全内核提供的服务及其要求，随后将介绍架构和基本组件；此外，还会介绍一些基本的内部数据结构，并讨论安全内核和虚拟安全模块启动方法，以及它们对虚拟机监控程序的高度依赖性；最后会介绍以安全内核为基础构建的各类组件，例如隔离用户模式、虚拟机监控程序实施的代码完整性、安全软件隔区、安全设备，以及 Windows 内核热修补和微码服务。

9.3.1 虚拟信任级别和虚拟安全模式

如上一节所述，虚拟机监控程序会使用 SLAT 将每个分区维持在自己的内存空间中。分区中运行的操作系统可以通过标准方式（借助页表将客户机虚拟地址转换为客户机物理地址）来访问内存。在这一过程内部，硬件会将所有分区 GPA 转换为真正的 SPA 并执行实际的内存访问。这最后一个转换层由虚拟机监控程序维护，并且会为每个分区使用一个单独的 SLAT 表。通过类似方式，虚拟机监控程序也可以使用 SLAT 在一个分区中创建多个安全域。微软正是基于这个功能设计了安全内核，并使其成为虚拟安全模式（Virtual Secure Mode，VSM）的基础。

传统上，操作系统只有一个物理地址空间，在 Ring 0 级别（即内核模式）运行的软件可以访问任何物理内存地址。因此，如果运行在这种管理者模式下的任何软件（内核、驱动程序等）被攻陷，整个系统也将被攻陷。虚拟安全模式可以利用虚拟机监控程序为系统软件提供一种全新的信任边界。在 VSM 的帮助下，安全边界（由虚拟机监控程序通过 SLAT 描述）可以放置在一个更合适的位置，并对管理者模式下资源的访问加以限制。因此，在使用 VSM 后，即使管理者模式下的代码被攻陷，整个系统也不会被波及。

VSM 通过虚拟信任级别（Virtual Trust Level，VTL）的概念提供了这样的边界。究其核心，VTL 实际上是对物理内存提供的一系列访问保护措施。每个 VTL 可以具备不同的访问保护措施，借此 VTL 即可用于实现内存隔离。VTL 的内存访问保护可配置为限制特定 VTL 所能访问的物理内存。在使用 VSM 的情况下，虚拟处理器将始终在特定 VTL 下运行，只能访问通过虚拟机监控程序 SLAT 标记为可访问的物理内存。举例来说，如果某个处理器运行在 VTL 0 下，那么只能访问与 VTL 0 相关的内存访问保护所控制的内存。这种对内存访问的限制发生在客户机物理内存转换的层面上，因此，无法被分区中以管理者模式运行的代码更改。

VTL 可以形成层次结构。层级越高，特权越多，并且高层级可调整低层级的内存访问保护。因此，运行在 VTL 1 的软件可以调整 VTL 0 的内存访问保护，限制 VTL 0 所能访问的内存。这使得 VTL 1 中的软件可以向 VTL 0 隐藏（隔离）内存。这是一个很重要的概念，同时也是 VSM 的实现基础。目前，虚拟机监控程序只支持两个 VTL：代表常规操作系统执行环境，用户可与之交互的 VTL 0；代表安全模式，负责运行安全内核与隔离用户模式（IUM）的 VTL 1。由于 VTL 0 中运行了标准操作系统和应用程序，因此通常也会被称为“常规模式”。

注意 VSM 架构最初的设计最多可支持 16 个 VTL。但截至撰写这部分内容，虚拟机监控程序只支持 2 个。未来微软有可能添加一个或多个新 VTL。例如，Azure 中运行的最新版 Windows Server 支持的机密虚拟机[①]功能，其宿主机兼容层（Host Compatibility Layer，HCL）就运行在 VTL 2 中。

---

① 机密虚拟机是一种特殊用途的 Azure 虚拟机，相比普通的 Azure 虚拟机，它可提供更强大的安全边界和隔离能力，同时还可提供更多安全功能，适合对安全性和机密性要求更高的用户。详细信息可参阅 Azure 官网。——译者注

每个 VTL 都具备下列相关特征。

- **内存访问保护**。如上文所述，每个 VTL 都有一组客户机物理内存访问保护措施，用于决定软件如何访问内存。
- **虚拟处理器状态**。虚拟机监控程序中的每个虚拟处理器都与每个 VTL 共享某些寄存器，但也有一些寄存器是每个 VTL 私有的。VTL 的私有虚拟处理器状态无法被更低级别 VTL 下运行的软件所访问。这样即可在 VTL 之间对处理器的状态实现隔离。
- **中断子系统**。每个 VTL 都有一个唯一的中断子系统（由虚拟机监控程序综合中断控制器负责管理）。VTL 的中断子系统无法被更低级别 VTL 下运行的软件所访问。这样即可在特定 VTL 下安全地管理中断，不会造成低 VTL 生成非预期中断或屏蔽中断的风险。

图 9-30 展示了虚拟机监控程序为虚拟安全模式（VSM）提供的内存保护架构方案。虚拟机监控程序会通过不同的 VMCS 数据结构（详见上一节）代表虚拟处理器的每个 VTL，其中还包括一个特定的 SLAT 表。这样，运行在某个特定 VTL 下的软件就只能访问分配给自己所在级别的物理内存页。这里的重点在于：SLAT 保护会应用于物理页面，而非虚拟页面，虚拟页面是由标准页表负责保护的。

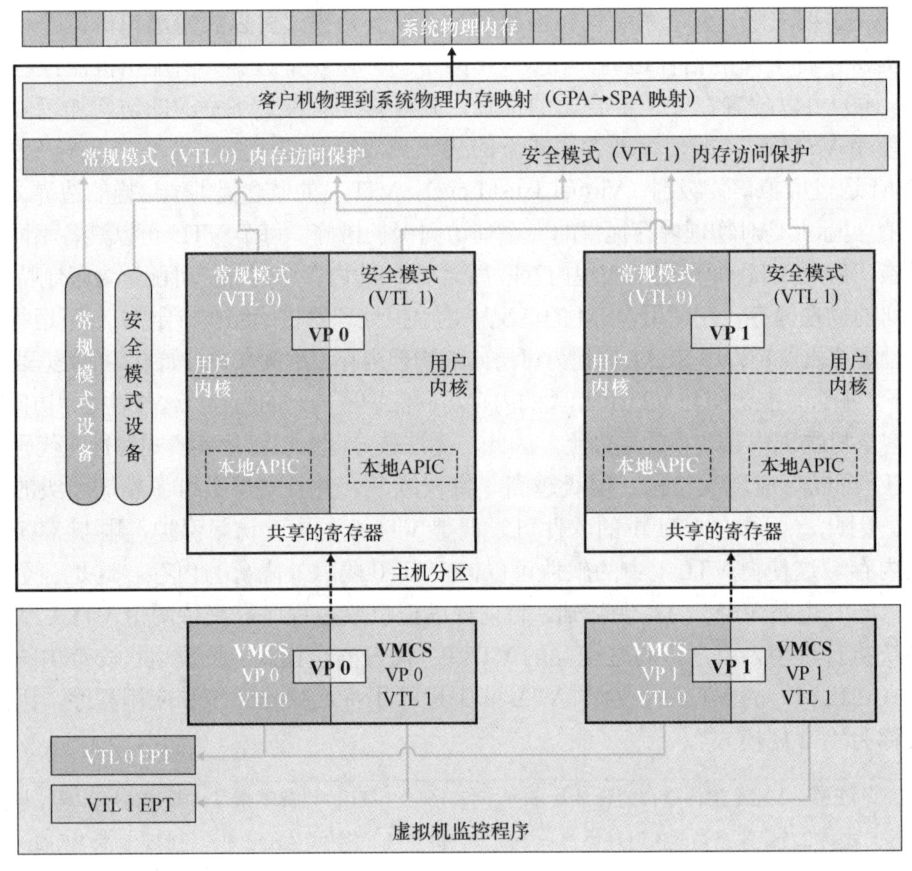

图 9-30　虚拟机监控程序为 VSM 提供的内存保护架构方案

9.3.2　VSM 提供的服务及其要求

基于虚拟机监控程序构建的虚拟安全模式（VSM）为 Windows 生态提供了下列服务。

- **隔离**。IUM 为每个在 VTL 1 下运行的软件提供了基于硬件的隔离环境。安全内核所管理的安全设备会与系统的其他部分隔离，并运行在 VTL 1 用户模式下。运行在 VTL 1 下的软件通常会将不能被截取或泄露的机密数据存储在 VTL 0 下。凭据保护（credential guard）功能就大量使用了该服务，该功能可以将所有系统凭据存储在运行于 VTL 1 用户模式下的 LsaIso Trustlet 内存地址空间中。
- **对 VTL 0 的控制**。虚拟机监控程序实施的代码完整性（Hypervisor Enforced Code Integrity，HVCI）可检查常规操作系统加载并运行的每个模块的完整性和签名。完整性检查完全在 VTL 1 下进行（可访问所有的 VTL 0 物理内存），任何 VTL 0 软件都无法干扰签名检查。此外，HVCI 保证了包含可执行代码的所有常规模式内存页都会被标记为不可写（该功能也叫 W^X，HVCI 和 W^X 详见卷 1 第 7 章）。
- **安全拦截**。VSM 提供的机制可以让较高的 VTL 锁定某些关键系统资源，防止其被较低的 VTL 访问。HyperGuard 大量使用了安全拦截，该功能可阻止对操作系统的关键组件进行恶意修改，以此为 VTL 0 内核提供一层额外的保护。
- **基于 VBS 的隔区**。安全隔区（security enclave）是用户模式进程地址空间中一块隔离的内存区域。这种内存隔区甚至无法被更高的特权级别访问。该技术最初的实现需要使用硬件组件对属于进程的内存加密，而基于 VBS 的隔区，则可以由 VSM 对隔区的隔离性提供保证。
- **内核控制流防护**。在启用 HVCI 的情况下，VSM 可以为常规世界中的每个内存模块（以及 NT 内核本身）提供控制流防护（Control Flow Guard，CFG）。运行在常规世界中的内核模式软件可以对位图获得只读访问的权限，因此，攻击措施将无法修改这些内容。也正因如此，Windows 中的内核 CFG 也被称为安全内核 CFG（SKCFG）。

注意 CFG 是微软对控制流完整性的实现结果，这种技术可以防止各类恶意攻击对程序的执行流进行重定向。用户模式和内核模式 CFG 的详情可参阅卷 1 第 7 章。

- **安全设备**。安全设备是一种全新类型的设备，其映射和管理工作完全由 VTL 1 下的安全内核负责。此类设备的驱动程序完全在 VTL 1 用户模式下运行，会使用安全内核提供的服务映射设备 I/O 空间。

为了正确启用并正常运行，VSM 对硬件有一些要求。宿主机系统必须支持虚拟化扩展（Intel VT-x、AMD SVM 或 ARM TrustZone）和 SLAT。如果系统处理器不具备上述一种硬件功能，那么 VSM 将无法运行。虽然其他一些硬件功能并不严格要求，但如果不支持，VSM 的某些安全权限可能将无法保证。

- 为防范物理设备的 DMA 攻击，必须具备 IOMMU。如果系统处理器不具备 IOMMU，那么 VSM 依然可以运行，但容易受到此类物理设备的攻击。
- 为保护启动虚拟机监控程序和安全内核所需的引导链，必须具备启用安全启动（secure boot）功能的 UEFI BIOS。如果不启用安全启动，那么系统的启动过程将容易受到攻击，这种攻击可能修改虚拟机监控程序和安全内核的完整性，甚至在这些功能开始执行前进行篡改。

其他组件是可选的，但如果有这些组件，将大幅改善系统的整体安全性和响应性。

TPM 就是一个很好的例子。安全内核会使用 TPM 存储主加密密钥并执行安全运行（也叫 DRTM，详见第 12 章）。还有一个硬件组件可以改善 VSM 的响应性，那就是处理器对基于模式的执行控制（Mode-Based Execute Control，MBEC）提供的硬件支持：当启用 HVCI 以保护内核模式中用户模式页的执行状态时，就会用到 MBEC。通过使用硬件 MBEC，虚拟机监控程序可以根据特定 VTL 的 CPL（内核或用户）域设置物理内存页的可执行状态。这样，属于用户模式应用程序的内存将以物理的方式标记为只能由用户模式下的代码执行（内核漏洞将不再执行自己位于用户模式应用程序内存中的代码）。如果不支持硬件 MBEC，则虚拟机监控程序需要模拟 MBEC，为此需要为 VTL 0 使用两个不同的 SLAT 表，并在代码执行改变了 CPL 安全域时进行切换（从用户模式切换至内核模式，或反之，这种情况下都会产生 VMEXIT）。有关 HVCI 的详情请参阅卷 1 第 7 章。

实验：检测 VBS 及其提供的服务

我们将在第 12 章讨论 VSM 启动策略并介绍如何手动启用或禁用基于虚拟化的安全性。在这个实验中，我们将检查虚拟机监控程序和安全内核所提供各类功能的状态。VBS 是一种不对用户直接可见的技术，默认安装的 Windows 中提供的系统信息工具可显示有关安全内核及其相关技术的详细信息。我们可以在搜索框中输入 **msinfo32** 运行该工具。请以管理员身份运行该工具，某些信息仅供具备完整特权的用户账户查看。

从下图可知，VBS 已启用，并且包含 HVCI（显示为“虚拟机监控程序实施的代码完整性”）、UEFI 运行时虚拟化（显示为“UEFI 只读”）、MBEC（显示为“基于模式的执行控制”）。然而，下图所示的系统未启用安全启动，也不包含可用的 IOMMU（在“基于虚拟化的安全性可用安全属性”这一行下显示为“DMA 保护”）。

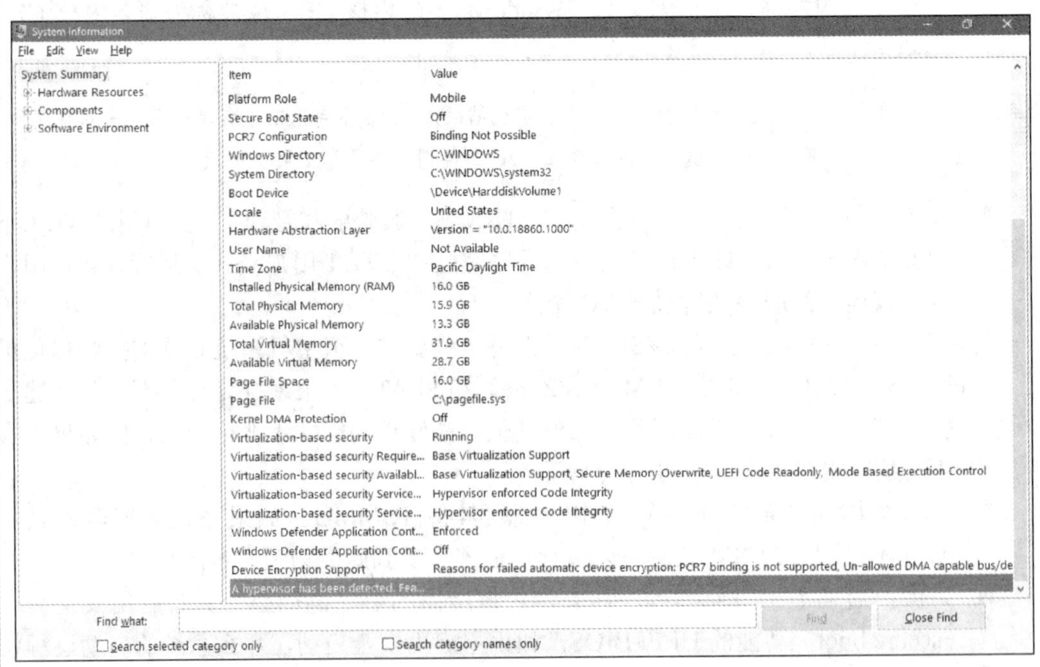

有关如何启用、禁用、锁定 VBS 配置的详细信息请参阅第 12 章的“理解 VSM 策略”实验。

9.4 安全内核

安全内核主要在 securekernel.exe 文件中实现，由 Windows 加载器在虚拟机监控程序成功运行后启动。如图 9-31 所示，安全内核是一种最小化的操作系统，会与运行在 VTL 0 下的常规内核紧密合作。与任何常规操作系统类似，安全内核运行在 VTL 1 的 CPL 0（也称 Ring 0 或内核模式）模式下，它为 VTL 1 的 CPL 3（也称 Ring 3 或用户模式）下的隔离用户模式（Isolated User Mode，IUM）提供所需服务（大部分通过系统调用提供）。为了尽可能地减小攻击面，安全内核在设计上尽可能的小巧。它不像常规内核那样可以通过外部设备驱动程序进行扩展，唯一可以扩展其功能的内核模块是由 Windows 加载器在 VSM 启动前加载并从 securekernel.exe 中导入的。

- **Skci.dll**：实现安全内核中与虚拟机监控程序实施的代码完整性有关的部分。
- **Cng.sys**：提供安全内核所需的密码学引擎。
- **Vmsvcext.dll**：为安全内核组件在 Intel TXT（Trusted Boot）环境中的认证提供支持（有关 Trusted Boot 的详情请参阅第 12 章）。

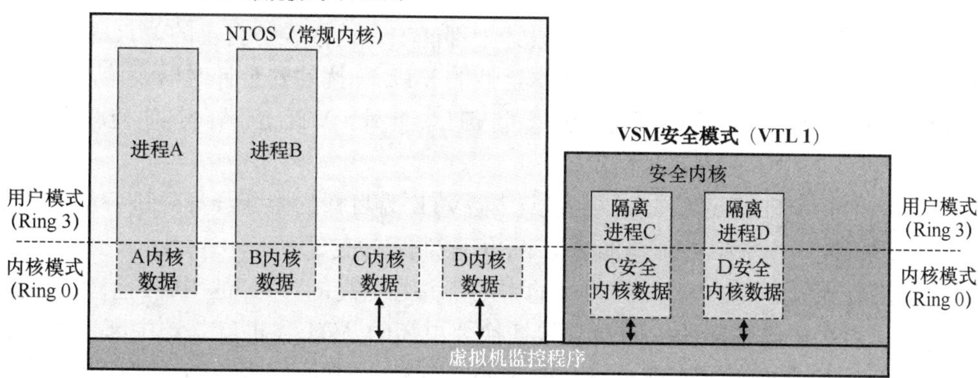

图 9-31 基于虚拟机监控程序构建的虚拟安全模式架构方案

虽然安全内核不可扩展，但隔离用户模式提供了一种名为 Trustlet 的专用进程。Trustlet 相互之间会被隔离，并且在数字签名方面有一些特殊要求。它们能通过 Syscall 与安全内核通信，并能通过邮件槽和 ALPC 与常规世界通信。隔离用户模式的详细信息请参阅下文。

9.4.1 虚拟中断

当虚拟机监控程序配置底层虚拟分区时，在 CPU 的物理 APIC（Advanced Programmable Interrupt Controller，高级可编程中断控制器）引发一个外部中断后，它都要求物理处理器产生一个 VMEXIT。硬件的虚拟机扩展允许虚拟机监控程序向客户机分区注入虚拟中断（详见 Intel、AMD 以及 ARM 的用户手册）。在这两个因素的作用下，虚拟机监控程序实现了综合中断控制器（SynIC）的概念。SynIC 可以管理两种中断。虚拟中断是指传递给客户机分区虚拟 APIC 的中断，虚拟中断可以表示并与由真实硬件生成的物理硬件中断相关联。此外，虚拟中断也可以表示综合中断，这种中断由虚拟机监控程序为响应某些类型的事件生成。SynIC 可将物理中断映射至虚拟中断。VTL 中所运行的每个虚拟处理器都会有一个相关联的 SynIC。截至撰写这部分内容，虚拟机监控程序在设计上已经可以支持 16 种不同的综合中断向量（但目前只用到了其中的两种）。

当系统启动时（NT 内核初始化的阶段 1），ACPI 驱动程序会借助 HAL 提供的服务将每个中断映射给相应的向量。NT HAL 已经得到启发，知道自己是否运行在 VSM 下。这种情况下，它调用虚拟机监控程序将每个物理中断映射给自己的 VTL，甚至安全内核也会这样做。不过截至撰写这部分内容，安全内核还不具备相关的物理中断（这种情况以后可能发生变化，虚拟机监控程序已经可以支持这样的功能）。目前，安全内核会要求虚拟机监控程序只接收下列虚拟中断：安全计时器、虚拟中断通知辅助（Virtual Interrupt Notification Assist，VINA）以及安全拦截。

注意 必须了解这样一种情况：在管理只属于外部类型的中断时，虚拟机监控程序会要求底层硬件产生一个 VMEXIT。异常依然会在执行处理器的同一个 VTL 中进行管理（不会产生 VMEXIT）。如果有指令导致异常，依然需要由当前 VTL 下的结构化异常处理（SEH）代码进行管理。

为了理解这三种虚拟中断，首先必须看看虚拟机监控程序是如何管理中断的。

在虚拟机监控程序中，每个 VTL 在设计上都能安全地接收与自己的 VTL 相关设备发出的中断。这样即可获得一个不会被低安全性的 VTL 干扰的安全计时器设施，并确保在较高 VTL 下执行代码时防止中断发给较低的 VTL。此外，VTL 应当向其他处理器发出 IPI 中断。这种设计产生了下列几种情况。

- 在特定的 VTL 下运行时，接收以当前 VTL 为目标的中断会导致进行标准的中断处理机制（由虚拟处理器的虚拟 APIC 控制器决定）。
- 如果收到以更高的 VTL 为目标的中断，并且更高的 VTL 的 IRQL 值允许提交中断，那么接收这样的中断会导致切换至更高的 VTL（也就是该中断原本的目标 VTL）。如果更高的 VTL 的 IRQL 值不允许接收中断，那么将不切换当前的 VTL，直接将该中断加入队列。这种行为使得较高的 VTL 可以在返回较低的 VTL 时选择性地屏蔽中断。如果较高的 VTL 正在运行中断服务例程并且需要返回较低的 VTL 以协助处理中断，这样的设计就会比较有用。
- 如果收到的中断以较低的 VTL 为目标（低于虚拟处理器当前执行的 VTL），那么中断会被放入队列，等待将来交付给较低的 VTL。以较低的 VTL 为目标的中断永远不会抢占当前的 VTL 的执行。相反，只有在虚拟处理器下一次转换到目标 VTL 时，这样的中断才会出现。

防止向较低的 VTL 发出中断，并不总是一种好的解决方案。在很多情况下，这可能导致常规操作系统的执行速度减慢（尤其是在一些关键任务或游戏环境中）。为了更好地应对这些情况，系统引入了 VINA。作为常规事件调度循环的一部分，虚拟机监控程序会检查是否有排队等待传递到较低的 VTL 的中断。如果有，虚拟机监控程序就会向当前执行的 VTL 注入一个 VINA 中断。安全内核也在自己的虚拟 IDT 中为 VINA 向量注册一个处理程序。该处理程序（ShvlVinaHandler 函数）可向 VTL 0 执行常规调用（NORMALKERNEL_VINA，常规调用和安全调用详见下文）。该调用会迫使虚拟机监控程序切换至常规内核

（VTL 0）。一旦 VTL 被切换，所有排队的中断就会被正确调度。常规内核会通过发出一个 SECUREKERNEL_RESUMETHREAD 安全调用重新进入 VTL 1。

安全 IRQL

VINA 处理程序并不总在 VTL 1 下执行。与 NT 内核类似，这也取决于代码实际执行时所在的 IRQL。当前执行代码的 IRQL 会屏蔽所有小于或等于自己的 IRQL 所关联的中断。中断向量与 IRQL 之间的映射由虚拟 APIC 的任务优先级寄存器（Task Priority Register，TPR）维护，这一点与真实的物理 APIC 无异（详见 Intel 架构手册）。如图 9-32 所示，相比常规内核，安全内核可支持不同级别的 IRQL。这些 IRQL 就叫安全 IRQL。

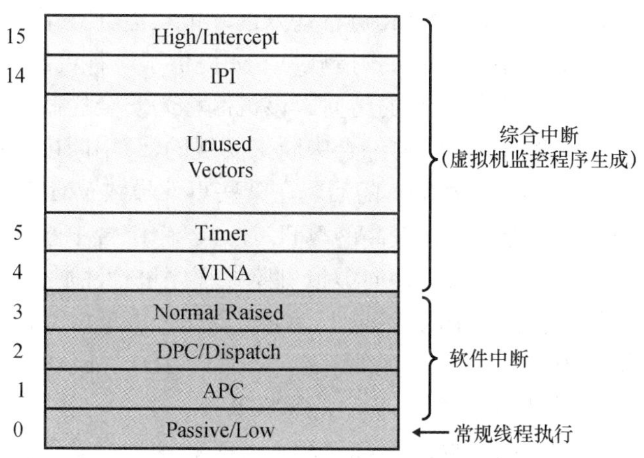

图 9-32 安全内核中断请求级别（IRQL）

前三个安全 IRQL 由安全内核管理，具体方法与常规世界中的类似。常规 APC 和 DPC（以 VTL 0 为目标）依然无法通过虚拟机监控程序抢占 VTL 1 中执行的代码，但 VINA 中断却可以传送给安全内核（操作系统通过写入目标处理器的 APIC 任务优先级寄存器来管理这三个软件中断，该操作会导致向虚拟机监控程序发出 VMEXIT。有关 APIC TPR 的详情请参阅 Intel、AMD 或 ARM 手册）。这意味着，如果常规模式 DPC 被选择以一个正在执行 VTL 1 代码的处理器为目标（处于可兼容的安全 IRQL 级别下，该级别至少应该为 Dispatch），VINA 中断将被传递出去，并且会将执行上下文切换至 VTL 0。实际上，这会导致在常规世界中执行 DPC，并会在短时间内将常规内核的 IRQL 提升至 Dispatch 级别。DPC 队列排空后，常规内核的 IRQL 也将降低。在位于 VslpEnterIumSecureMode 例程中的 VSM 通信循环代码帮助下，执行流将返回至安全内核。该循环可以处理来自安全内核的每个常规调用。

安全内核会将前三个安全 IRQL 映射至常规世界中的相同 IRQL。当从常规世界的特定 IRQL（依然小于或等于 Dispatch）下执行的代码发出安全调用后，安全内核会将自己的安全 IRQL 切换至相同的级别。反之亦然，即当安全内核执行常规调用进入 NT 内核时，也会将常规内核的 IRQL 切换至与自己相同的级别。但这只适用于前三个级别。

当 NT 内核以高于 DPC 级别的 IRQL 进入安全世界时，就会使用正常提升后的级别。在这种情况下，安全内核会将所有高于 DPC 的常规世界 IRQL 映射至正常提升后的安全级别。该级别下执行的安全内核代码无法为常规内核中任何类型的软件 IRQL 接收任何 VINA（但依然可以为硬件中断接收 VINA）。每次 NT 内核以高于 DPC 的常规 IRQL 进入安全世界时，安全内核都会将自己的安全 IRQL 提升至常规提升级别。

等于或高于 VINA 的安全 IRQL 永远不会被常规世界运行的代码抢占。这也解释了安全内核为什么可以支持安全的、不可抢占的计时器和安全拦截这样的概念。安全计时器由虚拟机监控程序的时钟中断服务例程（ISR）生成。该 ISR 在将综合时钟中断注入 NT 内核前，会检查是否有一个或多个安全计时器已经过期。如果有，则它会向 VTL 1 注入一个综合安全计时器中断，随后继续将时钟周期中断转发给常规 VTL。

9.4.2　安全拦截

在有些情况下，安全内核可能需要阻止以较低的 VTL 运行的 NT 内核访问某些关键系统资源。例如，对某些处理器的 MSR 进行写入的功能可能会被用来发起攻击，进而使虚拟机监控程序失效或破坏它的一些保护措施。VSM 提供了一种机制，可以让较高的 VTL 锁定关键系统资源，阻止较低的 VTL 的访问。该机制称为安全拦截。

安全拦截是通过在安全内核中注册综合中断来实现的，该中断由虚拟机监控程序提供（会在安全内核中重映射至向量 0xF0）。随后，在某些事件导致 VMEXIT 后，虚拟机监控程序会向触发该拦截的虚拟处理器上较高的 VTL 注入一个综合中断。截至撰写这部分内容，安全内核会为下列类型的拦截事件向虚拟机监控程序进行注册。

- 写入某些重要的处理器 MSR（Star、Lstar、Cstar、Efer、Sysenter、Ia32Misc 以及 AMD64 架构中的 APIC）和特殊寄存器（GDT、IDT、LDT）。
- 写入某些控制寄存器（CR0、CR4 以及 XCR0）。
- 写入某些 I/O 端口（例如端口 0xCF8 和 0xCFC，这种拦截还管理着 PCI 设备的重配置）。
- 对受保护客户机物理内存的无效访问。

当 VTL 0 软件引发一个会提升至 VTL 1 的拦截时，安全内核需要从自己的中断服务例程中识别出拦截的类型。为此，安全内核会使用 SynIC 为“拦截”综合中断源而分配的消息队列（有关 SynIC 和 SINT 的详情，请参阅上文“分区间通信”一节）。安全内核可以通过检查由虚拟机监控程序虚拟化的 SIMP 综合 MSR 来发现并映射物理内存页面。物理页面的映射是在 VTL 1 中的安全内核初始化时执行的。安全内核的启动过程详见下文。

为了保护常规 NT 内核中的敏感部分，HyperGuard 大量使用了拦截功能。如果 NT 内核中安装的恶意 Rootkit 程序试图通过将特定值写入受保护寄存器（如 Syscall 处理程序、CSTAR 和 LSTAR，或特定模型的寄存器）而篡改系统，安全内核拦截处理程序（ShvlpInterceptHandler）会过滤寄存器的新值，如果发现这些值不可接受，就会向 VTL 0 的 NT 内核注入一个常规保护错误（General Protection Fault，GPF）不可屏蔽异常。这会导致立即出现 Bug 检查操作，进而让系统停止运行。如果写入的值可接受，安全内核会使用虚拟机监控程序，通过 HvSetVpRegisters 虚拟化调用写入新的值（此时安全内核是将对寄存器的访问充当代理）。

对虚拟化调用的控制

安全内核与虚拟机监控程序注册的最后一种拦截类型为虚拟化调用拦截。虚拟化调用拦截的处理程序会检查 VTL 0 代码向虚拟机监控程序发出的虚拟化调用是否合法，是否源自操作系统本身，而非某些外部模块。当任何一个 VTL 发出虚拟化调用时，都会导致虚拟机监控程序产生 VMEXIT（设计特性）。虚拟化调用是每个 VTL 的内核组件相互之间（以及虚拟机监控程序本身）请求服务时使用的基础服务。只有在使用虚拟化调用向虚拟机监控程序直接请求服务时，虚拟机监控程序才会向较高的 VTL 注入综合拦截中断，并会跳过与安全内核之间进行安全调用和常规调用的所有虚拟化调用。

如果虚拟化调用未被识别为有效，则完全不会被执行：此时，安全内核会更新较低的 VTL 的寄存器，以便发出虚拟化调用错误的信号。系统不会崩溃（不过这种行为在未来可能产生变化），发出调用的代码可以决定如何处理该错误。

9.4.3 VSM 系统调用

如上一节所述，VSM 使用虚拟化调用向安全内核请求服务。虚拟化调用最初设计用于向虚拟机监控程序请求服务，但在 VSM 中，该模型通过扩展已经可以支持新类型的系统调用。

- VTL 0 中的常规 NT 内核可发出安全调用，向安全内核请求服务。
- 如果需要由 VTL 0 中运行的 NT 内核提供服务，则 VTL 1 中的安全内核可以请求常规调用。此外，一些调用还可被隔离用户模式（IUM）下运行的安全进程（Trustlet）用于向安全内核或常规 NT 内核请求服务。

此类系统调用在虚拟机监控程序、安全内核及常规 NT 内核中实现。为了在不同的 VTL 之间切换，虚拟机监控程序定义了两个虚拟化调用：HvVtlCall 和 HvVtlReturn。安全内核和 NT 内核也为安全调用和常规调用的调度定义了调度循环。

此外，安全内核还实现了另一种系统调用：安全系统调用。这种系统调用只为运行在 IUM 下的安全进程（Trustlet）提供服务，不会暴露至常规 NT 内核。虚拟机监控程序完全不参与安全系统调用的处理。

虚拟处理器状态

在深入介绍安全调用和常规调用的架构前，有必要分析虚拟处理器是如何管理 VTL 转换的。安全 VTL 总是在长模式（AMD64 处理器的执行模式，CPU 只访问 64 位的指令和寄存器）下运行，并会启用分页。不支持任何其他执行模式。这可以简化安全 VTL 的启动和管理，也为安全模式下运行的代码提供了一层额外保护（下文将讨论该模式的一些其他影响）。

为了提高效率，虚拟处理器的一些寄存器是在 VTL 之间共享的，而另外一些寄存器则是每个 VTL 私有的。在 VTL 之间切换时，共享寄存器的状态不会改变，这就可以在 VTL 之间快速传递少量信息，同时降低切换 VTL 时的上下文切换开销。每个 VTL 都有自己的私有寄存器实例，这些实例仅供该 VTL 访问。当在 VTL 之间切换时，虚拟机监控程序可以保存并还原私有寄存器的内容，因此，当在一个虚拟处理器上进入某个 VTL 后，私有寄存器的状态将包含与虚拟处理器之前在该 VTL 下最后一次运行时相同的值。

虚拟处理器的大部分寄存器是在 VTL 之间共享的。尤其是常规用途寄存器、向量寄存器以及浮点寄存器会在所有 VTL 间共享，但也有少量例外，例如 RIP 和 RSP 寄存器。

私有寄存器包含一些控制寄存器、架构寄存器以及虚拟机监控程序虚拟 MSR。安全拦截机制（详见上一节）可以让安全环境控制哪些 MSR 可被常规模式环境所访问。表 9-3 总结了 VTL 间共享的寄存器以及每个 VTL 私有的寄存器。

表 9-3　VTL 的虚拟处理器寄存器状态

类型	常规寄存器	MSR
共享	Rax, Rbx, Rcx, Rdx, Rsi, Rdi, Rbp CR2 R8～R15 DR0～DR5 X87 浮点状态 XMM 寄存器 AVX 寄存器 XCR0 (XFEM) DR6（依赖于处理器）	HV_X64_MSR_TSC_FREQUENCY HV_X64_MSR_VP_INDEX HV_X64_MSR_VP_RUNTIME HV_X64_MSR_RESET HV_X64_MSR_TIME_REF_COUNT HV_X64_MSR_GUEST_IDLE HV_X64_MSR_DEBUG_DEVICE_OPTIONS HV_X64_MSR_BELOW_1MB_PAGE HV_X64_MSR_STATS_PARTITION_RETAIL_PAGE HV_X64_MSR_STATS_VP_RETAIL_PAGE MTRR 和 PAT MCG_CAP MCG_STATUS
私有	RIP, RSP RFLAGS CR0, CR3, CR4 DR7 IDTR, GDTR CS, DS, ES, FS, GS, SS, TR, LDTR TSC DR6（依赖于处理器）	SYSENTER_CS, SYSENTER_ESP, SYSENTER_EIP, STAR, LSTAR, CSTAR, SFMASK, EFER, KERNEL_GSBASE, FS.BASE, GS.BASE HV_X64_MSR_HYPERCALL HV_X64_MSR_GUEST_OS_ID HV_X64_MSR_REFERENCE_TSC HV_X64_MSR_APIC_FREQUENCY HV_X64_MSR_EOI HV_X64_MSR_ICR HV_X64_MSR_TPR HV_X64_MSR_APIC_ASSIST_PAGE HV_X64_MSR_NPIEP_CONFIG HV_X64_MSR_SIRBP HV_X64_MSR_SCONTROL HV_X64_MSR_SVERSION HV_X64_MSR_SIEFP HV_X64_MSR_SIMP HV_X64_MSR_EOM HV_X64_MSR_SINT0 – HV_X64_MSR_SINT15 HV_X64_MSR_STIMER0_CONFIG – HV_X64_MSR_STIMER3_CONFIG HV_X64_MSR_STIMER0_COUNT -HV_X64_MSR_STIMER3_COUNT 本地 APIC 寄存器（包括 CR8/TPR）

安全调用

当NT内核需要安全内核提供服务时，会使用一个特殊函数VslpEnterIumSecureMode。该例程可接收一个 104 字节的数据结构（名为 SKCALL），借此可描述操作类型（调用服务、刷新 TB、恢复线程、调用隔区）、安全调用编号，以及最多 12 个 8 字节的参数。如果有必要，该函数会提升处理器的 IRQL，并确定安全线程 Cookie 的值。该值可以告知安全内核由哪个安全线程处理该请求，随后会重新启动安全调用调度循环。每个 VTL 的可执行状态是一个依赖其他 VTL 的状态机。

由 VslpEnterIumSecureMode 函数描述的循环管理如图 9-33 左侧列出的所有运行在 VTL 0 下的操作（安全中断除外）。NT 内核可决定进入安全内核，安全内核可决定进入常规 NT 内核。循环开始时将通过 HvlSwitchToVsmVtl1 例程进入安全内核（指定调用者要求的操作）。后续的函数只有在安全内核请求 VTL 切换时才会返回，还会保存所有共享寄存器，并将完整的 SKCALL 数据结构存储在一些明确定义的 CPU 寄存器中，即 RBX 和 SSE 寄存器的 XMM10 到 XMM15。最后，它会向虚拟机监控程序发出一个 HvVtlCall 虚拟化调用。虚拟机监控程序切换到目标 VTL（通过加载保存的每 VTL VMCS）并将 VTL 安全调用进入原因写入 VTL 控制页。实际上，为了确定进入安全 VTL 的原因，虚拟机监控程序维护着一个被每个安全 VTL 共享的记录信息的内存页面。该页面可供虚拟机监控程序和虚拟处理器中安全 VTL 内运行的代码进行双向通信。

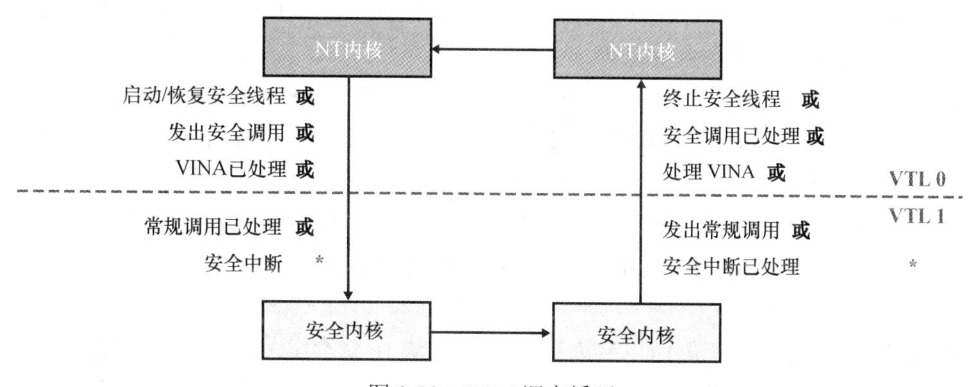

图 9-33 VSM 调度循环

虚拟处理器在 VTL 1 上下文中通过安全内核的 SkCallNormalMode 函数重新开始执行。代码会读取 VTL 进入原因，如果原因不是安全中断，那么会加载当前处理器的 SKPRCB（安全内核处理器控制块），选择要运行的线程（从安全线程 Cookie 开始），并将 SKCALL 数据结构的内容从 CPU 共享寄存器复制到内存缓冲区中。最后，它会调用 IumInvokeSecureService 这个调度程序例程，由该例程处理所请求的安全调用，将调用调度给正确的函数并实现 VTL 1 中的部分调度循环。

这方面有一个重要的概念需要理解：安全内核可以映射并访问 VTL 0 内存，因此，无须将任何最终数据结构封送并复制，然后通过一个或多个参数指向 VTL 1 内存。但这个概念并不适用于下一节要讨论的常规调用。

如上一节所述，安全中断和拦截是由虚拟机监控程序调度的，可抢占 VTL 0 中执行的任何代码。这种情况下，当 VTL 1 代码开始执行时，会将中断调度给正确的 ISR。当 ISR 运行完毕后，安全内核会立即发出一个 HvVtlReturn 虚拟化调用。因此，VTL 0 中的代码可以在之前被中断的地方重新开始执行，但这个位置并不处于安全调用调度循环中。所以，即使依然会产生 VTL 切换，但安全中断并非调度循环的一部分。

常规调用

常规调用的管理方式与安全调用的类似（在 VTL 1 中使用一个名为“常规调用循环”的类似调度循环），但也有些重要区别，如下所示。

- 在向虚拟机监控程序发出 HvVtlReturn 以切换 VTL 之前，所有共享的 VTL 寄存器会以安全的方式清空。这可以防止将安全数据泄露到常规模式。

- 常规 NT 内核无法读取安全 VTL 1 内存。为了正确传递常规调用所需的 Syscall 参数和数据结构，这需要一个能被安全内核和常规内核共享的内存缓冲区。安全内核会使用 ALLOCATE_VM 常规调用（无须以参数形式传递任何指针）分配该共享缓冲区。该常规调用会被调度到 NT 常规内核的 MmAllocateVirtualMemory 函数。所分配的内存会重新映射至安全内核中相同的虚拟地址，并成为安全进程共享内存池的一部分。
- 正如将在下文讨论的那样，隔离用户模式（IUM）最初被设计为可以执行特殊的 Win32 可执行文件，这些文件应当能在常规世界和安全世界中无差别地运行。即使在 IUM 中，也会映射未经修改的标准 Ntdll.dll 库和 KernelBase.dll 库，这产生了一个重要后果：几乎所有原生的 NT API（被 Kernel32.dll 和很多其他用户模式库所依赖）都需要由安全内核来代理。

为了正确处理上述问题，安全内核包含了一个封送处理程序（marshaler），它可以识别并正确复制共享缓冲区中 NT API 参数所指向的数据结构。该封送处理程序还能确定从安全进程内存池中分配的共享缓冲区大小。安全内核定义了以下三种类型的常规调用。

- **禁用的常规调用**。并未在安全内核中实现，如果从 IUM 调用，则将会直接失败并返回退出代码 STATUS_INVALID_SYSTEM_SERVICE。此类调用无法直接由安全内核本身发出。
- **启用的常规调用**。仅由 NT 内核实现，可从 IUM 的原始 Nt 或 Zw 版本中（通过 Ntdll.dll）调用。不过安全内核可以请求“启用的常规调用”（需要通过一个小型的存根代码加载常规调用编号），设置编号的最高位，并调用常规调用的调度程序（IumGenericSyscall 例程）。最高位可确定常规调用是由安全内核本身发出的，而不是由 ITM 中加载的 Ntdll.dll 模块发出的。
- **特殊的常规调用**。在安全内核（VTL 1）中部分或全部实现，可用于过滤原始函数的结果或完全重新设计其代码。

启用的和特殊的常规调用可标记为 KernelOnly（仅内核）。在后一种情况下，常规调用只能由安全内核本身（而不是由安全进程）所请求。我们已经在卷 1 第 3 章“Trustlet 可访问的系统调用”一节列出了启用的和特殊的常规调用（它们可从 VSM 中运行的软件内调用）。

图 9-34 展示了一个特殊的常规调用的例子。在本例中，LsaIso 这个 Trustlet 调用 NtQueryInformationProcess 原生 API 来请求特定进程的信息。IUM 中映射的 Ntdll.dll 准备好 Syscall 编号并执行 SYSCALL 指令，该指令将执行流转移到位于安全内核（VTL 1）中的 KiSystemServiceStart 这个全局系统调用调度程序。全局系统调用调度程序识别出该系统调用编号属于常规调用，因此，使用该编号访问 IumSyscallDispatchTable 数组，该数组代表了常规调用的调度表。

常规调用的调度表包含一个由压缩后的项组成的数组，该数组在安全内核启动过程（详见下文）的阶段 0 生成。其中每一项都包含一个到目标函数的偏移量（根据与表本身的相对关系计算而来）以及自己参数（和某些标记）的数量。表中所有这些偏移量最初都被计算为指向常规调度的调度程序例程（IumGenericSyscall）。在第一个初始化周期结束后，安全内核启动例程会对代表特殊调用的每一项进行修补。新的偏移量会指向安全内核中实现常规调用的代码。

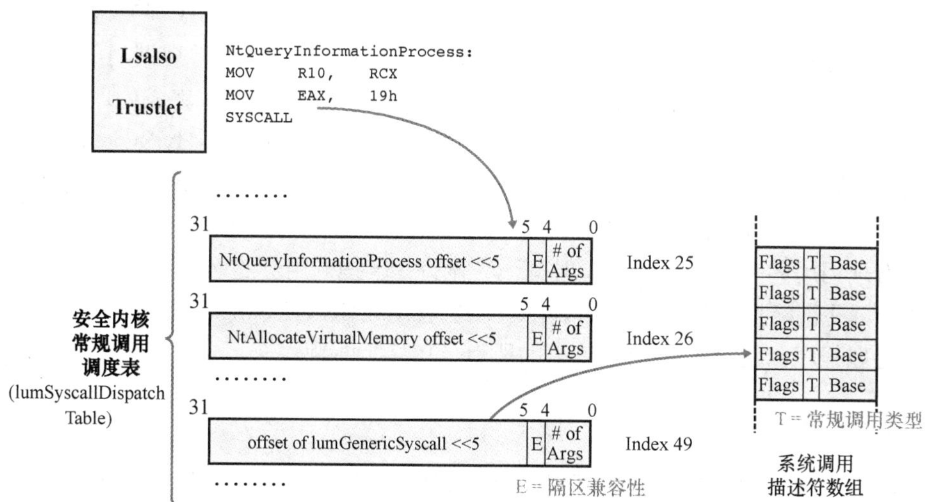

图 9-34 Trustlet 针对 NtQueryInformationProcess API 执行特殊的常规调用

因此在图 9-34 中，全局系统调用的调度程序会将执行转移到在安全内核中实现的 NtQueryInformationProcess 函数部分。后者会检查所请求的信息类是否为安全内核公开的小规模子集之一，如果是，则将使用一个小型存根代码调用常规调用的调度程序例程（IumGenericSyscall）。

图 9-35 展示了 NtQueryInformationProcess API 的 Syscall 选择器编号。请注意，存根设置了 Syscall 编号的最高位（N 位），代表该常规调用是由安全内核请求的。常规调用的调度程序会检查参数并调用封送处理程序，封送处理程序可以封送每个参数，并将其复制到共享缓冲区中正确的偏移量位置。选择器中还有一位可以进一步区分常规调用或安全系统调用，下文将详细讨论这个位。

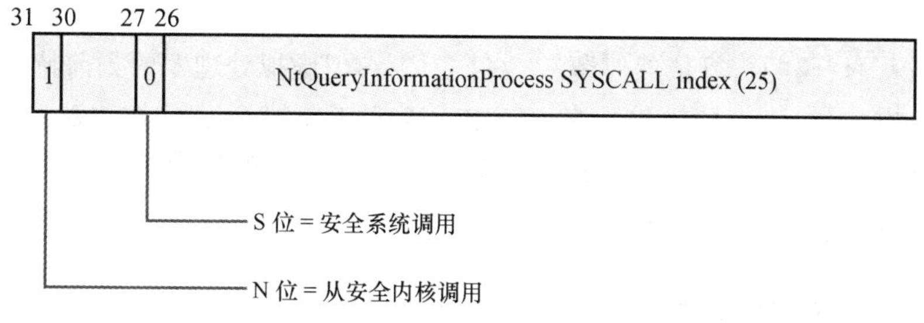

图 9-35 安全内核的 Syscall 选择器编号

封送处理程序的正常工作离不开用于描述每个常规调用的两个重要的数组：描述符数组（如图 9-34 右侧所示）和参数描述符数组。封送处理程序可以借助这些数组获取自己需要的所有信息，即常规调用类型、封送函数索引、参数类型、大小及指向的数据类型（如果参数是指针的话）。

共享缓冲区被封送处理程序正确填充后，安全内核会编译 SKCALL 数据结构并进入常规调用的调度程序循环（SkCallNormalMode）。循环的这一部分会保存并清空所有共享的虚拟 CPU 寄存器，禁用中断，并将线程上下文转移至 PRCB 线程（有关线程调度的详情请参阅下文）。随后它会将 SKCALL 数据结构的内容复制到一些共享寄存器中。最后，它会通过 HvVtlReturn 虚拟化调用来调用虚拟机监控程序。

随后 VTL 0 中安全调用调度循环中的代码恢复执行。如果队列中还有未处理的中断，则这些中断将会被照常处理（前提是 IRQL 允许）。循环可以识别出常规调用的操作请求，并调用 VTL 0 中实现的 NtQueryInformationProcess 函数。后一个函数完成处理工作后，循环会重启动并再次进入安全内核（与安全调用一样），此时依然是通过 HvlSwitchToVsmVtl1 例程实现的，但使用了不同的操作请求：线程恢复。顾名思义，这使得安全内核可以切换到原先的安全线程，并继续执行之前被抢占的常规调用。

启用常规调用的实现与此相同，但有一个例外：这些调用会将自己的项保存在常规调用调度表中，并直接指向常规调用的调度程序例程 IumGenericSyscall。这样，代码即可直接转移到处理程序，跳过了安全内核中的所有 API 实现代码。

安全系统调用

安全内核中最后一类系统调用类似于 NT 内核为 VTL 0 用户模式软件提供的标准系统调用。安全系统调用只能用于为安全进程（Trustlet）提供服务。VTL 0 软件无法以任何方式发出安全系统调用。正如我们将在下文“隔离用户模式”一节中讨论的那样，每个 Trustlet 都会将 IUM Native Layer Dll（Iumdll.dll）映射到自己的地址空间。Iumdll.dll 的作用与它在 VTL 0 中对应的 Ntdll.dll 作用相同，都是为了给用户模式应用程序实现原生 Syscall 存根函数。该存根可将 Syscall 编号复制到寄存器，并发出 SYSCALL 指令（该指令会根据具体平台使用不同的操作码）。

安全系统调用编号总会将第 28 位设置为 1（这是 AMD64 架构的做法，ARM64 会设置第 16 位）。这样一来，全局系统调用调度程序（KiSystemServiceStart）即可识别出属于安全系统调用（而非常规调用）的 Syscall 编号，并切换至表示安全系统调用调度表的 SkiSecureServiceTable。对于常规系统调用，全局调度程序会验证调用编号是否位于限制范围内，为参数分配堆栈空间（如果需要），计算系统调用的最终地址，然后转移至执行代码。

总的来说，代码的执行依然停留在 VTL 1 下，但虚拟处理器的当前特权级别会从 3（用户模式）提升至 0（内核模式）。在安全内核启动的阶段 0 过程中，安全系统调用的调度表会被压缩（常规调用调度表也会被压缩）。不过该表中的项都是有效的，并会指向安全内核中实现的函数。

9.4.4 安全线程和调度

正如我们将在下文“隔离用户模式”中讨论的那样，VSM 的执行单位是安全线程，安全线程位于安全进程所描述的地址空间中。安全线程可以是内核模式或用户模式的线程。VSM 会在每个用户模式安全线程和 VTL 0 中的常规线程之间维持严格的对应关系。

实际上，安全内核线程调度完全依赖于常规的 NT 内核，安全内核不包含任何专有的调度器（按照设计，安全内核的表面需要尽可能小）。在卷 1 第 3 章中，我们介绍了 NT 内核创建进程和相关初始线程的方式，在描述阶段 4“创建初始线程及其堆栈和上下文”一节，我们解释过线程的创建过程分为两个步骤。

- 创建执行体线程对象，分配内核和用户堆栈。需要调用 KeInitThread 例程为用户模式线程设置初始线程上下文。KiStartUserThread 将会是新线程上下文中执行的第一个例程，它可以降低线程的 IRQL 并调用 PspUserThreadStartup。

- 将执行控制返回给 NtCreateUserProcess，由它在后续阶段调用 PspInsertThread 完成线程的初始化工作，并将其插入对象管理器命名空间。

作为工作的一部分，当 PspInsertThread 检测到线程属于安全进程后，它会调用 VslCreateSecureThread，顾名思义，借此可使用 Create Thread 安全服务调用来要求安全内核创建相关的安全线程。安全内核会验证参数并获取进程的安全映像数据结构（详见下文）。随后它会分配安全线程对象及其 TEB，创建初始线程的上下文（运行的第一个例程为 SkpUserThreadStartup），并最终让该线程可以被调度。此外，在将该线程标记为已就绪可运行后，VTL 1 中的安全服务处理程序会返回一个特定的线程 Cookie，并将其存储在 ETHREAD 数据结构中。

新的安全线程依然在 VTL 0 中启动。正如卷 1 第 3 章的“阶段 7”一节所述，PspUserThreadStartup 会在新的上下文中执行用户线程的最终初始化工作。如果它判断线程的拥有者进程是一个 Trustlet，则 PspUserThreadStartup 将调用 VslStartSecureThread 函数，并由后者通过 VTL 0 中的 VslpEnterIumSecureMode 例程调用安全调用调度循环（传递由 Create Thread 安全服务处理程序返回的安全线程 Cookie）。调度循环向安全内核请求的第一个操作将会是恢复安全线程的执行（这依然是通过 HvVtlCall 虚拟化调用做到的）。

在切换到 VTL 0 之前，安全内核会在常规调用调度程序循环（SkCallNormalMode）中执行代码。由常规内核执行的虚拟化调用会重启动在同一个循环例程中的执行。VTL 1 调度程序循环会识别出新线程的恢复请求，随后它会将自己的执行上下文切换至新的安全线程，附加到该线程的地址空间，并使该线程可以运行。在上下文切换过程中，还会选择一个新的栈（该栈在此之前由 Create Thread 安全调用完成初始化）。这个新的栈包含第一个安全线程系统函数（SkpUserThreadStartup）的地址，与常规 NT 线程的情况类似，这个函数可以设置运行映像加载器初始化例程（Ntdll.dll 中的 LdrInitializeThunk）所需的初始形式转换（Thunk）上下文。

启动之后，新的安全线程即可返回到常规模式，这主要出于两个原因：发出了需要在 VTL 0 下处理的常规调用请求，或 VINA 中断抢占了代码的执行。虽然这两种情况的处理方式略有差异，但都会导致执行常规调用调度程序循环（SkCallNormalMode）。

正如我们在卷 1 第 4 章的“线程”一节讨论的那样，NT 调度器的正常运行离不开处理器时钟，当系统时钟触发（通常每 15.6 毫秒一次）时，处理器时钟会产生一个中断。时钟中断服务例程会更新处理器计时器并计算线程的量程是否已过期。该中断以 VTL 0 为目标，因此，当虚拟处理器在 VTL 1 下执行代码时，虚拟机监控程序会向安全内核注入一个 VINA 中断，如图 9-36 所示。该 VINA 中断可以抢占当前正在执行的代码，将 IRQL 降低到之前被抢占代码的 IRQL 值，并发出进入 VTL 0 所需的 VINA 常规调用请求。

作为常规调用调度的标准过程，在安全内核发出 HvVtlReturn 虚拟化调用之前，它会从虚拟处理器的 PRCB 中选择当前的执行线程。这一点很重要：VTL 1 中的虚拟处理器不再与任何线程上下文绑定，在下一个循环周期里，安全内核可以切换到不同的线程，或决定重新调度当前线程的执行。

VTL 切换后，NT 内核会恢复在安全调用调度循环中的执行，此时依然会在新线程的上下文中执行。在有机会执行任何代码前，代码会被时钟中断服务例程抢占，该例程会计算新的量程值，如果量程值已过期，则会切换执行另一个线程。当发生上下文切换，并且另一个线程进入 VTL 1 时，根据安全线程 Cookie 的值，常规调用调度循环会调度另一个安全线程。

- 如果常规 NT 内核为了调度安全调用已进入 VTL 1，则从安全线程池中选择一个安全线程（此时安全线程 Cookie 为 0）。
- 如果线程的执行已重新调度，则选择一个新创建的安全线程（安全线程 Cookie 为有效值）。如图 9-36 所示，这个新线程也可以被其他虚拟处理器（本例中为 VP3）重新调度。

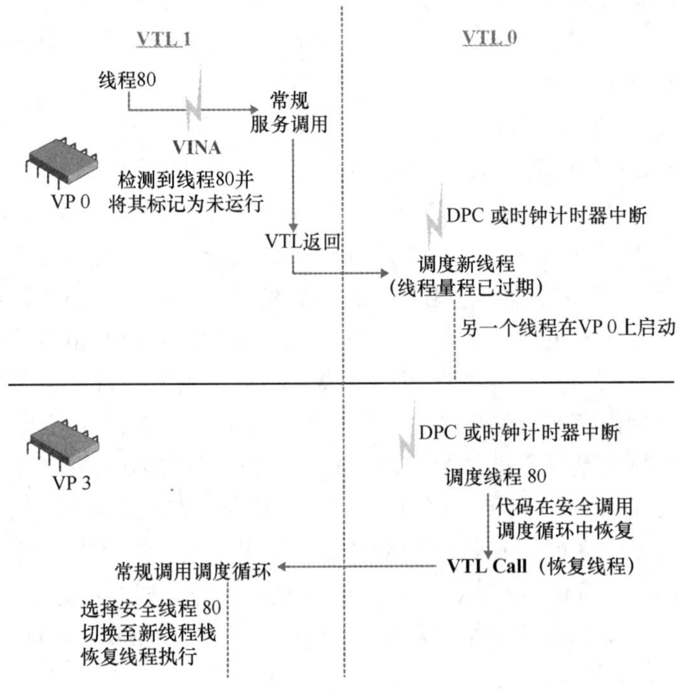

图 9-36 安全线程调度结构

按照上述方案，所有调度决策都只在 VTL 0 下进行。安全调用循环和常规调用循环会相互配合，以便将安全线程上下文正确地切换到 VTL 1 中。所有安全线程都在常规内核中有一个相关线程，但反之未必如此。如果 VTL 0 下的一个常规线程决定发出安全调用请求，安全内核会使用来自线程池的任意线程上下文来调度该请求。

9.4.5 虚拟机监控程序实施的代码完整性

虚拟机监控程序实施的代码完整性（HVCI）是 Device Guard 功能的基础，同时还为 VTL 0 的内核内存提供了 W^X 特征。如果没有安全内核的帮助，NT 内核将无法在内核模式下映射并执行任何类型的可执行内存。安全内核只允许带有数字签名的特定驱动程序在计算机内核中运行。正如下一节将要讨论的那样，安全内核会跟踪常规 NT 内核中分配的每个虚拟页面，在 NT 内核中标记为可执行的内存页面会被视为特权页面。仅安全内核可以在 SKCI 模块正确验证了内容之后写入这些页面。

有关 HVCI 的详细信息请参阅卷 1 第 7 章的“Device Guard”和“凭据保护”相关章节。

9.4.6 UEFI 运行时虚拟化

在启用 HVCI 的情况下，安全内核提供的另一项服务是为 UEFI 运行时服务提供虚拟化和保护。正如将在第 12 章介绍的那样，UEFI 固件服务主要是通过一个大型函数指针表实现的。当操作系统拿到控制权并调用 ExitBootServices 函数时，该表的部分内容将从内存中删除，但表中的另一部分代表了运行时服务，会始终维持映射状态，甚至在操作系统全面控制计算机后也会保持这种状态。这是必要的，因为有时候操作系统需要与 UEFI 配置和服务进行交互。

每个硬件供应商都实现了自己的 UEFI 固件。在 HVCI 的帮助下，固件可以相互配合为自己的每个可执行内存页面提供不可写的状态（任何固件页面都不能在 VTL 0 中映射为读取、写入和执行状态）。UEFI 固件驻留的内存范围由多个 MEMORY_DESCRIPTOR 数据结构描述，这些数据结构位于 EFI 内存图中。Windows 加载器会解析这些数据，借此为 UEFI 固件的内存提供适当保护。然而，在 UEFI 的原始实现中，代码和数据会混合存储在同一个（或多个）节中，并由相应的内存描述符来描述。此外，一些设备驱动程序会直接通过 UEFI 的内存区域读/写配置数据，这明显与 HVCI 的要求不符。

为了解决这些问题，安全内核采取了下列两种策略。

- 由新版 UEFI 固件（遵守 UEFI 2.6 和后续版本的规范）维持了一个名为内存属性表（Memory Attribute Table，MAT）的全新配置表（链接到启动服务表）。MAT 非常细化地定义了 UEFI 内存区域中的不同节，这些节均为 EFI 内存图所定义的内存描述符的子节。每个节永远不可能同时获得可执行和可写入的保护特性。
- 对于旧的固件，安全内核会在 VTL 0 中使用只读访问权限映射整个 UEFI 固件区域的物理内存。

对于第一种策略，在启动时，Windows 加载器会将 EFI 内存图和 MAT 中找到的信息合并在一起形成一个内存描述符数组，该数组精确描述了整个固件区域。随后加载器会将其复制到 VTL 1 中一个保留的缓冲区中（用于休眠路径），并验证每个固件的节是否违反 W^X 做出的假设。如果不违反，那么当安全内核启动时，会对属于底层 UEFI 固件区域的每个内存页应用适当的 SLAT 保护。物理页面会受到 SLAT 保护，但其在 VTL 0 中的虚拟地址空间依然会被完全标记为 RWX。确保虚拟内存获得 RWX 保护，这一点很重要，因为当应用给 MAT 项的保护可能被更改的情况下，安全内核依然要能为从休眠中恢复的场景提供支持。此外，这样也可以与需要直接读/写 UEFI 内存区域的旧版本驱动程序保持兼容性，确保这类驱动程序能直接对相应的节执行写操作（此外，UEFI 代码应该还能写入映射至 VTL 0 的自己的内存）。该策略可以让安全内核避免将任何固件代码映射至 VTL 1，而 VTL 1 中唯一存留的固件代码仅仅只是运行时函数表本身。将该表留在 VTL 1，可让从休眠状态恢复使用的代码直接更新 UEFI 运行时服务的函数指针。

第二种策略并非最佳策略，只会用于确保旧系统在启用 HVCI 后可以正常运行。如果安全内核在固件中未找到任何 MAT，此时将别无选择，只能将整个 UEFI 运行时服务代码映射至 VTL 1。历史上，UEFI 固件代码（尤其是 SMM 中）曾被检测到包含很多 Bug，将固件映射至 VTL 1 可能是一种危险的做法，但这是此时唯一能兼容 HVCI 的解决方案（如上文所述，新系统绝不会将任何 UEFI 固件代码映射至 VTL 1）。启动时，NT Hal 检测到 HVCI 已启用，并且固件被完全映射至 VTL 1。此时它会将自己内部 EFI 服务表的指针切换到一个名为 UEFI 包装表（UEFI wrapper table）的新表。该包装表中的项所包含的存根例程可以使用 INVOKE_EFI_RUNTIME_SERVICE 安全调用进入 VTL 1。安全内核会对参数进行封送，执行固件调用，并将结果输出到 VTL 0。这种情况下，描述整个 UEFI 固件的全部物理内存依然会以只读模式映射至 VTL 0。这是为了让驱动程序能够正确地从 UEFI 固件内存区域读取信息（如 ACPI 表）。这种情况下，需要直接写入 UEFI 内存区域的旧驱动程序将无法兼容 HVCI。

当安全内核从休眠状态恢复时，会更新内存中的 UEFI 服务表，以指向新服务的位置。此外，对于具备新版 UEFI 固件的系统，安全内核会对映射至 VTL 0 的每个内存区域应用 SLAT 保护（Windows 加载器可在需要时更改区域的虚拟地址）。

9.4.7 VSM 启动

我们会在第 12 章完整介绍 Windows 的启动和关闭机制，本节将介绍安全内核与整个 VSM 基础架构的启动方式。安全内核的正常启动离不开虚拟机监控程序、Windows 加载器以及 NT 内核。我们会在第 12 章介绍 Windows 加载器和虚拟机监控程序加载器，以及这两个模块在 VTL 0 中对安全内核进行初始化的前期阶段。本节将重点介绍 securekernel.exe 二进制文件中所实现的 VSM 启动方法。

securekernel.exe 二进制文件执行的第一段代码依然运行在 VTL 0 下，此时虚拟机监控程序已经启动，VTL 1 所用的页表也已创建完成。安全内核会在 VTL 0 中初始化下列组件。

- 内存管理器的初始化函数存储了 VTL 0 根级页级结构的 PFN，保存代码完整性数据，并启用 HVCI、MBEC（基于模块的执行控制）、内核 CFG 以及热修补。
- 共享特定架构的 CPU 组件，如 GDT 和 IDT。
- 常规调用和安全系统调用调度表（初始化并压缩）。
- 启动处理器。启动处理器的启动过程需要安全内核分配自己的内核与中断堆栈，初始化与架构有关并且无法在不同组件之间共享的组件（如 TSS），并最终分配处理器的 SKPRCB。后者是一个重要的数据结构，与 VTL 0 的 PRCB 数据结构类似，可用于存储与每个 CPU 有关的重要信息。

安全内核初始化代码已经准备好首次进入 VTL 1。虚拟机监控程序子系统初始化函数（ShvlInitSystem 例程）连接到虚拟机监控程序（通过虚拟机监控程序 CPUID 类，详见上一节）并检查可支持的启发。随后它会保存 VTL 1 的页表（之前由 Windows 加载器创建）以及已分配的虚拟化调用页面（用于保存虚拟化调用参数）。最终它会以下列方式初始化并进入 VTL 1。

1）通过 HvEnablePartitionVtl 虚拟化调用为当前虚拟机监控程序分区启用 VTL 1。虚拟机监控程序会将常规 VTL 中的现有 SLAT 表复制到 VTL 1，并为该分区启用 MBEC 和新的 VTL 1。

2）通过 HvEnableVpVtl 虚拟化调用为启动处理器启用 VTL 1。虚拟化监控程序会初始化一个新的每级别 VMCS 数据结构，编译该数据结构，并设置 SLAT 表。

3）要求虚拟机监控程序提供平台相关的 VtlCall 和 VtlReturn 虚拟化调用代码的位置。执行 VSM 调用所需的 CPU 操作码会隐藏安全内核的实现，这样安全内核的大部分代码均可与平台无关。最后，安全内核执行 HvVtlCall 虚拟化调用转换至 VTL 1。虚拟机监控程序为新的 VTL 加载 VMCS 并进行切换（将其激活）。至此，新的 VTL 就已经可以运行了。

安全内核会在 VTL 1 中进行复杂的初始化过程，但依然需要依赖 Windows 加载器以及 NT 内核。需要注意，在这个阶段，VTL 1 内存依然需要映射至 VTL 0，安全内核及其附属模块依然可以被常规世界所访问。在切换至 VTL 1 后，安全内核会开始初始化启动过程。

1）获取综合中断控制器共享页、TSC 以及虚拟处理器辅助页的虚拟地址，这些地址均由虚拟机监控程序提供，可用于在虚拟机监控程序和 VTL 1 代码之间共享数据。虚拟化调用页面会被映射至 VTL 1。

2）阻断其他系统虚拟处理器被较低 VTL 启动的可能性，请求内存在重启动时被虚拟机监控程序清零。

3）初始化并填充启动过程中断描述符表（IDT）。配置 IPI、回调以及安全计时器中断处理程序，并将当前安全线程设置为默认的 SKPRCB 线程。

4）启动 VTL 1 安全内存管理器，由它创建启动表映射并在 VTL 1 中映射启动加载器的内存，创建安全 PFN 数据库和系统超空间（Hyperspace），初始化对安全内存池的支持，读取 VTL 0 加载器块以复制安全内核导入映像（Skci.dll、Cnf.sys、Vmsvcext.sys）的模块描述符。最后，还需要查看 NT 已加载模块列表以建立每个驱动程序的状态，为每个驱动程序创建 NAR（Normal Address Range，常规地址范围）数据结构，并为组成启动驱动程序的节的每个页面编译常规表项（Normal Table Entry，NTE）。另外，安全内存管理器初始化函数还会为每个驱动程序的节应用适当的 VTL 0 SLAT 保护。

5）初始化 HAL、安全线程池、进程子系统、综合 APIC、安全 PNP 以及安全 PCI。

6）为安全内核页面应用只读的 VTL 0 SLAT 保护，配置 MBEC，为启动处理器启用 VINA 虚拟中断。

这部分初始化工作结束后，安全内核会解除对启动加载内存的映射。正如上一节所述，安全内存管理器依赖 VTL 0 内存管理器分配并释放 VTL 1 内存。VTL 1 不拥有任何物理内存。在这个阶段，VTL 1 依赖之前（由 Windows 加载器）分配的物理页面来满足内存分配请求。当 NT 内核稍后启动后，安全内核会执行常规调用以向 VTL 0 内存管理器请求内存服务。因此，安全内核一些部分的初始化必须延迟到 NT 内核启动后进行。执行流会返回至 VTL 0 下的 Windows 加载器，由 Windows 加载器负责加载并启动 NT 内核。安全内核初始化的最后一部分工作发生在 NT 内核初始化的阶段 0 和阶段 1 中（详见第 12 章）。

NT 内核初始化的阶段 0 中依然没有可用的内存服务，此时也是安全内核依旧完全信任常规世界的最后一刻。启动时加载的驱动程序依然未初始化，而初始启动过程应该已经受到安全启动功能的保护。PHASE3_INIT 这个安全调用处理程序会修改属于安全内核及其附属模块的所有物理页面的 SLAT 保护，使其无法在 VTL 0 下访问。此外，它还会为内核 CFG 位图应用只读保护。在这个阶段，安全内核将启用对页面文件完整性的支持，创建初始系统进程及其地址空间，保存共享的 CPU 寄存器（如 IDT、GDT、Syscall MSR 等）的所有“可信任”的值。共享的寄存器所指向的数据结构会被（通过 NTE 数据库）验证。最后，安全线程池启动，对象管理器、安全代码完整性模块（Skci.dll）以及 HyperGuard 均被初始化（有关 HyperGuard 的详细信息请参阅卷 1 第 7 章）。

当执行流返回到 VTL 0 后，NT 内核即可启动所有其他应用程序处理器（Application Processor，AP）。安全内核被启用后，将以略微有变的方式进行 AP 的初始化（下一节将讨论 AP 的初始化）。

作为 NT 内核初始化阶段 1 工作的一部分，系统会启动 I/O 管理器。如卷 1 第 6 章所述，I/O 管理器是 I/O 系统的核心，定义了将 I/O 请求以何种模型传递给设备驱动程序。I/O 管理器的职责之一是初始化并启动引导加载的驱动程序以及 ELAM 驱动程序。在创建用于映射用户模式系统 DLL 所需的特殊节之前，I/O 管理器初始化函数会发出 PHASE4_INIT 安全调用以启动安全内核的初始化的最后阶段。在这个阶段，安全内核已经不再信任 VTL 0，但依然可以使用 NT 内存管理器提供的服务。安全内核会初始化安全用户共享（Secure User Shared）数据页的内容（这些页面会同时映射到 VTL 1 用户模式和内核模式）并完成执行体子系统初始化工作。它还会回收启动过程中保留的所有资源，调用自己依赖的每个模块（尤其是先于其他常规启动驱动程序启动的 cng.sys 和 vmsvcext.sys）的入口点。它会为休眠文件、崩溃转储文件以及分页文件的加密以及内存页面完整性分配必要的资源，最后，它还会读取并映射 VTL 1 内存中的 API 集 Schema 文件。至此，VSM 的初始化全部完成。

应用程序处理器启动

安全内核提供的安全功能之一是应用程序处理器（AP）的启动。AP 是指不用于启动系统的处理器。当系统启动时，Intel 和 AMD 的 x86 与 AMD64 架构规范定义了一种精确的算法，用于在多处理器系统中选择启动处理器（Boot Strap Processor，BSP）。启动处理器始终以 16 位实模式（只能访问 1 MB 物理内存）启动，通常还要负责执行计算机的固件代码（大部分情况下为 UEFI），而这些代码需要位于特定的物理内存位置（这个位置也叫复位向量）。启动处理器执行了几乎全部的操作系统、虚拟机监控程序以及安全内核初始化工作。为了启动“启动处理器”外的其他处理器，系统需要向属于每个处理器的本地 APIC 发送一个特殊的 IPI（Inter-Processor Interrupt，处理器间中断）。启动 IPI（SIPI）向量包含处理器启动块的物理内存地址，这种代码块包含执行下列基本操作的指令。

1）加载 GDT 并从 16 位实模式切换至 32 位受保护模式（不启用分页）。

2）设置一个基础页表，启用分页，进入 64 位长模式。

3）加载 64 位 IDT 和 GDT，设置适当的处理器寄存器，跳转至操作系统启动函数（KiSystemStartup）。

这个过程很容易受到恶意攻击。处理器启动代码在 AP 处理器上执行时，可能会被外部实体修改（NT 内核此时还无法施加控制）。在这种情况下，VSM 所带来的各种安全承诺都可能被轻松绕过。在启用虚拟机监控程序和安全内核后，应用程序处理器依然由 NT 内核启动，但会使用虚拟机监控程序来启动。

NT 内核初始化的阶段 1（详见第 12 章）会调用 KeStartAllProcessors 函数，借此可以启动所有 AP，构建一个共享的 IDT，并查询多 APIC 描述表（Multiple APIC Description Table，MADT）这个 ACPI 表，借此枚举所有可用处理器。对于被检测到的每个处理器，还会为 PRCB 和内核与 DPC 栈的所有私有 CPU 数据结构分配内存。如果 VSM 已启用，随后则会向安全内核发出 START_PROCESSOR 安全调用以启动 AP。安全内核会验证为新处理器分配和填充的所有数据结构是否有效，包括处理器寄存器的初始值和启动例程（KiSystemStartup），确保 AP 可以按顺序启动，并且每次只启动一个处理器。随后，它会初始化新的应用程序处理器需要的 VTL 1 数据结构（尤其是 SKPRCB），并使用 PRCB 线程将安全调用调度给新处理器的上下文，同时使用 SLAT 保护 VTL 0 CPU 数据结构。最后，安全内核会为新应用程序处理器启用 VTL 1，并使用 HvStartVirtualProcessor 虚拟化调用启动这些 AP。虚拟机监控程序会使用与本节开头介绍的类似方式启动 AP（发送启动 IPI）。不过这种情况下，AP 会在虚拟机监控程序上下文中开始执行，随后切换至 64 位长模式执行，并返回到 VTL 1。

应用程序处理器执行的第一个函数位于 VTL 1 中。安全内核的 CPU 初始化例程会映射每处理器 VP 辅助页面和 SynIC 控制页面，配置 MBEC，并启用 VINA。随后它会通过 HvVtlReturn 虚拟化调用返回 VTL 0。VTL 0 中执行的第一个例程是 KiSystemStartup，该例程可以初始化 NT 内核管理 AP 所需的数据结构，初始化 HAL，并跳转至空闲循环（详见第 12 章）。第一个安全调用执行完成后，将由常规 NT 内核初始化安全调用调度循环。

这种情况下，攻击者无法修改处理器的启动块或 CPU 寄存器和数据结构的任何初始值。在上述安全 AP 启动过程的帮助下，任何修改都会被安全内核检测到，随后系统将进入 Bug 检查模式，进而挫败任何可能的攻击企图。

9.4.8 安全内核内存管理器

安全内核内存管理器严重依赖 NT 内存管理器以及 Windows Loader 内存管理器的启动代码。安全内核内存管理器的完整介绍已超出了本书的范围。此处我们只讨论安全内核中最重要的概念和数据结构。

如上一节所述，安全内核内存管理器初始化过程可分为三个阶段。在最重要的阶段 1，内存管理器会执行下列操作。

1）映射 VTL 1 中的启动加载器固件内存描述符列表，扫描该列表，确定可用于分配初始启动过程所需内存的第一个物理页面（此类内存也叫 SLAB）。将 VTL 0 的页表映射至 VTL 1 页表前恰好 512 GB 处的虚拟地址中。这样安全内核即可在 NT 虚拟地址和安全内核的虚拟地址之间进行快速转换。

2）初始化 PTE 范围数据结构。PTE 范围包含了一个位图，该位图描述了已分配的虚拟地址范围块，可以帮助安全内核为自己的地址空间分配 PTE。

3）创建安全 PFN 数据库并初始化内存池。

4）初始化稀疏 NT 地址表。对于每个引导加载的驱动程序，还会创建并填充一个 NAR，验证二进制文件的完整性，填充热修补信息。如果启用了 HVCI，还会使用 SLAT 保护驱动程序的每个可执行节。随后会在内存映像的每个 PTE 以之间进行循环，并在 NT 地址表中写入一个 NT 地址表项（Address Table Entry，NTE）。

5）初始化页面捆绑（page bundle）。

安全内核会跟踪常规 NT 内核使用的内存。安全内核内存管理器使用 NAR 数据结构描述包含可执行代码的内核虚拟地址范围。NAR 包含有关该范围的一些信息（如范围的基址和大小）以及一个指向 SECURE_IMAGE 数据结构的指针，该数据结构被用于描述载入 VTL 0 的运行时驱动程序（一般来说，会使用安全 HVCI 验证映像，包括 Trustlet 使用的用户模式的映像）。引导加载的驱动程序并不使用 SECURE_IMAGE 数据结构，因为 NT 内存管理器会将其视作包含可执行代码的私有页面。后一种数据结构包含与 NT 内核中所加载映像有关的信息（由 SKCI 进行验证），例如入口点的地址、重定位表的副本（用于处理 Retpoline 和导入优化）、指向其共享原型 PTE 的指针、热修补信息，以及一个指定了内存页面授权用途的数据结构。SECURE_IMAGE 数据结构非常重要，因为安全内核要借此来跟踪并验证运行时驱动程序使用的共享内存页面。

安全内核会使用 NTE 数据结构跟踪 VTL 0 内核私有页面。在 VTL 0 地址空间中，每个需要安全内核监管的虚拟页面都有一个 NTE，它通常会被用于私有页面。NTE 可跟踪 VTL 0 虚拟页面的 PTE 并存储页面状态和保护措施。启用 HVCI 的情况下，NTE 表会将所有虚拟页面划分为特权页和非特权页。特权页表示 NT 内核无法自行碰触的内存页（因为这类页面受到 SLAT 保护，通常对应于一个可执行页或内核 CFG 只读页）；非特权页表示 NT 内核可以完整控制的所有其他类型内存页。安全内核会使用无效的 NTE 来代表非特权页。在禁用 HVCI 的情况下，所有私有页都是非特权页（NT 内核可以对所有页面具备完整控制权）。

在启用 HVCI 的系统中，NT 内存管理器无法修改任何受保护的页面。否则虚拟机监控程序会产生 EPT 违规异常并导致系统崩溃。当这样的系统完成引导阶段后，安全内核已经处理完所有不可执行的物理页面，即使用 SLAT 保护它们只能进行读取或写入访问。这种情况下，只有当目标代码已被安全 HVCI 验证之后，才能分配新的可执行页面。

当系统、应用程序或即插即用管理器需要加载新的运行时驱动程序时，将启动一个复杂的过程来调用 NT 和安全内核的内存管理器，全过程概括如下。

1）NT 内存管理器创建一个节对象，分配并填充一个新的控制区域（有关 NT 内存管理器的详情请参阅卷 1 第 5 章），读取二进制文件的第一个页面，并调用安全内核以创建相应的安全映像，该映像描述了新加载的模块。

2）安全内核创建 SECURE_IMAGE 数据结构，解析二进制文件的所有节，并填充安全原型 PTE 数组。

3）NT 内核将整个二进制文件读取到不可执行的共享内存（由控制区域的原型 PTE 指向），调用安全内核，安全内核将使用安全 HVCI 在二进制映像的每个节之间循环，并计算最终的映像哈希。

4）如果计算出的文件哈希与数字签名中存储的哈希相符，则 NT 内存管理器将查看整个映像，并为每个页面调用安全内核，由安全内核验证页面（每个页面哈希已经在上一个阶段计算出来了），应用所需的隔离（ASLR、Retpoline 以及导入优化），并应用新的 SLAT 保护，让页面可以执行但不再可以写入。

5）节对象已创建。NT 内存管理器需要将驱动程序映射到自己的地址空间。它会调用安全内核来分配所需的特权 PTE，借此描述驱动程序的虚拟地址范围。安全内核会创建 NAR 数据结构，随后映射驱动程序的物理页面，这些页面之前已经使用 MiMapSystemImage 例程验证过了。

注意　在为运行时驱动程序初始化 NAR 时，为描述新驱动程序的地址空间，NTE 表的一部分会被填充。NTE 并不用于跟踪运行时驱动程序的虚拟地址范围（其虚拟页面是共享的、非私有的），因此，NT 地址表中的相应部分会使用无效的“保留”NTE 来填充。

当 VTL 0 内核虚拟地址范围使用 NAR 数据结构来表示时，安全内核会使用安全 VAD（Virtual Address Descriptor，虚拟地址描述符）来跟踪 VTL 1 中的用户模式的虚拟地址。每次进行新的私有虚拟分配，将二进制映像映射至 Trustlet（安全进程）的地址空间，以及创建 VBS 隔区或模块被映射至地址空间时，都会创建安全 VAD。安全 VAD 类似于 NT 内核 VAD，其中包含一个 VA 范围描述符、一个引用计数器、一些标记，以及一个指向（由 SKCI 创建的）安全节的指针（如果安全 VAD 描述了私有虚拟分配，该安全节指针会被设置为 0）。有关 Trustlet 和 VBS 隔区的详细信息请参阅下文。

页面完整性和安全 PFN 数据库

当驱动程序被加载并正确映射至 VTL 0 内存后，NT 内存管理器需要能管理它的内存页面（出于多种原因，例如将可分页驱动程序的节换出，创建私有页面，为应用程序进行私有修复等，详见卷 1 第 5 章）。每当 NT 内存管理器针对受保护的内存进行操作时，都需要安全内核的配合。为了让 NT 内存管理器可以操作特权内存，安全内核主要提供了两项安全服务：受保护页面的复制和受保护页面的移除。

PAGE_IDENTITY 数据结构可以充当“胶水”，让安全内核持续跟踪所有不同类型的页面。该数据结构包含两个字段：一个地址上下文（address context）和一个虚拟地址（virtual address）。每当 NT 内核调用安全内核来操作特权页面时，它需要指定物理页面编号以及一个描述物理页面用途的有效 PAGE_IDENTITY 数据结构）。通过这种数据结构，安全内核可以验证所请求的页面用途并决定是否允许该请求。

表 9-4 展示了 PAGE_IDENTITY 数据结构（第二列和第三列），以及安全内核对不同内存页面进行的所有验证类型。

- 如果安全内核收到一个需要复制或释放运行时驱动程序共享可执行页面的请求，它会验证安全映像句柄（由调用方指定）并获取其相对数据结构（SECURE_IMAGE）。随后它会使用相对虚拟地址（Relative Virtual Address，RVA）作为安全原型数组的索引来获取驱动程序共享页面的物理页帧（Physical Page Frame，PFN）。如果找到的 PFN 等于调用方指定的那个，安全内核将允许该请求；否则请求会被阻止。
- 按照类似方式，如果 NT 内核请求对 Trustlet 或隔区页面（有关 Trustlet 或安全隔区的详细信息请参阅本章下文）进行操作，安全内核将使用调用方指定的虚拟地址来验证安全进程页表中的安全 PTE 是否包含正确的 PFN。
- 如上文“安全内核内存管理器”一节所述，对于私有内核页面，安全内核会从调用方指定的虚拟地址开始定位 NTE，并验证它是否包含有效的 PFN，该 PFN 必须与调用方指定的一致。
- 占位页（placeholder page）是一种受 SLAT 保护的空闲页面，安全内核会使用 PFN 数据库验证占位页的状态。

表 9-4 安全内核管理的不同页面标识

页面类型	地址上下文	虚拟地址	验证结构
内核共享	安全映像句柄	页面的 RVA	安全原型 PTE
Trustlet/隔区	安全进程句柄	安全进程的虚拟地址	安全 PTE
内核私有	0	页面的内核虚拟地址	NT 地址表项（NTE）
占位	0	0	PFN 项

安全内核内存管理器维护的 PFN 数据库可代表每个物理页面的状态。安全内核中的 PFN 项远小于 NT 内核中的等效项，基本上只包含页面状态和共享计数器。从安全内核的角度来看，物理页面可处于下列一种状态：无效、空闲、共享、I/O、安全或映像（安全的 NT 私有）。

上述“安全”状态可用于对安全内核来说属于私有的物理页面（NT 内核永远不能申领），或用于已经被 NT 内核分配随后又被安全内核使用 SLAT 保护，以存储经由安全 HVCI 验证的可执行代码的物理页面。仅安全的非私有物理页面具备页面标识。

当 NT 内核要将受保护页面换出时，它会要求安全内核执行页面移除操作。安全内核会分析指定的页面标识并（按照上文介绍的过程）进行验证。如果页面标识代表隔区或安全页面，安全内核首先加密页面内容，随后将其释放给 NT 内核，并由 NT 内核将其存储在分页文件中。这样，NT 内核依然无法获取私有内存中的真正内容。

安全内存分配

如上文所述，安全内核最初启动时，它会解析固件的内存描述符列表，这样才能分配供自己使用的物理内存。在初始化的阶段 1 中，安全内核无法使用 NT 内核提供的内存服务（此时 NT 内核还未初始化），因此它会使用固件内存描述符列表中的空闲项保留 2 MB 的 SLAB。SLAB 是一种 2 MB 的连续物理内存，可由虚拟机监控程序中的一个嵌套页表目录项映射而来。所有 SLAB 页面都可获得相同的 SLAT 保护。SLAB 在设计上充分考虑了性能问题。通过使用虚拟机监控程序中的单个嵌套页表项映射一个 2 MB 的物理内存块，可以加快其他硬件内存地址转换的速度，并降低 SLAT 表缓存未命中的概率。

第一个安全内核页面捆绑会使用已分配的 1 MB SLAB 内存来填充。页面捆绑是一种数据结构，如图 9-37 所示，其中包含了连续可用的物理页帧编号（PFN）列表。当安全内核自己需要内存时，它会从捆绑的 PFN 数组尾部移除一个或多个空闲页帧，借此从页面捆绑中分配物理页面。这种情况下，安全内核无须检查固件内存描述符列表，除非页面捆绑已彻底耗尽。当安全内核初始化的阶段 3 完成后，NT 内核的内存服务已经可用，因此安全内核会释放所有启动内存描述符列表，并保留之前位于页面捆绑中的物理内存页面。

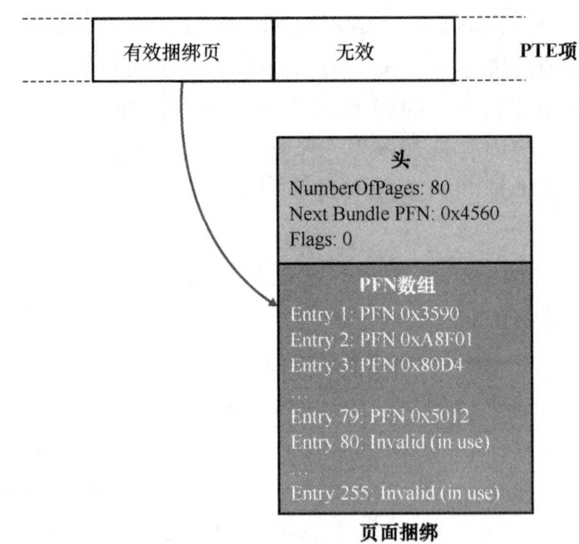

图 9-37　包含 80 个可用页面的安全页面捆绑。页面捆绑由一个头部和一个空闲 PFN 数组组成

后续的安全内存分配将通过 NT 内核提供的常规调用来进行。页面捆绑在设计上可最大限度地减少内存分配所需的常规调用的次数。在一个捆绑被全部分配后，其中将不包含任何页面（所有页面已被分配出去），此时可以向 NT 内核申请 1MB 的连续物理页面（通过常规调用 ALLOC_PHYSICAL_PAGES）新建一个捆绑。NT 内核将从适当的 SLAB 中分配物理内存。

以同样的方式，每当安全内核释放自己的私有内存时，都会将相应的物理页面存储到对应的捆绑中，为此会将 PFN 数组增大，直到达到 256 个空闲页面的上限。当该数组被完全填满后，页面捆绑将变为空闲状态，一个新的工作项会被加入队列中。该工作项会清零所有的页面并发出一个 FREE_PHYSICAL_PAGES 常规调用，最终这会导致执行 NT 内存管理器的 MmFreePagesFromMdl 函数。

每当有足够的页面被移入或移出页面捆绑时，这些页面都会受到 VTL 0 使用 SLAT 提供的全面保护（这个过程也叫“捆绑保护”）。安全内核支持三类捆绑，它们会从不同的 SLAB（不可访问、只读、读取执行）分配内存。

9.4.9 热修补

多年前，32 位版本的 Windows 支持对操作系统组件进行热修补（hot patch）。可修补的函数会在自己的序言（prolog）中包含一个冗余的 2 字节操作码，并在函数本身之前放置一些填充字节（padding byte）。这样，NT 内核即可使用间接跳转动态替换初始操作码，并使用填充字节提供的可用空间将代码转移至另一个模块中修补后的函数。Windows Update 大量使用了该功能，借此让系统无须立即重启动即可安装更新。但在转移到 64 位架构后，因为各种问题的存在，该技术已不再可行。内核修补防护（kernel patch protection）就是一个很好的例子。此时已经无法通过可靠的方式修改受保护的内核模式二进制文件，并让 PatchGuard 在不公开自己的一些私有接口的前提下进行更新，毕竟公开的 PatchGuard 接口很容易被攻击者利用并让这种保护措施失效。

安全内核解决了与 64 位架构有关的所有这些问题，让操作系统再次获得了对内核二进制文件进行热修补的能力。在启用安全内核的情况下，可对下列类型的可执行映像进行热修补。

- VTL 0 用户模式模块（可执行文件和二进制文件）。
- 内核模式驱动程序、HAL、NT 内核二进制文件，无论是否受到 PatchGuard 的保护。
- 运行在 VTL 1 内核模式下的安全内核二进制文件及其依赖模块。
- 虚拟机监控程序（Intel、AMD 以及 ARM 版本）。

修补 VTL 0 下运行的软件二进制文件的补丁叫作常规修补，修补其他内容的补丁叫作安全修补。如果安全内核未启用，则只有用户模式应用程序可以修补。

热修补映像是一种标准的可移植可执行的（PE）二进制文件，其中包含热修补表，以及用于跟踪修补函数的数据结构。热修补表会通过映像加载配置数据目录与二进制文件链接，其中包含的一个或多个描述符描述了每个可修补的基础映像，映像可通过其校验值和时间日期戳加以识别（这保证了热修补只能兼容正确的基础映像，系统无法将修补应用给错误的映像）。热修补表还包含一个列表，其中列出了基础映像或修补映像中需要更新的函数或全局数据块。下文很快将介绍修补引擎。该列表中的每一项都包含函数在基础映像和修补映像中的偏移量，以及所要替换的基础函数最初的字节位置。

一个基础映像可应用多个修补，但修补的效果是幂等的：同一个修补可应用多次，不同修补可依次应用，但无论如何最后应用的修补都将是基础映像的活跃修补。当系统需要应用热修补时，会通过 NtManageHotPatch 系统调用来安装、移除、管理热修补（该系统调用支持使用不同的“修补信息”类来描述各种可能的操作）。热修补可针对整个系统进行全局安装，如果是适用于用户模式代码（VTL 0）的修补，则会安装给特定用户会话所属的全部进程。

当系统请求应用修补时，NT 内核会在补丁的二进制文件中定位并验证热修补表，随后使用 DETERMINE_HOT_PATCH_TYPE 安全调用，安全地确定修补类型。安全修补只能由安全内核应用，此时将使用 APPLY_HOT_PATCH 安全调用，NT 内核无须执行其他处理。其他情况下，则由 NT 内核首先尝试着将修补应用给内核驱动程序，它会在每个已加载内核模块之间循环，搜索校验值与补丁映像的热修补描述符匹配的基础映像。

仅当 HKEY_LOCAL_MACHINE\SYSTEM\CurrentControlSet\Control\Session Manager\Memory Management\HotPatchTableSize 注册表值是标准内存页大小（4096）的倍数时，才能启用热修补。实际上，在热修补被启用后，每个映射到虚拟地址空间的映像都需要在映像本身之后近邻的位置保留一定量的虚拟地址空间。该保留空间用于保存映像的热修补地址表（HPAT，不要将其与热修补表混淆）。HPAT 用于存储被修补映像中新函数的地址，借此最大限度地减小每个映像需要填充的数量。

当修补一个函数时，将使用 HPAT 位置执行从基础映像中原始函数到修补映像中被修补函数的间接跳转（请注意，为了兼容 Retpoline，会使用另一种类型的 Retpoline 例程代替间接跳转）。

NT 内核找到适合修补的内核模式驱动程序后，会在内核地址空间中加载并映射补丁的二进制文件并创建相关的加载器数据表项（详见第 12 章）。随后它会扫描基础映像和补丁映像的每个内存页面，并在内存中锁定与热修补有关的页面（这很重要，保证了页面不会在修补进行过程中被换出到磁盘）。最后它会发出 APPLY_HOT_PATCH 安全调用。

真正的修补应用过程是在安全内核中开始的。安全内核会捕获并验证补丁映像的热修补表（通过将补丁映像重映射至 VTL 1），并定位基础映像的 NAR（NAR 的详细信息请参阅上文“安全内核内存管理器”一节），借此安全内核还能知道映像是否受到 PatchGuard 的保护。随后，安全内核会验证映像 HPAT 是否有足够的保留空间。如果有，则它会分配一个或多个空闲的物理页面（可从安全页面捆绑中获取，或使用 ALLOC_PHYSICAL_PAGES 常规调用）并将其映射至保留空间。随后，如果基础映像受到保护，则安全内核会开始执行一个复杂的过程来为修补后的新映像更新 PatchGuard 的内部状态，并最终调用修补引擎。

内核的修补引擎会执行下列操作，这些操作均由热修补表中不同类型的项来描述。

1）修补补丁映像中所有被修补函数的调用，借此跳转至基础映像中对应的函数。这保证了所有未修补代码始终在原始基础映像中执行。举例来说，如果函数 A 调用基础映像中的函数 B，补丁更改了函数 A 但未更改函数 B，那么修补引擎将更新补丁中的函数 B，以跳转至基础映像中的函数 B。

2）在被修补函数中修补对全局变量的必要引用，以便在基础映像中指向相应的全局变量。

3）从基础映像复制相应的 IAT 项，借此在修补映像中修补必要的导入地址表（Import

Address Table，IAT）引用。

4）以原子化的方式修补基础映像中的必要函数，以便跳转至补丁映像中对应的函数。在对基础映像中的特定函数完成该操作后，对该函数的所有新调用将会用补丁映像中修补后的新函数代码来执行。当修补后的函数返回时，将返回到基础映像中原始函数的调用方。

由于新函数的指针宽度为 64 位（8 字节），修补引擎会将每个指针放入 HPAT，使其位于二进制文件的末尾。这样，只需要 5 字节就能将间接跳转放在位于每个函数开头处的填充空间内（该过程已被简化。Retpoline 兼容的热修补需要可兼容的 Retpoline，此外 HPAT 会被分为代码页和数据页）。

如图 9-38 所示，修补引擎可兼容不同类型的二进制文件。如果 NT 内核未找到任何可修补的内核模式模块，则它会对所有用户模式进程进行重新搜索，并通过类似的过程对可兼容的用户模式可执行文件或二进制文件进行正确的修补。

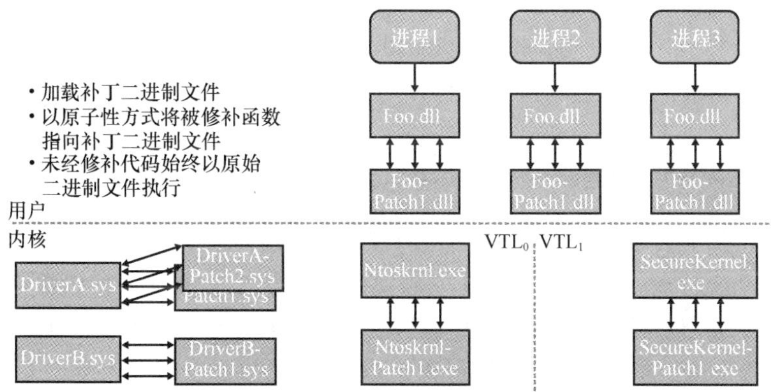

图 9-38 热修补引擎针对不同类型二进制文件的执行方案

9.5 隔离用户模式

隔离用户模式（Isolated User Mode，IUM）是一种由安全内核为自己的安全进程（Trustlet）提供的服务。Trustlet 的常规架构请参阅卷 1 第 3 章，本节将继续介绍隔离用户模式所提供的一些服务，例如安全设备以及 VBS 隔区。

如卷 1 第 3 章所述，在 VTL 1 中创建一个 Trustlet 后，它通常会在自己的地址空间中映射下列库。

- **Iumdll.dll：** IUM 原生层 DLL 实现了安全系统调用存根，它相当于 VTL 0 下的 Ntdll.dll。
- **Iumbase.dll：** IUM 基础层 DLL 这个库实现了仅供 VTL 1 软件使用的大部分安全 API。它为每个安全进程提供了各种服务，如安全识别、通信、密码学运算以及安全内存管理。Trustlet 通常并不直接调用安全系统调用，但会通过 Iumbase.dll（相当于 VTL 0 下的 kernelbase.dll）进行这些操作。
- **IumCrypt.dll：** 公开了用于签名和完整性验证的公钥/私钥加密函数。VTL 1 中公开的大部分加密函数都在 Iumbase.dll 中实现，仅少数专用加密例程在 IumCrypt 中实现。IumCrypt 公开的服务主要由 LsaIso 使用，但很多其他 Trustlet 并不加载 LsaIso。

- **Ntdll.dll、Kernelbase.dll 和 Kernel32.dll：** Trustlet 在设计上可同时运行于 VTL 1 和 VTL 0。这种情况下，它应该只能使用标准 VTL 0 API 表面所实现的例程。VTL 0 下可用的服务并不全在 VTL 1 中实现。例如，一个 Trustlet 可以永远不执行与注册表和文件有关的 I/O 操作，但依然可以使用同步例程、ALPC、线程 API 以及结构化异常处理，并能管理虚拟内存和节对象。由 Kernelbase 和 Kernel32 库提供的几乎所有服务都通过 Ntdll.dll 执行系统调用。在 VTL 1 中，此类系统调用可“转换为”常规调用并重定向至 VTL 0 内核（常规调用详见上文）。常规调用通常会被 IUM 函数和安全内核本身所使用。这也解释了为何 ntdll.dll 始终会映射到每个 Trustlet 中。
- **Vertdll.dll：** VSM 隔区运行时 DLL 负责管理 VBS 隔区的生命周期。安全隔区中执行的软件只能提供非常有限的服务，该库实现了公开给隔区软件的所有隔区服务，通常并不为标准的 VTL 1 进程加载。

了解这些信息后，我们一起来看看 Trustlet 创建过程中涉及的内容，首先是 VTL 0 中的 CreateProcess API，有关它的执行流程详情请参阅卷 1 第 3 章。

9.5.1 Trustlet 的创建

上文曾多次提到，安全内核依赖 NT 内核执行多种操作，Trustlet 的创建也是如此：这是一种由安全内核与 NT 内核共同管理的操作。在卷 1 第 3 章，我们介绍了 Trustlet 的结构及其签名要求，并介绍了重要的策略元数据。此外，我们还详细介绍了 CreateProcess API 的运行流程，Trustlet 的创建也是从这里为起点开始的。

为了正确创建 Trustlet，应用程序在调用 CreateProcess API 时应指定 CREATE_SECURE_PROCESS 创建标记。在内部，该标记会被转换为 PS_CP_SECURE_PROCESS 这个 NT 属性并传递给 NtCreateUserProcess 这个原生 API。当 NtCreateUserProcess 成功打开要执行的映像后，会指定一个特殊的标记来创建映像的节对象，借此让内存管理器使用安全 HVCI 验证其内容。这样，安全内核即可创建 SECURE_IMAGE 数据结构，该数据结构可用于描述通过安全 HVCI 进行验证的 PE 映像。

NT 内核会像对待常规进程那样创建所需的进程数据结构和初始的 VTL 0 地址空间（页面目录、超空间、工作集），如果新进程是一个 Trustlet，NT 内核会发出 CREATE_PROCESS 安全调用。这个安全调用将由安全内核来管理，为此，安全内核会创建安全进程对象和相关数据结构（名为 EPROCESS）。随后，安全内核将常规进程对象（EPROCESS）与新建的安全进程对象链接在一起，并创建初始的安全地址空间，为此需要分配安全页表，并在安全页表的上半部分复制用于描述安全地址空间中内核部分的根项。

NT 内核完成空进程地址空间的设置，并将 Ntdll 库映射到其中（详见卷 1 第 3 章的“阶段 3D”）。在为安全进程执行该操作时，NT 内核会调用 INITIALIZE_PROCESS 安全调用以完成 VTL 1 中的设置。安全内核会将创建进程时指定的 Trustlet 标识和属性复制到新的安全进程，创建安全句柄表，并将安全共享页映射到地址空间中。

安全进程创建工作的最后一步需要创建安全线程。初始线程对象的创建过程与 NT 内核中的常规进程类似：当 NtCreateUserProcess 调用 PspInsertThread 时，它已经分配了线程内核堆栈并插入了必要数据，这样既可从 KiStartUserThread 内核函数启动（详见卷 1

第 3 章的“阶段 4”)。如果进程是一个 Trustlet，NT 内核会发出 CREATE_THREAD 安全调用以执行最终的安全线程创建工作。安全内核会附加到新安全进程的地址空间，分配并初始化安全线程数据结构、线程的安全 TEB 以及内核堆栈。安全内核会填充线程的内核堆栈，为此需要插入线程优先的初始内核例程 SkpUserThreadStart。随后，安全内核会为安全线程初始化与计算机相关的硬件上下文，该上下文指定了实际的映像启动地址以及第一个用户模式例程的地址。最后，安全内核会将常规线程对象与新创建的安全线程对象联系起来，将线程插入安全线程列表，并将该线程标记为可运行。

当 NT 内核调度器选择运行常规线程对象时，执行过程依然始于 VTL 0 下的 KiStartUserThread 函数。该函数可降低线程的 IRQL 并调用系统初始线程例程(PspUserThreadStartup)。在 NT 内核设置初始形式转换上下文之前，执行过程与常规线程无异。但在设置形式转换上下文之后，会调用 VslpEnterIumSecureMode 例程启动安全内核调度循环并指定 RESUMETHREAD 安全调用。该循环只有在线程被终止后才会退出。这个初始安全调用将由 VTL 1 下的常规调用调度程序循环来处理，借此确定“恢复线程”进入 VTL 1 的原因，附加到新进程的地址空间，并切换至新的安全线程堆栈。在这种情况下，安全内核并不调用 IumInvokeSecureService 调度程序函数，因为它知道初始线程函数已经位于堆栈中，因此只需要返回到堆栈中的地址，该地址指向了 VTL 1 安全初始例程 SkpUserThreadStart。

与标准 VTL 0 线程类似，SkpUserThreadStart 会设置初始形式转换上下文，以运行映像加载器初始化例程（Ntdll.dll 中的 LdrInitializeThunk）以及整个系统范围内的线程启动存根（Ntdll.dll 中的 RtlUserThreadStart）。这些步骤是通过在原地编辑线程上下文并发出从系统服务中退出的操作来完成的，借此即可加载特制的用户上下文并返回到用户模式。新生的安全线程会像常规 VTL 0 线程那样进行初始化，由 LdrInitializeThunk 例程初始化加载器及所需的数据结构。该函数返回后，NtContinue 会还原新的用户上下文。至此线程才真正开始执行：RtlUserThreadStart 会使用实际映像入口点的地址和启动参数，并调用应用程序的入口点。

注意 细心的读者可能已经注意到，安全内核并未采取任何措施来保护新 Trustlet 的二进制映像。这是因为按照设计，描述 Trustlet 基础二进制映像的共享内存依然可被 VTL 0 访问。

假设一个 Trustlet 想要向映像的全局数据中写入私有数据。在映像全局数据中，映射可写数据节的 PTE 会被标记为“写入时复制”。因此处理器会生成访问故障。该故障属于用户模式的地址范围（别忘了，系统并不使用 NAR 来跟踪共享页）。安全内核页面故障处理程序（使用一个常规调用）将执行转向 NT 内核，借此分配一个新页面并将旧页面的内容复制进去，随后通过 SLAT 进行保护（使用受保护的复制操作，详见上文“安全内核内存管理器”一节）。

实验：调试 Trustlet

只有在 Trustlet 通过其元数据策略（存储在.tPolicy 节下）明确允许的情况下，我们才可以通过用户模式调试器调试 Trustlet。在这个实验中，我们将通过内核调试器调试一个 Trustlet。我们需要将内核调试器连接至启用 VBS 的测试系统（也可以使用本地内核调试器），不过严格来说并不需要 HVCI。

首先，找到 LsaIso.exe 这个 Trustlet:

```
lkd> !process 0 0 lsaiso.exe
PROCESS ffff8904dfdaa080
    SessionId: 0 Cid: 02e8    Peb: 8074164000 ParentCid: 0250
    DirBase: 3e590002 ObjectTable: ffffb00d0f4dab00 HandleCount: 42.
    Image: LsaIso.exe
```

分析该进程的 PEB 可以发现，一些信息被设置为“0”或不可读：

```
lkd> .process /P ffff8904dfdaa080
lkd> !peb 8074164000
PEB at 0000008074164000
    InheritedAddressSpace:    No
    ReadImageFileExecOptions: No
    BeingDebugged:            No
    ImageBaseAddress:         00007ff708750000
    NtGlobalflag:             0
    NtGlobalflag2:            0
    Ldr                       0000000000000000
    *** unable to read Ldr table at 0000000000000000
    SubSystemData:     0000000000000000
    ProcessHeap:       0000000000000000
    ProcessParameters: 0000026b55a10000
    CurrentDirectory: 'C:\Windows\system32\'
    WindowTitle:  '< Name not readable >'
    ImageFile:    '\??\C:\Windows\system32\lsaiso.exe'
    CommandLine:  '\??\C:\Windows\system32\lsaiso.exe'
    DllPath:      '< Name not readable >'lkd
```

读取进程映像基址的操作可能会成功，但这取决于映射到 VTL 0 地址空间的 LsaIso 映像是否已经被访问。第一个页面通常都会是这样的情况（毕竟主映像的共享内存依然可在 VTL 0 下访问）。在我们的系统中，第一个页面已映射且有效，但第三个页面是无效的：

```
lkd> db 0x7ff708750000 l20
00007ff7`08750000 4d 5a 90 00 03 00 00 00-04 00 00 00 ff 00 00 MZ............
00007ff7`08750010 b8 00 00 00 00 00 00 00-40 00 00 00 00 00 00 00 ......@.....
lkd> db (0x7ff708750000 + 2000) l20
00007ff7`08752000 ?? ?? ?? ?? ?? ?? ?? ??-?? ?? ?? ?? ?? ?? ?? ?? ????????????????
00007ff7`08752010 ?? ?? ?? ?? ?? ?? ?? ??-?? ?? ?? ?? ?? ?? ?? ?? ????????????????
lkd> !pte (0x7ff708750000 + 2000)
1: kd> !pte (0x7ff708750000 + 2000)
                                           VA 00007ff708752000
PXE at FFFFD5EAF57AB7F8    PPE at FFFFD5EAF56FFEE0    PDE at FFFFD5EADFFDC218
contains 0A0000003E58D867 contains 0A0000003E58E867 contains 0A0000003E58F867
pfn 3e58d     ---DA--UWEV pfn 3e58e     ---DA--UWEV pfn 3e58f     ---DA--UWEV

PTE at FFFFD5BFFB843A90
contains 0000000000000000
not valid
```

转储进程的线程可以发现一些重要信息，借此确认了我们上一节所讨论的内容：

```
!process ffff8904dfdaa080 2
PROCESS ffff8904dfdaa080
    SessionId: 0 Cid: 02e8    Peb: 8074164000 ParentCid: 0250
    DirBase: 3e590002 ObjectTable: ffffb00d0f4dab00 HandleCount: 42.
```

```
    Image: LsaIso.exe

        THREAD ffff8904dfdd9080 Cid 02e8.02f8 Teb: 0000008074165000
        Win32Thread: 0000000000000000 WAIT: (UserRequest) UserMode Non-Alertable
            ffff8904dfdc5ca0 NotificationEvent

        THREAD ffff8904e12ac040 Cid 02e8.0b84 Teb: 0000008074167000
        Win32Thread: 0000000000000000 WAIT: (WrQueue) UserMode Alertable
            ffff8904dfdd7440 QueueObject

lkd> .thread /p ffff8904e12ac040
Implicit thread is now ffff8904`e12ac040
Implicit process is now ffff8904`dfdaa080
.cache forcedecodeuser done
lkd> k
  *** Stack trace for last set context - .thread/.cxr resets it
 # Child-SP          RetAddr           Call Site
00 ffffe009`1216c140 fffff801`27564e17 nt!KiSwapContext+0x76
01 ffffe009`1216c280 fffff801`27564989 nt!KiSwapThread+0x297
02 ffffe009`1216c340 fffff801`275681f9 nt!KiCommitThreadWait+0x549
03 ffffe009`1216c3e0 fffff801`27567369 nt!KeRemoveQueueEx+0xb59
04 ffffe009`1216c480 fffff801`27568e2a nt!IoRemoveIoCompletion+0x99
05 ffffe009`1216c5b0 fffff801`2764d504 nt!NtWaitForWorkViaWorkerFactory+0x99a
06 ffffe009`1216c7e0 fffff801`276db75f nt!VslpDispatchIumSyscall+0x34
07 ffffe009`1216c860 fffff801`27bab7e4 nt!VslpEnterIumSecureMode+0x12098b
08 ffffe009`1216c8d0 fffff801`276586cc nt!PspUserThreadStartup+0x178704
09 ffffe009`1216c9c0 fffff801`27658640 nt!KiStartUserThread+0x1c
0a ffffe009`1216cb00 00007fff`d06f7ab0 nt!KiStartUserThreadReturn
0b 00000080`7427fe18 00000000`00000000 ntdll!RtlUserThreadStart
```

通过这个堆栈我们可以清晰地看到：执行始于 VTL 0 下的 KiStartUserThread 例程。PspUserThreadStartup 调用了安全调用调度循环，该循环永远不会结束，但被一个等待操作打断了。内核调试器无法显示安全内核的任何数据结构或 Trustlet 的私有数据。

9.5.2 安全设备

VBS 为驱动程序提供了在安全环境中运行自己部分代码的能力。安全内核本身无法通过扩展支持内核驱动程序，这样会导致它的攻击面过大。此外，微软也不允许外部企业在主要承担安全作用的组件中引入可能的 Bug。

用户模式驱动程序框架（User-Mode Driver Framework，UMDF）通过引入驱动程序辅助组件的概念解决了这个问题，这种辅助组件可同时在 VTL 0 和 VTL 1 下运行。在这种情况下，甚至可将其称为安全辅助组件。安全辅助组件包含驱动程序中需要在不同模式（本例中为 IUM）下运行的代码子集，可作为主 KMDF 驱动程序的扩展或辅助组件加载。不过标准 WDM 驱动程序也可以被支持。主驱动程序依然运行在 VTL 0 内核模式下，并继续负责管理设备的 PnP 和电源状态，但它需要能够联系到自己的辅助组件，才能执行必须在 IUM 下完成的任务。

卷 1 第 3 章提到的安全驱动程序框架（Secure Driver Framework，SDF）已被弃用，图 9-39 展示了全新 UMDF 安全辅助组件模型的架构，该架构依然建立在相同的，可在 VTL 0 用户模式下使用的 UMDF 核心框架（Wudfx02000.dll）基础上。UMDF 核心框架利用 UMDF 安全辅助组件主机（WUDFCompanionHost.exe）提供的服务加载并管理以 DLL

形式调度的驱动程序辅助组件。UMDF 安全辅助组件主机管理了安全辅助组件的生命周期，并封装了很多专门处理 IUM 环境中特定问题所需的 UMDF 函数。

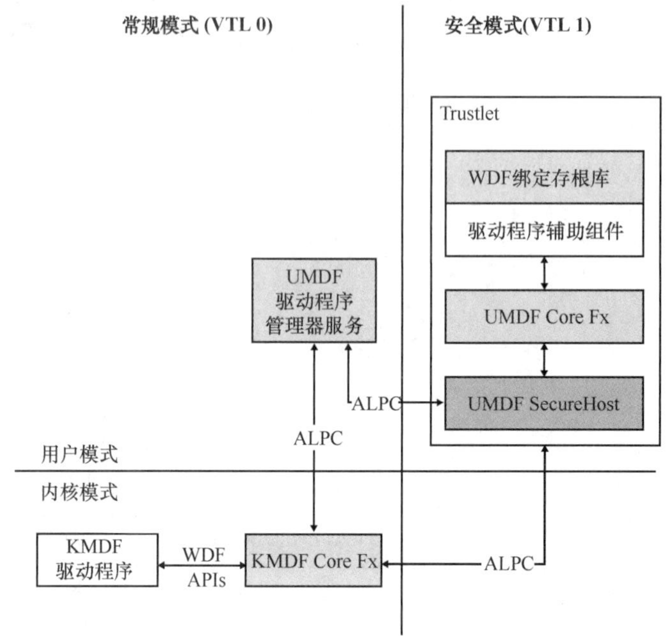

图 9-39　WDF 驱动程序的安全辅助组件架构

安全辅助组件通常与 VTL 0 内核中运行的主驱动程序相关联。它必须包含正确的数字签名（与每个 Trustlet 一样，需要在签名中包含 IUM EKU），并且必须在元数据节中声明自己的能力。安全辅助组件会对自己管理的设备拥有完整的所有权（这也解释了为何此类设备通常被称为安全设备）。安全辅助组件的安全设备控制器支持下列功能。

- **安全 DMA：** 驱动程序可以指示设备直接在受保护的 VTL 1 内存中执行 DMA 传输，而 VTL 0 是无法访问的。安全辅助组件可以处理通过 DMA 接口收发的数据，随后通过标准 KMDF 通信接口（ALPC）将部分数据传输给 VTL 0 驱动程序。通过 Iumbase.dll 公开的 IumGetDmaEnabler 和 IumDmaMapMemory 安全系统调用，可以让安全辅助组件在 VTL 1 用户模式下直接映射物理 DMA 内存范围。
- **内存映射的 IO（MMIO）：** 安全辅助组件可以请求设备在 VTL 1（用户模式）下映射自己可访问的 MMIO 范围。随后即可在 IUM 中直接访问内存映射设备的寄存器。该功能由 MapSecureIo 和 ProtectSecureIo API 公开。
- **安全节：** 辅助组件可以通过 CreateSecureSection API 创建并映射安全节，安全节代表可以在 Trustlet 和 VTL 0 下运行的主驱动程序之间共享的内存。此外，安全辅助组件还可以指定不同类型的 SLAT 保护，以便让内存能够通过安全设备（使用 DMA 或 MMIO）访问。

安全辅助组件无法直接响应设备中断，设备中断需要通过 VTL 0 下运行的相关内核模式驱动程序来映射和管理。按照同样的方式，内核模式驱动程序依然需要管理收到的所有 IOCTL，借此充当系统和用户模式应用程序的高级接口。主驱动程序通过使用 UMDF 任务队列对象发送 WDF 任务的方式与自己的安全辅助组件通信，在内部，这会用到 WDF 框架公开的 ALPC 设施。

典型的 KMDF 驱动程序会通过 INF 指令注册自己的辅助组件。WDF 会在驱动程序调用 WdfDeviceCreate 的上下文中自动启动驱动程序的辅助组件（对即插即用驱动程序来说这通常发生在 AddDevice 回调中），为此要向 UMDF 驱动程序管理器服务发送一条 ALPC 消息，通过调用 NtCreateUserProcess 原生 API 生成一个新的 WUDFCompanionHost.exe Trustlet。随后，UMDF 安全辅助组件主机会在自己的地址空间中加载安全辅助组件 DLL。为了真正启动安全辅助组件，UMDF 驱动程序管理器还会向 WUDFCompanionHost 发送另一条 ALPC 消息。辅助组件的 DriverEntry 例程会执行驱动程序的安全初始化工作，并通过经典的 WdfDriverCreate API 创建 WDFDRIVER 对象。

随后框架会调用 VTL 1 下辅助组件的 AddDevice 回调例程，通常这会通过新的 WdfDeviceCompanionCreate 这个 UMDF API 创建辅助组件的设备。后者会通过 IumCreateSecureDevice 安全系统调用将执行转移至安全内核，并由安全内核创建新的安全设备。至此，安全辅助组件对自己管理的设备拥有了完整的所有权。通常来说，在创建了安全设备后，辅助组件要做的第一个工作是创建任务队列对象（WDFTASKQUEUE），该对象可用于处理由相关 VTL 0 驱动程序传入的任务。执行控制会返回给内核模式驱动程序，并由它向自己的安全辅助组件发送新任务消息。

WDM 驱动程序也支持这种模式。WDM 驱动程序可以使用 KMDF 的微型端口（miniport）模式与一个特殊的过滤器驱动程序 WdmCompanionFilter.sys 交互，该驱动程序被附加到设备堆栈中一个较低级别的位置。WDM 辅助组件过滤器可以让 WDM 驱动程序使用任务队列对象向安全辅助组件发送任务消息。

9.5.3 基于 VBS 的隔区

在卷 1 第 5 章，我们介绍了软件防护扩展（Software Guard Extension，SGX），这项硬件技术创建受保护的内存隔区（enclave），这种进程地址空间中的安全区域可以通过硬件为代码和数据提供保护（加密），防止受到隔区外部代码的影响。这项技术最早出现在第 6 代 Intel 酷睿处理器（Skylake）上，但当时存在一些问题而无法被广泛采用（AMD 也提供了一种名为安全加密虚拟化的类似技术，但该技术无法兼容 SGX）。

为了解决这些问题，微软发布了基于 VBS 的隔区，这种安全隔区的隔离能力由 VSM 基础架构来保证。基于 VBS 的隔区中的代码和数据仅限隔区自己和 VSM 安全内核查看，NT 内核、VTL 0 进程以及系统中运行的安全 Trustlet 均无法访问。

基于 VBS 的安全隔区是通过在常规进程中建立虚拟地址范围的方式创建的。在代码和数据载入隔区后，系统会通过安全内核将控制转移至隔区的入口点，借此即可首次进入该隔区。随后，安全内核首先会为隔区映像使用映像签名的验证机制来验证所有代码和数据是否都是真实的，并获得可在隔区中运行的授权。如果签名检查通过，随后的执行控制会被转移给隔区的入口点，该入口点可以访问隔区中的所有代码和数据。默认情况下，系统只支持执行带有正确签名的隔区。这样排除了未签名恶意软件在反恶意软件无法监控的系统中执行的可能性，毕竟反恶意软件是无法访问任何隔区中的内容的。

执行过程中，控制权可在隔区及包含隔区的进程间来回转移。隔区内部执行的代码可访问隔区虚拟地址范围内的所有数据，此外，它还可以读取并写入包含隔区的不安全进程地址空间。包含隔区的进程无法访问隔区虚拟地址范围内的所有内存。如果一个托管进程包含多个隔区，那么每个隔区都将只能访问自己的内存以及托管进程所能访问的内存。

对于硬件隔区，当代码在隔区中运行时，将获得一份隔区密封报告，第三方实体可以使用该报告来验证代码确保是在 VBS 隔区的隔离保障之下运行的。该报告还可用于验证所运行代码的具体版本。该报告包含了与宿主系统、隔区本身，以及隔区中可能已加载的所有 DLL 有关的信息。此外，还能通过相关信息了解隔区是否在启用调试功能的情况下运行。

基于 VBS 的隔区以符合下列特征的 DLL 形式发布。

- 通过 Authenticode 签名方式添加签名，其叶证书（leaf certificate）包含有效 EKU，这样的映像才能作为隔区运行。发出数字证书的根信任机构应该是微软，或是由微软副署（countersigned）的证书清单所涵盖的第三方签名机构。这意味着第三方公司可以签名并运行自己的隔区。在有效的数字签名 EKU 方面，Windows 内部签名隔区为 IUM EKU (1.3.6.1.4.1.311.10.3.37)，所有第三方隔区为 Enclave EKU (1.3.6.1.4.1.311.10.3.42)。
- 包含一个隔区配置节（由 IMAGE_ENCLAVE_CONFIG 数据结构表示），该节描述了有关隔区的信息，会链接到隔区映像的加载配置数据目录中。
- 包含正确的控制流防护（CFG）检测。

隔区的配置节很重要，其中包含正确运行和密封隔区所需的重要信息：具备唯一性的族 ID 和映像 ID，它们由隔区的创建者指定，用于识别隔区的二进制文件、安全版本号以及隔区的策略信息（例如预期虚拟大小、可运行的线程数量最大值、隔区的可调试性）。此外，隔区的配置节还包含隔区可导入的映像列表及其标识信息。隔区的导入模块可通过族 ID 和映像 ID 的组合来识别，或可通过所生成的唯一 ID（从二进制文件的哈希值开始计算而来）以及作者 ID（通过为隔区签名所用的证书派生而来）的组合来识别（这个组合可以代表创建该隔区的人的身份）。导入模块的标识符还必须包含最小的安全版本号。

安全内核通过 VBS 隔区运行时 DLL（Vertdll.dll）为隔区提供了一些基础的系统服务，该 DLL 会映射至隔区的地址空间。这些服务包括标准 C 运行时库的有限子集、在隔区地址范围内分配或释放安全内存的能力、同步服务、结构化异常处理支持、基础的密码学加密函数，以及密封数据的能力。

实验：转储隔区配置

在这个实验中，我们将使用 Windows SDK 和 WDK 中提供的 Microsoft Incremental linker（link.exe）工具转储软件隔区配置数据。这些软件包均可从网上下载。此外，我们也可以使用 EWDK，其中已经包含所有必要的工具，并且无须安装。EWDK 的下载地址：https://docs.microsoft.com/windows-hardware/drivers/download-the-wdk。

请通过搜索框打开 Visual Studio Developer Command Prompt，或执行 EWDK 的 ISO 映像中包含的 LaunchBuildEnv.cmd 脚本文件。我们将使用 **link.exe /dump/loadconfig** 命令分析 System Guard Routine Attestation 这个隔区的配置数据，如图 9-40 所示。下文还将详细介绍这些配置数据。

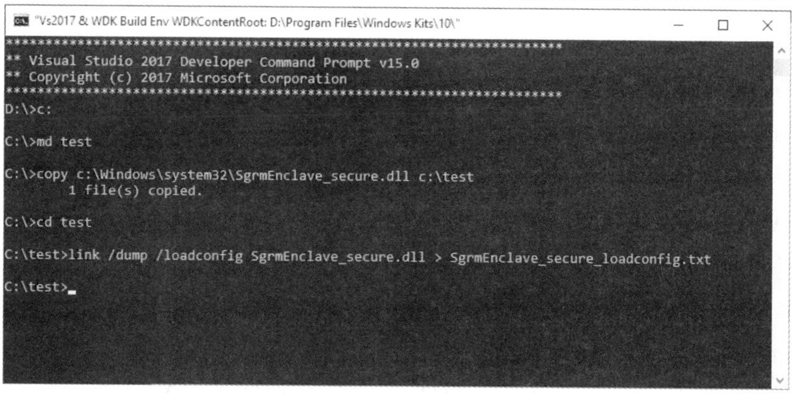

```
"Vs2017 & WDK Build Env WDKContentRoot: D:\Program Files\Windows Kits\10\"
*****************************************************************
** Visual Studio 2017 Developer Command Prompt v15.0
** Copyright (c) 2017 Microsoft Corporation
*****************************************************************
D:\>c:

C:\>md test

C:\>copy c:\Windows\system32\SgrmEnclave_secure.dll c:\test
        1 file(s) copied.

C:\>cd test

C:\test>link /dump /loadconfig SgrmEnclave_secure.dll > SgrmEnclave_secure_loadconfig.txt

C:\test>_
```

上述命令的输出结果很长，因此在如图所示的范例中，我们已将输出结果重定向到SgrmEnclave_secure_loadconfig.txt文件中。打开新创建的输出文件后，可以看到该二进制映像包含一个CFG表以及一个有效的隔区配置指针，该指针指向了下列数据。

```
Enclave Configuration

            00000050 size
            0000004C minimum required config size
            00000000 policy flags
            00000003 number of enclave import descriptors
            0004FA04 RVA to enclave import descriptors
            00000050 size of an enclave import descriptor
            00000001 image version
            00000001 security version
    0000000010000000 enclave size
            00000008 number of threads
            00000001 enclave flags

            family ID : B1 35 7C 2B 69 9F 47 F9 BB C9 4F 44 F2 54 DB 9D
             image ID : 24 56 46 36 CD 4A D8 86 A2 F4 EC 25 A9 72 02

ucrtbase_enclave.dll
             0 minimum security version
             0 reserved

               match type : image ID
                family ID : 00 00 00 00 00 00 00 00 00 00 00 00 00 00 00 00
                 image ID : F0 3C CD A7 E8 7B 46 EB AA E7 1F 13 D5 CD DE 5D
         unique/author ID : 00 00 00 00 00 00 00 00 00 00 00 00 00 00 00 00
                            00 00 00 00 00 00 00 00 00 00 00 00 00 00 00 00

bcrypt.dll
               0 minimum security version
               0 reserved

                 match type : image ID
                  family ID : 00 00 00 00 00 00 00 00 00 00 00 00 00 00 00 00
                   image ID : 20 27 BD 68 75 59 49 B7 BE 06 34 50 E2 16 D7 ED
           unique/author ID : 00 00 00 00 00 00 00 00 00 00 00 00 00 00 00 00
                              00 00 00 00 00 00 00 00 00 00 00 00 00 00 00 00
    ...
```

配置节包含了二进制映像的隔区数据（如族ID、映像ID以及安全版本号）和导入描述符数组，借此可向安全内核告知主隔区的二进制文件可以安全地依赖哪些库。我们可以对Vertdll.dll库以及从System Guard Routine Attestation隔区导入的所有二进制文件重做该实验。

隔区生命周期

我们在卷 1 第 5 章讨论了硬件隔区（基于 SGX）的生命周期。VBS 隔区的生命周期与其类似，微软进一步增强了原有的隔区 API，借此为基于 VBS 的新隔区类型提供支持。

步骤 1：创建。应用程序通过向 CreateEnclave API 指定 ENCLAVE_TYPE_VBS 标记来创建基于 VBS 的隔区。调用方应当指定一个所有者 ID 以识别隔区所有者。隔区会像硬件隔区那样创建代码，最终调用内核中的 NtCreateEnclave。后者会检查参数，复制传入的结构，并附加到目标进程（以防隔区被创建到不同于调用方的另一个进程中）。MiCreateEnclave 函数分配一个隔区类型的 VAD，借此描述隔区的虚拟内存范围并选择一个基准虚拟地址（如果调用方未指定）。内核分配内存管理器的 VBS 隔区数据结构和每处理器隔区哈希表，这些信息将用于快速查找以特定编号开始的隔区。如果这是进程中创建的第一个隔区，系统还会使用 CREATE _PROCESS 安全调用在 VTL 1 下创建一个充当隔区容器的空的安全进程（详见上文“Trustlet 的创建”一节）。

VTL 1 中的 CREATE_ENCLAVE 安全调用处理程序将执行隔区创建的实际工作：分配安全隔区密钥数据结构（SKMI_ENCLAVE），设置对容器安全进程（之前由 NT 内核创建）的引用，并创建描述整个隔区虚拟地址空间的安全 VAD（安全 VAD 包含与 VTL 0 中的等效项类似的信息）。该 VAD 会被插入包含进程的 VAD 树（而非隔区本身）。另外，还会像对待包含进程那样为隔区创建一个空的虚拟地址空间：页表根仅由系统项填充。

步骤 2：将模块载入隔区。基于硬件的隔区中，父进程只能将模块（而非任意数据）载入隔区。这会导致映像的每个页面被复制到 VTL 1 中的地址空间。VTL 1 隔区中每个映像的页面都是一个私有副本。隔区中需要加载至少一个模块（充当模块主映像），否则隔区将无法初始化。而 VBS 隔区创建完毕后，应用程序将调用 LoadEnclaveImage API，指定隔区基址和必须载入隔区的模块名称。位于 Ntdll.dll 中的 Windows 加载器代码将搜索指定的 DLL 名称，打开并验证其二进制文件，创建一个在调用过程中以只读访问权限映射的节对象。

加载器映射该节后，会解析映像的导入地址表，这是为了创建依赖模块（导入、延迟加载以及转发的模块）列表。对于找到的每个模块，加载器会检查隔区中是否有足够的空间来映射，并会计算正确的映像基址。如图 9-40 所示，该图展示了 SGRA（System Guard Runtime Attestation）安全隔区，该隔区中的模块使用自上而下的策略进行映射。这意味着主映像会映射至尽可能高的虚拟地址上，所有依赖的模块会映射至彼此相邻的低位地址上。在这个阶段，Windows 加载器还会为每个模块调用 NtLoadEnclaveData 内核 API。

为了在 VBS 隔区中加载特定映像，内核会执行一个复杂的过程，以便让节对象的共享页面可以复制到 VTL 1 中隔区的私有页面里。MiMapImageForEnclaveUse 函数可以获得节对象的控制区域，并通过 SKCI 进行验证。如果验证失败，则过程会被中断并向调用方返回一个错误信息（如上文所述，隔区的所有模块都必须包含正确的签名）。如果成功，则系统会附加至安全系统进程，并将映像的节对象映射至 VTL 0 中的地址空间。此时，模块的共享页面可能是有效的，也可能是无效的，详见卷 1 第 5 章。随后会在包含进程中提交模块的虚拟地址空间，这样即可为需要零的 PTE 创建私有 VTL 0 分页数据结构，随后当映像载入 VTL 1 后，安全内核会填充该数据结构。

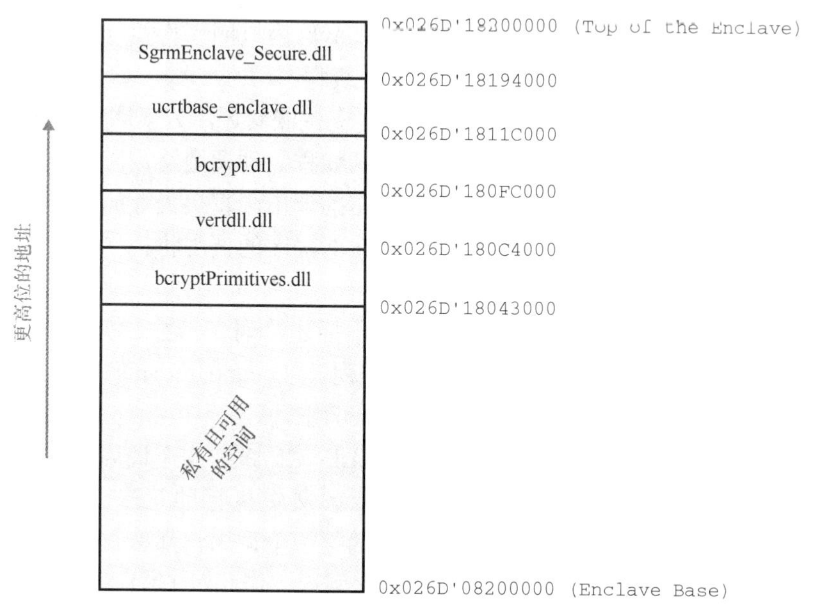

图 9-40 SGRA 安全隔区（请注意隔区底部为空的空间）

VTL 1 中的 LOAD_ENCLAVE_MODULE 安全调用处理程序获得新模块（由 SKCI 创建）的 SECURE_IMAGE，并验证该映像是否适合在 VBS 隔区中使用（通过验证数字签名特征）。随后它会附加到 VTL 1 中的安全系统进程，并将安全映像映射至与之前 NT 内核映射时相同的虚拟地址。这样即可共享来自 VTL 0 的原型 PTE。随后，安全内核创建描述模块的安全 VAD 并将其插入隔区在 VTL 1 中的地址空间。最后，它会在每个模块的节原型 PTE 之间循环。对于每个不存在的原型 PTE，它会附加在安全系统进程上，并使用 GET_PHYSICAL_PAGE 常规调用来调用 NT 页面错误处理程序（MmAccessFault），借此将共享页面带入内存。安全内核会对私有隔区页面执行类似的过程，这些页面之前已经由 VTL 0 中的 NT 内核为 demand-zero 的 PTE 提交过了。在这种情况下，NT 页面错误处理程序会分配归零的页面。安全内核将每个共享物理页面的内容复制到每个新的私有页面，并在需要时应用必要的私有重定位。

至此，VBS 隔区中的模块加载工作已完成。安全内核会对隔区的私有页面应用 SLAT 保护（NT 内核无法访问隔区中的映像代码和数据），从安全系统进程中解除对共享节的映射，并将执行交给 NT 内核。加载器可以继续处理下一个模块了。

步骤 3：隔区初始化。所有模块被载入隔区后，应用程序将使用 InitializeEnclave API 来初始化隔区，并指定该隔区支持的线程数量最大值（这些线程将被绑定到能在包含进程中执行隔区调用的线程）。安全内核的 INITIALIZE_ENCLAVE 安全调用处理程序验证创建隔区过程中指定的策略可兼容主映像配置信息中表达的策略，验证隔区的平台库（Vertdll.dll）已加载，计算隔区最终的 256 位哈希值（用于生成隔区密封报告），并创建所有安全隔区线程。当执行控制权返回 VTL 0 中的 Windows 加载器代码后，系统会执行第一个隔区调用，由该调用执行平台 DLL 的初始化代码。

步骤 4：隔区调用（入站和出站）。隔区成功初始化后，应用程序即可针对该隔区进行任意数量的调用。隔区中所有可调用的函数都需要被导出。应用程序可以调用标准的 GetProcAddress API 来获取隔区函数的地址，随后使用 CallEnclave 例程将执行控制权转移给安全隔区。这种入站调用的情况下，NtCallEnclave 内核例程将执行线程选择算法，根据下列规则将发出调用的 VTL 0 线程绑定到隔区线程：

- 如果常规线程之前未被隔区调用过（隔区支持嵌套调用），则将选择执行任意一个空闲隔区线程。如果没有可用的空闲隔区线程，则调用将被阻塞，直到有隔区线程变为可用（前提是调用方指定，未指定的调用会直接失败）。
- 如果隔区曾经调用过一个常规线程，那么对隔区的调用将在之前对宿主机发出调用的同一个隔区线程上进行。

NT 内核与安全内核一起维护了一个隔区线程描述符列表。当常规线程被绑定到隔区线程后，该隔区线程会被插入一个名为绑定线程列表（bound threads list）的列表。被该列表跟踪的隔区线程处于正在运行的状态，不再可用。

线程选择算法成功后，NT 内核会发出 CALLENCLAVE 安全调用。安全内核会为隔区新建一个堆栈帧并返回到用户模式。隔区上下文中执行的第一个用户模式函数是 RtlEnclaveCallDispatcher。如果隔区调用是发出的第一个调用，那么该函数会将执行转移给 VSM 隔区运行时 DLL（Vertdll.dll）的初始化例程，借此对 CRT、加载器及提供给隔区的所有服务进行初始化。该例程最终会调用隔区主模块以及所有依赖映像的 DllMain 函数（会指定 DLL_PROCESS_ATTACH 作为原因）。

正常情况下，如果隔区平台 DLL 已被初始化，隔区调度程序会通过指定 DLL_THREAD_ATTACH 原因调用每个模块的 DllMain，验证目标隔区函数的特定地址是否有效，如果有效，则会最终调用目标函数。当目标隔区的例程执行完毕时，会回调包含进程借此返回 VTL 0。为此依然需要依赖隔区平台 DLL，平台 DLL 会再次调用 NtCallEnclave 内核例程。尽管后者在安全内核中的实现略为不同，但依然会采用类似的策略来返回 VTL 0。隔区本身可以发出隔区调用，借此在不安全的包含进程上下文中执行某些函数。在这种情况（也叫出站调用）下，隔区代码会使用 CallEnclave 例程并指定包含进程主模块中导出函数的地址。

步骤 5：终止和销毁。当通过 TerminateEnclave API 请求终止整个隔区时，隔区中的所有线程都会被迫返回 VTL 0。一旦请求终止隔区，所有到隔区的后续调用都将失败。随着线程被终止，它们的 VTL 1 线程状态（包括线程堆栈）会被销毁。所有线程都停止执行后，隔区即可被销毁。在隔区被销毁后，依然与隔区关联的其余 VTL 1 状态也会被销毁（包括隔区的整个地址空间），所有页面会被释放回 VTL 0。最后，隔区 VAD 会被删除，所有已提交隔区内存会被释放。当包含进程用隔区的基准地址范围调用 VirtualFree 时，便会触发销毁。除非隔区已终止或从未被初始化，否则无法进行销毁。

注意　如上文所述，映射到隔区地址空间的所有内存页都是私有的。这表示包含很多种含义。不过属于 VTL 0 中包含进程的任何内存页都不会映射到隔区地址空间（并且不存在描述包含进程分配情况的 VAD），那么隔区如何访问包含进程的所有内存页？

答案是安全内核页面错误处理程序（SkmmAccessFault）。在它的代码中，默认处理程序会检查出现错误的进程是否为隔区。如果是，则默认处理程序会检查错误的发生是否是由于隔区试图执行自己区域外的代码而导致的。这种情况下，处理程序会发出一个访问违规错误。如果产生错误是因为对隔区地址空间之外进行了读或写访问，那么安全页面错误处理程序会发出 GET_PHYSICAL_PAGE 常规服务，进而导致 VTL 0 访问错误处理程序被取消。VTL 0 处理程序会检查包含进程的 VAD 树，通过 PTE 获得页面的 PFN（为此在必要时将其带入内存），并将其返回给 VTL 1。在这个阶段，安全内核可以创建必要的分页结构，以便将物理页面映射到相同虚拟地址（由于隔区本身属性的缘故，所以该地址是可用的）并恢复执行。至此，该页面在安全隔区上下文中已处于有效状态。

密封和认证

VBS 隔区与基于硬件的隔区类似，都支持数据的密封（seal）和认证（attestation）。“密封”是指使用一个或多个对隔区代码不可见，而由安全内核管理并绑定到计算机和隔区标识的加密密钥对任意数据进行的加密。隔区永远无法访问这些密钥，安全内核通过使用隔区指定的适当密钥，以及借助 EnclaveSealData 和 EnclaveUnsealData API，提供了密封和解封任意内容的服务。在数据被密封后，将提供一组参数来控制哪些隔区可以解封数据。该机制支持下列策略。

- **安全内核和主映像的安全版本号（SVN）**。任何隔区都不能解封被后续版本隔区或安全内核密封的数据。
- **准确代码**。如果数据被映射了某个模块的隔区密封，那么随后只能被映射了完全相同模块的隔区解封。安全内核会验证隔区中映射的每个映像的唯一 ID 的哈希值，以便让正确的隔区解封数据。
- **相同映像、族或作者**。数据只能被具有相同作者 ID、族 ID 或映像 ID 的隔区解封。
- **运行时策略**。只有在解封隔区与密封隔区具备相同调试策略（可调试或不可调试）的情况下，数据才可以解封。

每个隔区都可以向任意第三方证明自己以 VBS 隔区的形式运行，并且具备 VBS 隔区架构所提供的全部保护。隔区认证报告提供了特定隔区在安全内核的控制下运行的认证。认证报告包含隔区中所加载全部代码的标识，以及控制隔区执行方式的策略。

有关密封和认证操作的内部细节介绍已超出了本书范围。隔区可通过 EnclaveGetAttestationReport API 生成认证报告。由该 API 返回的内存缓冲区可传送给另一个隔区，借此通过 EnclaveVerifyAttestationReport 函数生成的报告“证明”源隔区运行环境的完整性。

9.5.4 系统防护运行时认证

系统防护运行时认证（System Guard Runtime Attestation，SGRA）是一种操作系统完整性组件，可将上文介绍的 VBS 隔区与远程认证服务组件配合使用，为执行环境提供强有力的保障。该环境可用于在运行时认证敏感的系统属性，并让依赖方了解系统提供的安全承诺是否存在违反情况。这项新技术的首个实现是由 Windows 10 于 2018 年 4 月的更新（RS4）引入的。

SGRA 允许应用程序查看有关设备安全态势的声明。该声明包含以下三部分内容。

- 一个会话报告，其中包含的安全级别描述了设备启动时可认证的属性。
- 一个运行时报告，描述了设备的运行时状态。
- 一个签名会话证书，可用于验证报告的真伪。

SGRA 服务（SgrmBroker.exe）承载了一个组件（SgrmEnclave_secure.dll），该组件以 VBS 隔区的形式运行在 VTL 1 中，可持续认证系统在运行过程中出现的安全功能违背情况。这些认证会包含在运行时报告中，而该报告可由依赖方在后端进行验证。由于这个认证过程在一个单独的信任域中进行，因此很难直接对运行时报告内容发起攻击。

SGRA 内部原理

图 9-41 从较高的角度展示了 Windows Defender System Guard 运行时认证的架构概况，其中包含下列客户端组件。

- VTL-1 认证引擎：SgrmEnclave_secure.dll。
- 一个 VTL-0 内核模式代理：SgrmAgent.sys。
- 一个承载了认证引擎的 VTL-0 WinTCB 受保护代理进程：SgrmBroker.exe。
- 一个供 WinTCBPP 代理进程与网络堆栈交互的 VTL-0 LPAC 进程：SgrmLpac.exe。

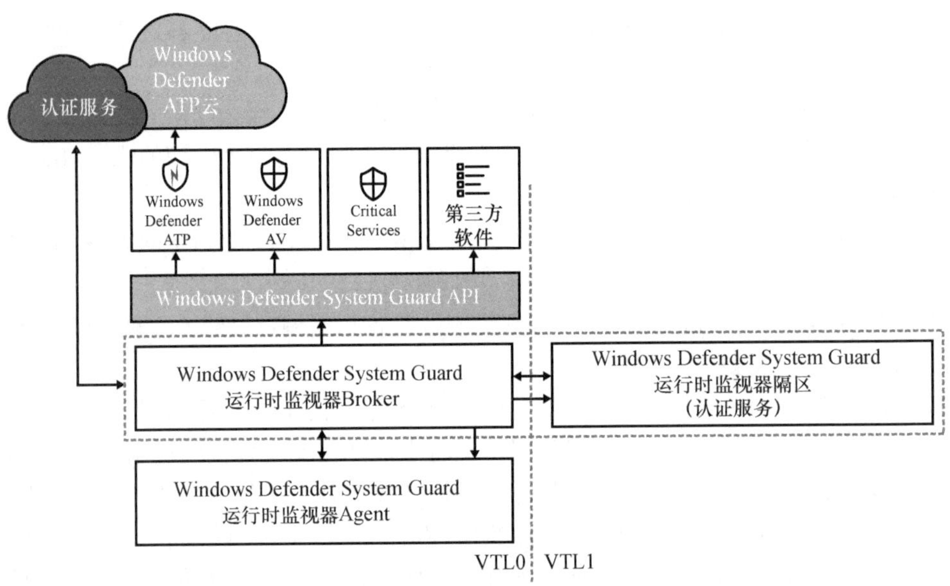

图 9-41 Windows Defender System Guard 运行时认证机制的架构

为了快速应对威胁，SGRA 通过一种动态脚本引擎（Lua）构建了核心认证机制，该引擎在 VTL 1 隔区中运行，这样即可频繁地更新认证逻辑。

由于 VBS 隔区提供了隔离能力，所以 VTL 1 中执行的线程在访问 VTL 0 NT API 时会遇到各种限制。因此为了让 SGRA 的运行时组件能执行更有意义的工作，还需要通过某种方式应对 VBS 隔区给 API 带来的限制。

系统实现了一种基于代理的方法，可将 VTL 0 设施公开给运行在 VTL 1 下的逻辑，这些设施称为辅助（assist），由 SgrmBroker 用户模式组件或运行在 VTL 0 内核模式下的代理驱动程序（SgrmAgent.sys）提供服务。隔区中运行的 VTL 1 逻辑可调用这些 VTL 0 组件，借此请求辅助提供一系列设施，包括 NT 内核同步基元、页面映射能力等。

举例来说，该机制的工作原理如下：SGRA 允许 VTL 1 认证引擎直接读取 VTL 0 拥有的物理页面。隔区可通过辅助请求对任意的页进行映射，随后该页会被锁定并映射至 SgrmBroker 的 VTL 0 地址空间（并常驻）。由于 VBS 隔区可以直接访问宿主进程的地址空间，所以安全逻辑可以直接从映射的虚拟地址读取。这些读取操作必须与 VTL 0 内核本身同步。VTL 0 常驻代理（SgrmAgent.sys 启动程序）也经常用于执行同步。

认证逻辑

如上文所述，SGRA 可认证系统运行时的安全属性。这些认证是在 VBS 隔区所承载的认证引擎中进行的。系统启动期间，会向认证引擎提供描述认证逻辑的带签名 Lua 字节码。

认证会定期进行。当发现违背所认证属性的情况（即认证“失败”）时，“失败”会被记录并存储到隔区中。该“失败”会通过运行时报告公开给依赖方，这个报告同样会在隔区中生成并使用会话证书签名。

例如，SGRA 提供的一种认证能力可以认证与执行体进程对象有关的各种属性，如运行中进程的定期枚举，以及进程保护位（负责管理受保护进程策略）的状态认证。

认证引擎执行检查的流程可概括总结为下列几个步骤。

1）VTL 1 下运行的认证引擎调用自己的 VTL 0 托管进程（SgrmBroker），请求内核引用一个执行体进程对象。

2）Broker 进程将该请求转发给内核模式代理（SgrmAgent），后者获取请求执行体进程对象的引用来提供服务。

3）内核模式代理（Agent）向 Broker 发出通知，告知请求已获得服务，并将必要的元数据传递给 Broker。

4）Broker 将响应转发给发出请求的 VTL 1 认证逻辑。

5）随后该逻辑可以选择将支持引用执行体进程对象的物理页面锁定，并映射至自己可访问的地址空间，这是通过类似上述步骤 1～4 的流程调用隔区实现的。

6）页面被映射后，VTL 1 引擎可直接读取并根据内部持有的上下文检查执行体进程对象的保护位。

7）VTL 1 逻辑再次调用到 VTL 0，解除页面映射和内核对象的引用。

报告和信任的建立

为了让依赖方获取 SGRA 会话证书并为会话和运行时报告签名，系统暴露了一个基于 WinRT 的 API。该 API 并未公开，仅供参与 Microsoft Virus Initiative 计划的供应商在签署保密协议后索取（请注意，目前只有 Microsoft Defender Advanced Threat Protection 可通过该 API 与 SGRA 直接交互）。

通过 SGRA 获取信任声明的流程如下。

1）依赖方和 SGRA 之间建立一个会话。该会话的建立需要具备网络连接。SgrmEnclave 认证引擎（运行在 VTL 1 下）生成一个公私密钥对，受保护进程 SgrmBroker 检索 TCG 日志和 VBS 认证报告，将其与上一步生成的密钥的公开部分一起发送给微软的 System Guard 认证服务。

2）认证服务验证 TCG 日志（来自 TPM）和 VBS 认证报告（认证了该逻辑运行在 VBS 隔区中），并生成一个会话报告，通过该报告描述被认证设备在启动时的属性。该服务会使用 SGRA 认证服务中间密钥对公钥签名，借此创建出验证运行时报告所需的证书。

3）会话报告和证书返回给依赖方。随后，依赖方即可验证会话报告和运行时证书的有效性。

4）依赖方可以借助已建立的会话定期从 SGRA 请求运行时报告：SgrmEnclave 认证引擎会生成一份运行时报告，借此描述已运行认证的状态。该报告会使用会话创建过程中生成的配对私钥进行签名并返回给依赖方（私钥永远不会离开隔区）。

5）依赖方可通过先前获得的运行时证书验证运行时报告，并根据会话报告内容（启动时认证的状态）以及运行时报告（认证的状态）做出策略决定。

依赖方可以使用 SGRA 提供的一些 API 来认证设备在某个时间点时的状态。该 API 会返回一份运行时报告，其中详细列出了 Windows Defender System Guard 在运行时针对系统整体安全态势给出的意见。这些意见也包括认证，即对系统运行过程中某些敏感属性测量得到的结果。例如，应用程序可以要求 Windows Defender System Guard 从硬件支持的隔区测量系统安全性并提供报告，随后该应用即可使用报告提供的详细信息来决定是否可以执行敏感的金融交易或展示个人信息。

如上文所述，VBS 隔区也可以提供使用 VBS 特定签名密钥签名的隔区认证报告。如果 Windows Defender System Guard 可以获得证据，认证主机系统是在启用了 VSM 的情况下运行的，那么即可使用该证据和带签名的会话报告保证特定隔区正在运行。因此，为了建立必要的信任，以保证运行时报告的真实性，必须做到以下几点。

1）认证计算机的启动状态：操作系统、虚拟机监控程序、安全内核（SK）二进制文件必须具备微软数字签名，并根据安全策略进行必要的配置。

2）要在 TPM 和虚拟机监控程序的运行状况之间建立信任关系，从而信任测量启动日志（measured boot log）。

3）从测量启动日志中提取所需密钥（VSM IDK），用这些密钥验证 VBS 隔区签名（详见第 12 章）。

4）使用受信任的证书颁发机构对隔区中生成的临时密钥对的公共部分进行签名，以便颁发会话证书。

5）使用临时私钥对运行时报告签名。

隔区和 Windows Defender System Guard 认证服务之间的网络调用是在 VTL 0 下进行的，不过认证协议的设计保证了即使使用不可信任的传输机制，也可以有效防范篡改。

在充分建立上述信任链之前，还需要具备很多底层技术。为了让依赖方了解能对特定配置下的运行时报告产生的信任程度，Windows Defender System Guard 认证服务所签署的每一份会话报告都会被分配一个安全级别。这个安全级别体现了平台上启用的底层技术，以及根据平台能力分配的可信度级别。微软正在将各种安全技术的启用与否映射为不同的安全级别，并会在将相关的 API 发布给第三方使用时公布相关信息。最高级别的可信度很可能至少需要具备下列功能。

- 硬件和 OEM 配置均可支持 VBS。
- 启动时的动态信任根测量。
- 通过安全启动验证虚拟机监控程序、NT 以及安全内核映像。
- 通过安全策略保证虚拟机监控程序实施的代码完整性（HVCI）和内核模式代码完整性（KMCI）均已启用，测试签名被禁用，并且内核调试被禁用。
- 具备 ELAM 驱动程序。

9.6 总结

在 Hyper-V 虚拟机监控程序及其虚拟化堆栈的帮助下，Windows 可以管理并运行多个虚拟机，并能在虚拟机中运行不同的操作系统。多年来，这两个组件通过不断完善，为虚拟机提供了越来越多的优化和高级功能，例如嵌套虚拟化、虚拟处理器的多种调度器、对不同类型虚拟硬件的支持、VMBus、VA 支持的虚拟机等。

基于虚拟化的安全性为根操作系统防范恶意软件和隐蔽的 Rootkit 提供了全新保护，从而确保恶意威胁无法从根操作系统的内存中窃取私密和机密信息。安全内核使用 Windows 虚拟机监控程序提供的服务创建了一种全新的执行环境（VTL 1），该环境受到额外保护，使之无法通过主操作系统中运行的软件访问。此外，安全内核还为 Windows 生态系统提供了多种服务，以此维护一个更安全的环境。

安全内核还定义了隔离用户模式，可供用户模式代码通过 Trustlet、安全设备以及隔区在一种全新的受保护环境中执行。本章最后还介绍了系统防护运行时认证，该组件可以使用安全内核公开的服务测量工作站的执行环境，并针对工作站的完整性提供强有力的保障。

第 10 章将介绍 Windows 的管理和诊断组件，并讨论与这些组件的基础架构有关的重要机制：注册表、服务、任务计划程序、Windows 管理规范（WMI）、内核事件跟踪等。

第 10 章　管理、诊断和跟踪

本章介绍了微软 Windows 操作系统中一些对管理和配置至关重要的基本机制。具体来说，本章将分别介绍 Windows 注册表、服务、统一后台进程管理器，以及 Windows 管理规范（Windows Management Instrumentation，WMI）。本章还将介绍用于诊断和跟踪的重要组件，例如 Windows 事件跟踪（Event Tracing for Windows，ETW）、Windows 通知设施（Windows Notification Facility、WNF）以及 Windows 错误报告（Windows Error Reporting，WER）。本章最后将讨论 Windows 全局标记，并简要介绍内核以及用户填充码引擎。

10.1　注册表

注册表在 Windows 系统的配置和控制中起着关键作用。注册表是一个用于存储系统和每个用户的设置的存储库，尽管大多数人认为注册表是一种存储在硬盘上的静态数据，但通过本节的介绍将会知道，注册表还可以作为一个窗口，帮助我们了解 Windows 执行体和内核在内存中维护的各种结构。

本节首先会概括介绍注册表结构，讨论注册表可支持的数据类型，并简要介绍 Windows 在注册表中维护的关键信息。随后将介绍配置管理器的内部原理，以及负责实现注册表数据库的执行体组件。此外还将介绍注册表在磁盘上的内部结构、Windows 按照应用程序的需求检索配置信息的方法，以及为保护这个重要的系统数据库所采取的安全保护措施。

10.1.1　查看和更改注册表

总的来说，我们不应该直接修改注册表。如果需要修改应用程序和系统存储在注册表中的设置，应该通过相应的用户界面来进行改动。然而，正如本书之前多次提到的那样，一些高级设置和调试设置并未提供可编辑的用户界面。因此 Windows 还提供了很多图形用户界面（GUI）工具和命令行工具，供我们查看并修改注册表设置。

Windows 提供的最主要的注册表编辑图形用户界面工具为注册表编辑器（Regedit.exe），此外还提供了很多命令行下的注册表编辑工具，如 Reg.exe，这些工具可以导入、导出、备份并还原注册表键，同时可以对比、修改并删除键和值。此外这些工具还可以设置或查询 UAC 虚拟化所用的标记。另外，我们也可以通过 Regini.exe 将包含 ASCII 或 Unicode 配置数据的文本文件导入注册表数据中。

Windows 驱动包（WDK）提供了一个可以再分发的组件 Offregs.dll，该组件托管脱机注册表库（Offline Registry Library）。该库可用于加载二进制格式的注册表配置单元文件（详见下面“配置单元”一节），并对文件本身应用操作，借此绕过 Windows 对注册表操作所需的加载和映射等常规逻辑。它的用途主要是协助对注册表进行脱机访问，例如进行完整性检查和验证。如果底层数据不打算被系统可见，还可以借助该工具获得性能收益，因为这种访问是通过本地文件 I/O（而非注册表系统调用）实现的。

10.1.2 注册表的使用

配置数据的读取主要发生在下列四个时间内。

- 初始启动过程中，启动加载器读取配置数据和启动设备驱动程序列表，在内核初始化之前将其载入内存。由于启动配置数据库（Boot Configuration Database，BCD）实际上也存储在注册表配置单元中，因此完全可以说注册表的访问甚至发生在比这更早的时候，即启动管理器显示操作系统列表时就开始访问了。
- 内核启动过程中，内核读取设置，这些设置决定了要加载哪些设备驱动程序，以及各种系统元素（如内存管理器和进程管理器）如何配置自己并调整系统行为。
- 登录过程中，资源管理器和其他 Windows 组件从注册表读取每用户的首选项，包括网络驱动器盘符映射、桌面壁纸、屏幕保护程序、菜单行为、图标的布局，以及最重要的：要自动运行的程序以及最近访问过的文件。
- 启动过程中，应用程序需要读取系统端设置数据，例如可选安装的组件列表和许可数据，以及每用户设置（可能还包含菜单与工具栏的布局）与最近访问的文档列表。

其他时候也可以读取注册表，例如要对注册表值或键的改动做出响应时。虽然注册表提供了异步回调，这也是接收变更通知的首选方式，但一些应用程序也会通过轮询持续监视自己在注册表中的配置，并自动应用更新后的设置。不过总的来说，空闲的系统中应该不会出现注册表活动，因为这样的应用程序实际上违反了最佳实践（Sysinternals 提供的 Process Monitor 工具即可跟踪此类活动并找出“不规矩”的应用程序）。

注册表通常会在下列情况下被修改。

- 虽然不属于一种“修改”，但注册表的初始结构和很多默认设置都是由原型版本的注册表定义的，该原型包含在 Windows 的安装介质中，会被复制到每一个新安装的系统内。
- 应用程序设置工具创建默认应用程序设置，以及反映了安装过程中选择的配置的设置。
- 安装设备驱动程序过程中，即插即用系统在注册表中创建设置，借此告诉 I/O 管理器该如何启动驱动程序，并创建其他设置来配置驱动程序操作（有关设备驱动程序安装方式的详细信息，请参阅本书卷 1 第 6 章“I/O 系统”）。
- 通过用户界面更改应用程序或系统设置后，这些更改通常也会保存在注册表中。

10.1.3 注册表数据类型

注册表是一种数据库，其结构类似于磁盘卷。注册表中包含键（Key，类似于磁盘上的目录）和值（Value，类似于磁盘中的文件）。键是一种容器，可包含其他键（子键）或值，而值可用于存储数据。顶级键是根键。在本节中，我们会交替使用“子键”和“键”这两个词。

键和值都借鉴了文件系统的命名约定，因此可以通过名称标记（name mark）以唯一的方式识别一个值，而这种名称标记以“Trade\Mark”形式存储在一个名为 Trade 的键中。

每个键的未命名值是这种命名方案唯一的例外，注册表编辑器会将未命名的值显示为“(Default)”。

值可存储不同类型的数据，数据类型共有 12 种，如表 10-1 所示。大部分注册表值的类型为 REG_DWORD、REG_BINARY 或 REG_SZ。REG_DWORD 值类型可以存储数字或布尔逻辑值（true/false），REG_BINARY 值类型可存储大于 32 位的数字或加密后的密码等原始数据，REG_SZ 值类型可存储代表名称、文件名、路径、类型等元素的字符串（当然，仅限 Unicode 编码方式）。

表 10-1 注册表值的类型

值类型	描述
REG_NONE	无值类型
REG_SZ	定长 Unicode 字符串
REG_EXPAND_SZ	可嵌入环境变量的可变长度 Unicode 字符串
REG_BINARY	任意长度的二进制数据
REG_DWORD	32 位数字
REG_DWORD_BIG_ENDIAN	高字节在前的 32 位数字
REG_LINK	Unicode 符号链接
REG_MULTI_SZ	Unicode 以 NULL 结尾的字符串数组
REG_RESOURCE_LIST	硬件资源列表
REG_FULL_RESOURCE_DESCRIPTOR	硬件资源描述
REG_RESOURCE_REQUIREMENTS_LIST	资源要求列表
REG_QWORD	64 位数字

REG_LINK 值类型特别有趣，它可以让一个键以透明的方式指向另外一个键。当通过链接遍历注册表时，路径搜索工作还会在链接的目标位置处继续。举例来说，如果\Root1\Link 有一个 REG_LINK 值为\Root2\RegKey，而 RegKey 包含值 RegValue，那么可以通过两个路径来识别 RegValue，即\Root1\Link\RegValue 和\Root2\RegKey\RegValue。下一节将会介绍，Windows 大量使用了注册表链接：六个注册表根键中有三个实际上链接到了另外三个非链接根键下的子键上。

10.1.4 注册表的逻辑结构

我们可以通过存储在注册表中的数据来描绘注册表的组织结构。如表 10-2 所示，用来存储信息的根键共有九个（无法添加根键或删除现有的根键）。

表 10-2 九个根键

值类型	描述
HKEY_CURRENT_USER	存储与当前登录用户有关的数据
HKEY_CURRENT_USER_LOCAL_SETTINGS	存储与当前登录用户有关的数据，这些数据位于计算机本机，未包含在漫游的用户配置文件中
HKEY_USERS	存储与计算机上所有账户有关的信息
HKEY_CLASSES_ROOT	存储文件关联和 COM 对象注册信息
HKEY_LOCAL_MACHINE	存储与系统有关的信息

续表

值类型	描述
HKEY_PERFORMANCE_DATA	存储性能信息
HKEY_PERFORMANCE_NLSTEXT	存储以计算机系统运行地区的当地语言描述性能计数器的文本字符串
HKEY_PERFORMANCE_TEXT	存储以美国英语描述性能计数器的文本字符串
HKEY_CURRENT_CONFIG	存储与当前硬件配置文件有关的信息（已弃用）

为何根键名称的首字母是“H”？因为根键名称表示 Windows 对键（KEY）的处理（Handle，H）。正如本书卷 1 第 1 章所述，HKEY_LOCAL_MACHINE 可以缩写为 HKLM。表 10-3 列出了所有根键及其缩写。下面还将详细介绍每个根键包含的内容和用途。

表 10-3 注册表根键

根键	缩写	描述	链接
HKEY_CURRENT_USER	HKCU	指向当前登录用户的用户配置文件	HKEY_USERS 下的子键对应当前已登录的用户
HKEY_CURRENT_USER_LOCAL_SETTINGS	HKCULS	指向当前登录用户的本地设置	链接到 HKCU\Software\Classes\Local Settings
HKEY_USERS	HKU	包含所有已加载用户配置文件的子键	非链接
HKEY_CLASSES_ROOT	HKCR	包含文件关联和 COM 注册信息	非直接链接，但其实是 HKLM\SOFTWARE\Classes 与 HKEY_USERS\<SID>\SOFTWARE\Classes 合并后的视图
HKEY_LOCAL_MACHINE	HKLM	计算机的全局设置	非链接
HKEY_CURRENT_CONFIG	HKCC	当前硬件配置文件	HKLM\SYSTEM\CurrentControlSet\Hardware Profiles\Current
HKEY_PERFORMANCE_DATA	HKPD	性能计数器	非链接
HKEY_PERFORMANCE_NLSTEXT	HKPNT	性能计数器文本字符串	非链接
HKEY_PERFORMANCE_TEXT	HKPT	使用美国英语的性能计数器文本字符串	非链接

HKEY_CURRENT_USER

HKCU 根键包含与本地已登录用户的偏好和软件配置有关的数据。它会指向当前登录用户的用户配置文件，配置文件位于硬盘\Users\<username>\Ntuser.dat 处（有关根键如何映射到硬盘文件的详情，请参阅下文“注册表的内部原理”一节）。在加载用户配置文件时（例如用户登录或服务进程以特定用户的身份运行），将自动创建 HKCU 来映射该用户在 HKEY_USERS 下的键（这样，如果多个用户登录到同一个系统，则每个用户可看到不同的 HKCU）。表 10-4 列出了 HKCU 下的一些子键。

表 10-4 HKEY_CURRENT_USER

子键	描述
AppEvents	声音/事件关联
Console	命令行窗口设置（如宽度、高度、配色）
Control Panel	屏幕保护、桌面方案、键盘和鼠标设置，以及无障碍访问功能与区域设置
Environment	环境变量定义

续表

子键	描述
EUDC	有关最终用户定义的字符信息
Keyboard Layout	键盘布局设置（如美国或英国）
Network	网络驱动器映射和设置
Printers	打印机连接设置
Software	用户指定的软件首选项
Volatile Environment	易失的环境变量定义

HKEY_USERS

对于每个已加载的用户配置文件和系统中的每个用户类注册数据库，HKCU 都会包含一个对应的子键。它还包含一个名为 HKU\.DEFAULT 的子键，会链接到系统配置文件（供通过 Local System 账户运行的进程使用，详见下文“Windows 服务”一节）。例如 Winlogon 就会使用该配置文件，因此对该配置文件桌面背景设置进行的改动会体现在登录界面上。当用户首次登录系统并且用户账户不依赖漫游的域配置文件时（漫游配置文件可通过域控制器指定的中央网络位置获取），系统会根据存储在%SystemDrive%\Users\Default 下的配置文件为这个用户的账户创建配置文件。

系统存储配置文件的位置是通过注册表值 HKLM\Software\Microsoft\Windows NT\CurrentVersion\ProfileList\ProfilesDirectory 定义的，其默认设置为%SystemDrive%\Users。ProfileList 键还存储了系统中现存配置文件列表。有关每个配置文件的信息位于一个子键中，该子键的名称可体现对应账户的安全描述符（security identifier，SID，有关 SID 的详细信息请参阅卷 1 第 7 章）。存储在配置文件对应键中的数据包括该配置文件最后一次加载的时间（LocalProfileLoadTimeLow 值）、账户 SID 的二进制表示（Sid 值），以及该配置文件在硬盘上配置单元（Ntuser.dat 文件，详见本章下文“配置单元”一节）的目录路径（ProfileImagePath 值）。Windows 会在图 10-1 所示的用户配置文件管理对话框中显示系统中存储的配置文件，我们可以在控制面板的用户账户下点击“配置高级用户配置文件属性”来打开该对话框。

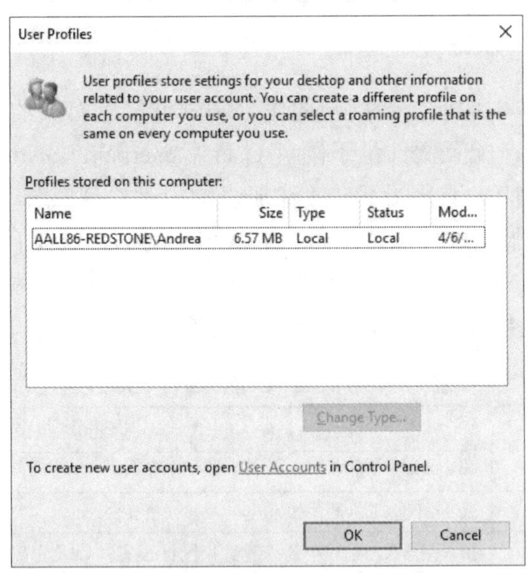

图 10-1　用户配置文件管理对话框

实验：观察配置文件的加载和卸载

我们可以使用 **Runas** 命令，以当前未登录到本机的用户账户身份启动一个进程，以此观察配置文件如何载入注册表，随后又从注册表中卸载。新进程运行过程中，运行 Regedit 并记录 HKEY_USERS 下已加载的配置文件键。随后终止该进程，在 Regedit 中按下 **F5** 进行刷新，会看到该配置文件已消失。

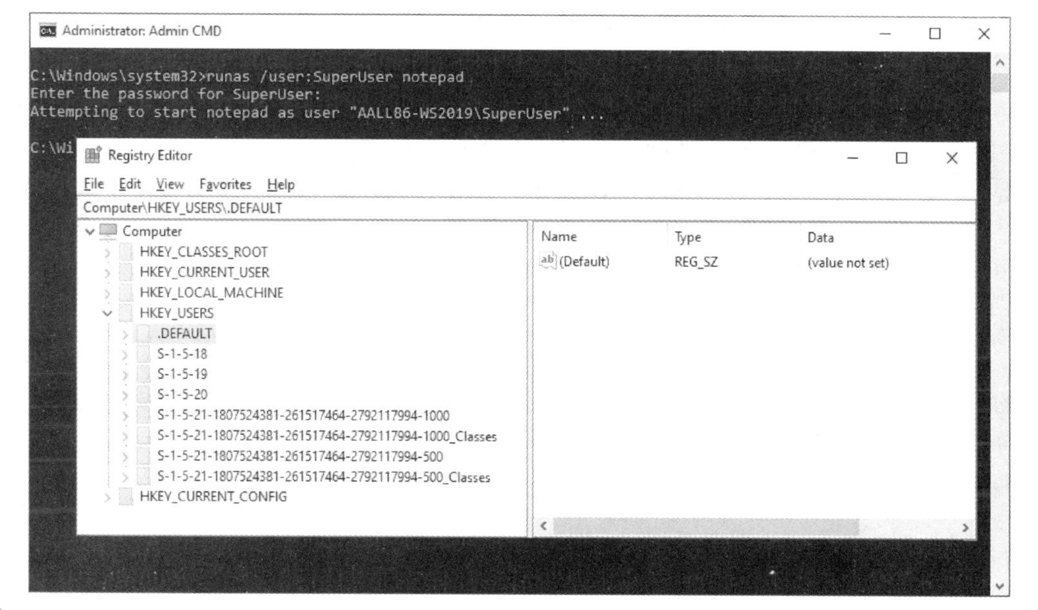

HKEY_CLASSES_ROOT

HKCR 包含三类信息：文件扩展关联、COM 类注册，以及用于用户账户控制（UAC）的虚拟化后的注册表根（有关 UAC 的详细信息请参阅卷 1 第 7 章）。每个已注册的文件名扩展都有一个对应的键，大多数键包含一个 REG_SZ 值，该值指向 HKCR 中的另一个键，这个被指向的键包含对应扩展所表示的文件类的关联信息。

例如，HKCR\.xls 指向有关 Microsoft Office Excel 文件的信息。举例来说，其默认值包含“Excel.Sheet.8”，可用于对 Excel COM 对象进行实例化。其他键包含系统中所有已注册 COM 对象的详细的配置信息。UAC 虚拟化注册表位于 VirtualStore 键下，该键与 HKCR 下存储的其他类型的数据并无关联。

HKEY_CLASSES_ROOT 下的数据有两个来源。

- 每用户类注册数据，位于 HKCU\SOFTWARE\Classes 下（会映射至磁盘文件\Users\<username>\AppData\Local\Microsoft\Windows\Usrclass.dat）。
- 系统级类注册数据，位于 HKLM\SOFTWARE\Classes 下。

每用户注册数据与系统级注册数据会被分开，这样可以使漫游配置文件包含自定义的内容。非特权用户和应用程序可以读取系统级数据，可以为系统级数据添加新的键和值（添加的内容会被镜像到自己的每用户数据），但只能修改自己私有数据中的现有的键和值。这种设计弥补了一个安全漏洞：非特权用户无法更改或删除 HKEY_CLASSES_ROOT 的系统级版本，因此无法影响系统中应用程序的运行。

HKEY_LOCAL_MACHINE

HKLM 这个根键包含所有系统级的配置子键：BCD00000000、COMPONENTS（按需动态加载）、HARDWARE、SAM、SECURITY、SOFTWARE 以及 SYSTEM。

HKLM\BCD00000000 子键包含以注册表配置单元形式加载的启动配置数据库（Boot Configuration DataBase，BCD）信息。该数据库取代了 Windows Vista 之前系统所用的 Boot.ini 文件，并为所安装的每个系统的启动配置数据带来了更高的灵活性和隔离能力。BCD00000000 子键由隐藏的 BCD 文件支持，在 UEFI 系统中，该文件位于\EFI\Microsoft\Boot 目录下（有关 BCD 的详细信息，请参阅第 12 章）。

BCD 中的每一项（如 Windows 安装，或者该安装的命令行设置）都存储在 Objects 子键中，这些内容可以作为对象被 GUID 引用（对于启动项），或者作为数字子键来调用某个元素。这些原始元素大部分都在 Microsoft Docs 网站的 BCD 参考文档中给出了相关说明，它们定义了各种命令行设置或启动参数。与每个元素子键关联的值对应了相关命令行标记或启动参数的值。

命令行工具 BCDEdit 可供我们使用元素和对象的符号名称修改 BCD，它还为所有可用的启动选项提供了帮助。注册表配置单元可以远程打开，并能从配置单元文件导入，因此可以通过注册表编辑器修改或读取远程计算机的 BCD。下列实验将介绍如何通过注册表编辑器启用内核调试。

实验：远程编辑 BCD

虽然可以使用 **bcdedit /store** 命令修改脱机的 BCD 存储，但在这个实验中，我们将通过在注册表中编辑 BCD 存储的方式启用调试。在这个例子中，我们需要编辑 BCD 的本地副本，但这项技术的重点在于可用于任何计算机的 BCD 配置单元。请通过如下操作添加**/DEBUG** 命令行标记。

1）打开注册表编辑器进入 HKLM\BCD00000000 键。展开每个子键，让每个 Elements 键的数值标识符完全可见。

2）找到 Type 值为 0x10200003 的 Description，以此确定当前 Windows 系统的启动项，随后选择 Elements 树中的 12000004 键。在该子键的 Element 值中，应该可以看到当前版本 Windows 的名称，例如 Windows 10。在较新的系统中，可能会看到多个 Windows 安装或多个启动应用程序，例如 Windows Recovery Environment（Windows 恢复环境）或 Windows Resume Application（Windows 恢复应用程序）。在这种情况下，我们可能需要检查 22000002 这个 Elements 的子键，其中包含路径信息，例如\Windows。

3）这样即可找到当前 Windows 系统的正确 GUID，请在该 GUID 的 Elements 子键下新建一个子键，将其名称设置为 0x260000a0。如果该子键已存在，则直接点击进入。找到的 GUID 应该与 **bcdedit /v** 命令输出结果中 **Windows Boot Loader** 节的 **identifier** 值一致（可以使用命令行选项**/store** 检查脱机的文件存储）。

4）如果需要创建子键，随后请在其中创建一个名为 **Element** 的二进制值。

5）修改该值，将其设置为 1。这样即可启用内核模式调试。这些更改看起来应该类似下图。

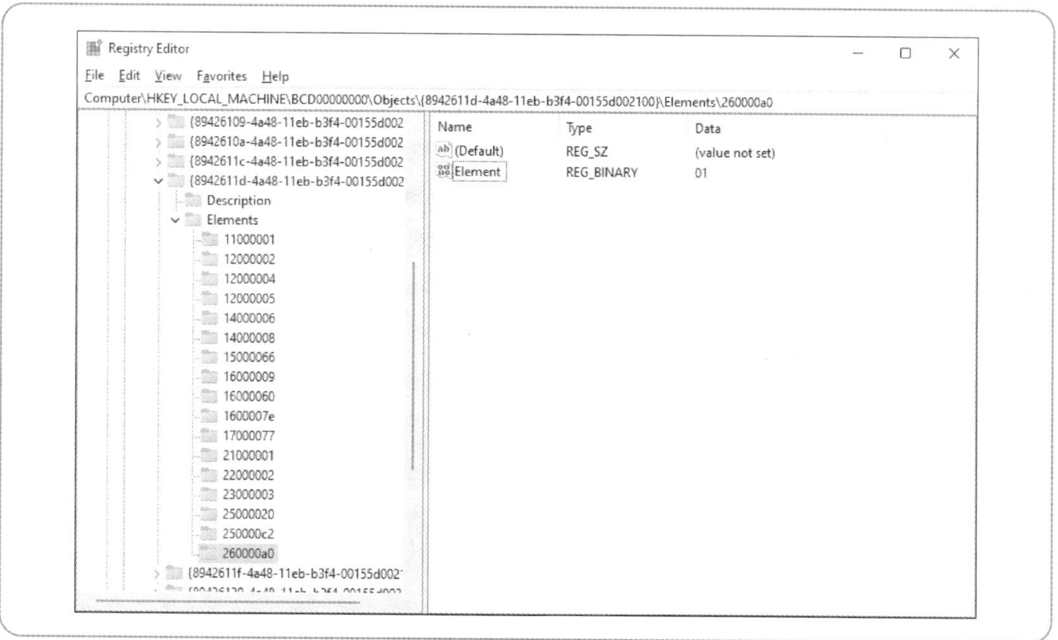

注意 0x12000004 这个 ID 对应 BcdLibraryString_ApplicationPath，而 0x22000002 这个 ID 对应 BcdOSLoaderString_SystemRoot。最后，我们添加的 0x260000a0 这个 ID 对应 BcdOSLoaderBoolean_KernelDebuggerEnabled。这些值均记录在 Microsoft Docs 网站上的 BCD 参考文档中。

HKLM\COMPONENTS 子键包含与基于组件的服务[①]（Component Based Servicing，CBS）堆栈有关的信息。该堆栈包含的多种文件和资源同时也是 Windows 安装映像（可供自动安装包或 OEM 预装包使用）或活跃安装的一部分。CBS API 主要是为了提供各类维护服务，可以使用这个注册表键中包含的信息识别系统里已安装的组件及其配置信息。在安装、更新或删除个别组件（叫作“单位”）或一组组件（叫作“包”）时，都会用到这些信息。由于这个键可能变得相当大，为优化系统资源，只有当 CBS 堆栈为请求提供服务时，才会根据需要动态地加载和卸载这个键。该键由位于\Windows\system32\config 目录下的 COMPONENTS 配置单元文件提供支持。

HKLM\HARDWARE 子键存储了有关系统遗留硬件的描述和某些硬件在设备之间的映射关系。在现代操作系统中，此处可能只包含少量外设（如键盘、鼠标以及 ACPI BIOS 数据）。我们可以通过设备管理器工具查看注册表中的硬件信息。为获取这些信息，设备管理器会直接读取 HARDWARE 键中包含的数据（主要涉及 HKLM\SYSTEM\CurrentControlSet\Enum 树下的信息）。

HKLM\SAM 存储了与本地账户和组有关的信息，例如用户密码、组定义以及与域的关联。作为域控制器的 Windows Server 操作系统会将域账户和组的信息存储在活动目录（active directory）中，这是一种数据库，其中保存了域级的设置和信息（本书不会介绍活动目录）。SAM 键默认配置了安全描述符，因此即使是管理员账户也无法访问。

① 此处的“服务”是指针对已安装好的系统进行的维护性操作，如安装更新。虽然本书沿袭微软产品和官方文档中的称呼将其直译为“服务”，但它与我们熟知的 Windows 后台服务（Service）并非同一个概念，请注意不要混淆。——译者注

HKLM\SECURITY 子键存储了系统级的安全策略和用户权限分配。HKLM\SAM 会链接至 HKLM\SECURITY\SAM 之下的 SECURITY 子键。默认情况下，我们无法查看 HKLM\SECURITY 或 HKLM\SAM 的内容，因为这些子键的安全设置只允许 System 账户访问（System 账户的详细介绍请参阅下面内容）。我们可以更改安全描述符让管理员账户获得读取访问的权限，或者使用 PsExec 以 Local System 账户身份运行 Regedit，即可进一步查看其中的内容。然而，这种“窥视”并不能获得太多有用的信息，因为相关数据是不公开的，并且密码也通过单向映射的方式进行了加密，也就是说，我们无法从加密后的密码推导出真实密码。SAM 和 SECURITY 子键由启动分区\Windows\system32\config 路径下的 SAM 和 SECURITY 配置单元文件提供支持。

HKLM\SOFTWARE 子键存储了系统启动过程中用到的 Windows 系统级配置信息。此外，第三方应用程序也可以在这里存储自己的系统级设置，例如，应用程序文件和目录的路径，或者许可和过期日期等信息。

HKLM\SYSTEM 子键包含系统启动过程中会用到的系统级配置信息，例如要加载的设备驱动程序以及要启动的服务。该子键由\Windows\system32\config 目录下的 SYSTEM 配置单元文件提供支持。Windows 加载器会使用启动库（boot library）提供的注册表服务读取并查阅 SYSTEM 配置单元文件中的数据。

HKEY_CURRENT_CONFIG

HKEY_CURRENT_CONFIG 实际上是指向当前硬件配置文件（存储于 HKLM\SYSTEM\CurrentControlSet\Hardware Profiles\Current）的链接。Windows 已不再支持硬件配置文件，但这些键依然被保留下来，主要是为了向需要该键的遗留应用程序提供向后兼容性。

HKEY_PERFORMANCE_DATA 和 HKEY_PERFORMANCE_TEXT

注册表也可以作为访问 Windows 性能计数器（这些性能计数器可以来自操作系统组件或服务器应用程序）的机制。通过注册表访问性能计数器，这种做法带来的附带好处是：可以实现“免费的”远程性能监控，因为我们可以通过常规的注册表 API 轻松实现注册表的远程访问。

只需打开名为 HKEY_PERFORMANCE_DATA 的特殊键并查询其中的值，即可直接访问注册表性能计数器信息。但直接使用注册表编辑器是找不到该键的，该键只能以编程方式通过 Windows 注册表函数（如 RegQueryValueEx）查看。性能信息实际上并未存储在注册表中，注册表函数会将对该键的访问重定向至通过性能数据提供程序获得的实时性能信息。

HKEY_PERFORMANCE_TEXT 也是一个可用于获取性能计数器信息（通常为名称和描述）的特殊键。我们可以查询 Counter 这个特殊注册表值的数据来获取任何性能计数器的名称。另一个特殊注册表值 Help 提供了所有计数器的描述信息。这些特殊键返回的信息都使用了美式英语，HKEY_PERFORMANCE_NLSTEXT 则能提供与操作系统运行所用语言一致的性能计数器名称和描述。

我们还可以通过性能数据助手 API（Pdh.dll）提供的性能数据助手（Performance Data Helper，PDH）函数获取性能计数器信息。图 10-2 展示了访问性能计数器信息所涉及的组件。

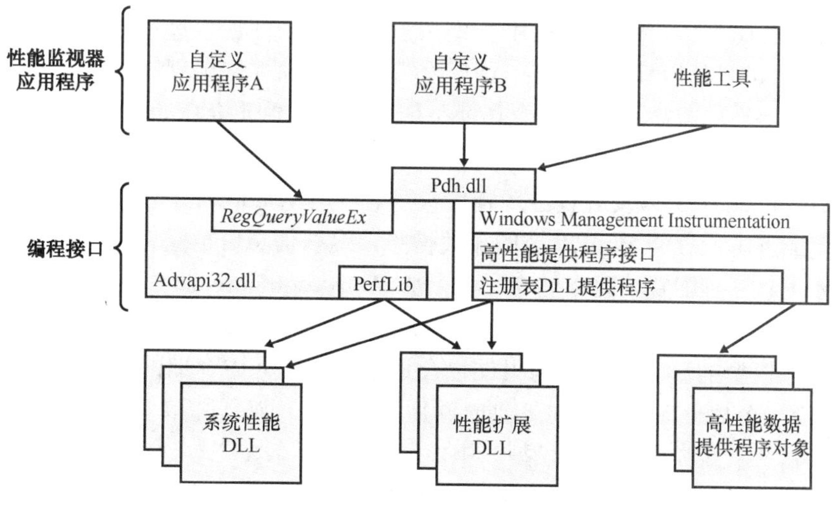

图 10-2 注册表性能计数器架构

如图 10-2 所示，注册表键由静态链接至 Advapi32.dll 的性能库（Perflib）进行抽象。Windows 内核对 HKEY_PERFORMANCE_DATA 注册表键一无所知，这也解释了为何这些信息无法显示在注册表编辑器中的原因。

10.1.5 应用程序配置单元

应用程序通常能从全局注册表读/写数据。当应用程序打开一个注册表键时，Windows 内核会针对特定键所包含的 ACL，对进程（或线程，如果在进行线程模拟的话，详见本书卷 1 第 7 章）的访问令牌执行访问检查验证。应用程序也可以使用 RegSaveKeyEx 和 RegLoadKeyEx API 加载并保存注册表配置单元。在这些情况下，应用程序所操作的数据，可能会被运行在相同或更高特权级别下的其他进程所干扰。此外，为了加载和保存配置单元，应用程序需要启用备份和还原特权，这两个特权只会提供给以管理员身份运行的进程。

显然，对于大部分需要访问私有存储库来存储自己设置的应用程序来说，这受到了一定的限制。Windows 7 引入了应用程序配置单元的概念。应用程序配置单元是一种标准的配置单元文件（会链接至相应的日志文件），在挂载后，这样的配置单元只对请求该配置单元的应用程序可见。开发者可以使用 RegSaveKeyEx API（可导出配置单元文件中的常规注册表键内容）来创建基础配置单元文件。随后，该应用程序即可使用 RegLoadAppKey 函数以私密的方式挂载配置单元（指定 REG_PROCESS_APPKEY 标记可防止其他应用程序访问同一个配置单元）。在内部，该函数将执行以下操作。

1）以“\Registry\A\<随机 Guid>”的形式创建一个随机 GUID 并将其分配给私有命名空间（\Registry 组成 NT 内核注册表命名空间，详见下文“注册表的命名空间和操作”一节）。

2）将指定的配置单元文件名称的 DOS 路径转换为 NT 格式，并通过适当的参数集调用 NtLoadKeyEx 原生 API。

NtLoadKeyEx 函数会调用常规注册表回调。然而，当检测到这是一个应用程序配置单元时，它会使用 CmLoadAppKey 将配置单元和相关日志文件加载到私有命名空间中，这种命名空间无法被其他任何应用程序枚举，并会与调用方进程的生命周期直接绑定（不过配置单元和日志文件依然会被映射至“注册表进程”，注册表进程的详细信息请参阅下文）。应用程序可以使用标准注册表 API 读/写自己存储在应用程序配置单元中的私有设置。当应用程序退出或键的最后一个句柄关闭后，配置单元会自动卸载。

很多 Windows 组件都使用了应用程序配置单元，例如，应用程序兼容性遥测代理（CompatTelRunner.exe）以及现代应用程序模型。通用 Windows 平台（UWP）应用程序使用应用程序配置单元存储 WinRT 类的相关信息，这些信息可被实例化并被应用程序以私有的方式使用。这种配置单元存储在一个名为 ActivationStore.dat 的文件中，主要在应用程序启动（更准确地说应该是“激活”）时被激活管理器（activation manager）所使用。现代应用程序模型的后台基础架构组件也会通过配置单元中存储的数据保存后台任务信息。这样，当一个后台任务的计时器到时间后，就可以精确得知该任务的代码位于哪个应用程序库（以及激活类型和线程模型）中。

此外，现代应用程序栈还为 UWP 开发者提供了应用程序数据容器的概念，这种容器也可用于存储本地设备上运行应用程序的对应的设置信息（此时这种容器叫作本地容器），或者还可在用户安装了同一个应用程序的所有设备上共享设置信息。这两类容器都是通过 Windows.Storage.ApplicationData.dll 这个 WinRT 库实现的，该库使用了对应用程序而言属于“本地”的应用程序配置单元（支持文件名为 settings.dat）来存储 UWP 应用程序创建的设置。

Settings.dat 和 ActivationStore.dat 配置单元文件都由现代应用程序模型的部署过程（在安装应用时）创建，相关内容已在第 8 章中进行了详细介绍（并概括讨论了打包的应用程序）。应用程序数据容器的详细信息可参阅：https://docs.microsoft.com/windows/uwp/get-started/settings-learning-track。

10.1.6　事务型注册表（TxR）

在内核事务管理器（Kernel Transaction Manager，KTM，详见第 8 章）的帮助下，开发者可以通过一套简洁的 API 在执行注册表操作时实现强大的错误恢复功能，这些操作还能与非注册表操作（如文件或数据库操作）关联起来。

我们可以通过三个 API 对注册表进行事务型的修改：RegCreateKeyTransacted、RegOpenKeyTransacted 以及 RegDeleteKeyTransacted。这些新例程除了增加一个新的事务句柄参数外，其他参数与非事务型操作中的参数完全相同。开发者可在调用 KTM 的 CreateTransaction 函数后传入该句柄。

在执行事务型的创建或打开操作后，所有后续的注册表操作（如创建、删除或修改键中的值）也会自动变成事务型的。不过对已执行事务型操作的子键进行的操作将不会自动继续以事务型的方式进行，因此诞生了第三个 API：RegDeleteKeyTransacted。它可以实现以事务型的方式删除子键，而这是 RegDeleteKeyEx 通常无法完成的。

与其他的 KTM 操作类似，这些事务型操作涉及的数据会使用通用日志文件系统（Common Logging File System，CLFS）服务写入日志文件。在事务最终提交或回滚（取决于事务状态，这两种情况都能通过编程发生，或由于断电或系统崩溃而发生）之前，键、值以及通过事务句柄对注册表进行的其他修改都不会被外部应用程序使用的非事务型 API 看到。此外，事务是相互隔离的，在最终提交之前，一个事务中进行的修改对其他事务或事务外部不可见。

> **注意** 在发生冲突的情况下，非事务型写入方会终止事务。举例来说，如果在一个事务中创建了某个值，但随后在该事务依然活跃的情况下，一个非事务型写入方试图在同一个键下创建一个值，那么非事务型操作将会成功，发生冲突的事务中的所有操作都会被忽略。

TxR 资源管理器实现的隔离级别（ACID[①]中的“I”）为“读取-提交”，这意味着一旦提交，之后的改动会立即对其他读取方（无论是事务型或非事务型）可见。对熟悉数据库事务的人来说，这种机制很重要，因为数据库的隔离级别为“可预测-读取”（或按照数据库领域的称呼为“游标-稳定性”）。对于“可预测-读取”隔离级别，如果读取了事务中的一个值，则后续的读取将返回相同的数据。“读取-提交”无法提供这样的保证，而这造成的影响是：注册表事务不能用于对注册表值进行“原子性”的增减操作。

为了对注册表进行永久性更改，使用事务句柄的应用程序必须调用 KTM 的 CommitTransaction 函数（如果应用程序需要撤销改动，例如处于失败路径时，此时可调用 RollbackTransaction API）。随后这些改动就可以通过常规的注册表 API 变得可见。

> **注意** 如果用 CreateTransaction 创建的事务句柄在事务提交之前被关闭（并且没有其他句柄打开这个事务），则系统将回滚该事务。

除了借助 KTM 对 CLFS 的支持，TxR 还会将自己的内部日志文件存储在%SystemRoot%\System32\Config\Txr 文件夹中，这些文件的扩展名为.regtrans-ms，默认会被隐藏。有一个全局注册表资源管理器（RM）为启动时挂载的配置单元提供服务。每个显式挂载的配置单元都会创建一个 RM。对于使用注册表事务的应用程序，RM 的创建过程是透明的，因为 KTM 保证了参与同一事务的所有 RM 会通过一个两阶段的提交/忽略协议进行协调。对于全局注册表 RM，CLFS 日志文件会被存储到 System32\Config\Txr 目录下；其他配置单元的日志文件会与配置单元存储在一起（同一个目录下）。这些文件都是隐藏的，并遵循相同的命名约定，都使用了.regtrans-ms 扩展名。日志文件的名称会使用对应的配置单元的名称作为前缀。

10.1.7 监控注册表活动

由于系统和应用程序在很大程度上依赖配置设置来指导自己的行为，系统和应用程序的故障有时由注册表数据或安全设置的变化导致。当系统或应用程序无法读取自己假定总能访问的设置时，可能就无法正常运行，显示出难以判断根本原因的错误信息，甚至直接崩溃。如果不了解出现故障的系统或应用程序是如何访问注册表的，那么基本就无法确定到底是哪些注册表键或值存在错误配置。在这种情况下，Windows Sysinternals（https://docs.microsoft.com/sysinternals/）的进程监视器（Process Monitor）工具也许可以告诉我们答案。

进程监视器可以帮助我们在有注册表活动时对其进行实时监控。对于每个注册表的访问，进程监视器会显示执行访问的进程、时间、类型以及访问结果，此外，还会显示访问

---

① ACID 是指数据库事务能够正确执行所要满足的四个要素：原子性（Atomicity）、一致性（Consistency）、隔离性（Isolation）、持久性（Durability）。——译者注

时的线程堆栈。借助这些信息，我们可以了解应用程序和系统到底是如何依赖注册表的，了解应用程序和系统会将配置设置存储在哪里，并对因丢失注册表键或值造成的应用程序故障进行排错。进程监视器还包含高级过滤和强调显示功能，借此我们可以更细致地查看与特定的键或值，或者与特定进程有关的活动。

10.1.8　进程监视器的内部原理

进程监视器依赖一个设备驱动程序，这个驱动程序是在它运行时从自己的可执行映像中提取并启动的。因此，首次执行该工具时要求账户具备加载驱动程序和调试特权，同一个启动会话中的后续执行只需要调试特权，因为一旦加载后，该驱动程序就会驻留。

实验：查看闲置系统的注册表活动

由于应用程序可以由注册表实现的 RegNotifyChangeKey 函数来请求在注册表发生变化后接收通知，而不需要进行轮询，因此，在闲置系统上启动进程监视器后，应该不会看到对同一个注册表键或值进行的重复性访问。如果遇到这样的活动，往往意味着应用程序的质量不高，这也会对系统的整体性能产生负面影响。

请运行进程监视器，确保工具栏中只启用了“**显示注册表活动**”选项（这是为了消除文件系统、网络以及进程或线程产生的噪音），随后等待几秒钟并查看输出的日志，看看能否找到轮询行为。用鼠标右击轮询行为对应的输出项，随后从右键菜单中选择“**进程属性**”即可查看执行该活动进程的详细信息。

实验：使用进程监视器定位应用程序的注册表设置

在某些排错场景中，我们可能需要判断系统或应用程序将特定设置保存在注册表中的哪个位置。本实验将使用进程监视器来找出记事本设置的保存位置。与大部分 Windows 应用程序类似，记事本执行过程中会存储用户首选项（如自动换行模式、字体和字号、窗口位置）。通过使用进程监视器在记事本读/写设置时进行实时监视，即可找出存储这些设置的注册表键。请根据下列步骤执行操作。

1）让记事本保存一个我们可以在进程监视器记录中轻松搜索的设置。例如可以运行记事本，将字体设置为 Times New Roman，然后退出记事本。

2）运行进程监视器。打开过滤器对话框和 **Process Name** 过滤器，随后输入 **notepad.exe** 作为要匹配的字符串。点击“**添加**”按钮加以确认。该操作会让进程监视器记录 notepad.exe 进程的活动。

3）再次运行记事本，启动完成后停止进程监视器的事件捕获，为此请在进程监视器的“**文件**”菜单中点击“**捕获事件**”以将其关闭。

4）滚动至结果日志的第一行并将其选中。

5）按下 **Ctrl+F**，打开“**查找**”对话框，搜索 **times new**。进程监视器会强调显示类似下图所示的一行内容，这表示记事本在从注册表读取字体值。这一行上下的其他操作则与记事本的其他设置有关。

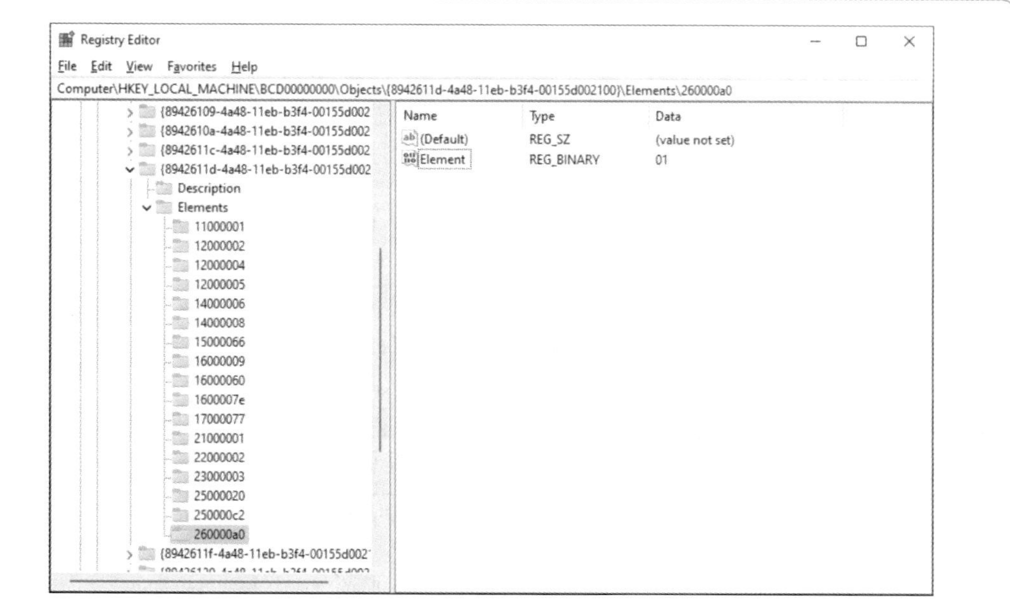

6）右击突出显示的行并点击 **Jump To**。进程监视器会启动注册表编辑器（如果尚未启动的话）并直接打开，然后选中记事本引用的这个注册表值。

10.1.9 注册表的内部原理

本节介绍了配置管理器（实现注册表的执行体子系统）用磁盘上的文件组织注册表的方法。下面我们将讨论配置管理器是如何在应用程序和操作系统的其他组件读取和更改注册表键与值的过程中管理注册表的。此外，我们还将讨论配置管理器通过怎样的机制尽可能地确保注册表始终处于可恢复状态（即便在修改注册表的过程中系统已崩溃）。

配置单元

注册表在磁盘上并不是一个巨大的文件，而是一系列称为配置单元（hive）的离散文件。每个配置单元包含一个注册表树，有一个键作为根，即树的起点。子键及其值位于根的下方。很多人会认为注册表编辑器中显示的每个根键可以看成相应配置单元的根键，但事实并非如此。表 10-5 列出了注册表配置单元及其在磁盘上对应的文件名称。除了用户配置文件外，所有配置单元的路径名都被编码在配置管理器中。配置管理器加载配置单元（包括系统配置文件）时，会将每个配置单元的路径记录到 HKLM\SYSTEM\CurrentControlSet\Control\Hivelist 子键的值中，如果卸载了一个配置单元，则会删除对应的路径。它还会创建根键，将配置单元链接在一起构建出我们熟悉的注册表编辑器所显示的注册表结构。

表 10-5 与注册表中路径对应的磁盘文件

配置单元注册表路径	配置单元文件路径
HKEY_LOCAL_MACHINE\BCD00000000	\EFI\Microsoft\Boot
HKEY_LOCAL_MACHINE\COMPONENTS	%SystemRoot%\System32\Config\Components

续表

配置单元注册表路径	配置单元文件路径
HKEY_LOCAL_MACHINE\SYSTEM	%SystemRoot%\System32\Config\System
HKEY_LOCAL_MACHINE\SAM	%SystemRoot%\System32\Config\Sam
HKEY_LOCAL_MACHINE\SECURITY	%SystemRoot%\System32\Config\Security
HKEY_LOCAL_MACHINE\SOFTWARE	%SystemRoot%\System32\Config\Software
HKEY_LOCAL_MACHINE\HARDWARE	易失性配置单元
\HKEY_LOCAL_MACHINE\WindowsAppLockerCache	%SystemRoot%\System32\AppLocker\AppCache.dat
HKEY_LOCAL_MACHINE\ELAM	%SystemRoot%\System32\Config\Elam
HKEY_USERS\<本地服务账户的 SID>	%SystemRoot%\ServiceProfiles\LocalService\Ntuser.dat
HKEY_USERS\<网络服务账户的 SID>	%SystemRoot%\ServiceProfiles\NetworkService\NtUser.dat
HKEY_USERS\<用户名的 SID>	\Users\<用户名>\Ntuser.dat
HKEY_USERS\<用户名的 SID>_Classes	\Users\<用户名>\AppData\Local\Microsoft\Windows\Usrclass.dat
HKEY_USERS\.DEFAULT	%SystemRoot%\System32\Config\Default
虚拟化的 HKEY_LOCAL_MACHINE\SOFTWARE	不同路径，Centennial 应用通常为\ProgramData\Packages\<包全名>\<用户 Sid>\SystemAppData\Helium\Cache\<随机名>.dat
虚拟化的 HKEY_CURRENT_USER	不同路径，Centennial 应用通常为\ProgramData\Packages\<包全名>\<用户 Sid>\SystemAppData\Helium\User.dat
虚拟化的 HKEY_LOCAL_MACHINE\SOFTWARE\Classes	不同路径，Centennial 应用通常为\ProgramData\Packages\<包全名>\<用户 Sid>\SystemAppData\Helium\UserClasses.dat

大家可能注意到，表 10-5 中列出的一些配置单元是易失的，没有相关的文件。系统完全在内存中创建并管理这些配置单元，因此这些配置单元是临时性的。系统会在自己每次启动时创建易失性配置单元。例如 HKLM\HARDWARE 配置单元就是易失的，其中存储了与物理设备有关的信息以及为设备分配的资源。系统每次启动时都会检测硬件并分配资源，因此不将这些信息存储到磁盘上也是一种合理的做法。另外还请注意，表 10-5 中的最后三项是虚拟化的配置单元。从 Windows 10 周年更新开始，NT 内核已经支持虚拟化注册表（Virtualized Registry，VReg），这是为了对 Helium 容器中运行的 Centennial 打包应用程序提供支持。每当用户运行 Centennial 应用程序（例如现代版的 Skype）时，系统都会挂载所需的包配置文件。Centennial 应用程序和现代应用程序模型的详细信息请参阅第 8 章。

实验：手动加载和卸载配置单元

Regedit 可以加载我们通过注册表编辑器的“文件”菜单访问的配置单元。这种功能在排错时会非常有用，我们可以借此查看或编辑无法启动的系统或备份介质中的配置单元。在这个实验中，我们将使用 Regedit 加载 Windows 安装程序在系统安装过程中创建的 HKLM\SYSTEM 配置单元。

1）仅 HKLM 或 HKU 下的配置单元可以这样加载，因此请打开 Regedit，选择 HKLM，随后从注册表编辑器的“**文件**”菜单中选择“**加载配置单元**”。

2）在加载配置单元对话框中打开%SystemRoot%\System32\Config\RegBack 目录，选择“**系统**”并打开。一些较新的系统可能在 RegBack 文件夹中未存储任何文件，在这种情况下，可以尝试着打开 Config 文件夹下的 ELAM 配置单元来进行后续实验。被询问时，输入 Test 作为要加载到的键的名称。

3）打开新建的 HKLM\Test 键，并浏览该配置单元的内容。

4）打开 HKLM\SYSTEM\CurrentControlSet\Control\Hivelist 并找到\Registry\Machine\Test 这个项，这证明了配置管理器是如何在 Hivelistkey 中列出已加载的配置单元的。

5）选择 HKLM\Test 并从注册表编辑器的“**文件**”菜单中选择“**卸载配置单元**”，将该配置单元卸载。

配置单元的大小限制

在一些情况下，配置单元的大小是有限的。例如，Windows 会对 HKLM\SYSTEM 配置单元的大小进行一些限制。这是因为，如果未启用虚拟内存分页，Winload 会在启动过程即将开始时将整个 HKLM\SYSTEM 配置单元读入物理内存。Winload 还会将 Ntoskrnl 和启动设备驱动程序载入物理内存，因此必须限制分配给 HKLM\SYSTEM 的物理内存数量（有关 Winload 在系统启动过程中所起作用的详细信息请参阅第 12 章）。在 32 位系统中，Winload 允许的配置单元最大为 400 MB，或系统中物理内存总量的一半，以较小者为准。64 位系统中的大小下限为 2 GB。

启动过程和 Registry 进程

在 Windows 8.1 之前，NT 内核使用分页池来存储每个已加载配置单元文件的内容。在系统关机前，大部分已载入系统的配置单元都会留在内存中（例如 SOFTWARE 配置单元，它由会话管理器在系统启动的阶段 1 完成后加载，有时候大小可能达到数百 MB）。如果在一定时间内未被访问，分页池内存可能会被内存管理器的平衡集管理器换出（详见卷 1 第 5 章）。这意味着配置文件中未使用的部分无法长时间保留在工作集中。已提交的虚拟内存由页面文件支持，并且需要增加系统提交量，从而减少可用于其他目的的虚拟内存总量。

为了解决这个问题，Windows 10 的 2018 年 4 月更新（RS4）引入了对节支持的注册表（section-backed registry）。在 NT 内核初始化的阶段 1，配置管理器启动例程会初始化注册表的多个组件：缓存、工作线程、事务、回调支持等。随后它会创建 Key 对象类型，并且在加载所需配置单元前还会创建 Registry 进程。Registry 进程是一种完全受保护（受到与 SYSTEM 进程相同程度的保护：WinSystem 级别）的最小化进程，配置管理器用它来执行打开的注册表配置单元上的大部分 I/O 操作。在初始化时，配置管理器会将预加载的配置单元映射至 Registry 进程，不过这些预加载的配置单元（SYSTEM 和 ELAM）会继续留在非分页内存中（使用内核地址进行映射）。在启动过程的后续阶段，会话管理器会调用 NtInitializeRegistry 系统调用来加载 SOFTWARE 配置单元。

这将创建一个由 SOFTWARE 配置单元文件支持的节对象：配置管理器会将该文件分为 2 MB 大小的块，并在 Registry 进程的用户模式地址空间中为每个块创建一个保留映射

（使用 NtMapViewOfSection 原生 API。保留映射可通过有效的 VAD 进行跟踪，但并不分配实际页面。详见卷 1 第 5 章）。每个 2 MB 的视图都受到只读保护。当配置管理器需要从配置单元读取某些数据时，会访问该视图的页面并产生一个访问障碍，这会导致内存管理器将共享页面带入内存。这时，系统工作集的计费会增加，但提交计费不会增加（页面由配置单元文件本身支持，而非由页面文件支持）。

在初始化时，配置管理器会将 Registry 进程的工作集限制设置为 64 MB。这意味着在内存压力高的情况下，可以保证注册表使用的工作集大小不会超过 64 MB。每当应用程序或系统使用 API 访问注册表时，配置管理器都会附加至 Registry 进程地址空间，执行所需工作，随后返回结果。配置管理器并不总是需要切换地址空间：当应用程序想要访问的注册表键已经位于缓存中（存在 Key 控制块）时，配置管理器会跳过附加进程，直接返回缓存的数据。Registry 进程主要用于针对底层配置单元文件执行 I/O 操作。

当系统写入或修改配置单元中存储的注册表键和值时，需要执行“写入时复制”操作（首先将 2 MB 视图的内存保护改为 PAGE_WRITECOPY）。对标记为“写入时复制”的内存进行写操作，这会创建新的私有页面并增加系统的提交计费。在请求进行注册表更新后，系统会立即将新项写入配置单元的日志，但对实际页面所属的主要配置单元文件执行的写入操作会被延迟进行。与每个常规页面一样，配置文件的“脏”页面可以换出到磁盘上。这些页面会在配置文件卸载时写入主配置单元文件中，或由 Reconciler 写入：这是配置管理器的一个延迟写入线程，默认每小时运行一次（该时间可通过 HKLM\SYSTEM\CurrentControlSet\Control\Session Manager\Configuration Manager\RegistryLazyReconcileInterval 注册表值进行修改）。

重组和增量日志的详情请参阅“增量日志”一节。

注册表符号链接

一种名为注册表符号链接的特殊类型键使得配置管理器可以将键链接在一起来组织注册表。符号链接这种键可以将配置管理器重定向到另一个键。HKLM\SAM 就是一个符号链接键，可指向 SAM 配置单元根下的某个键。要创建符号链接，可为 RegCreateKey 或 RegCreateKeyEx 指定 REG_CREATE_LINK 参数。在内部，配置管理器会创建一个名为 SymbolicLinkValue 的 REG_LINK 值，其中包含了到目标键的路径。由于该值是 REG_LINK 而非 REG_SZ，因此在注册表编辑器中是不可见的，不过会包含在磁盘上的注册表配置单元文件中。

实验：查看配置单元的句柄

配置管理器会使用内核句柄表（详见第 8 章）来打开配置单元，这样即可从任意进程上下文访问配置单元了。相比使用驱动程序或执行体组件从 System 进程访问必须从用户进程保护的句柄，使用内核句柄表是一种高效的替代方式。我们可以用管理员身份启动 Process Explorer 来查看配置单元句柄，它们会显示为已在 System 进程中打开。选中 System 进程，随后从 **View** 菜单的 **Lower Pane View** 菜单项中选择 **Handles**，按照句柄类型排序，并滚动显示的内容，直到看到配置单元文件，如下图所示。

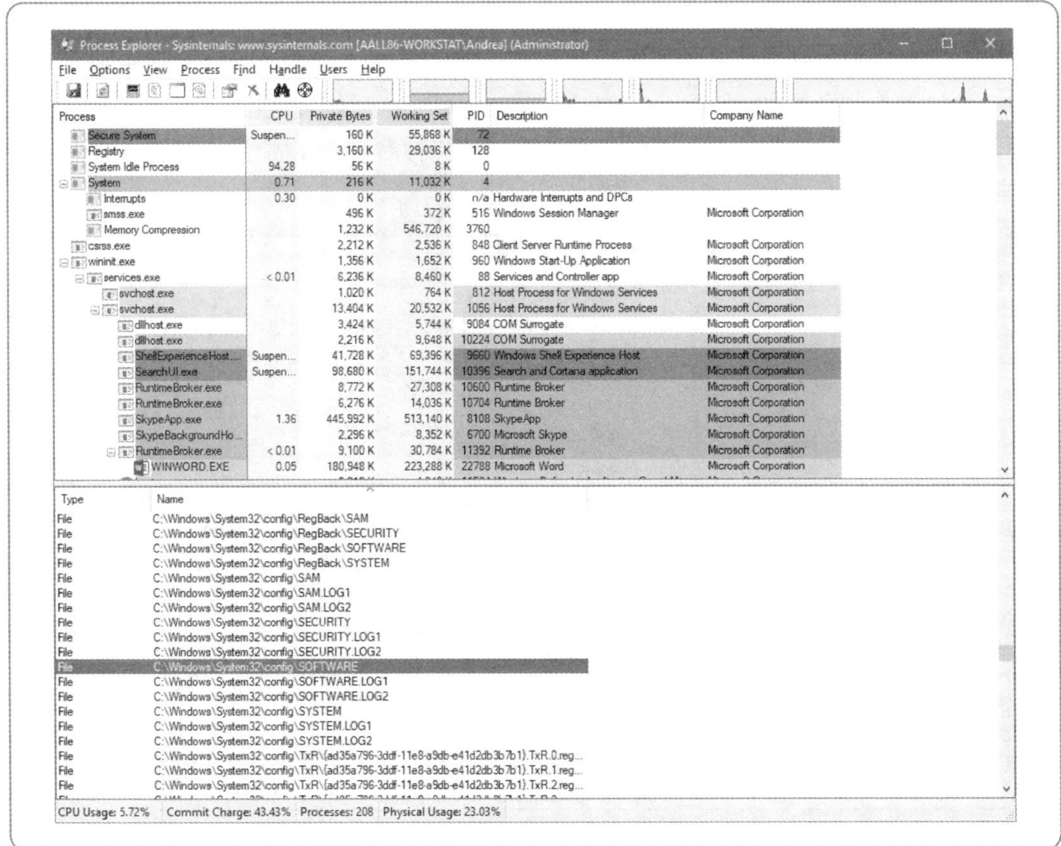

配置单元的结构

配置管理器在逻辑上将配置单元划分为名为“块”的分配单元，具体方式与文件系统将磁盘划分为簇的方式类似。按照定义，注册表块的大小为 4096 字节（4 KB）。当新数据扩展到配置单元时，配置单元总是会以块为单位逐渐增大。配置单元的第一个块也称为基块。

基块包含有关该配置单元的全局信息：一个将文件识别为配置单元所需的签名（regf）、两个更新序列号、一个代表配置单元最后一次执行写操作时间的时间戳、与 Winload 执行注册表修复或恢复操作有关的信息、配置单元格式版本号、校验值以及配置单元文件内部文件名（如\Device\HarddiskVolume1\WINDOWS\SYSTEM32\CONFIG\SAM）。下文介绍向配置单元中写入数据的方法时，还将进一步介绍这两个更新序列号和时间戳的重要性。

配置单元格式版本号决定了配置单元中的数据格式。配置管理器使用的配置单元格式为 1.5 版，该版本支持大数值（超过 1 MB 的值）和改进的搜索功能（不再需要缓存名称的前四个字符，可以使用完整名称的哈希值来减少碰撞）。此外，为支持容器，配置管理器还增加了对差异化配置单元（differencing hive）的支持。差异化配置单元使用的配置单元格式为 1.6 版。

Windows 会将配置单元中存储的注册表数据组织到一种名为单元格（cell）的容器中。单元格可以包含一个键、一个值、一个安全描述符、一个子键列表或一个键值列表。单元格数据开头处的一个 4 字节的字符标记描述了作为签名的数据类型。表 10-6 详细介绍了每个单元格的数据类型。单元格的头部是一种字段，以“1”的补集（complement）指定了单元格的大小（在 CM_结构中不存在）。当一个单元格联结（join）到配置单元，而配置单元必须扩展才能包含该单元格时，系统会创建一种名为 Bin 的分配单位。

表 10-6　单元格的数据类型

数据类型	结构类型	描述
键单元格	CM_KEY_NODE	包含注册表键的单元格，也称键节点。键单元格包含签名（kn 代表键，kl 代表链接节点）、键最后一次更新的时间戳、键的父键单元格索引、用于标识键的子键的“子键列表单元格索引”、键的安全描述符单元格索引、指定键的类名称的字符串键单元格索引，以及键本身的名称（如 CurrentControlSet）。这种单元格还包含了缓存的信息，如键下的子键数量、最大键的大小、值名称、值数据，以及该键下子键的类名称
值单元格	CM_KEY_VALUE	这种单元格包含与键的值有关的信息。该单元格包含签名（kv）、值的类型（如 REG_ DWORD 或 REG_BINARY）以及值的名称（如 Boot-Execute）。值单元格还包含“包含值数据”的单元格索引
大值单元格	CM_BIG_DATA	代表注册表值大于 16 KB 的单元格。对于此类单元格，其内容是一种单元格索引数组，每个索引都指向一个 16 KB 的单元格，其中包含注册表值的一个块
子键列表单元格	CM_KEY_INDEX	由键单元格的单元格索引列表组成的单元格，这些键都是同一个父键的子键
值列表单元格	CM_KEY_INDEX	由值单元格的单元格索引列表组成的单元格，这些值都是同一个父键的值
安全描述符单元格	CM_KEY_SECURITY	包含安全描述符的单元格。安全描述符单元格头部包含签名（ks）和一个引用计数，记录了共享该安全描述符的键节点数量。多个键单元格可以共享同一个安全描述符单元格

Bin 是新单元格的大小，会取整到下一个块或页的边界（以较高者为准）。系统认为，在单元格末端和 Bin 末端之间的任何空间都是可用空间，可以分配给其他单元格。Bin 也有头部，其中包含了签名、hbin，以及一个记录 Bin 的配置单元文件偏移量和 Bin 大小的字段。

通过用 Bin 代替单元格来跟踪注册表的活动部分，Windows 可最大限度地减少一些管理工作。例如，系统分配和解除分配 Bin 的频率就远低于针对单元格执行的此类操作，这样配置管理器可以更高效地管理内存。当配置管理器将一个注册表配置单元读入内存时，会读取整个配置单元（包括空的 Bin），但随后配置管理器可以选择丢弃空 Bin。当系统在配置单元中添加或删除单元格时，配置单元可以包含散布在活跃 Bin 中的空 Bin。这种情况与系统在磁盘上创建和删除文件后产生的磁盘碎片较为类似。当一个 Bin 成为空 Bin 后，配置管理器会将连续的空 Bin 连接在一起，尽可能形成一个足够大的连续空 Bin。配置管理器还会将连续的已删除单元格连接在一起形成一个更大的可用单元格（配置管理器只有在配置单元末端的 Bin 空闲后才会收缩配置单元。我们可以使用 Windows 的 RegSaveKey 和 RegReplaceKey 函数备份并还原注册表，借此压缩注册表，Windows 备份工具也用到了这些函数。此外，系统会在配置单元初始化时使用下文介绍的重组算法压缩 Bin）。

用于创建配置单元结构的链接也称单元格索引。单元格索引等于一个单元格在配置文件中的偏移量减去基块大小后获得的值。因此单元格索引类似于从一个单元格到另一个单元格的指针，配置管理器会将其理解为相对于配置单元起始位置的相对位置。例如，如

表 10-6 所示，描述键的单元格中包含了一个指定其父键单元格索引的字段，子键的单元格索引指定了描述从属于特定子键的子键单元格，子键列表单元格包含的单元格索引列表引用了子键的键单元格。因此，举例来说，如果希望定位子键 A 的键单元格，其父键为键 B，必须首先使用 B 键单元格中的子键列表单元格索引来定位包含 B 键的子键列表单元格，随后使用子键列表单元格中的单元格索引列表来定位 B 键的每个子键单元格。对于每个子键单元格，我们可以检查键单元格中存储的子键名称是否与自己希望找到的键（本例中为子键 A）相匹配。

单元格、Bin、块之间的差异可能会让人困惑，那么我们通过一个简单的注册表配置单元布局来更好地了解它们之间的差异吧。图 10-3 所示的注册表配置单元的内部结构包含一个基块和两个 Bin。第一个 Bin 是空的，第二个 Bin 包含多个单元格。从逻辑上来说，该配置单元只包含两个键：根键 Root 和 Root 的一个子键 Sub Key。Root 有两个值，即 Val 1 和 Val 2。子键列表单元格可用于定位根键的子键，而值列表单元格可以定位根键的值。第二个 Bin 中的可用空间是空单元格。图 10-3 并未展示这两个键的安全单元格，但它在配置单元中是实际存在的。

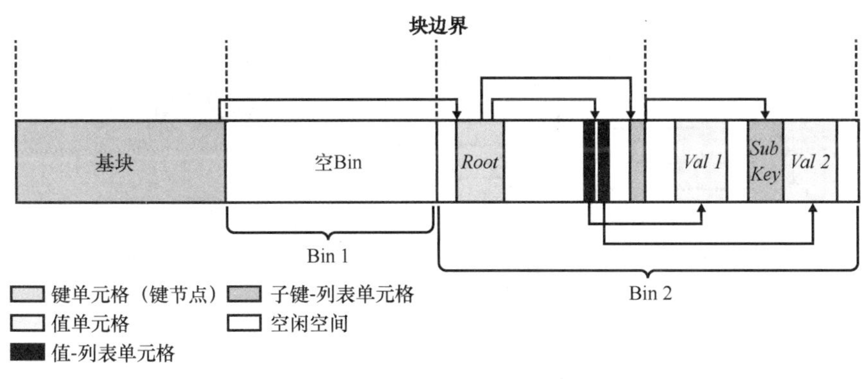

图 10-3 注册表配置单元的内部结构

为了优化值和子键的搜索工作，配置管理器会按照字母表顺序对子键列表单元格进行排序。随后配置管理器即可执行二叉搜索（binary search），查找子键列表中的特定子键。配置管理器会检查列表中间位置的子键，如果所查找的子键名称按字母表顺序位于子键列表中间位置之前，那么配置管理器就会知道目标子键应该在子键列表的前半部分，否则就在子键列表的后半部分。这种拆分过程会持续进行，直到配置管理器最终找到目标子键或没有任何收获。不过值列表单元格并未排序，因此新值总是会被加入列表的末尾。

单元格映射

如果配置单元永不增大，配置管理器就可以完全在内存中的配置单元里执行所有注册表管理工作，就像处理普通文件那样。只要提供一个单元格索引，配置管理器就可以将单元格索引（也就是配置单元文件的偏移量）与内存中配置单元映像的基址相加，得到任何一个单元格在内存中的位置。在系统启动的早期阶段，Winload 就是通过这样的方式处理 SYSTEM 配置单元的：Winload 将整个 SYSTEM 配置单元以只读配置单元的形式读入内存，并将内存中的配置单元映像基址与单元格索引相加，确定不同单元格的位置。然而，随着存入新的键和值，配置单元的大小会增长，这意味着系统必须分配新的保留视图并扩展配置单元文件，这样才能存储新增加的键和值所对应的新 Bin。在内存中保存注册表数据的这种保留视图未必是连续的。

为了解决在不连续内存地址空间中引用内存中配置单元文件数据的问题，配置管理器采取了类似于 Windows 内存管理器将虚拟地址空间映射至物理内存地址的策略。虽然单元格索引只是配置单元文件的偏移量，但配置管理器采用了一种如图 10-4 所示的两级方案，借此通过 Registry 进程中的映射视图来表示配置单元。该方案使用单元格索引（即配置单元文件偏移量）作为输入，可输出单元格索引所在块在内存中的地址，以及单元格所在块在内存中的地址。一个 Bin 可以包含一个或多个块，而配置单元是在 Bin 中增大的，所以 Windows 总是用一个连续的内存区域表示 Bin。因此，一个 Bin 中的所有块都会在同一个 2 MB 的配置单元映射视图中。

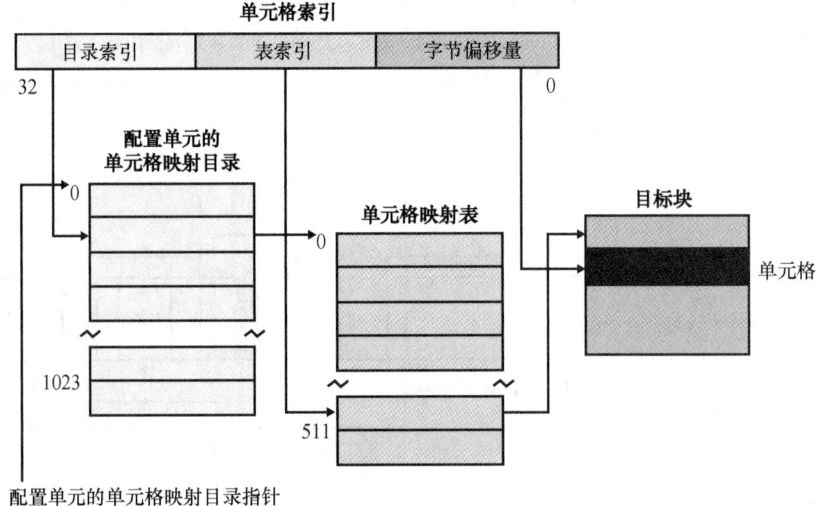

图 10-4 单元格索引的结构

为了实现这种映射，配置管理器在逻辑上将一个单元格索引划分为多个字段，具体方法与内存管理器将一个虚拟地址划分为多个字段的方式类似。Windows 将单元格索引的第一个字段理解为指向配置单元的单元格映射目录索引。单元格映射目录中包含 1024 项，每个项都指向一个包含 512 个映射项的单元格映射表。单元格映射表中的每个项都由单元格索引中的第二个字段指定，而这第二个项可用于定位单元格的 Bin 和块的内存地址。

在这个转换过程的最后一步，配置管理器会将单元格索引的最后一个字段理解为已确定块的偏移量，这样即可精准定位内存中的单元格。当初始化配置单元时，配置管理器会动态创建映射表，为配置单元中的每个块指定一个映射项，并根据配置单元的大小变化向单元格目录中添加或删除表。

10.1.10 配置单元重组

与真正的文件系统类似，注册表配置单元也会遭遇碎片化问题：当 Bin 中的单元格被释放，但无法继续以连续方式将多个闲置单元格合并到一起时，会导致多个 Bin 中出现碎片化的小块可用空间。如果没有足够多的连续可用空间来保存新单元格，就需要在配置单元文件的末尾附加新的 Bin，而之前遗留的碎片化 Bin 将无法重复利用。为了解决这个问题，从 Windows 8.1 开始，每当配置管理器挂载一个配置单元文件时，都会检查是否需要对该配置单元执行重组操作。配置管理器还会在配置单元的基块中记录上次重组的时间。如果配置单元具备有效的日志文件（即非易失性配置单元），并且距离上次重组已经超过 7 天，那么将立即开始重组操作。重组的目的有两个：缩减配置单元的文件大小和优化配置单元。重组时，首先会新建一个与原配置单元文件完全一致，但不包含任何单元格的空配置单元，随后用新建的“克隆”配置单元复制原始配置单元的根键以及根键的所有值（但不复制子键）。接下来会通过复杂的算法分析所有子键，实际上，在常规活动中，配置管理器会记录特定键是否被访问过，如果被访问，则会在它的键单元格中存储一个代表操作系统当前运行时阶段（“启动”或“常规”）的索引。

重组算法首先会复制操作系统常规执行阶段访问过的键，随后复制启动阶段访问过的键，最后复制（自上次重组后）完全未被访问过的键。该操作会将所有不同的键分组到配置单元文件中连续的 Bin 内。按照定义，复制操作会产生一个未碎片化的配置单元文件（每个单元格都在 Bin 中以连续方式存储，新 Bin 始终附加到文件末尾）。此外，新配置单元还有一个特点：用足够大的连续块分别存储“热的”和“冷的”键。这也使得操作系统在启动和正常运行期间可以更快速地从注册表中读取数据。

重组算法会重置所有新复制单元格的访问状态。这样就可以从一个中性状态重新开始跟踪配置单元中每个键的使用情况。7 天后的下一次重组将使用新获得的使用情况统计信息。如图 10-5 所示，配置管理器会将重组周期的结果保存到 HKLM\SYSTEM\CurrentControlSet\Control\Session Manager\Configuration Manager\Defrag 注册表键中。在截图范例中，上次重组进行于 2019 年 4 月 10 日，节省了 10 MB 的碎片化配置文件空间。

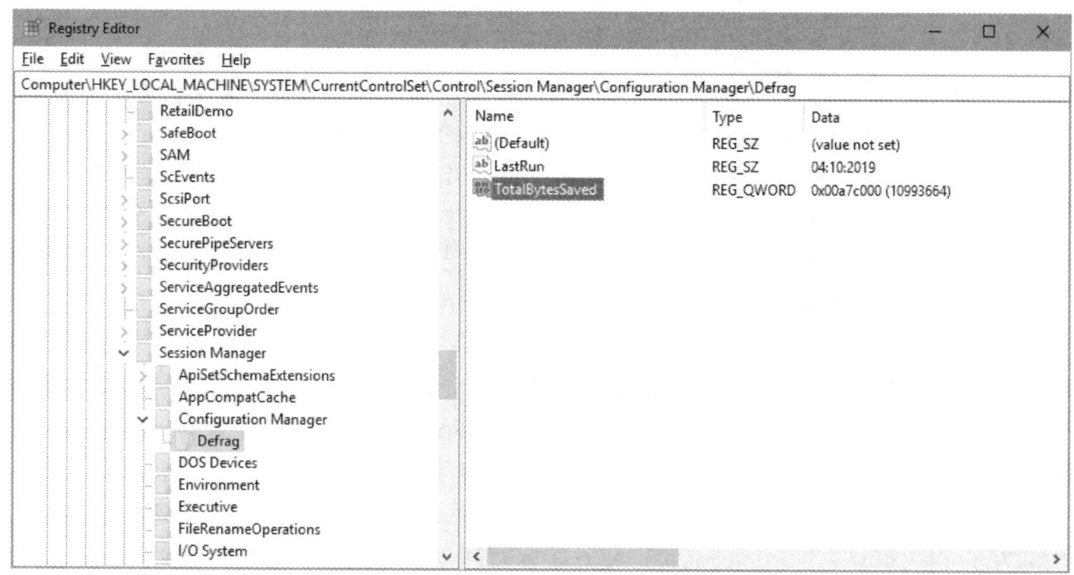

图 10-5 注册表重组数据

10.1.11 注册表的命名空间和操作

为将注册表的命名空间与内核的常规命名空间集成，配置管理器定义了一个键对象类型。配置管理器在 Windows 命名空间的根部插入了一个名为 Registry 的键对象，以此作为注册表的入口点。Regedit 会将键的名称显示为 HKEY_LOCAL_MACHINE\SYSTEM\CurrentControlSet 的形式，但 Windows 子系统会将这样的名称转换为其对象命名空间的形式（如\Registry\Machine\System\CurrentControlSet）。当 Windows 对象管理器解析该名称时，首先遇到的是以 Registry 为名的键对象，随后会将名称的其余部分交给配置管理器处理。配置管理器接管名称解析工作，通过查找自己的内部配置单元树找到所需的键或值。在介绍典型的注册表操作控制流之前，需要先谈谈键对象和键控制块。当应用程序打开或创建注册表键时，对象管理器会提供一个句柄，应用程序可借此引用键。该句柄对应了配置管理器在对象管理器帮助下分配的键对象。借助对象管理器为对象提供的支持，配置管理器即可充分使用对象管理器所提供的安全性和引用计数器功能。

对于每个打开的注册表键，配置管理器还会分配一个键控制块。键控制块存储了键的名称，以及控制块指向的键节点的单元格索引，此外还包含了一个标记，该标记决定了当键的最后一个句柄关闭后，配置管理器是否需要删除键控制块指向的键单元格。Windows 将所有键控制块保存在一个哈希表中，借此即可按照名称快速搜索现有的键控制块。会有一个键对象指向对应的键控制块，因此如果两个应用程序打开同一个注册表键，每个应用程序都会收到一个键对象，这两个键对象都指向同一个键控制块。

当应用程序打开一个现有的注册表键，应用程序在调用对象管理器名称解析例程的注册表 API 中指定键的名称时，控制流就开始运行了。对象管理器在命名空间中找到配置管理器的注册表键对象后，会将名称路径传递给配置管理器。配置管理器在键控制块哈希表中查找，如果找到相关的键控制块，就无须执行后续的工作（附加到 Registry 进程）了；否则查找操作会为配置管理器提供与搜索的键最接近的键控制块，并附加到 Registry 进程中，使用内存中的配置单元数据结构继续搜索键和子键，借此查找特定的键。如果找到键单元格，配置管理器还会搜索键控制块树，以确定该键是否已（被同一个或其他应用程序）打开。搜索例程通过优化，始终会从已打开的键控制块最接近的上一级键控制块开始搜索。举例来说，如果某应用程序要打开\Registry\Machine\Key1\Subkey2，而\Registry\ Machine 已经打开，那么解析例程将使用\Registry\Machine 的键控制块作为起点。如果该键已打开，配置管理器会增大现有键控制块的引用计数。如果键尚未打开，配置管理器会分配一个新的键控制块并将其插入树中。随后配置管理器会分配一个键对象，将该键对象指向键控制块，断开附加的 Registry 进程，并将控制权返回给对象管理器，对象管理器向应用程序返回一个句柄。

当应用程序新建注册表键时，配置管理器首先会为父键新建一个单元格。随后，配置管理器会在新键将要创建到的配置单元中搜索可用单元格列表，以确定现有单元格是否足够大，可以保存新的键单元格。如果没有足够大的可用单元格，配置管理器会分配一个新的 Bin 来保存单元格，并将该 Bin 末尾的所有空间加入可用单元格列表。新建的键单元格会被填充相关信息，包括键的名称，此外配置管理器还会将键单元格添加到父键的子键列表单元格中的子键列表内。最后，系统将父单元格的单元格索引存储到新子键的键单元格中。

配置管理器使用键控制块的引用计数器决定何时删除键控制块。对于一个键控制块，当引用了其中一个键的所有句柄都关闭后，引用计数器归零，意味着该键控制块已经不需要了。如果一个调用 API 删除该键的应用程序设置了删除标记，配置管理器即可从键所在的配置单元中删除相关键，因为它知道该键已经不被任何应用程序打开。

实验：查看键控制块

我们可以使用内核调试器的**!reg openkeys** 命令列出系统中关联的所有键控制块，或者使用**!reg querykey** 命令查看已打开的特定键的键控制块：

```
0: kd> !reg querykey \Registry\machine\software\microsoft

Found KCB = ffffae08c156ae60 :: \REGISTRY\MACHINE\SOFTWARE\MICROSOFT

Hive          ffffae08c03b0000
KeyNode       00000225e8c3475c

[SubKeyAddr]          [SubKeyName]
225e8d23e64           .NETFramework
225e8d24074           AccountsControl
225e8d240d4           Active Setup
225ec530f54           ActiveSync
225e8d241d4           Ads
225e8d2422c           Advanced INF Setup
225e8d24294           ALG
225e8d242ec           AllUserInstallAgent
225e8d24354           AMSI
225e8d243f4           Analog
225e8d2448c           AppServiceProtocols
225ec661f4c           AppV
225e8d2451c           Assistance
225e8d2458c           AuthHost
...
```

随后即可使用**!reg kcb** 命令检查报告的键控制块：

```
kd> !reg kcb ffffae08c156ae60

Key                : \REGISTRY\MACHINE\SOFTWARE\MICROSOFT
RefCount           : 1f
flags              : CompressedName, Stable
Extflags           :
Parent             : 0xe1997368
KeyHive            : 0xe1c8a768
KeyCell            : 0x64e598 [cell index]
TotalLevels        : 4
DelayedCloseIndex: 2048
MaxNameLen         : 0x3c
MaxValueNameLen    : 0x0
MaxValueDataLen    : 0x0
LastWriteTime      : 0x1c42501:0x7eb6d470
KeyBodyListHead    : 0xe1034d70 0xe1034d70
SubKeyCount        : 137
ValueCache.Count : 0
KCBLock            : 0xe1034d40
KeyLock            : 0xe1034d40
```

上述 Flag 字段代表名称以压缩的形式存储，SubKeyCount 字段显示该键有 137 个子键。

10.1.12 稳定存储

为确保非易失性注册表配置单元（有磁盘文件的配置单元）始终处于可恢复的状态，

配置管理器使用了日志配置单元。每个非易失配置单元都有相关的日志配置单元，这是一种隐藏文件，名称与配置单元相同，但扩展名为 logN。为了实现更进一步的保障，配置管理器使用了一种双重日志方案。日志文件可能有两个：.log1 和.log2，如果出于任何原因，导致.log1 虽然被写入但在向主日志文件写入脏数据时出现了故障，下一次进行刷新时，就会用积累的脏数据切换至.log2。如果这次依然失败了，积累的脏数据（.log1 中的数据以及两次操作之间变脏的其他数据）会被保存到.log2 中。因此再下一次将继续使用.log1，直到对主日志文件成功执行了写入操作。如果未出现任何失败，那么将只使用.log1。

举例来说，查看%SystemRoot%\System32\Config 目录（需要在文件夹选项中选中“显示隐藏的文件和文件夹”选项，并取消选择“隐藏受保护的操作系统文件”选项，否则将看不到任何文件），将会在这里看到 System.log1、Sam.log1 以及其他.log1 和.log2 文件。当配置单元初始化时，配置管理器会分配一个位数组，其中的每位代表配置单元中一个 512 字节的部分（也可称为“扇区”）。这个数组也可以叫脏扇区数组，因为该数组中设置的位意味着系统已修改了内存中配置单元对应的扇区，必须将扇区回写到配置单元文件中（未设置该位则意味着相应扇区为最新状态，与内存中的配置单元内容一致）。

当新建键或值或修改现有键或值时，配置管理器会记录主配置单元中发生改动的扇区，并将其写入配置单元在内存中的脏扇区数组。随后，配置管理器会安排一次延迟刷新操作，或者叫日志同步操作。配置单元惰性写入器这个系统线程会在发出请求一分钟后被唤醒，以便同步配置单元的日志。它会从脏扇区数组的有效位引用的内存中为配置单元扇区生成一个新的日志项，并将其写入磁盘上的配置单元日志文件。与此同时，系统会刷新从配置单元同步请求发出到配置单元同步实际进行期间产生的所有注册表改动。惰性写入器会使用低优先级 I/O 将脏扇区写入磁盘上的日志文件（而非写入主配置单元）。在进行配置单元同步后，1 分钟内将不会再进行下一次配置单元同步。

如果惰性写入器只是简单地将配置单元的所有脏扇区写入配置单元文件，而系统在操作过程中崩溃了，配置单元文件可能会处于不一致（损坏）并且不可恢复的状态。为防止出现此类情况，惰性写入器首先会将配置单元的脏扇区数组以及所有脏扇区转储到配置单元的日志文件中，并在必要时增大日志文件的大小。配置单元的基块包含两个序列号。当进行首次刷新操作（而非后续刷新操作）时，配置管理器会更新其中的一个序列号，使其大于另一个序列号。因此，如果系统在对配置单元执行写入操作时崩溃，下次重启动时，配置管理器会注意到配置单元基块中的这两个序列号不匹配，此时就可以使用配置单元日志文件中的脏扇区更新配置单元，使配置单元的状态实现正确的“前进”。这样一来，配置单元就可以处于最新且一致的状态了。

在将日志项写入配置单元的日志后，惰性刷新器会清除脏扇区数组中对应的有效位，但实际上会将这些位插入另一个重要的向量——未协调数组（unreconciled array）中。配置管理器可以使用这个数组了解要将哪些日志项写入主配置单元。借助对新增的增量日志（见下文）的支持，主配置单元文件很少需要在操作系统正常运行的过程中写入。配置单元的同步协议（与日志同步并非一回事）作为一种算法，可将所有内存和日志中的注册表改动写入主配置单元文件，并为配置单元设置两个序列号。实际上根据下文可知，这是一种开销很高的多阶段操作。

协调器（reconciler）是另一种类型的惰性写入器系统线程，它每小时唤醒一次，会冻结日志，将所有脏日志项写入主配置单元文件。在脏扇区和未协调数组的帮助下，协调算法可以知道内存中配置单元的哪些部分需要写入主文件。不过协调操作很少发生。如果系统崩溃，借助已经写入日志文件的日志项，配置管理器本就具备了重建配置单元所需的全部信息。注册表协调操作每小时只进行一次（或会在日志的大小落后于某个阈值时进行，这取决于配置文件所在存储卷的大小），因此可大幅改善性能。只有在日志刷新操作期间，配置单元才可能丢失某些数据。

请注意，协调操作并不会更新主配置单元文件中的第二个序列号。这两个序列号只有在“验证”阶段（另一种形式的配置单元刷新操作）才会被更新为相等的值，而只有在配置单元被卸载（应用程序调用 RegUnloadKey API）、系统关机时，或配置文件被首次加载时才会进行这种验证。这意味着在操作系统的大部分生命周期中，主注册表配置单元都处于脏状态，需要借助日志文件才能正确读取。

Windows 启动加载器也包含一些与注册表可靠性有关的代码。例如，它可以在内核加载前解析 System.log 文件，并通过修复解决一致性问题。此外，在某些配置单元损坏的情况下（例如基块、Bin 或单元格包含的数据无法通过一致性检查），配置管理器可以重新初始化损坏的数据结构，甚至在该过程中删除某些子键，随后继续正常运作。如果必须通过自愈操作进行还原，则会弹出系统错误对话框以提醒用户注意。

增量日志

如上文所述，Windows 8.1 对配置单元同步算法的性能进行了大幅改进，而这要归功于增量日志（Incremental logging）功能。通常来说，配置单元文件中的单元格可处于下列四种状态之一。

- **干净**。单元格数据位于配置单元的主文件中且未被修改。
- **脏**。单元格数据已修改但只位于内存中。
- **未协调**。单元格数据已修改并正确地写入日志文件中，但尚未写入主文件。
- **脏且未协调**。单元格被写入日志文件后被再次修改，仅第一次修改位于日志文件中，第二次修改在内存中。

Windows 8.1 之前的系统中，最初的同步算法会在一个或多个单元格被修改 5 秒后执行。这个算法可总结为下列四步。

1）配置管理器通过日志文件中一个项，写入“脏”矢量发送过信号的所有已修改单元格。

2）让配置单元的基块失效（将一个序列号设置为大于另一个序列号的值）。

3）将所有修改后的数据写入主配置单元的文件。

4）验证主配置单元（验证操作会将主配置单元文件的两个序列号设置为完全相同的值）。

为了保持配置单元的完整性和可恢复性，该算法会在完成每阶段操作后向文件系统驱动程序发出一个刷新操作，以免损坏数据。但是对随机访问数据执行刷新操作会产生极高的开销（对传统机械硬盘来说这一点尤为严重）。

增量日志解决了这个性能问题。旧版算法通过一个日志项写入多次配置单元验证操作期间产生的所有脏数据，但增量模型打破了这个假设。新的同步算法会在每次执行延迟刷新器时写入一个日志项，并且根据上文可知，它只会在首次执行时让配置单元的基块失效。后续刷新操作会继续写入新日志项，而不会触及配置单元的主文件。每小时，或如果日志空间耗尽，协调器都会将日志项中存储的所有数据写入主配置单元的文件，但不进行验证操作。这样既可以回收日志文件中的空间，同时维持了配置单元的可恢复性。如果系统在这个过程中崩溃，下一次加载配置单元时会重新应用日志中未写入的原始项；否则新项会重新应用到日志开头处，这样如果系统稍后崩溃了，那么在加载配置单元时只有日志中的新项会被应用。

图 10-6 展示了可能出现的崩溃情形以及如何通过增量日志方案加以应对。在情况 A 中，系统已将新数据写入内存中的配置单元，惰性刷新器也已将相应的项写入日志（但未进行协调）。在系统重启动时，恢复过程会将所有日志项应用给主配置单元并再次验证配置单元文件。在情况 B 中，协调器已在崩溃前将存储在日志项中的数据写入主配置单元（未验证配置单元）。当系统重启动时，恢复过程会重新应用现有日志项，但不会对主配置单元文件进行任何修改。情况 C 与情况 B 类似，不过新项已在重协调后被写入日志。在这种情况下，恢复过程会只写入最后修改但不在主文件中的数据。

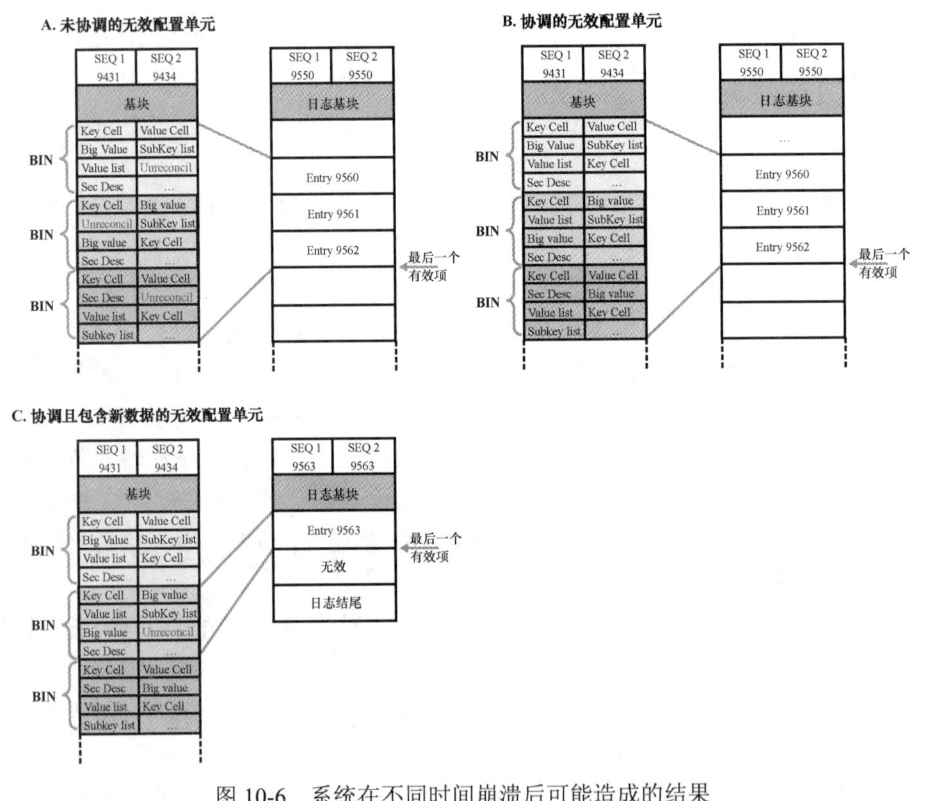

图 10-6　系统在不同时间崩溃后可能造成的结果

配置单元验证操作只在某些罕见情况下进行。配置单元被卸载后，系统会进行协调，随后验证配置单元的主文件。验证结束后，会将配置单元主文件的两个序列号设置为一个完全相同的新值，并在将配置单元从内存卸载之前发出最后一次文件系统刷新请求。当系统重启动时，配置单元加载的代码检测到配置单元主文件处于干净状态（因为那两个序列号的值完全相同），此时不会执行任何形式的配置单元恢复过程。通过新增的增量同步协议，操作系统不再会因为旧版日志协议而损失性能。

注意 在运行旧版本 Windows 的计算机上加载 Windows 8.1 或后续版本系统创建的配置单元时，如果配置单元主文件处于非干净状态，加载可能会造成一些问题。旧版操作系统（如 Windows 7）完全不知道该如何处理新版日志文件。因此微软创建了 RegHiveRecovery 微型过滤器驱动程序，该驱动程序被包含在 Windows 评估和部署工具包（ADK）中。RegHiveRecovery 驱动程序可以使用 Registry 回调拦截来自系统的“配置单元加载”请求，并判断配置单元的主文件是否需要恢复以及是否需要使用增量日志。如果需要，它会执行恢复操作并修复配置单元的主文件，随后系统才有机会读取其中的内容。

10.1.13 注册表过滤

Windows 内核中的配置管理器实现了一种强大的注册表过滤模型，借此可使用诸如进程监视器等工具监视注册表活动。当驱动程序使用回调机制时，会向配置管理器注册一个回调函数。配置管理器会在执行注册表系统服务之前和之后执行驱动程序的回调函数，这样驱动程序就可以对注册表的访问获得完整的可视性和控制力。反病毒产品也会使用这种回调机制在注册表数据中扫描病毒，或防止对注册表进行未经授权的更改。

注册表回调也与海拔高度（altitude）的概念有关。不同供应商可以借助海拔高度这种方式在注册表过滤栈上注册一个“高度”，这样系统就可以确定性的正确顺序调用不同的回调例程。这样即可避免一些情况，例如反病毒产品可能会在加密产品运行自己的回调以解密被加密的键之前，试图扫描这些加密的键。为了避免这种情况，在 Windows 注册表回调模型的帮助下，这两类工具都会被分配一个与它们所进行的过滤类型（本例中是加密和病毒扫描）相对应的基准海拔高度。此外，创建此类工具的公司必须向微软注册，这样才能保证自己集团公司内部不会因为功能类似或相互竞争的产品产生冲突。

该过滤模型还可以完全接管对注册表操作的处理（借此可绕过配置管理器，并防止配置管理器处理任何请求），或将一个操作重定向为另一个操作（例如 WoW64 的注册表重定向）。此外，借此还可以修改注册表操作的输出参数以及返回的值。

最后，驱动程序可出于自己的目的分配并标记每个键或每个操作中由驱动程序定义的信息。驱动程序可在执行创建或打开操作期间创建并分配这种上下文数据，配置管理器会记住这些数据，并在针对键执行的后续操作中返回这些数据。

10.1.14 注册表虚拟化

Windows 10 周年更新（RS1）为 Argon 和 Helium 容器引入了注册表虚拟化的概念，甚至可以加载 1.6 版配置单元所支持的差分配置单元。注册表虚拟化由配置管理器和 VReg 驱动程序（集成于 Windows 内核中）提供。这两个组件提供了如下服务。

- **命名空间重定向**。应用程序可将虚拟键的内容重定向至主机中的另一个真实键。应用程序也可以将一个虚拟键重定向至差分配置单元中的键，随后合并到主机上的根键中。

- **注册表合并**。差分配置单元可理解为相对基准配置单元的差异化内容。基准配置单元代表一种基准层，其中包含不可变的注册表视图。差分配置单元中的键是相对于基准配置单元中的键增加或减少的内容，而后者也被叫作 Thumbstone 键。

配置管理器会在操作系统初始化的阶段 1 期间创建 VRegDriver 设备对象（并设置相应的安全描述符，只允许 SYSTEM 和 Administrator 访问）和 VRegConfigurationContext 对象类型，代表用于跟踪命名空间重定向以及注册表合并所需的容器 Silo 上下文。服务器 Silo 详见卷 1 第 3 章。

命名空间重定向

注册表命名空间重定向只能为 Silo 容器（服务器 Silo 和应用程序 Silo）启用。应用程序创建 Silo（但并未启动）后，会向 VReg 设备对象发送初始化 IOCTL，并将句柄传递给 Silo。VReg 驱动程序会创建一个空的配置上下文，并将其附加给 Silo 对象。随后它会创建一个命名空间节点，借此将容器的\Registry\WC 根键重新映射到主机键，因为所有容器需要共享主机键的同一个视图。创建\Registry\WC 根键是为了挂载为 Silo 容器虚拟化的所有配置单元。

VReg 驱动程序是一种注册表过滤器驱动程序，可使用注册表回调机制正确地实现命名空间重定向。当应用程序首次初始化命名空间重定向时，VReg 驱动程序会注册自己的主 RegistryCallback 通知例程（通过一个类似 CmRegisterCallbackEx 的内部 API）。为了向根键正确添加命名空间重定向，应用程序会向 VReg 的设备发送一个 Create Namespace Node IOCTL 并指定虚拟键路径（容器可看到该路径）、真实的主机键路径，以及容器的作业句柄。作为回应，VReg 设备会新建一个命名空间节点（一种包含键的数据和某些标记的小型数据结构），并将其加入 Silo 的配置上下文。

当应用程序完成容器的所有注册表重定向配置工作后，会将自己的进程（或新生成的进程）附加到 Silo 对象（使用 AssignProcessToJobObject，详见本书卷 1 第 3 章）。此后，容器进程发出的每个注册表 I/O 都将被 VReg 注册表微型过滤器拦截。我们一起通过一个例子看看命名空间重定向是如何生效的。

假设现代应用程序框架为一个 Centennial 应用程序设置了多个注册表命名空间重定向，尤其是有一个重定向节点会将键从 HKCU 重定向到主机的\Registry\WC\a20834ea-8f46-c05f-46e2-a1b71f9f2f9cuser_sid 键。在某个时间点，该 Centennial 应用程序希望在 HKCU\Software\Microsoft 父键下新建一个名为 AppA 的键。当进程调用 RegCreateKeyEx API 时，VReg 注册表回调会拦截该请求并获得作业的配置上下文。随后它会在上下文中搜索与调用方指定的键路径最接近的命名空间节点。如果什么都没找到，会返回一个对象未找到错误：不允许在非虚拟化路径上进行容器操作。假设上下文中有一个描述了 HKCU 根键的命名空间节点，并且该节点是 HKCU\Software\Microsoft 子键的父节点，VReg 驱动程序会使用主机键的名称替换原始注册表键的相对路径，并将请求转发给配置管理器。因此在这种情况下，配置管理器实际看到的请求是需要创建\Registry\WC\a20834ea-8f46-c05f-46e2a1b71f9f2f9cuser_sid\Software\Microsoft\AppA，该请求会成功完成。容器化应用程序不会发现其中的差异。在应用程序看来，该注册表键就位于主机 HKCU 下。

差分配置单元

虽然命名空间重定向是在 VReg 驱动程序中实现的，并且仅限容器化的环境下使用，但注册表合并也可以在全局范围内工作，主要在配置管理器自身内部实现（不过 VReg 驱动程序依然会被用作入口点，借此将差分配置单元挂载到基准键）。如上文所述，差分配置单元使用了 1.6 版本的配置单元，虽然与 1.5 版类似，但支持为差分键使用元数据。配置单元版本的升高也杜绝了将配置单元挂载到不支持注册表虚拟化的系统的可能。

应用程序可以创建一个差分配置单元并向 VReg 设备发送 IOCTL，借此将其全局挂载到系统或某个 Silo 容器。不过这需要具备备份和还原特权，因此只有以管理员身份运行的应用程序可以管理差分配置单元。要挂载差分配置单元，应用程序需要用基准键（也叫基层，基层是一种根键，其中包含了差分配置单元的所有子键和值）的名称、差分配置单元的路径以及一个挂载点来填充一个数据结构。随后通过 VR_LOAD_DIFFERENCING_HIVE 控制代码将该数据结构发送给 VReg 驱动程序。挂载点包含了差分配置单元和基层中所含数据合并后的数据。

VReg 驱动程序通过一个哈希表维护所有已加载差分配置单元的列表。这样 VReg 驱动程序就可以用不同挂载点挂载差分配置单元。如上文所述，现代应用程序架构使用 \Registry\WC 根键中的随机 GUID 来挂载独立 Centennial 应用程序的差分配置单元。在该哈希表中创建一个项后，VReg 驱动程序会直接将请求转发给配置管理器的内部函数 CmLoadDifferencingKey。大部分工作都是由该函数完成的。它会调用注册表回调并加载差分配置单元。差分配置单元的创建过程与常规配置单元类似。配置管理器的底层创建好配置单元后，还将创建一个键控制块数据结构。这个新的键控制块会被链接至基层键控制块。

当通过请求指示打开或读取作为挂载点的键或其子键中包含的值时，配置管理器会知道表示差分配置单元的相关键控制块是哪个。因此解析过程会从差分配置单元开始。如果配置管理器在差分配置单元中遇到子键，就会停止解析过程并读取差分配置单元中存储的键和数据。否则，如果未在差分配置单元中找到所需数据，配置管理器会从基准配置单元重新启动解析过程。另一种情况则是验证是否在差分配置单元中找到了 Thumbstone 键：配置管理器会隐藏搜索的键并且不返回数据（或错误信息）。实际上，Thumbstone 可用于在基准配置单元中将键标记为已删除。

系统支持三种类型的差分配置单元。

- **可变配置单元（mutable hive）**：可被写入或更新。所有指向挂载点（或子键）的写入请求会被存储在差分配置单元中。
- **不可变配置单元（immutable hive）**：无法被修改。这意味着对差分配置单元中键的所有修改请求都将失败。
- **直写配置单元（write-through hive）**：代表不可变的差分配置单元，但指向挂载点（或子键）的写入请求会被重定向至基层（此时基层不再是不可变的）。

NT 内核和应用程序也可以挂载差分配置单元，随后在其挂载点上应用命名空间重定向，这样即可实现复杂的虚拟化配置，例如 Centennial 应用程序所用机制（如图 10-7 所示）。现代应用程序模型以及 Centennial 应用程序架构的详细信息请参阅第 8 章。

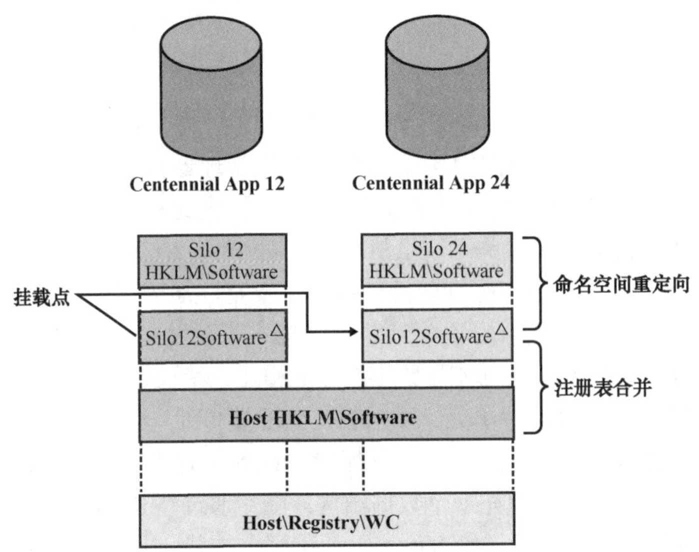

图 10-7　Centennial 应用程序的现代化应用程序模型中软件配置单元的注册表虚拟化

10.1.15　注册表优化

配置管理器对注册表进行了一些值得一提的优化。首先，几乎每个注册表键都由安全描述符提供访问保护。但为配置单元中每个键存储一个唯一的安全描述符是一种低效的做法，因为注册表的整个子树往往会应用相同安全设置。在为键设置安全性时，配置管理器会在要设置新安全性的键所在的配置单元中检查一个由唯一安全描述符组成的池，并为键共享现有的安全描述符，这样即可确保在每个配置单元中，每个唯一安全描述符最多只存在一个副本。

配置管理器还会优化自己在配置单元中存储键和值的方式。虽然注册表是完全支持 Unicode 的，并使用 Unicode 约定来指定所有名称，但如果名称只包含 ASCII 字符，配置管理器会将名称以 ASCII 形式存储在配置单元中。

当配置管理器读取名称（例如执行名称查找）时，会在内存中将名称转换为 Unicode 形式。以 ASCII 形式存储名称可大幅减小配置单元的大小。

为最大限度减小内存用量，键控制块并不存储键的完整注册表路径名，相反只会引用键的名称。例如，一个指向\Registry\System\Control 的键控制块会引用 Control 这个名称而非完整路径。此外还有进一步的优化措施：配置管理器会使用键名称控制块存储键名称，而所有同名键的键控制块共享了同一个键名称控制块。为优化性能，配置管理器会将键控制块的名称存储在一个哈希表中以便能快速查找。

为了能快速访问键控制块，配置管理器会将频繁访问的键控制块存储在缓存表（一种哈希表）中。当配置管理器需要查找一个键控制块时，首先会检查该缓存表。最后，配置管理器还有另一个缓存，即延迟关闭表，其中存储了应用程序已经关闭的键控制块，这样，应用程序即可快速重新打开自己最近关闭的键。为了优化查找，每个配置单元都会存储这些缓存表。随着添加最新关闭的块，配置管理器会从延迟关闭表中移除最旧的键控制块。

10.2 Windows 服务

几乎每个操作系统都有一种机制，用于在系统启动时运行与交互式用户无关的进程。在 Widows 中，这种进程称为服务或 Windows 服务。服务类似于 UNIX 守护进程（daemon process），通常用于实现客户端/服务器应用程序的服务器端。例如，Web 服务器就是一种 Windows 服务，因为无论是否有人登录到计算机，它都必须运行，并且它必须在系统启动时开始运行，这样管理员才不需要劳心费力亲自去启动。

Windows 服务包含三个组件：服务应用程序（service application）、服务控制程序（Service Control Program，SCP），以及服务控制管理器（Service Control Manager，SCM）。我们首先会介绍服务应用程序、服务账户、用户服务和打包的服务，以及 SCM 的所有操作；随后会介绍自启动服务是如何在系统启动过程中启动的，还会介绍当服务启动失败后 SCM 会采取的措施，以及 SCM 关闭服务的方法；最后会介绍共享的服务进程以及系统管理受保护服务的方式。

10.2.1 服务应用程序

服务应用程序（如 Web 服务器）至少包含一个以 Windows 服务形式运行的可执行文件。用户可以通过 SCP 启动、停止或配置服务。虽然 Windows 提供了内置的 SCP（最常用的为命令行工具 sc.exe 以及由 services.msc 这个 MMC 管理单元提供的用户界面），这些 SCP 提供了常用的启动、停止、暂停和恢复功能，但一些服务应用程序也提供了自己的 SCP，可供管理员针对自己所管理的服务进行更有针对性的配置设置。

服务应用程序实际上是一种 Windows 可执行文件（GUI 或控制台形式），并带有额外的代码，可接收来自 SCM 的命令，以及将应用程序的状态反馈给 SCM。因为大部分服务没有用户界面，因此会以控制台程序的方式构建。

安装包含服务的应用程序时，应用程序的安装程序（通常也充当 SCP）必须向系统注册自己的服务。为注册服务，安装程序需要调用 Windows 的 CreateService 函数，这个与服务有关的函数在 Advapi32.dll（%SystemRoot%\System32\Advapi32.dll）中导出。Advapi32（即高级 API DLL）只实现了小部分客户端 SCM API。SCM 客户端 API 最重要的部分都在另一个 DLL（Sechost.dll）中实现，这也是 SCM 和 LSA 客户端 API 的主机库。所有未在 Advapi32.dll 中实现的 SCM API 都会直接转发至 Sechost.dll。大部分 SCM 客户端 API 会通过 RPC 与服务控制管理器通信。SCM 则在 Services.exe 二进制文件中实现，详见下文“服务控制管理器”一节。

当安装程序调用 CreateService 注册服务时，会向目标计算机上运行的 SCM 实例发出 RPC 调用。随后，SCM 在 HKLM\SYSTEM\CurrentControlSet\Services 下为该服务创建一个注册表键。Services 键是 SCM 数据库的非易失性表示。每个服务对应的键定义了包含服务的可执行映像的路径，以及参数和配置选项。

创建了服务后，安装或管理应用程序即可通过 StartService 函数启动服务。因为一些基于服务的应用程序必须在启动过程中进行初始化，随后才能正常运行，因此很多安装程序会将服务注册为自动启动的服务，并要求用户重启系统以完成安装过程，随后 SCM 即可在系统启动过程中启动服务。

当程序调用 CreateService 时，必须指定一系列用于描述服务特征的参数。这些特征包括：服务类型（是否是一个用自己的进程运行的服务，还是需要与其他服务共享同一个进程）、服务的可执行映像文件位置、可选的显示名、可选的账户名和密码（借此以特定账户的安全上下文启动服务）、启动类型（决定了该服务是否会在系统启动时自动运行，还是按照 SCP 的指示手动运行）、错误代码（决定了如果服务启动过程中遇到错误系统该如何处理，以及服务是否会自动启动）、可选信息（指定了服务的启动是否与其他服务有相关性）。从 Windows Vista 开始，系统可以支持延迟加载的服务。Windows 7 引入了对触发的服务（triggered service）的支持，这种服务可在一个或多个特定事件被验证之后启动或停止。SCP 可通过 ChangeServiceConfig2 API 指定触发器事件信息。

服务应用程序需要在服务进程中运行。一个服务进程可以托管一个或多个服务应用程序。当 SCM 启动一个服务进程时，进程必须立即调用 StartServiceCtrlDispatcher 函数（必须在事先定义的超时值到期前调用，详见“服务登录”一节）。StartServiceCtrlDispatcher 可接收进入服务的入口点列表，每个入口点对应了进程中的一个服务。每个入口点可由入口点对应的服务名称来区分。在与 SCM（充当管道）建立了本地 RPC（ALPC）通信连接后，StartServiceCtrlDispatcher 会通过一个循环等待来自 SCM 管道的命令。请注意，该连接的句柄由 SCM 通过一个内部列表保存，借此即可向正确的进程发送和接收服务命令。每次启动一个进程托管的服务时，SCM 会发送一条服务启动命令。对于收到的每条启动命令，StartServiceCtrlDispatcher 函数会创建一个被称为服务线程（service thread）的线程，借此调用要启动的服务入口点（service main）并为该服务实现命令循环。StartServiceCtrlDispatcher 会无限期地等待来自 SCM 的命令，并会在所有进程的服务均已停止后将控制返回给进程的主函数，这样服务进程即可在退出前清理资源。

服务入口点（ServiceMain）的第一个操作是调用 RegisterServiceCtrlHandler 函数。该函数可以接收并存储一个指向函数的指针（名为控制处理程序），服务实现这样的指针是为了处理自己从 SCM 收到的各种命令。RegisterServiceCtrlHandler 不与 SCM 通信，而是会在本地进程内存中为 StartServiceCtrlDispatcher 存储该函数。服务入口点会继续初始化服务，例如分配内存，创建通信端点，从注册表读取私有的配置数据。如上文所述，大部分服务都遵循一种惯例，会将自己的参数存储在自己的服务注册表键下一个名为 Parameters 的子键中。

入口点初始化服务时，必须通过 SetServiceStatus 函数向 SCM 定期发送状态信息，以此告知服务的启动进展。当入口点初始化工作完成后（服务可以通过 SERVICE_RUNNING 向 SCM 告知），服务线程通常会进入一个循环，等待来自客户端应用程序的请求。例如，Web 服务器可以初始化一个 TCP 监听套接字，等待传入的 HTTP 连接请求。

服务进程的主线程将在 StartServiceCtrlDispatcher 函数中执行，接收发送给进程中服务的 SCM 命令，并调用目标服务的控制处理程序函数（由 RegisterServiceCtrlHandler 存储）。SCM 命令包括停止、暂停、恢复、质询、关闭，以及应用程序定义的其他命令。图 10-8 展示了服务进程的内部组织，其中的主线程和服务线程组成一个托管单个服务的进程。

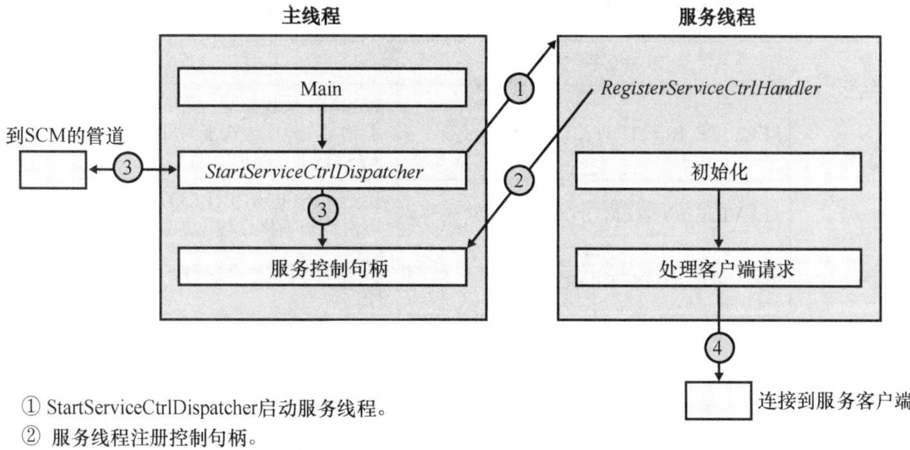

① StartServiceCtrlDispatcher启动服务线程。
② 服务线程注册控制句柄。
③ StartServiceCtrlDispatcher调用句柄以响应 SCM 命令。
④ 服务线程处理客户端请求。

图 10-8 服务进程的结构

服务的特征

SCM 会将每个特征以值的形式存储在服务的注册表键中。图 10-9 展示了一个这样的服务注册表键范例。

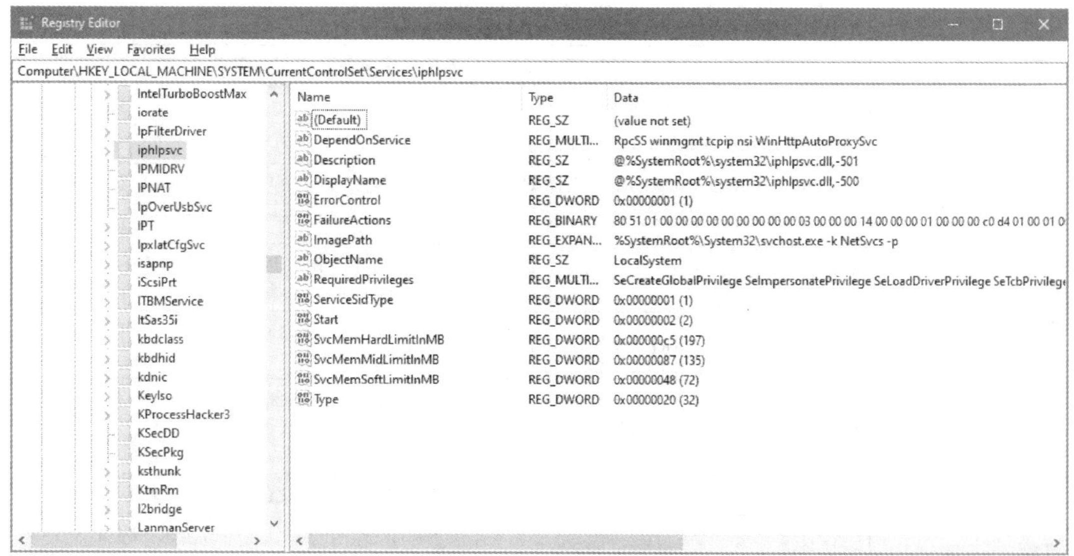

图 10-9 服务注册表键范例

表 10-7 列出了服务的所有特征，其中很多也适用于设备驱动程序（并非所有特征都适用于每一类服务或设备驱动程序）。

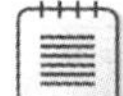

注意 在服务被删除前，SCM 不会访问服务的 Parameters 子键，服务被删除后，SCM 会删除服务的整个键，包括 Parameters 之类的子键。

表 10-7　服务和驱动程序的注册表参数

值设置	值名称	值设置描述
Start	SERVICE_BOOT_START (0x0)	Winload 预载驱动程序，使其在启动过程中就位于内存中。这些驱动程序在执行 SERVICE_SYSTEM_START 前已完成初始化
	SERVICE_SYSTEM_START (0x1)	初始化 SERVICE_BOOT_START 驱动程序后，在内核初始化过程中加载并初始化驱动程序
	SERVICE_AUTO_START (0x2)	SCM 进程 Services.exe 启动后，SCM 启动驱动程序或服务
	SERVICE_DEMAND_START (0x3)	SCM 按需启动驱动程序或服务（客户端调用 StartService 时，被触发器启动或要启动的其他服务依赖该服务时）
	SERVICE_DISABLED (0x4)	驱动程序或服务无法加载或初始化
ErrorControl	SERVICE_ERROR_IGNORE (0x0)	驱动程序或服务返回的任何错误均被忽略，未记录或显示任何警报信息
	SERVICE_ERROR_NORMAL (0x1)	如果驱动程序或服务报告了错误，将写入事件日志消息
	SERVICE_ERROR_SEVERE (0x2)	如果驱动程序或服务返回了错误，并且未使用最后已知正确值，将重启动到最后已知正确状态；否则记录一条事件信息
	SERVICE_ERROR_CRITICAL (0x3)	如果驱动程序或服务返回了错误，并且未使用最后已知正确值，将重启动到最后已知正确状态；否则记录一条事件信息
Type	SERVICE_KERNEL_DRIVER (0x1)	设备驱动程序
	SERVICE_FILE_SYSTEM_DRIVER (0x2)	内核模式文件系统驱动程序
	SERVICE_ADAPTER (0x4)	已废弃
	SERVICE_RECOGNIZER_DRIVER (0x8)	文件系统识别器驱动程序
	SERVICE_WIN32_OWN_PROCESS (0x10)	服务运行在一个仅托管了单个服务的进程中
	SERVICE_WIN32_SHARE_PROCESS (0x20)	服务运行在一个托管了多个服务的进程中
	SERVICE_USER_OWN_PROCESS (0x50)	服务使用已登录用户的安全令牌在自己的进程中运行
	SERVICE_USER_SHARE_PROCESS (0x60)	服务使用已登录用户的安全令牌在托管了多个服务的进程中运行
	SERVICE_INTERACTIVE_PROCESS (0x100)	该服务允许在控制台上展示窗口并接收用户输入，但仅控制台会话（0）可以防止与其他会话中的用户/控制台应用程序交互。该选项已被弃用
Group	组名称	组初始化后要初始化的驱动程序或服务
Tag	标记名称	组初始化顺序中指定的位置。该参数不适用于服务
ImagePath	服务或驱动程序可执行文件的路经	如未指定 ImagePath，I/O 管理器会在%SystemRoot%\System32\Drivers 中查找驱动程序。Windows 服务必须设置此参数
DependOnGroup	组名称	驱动程序或服务无法加载，除非特定组中的驱动程序或服务已经加载完毕
DependOnService	服务名称	特定服务加载完成前，该服务无法加载。该参数不适用于设备驱动程序或启动类型非 SERVICE_AUTO_START 或 SERVICE_DEMAND_START 的服务

续表

值设置	值名称	值设置描述
ObjectName	通常为 LocalSystem，但也可以是账户名，如.\Administrator	指定了运行该服务的账户。如未指定 ObjectName，将使用 LocalSystem 账户。该参数不适用于设备驱动程序
DisplayName	服务的名称	服务应用程序会使用该名称显示服务。如未指定名称，将使用服务的注册表键名称作为服务名称
DeleteFlag	0 或 1（TRUE 或 FALSE）	服务被标记为已删除后，SCM 设置的临时标记
Description	服务描述	最多 32,767 字节的服务描述信息
FailureActions	服务进程非预期退出后，SCM 所执行操作的描述	失败后操作包括重启动服务进程、重启动系统、运行特定的程序。该值不适用于驱动程序
FailureCommand	程序命令行	只有在 FailureActions 指定了服务失败后启动特定的程序时，SCM 才会读取该值。该值不适用于驱动程序
DelayedAutoStart	0 或 1（TRUE 或 FALSE）	可以让 SCM 在自己启动完毕后等待一定时间再启动服务。这可以减少系统启动过程中同时启动的服务数量
PreshutdownTimeout	超时值毫秒数	该值可让服务忽略默认的 180 秒关闭前提醒而使用自定义超时值。该超时值结束后，SCM 会直接关闭尚未响应的服务
ServiceSidType	SERVICE_SID_TYPE_NONE (0x0)	向后兼容性设置
	SERVICE_SID_TYPE_UNRESTRICTED (0x1)	在创建服务进程时，SCM 会将服务 SID 作为组的所有者添加到服务进程的令牌中
	SERVICE_SID_TYPE_RESTRICTED (0x3)	SCM 使用限制写入的令牌运行服务，将服务 SID 与 World、Logon、Write-restricted SID 一起添加到服务进程的受限 SID 列表
Alias	字符串	服务别名的名称
RequiredPrivileges	特权列表	该值包含服务正常运行所需的特权列表。如需特权，SCM 在为与此服务相关的共享进程创建令牌时会计算联合后的特权
Security	安全描述符	该值包含的可选安全描述符定义了谁可以访问 SCM 内部创建的服务对象。如果不存在该值，SCM 将应用默认安全描述符
LaunchProtected	SERVICE_LAUNCH_PROTECTED_NONE (0x0)	SCM 以不受保护方式启动服务（默认值）
	SERVICE_LAUNCH_PROTECTED_WINDOWS (0x1)	SCM 在 Windows 受保护进程中启动服务
	SERVICE_LAUNCH_PROTECTED_WINDOWS_ LIGHT (0x2)	SCM 在 Windows 受保护进程轻型中启动服务
	SERVICE_LAUNCH_PROTECTED_ANTIMALWARE_LIGHT (0x3)	SCM 在反恶意软件保护的进程轻型中启动服务
	SERVICE_LAUNCH_PROTECTED_APP_LIGHT (0x4)	SCM 在 App 保护进程轻型中启动服务（仅限内部使用）
UserServiceFlags	USER_SERVICE_FLAG_DSMA_ALLOW (0x1)	允许默认用户启动用户服务
	USER_SERVICE_FLAG_NONDSMA_ALLOW (0x2)	不允许默认用户启动服务
SvcHostSplitDisable	0 或 1（TRUE 或 FALSE）	设置为 1 可禁止 SCM 启用 Svchost 拆分。该值仅适用于共享的服务
PackageFullName	字符串	打包服务的包全名
AppUserModelId	字符串	打包服务的应用程序用户模型 ID（AUMID）

续表

值设置	值名称	值设置描述
PackageOrigin	PACKAGE_ORIGIN_UNSIGNED (0x1) PACKAGE_ORIGIN_INBOX (0x2) PACKAGE_ORIGIN_STORE (0x3) PACKAGE_ORIGIN_DEVELOPER_UNSIGNED (0x4) PACKAGE_ORIGIN_DEVELOPER_SIGNED (0x5)	这些值用于识别 AppX 程序包的来源（创建程序包的实体）

请注意，Type 值包含三个用于设备驱动程序的值：设备驱动程序、文件系统驱动程序和文件系统识别器。这些值都被 Windows 设备驱动程序所使用，并会将参数作为注册表数据存储在 Services 注册表键中。SCM 负责使用 SERVICE_AUTO_START 或 SERVICE_DEMAND_START 作为 Start 值启动而非 PNP 驱动程序，因此，SCM 数据库自然也就包含驱动程序。服务则使用了互斥的其他类型：SERVICE_WIN32_OWN_PROCESS 和 SERVICE_WIN32_SHARE_PROCESS。

只托管一个服务的可执行文件将使用 SERVICE_WIN32_OWN_PROCESS 类型，托管多个服务的可执行文件将使用 SERVICE_WIN32_SHARE_PROCESS 类型。相比启动多个服务进程造成的开销，用一个进程托管多个服务可节约系统资源。但这样做的一个潜在不足之处在于：如果同一个进程中运行的多个服务中，有一个服务出错导致进程终止，那么该进程的其他所有服务也将终止。此外，另一个局限在于，所有服务必须用同一个账户运行（如果有服务充分利用了服务安全性加固机制，则可限制暴露给恶意攻击的攻击面）。SERVICE_USER_SERVICE 标记可用来表示用户服务，这类服务会使用当前登录用户的身份运行。

SCM 通常会将触发器信息存储在另一个名为 TriggerInfo 的子键中。每个触发器事件都存储在一个以事件索引为名的子键中，该索引从 0 开始（例如第三个触发器会被存储在“TriggerInfo\2”子键中）。表 10-8 列出了所有可构成触发器信息的注册表值。

表 10-8　触发的服务的注册表参数

值设置	值名称	值设置描述
Action	SERVICE_TRIGGER_ACTION_SERVICE_START (0x1)	当触发器事件发生时启动服务
	SERVICE_TRIGGER_ACTION_SERVICE_ STOP (0x2)	当触发器事件发生时停止服务
Type	SERVICE_TRIGGER_TYPE_DEVICE_INTERFACE_ARRIVAL (0x1)	指定当特定设备接口类的设备抵达，或系统启动时存在特定设备接口类设备时，要触发的事件
	SERVICE_TRIGGER_TYPE_IP_ADDRESS_AVAILABILITY (0x2)	指定当网络堆栈上 IP 地址变得可用或不可用时要触发的事件
	SERVICE_TRIGGER_TYPE_DOMAIN_JOIN (0x3)	指定当计算机加入或离开域时要触发的事件
	SERVICE_TRIGGER_TYPE_FIREWALL_PORT_EVENT (0x4)	指定当防火墙端口打开或关闭时要触发的事件
	SERVICE_TRIGGER_TYPE_GROUP_POLICY (0x5)	指定当计算机或用户策略改变时要触发的事件
	SERVICE_TRIGGER_TYPE_NETWORK_ENDPOINT (0x6)	指定当数据包或请求抵达特定网络协议时要触发的事件
	SERVICE_TRIGGER_TYPE_CUSTOM (0x14)	指定 ETW 提供程序生成的自定义事件

续表

值设置	值名称	值设置描述
Guid	触发器子类 GUID	用于识别触发器事件子类别的 GUID，该 GUID 取决于触发器类型
Data[Index]	触发器特定的数据	服务于触发器事件的特定触发器数据。该值取决于触发器事件类型
DataType[Index]	SERVICE_TRIGGER_DATA_TYPE_BINARY (0x1)	触发器特定数据为二进制格式
	SERVICE_TRIGGER_DATA_TYPE_STRING (0x2)	触发器特定数据为字符串格式
	SERVICE_TRIGGER_DATA_TYPE_LEVEL (0x3)	触发器特定数据为字节值
	SERVICE_TRIGGER_DATA_TYPE_KEYWORD_ANY (0x4)	触发器特定数据为 64 位（8 字节）无符号整数值
	SERVICE_TRIGGER_DATA_TYPE_KEYWORD_ALL (0x5)	触发器特定数据为 64 位（8 字节）无符号整数值

10.2.2 服务账户

对服务开发者以及系统管理员来说，服务的安全上下文是一个重要的考虑因素，因为它决定了进程可以访问哪些资源。大部分内置服务运行在相应的服务账户安全上下文中（只具备有限的访问权，详见下文）。当服务安装程序或系统管理员创建服务时，通常会选择 Local System 账户（有时会显示为 SYSTEM，有时则显示为 LocalSystem）的安全上下文，这个账户非常强大。此外还有两个内置账户：Network Service 账户和 Local Service 账户。从安全的角度来看，这些账户的能力低于 Local System 账户的。下文将介绍所有这些服务账户的特殊性。

Local System 账户

Local System 账户也是核心 Windows 用户模式操作系统组件的运行账户，这些组件包括会话管理器（%SystemRoot%\System32\Smss.exe）、Windows 子系统进程（Csrss.exe）、本地安全机构进程（%SystemRoot%\System32\Lsass.exe）以及登录进程（%SystemRoot%\System32\Winlogon.exe）。有关这些进程的详细信息，请参阅卷 1 第 7 章。

从安全的角度来看，Local System 账户非常强大，在针对本地系统所能获得的安全能力方面，甚至远超任何本地或域账户。该账户具备下列特征。

- 隶属于本地 Administrators 组。表 10-9 列出了 Local System 账户所属的组（有关组成员关系如何用于对象访问检查的详细信息，请参阅卷 1 第 7 章）。
- 有权启用所有特权（甚至包括通常不会提供给本地管理员账户的特权，如创建安全令牌）。表 10-10 列出了分配给 Local System 账户的所有特权（这些特权的使用请参阅卷 1 第 7 章）。
- 大部分文件和注册表键为 Local System 账户提供了完整的访问权限。即使没有提供完整的访问权限，使用 Local System 账户运行的进程也可以行使“所有权”特权来获得访问权。
- 使用 Local System 账户运行的进程是通过默认用户配置文件（HKU\.DEFAULT）运行的，因此无法直接访问其他账户的用户配置文件中存储的配置信息（除非明确使用 LoadUserProfile API）。

- 对于 Windows 域成员系统，Local System 账户包含运行了服务进程的计算机的安全标识符（SID），因此，使用 Local System 账户运行的服务可以使用自己的计算机账户在同一个林（多个域可以组成一个森林）的其他计算机上自动完成身份验证。
- 除非计算机账户被明确授予资源（如网络共享、命名管道等）访问权，否则进程可以访问允许空（Null）会话的网络资源，即无须凭据的连接。我们可在注册表 HKLM\SYSTEM\CurrentControlSet\Services\LanmanServer\Parameters 键下的 NullSessionPipes 和 NullSessionShares 值中指定特定计算机允许空会话的共享和管道。

表 10-9　服务账户组成员关系和完整性级别

Local System	Network Service	Local Service	Service Account
Administrators Everyone Authenticated users	Everyone Users Authenticated users Local Network service Console logon	Everyone Users Authenticated users Local Local service Console logon UWP capabilities groups	Everyone Users Authenticated users Local Local service All services Write restricted Console logon
System 完整性级别	System 完整性级别	System 完整性级别	High 完整性级别

表 10-10　服务账户的特权

Local System	Local Service / Network Service	Service Account
SeAssignPrimaryTokenPrivilege SeAuditPrivilege SeBackupPrivilege SeChangeNotifyPrivilege SeCreateGlobalPrivilege SeCreatePagefilePrivilege SeCreatePermanentPrivilege SeCreateSymbolicLinkPrivilege SeCreateTokenPrivilege SeDebugPrivilege SeDelegateSessionUserImpersonatePrivilege SeImpersonatePrivilege SeIncreaseBasePriorityPrivilege SeIncreaseQuotaPrivilege SeIncreaseWorkingSetPrivilege SeLoadDriverPrivilege SeLockMemoryPrivilege SeManageVolumePrivilege SeProfileSingleProcessPrivilege SeRestorePrivilege SeSecurityPrivilege SeShutdownPrivilege SeSystemEnvironmentPrivilege SeSystemProfilePrivilege SeSystemtimePrivilege SeTakeOwnershipPrivilege SeTcbPrivilege SeTimeZonePrivilege SeTrustedCredManAccessPrivilege SeRelabelPrivilege SeUndockPrivilege（仅客户端）	SeAssignPrimaryTokenPrivilege SeAuditPrivilege SeChangeNotifyPrivilege SeCreateGlobalPrivilege SeImpersonatePrivilege SeIncreaseQuotaPrivilege SeIncreaseWorkingSetPrivilege SeShutdownPrivilege SeSystemtimePrivilege SeTimeZonePrivilege SeUndockPrivilege（仅客户端）	SeChangeNotifyPrivilege SeCreateGlobalPrivilege SeImpersonatePrivilege SeIncreaseWorkingSetPrivilege SeShutdownPrivilege SeTimeZonePrivilege SeUndockPrivilege

Network Service 账户

Network Service 账户可供需要使用计算机账户向网络上的其他计算机验证身份的服

务使用，有些类似于 Local System 账户，但不具备 Administrator 组的成员关系，也无法使用分配给 Local System 账户的很多特权。由于 Network Service 账户不属于 Administrators 组，通过该账户运行的服务默认能访问的注册表键、文件系统文件夹以及文件要远少于使用 Local System 账户运行的服务。此外，因为分配的特权更少，也限制了 Network Service 进程被攻陷后的波及范围。例如，使用 Network Service 账户运行的进程无法加载设备驱动程序或打开任意进程。

Network Service 与 Local System 账户的另一个差别在于，Network Service 账户运行的进程会使用 Network Service 账户的配置文件。Network Service 配置文件的注册表组件位于 HKU\S-1-5-20，而组成这些组件的文件和目录位于%SystemRoot%\ServiceProfiles\NetworkService。

通过 Network Service 账户运行的服务有很多，例如 DNS 客户端，负责解析 DNS 名称并定位域控制器。

Local Service 账户

Local Service 账户与 Network Service 账户几乎完全相同，两者最大的差别在于，Local Service 账户只能访问允许匿名访问的网络资源。如表 10-10 所示，Network Service 账户与 Local Service 账户具备相同的特权，如表 10-9 所示，它们甚至属于相同的组，但唯一的例外是 Local Service 账户属于 Local Service 组，而非 Network Service 组。使用 Local Service 账户运行的进程所用配置文件为 HKU\S-1-5-19，配置文件存储于%SystemRoot%\ServiceProfiles\LocalService。

使用 Local Service 账户运行的服务有很多，例如 Remote Registry Service，可允许对本地系统的注册表进行远程访问；此外还有 LmHosts 服务，负责执行 NetBIOS 名称解析。

用备选账户运行服务

由于上述限制，一些服务可能需要使用用户账户的安全凭据来运行。在创建服务时，我们可以配置服务用备选账户运行，或在“Windows 服务”这个 MMC 管理单元中指定服务运行所用的账户和密码。在服务管理单元中，右击一个服务并选择“属性”，打开“登录”选项卡，选择“此账户”选项即可，如图 10-10 所示。

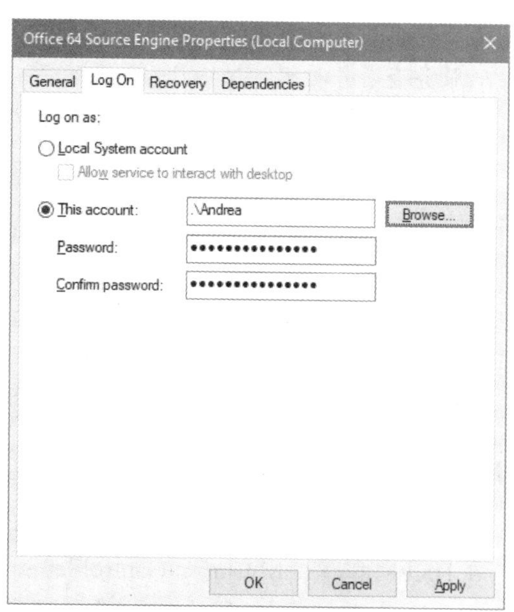

图 10-10 服务账户设置

请注意，当需要启动时，使用备选账户运行的服务将始终使用备选账户的凭据来启动，哪怕所选账户当前并未登录。这意味着就算用户未登录，用户配置文件也会被加载。本章下文“用户服务”一节要介绍的用户服务（user service）就是为了解决这个问题而诞生的。用户服务只有在用户登录后才会加载。

用最小特权运行

服务的进程通常受制于一种"全有或全无"的模型，这意味着运行服务进程的账户所拥有的全部特权，都适用于该进程中运行的服务，即使这些服务实际只需要其中的部分特权。为了更好地符合最小特权原则，也就是 Windows 只为服务分配必需的特权，开发者可以指定自己的服务所需的特权，而 SCM 可以创建只包含这些特权的安全令牌。

服务开发者可以使用 ChangeServiceConfig2 API（指定 SERVICE_CONFIG_REQUIRED_PRIVILEGES _INFO 信息级别）来声明自己需要的特权列表。该 API 会将这些信息存储在注册表中根服务键的 RequiredPrivileges 值中（详见表 10-7）。当服务启动时，SCM 会读取该键并将其中指定的特权添加到运行服务的进程的令牌中。

如果存在 RequiredPrivileges 值，并且服务是一个单独的服务（通过专用进程运行），那么 SCM 会创建一个只包含该服务所需特权的令牌。对于那些通过共享服务进程来运行的服务（Windows 内置的很多服务都是如此），在指定了所需特权后，SCM 会计算这些特权的联合后的特权，并将其添加到服务托管进程的令牌中。换句话说，同一个服务托管进程中，所有服务都未明确指定的特权将会被移除。如果不使用该注册表值，SCM 将别无选择，只能假设服务不兼容最小特权原则，或需要所有特权才能运行。此时将创建包含所有特权的完整令牌，这种模式无法提供额外的安全性。为了尽可能剥离几乎所有特权，服务甚至可以只指定 Change Notify 特权。

注意 服务指定的特权必须是自己运行所用服务账户具备的特权的子集。

实验：查看服务所需的特权

我们可以通过服务控制工具 sc.exe 以及 qprivs 选项来查看服务所需的特权。另外，我们也可以使用 Process Explorer 查看系统中任何服务的安全令牌信息，然后将 sc.exe 返回的信息与令牌中的特权信息进行对比。下列操作介绍了如何对系统中某些已经加固的服务查看并对比特权信息。

1）使用 sc.exe 查看 CryptSvc 服务所需的特权，为此请运行下列命令：

```
sc qprivs cryptsvc
```

应该可以看到三个特权：SeChangeNotifyPrivilege、SeCreateGlobalPrivilege 和 SeImpersonatePrivilege。

2）以管理员身份运行 Process Explorer 并查看进程列表。

应该可以看到有多个 Svchost.exe 进程托管了计算机中的多个服务（如果启用了 Svchost 拆分功能，还将显示更多 Svchost 实例）。Process Explorer 会用粉红色强调显示这些进程。

3）CryptSvc 服务运行在共享的托管进程中。在 Windows 10 中，我们可以通过任务管理器轻松定位正确的进程实例。我们并不需要知道服务 DLL 的名称，它们都包含在 HKLM\SYSTEM\CurrentControlSet\Services\CryptSvc\Parameters 注册表键中。

4）打开任务管理器的"服务"选项卡，应该可以轻松找到 CryptSvc 托管进程的 PID。

5）返回 Process Explorer 并双击任务管理器中找到的那个 PID 对应的 Svchost.exe 进程，打开 **Properties** 对话框。

6）仔细检查 **Service** 选项卡是否包含 CryptSvc 服务。如果启用了服务拆分，这里应该只有一个服务，否则可能会包含多个服务。随后打开 **Security** 选项卡，应该可以看到类似下图所示的安全信息。

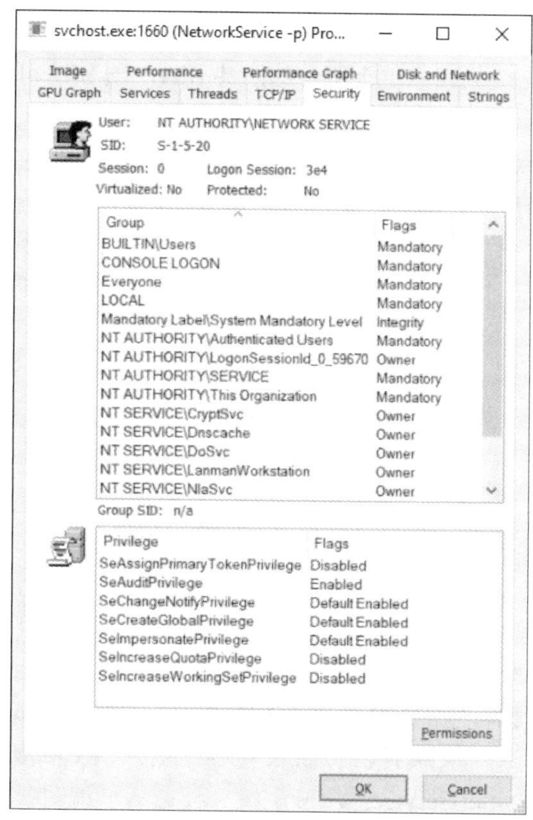

请注意，虽然使用 Local Service 账户运行，但该服务对应的特权列表窗口中列出的特权远比表 10-10 中列出的 Local Service 账户应有的特权少。

对于服务托管进程，令牌的特权部分是对所托管的所有服务需要的特权汇总在一起计算而来的，因此这一定意味着诸如 DnsCache 和 LanmanWorkstation 等服务并未请求 Process Explorer 所示之外的其他特权。为了确认这一点，我们也可以在这些服务上运行 Sc.exe 工具（首先需要禁用 Svchost 服务拆分）。

服务隔离

虽然限制服务所能获得的特权有助于降低通过攻陷的服务进程危及其他进程的可能性，但在正常情况下，这并不能将服务与运行服务所用账户可以访问的资源隔离开。如上文所述，Local System 账户可以完整访问关键的系统文件、注册表键以及系统中其他可保护的对象，因为访问控制列表（ACL）提供了相关权限。

有时候，对于一个服务，访问某些资源是让其正常运行不可或缺的，但其他对象可能没必要允许该服务访问。以前，为避免让服务访问必需的资源而使用 Local System 账户，我们可以使用标准用户账户来运行服务，并且还可为系统对象添加 ACL，但这大大增加了恶意代码攻击系统的风险。另一种做法是创建专用的服务账户并为每个账户设置特定的 ACL（与服务相关联），但这种方式会造成巨大的管理负担。

Windows 现已将上述两种方式结合在一起，提供了一种更易于管理的解决方案：它允许服务用一个非特权账户运行，但依然可以访问指定的特权资源，同时不会降低这些对象的安全性。实际上，对象的 ACL 甚至可以直接为服务设置权限，而无须使用专用账户。此时 Windows 会生成一个能表示单个服务的服务 SID，该 SID 可用于为注册表键和文件等资源设置权限。

服务控制管理器会通过不同方式使用服务 SID。如果服务被配置为使用 NT SERVICE\ 域中的虚拟服务账户来启动，此时会生成一个服务 SID 并将其分配为新服务令牌的主用户。该令牌还会被包含在 NT SERVICE\ALL SERVICES 组中。系统会使用该组以允许任意服务访问可保护的对象。对于共享服务的情况，SCM 会使用令牌创建服务托管进程（一种可包含多个服务的进程），该令牌包含隶属于同一个服务组的所有服务对应的服务 SID，甚至其中可以包括尚未启动的服务（但令牌创建之后将无法添加新的 SID）。受限和非受限服务（详见本节下文）始终会在托管进程的令牌中拥有一个服务 SID。

实验：理解服务 SID

在第 9 章，我们通过“理解虚拟机工作进程和虚拟磁盘文件的安全性”这个实验介绍了系统如何为不同的虚拟机工作进程生成虚拟机 SID。与虚拟机工作进程的情况类似，系统也会使用一种明确定义的算法来生成服务 SID。本实验将使用 Process Explorer 展示服务 SID，并介绍系统如何生成服务 SID。

首先，我们需要选择一个使用虚拟服务账户运行的服务，或使用受限/非受限访问令牌的服务。请打开注册表编辑器（在搜索框中输入 **Regedit**），然后打开 HKLM\SYSTEM\CurrentControlSet\Services 注册表键。接着从“**编辑**”菜单选择“**查找**”。根据本节上文的介绍，服务账户存储在 ObjectName 注册表值中。但是并没有太多服务是使用虚拟服务账户运行的（这些账户的名称以 NT SERVICE\VirtualDomain 开头），因此更好的方式是查看受限令牌（非受限令牌也可以）。请输入 ServiceSidType（其值决定了服务应该用受限还是非受限令牌运行），然后点击“**查找下一个**”按钮。

在这个实验中我们要找一个受限服务账户（其 ServiceSidType 值应该设置为 3），但非受限服务账户也是可以的（值为 1）。如果所需的值不匹配，可以使用 **F3** 按钮查找下一个匹配的服务。在本实验中我们将使用 BFE 服务。

打开 Process Explorer，搜索 BFE 托管进程（可参阅上文的实验了解如何找到正确的进程），随后双击打开。打开“**安全**”选项卡，并点击 **NT SERVICE\BFE Group**（这是服务 SID 的易读标记），如果选择其他服务 SID，则请根据实际情况点击对应的服务 SID。请留意组列表尾部显示的扩展组 SID（如果服务使用虚拟服务账户运行，服务 SID 则会被 Process Explorer 显示在“**安全**”选项卡的第二行）：

```
S-1-5-80-1383147646-27650227-2710666058-1662982300-1023958487
```

NT Authority（ID 5）负责服务 SID 的生成，为此会用到服务的基准 RID（80）以及服务名称的大写形态下 UTF-16 Unicode 字符串的 SHA-1 哈希值。SHA-1 算法可以产生一个 160 位（20 字节）的值。在 Windows 的安全世界中，这意味着 SID 可以有 5 个（4 字节）子权威值。BFE 服务名称的 Unicode（UTF-16）SHA-1 哈希值为：

```
7e 28 71 52 b3 e8 a5 01 4a 7b 91 a1 9c 18 1f 63 d7 5d 08 3d
```

如果将上述哈希值拆分为 5 组，每组包含 8 个十六进制数字，那么将会发现：

- 0x5271287E（第一个 DWORD 值），相当于十进制的 1383147646（别忘了，Windows 是小端序操作系统）。
- 0x01A5E8B3（第二个 DWORD 值），相当于十进制的 27650227。
- 0xA1917B4A（第三个 DWORD 值），相当于十进制的 2710666058。
- 0x631F189C（第四个 DWORD 值），相当于十进制的 1662982300。
- 0x3D085DD7（第五个 DWORD 值），相当于十进制的 1023958487。

如果将上述数字与服务 SID 权威值以及第一个 RID（S-1-5-80）相加，即可得到与 Process Explorer 中显示的相同 SID。上述操作展示了系统生成服务 SID 的方式。

每个服务都有一个 SID 的作用不仅仅在于获得为系统中不同对象添加 ACL 项和权限的能力，这样还可以对服务的访问进行更细化的控制。我们最初的讨论涵盖了这样一种情况：系统中某些能被特定账户访问的对象，必须通过保护防止其被通过该账户运行的服务所访问。如上文所述，如果用服务 SID 的方式解决这个问题，只能将拒绝该服务 SID 的 ACL 项配置给需要保护的每个对象，很明显，从管理的角度来说，这并不现实。

为避免使用拒绝访问的访问控制项（Access Control Entry，ACE）来阻止服务访问运行自己的用户账户所能访问的资源，系统提供了两种类型的服务 SID：受限服务 SID（SERVICE_SID_TYPE_RESTRICTED）以及非受限服务 SID（SERVICE_SID_TYPE_UNRESTRICTED），后者是默认服务 SID，截至目前讨论的情况就是如此。实际上这些名称有些误导性，服务 SID 始终是通过相同方式生成的（参见上一个实验），不同的处理方式其实要归功于托管进程生成的令牌。

非受限服务 SID 会被创建为默认启用的组所有者 SID，而进程令牌还为服务登录 SID 提供了一个全新的、能提供完整访问权限的 ACE，这样服务就可以继续与 SCM 通信（这方面的一个主要用途是在服务启动或关闭期间，启用或禁用进程内部的服务 SID）。通过 SYSTEM 账户运行的服务，如果使用非受限令牌启动，其效果甚至比标准的 SYSTEM 服务更强大。

另外，受限服务 SID 可将服务托管进程的令牌变成一种写入受限的令牌。受限令牌（详见卷 1 第 7 章）在访问可保护对象时，通常需要系统进行两次访问检查：一次使用标准令牌的启用组 SID 列表，另一次使用受限 SID 的列表。对于标准的受限令牌，只有在两次访问检查都允许所请求的访问权限时，才会允许访问。另一方面，写入受限令牌（通常可为 CreateRestrictedToken API 指定 WRITE_RESTRICTED 标记来创建）只对写入请求执行两次访问检查：只读访问请求只使用令牌的启用组 SID 进行一次检查，这一点与普通令牌相同。

无论用什么账户运行，使用写入受限令牌运行的服务托管进程只能写入明确为服务 SID（以及下列三个为保持兼容性而添加的补充 SID）授予写入访问权的对象。因此这种进程中运行的所有服务（属于同一个服务组）必须具备受限类型的 SID，否则使用受限类型 SID 的服务将无法启动。一旦令牌变成写入受限的，为维持兼容性，还会添加下列三个 SID。

- 添加 World SID 是为了允许对通常可被任何人以任何方式访问的对象进行写入操作，其中最重要的是加载路径中的某些 DLL。
- 添加 Service logon SID 是为了允许服务与 SCM 通信。
- 添加 Write-restricted SID 是为了让对象能明确允许任何写入受限服务对自己进行写入访问。例如 ETW 会对自己的对象使用该 SID，以允许任何写入受限服务生成事件。

图 10-11 展示了一个服务托管进程的例子，该进程中包含被标记为具有受限服务 SID 的服务。例如，Base Filtering Engine（BFE）服务负责应用 Windows 防火墙过滤规则，该服务就包含在这个托管进程中，因为这些规则都存储在注册表中，因此必须保护相应注册表键，防止被攻陷的服务通过写入访问恶意篡改防火墙的规则（例如，攻击者可以利用被攻陷的服务禁用防火墙的出站流量规则，或启用与攻击者的双向通信）。

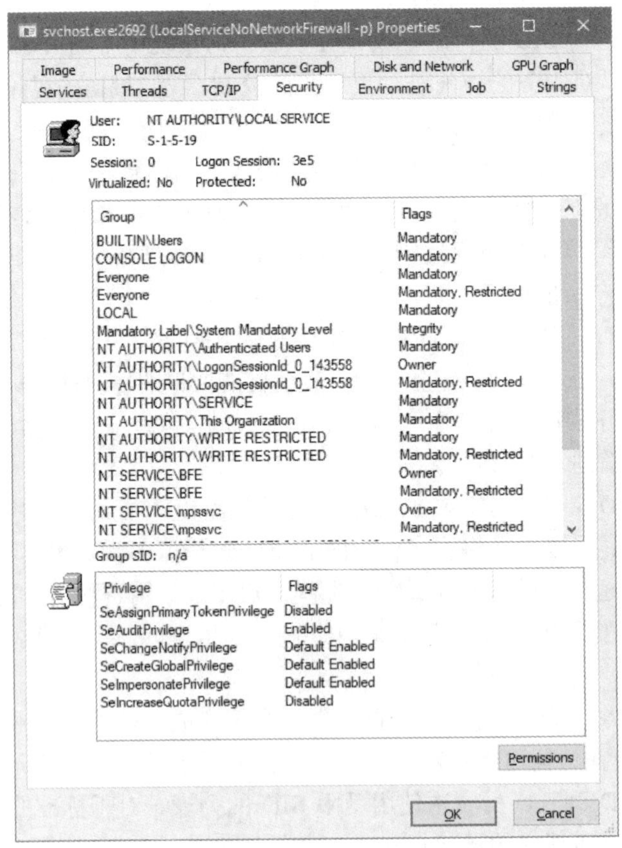

图 10-11　具备受限 SID 的服务

通过阻止服务对原本自己（继承运行自己的账户所具备的权限而）可写入的对象进行写入访问，受限服务 SID 还解决了我们最初提出的那个问题的另一方面：因为用户无须做任何事就可以防止使用特权账户运行的服务对关键的系统文件、注册表键或其他对象执行写入访问，所以减小了被攻陷的服务可能的波及范围。

表 10-11 中列出了三种行为，Windows 还允许防火墙规则引用与其中任何一种行为相关的服务 SID。

表 10-11 网络限制规则

场景	范例	限制
网络访问阻止	Shell 硬件检测服务（ShellHWDetection）	阻止所有网络通信（入站和出站）
网络访问静态端口限制	在 TCP 和 UDP 135 端口运行的 RPC 服务（Rpcss）	仅限特定的 TCP 或 UDP 端口的网络通信
网络访问动态端口限制	在可变（UDP）端口监听的 DNS 服务（Dns）	仅限可配置的 TCP 或 UDP 端口的网络通信

虚拟服务账户

如上文所述，服务 SID 也可以设置为以虚拟服务账户上下文运行的服务令牌的所有者。使用虚拟服务账户运行的服务将获得比 LocalService 或 NetworkService 类型的服务更少的特权（特权列表可参阅表 10-10），并且无法获得通过网络进行身份验证所需的凭据。服务 SID 是令牌的所有者，令牌包含在 Everyone、Users、Authenticated Users 以及 All Services 组中。这意味着可以读取（或写入，除非服务使用了受限 SID 类型）属于标准用户，但不属于 Administrators 或 System 组高特权用户的对象。与其他类型不同，使用虚拟服务账户运行的服务有私有的配置文件，该配置文件由 ProfSvc 服务（Profsvc.dll）在服务登录期间加载，具体方式与常规服务类似（详见“服务登录”一节）。在服务首次登录期间，系统会使用%SystemRoot%\ServiceProfiles 路径下一个与服务名称同名的文件夹创建配置文件。服务的配置文件载入后，其注册表配置单元会挂载到 HKEY_USERS 根键，一个以虚拟服务账户的易读 SID（以 S-1-5-80 开头，详见“理解服务 SID”实验）为名的键下。

用户可以轻松地为服务分配虚拟服务账户，为此只需要将登录账户设置为 NT SERVICE\<ServiceName>，其中<ServiceName>是服务的名称。登录时，服务控制管理器会识别出登录账户是一个虚拟服务账户（这要归功于 NT SERVICE 登录提供程序），并验证账户的名称与服务名称相符。服务不能使用隶属于其他服务的虚拟服务账户来启动，这是 SCM 的强制要求（通过内部的 ScIsValidAccountName 函数实现）。共享同一个托管进程的多个服务不能使用虚拟服务账户运行。

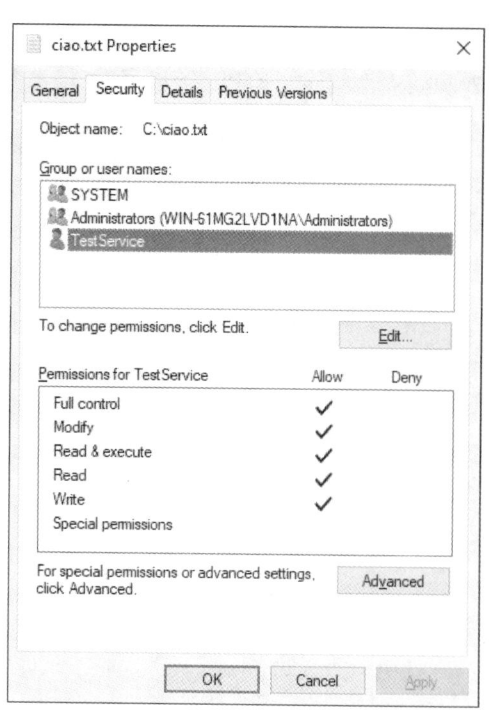

图 10-12 一个文件（可保护对象）的 ACE 允许了 TestService 的完整访问

在操作可保护的安全对象时，用户可以使用服务登录账户（以 NT SERVICE\<ServiceName 的形式）向对象的 ACL 添加一个 ACE，进而允许或拒绝访问虚拟服务。如图 10-12 所示，系统能够将虚拟服务账户的名称转换为正确的 SID，借此即可对服务能访问的对象进行更细化

的访问控制（这也适用于使用非系统账户运行的常规服务，详见上文）。

交互式服务和会话 0 隔离

对于通过恰当的服务账户（Local System、Local Service 以及 Network Service 账户）运行的服务来说，Windows 中一直存在一项限制：这些服务无法在交互式用户桌面显示对话框或窗口。造成这种限制的直接原因并非使用了这些特殊账户来运行服务，而是 Windows 子系统将服务进程分配给窗口站（window station）的方式所造成的。这种限制还被用户会话中一种名为会话 0 隔离（session 0 isolation）的机制进一步加强，导致服务无法直接与用户桌面交互。

Windows 子系统会将每个 Windows 进程关联到一个窗口站。窗口站中包含桌面，而桌面又可以包含很多窗口。同一时间只有一个窗口站可见并能接收用户的鼠标和键盘输入。在终端服务环境中，每个会话有一个窗口站可见，但所有服务都在隐藏的会话 0 中运行。Windows 会将可见窗口站称为 WinSta0，所有交互式进程都可以访问 WinSta0。

除非另有指示，否则 Windows 子系统会将使用恰当服务账户或 Local System 账户运行的服务与一个名为 Service-0x03e7$的不可见窗口站关联在一起，所有非交互式服务都共享这个窗口站。名称中的“3e7”这个数字代表登录会话标识符，本地安全机构进程（LSASS）会将该标识符分配给登录会话，供 SCM 提供给 Local System 账户运行的非交互式服务使用。通过 Local Service 账户运行的服务也会借助类似的方式关联到登录会话 3e5 生成的窗口站，而通过 Network Service 账户运行的服务会关联到登录会话 3e4 生成的窗口站。

配置为通过用户账户运行的服务（即未使用 Local System 账户）会在另一个不可见窗口站中运行，该窗口站使用为服务的登录会话分配的 LSASS 登录标识符作为名称。图 10-13 展示了 Sysinternals WinObj 工具显示的一个范例，其中展示了 Windows 保存窗口站对象的对象管理器目录。可以看到一个交互式窗口站（WinSta0）以及三个非交互式服务窗口站。

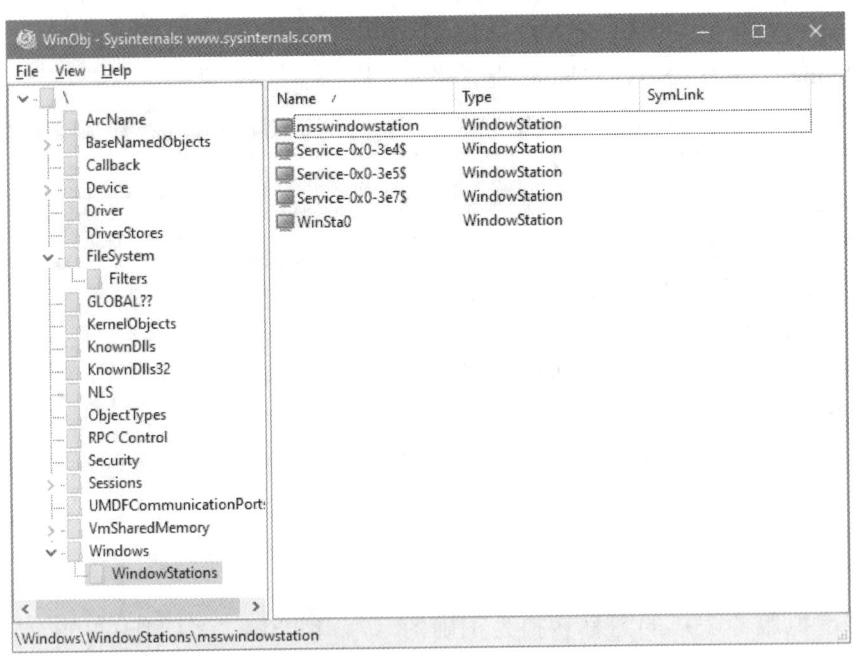

图 10-13　窗口站列表

无论是否通过用户账户、Local System 账户、Local Network 账户或 Network Service 账户运行，未在可见窗口站中运行的服务都无法接收用户的输入或显示可见窗口。实际上，如果服务需要使用模式（modal）对话框[①]，此时该服务看起来似乎会处于挂起状态，因为任何用户都看不到这样的对话框，当然也就无法通过用户的键盘或鼠标提供输入来解除对话框，以便让服务能够继续运行。

服务若要与用户通过对话框或窗口进行交互，必须提供有效的理由。如果一个服务在注册表键的 Type 参数中配置了 SERVICE_INTERACTIVE_PROCESS 标记，那么在启动时会通过托管进程连接到交互式 WinSta0 窗口站（请注意，通过用户账户运行的服务无法标记为可交互的）。如果用户进程与服务在同一个会话中运行，那么这个到 WinSta0 的连接就可以让服务显示对话框和窗口，并允许这些窗口响应用户输入，因为它们与交互式服务共享了同一个窗口站。然而，只有系统拥有的进程和 Windows 服务可以运行在会话 0 中，所有其他登录会话，包括控制台用户，都运行在不同会话中。因此，在会话 0 中显示的任何窗口都无法被用户看到。

这个额外的边界有助于防止 Shatter 攻击，即低权限应用程序向同一窗口站中的可见窗口发送窗口消息，借此利用拥有该窗口的高权限进程中存在的 Bug 在高权限进程中执行代码。在过去，Windows 还提供了交互式服务检测（interactive services detection）服务（UI0Detect），当服务在会话 0 的 WinSta0 窗口站主桌面上显示了窗口后，该服务会向用户发出通知。这样用户即可切换到会话 0 的窗口站，进而让交互式服务可以正常运行。不过出于安全方面的考虑，该功能首先被禁用，并从 Windows 10 的 2018 年 4 月更新（RS4）后被彻底移除。

因此，即便服务控制管理器依然支持交互式服务（只需将 HKLM\SYSTEM\CurrentControlSet\Control\Windows\ NoInteractiveServices 注册表值设置为 0），会话 0 依然是不可访问的。任何服务都已经无法再显示任何窗口了（除非使用一些未记载的“破解”方法）。

10.2.3 服务控制管理器

SCM 的可执行文件为%SystemRoot%\System32\Services.exe，与大部分服务进程类似，它也以 Windows 控制台程序的形式运行。Wininit 进程会在系统启动的早期启动 SCM（有关启动过程的详情可参阅第 12 章）。SCM 的启动函数 SvcCtrlMain 会负责协调并启动被配置为需要自动启动的服务。

SvcCtrlMain 首先会执行自己的初始化过程，为此需要设置自己的进程安全缓解措施和未处理异常过滤器，并在内存中创建众所周知 SID 的表达。随后它会创建两个同步事件：一个名为 SvcctrlStartEvent_A3752DX，另一个名为 SC_AutoStartComplete。这两个事件都会被初始化为非信号事件。第一个事件由 SCM 在完成从 SCP 接收命令所需的全部操作后发出信号，第二个事件会在 SCM 初始化全部完成后收到信号。该事件可防止系统或其他用户启动服务控制管理器的另一个实例。SCP 会使用 OpenSCManager 函数与 SCM 建立对话，OpenSCManager 函数会等待 SvcctrlStartEvent_A3752DX 收到信号，借此防止 SCP 在 SCM 初始化完毕之前与 SCM 联系。

---

① 当一个应用程序显示了模式对话框后，用户必须完成与该对话框的交互并将其关闭，应用程序才能继续运行。也就是说，这种对话框要求用户必须对某些情况做出响应才能继续；与之相对的是无模式（modaless）对话框，在应用程序显示这种对话框的过程中，就算不将其关闭，用户也依然可以与应用程序本身进行交互。——译者注

随后，SvcCtrlMain 开始工作，创建适当的安全描述符并调用 ScGenerateServiceDB，这个函数用于构建 SCM 的内部服务数据库。ScGenerateServiceDB 会读取并存储 HKLM\SYSTEM\CurrentControlSet\Control\ServiceGroupOrder\List 的内容，其中有一个 REG_MULTI_SZ 值列出了已定义服务组的名称和顺序。如果一个服务或设备驱动程序需要控制自己相对于其他组中服务的启动顺序，那么可以通过服务的注册表键包含一个可选的 Group 值。例如，Windows 网络栈是自下而上构建的，因此网络服务必须指定 Group 值，将自己放置在启动序列中网络设备驱动程序的后方。SCM 内部创建了一个组列表，该列表保存了从注册表中读到的组顺序。这些组包括（但不限于）NDIS、TDI、主磁盘、键盘端口、键盘类、过滤器等。加载项和第三方应用程序甚至可以定义自己的组，并将其加入列表。例如 Microsoft Transaction Server 就会添加一个名为 MS Transactions 的组。

接着会由 ScGenerateServiceDB 扫描 HKLM\SYSTEM\CurrentControlSet\Services 的内容，在服务数据库中为自己遇到的每个键创建一个项（名为“服务记录”）。这种数据库项包含了为服务定义的所有相关参数，以及一个用于跟踪服务状态的字段。SCM 还会为设备驱动程序添加这样的项，因为 SCM 会启动标记为“自动启动”的服务和驱动程序，并会检测标记为“引导启动”和“系统启动”驱动程序的启动失败状态。SCM 还可以让应用程序查询驱动程序的状态。由于 I/O 管理器会先于任何用户模式进程加载被标记为“引导启动”和“系统启动”的驱动程序，因此任何具备这种启动类型的驱动程序都会先于 SCM 启动。

ScGenerateServiceDB 会读取服务的 Group 值以确定服务在组中的成员关系，并将该值与之前创建的组列表中的组项进行关联。该函数还会通过数据库读取并记录服务的组和服务依赖项关系，为此需要查询服务的 DependOnGroup 和 DependOnService 注册表值。图 10-14 展示了 SCM 组织服务项和组顺序列表的方式。请注意，服务列表是按照字母表顺序排序的，这是因为 SCM 从 Services 注册表键创建了该列表，而 Windows 是按照字母表顺序枚举这些注册表键的。

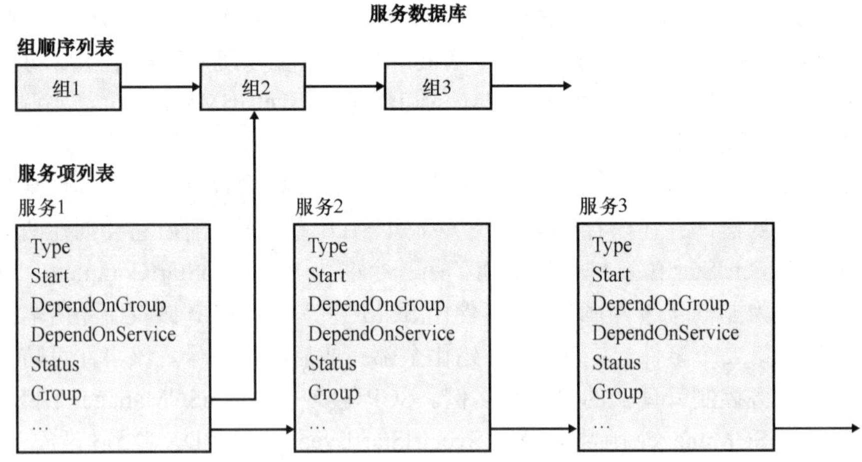

图 10-14　服务数据库内部的组织方式

在服务启动过程中，SCM 会调用 LSASS（例如用非本地系统账户登录服务），因此 SCM 会等待 LSASS 在初始化完成后向同步事件 LSA_RPC_SERVER_ACTIVE 发出信号。Wininit 也会启动 LSASS 进程，因此 LSASS 与 SCM 的初始化工作是同时进行的，而 LSASS

与 SCM 完成初始化的顺序可能各异。SCM 会清理（注册表，而非数据库中）所有被标记为删除（具备 DeleteFlag 这个注册表值）的服务，并为数据库中的每条服务记录生成依赖项列表。这样 SCM 就可以知道哪个服务依赖特定的服务记录，这与存储在注册表中的依赖项信息是完全相反的。

随后 SCM 会查询系统是否以安全模式启动（通过 HKLM\System\CurrentControlSet\Control\Safeboot\Option\OptionValue 注册表值获知）。该检查是必需的，稍后需要通过该检查的结果确定服务是否应当启动（详见下文“自启动服务的启动”一节）。随后 SCM 会创建自己的远程过程调用（Remote Procedure Call，RPC）命名管道，名为\Pipe\ Ntsvcs，接着 RPC 会启动一个线程来监听管道上由 SCP 传入的消息。SCM 会为自己的初始化完成事件 SvcctrlStartEvent_A3752DX 发送信号，并注册一个控制台应用程序关闭事件处理程序，同时会通过 RegisterServiceProcess 与 Windows 子系统进程注册，借此让 SCM 为系统关闭做好准备。

在启动需要自动启动的服务前，SCM 还会执行一些工作。它会初始化 UMDF 驱动程序管理器，该管理器负责管理 UMDF 驱动程序。自从 Windows 10 秋季创意者更新（RS3）以来，这个管理器已成为服务控制管理器的一部分，会等待已知 DLL 初始化完成（为此需要等待\KnownDlls\SmKnownDllsInitialized 事件收到会话管理器的信号）。

实验：启用服务日志记录

服务控制管理器通常只会在检测到异常错误（如某服务启动失败或需要更改服务配置）时，才会记录 ETW 事件日志。只需手动启用或禁用不同类型的 SCM 事件，即可修改这种行为。在这个实验中，我们将启用两类事件，借此可以更好地对服务的状态变化进行调试。当一个服务的状态有变化，或向服务发送了 STOP 控制请求后，会产生事件 7036 和事件 7042。

服务器版 Windows 默认启用了这两类事件，但客户端版的 Windows 10 默认并未启用。在 Windows 10 计算机上，我们可以打开注册表编辑器（在搜索框中输入 **regedit.exe**）并打开 HKLM\SYSTEM\CurrentControlSet\Control\ ScEvents 注册表键。如果 ScEvents 子键不存在，可以右键单击 **Control** 子键并从“**新建**”菜单中选择“**项**”。

随后创建两个 DWORD 值，名称分别为 7036 和 7042，并将这两个值的数据设置为 1（设置为 0 可实现相反的效果，即禁止生成这些事件，服务器版系统也会受此影响）。至此我们应该可以看到类似下图所示的注册表状态。

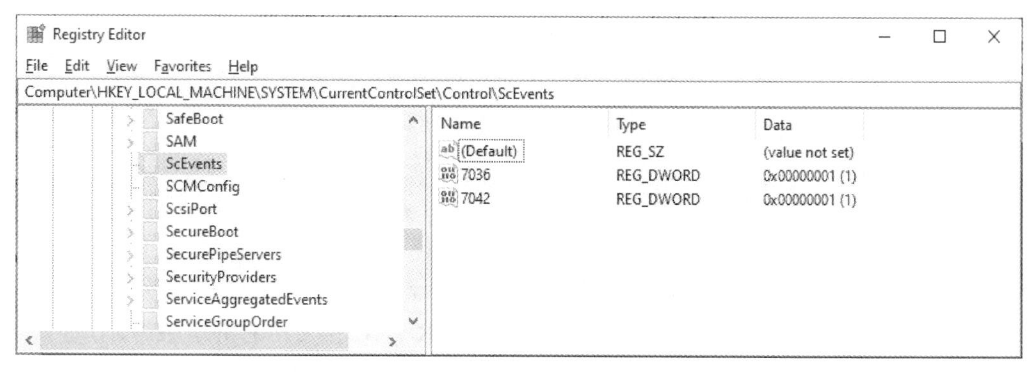

重启动计算机，随后使用 sc.exe 工具启动并停止一个服务（如 AppXSvc 服务），为此请在管理员身份运行的命令提示符窗口中运行下列命令：

```
sc stop AppXSvc
sc start AppXSvc
```

打开事件查看器（在搜索框中输入 **eventvwr**）并打开 Windows 日志，然后打开“系统”。随后应该可以看到来自服务控制管理器、ID 为 7036 和 7042 的很多事件。在最上方应该可以看到 AppXSvc 服务停止事件，如下图所示。

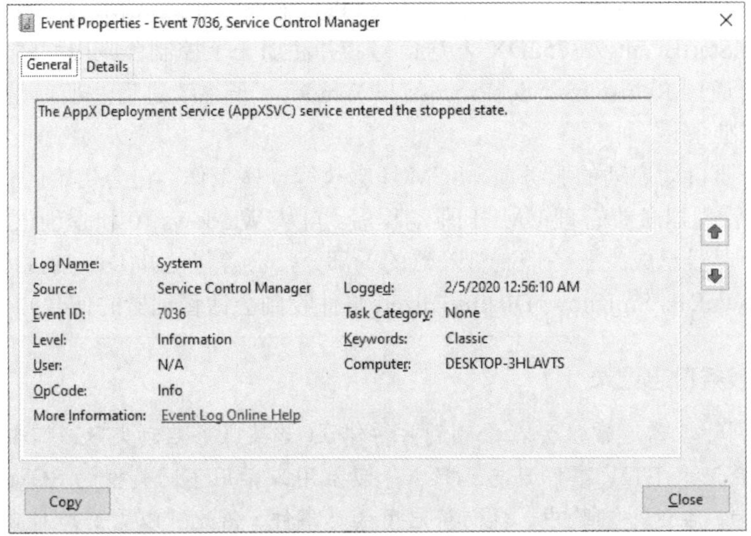

需要注意的是，服务控制管理器默认会记录系统启动时那些自动启动服务生成的所有事件，这可能会在系统事件日志中充斥大量不必要的事件。为缓解这种问题，我们可以禁用 SCM 的自动启动事件，为此可在 HKLM\ System\CurrentControlSet\Control 键下创建一个名为 EnableAutostartEvents 的注册表值，并将其数据设置为 0（服务器和客户端版本系统的默认隐含值均为 1）。随后系统将只记录服务应用程序在启动、暂停或停止服务时产生的事件。

网络驱动器盘符

除了作为服务的接口，SCM 还有一个完全不相关的“副业”：当系统创建或删除了网络驱动器盘符连接后，它会向系统中的 GUI 应用程序发出通知。SCM 会等待多提供程序路由器（Multiple Provider Router，MPR）向命名事件\BaseNamedObjects\ScNetDrvMsg 发出信号，每当应用程序为远程网络共享分配了驱动器盘符，或删除这样的分配后，MPR 就会发出信号。当 MPR 发出这样的信号后，SCM 会调用 GetDriveType 这个 Windows 函数来查询已连接网络驱动器盘符列表。如果列表内容在事件信号前后产生了变化，SCM 会发出一条 WM_DEVICECHANGE 类型的 Windows 广播消息。SCM 会使用 DBT_DEVICEREMOVECOMPLETE 或 DBT_DEVICEARRIVAL 作为消息的子类型。该消息主要是为 Windows 资源管理器准备的，资源管理器可以借此更新所有打开的“计算机”窗口，显示添加或删除的网络驱动器盘符。

10.2.4 服务控制程序

正如“服务应用程序”一节所述，服务控制程序（Service Control Program，SCP）是一种标准的 Windows 应用程序，它调用了 SCM 服务管理函数，包括 CreateService、OpenService、StartService、ControlService、QueryServiceStatus 以及 DeleteService。要使用 SCM 函数，SCP 必须首先打开到 SCM 的通信通道，为此需要调用 OpenSCManager 函数以指定自己要执行的操作类型。举例来说，如果一个 SCP 只是想要枚举并显示 SCM 数据库中存在的服务，即可在调用 OpenSCManager 时请求“枚举服务访问”。在初始化过程中，SCM 会创建一个代表 SCM 数据库的内部对象，并使用 Windows 安全功能借助安全描述符保护该对象，安全描述符中指定了哪些账户能以怎样的权限打开该对象。例如，安全描述符可以指定：仅 Authenticated Users 组可以用“枚举服务访问”权限打开 SCM 对象。不过仅管理员可以用创建或删除服务的权限打开该对象。

与在 SCM 数据库中的做法类似，SCM 也为服务本身实现了安全性。当 SCP 使用 CreateService 函数创建服务时，会指定一个安全描述符，借此在内部将 SCM 与服务数据库中的服务项关联在一起。SCM 会在服务的注册表键中使用 Security 值存储安全描述符，并会在初始化过程中扫描注册表的 Services 键时读取该值，这样即使系统重启动，也可以应用相同的安全设置。就像 SCP 必须在调用 OpenSCManager 时指定自己对 SCM 数据库进行何种类型的访问一样，SCP 在调用 OpenService 时也必须告诉 SCM 自己想要如何访问服务。SCP 可以请求的访问包括查询服务状态，以及配置、停止、启动服务。

大家最熟悉的 SCP 可能就是 Windows 自带的“服务”MMC 管理单元，该管理单元位于%SystemRoot%\System32\Filemgmt.dll 中。Windows 还提供了 Sc.exe（服务控制工具），这个命令行版本的服务控制程序已经在上文中多次提到了。

SCP 有时会在 SCM 实现的基础上使用分层的服务策略。例如在服务以手动方式启动时，“服务”MMC 管理单元所实现的超时机制。该管理单元会显示一个表示服务启动状态的进度条。当服务响应 SCM 命令（如启动命令）时，会设置能反映自己进度的配置状态，借此实现与 SCP 的间接交互。SCP 可使用 QueryServiceStatus 函数查询该状态，借此即可确定一个服务是在积极更新自己的状态，还是已经挂起了，而 SCM 可以酌情采取措施通知用户一个服务当前正在做什么。

10.2.5 自启动服务的启动

SvcCtrlMain 可以调用 SCM 的 ScAutoStartServices 函数启动所有 Start 值被设定为“自启动”的服务（延迟启动服务和用户服务除外）。ScAutoStartServices 还会启动所有设置为自启动的驱动程序。为避免混淆，除非另有说明，否则可将“服务”这个词理解为服务和驱动程序。ScAutoStartServices 首先会启动两个重要且基础的服务：Plug and Play（实现于 Umpnpmgr.dll 库中）和 Power（实现于 Umpo.dll 库中），系统管理即插即用硬件和电源接口必须用到这两个服务。随后 SCM 会注册自己的 Autostart WNF 状态，该状态用于向 Power 和其他服务告知当前的自启动阶段。

在可以开始启动其他服务之前，ScAutoStartService 例程会调用

ScGetBootAndSystemDriverState 来扫描服务数据库，查找“引导启动”和“系统启动”的设备驱动程序项。ScGetBootAndSystemDriverState 会判断启动类型被设置为 Boot Start 或 System Start 的驱动程序是否已成功启动，为此会在设备管理器命名空间目录\Driver 下寻找驱动程序的名称。当一个设备驱动程序成功加载时，I/O 管理器会将该驱动程序对象插入该命名空间的这个目录下，因此，如果名称不存在，则意味着驱动程序未加载。图 10-15 展示了 WinObj 中显示的 Driver 目录内容。ScGetBootAndSystemDriverState 会在一个名为 ScStoppedDrivers 的列表中记录尚未启动，但属于当前配置文件的驱动程序的名称。稍后在 SCM 初始化完成后，将使用该列表向系统事件日志记录事件（ID 7036），其中包含了启动失败的“启动驱动程序”列表。

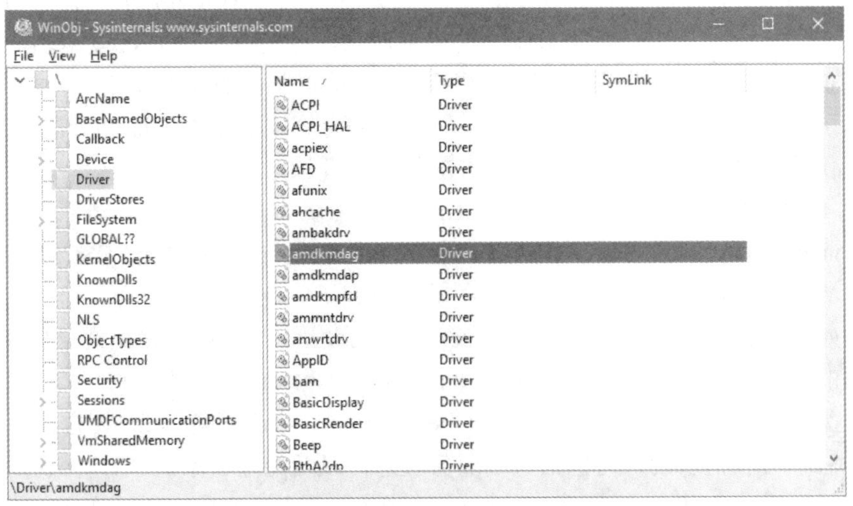

图 10-15　驱动程序对象列表

ScAutoStartServices 中按照正确顺序启动服务的算法是分阶段进行的，每个阶段对应一个组，而不同阶段将按照 HKLM\SYSTEM\CurrentControlSet\Control\ServiceGroupOrder\List 注册表值中存储的组排序所定义的顺序来处理。List 值的内容如图 10-16 所示，其中包含了组的名称，SCM 将按照这里的排序来依次启动。因此将服务分配到一个组中，只能微调该服务的启动，无法影响其他组中的服务。

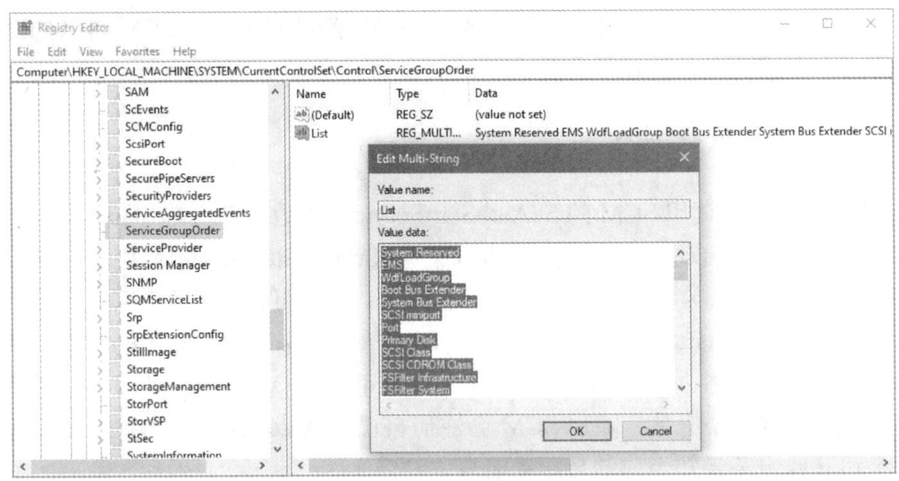

图 10-16　ServiceGroupOrder 注册表键

当一个阶段开始时，ScAutoStartServices 会标记属于该阶段对应的组包含的所有服务项，并将其启动。随后 ScAutoStartServices 会遍历标记的服务，以确定自己是否可以启动每个服务。这个检查还会判断服务是否被标记为延迟自启动或属于用户模板服务，这两种情况的服务会被 SCM 在稍后的一个阶段启动（延迟自启动服务还必须未加入任何组，用户服务详见下文“用户服务”一节）。在这个检查过程中，还需要确定服务是否依赖其他组，这是由服务在注册表键中的 DependOnGroup 值确定的。如果存在依赖性，则该服务依赖的另一个组必须已经完成了初始化，并且被依赖的组中至少需要有一个服务已经成功启动。如果在组的启动顺序中，服务依赖的组是晚于自己所在的组启动的，SCM 会为该服务记录一个“循环依赖”的错误信息。如果 ScAutoStartServices 所处理的是 Windows 服务或自动启动的设备驱动程序，那么随后还要检查该服务是否依赖一个或多个其他服务。如果依赖，那么还要判断被依赖的服务是否已启动。服务的依赖性可通过服务注册表键中的 DependOnService 值来表示。如果一个服务依赖的其他服务所属的组在 ServiceGroupOrder\List 中处于靠后的位置，SCM 也会生成“循环依赖”错误并且无法启动该服务。如果一个服务依赖同组中尚未启动的其他服务，那么该服务的启动将会被跳过。

当服务的依赖性被完全满足后，在正式启动该服务前，ScAutoStartServices 还会进行一次最终检查，以确认该服务是否是当前启动配置的一部分。如果系统以安全模式启动，SCM 会确保该服务无论按照名称或组来看，都处于适合的安全启动注册表键中。安全启动注册表键有两个：Minimal 和 Network，均位于 HKLM\SYSTEM\CurrentControlSet\Control\SafeBoot 下，SCM 具体用哪个键来检查，这取决于用户具体选择了哪种安全模式。如果通过现代或遗留启动菜单选择“安全模式”或“带命令提示符的安全模式”，SCM 会使用 Minimal 键；如果选择“网络安全模式”，SCM 会使用 Network 键。SafeBoot 键下还存在一个名为 Option 的字符串值，该值不仅表明系统以安全模式启动，还能表明用户选择的安全模式类型。有关安全启动的详细信息，请参阅第 12 章的“安全模式”一节。

服务启动

SCM 决定启动服务后将调用 StartInternal，后者会对服务和设备驱动程序采取不同的操作。如果 StartInternal 启动的是 Windows 服务，它首先会确定运行该服务进程的文件的名称，为此需要从服务的注册表键中读取 ImagePath 值。如果服务文件与 LSASS.exe 相对应，SCM 将初始化一个控制管道，连接到已经运行的 LSASS 进程，并等待 LSASS 进程的响应。当管道就绪后，LSASS 进程会调用经典的 StartServiceCtrlDispatcher 例程以连接到 SCM。如图 10-17 所示，一些服务（如凭据管理器或加密文件系统）需要与本地安全机构子系统服务（LSASS）进行协调，这通常是为了给本地系统策略（如密码、特权、安全审核，

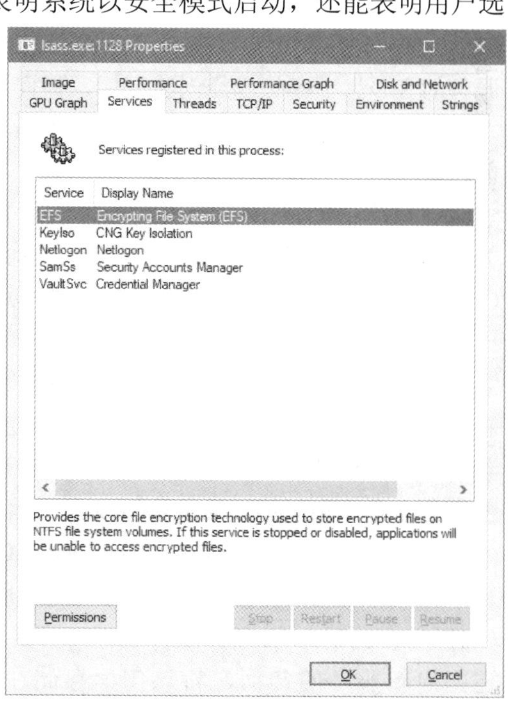

图 10-17 有本地安全机构子系统服务（LSASS）进程托管的服务

详见卷 1 第 7 章）执行密码学操作。

随后 SCM 会判断该服务是否为关键服务（通过分析 FailureAction 注册表值）或运行在 WoW64 下（对于 32 位服务，SCM 将应用文件系统重定向，详见第 8 章的“WoW64（Windows-on-Windows）”一节）。此外 SCM 还会检查服务的 Type 值。如果下列条件适用，SCM 还会在内部的映像记录数据库（Image Record Database）中进行搜索。

- 服务 Type 值包含 SERVICE_WINDOWS_SHARE_PROCESS (0x20)。
- 服务上次出错后还未重新启动过。
- 该服务不允许进行 Svchost 服务拆分（详见下文“Svchost 服务拆分”一节）。

映像记录是一种数据结构，表示一个已经启动，且至少托管了一个服务的进程。如果上述条件适用，SCM 会搜索是否存在一个进程可执行文件名称与新服务的 ImagePath 值相同的映像记录。

如果 SCM 使用与 ImagePath 值相同的名称找到了现有的映像数据库记录，则意味着这是一个可共享的服务，并且已经有一个正在运行的托管进程。SCM 会保证所找到的托管进程，其运行账户与打算启动的服务所指定的运行账户相同（这是为了确保服务不会使用错误的账户启动，例如 LocalService 账户，而是会使用 ImagePath 指向的运行中的 Svchost，例如通过 LocalSystem 运行的 netsvcs 服务）。服务的 ObjectName 注册表值存储了运行该服务所需的用户账户信息。不具备 ObjectName 或 ObjectName 为 LocalSystem 的服务会使用 Local System 账户运行。一个进程只能用一个账户登录。因此如果一个服务所指定的运行账户不同于同一个进程中其他服务所用的账户，SCM 将会报错。

如果映像记录存在，在新服务可以运行之前，还需要执行另一个最终检查：SCM 要打开当前执行中的主机进程的令牌，并检查令牌中是否包含必要的服务 SID（以及所有必需的特权是否均已启用）。即便此时，如果无法验证条件，SCM 依然会报错。请注意，正如下一节（“服务登录”）将要介绍的，对于共享的服务，创建令牌时会添加所托管的每个服务的 SID。当令牌已经创建好后，任何用户模式组件均无法向其中添加组 SID。

如果映像数据库中不包含新服务 ImagePath 值对应的项，SCM 会创建一个。当 SCM 创建新项时，会存储服务所用的登录账户名以及来自服务 ImagePath 值的数据。SCM 要求服务必须具备 ImagePath 值，如果没有 ImagePath 值，SCM 会报错称找不到服务的路径并且无法启动该服务。当 SCM 创建了映像记录后，会登录服务账户并启动新的托管进程（该过程详见下一节“服务登录”的描述）。

当服务成功登录并且托管进程正确启动后，SCM 会等待来自服务的初始“连接”消息。服务会通过 SCM RPC 管道（\Pipe\Ntsvcs，详见“服务控制管理器（SCM）”一节）和 LogonAndStartImage 例程建立的通道上下文数据结构连接至 SCM。当 SCM 收到第一条消息后，会开始向服务进程发送 SERVICE_CONTROL_START 控制消息，借此启动服务。请注意，在所描述的通信协议中，始终是由服务连接到 SCM。

服务应用程序可以借助 StartServiceCtrlDispatcher API（详见上文“服务应用程序”一节）中的消息循环顺利处理这条消息。服务应用程序会在自己的令牌中启用服务组 SID（如果需要的话），并新建服务线程（用于执行服务的 Main 函数）。随后它会回调 SCM 创建指向新服务的句柄，将该句柄存储在一个内部数据结构（INTERNAL_DISPATCH_TABLE）中。该数据结构类似于作为输入提供给 StartServiceCtrlDispatcher API 的服务表，可用于跟踪托管进程中的活动服务。如果服务未能在超时时限内对启动命令做出积极响应，SCM 将会放弃，并在系统事件日志中记录一条错误，表明该服务未能及时启动。

如果 SCM 通过调用 StartInternal 启动的服务其 Type 注册表值为 SERVICE_KERNEL_DRIVER 或 SERVICE_FILE_SYSTEM_DRIVER，则意味着这是一个设备驱动程序，此时 StartInternal 会为 SCM 进程启用加载驱动程序的安全特权，随后调用内核服务 NtLoadDriver，并解析驱动程序的注册表键 ImagePath 值的数据。与服务不同，驱动程序无须指定 ImagePath 值，并且如果该值不存在，SCM 会将驱动程序的名称附加到字符串 %SystemRoot%\System32\Drivers\末尾，从而构建一个映像路径。

注意 启动值为 SERVICE_AUTO_START 或 SERVICE_DEMAND_START 的驱动程序是由 SCM 以运行时驱动程序的形式启动的，这意味着所加载的映像会使用共享页面，并且有一个描述自己的控制区。这与启动值为 SERVICE_BOOT_START 或 SERVICE_SYSTEM_START 的驱动程序完全不同，这些驱动程序由 Windows 加载器加载，并由 I/O 管理器启动。这些驱动程序都使用私有页面，不可共享，也没有相关的控制区。更多信息请参阅卷 1 第 5 章。

ScAutoStartServices 会继续循环遍历同一个组的所有服务，直到所有服务均已启动，或者产生了依赖项错误。SCM 就是通过这种循环，实现了对一个组中的所有服务按照相应的 DependOnService 依赖性进行自动排序。SCM 会在循环的早期阶段启动其他服务都依赖的服务，而跳过需要依赖其他服务的服务直到下一次循环再开始处理。请注意，SCM 会忽略 Windows 服务的 Tag 值，该值通常位于 HKLM\SYSTEM\CurrentControlSet\Services 键的子键中；但是对于“引导启动”以及“系统启动”驱动程序，I/O 管理器则会通过 Tag 值对一个组中所有设备驱动程序的启动顺序进行排序。当 SCM 针对 ServiceGroupOrder\List 值列出的所有服务组完成了所有阶段的操作后，还会通过一个阶段对该值中未列出组的服务执行操作，随后针对不包含在组中的服务执行最终阶段的操作。

处理完自启动的服务后，SCM 会调用 ScInitDelayStart，这个函数会将一个延迟工作项加入队列，该工作项所关联的工作线程负责处理所有因为被标记为延迟自启动（通过 DelayedAutostart 注册表值）而被 ScAutoStartServices 跳过的服务。这个工作线程会在延迟结束后开始执行，默认延迟为 120 秒，不过可在 HKLM\SYSTEM\ CurrentControlSet\Control 下创建 AutoStartDelay 值来修改默认延迟。对于延迟自启动服务，SCM 会执行与非延迟自启动服务相同的操作。

当完成所有自动启动服务和驱动程序的启动，并且设置了延迟自动启动工作项后，SCM 会向\BaseNamedObjects\SC_AutoStartComplete 事件发送信号。Windows 安装程序会使用该事件测量安装过程中的启动进度。

服务登录

在启动过程中，如果 SCM 未找到任何现有的映像记录，这意味着需要创建托管进程。实际上这意味着新服务是不可共享的、是要被第一个执行的、被重启动了，或这是一个用户服务。在启动进程前，SCM 需要为服务托管进程创建一个访问令牌。LogonAndStartImage 函数的主要用途就是创建令牌并启动服务的托管进程。该过程取决于要启动的服务的类型。

用户服务（更确切地说是用户服务实例）是通过检索当前登录用户的令牌（通过 UserMgr.dll 库中实现的函数）来启动的。在这种情况下，LogonAndStartImage 函数会复制用户令牌并添加“WIN://ScmUserServic”安全特性（该特性的值通常被设置为 0)。该安全特性主要被服务控制管理器在接收来自服务的连接请求时进行验证。虽然 SCM 可以通过服务 SID（或系统账户 SID，如果服务以 Local System 账户运行的话）识别托管经典服务的进程，但会使用这个 SCM 安全特性来识别托管用户服务的进程。

对于所有其他类型的服务，SCM 会从注册表（ObjectName 值）读取用于启动服务的账户，并调用 ScCreateServiceSids 函数为新进程托管的每个服务创建一个服务 SID（SCM 会在自己的内部服务数据库中为每个服务进行循环执行该操作)。请注意，如果服务使用 LocalSystem 账户运行（不包含受限或非受限 SID)，将不执行该步骤。

SCM 调用 LSASS 的 LogonUserExEx 函数登录未使用 System 账户运行的服务。LogonUserExEx 通常需要密码，但一般来说，SCM 会告知 LSASS：密码是以服务的 LSASS“机密”形式存储在 HKLM\SECURITY\Policy\Secrets 下的注册表键中的（请注意，SECURITY 的内容通常不可见，因为其默认安全设置只允许 System 账户访问)。当 SCM 调用 LogonUserExEx 时，需要指定一个“服务登录”作为登录类型，这样 LSASS 即可在“_SC_<Service Name>”形式的名称对应的 Secrets 子键下查找所需的密码。

注意 使用虚拟服务账户运行的服务无须密码即可让 LSA 服务创建服务令牌。对于这种服务，SCM 也不会向 LogonUserExEx API 提供任何密码。

在配置服务的登录信息时，SCM 会指示 LSASS 使用 LsaStorePrivateData 函数将登录密码存储为机密。如果登录成功，LogonUserEx 会向调用方返回一个指向访问令牌的句柄。SCM 会将必要的服务 SID 添加到返回的令牌中，并且如果新服务使用了受限 SID，还会调用 ScMakeServiceTokenWriteRestricted 函数将令牌转换为“写入-限制”令牌（添加相应的受限 SID)。Windows 会使用访问令牌来表示用户的安全上下文，随后 SCM 会将访问令牌关联给实现该服务的进程。

接下来，SCM 会创建用户环境块和安全描述符，并将其关联给新的服务进程。如果要启动的是一个打包的服务，SCM 会从注册表读取与程序包有关的所有信息（包全名、来源、应用程序用户模型 ID）并调用 Appinfo 服务，由该服务使用必要的 AppModel 安全特性为令牌添加戳记，并让服务进程为现代程序包的激活做好准备（有关 AppModel 的详情请参阅第 8 章的“打包的应用程序”一节)。

成功登录后，SCM 会加载账户的配置文件信息，如果配置文件尚未加载，则会调用用户配置文件基础 API DLL（%SystemRoot%\System32\Profapi.dll）的 LoadProfileBasic 函数。HKLM\SOFTWARE\Microsoft\Windows NT\CurrentVersion\ProfileList\<user profile key>\ProfileImagePath 值包含了 LoadUserProfile 载入注册表的注册表配置单元在磁盘上的位置，这样配置单元中的信息即可供服务的 HKEY_CURRENT_USER 键使用。

下一步，LogonAndStartImage 将继续启动服务的进程。SCM 会通过 Windows 的 CreateProcessAsUser 函数以暂停状态启动进程（但使用 Local System 账户的进程托管服务除外，这类服务是通过标准 CreateProcess API 创建的，SCM 已经使用 SYSTEM 令牌运行，因此不需要其他任何登录)。

进程恢复前，SCM 将会创建通信数据结构，借此让服务应用程序和 SCM 能通过异步 RPC 进行通信。该数据结构包含一个控制序列、一个指向控制和响应缓冲区的指针、服务和托管进程数据（如 PID、服务 SID 等)、一个同步事件，以及一个指向异步 RPC 状态的指针。

SCM 会通过 ResumeThread 函数恢复服务进程，并等待服务连接到自己的 SCM 管道。注册表值 HKLM\SYSTEM\ CurrentControlSet\Control\ServicesPipeTimeout 如果存在，将借此确定服务调用 StartServiceCtrlDispatcher 函数并建立连接之前的等待时长，超过这个时间后，SCM 将放弃，终止进程，并认定服务启动失败（注意，此时是 SCM 终止进程，这与上文“服务启动”一节讨论的服务不响应启动请求的情况不同）。如果 ServicesPipeTimeout 函数不存在，SCM 将使用默认的 30 秒超时值。SCM 会为自己的所有服务通信使用相同的超时值。

10.2.6 延迟的自启动服务

延迟的自启动服务使得 Windows 可以更好地应对用户登录时需要启动的越来越多的服务，这类服务的增多会减慢系统启动速度，使得用户需要等待更长时间才能获得可快速响应的桌面。自启动服务这个概念的诞生最初是为了用于需要在系统启动过程的早期就启动的服务，因为其他服务的启动可能需要依赖此类服务，例如 RPC 服务，所有其他服务都依赖这个服务。该机制的另一个用途是启动无人值守的服务，例如 Windows Update 服务。因为很多自启动服务都属于第二类，因此将它们延迟启动即可让关键服务启动速度更快，让用户可以在系统启动完毕后立即获得可响应的桌面。此外，这些服务都运行在后台模式，因此可以使用更低优先级的线程、I/O 和内存。将服务配置为延迟自启动需要调用 ChangeServiceConfig2 API。我们可以使用 sc.exe 的 **qc** 选项检查服务的标记状态。

注意 如果非延迟的自启动服务依赖另一个延迟的自启动服务，那么延迟自启动标记将会被忽略，为满足依赖性，被依赖的服务会被立即启动。

10.2.7 触发启动的服务

有些服务需要在某些系统事件发生后按需启动。因此 Windows 7 引入了触发启动的服务（triggered-start service）的概念。服务控制程序可以使用 ChangeServiceConfig2 API（通过指定 SERVICE_CONFIG_TRIGGER_INFO 信息级别）配置按需启动的服务在一个或多个系统事件发生后启动（或停止）。这些系统事件的部分范例包括：

- 特定设备接口被连接到系统。
- 计算机加入或离开了域。
- 系统防火墙中打开或关闭了某个 TCP/IP 端口。
- 某条计算机或用户策略被更改。
- 网络 TCP/IP 栈的 IP 地址变为可用或不可用。
- 一个 RPC 请求或命名管道数据包抵达特定的接口。
- 系统中生成了某个 ETW 事件。

触发启动的服务的第一个实现依赖于统一后台进程管理器（unified background process manager，详见下一节）。Windows 8.1 引入了一种代理（broker）基础架构，其主要目标是针对现代应用管理多种系统事件。因此上文列出的所有这些事件都开始由三个主要的代理负责管理，这三个代理都是代理基础架构的一部分（Event Aggregation 除外），它们分别是 Desktop Activity Broker（桌面活动代理）、System Event Broker（系统事件代理）以及 Event Aggregation（事件聚合）。有关代理基础架构的详细信息请参阅第 8 章的“打包的应用程序”一节。

当 ScAutoStartServices 的第一阶段（通常用于启动 HKLM\SYSTEM\CurrentControlSet\Control\EarlyStartServices 注册表值中列出的关键服务）操作完成后，SCM 会调用 ScRegisterServicesForTriggerAction，该函数负责为每个触发启动的服务注册触发器。该例程会循环遍历 SCM 数据库中的每个 Win32 服务。对于每个服务，该函数会生成一个临时 WNF 状态名（使用 NtCreateWnfStateName 原生 API），通过适当的安全描述符提供保护，并将其与作为状态数据存储的服务状态一起发布（WNF 架构详见第 8 章的“Windows 通知设施”一节）。该 WNF 状态名可用于发布与服务状态有关的变更。随后这个例程会从 TriggerInfo 注册表键查询所有服务触发器，检查其有效性，并在没有可用触发器时直接跳出。

注意　上文提到的可支持的触发器列表以及相应的参数详见：https://docs.microsoft.com/windows/win32/api/winsvc/ns-winsvc-service_trigger。

如果检查成功，SCM 会为每个触发器构建一个内部数据结构，其中包含了与触发器有关的所有信息（如目标服务名称、SID、代理名称、触发器参数），此外还会根据触发器类型确定正确的代理，外部设备事件由 System Events 代理管理，所有其他类型的事件由 Desktop Activity 代理管理。随后，SCM 就可以调用相应的代理注册例程。注册过程是私有的，并且取决于具体的代理：针对每个触发器和条件会生成多个私有的 WNF 状态名（取决于特定代理）。

Event Aggregation 代理可以看作两个代理发布的私有 WNF 状态名和服务控制管理器之间的“黏合剂”。它会使用 RtlSubscribeWnfStateChangeNotification API 订阅触发器对应的所有 WNF 状态名和条件。在足够数量的 WNF 状态名收到信号后，Event Aggregation 即可回调 SCM，由 SCM 启动或停止触发启动的服务。

与每个触发器使用 WNF 状态名的做法不同，SCM 始终会独立地为每个 Win32 服务发布一个 WNF 状态名，无论该服务是否注册了触发器。这是因为当特定服务状态产生变化后，SCP 可以调用 NotifyServiceStatusChange API 收到通知，该 API 订阅了服务的 WNF 状态名的状态。每当 SCM 引发改变服务状态的事件后，都会将新的状态数据发布至“服务状态变更”WNF 状态，从而唤醒 SCP 中运行了状态变更回调函数的线程。

10.2.8　启动错误

如果驱动程序或服务在响应 SCM 的启动命令时报错，那么将由服务注册表键的 ErrorControl 值决定 SCM 的回应方式。如果 ErrorControl 值为 SERVICE_ERROR_IGNORE (0)或 ErrorControl 值未指定，SCM 将直接忽略错误信息并继续处理服务的启动。如果 ErrorControl 值为 SERVICE_ERROR_NORMAL (1)，SCM 会向系统事件日志写入一条事件称为“<服务名>服务因为下列错误未能启动”。在记录的事件日志中，SCM 会列出服务返回给 SCM 的 Windows 错误代码的文本化转换结果，借此告知启动失败的原因。图 10-18 展示了一条报告服务启动失败的事件日志项。

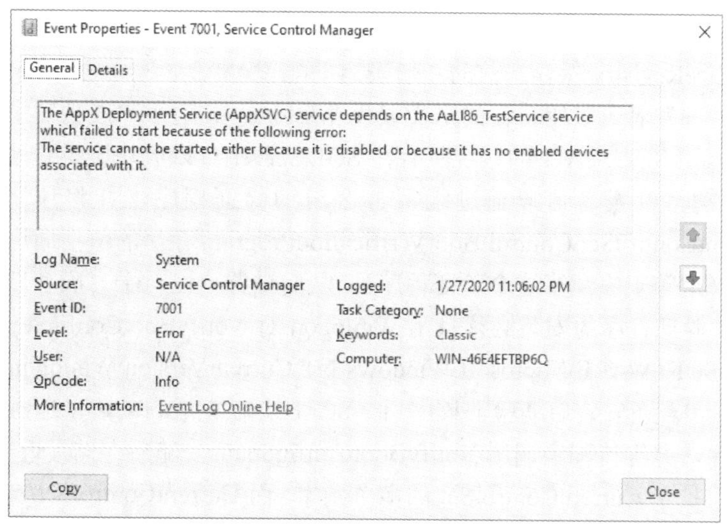

图 10-18 服务启动失败后的事件日志项

如果启动时报错服务的 ErrorControl 值为 SERVICE_ERROR_SEVERE (2)或 SERVICE_ERROR_CRITICAL (3)，那么 SCM 会在事件日志中添加一条记录，随后调用内部函数 ScRevertToLastKnownGood。该函数会检查最近一次的正确配置（last known good）功能是否启用，如果启用，则会将系统的注册表配置切换为“最近一次的正确配置”版本，其中包含系统最近一次正确启动时所用的配置。随后 SCM 会使用 NtShutdownSystem 系统服务（实现于执行体中）重启系统。如果系统已经使用最近一次的正确配置启动，或最近一次的正确配置功能未启用，那么 SCM 除了记录一条日志事件，将不执行其他任何操作。

10.2.9 接受启动和最近一次的正确配置

除了启动服务，系统还依赖 SCM 决定在什么时候将系统的注册表配置 HKLM\SYSTEM\CurrentControlSet 保存为“最近一次的正确配置”。CurrentControlSet 键中包含了作为子键的 Services 键，因此 CurrentControlSet 也包含了 SCM 数据库在注册表中的内容。此外，它还包含 Control 键，其中存储了很多内核模式和用户模式的子系统配置设置。默认情况下，系统的成功启动也意味着自启动服务均已成功启动，并且用户成功登录。如果由于系统启动过程中设备驱动程序崩溃导致系统挂起，或 ErrorControl 值为 SERVICE_ERROR_SEVERE 或 SERVICE_ERROR_CRITICAL 的自动启动服务报错，则意味着系统启动失败。

客户端版本的 Windows 通常会禁用最近一次正确配置功能。若要启动该功能，请将 HKLM\SYSTEM\CurrentControlSet\Control\Session Manager\Configuration Manager\LastKnownGood\Enabled 注册表值设置为 1。在服务器版本的 Windows 中，该设置的默认值就是 1。

SCM 知道自己何时成功启动了自启动服务，但必须由 Winlogon（%SystemRoot%\System32\Winlogon.exe）告知登录是否成功。用户登录时，Winlogon 会调用 NotifyBootConfigStatus 函数，并借此向 SCM 发送消息。当成功启动了自启动服务，或收到来自 NotifyBootConfigStatus

的消息后（以较晚满足的情况为准），如果最近一次正确配置功能已启用，SCM 会调用系统函数 NtInitializeRegistry 保存当前的注册表启动配置。

第三方软件开发者可以用自己的定义取代 Winlogon 中对于"成功登录"的定义。例如，运行 Microsoft SQL Server 的系统只有在 SQL Server 可以成功接受并处理事务后才可以视为成功启动。开发者可以通过编写一个启动验证程序，并将注册表键 HKLM\SYSTEM\CurrentControlSet\Control\BootVerificationProgram 存储的值指向这个验证程序在磁盘上的位置（这等于安装了这个验证程序），从而设置自己对于"成功启动"的定义。此外，这种启动验证程序的安装必须禁用 Winlogon 对 NotifyBootConfigStatus 的调用，为此可将 HKLM\SOFTWARE\Microsoft\Windows NT\CurrentVersion\Winlogon\ReportBootOk 注册表键设置为 0。在安装启动验证程序后，SCM 会在完成自动启动服务的启动工作后运行该验证程序，并等待程序调用 NotifyBootConfigStatus，随后存储最近一次正确配置。

Windows 维护了 CurrentControlSet 的多个副本，而 CurrentControlSet 实际上是一个指向其中一个副本的注册表符号链接。这些 ControlSet（控制集）的名称类似于 HKLM\SYSTEM\ControlSetnnn，其中"nnn"是 001、002 这样的编号。HKLM\SYSTEM\Select 键包含的值决定了每个控制集的角色。举例来说，如果 CurrentControlSet 指向 ControlSet001，那么 Select 下的 Current 值就是 1。Select 下的 LastKnownGood 值包含了最近一次正确配置对应的编号，这也是最近一次成功启动系统所用的配置。系统中的 Select 键可能还会包含另一个值：Failed，这样的值指向了系统最近一次未能成功启动时所使用的配置集，随后系统放弃该配置集并使用最近一次正确配置，然后成功启动了。图 10-19 展示了 Windows Server 的系统控制集和 Select 值。

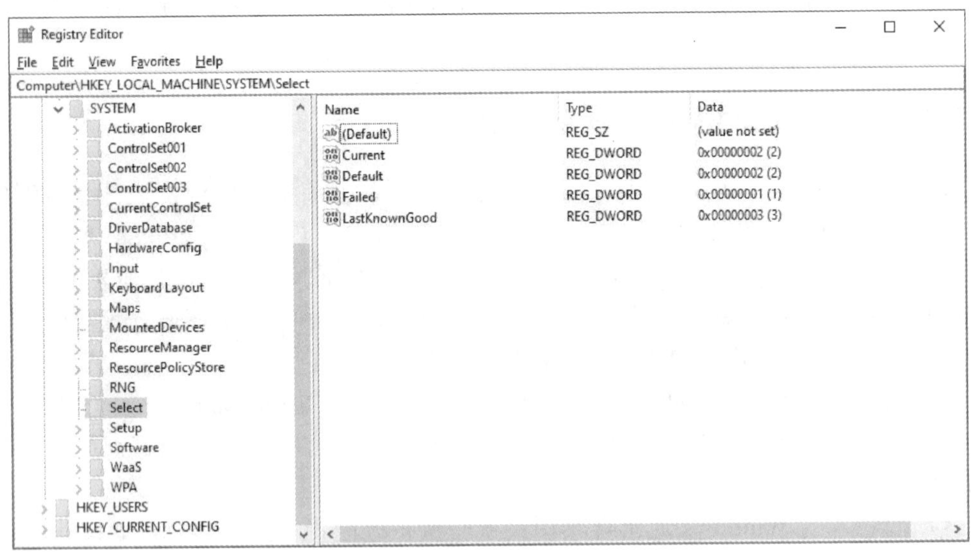

图 10-19　Windows Server 2019 上的控制集选择键

NtInitializeRegistry 函数获取最近一次正确配置集的内容，并将其与 CurrentControlSet 键的树进行同步。如果系统是首次成功启动，此时将不存在最近一次正确配置，系统将为其新建一个控制集。如果最近一次正确配置树存在，则系统将使用该配置与 CurrentControlSet 之间的差异对其进行更新。

最近一次正确配置在某些情况下非常有用，例如对 CurrentControlSet 的改动（如为了优化性能而更改了 HKLM\SYSTEM\Control 下的值，或增添了服务或设备驱动程序）导致后续启动无法成功时。图 10-20 展示了现代启动菜单的“启动设置”。实际上，在启用最近一次正确配置功能，并且系统正在启动过程中的情况下，用户可以通过现代启动菜单（或在 Windows 恢复环境中）的“故障排查”选项选择“启动设置”，随后即可通过选项，用最近一次正确配置控制集来启动系统。（如果系统依然使用了旧版的启动菜单，用户可以按下 F8 并选择“高级启动选项”）。如图所示，在选中“启用最近一次的正确配置”选项后，系统在启动时会将注册表配置回滚为最近一次成功启动时的配置。第 12 章将详细介绍现代启动菜单、Windows 恢复环境，以及可对系统启动问题进行排错的其他恢复机制。

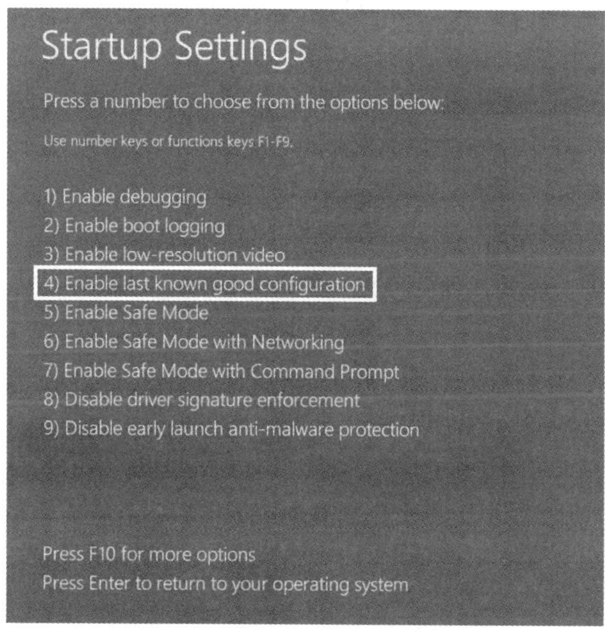

图 10-20 启用最近一次正确配置

10.2.10 服务故障

服务的注册表键中可能包含可选的 FailureActions 值和 FailureCommand 值，SCM 会在服务的启动过程中记录这些值。SCM 会与系统注册，这样，当服务进程退出时，系统就会向 SCM 发出信号。当服务进程意外终止时，SCM 会判断该进程中运行了哪些服务，并采取与故障相关的注册表值所指定的恢复步骤。此外，服务不仅会因为崩溃或意外终止而出现故障，其他问题（如内存泄漏）也可能导致服务出现故障。

如果服务进入 SERVICE_STOPPED 状态并且返回给 SCM 的错误代码并非 ERROR_SUCCESS，SCM 会检查该服务是否设置了 FailureActionsOnNonCrashFailures 标记，并会像服务崩溃后那样执行相同的恢复操作。为了使用该功能，必须通过 ChangeServiceConfig2 API 配置服务，系统管理员也可以使用 Sc.exe 工具配合 Failureflag 参数将 FailureActionsOnNonCrashFailures 设置为 1。如果使用默认值 0，SCM 将继续为所有其他服务沿袭旧版本 Windows 中相同的行为。

服务可以为 SCM 配置的操作包括重启动服务、运行某个程序、重启动计算机。此外，服务还可以分别为第一次、第二次和后续的失败指定不同的恢复操作。如果需要重启动服务，还可以让 SCM 在重启动之前等待一定的时间。我们可以在服务 MMC 控制台中使用服务“属性”对话框的“恢复”选项卡灵活设置恢复选项，如图 10-21 所示。

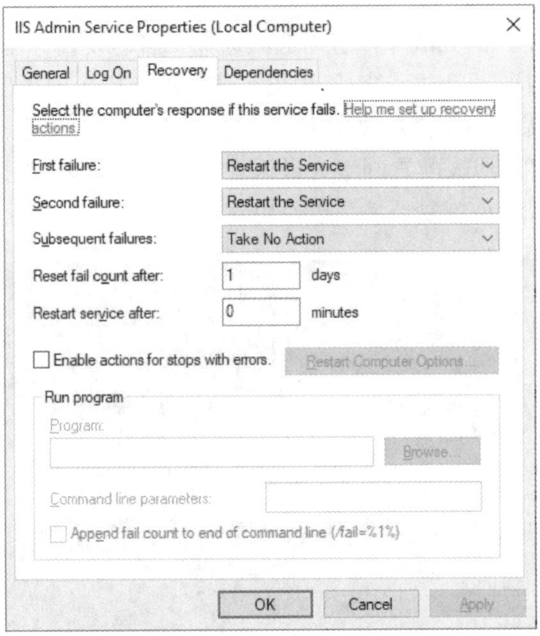

图 10-21　服务恢复选项

请注意，如果下一个恢复操作是重启动计算机，那么在启动服务后，SCM 会使用 ProcessBreakOnTermination 信息类调用 NtSetInformationProcess 原生 API，将服务的托管进程标记为关键进程。如果关键进程意外终止，会导致系统崩溃并进行 CRITICAL_PROCESS_DIED 这个 Bug 检查（详见卷 1 第 2 章）。

10.2.11　服务关闭

当 Winlogon 调用 Windows 的 ExitWindowsEx 函数时，该函数会向 Windows 子系统进程 Csrss 发送一条消息，借此调用 Csrss 的关闭例程。Csrss 会循环遍历活动进程，告知它们系统即将关闭。对于除 SCM 外的其他每个系统进程，Csrss 会等待进程退出，该等待时间的毫秒数由 HKCU\Control Panel\Desktop\WaitToKillTimeout 定义（默认为 5 秒），随后会继续处理下一个进程。在遇到 SCM 进程后，Csrss 也会通知它系统即将关闭，但此时的超时值是专门针对 SCM 而设的。Csrss 会使用 SCM 在自己初始化期间使用 RegisterServicesProcess 函数向 Csrss 注册并保存的进程 ID 来识别 SCM。SCM 的超时值不同于其他进程，原因在于 Csrss 知道 SCM 需要负责与其他需要在关闭前进行清理的服务通信，因此管理员可能只需要调整 SCM 的超时值。SCM 的超时值可以用毫秒数为单位通过 HKLM\SYSTEM\CurrentControlSet\Control\WaitToKillServiceTimeout 注册表值设置，默认为 20 秒。

SCM 的关闭处理程序负责向与 SCM 注册时请求了关闭通知的所有服务发送关闭通知。SCM 的 ScShutdownAllServices 函数首先会查询 HKLM\SYSTEM\CurrentControlSet\Control\ShutdownTimeout 的值（默认为 20 秒，该值不存在时将使用默认设置）。随后会循环遍历 SCM 服务数据库，对于每个服务，会取消注册最终的服务触发器，并判断该服务是否希望收到关闭通知，如果是，则会发送关闭命令（SERVICE_CONTROL_SHUTDOWN）。请注意，所有通知会使用线程池工作线程并行发送给服务。对于发出了关闭命令的每个服务，SCM 会记录该服务的等待提示（wait hint）值，服务在向 SCM 注册时可以指定该值。SCM 会跟踪自己所收到的最大的等待提示（如果计算而来的等待提示最大值依然小于注册表中 ShutdownTimeout 指定的 Shutdown 超时值，那么 Shutdown 超时值会被作为最大等待提示）。发出关闭消息后，SCM 会一直等待，直到自己通知关闭的所有服务均已退出，或最大等待提示所指定的时段已结束。

当 SCM 正忙着通知服务即将关闭并等待服务退出时，Csrss 也在等待 SCM 退出。如果等待提示已过期但还有服务未退出，此时 SCM 将会退出，Csrss 会继续进行关闭过程。如果 Csrss 的等待已结束但 SCM 还未退出（WaitToKillServiceTimeout 时间到期），Csrss 将终止 SCM 并继续关闭过程。因此无法及时关闭的服务最终将会被终止。这个逻辑使得系统在存在某些因设计缺陷而无法正常关闭的服务情况下，依然能够正常关闭，但同时这也意味着需要 5 秒以上时间的服务将无法完成正常的关闭操作。

此外，因为关闭顺序是不确定的，一个服务可能需要依赖另一个服务才能关闭，但被依赖的服务可能被先关闭了（这称为关闭依赖性），此时该服务将无法向 SCM 报告，可能也没机会进行清理。

为了解决这种问题，Windows 实现了预关闭通知（Preshutdown notification）和关闭排序机制，借此可以避免出现上文提到的两种情况。预关闭通知会发送给通过 SetServiceStatus API（使用 SERVICE_ACCEPT_PRESHUTDOWN 接受的控制）请求过该功能的服务，而具体的通知机制与原本的关闭通知相同。预关闭通知会在 Wininit 退出前发出。SCM 通常会等待这种通知被确认。

这类通知背后的理念在于，标记出可能需要更长清理时间的服务（如数据库服务器服务），并给这些服务留出更多时间完成自己的工作。SCM 会发送一个进度查询请求，并等待 10 秒让服务对该通知做出响应。如果服务没能及时响应，那么会在关闭过程中被终止；如果响应，那么只要继续回应 SCM，就可以一直继续运行。

注册了预关闭通知的服务还可以指定自己相较于其他注册了预关闭通知服务的关闭顺序。如果一个服务需要依赖另一个服务才能关闭（如组策略服务需要等待 Windows Update 服务的完成），即可在 HKLM\SYSTEM\ CurrentControlSet\Control\PreshutdownOrder 注册表值中指定自己的关闭依赖性。

10.2.12 共享服务进程

用专用进程运行每个服务，而不是尽可能让多个服务共享同一个进程，会导致系统资源的浪费。然而共享进程意味着如果进程中的任何一个服务出现了会导致进程退出的 Bug，该进程中的所有服务都将终止。

Windows 的自带服务有些运行在自己的进程中，有些与其他服务共享进程。例如，LSASS 进程中就包含了很多与安全性有关的服务，如安全账户管理器（SamSs）服务、网络登录（Netlogon）服务、加密文件系统（EFS）服务，以及下一代加密（CNG）密钥隔离（KeyIso）服务。

另外还有一个名为 Service Host（SvcHost，%SystemRoot%\System32\Svchost.exe）的通用进程包含了很多服务，同时 SvcHost 的多个实例会以不同的进程运行。通过 SvcHost 进程运行的服务包括电话（TapiSrv）、远程过程调用（RpcSs），以及远程访问连接管理器（RasMan）等。Windows 会将运行在 SvcHost 中的服务以 DLL 形式实现，并会在服务的注册表键中包含一个 ImagePath 定义，其具体形式为%SystemRoot%\System32\svchost.exe -k netsvcs。这些服务的注册表键中还必须在 Parameters 子键下包含一个名为 ServiceDll 的值，其数值指向服务的 DLL 文件。

所有共享同一个 SvcHost 进程的服务需要指定相同的参数（例如上文例子中的–k netsvcs），这样它们才能在 SCM 的映像数据库中使用同一个项。当 SCM 在服务启动过程中遇到第一个具备特定 SvcHost ImagePath 参数的服务时，它会新建一个映像数据库项，并使用这些参数启动一个 SvcHost 进程。用-k 开关指定的参数将成为整个服务组的名称。在创建新的共享托管进程时，SCM 将解析整个命令行的内容。正如“服务登录”一节所述，如果数据库中的其他服务共享相同的 ImagePath 值，其服务 SID 会被加入新建的托管进程的组 SID 列表中。

新建的 SvcHost 进程会接收命令行中指定的服务组，并在 HKLM\SOFTWARE\Microsoft\Windows NT\CurrentVersion\Svchost 下查找具备相同名称的值。SvcHost 会读取该值的内容，将其解析为一个服务名称列表，并在 SvcHost 向 SCM 注册时通知 SCM 自己托管了这些服务。

当 SCM 在服务启动过程中遇到另一个共享服务（通过检查服务的 Type 值），并且该服务的 ImagePath 与自己映像数据库中现有的项匹配，此时就不需要再启动另一个进程，而是可以直接将该服务的启动命令发送给自己针对相同 ImagePath 值已经启动的 SvcHost 进程。现有 SvcHost 进程读取服务注册表键中的 ServiceDll 参数，在自己的令牌中启用新服务组 SID，并将 DLL 载入自己的进程即可启动新的服务。

表 10-12 列出了 Windows 中的所有默认服务组，以及为每个服务组注册的部分服务。

表 10-12 主要的服务组

服务组	服务	备注
LocalService	Network Store Interface、Windows Diagnostic Host、Windows Time、COM+ Event System、HTTP Auto-Proxy Service、Software Protection Platform UI Notification、Thread Order Service、LLDT Discovery、SSL、FDP Host、WebClient	使用 Local Service 账户运行，在不同端口上使用网络，或完全不使用网络的服务（因此不进行限制）
LocalServiceAndNo-Impersonation	UPnP and SSDP、Smart Card、TPM、Font Cache、Function Discovery、AppID、qWAVE、Windows Connect Now、Media Center Extender、Adaptive Brightness	使用 Local Service 账户运行，在一组固定端口上使用网络的服务。使用“写入-限制”令牌运行的服务
LocalServiceNetwork-Restricted	DHCP、Event Logger、Windows Audio、NetBIOS、Security Center、Parental Controls、HomeGroup Provider	使用 Local Service 账户运行，在一组固定端口上使用网络的服务
LocalServiceNoNetwork	Diagnostic Policy Engine、Base Filtering Engine、Performance Logging and Alerts、Windows Firewall、WWAN AutoConfig	使用 Local Service 账户运行，但完全不使用网络的服务。使用“写入-限制”令牌运行的服务
LocalSystemNetwork-Restricted	DWM、WDI System Host、Network Connections、Distributed Link Tracking、Windows Audio Endpoint、Wired/WLAN AutoConfig、Pnp-X、	使用 Local System 账户运行，在一组固定端口上使用网络的服务

续表

服务组	服务	备注
	HID Access、User-Mode Driver Framework Service、Superfetch、Portable Device Enumerator、HomeGroup Listener、Tablet Input、Program Compatibility、Offline Files	
NetworkService	Cryptographic Services、DHCP Client、Terminal Services、WorkStation、Network Access Protection、NLA、DNS Client、Telephony、Windows Event Collector、WinRM	使用 Network Service 账户运行，在不同端口上使用网络，或完全不使用网络的服务（或没有强制的网络限制）
NetworkServiceAndNo-Impersonation	KTM for DTC	使用 Network Service 账户运行，在一组固定端口上使用网络的服务。使用"写入-限制"令牌运行的服务
NetworkServiceNetwork-Restricted	IPSec Policy Agent	使用 Network Service 账户运行，在一组固定端口上使用网络的服务

Svchost 服务拆分

如上文所述，通过一个共享的托管进程运行多个服务可以节约系统资源，但一个很大的不足之处在于：一个服务中出现未能妥善处理的错误就可能导致托管进程中的所有其他服务被终止。为了解决此问题，Windows 10 创作者更新（RS2）引入了 Svchost 服务拆分（Svchost service splitting）功能。

当 SCM 启动时，会从注册表读取三个值，这三个值表示服务的全局提交限制（分为低上限、中上限、硬上限）。当系统内存不足时，SCM 会使用这些值来发送"资源不足"消息。随后 SCM 会从 HKLM\SYSTEM\ CurrentControlSet\Control\SvcHostSplitThresholdInKB 注册表值中读取 Svchost 服务拆分阈值。该值决定了当系统物理内存的最小数量（以 KB 为单位）达到多少时才会启用 Svchost 服务拆分（客户端系统的默认值为 3.5 GB，服务器系统的默认值为大约 3.7 GB）。随后，SCM 会使用 GlobalMemoryStatusEx API 获取系统物理内存总数，并将其与之前从注册表中读取的阈值进行比较。如果物理内存总数高于阈值，就会（通过设置一个内部全局变量）启用 Svchost 服务拆分。

启用 Svchost 服务拆分后，会修改 SCM 为共享服务启动 Svchost 托管进程时的行为。如上文"服务启动"一节所述，如果一个服务允许进行拆分，SCM 将不在自己的数据库中搜索现有映像记录。这意味着尽管服务被标记为共享，但依然会用私有的托管进程来启动（并且服务类型会变为 SERVICE_WIN32_OWN_PROCESS）。只有在符合下列情况时，才允许进行服务拆分。

- Svchost 服务拆分被全局启用。
- 服务未被标记为关键服务。如果一个服务的下一次恢复操作被设置为重启动计算机，那么这样的服务就被视作关键服务（详见上文"服务故障"一节的介绍）。
- 服务托管进程的名称为 Svchost.exe。
- 未通过服务控制键中的 SvcHostSplitDisable 注册表值明确禁用服务拆分。

内存管理器提供的内存压缩与合并等技术有助于尽可能节约系统工作集。这也解释了 Svchost 服务拆分功能背后的一个动机。就算在系统中新建了很多进程，内存管理器也可以保证托管进程的所有物理页面依然处于共享状态，尽可能减少对系统资源的用量。内存合并、压缩以及内存共享等机制请参阅卷 1 第 5 章。

实验：操作 Svchost 服务拆分

如果使用具备至少 4GB 内存的 Windows 10 工作站，在打开任务管理器后可能会注意到目前正在执行大量 Svchost.exe 进程实例。如上文所述，这并不会造成内存浪费的问题，但可能有人会想知道该如何禁用 Svchost 拆分。首先请打开任务管理器并统计系统中当前运行的 Svchost 进程实例数量。在 Windows 10 的 2019 年 5 月更新（19H1）版本中，应该有大约 80 个 Svchost 进程实例。我们可以用管理员身份打开 PowerShell 窗口，并运行下列命令轻松统计出确切数字：

```
(get-process -Name "svchost" | measure).Count
```

在示例所用的系统中，上述命令返回的结果是 85 个。

打开注册表编辑器（在搜索框中输入 regedit.exe）并打开 HKLM\SYSTEM\CurrentControlSet\Control 键。请记录 SvcHostSplitThresholdInKB 这个 DWORD 值的当前数据。要全局禁用 Svchost 服务拆分，我们需要将该注册表值的数据修改为 0（双击该注册表值，并输入 0 即可修改）。修改结束后重启动系统并重新统计 Svchost 进程实例的数量。发现此时系统运行的实例数量少了很多：

```
PS C:\> (get-process -Name "svchost" | measure).Count
26
```

要恢复至修改前的状态，请将 SvcHostSplitThresholdInKB 注册表值的数据还原。通过修改这个 DWORD 值，我们还可以进一步优化，决定当系统中的物理内存数量达到多少后才可以启用 Svchost 拆分。

10.2.13　服务标签

使用服务托管进程的另一个不足之处在于：更加难以按照不同服务核算 CPU 时间和用量以及其他资源的用量，因为很多服务都与同一个服务组中的其他服务共享了内存地址空间、句柄表，以及每进程 CPU 数目。虽然在服务托管进程中始终有一个线程是属于某个特定服务的，但这种关联可能并不总是那么容易建立。例如，服务可能会使用工作线程执行操作，或者线程的起始地址和栈无法揭示服务的 DLL 名称，这就很难确定一个线程正在做什么工作，以及这个线程到底属于哪个服务。

Windows 实现了一种名为服务标签（service tag）的服务特性（请勿将其与驱动程序标记混淆），在创建新服务或系统启动过程中生成服务数据库时，SCM 会调用 ScGenerateServiceTag 生成服务标签。该属性实际上是一种识别服务的索引。服务标签存储在每个线程的线程环境块（TEB）中的 SubProcessTag 字段内（有关 TEB 的详细信息请参阅卷 1 第 3 章），会被传播给主服务线程创建的所有线程（由线程池 API 间接创建的线程除外）。

虽然服务标签保存在 SCM 内部，但很多 Windows 工具（如 Netstat.exe，可显示每个程序打开了哪些网络端口）可使用未公开的 API 查询服务标签，并将其映射到服务名称。此外还可以通过其他工具查看服务标签，例如 Winsider Seminars & Solutions Inc.提供的 ScTagQuery（www.winsiderss.com/tools/sctagquery/sctagquery.htm）。该工具可以向 SCM 查询每个服务标签的映射关系，随后显示整个系统或每进程范围的查询结果。该工具还可以告诉我们一个服务托管进程中的所有线程都分属哪个服务（前提是这些线程关联了相应的服务标记）。借此，如果有一个失控的服务耗费了大量 CPU 时间，在通过线程的起始地址或堆栈无法直观了解该线程所关联的 DLL 情况下，我们依然可以揪出“罪魁祸首”。

10.2.14 用户服务

如“用备选账户运行服务”一节所述，我们可以使用本地系统中的用户账户运行服务。这样配置的服务将始终使用指定的用户账户运行，无论该用户当前是否已登录。但在多用户环境中，这可能会造成一些局限，因为服务会使用当前登录用户的访问令牌来执行。此外，这也可能将所用的用户账户置于风险中，因为恶意用户将可能注入服务进程，并使用服务令牌访问自己本不应访问的资源（也将可以通过网络进行身份验证）。

从 Windows 10 创作者更新（RS2）开始，用户服务（user service）功能可以让服务使用当前已登录用户的令牌运行。用户服务可以通过自己的进程运行，或者可以像标准服务那样，与使用同一个已登录用户账户运行的其他服务共享同一个进程。当用户执行交互式登录时，这些服务会被启动；用户注销后，服务也会停止。SCM 内部支持两个额外的类型标记：SERVICE_USER_SERVICE (64)和 SERVICE_USERSERVICE_INSTANCE (128)，这两个标记用于识别用户服务模板和用户服务实例。

在发起交互式登录后，将执行 Winlogon 有限状态机的一个状态（有关 Winlogon 和启动过程的详细信息，请参阅第 12 章）。该状态会新建一个用户登录会话、窗口站、桌面以及环境，并映射 HKEY_CURRENT_USER 注册表配置单元，同时会向登录订阅方（LogonUI 和用户管理器）发出通知。用户管理器服务（Usermgr.dll）可通过 RPC 调用 SCM 以交付 WTS_SESSION_LOGON 会话事件。

SCM 会通过 ScCreateUserServicesForUser 函数处理该消息，这个函数会回调到用户管理器以获取当前登录用户的令牌，随后会从 SCM 数据库查询用户模板服务列表，并为每个模板生成新的用户实例服务名称。

实验：见证用户服务

内核调试器可以轻松显示出进程令牌的安全属性。在本实验中，我们需要一台启用了内核调试器的 Windows 10 计算机，并连接到主机（本地调试也可以）。在该实验中，我们将选择一个用户服务实例并分析其托管进程的令牌。请打开服务工具（在搜索框中输入“服务”），随后可以看到标准服务以及用户服务实例（尽管它错误地将 Local System 显示为一个用户账户），这些实例很容易区分，因为其显示名中带有一个本地唯一 ID（LUID，由用户管理器生成）。在本例中，Connected Device User Service 就会被“服务”工具显示为 Connected Device User Service_55d01。

双击这样的服务，随后可以看到用户服务实例的真实名称（本例中为 CDPUserSvc_55d01）。如果该服务运行在共享进程中，例如本例中选择的这个服务，那么可以使用注册表编辑器打开用户服务模板的服务根键，其中会显示与实例相同的名称，但不包含 LUID（本例的用户服务模板名称为 CDPUserSvc）。正如在“查看服务所需的特权”实验中解释的那样，Service DLL 名称会存储在 Parameters 子键下。在 Process Explorer 中可以使用 DLL 名称找到正确的托管进程 ID（或在最新版的 Windows 10 中可以直接使用任务管理器找到）。

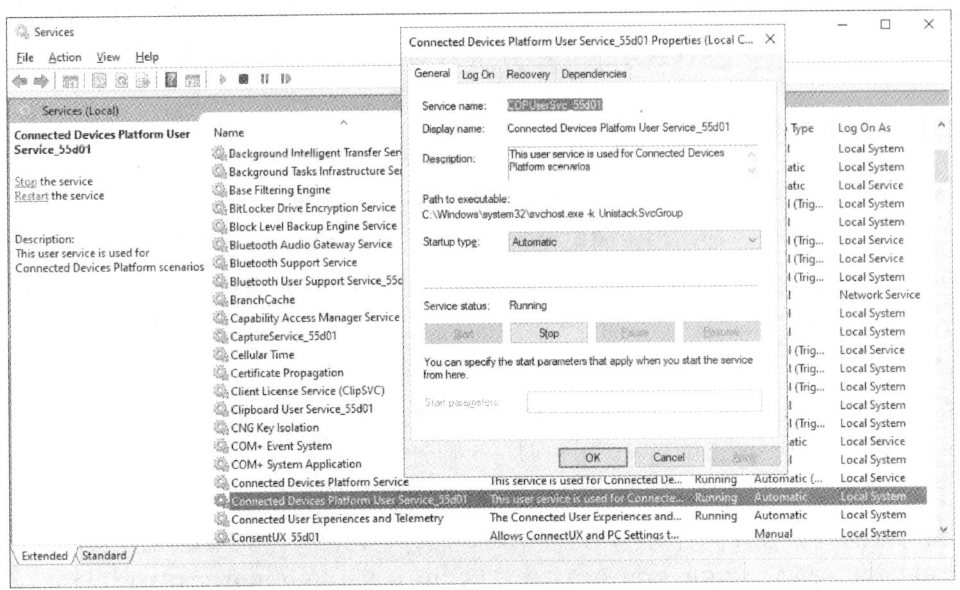

找到托管进程的 PID 后，需要进入内核调试器并运行下列命令（请将<ServicePid>替换为服务托管进程的 PID）：

```
!process <ServicePid> 1
```

调试器会显示很多信息，其中包含相关联的安全令牌对象的地址：

```
Kd: 0> !process 0n5936 1
Searching for Process with Cid == 1730
PROCESS ffffe10646205080
    SessionId: 2 Cid: 1730 Peb: 81ebbd1000 ParentCid: 0344
    DirBase: 8fe39002 ObjectTable: ffffa387c2826340 HandleCount: 313.
    Image: svchost.exe
    VadRoot ffffe1064629c340 Vads 108 Clone 0 Private 962. Modified 214. Locked 0.
    DeviceMap ffffa387be1341a0
    Token                             ffffa387c2bdc060
    ElapsedTime                       00:35:29.441
    ...
    <Output omitted for space reasons>
```

要查看令牌的安全属性，我们需要使用**!token** 命令，后跟上一条命令得到的令牌对象地址（在内部，令牌对象会表示为一种_TOKEN 数据结构）。只要看到 WIN://ScmUserService 安全特性，即可轻松确认该进程托管了用户服务，如下列输出结果所示：

```
0: kd> !token ffffa387c2bdc060
_TOKEN 0xffffa387c2bdc060
TS Session ID: 0x2
User: S-1-5-21-725390342-1520761410-3673083892-1001
User Groups:
 00 S-1-5-21-725390342-1520761410-3673083892-513
    Attributes - Mandatory Default Enabled

... <Output omitted for space reason> ...

OriginatingLogonSession: 3e7
```

```
PackageSid: (null)
CapabilityCount: 0       Capabilities: 0x0000000000000000
LowboxNumberEntry: 0x0000000000000000
Security Attributes:
 00 Claim Name     : WIN://SCMUserService
    Claim flags: 0x40 - UNKNOWN
    Value Type     : CLAIM_SECURITY_ATTRIBUTE_TYPE_UINT64
    Value Count: 1
    Value[0]     : 0
 01 Claim Name     : TSA://ProcUnique
    Claim flags: 0x41 - UNKNOWN
    Value Type     : CLAIM_SECURITY_ATTRIBUTE_TYPE_UINT64
    Value Count: 2
    Value[0]     : 102
    Value[1]     : 352550
```

Process Hacker 是一款与 Process Explorer 类似的工具，下载地址为 https://processhacker.sourceforge.io/，我们可以借助该工具提取相同的信息。

如上文所述，用户服务实例的名称是将服务的原名称与用户管理器为了识别用户的交互式会话（内部称之为上下文 ID）所生成的本地唯一 ID（LUID）结合在一起生成的。交互式登录会话的上下文 ID 存储在易失的 HKLM\SOFTWARE\Microsoft\Windows NT\CurrentVersion\Winlogon\VolatileUserMgrKey\<Session ID>\<User SID>\contextLuid 注册表键中，其中<Session ID>和<User SID>表示登录会话 ID 和用户 SID。如果在注册表编辑器中打开该键，则会发现与生成用户服务实例名称所用相同的上下文 ID 值。

图 10-22 展示了 Clipboard User Service 这个用户服务实例的范例，该服务使用当前登录用户的令牌运行。根据用户管理器的易失注册表键（详见上一个实验）可知，为会话 1 生成的上下文 ID 为 0x3a182。随后，SCM 会调用 ScCreateService，借此在 SCM 数据库中创建服务记录。新服务记录表示这个新的用户服务实例，会与常规服务一样保存到注册表中。服务安全描述符、所有依赖的服务及触发器信息则可从用户服务模板复制到新的用户服务实例。

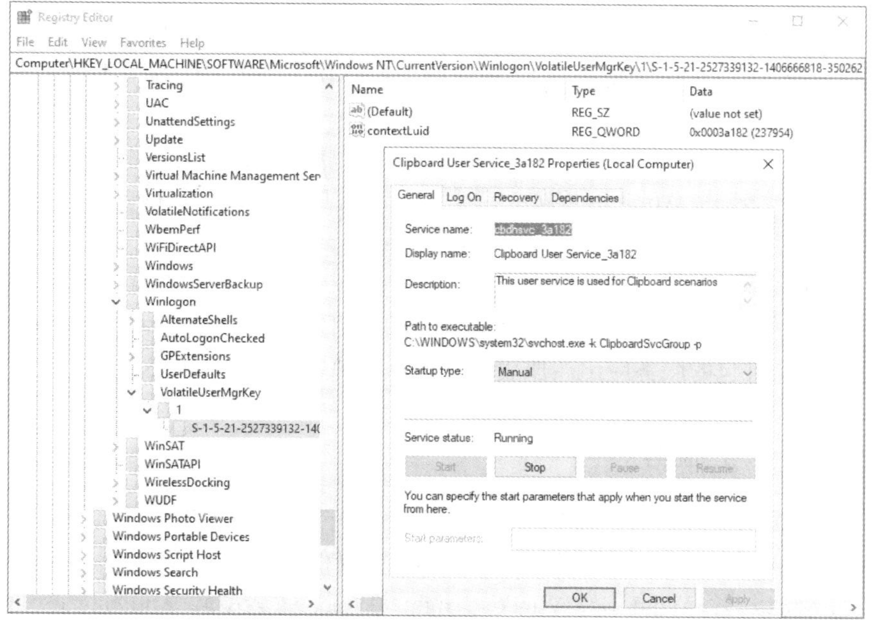

图 10-22　在上下文 ID 0x3a182 中运行的 Clipboard User Service 实例

SCM 会注册最终服务触发器（详见上文“触发启动的服务”一节），随后启动该服务（如果其启动类型被设置为 SERVICE_AUTO_START），根据“服务登录”一节的介绍，当 SCM 启动托管用户服务的进程时，会分配当前登录用户的令牌以及 SCM 所使用的 WIN://ScmUserService 安全特性，借此确认该服务确实托管了服务。如图 10-23 所示，当用户登录到系统后，实例和模板子键都会存储在表示同一个用户服务的服务根键中。用户注销时，实例子键会被删除，如果系统启动时该子键依然存在，则会被忽略。

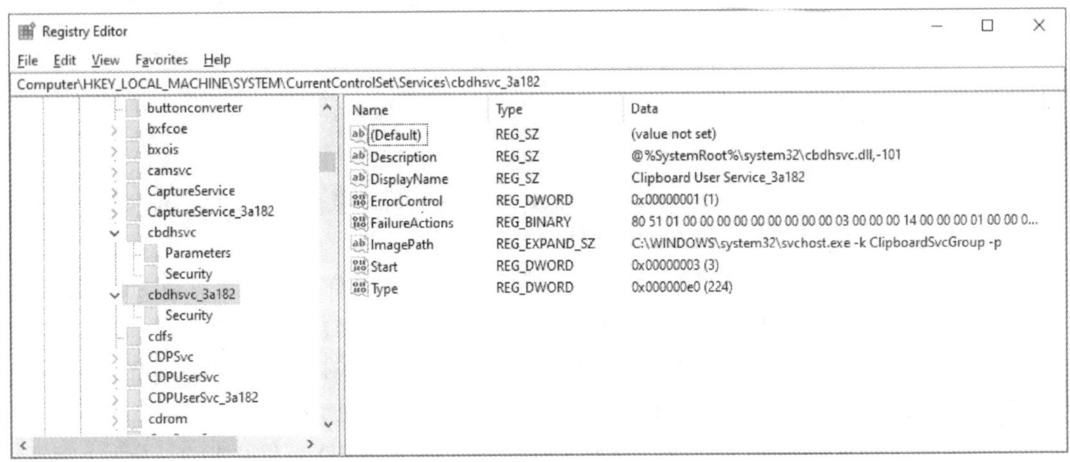

图 10-23　用户服务实例和模板注册表键

10.2.15　打包的服务

正如上文“服务登录”一节所述，从 Windows 10 创作者更新（RS1）开始，服务控制管理器就已支持打包的服务（packaged service）。打包的服务可通过服务类型中设置的 SERVICE_PKG_SERVICE (512)标记进行区分。在设计上，打包的服务主要是为了支持标准 Win32 桌面应用程序（可能会配合相关服务一起运行）转换而来的全新现代应用程序模型。桌面应用程序转换器可将 Win32 应用程序转换为 Centennial 应用，通过一个轻量级容器（内部称为 Helium）运行。有关现代应用程序模型的更多信息请参阅第 8 章的“打包的应用程序”一节。

在启动打包的服务时，SCM 会从注册表读取程序包信息，随后和标准的 Centennial 应用程序一样，会调用 AppInfo 服务。后者会验证程序包信息是否存在于状态存储库中，并验证应用程序所有程序包文件的完整性。接着 AppInfo 服务会使用正确的安全特性为新服务的托管进程令牌添加戳记。接着使用 CreateProcessAsUser API（以及 Package Full Name 特性）以暂停状态启动进程并创建 Helium 容器，由这个容器像处理常规 Centennial 应用程序那样为打包的服务应用注册表重定向和虚拟文件系统（VFS）。

10.2.16　受保护服务

卷 1 第 3 章详细介绍了受保护进程以及轻量级受保护进程（Protected Processes Light，PPL）的架构。Windows 8.1 的服务控制管理器还为受保护服务提供了支持。截至撰写这部分内容，服务可以获得 Windows、Windows light（Windows 轻型）、Antimalware light（反恶意软件轻型）以及 App（应用）四个级别的保护。服务控制程序可以使用 ChangeServiceConfig2

API（配合 SERVICE_CONFIG_LAUNCH_PROTECTED 信息级别）指定为服务提供的保护。服务的重要可执行文件（或共享服务的库）必须具备正确的签名才能以受保护服务的方式运行，并且需要遵循与受保护进程相似的规则（意味着系统会检查数字签名的 EKU 和根证书，进而生成最大签名方级别，详见卷 1 第 3 章）。

以受保护形式启动的服务托管进程，可保证相对其他非受保护进程获得某种形式的保护。其他进程在试图访问受保护服务的托管进程时，基于保护级别，将无法获得某些访问权限（该机制与标准受保护进程完全相同，一个最典型的例子是：非受保护进程无法向受保护进程注入任何代码）。

即便使用 SYSTEM 账户启动的进程也无法访问受保护进程。不过 SCM 依然能够完整访问受保护服务的托管进程。因此 Wininit.exe 在启动 SCM 时会指定用户模式最大保护级别：WinTcb Light（WinTcb 轻型）。图 10-24 展示了 SCM 主可执行文件 services.exe 的数字签名，其中包括 Windows TCB 组件 EKU（1.3.6.1.4.1.311.10.3.23）。

第二层保护由服务控制管理器提供。当客户端请求对受保护服务执行某个操作时，SCM 会调用 ScCheckServiceProtectedProcess 例程，借此检查调用方是否有足够的访问权限针对目标服务执行所请求的权限。表 10-13 列出了非受保护进程向受保护服务发出请求时会被拒绝的操作。

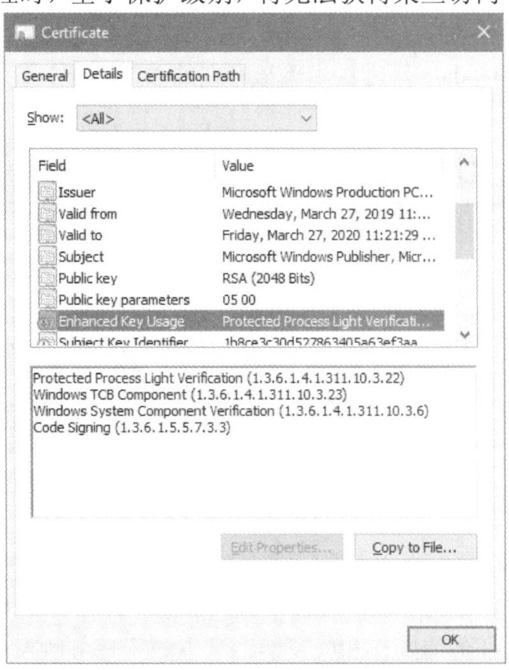

图 10-24 服务控制管理器主可执行文件（services.exe）的数字签名

表 10-13 从非受保护客户端向受保护服务发出请求后的被拒绝操作列表

被调用的 API 名称	操作	描述
ChangeServiceConfig[2]	更改服务配置	对受保护服务的配置进行任何更改均会失败
SetServiceObjectSecurity	为服务设置新的安全描述符	拒绝向受保护服务应用新的安全描述符（这会减少服务攻击面）
DeleteService	删除服务	非受保护进程无法删除受保护服务
ControlService	向服务发送控制代码	非受保护调用方仅允许使用 Service-defined 控制代码和 SERVICE_CONTROL_INTERROGATE。Antimalware 之外其他受保护级别允许使用 SERVICE_CONTROL_STOP

ScCheckServiceProtectedProcess 函数会在调用方指定的服务句柄中查找服务记录，如果服务不受保护，则会授予访问权。如果服务受保护，则会模拟客户端进程令牌，获取服务保护级别，然后实施下列规则。

- 如果请求的是一个 STOP 控制请求并且目标服务并未受到 Antimalware 级别的保护，将允许访问（Antimalware 级别的受保护服务无法被非受保护进程停止）。
- 如果客户端的令牌组中包含 TrustedInstaller 服务 SID，或客户端被设置为令牌用户，SCM 会忽略客户端的进程保护状态允许访问。

- 否则会调用 RtlTestProtectedAccess，由后者执行与受保护进程相同的检查。只有在客户端进程具备与目标服务兼容的保护级别时才会允许访问。例如，受保护的 Windows 进程始终可以针对所有保护级别的服务执行操作，而反恶意软件 PPL 只能针对 Antimalware 和 App 级别的受保护服务执行操作。

需要注意的是，对于任何以 TrustedInstaller 虚拟服务账户运行的客户端进程，都不会进行上述最后一项检查。这是设计使然。当 Windows Update 安装更新时，需要能够启动、停止并控制任何类型的服务，而不要求自己必须具备强数字签名（这种要求会让 Windows Update 暴露在本不该存在的攻击面下）。

10.3　任务计划和 UBPM

随着操作系统的功能逐渐复杂化，很多原本负责管理托管任务或后台任务的 Windows 组件（如上文介绍的服务控制管理器，以及 DCOM 服务器启动器和 WMI 提供程序）都开始负责执行进程外托管代码。虽然现代版本 Windows 会使用后台代理基础架构（background broker infrastructure）管理现代应用程序的大部分后台任务（详见第 8 章），但任务计划程序（task scheduler）依然是管理 Win32 任务的主要组件。Windows 实现了一个统一后台进程管理器（Unified Background Process Manager，UBPM），由它处理任务计划程序所管理的任务。

任务计划程序服务实现于 Schedsvc.dll 库中，通过一个共享的 Svchost 进程运行。任务计划程序服务维护了任务数据库并托管了 UBPM，UBPM 则负责启动和停止任务，并管理任务的操作和触发器。当生成了任务触发器后，UBPM 可使用由桌面活动代理（Desktop Activity Broker，DAB）、系统事件代理（System Events Broker，SEB）以及资源管理器（resource manager）提供的服务接收相关通知（DAB 和 SEB 都托管于系统事件代理服务中，而资源管理器托管于代理基础架构服务中）。任务计划程序和 UBPM 都通过 RPC 提供了公开的接口。外部应用程序可以使用 COM 对象附加至这些接口并与常规 Win32 任务交互。

10.3.1　任务计划程序

任务计划程序实现了任务存储，借此保存每个任务。它还托管 Scheduler idle（计划程序闲置）服务，借此可检测系统何时进入或离开闲置状态，此外还有事件陷阱提供程序，可以帮助任务计划程序在计算机状态发生变化时启动任务，并提供了内部事件日志触发系统。任务计划程序还包含另一个组件：UBPM 代理（UBPM proxy），该组件可收集所有任务的操作和触发器，将其描述符转换成一种 UBPM 可理解的格式，随后发送给 UBPM。

图 10-25 展示了任务计划程序的架构概览。如图所示，任务计划程序与 UBPM 深度配合（两者的组件均运行在任务计划程序服务中，该服务通过一个共享的 Svchost.exe 进程运行）。UBPM 负责管理任务状态，并通过 WNF 状态接收来自 SEB、DAB 以及资源管理器的通知。

任务计划程序的一个重要工作是公开 COM 任务计划程序 API 的服务器部分。当任务控制（task control）程序调用这种 API 时，COM 引擎会将任务计划程序 COM API 库（Taskschd.dll）载入应用程序的地址空间。该库会代表任务控制程序，通过 RPC 接口向任务计划程序请求服务。

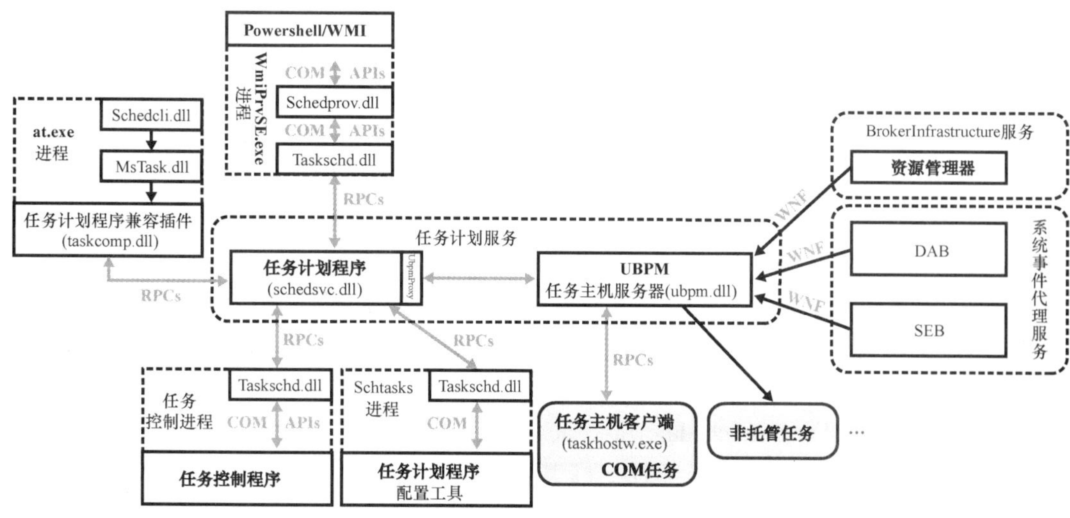

图 10-25 任务计划程序架构

通过类似的方式，任务计划程序 WMI 提供程序（Schedprov.dll）实现的 COM 类和方法可用于与任务计划程序 COM API 库通信。其 WMI 类、属性和事件可通过 Windows PowerShell 使用 ScheduledTasks cmdlet（相关文档请访问 https://docs.microsoft.com/powershell/module/scheduledtasks/）调用。请注意，任务计划程序包含一个兼容性插件，借此可以让老旧的应用程序（如 AT 命令）配合任务计划程序使用。在 Windows 10 的 2019 年 5 月更新（19H1）中，AT 工具已被正式弃用，用户可以转为使用 schtasks.exe。

初始化

在被服务控制管理器启动后，任务计划程序服务会开始自己的初始化过程。首先需要注册自己的基于清单的 ETW 事件提供程序（全局唯一 ID 为 DE7B24EA-73C84A09-985D-5BDADCFA9017）。任务计划程序生成的所有事件均可供 UBPM 使用。随后，任务计划程序会初始化凭据存储，该组件用于安全地访问凭据管理器和任务存储中所保存的用户凭据。凭据管理器还会检查任务存储的二级影子副本（该副本的产生是为了实现兼容性，通常位于%SystemRoot%\System32\Tasks 下）中包含的所有 XML 任务描述符是否与任务存储缓存中的任务描述符保持同步。任务存储缓存由多个注册表键表示，其根键位于 HKLM\SOFTWARE\Microsoft\Windows NT\CurrentVersion\Schedule\TaskCache。

接下来，任务计划程序初始化过程需要初始化 UBPM。任务计划程序服务会使用 UBPM.dll 导出的 UbpmInitialize API 启动 UBPM 的核心组件。该函数会注册一个任务计划程序事件提供程序的 ETW 使用方，并连接到资源管理器。资源管理器组件由进程状态管理器（Process State Manager，Psmsrv.dll，运行于代理基础架构服务上下文中）加载，可根据计算机状态和全局资源使用情况生成能够善用资源的策略。资源管理器可以帮助 UBPM 管理维护性质的任务。此类任务通常会在特定系统状态下运行，例如计算机 CPU 用量低时、游戏模式被关闭时、用户不在计算机前时等等。随后，UBPM 初始化代码会从系统事件代理中检索代表任务条件的 WNF 状态名：交流电源、计算机空闲、可用 IP 地址或网络、计算机切换至电池供电（这些条件可在任务计划程序 MMC 管理单元的创建任务对话框的条件选项卡下使用）。

UBPM 会初始化自己的内部线程池工作线程，获取系统电源能力，读取维护任务和关键任务操作列表（从 HKLM\ System\CurrentControlSet\Control\Ubpm 注册表键和组策略设置读取），并订阅系统电源设置通知（借此 UBPM 即可了解系统的电源状态何时改变）。

随后执行控制会返回到任务计划程序，最终由它为自己和 UMPB 注册全局 RPC 接口。这些接口将被任务计划程序 API 客户端 DLL（Taskschd.dll）使用，以便为客户端进程提供一种通过任务计划程序，借助任务计划程序 COM 接口进行交互的方式，详见文档：https://docs.microsoft.com/windows/win32/api/taskschd/。

初始化完成后，任务存储将枚举并分别启动系统中安装的每个任务。任务存储在缓存中的四个组内：Boot、Logon、Plain 以及 Maintenance task。每个组都关联了一个名为 Index Group Tasks 键的子键，位于任务存储的根注册表键（HKLM\SOFTWARE\Microsoft\Windows NT\CurrentVersion\Schedule\TaskCache）下。在每个 Index Tasks 组键下，每个任务对应一个子键，不同任务可通过全局唯一标识符（GUID）区分。任务计划程序会枚举所有组子键的名称，对于每个子键，还会打开相关任务的主键（master key），该主键位于任务存储根注册表键的 Tasks 子键下。图 10-26 展示了一个 Boot 任务范例，其 GUID 为{0C7D8A27-9B28-49F1-979C-AD37C4D290B1}。这个 GUID 在图中显示为 Boot 这个索引组键中的第一个项。从该图中还可以看到任务主键，其中存储了用于完全描述该任务的二进制数据。

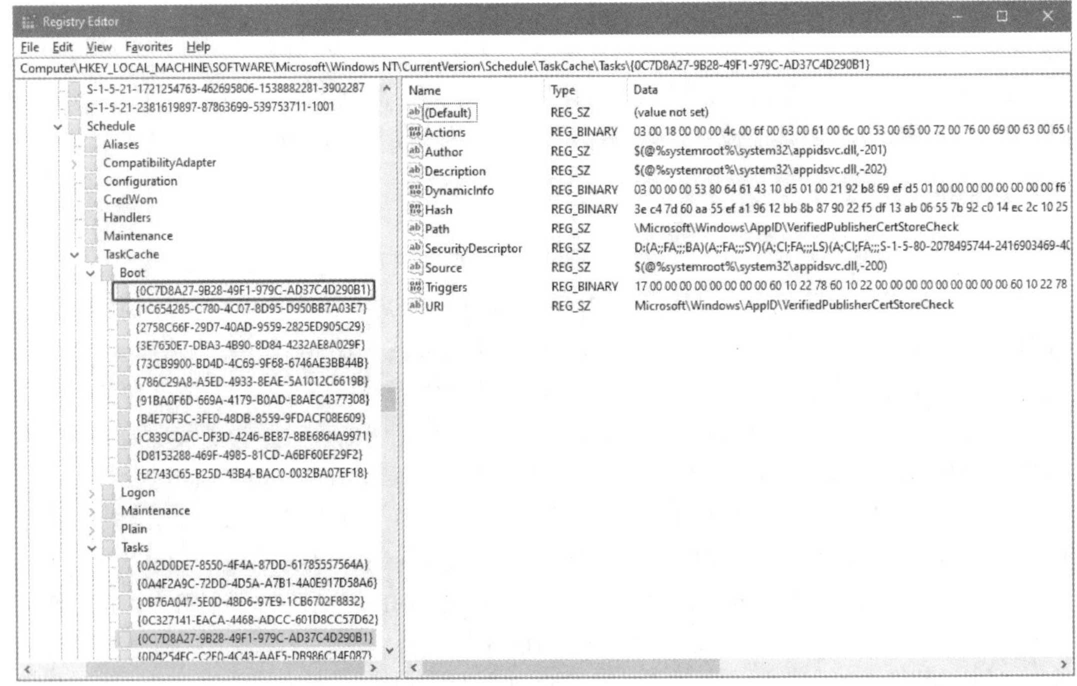

图 10-26　一个 Boot 任务的主键

任务的主键包含描述任务的所有信息。任务有两个最重要的属性：触发器（trigger）和操作（action），其中触发器指定了可触发任务的条件，操作指定了执行任务时要做的工作。这两个属性都存储在二进制注册表值（名为 Triggers 和 Actions，如图 10-26 所示）中。任务计划程序首先会读取整个任务描述符的哈希（存储在 Hash 注册表值中），随后读取任务的配置数据以及有关触发器和操作的二进制数据。在解析这些数据后，即可将识别出的触发器和操作描述符存储到一个内部列表中。

随后，任务计划程序会重新计算新任务描述符（其中包含了从注册表读取的所有数据）的 SHA256 哈希，并将其与预期值进行比较。如果两个哈希不匹配，任务计划程序会打开任务存储影子副本（%SystemRoot%\System32\Tasks 文件夹）中与该任务关联的 XML 文件，解析其中的数据，并重新计算一个新的哈希，最终替换注册表中的任务描述符。实际上，任务既可以用注册表中的二进制数据描述，也可以用 XML 文件描述，该 XML 文件遵循一种明确定义的方案，详见：https://docs.microsoft.com/windows/win32/taskschd/task-scheduler-schema。

实验：查看任务的 XML 描述符

如上文所述，任务描述符可由任务存储用两种格式来保存：XML 文件和注册表数据。在这个实验中，我们将分别查看两个格式的内容。首先打开任务计划程序（在搜索框中输入 **taskschd.msc**），展开任务计划程序库节点以及所有子节点，直到看到 Microsoft\Windows 文件夹。浏览这里的每个子节点，找出 **“操作”** 选项卡下被设置为 **“自定义句柄”**（Custom Handler）① 的任务。该操作类型描述了 COM 托管的任务，而任务计划程序并不支持此类任务。在本例中，我们选择了 ProcessMemoryDiagnosticEvents，它位于 MemoryDiagnostics 文件夹下。选择操作为“自定义句柄”的其他任何任务也可以。

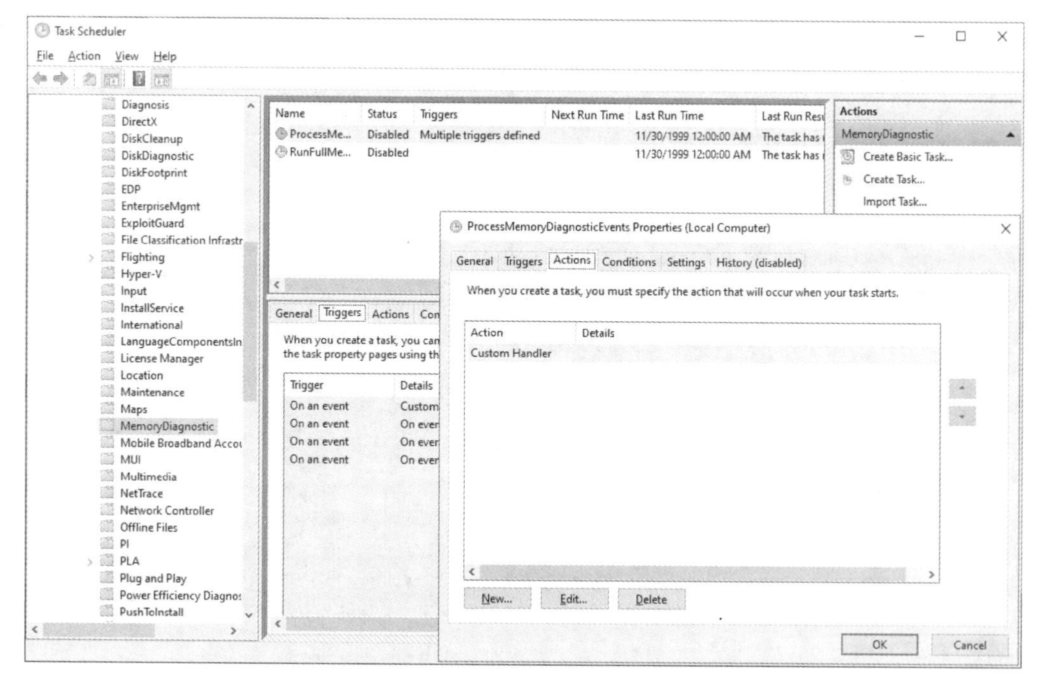

以管理员身份打开命令提示符窗口（在搜索框中输入 **CMD**，选择 **“以管理员身份运行”**），随后输入下列命令（请将任务路径替换为实际的目标任务路径）：

① 通常来说，句柄是 Handle，而 Handler 是执行某些处理任务的“处理程序”，微软的所有产品几乎都使用了这样的称呼。但如果使用简体中文版 Windows 系统执行该实验将会发现，此处需要查找的“Custom Handler”操作，在简体中文版 Windows 中被称为“自定义句柄”，这是错误的，正确叫法应为“自定义处理程序”。但为了与系统 UI 保持一致，正文依然沿用了“自定义句柄”的叫法。截至翻译这部分内容，译者在简体中文版 Windows 11（21H2）系统中看到的依然是“自定义句柄”，不排除后续系统更新会修复这个小瑕疵的可能。——译者注

```
schtasks /query /tn "Microsoft\Windows\MemoryDiagnostic\ProcessMemoryDiagnosticEvents"
/xml
```

输出结果中显示了该任务的 XML 描述符，其中包含该任务的安全描述符（用于保护任务不被未经授权实体打开）、任务的作者和描述、可运行该任务的安全主体、任务设置，以及任务触发器和操作：

```
<?xml version="1.0" encoding="UTF-16"?>
<Task xmlns="http://schemas.microsoft.com/windows/2004/02/mit/task">
  <RegistrationInfo>
    <Version>1.0</Version>
    <SecurityDescriptor>D:P(A;;FA;;;BA)(A;;FA;;;SY)(A;;FR;;;AU)</SecurityDescriptor>
    <Author>$(@%SystemRoot%\system32\MemoryDiagnostic.dll,-600)</Author>
    <Description>$(@%SystemRoot%\system32\MemoryDiagnostic.dll,-603)</Description>
    <URI>\Microsoft\Windows\MemoryDiagnostic\ProcessMemoryDiagnosticEvents</URI>
  </RegistrationInfo>
  <Principals>
    <Principal id="LocalAdmin">
      <GroupId>S-1-5-32-544</GroupId>
      <RunLevel>HighestAvailable</RunLevel>
    </Principal>
  </Principals>
  <Settings>
    <AllowHardTerminate>false</AllowHardTerminate>
    <DisallowStartIfOnBatteries>true</DisallowStartIfOnBatteries>
    <StopIfGoingOnBatteries>true</StopIfGoingOnBatteries>
    <Enabled>false</Enabled>
    <ExecutionTimeLimit>PT2H</ExecutionTimeLimit>
    <Hidden>true</Hidden>
    <MultipleInstancesPolicy>IgnoreNew</MultipleInstancesPolicy>
    <StartWhenAvailable>true</StartWhenAvailable>
    <RunOnlyIfIdle>true</RunOnlyIfIdle>
    <IdleSettings>
      <StopOnIdleEnd>true</StopOnIdleEnd>
      <RestartOnIdle>true</RestartOnIdle>
    </IdleSettings>
    <UseUnifiedSchedulingEngine>true</UseUnifiedSchedulingEngine>
  </Settings>
  <Triggers>
    <EventTrigger>
      <Subscription>&lt;QueryList&gt;&lt;Query Id="0" Path="System"&gt;&lt;Select Pa
th="System"&gt;*[System[Provider[@Name='Microsoft-Windows-WER-SystemErrorReporting']
and (EventID=1000 or EventID=1001 or EventID=1006)]]&lt;/Select&gt;&lt;/Query&gt;
&lt;/
QueryList&gt;</Subscription>
    </EventTrigger>
    . . . [cut for space reasons] . . .
  </Triggers>
  <Actions Context="LocalAdmin">
    <ComHandler>
      <ClassId>{8168E74A-B39F-46D8-ADCD-7BED477B80A3}</ClassId>
      <Data><![CDATA[Event]]></Data>
    </ComHandler>
  </Actions>
</Task>
```

对于 ProcessMemoryDiagnosticEvents 任务，其中包含多个 ETW 触发器（这些触发器使得该任务只能在生成某些诊断事件后执行，实际上，触发器描述符也包含了以 XPath 格式指定的 ETW 查询）。唯一注册的一个操作是一个 ComHandler，其中只包含了表示任务 COM 对象的 CLSID（类 ID）。打开注册表编辑器并进入 HKEY_LOCAL_MACHINE\ SOFTWARE\Classes\CLSIDkey，从"**编辑**"菜单选择"**查找**"，复制并粘贴任务描述符 ClassID XML 标签之后的 CLSID（可以包含或不包含大括号）。这样就应该能找到实现了用于表示任务的 ITaskHandler 接口的 DLL，该 DLL 由 TaskHost 客户端应用程序（Taskhostw.exe，详见下文"任务宿主客户端"一节）托管。

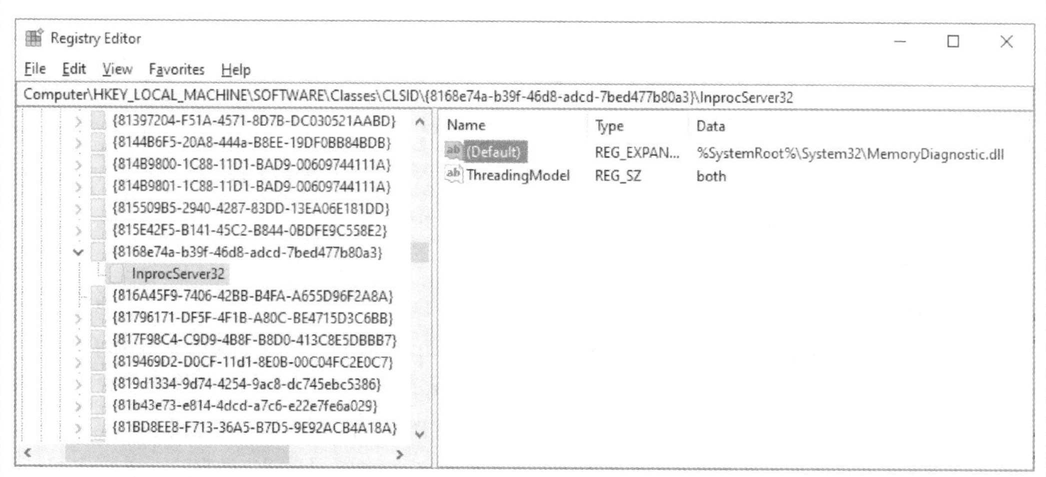

打开 HKLM\SOFTWARE\Microsoft\Windows NT\CurrentVersion\Schedule\TaskCache\Tasks 注册表键后，应该可以在这里找到任务存储缓存中存储的任务描述符 GUID。为此可使用任务的 URI 进行搜索。实际上，任务的 GUID 并未存储在 XML 配置文件中。注册表中与任务描述符有关的数据和任务存储影子副本（%systemroot%\System32\Tasks\Microsoft\Windows\MemoryDiagnostic\ProcessMemoryDiagnosticEvents）中存储的 XML 配置文件完全相同。所有更改都会存储在二进制格式中。

启用的任务需要与 UBPM 注册。任务计划程序会调用 UBPM 代理的 RegisterTask 函数，它首先连接到凭据存储并检索启动任务所需的凭据，然后处理所有操作和触发器列表（存储在一个内部列表中），将其转换为 UBPM 可理解的格式。最后，它会调用从 UBPM.dll 导出的 UbpmTriggerConsumerRegister API。当正确的条件成功验证后，该任务就可以执行了。

10.3.2 统一后台进程管理器

以往，UBPM 主要负责管理任务的生命周期和状态（启动、停止、启用/禁用等），并为通知和触发器提供支持。Windows 8.1 引入了代理基础架构，将所有触发器和通知的管理工作转移给不同代理，这些代理可供现代应用程序和标准 Win32 应用程序使用。因此在 Windows 10 中，UBPM 充当了标准 Win32 任务的触发器代理（Proxy），可将使用方发出的触发器请求转换为正确的代理（Broker）。UBPM 依然负责为应用程序提供可用的 COM API，并将其应用于以下几个方面。

- 注册和取消注册触发器的使用方，以及打开和关闭相应句柄。
- 生成通知或触发器。
- 向触发器提供程序发出命令。

与任务计划程序的架构类似，UBPM 也包含多个内部组件：任务托管服务器和客户端、基于 COM 的任务托管库及事件管理器。

任务宿主服务器

当系统代理发出一条由 UBPM 触发器使用方注册的事件（通过发布 WNF 状态变化做到）后，将执行 UbpmTriggerArrived 回调函数。UBPM 会在内部列表中（根据 WNF 状态名）搜索已注册的任务触发器，如果找到正确的触发器，便会处理该任务的操作。在撰写这部分内容时，这种方式仅支持“启动可执行文件”操作。该操作可支持托管和非托管可执行文件。非托管可执行文件是指不直接与 UBPM 交互的常规 Win32 可执行文件，托管可执行文件是指直接与 UBPM 交互且需要由任务托管客户端进程托管的 COM 类。基于托管的可执行文件（taskhostw.exe）启动后，即可根据相应令牌托管不同任务（基于托管的可执行文件类似于共享的 Svchost 服务）。

与 SCM 类似，UBPM 支持为任务的托管进程使用不同类型的登录安全令牌。UbpmTokenGetTokenForTask 函数可以根据任务描述符中存储的账户信息创建新令牌，而 UBPM 为任务生成的安全令牌可应用于下列任何一个所有者：已注册的用户账户、虚拟服务账户、Network Service 账户或 Local Service 账户。与 SCM 的不同之处在于，UBPM 完全支持交互式令牌。UBPM 可使用由用户管理器（Usermgr.dll）公开的服务枚举当前活跃的交互式会话。对于每个会话，它会对比任务描述符中指定的用户 SID 以及交互式会话的所有者。如果两者相符，则 UBPM 会复制附加到交互式会话的令牌，并用它来登录新的可执行文件。因此，交互式任务只能用标准用户账户运行（非交互式任务可以使用上文提到的任何一种类型账户来运行）。

令牌生成后，UBPM 会启动相应任务的托管进程。对于这些托管的 COM 任务，UbpmFindHost 函数会在 Taskhostw.exe（任务宿主客户端）进程实例内部的内部列表中进行搜索。如果找到有进程与新任务运行相同的安全上下文，那么将直接通过任务宿主本地 RPC 连接发送 Start Task 命令（包括 COM 任务的名称和 CLSID），并等待第一个回应。任务宿主客户端进程和 UBPM 可通过一个静态 RPC 通道（名为 ubpmtaskhostchannel）连接，并使用与 SCM 的实现中类似的连接协议。

如果未找到兼容的客户端进程实例，或任务的宿主进程是常规的非 COM 可执行文件，UBPM 会构建一个新的环境块，解析命令行，使用 CreateProcessAsUser API 以暂停状态新建一个进程。UBPM 会在一个作业对象中运行每个任务的宿主进程，这样即可快速设置多个任务的状态，并优化后台任务的资源分配。UBPM 会在一个内部列表中搜索作业对象，这些作业对象包含了属于相同会话 ID 的宿主进程和相同任务类型（常规、关键、基于 COM、非托管）。如果找到兼容的作业，将直接向该作业分配新进程（通过使用 AssignProcessToJobObject API）。如果未找到，则会新建一个作业并将其添加到自己的内部列表。

作业对象创建完成后，任务就可以启动了：初始化进程的线程将被恢复运行。对于 COM 托管的任务，UBPM 会等待来自任务宿主客户端的首次联系（客户端想要与 UBPM 建立 RPC 通信通道时会执行该操作，类似于服务控制应用程序打开到 SCM 的通道），并发送 Start Task 命令。UBPM 最终会向任务的宿主进程注册一个等待回调，这样即可检测到任务宿主进程什么时候会意外终止。

任务宿主客户端

任务宿主客户端进程会从任务计划程序服务中的 UBPM（任务宿主服务器）实时接收命令。在初始化时，它会打开 UBPM 在初始化过程中创建的本地 RPC 接口并永远循环下去，等待通过该通道收到的命令。目前支持以下四种命令，这些命令都是通过 TaskHostSendResponseReceiveCommand RPC API 发出的。

- 停止宿主。
- 启动任务。
- 停止任务。
- 终止任务。

所有基于任务的命令都是通过一个通用 COM 任务库实现的，本质上，这些任务会创建并销毁 COM 组件。尤其是托管任务，它们是一种自 ITaskHandler 接口继承而来的 COM 对象。该接口仅公开了四种必要的方法，分别对应任务的四种状态转换——Start、Stop、Pause 和 Resume。当 UBPM 向自己的客户端宿主进程发送命令以启动任务时，客户端宿主进程（Taskhostw.exe）会为该任务创建一个新线程。新的任务工作线程使用 CoCreateInstance 函数创建能表示该任务的 ITaskHandler COM 对象实例，随后调用自己的 Start 方法。UBPM 可以准确得知特定任务的 CLSID（类唯一 ID）是什么：任务的 CLSID 由任务存储保存在该任务的配置中，并会在任务注册时指定。此外，托管任务使用由 ITaskHandlerStatus COM 接口公开的函数向 UBPM 告知自己的当前执行状态。该接口会使用 RPC 调用 UbpmReportTaskStatus 并将新状态反馈给 UBPM。

实验：查看 COM 托管的任务

在这个实验中，我们将观察到任务宿主客户端进程如何加载实现任务的 COM 服务器 DLL。为完成本实验，需要在系统中安装调试工具（调试工具包含在 Windows SDK 中，下载地址为 https://developer.microsoft.com/windows/downloads/windows-10-sdk/）。随后可通过下列步骤启用任务启动时的调试器断点。

1）将 Windbg 设置为默认的后台调试器（如果已将内核调试器连接到目标系统，可跳过这一步）。为此，请用管理员身份打开命令提示符窗口，并运行下列命令:

```
cd "C:\Program Files (x86)\Windows Kits\10\Debuggers\x64"
windbg.exe /I
```

请注意，调试工具路径为 C:\Program Files (x86)\Windows Kits\10\Debuggers\x64，请根据调试器的版本和安装程序酌情调整上述命令。

2）Windbg 将运行并展示如下的消息界面，这证明操作已成功。

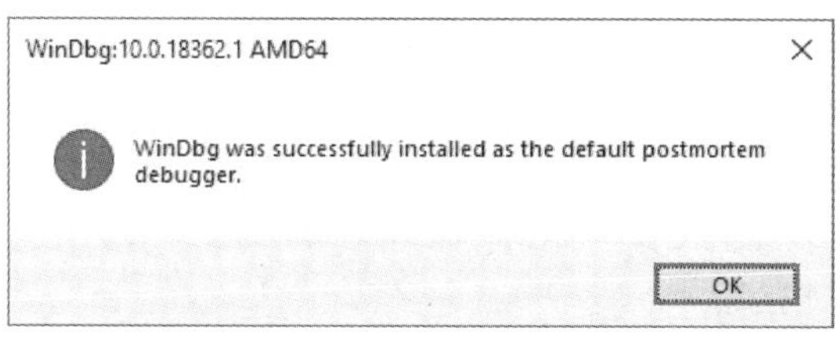

3）点击 **OK** 按钮后，WinDbg 将自动关闭。

4）打开任务计划程序（在命令提示符下输入 **taskschd.msc**）。

5）请注意，除非附加了内核调试器，否则无法为非交互式任务启用初始任务的断点，进而无法与调试器窗口交互，此时会在另一个非交互式会话中打开调试器窗口。

6）查看各种任务（可参阅上一个实验“查看任务的 XML 描述符”），应该可以在 \Microsoft\Windows\Wininet 路径下找到一个名为 CacheTask 的交互式 COM 任务。请注意，任务的“**操作**”页面应显示“**自定义句柄**”，否则这并不是 COM 任务。

7）打开注册表编辑器（在命令提示符窗口中输入 **regedit**），随后打开 HKLM\SOFTWARE\Microsoft\Windows NT\CurrentVersion\Schedule 注册表键。

8）右击 Schedule 键，从“**新建**”菜单中选择“**多字符串值**”，新建一个注册表值。

9）将新注册表值的名称设置为 EnableDebuggerBreakForTaskStart。若启用初始任务断点，需要插入任务的完整路径。本例中的完整路径为 \Microsoft\Windows\Wininet\CacheTask。在上一个实验中，任务路径可通过任务的 URI 来引用。

10）关闭注册表编辑器并切换到任务计划程序。

11）右击 CacheTask 任务并选择“**运行**”。

12）如果系统配置一切无误，随后将出现一个新的 WinDbg 窗口。

13）配置调试器使用的符号，为此请从“**文件**”菜单选择“**符号文件路径**”选项，并输入一个指向 Windows 符号服务器的有效路径（详见 https://docs.microsoft.com/windows-hardware/drivers/debugger/microsoft-public-symbols）。

14）随后即可使用 **k** 命令查看 Taskhostw.exe 进程在中断之前的调用栈：

```
0:000> k
 # Child-SP          RetAddr           Call Site
00 000000a7`01a7f610 00007ff6`0b0337a8 taskhostw!ComTaskMgrBase::[ComTaskMgr]::Sta
rtComTask+0x2c4
01 000000a7`01a7f960 00007ff6`0b033621 taskhostw!StartComTask+0x58
02 000000a7`01a7f9d0 00007ff6`0b033191 taskhostw!UbpmTaskHostWaitForCommands+0x2d1
03 000000a7`01a7fb00 00007ff6`0b035659 taskhostw!wWinMain+0xc1
04 000000a7`01a7fb60 00007ffa`39487bd4 taskhostw!__wmainCRTStartup+0x1c9
05 000000a7`01a7fc20 00007ffa`39aeced1 KERNEL32!BaseThreadInitThunk+0x14
06 000000a7`01a7fc50 00000000`00000000 ntdll!RtlUserThreadStart+0x21
```

15）通过该堆栈可知：任务宿主客户端刚刚被 UBPM 创建，并收到了启动任务的 Start 命令。

16）在 Windbg 控制台中输入“~.”命令并按下回车，随后即可看到当前执行线程的 ID。

17）到这里，我们可以在 CoCreateInstance COM API 上放置一个断点并恢复执行，为此请使用下列命令：

```
bp combase!CoCreateInstance
g
```

18）调试器中断后，再次在 Windbg 控制台中插入“~.”命令并按下回车，随后会看到线程 ID 已完全不同了。

19）这证明了任务宿主客户端为任务入口点的执行创建了一个新线程。相关文档中介绍的 CoCreateInstance 函数可用于创建与特定 CLSID 相关的单一 COM 对象类，并将其指定为一个参数。这个实验中还有两个 GUID 比较有趣：表示任务的 COM 类 GUID，以及 COM 对象实现的接口 ID。

20）在 64 位系统中，调用惯例定义了前四个函数参数是通过寄存器传递的，因此这些 GUID 很容易提取：

```
0:004> dt combase!CLSID @rcx
 {0358b920-0ac7-461f-98f4-58e32cd89148}
   +0x000 Data1            : 0x358b920
   +0x004 Data2            : 0xac7
   +0x006 Data3            : 0x461f
   +0x008 Data4            : [8] "???"
0:004> dt combase!IID @r9
 {839d7762-5121-4009-9234-4f0d19394f04}
   +0x000 Data1            : 0x839d7762
   +0x004 Data2            : 0x5121
   +0x006 Data3            : 0x4009
   +0x008 Data4            : [8] "???"
```

从上述输出结果中可以看到，COM 服务器 CLSID 为{0358b920-0ac7-461f98f4-58e32cd89148}。通过验证可知，它与 CacheTask 任务 XML 描述符中唯一的 COM 操作的 GUID 相符（详见上一个实验）。所请求的接口 ID 为{839d7762-5121-4009-9234-4f0d19394f04}，这也与 COM 任务处理程序操作接口（ITaskHandler）的 GUID 相符。

10.3.3 任务计划程序 COM 接口

如上文所述，COM 任务需要遵循明确定义的接口要求，UBPM 会通过该接口控制任务的状态转换。当 UBPM 决定何时启动任务并管理任务的所有状态时，所有其他用于注册、删除，或手动启动和停止任务的接口都将由任务计划程序在自己的客户端 DLL（Taskschd.dll）中实现。

ITaskService 是一种中央接口，客户端可以通过它连接到任务计划程序并执行各种操作，如枚举已注册的任务、获取任务存储实例（由 ITaskFolder COM 接口表示），以及启用、禁用、删除或注册任务及其相关的所有触发器和操作（为此要使用 ITaskDefinition COM 接口）。当客户端应用程序首次通过 COM 调用一个任务计划程序 API 时，系统会将任务计划程序客户端 DLL（Taskschd.dll）加载到客户端进程的地址空间（按照 COM 合约的要求：任务计划程序 COM 对象需要位于进程内的 COM 服务器中）。该 COM API 是通过将请求使用 RPC 调用路由至任务计划程序服务实现的，该服务会分别处理每个请求，并在需要时将其转发给 UBPM。任务计划程序 COM 架构可供用户通过 PowerShell 等脚本语言（使用 ScheduledTasks cmdlet）或 VBScript 与其交互。

10.4 Windows 管理规范

Windows 管理规范（WMI）是分布式管理任务组（DMTF，一个行业联盟）所定义的基于 Web 的企业管理（Web-Based Enterprise Management，WBEM）的一种实现。WBEM 标准提供了一种可扩展的企业数据收集和数据管理设施设计，能以灵活、可扩展的方式管理包含任意组件的本地系统和远程系统。

10.4.1 WMI 架构

如图 10-27 所示，WMI 包含四个主要组件：管理应用程序、WMI 基础架构、提供程序及托管对象。管理应用程序是指那些可以访问、显示或处理与托管对象有关数据的 Windows 应用程序。管理应用程序的例子有很多，利用 WMI 而非性能 API 来获取性能信息的性能工具就是一种简单的管理应用程序；能够自动盘点企业中每台计算机软硬件配置的企业管理工具，则是一种比较复杂的管理应用程序。

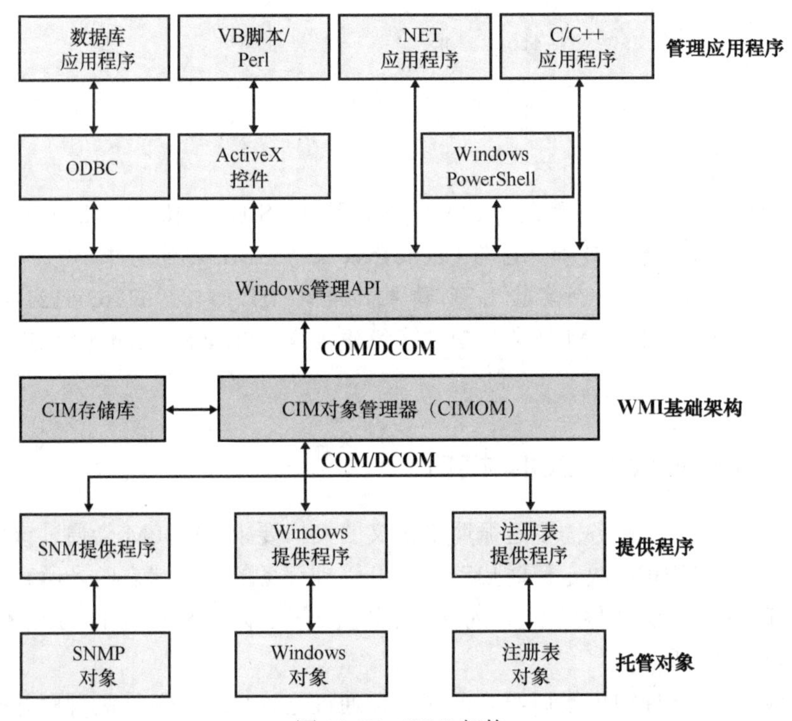

图 10-27 WMI 架构

开发者在管理应用程序时，通常需要收集并管理特定对象所产生的数据。这种对象可能是某一个组件，如网络适配器设备；也可能是一系列组件，如一整台计算机（计算机对象可能包含了网络适配器对象）。为此需要通过编写提供程序定义并导出管理应用程序所关注的对象的具体呈现。例如，网络适配器供应商可能希望在 Windows 包含的网络适配器 WMI 类中添加与特定适配器有关的属性，借此按照管理应用程序的指示查询并设置适配器的状态和行为。某些情况下（例如对设备驱动程序来说），微软提供了一个有着自己 API 的提供程序，借此帮助开发者以最小的开发工作量让自己管理的对象能更充分地利用系统实现的提供程序。

WMI 基础架构的核心是通用信息模型（Common Information Model，CIM）对象管理器（CIMOM），它充当了管理应用程序和提供程序之间的“黏合剂”（CIM 的详细介绍请参阅本章下文）。该基础架构本身也是一种对象类存储，很多情况下，还可作为持久性对象属性的存储管理器。WMI 通过一种保存在磁盘上，名为 CIMOM 对象存储库的数据库实现了存储（即存储库）。作为这种基础架构的一部分，WMI 可支持多种 API，借此让管理应用程序访问对象数据，并让提供程序提供数据和类定义。

Windows 程序和脚本（如 Windows PowerShell）使用 WMI COM API 作为最主要的管理 API，这样就可以与 WMI 直接交互。COM API 基础上还衍生出其他 API，甚至包括一个适用于 Microsoft Access 数据库应用程序的开放数据库连接（Open Database Connectivity，ODBC）适配器。数据库开发者可以使用 WMI ODBC 适配器在自己的数据库中嵌入可引用的对象数据。随后，开发者即可使用包含 WMI 数据的数据库查询轻松创建报告。WMI ActiveX 控件还支持另一层 API，Web 开发者可通过 ActiveX 控件构建基于 Web 的 WMI 数据接口。WMI 脚本 API 则是另一种管理 API，可用于基于脚本的应用程序（如 Visual Basic Scripting Edition）中。微软的所有编程语言技术均支持 WMI 脚本。

WMI COM 接口适用于管理应用程序，它们构成了提供程序的主要 API。然而，与 COM 客户端形式的管理应用程序不同，提供程序是一种 COM 或分布式 COM（DCOM）服务器（也就是说，提供程序实现了可与 WMI 交互的 COM 对象）。WMI 提供程序可行的实施方案包括载入 WMI 管理器进程的 DLL、独立的 Windows 应用程序，或 Windows 服务。微软提供了一系列系统自带的提供程序，借此呈现一些众所周知来源的数据，例如性能 API、注册表、事件管理器、活动目录、SNMP 以及现代设备驱动程序。开发者可通过 WMI SDK 开发第三方 WMI 提供程序。

10.4.2 WMI 提供程序

WBEM 的核心是 DMTF 设计的 CIM 规范。CIM 决定了管理系统如何从系统管理的角度呈现从计算机到应用程序，再到计算机上的设备等一切内容。提供程序的开发者可以使用 CIM 呈现想要管理的应用程序的组成部件。开发者可以使用托管对象格式（Managed Object Format，MOF）语言来实现 CIM 的呈现结果。

除了定义表示对象的类外，提供程序还必须通过接口将 WMI 与对象连接起来。WMI 根据所提供的功能对提供程序进行了分类。表 10-14 列出了 WMI 提供程序的不同类别。请注意，一个提供程序可以实现一个或多个功能，因此举例来说，提供程序既可以是类，也可以是事件提供程序。为了澄清表 10-14 定义的功能，一起先来看看一个实现了多个功能的提供程序。事件日志（event log）提供程序支持多种对象，包括 Event Log Computer（事件日志计算机）、Event Log Record（事件日志记录），以及 Event Log File（事件日志文件）。事件日志是一种实例提供程序，因为它可以为自己的多个类定义多个实例。例如 Event Log File 类（Win32_NTEventlogFile）就是事件日志提供程序定义的多种实例中的一个类；事件日志提供程序为系统的每个事件日志（即系统事件日志、应用程序事件日志以及安全事件日志）都定义了类的一个实例。

表 10-14 提供程序的分类

分类	描述
类（Class）	可提供、修改、删除、枚举一个提供程序特定的类，也可支持查询处理。活动目录是一种以服务作为类提供程序的罕见例子
实例（Instance）	可提供、修改、删除、枚举系统和提供程序特定类的实例，实例代表一种托管对象，也可支持查询处理

续表

分类	描述
属性（Property）	可提供和修改个别的对象属性值
方法（Method）	为提供程序特定的类提供了方法
事件（Event）	生成事件通知
事件使用方（Event consumer）	将物理使用方映射到逻辑使用方，为事件通知提供支持

事件日志提供程序定义了实例数据，并让管理应用程序能够枚举记录。为了让管理应用程序使用 WMI 备份并还原事件日志文件，事件日志提供程序为 Event Log File 对象实现了备份和还原方法。这样，事件日志提供程序就成了一种方法提供程序。最后，管理应用程序注册后，还可在事件日志中写入了新记录后收到通知。因此，当事件日志提供程序使用 WMI 事件通知的方式告知"WMI 事件日志记录已抵达"时，它就成了一种事件提供程序。

10.4.3 通用信息模型和托管对象格式语言

CIM 借鉴了 C++和 C#等面向对象语言的步骤。在这些语言中，建模者会将表征设计为类。通过使用类，开发者可以配合使用各种自己早已熟悉的强大建模技术。子类可以继承父类的属性，可以添加自己的特征并重写自己从父类继承的特征。如果类 A 从类 B 继承了属性，那么可以看作类 A 是从类 B 中派生出来的。类还可以组合，开发者可以创建包含其他类的类。CIM 类由属性和方法组成，属性描述了 WMI 托管资源的配置和状态，方法则是一种可以针对 WMI 托管资源执行操作的可执行函数。

作为 WBEM 标准的一部分，DMTF 提供了多个类。这些类是 CIM 的基础语言，表示适用于所有管理领域的对象。这些类也是 CIM 核心模型的一部分。例如 CIM_ManagedSystemElement 就是一种核心类，这个类包含一些可用于识别物理组件（如物理设备）和逻辑组件（如进程和文件）的基本属性。属性包含标题、描述、安装日期和状态等信息，因此 CIM_LogicalElement 和 CIM_PhysicalElement 类可继承 CIM_ManagedSystemElement 类的属性。这两个类也是 CIM 核心模型的一部分。WBEM 标准将这些类称作"抽象类"，因为它们只作为可被其他类继承的类而存在（也就是说，抽象类不存在对象实例）。我们可以把抽象类看成模板，借此可定义供其他类使用的属性。

第二种类表示管理领域特有，但与特定实现无关的对象。这种类构成了通用模型，可以看作核心模型的拓展。例如 CIM_FileSystem 就是一种通用模型类，它继承了 CIM_LogicalElement 的属性。由于几乎每个操作系统（包括 Windows、Linux 以及其他 UNIX 变体）都依赖基于文件系统的结构化存储，因此 CIM_FileSystem 类也是通用模型中一个非常适合的组成部分。

最后一种类是扩展模型，包含对通用模型进行的、与特定技术有关的额外补充。Windows 定义了大量这种类来表示 Windows 环境所特有的对象。由于所有操作系统都会将数据存储在文件中，CIM 模型也描述了 CIM_LogicalFile 类。CIM_DataFile 类继承了 CIM_LogicalFile 类，Windows 还为这些 Windows 文件类型增加了 Win32_PageFile 和 Win32_ShortcutFile 文件类。

Windows 包含的不同 WMI 管理应用程序可供管理员与 WMI 命名空间和类进行交互。

WMI 命令行工具（WMIC.exe）和 Windows PowerShell 均可连接到 WMI，执行查询，并调用 WMI 类对象方法。图 10-28 展示了一个 PowerShell 窗口，其正在从事件日志提供程序中的 Win32_NTEventlogFile 类提取信息。该类大量使用了继承，由 CIM_DataFile 派生而来。事件日志文件是具备额外事件日志特性的数据文件，例如，日志文件名（LogfileName）和文件包含的记录数量（NumberOfRecords）等属性。Win32_NTEventlogFile 基于多个层次的继承，其中 CIM_DataFile 派生自 CIM_LogicalFile，后者派生自 CIM_LogicalElement，而 CIM_LogicalElement 又派生自 CIM_ManagedSystemElement。

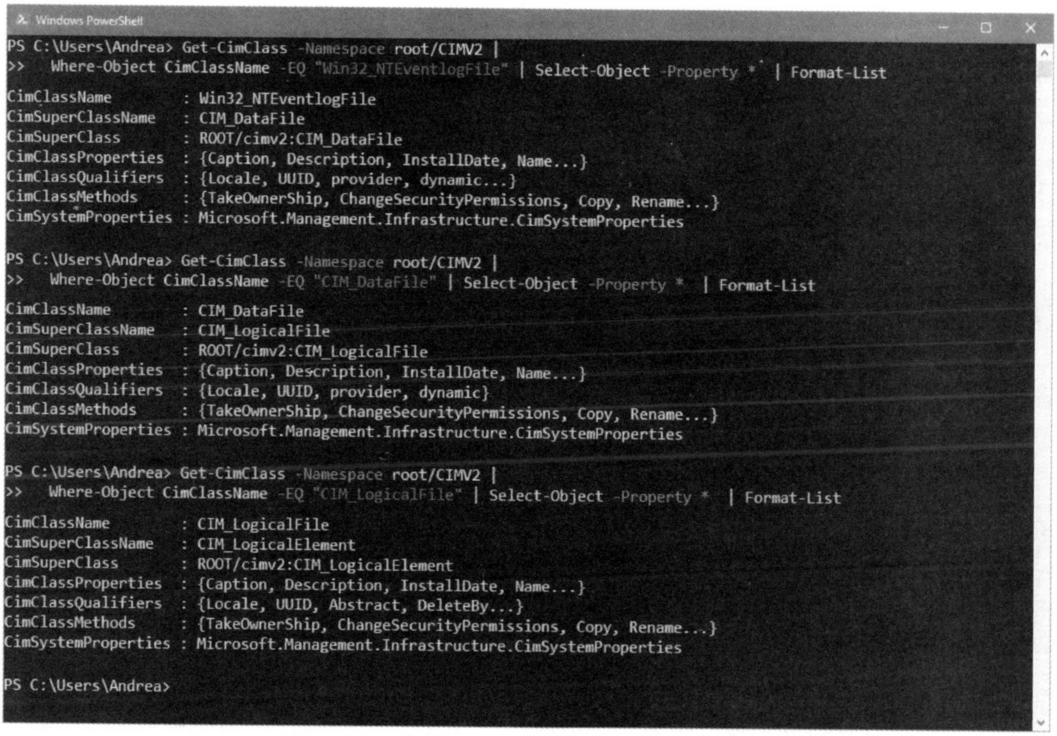

```
PS C:\Users\Andrea> Get-CimClass -Namespace root/CIMV2 |
>>    Where-Object CimClassName -EQ "Win32_NTEventlogFile" | Select-Object -Property *  | Format-List

CimClassName        : Win32_NTEventlogFile
CimSuperClassName   : CIM_DataFile
CimSuperClass       : ROOT/cimv2:CIM_DataFile
CimClassProperties  : {Caption, Description, InstallDate, Name...}
CimClassQualifiers  : {Locale, UUID, provider, dynamic...}
CimClassMethods     : {TakeOwnerShip, ChangeSecurityPermissions, Copy, Rename...}
CimSystemProperties : Microsoft.Management.Infrastructure.CimSystemProperties

PS C:\Users\Andrea> Get-CimClass -Namespace root/CIMV2 |
>>    Where-Object CimClassName -EQ "CIM_DataFile" | Select-Object -Property *  | Format-List

CimClassName        : CIM_DataFile
CimSuperClassName   : CIM_LogicalFile
CimSuperClass       : ROOT/cimv2:CIM_LogicalFile
CimClassProperties  : {Caption, Description, InstallDate, Name...}
CimClassQualifiers  : {Locale, UUID, provider, dynamic}
CimClassMethods     : {TakeOwnerShip, ChangeSecurityPermissions, Copy, Rename...}
CimSystemProperties : Microsoft.Management.Infrastructure.CimSystemProperties

PS C:\Users\Andrea> Get-CimClass -Namespace root/CIMV2 |
>>    Where-Object CimClassName -EQ "CIM_LogicalFile" | Select-Object -Property *  | Format-List

CimClassName        : CIM_LogicalFile
CimSuperClassName   : CIM_LogicalElement
CimSuperClass       : ROOT/cimv2:CIM_LogicalElement
CimClassProperties  : {Caption, Description, InstallDate, Name...}
CimClassQualifiers  : {Locale, UUID, Abstract, DeleteBy...}
CimClassMethods     : {TakeOwnerShip, ChangeSecurityPermissions, Copy, Rename...}
CimSystemProperties : Microsoft.Management.Infrastructure.CimSystemProperties

PS C:\Users\Andrea>
```

图 10-28 Windows PowerShell 正在从 Win32_NTEventlogFile 类提取信息

如上文所述，WMI 提供程序开发者可以用 MOF 语言编写自己的类。下列输出结果显示了事件日志提供程序中 Win32_NTEventlogFile 的定义，图 10-28 中查询的就是这个类。

```
[dynamic: ToInstance, provider("MS_NT_EVENTLOG_PROVIDER"): ToInstance, SupportsUpdate,
Locale(1033): ToInstance, UUID("{8502C57B-5FBB-11D2-AAC1-006008C78BC7}"): ToInstance]
class Win32_NTEventlogFile : CIM_DataFile
{
   [Fixed: ToSubClass, read: ToSubClass] string LogfileName;
   [read: ToSubClass, write: ToSubClass] uint32 MaxFileSize;
   [read: ToSubClass] uint32 NumberOfRecords;
   [read: ToSubClass, volatile: ToSubClass, ValueMap{"0", "1..365", "4294967295"}:
    ToSubClass] string OverWritePolicy;
   [read: ToSubClass, write: ToSubClass, Range("0-365 | 4294967295"): ToSubClass]
    uint32 OverwriteOutDated;
   [read: ToSubClass] string Sources[];
   [ValueMap{"0", "8", "21", ".."}: ToSubClass, implemented, Privileges{
    "SeSecurityPrivilege", "SeBackupPrivilege"}: ToSubClass]
      uint32 ClearEventlog([in] string ArchiveFileName);
   [ValueMap{"0", "8", "21", "183", ".."}: ToSubClass, implemented, Privileges{
    "SeSecurityPrivilege", "SeBackupPrivilege"}: ToSubClass]
```

```
    uint32 BackupEventlog([in] string ArchiveFileName);
};
```

上述内容中需要注意 Dynamic（动态）这个术语，这是一种描述性代号，应用于 MOF 文件中的 Win32_NTEventlogFile 类。Dynamic 意味着每当管理应用程序查询对象属性时，WMI 基础架构都会要求 WMI 提供程序提供与该类对象相关的属性值。静态类位于 WMI 存储库中，WMI 基础架构会引用存储库以获取值，而不会要求提供程序提供值。由于存储库的更新是一种开销较高的操作，为属性频繁更改的对象使用动态提供程序就是一种更高效的做法。

实验：查看 WMI 类的 MOF 定义

我们可以使用 Windows 中自带的 Windows Management Instrumentation 测试器工具（WbemTest）查看任何 WMI 类的 MOF 定义。在这个实验中，我们将查看 Win32_NTEventLogFile 类的 MOF 定义。

1）在搜索框中输入 **Wbemtest** 并按下回车键，随后将打开 Windows Management Instrumentation 测试器。

2）点击“**连接**”按钮，将命名空间改为 root\cimv2 并连接。该工具将启用所有命令按钮，如下图所示。

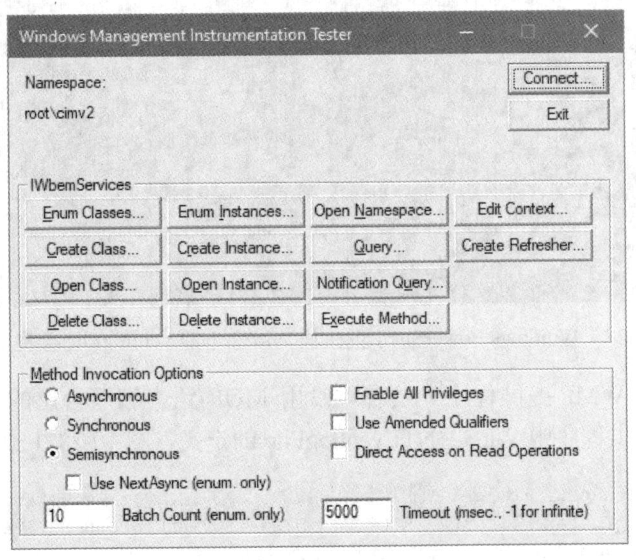

3）点击“**枚举类**”按钮，选择“**递归**”单选框并点击“**确定**”按钮。

4）在类列表中找到 Win32_NTEventLogFile，随后双击查看类属性。

5）点击“**显示 MOF**”按钮，即可打开一个新窗口，其中显示了 MOF 定义。

在 MOF 中构建了类后，WMI 开发者可通过多种方式将类的定义提供给 WMI。WDM 驱动程序开发者可将 MOF 文件编译为二进制 MOF（BMF）文件（这是一种比 MOF 文件更紧凑的二进制表示格式），并可选择动态地将 BMF 文件提供给 WDM 基础架构，或静态地将其包含在自己的二进制文件中。另一种方法是编译 MOF 文件，随后使用 WMI COM API 将定义提供给 WMI 基础架构。最后，提供程序可以使用 MOF 编译器（Mofcomp.exe）

工具直接为 WMI 基础架构提供编译后的类的表示。

注意 以前的 Windows 版本（Windows 7 及以前的版本）在 WMI 管理工具中提供了一个名为 WMI CIM Studio 的图形化工具。该工具能以图形化方式展示 WMI 命名空间、类、属性以及方法。目前该工具已停止支持，也不再提供下载，因为其功能已被 Windows PowerShell 的 WMI 功能所取代。PowerShell 是一种无须 GUI 即可运行的脚本语言。一些第三方工具提供了与 CIM Studio 类似的界面，例如 WMI Explorer：https://github.com/vinaypamnani/wmie2/releases。

通用信息模型（CIM）存储库位于%SystemRoot%\System32\wbem\Repository，其中包含：

- **Index.btr**：二叉树（btree）索引文件。
- **MappingX.map**：事务控制文件（X 是一个从 1 开始的数字）。
- **Objects.data**：CIM 存储库，其中存储了托管的资源定义。

WMI 命名空间

类定义了对象，对象由 WMI 提供程序提供。对象是类在系统中的实例。WMI 使用的命名空间包含多个子命名空间，WMI 会按照层次结构整理所有对象。管理应用程序必须连接到命名空间，随后应用程序才能访问其中的对象。

WMI 的命名空间根目录名为 ROOT。所有 WMI 安装都包含四个预定义的命名空间，它们位于 ROOT 之下，分别是 CIMV2、Default、Security、WMI。其中一些命名空间内部还有其他命名空间。例如，CIMV2 下包含子命名空间 Applications 和 ms_409。提供程序有时也会定义自己的命名空间，我们可以在 Windows 的 ROOT 之下看到 WMI 命名空间（这些命名空间由 Windows 设备驱动程序 WMI 提供程序定义）。

与通过目录和文件组成层次结构的文件系统的命名空间不同，WMI 命名空间的深度只有一个层级。并且不像文件系统会使用名称，WMI 会使用自己定义的对象属性作为识别对象所使用的键。管理应用程序通过键名称指定类的名称，借此在命名空间中定位特定的对象。因此，类的每个实例必须能用自己的唯一键值来识别。例如，事件日志提供程序使用 Win32_NTLogEvent 类表示事件日志中的记录。该类有两个键：字符串 Logfile，以及无符号整数 RecordNumber。查询事件日志记录 WMI 实例的管理应用程序可以从识别记录的提供程序“键对”中获得这些信息。应用程序会使用下列对象路径名称示例中所示的语法引用一条记录。

```
\\ANDREA-LAPTOP\root\CIMV2:Win32_NTLogEvent.Logfile="Application",
                                             RecordNumber="1"
```

名称中的第一个组件（\\ANDREA-LAPTOP）标识了对象所在的计算机，第二个组件（\root\CIMV2）是对象所在的命名空间。冒号后面是类名称，句号后面是键名称和相关的值，键值可使用逗号分隔。

WMI 提供的接口可供应用程序枚举特定类下的所有对象，或进行查询并返回与查询条件匹配的类实例。

10.4.4 类关联

很多对象类型相互之间都以某种方式有所关联。例如，计算机对象有处理器、软件、操作系统、活跃进程等。WMI 可以让提供程序通过构建关联类来表示不同类之间的逻辑关联。关联类可将一个类与另一个类关联在一起，因此这种类只有两个属性：类名称和 Ref 修改器（Ref modifier）。下列输出结果展示了一个关联，其中事件日志提供程序的 MOF 文件将 Win32_NTLogEvent 类与 Win32_ComputerSystem 类关联在一起。对于对象，管理应用程序可以查询相关联的对象，借此提供程序就定义了一种由对象组成的层级结构。

```
[dynamic: ToInstance, provider("MS_NT_EVENTLOG_PROVIDER"): ToInstance, EnumPrivileges{"SeSe
curityPrivilege"}: ToSubClass, Privileges{"SeSecurityPrivilege"}: ToSubClass, Lo-
cale(1033):
ToInstance, UUID("{8502C57F-5FBB-11D2-AAC1-006008C78BC7}"): ToInstance, Association:
DisableOverride ToInstance ToSubClass]
class Win32_NTLogEventComputer
{

    [key, read: ToSubClass] Win32_ComputerSystem ref Computer;
    [key, read: ToSubClass] Win32_NTLogEvent ref Record;
};
```

图 10-29 展示了一个 PowerShell 窗口，其中显示了 CIMV2 命名空间中第一个 Win32_NTLogEventComputer 类的实例。通过聚合类实例，可以查询相关的 Win32_ComputerSystem 对象实例 WIN-46E4EFTBP6Q，它在应用程序日志文件中生成一个编号为 1031 的记录。

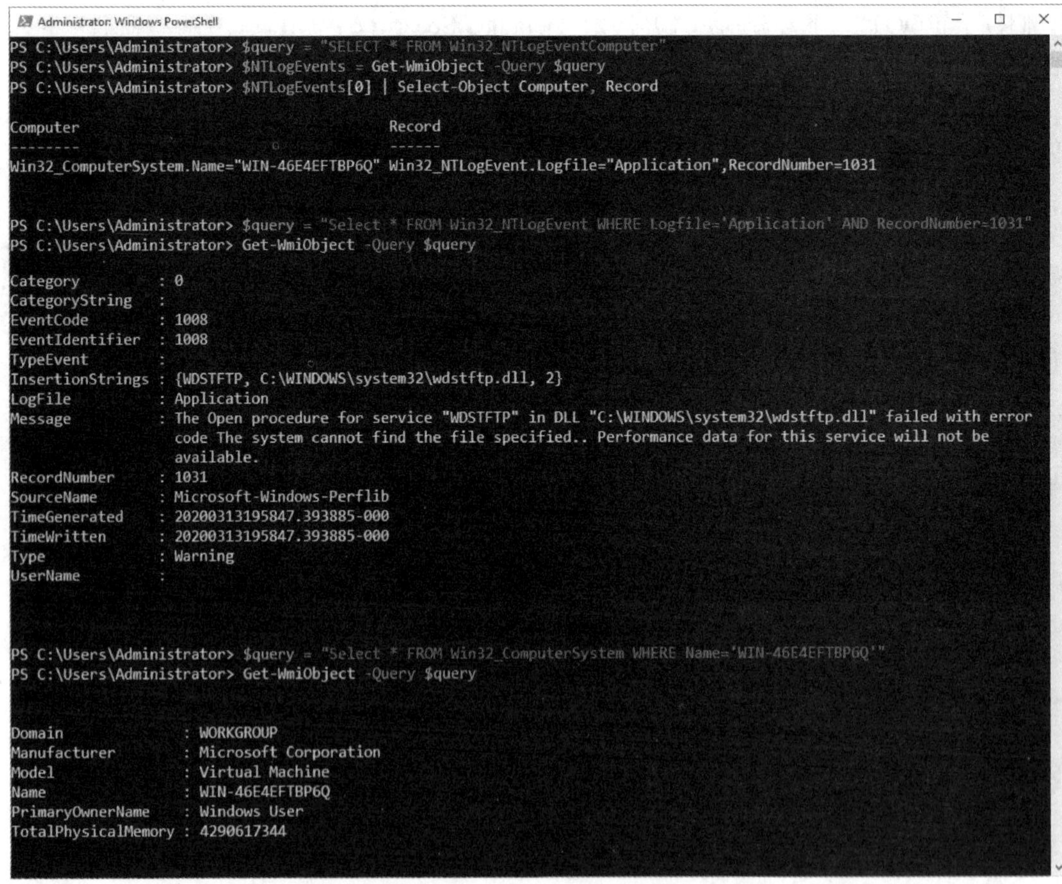

图 10-29　Win32_NTLogEventComputer 聚合类

实验：使用 WMI 脚本管理系统

WMI 的一个强大之处在于可支持脚本语言。微软已为执行常用管理任务创建了数百个脚本，可借此管理用户账户、文件、注册表、进程及硬件设备。Microsoft TechNet 脚本中心网站集中提供了微软创建的这些脚本。脚本中心的脚本使用起来就像从浏览器复制文字一样简单，只需将内容保存到.vbs 扩展名的文件中，随后用 cscript script.vbs 命令运行即可，其中“Script”是要运行脚本的名称，Cscript 是 Windows 脚本宿主（WSH）命令行接口。

TechNet 脚本的一个范例如下所示，经过注册，该脚本可在 Win32_Process 对象实例创建完成后（即新进程开始运行后）收到相关事件，随后会用一行输出内容显示该对象所表示的进程名称：

```
strComputer = "."
Set objWMIService = GetObject("winmgmts:" _
    & "{impersonationLevel=impersonate}!\\" & strComputer & "\root\cimv2")
Set colMonitoredProcesses = objWMIService. _
    ExecNotificationQuery("SELECT * FROM __InstanceCreationEvent " _
        & " WITHIN 1 WHERE TargetInstance ISA 'Win32_Process'")
i = 0
Do While i = 0
    Set objLatestProcess = colMonitoredProcesses.NextEvent
    Wscript.Echo objLatestProcess.TargetInstance.Name
Loop
```

其中调用 ExecNotificationQuery 的那一行使用了包含一个 Select 语句的参数，这也凸显了 WMI 对 ANSI 标准结构化查询语言（SQL）只读子集（即 WQL）的支持，借此可以让 WMI 使用方灵活地指定自己希望从 WMI 提供程序获取的信息。使用 Cscript 运行上述脚本，随后即可用记事本看到如下输出结果：

```
C:\>cscript monproc.vbs
Microsoft (R) Windows Script Host Version 5.812
Copyright (C) Microsoft Corporation. All rights reserved.

NOTEPAD.EXE
```

PowerShell 也可通过 **Register-WmiEvent** 和 **Get-Event** 命令支持相同的功能：

```
PS C:\> Register-WmiEvent -Query "SELECT * FROM __InstanceCreationEvent WITHIN 1 WHERE
TargetInstance ISA 'Win32_Process'" -SourceIdentifier "TestWmiRegistration"

PS C:\> (Get-Event)[0].SourceEventArgs.NewEvent.TargetInstance | Select-Object -Property
ProcessId, ExecutablePath

ProcessId ExecutablePath
--------- --------------
    76016 C:\WINDOWS\system32\notepad.exe

PS C:\> Unregister-Event -SourceIdentifier "TestWmiRegistration"
```

10.4.5 WMI 的实现

WMI 服务运行在一个以 Local System 账户执行的共享 Svchost 进程中。它会将提供程序载入 WmiPrvSE.exe 提供程序托管进程，后者可作为 DCOM 启动器（RPC 服务）进程的子进程启动。WMI 可通过 Local System 账户、Local Service 账户或 Network Service 账户执行 WmiPrvSE，具体使用哪个账户取决于代表提供程序具体实现的 WMI Win32Provider 对象实例的 HostingModel 属性值。提供程序被从缓存中移除后（收到最后一个提供程序请求后等待一分钟便会移除），WmiPrvSE 进程就会退出。

实验：观察 WmiPrvSE 的创建

我们可以启动 Process Explorer 并执行 Wmic，这样就可以看到 WmiPrvSE 的创建过程。WmiPrvSE 进程将出现在托管 DCOM 启动器服务的 Svchost 进程之下。如果 Process Explorer 启用了作业突出显示功能，那么 WmiPrvSE 进程将使用作业的强调色来显示，原因在于，为防止失控的提供程序耗尽系统的所有虚拟内存资源，WmiPrvSE 会在一个作业对象中执行，该对象可创建的子进程数量，以及每个进程和作业中所有进程可分配的虚拟内存数量均有所限制（有关作业对象的详细信息，请参阅卷 1 第 5 章）。

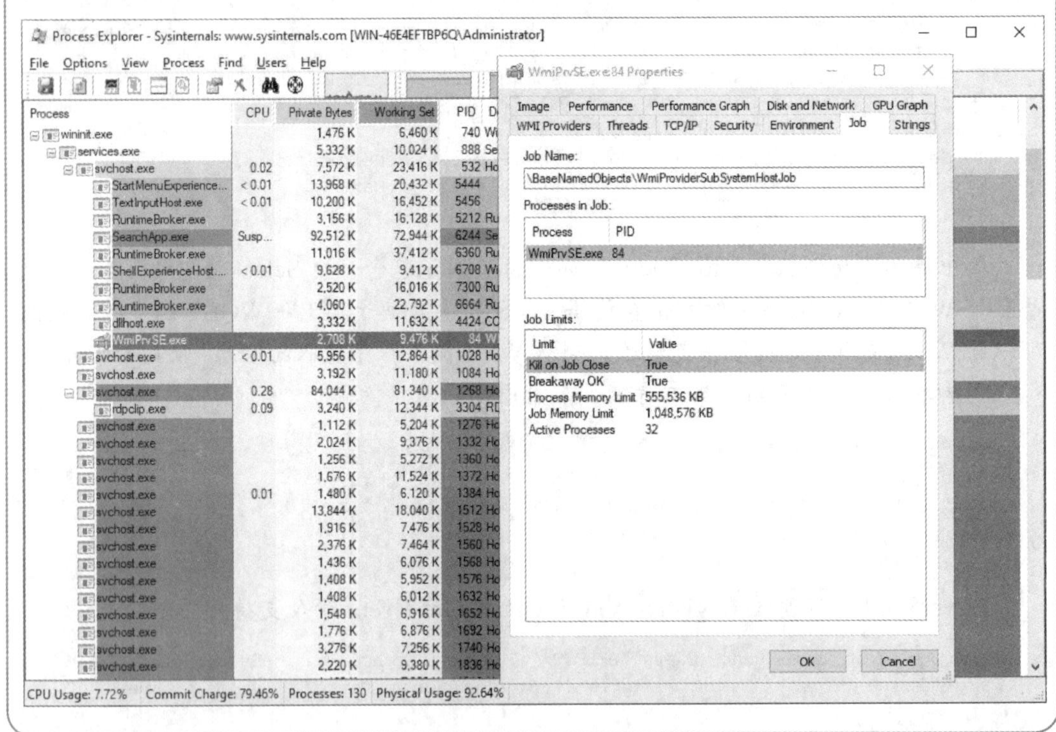

大部分 WMI 组件默认位于%SystemRoot%\System32 和%SystemRoot%\System32\Wbem 下，包括 Windows MOF 文件、内置提供程序 DLL，以及管理应用程序 WMI DLL。在%SystemRoot%\System32\Wbem 目录中可以看到 Ntevt.mof，这是事件日志提供程序 MOF 文件。此外还有 Ntevt.dll，这是事件日志提供程序的 DLL，WMI 服务会用到这些文件。

提供程序通常会实现为动态链接库（DLL），借此公开可实现一组接口的 COM 服务器（IWbemServices 是核心服务器，一般来说，每个提供程序都会实现为一个 COM 服务器）。WMI 包含很多自带的、适用于 Windows 操作系统的提供程序。这些自带提供程序也称标准提供程序，可通过众所周知的操作系统资源（如 Win32 子系统、事件日志、性能计数器、注册表）提供数据和管理功能。表 10-15 列出了 Windows 中自带的多个标准 WMI 提供程序。

表 10-15 Windows 自带的多个标准 WMI 提供程序

提供程序	二进制文件	命名空间	描述
活动目录提供程序	dsprov.dll	root\directory\ldap	将活动目录对象映射至 WMI
事件日志提供程序	ntevt.dll	root\cimv2	管理 Windows 事件日志，如读取、备份、清理、复制、删除、监控、更名、压缩、解压缩、更改事件日志设置
性能计数器提供程序	wbemperf.dll	root\cimv2	提供对原始性能数据的访问
注册表提供程序	stdprov.dll	root\default	读取、写入、枚举、监控、创建、删除注册表键和值
虚拟化提供程序	vmmsprox.dll	root\virtualization\v2	提供对 vmms.exe 中实现的虚拟化服务的访问功能，如在主机系统管理虚拟机、从客户虚拟机获取主机系统外设信息
WDM 提供程序	wmiprov.dll	root\wmi	提供有关 WDM 设备驱动程序信息的访问功能
Win32 提供程序	cimwin32.dll	root\cimv2	提供计算机、磁盘、外设设备、文件、文件夹、文件系统、网络组件、操作系统、打印机、进程、安全性、服务、共享、SAM 用户和组等信息
Windows Installer 提供程序	msiprov.dll	root\cimv2	提供对已安装软件相关信息的访问功能

事件日志提供程序 DLL（Ntevt.dll）是一种 COM 服务器，注册在 HKLM\Software\Classes\CLSID 注册表键下，其 CLSID 为{F55C5B4C-517D-11d1-AB57-00C04FD9159E}（可以在 MOF 描述符中找到）。%SystemRoot%\System32\Wbem 之下的目录保存了存储库、日志文件以及第三方 MOF 文件。WMI 使用一种专有版本的 Microsoft JET 数据库引擎实现了该存储库（名为 CIMOM 对象存储库）。该数据库文件默认位于 SystemRoot%\System32\Wbem\Repository\下。

WMI 沿用了服务的 HKLM\SOFTWARE\Microsoft\WBEM\CIMOM 注册表键中存储的很多注册表设置，例如某些参数的阈值和最大值。

设备驱动程序使用特殊接口提供数据并接收来自 WMI 的命令，该接口名为 WMI 系统控制命令，是 WDM 的一部分（WDM 详见卷 1 第 6 章）。由于该接口是跨平台的，因此位于\root\WMI 命名空间中。

10.4.6 WMI 的安全性

WMI 在命名空间层面上实现安全性。如果管理应用程序能成功连接到命名空间，那么可查看并访问该命名空间中所有对象的属性。管理员可以使用 WMI 控件来控制哪些用户可以访问某个命名空间。在内部，这种安全模型是通过使用 ACL 和安全描述符实现的，标准 Windows 安全模型也会使用它们来实现访问检查（访问检查详见卷 1 第 7 章）。

要启动 WMI 控件应用程序，请在搜索框中输入“计算机管理”，并打开“计算机管理”窗口。随后打开服务和应用程序节点，右击 WMI 控件并选择“属性”，打开图 10-30 所示的“WMI 控件属性”对话框。要为命名空间配置安全性，请点击“安全”选项卡，选择命名空间，随后选择“安全设置”。WMI 控件属性对话框的其他选项卡可用于修改注册表中存储的性能和备份设置。

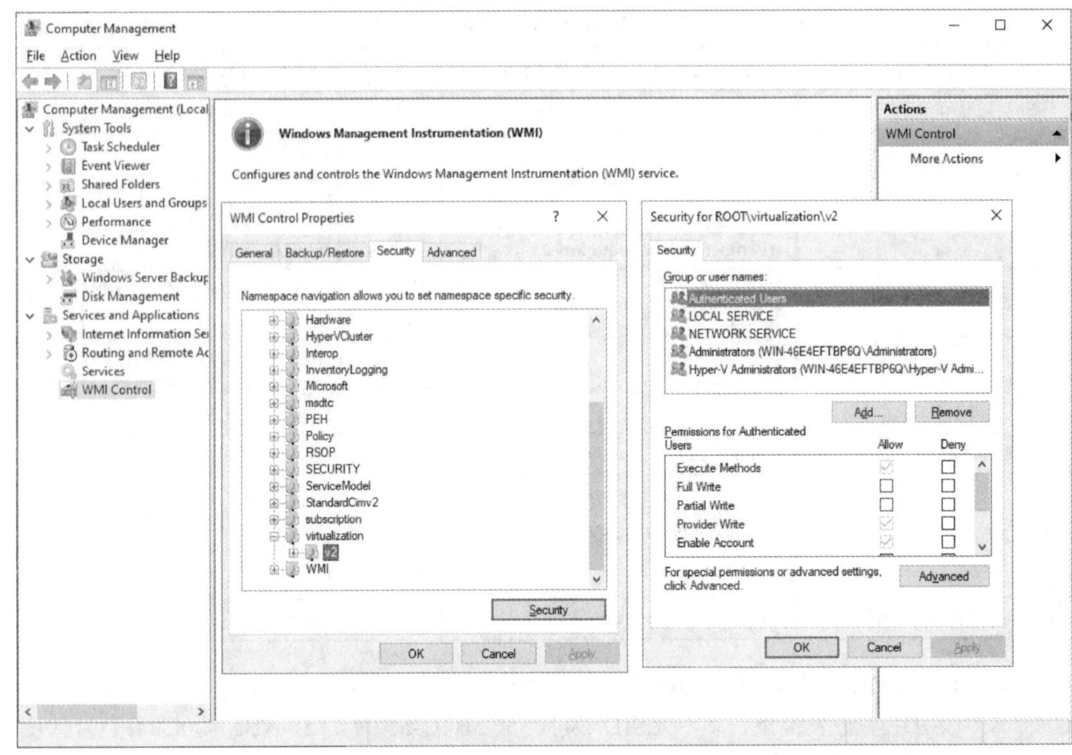

图 10-30　WMI 控件属性应用程序以及 root\virtualization\v2 命名空间的安全选项卡

10.5　Windows 事件跟踪

Windows 事件跟踪（Event Tracing for Windows，ETW）是为应用程序和内核模式驱动程序提供、消费和管理日志与跟踪事件的主要机制。这些事件可以存储在日志文件或循环缓冲区中，也可以实时消费。事件可用于驱动程序、框架（如.NET CLR）或应用程序的调试，并可用于了解它们是否存在潜在的性能问题。ETW 设施主要在 NT 内核中实现，但应用程序也可以使用专用日志记录器，这样就完全不需要切换到内核模式了。使用 ETW 的应用程序主要可分为如下几个类别。

- **控制器（Controller）**。控制器负责启动和停止事件跟踪会话，管理缓冲区池的大小，并负责启用提供程序，这样提供程序即可将事件记录到会话中。控制器的一些例子包括可靠性和性能监视器，以及 Windows 性能工具包（现已包含在 Windows 评估和部署工具包中，下载地址为 https://docs.microsoft.com/windows-hardware/get-started/adk-install）中包含的 XPerf。
- **提供程序（Provider）**。提供程序是一种包含事件跟踪检测机制的应用程序或驱动程序。提供程序会向 ETW 注册一个 GUID（全局唯一标识符），借此定义自己可产生的事件。注册之后，提供程序即可生成事件，控制程序可通过相关跟踪会话启用或禁用这些事件。

- **消费者（Consumer）**。消费者是一种应用程序，它可以选择一个或多个自己想要从中读取跟踪数据的跟踪会话。消费者可以接收存储在日志文件或循环缓冲区中的事件，或从提供事件的会话中实时读取事件。

值得一提的是，在 ETW 中，每个提供程序、会话、特征（trait）和提供程序组都由 GUID 来标识（有关这些概念的详情请参阅下文）。系统在 ETW 的基础上建立了四种用于提供事件的技术，它们的差别主要在于存储和定义事件的方式（不过其他方面也有所差别）。

- MOF（或“经典”）提供程序是一种传统的提供程序，主要被 WMI 使用。MOF 提供程序会将事件描述符存储在 MOF 类中，这样消费者就会知道该如何使用这些事件。
- WPP（Windows 软件跟踪处理器）提供程序用于跟踪应用程序或驱动程序的操作（属于 WMI 事件跟踪的扩展），并使用 TMF（Trace Message Format，跟踪消息格式）文件让消费者解码跟踪事件。
- 基于清单的提供程序会使用 XML 清单文件定义可被消费者解码的事件。
- TraceLogging 提供程序与 WPP 提供程序类似，可用于快速跟踪应用程序或驱动程序的操作，它使用的自描述事件中包含了供控制器使用的所有必要信息。

在首次安装时，Windows 已经包含了数十个提供程序，操作系统的每个组件会使用这些提供程序记录诊断事件和性能跟踪结果。例如，Hyper-V 就有多个提供程序，它们为虚拟机监控程序、动态内存、VID 驱动程序以及虚拟化堆栈提供了跟踪事件。如图 10-31 所示，ETW 是通过多个组件实现的。

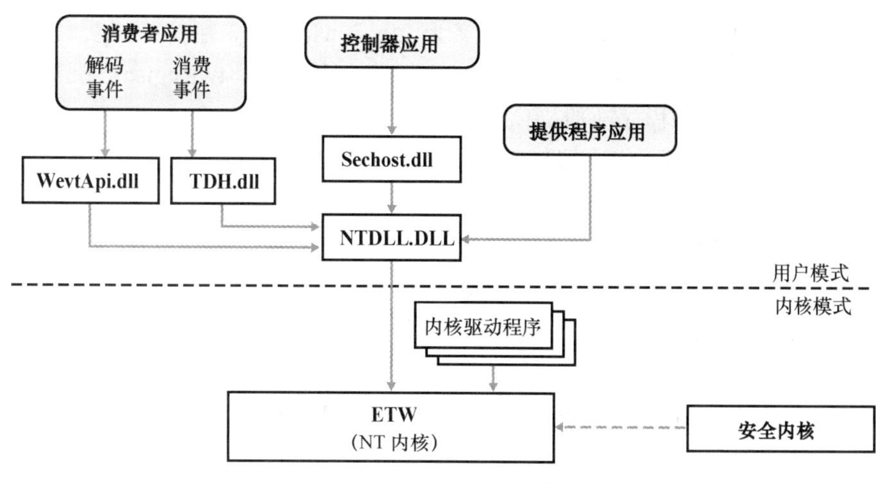

图 10-31　ETW 的架构

- ETW 的大部分实现（全局会话创建、提供程序注册和启用、主日志记录器线程）位于 NT 内核中。
- SCM/SDDL/LSA 查找 API 库宿主（sechost.dll）为应用程序提供创建 ETW 会话，启用提供程序并消费事件所需的主要的用户模式 API。Sechost 使用 Ntdll 提供的服务调用 NT 内核中的 ETW。一些 ETW 用户模式 API 是直接在 Ntdll 中实现的，并未向 Sechost 公开相关功能。例如，提供程序注册和事件生成就是 Ntdll（而非 Sechost）中实现的用户模式功能。

- 事件跟踪解码助手库（TDH.dll）实现了消费者解码 ETW 事件所需的服务。
- 事件消费和配置库（WevtApi.dll）实现了 Windows 事件日志 API（也叫 Evt API），消费者应用程序可借此管理本地和远程计算机中的提供程序和事件。在解析由 ETW 会话产生的事件时，Windows 事件日志 API 支持 XPath 1.0 或结构化 XML 查询。
- 安全内核实现了基本的安全服务，借此即可与 VTL 0 中 NT 内核里运行的 ETW 进行交互。这样，Trustlet 和安全内核即可使用 ETW 记录自己的安全事件。

10.5.1　ETW 初始化

ETW 的初始化始于 NT 内核启动的早期阶段（有关 NT 内核初始化的详情请参阅第 12 章）。该过程由内部 EtwInitialize 函数分为三个阶段进行协调。NT 内核初始化的阶段 0，将调用 EtwInitialize 以正确地分配并初始化每 Silo 的 ETW 专用数据结构，该数据结构将用于存储代表全局 ETW 会话的记录器上下文数组（详见“ETW 会话”一节）。全局会话数量最大值可通过查询 HKLM\System\CurrentControlSet\Control\WMI\EtwMaxLoggers 注册表值获知，具体数量应介于 32 和 256 之间（如果该注册表值不存在，则使用 64 作为默认值）。

在 NT 内核启动过程中，阶段 1 的 IoInitSystemPreDrivers 例程继续进行 ETW 的初始化，并执行下列工作。

1）获取系统启动时间和参考系统时间，并计算 QPC 频率。

2）初始化 ETW 安全密钥，并读取默认会话和提供程序的安全描述符。

3）初始化位于 PRCB 中的每处理器全局跟踪结构。

4）创建实时 ETW 消费者对象类型（名为 EtwConsumer），用户模式实时消费者进程可借此连接到主 ETW 记录器线程和 ETW 注册（内部称之为 EtwRegistration）对象类型，进而可以从用户模式应用程序注册提供程序。

5）注册 ETW 的错误检查回调，借此即可在错误检查转储过程中转储记录器会话数据。

6）根据 HKLM\System\CurrentControlSet\Control\WMI 根键下的 AutoLogger 和 GlobalLogger 注册表值，初始化并启动全局记录器和自动记录器会话。

7）使用 EtwRegister 内核 API 注册各种 NT 内核事件提供程序，例如内核事件跟踪、常规事件提供程序，以及进程、网络、磁盘、文件名、IO、内存提供程序等。

8）发布 ETW 初始化后的 WNF 状态名，表明 ETW 子系统已完成初始化。

9）将 SystemStart 事件同时写入全局跟踪日志和常规事件提供程序。该事件如图 10-32 所示，记录了操作系统的大致启动时间。

10）如果需要，则可加载 FileInfo 驱动程序，该驱动程序向 Superfetch（有关前瞻性内存管理的详细信息请参阅卷 1 第 5 章）提供了有关文件 I/O 的补充信息。

在启动的早期阶段，Windows 注册表和 I/O 子系统尚未完成初始化。因此，ETW 无法直接写入日志文件。在启动过程的后续阶段，在会话管理器（SMSS.exe）正确初始化软件配置单元后，才会真正开始进行 ETW 初始化最后阶段的工作。该阶段的目的仅仅是通知每个已注册的全局 ETW 会话，告诉它们文件系统已就绪，随后它们就可以将 ETW 缓冲区中记录的事件全部刷新到日志文件中。

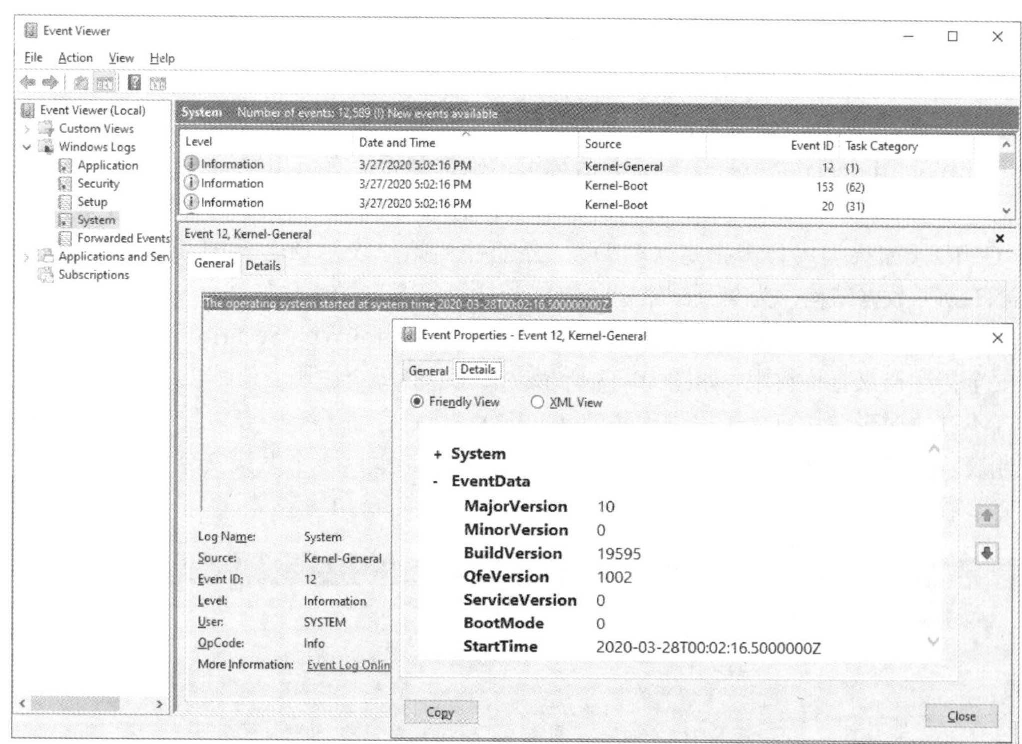

图 10-32 事件查看器中显示的 SystemStart ETW 事件

10.5.2 ETW 会话

会话（session，内部称之为记录器实例）是 ETW 最重要的实体之一，它是提供程序和消费者之间的黏合剂。一个事件跟踪会话可从控制器启用的一个或多个提供程序处记录事件。会话通常包含所需的全部信息，借此可以描述需要将哪个提供程序提供的哪个事件记录起来，以及事件的具体处理方式。例如，某个会话可能会被配置为记录来自 Microsoft-Windows-Hyper-V-Hypervisor 提供程序（在内部，可使用{52fc89f8-995e-434c-a91e-199986449890}这个 GUID 进行标识）的所有事件。用户还可以配置过滤器。提供程序（或提供程序组）生成的每个事件均可根据事件级别（信息、警报、错误、关键）、事件关键字、事件 ID 以及其他特征进行过滤。会话配置还可以定义会话的其他细节，例如，事件时间戳该使用哪种时间来源（如 QPC、TSC 或系统时钟），哪些事件应捕获堆栈跟踪信息等。会话还有一个重要作用：托管 ETW 记录器线程，这是将事件刷新到日志文件或实时提供给消费者的主要实体。

会话可使用 StartTrace API 创建，并使用 ControlTrace 和 EnableTraceEx2 进行配置。一些命令行工具（如 xperf、logman、tracelog 和 wevtutil）可使用这些 API 启动或控制跟踪会话。会话还可配置为创建会话的进程专用的。这种情况下，ETW 只能消费由同一个应用程序（该应用程序同时也是提供程序）创建的事件。这可以帮助应用程序消除内核模式转换相关的开销。专用 ETW 会话只能记录执行自己进程的线程所产生的事件，不能实时传递事件。本书并不涉及专用 ETW 的内部架构。

在创建了全局会话后，StartTrace API 会验证参数并将其复制到一个数据结构中，NtTraceControl API 会使用该数据结构来调用内核中的内部函数 EtwpStartLogger。在内部，

ETW 会话是通过 ETW_LOGGER_CONTEXT 数据结构所表示的，其中包含了指向会话内存缓冲区的重要指针，而事件会被写入这样的缓冲区中。如“ETW 初始化”一节所述，系统支持的 ETW 会话数量是有限的，具体数量存储在全局每 Silo 数据结构内的一个数组中。EtwpStartLogger 会检查该全局会话数组，确定是否还有可用空间或使用相同名称的会话是否已经存在。如果已存在，则它会退出并返回一个错误代码。否则它会生成一个会话 GUID（如果调用方未指定 GUID），分配并初始化表示该会话的 ETW_LOGGER_CONTEXT 数据结构，为其分配索引，再将其插入每 Silo 数组中。

ETW 会根据 HKLM\System\CurrentControlSet\Control\Wmi\Security 注册表键下的会话安全描述符来查询权限。如图 10-33 所示，该键下的每个注册表值都以会话的 GUID 命名（不过注册表键还包含了提供程序的 GUID），其中存储了一种自关联安全描述符的二进制表示。如果会话的安全描述符不存在，则会为会话返回一个默认安全描述符（详见下文“查看 ETW 会话的默认安全描述符”实验）。

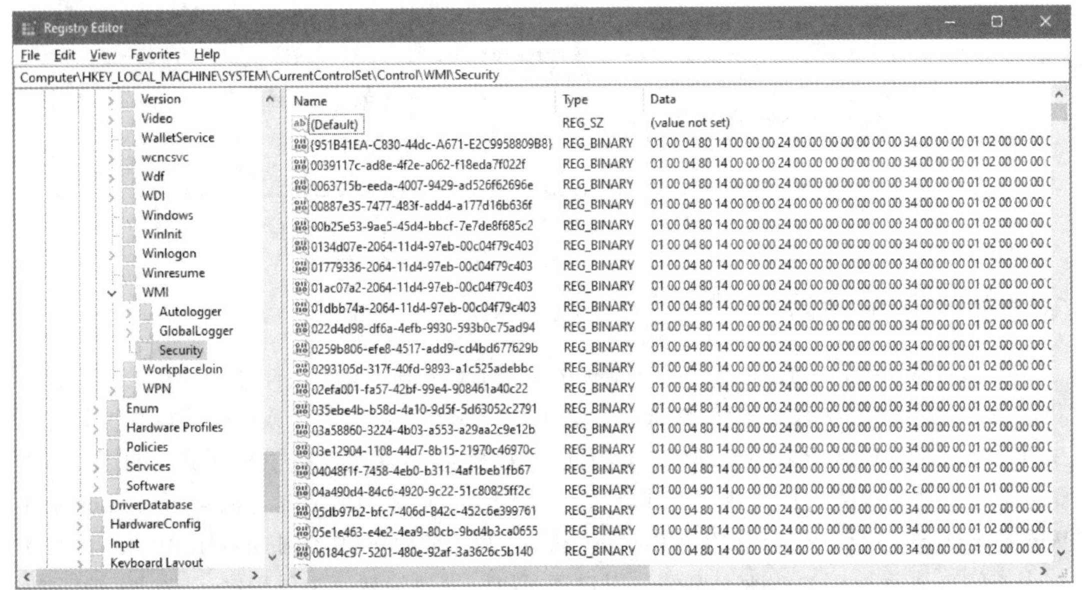

图 10-33　ETW 安全注册表键

EtwpStartLogger 函数会使用当前进程的访问令牌对会话的安全描述符执行访问检查，并检查是否具有 TRACELOG_GUID_ENABLE 访问权限（以及 TRACELOG_CREATE_REALTIME 或 TRACELOG_CREATE_ONDISK 权限，取决于日志文件模式）。如果检查成功，则该例程会计算事件缓冲区的默认大小和数量，这是根据系统物理内存大小计算而来的（默认缓冲区大小为 8 KB、16 KB 或 64 KB）。缓冲区数量取决于处理器数量以及是否存在 EVENT_TRACE_NO_PER_PROCESSOR_BUFFERING 记录器模式标记，该标记可避免（由不同处理器生成的）事件写入每处理器缓冲区。

ETW 会获取会话的初始参考时间戳。目前支持三种时钟精度：查询性能计数器（Query Performance Counter，QPC，一种不受系统时钟影响的高精度时间戳）、系统时钟（system time）以及 CPU 周期计数器（CPU cycle counter）。EtwpAllocateTraceBuffer 函数可将每个缓冲区分配给相关的记录器会话（缓冲区数量可在此之前计算确定，也可以由用户指定）。缓冲区可以从分页池、非分页池或直接从物理大页面分配，这主要取决于记录模式。每个缓冲区都会存储在多个内部每会话列表中，这样即可为 ETW 主记录器函数和 ETW 提供程序提供更快的查找速度。最后，如果日志模式未设置为循环缓冲区，EtwpStartLogger 函数还将启动主 ETW 记录器线程，该线程的作用是将与会话相关的提供程序写入的事件刷新到日志文件，或提供给实时消费者。这个主线程启动后，ETW 会向已注册的会话通知提供程序（GUID 为 2a6e185b-90de-4fc5-826c-9f44e608a427）发送一个会话通知，这个特殊的提供程序可以在某些 ETW 事件发生后（如新会话已创建或已销毁）、新日志文件创建后，或日志出现错误后向自己的消费者发出通知。

实验：枚举 ETW 会话

在 Windows 10 中可通过多种方式枚举活跃的 ETW 会话。在有关 ETW 的这个以及下一个实验中，我们将用到伴随 Windows 评估和部署工具包（ADK）提供的 Windows 性能工具包中的 XPERF 工具。ADK 可从下列地址免费下载：https://docs.microsoft.com/windows-hardware/get-started/adk-install。

活跃 ETW 会话的枚举可通过多种方式进行。如果使用 XPERF，则可执行下列命令（XPERF 通常会被安装到 C:\Program Files (x86)\Windows Kits\10\Windows Performance Toolkit）：

```
xperf -Loggers
```

上述命令的输出结果很长，因此建议将输出结果重定向至一个 TXT 文件：

```
xperf -Loggers > ETW_Sessions.txt
```

该工具可解码所有会话配置数据，并以人工易读形式显示。下列例子显示了 EventLog-Application 会话的相关信息，事件记录器服务（Wevtsvc.dll）会使用该会话写入事件查看器中所有与 Application.evtx 文件有关的数据：

```
Logger Name           : EventLog-Application
Logger Id             : 9
Logger Thread Id      : 000000000000008C
Buffer Size           : 64
Maximum Buffers       : 64
Minimum Buffers       : 2
Number of Buffers     : 2
Free Buffers          : 2
Buffers Written       : 252
Events Lost           : 0
Log Buffers Lost      : 0
Real Time Buffers Lost: 0
Flush Timer           : 1
Age Limit             : 0
Real Time Mode        : Enabled
Log File Mode         : Secure PersistOnHybridShutdown PagedMemory IndependentSession
NoPerProcessorBuffering
Maximum File Size     : 100
Log Filename          :
Trace flags           : "Microsoft-Windows-CertificateServicesClient-Lifecycle-User":0x800
0000000000000:0xff+"Microsoft-Windows-SenseIR":0x8000000000000000:0xff+
... (output cut for space reasons)
```

该工具还可显示会话中启用的每个提供程序的名称，以及提供程序应该记录的事件类别位掩码。有关位掩码（显示在“Trace flags”下）的解读取决于具体的提供程序。例如，提供程序可以定义用类别 1（设置位 0）表示在初始化和清理阶段生成的事件，用类别 2（设置位 1）表示执行注册表 I/O 过程中生成的事件，以此类推。System 会话对 Trace flags 的解读方式略有差异（详见下文“系统记录器”一节）。对于 System 会话，标记将由启用的内核标记进行解码，内核标记指定了系统会话应该记录哪些类型的内核事件。

Windows 性能监视器除了可以处理系统性能计数器，还可以轻松枚举 ETW 会话。打开性能监视器（在搜索框中输入 **perfmon**），展开“**数据收集器集**”，并点击“**事件跟踪会话**”。随后该应用程序会列出与 XPERF 中所示完全相同的会话。右击一个会话的名称并选择“**属性**”，即可查看该会话的各种属性。尤其是“**安全**”属性会列出该 ETW 会话安全描述符的解码结果。

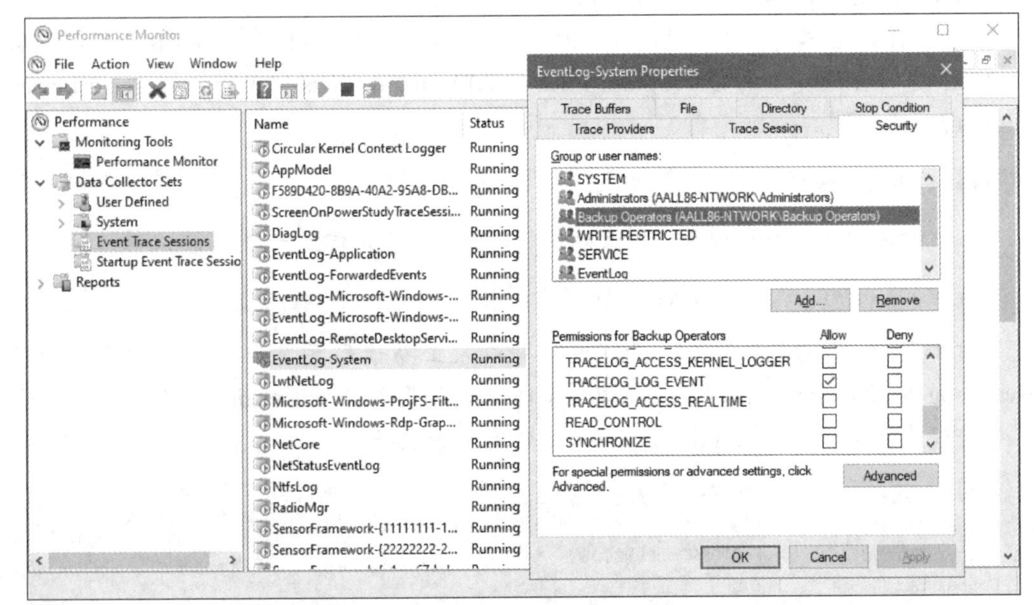

最后，我们也可以使用 Microsoft Logman 控制台工具（%SystemRoot%\System32\logman.exe）枚举活跃的 ETW 会话（使用命令行参数**-ets**）。

10.5.3　ETW 提供程序

如上文所述，提供程序是一种产生事件的组件（而包含提供程序的应用程序通常也包含了事件跟踪检测机制）。ETW 支持不同类型的提供程序，它们有着类似的编程模型（主要差异在于解码事件的方式）。提供程序必须首先向 ETW 注册，随后才能生成事件。通过类似的方式，控制器应用程序可以启用提供程序并将其与 ETW 会话关联，这样才能接收来自提供程序的事件。如果任何会话都未启动某个提供程序，那么这个提供程序将无法生成任何事件。何为启用，何为禁用，具体的解释是由提供程序定义的。一般来说，启用的提供程序可以生成事件，禁用的提供程序无法生成事件。

提供程序的注册

不同类型的提供程序都有自己的 API，需要通过提供程序应用程序（或驱动程序）调用该 API 才能注册提供程序。例如，基于清单的提供程序需要调用 EventRegister API 进行用户模式的注册，需要调用 EtwRegister 进行内核模式的注册。所有类型的提供程序最终都需要调用内部的 EtwpRegisterProvider 函数，由该函数执行实际的注册过程（并在 NT 内核和 NTDLL 中实现）。后者会分配并初始化一个 ETW_GUID_ENTRY 数据结构，该数据结构代表了提供程序（这个数据结构还会用于通知和特征）。该数据结构包含重要信息，如提供程序 GUID、安全描述符、引用计数器、启用信息（每个启用了该提供程序的 ETW 会话），以及提供程序的注册列表。

对于用户模式提供程序的注册，NT 内核会针对调用方进程的令牌执行访问检查，并要求具有 TRACELOG_REGISTER_GUIDS 访问权限。如果检查成功，或如果注册请求源自内核代码，ETW 会将新的 ETW_GUID_ENTRY 数据结构插入全局 ETW 每 Silo 数据结构的一个哈希表中，并以提供程序 GUID 的哈希值作为表键（这样即可快速查找系统中注册的所有提供程序）。如果哈希表中已经存在相同 GUID 的项，则 ETW 会复用现有项而不再新建。导致 GUID 已经存在于哈希表中的原因主要有以下两个。

- 另一个驱动程序或应用程序在提供程序实际注册前就已启用该提供程序（详见下文“提供程序的启用”一节）。
- 该提供程序已经被注册了一次。系统支持同一个提供程序 GUID 的多次注册。

在将提供程序成功加入全局列表后，ETW 会创建并初始化一个 ETW 注册对象，该对象代表了具体的某一个注册。该对象中封装了一个 ETW_REG_ENTRY 数据结构，用于将提供程序与请求注册的进程和会话绑定（ETW 也支持来自不同会话的注册）。该对象会被插入 ETW_GUID_ENTRY（此前初始化 ETW 时，EtwRegistration 对象类型已创建完成，并与 NT 对象管理器注册结束）内部的一个列表中。图 10-34 展示了这两个数据结构以及它们之间的相互关系。在图 10-34 中，两个提供程序的进程（会话 4 中的进程 A，以及会话 16 中的进程 B）已经向提供程序 1 进行了注册。因此，两个 ETW_REG_ENTRY 数据结构已创建，并链接到代表的提供程序 1 的 ETW_GUID_ENTRY。

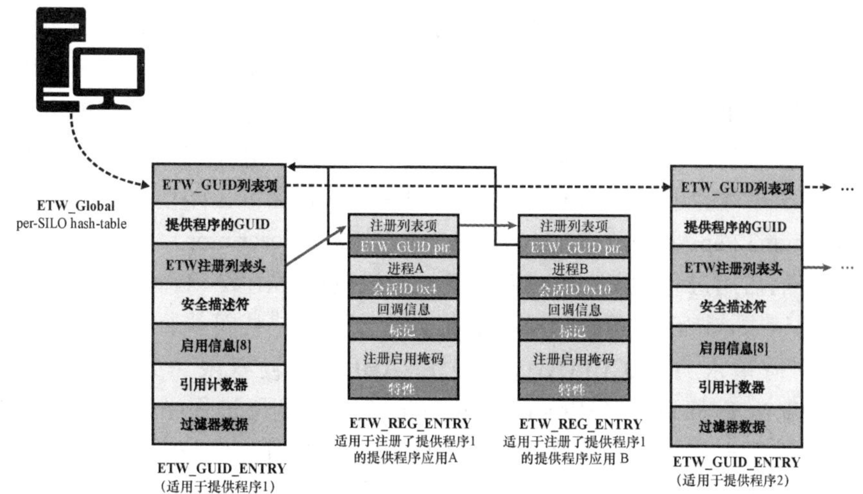

图 10-34 ETW_GUID_ENTRY 数据结构和 ETW_REG_ENTRY

至此，提供程序已注册并已准备好在请求自己的会话中启用（通过 EnableTrace API）。如果在注册前已经有至少一个会话启用了该提供程序，则 ETW 会直接启用（详见下一节）并调用 Enablement 回调，该回调可由启动注册过程的 EventRegister（或 EtwRegister）API 的调用方指定。

实验：枚举 ETW 提供程序

与 ETW 会话类似，XPERF 亦可枚举当前已注册提供程序的列表（Windows 自带的 WEVTUTIL 工具也可以做到）。以管理员身份打开一个命令提示符窗口，并进入 Windows 性能工具包安装路径。要枚举已注册的提供程序，请使用-providers 命令行选项。该选项支持不同的标记。在本实验中，我们主要涉及 I 标记和 R 标记，这两个标记可以让 XPERF 枚举已安装或已注册的提供程序。正如下文“事件解码”一节所述，这两者的区别在于提供程序已注册（通过指定 GUID），但未安装到 HKLM\SOFTWARE\Microsoft\Windows\CurrentVersion\WINEVT\Publishers 注册表键下。这将阻止任何消费者使用 TDH 例程解码事件。下列命令：

```
cd /d "C:\Program Files (x86)\Windows Kits\10\Windows Performance Toolkit"
xperf -providers R > registered_providers.txt
xperf -providers I > installed_providers.txt
```

会产生两个包含类似信息的文本文件。打开 registered_providers.txt 文件可以看到名称和 GUID 的组合。名称标识不仅已注册，同时也已安装到 Publisher 注册表键的提供程序，而 GUID 代表了只通过上文讨论的 EventRegister API 注册过的提供程序。这里出现的所有名称会与相应的 GUID 一起出现在 installed_providers.txt 文件中，但第一个文本文件中列出的 GUID 完全不会出现在第二个文本文件中。

XPERF 还支持使用 K 标记（K 标记是 KF 标记和 KG 标记的超集）枚举系统记录器（详见下文“系统记录器”一节）所支持的全部内核标记和组。

提供程序的启用

在提供程序生成事件之前，必须先与 ETW 会话关联。这个关联过程也叫提供程序启用，可通过两种方式实现：在提供程序注册前启用，或注册后启用。控制器应用程序可通过 EnableTraceEx API 为会话启用提供程序，该 API 可供我们指定一个关键字位掩码，用于确定会话想接收的事件分类。通过相同的方式，该 API 还支持对其他类型数据进行高级过滤，如生成事件的进程 ID、程序包 ID、可执行文件名等（详见 https://docs.microsoft.com/windows/win32/api/evntprov/ns-evntprov-event_filter_descriptor）。

提供程序的启用过程由 ETW 在内核模式下通过内部函数 EtwpEnableGuid 管理。对于用户模式的请求，该函数可针对会话和提供程序安全描述符执行访问检查，并代表调用方进程的令牌请求 TRACELOG_GUID_ENABLE 访问权限。如果记录器会话包含 SECURITY_TRACE 标记，则 EtwpEnableGuid 会要求调用进程必须为 PPL（详见下文“ETW 的安全性”一节）。如果检查成功，则该函数将执行一个与上文讨论的提供程序注册过程类似的任务。

- 分配并初始化一个表示提供程序的 ETW_GUID_ENTRY 数据结构，如果提供程序已注册，则会使用已经链接的全局 ETW 每 Silo 数据结构。
- 在 ETW_GUID_ENTRY 中添加相关会话启用信息，借此将提供程序与记录器会话链接在一起。

如果提供程序尚未注册，也就不存在链接至 ETW_GUID_ENTRY 数据结构的 ETW 注册对象，此时过程将终止（提供程序必须在首次注册后才能启用）。否则提供程序将成功启用。

老旧的 MOF 提供程序和 WPP 提供程序一次只能在一个会话中启用。基于清单的提供程序和 Tracelogging 提供程序最多可以在 8 个会话中启用。如图 10-32 所示，ETW_GUID_ENTRY 数据结构包含每个可能启用了提供程序的 ETW 会话（最多 8 个）的启用信息。EtwpEnableGuid 函数会根据启用的会话计算新的会话启用掩码，并将其存储在 ETW_REG_ENTRY 数据结构中（代表提供程序的注册）。该掩码非常重要，是生成事件的关键。当一个应用程序或驱动程序将事件写入提供程序时，还需要进行一项检查：启用掩码中的某位是否等于 1。若等于 1，则意味着该事件应被写入特定 ETW 会话维持的缓冲区中；若不等于 1，则意味着会话会被跳过，事件不会被写入其缓冲区。

请注意，对于安全会话，在更新提供程序注册所对应的会话启用掩码前，还需要进行一项补充检查。ETW 会话的安全描述符应当允许调用方进程访问令牌的 TRACELOG_LOG_EVENT 访问权限。否则启用掩码中的相关位将不会被设置为 1（目标 ETW 会话将无法收到来自该提供程序注册所产生的任何事件）。有关安全会话的详细信息请参阅下文“安全记录器”一节。

10.5.4 提供事件

在注册了一个或多个 ETW 提供程序后，提供程序即可开始生成事件。请注意，甚至在控制器应用程序还没有机会在 ETW 会话中启用提供程序的情况下，该提供程序也可以生成事件。应用成程序或驱动程序生成事件的方式取决于提供程序的类型。例如，将事件写入基于清单的提供程序的应用程序，通常会直接创建事件描述符（按照 XML 清单的形式），并使用 EventWrite API 将事件写入启用了该提供程序的 ETW 会话。而管理 MOF 和 WPP 提供程序的应用程序通常会使用 TraceEvent API。

如上文“ETW 会话”一节所述，基于清单的提供程序生成的事件可通过多种方式过滤。ETW 会从提供程序注册对象中找到 ETW_GUID_ENTRY 数据结构（该数据结构由应用程序通过一个句柄提供）。随后内部函数 EtwpEventWriteFull 将使用提供程序的注册会话启用掩码在所有与该提供程序（由 ETW_LOGGER_CONTEXT 表示）相关，并且已启用的 ETW 会话之间循环。对于每个会话，会检查事件是否满足所有过滤器的条件。如果满足，则会计算事件载荷的完整大小，并检查该会话的当前缓冲区中是否还有足够的空间。

如果没有足够的可用空间，则 ETW 会检查该会话是否还有其他可用缓冲区：可用缓冲区存储在一个 FIFO（先入先出）队列中。如果有可用缓冲区，则 ETW 会将原先的缓冲器标记为“脏”，并切换至新的可用缓冲区。这样，记录器线程即可唤醒并将整个缓冲区刷新到日志文件中，或交付给实时消费者。如果该会话的日志模式为循环记录器，则不会创建记录器线程：ETW 会直接将已写满的旧缓冲区链接到可用缓冲区队列的末尾（因此队列永远不可能为空）。否则，如果队列中没有可用的缓冲区，则 ETW 会尝试着分配额外的缓冲区，失败后会向调用方返回错误信息。

在找到有足够空间的缓冲区后，EtwpEventWriteFull 会自动将整个事件载荷写入缓冲区并退出。请注意，如果会话的启用掩码为 0，这意味着没有任何会话与该提供程序相关联，此时事件会被丢弃，不会被记录到任何位置。

MOF 事件和 WPP 事件也会经历类似过程，但只支持一个 ETW 会话，并且通常支持的过滤器数量更少。对于此类提供程序，还需要对相关会话进行补充检查：检查控制器应用程序是否将会话标记为安全的，谁也无法向安全会话中写入任何事件。这种情况下会直接向调用方报错（安全会话详见下文“安全记录器”一节）。

实验：使用 ETW 列出进程活动

在这个实验中，我们将使用 ETW 监控系统进程活动。Windows 10 中有两个提供程序可监控此类信息：Microsoft-Windows-Kernel-Process 和具备 PROC_THREAD 内核标记的 NT 内核记录器。本实验将使用前者，这是一种经典提供程序，已经包含解码事件所需的全部信息。我们可以使用多种工具捕获跟踪记录，本实验将使用 XPERF（但也可以使用 Windows 性能监视器）。

打开命令提示符窗口，输入下列命令：

```
cd /d "C:\Program Files (x86)\Windows Kits\10\Windows Performance Toolkit"
xperf -start TestSession -on Microsoft-Windows-Kernel-Process -f c:\process_tr-
ace.etl
```

上述命令会启动一个名为 TestSession 的 ETW 会话（名称可更改），该会话会消费由 Kernel-Process 提供程序生成的事件，并将其存储在 C:\process_trace.etl 日志文件（文件名可更改）中。

要确认该会话已成功启动，请重复上文“枚举 ETW 会话”实验中的步骤（XPERF 和 Windows 性能监视器工具都应该能列出 TestSession 跟踪会话）。随后即可启动一些新的进程或应用程序（例如记事本或画图）。

要停止 ETW 会话，请运行如下命令：

```
xperf -stop TestSession
```

解码 ETL 文件的相关步骤请参阅下文“解码 ETL 文件”实验。Windows 的几乎所有组件都有提供程序，例如 Microsoft-Windows-MSPaint 提供程序可生成与“画图”程序功能有关的事件。我们也可以利用从 MsPaint 提供程序捕获的事件来做这个实验。

10.5.5 ETW 记录器线程

记录器线程是 ETW 中最重要的实体之一。它的主要作用是将事件刷新（Flush）到日志文件或提供给实时消费者，以及跟踪已交付和已丢失事件的数量。每当创建一个新的 ETW 会话时，都会启动一个记录器线程，但前提是该会话未使用循环日志模式。线程记录器的执行逻辑很简单。启动后，它会将自己链接至表示相关 ETW 会话的 ETW_

LOGGER_CONTEXT 数据结构并等待两个主要同步对象。每当属于一个会话的缓冲区被写满（提供程序生成新的事件后可能会发生这种情况，例如上文“提供事件”一节中讨论的那样）时，每当一个新的实时消费者请求连接或每当一个记录器会话即将停止时，ETW 都会向 Flush 事件发出信号。只有当该会话属于实时会话，或用户在调用 StartTrace API 创建新会话时要求明确的情况下，TimeOut 计时器才会被初始化为一个有效值（通常为 1 秒）。

当上述两个同步对象中有一个收到信号时，记录器线程会重置（Rearm）同步对象，并检查文件系统是否就绪。如果未就绪，则主记录器线程会重新返回休眠状态（启动过程的早期阶段，任何会话均无法进行刷新）。否则会开始刷新该会话所属的每个缓冲区，将其中的内容保存到日志文件或交付给实时消费者。

对于实时会话，记录器线程首先会在%SystemRoot%\System32\LogFiles\WMI\RtBackup 文件夹中创建一个临时的每会话 ETL 文件（见图 10-35）。日志文件的名称是通过为实时会话的名称添加“EtwRT”前缀生成的。该文件可用于在交付给实时消费者之前保存临时事件（日志文件还可以保存未能及时交付给消费者而丢失的事件）。启动后，实时自动记录器会从日志文件还原丢失的事件，并将其交付给消费者。

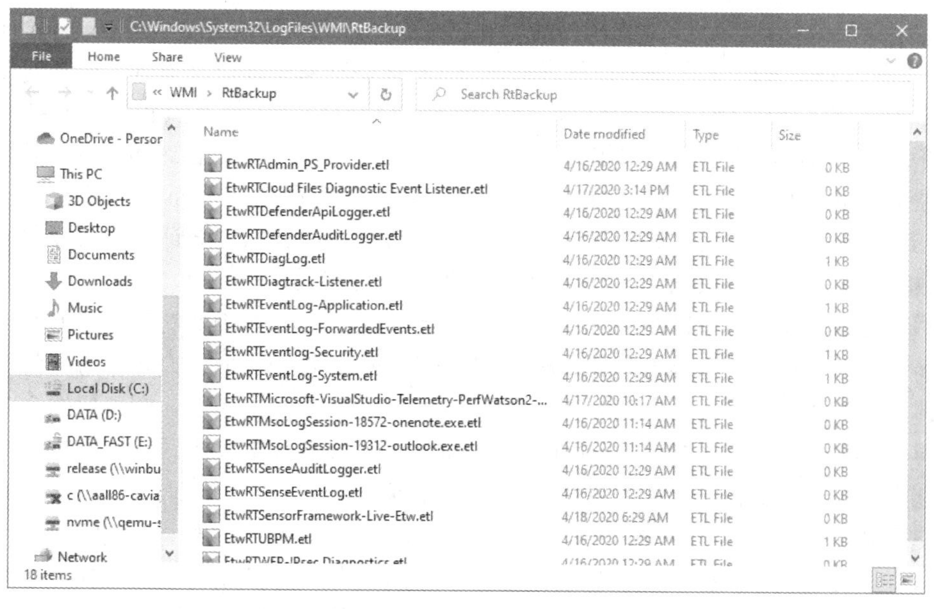

图 10-35 实时临时 ETL 日志文件

记录器线程是唯一能在实时消费者和会话之间建立连接的实体。当消费者首次调用 ProcessTrace API 以便从实时会话接收事件时，ETW 会设置一个新的 RealTimeConsumer 对象，并用它在消费者和实时会话之间创建链接。该对象可以解析为 NT 内核中的一个 ETW_REALTIME_CONSUMER 数据结构，借此即可将事件“注入”消费者的进程地址空间（消费者应用程序提供的另一个用户模式缓冲区）。

对于非实时会话，记录器线程会打开（或创建，如果文件不存在）创建会话的实体指定的初始 ETL 日志文件。如果会话的日志模式指定了 EVENT_TRACE_FILE_MODE_NEWFILE 标记，并且当前日志文件已经到达最大大小，记录器线程还可以创建全新的日志文件。

至此，ETW 记录器线程会将与会话相关的所有缓冲区刷新到当前日志文件（如上文所述，该日志文件可以是实时会话的临时日志文件）。刷新操作在执行过程中会为缓冲区中每条事件添加一个事件头，并使用 NtWriteFile API 将二进制内容写入 ETL 日志文件。对于实时会话，记录器线程下一次被唤醒时，会将临时日志文件中存储的所有事件注入目标用户模式实时消费者应用程序。因此，对实时会话而言，ETW 事件从不会以同步的方式交付。

10.5.6 事件的消费

ETW 中的事件消费几乎完全是由用户模式下的消费者应用程序负责的，这其中也用到了 Sechost.dll 提供的服务。消费者应用程序会使用 OpenTrace API 打开主记录器线程生成的 ETL 日志文件，或通过该 API 与实时记录器建立连接。应用程序可指定事件回调函数，随后在 ETW 消费了一个事件后，都会调用该回调函数。此外，对于实时会话，应用程序还可以提供可选的缓冲区回调函数，该函数可在 ETW 每次刷新缓冲区后接收统计信息，并在每次有一个缓冲区被写满并交付给消费者时调用。

实际的事件消费操作是由 ProcessTrace API 发起的。该 API 适用于标准会话和实时会话，具体模式取决于之前传递给 OpenTrace 的日志文件模式标记。

对于实时会话，该 API 会使用内核模式服务（可通过 NtTraceControl 系统调用访问）验证 ETW 会话是实时会话。NT 内核会验证 ETW 会话的安全描述符是否向调用方进程的令牌授予了 TRACELOG_ACCESS_REALTIME 访问权限。如果不具备这个权限，则该 API 将失败并向控制器应用程序报错。否则会分配一个临时的用户模式缓冲区和位图，借此接收事件并连接到主记录器线程（该线程创建了相关的 EtwConsumer 对象，详见上文“ETW 记录器线程”一节）。连接建立后，该 API 会等待来自会话记录器线程的新数据。数据抵达后，该 API 会枚举每个事件并调用事件回调。

对于常规的非实时 ETW 会话，将由 ProcessTrace API 执行类似的处理，但并不需要连接到记录器线程，只需要打开并解析 ETL 日志文件，逐个读取缓冲区并为找到的每个事件调用事件回调（事件会按时间先后顺序排序）。与每次只能消费一个事件的实时记录器不同，非实时情况下，API 甚至可以与 OpenTrace API 创建的多个跟踪处理程序一同工作，这意味着可以解析来自不同 ETL 日志文件的事件。

使用循环缓冲区的 ETW 会话所产生的事件并不使用上述方法处理（此时并不存在负责转储事件的记录器线程）。通常情况下，当控制器应用程序希望将配置为循环缓冲区的 ETW 会话的当前缓冲区快照转储为日志文件时，会使用 FlushTrace API。该 API 可通过 NtTraceControl 系统调用来调用 NT 内核，借此定位 ETW 会话并验证其安全描述符为调用方进程的访问令牌授予了 TRACELOG_CREATE_ONDISK 访问权限。如果一切正常，并且控制器应用程序指定了有效的日志文件名，则 NT 内核会调用内部 EtwpBufferingModeFlush 例程，借此创建新的 ETL 文件，添加适当的文件头，并写入与该会话相关的所有缓冲区。随后消费者应用程序即可按照上文描述的方式，使用 OpenTrace 和 ProcessTrace API 解析新日志文件中写入的事件。

事件解码

当 ProcessTrace API 检测到 ETW 缓冲区中出现新事件后，会调用通常位于消费者应用程序中的事件回调。为了正确处理事件，消费者应用程序还需要解码事件载荷。事件跟踪解码助手库（TDH.dll）为消费者应用程序提供了解码事件所需的一系列服务。如上文所述，提供程序（或驱动程序）应包含相关信息，这些信息描述了该如何解码已注册提供程序所生成的事件。

根据提供程序类型的不同，这些信息的编码方式各异。例如，基于清单的提供程序会将事件的 XML 描述符编译为二进制文件，并将其存储在它们的提供程序（或驱动程序）的资源节中。在提供程序注册过程中，需要由安装程序在 HKLM\SOFTWARE\Microsoft\Windows\CurrentVersion\WINEVT\Publishers 注册表键下注册提供程序的二进制文件。这对事件解码很重要，特别是出于下列原因。

- 当系统需要将提供程序的名称解析为对应的 GUID 时，需要查询 Publishers 键（从 ETW 的角度来看，提供程序并不需要具备名称）。这样即可让 Xperf 之类的工具能够显示更易读的提供程序名称，而非 GUID。
- 跟踪解码助手库会查询该键以检索提供程序的二进制文件，解析其资源节，并读取事件描述符的二进制内容。

在获得事件描述符后，跟踪解码助手库就通过解析二进制描述符获得了解码事件所需的全部信息，进而可以让消费者应用程序使用 TdhGetEventInformation API 获取事件载荷所包含的全部字段，并正确解读其中关联的所有数据。TDH 为 MOF 和 WPP 提供程序采取了类似过程（TraceLogging 会将所有解码数据纳入载荷中，并使用标准的二进制格式）。

请注意，所有事件都会被 ETW 以原生形式存储在 ETL 日志文件中，该文件采用了一种明确定义的未压缩二进制格式，其中不包含事件解码信息。这意味着如果 ETL 文件被另一个未获得跟踪结果的系统打开，则很可能将无法解码事件。为解决这些问题，事件查看器使用了另一种二进制格式，即 EVTX。该格式包含所有事件及其解码信息，可被其他应用程序更轻松地解析。应用程序可以使用 EvtExportLog 这个 Windows 事件日志 API，将 ETL 文件中包含的事件及其解码信息保存为 EVTX 文件。

实验：解码 ETL 文件

Windows 自带的多个工具可使用 EvtExportLog API 自动转换 ETL 日志文件并包含所有解码信息。在这个实验中，我们将使用 netsh.exe，但 TraceRpt.exe 也有类似功能。

1）打开命令提示符窗口并进入上一个实验（“使用 ETW 列出进程活动”实验）生成的 ETL 文件所在目录，输入：

```
netsh trace convert input=process_trace.etl output=process_trace.txt dump=
txt overwrite=yes
```

2）其中 process_trace.etl 是输入日志文件的名称，process_trace.txt 是解码后的输出文件的名称。

3）打开该文本文件即可看到解码后的事件（一行一个事件）及其描述，例如：

```
[2]1B0C.1154::2020-05-01 12:00:42.075601200 [Microsoft-Windows-Kernel-Process]
Process 1808 started at time 2020 - 05 - 01T19:00:42.075562700Z by parent 6924 running
in session 1 with name \Device\HarddiskVolume4\Windows\System32\notepad.exe.
```

4）从日志中可以看到，可能有少数事件不能完整解码或不包含任何描述。这是因为提供程序清单未包含所需信息（例如 ThreadWorkOnBehalfUpdate 事件）。为了排除这些事件，可以获取不包含响应关键字的跟踪。事件关键字存储在 CSV 或 EVTX 文件中。

5）使用 netsh.exe 通过下列命令生成 EVTX 文件：

```
netsh trace convert input=process_trace.etl output=process_trace.evtx dump=evtx
overwrite=yes
```

6）打开事件查看器，在左侧的控制台树窗格中，右键点击“**事件查看器（本地）**”根节点，选择“**打开保存的日志**”，选择刚创建的 process_trace.evtx 文件并点击打开。

7）在打开保存的日志窗口中为该日志设置一个名称，选择要显示到的文件夹（本例使用了默认名称 process_trace 以及默认的 Saved Logs 文件夹）。

8）随后事件查看器应该会显示该日志文件中的每条事件。点击“**日期和时间**”列可以按照日期和时间以降序排列所有事件（从最老的到最新的）。请使用 **Ctrl+F** 搜索 ProcessStart，找到代表 Notepad.exe 进程成功创建的事件。

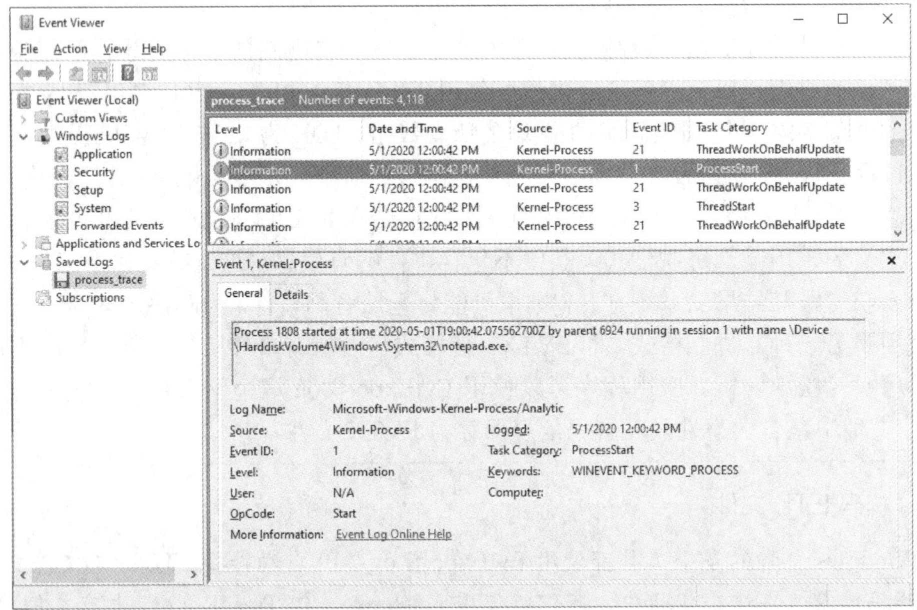

9）ThreadWorkOnBehalfUpdate 事件不包含人工易读的描述，因为噪声太多，因此可以将其从跟踪中排除。如果点击一个此类事件并打开“**详细信息**”选项卡，随后在 **System** 节点下应该可以看到该事件属于 WINEVENT_KEYWORD_WORK_ON_BEHALF 类别，其关键字位掩码被设置为 0x8000000000002000（请注意，关键字的最高 16 位是为微软定义的类别保留的）。64 位 0x8000000000002000 值的 Bitwise NOT（非）运算结果为 0x7FFFFFFFFFFFDFFF。

10）关闭事件查看器，通过 XPERF 使用下列命令捕获另一个跟踪：

```
xperf -start TestSession -on Microsoft-Windows-Kernel-Process:0x7FFFFFFFFFFFDFFF
-f c:\process_trace.etl
```

11）打开注册表或其他应用程序，随后停止跟踪，具体操作可参阅“使用 ETW 列出进程活动”实验。将 ETL 文件转换为 EVTX。这次获得的解码后日志文件应该小很多，并且其中不包含 ThreadWorkOnBehalfUpdate 事件。

10.5.7 系统记录器

至此，我们介绍的都是常规 ETW 会话和提供程序的工作原理。自 Windows XP 开始，ETW 支持系统记录器的概念，借此 NT 内核可以在全局范围内发出日志事件，这种日志不与任何提供程序绑定，通常用于测量性能。截至撰写这部分内容，主要有两种系统记录器可用，它们分别由 NT 内核记录器和循环内核上下文记录器所表示（全局记录器是 NT 内核记录器的子集）。NT 内核记录器最多支持 8 个系统记录器会话。从系统记录器接收事件的每个会话都可视为一个系统会话。

要启动系统会话，应用程序需要使用 StartTrace API，并指定 EVENT_TRACE_SYSTEM_LOGGER_MODE 标记或系统记录器会话的 GUID 作为输入参数。表 10-16 列出了系统记录器及其 GUID。NT 内核中的 EtwpStartLogger 函数可以识别该标记或特殊 GUID，并针对 NT 内核记录器安全描述符进行一项额外检查，代表调用方进程安全令牌请求 TRACELOG_GUID_ENABLE 访问权限。如果检查通过，则 ETW 会计算系统记录器索引，并更新记录器组掩码和系统全局性能组掩码。

表 10-16 系统记录器

索引	名称	GUID	符号
0	NT 内核记录器	{9e814aad-3204-11d2-9a82-006008a86939}	SystemTraceControlGuid
1	全局记录器	{e8908abc-aa84-11d2-9a93-00805f85d7c6}	GlobalLoggerGuid
2	循环内核上下文记录器	{54dea73a-ed1f-42a4-af71-3e63d056f174}	CKCLGuid

上述最后一步是系统记录器正常工作的关键。很多底层系统函数可以在高 IRQL 下运行（如 Context Swapper），解析分析性能组掩码并决定是否将一个事件写入系统记录器。控制器应用程序可以为系统记录器启用或禁用不同的事件记录，为此只需要修改 StartTrace API 和 ControlTrace API 使用的 Enableflags 位掩码。系统记录器记录的事件在内部会以明确定义的顺序存储在全局性能组掩码中。该掩码由 8 个 32 位值的数组组成，数组中的每个索引都表示一个事件集。系统事件集（也叫组）可使用 Xperf 工具来枚举。表 10-17 列出了系统记录器事件及其在不同组的分类。大部分系统记录器事件的详细信息可参阅 https://docs.microsoft.com/windows/win32/api/evntrace/ns-evntrace-event_trace_properties。

表 10-17 系统记录器事件（内核标记）及其组

名称	描述	组
ALL_FULTS	所有页面错误，包括硬错误、写入时复制、需要零错误等	无
ALPC	高级本地过程调用	无
CACHE_FLUSH	缓存刷新事件	无
CC	缓存管理器事件	无
CLOCKINT	时钟中断事件	无
COMPACT_CSWITCH	紧凑上下文切换	Diag
CONTMEMGEN	持续内存生成	无
CPU_CONFIG	NUMA 拓扑、处理器组和处理器索引	无
CSWITCH	上下文切换	IOTrace

续表

名称	描述	组
DEBUG_EVENTS	调试器调度事件	无
DISK_IO	磁盘 I/O	无
DISK_IO_INIT	磁盘 I/O 初始化	无
DISPATCHER	CPU 调度器	无
DPC	DPC 事件	Diag、DiagEasy 和 Latency
DPC_QUEUE	DPC 队列事件	无
DRIVERS	驱动程序事件	无
FILE_IO	文件系统操作结束时间和结果	FileIO
FILE_IO_INIT	文件系统操作（创建/打开/关闭/读取/写入）	FileIO
FILENAME	文件名（如文件名创建/删除/断开）	无
FLT_FASTIO	微型过滤器 Fastio 回调完成	无
FLT_IO	微型过滤器回调完成	无
FLT_IO_FAILURE	微型过滤器回调完成但有错误	无
FLT_IO_INIT	微型过滤器回调初始化	无
FOOTPRINT	支持足迹分析	ReferenceSet
HARD_FAULTS	硬页面错误	除 SysProf 和 Network 外的所有组
HIBERRUNDOWN	休眠时断开	无
IDLE_STATES	CPU 闲置状态	无
INTERRUPT	中断事件	Diag、DiagEasy 和 Latency
INTERRUPT_STEER	中断转向事件	Diag、DiagEasy 和 Latency
IPI	处理器间中断事件	无
KE_CLOCK	时钟配置事件	无
KQUEUE	内核队列入队/出队	无
LOADER	内核和用户模式映像加载/卸载事件	Base
MEMINFO	内存列表信息	Base、ResidentSet 和 ReferenceSet
MEMINFO_WS	工作集信息	Base 和 ReferenceSet
MEMORY	内存跟踪	ResidentSet 和 ReferenceSet
NETWORKTRACE	网络事件（如 TCP/UDP 发送/接收）	Network
OPTICAL_IO	光学 I/O	无
OPTICAL_IO_INIT	光学 I/O 初始化	无
PERF_COUNTER	进程性能计数器	Diag 和 DiagEasy
PMC_PROFILE	PMC 采样事件	无
POOL	池跟踪	无
POWER	电源管理事件	ResumeTrace
PRIORITY	优先级变更事件	无
PROC_THREAD	进程和线程创建/删除	Base
PROFILE	CPU 采样配置文件	SysProf
REFSET	支持足迹分析	ReferenceSet
REG_HIVE	注册表配置单元跟踪	无
REGISTRY	注册表跟踪	无

续表

名称	描述	组
SESSION	会话断开/创建/删除事件	ResidentSet 和 ReferenceSet
SHOULDYIELD	协调 DPC 机制跟踪	无
SPINLOCK	自旋锁碰撞	无
SPLIT_IO	拆分 I/O	无
SYSCALL	系统调用	无
TIMER	计时器设置和过期	无
VAMAP	MapFile 信息	ResidentSet 和 ReferenceSet
VIRT_ALLOC	虚拟分配保留和释放	ResidentSet 和 ReferenceSet
WDF_DPC	WDF DPC 事件	无
WDF_INTERRUPT	WDF 中断事件	无

当系统会话启动时，事件会被立即记录，无须启用任何提供程序。这意味着消费者应用程序无法以常规的方式对事件进行解码。基于事件类型，系统记录器事件使用了一种精确的事件编码格式（名为 NTPERF）。大部分代表不同 NT 内核记录器事件的数据结构都在 Windows 平台 SDK 文档中有详细记录。

实验：使用内核记录器跟踪 TCP/IP 活动

在这个实验中，我们将使用 Windows 性能监视器监听系统记录器生成的网络活动事件。正如“枚举 ETW 会话”实验中介绍的那样，这个图形化工具不仅可以获取来自系统性能计数器的数据，还能启动、停止和管理 ETW 会话（包括系统会话）。要启用内核记录器并让它为 TCP/IP 活动生成日志文件，请执行如下操作。

1）运行性能监视器（在搜索框中输入 **perfmon**）并点击“**数据收集器集，用户定义**”。

2）右击“**用户定义**”，选择“**新建**”，随后选择“**数据收集器集**”。

3）为该数据收集器集设置一个名称（例如“Experiment”），选择“**手动创建（高级）**”，随后点击“**下一页**”。

4）在随后出现的对话框中，选择“**创建数据日志**”，选中“**事件跟踪数据**”，再点击“**下一页**”。在提供程序选项中点击“**添加**”，再选择 **Windows Kernel Trace**。点击“**确定**”。在属性列表中选择“**关键字（任意）**”，随后点击“**编辑**”。

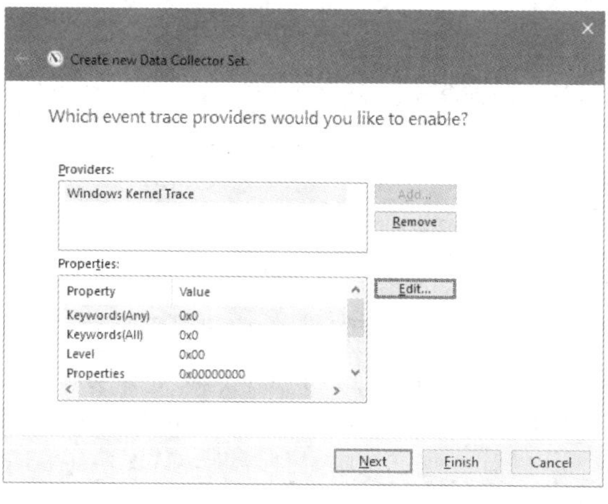

5）在随后显示的属性窗口中，选中“**自动**”，然后只选择对应 Network TCP/IP 的“**net**”，再点击“**确定**”。

6）点击“**下一页**”，选择日志文件的保存位置。如果将该数据收集器命名为“Experiment”，默认情况下，位置为%SystemDrive%\PerfLogs\Admin\experiment\。点击“**下一页**”，并在身份文本框中输入 Administrator 账户名和正确的密码。点击“**完成**”，然后应该可以看到类似下图所示的窗口。

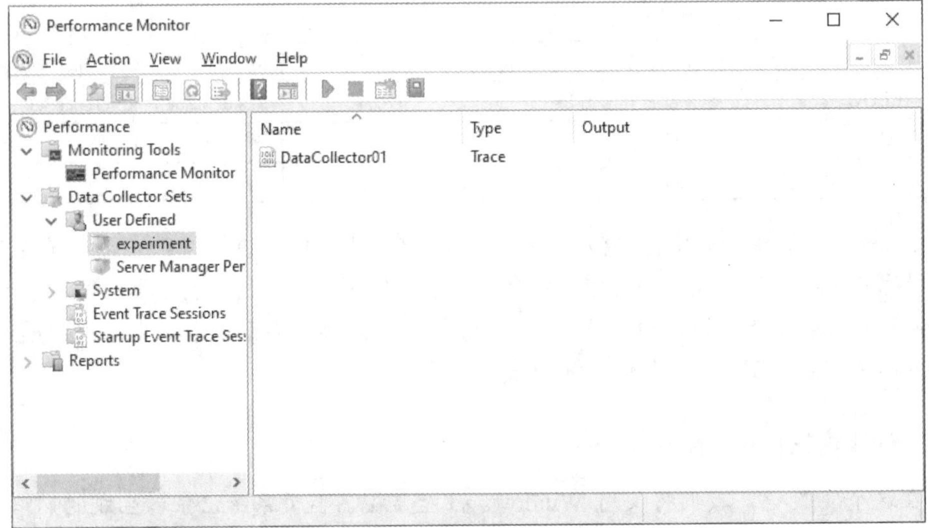

7）右击这个数据收集器集的名称（本例中为“Experiment”），点击“**开始**”。随后打开浏览器并访问一些网页，借此生成一些网络活动。

8）再次右击该数据收集器集节点，选择“**停止**”。

接下来按照上文“解码 ETL 文件”实验中列出的步骤解码所获得的 ETL 跟踪文件，可以发现，读取结果的最佳方式是使用 CSV 文件类型。这是因为系统会话并不包含任何事件的解码信息，因此，netsh.exe 无法通过适当方法解码 EVTX 文件中表示这些事件的自定义数据结构。

最后，我们可以借助 XPERF 工具使用下列命令重复该实验（可选：将 C:\network.etl 文件替换为自己希望使用的其他名称）：

```
xperf -on NETWORKTRACE -f c:\network.etl
```

停止系统跟踪会话并转换获得的跟踪文件后，将能看到与性能监视器中类似的事件。

全局记录器和自动记录器

一些记录器会话会在系统启动时自启动。全局记录器（global logger）会话可记录在操作系统启动早期阶段发生的事件，包括 NT 内核记录器所生成的事件（全局记录器实际上是一种系统记录器，详见表 10-16）。应用程序和设备驱动程序可以使用全局记录器会话记录用户登录前产生的跟踪（某些设备驱动程序，如磁盘设备驱动程序，无法在全局记录器会话开始时加载）。全局记录器主要用于捕获 NT 内核提供程序（详见表 10-17）产生的跟踪，而自动记录器（autologger）可捕获来自经典 ETW 提供程序（而不是来自 NT 内核记录器）的跟踪。

我们可以通过注册表中的 GlobalLogger 键配置全局记录器，该键位于 HKLM\SYSTEM\CurrentControlSet\Control\WMI 根键下。通过类似的方式，也可以创建与登录会话同名的注册表子键 Autologger（位于 WMI 根键下）来配置自动记录器。配置和启动自动记录器的详细过程请参阅 https://docs.microsoft.com/windows/win32/etw/configuring-and-starting-an-Autologger-session。

正如上文“ETW 初始化”一节所述，在 NT 内核初始化的阶段 1 期间，ETW 会几乎同时启动全局记录器和自动记录器。内部函数 EtwStartAutoLogger 会从注册表中查询所有记录器配置数据，并对其进行验证，随后使用 EtwpStartLogger 例程创建记录器会话（该例程的详细信息请参阅“ETW 会话”一节）。全局记录器是一种系统记录器，因此在会话创建完成后，不会再进一步启用提供程序。与全局记录器不同，自动记录器需要启用提供程序，为此需要从 Autologger 注册表键枚举每个会话的名称。会话创建完成后，ETW 会枚举为该会话启用的提供程序，这些提供程序以注册表子键的形式包含在 Autologger 键下（提供程序可通过 GUID 来识别）。图 10-36 展示了 EventLog-System 会话中启用的多个提供程序。该会话是 Windows 事件查看器中显示的 Windows 主要日志之一（由 Event Logger 服务捕获）。

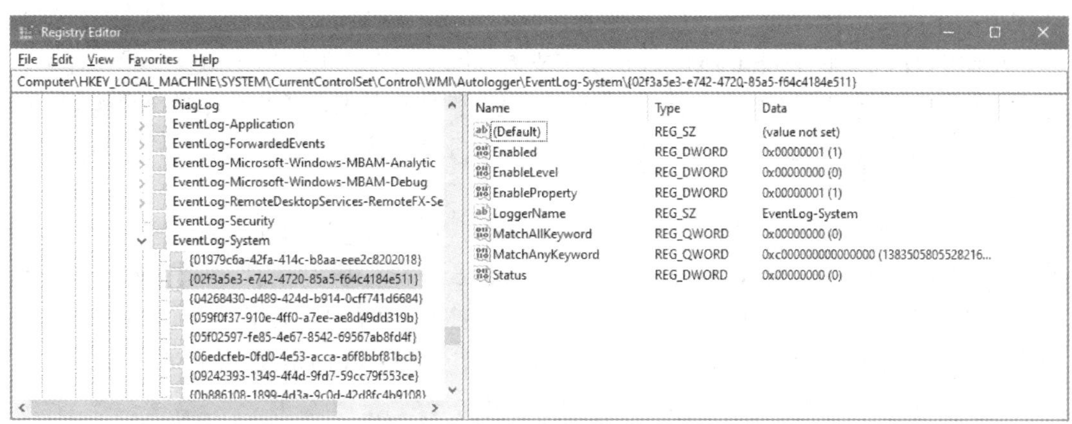

图 10-36　EventLog-System 自动记录器中启用的提供程序

提供程序的配置数据验证完毕后，即可通过内部函数 EtwpEnableTrace 在会话中启用提供程序，这与 ETW 会话中的做法类似。

10.5.8　ETW 的安全性

ETW 会话的启动和停止被视为一种高特权操作，因为事件中可能包含可利用系统完整性的系统数据（对于系统记录器来说，这种情况尤为重要）。Windows 安全模型通过扩展可以为 ETW 的安全性提供支持。正如上文所述，ETW 执行的每个操作都需要一个明确定义的访问权限，该权限需要由保护会话、提供程序或提供程序组（取决于具体操作）的安全描述符来赋予。表 10-18 列出了 ETW 中引入的所有新访问权限及其用途。

表 10-18 ETW 安全访问权限及其用途

值	描述	适用于
WMIGUID_QUERY	可供用户查询与跟踪会话有关的信息	会话
WMIGUID_NOTIFICATION	可供用户向会话的通知提供程序发送通知	会话
TRACELOG_CREATE_REALTIME	可供用户启动或更新实时会话	会话
TRACELOG_CREATE_ONDISK	可供用户启动或更新向日志文件写入事件的会话	会话
TRACELOG_GUID_ENABLE	可供用户启用提供程序	提供程序
TRACELOG_LOG_EVENT	如果会话运行在安全模式下，可供用户将事件记录至跟踪会话	会话
TRACELOG_ACCESS_REALTIME	可供消费者应用程序实时消费事件	会话
TRACELOG_REGISTER_GUIDS	可供用户注册提供程序（创建由 ETW_REG_ENTRY 数据结构支持的 EtwRegistration 对象）	提供程序
TRACELOG_JOIN_GROUP	可供用户向提供程序组插入基于清单的提供程序或 Tracelogging 提供程序（属于 ETW 特征的一部分，本书未涉及）	提供程序

大部分 ETW 访问权限会自动授予 SYSTEM 账户，以及 Administrators、Local Service 和 Network Service 组的成员。这意味着普通用户不允许与 ETW 交互（除非会话和提供程序的安全描述符明确允许）。为解决该问题，Windows 提供了一个 Performance Log Users 组，按照设计，该组可以让普通用户与 ETW 交互（尤其是可以控制跟踪会话）。虽然默认安全描述符将所有 ETW 访问权限都授予了 Performance Log Users 组，但 Windows 还为另一个组 Performance Monitor Users 提供了支持，该组在设计上只用于向会话通知提供程序收发通知。这是因为该组在设计上可以访问系统性能计数器，可以通过诸如性能监视器和资源监视器等工具进行枚举，但无法访问完整的 ETW 事件。这两个工具的详细信息请参阅卷 1 第 1 章。

正如上文“ETW 会话”一节所述，所有 ETW 安全描述符均以一种二进制格式存储在 HKLM\System\ CurrentControlSet\Control\Wmi\Security 注册表键下。在 ETW 中，一切可由 GUID 表示的东西均可使用自定义的安全描述符加以保护。为了管理 ETW 安全性，应用程序通常并不直接与存储在注册表中的安全描述符交互，而是会使用 Sechost.dll 中实现的 EventAccessControl 和 EventAccessQuery API。

实验：查看 ETW 会话的默认安全描述符

借助内核调试器可以轻松查看与 ETW 会话相关，但没有明确指定的默认安全描述符。在这个实验中，我们需要一台运行 Windows 10 的计算机，以及通过内核调试器附加并连接的主机系统。或者也可以使用本地内核调试器或 LiveKd（下载地址：https://docs.microsoft.com/sysinternals/downloads/livekd）。配置了正确的符号后，即可使用下列命令转储默认安全描述符：

```
!sd poi(nt!EtwpDefaultTraceSecurityDescriptor)
```

随后应该能看到类似下列输出结果（为节约版面，输出内容有所删减）：

```
->Revision: 0x1
->Sbz1    : 0x0
->Control : 0x8004
```

```
              SE_DACL_PRESENT
              SE_SELF_RELATIVE
  ->Owner    : S-1-5-32-544
  ->Group    : S-1-5-32-544
  ->Dacl     :
  ->Dacl     : ->AclRevision: 0x2
  ->Dacl     : ->Sbz1       : 0x0
  ->Dacl     : ->AclSize    : 0xf0
  ->Dacl     : ->AceCount   : 0x9
  ->Dacl     : ->Sbz2       : 0x0
  ->Dacl     : ->Ace[0]: ->AceType: ACCESS_ALLOWED_ACE_TYPE
  ->Dacl     : ->Ace[0]: ->Aceflags: 0x0
  ->Dacl     : ->Ace[0]: ->AceSize: 0x14
  ->Dacl     : ->Ace[0]: ->Mask : 0x00001800
  ->Dacl     : ->Ace[0]: ->SID: S-1-1-0

  ->Dacl     : ->Ace[1]: ->AceType: ACCESS_ALLOWED_ACE_TYPE
  ->Dacl     : ->Ace[1]: ->Aceflags: 0x0
  ->Dacl     : ->Ace[1]: ->AceSize: 0x14
  ->Dacl     : ->Ace[1]: ->Mask : 0x00120fff
  ->Dacl     : ->Ace[1]: ->SID: S-1-5-18

  ->Dacl     : ->Ace[2]: ->AceType: ACCESS_ALLOWED_ACE_TYPE
  ->Dacl     : ->Ace[2]: ->Aceflags: 0x0
  ->Dacl     : ->Ace[2]: ->AceSize: 0x14
  ->Dacl     : ->Ace[2]: ->Mask : 0x00120fff
  ->Dacl     : ->Ace[2]: ->SID: S-1-5-19

  ->Dacl     : ->Ace[3]: ->AceType: ACCESS_ALLOWED_ACE_TYPE
  ->Dacl     : ->Ace[3]: ->Aceflags: 0x0
  ->Dacl     : ->Ace[3]: ->AceSize: 0x14
  ->Dacl     : ->Ace[3]: ->Mask : 0x00120fff
  ->Dacl     : ->Ace[3]: ->SID: S-1-5-20

  ->Dacl     : ->Ace[4]: ->AceType: ACCESS_ALLOWED_ACE_TYPE
  ->Dacl     : ->Ace[4]: ->Aceflags: 0x0
  ->Dacl     : ->Ace[4]: ->AceSize: 0x18
  ->Dacl     : ->Ace[4]: ->Mask : 0x00120fff
  ->Dacl     : ->Ace[4]: ->SID: S-1-5-32-544
  ->Dacl     : ->Ace[5]: ->AceType: ACCESS_ALLOWED_ACE_TYPE
  ->Dacl     : ->Ace[5]: ->Aceflags: 0x0
  ->Dacl     : ->Ace[5]: ->AceSize: 0x18
  ->Dacl     : ->Ace[5]: ->Mask : 0x00000ee5
  ->Dacl     : ->Ace[5]: ->SID: S-1-5-32-559

  ->Dacl     : ->Ace[6]: ->AceType: ACCESS_ALLOWED_ACE_TYPE
  ->Dacl     : ->Ace[6]: ->Aceflags: 0x0
  ->Dacl     : ->Ace[6]: ->AceSize: 0x18
  ->Dacl     : ->Ace[6]: ->Mask : 0x00000004
  ->Dacl     : ->Ace[6]: ->SID: S-1-5-32-558
```

我们可以使用 Psgetsid 工具（下载地址为 https://docs.microsoft.com/sysinternals/downloads/psgetsid），将 SID 转换为人工易读的名称。从上述输出结果可以看到，所有 ETW 访问权限均已授予 SYSTEM（S-1-5-18）、LOCAL SERVICE（S-1-5-19）、NETWORK SERVICE（S-1-5-18）以及 Administrators（S-1-5-32-544）组。如上文所述，Performance Log Users 组（S-1-5-32-559）几乎拥有所有 ETW 访问权限，而 Performance Monitor Users 组（S-1-5-32-558）只具备会话的默认安全描述符所授予的 WMIGUID_NOTIFICATION 访问权限。

```
C:\Users\andrea>psgetsid64 S-1-5-32-559

PsGetSid v1.45 - Translates SIDs to names and vice versa
Copyright (C) 1999-2016 Mark Russinovich

Sysinternals - www.sysinternals.com

Account for AALL86-LAPTOP\S-1-5-32-559:
Alias: BUILTIN\Performance Log Users
```

安全审核记录器

安全审核记录器（security audit logger）是一种 ETW 会话，Windows Event logger 服务（wevtsvc.dll）会使用它来监听 Security Lsass 提供程序生成的事件。Security Lsass 提供程序（GUID 为{54849625-5478-4994-a5ba-3e3b0328c30d}）只能由 NT 内核在 ETW 初始化过程中注册，永远不会插入全局提供程序的哈希表中。只有将 EnableSecurityProvider 注册表值配置为 1 的安全审核记录器和自动记录器可以从 Security Lsass 提供程序接收事件。当内部函数 EtwStartAutoLogger 遇到设置为 1 的这个值后，便会启用相关 ETW 会话的 SECURITY_TRACE 标记，将会话添加到可接收安全审核事件的记录器列表中。

该标记还会产生一个重要影响：用户模式应用程序将无法继续查询、停止、刷新或控制会话，除非应用程序以受保护进程轻型（Antimalware、Windows 或 WinTcb 级别）形式运行（有关受保护进程的详情请参阅卷 1 第 3 章）。

安全记录器

经典（MOF）和 WPP 提供程序在设计上并不能支持基于清单的提供程序和 Tracelogging 提供程序所实现的所有安全功能。因此，可以使用 EVENT_TRACE_SECURE_MODE 标记创建自动记录器或通用 ETW 会话，借此将会话标记为安全的。安全会话意在确保自己只从可信赖的实体接收事件。该标记的影响主要有以下两个。

- 防止经典（MOF）和 WPP 提供程序将事件写入安全会话。如果安全会话中启用了经典提供程序，则该提供程序将无法生成任何事件。
- 要求补充 TRACELOG_LOG_EVENT 访问权限，该权限由会话的安全描述符授予控制器应用程序的访问令牌，同时会在安全会话中启用提供程序。

TRACE_LOG_EVENT 访问权限可用于在会话的安全描述符中指定更细化的安全设置。如果安全描述符只向一个不受信任的用户授予 TRACELOG_GUID_ENABLE，并且 ETW 会话由另一个实体（内核驱动程序或更高特权的应用程序）创建为安全会话，那么这个不受信任的用户将无法在安全会话中启用任何提供程序。如果该会话是非安全会话，那么这个不受信任的用户就可以在其中启用任何提供程序。

10.6 动态跟踪

如上文所述，Windows 事件跟踪（ETW）是 Windows 在操作系统中集成的一种强大的跟踪技术，但它是静态的，意味着最终用户只能跟踪和记录由操作系统或第三方框架/应用程序（如.NET CLR）妥善定义的组件所产生的事件。为了打破这一限制，Windows 10 的 2019 年 5 月更新（19H1）引入了 DTrace，这是 Windows 自带的一种动态跟踪技术。管理员可以使用 DTrace 针对正在运行的系统检查用户程序和操作系统自身的行为。DTrace 是一种开源技术，最初为 Solaris 操作系统（及其后续版本 illumos，它们均是基于 UNIX 的）开发，现已移植到 Windows 之外的很多操作系统。

DTrace 可以在用户关注的某些位置（这些位置也叫探针，Probe）动态地监测操作系统和用户应用程序的某些部分。探针是一种二进制代码位置或活动，当它被触发时，DTrace 可以绑定一个请求进而执行一系列活动，例如记录消息、捕获堆栈跟踪或时间戳等。启动探针后，DTrace 会收集来自探针的数据，并执行与探针相关的活动。探针和活动均可通过脚本文件使用 D 编程语言来指定（或直接在 DTrace 应用程序中通过命令行指定）。对探针的支持是由名为提供程序的内核模块提供的。最初的 illumos DTrace 支持约 20 个提供程序，这些提供程序与基于 UNIX 的操作系统紧密相联。在撰写这部分内容时，Windows 可支持下列提供程序。

- **SYSCALL**：用于跟踪从用户模式应用程序和内核模式驱动程序（通过 Zw* API）发出的 OS 系统调用（进入和退出）。
- **FBT**（函数边界跟踪）：借助 FBT，系统管理员可以跟踪在 NT 内核中运行的所有模块中所实现的各个函数的执行情况。
- **PID**（用户模式进程跟踪）：该提供程序与 FBT 类似，可用于跟踪用户模式进程和应用程序中的函数。
- **ETW**（Windows 事件跟踪）：DTrace 可使用该提供程序附加至 ETW 引擎发出的基于清单的事件和 TraceLogging 事件。DTrace 可以定义新的 ETW 提供程序并通过 etw_trace 操作（不属于任何提供程序）提供相关的 ETW 事件。
- **PROFILE**：提供与基于时间的中断相关的探针，每隔指定的固定时间触发。
- **DTRACE**：内置提供程序，在 DTrace 引擎中隐式启用。

上述提供程序可供系统管理员动态跟踪 Windows 操作系统和用户模式应用程序的几乎所有组件。

注意 Windows 中的第一版 DTrace 出现在 Windows 10 的 2019 年 5 月更新中，该版本与目前的稳定版（截至撰写这部分内容，包含在 Windows 10 的 2021 年 5 月更新中）有较大差异。其中最明显的差异在于：第一版需要设置内核调试器才能启用 FBT 提供程序。此外，在第一版 DTrace 中，ETW 提供程序并不完全可用。

实验：启用 DTrace 并列出已安装的提供程序

在这个实验中，我们将安装并启用 DTrace，随后列出可动态跟踪各种 Windows 组件的提供程序。我们需要一台运行 Windows 10 的 2020 年 5 月更新（20H1）或后续版本的计算机。按照微软文档（https://docs.microsoft.com/windows-hardware/drivers/devtest/DTrace）的说明，首先需要启用 DTrace，为此请以管理员身份打开命令提示符窗口，然后输入下列命令（如果 BitLocker 已启用，请先将其禁用）：

```
bcdedit /set dtrace ON
```

随后下载并安装 DTrace 软件包（https://www.microsoft.com/download/details.aspx?id=100441）。重启动计算机（或虚拟机），随后以管理员身份打开命令提示符窗口（在搜索框中输入 **CMD** 并选择“**以管理员身份运行**”）。运行下列命令（可将 providers.txt 替换为自己希望使用的其他文件名）:

```
cd /d "C:\Program Files\Dtrace"
dtrace -l > providers.txt
```

打开生成的文件（本例中为 providers.txt）。如果 DTrace 已成功安装并启用，则应该能在输出文件中看到探针和提供程序（DTrace、syscall 和 ETW）列表。探针由 ID 和人工易读的名称组成。这个人工易读的名称则由四部分组成，每部分可能存在，也可能不存在，这主要取决于提供程序本身。一般来说，提供程序会尽可能遵守相关约定的要求，但某些情况下，每部分的含义也可能超出最初的定义。

- **提供程序（Provider）**：发布该探针的 DTrace 提供程序的名称。
- **模块（Module）**：如果该探针对应程序中的某个特定位置，那么这部分表示探针所在模块的名称。模块仅供 PID（上述 DTrace -l 命令的输出结果并未包含 PID 信息）和 ETW 提供程序使用。
- **函数（Function）**：如果该探针对应程序中的某个特定位置，那么这部分表示探针所在程序函数的名称。
- **名称（Name）**：探针名称的最后一部分表示探针在语义方面的某些含义，例如 BEGIN 或 END。

在写出探针完整的人工易读名称时，名称的不同部分会使用冒号隔开，例如:

```
syscall::NtQuerySystemInformation:entry
```

上述名称指定了对 Syscall 提供程序提供 NtQueryInformation 函数项进行的探测。请注意，上述例子中的模块名称是空的，因为 Syscall 提供程序并未指定任何名称（所有 Syscall 都由 NT 内核隐式提供）。

PID 和 FBT 提供程序反而会根据自己应用到的进程或内核映像以及当前可用的符号动态地生成探针。例如，为了正确列出进程的 PID 探针，我们首先需要获得分析的进程对应的进程 ID（PID）（只需打开“**任务管理器**”，打开“**详细信息**”选项卡。本例中我们选择了 Notepad，在测试系统中，它的 PID 为 8020）。随后使用下列命令执行 DTrace:

```
dtrace -ln pid8020:::entry > pid_notepad.txt
```

随后会列出 PID 提供程序为 Notepad 进程生成的函数条目上的所有探针。输出结果会包含大量条目。请注意，如果未设置符号存储路径，则输出结果将不包含任何由私有函数生成的探针。要限制输出的内容，可以添加下列模块名称:

```
dtrace.exe -ln pid8020:kernelbase::entry >pid_kernelbase_notepad.txt
```

这样即可得到在 Notepad 中映射的 kernelbase.dll 模块的函数条目所产生的全部 PID 探针。如果使用下列命令设置符号存储路径:

```
set _NT_SYMBOL_PATH=srv*C:\symbols*http://msdl.microsoft.com/download/symbols
```

再重新执行之前的两条命令，则会发现输出结果会产生巨大的差异（并且可以看到私有函数的探针）。

正如下文“函数边界跟踪（FBT）和进程（PID）提供程序”一节所述，PID 和 FBT 提供程序可应用于函数代码中的任何偏移量。下列命令可返回 PID 提供程序能为 Kernelbase.dll 中的 SetComputerNameW 函数生成探针的所有偏移量（总是位于指令边界处）:

```
dtrace.exe -ln pid8020:kernelbase:SetComputerNameW:
```

10.6.1 内部架构

如上文“启用 DTrace 并列出已安装的提供程序”实验所述，在 Windows 10 的 2020 年 5 月的更新（20H1）中，需要通过外部程序包来安装 DTrace 的某些组件。未来版本的 Windows 可能会将 DTrace 完全集成在操作系统映像中。虽然 DTrace 与操作系统深度集成，但仍然依赖三个外部组件才能正常工作。这些组件包括 NT 特有的实现，以及根据通用开发和分发许可证（Common Development and Distribution License，CDDL）自由发布的原始 DTrace 代码，这些代码可从 https://github.com/microsoft/DTrace-on-Windows/tree/ windows 下载。

如图 10-37 所示，Windows 中的 DTrace 包含下列组件。

- **DTrace.sys**：DTrace 扩展驱动程序是最主要的组件，负责执行与探针相关的操作并将结果存储在循环缓冲区中，用户模式应用程序可通过 IOCTL 从缓冲区中获取内容。
- **DTrace.dll**：该模块封装了 LibDTrace，这是 DTrace 的用户模式引擎。它实现了 D 脚本编译器，可将 IOCTL 发送给 DTrace 驱动程序，同时也是循环 DTrace 缓冲区（DTrace 驱动程序在这里存储操作结果）的主要消费者。
- **DTrace.exe**：入口点可执行文件，负责将所有可能的命令（通过命令行指定）分发给 LibDTrace。

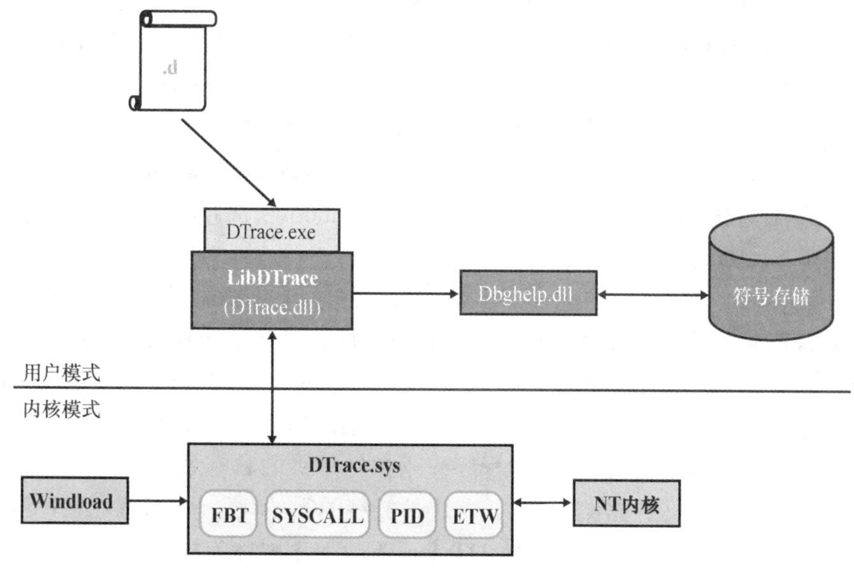

图 10-37 DTrace 内部架构

为了启动对 Windows 内核、驱动程序或用户模式应用程序的动态跟踪，用户只需调用 DTrace.exe 主可执行文件，并指定一个命令或外部 D 脚本即可。在这两种情况下，命令或脚本文件中可包含一个或多个探针，以及用 D 编程语言表达的其他操作。DTrace.exe 会解析输入的命令行，并将相应请求转发给 LibDTrace（实现于 DTrace.dll 中）。例如，当启动并启用一个或多个探针时，DTrace 可执行文件会调用 LibDTrace 中实现的内部函数 DTracc_program_fcompile，由该函数编译 D 脚本并在输出缓冲区中生成 DTrace 中间格式（DTrace Intermediate Format，DIF）字节码。

注意　有关 DIF 字节码和 D 脚本（或 D 命令）编译方式的详细介绍已超出了本书范围。感兴趣的读者可通过剑桥大学出版的 *OpenDTrace Specification*（OpenDTrace 规范）一书进一步了解详情：https://www.cl.cam.ac.uk/techreports/UCAM-CL-TR-924.pdf。

虽然 D 编译器完全是在用户模式下的 LibDTrace 中实现的，但为了执行编译后的 DIF 字节码，LibDTrace 模块只需将 DTRACEIOC_ENABLE IOCTL 发送给 DTrace 驱动程序，该驱动程序实现了一种 DIF 虚拟机。DIF 虚拟机可以评估字节码中表达的每条 D 子句，并执行与其相关的可选操作。有一组较为有限的可用操作可通过原生代码执行，而无须通过 D 虚拟机进行解释。

如图 10-37 所示，DTrace 扩展驱动程序实现了所有提供程序。在讨论主提供程序工作原理之前，有必要先介绍 Windows 操作系统中的 DTrace 初始化过程。

DTrace 初始化

DTrace 的初始化始于系统启动的早期阶段，当时 Windows 加载器正在加载内核正确启动所需的全部模块。加载和验证过程有个重要部件：API 集文件（apisetschema.dll），它是 Windows 系统的重要组件（API 集详见卷 1 第 3 章）。如果启动项中设置了 BCD 的 DTRACE_ENABLED 元素（值为 0x26000145，可通过 DTrace 的人工易读名称来设置。有关 BCD 对象的详细信息请参阅第 12 章），Windows 加载器将检查%SystemRoot%\System32\Drivers 路径下是否存在 DTrace.sys 驱动程序。如果存在，Windows 加载器会构建一个名为 ext-ms-win-ntos-trace-l1-1-0 的全新 API 集 Schema 扩展。该 Schema 以 DTrace.sys 驱动程序为目标，会合并到系统 API 集 Schema（OslApiSetSchema）中。

后续启动过程中，当 NT 内核开始自己的阶段 1 初始化过程后，将调用 TraceInitSystem 函数以初始化动态跟踪子系统。该 API 会通过 ext-ms-win-ntos-trace-l1-1-0.dll 这个 API 集 Schema 导入 NT 内核。这意味着如果 DTrace 未被 Windows 加载器启用，名称解析将会失败，该函数基本上将起不到任何作用。

TraceInitSystem 有一个重要职责：计算跟踪调用数组的内容，该数组包含发出跟踪探针后需要由 NT 内核调用的函数。该数组存储在全局符号 KiDynamicTraceCallouts 中，这个符号稍后会受到 Patchguard 的保护，以防止恶意驱动程序对系统例程的执行流进行非法的重定向。最后，NT 内核会通过 TraceInitSystem 函数向 DTrace 驱动程序发送另一个重要数组，该数组中包含了 DTrace 驱动程序应用探针所需的私有系统接口（该数组会被暴露在一种跟踪扩展上下文数据结构中）。在这种类型的初始化过程中，DTrace 驱动程序和 NT 内核都交换了私有接口，而这也是 DTrace 驱动程序被称为扩展驱动程序的一个主要原因。

随后，Pnp 管理器将启动（以“启动驱动程序”形式安装在系统中）DTrace 驱动程序，并调用其主入口点（DriverEntry）。该例程会注册\Device\DTrace 控制设备及其符号链接（\GLOBAL??\DTrace）。随后它会初始化内部的 DTrace 状态，创建第一个 DTrace 内置提供程序。最后，它会调用每个提供程序的初始化函数，借此注册每个可用的提供程序。具体的初始化方法取决于每个提供程序，通常最终都需要调用内部的 DTrace_register 函数，该函数可将提供程序注册给 DTrace 框架。提供程序的初始化过程中还有另一个常见操作：为控制设备注册处理程序。用户模式应用程序可以与 DTrace 通信，并通过 DTrace 控制设备与提供程序通信，而控制设备向提供程序公开虚拟文件（处理程序）。例如，用户模式的 LibDTrace 可以打开到\\.\DTrace\Fasttrap 虚拟文件（处理程序）的句柄，借此直接与 PID 提供程序通信。

Syscall 提供程序

当 Syscall 提供程序被启用后，DTrace 最终会调用 KeSetSystemServiceCallback 例程，通过该例程为探针中指定的系统调用设置一个回调。在 NT 系统接口数组的帮助下，该例程会暴露给 DTrace 驱动程序。DTrace 驱动程序由 NT 内核在 DTrace 初始化时编译（详见上一节），会被封装在一个内部称为 KiDynamicTraceContext 的扩展上下文数据结构中。KeSetSystemServiceCallback 被首次调用时，该例程的重要任务是构建全局服务跟踪表（KiSystemServiceTraceCallbackTable），这是一种 RB（红黑）树，其中包含了所有可用系统调用的描述符。每个描述符都包含 Syscall 名称、地址、参数数量以及表示该回调是在进入或退出时才会被启用的标记哈希值。NT 内核包含一个通过 KiServicesTab 内部数组公开的 Syscall 静态列表。

全局服务跟踪表被填满后，KeSetSystemServiceCallback 会计算探针所指定的 Syscall 的名称哈希，并在红黑树中搜索该哈希。如果没有匹配的结果，则意味着探针指定了错误的 Syscall 名称（即函数退出时发出了错误信号）。否则函数会修改所找到的 Syscall 描述符中的启用标记，并增大启用的跟踪回调数量（存储在一个内部变量中）。

当第一个 DTrace syscall 回调被启用时，NT 内核会在全局 KiDynamicTraceMask 位掩码中设置 Syscall 位。这个操作很重要，借此系统调用处理程序（KiSystemCall64）才可以调用全局跟踪处理程序（系统调用和系统服务的调度详见第 8 章）。

这样的设计使得 DTrace 能与系统调用处理机制共存，并且不会对性能造成任何负面影响。如果没有活跃的 DTrace syscall 探针，跟踪处理程序将不被调用。跟踪处理程序可在进入或退出系统调用时被调用。其功能很简单：扫描全局服务跟踪表，从中查找系统调用的描述符。找到目标描述符后，它会检查启用标记是否已设置，如果设置，则会调用正确的标注（Callout，根据上一节的介绍，包含在全局动态跟踪标注数组 KiDynamicTraceCallouts 中）。这种标注是在 DTrace 驱动程序中实现的，可使用常规的内部 DTrace_probe 函数发出 Syscall 探针并执行相关操作。

函数边界跟踪（FBT）和进程（PID）提供程序

FBT 和 PID 提供程序较为类似，它们都可以在任意函数（并不一定是 Syscall）的入口和出口点上启用探针。目标函数可以位于 NT 内核中，或者是驱动程序的组成部分（这些情况将使用 FBT 提供程序），此外也可以位于用户模式模块中，由进程负责执行（PID

提供程序可以跟踪用户模式应用程序）。在系统中，FBT或PID探针可通过直接写入目标函数代码的断点操作码（x86中的INT 3，ARM64中的BRK）激活，这种做法有一些重要意义。

- 在发出PID或FBT探针后，DTrace应该能在调用回到目标函数之前重新执行被替换的指令。为此，DTrace使用了一种指令仿真器。截至撰写这部分内容，该仿真器可兼容AMD64和ARM64架构。这个仿真器实现于NT内核中，通常可由系统异常处理程序在处理断点异常时调用。
- DTrace需要通过一种方法来按照名称识别不同函数。在最终的二进制文件中，函数名称并未编译（导出的函数除外）。DTrace使用了多种技术来实现这一目标，详见下文“DTrace类型库”一节。
- 一个函数可以从不同代码分支以多种方式退出（返回）。为识别这些退出点，需要通过函数图分析器（Function graph analyzer）反汇编函数指令并找到退出点。尽管最初的函数图分析器是Solaris代码的一部分，但Windows中DTrace的实现使用了一种更优化版本的函数图分析器，该分析器依然位于LibDTrace库（DTrace.dll）中。在使用该函数图分析器分析用户模式函数时，DTrace会通过PDATA v2展开（Unwind）信息可靠地找出内核模式函数退出点（有关函数展开和异常调度的详情请参阅第8章）。如果内核模式模块未使用PDATA v2展开信息，FBT提供程序将不会为返回的函数创建任何探针。

DTrace通过调用KeSetTracepoint函数来安装FBT或PID探针，该函数由NT内核通过NT系统接口数组导出，可验证参数（尤其是回调指针），并且对于内核目标，还会验证目标函数是否位于已知内核模式模块的可执行代码节中。与Syscall提供程序类似，此时会构建并使用一个KI_TRACEPOINT_ENTRY数据结构来跟踪被激活的跟踪点。该数据结构包含拥有者进程、访问模式以及目标函数地址，会被插入全局哈希表KiTpHashTable中，该表则会在FBT或PID探针被首次激活时分配。最后，位于目标代码中的一条指令被解析（导入仿真器中）并替换为断点操作码，同时还会设置全局KiDynamicTraceMask位掩码中的Trap位。

对于内核模式的目标，只有在启用VBS（Virtualization Based Security，基于虚拟化的安全性）时才能进行断点替换。MmWriteSystemImageTracepoint例程将定位与目标函数相关的加载器数据表项，并调用SECURESERVICE_SET_TRACEPOINT安全调用。安全内核是唯一能与HyperGuard协作的实体，从而使断点应用成为合法的代码修改。正如卷1第7章所述，Kernel Patch保护（也称Patchguard）可防止对NT内核和某些重要的内核驱动程序代码进行任何改动。如果系统中未启用VBS，并且未连接调试器，此时将返回错误代码并且探针应用程序会失败。如果已连接内核调试器，即可通过MmDbgCopyMemory函数为NT内核应用断点操作码（被调试的系统将不启用Patchguard）。

在为调试器异常进行调用（这可能是DTrace的FTB或PID探针发出引起的）时，系统异常处理程序（KiDispatchException）会检查全局KiDynamicTraceMask位掩码中的Trap位是否已设置。如果已设置，异常处理程序将调用KiTpHandleTrap函数，由该函数搜索KiTpHashTable以确定该异常的产生是否是因为发出了已注册的FTB或PIF探针所导致的。对于用户模式探针，该函数会检查进程上下文是否符合预期。如果符合，或如果探针是内核模式探针，该函数将直接调用DTrace回调FbtpCallback，由它执行探针关联的操作。该回调执行完毕后，处理程序会调用仿真器，借此在将执行上下文转移到目标函数之前模拟目标函数的第一条原始指令。

实验：跟踪动态内存

在这个实验中，我们将动态跟踪虚拟机所应用的动态内存。为此需要使用 Hyper-V 管理器创建一个第二代虚拟机，设置内存容量最小值为 768MB，动态内存最大容量为无限（有关动态内存和 Hyper-V 的详细信息请参阅第 9 章）。该虚拟机需要运行 Windows 10 的 2019 年 5 月的更新（19H1）或 2020 年 5 月的更新（20H1），或者后续的新版本。此外该虚拟机中需要安装 DTrace 程序包（具体方法详见本章上文“启用 DTrace 并列出已安装的提供程序”实验）

请将本书随附资源中提供的 dynamic_memory.d 脚本复制到 DTrace 目录，并在管理员身份运行的命令提示符窗口中通过下列命令启动：

```
cd /d "c:\Program Files\DTrace"
dtrace.exe -s dynamic_memory.d
```

如果只运行上述命令，DTrace 将拒绝编译该脚本，此时可能会显示类似下列错误信息：

```
dtrace: failed to compile script dynamic_memory.d: line 62: probe description
fbt:nt:MiRem
ovePhysicalMemory:entry does not match any probes
```

这是因为标准配置中并未设置符号存储路径。该脚本会通过操作系统的两个函数连接到 FBT 提供程序。一个函数是从 NT 内核二进制文件中导出的 MmAddPhysicalMemory，另一个是未被导出也未包含在公开 WDK 中的 MiRemovePhysicalMemory。对于后者，FBT 提供程序完全无法计算它在系统中的地址。

DTrace 可以从不同来源获得类型和符号信息，详见本章下文“DTrace 类型库”一节。为了让 FBT 提供程序能与操作系统内部函数正确配合，我们需要将符号存储的路径指向微软的公开符号服务器，为此请使用下列命令：

```
set _NT_SYMBOL_PATH=srv*C:\symbols*http://msdl.microsoft.com/download/symbols
```

设置了符号存储路径后，如果以 dynamic_memory.d 脚本为目标重启动 DTrace，此时应该可以正确编译并显示如下的输出：

```
The Dynamic Memory script has begun.
```

随后可以模拟一些高内存压力的场景。这可以通过多种方式实现，例如启动浏览器并打开大量网页标签，运行 3D 游戏，或直接通过 **-d** 命令开关运行 TestLimit 工具，这会迫使系统持续分配并写入内存，直到所有资源均已耗尽。根分区中的虚拟机工作进程应该会检测到这种情况，并向子虚拟机注入新内存。DTrace 会检测到这个操作：

```
Physical memory addition request intercepted. Start physical address 0x00112C00,
Number of pages: 0x00000400.
   Addition of 1024 memory pages starting at PFN 0x00112C00 succeeded!
```

通过类似的方式，如果关闭客户虚拟机中的所有应用程序，并在宿主系统中重新创建这种高内存压力场景，则该脚本能拦截动态内存的移除请求：

```
Physical memory removal request intercepted. Start physical address 0x00132000,
Number of pages: 0x00000200.
   Removal of 512 memory pages starting at PFN 0x00132000 succeeded!
```

使用 **Ctrl+C** 中断 DTrace 后，脚本会输出一些统计信息：

```
Dynamic Memory script ended.
Numbers of Hot Additions: 217
Numbers of Hot Removals: 1602
Since starts the system has gained 0x00017A00 pages (378 MB).
```

使用记事本打开 dynamic_memory.d 脚本，我们会看到它共安装了 6 个探针（4 个 FBT，2 个内置探针），并执行了日志和计数操作。例如：

```
fbt:nt:MmAddPhysicalMemory:return
/ self->pStartingAddress != 0 /
```

上述内容会在 MmAddPhysicalMemory 函数的退出点上安装一个探针，但前提是在函数入口点获得的起始物理地址非 0。有关 DTrace 中所用 D 编程语言的详细信息请参考 *The illumos Dynamic Tracing Guide* 一书，本书可通过下列地址免费阅读：http://DTrace.org/guide/preface.html。

ETW 提供程序

DTrace 可同时支持 ETW 提供程序和 etw_trace 操作，前者可让探针在特定提供程序生成某些 ETW 事件后触发，后者可以让 DTrace 脚本生成新的定制化 TraceLogging ETW 事件。Etw_trace 操作实现于 LibDTrace 中，而 LibDTrace 可使用 TraceLogging API 动态地注册新的 ETW 提供程序并生成与之相关的事件。有关 ETW 的详细信息请参阅上文“Windows 事件跟踪”一节。

ETW 提供程序实现于 DTrace 驱动程序中。当 PNP 管理器初始化 DTrace 引擎时，会向 DTrace 引擎注册所有提供程序。在注册时，ETW 提供程序会配置一种名为 DTraceLoggingSession 的 DTrace 会话，该会话会设置为将事件写入循环缓冲区。在从命令行启动 DTrace 时，会向 DTrace 驱动程序发送一个 IOCTL，IOCTL 处理程序会调用每个提供程序提供的函数，并由内部函数 DtEtwpCreate 使用 EtwEnumTraceGuidList 函数代码调用 NtTraceControl API。这样 DTrace 就可以枚举系统中注册的所有 ETW 提供程序，并为每个提供程序创建一个探针（dtrace -l 也能显示 ETW 探针）。

在编译并执行以 ETW 提供程序为目标的 D 脚本时，将会调用内部例程 DtEtwEnable，借此可启用一个或多个 ETW 探针。随后将启动在注册时配置的日志会话（如果还没开始运行的话）。在跟踪扩展上下文（如上文所述，其中包含了私有系统接口）的帮助下，DTrace 可以注册一个内核模式回调，每当 DTrace 日志会话中有新事件被记录后，都会调用这个回调。会话首次启动时，还没有相关联的提供程序。与 Syscall 和 FBT 提供程序类似，DTrace 会为每个探针创建一个跟踪数据结构，并将其插入一个表示所有已启用 ETW 探针的全局红黑树（DtEtwpProbeTree）。这个跟踪数据结构很重要，它表示了 ETW 提供程序和相关探针之间的链接。DTrace 会为提供程序计算正确的启用级别和关键字位掩码（详见上文“提供程序的启用”一节），并会调用 NtTraceControl API 在会话中启用提供程序。

生成事件后，ETW 子系统会调用回调例程，由回调例程在全局 ETW 探针树中搜索表示该探针的上下文数据结构。找到后，DTrace 即可触发该探针（依然使用了内部函数 DTrace_probe）并执行所有相关操作。

10.6.2 DTrace 类型库

DTrace 支持不同的类型。系统管理员可以借此检查操作系统内部的数据结构，并在 D 子句中使用类型来描述与探针有关的操作。除了标准 D 编程语言支持的类型，DTrace 还支持补充数据类型。为了处理依赖操作系统的复杂数据类型，并让 FBT 和 PID 提供程序在内部操作系统和应用程序函数上设置探针，DTrace 可从不同来源获取所需的信息。

- 最初，可从（符合可移植可执行文件格式要求的）可执行二进制文件中嵌入的信息内提取函数名称、签名和数据类型，例如从导出表和调试信息中提取。
- 在最初的 DTrace 项目中，Solaris 操作系统提供了对 Compact C Type Format（CTF）的支持，并能支持 CTF 的可执行二进制文件（符合可执行和可链接格式，即 ELF 标准）。这样操作系统就可以将 DTrace 所需的调试信息直接存储在自己的模块中（调试信息也可以使用 Deflate 压缩格式存储）。Windows 版本的 DTrace 依然支持部分 CTF，并已作为资源节添加到 LibDTrace 库（DTrace.dll）中。LibDTrace 库中的 CTF 可存储公开 WDK（Windows 驱动程序包）和 SDK（软件开发包）中包含的类型信息，并让 DTrace 能在无需任何符号文件的前提下与基础的操作系统数据类型配合工作。
- 大部分私有类型和内部操作系统函数签名是从 PDB 符号中获取的。大部分操作系统模块的公开 PDB 符号可从微软符号服务器下载（Windows 调试器也使用了这些符号）。FBT 提供程序大量使用了这些符号，借此正确地识别内部操作系统函数，并让 DTrace 能够为每个 Syscall 和函数检索到正确的参数类型。

DTrace 符号服务器

DTrace 中包含一个自主的符号服务器，可从微软公开的符号存储中下载 PDB 符号并提供给 DTrace 子系统使用。该符号服务器主要是在 LibDTrace 中实现的，DTrace 驱动程序可使用反转调用模型（inverted call model）查询。在提供程序注册过程中，DTrace 驱动程序会注册一个 SymServer 伪提供程序，这并非真正的提供程序，只是一个快捷方式，可以让 DTrace 的 Symsrv 处理程序控制要注册的设备。

当从命令行启动 DTrace 时，LibDTrace 库会使用标准的 CreateFile API 打开一个指向 \\.\DTrace\symsrv 控制设备的句柄，以便启动符号服务器。DTrace 驱动程序会通过符号服务器 IRP 句柄处理该请求，借此注册用户模式进程，将其添加到一个符号服务器进程内部列表中。随后，LibDTrace 将启动一个新线程，借此向 DTrace 符号服务器设备发送虚拟（Dummy）IOCTL，并无限期地等待设备回复。驱动程序会将该 IRP 标记为挂起，直到提供程序或 DTrace 子系统要求解析新符号时才会将其标记为已完成。

在驱动程序完成挂起的 IRP 后，DTrace 符号服务器线程都会被唤醒，并使用由 Windows 映像助手库（Dbghelp.dll）公开的服务正确地下载并解析所需符号。随后该驱动程序会等待符号线程发来新的虚拟 IOCTL。这次的新 IOCTL 将包含符号解析过程产生的结果。只有在 DTrace 驱动程序需要时，用户模式线程才会被再次唤醒。

10.7　Windows 错误报告

Windows 错误报告（Windows Error Reporting，WER）是一种复杂的机制，可自动提交用户模式进程和内核模式系统崩溃报告。为了在用户模式进程、受保护进程、Trustlet 或内核崩溃后生成报告，该机制设计了多种系统组件。

与前身不同，Windows 10 并未提供图形化对话框，以供用户配置 WER 在应用程序崩溃后应该获取并向微软（或系统管理员配置的内部服务器）发送哪些信息。如图 10-38 所示，在 Windows 10 中，控制面板中的安全性和维护界面可以向用户展示应用程序或内核崩溃后，Windows 错误报告生成的历史报告信息。该界面还可以显示与报告有关的基础信息。

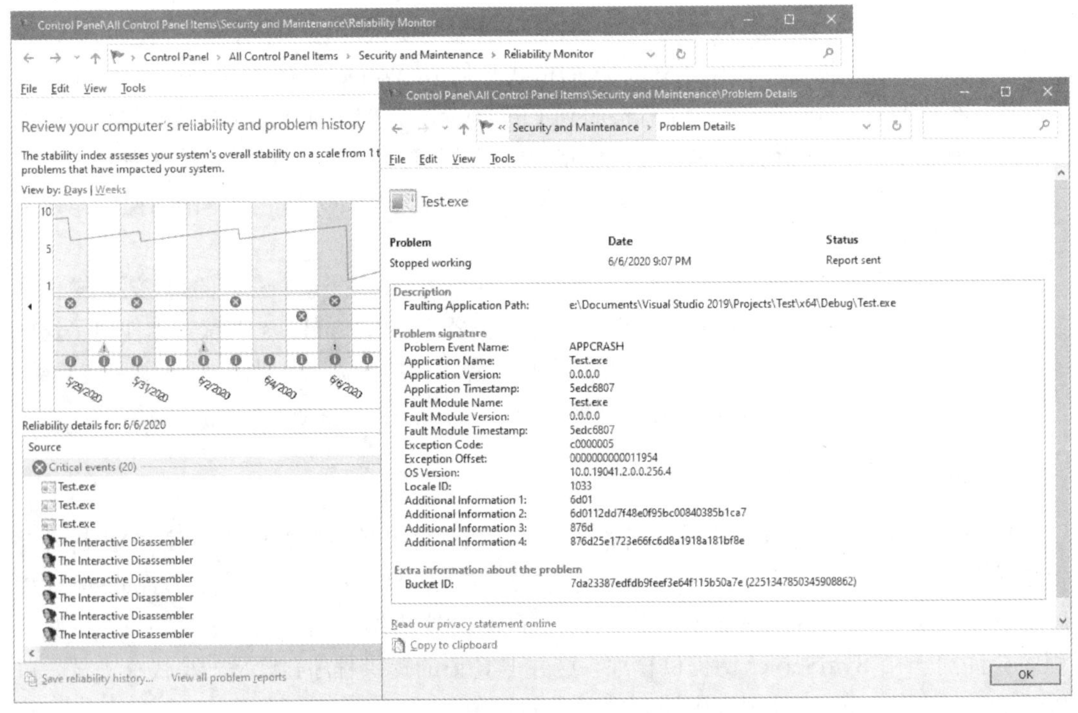

图 10-38　控制面板中安全性和维护界面下的可靠性监视器

Windows 错误报告通过操作系统中的多个组件实现，主要是因为它需要处理各种类型的崩溃。

- Windows Error Reporting 服务（WerSvc.dll）作为主服务，管理了用户模式进程、受保护进程或 Trustlet 崩溃后的报告生成和发送工作。
- Windows Fault Reporting 和 Secure Fault Reporting（WerFault.exe 与 WerFaultSecure.

exe）主要用于获取崩溃应用程序的快照，生成报告并发送给微软在线崩溃分析网站（或在配置后，发送给内部错误报告服务器）。

- 报告的实际生成和传输工作由 Windows Error Reporting Dll（Wer.dll）执行。该库包含了 WER 引擎使用的全部内部函数，并包含一些导出的 API，应用程序可以借助这些 API 与 Windows Error Reporting 交互（详见 https://docs.microsoft.com/windows/win32/api/_wer/）。请注意，某些 WER API 也实现于 Kernelbase.dll 和 Faultrep.dll 中。
- Windows User Mode Crash Reporting DLL（Faultrep.dll）包含用户模式应用程序崩溃或不响应后系统模块（Kernel32.dll、WER 服务等）使用的常用 WER 存根代码。其中还包含生成崩溃签名以及向 WER 服务报告不响应情况所需的服务，这些服务还负责管理报告创建和传输过程中的安全上下文（包括在正确的安全令牌下创建 WerFault 可执行文件）。
- Windows Error Reporting 转储编码库（Werenc.dll）被 Secure Fault Reporting 用于加密 Trustlet 崩溃后生成的转储文件。
- Windows Error Reporting 内核驱动程序（WerKernel.sys）是一个内核库，它导出了捕获实时内核内存转储，并将报告提交给微软在线崩溃分析网站所需的函数。此外，该驱动程序还包含通过内核模式驱动程序为用户模式错误创建和提交报告所需的 API。

WER 完整架构的详细讨论已超出了本书范围。本节将主要探讨用户模式应用程序和 NT 内核（或内核驱动程序）崩溃后的错误报告。

10.7.1 用户应用程序崩溃

正如卷 1 第 3 章所述，Windows 中所有用户模式线程都是由 Ntdll 中的 RtlUserThreadStart 函数启动的。该函数只需在一个结构化异常处理程序下调用真正的线程启动例程（结构化异常处理详见第 8 章）即可。为真正的启动例程提供保护的处理程序在内部称为未处理异常处理程序（Unhandled Exception Handler），因为它是可以管理用户模式线程中所发生异常的最后一道机制（如果线程本身还没有处理）。如果该处理程序被执行，通常会使用 NtTerminateProcess API 来终止进程。未处理异常过滤器（RtlpThreadExceptionFilter）将决定是否执行该处理程序。值得注意的是，未处理异常过滤器和处理程序只会在非寻常状况下执行，通常应该由应用程序通过自己内部的异常处理程序来管理自己的异常。

当 Win32 进程启动时，Windows 加载器会映射所需的导入库。Kernelbase 初始化例程会为进程安装自己的未处理异常过滤器（即 UnhandledExceptionFilter 例程）。当进程的线程中发生致命的未处理异常后，会调用该过滤器来判断如何处理异常。Kernelbase 未处理异常过滤器会构建上下文信息（如计算机寄存器和堆栈的当前值、出现致命错误的进程 ID 以及线程 ID）并开始处理异常。

- 如果进程连接了调试器，则该过滤器会让异常发生（为此会返回 CONTINUE_SEARCH），这样调试器才可以中断并看到异常。
- 如果进程是 Trustlet，则该过滤器会停止所有处理工作，并调用内核以启动 Secure Fault Reporting（WerFaultSecure.exe）。

- 过滤器可调用 CRT 未处理异常例程（如果存在），如果后者不知道如何处理该异常，则会调用内部 WerpReportFault 函数，借此连接到 WER 服务。

在打开 ALPC 连接前，WerpReportFault 应唤醒 WER 服务并准备一个可继承的共享内存节，该内存节中存储了之前获得的所有上下文信息。WER 服务是一种直接触发启动的服务，只有当 WER_SERVICE_START WNF 状态被更新，或事件被写入虚拟 WER 激活 ETW 提供程序（名为 Microsoft-Windows-Feedback-Service-Triggerprovider）后，该服务才会被 SCM 启动。WerpReportFault 会更新相关的 WNF 状态并等待\KernelObjects\SystemErrorPortReady 事件，该事件收到 WER 服务发出的信号就意味着已经准备好接收新连接了。连接建立后，Ntdll 会连接到 WER 服务的\WindowsErrorReportingServicePort ALPC 端口，发送 WERSVC_REPORT_CRASH 消息，并无限期地等待回复。

该消息会触发 WER 服务开始分析崩溃程序的状态，并执行生成崩溃报告所需的操作。在大部分情况下，这就意味着要启动 WerFault.exe 程序。对于用户模式的崩溃，会使用崩溃进程的凭据将 Windows Fault Reporting 进程调用两次。第一次用于获取崩溃进程的“快照”，快照功能最早出现在 Windows 8.1 中，目的是更快速地为 UWP 应用程序（当时的 UWP 应用程序还是一种单实例应用程序）生成崩溃报告。这样，用户就可以重新启动崩溃的 UWP 应用程序，而无须等待报告生成完毕（UWP 和现代应用程序栈的详细信息请参阅第 8 章）。

快照创建

WerFault 会映射包含了崩溃数据的共享内存节，并打开发生错误的进程和线程。在使用命令行参数-pss 调用的情况下（用于请求进程快照），它会调用 Ntdll 导出的 PssNtCaptureSnapshot 函数。该函数会使用原生 API 查询与崩溃进程有关的多种信息（如基本信息、作业信息、进程时间、安全缓解、进程文件名、共享的用户数据节）。此外，该函数还可以查询与文件支持的内存节有关的信息，并能对进程的整个用户模式地址空间进行映射。随后它会将获得的全部数据保存到表示快照的 PSS_SNAPSHOT 数据结构中。最后，它会使用 NtCreateProcessEx API（并提供特殊的标记组合）将崩溃进程的完整 VA 空间在另一个虚拟进程（克隆的进程）中创建完全相同的副本。这样，原进程就可以终止了，报告错误所需的后续操作可以在这个克隆的进程上执行。

注意　WER 不会对受保护进程和 Trustlet 执行快照创建操作。此时报告是通过从原始出错进程中获取数据创建的，该过程中出错进程会被暂停，报告完成后才能恢复。

崩溃报告的生成

创建快照后，执行控制将返回给 WER 服务，该服务会初始化生成崩溃报告所需的环境。这主要通过两种方式完成。

- 如果崩溃的是常规的非受保护进程，WER 服务会直接调用从 Windows 用户模式崩溃报告（Faultrep.dll）导出的 WerpInitiateCrashReporting 例程。
- 如果崩溃的是受保护进程并且需要另一个代理进程，那么会在 SYSTEM 账户（而非出错进程对应的凭据）下生成这个代理进程。该代理进程会执行一些验证，随后调用与常规进程崩溃后相同的例程。

在通过 WER 服务调用 WerpInitiateCrashReporting 例程时，该例程会准备好执行错误报告进程所需的环境。该例程会使用从 WER 库导出的 API 来初始化计算机存储（默认配置下位于 C:\ProgramData\ Microsoft\Windows\WER 目录），并从 Windows 注册表加载所有 WER 设置。WER 实际上包含了很多可定制选项，用户可通过组策略或修改注册表的方式进行配置。至此，WER 会模仿运行了出错应用程序的用户，并使用命令行开关-u 启动相应的 Fault Reporting 进程，这表示着 WerFault（或 WerFaultSecure）将处理用户崩溃并生成新的报告。

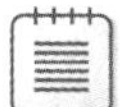

注意 如果崩溃的是使用低完整性级别或使用 AppContainer 令牌运行的现代应用程序进程，WER 将使用 User Manager 服务生成一个新的低 IL 令牌，借此代表启动了出错应用程序的用户。

表 10-19 列出了 WER 的注册表配置选项，以及这些选项的用途与可用值。这些注册表值均存储在 HKLM\SOFTWARE\Microsoft\Windows\Windows Error Reporting 子键（针对计算机的配置）以及 HKEY_CURRENT_USER 下相对应的路径中（针对用户配置）。有些值也可能出现在\Software\Policies\Microsoft\Windows\Windows Error Reporting 键下。

表 10-19 WER 注册表设置

设置	含义	值
ConfigureArchive	存档数据的内容	1，参数；2，所有数据
Consent\DefaultConsent	哪些类型的数据需要用户同意	1，任意数据；2，仅参数；3，参数和安全数据；4，所有数据
Consent\DefaultOverrideBehavior	DefaultConsent 设置能否覆盖 WER 插件的同意值	1，允许覆盖
Consent\PluginName	特定 WER 插件的同意值	与 DefaultConsent 相同
CorporateWERDirectory	企业 WER 存储目录	包含路径的字符串
CorporateWERPortNumber	企业 WER 存储的端口号	端口号
CorporateWERServer	要使用的企业 WER 存储名称	包含名称的字符串
CorporateWERUseAuthentication	为企业 WER 存储使用 Windows 集成身份验证	1，启用内置身份验证
CorporateWERUseSSL	为企业 WER 存储使用安全套接字层（SSL）	1，启用 SSL
DebugApplications	需要用户选择“调试”和“继续”的应用程序列表	1，需要用户进行选择
DisableArchive	是否启用存档	1，禁用存档
Disabled	是否禁用 WER	1，禁用 WER
DisableQueue	决定是否将报告加入队列	1，禁用队列
DontShowUI	禁用或启用 WER UI	1，禁用 UI
DontSendAdditionalData	防止发送额外的崩溃数据	1，不发送
ExcludedApplications\AppName	从 WER 排除的应用程序列表	包含应用程序列表的字符串
ForceQueue	是否将报告发送到用户队列	1，将报告发送到队列
LocalDumps\DumpFolder	转储文件的存储路径	包含路径的字符串
LocalDumps\DumpCount	路径中转储文件数量最大值	数值
LocalDumps\DumpType	崩溃时生成的转储类型	0，自定义转储；1，小型转储；2，完整转储
LocalDumps\CustomDumpFlags	自定义转储的自定义选项	MINIDUMP_TYPE 中定义的值（详见第 12 章）

续表

设置	含义	值
LoggingDisabled	启用或禁用日志记录	1，禁用日志记录
MaxArchiveCount	存档最大体积（文件数）	1～5000 的值
MaxQueueCount	队列最大体积	1～500 的值
QueuePesterInterval	两次请求用户检查解决方案请求的间隔天数	天数

使用-u 开关启动的 Windows 错误报告进程可以开始生成报告：该进程会再次映射包含崩溃数据的共享内存段，识别异常记录和描述符，并获取之前创建的快照。如果快照不存在，则 WerFault 进程将直接对出错进程执行操作，并将出错进程暂停。WerFault 首先会确定故障进程的类型（服务、原生、标准、Shell 进程）。如果出错进程（通过 SetErrorMode API）要求系统不报告任何硬错误，则整个进程都将被忽略，并且不会创建任何报告。否则 WER 会通过存储在 AeDebug 子键（受保护进程则使用 AeDebugProtected 子键）中的设置检查是否启用了默认的后台调试器，该子键位于 HKLM\SOFTWARE\Microsoft\Windows NT\CurrentVersion\ 根注册表键下。表 10-20 列出了这些键的可能值。

表 10-20　AeDebug 和 AeDebugProtected 根键的有效注册表值

值名称	含义	数据
Debugger	指定应用程序崩溃后要启动的调试器可执行文件	调试器可执行文件的完整路径以及最后的命令行参数。WER 可自动添加-p 开关，并指向崩溃进程的进程 ID
ProtectedDebugger	与 Debugger 相同，仅适用于受保护进程	调试器可执行文件的完整路径。无法用于 AeDebug 键
Auto	指定自动启动类型	1，任何情况下均启用调试器，完全无须用户同意；0，其他情况
LaunchNonProtected	指定是否以非受保护模式启动调试器。该设置仅适用于 AeDebugProtected 键	1，以标准进程的形式启动调试器

如果调试器启动类型被设置为 Auto，则 WER 会启动调试器并等待调试器事件收到信号，随后才会继续创建报告。报告的创建过程由用户模式崩溃报告 DLL（Faultrep.dll）中实现的内部函数 GenerateCrashReport 启动。该 DLL 会配置所有的 WER 插件，并使用从 WER.dll 导出的 WerReportCreate API 初始化报告（请注意，在这一阶段，报告仅存在于内存中）。GenerateCrashReport 例程计算报告 ID 并为报告签名，同时向报告中添加后续的诊断数据（如进程时间和启动参数，或应用程序定义的数据）。随后它会检查 WER 配置以确定要创建哪种类型的进程转储（默认情况下将创建小型转储）。随后它会调用导出的 WerReportAddDump API，借此对出错进程的转储进行初始化（该转储将被添加到最终报告中）。请注意，如果之前已经创建了快照，则会通过快照创建转储。

从 WER.dll 导出的 WerReportSubmit API 是一个核心函数，它负责为出错进程创建转储，创建要包含报告中的所有文件，显示 UI（如果 DontShowUI 注册表键被配置为要显示的话），随后将报告发送给在线崩溃服务器。报告通常包含以下内容。

- 崩溃进程的小型转储文件（通常名为 memory.hdmp）。
- 人工易读的文本报告，其中包含异常信息，计算出的崩溃签名，操作系统信息，报告相关所有文件的列表，以及崩溃进程所加载全部模块的列表（该文件通常名为 report.wer）。

- 一个 CSV（逗号分隔值）文件，其中包含本崩溃发生时所有活跃进程的列表以及一些基本信息（例如线程数量、私有工作集大小、硬错误数量等）。
- 一个文本文件，其中包含全局内存状态信息。
- 一个文本文件，其中包含应用程序兼容性信息。

Fault Reporting 进程会通过 ALPC 与 WER 服务通信，并发送命令让该服务生成要包含在报告中的大部分信息。在所有文件均已生成后，如果配置无误，Windows Fault Reporting 进程会向用户显示一个对话框（见图 10-39），通知用户目标进程发生了关键错误（该功能在 Windows 10 中默认被禁用）。

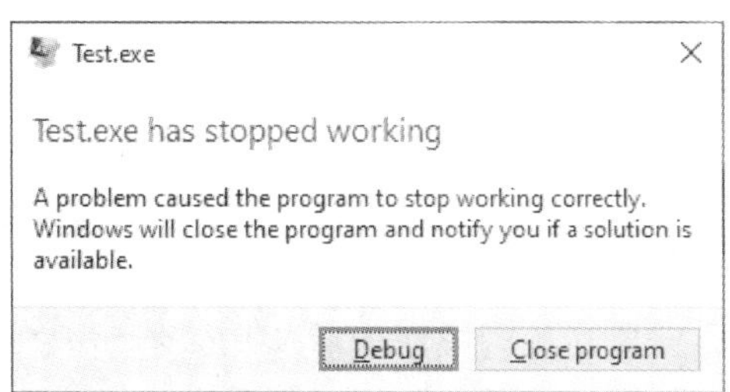

图 10-39 Windows 错误报告对话框

在系统未连接互联网的环境，或当管理员希望控制要将哪些错误报告提交给微软的情况下，也可将错误报告的发送位置指定为内部文件服务器。System Center Desktop Error Monitoring（包含在 Microsoft Desktop Optimization Pack 中）可以了解 Windows 错误报告所创建的目录结构，并为管理员提供选项，以便选择性地创建错误报告并将其提交给微软。

如上文所述，WER 服务使用 ALPC 端口与崩溃的进程通信。该机制使用了 WER 服务通过 NtSetInformationProcess（使用 DbgkRegisterErrorPort）注册的系统级的错误端口。因此所有 Windows 进程都有一个错误端口，而该端口实际上是 WER 服务注册的 ALPC 端口对象。内核与 Ntdll 中的未处理异常过滤器使用该端口向 WER 服务发送消息，随后 WER 服务即可分析崩溃的进程。这意味着即便在线程状态损坏这种严重情况下，WER 依然能够接收通知并启动 WerFault.exe，借此将关键错误的详细信息记录到 Windows 事件日志（或向用户展示一个用户界面），而无须在崩溃的线程内部执行这些工作。这就解决了进程“无声死亡”造成的所有问题：用户可以收到通知，可以进行调试，服务管理员可以看到崩溃事件。

实验：启用 WER 用户界面

从首发版 Windows 10 开始，系统默认禁用了应用程序崩溃后 WER 显示的用户界面。这主要是因为系统引入了重启动管理器（Restart Manager，属于应用程序恢复和重启动技术的一部分）。该技术可以让应用程序注册一个重启动或恢复回调，当应用程序崩溃、不响应，或因为安装了更新而需要重启动时，即可调用该回调。因此在遇到未处理的异常后，未注册任何此类恢复回调的传统应用程序会直接终止，并不会向用户展示任何信息（但依然会将错误正确记录到系统日志中）。如本节所述，WER 依然支持用户界面，只需在注册表中保存设置的 WER 键中添加一个值即可启用。在这个实验中，我们将使用全局系统键重新启用 WER 的用户界面。

请将本书随附资源中附带的 BuggedApp 可执行文件复制到计算机上并运行。按下一个按键后，该应用程序将生成一个关键的未处理异常，WER 会拦截并报告该错误。默认配置下，这个过程不会显示任何错误信息。进程会被终止，系统日志中会记录一条错误事件，报告的生成和发送过程完全无须用户介入。随后请打开注册表编辑器（在搜索框中输入 **regedit**）并打开 HKLM\SOFTWARE\Microsoft\Windows\Windows Error Reporting 键。如果 DontShowUI 值不存在，请右击根键，选择“**新建**，**DWORD**（**32 位**）值”，随后将其设置为 0。

随后重新启动 BuggedApp 并按下键盘上的任意一个键，WER 将显示类似图 10-39 所示的用户界面，随后终止崩溃的应用程序。我们可以在为 AeDebug 键添加调试器后重复该实验。使用-I 开关运行 Windbg 即可自动执行注册，详见上文“查看 COM 托管的任务”实验。

10.7.2　内核模式（系统）崩溃

在讨论内核崩溃后 WER 的运作之前，首先需要介绍内核是如何记录崩溃信息的。默认情况下，所有 Windows 系统都会配置为在出现蓝屏死机（BSOD）界面前，首先尝试记录系统状态信息，随后重启动系统。要查看或修改这些设置，请打开“控制面板”中的“系统属性”工具（在“系统和安全、系统、高级系统设置”中），点击“高级”选项卡，随后点击启动和故障恢复选项对应的“设置”按钮。Windows 系统的默认设置如图 10-40 所示。

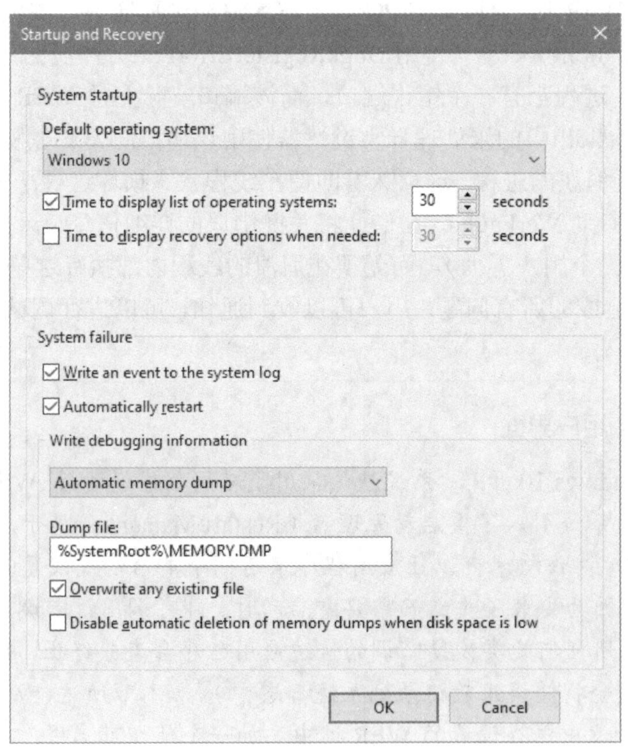

图 10-40　崩溃转储设置

崩溃转储文件

系统崩溃后可记录不同级别的信息。

- **活动内存转储**。活动内存转储包含崩溃发生时，Windows 可访问并正在使用的所有物理内存。此类转储是"完全内存转储"的子集，其中会排除掉主机上与故障排查无关的内存页面。此类转储包含分配给用户模式应用程序的内存，以及映射到内核或用户空间的活动内存，同时还包含由页面文件支持的特定过渡页、备用页和已修改页，例如，使用 VirtualAlloc 分配的内存或页面文件支持的节。活动转储不包含闲置和归零列表中的页面，也不包含文件缓存、客户虚拟机页面，以及对调试工作无法提供帮助的其他类型的内存。
- **完全内存转储**。完全内存转储会产生最大的内核模式转储文件，其中包含 Windows 能访问的所有物理内存页。此类转储在所有平台上都不能完全支持（活动内存转储取代了完全内存转储）。Windows 要求页面文件的大小至少是物理内存的大小外加 1 MB 的头部。设备驱动程序可以为二级崩溃转储数据额外增加最多 256 MB，因此稳妥起见，建议将页面文件的大小再增加 256 MB。
- **核心内存转储**。核心内存转储仅包含操作系统、HAL 以及设备驱动程序分配，且在崩溃时位于物理内存中的内核模式页面。此类转储不包含用户进程所属的页面。因为仅内核模式代码可以直接导致 Windows 崩溃，而用户进程页面通常不太可能是崩溃调试所必需的。此外，与崩溃转储分析有关的所有数据结构（包括运行中进程列表、当前线程的内核模式堆栈、已加载驱动程序列表）都存储在非分页内存中，因此也会包含在核心内存转储中。核心内存转储文件的大小无法预测，因为其大小取决于由操作系统和计算机中的驱动程序分配的内核模式内存的数量。
- **自动内存转储**。这是 Windows 客户端和服务器系统的默认设置。自动内存转储类似于核心内存转储，但也会存储与崩溃时处于活跃状态的用户模式进程相关的元数据。此外，此类转储可以更好地管理系统分页文件大小。Windows 可将分页文件的大小设置为小于 RAM 的大小，但又足够大，以保证大部分时候都可以创建核心内存转储。
- **小内存转储**。小内存转储文件的大小通常介于 128 KB 到 1 MB 之间，因此也叫作小型转储（Minidump）或会审（Triage）转储，其中包含了停止代码和参数、已加载驱动程序列表、描述当前进程和线程的数据结构（名为 EPROCESS 和 ETHREAD，详见卷 1 第 3 章）、导致崩溃的线程的内核堆栈，以及崩溃转储启发算法认为可能与崩溃有关系的其他内存，例如由处理器寄存器引用的包含内存地址的页面，以及驱动程序添加的二级转储数据。

注意 设备驱动程序可以通过调用 KeRegisterBugCheckReasonCallback 注册二级转储数据回调例程。内核会在崩溃后调用这些回调，并通过回调例程向崩溃转储文件中添加额外的数据，例如设备硬件内存或设备信息，借此为调试提供帮助。整个系统的所有驱动程序最多可添加 256 MB 的数据，这个限制取决于存储转储所需的空间以及转储文件的大小，每个回调例程最多可增加额外可用空间 1/8 容量的数据。一旦额外空间耗尽，后续调用的驱动程序将无法增加数据。

在加载小型转储时，调试器会提醒用户自己可用的信息较为有限，而类似!process 这种列出活跃进程的基础命令也无法获得自己所需的数据。核心内存转储包含了更多信息，但无法切换至其他进程的地址空间映射，因为转储文件不包含所需数据。虽然完全内存转储是其他几种转储类型的超集，但其不足之处在于，此类转储文件的大小会与系统可用物理内存数量相等，因此使用并不广泛。在分析大部分崩溃时，虽然并不会用到用户模式的代码和数据，但活动内存转储克服了这一限制，只转储实际使用的内存（不包括闲置列表和归零列表中的物理页）。因此活动内存转储中可以切换地址空间。

小型转储的优势在于占用空间小，方便通过电子邮件等方式传输。此外，每次崩溃都会在%SystemRoot%\Minidump 目录下生成一个文件，文件名由日期、系统启动后经历过的时间毫秒数以及一个序列号组成（例如 040712-24835-01.dmp），这种名称具备唯一性。如果存在冲突，系统会调用 Windows 的 GetTickCount 函数返回一个更新后的系统时钟周期计数并增大序列号，借此额外创建一个具备唯一性的文件名。默认情况下，Windows 会保存最新的 50 个小型转储。该数量可修改 HKLM\SYSTEM\CurrentControlSet\Control\CrashControl 注册表键下的 MinidumpsCount 值进行定制。

小型转储的最大不足在于，可存储的数据极为有限，可能会对有效的分析产生负面影响。但在将系统配置为产生核心转储、完全转储、活动转储、自动转储的情况下，我们可以然可以使用 WinDbg 打开更大的转储文件，随后使用**.dump /m** 命令从中提取小型转储，借此获得小型转储所提供的优势。需要注意的是，就算将系统配置为创建完整或核心转储，依然会同时自动创建小型转储。

注意 我们可以在 LiveKd 中使用**.dump** 命令为运行中的系统生成内存映像，随后即可在不关闭系统的情况下进行脱机分析。如果系统出现问题但依然可以提供服务，并且我们希望在不中断服务的情况下进行排错，这种方法将较为有用。由于内存中的不同区域反映了不同时间点的状态，为避免创建不一定完全一致的崩溃映像，LiveKd 支持了**–m** 标记。这种镜像转储选项可借助内存管理器的内存镜像 API 为内核模式内存创建一致的快照，为系统提供一种时间点视图。

核心内存转储选项提供了一种实用的“折中”。因为它包含所有内核模式物理内存，提供了与完全内存转储一致的分析数据，但忽略了通常无关的用户模式数据和代码，因此转储文件的体积大幅降低。例如在一台具备 4 GB RAM、运行 64 位 Windows 的系统中，核心内存转储文件的大小仅为 294 MB。

如上文所述，在配置使用核心内存转储时，系统会检查分页文件是否足够大。我们无法可靠地预测核心内存转储的文件大小，因为这个大小取决于在崩溃那一刻，操作系统和驱动程序使用的内核模式内存的数量。因此在崩溃时，有可能分页文件太小而不足以容纳核心转储，这种情况下系统将转为创建小型转储。如果想查看自己系统创建的核心转储大小，可以配置注册表选项，强制以手动方式从控制台让系统崩溃（详见 https://docs.microsoft.com/ windows-hardware/drivers/debugger/forcing-a-system-crash-from-the-keyboard），或者也可以使用 Notmyfault 工具（https://docs.microsoft.com/sysinternals/downloads/notmyfault）。

不过自动内存转储克服了这些局限。借此，系统将能创建一个足够大的分页文件，以保证大部分时候都能捕获核心内存转储。如果计算机崩溃，而分页文件不够大，无法捕获核心内存转储，Windows 会将分页文件的大小增大到至少和已安装的物理内存相等。

为减少崩溃转储占用的磁盘空间，Windows 需要确定自己是否应当保留最后一个核心转储或完全转储的副本。在报告了内核错误（详见下文）后，Windows 会使用下列算法决定是否要保留 Memory.dmp 文件。对于服务器系统，Windows 会始终存储转储文件。

在客户端 Windows 系统中，仅加入域的计算机默认会始终存储转储文件。对于未加入域的计算机，Windows 只有在目标卷，也就是系统配置的要将 Memory.dmp 文件保存到的那个卷的可用磁盘空间大于 25 GB（ARM64 系统大于 4GB 时，该值可通过 HKLM\SYSTEM\CurrentControlSet\Control\CrashControl\PersistDumpDiskSpaceLimit 注册表键进行定制）时才会保留崩溃转储。如果因为磁盘空间限制，系统无法保存崩溃转储文件的副本，此时会将一条事件写入系统事件日志，表明转储文件已被删除（见图 10-41）。该行为也可以调整，为此只需创建 HKLM\SYSTEM\CurrentControlSet\Control\CrashControl\AlwaysKeepMemoryDump 这个 DWORD 值，并将其数据设置为 1。这样，无论可用磁盘空间有多少，Windows 都会保留一个崩溃转储。

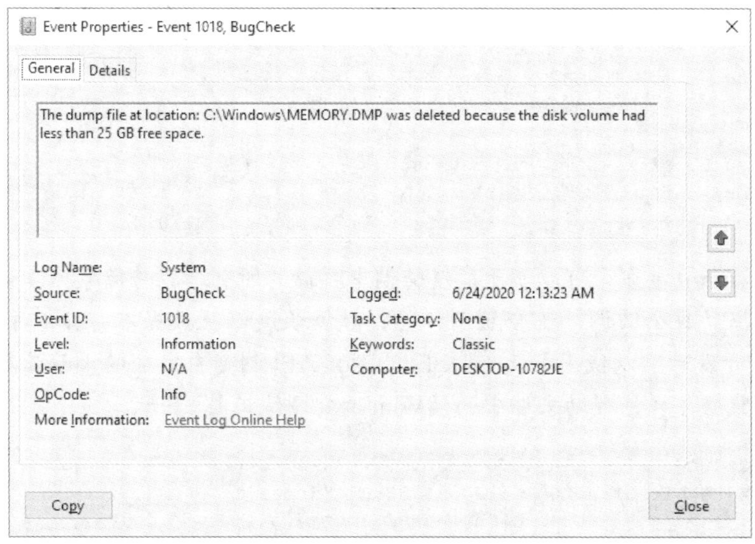

图 10-41　转储文件删除事件日志项

实验：查看转储文件信息

每个崩溃转储文件都包含一个转储头，其中描述了停止代码及其参数、发生崩溃的系统类型（包括版本信息），以及分析过程中需要的重要内核模式结构的指针列表。转储头还包含了所写入的崩溃转储类型以及与该类型转储有关的其他信息。调试器的 **.dumpdebug** 命令可显示崩溃转储文件的转储头信息。例如，下列内容是一个配置了自动转储的系统所创建的转储文件的相关信息：

```
0: kd> .dumpdebug
----- 64 bit Kernel Bitmap Dump Analysis - Kernel address space is available,
      User address space may not be available.

DUMP_HEADER64:
MajorVersion        0000000f
MinorVersion        000047ba
KdSecondaryVersion  00000002
DirectoryTableBase  00000000`006d4000
PfnDataBase         ffffe980`00000000
PsLoadedModuleList  fffff800`5df00170
PsActiveProcessHead fffff800`5def0b60
MachineImageType    00008664
```

```
NumberProcessors     00000003
BugCheckCode         000000e2
BugCheckParameter1   00000000`00000000
BugCheckParameter2   00000000`00000000
BugCheckParameter3   00000000`00000000
BugCheckParameter4   00000000`00000000
KdDebuggerDataBlock  fffff800`5dede5e0
SecondaryDataState   00000000
ProductType          00000001
SuiteMask            00000110
Attributes           00000000

BITMAP_DUMP:
DumpOptions          00000000
HeaderSize           16000
BitmapSize           9ba00
Pages                25dee

KiProcessorBlock at fffff800`5e02dac0
  3 KiProcessorBlock entries:
  fffff800`5c32f180 ffff8701`9f703180 ffff8701`9f3a0180
```

其中，**.enumtag** 命令可以显示崩溃转储中存储的所有二级转储数据（如下文所示）。对于二级数据的每个回调，都会显示标签、数据长度以及数据本身（以字节和 ASCII 格式显示）。开发者可以使用 Debugger Extension API 创建自定义的调试器扩展，借此读取二级转储数据（详见帮助文件中的“Windows 调试工具”一节）。

```
{E83B40D2-B0A0-4842-ABEA71C9E3463DD1} - 0x100 bytes
  46 41 43 50 14 01 00 00 06 98 56 52 54 55 41 4C  FACP......VRTUAL
  4D 49 43 52 4F 53 46 54 01 00 00 00 4D 53 46 54  MICROSFT....MSFT
  53 52 41 54 A0 01 00 00 02 C6 56 52 54 55 41 4C  SRAT......VRTUAL
  4D 49 43 52 4F 53 46 54 01 00 00 00 4D 53 46 54  MICROSFT....MSFT
  57 41 45 54 28 00 00 00 01 22 56 52 54 55 41 4C  WAET(...."VRTUAL
  4D 49 43 52 4F 53 46 54 01 00 00 00 4D 53 46 54  MICROSFT....MSFT
  41 50 49 43 60 00 00 00 04 F7 56 52 54 55 41 4C  APIC`.....VRTUAL
...
```

崩溃转储的生成

在系统启动过程的阶段 1 期间，I/O 管理器可读取 HKLM\SYSTEM\CurrentControlSet\Control\CrashControl 注册表键来检查崩溃转储选项配置。如果转储已配置，则 I/O 管理器会加载崩溃转储驱动程序（Crashdmp.sys）并调用其入口点函数。该入口点会向 I/O 管理器回传一个控制函数表，I/O 管理器会通过该表与崩溃转储驱动程序交互。I/O 管理器还会初始化安全内核所需的安全加密，以便在转储中保存加密后的页。控制函数表中的一个控制函数还会初始化全局崩溃转储系统，借此获得存储分页文件的物理扇区（文件范围）以及与之相关的卷设备对象。

全局崩溃转储初始化函数会获得管理存储分页文件的物理磁盘的微型端口驱动程序，随后使用 MmLoadSystemImageEx 例程为崩溃转储驱动程序以及磁盘微型端口驱动程序创建副本，通过 dump_字符串为它们的原始名称添加前缀。请注意，这意味着还要为微型端口驱动程序导入的所有驱动程序创建一个副本，如图 10-42 所示。

```
0: kd> lm m dump*
Browse full module list
start             end                 module name
fffff802`798e0000 fffff802`79910000   dump_vmbus    (deferred)
fffff802`79920000 fffff802`79948000   dump_hvsocket    (deferred)
fffff802`79950000 fffff802`799e4000   dump_NETIO    (deferred)
fffff802`79a00000 fffff802`79a10000   dump_WppRecorder    (deferred)
fffff802`79a20000 fffff802`79adc000   dump_cng    (deferred)
fffff802`79ae0000 fffff802`79b40000   dump_msrpc    (deferred)
fffff802`79b50000 fffff802`79b62000   dump_winhv    (deferred)
fffff802`79b70000 fffff802`79b83000   dump_WDFLDR    (deferred)
fffff802`7a680000 fffff802`7a7f2000   dump_NDIS    (deferred)
fffff802`7b470000 fffff802`7b47e000   dump_diskdump    (deferred)
fffff802`7b490000 fffff802`7b49f000   dump_storvsc    (deferred)
fffff802`7b4a0000 fffff802`7b4bd000   dump_vmbkmcl    (deferred)
fffff802`7b4e0000 fffff802`7b4fd000   dump_dumpfve    (deferred)

0: kd>
```

图 10-42 为了生成和写入崩溃转储文件而复制的内核模块

系统还会查询 DumpFilters 值，以获得对卷执行写入操作所需的过滤器驱动程序，例如，BitLocker 驱动器加密崩溃转储过滤器驱动程序 Dumpfve.sys。系统还会收集与写入崩溃转储所涉及的组件有关的信息，包括磁盘微型端口驱动程序的名称、写入转储所必需的 I/O 管理器结构，以及分页文件在磁盘上的映射。这些数据会通过两个副本保存到转储上下文结构中。至此，系统已经准备好通过安全的、不会造成破坏的方式创建并写入转储了。

当系统崩溃时，崩溃转储驱动程序（%SystemRoot%\System32\Drivers\Crashdmp.sys）会执行内存比较，借此来验证启动过程中获得的两个转储上下文结构的完整性。如果比较不匹配，则不会写入崩溃转储，因为这样做可能导致磁盘故障或损坏。如果验证通过，则 Crashdmp.sys 会在复制的磁盘微型端口驱动程序以及所需的其他过滤器驱动程序帮助下，将转储信息直接写入磁盘上被分页文件占据的扇区中，并会绕过文件系统驱动程序和存储驱动程序栈（因为它们可能已经损坏，甚至可能是导致崩溃的“罪魁祸首”）。

注意 由于在系统启动的早期阶段，分页文件会被提前打开以用于崩溃转储，因此，系统启动阶段初始化的驱动程序所包含的 Bug 导致的大部分崩溃都会产生转储文件。对于 Windows 启动过程早期阶段涉及的组件（如 HAL 或此时初始化的驱动程序）导致的崩溃，由于发生得太早，系统此时还没有分页文件，这种情况下只能使用另一台计算机对启动过程进行调试，进而进行崩溃分析。

在启动过程中，会话管理器（Smss.exe）会检查注册表值 HKLM\SYSTEM\CurrentControlSet\Control\Session Manager\Memory Management\ExistingPageFiles，以获取系统上次启动时存在的分页文件列表（有关分页文件的详情请参阅卷 1 第 5 章）。随后它会循环遍历该列表，针对存在的每个文件调用 SmpCheckForCrashDump 函数，查看其中是否包含崩溃转储数据。在检查过程中，它会搜索每个分页文件最前方的文件头是否存在 PAGEDUMP（32 位系统）或 PAGEDU64（64 位系统）签名（找到匹配的签名意味着该分页文件包含崩溃转储信息）。如果存在崩溃转储数据，会话管理器随后会从 HKLM\SYSTEM\CurrentControlSet\Control\CrashControl 注册表键读取一系列崩溃参数，包括 DumpFile 值，其中包含了目标转储文件的名称（除非另外配置，否则通常为%SystemRoot%\Memory.dmp）。

接下来，Smss.exe 会检查目标转储文件是否位于与分页文件不同的其他卷上。如果是这种情况，则会检查目标卷是否有足够的可用磁盘空间（崩溃转储文件所需的空间大小信息存储在分页文件的转储头中），随后会将分页文件截断为转储数据的大小，并将其重命名为临时转储文件名（会话管理器会调用 NtCreatePagingFile 函数新建一个分页文件）。这个临时转储文件名采用了 DUMPxxxx.tmp 的格式，其中“xxxx”是系统时钟周期计数器的当前低字值（为了找到一个不冲突的值，系统会尝试 100 次）。重命名分页文件后，系统会移除文件的隐藏和系统属性，并设置必要的安全描述符来保护崩溃转储文件。

随后，会话管理器会创建易失注册表键 HKLM\SYSTEM\CurrentControlSet\Control\CrashControl\MachineCrash，并在 DumpFile 值中存储临时转储文件的名称。随后它会向 TempDestination 值写入一个 DWORD，以此表明转储文件位置是否为一个临时位置。如果分页文件和目标转储文件在同一个卷上，则将不使用临时转储文件，因为分页文件会被截断并直接重命名为目标转储文件的名称。此时 DumpFile 值将会是目标转储文件，而 TempDestination 的值会是 0。

在启动过程后期，Wininit 会检查是否存在 MachineCrash 键，如果存在，则会使用 **-k –c** 命令行开关（**k** 标记表示内核错误报告，**c** 标记表示要将完整或核心转储转换为小型转储）启动 Windows Fault Reporting 进程（Werfault.exe）。WerFault 会读取 TempDestination 和 DumpFile 值。如果 TempDestination 值设置为 1，这意味着使用了临时文件，WerFault 会将临时文件移动到目标位置并为目标文件提供保护，只允许 System 账户和本地 Administrators 组访问。随后 WerFault 会将最终的转储文件名写入 MachineCrash 键下的 FinalDumpFileLocation 值。这一系列步骤如图 10-43 所示。

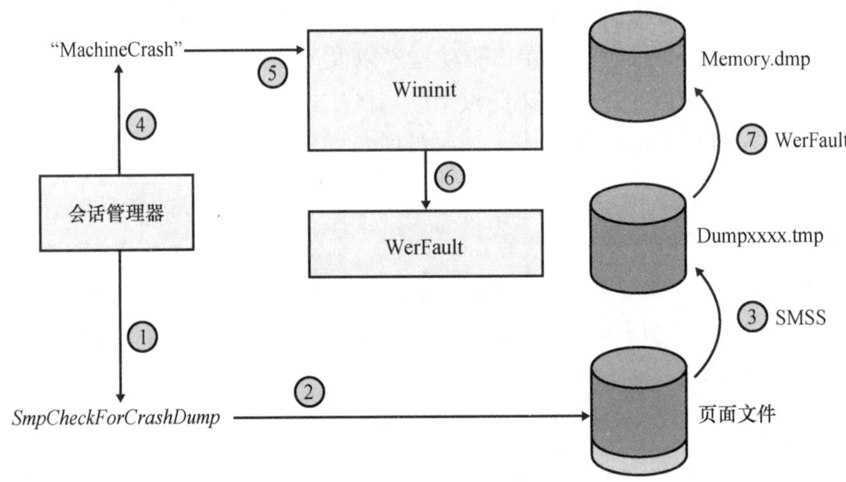

图 10-43　崩溃转储文件的生成

为对转储文件写入位置进行更多控制，例如，对从 SAN 启动的系统或存储分页文件的卷磁盘空间不足的系统进行控制，Windows 还支持使用专用转储文件，该文件可通过 HKLM\SYSTEM\CurrentControlSet\Control\CrashControl 注册表键下的 DedicatedDumpFile 和 DumpFileSize 值配置。指定专用转储文件后，崩溃转储驱动程序会创建指定大小的转储文件，并向其中（而不再向分页文件中）写入崩溃数据。如果未指定 DumpFileSize 值，则 Windows 会使用存储完整转储文件所需的最大文件尺寸来创建专用转储文件。为了计算所需的大小，Windows 会将系统中配备的物理内存页的总大小与转储头所需的大小（32

位系统为一页，64 位系统为两页）相加，另外会加上二级崩溃转储数据的最大值（256 MB）。如果配置了完整转储或核心转储，但目标卷可用的磁盘空间不足以创建专用转储文件，那么系统将改为创建小型转储。

内核报告

在 Wininit 启动了 WerFault 进程并正确生成最终的转储文件后，WerFault 将生成随后会发送给微软在线分析网站（如果已配置，还可发送给内部的错误报告服务器）的报告。为内核崩溃生成报告的过程包含下列工作。

1）如果转储类型不是小型转储，则会从转储文件中提取小型转储，并将其保存在默认位置%SystemRoot%\Minidump。这个位置可通过 HKLM\SYSTEM\CurrentControlSet\Control\CrashControl 注册表键下的 MinidumpDir 值进行调整。

2）将小型转储文件的名称写入 HKLM\SOFTWARE\Microsoft\Windows\Windows Error Reporting\KernelFaults\Queue。

3）在 HKLM\SOFTWARE\Microsoft\Windows\CurrentVersion\RunOnce 下添加一条执行 WerFault.exe（%SystemRoot%\System32\WerFault.exe）的命令，并为该命令使用 **–k –rq** 标记（**rq** 标记指定使用队列报告模式，并且 WerFault 会重启动），这样即可在第一个用户登录系统时执行 WerFault 并发送错误报告。

在登录过程中执行 WerFault 时，由于配置了自身的启动方式，所以会使用 **–k –q** 标记来运行（**q** 标记本身就指定了使用队列报告模式），并会终止前一个实例。这是为了防止 Windows 外壳（Shell）在 WerFault 上等待并尽快将控制返回给 RunOnce。新启动的 WerFault.exe 会检查 HKLM\SOFTWARE\Microsoft\Windows\Windows Error Reporting\KernelFaults\Queue 键，查找可能在之前的转储转换阶段添加到队列中的报告。此外，它还会检查之前的会话中是否有未发送的崩溃报告。如果有，WerFault.exe 会生成两个 XML 格式的文件。

- 第一个包含有关系统的基本描述，如操作系统版本、系统中安装的驱动程序列表、系统中存在的设备列表。
- 第二个包含 OCA 服务使用的元数据，如触发 WER 的事件类型、系统制造商等额外的配置信息。

随后，WerFault 会将两个 XML 文件的副本和小型转储文件发送给微软 OCA 服务器，该服务器会将数据转发至服务器场并进行自动分析。该服务器场的自动分析功能使用了与我们在微软内核调试器中加载崩溃转储文件时相同的分析引擎。同时该分析功能会生成一个桶 ID，借此可以区分特定的崩溃类型。

10.7.3 进程挂起检测

当应用程序因自身代码缺陷或 Bug 而挂起或停止工作时，也会用到 Windows 错误报告。应用程序挂起所导致的一个直接影响是，该应用将不再响应用户的任何交互。检测应用程序挂起所用的算法取决于应用程序的具体类型。现代应用程序栈认定 Centennial 或 UWP 应用程序挂起的依据为，HAM（主机活动管理器）发出的请求在一个明确定义的超时值（通常为 30 秒）内未能成功处理；任务管理器认定应用程序挂起的依据为，应用程序不响应 WM_QUIT 消息；Win32 桌面应用程序视为不响应和挂起的依据为，前台窗口不再处理 GDI 消息且持续超过 5 秒。

有关各种挂起检测算法的详细介绍已超出了本书范围。这里我们只考虑最常见的情况：经典 Win32 桌面应用程序不再响应用户的任何输入。检测工作始于 Win32k 内核驱动程序，当 5 秒超时值到期后，该驱动程序会向桌面窗口管理器（DWM.exe）创建的 DwmApiPort ALPC 端口发送一条消息。DWM 会使用一种复杂的算法处理该消息，最终在挂起的窗口上层创建一个“幽灵”窗口。幽灵窗口重绘了挂起的窗口原本显示的内容，将内容模糊显示，并在窗口标题中添加“(未响应)”字样。该幽灵窗口会通过一个内部消息泵例程处理 GDI 消息，该例程可调用 Windows User Mode Crash Reporting DLL（faultrep.dll）导出的 ReportHang 例程拦截关闭、退出和激活消息。ReportHang 函数会直接构建一条 WERSVC_REPORT_HANG 消息，并将其发送给 WER 服务并等待回复。

WER 服务会读取注册表 HKLM\Software\Microsoft\Windows\Windows Error Reporting\Hangs 根键中的设置值来处理消息并初始化挂起报告。尤其是可使用 MaxHangrepInstances 值指示在同一时间里能生成多少个挂起报告（如果该值不存在，则默认值为 8 个），而 TerminationTimeout 值决定了 WER 服务试图终止挂起的进程前需要等待的时间，超过该时间后才会认定整个系统处于挂起状态（默认为 10 秒）。造成这种情况的原因有很多，例如某个应用程序有一个活跃的挂起 IRP，但从未被内核驱动程序完成。WER 服务会打开挂起的进程，获取其令牌和其他基本信息。随后 WER 服务会创建一个共享内存节对象来存储这些信息（类似于用户应用程序的崩溃，不过此时该共享节的名称为 Global\<随机 GUID>）。

随后将使用挂起进程的令牌和**-h** 命令行开关（指定了要为挂起的进程生成报告），以暂停状态启动一个 WerFault 进程。与用户应用程序的崩溃不同，此时，WER 服务调用 Ntdll 导出的 PssNtCaptureSnapshot API，借此使用完整的 SYSTEM 令牌创建一个快照。该快照的句柄会被复制到暂停的 WerFault 进程中，快照成功创建后该进程会恢复运行。当 WerFault 启动后，它会发出一个事件信号，表明报告创建过程已开始。随后，原始进程即可被终止。系统将从克隆的进程中获取报告所需的信息。

为挂起进程生成报告的过程与崩溃进程的报告过程类似：WerFault 进程首先查询位于全局 HKLM\Software\ Microsoft\Windows\Windows Error Reporting\Hangs 注册表根键下的 Debugger 值。如果存在有效的调试器，则会启动调试器并连接到挂起的原始进程。如果 Disable 注册表值被设置为 1，该过程将被忽略，WerFault 进程会直接退出而不生成任何报告。其他情况下，WerFault 会打开共享内存节，验证其内容，随后获取 WER 服务之前保存的所有信息。报告会使用 WER.dll 中导出的 WerReportCreate 函数进行初始化，崩溃报告也用到了这个函数。无论 WER 如何配置，挂起进程的对话框（见图 10-44）将始终显示。最后，将使用（WER.dll 中导出的）WerReportSubmit 函数生成报告所需的全部文件（包括小型转储文件），这一过程与应用程序崩溃后的情况类似（详见上文“崩溃报告的生成”一节）。报告最终将发送给在线崩溃分析服务器。

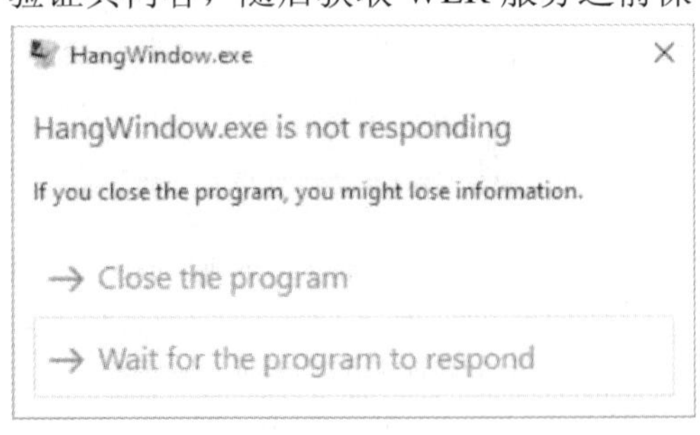

图 10-44　Windows 错误报告为挂起的应用程序显示的对话框

当开始生成报告并且 WERSVC_HANG_REPORTING_STARTED 消息返回 DWM 时，WER 会使用 TerminateProcess API 终止挂起的进程。如果该进程未在预期时间范围（通常为 10 秒，但可按照上文介绍通过 TerminationTimeout 设置来调整）内终止，WER 服务将使用完整的 SYSTEM 令牌重新启动另一个 WerFault 实例并等待更长的时间（通常为 60 秒，但可通过 LongTerminationTimeout 设置来调整）。如果更长的超时等待后进程依然未能终止，WER 将只能向应用程序日志中写入一条 ETW 事件，借此报告无法终止进程。该 ETW 事件的内容如图 10-45 所示。需要注意的是，该事件的描述信息有些误导，因为 WER 根本无法终止挂起的应用程序。

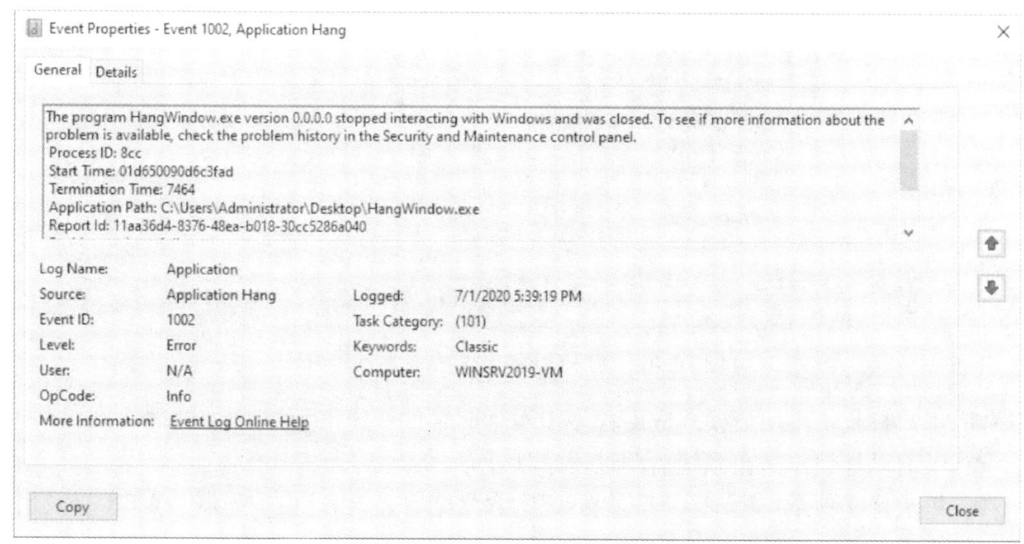

图 10-45 当挂起的应用程序无法终止时，ETW 向应用程序日志中写入的错误事件

10.8 全局标记

Windows 在 NtGlobalFlag 和 NtGlobalFlag2 这两个系统级全局变量中存储了一系列标记，这些标记可用于操作系统的内部调试、跟踪和验证支持等工作中。这两个系统变量是在系统启动过程中（NT 内核初始化阶段 0）通过注册表键 HKLM\SYSTEM\CurrentControlSet\Control\Session Manager 下的 GlobalFlag 和 GlobalFlag2 值初始化而来的。默认情况下，这两个注册表值均为 0，因此大家的系统很可能并未使用任何全局标记。此外，每个映像也有一组可用于开启内部跟踪和验证代码的全局标记(不过这些标记的位布局可能与系统级全局标记有些许差异)。

幸好调试工具包含一个名为 Gflags.exe 的工具，我们可以用它来查看并更改系统全局标记（可在注册表或运行中的系统内更改）和映像全局标记。Gflags 同时提供了命令行和 GUI 界面。要查看命令行标记，请运行 **gflags /?**。如果在不指定任何开关的情况下运行该工具，则可以看到如图 10-46 所示的对话框。

Windows 全局标记中包含的标记可分为下列几个类别。

- 内核标记，由 NT 内核的不同组件（堆管理器、异常、中断处理程序等）直接处理。

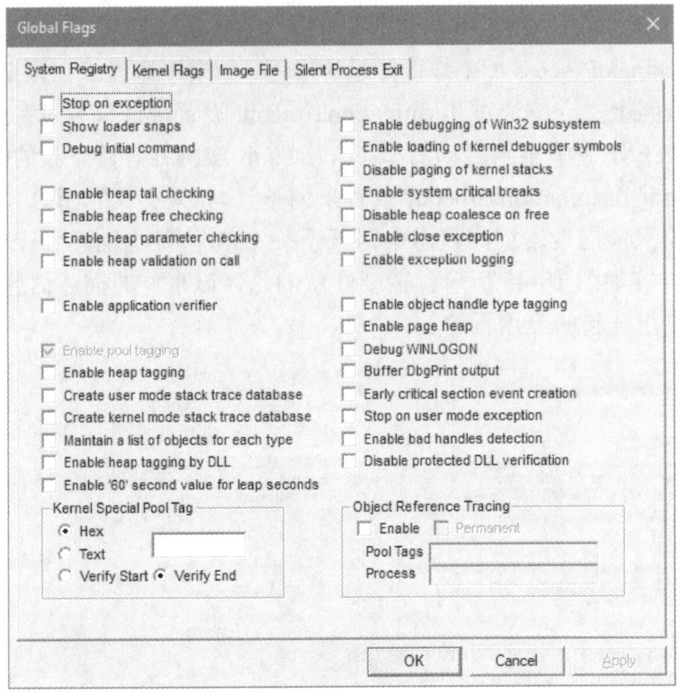

图 10-46　使用 Gflags 设置系统调试选项

- 用户标记，由用户模式应用程序中运行的组件（通常为 Ntdll）处理。
- 仅启动标记，只在系统启动过程中处理。
- 每映像文件全局标记（与其他标记的含义略有差异），由加载器、WER 以及用户模式的其他组件处理，主要取决于运行映像文件的用户模式进程上下文。

Gflags 工具显示的标签页名称有些误导性，每个标签页上的内核标记、仅启动标记以及用户标记都被混在一起显示了。这几个标签页的最大不同在于，System Registry 页可供用户针对 GlobalFlag 和 GlobalFlag2 注册表值设置全局标记，这些标记会在系统启动时进行解析。这意味着只有在系统重启动后，最终的新标记才得以启用。Kernel Flags 页虽然名字中带有“Kernel”字样，但并不允许对运行中的系统即时应用内核标记。只有某些用户模式标记可以在无须重启动系统的情况下设置或移除（例如 Enable page heap 标记）。Gflags 工具会使用 NtSetSystemInformation 原生 API（配合 SystemFlagsInformation 信息类）来设置这些标记。但只有用户模式标记可以这样设置。

实验：查看并设置全局标记

我们可以使用内核调试器的!gflag 命令查看并设置 NtGlobalFlag 内核变量的状态。**!gflag** 命令可列出已启用的全部标记。我们可以使用 **!gflag -?** 获取可支持的全局标记完整列表。截至撰写这部分内容，**!gflag** 扩展尚未进行更新，无法显示 NtGlobalFlag2 变量的内容。

Image File 页需要填写可执行映像文件的文件名。通过该选项即可有针对性地更改特定的映像（而非整个系统）的全局标记。该页内容如图 10-47 所示。请注意，这里显示的标记与图 10-46 所示的操作系统标记有所不同。Image File 和 Silent Process Exit 页中提供的大部分标记和设置都是通过在 HKLM\SOFTWARE\Microsoft\Windows NT\CurrentVersion\Image File Execution Options 注册表键（也叫 IFEO 键）下一个与映像文件（例如图 10-47 中所示的 notepad.exe）同名的子键中保存新的值来获得应用的。尤其是 GlobalFlag（以及 GlobalFlag2）的值，代表了所有可用每映像全局标记的位掩码。

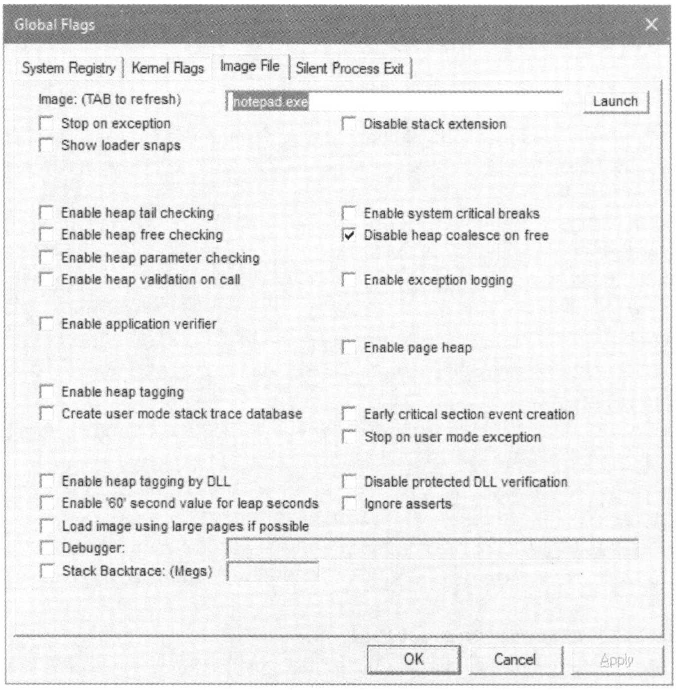

图 10-47 使用 Gflags 设置每映像全局标记

当加载器初始化先前创建的新进程并加载主要基本可执行文件依赖的所有库（关于进程的诞生，详见卷 1 第 3 章）时，系统就会处理每映像的全局标记。内部例程 LdrpInitializeExecutionOptions 会根据基本映像的名称打开 IFEO 注册表键，并解析所有每映像设置和标记。尤其是，在从注册表获取了每映像全局标记后，它们会被存储到进程 PEB 的 NtGlobalFlag（和 NtGlobalFlag2）字段中，以便被进程中映射的任何映像（包括 Ntdll）轻松访问。

大部分可用的全局标记都有相关文档，详见 https://docs.microsoft.com/windows-hardware/drivers/debugger/gflags-flag-table。

实验：Windows 加载器故障排错

在卷 1 第 3 章的“观察映像加载器”实验中，我们使用 Gflags 工具查看了 Windows 加载器运行时的信息。那些信息可以帮助我们理解某个应用程序为何完全不启动（未返回任何有用的错误信息）。我们可以重命名 %SystemRoot%\system32 下的 Msftedit.dll 文件（富文本编辑控件库），然后针对 mspaint.exe 重新执行该实验。实际上，MSPaint 是间接依赖这个 DLL 的。Msftedit 库由 MSCTF.dll 以动态的方式加载（并非静态链接至 MSPaint 的可执行文件）。请以管理员身份打开命令提示符窗口并运行下列命令：

```
cd /d c:\windows\system32
takeown /f msftedit.dll
icacls msftedit.dll /grant Administrators:F
ren msftedit.dll msftedit.disabled
```

随后使用 Gflags 工具启用 Loader snaps，具体方法请参阅“观察映像加载器”实验。随后使用 Windbg 启动 mspaint.exe，Loader snaps 几乎会立即强调显示出遇到的问题，并返回下列文本：

```
142c:1e18 @ 00056578 - LdrpInitializeNode - INFO: Calling init routine 00007FFC79258820 for
DLL "C:\Windows\System32\MSCTF.dll"142c:133c @ 00229625 - LdrpResolveDllName - ENTER: DLL
name: .\MSFTEDIT.DLL
142c:133c @ 00229625 - LdrpResolveDllName - RETURN: Status: 0xc0000135
142c:133c @ 00229625 - LdrpResolveDllName - ENTER: DLL name: C:\Program Files\
Debugging Tools
for Windows (x64)\MSFTEDIT.DLL
142c:133c @ 00229625 - LdrpResolveDllName - RETURN: Status: 0xc0000135
142c:133c @ 00229625 - LdrpResolveDllName - ENTER: DLL name: C:\Windows\
system32\MSFTEDIT.DLL
142c:133c @ 00229625 - LdrpResolveDllName - RETURN: Status: 0xc0000135
. . .
C:\Users\test\AppData\Local\Microsoft\WindowsApps\MSFTEDIT.DLL
142c:133c @ 00229625 - LdrpResolveDllName - RETURN: Status: 0xc0000135
142c:133c @ 00229625 - LdrpSearchPath - RETURN: Status: 0xc0000135
142c:133c @ 00229625 - LdrpProcessWork - ERROR: Unable to load DLL: "MSFTEDIT.
DLL", Parent
Module: "(null)", Status: 0xc0000135
142c:133c @ 00229625 - LdrpLoadDllInternal - RETURN: Status: 0xc0000135
142c:133c @ 00229625 - LdrLoadDll - RETURN: Status: 0xc0000135
```

10.9 内核填充码

新版 Windows 操作系统可能会对旧版的驱动程序造成一些问题，导致驱动程序难以在新环境中运行，进而导致系统挂起或蓝屏死机。为了解决这些问题，Windows 8.1 引入了内核填充码（kernel shim）引擎，借此动态修改旧版本的驱动程序，使其可以在新版的操作系统中正常运行。内核填充码引擎主要是在 NT 内核中实现的。驱动程序的填充码可通过 Windows 注册表和填充码数据库文件进行注册。驱动程序的填充码由填充码驱动程序提供。填充码驱动程序可使用导出的 KseRegisterShimEx API 注册填充码，将其应用给需要的目标驱动程序。内核填充码引擎主要支持两种适用于设备或驱动程序的填充码。

10.9.1 填充码引擎初始化

在操作系统启动的早期阶段，Windows 加载器在加载所有“引导加载”的驱动程序同时，还会读取并映射位于%SystemRoot%\apppatch\Drvmain.sdb（以及 Drvpatch.sdb 文件，如果存在）中的驱动程序兼容性数据库文件。在 NT 内核初始化阶段 1 期间，I/O 管理器会启动内核填充码引擎初始化工作，相关工作分为两个阶段。NT 内核会将数据库文件的二进制内容复制到一个从分页池分配的全局缓冲区中（由内部全局变量 KsepShimDb 指向）。随后它会检查内核填充码是否被全局禁用。如果系统要启动到安全模式或 WinPE 模式，或驱动程序验证器已启用，那么填充码引擎将不被启用。内核填充码引擎也可以使用系统策略或 HKLM\System\CurrentControlSet\Control\Compatibility\DisableFlags 注册表键加以控制。随后，NT 内核会收集应用设备填充码时所需的底层系统信息，如 BIOS 信息和 OEM ID，为此需要检查系统固定 ACPI 描述符表（System Fixed ACPI Descriptor Table，FADT）。内核填充码引擎会使用 KseRegisterShimEx API 注册第一个内置的填充码提供程序，其名称为 DriverScope。Windows 内置的填充码请参阅表 10-21，其中一些确实是在 NT 内核中直接实现的，不在任何外部驱动程序中。DriverScope 是阶段 0 注册的唯一的一个填充码。

表 10-21 Windows 自带的内核填充码

填充码名称	GUID	用途	模块
DriverScope	{BC04AB45-EA7E-4A11-A7BB-77615F4CAAE}	该填充码可用于从目标驱动程序收集健康的 ETW 事件。它的挂钩只会在调用原始未填充回调之前或之后写入 ETW 事件	NT 内核
Version Lie	{3E28B2D1-E633-408C-8E9B-2AFA6F47FCC3} (7.1) (47712F55-BD93-43FC-9248-B9A83710066E} (8) {21C4FB58-D477-4839-A7EA-D6918FBC518} (8.1)	该填充码适用于 Windows 7、8 和 8.1，当在应用了该填充码的驱动程序需要时，可与之前版本操作系统进行通信	NT 内核
SkipDriverUnload	{3E8C2CA6-34E2-4DE6-8A1E-692DD3E316B}	该填充码会将驱动程序的卸载例程替换为另一个不执行其他任何操作，只记录 ETW 事件的例程	NT 内核
ZeroPool	{6B847429-C430-4682-B55F-FD11A7B55465}	可将 ExAllocatePool API 替换为分配池内存并将其清零的函数	NT 内核
ClearPCIDBits	{B4678DFF-BD3E-46C9-923B-5733483B0B3}	当某些反病毒驱动程序映射被 CR3 引用的物理内存时，可清除 PCID 位	NT 内核
Kaspersky	{B4678DFF-CC3E-46C9-923B-5733483B0B3}	针对 Kaspersky（卡巴斯基安全软件）的特定过滤器驱动程序创建的填充码，可屏蔽 UseVtHardware 注册表值的实际值，该值可能导致该公司的旧版本杀毒软件进行错误检查	NT 内核
Memcpy	{8A2517C1-35D6-4CA8-9EC8-98A12762891B}	提供了一种更安全（但更慢）的内存复制实现，会始终将目标缓冲区清零，可配合设备内存一起使用	NT 内核
KernelPadSections Override	{4F55C0DB-73D3-43F2-9723-A9C7F79D39D}	防止内存管理器释放任何内核模块的可丢弃内存节，并阻止（应用了该填充码的）目标驱动程序加载	NT 内核
NDIS Shim	{49691313-1362-4e75-8c2a-2dd72928eba5}	NDIS 版本兼容性填充码（可返回适用于驱动程序的 6.40 版）	Ndsi.sys
SrbShim	{434ABAFD-08FA-4c3d-A88D-09A88E2AB17}	SCSI 请求区块兼容性填充码，可拦截 IOCTL_STORAGE_QUERY_PROPERTY	Storport.sys
DeviceIdShim	{0332ec62-865a-4a39-b48f-cda6e855f423}	RAID 设备兼容性填充码	Storport.sys
ATADeviceIdShim	{26665d57-2158-4e4b-a959-c917d03a0d7e}	串行 ATA 设备兼容性填充码	Storport.sys
Bluetooth Filter Power shim	{6AD90DAD-C144-4E9D-A0CF-AE9FCB901EBD}	蓝牙过滤器驱动程序兼容性填充码	Bthport.sys
UsbShim	{fd8fd62e-4d94-4fc7-8a68-bff7865a706b}	旧款 Conexant USB 调制解调器兼容性填充码	Usbd.sys
Nokia Usbser Filter Shim	{7DD60997-651F-4ECB-B893-BEC8050F3BD7}	Nokia Usbser 过滤器驱动程序（被 Nokia PC Suite 使用）兼容性填充码	Usbd.sys

在系统内部，填充码是由KSE_SHIM数据结构（KSE是指Kernel Shim Engine，即内核填充码引擎）所表示的。该数据结构包含GUID、填充码的人工易读名称，以及挂钩集合数组（KSE_HOOK_COLLECTION数据结构）。驱动程序填充码支持不同类型的挂钩：由NT内核、HAL、驱动程序库导出的函数上的挂钩，以及驱动程序的对象回调函数上的挂钩。在初始化的阶段1过程中，填充码引擎会注册名为MicrosoftWindows-Kernel-ShimEngine的ETW提供程序（GUID为{0bf2fb94-7b60-4b4d-9766-e82f658df540}），打开驱动程序填充码数据库，并初始化NT内核中实现的其余自带填充码（参阅表10-21）。

若通过KseRegisterShimEx注册填充码，NT内核需要对KSE_SHIM数据结构以及集合中的每个挂钩（所有挂钩必须位于调用方驱动程序的地址空间内）进行一些初始完整性检查。随后它会分配并填充一个KSE_REGISTERED_SHIM_ENTRY数据结构，顾名思义，该数据结构代表了已注册的填充码。其中包含一个引用计数器和一个指向驱动程序对象的指针（仅在非NT内核中实现的填充码下使用）。分配的这个数据结构会链接至一个全局链表，该链表记录了系统中已注册的所有填充码。

10.9.2 填充码数据库

填充码数据库（SDB）文件格式最早出现在Windows XP中，其目的在于改善应用程序的兼容性。该文件格式最初的用途是，为需要在操作系统的帮助下才能正常运行的程序和驱动程序存储一种二进制XML样式的数据库。经过调整，SDB文件已经可以包含内核模式填充码。该文件格式使用标签来描述一种XML数据库。标签是一种2字节的基础数据结构，可充当数据库中项和特性的唯一标识符。它由4位的类型和12位的索引组成，类型标识了与标签相关数据的格式。每个标签都表示了数据类型、大小，以及标签本身的解释。SDB文件有一个12字节的头和一组标签，这一组标签通常定义了填充码数据库文件中的三个主要块。

- INDEX块，包含索引标签，用于快速索引数据库中的元素。INDEX块中的索引以升序的形式存储，因此在索引中搜索元素的速度非常快（使用了二分搜索算法）。对于内核填充码引擎，元素使用从填充码名称派生而来的一个8字节键存储在INDEX块中。
- DATABASE块，包含描述填充码、驱动程序、设备以及可执行文件的顶级标签。每个顶级标签都包含子标签，这些子标签描述了根项之下包含的属性或内联块。
- STRING TABLE块，其中包含的字符串可被DATABASE块中的下层标签所引用。DATABASE块中的标签通常不直接描述字符串，而是包含对标签（名为STRINGREF）的引用，描述了位于字符串表中的字符串。这样包含大量通用字符串的数据库就不会变的体积过于巨大。

微软已经部分公开了SDB文件格式和读/写SDB的API，详见https://docs.microsoft.com/windows/win32/devnotes/application-compatibility-database。所有SDB API都是在应用程序兼容性客户端库（apphelp.dll）中实现的。

10.9.3 驱动程序填充码

NT内存管理器使用KseDriverLoadImage函数来决定是否在加载时为内核驱动程序应

用填充码（引导加载的驱动程序是由 I/O 管理器处理的，详见第 12 章）。该例程会在内核模块生命周期的正确时间调用，并会在运行驱动程序验证器、导入优化和应用 Kernel Patch 保护之前进行调用（这个顺序很重要，否则系统会进入错误检查状态）。目前已经应用填充码的内核模块列表存储在一个全局变量中。KsepGetShimsForDriver 例程会检查列表中是否有与已加载模块具备相同基址的模块。如果有，则意味着目标模块已经应用了填充码，因此后续过程可以忽略。否则需要决定是否为新模块应用填充码，该例程会从两个不同的来源进行检查。

- 查询 HKLM\System\CurrentControlSet\Control\Compatibility\Driver 根键下，与被加载模块同名的注册表键的“Shims”多字符串值。该注册表值包含了需要为目标模块应用的由填充码的名称组成的数组。
- 如果目标模块的上述注册表值不存在，则会解析驱动程序兼容性数据库文件，查找 KDRIVER 标签（由 INDEX 块建立了索引），该标签应该会与被加载的模块同名。如果在 SDB 文件中找到了驱动程序，NT 内核会对比驱动程序版本（KDRIVER 根标签下存储的 TAG_SOURCE_OS）、文件名、路径（如果 SDB 中存在相对标签），以及引擎初始化过程中收集的底层系统信息（借此判断驱动程序是否兼容系统）。如果上述任何一类信息不匹配，驱动程序将会被跳过，不会应用任何填充码。否则将从 KSHIM_REF 底层标签（根 KDRIVER 的一部分）获取填充码名称列表。这些标签是对 SDB 数据库块中 KSHIM 的引用。

如果通过上述两个来源之一获得了要应用给目标驱动程序的一个或多个填充码名称，那么随后将再次解析 SDB 文件，这次的目的是验证是否存在有效的 KSHIM 描述符。如果特定填充码名称没有相关标签（意味着数据库中不存在填充码描述符），则该过程将被中断（借此防止管理员为驱动程序应用随机的非微软填充码）。如果找到相关的标签，则会向 KsepGetShimsForDriver 返回一个 KSE_SHIM_INFO 数据结构数组。

接下来需要判断描述符所描述的填充码是否已在系统中注册。为此，填充码引擎会搜索已注册填充码的全局链表（每当注册新填充码后，都会填写该链表，详见上文“填充码引擎初始化”一节）。如果填充码尚未注册，则填充码引擎会试图加载提供该填充码的驱动程序（驱动程序名称存储在根 KSHIM 项的 MODULE 子标签中），随后会再次重试。当填充码首次应用时，填充码引擎会解析已注册填充码（KSE_SHIM 数据结构）包含的 KSE_HOOK_COLLECTION 数据结构数组描述的所有挂钩的指针。填充码引擎会分配并填写一个 KSE_SHIMMED_MODULE 数据结构，该数据结构代表了要被应用填充码的目标模块（及其基址），并将其添加到最开始检查的全局列表中。

至此，填充码引擎即可使用内部例程 KsepApplyShimsToDriver 为目标模块应用填充码。该例程会在 KSE_HOOK_COLLECTION 数组描述的每个挂钩中循环，修补目标模块的导入地址表（IAT），用新的挂钩（由挂钩集描述）替换挂钩函数的原始地址。请注意，在这个阶段并不处理驱动程序的对象回调函数（IRP 处理程序），这些函数稍后会在调用目标驱动程序的 DriverInit 例程之前被 I/O 管理器修改。原始驱动程序的 IRP 回调例程会保存在目标驱动程序的驱动程序扩展（driver extension）中。这样，挂钩函数在需要时就可以通过简单的方式重新调用到原来的函数中。

实验：查看驱动程序填充码的作用

虽然使用 Windows 评估和部署工具包发布的官方微软应用程序兼容性工具包可供我们打开、修改、创建填充码数据库文件，但无法借此操作系统数据库文件（可通过内部 GUID 识别不同的数据库文件），因此，也就无法借助该工具解析 drvmain.sdb 数据库描述的所有内核填充码。不过有很多第三方 SDB 解析程序。例如，一款名为 SDB Explorer 的工具就可以在这里免费下载：https://ericzimmerman.github.io/。

这个实验将查看 drvmain 系统数据库文件的内容，并向本书随附资源中包含的测试驱动程序 ShimDriver 应用内核填充码。为了完成该实验，我们需要启用测试签名（ShimDriver 使用自签名测试证书签名）。

1）以管理员身份打开命令提示符窗口，并运行下列命令：

```
bcdedit /set testsigning on
```

2）重启计算机，通过上述链接下载并运行 SDB Explorer，打开%SystemRoot%\apppatch 下的 drvmain.sdb 数据库文件。

3）在 SDB Explorer 主窗口中，我们可以浏览整个数据库文件，该文件分为 Indexes、Databases 以及 String 表三个主要的块。请展开 DATABASES 根块并向下滚动，找到 KSHIM 列表（应该在 KDEVICE 后面）。随后应该能看到类似下图所示的窗口。

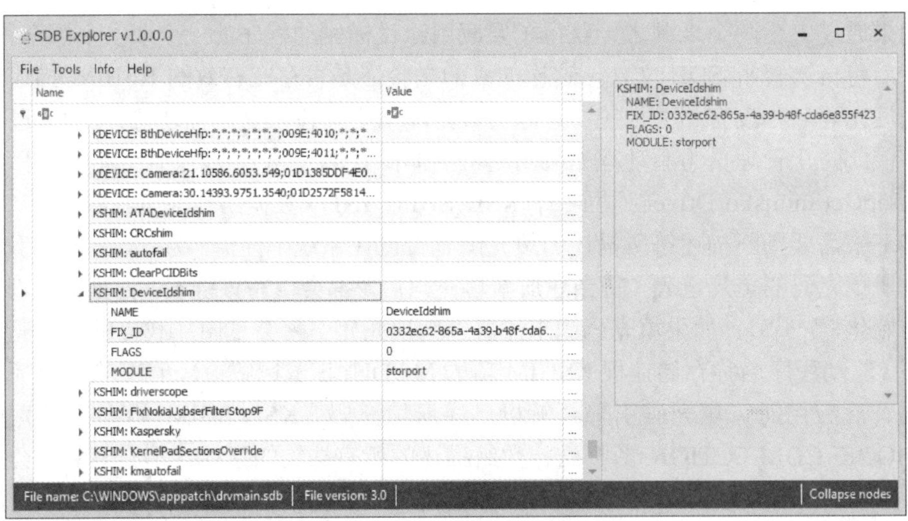

4）我们需要向测试驱动程序应用一个 Version lie 填充码。首先请将 ShimDriver 复制到%SystemRoot%\System32\Drivers，随后在管理员身份启动的命令提示符窗口中运行下列命令安装该驱动程序（假设系统是 64 位的）。

```
sc create ShimDriver type= kernel start= demand error= normal binPath= c:\ Windows\
System32\ShimDriver64.sys
```

5）在启动测试驱动程序前，需要从 Sysinternals 网站下载并运行 DebugView 工具（https://docs.microsoft.com/sysinternals/downloads/debugview）。这一步是必需的，因为 ShimDriver 会输出一些调试信息。

6）使用下列命令启动 ShimDriver：

```
sc start shimdriver
```

7）检查 DebugView 工具的输出结果。应该可以看到类似下图所示的消息。实际看到的内容取决于运行该驱动程序的 Windows 版本。在本例中，我们在 Insider 版的 Windows Server 2022 上运行了该驱动程序。

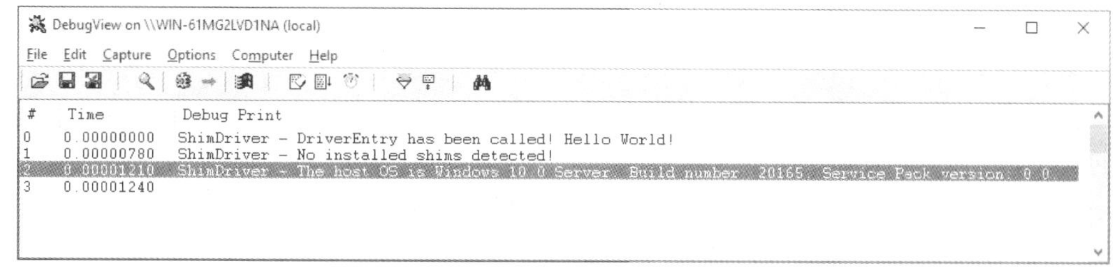

8）此时即可停止驱动程序并启用 SDB 数据库中的填充码。在本例中，我们将使用一个 Version lie 填充码。停止目标驱动程序并使用下列命令安装填充码（其中 ShimDriver64.sys 是上一步安装的驱动程序的文件名）：

```
sc stop shimdriver
reg add "HKLM\System\CurrentControlSet\Control\Compatibility\Driver\
    ShimDriver64.sys" /v Shims /t REG_MULTI_SZ /d
KmWin81VersionLie /f /reg:64
```

9）上述命令会添加 Windows 8.1 的 Version lie 填充码，但我们也可以随意选择其他版本。

10）随后如果重新启动该驱动程序，将能看到 DebugView 工具显示了不同的输出结果，类似下图所示。

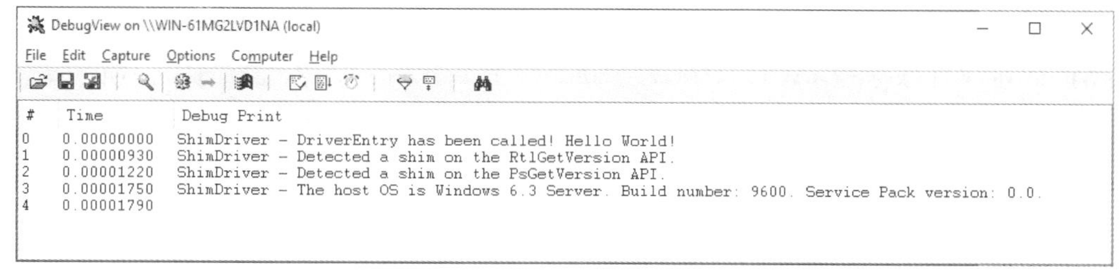

11）这是因为填充码引擎为获取操作系统版本信息的 NT API 正确地应用了挂钩（驱动程序也能检测到填充码）。我们也可以使用其他填充码重复该实验，例如使用 SkipDriverUnload 或 KernelPadSectionsOverride 填充码，借此可以让驱动程序卸载例程归零，或阻止目标驱动程序加载，效果如下图所示。

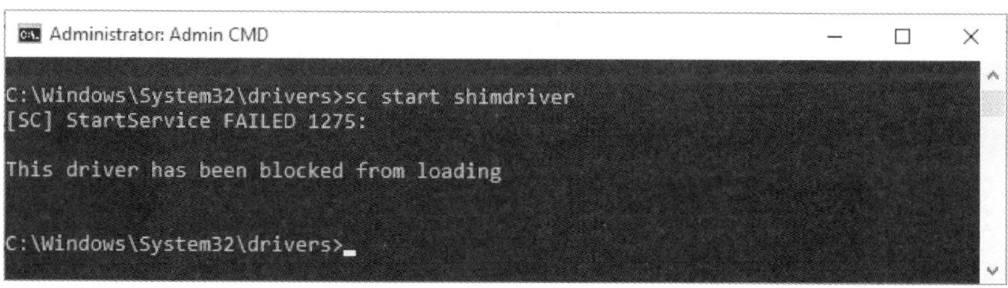

10.9.4 设备填充码

与驱动程序填充码不同，应用给设备对象的填充码是按需加载和应用的。NT 内核导出的 KseQueryDeviceData 函数可供驱动程序检查是否需要为设备对象应用填充码(请注意，KseQueryDeviceFlags 也是导出的函数，不过该 API 仅仅是第一个 API 的子集)。用户模式应用程序也可以通过 NtQuerySystemInformation API 配合 SystemDeviceDataInformation 信息类查询设备填充码。设备填充码始终存储在三个不同的位置，会按照下列顺序查询。

1）HKLM\System\CurrentControlSet\Control\Compatibility\Device 注册表根键下，以设备的 PNP 硬件 ID 为名的键，并使用“!”替代“\”符号（这是为了避免与注册表产生混淆)。设备键下的值指定了设备被查询的填充码数据（对某些设备类来说，通常是一种标记，即 Flag)。

2）内核填充码缓存。内核填充码引擎实现了一种填充码缓存（通过 KSE_CACHE 数据结构公开)，其目的是加快设备标记和数据的搜索速度。

3）填充码数据库文件中，使用 KDEVICE 设备标签。根标签和其他很多标签（如设备描述、制造商名称、GUID 等）包含子 NAME 标签，这个标签中包含以<DataName: HardwareID>形式组成的字符串。KFLAG 或 KDATA 子标签包含设备的填充码数据值。

如果设备填充码不在缓存中，而在 SDB 文件中，那么也会加入缓存。这样未来的查询速度可以更快，并且不再需要访问填充码数据库文件。

10.10 总结

本章介绍了 Windows 操作系统中提供管理设施最重要的功能，例如 Windows 注册表、用户模式服务、任务计划、UBPM 及 Windows 管理规范（WMI)。此外还介绍了如何通过 Windows 事件跟踪（ETW)、DTrace、Windows 错误报告（WER）以及全局标记（Gflag）提供的服务，让用户更好地跟踪并诊断操作系统或用户模式应用程序组件遇到的问题。最后简要介绍了内核填充码引擎，该引擎可以帮助系统应用兼容性策略并正确执行针对旧版本操作系统设计的旧版组件。

第 11 章将深入介绍 Windows 支持的各种文件系统，以及可用于加快文件和数据访问速度的全局缓存。

第 11 章　缓存和文件系统

缓存管理器是一系列内核模式函数和系统线程，它们与内存管理器配合，可以为所有的 Windows 文件系统（本地或网络）驱动程序提供数据缓存。本章将介绍缓存管理器及其内部数据结构和函数的工作原理、如何在系统初始化时确定缓存大小、缓存如何与操作系统的其他元素交互，以及如何通过性能计数器观察缓存的活动。我们还将介绍 Windows CreateFile 函数会对文件缓存和 DAX 卷产生影响的五个标记。DAX 卷是一种内存映射的磁盘，在某些类型的 I/O 中会绕过缓存管理器。

缓存管理器公开的服务可被所有 Windows 文件系统驱动程序使用，它们之间会严格合作，进而尽可能快速地管理磁盘 I/O。我们将介绍 Windows 支持的不同文件系统，尤其将深入介绍 NTFS 和 ReFS（两个使用广泛的文件系统）。我们还将介绍它们的内部架构和基本操作，包括如何与其他系统组件（如内存管理器和缓存管理器）进行交互。

本章还将概括介绍存储空间，这种全新的存储解决方案是为取代动态磁盘而设计的。空间可创建为分层或精简配置的虚拟磁盘，借此为上层的文件系统提供各种功能。

11.1　术语

为了更好地理解本章内容，首先需要熟悉下列基本术语。

- 磁盘（disk）：一种物理存储设备，例如硬盘、CD-ROM、DVD、蓝光盘、固态硬盘（SSD）、非易失性内存盘（NVMe）或闪存盘（Flash）。
- 扇区（sector）：存储介质上的硬件可寻址块。扇区大小由硬件决定。大部分硬盘扇区为 4096 字节或 512 字节，DVD-ROM 和蓝光盘扇区通常为 2048 字节。因此，如果扇区大小为 4096 字节，但操作系统需要修改磁盘上第 5120 字节的内容，就必须将 4096 字节的数据块写入磁盘上的第二个扇区中。
- 分区（partition）：磁盘上一系列连续扇区的集合。分区表或其他磁盘管理数据库存储了分区的起始扇区、大小及其他特征，这些信息会存储到分区所在的磁盘上。
- 卷（volume）：文件系统驱动程序总是将大量扇区作为一个单位进行管理，而卷是一种可以表示所有这些扇区的对象。简单卷表示来自同一个分区的扇区，多分区卷则表示来自多个分区的扇区。多分区卷通常可提供简单卷无法提供的性能、可靠性和大小调整功能。
- 文件系统格式（file system format）：定义了文件数据在存储介质上的存储方式，并影响着文件系统的功能。例如，若不支持为文件和目录分配用户权限的格式，就无法支持安全性。文件系统格式也会对文件系统可支持的文件和存储设备大小施加压力。最后，一些文件系统格式对大文件、小文件、大磁盘、小磁盘实现了更高效的支持。NTFS、exFAT 和 ReFS 都是常见的文件系统格式，它们提供了不同的功能和使用场景。

- 簇（cluster）：很多文件系统格式所使用的可寻址块。簇大小始终是扇区大小的整数倍，如图 11-1 所示，8 个扇区组成 1 个簇。文件系统格式可使用簇来更有效地管理磁盘空间，比扇区更大的簇可以将磁盘划分为更易于管理的块。但更大的簇也需要付出潜在的代价——浪费磁盘空间，或更易于产生内部碎片。当文件大小不是簇大小的整数倍时，就容易产生这种情况。

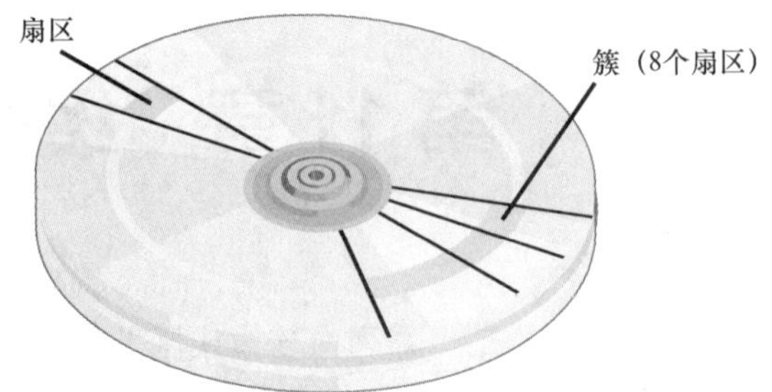

图 11-1　传统机械硬盘中的扇区和簇

- 元数据（metadata）：是指为支持文件系统格式管理而在卷中存储的数据。应用程序通常无法访问此类数据。例如，元数据包含的数据定义了文件和目录在卷上的放置情况。

11.2　缓存管理器的重要功能

缓存管理器提供了多个重要功能。

- 支持所有文件系统类型（本地和网络），因此，不再需要每种文件系统实现自己的缓存管理代码功能。
- 使用缓存管理器能控制将哪个文件的哪些部分保留在物理内存中（在用户进程和操作系统之间对物理内存需求进行权衡）。
- 在虚拟块（文件中的偏移量）基础上缓存数据，而不像很多缓存系统那样在逻辑块（磁盘卷中的偏移量）的基础上缓存数据，这样即可在无须调用文件系统驱动程序的前提下对缓存进行智能预读取和高速访问（这种缓存方法也叫快速 I/O，详见下文）。
- 支持应用程序打开文件时给出的“提示”（例如，随机访问或顺序访问、临时文件创建等）。
- 支持可恢复文件系统（例如使用事务日志的文件系统），由此在系统故障后恢复数据。
- 支持固态硬盘、NVMe 硬盘以及直接访问（DAX）磁盘。

下文将详细介绍这些功能在缓存管理器中的使用，本节将重点介绍这些功能背后的概念。

11.2.1　单一集中化系统缓存

一些操作系统依靠每个不同类型的文件系统来缓存数据，这种做法要么导致操作系统中存在重复的缓存和内存管理代码，要么导致可缓存的数据种类面临某些限制。相比之下，Windows 提供了一种集中化的缓存设施，可以缓存所有外部存储的数据，无论这些数据位于本地硬盘、USB 可移动存储设备、网络文件服务器或 DVD-ROM 中。任何数据，无论用户数据流（文件内容以及针对文件进行的持续读/写操作）或文件系统元数据（如目录和文件头）均可缓存。正如下文的介绍，Windows 访问缓存的方法取决于被缓存数据的类型。

11.2.2 内存管理器

缓存管理器不同寻常的地方在于，它永远不会知道物理内存中实际包含多少缓存的数据。这种说法也许会让人感觉奇怪，毕竟缓存的目的就是将一部分频繁访问的数据保留在物理内存中，以此提高 I/O 性能。而缓存管理器不知道物理内存中保留了多少缓存数据的原因在于，它是通过将文件视图映射到系统虚拟地址空间中来访问数据的，这一过程中使用了标准的节对象（或者使用符合 Windows API 术语的称呼，叫作文件映射对象）（节对象是内存管理器的一种基本基元，详见卷 1 第 5 章）。当访问映射视图中所包含的地址时，内存管理器会对不在物理内存中的块进行页面换入（pages-in）。而当内存需求发生变化时，内存管理器会将这些页面解除映射，从缓存中移出，如果数据发生了变化，则会将数据重新分页回到文件中。

通过在虚拟地址空间的基础上使用映射的文件进行缓存，缓存管理器可避免为访问所缓存的文件数据而生成读取或写入的 I/O 请求包（IRP）。相反，缓存管理器只是简单地针对被缓存文件中已映射部分对应的虚拟地址进行数据复制操作，并根据需要依赖的内存管理器将数据换入或换出内存。该过程使得内存管理器可以在全局范围内权衡要为系统缓存和用户进程分别分配多少 RAM（缓存管理器也会发起 I/O 操作，如延迟写入，详见下文。不过它会调用内存管理器来写入页面）。此外，正如下一节将要讨论的，这种设计使得打开了被缓存文件的进程，可以像将同一个文件映射到自己用户地址空间的进程那样看到相同的数据。

11.2.3 缓存的一致性

缓存管理器的一个重要功能是，确保任何访问缓存数据的进程都能得到最新版本的数据。但当一个进程打开了一个文件进而导致该文件被缓存时，如果其他进程（使用 Windows 的 MapViewOfFile 函数）直接将该文件映射至自己的地址空间，此时将会出现问题。不过在 Windows 下并不会出现这种潜在问题，因为缓存管理器和将文件映射到自己地址空间的用户应用程序使用了同一个内存管理文件映射服务。由于内存管理器可以保证对每个映射的唯一文件都只有一个表达（无论产生了多少个节对象或映射视图），因此可以将一个文件的所有视图（哪怕视图有所重叠）都映射至物理内存的同一组页面内，如图 11-2 所示（有关内存管理器处理映射文件的方法，请参阅卷 1 第 5 章）。

举例来说，如果进程 1 有一个映射到自己的用户地址空间的文件视图（视图 1），进程 2 正在通过系统缓存访问同一个视图，进程 2 将看到进程 1 对文件进行的所有改动，而无须等待缓存刷新。内存管理器不会刷新所有用户映射的页面，只会刷新自己知道已经被写入数据的页面（因为这些页面已设置了“已修改”位）。因此，任何在 Windows 下访问文件的进程始终都能看到该文件的最新版本，哪怕其他进程已经通过 I/O 系统打开了该文件，并且还有其他进程使用 Windows 文件映射函数将文件映射到了自己的地址空间。

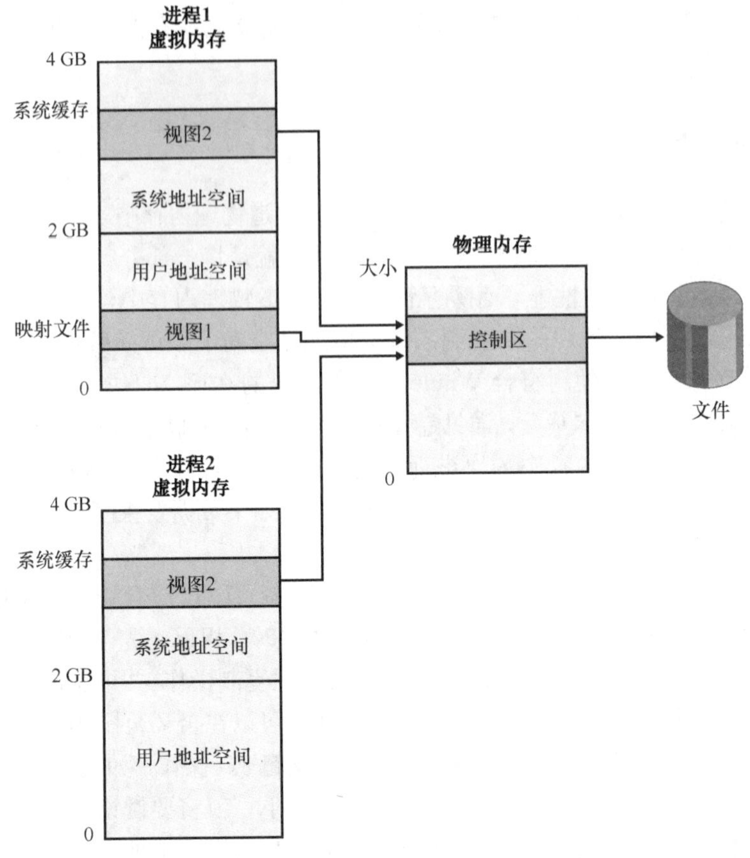

图 11-2　一致缓存结构

注意　这里的缓存一致性是指用户映射的数据和缓存的 I/O 之间的一致性，并非“非缓存”和“缓存”的硬件访问与 I/O 之间的一致性，后者几乎可以保证是无法一致的。此外，网络重定向器的缓存一致性往往比本地文件系统缓存一致性更难实现，因为网络重定向器必须实现额外的刷新和清除操作，以保证访问网络数据时的缓存一致性。

11.2.4　虚拟块缓存

Windows 缓存管理器使用了一种称为虚拟块缓存（virtual block caching）的方法，缓存管理器可以通过这种方法跟踪哪些文件的哪些部分位于缓存中。缓存管理器还可以使用位于内存管理器中的特殊系统缓存例程，将文件的 256 KB 视图映射到系统虚拟地址空间，以此监控文件中被缓存的部分。这种方法可以实现多种好处。

- 为智能预读取（read-ahead）提供了可能，因为缓存可以跟踪哪些文件的哪些部分位于缓存中，进而预测调用方接下来可能会访问什么。
- 可以让 I/O 系统绕过文件系统直接请求已经位于缓存中的数据（快速 I/O）。因为缓存管理器知道哪些文件的哪些部分已经位于缓存中，所以可以直接返回已缓存数据的地址来满足 I/O 请求，而无须调用文件系统。

有关智能预读取和快速 I/O 工作原理的详细介绍请参阅下文“快速 I/O”和“预读取和延后写入”中的内容。

11.2.5 基于流的缓存

缓存管理器在设计上不仅可以进行文件缓存，还可以进行流缓存。流（stream）是指文件中的字节序列。一些文件系统（如 NTFS）允许一个文件包含多个流，缓存管理器通过分别缓存每个流来适应这种文件系统。NTFS 可以将自己的主文件表（详见下文“主文件表”一节）组织成不同的流，并缓存这些流，由此利用这一功能。实际上，虽然缓存管理器可以说是在缓存文件，但实际上它缓存的是流（所有文件都至少有一个数据流），这些数据流可以通过文件名以及流名称（如果文件中包含多个流的话）加以识别。

注意 在内部，缓存管理器并不知道文件或流的名称，而是会使用指向这些结构的指针。

11.2.6 可恢复文件系统支持

按照设计，诸如 NTFS 这种可恢复文件系统可以在系统故障后重建磁盘卷结构。这种功能意味着系统故障那一刻正在进行的 I/O 操作必须能全部完成，或者当系统重启后可以完全从磁盘中恢复。半完成的 I/O 操作会损坏磁盘卷，甚至让整个卷无法访问。为了避免出现此类问题，需要由可恢复文件系统维护一个日志文件，以此记录自己希望对文件系统结构（文件系统的元数据）进行的每个更新，随后才能将变更写入卷。如果系统故障打断了正在对卷进行的修改，可恢复文件系统将使用日志中存储的信息重新对卷进行更新。

为了保证卷可以成功恢复，每个记录了卷更新的日志文件必须首先完全写入磁盘，随后才会将更新实际应用到卷。由于磁盘写入操作会被缓存，缓存管理器和文件系统必须协调元数据更新，以确保日志文件的刷新操作会先于元数据更新。总的来说，将会依次发生下列事情。

1）文件系统写入一个日志文件记录，其中记录了自己打算进行的元数据更新。

2）文件系统调用缓存管理器，将日志文件记录刷新到磁盘。

3）文件系统将卷更新写入缓存，即修改了自己缓存的元数据。

4）缓存管理器将修改后的元数据刷新到磁盘并更新卷结构（实际上，日志文件记录在被刷新到磁盘之前是分批进行的，卷的修改也是分批进行的）。

注意 此处的“元数据”一词只适用于文件系统结构的变化：文件和目录创建、更名、删除。

当文件系统向缓存写入数据时，可提供一个逻辑序列号（Logical Sequence Number，LSN）来标识日志文件中的记录，这些记录对应了缓存的更新。缓存管理器会持续跟踪这些序列号，记录缓存中每个页面关联的最低和最高 LSN（分别代表最老和最新的日志文件记录）。此外，被事务日志记录保护的数据流会被 NTFS 标记为“不可写入”，这样映射页的写入器就不会在相应的日志记录被写入前无意中写出（write out）这些页面（当映射页面写入器看到带有这种标记的页面后，会将页面移入一个特殊列表，随后缓存管理器会在适当的时间进行刷新，例如进行延迟写入时）。

当它准备将一组脏页刷新到磁盘时，缓存管理器会确定刷新页面的最高 LSN，并将该序列号汇报给文件系统。随后文件系统即可调用缓存管理器，指示它将日志文件数据刷新到所汇报的 LSN 代表的那一点。当缓存管理器将日志文件刷新到这个 LSN 后，还会将相应的"卷结构更新"刷新到磁盘，以此确保实际执行操作前已将所有打算进行的操作记录在案。文件系统和缓存管理器之间的这些交互保证了系统故障后磁盘卷依然可以恢复。

11.2.7 NTFS MFT 工作集的增强

正如前几段所述，缓存管理器缓存文件的机制与内存管理器为操作系统提供的常规内存映射 I/O 接口相同。为了访问或缓存文件，缓存管理器会将文件的视图映射至系统虚拟地址空间。随后只需从映射的虚拟地址范围读取，即可访问缓存的内容。当文件中被缓存的内容已不再需要时（原因有很多，详见下一段），缓存管理器会撤销对文件视图的映射。这种策略适用于任何类型的文件数据，但如果将其用于文件系统为正确地在卷中存储文件而使用的元数据，可能会造成一些问题。

在文件句柄被关闭（或拥有句柄的进程终止）后，缓存管理器会保证缓存的数据不再位于工作集中。NTFS 将主文件表（Master File Table，MFT）作为一个大文件访问，而 MFT 也会像其他用户文件那样被缓存管理器缓存起来。但 MFT 的问题在于，它是一种系统文件，需要在 System 进程上下文中映射和处理，任何人都无法关闭它的句柄（除非卷被卸载），因此系统从来不会卸载 MFT 的任何缓存视图的映射。最初导致 MFT 的特定视图被映射的进程，可能已经关闭了句柄或者已经退出，这会导致可能已经不再需要的 MFT 视图依然被映射，浪费了宝贵的系统缓存（只有在系统面临内存压力时，这些视图才会被解除映射）。

Windows 8.1 通过在一个动态分配的多级数组中存储每个 MFT 记录的引用计数器解决了这个问题，这个数组存储在 NTFS 卷控制块（Volume Control Block，VCB）结构中。在创建了文件控制块（File Control Block，FCB）数据结构后（有关 FCB 和 VCB 的详细信息请参阅下文），文件系统会增大相对 MFT 索引记录的计数器值。通过同样的方式，当 FCB 被销毁（意味着 MFT 项指向的所有文件或目录句柄均已关闭）时，NTFS 会取消对相对计数器的引用，并调用缓存管理器的 CcUnmapFileOffsetFromSystemCache 例程，以此解除对不再需要的 MFT 部分的映射。

11.2.8 内存分区支持

为了对 Hyper-V 容器和游戏模式提供支持，Windows 10 引入了内存分区的概念。内存分区的概念已经在卷 1 第 5 章进行了介绍。通过那些介绍可知，内存分区由一种大型数据结构（MI_PARTITION）所代表，它维护了与分区有关的内存管理结构，如页面列表（备用、已修改、清零、闲置等）、内存使用（commit charge）、工作集、页面裁边器（page trimmer）、已修改页面写入器以及零页面线程。为了支持分区，缓存管理器必须与内存管理器相互配合。在 NT 内核初始化的阶段 1 期间，系统会创建并初始化缓存管理器分区（有关 Windows 内核初始化的详细信息请参阅第 12 章），该分区将成为系统执行体分区（MemoryPartition0）的一部分。为支持分区，缓存管理器的代码已进行了大规模重构，所有全局缓存管理器数据结构和变量已被移入缓存管理器分区数据结构（CC_PARTITION）。

缓存管理器的分区包含与缓存有关的数据，如全局共享缓存映射列表、工作线程列表

（预读取、后写入、额外后写入、惰性写入、惰性写入扫描、异步读取）、惰性写入器扫描事件、保存后写入历史吞吐量的数组、脏页阈值上限和下限、脏页数量等。当缓存管理器系统分区被初始化时，会在属于该分区的 System 进程上下文中启动所有需要的系统线程。每个分区总是有一个相关的最小 System 进程，它是在创建分区时由 NtCreatePartition API 创建的。

当系统通过 NtCreatePartition API 创建新的分区时，始终会创建并初始化一个空的 MI_PARTITION 对象（内存会从父分区移入子分区，或稍后由 NtManagePartition 函数热添加）。缓存管理器分区对象只在需要时创建。如果新分区的上下文中没有创建文件，此时就无须创建缓存管理器的分区对象。当文件系统创建或打开用于缓存访问的文件时，CcinitializeCacheMap(Ex)函数会检查该文件属于哪个分区，以及该分区是否具备指向缓存管理器分区的有效链接。如果不存在缓存管理器分区，系统就会通过 CcCreatePartition 例程创建并初始化一个新分区。这个新分区会启动一个与缓存管理器有关的独立线程（预读取、延迟写入等），并根据属于特定分区的页面数量来计算脏页阈值的新值。

文件对象通过其控制区包含一个指向自己所属分区的链接，该控制区最初由文件系统驱动程序在创建和映射流控制块（Stream Control Block，SCB）时分配。目标文件的分区会被存储到一个文件对象扩展（其类型为 MemoryPartitionInformation）中，内存管理器在为 SCB 创建节对象时会检查该分区。一般来说，文件是一种共享的实体，因此文件系统驱动程序无法自动将文件关联到系统分区之外的其他分区。不过应用程序可以通过 NtSetInformationFileKernel API 和新增的 FileMemoryPartitionInformation 类为文件设置不同的分区。

11.3　缓存虚拟内存管理

由于 Windows 系统缓存管理器会以虚拟的方式缓存数据，因此需要占用系统虚拟地址空间（而非物理内存）中的区域，并在一个名为虚拟地址控制块（Virtual Address Control Block，VACB）的结构中进行管理。VACB 将这些地址空间区域定义为 256 KB 大小、名为视图（view）的槽。当缓存管理器在系统启动过程中初始化时，会分配一个初始 VACB 数组来描述缓存的内存。随着缓存需求的增加而需要使用更多内存，缓存管理器会按需分配更多的 VACB 数组。当其他需求为系统造成压力时，它也可以收缩虚拟地址空间。

在文件的首次 I/O（读或写）操作中，缓存管理器会将文件中按照 256 KB 对齐区域所包含请求数据的 256 KB 视图映射至系统缓存地址空间中闲置的槽内。举例来说，如果要将从偏移量 300000 字节处开始的 10 字节读入文件，那么被映射的视图将从偏移量 262144 处开始（文件的第二个 256 KB 对齐区域），并延伸到 256 KB。

缓存管理器会以循环的方式将文件视图映射到缓存地址空间的槽中，第一个被请求的视图会被映射至第一个 256 KB 槽，第二个视图会被映射至第二个 256KB 槽，以此类推，如图 11-3 所示。在本例中，文件 B 首先被映射，文件 A 其次被映射，文件 C 第三个被映射，因此文件 B 被映射的块占据了缓存中的第一个槽。请注意，只有文件 B 的第一个 256 KB 部分被映射了，因为该文件中只有这部分被实际访问。由于文件 C 仅 100 KB（小于系统缓存中的一个视图），因此只会在缓存中占据一个 256 KB 槽。

缓存管理器保证只要视图处于活动状态，就会被映射（不过视图变为不活动状态后也可能维持映射）。然而，只有在对文件进行读取或写入操作时，视图才会被标记为活动。除非进程在调用 CreateFile 时指定了用 FILE_FLAG_RANDOM_ACCESS 标记打开文件，否则缓存管理器在映射新视图时，如果检测到文件正在被连续访问，则会解除对不活动视图的映射。未映射视图的页面会被发送至备用或已修改列表（取决于内容是否有更改）中，因为内存管理器为缓存管理器导出一个特殊接口，缓存管理器可以指示将这些页面放置到这些列表的头部或尾部。对于使用 FILE_FLAG_SEQUENTIAL_SCAN 标记打开的文件，其对应的视图页面会移动至列表头部，所有其他页面会移至尾部。这种设计方案是为了鼓励重复使用属于顺序读取文件的页面，尤其可防止大文件复制操作影响到太多物理内存。该标记还会对解除映射的操作产生影响，提供此标记时，缓存管理器会主动解除视图映射。

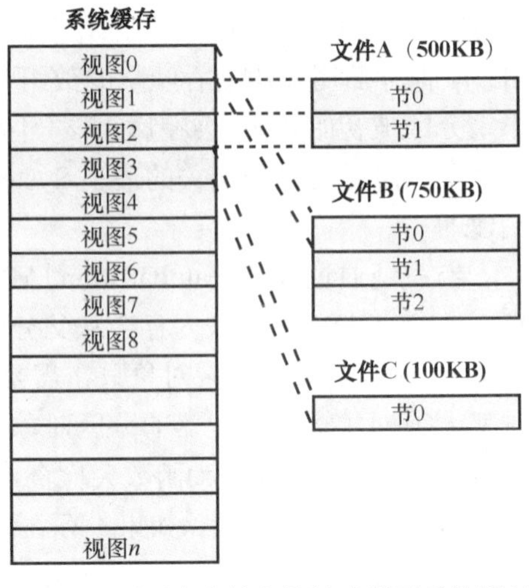

图 11-3　不同大小的文件被映射至系统缓存

如果缓存管理器需要映射文件的视图，但缓存中已经没有空闲的槽位，此时会取消最近最少使用的非活动视图并使用其释放出的槽位。如果没有可取消映射的视图，则将会返回 I/O 错误，这表明没有足够的系统资源来执行该操作。不过考虑到视图只会在执行读取或写入操作时标记为活动，因此这种情况极为罕见，只有在同时访问成千上万个文件时才可能出现这种情况。

11.4　缓存大小

本节将介绍 Windows 计算虚拟和物理系统缓存大小的方法。与大部分和内存管理有关的计算工作类似，系统缓存的大小取决于很多因素。

11.4.1　缓存虚拟大小

在 32 位 Windows 系统中，系统缓存的虚拟大小只受制于内核模式虚拟地址空间的数量以及可选配置的 SystemCacheLimit 注册表键（有关内核虚拟地址空间大小限制的详情请参阅卷 1 第 5 章）。这意味着缓存大小受到 2 GB 系统地址空间大小的限制，但实际的缓存大小往往要比这个限制小很多，主要是因为系统地址空间需要与其他资源共享，包括系统分页表项（PTE）、非分页和分页内存池及页表。64 位 Windows 中虚拟缓存大小的最大值为 64 TB，即便在这种情况下，大小限制依然受制于系统地址空间的大小。在以后可支持 56 位寻址模式的系统中，该限制将被增大至 32 PB。

11.4.2　缓存工作集大小

如上文所述，与其他操作系统相比，Windows 中的缓存管理器在设计上有一个关键区别：物理内存的管理工作被完全委派给全局内存管理器。因此，负责处理工作集扩展和修剪以及管理已修改和备用列表的现有代码也被用于控制系统缓存的大小，并动态地平衡进程和操作系统对物理内存的需求。

系统缓存没有自己的工作集，而是共享同一个工作集，其中包含缓存数据、分页池、可分页内核代码及可分页驱动程序代码。正如卷 1 第 5 章“系统工作集”一节所述，该工作集在内部被称为系统缓存工作集，实际上系统缓存只是其中的一个组成部分。本书会把这个工作集叫作“系统工作集”。另外第 5 章还介绍了这样一种情况：如果 LargeSystemCache 注册表值被设置为 1，内存管理器的工作将更偏向于系统工作集，而非系统中运行的进程。

11.4.3 缓存物理大小

虽然系统工作集包含映射至缓存的虚拟地址空间中视图所对应物理内存的数量，但不一定能反映物理内存中缓存的文件数据总量。这两个值之间可能存在差异，因为可能有更多的文件数据位于内存管理器的备用或已修改页面列表中。

回顾第 5 章，在工作集修剪或页面替换的过程中，根据页面包含的数据是否需要写入分页文件或其他文件，内存管理器可以将脏页从工作集移至备用列表或已修改的页面列表，随后这些页面才可以重复使用。如果内存管理器未实现这些列表，当进程访问之前从工作集中移除的数据时，内存管理器就需要发出硬故障并从磁盘读取。相反，如果被访问的数据存在于这些列表中，内存管理器只需要发出软故障即可将数据重新换页到进程工作集中。因此这些列表可以充当分页文件，或可执行映像文件以及数据文件中数据的内存中缓存。进而系统中缓存的文件数据总量不仅包含系统工作集，同时也包含备用和已修改页面列表的总大小。

下面通过一个例子来演示缓存管理器将比系统工作集容量更大的文件数据缓存到物理内存中。假设有一个充当专用文件服务器的系统。客户端应用程序通过网络访问其中的文件数据，而服务器，例如文件服务器驱动程序（%SystemRoot%\System32\Drivers\Srv2.sys，详见下文介绍）会使用缓存管理器接口代表客户端读/写文件数据。如果客户端读取了数千个 1 MB 大小的文件，当映射空间耗尽后，缓存管理器将不得不开始重复使用视图（无法扩大 VACB 映射区域）。对于随后读取的每个文件，缓存管理器需要解除视图映射，然后为新文件重新映射。当缓存管理器解除视图映射时，内存管理器并不会丢弃缓存工作集中该视图对应的文件数据，而是会将这些数据移动到备用列表。在没有其他物理内存需求的情况下，该备用列表可以消耗系统工作集之外的几乎所有物理内存。换句话说，服务器上几乎所有的物理内存都可以用来保存文件数据缓存，如图 11-4 所示。

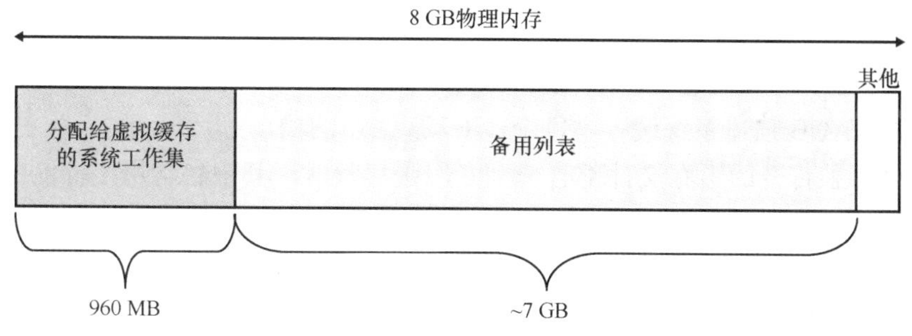

图 11-4 大部分物理内存被用于文件缓存的例子

由于缓存的文件数据总量包括系统工作集、已修改页面列表以及备用列表（它们的大小均由内存管理器控制），从某种意义来说，内存管理器才是真正的缓存管理器。缓存管理器子系统只是为通过内存管理器访问的文件数据提供一种方便的接口。在决定内存管理器需要将哪些数据保存到物理内存中，以及管理系统空间虚拟地址视图方面，缓存管理器的预读取和后写入策略也起到了重要作用。

为了准确反映系统中缓存的文件数据总量，任务管理器在性能视图中提供了一个名为"已缓存"的值，该值反映了系统工作集、备用列表以及已修改内存列表的总大小。不过 Process Explorer 会将这些值分别显示为 Cache WS（系统缓存工作集）、Standby 以及 Modified。图 11-5 展示了 Process Explorer 的系统信息对话框，图中左下角的 Physical Memory 区域显示了 Cache WS 值，靠近中央位置的 Paging Lists 区域显示了备用和已修改列表的大小。请注意，任务管理器中的缓存值还包括 Process Explorer 所显示的 Paged WS、Kernel WS 和 Driver WS 值。在选中这些值后，大部分 System WS 数值将来自 Cache WS。虽然目前已经不是这种情况，但任务管理器中依然保留了这种不合时宜的显示方式。

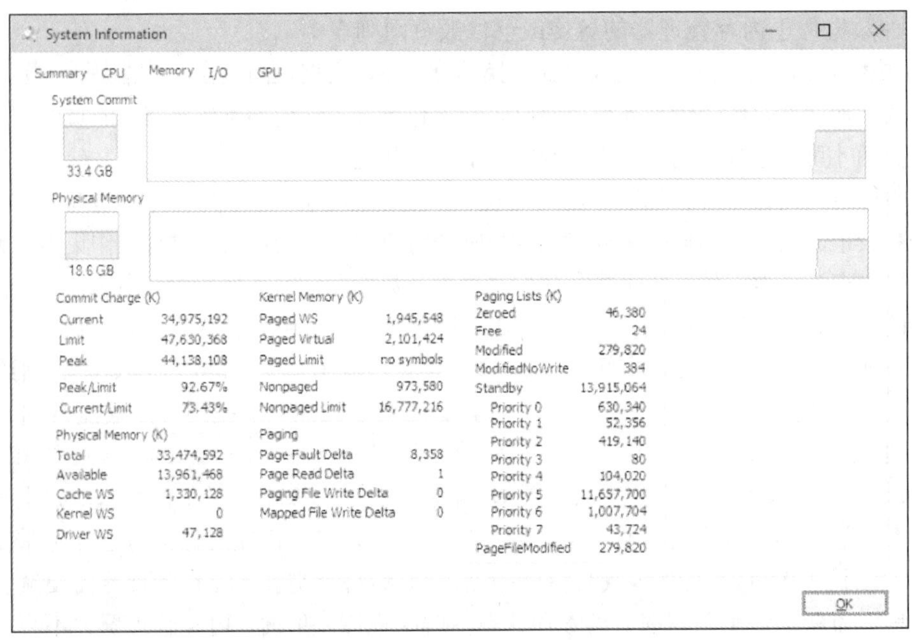

图 11-5　Process Explorer 的系统信息对话框

11.5　缓存数据结构

缓存管理器使用下列数据结构来跟踪缓存的文件。

- 通过 VACB 描述系统缓存中每个 256 KB 大小的槽。
- 每个单独打开的缓存文件都有一个专用缓存映射，其中包含用于控制预读取（详见"智能预读取"一节）所需的信息。
- 每个缓存文件都有一种共享的缓存映射结构，该结构指向系统缓存中包含文件已映射视图的槽。

下文将介绍这些结构及其关系。

11.5.1 系统级缓存数据结构

如上文所述，缓存管理器会使用一个名为虚拟地址控制块（VACB）的数据结构数组来跟踪系统缓存中的视图状态，该数组位于非分页池中。在 32 位系统中，每个 VACB 大小为 32 字节，VACB 数组大小为 128 KB，因此每个数组包含 4096 个 VACB。在 64 位系统中，VACB 大小为 40 字节，因此每个数组可包含 3276 个 VACB。缓存管理器会在系统初始化阶段分配初始 VACB 数组，并将其链接至名为 CcVacbArrays 的系统级 VACB 数组列表。如图 11-6 所示，每个 VACB 代表系统缓存中一个大小为 256 KB 的视图。VACB 的数据结构如图 11-7 所示。

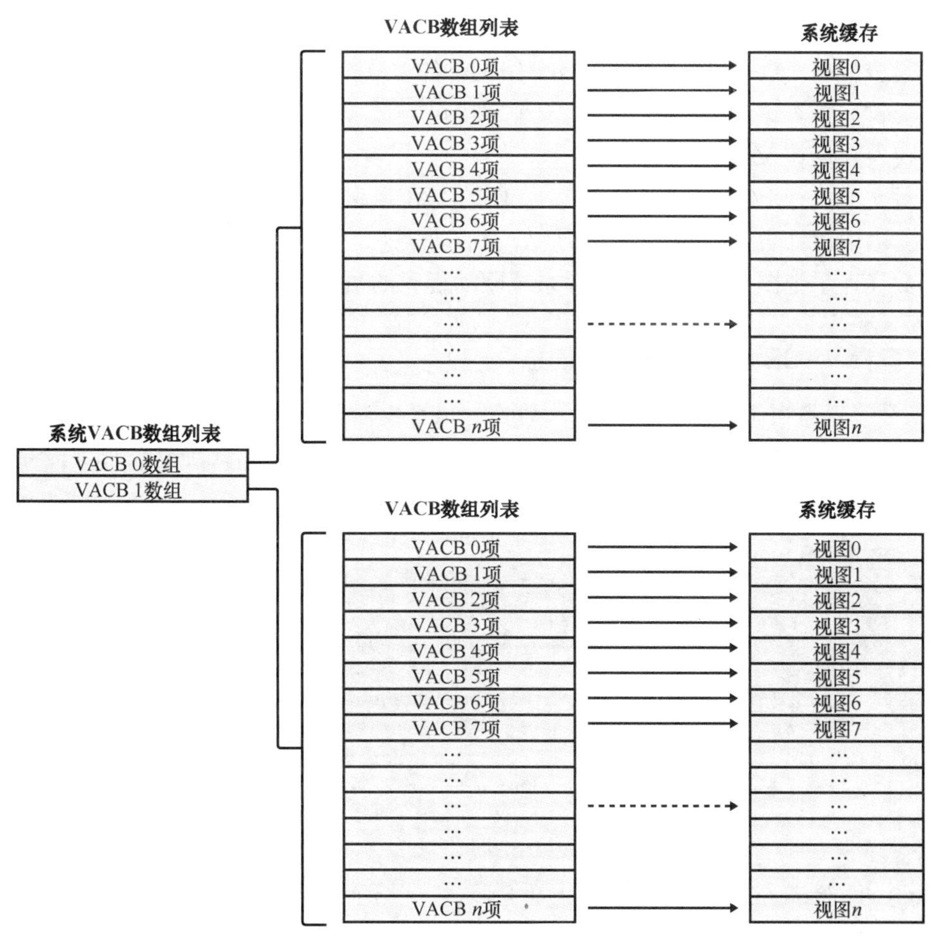

图 11-6 系统 VACB 数组

此外，每个 VACB 数组都包含两类 VACB：低优先级映射 VACB 和高优先级映射 VACB。系统会为每个 VACB 数组分配 64 个初始高优先级 VACB。高优先级 VACB 有一个特点，即它们的视图都是从系统地址空间预分配的。当内存管理器映射某些数据时，如果无法为缓存管理器提供视图，并且如果映射请求被标记为高优先级，缓存管理器将会使用高优先级

数据在系统缓存中的虚拟地址	
指向共享缓存图的指针	
文件偏移量	活动计数器
指向URL列表头的链接项	
指向拥有者VACB数组的指针	

图 11-7 VACB 的数据结构

VACB 中一个预分配的视图。例如，可以使用这些高优先级 VACB 映射关键的文件系统元数据或从缓存中清除数据。不过在高优先级 VACB 用完后，任何需要 VACB 视图的操作都会因为资源不足而失败。通常来说，映射优先级默认设置为低，但在使用 PIN_HIGH_PRIORITY 标记固定（Pin，详见下文）缓存数据时，如果需要，文件系统可以请求转为使用高优先级 VACB。

如图 11-7 所示，VACB 中的第一个字段是数据在系统缓存中的虚拟地址。第二个字段是一个指针，指向共享缓存映射结构，以此识别哪些文件被缓存。第三个字段标识了视图在文件中起始位置的偏移量（粒度始终为 256 KB）。在这种粒度下，文件偏移量最底部的 16 位将始终为 0，因此这些位会重新用于存储视图的引用数量，即有多少活跃的读取和写入操作正在访问该视图。当缓存管理器释放 VACB 时，第四个字段可将 VACB 链接至最近最少使用（Least-Recently-Used，LRU）的 VACB 列表，分配新的 VACB 时，缓存管理器会首先检查该列表。最后，第五个字段可将该 VACB 链接至 VACB 数组头，这个数组头代表存储该 VACB 的数组。

在对文件执行 I/O 操作的过程中，文件的 VACB 引用计数会增大，I/O 操作结束后则会减小。当引用计数非零时，VACB 就处于活动状态。对于文件系统元数据的访问来说，活动计数代表了视图中有多少个文件系统驱动程序的页面被锁定在内存中。

实验：查看 VACB 和 VACB 统计信息

缓存管理器内部跟踪调试时记录的各种值可以对开发者和支持工程师的崩溃转储调试提供很大帮助。所有这些调试变量均以 CcDbg 为前缀，因此可以使用 **x** 命令很轻松地看到完整列表：

```
1: kd> x nt!*ccdbg*
fffff800`d052741c nt!CcDbgNumberOfFailedWorkQueueEntryAllocations = <no type
information>
fffff800`d05276ec nt!CcDbgNumberOfNoopedReadAheads = <no type information>
fffff800`d05276e8 nt!CcDbgLsnLargerThanHint = <no type information>
fffff800`d05276e4 nt!CcDbgAdditionalPagesQueuedCount = <no type information>
fffff800`d0543370 nt!CcDbgFoundAsyncReadThreadListEmpty = <no type information>
fffff800`d054336c nt!CcDbgNumberOfCcUnmapInactiveViews = <no type information>
fffff800`d05276e0 nt!CcDbgSkippedReductions = <no type information>
fffff800`d0542e04 nt!CcDbgDisableDAX = <no type information>
...
```

由于 32 位和 64 位在实现方式上的差异，一些系统中的变量名称可能有所区别。在这个实验中，确切的变量名称并不重要，我们需要关注的是这些变量所解释的方法。借助这些变量以及对 VACB 数组头数据结构的理解，我们可以使用内核调试器列出所有 VACB 数组头。

CcVacbArrays 变量是一种指向 VACB 数组头的指针数组，解除对它的引用即可转储_VACB_ARRAY_HEADER 的内容。首先我们需要取得最高数组索引：

```
1: kd> dd nt!CcVacbArraysHighestUsedIndex l1
fffff800`d0529c1c 00000000
```

随后即可解除对每个索引的引用，直到抵达最大索引。在本例所用的系统中（同时也是常规情况下），最高索引为 0，这意味着只需要对一个头解除引用：

```
1: kd> ?? (*((nt!_VACB_ARRAY_HEADER***)@@(nt!CcVacbArrays)))[0]
struct _VACB_ARRAY_HEADER * 0xffffc40d`221cb000
   +0x000 VacbArrayIndex    : 0
   +0x004 MappingCount      : 0x302
   +0x008 HighestMappedIndex : 0x301
   +0x00c Reserved          : 0
```

如果有更多索引，则需要将命令末尾的数组索引改为更大数字，直到抵达已使用的最高索引。由输出结果可知，该系统只有一个 VACB 数组，其中包含 770（0x302）个活动的 VACB。

最后，CcNumberOfFreeVacbs 变量存储了可用 VACB 列表中的 VACB 数量。对实验系统中该变量进行转储得到的结果为 2506（0x9ca）个:

```
1: kd> dd nt!CcNumberOfFreeVacbs l1
fffff800`d0527318 000009ca
```

这符合我们的预期：在只使用了一个 VACB 数组的 64 位系统中，可用 VACB(0x9ca，十进制为 2506 个）和活动 VACB（0x302，十进制为 770 个）的总数等于 3276 个，即一个 VACB 数组中的 VACB 总数量。如果系统的可用 VACB 耗尽，那么缓存管理器会分配一个新的 VACB 数组。由于该实验存在易失性，所以实际做实验使用的系统可能会在这两个步骤（转储活动 VACB 及转储可用 VACB）期间创建和释放额外的 VACB。这可能导致实际看到的可用和活动 VACB 总数不等于 3276 个。如果遇到这种情况，不妨快速重复几次该实验，不过可能永远也无法得到稳定的数值，尤其是在系统中正在进行大量文件系统活动的情况下。

11.5.2 每文件缓存数据结构

每个打开的文件句柄都有一个对应的文件对象（文件对象的详细信息请参阅卷 1 第 6 章）。如果文件被缓存，则文件对象会指向一个专用的缓存映射结构，其中包含最近两次读取的位置，这样缓存管理器就可以执行智能预读取（详见下文“智能预读取”一节）。此外，同一个文件所有打开的实例对应的专用缓存映射都会被链接在一起。

每个缓存的文件（而非文件对象）都有一个共享缓存映射结构，该结构描述了被缓存文件的状态，包括所属分区、大小，以及有效数据长度（有效数据长度字段的功能详见下文“回写缓存和惰性写入”一节）。该共享缓存映射还会指向节对象（由内存管理器维护，描述了文件在虚拟内存中的映射）及与文件相关联的私有缓存映射列表和 VACB，该 VACB 描述了文件在系统缓存中当前映射的视图（有关节对象指针的详细信息请参阅卷 1 第 5 章）。不同文件的所有已打开的共享缓存映射会链接到一个全局链表，该链表位于缓存管理器的分区数据结构中。每文件缓存数据结构之间的关系如图 11-8 所示。

当被要求读取特定文件时，缓存管理器必须确定下列两个问题的答案。

1）文件是否位于缓存中？

2）如果是，哪个 VACB（如果存在的话）引用了所请求的位置？

换句话说，缓存管理器必须明确处于所需地址的文件视图是否已被映射到系统缓存。如果任何 VACB 都不包含所需的文件偏移量，意味着所请求的数据目前并未映射至系统缓存。

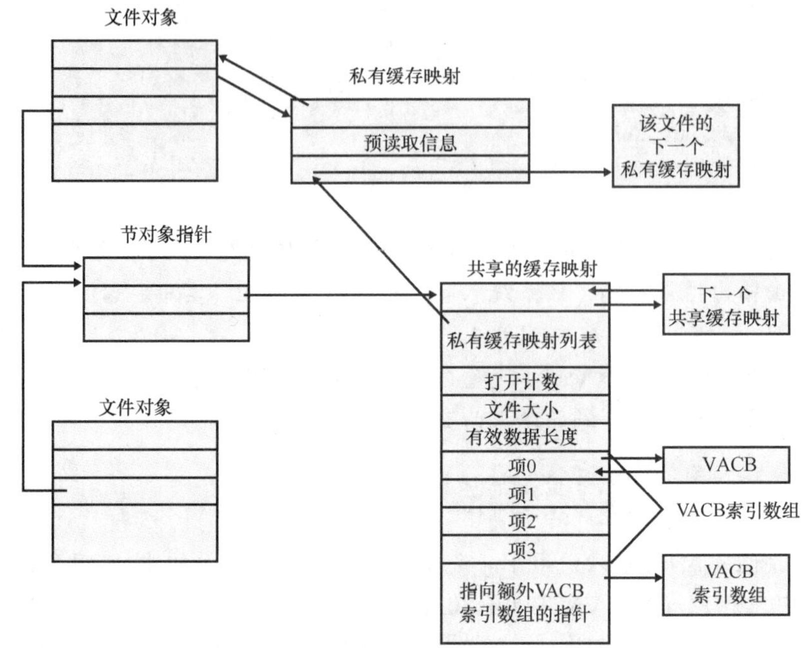

图 11-8　每文件缓存数据结构的关系

为了跟踪特定文件的哪些视图已被映射至系统缓存，缓存管理器维护了一个指向 VACB 的指针数组，该数组名为 VACB 索引数组。VACB 索引数组中的第一项指向了文件的前 256 KB 内容，第二项指向接下来的 256 KB 内容，以此类推。图 11-9 展示了目前已映射至系统缓存的、来自三个文件的四个节。

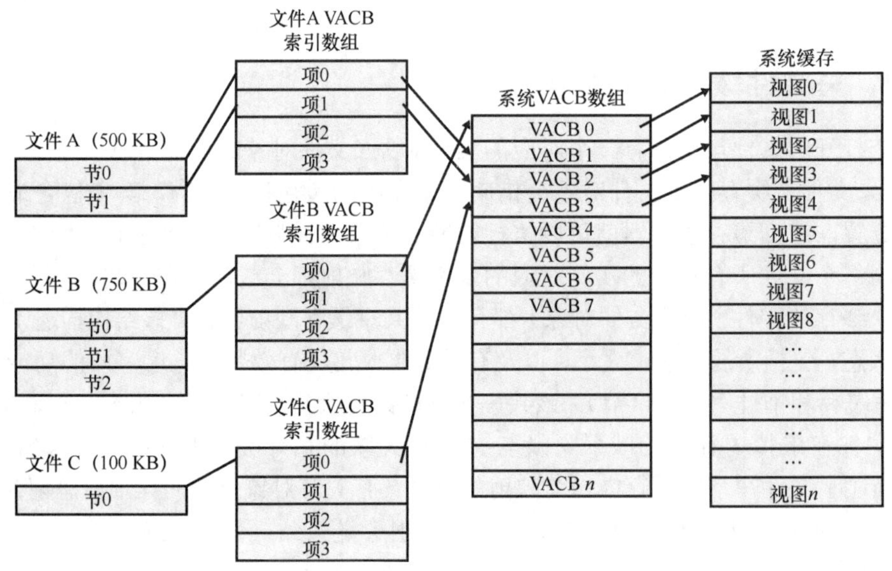

图 11-9　VACB 索引数组

当进程访问特定位置的文件时，缓存管理器会在该文件的 VACB 索引数组中寻找对应的项，以确定所请求的数据是否已映射至缓存。如果数组项非零（意味着包含指向 VACB 的指针），那么文件中被引用的区域位于缓存中。而 VACB 指向了系统缓存中映射了文件视图的位置。如果该项为零，那么缓存管理器必须在系统缓存中找到一个空槽（以及可用

VACB）来映射所需的视图。

为了优化大小，共享缓存映射包含了一个只具备 4 个项的 VACB 索引数组。由于每个 VACB 可描述 256 KB 的数据，因此这个小型、固定大小的索引数组中的项可以指向 VACB 数组中的项，一起描述最大可达 1 MB 的文件。如果文件大于 1 MB，则需要将文件大小除以 256 KB 并在结果包含余数时向上取整，从非分页池中分配一个单独的 VACB 索引数组。随后共享缓存映射即可指向这个单独的结构。

为了进一步进行优化，如果文件大于 32 MB，从非分页池中分配的 VACB 索引数组还会变成一种稀疏的多级索引数组，其中每个索引数组包含 128 个项。我们可以通过下列公式计算一个文件需要的级别总数：

(代表文件大小所需的位总数−18) / 7

上述计算结果需要向上取整到下一个整数。公式中的“18”含义为，VACB 代表 256 KB（2^18）数据。“7”的含义为，数组中的每一级都有 128 个项（2^7）。因此，最大的文件也可以使用 63 位（缓存管理器可支持的最大值）来描述，并且只需要七个层级。该数组是稀疏的，因为缓存管理器只会为在最低级索引数组中具备活动视图的内容创建分支。图 11-10 展示了一个足够大，总共需要三级的稀疏文件所对应的多级 VACB 数组范例。

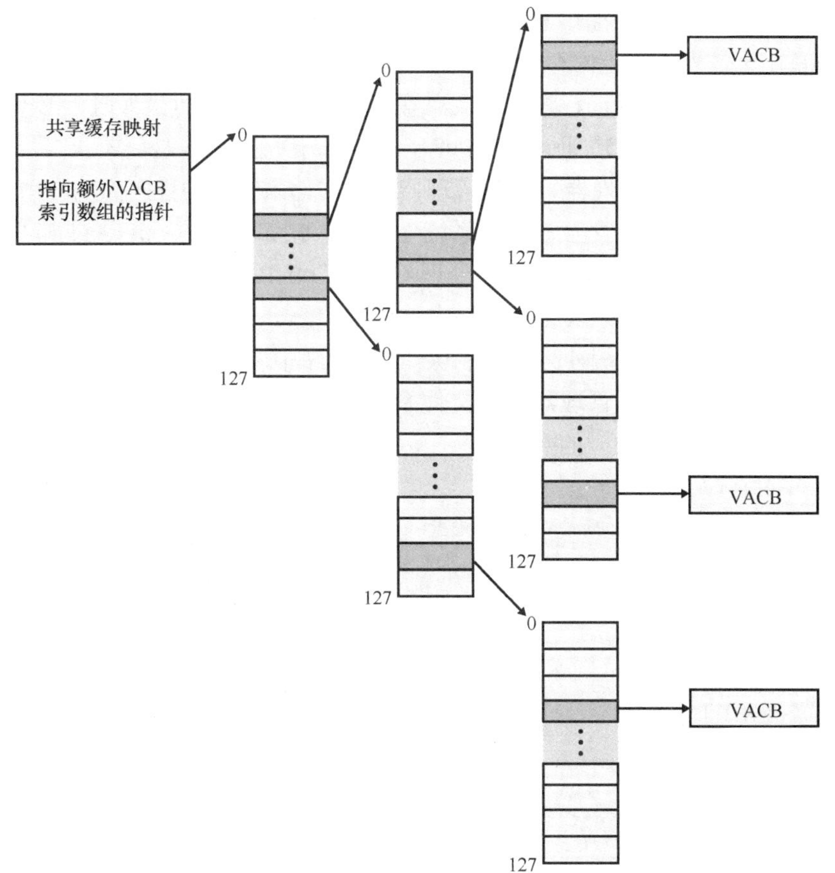

图 11-10 多级 VACB 数组

这种方案是高效处理稀疏文件所必需的，这类稀疏文件可能是非常大的文件，但实际上只包含少量有效数据，这种情况下可以只分配足够数量的数组来处理文件当前映射的视图。例如，一个 32 GB 的稀疏文件如果只有 256 KB 被映射至缓存的虚拟地址空间，那么此时只需要一个分配三个索引数组的 VACB 数组，因为该数组只映射了一个分支，因而 32 GB 的文件只需要一个三级数组。如果缓存管理器不使用这种多级 VACB 索引数组优化措施，那么就需要分配一个包含 128000 项的 VACB 索引数组，也就等于要分配 1000 个 VACB 索引数组。

11.6　文件系统接口

当文件数据被首次执行缓存读取或写入操作时，需由文件系统驱动程序负责判断文件的部分内容是否已映射至系统缓存。如果还未映射，那么文件系统驱动程序必须调用 CcInitializeCacheMap 函数来设置上文介绍的每文件数据结构。

一旦文件设置好缓存访问，文件系统驱动程序就将调用多种函数中的一种来访问文件数据。缓存的数据主要可通过三种方法访问，每种方法适合不同的情况。

- 复制方法可在系统空间的缓存缓冲区和用户空间的进程缓冲区之间复制数据。
- 映射和固定方法可使用虚拟地址直接向缓存缓冲区读/写数据。
- 物理内存访问方法可使用物理地址直接向缓存缓冲区读/写数据。

文件系统驱动程序必须提供两个版本的文件读取操作：缓存的（Cached）和未缓存的（Noncached），这是为了防止内存管理器在处理页面错误时陷入无限循环。当内存管理器调用文件系统（通过设备驱动程序）从文件获取数据以解决页面错误时，必须在 IRP 中设置“未缓存”和“分页 IO”标记，以此指定这是一次分页读取操作。

图 11-11 展示了缓存管理器、内存管理器以及文件系统驱动程序为响应用户的文件读取或写入 I/O 而进行的典型交互。文件系统会通过复制接口（CcCopyRead 和 CcCopyWrite 路径）来调用缓存管理器。例如，为了处理 CcFastCopyRead 或 CcCopyRead 读取，缓存管理器会在缓存中创建视图，以此对文件中被读取的部分进行映射，并通过从视图中复制的方式将文件数据读入用户缓冲区。复制操作在访问视图中每个原本无效的页面时会产生页面错误，作为回应，内存管理器会向文件系统驱动程序发起未缓存 I/O，借此获取映射到出错页面的文件部分所对应的数据。

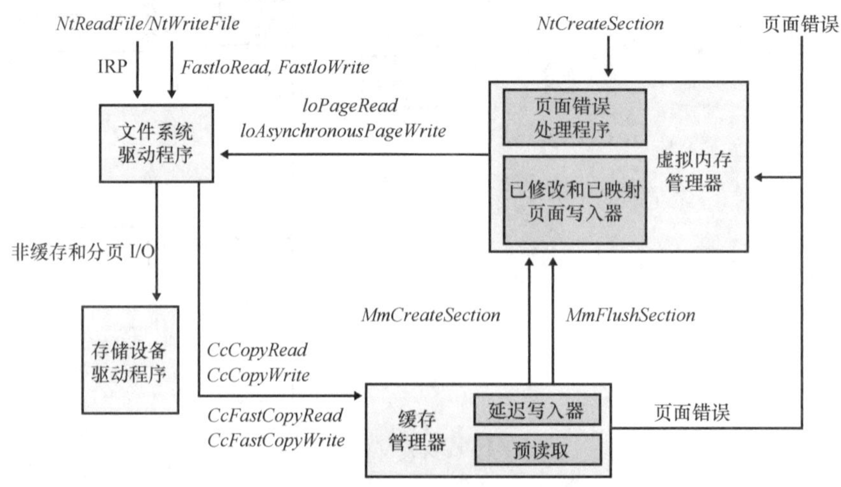

图 11-11　缓存管理器和内存管理器之间的文件系统交互

随后的三节内容将介绍这些缓存机制，以及它们的用途和使用方式。

11.6.1 向/从缓存复制

由于系统缓存位于系统空间内，它会被映射至每个进程的地址空间。不过与所有系统空间页面类似，缓存页面无法从用户模式访问，因为这可能造成潜在的安全隐患（例如某个进程可能无权读取数据目前被包含在系统缓存中某些部分内的文件）。因此，用户应用程序对缓存文件的读/写访问必须由内核模式例程提供服务，由这样的例程在位于系统空间的缓冲区和应用程序位于进程地址空间的缓冲区之间复制数据。

11.6.2 通过映射和固定接口进行缓存

正如用户应用程序需要读/写磁盘上的文件数据一样，文件系统驱动程序也需要读/写描述文件本身的数据（元数据或卷结构数据）。然而，由于文件系统驱动程序运行在内核模式中，如果缓存管理器收到正确的通知，它们将可以直接修改系统缓存中的数据。为了允许这种优化，缓存管理器提供了一些函数，帮助文件系统驱动程序在虚拟内存中找到文件系统元数据的位置，因而可以在无需中间缓冲区的情况下直接修改这些数据。

如果文件系统驱动程序需要读取缓存中的文件系统元数据，它会调用缓存管理器的映射接口，以此获得所需数据的虚拟地址。缓存管理器会解除所请求的全部页面，将其带入内存，随后将控制返回给文件系统驱动程序。这样文件系统驱动程序就可以直接访问数据了。

如果文件系统驱动程序需要修改缓存页面，则会调用缓存管理器的固定（pinning）服务，借此让页面在虚拟内存中保持活动状态，使其无法被回收。但实际上这些页面并未锁定到内存中（例如设备驱动程序可能会锁定这些页面以便进行直接内存访问传输）。大多时候，文件系统驱动程序会将自己的元数据流标记为不可写入，借此告诉内存管理器的已映射页面写入器（详见卷 1 第 5 章）不要将这些页面写入磁盘，除非被明确告知需要这样做。当文件系统驱动程序取消固定（释放）页面后，缓存管理器也将释放自己的资源，以便通过延迟刷新的方式将改动写入磁盘，并释放元数据之前占用的缓存视图。

映射和固定接口解决了文件系统实现过程中的一个棘手问题：缓冲区管理。在无法直接操作已缓存元数据的情况下，更新卷结构时，文件系统必须预测自己需要的缓冲区的最大数量。通过允许文件系统直接在缓存中访问并更新自己的元数据，缓存管理器将不再需要缓冲区，只需直接在内存管理器提供的虚拟内存中更新卷结构即可。此时，可用内存量将是文件系统唯一可能受到的限制。

11.6.3 通过直接内存访问接口进行缓存

除了用于直接在缓存中访问元数据的映射和固定接口，缓存管理器还为缓存的数据提供了第三个接口：直接内存访问（Direct Memory Access，DMA）。DMA 功能可用于在不使用中间缓冲区的情况下向缓存的页面读/写数据，例如，网络文件系统通过网络进行的文件传输工作。

DMA 接口可以向文件系统返回已缓存用户数据的物理地址（而不像映射和固定接口

那样返回虚拟地址），随后即可使用这种物理地址直接从物理内存向网络设备传输数据。尽管少量数据（1～2 KB）可以使用基于缓冲区的常规复制接口，但对于大型文件的传输，DMA 接口可大幅改善网络服务器处理远程系统文件请求时的性能。为了描述对物理内存的这种引用，需要使用一种内存描述符列表（MDL，详见卷 1 第 5 章）。

11.7　快速 I/O

在可能的情况下，缓存文件的读/写是由一种名为快速 I/O（Fast I/O）的高速机制处理的。快速 I/O 是一种无须生成 IRP，直接对缓存文件进行读/写的方式。借助快速 I/O，I/O 管理器可以调用文件系统驱动程序的快速 I/O 例程，以查看是否无须生成 IRP，直接通过缓存管理器满足 I/O 需求。

由于缓存管理器在架构上位于虚拟内存子系统之上，文件系统驱动程序可以使用缓存管理器访问文件数据，为此只需要对映射至被引用实际文件的页面进行复制即可，无须因为生成 IRP 而产生不必要的开销。

快速 I/O 并不能总是实现。例如，对文件的首次读/写需要设置文件以便进行缓存（将文件映射至缓存，并设置缓存数据结构，详见“缓存数据结构”一节）。此外，如果调用方指定了异步读取或写入，此时也将不使用快速 I/O，因为调用方可能会在满足从/向系统缓存复制数据所需的分页 I/O 操作中停滞，因而无法真正提供所需的异步 I/O 操作。但是，即便在同步 I/O 操作中，文件系统驱动程序可能也会确定自己无法使用快速 I/O 机制处理 I/O 操作，例如，目标文件可能有锁定的字节范围（可能因为调用了 Windows 的 LockFile 和 UnlockFile 函数）。因为缓存管理器并不知道哪个文件的哪些部分被锁定，文件系统驱动程序必须检查读/写操作的有效性，这就会产生 IRP。快速 I/O 的决策树如图 11-12 所示。

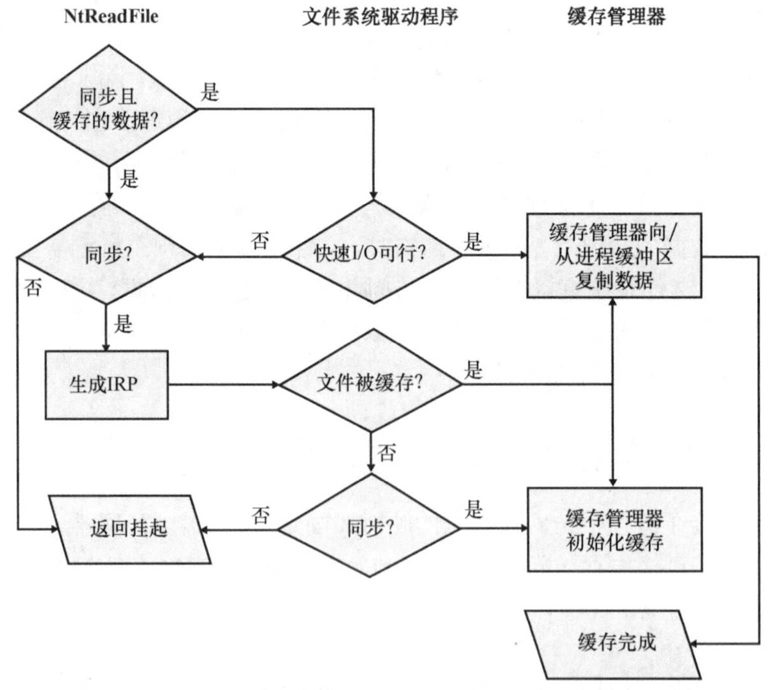

图 11-12　快速 I/O 的决策树

通过快速 I/O 提供服务的读/写操作涉及下列步骤。

1）线程执行了读取或写入操作。

2）如果文件被缓存并且 I/O 是同步的，操作请求会被传递给文件系统驱动程序堆栈的快速 I/O 入口点。如果文件未被缓存，文件系统驱动程序会设置文件以便将其缓存，这样下一次就可以使用快速 I/O 满足读/写请求。

3）如果文件系统驱动程序的快速 I/O 例程判断快速 I/O 可行，那么它会调用缓存管理器的读取或写入例程，借此直接访问缓存中的文件数据（如果快速 I/O 不可行，文件系统驱动程序会返回到 I/O 系统，随后为该 I/O 生成一个 IRP，并最终调用文件系统的常规读取例程）。

4）缓存管理器将收到的文件偏移量转换为缓存中的虚拟地址。

5）对于读取操作，缓存管理器会将数据从缓存复制到请求进程的缓冲区；对于写入操作，则会将数据从缓冲区复制到缓存。

6）随后将进行下列一种操作。

- 对于读取操作，如果打开文件时未指定 FILE_FLAG_RANDOM_ACCESS，则调用方的专用缓存图中的预读取信息会被更新。如果文件未指定 FO_RANDOM_ACCESS 标记，则预读取操作可能会被放入队列。
- 对于写入操作，缓存中任何已修改页面均会被设置“脏”位，这样延迟写入器就会知道要将其刷新到磁盘。
- 对于直接写入（write-through）的文件，任何改动都会被刷新到磁盘。

11.8 预读取和延后写入

本节将介绍由缓存管理器代表文件系统驱动程序实现文件数据读取和写入的方式。请注意，只有在文件未使用 FILE_FLAG_NO_BUFFERING 标记打开的情况下，缓存管理器才会参与到文件 I/O 操作中，并使用 Windows 的 I/O 函数（如 ReadFile 和 WriteFile 函数）进行读/写。映射的文件或设置有 FILE_FLAG_NO_BUFFERING 标记的文件不经过缓存管理器。

注意 当应用程序使用 FILE_FLAG_NO_BUFFERING 标记打开一个文件时，其文件 I/O 必须从与设备对齐的偏移量处开始，大小必须为对齐大小的倍数，输入和输出缓冲区也必须是与设备对齐的虚拟地址。对于文件系统，这通常与扇区大小（通常 NTFS 为 4096 字节，CDFS 为 2048 字节）一致。除了改善缓存性能，缓存管理器提供的另一个好处是可以执行中间缓冲，借此实现以任意方式对齐的，或者任意大小的 I/O。

11.8.1 智能预读取

缓存管理器可以利用空间定位的原理执行智能预读取，借此根据目前读取的数据来预测调用方的进程接下来最有可能读取哪些数据。由于系统缓存基于虚拟地址，而对特定文件来说虚拟地址是连续的，因此，实际上在物理内存中是否连续并不重要。逻辑块缓存的文件预读取更为复杂，需要文件系统驱动程序与块缓存之间的紧密配合，因为该缓存系统基于磁盘上被访问数据的相对位置，当然，文件并不一定会以连续的方式存储在磁盘上。我们可以使用 Cache: Read Aheads/sec 性能计数器或 CcReadAheadIos 系统变量查看预读取活动。

读取一个正在按顺序访问文件的下一个块，这种做法可以明显提高性能，但不足之处在于需要寻找头部（head seek）。为了将这种预读取带来的好处拓展至连续数据访问的情况（包括向前和向后的文件访问），缓存管理器会使用映射缓存映射，为被访问的文件句柄维持一个包含最近两次读取请求的历史记录，这种方法也称“带历史记录的异步预读取”。如果能从调用方的明显随机读取操作中确定某种模式，缓存管理器就会做出相应推断。举例来说，如果调用方读取页面 4000 后又读取了页面 3000，缓存管理器就会假设调用方接下来会读取页面 2000 并进行预读取。

注意　虽然调用方必须至少发出三个读取操作才能建立可预测的序列，但私有缓存映射中只存储最近的两个操作。

为了使预读取变得更加高效，Win32 的 CreateFile 函数还提供了一个指示前向顺序文件访问的标记：FILE_FLAG_SEQUENTIAL_SCAN。如果设置了该标记，缓存管理器将不会为调用方保留预测所需的读取历史，而是会执行顺序性的预读取。不过随着文件被读入缓存的工作集，缓存管理器会取消对文件中不再活跃的视图的映射，如果这些视图未被修改，则会指示内存管理器将属于未映射视图的页面放在备用列表的前端，以便能快速重用。此外还会预读取两倍的数据（例如读取 2 MB，而非 1 MB）。当调用方继续读取时，缓存管理器还会预读取额外的数据块，始终比调用方领先一个读取（按照当前读取的数据大小进行预读取）。

缓存管理器的预读取是一种异步操作，因为这是通过独立于调用方线程的另一个线程来执行的，并且会与调用方同时进行。调用检索缓存的数据时，缓存管理器首先会访问被请求的虚拟页，以满足请求，随后将一个额外的 I/O 请求放入队列，借此为系统工作线程检索更多的数据。随后会在后台执行该工作线程，读取额外数据并等待调用方的下一个读取请求。当程序继续执行时，预读取的页面进入内存，这样，当调用方请求时，相关数据就已经位于内存中了。

对于读取模式不可预测的应用程序，可在调用 CreateFile 函数时指定 FILE_FLAG_RANDOM_ACCESS 标记。该标记会指示缓存管理器不要试图预测应用程序接下来读取什么，进而可以禁用预读取。该标记还可以阻止缓存管理器在文件被访问时积极地解除文件视图映射，进而在应用程序重新访问文件中的部分内容时，最大限度地减少文件的映射/取消映射活动。

11.8.2　预读取的增强

Windows 8.1 对缓存管理器的预读取功能进行了一些增强。文件系统驱动程序和网络重定向器可以通过 CcSetReadAheadGranularityEx API 函数确定智能预读取的大小和增长情况。缓存管理器客户端可以决定：

- **预读取粒度**。设置预读取单位大小的最小值以及下一次预读取结束时的文件偏移量。缓存管理器设置的默认粒度为 4 KB（内存页的大小），但每个文件系统可以通过不同的方式设置该值（例如 NTFS 可设置为 64 KB）。

图 11-13 展示了一个 200 KB 文件的预读取范例，缓存粒度设置为 64 KB。如果用户请求在偏移量 0x10800 处进行 1 KB 非对齐读取，并且已检测到顺序读取，智能预读取将发出一个 I/O，该 I/O 涵盖了从偏移量 0x10000 到 0x20000 范围内共 64 KB 的数据。如果已经产生超过两次的顺序读取，缓存管理器就会发起一个从偏移量 0x20000 到 0x30000（总共 192 KB）的补充读取。

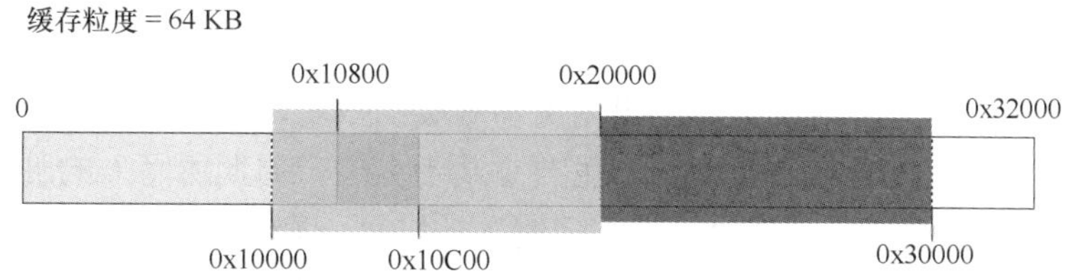

图 11-13 粒度设置为 64 KB 时一个 200 KB 文件的预读取

- **管道大小**。对于某些远程文件系统驱动程序，将大型预读取 I/O 拆分为多个小块可能是更合理的做法，这样，缓存管理器工作线程就可以并行发出多个请求。网络文件系统通过这种技术可以实现更高的吞吐量。
- **预读取激进度**。文件系统驱动程序可以指定缓存管理器在检测到第三次连续读取后，要将预读取大小增大多少百分比。例如，假设应用程序使用 1 MB 的 I/O 大小读取一个大文件。第十次读取后，应用程序已经读取了 10 MB（缓存管理器可能已经预取了其中的一些数据）。此时，智能预读取可以决定预读取 I/O 大小的增长幅度。如果文件系统指定了 60%的增长率，那么将使用下列公式：

(连续读取次数×最后一次读取的大小) × (增长百分率 / 100)

因此，这意味着下一次预读取大小为 6 MB（不再是 2 MB，假设粒度为 64 KB 且 I/O 大小为 1 MB）。如果任何缓存管理器客户端未进行修改，那么默认增长百分率是 50%。

11.8.3 回写缓存和惰性写入

缓存管理器通过惰性（延迟）写入实现了一种回写缓存。这意味着写入文件的数据首先会被存储在内存中的缓存页面内，然后才会写入磁盘。因此，写操作允许在短时间内进行积累，随后一次性刷新到磁盘，从而减少磁盘 I/O 的操作总量。

缓存管理器必须明确调用内存管理器来刷新缓存页面，因为如果不这样做，内存管理器将只在对物理内存的需求超出供应量的情况下才会将内存中的内容写入磁盘。这对易失性数据来说是合适的，然而，缓存的文件数据往往代表非易失性的磁盘数据。如果一个进程修改了缓存的数据，用户当然希望这些内容能尽快反映到磁盘中。

此外，缓存管理器有能力否决内存管理器的映射写入器线程。由于已修改列表（详见卷 1 第 5 章）不是按照逻辑块地址（LBA）顺序排序的，所以缓存管理器会试图将页面聚集在一起，以便向磁盘发出更大的顺序 I/O，但该操作并不总能成功，实际上会导致重复寻找。为了消除这种影响，缓存管理器可以积极地否决映射写入器线程，并以虚拟字节偏移量（VBO）顺序进行写出，而这更贴近于磁盘上的 LBA 顺序。由于缓存管理器负责这些写入操作，因此，它也可以应用自己的调度和流量调节算法，以便尽可能地使用预读取而非后写入，从而降低对系统的影响。

多长时间刷新一次缓存，这是一个重要的决策。如果缓存被刷新得太频繁，系统的性能就会因为不必要的 I/O 而下降。如果缓存刷新频率太低，那么当系统出现故障时，用户可能面临丢失已修改文件数据的风险（这种丢失对用户来说非常难以接受，因为用户已经要求应用程序保存文件数据的改动了），并且可能面临物理内存不足的情况（因为大量已修改页面会占用物理内存）。

为了平衡这些问题，缓存管理器的惰性写入器可以扫描系统工作线程所执行的函数，该扫描操作每秒钟会进行一次。惰性写入器的扫描具有不同的作用，如下。

- 检查（属于当前分区的）平均可用页和脏页的数量，并酌情更新脏页阈值的上限和下限。阈值本身也会被更新，主要是基于上一个周期所写入的脏页的总数进行更新（详见下一段）。如果没有需要写入的脏页，则惰性写入器将会休眠。
- 通过 CcCalculatePagesToWrite 内部例程计算写入磁盘的脏页的数量。如果脏页的数量超过 256 个（1 MB 数据），则缓存管理器会将总脏页数的 1/8 放入队列等待刷新到磁盘。如果脏页的产生速率大于惰性写入器确定需要写入的速率，则惰性写入器将会计算并写入额外数量的脏页，以匹配脏页的产生速率。
- 在每个共享缓存映射（存储在属于当前分区的链表中）之间进行循环，并使用内部 CcShouldLazyWriteCacheMap 例程确定共享缓存映射描述的当前文件是否需要刷新到磁盘。文件不应刷新到磁盘的原因有很多，例如 I/O 可能已经被另一个线程初始化，文件可能是一个临时文件，或更简单的情况：缓存映射中可能不包含脏页。当该例程确定文件应当刷新时，延迟写入器会扫描检查是否有足够的可用页面以供写入，如果有，则向缓存管理器系统工作线程发出一个工作项。

注意　惰性写入器扫描在确定被某个共享缓存映射，并且需要写入的脏页数量时会考虑一些例外情况（并不总是写入文件的所有脏页）：如果目标文件是元数据流并且包含超过 256 KB 的脏页，则缓存管理器将只写入总页面的 1/8。如果脏页的总数超过延迟写入器扫描可以刷新的页面总数，也会采取一些额外的操作。

这些 I/O 操作实际是由来自系统级的关键工作线程池的延迟写入器系统工作线程执行的。惰性写入器可以得知内存管理器的映射页面写入器何时准备好执行刷新。在这种情况下，它会将自己的回写操作延迟到同一个数据流中，以避免向同一个文件同时进行两次刷新操作。

注意　缓存管理器为文件系统驱动程序提供了一种方法，借此可跟踪什么时候有多少数据被写入文件。当惰性写入器将脏页刷新到磁盘时，缓存管理器会通知文件系统，指示文件系统更新该文件有效数据长度的视图（缓存管理器和文件系统分别在内存中跟踪文件的有效数据长度）。

实验：查看缓存管理器的工作

在这个实验中，我们将使用 Process Monitor 查看文件系统底层活动，包括使用

Windows 资源管理器将一个大文件（本例中使用了一个 DVD 镜像）从一个目录复制到另一个目录时的缓存管理器预读取和后写入操作。

首先配置 Process Monitor 过滤器以包含源和目标文件路径、Explorer.exe 和 System 进程，以及 ReadFile 和 WriteFile 操作。本例要将 C:\Users\Andrea\Documents\Windows_10_RS3.iso 文件复制到 C:\ISOs\Windows_10_RS3.iso，因此，可按照下图所示配置过滤器。

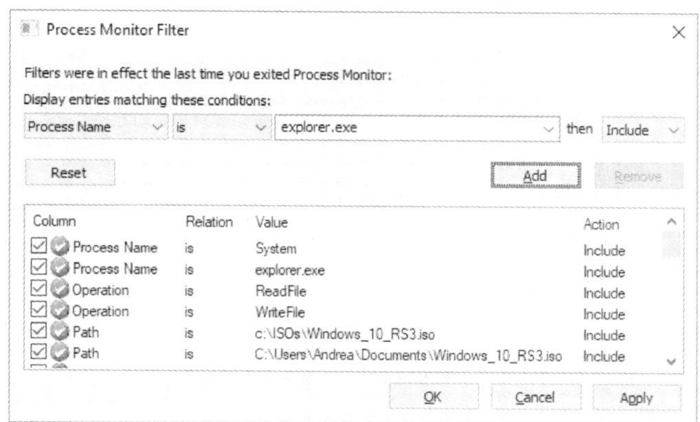

复制文件后，应该可以看到类似下图所示的 Process Monitor 跟踪结果。

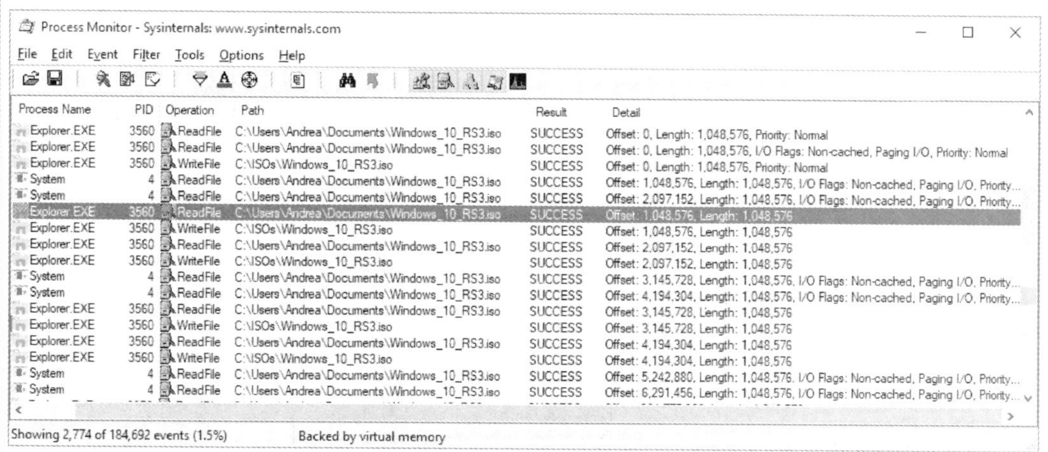

前几项对应了复制引擎执行的初始 I/O 操作以及缓存管理器执行的第一个操作。我们应该可以看到以下这几个情况。

- 第一项代表 Explore 执行的初始 1 MB 已缓存读取。该读取的大小取决于根据文件大小使用一个内部矩阵计算而来的结果，实际大小可能介于 128 KB 到 1 MB 之间。因为该文件很大，因此复制引擎选择了 1 MB。
- 上述 1 MB 读取之后是另一个 1 MB 的未缓存读取。未缓存读取通常代表着由于页面错误或缓存管理器访问而产生的活动。为了仔细观察这些事件的堆栈跟踪记录，我们可以双击任一项并打开 Stack 选项卡，随后可以发现，确实是由 NTFS 驱动程序的读取例程调用了缓存管理器的 CcCopyRead 例程，进而导致内存管理器通过页面错误将源数据复制到物理内存。

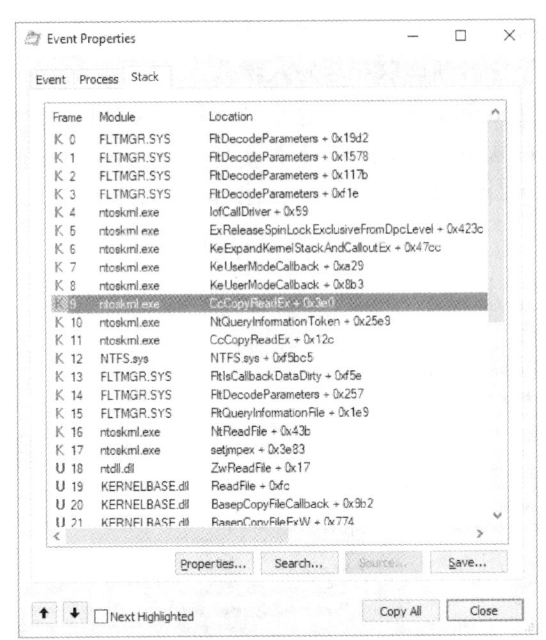

在这个 1 MB 的页面错误 I/O 之后，缓存管理器的预读取机制开始读取文件，其中也包括 System 进程随后在 1 MB 偏移量处进行的未缓存 1 MB 读取。考虑到文件大小和 Explorer 的读取 I/O 大小，缓存管理器选择 1 MB 作为最佳预读取大小。下图展示了一个预读取操作的堆栈跟踪结果，从中可以确认缓存管理器的一个工作线程正在执行预读取。

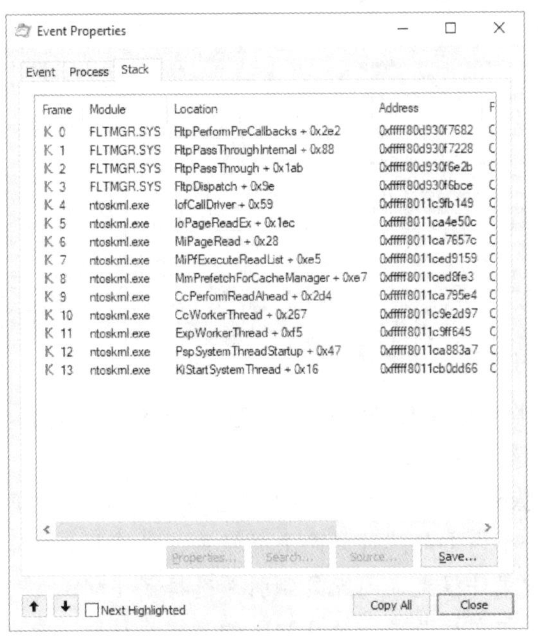

随后，Explorer 的 1 MB 读取并没有产生页面错误，因为预读取线程始终领先于 Explorer，通过 1 MB 的未缓存读取操作预先获取了文件数据。然而每隔一段时间，预读取线程将无法及时获得足够的数据，此时汇总后的页面会发生页面错误，进而出现同步分页 I/O。

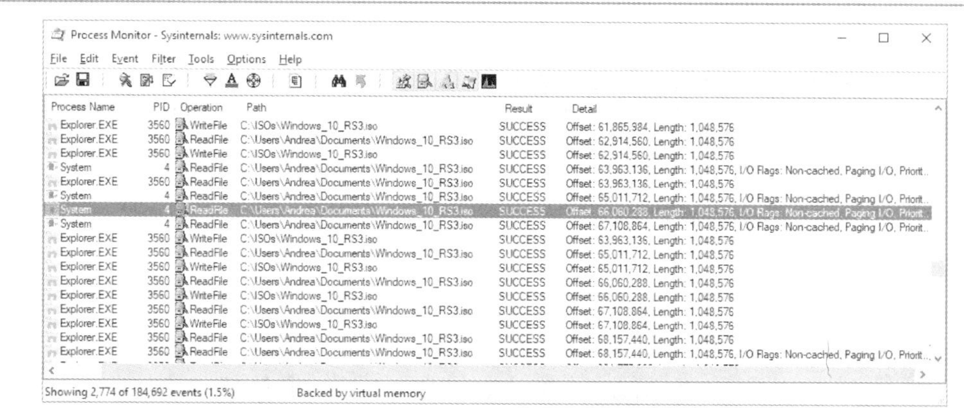

查看这些项的堆栈跟踪会发现，此时调用的并非 MmPrefetchForCacheManager，而是 MmAccessFault/MiIssueHardFault 例程。

一旦开始读取，Explorer 就会开始向目标文件写入。这些写入操作均为连续的 1 MB 缓存写入。在读取大约 124 MB 数据后，System 进程进行了第一次 WriteFile 操作，如下图所示。

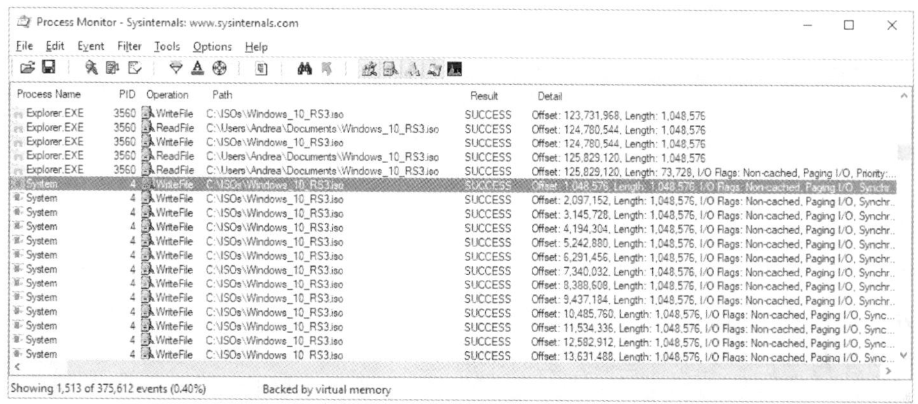

这个写入操作的堆栈跟踪结果如下图所示。从图中可以发现，该写入操作实际是由内存管理器的映射页面写入器线程负责的。这是因为在最初几 MB 的数据中，缓存管理器还没有开始执行后写入操作，因此，内存管理器的映射页面写入器开始刷新已修改的目标文件数据（有关映射页面写入器的详情请参阅第 10 章）。

为了更清楚地了解缓存管理器的操作，可以将 Explorer 从 Process Monitor 的过滤器中删除，这样即可只显示 System 进程的操作，如下图所示。

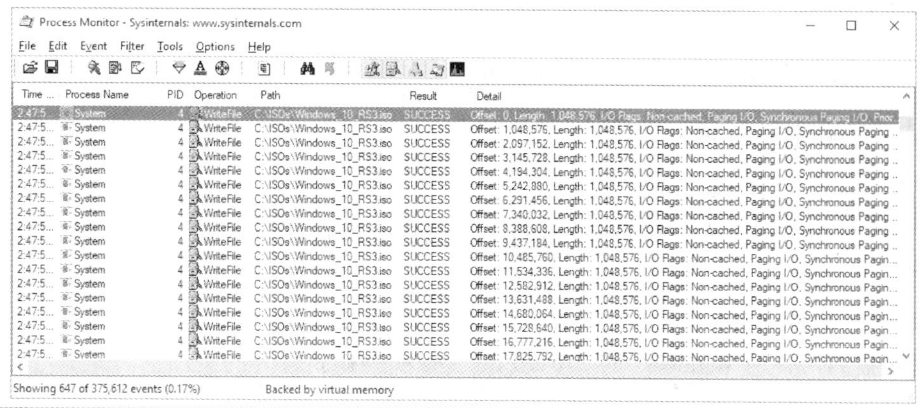

通过如图所示的内容，可以更清晰地看到缓存管理器的 1 MB 后写入操作（客户端版本 Windows 的最大写入大小为 1 MB，服务器版本为 32 MB，该实验在客户端版本中执行）。下图展示了其中一个后写入操作的堆栈跟踪结果，从中可以确认后写入操作是由缓存管理器工作线程实现的。

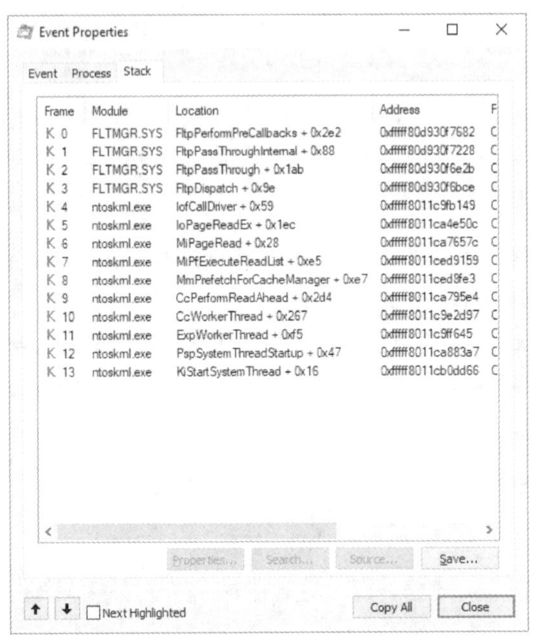

作为一个额外的实验，大家也可以尝试着通过远程复制（从一个 Windows 系统复制到另一个）重复该实验，并且可以尝试复制不同大小的文件，这样就会发现接收端和发送端的复制引擎和缓存管理器产生的不同行为。

11.8.4　为某个文件禁用惰性写入

如果在调用 Windows 的 CreateFile 函数时通过指定 FILE_ATTRIBUTE_TEMPORARY 标记创建了一个临时文件，那么惰性写入器就不会将脏页写入磁盘，除非物理内存严重不足或文件明确要求被刷新。惰性写入器的这一特性改善了系统性能：惰性写入器不会将最终可能被丢弃的数据立即写入磁盘。应用程序在关闭时通常都会删除自己的临时文件。

11.8.5　强制缓存直接写入磁盘

由于某些应用程序无法容忍“写入文件”和“在磁盘上看到更新后的文件”这两个环节之间存在哪怕很短暂的延迟，因此缓存管理器还支持基于每个文件对象的直写缓存，在这种机制下，文件内容会在产生改动的同时立即写入磁盘。若要开启直写缓存，可在调用 CreateFile 函数时设置 FILE_FLAG_WRITE_THROUGH 标记。或者当一个线程需要将数据写入磁盘时，使用 Windows 的 CreateFile 函数明确刷新打开的文件。

11.8.6 刷新映射的文件

如果惰性写入器必须从一个同时也被映射到另一个进程地址空间的视图中将数据写入磁盘，那么情况将变得有些复杂，因为缓存管理器只知道自己修改过的页面（被另一个进程修改的页面只有该进程才会知道，因为已修改页面在页表项中的“已修改”位保存在进程的私有页表中）。为了解决这个问题，当用户映射文件时，内存管理器会向缓存管理器发出通知。当这样的文件在缓存中刷新时（例如可能调用了 Windows 的 FlushFileBuffers 函数），缓存管理器会将脏页写入缓存，随后检查该文件是否也被其他进程映射。如果发现该文件也被其他进程映射，缓存管理器将刷新该节的完整视图，以便写出第二个进程可能修改过的页面。如果用户映射的文件视图也在其他缓存中打开，在视图被撤销映射后，则已修改页面会被标记为脏页，延迟写入器线程随后会刷新该视图，这些脏页将被写入磁盘。该过程会按照下列顺序依次进行。

1）用户撤销对视图的映射。

2）进程刷新文件缓冲区。

如果不使用这样的顺序，就无法预测要将哪些页面写入磁盘。

实验：观察缓存的刷新

我们可以在性能监视器中使用 Data Maps/sec 和 Lazy Write Flushes/sec 计数器查看缓存管理器将视图映射至系统缓存，并将页面刷新到磁盘的过程（这些计数器位于“Cache”组中）。随后将大文件从一个位置复制到另一个位置。下图中较高的那条线对应了 Data Maps/sec，另一条线对应了 Lazy Write Flushes/sec。在文件复制过程中，Lazy Write Flushes/sec 的数值明显增加。

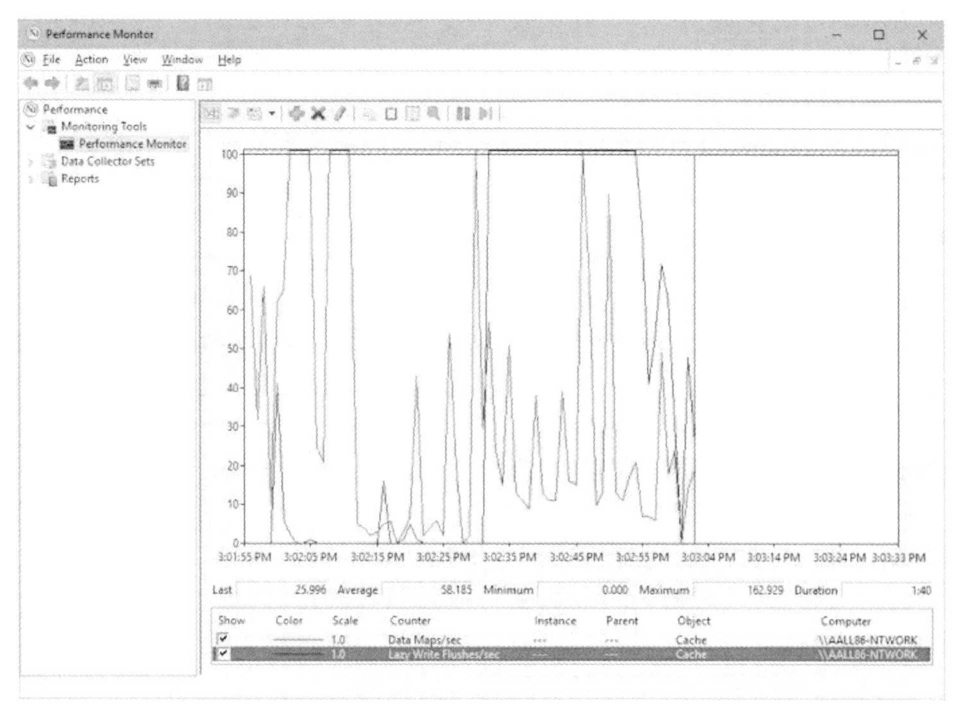

11.8.7 写入限流

文件系统和缓存管理器必须确定缓存的写入请求是否会影响系统性能，随后安排可能需要的延迟写入。首先，文件系统通过使用 CcCanIWrite 函数询问缓存管理器是否可以在不影响性能的前提下写入一定数量的数据，并且必要时还可阻止该写入。对于异步 I/O，文件系统会向缓存管理器设置一个回调，以便再次允许写入时调用 CcDeferWrite 自动写入这些数据。否则写入操作将被阻止，并等待 CcCanIWrite 以便继续。一旦收到有即将到来的写入操作的通知，缓存管理器就会确定缓存中有多少脏页，以及有多少可用的物理内存。如果可用物理页面很少，则缓存管理器会暂时阻止发送给文件系统线程的向缓存写入数据的请求。缓存管理器的延迟写入器会将一些脏页刷新到磁盘，随后让被阻止的文件系统线程继续执行。这种写入限流（write throttling）机制可防止在文件系统或网络服务器发出较大的写入操作信息时，因为缺乏内存而导致系统性能下降。

注意 写入限流的影响是卷感知的。假设一个用户正在 RAID-0 的 SSD 阵列上复制一个大文件，同时将另一个文档复制到 U 盘，对 U 盘的写入并不会导致 SSD 上的数据传输受到限流。

脏页阈值是指在进行限流的缓存写入操作前，系统缓存允许包含的脏页数量。这个值是在缓存管理器分区初始化时计算而来的（系统分区在 NT 内核启动的阶段 1 期间创建并初始化），并且与产品类型（客户端或服务器）相关。正如上文所述，这部分还需要计算另外两个值：脏页阈值上限及脏页阈值下限。取决于内存用量和脏页的处理速度，延迟写入器扫描可以调用内部函数 CcAdjustThrottle，在服务器系统中，这可以根据计算出的上限和下限值动态调整当前阈值。进行这种调整是为了当存在较重写入负载时保留读取缓存，因为较重的写入负载不可避免会导致缓存不足进而被限流。表 11-1 列出了用于计算脏页阈值的算法。

表 11-1 计算脏页阈值的算法

产品类型	脏页阈值	脏页阈值上限	脏页阈值下限
客户端	物理页面数/8	物理页面数/8	物理页面数/8
服务器	物理页面数/2	物理页面数/2	物理页面数/8

写入限制对于通过慢速通信线路上传输数据的网络重定向器也非常有用。例如，假设本地进程通过一个 640 kbit/s 的慢速线路向远程文件系统写入大量数据。在缓存管理器的延迟写入器刷新缓存前，这些数据并不会写入远程磁盘。如果重定向器积累了大量同时刷新到磁盘的脏页，那么在数据传输完成前，接收方可能会收到网络超时。通过使用 CcSetDirtyPageThreshold 函数，缓存管理器可以允许网络重定向器针对自己（对于每个数据流）可容忍的脏缓存页面数量设置一个限制，进而可以避免产生上述情况。通过限制脏页的数量，重定向器可以保证缓存刷新操作不会导致网络超时。

11.8.8 系统线程

如上文所述，缓存管理器通过将请求提交到通用关键系统工作线程池的方式执行惰性写入和预读取 I/O 操作。然而，通过限制，使用的这些线程的数量始终少于关键系统工作线程的总数量。在客户端系统中，共有 5 个关键系统工作线程，服务器系统中则有 10 个。

在内部，缓存管理器会将自己的工作请求整理成四个列表（所有列表都由同一组执行体的工作线程提供服务）。

- 快速队列（express queue），用于预读取操作。
- 常规队列（regular queue），用于（刷新脏数据所需的）惰性写入扫描以及后写入和延迟关闭。
- 快速销毁队列（fast teardown queue），用于内存管理器等待缓存管理器所拥有的数据节被释放，以便可以通过映像节打开文件，这会导致 CcWriteBehind 刷新整个文件并销毁共享的缓存映射。
- 时钟周期后队列（post tick queue），可供缓存管理器在惰性写入器线程的每个时钟周期之后（即每次操作结束后）注册一个内部通知。

为了跟踪工作线程需要执行的工作项，缓存管理器会创建自己内部每个处理器的备用列表（look-aside list），这是一种包含工作队列条目结构的固定长度的列表（每个处理器一个）（备用列表详见卷 1 第 5 章）。工作队列项的数量取决于系统类型：客户端系统为 128 个，服务器系统为 256 个。为提高跨处理器的性能，缓存管理器还分配了一个全局备用列表，其大小与上文介绍的列表大小相同。

11.8.9 激进的后写入和低优先级惰性写入

为提高缓存管理器的性能并实现对低速磁盘设备（如 eMMC 磁盘）的兼容，Windows 8.1 和后续版本中的缓存管理器延迟写入器已经有了大幅改进。

如上文所述，惰性写入器扫描可调整脏页阈值及其上限和下限。通过分析可用页面总数的历史记录，可以对这些限制进行多种调整。此外，还可检查惰性写入器在上一次执行周期（每秒一次）内是否写入了预期数量的页面，进而对脏页的阈值进行其他调整。如果上一个周期内写入的页面总数小于预期数量（由 CcCalculatePagesToWrite 例程计算而来），这意味着底层磁盘设备无法支持所产生的 I/O 吞吐量，因此脏页的阈值会被调低（意味着将执行更多的 I/O 限流，一些缓存管理器客户端在调用 CcCanIWrite API 时将会等待）。对于相反的情况，即上一个周期没有留下剩余页面，那么延迟写入器扫描就可以放心增大阈值。在这两种情况下，阈值都要保持在上限和下限界定的范围内。

这方面最大的改进要归功于 Extra Write Behind（额外后写入）工作线程。在服务器版本的系统中，这类线程的最大数量为 9 个（关键系统工作线程总数减 1），但客户端版本的系统中只有 1 个。当缓存管理器请求系统惰性写入器扫描时，系统会检查脏页是否导致了内存压力（使用一个简单的公式来验证脏页总数是否少于脏页阈值的 1/4，并且少于可用页面数的一半）。如果造成了内存压力，则系统级缓存管理器线程池例程（CcWorkerThread）会使用一种复杂的算法来确定是否可以增加另一个惰性写入器线程，让多个线程并行将脏页写入磁盘。

为了正确理解是否可以在不影响系统性能的前提下增加另一个发出额外 I/O 的线程，缓存管理器会计算之前的延迟写入周期内的磁盘吞吐量，并跟踪其性能。如果当前周期的吞吐量等于或大于之前的周期，这意味着磁盘可以支持整体 I/O 水平，此时添加另一个延迟写入器线程（这种情况下，该线程可称为 Extra Write Behind 线程）就是一种合理的做法。另外，如果当前吞吐量低于上一个周期，这意味着底层磁盘不足以支撑额外的并行写入，因此 Extra Write Behind 线程会被取消。该功能名为“激进的后写入”（Aggressive Write Behind）。

在客户端版 Windows 中，缓存管理器会启用一种旨在应对低速磁盘的优化措施。在请求了惰性写入器扫描，并且文件系统驱动程序写入缓存后，缓存管理器会通过一种算法确定是否要以较低优先级来执行惰性写入器线程（有关线程优先级的详细信息请参阅卷 1 第 4 章）。缓存管理器会在满足下列条件时为惰性写入器应用默认的低优先级（不满足时，缓存管理器将使用常规优先级）。

- 调用方未在等待当前惰性扫描完成。
- 分区的脏页总量少于 32 MB。

如果上述两个条件都满足，缓存管理器会将惰性写入器的工作项加入低优先级队列中。惰性写入器将由一个系统工作线程启动，该线程以优先级 6（最低优先级）执行。此外，惰性写入器在向相应的文件系统驱动程序发出实际 I/O 之前，会将自己的 I/O 优先级设置为最低。

11.8.10　动态内存

如上文所述，脏页阈值是根据物理内存的可用数量动态计算而来的。缓存管理器会使用该阈值决定何时对传入的写入操作进行限流，以及是否执行更激进的后写入操作。

在系统引入分区这个概念前，该计算由 CcInitializeCacheManager 例程（通过检查 MmNumberOfPhysicalPages 全局值）进行，这个例程会在内核初始化的阶段 1 期间执行。现在，则由缓存管理器分区的初始化函数根据属于相关联内存分区的可用物理内存页执行该计算（有关缓存管理器分区的详细信息，请参阅上文“内存分区支持”一节）。但这还不够，因为 Windows 还支持物理内存的热添加，Hyper-V 大量借助该功能为子虚拟机的动态内存提供支持。

在内存管理器初始化的阶段 0 期间，MiCreatePfnDatabase 将计算 PFN 数据库的最大可能大小。在 64 位系统中，内存管理器会假定已安装物理内存可能的最大值等于所有可寻址的虚拟内存范围（例如，非 LA57 系统为 256 TB）。系统会要求内存管理器为整个地址空间中每个虚拟页面保留存储 PFN 所需的虚拟地址空间数量（这个假设中的 PFN 数据库大小约为 64 GB）。随后 MiCreateSparsePfnDatabase 会在 Winload 检测到的每个有效物理内存范围之间循环，将有效 PFN 映射至数据库。PFN 数据库会使用稀疏内存。当 MiAddPhysicalMemory 例程检测到新的物理内存后，会在 PFN 数据库中分配新区域，借此创建新的 PFN。有关动态内存的详细信息请参阅第 9 章，下文将进一步介绍其中的一些细节。

缓存管理器需要检测新的热添加或热移除内存，并要适应新的系统配置，否则可能出现多种问题，如下。

- 热添加了新内存的情况下，缓存管理器可能认为系统内存较少，导致脏页的阈值低于本应使用的值。这会导致缓存管理器缓存的脏页的数量少于本应缓存的数量，因此会更快速地对写入进行限流。
- 如果大量可用内存被锁定或不再可用，在系统中执行缓存的 I/O 可能影响其他应用程序的响应性（即进行了热移除后，这些应用程序基本上已经没有更多内存可用）。

为了正确处理这些情况，缓存管理器并不会向内存管理器注册回调，而是在惰性写入器扫描（LWS）线程中实现了一种自适应修正机制。除了扫描共享缓存映射列表并确定要写入哪些脏页外，LWS 线程还可以根据前台速率、自己的写入速率以及可用内存数更改脏页的阈值。LWS 维护了分区的物理页面和脏页的平均可用数历史记录。每隔一秒，LWS 线程会更新这些列表并计算汇总值。借助这个汇总值，LWS 就可以响应内存大小的变化，削弱峰值并逐渐修改阈值的上限和下限。

11.8.11 缓存管理器的磁盘 I/O 记账

在 Windows 8.1 之前，系统无法精确判断一个进程执行的 I/O 数量。背后的原因有很多，如下：

- 惰性写入和预读取并不是在产生 I/O 的进程/线程上下文中进行的。缓存管理器会以惰性方式写出数据，并在不同于最初写入文件线程（通常为 System 上下文）的另一个上下文中完成写操作（实际的 I/O 甚至可能在进程终止后才发生）。同理，缓存管理器可以选择预读取，进而从文件中获得比实际请求数量更多的数据。
- 异步 I/O 依然由缓存管理器管理，但在某些情况下，缓存管理器完全不会参与，例如未缓存的 I/O。
- 一些特殊应用程序可以使用磁盘堆栈中的底层驱动程序发出底层磁盘 I/O。

Windows 在 IRP 的尾部存储了一个指向发出 I/O 的线程的指针。该线程并不总是最初发起 I/O 请求的那个线程。因此很多时候，I/O 会被错误地计入 System 进程。Windows 8.1 通过引入 PsUpdateDiskCounters API 解决了这个问题，缓存管理器和文件系统驱动程序可以借助该 API 进行紧密的配合。该函数中存储了读取和写入的字节总数，以及 NT 内核中用于描述进程的核心 EPROCESS 数据结构中的 I/O 操作数量（详见卷 1 第 3 章）。

缓存管理器会在执行缓存的读取和写入操作（通过公开的文件系统接口）以及发出预读取 I/O（通过 CcScheduleReadAheadEx 导出的 API）时，更新进程的磁盘计数器（通过调用 PsUpdateDiskCounters 函数实现）。NTFS 和 ReFS 文件系统驱动程序可在执行未缓存和分页 I/O 时调用 PsUpdateDiskCounters。

与 CcScheduleReadAheadEx 类似，多个缓存管理器 API 通过扩展已经可以接收指向发出 I/O，并且需要向其“计费”的线程指针（例如 CcCopyReadEx 和 CcCopyWriteEx 就是很好的例子）。借此，更新后的文件系统驱动程序甚至可以控制异步 I/O 中具体要向哪个线程计费。

除了每进程计数器，缓存管理器还维持了一种全局磁盘 I/O 计数器，可全局跟踪文件系统向存储堆栈发出的所有 I/O（在通过文件系统驱动程序发出未缓存 I/O 或分页 I/O 后，该计数器都会更新一次）。因此，从特定磁盘设备发出的总 I/O（应用程序可通过 IOCTL_DISK_PERFORMANCE 控制代码获得该值）减去这个全局计数器的值，即可得到与任何特定进程无关的 I/O 数量（如已修改页面写入器发出的分页 I/O，或微型过滤器驱动程序内部执行的 I/O）。

这种新增的每进程磁盘计数器由 NtQuerySystemInformation API 使用的

SystemProcessInformation 信息类公开。任务管理器或 Process Explorer 等诊断工具也会采用这种方式精确查询与系统中当前运行的进程有关的 I/O 数据。

实验：统计磁盘 I/O 数

借助性能监视器提供的不同计数器，我们可以看到整体系统 I/O 的精确计数。请打开性能监视器，并添加 FileSystem Bytes Read 和 FileSystem Bytes Written 这两个计数器，它们都位于 FileSystem Disk Activity 组中。此外，在本实验中，我们还需要添加 Process 组中的每进程磁盘 I/O 计数器：IO Read Bytes/sec 和 IO Write Bytes/sec。添加最后这两个计数器时，请务必在所选对象的实例选项下选中 Explorer 进程。

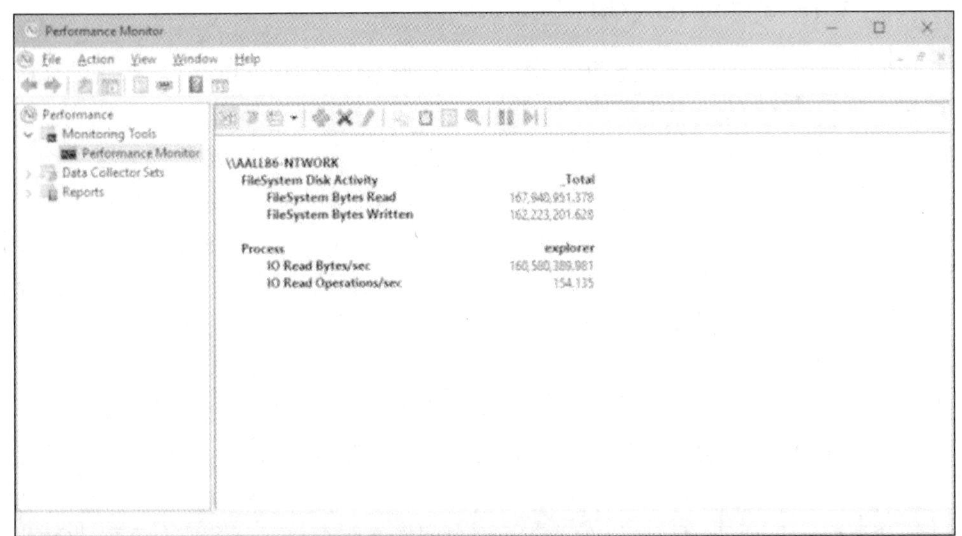

随后通过复制一个大文件即可看到，属于 Explorer 进程的计数器会不断增大，直到与全局文件系统磁盘活动的数值相等。

11.9　文件系统

本节将概括介绍 Windows 可支持的文件系统格式。随后会介绍文件系统驱动程序的类型及其基本操作，包括它们如何与其他系统组件（如内存管理器和缓存管理器）交互。接下来将详细介绍 NTFS 和 ReFS 这两个最重要文件系统的功能和数据结构。我们会分析它们的内部架构，介绍这两个文件系统的磁盘布局以及高级功能，如压缩、可恢复性、加密、分层支持、文件快照等。

11.9.1　Windows 文件系统格式

Windows 可支持下列文件系统格式。

- CDFS。
- UDF。

- FAT12、FAT16 和 FAT32。
- exFAT。
- NTFS。
- ReFS。

上述每种格式适合不同的环境，下文将分别进行介绍。

11.9.2 CDFS

CDFS（%SystemRoot%\System32\Drivers\Cdfs.sys）即 CD-ROM 文件系统，这是一种只读文件系统驱动程序，可支持 ISO-9660 格式的超集以及 Joliet 磁盘格式的超集。虽然 ISO-9660 格式相对简单并且有一些限制，例如 ASCII 大写字母名称，以及最大 32 个字符的长度，但 Joliet 更灵活，可支持任意长度的 Unicode 名称。如果磁盘上同时存在这两种格式的结构（为了提供最大限度的兼容性），则 CDFS 将使用 Joliet 格式。CDFS 有以下几个限制。

- 最大文件大小为 4 GB。
- 最大可包含 65535 个目录。

CDFS 已经是一种老旧的格式，业界开始采用通用磁盘格式（Universal Disk Format，UDF）作为光存储介质的标准。

11.9.3 UDF

Windows 通用磁盘格式（Universal Disk Format，UDF）文件系统的实现符合 OSTA（Optical Storage Technology Association）制定的 UDF 规范（UDF 是 ISO-13346 格式的一个子集，是对 CD-R 和 DVD-R/RW 等格式进行的扩展）。OSTA 于 1995 年定义了 UDF，将其作为取代 ISO-9660 格式的磁光存储介质格式（主要适用于 DVD-ROM）。UDF 已包含在 DVD 规范中，比 CDFS 更灵活。UDF 文件系统格式有以下特点。

- 目录和文件名可以有 254 个 ASCII 字符或 127 个 Unicode 字符的长度。
- 文件可以是稀疏文件（稀疏文件的具体定义请参阅下文“压缩和稀疏文件”一节）。
- 文件大小可用 64 位来指定。
- 支持访问控制列表（ACL）。
- 支持备用数据流。

UDF 驱动程序最高可支持 2.60 版本的 UDF。UDF 格式最初在设计时主要针对可复写的介质。Windows UDF 驱动程序（%SystemRoot%\System32\Drivers\Udfs.sys）在使用 UDF 2.50 版时，可为蓝光、DVD-RAM、CD-R/RW 和 DVD+-R/RW 驱动器提供读/写支持，使用 UDF 2.60 版时可提供只读支持。不过 Windows 并未实现对某些 UDF 功能的支持，例如命名数据流和访问控制列表。

11.9.4 FAT12、FAT16 和 FAT32

Windows 对 FAT 文件系统的支持主要是为了在多重启动系统中实现与其他操作系统的兼容性，并作为闪存驱动器或内存卡的格式。Windows FAT 文件系统驱动程序实现于 %SystemRoot%\System32\Drivers\ Fastfat.sys。

FAT 格式名称中包含的数字代表特定格式在磁盘上识别簇所用的位数。FAT12 的 12 位簇标识符限制了一个分区最多可存储 2^{12}（4096）个簇。Windows 允许的簇的大小介于 512 字节到 8 KB 之间，因此 FAT12 卷最大只能达到 32 MB。

注意　所有 FAT 文件系统类型都会保留一个卷的前 2 个簇和最后 16 个簇，因此举例来说，FAT12 卷可用簇的总数会略小于 4096。

FAT16 使用了 16 位簇标识符，可寻址 2^{16}（65536）个簇。在 Windows 上，FAT16 簇的大小介于 512 字节（扇区的大小）和 64 KB（在扇区大小为 512 字节的磁盘上）之间，因此 FAT16 卷的最大大小为 4 GB。扇区大小为 4096 字节的磁盘可实现 256 KB 的簇。Windows 所用簇的大小取决于卷的大小。各种大小详见表 11-2。如果使用 format 命令或磁盘管理控制台将小于 16 MB 的卷格式化为 FAT，Windows 将使用 FAT12 格式而非 FAT16 格式。

表 11-2　Windows 中默认 FAT16 簇大小

卷大小	默认簇大小
<8 MB	不支持
8 MB～32 MB	512 字节
32 MB～64 MB	1 KB
64 MB～128 MB	2 KB
128 MB～256 MB	4 KB
256 MB～512 MB	8 KB
512 MB～1024 MB	16 KB
1 GB～2 GB	32 KB
2 GB～4 GB	64 KB
>16 GB	不支持

一个 FAT 卷可以分为多个区域，如图 11-14 所示。文件分配表（File Allocation Table，这也是 FAT 文件系统格式名称的来源）中对卷上的每个簇都有一个条目。由于文件分配表对成功解读卷的内容至关重要，所以 FAT 格式会为该表保持两个副本。这样，即使文件系统驱动程序或一致性检查程序（例如 Chkdsk）无法访问其中一个分配表（例如因为产生了坏扇区），它也可以读取另一个分配表。

引导扇区	文件分配表1	文件分配表2（副本）	根目录	其他目录和所有文件

图 11-14　FAT 格式的组织方式

文件分配表中的项定义了文件和目录的文件分配链（见图 11-15），链中的链接可以看成指向文件数据中下一个簇的索引。文件目录项存储了文件的起始簇。文件分配链中的最后一项是保留值，FAT16 为 0xFFFF，FAT12 为 0xFFF。未使用簇的 FAT 项的值为 0。在图 11-15 中可以看到：文件 1 分配了簇 2、3 和 4；碎片化的文件 2 分配了簇 5、6 和 8；文件 3 仅使用了簇 7。从 FAT 卷中读取一个文件可能需要读取文件分配表中的大部分内容来遍历文件的分配链。

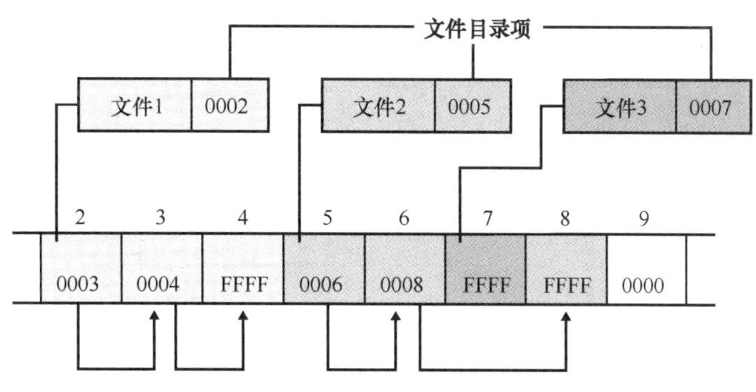

图 11-15 FAT 文件分配链范例

FAT12 和 FAT16 卷的根目录在卷的开始位置已经预分配了足够保存 256 个目录项的空间，这就对根目录下可存储的文件和目录数量设置了一个上限（FAT32 根目录没有这种预分配空间或大小限制）。FAT 目录项的大小为 32 字节，其中存储了文件名、大小、起始簇、时间戳（最后访问时间、创建时间等）信息。如果文件名使用了 Unicode 的编码方式或未遵守 MS-DOS 的 8.3 命名约定，则需要分配额外的目录项来存储长文件名。这些补充的目录项位于文件的主项之前。图 11-16 展示了一个名为“The quick brown fox.”的文件的目录项范例。系统为这个文件名创建了一个符合 8.3 格式的表达方式“THEQUI~1.FOX”（也就是说，目录项中看不到“.”，因为这个点位于八个字符之后），并额外使用两个目录项来存储 Unicode 的长文件名。图 11-16 中每一行都包含 16 字节。

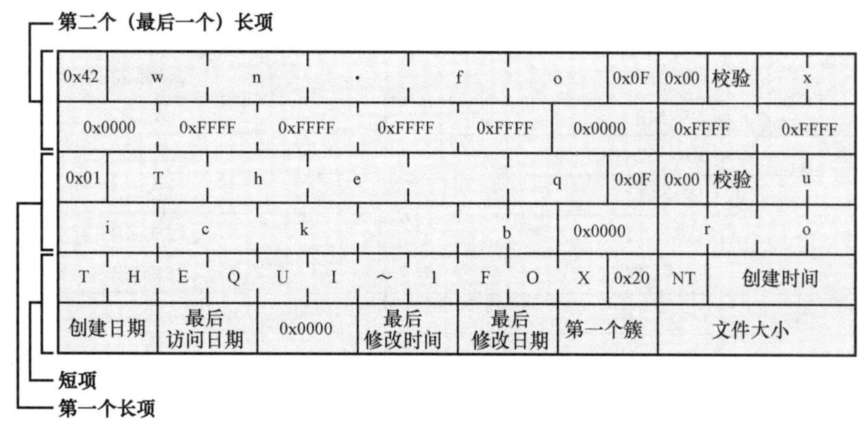

图 11-16 FAT 目录项

FAT32 使用 32 位簇标识符，但保留了高 4 位，因此，实际效果上等于使用了 28 位簇标识符。由于 FAT32 的簇的大小最大可达 64 KB，理论上 FAT32 最大可以寻址 16 TB 的卷。虽然 Windows 可以使用更大的现有 FAT32 卷（在其他操作系统中创建），但 Windows 可以新建的 FAT32 卷最大只能达到 32 GB。FAT32 可支持更多数量的簇，因此能比 FAT16 更高效地管理磁盘空间，它可以处理高达 512 字节的簇的最大 128 GB 的卷。表 11-3 列出了 FAT32 卷的默认簇的大小。

除了对簇的数量有更多限制外，FAT32 相较于 FAT12 和 FAT16 的其他优势包括：FAT32 根目录并不存储在卷中预定义的位置上，根目录的大小无限制，并且为保证可靠性，FAT32 还会为启动扇区保存第二个副本。但 FAT32 也沿袭了与 FAT16 相同的限制，即最大文件大小为 4 GB，因为目录会将文件大小存储为一个 32 位的值。

表 11-3　FAT32 卷的默认簇的大小

卷大小	默认簇大小
<32 MB	不支持
32 MB～64 MB	512 字节
64 MB～128 MB	1 KB
128 MB～256 MB	2 KB
256 MB～8 GB	4 KB
8 GB～16 GB	8 KB
16 GB～32 GB	16 KB
>32 GB	不支持

11.9.5　exFAT

由微软设计的可扩展文件分配表文件系统（Extended File Allocation Table file system，exFAT，也叫 FAT64）是对传统 FAT 文件系统的改进，专为闪存设备设计。exFAT 的主要目标是在不产生元数据结构开销和元数据日志操作的情况下提供 NTFS 所具备的一些高级功能，因为元数据结构和相关日志操作会产生不适合大部分闪存媒体设备的写入模式。表 11-4 列出了 exFAT 的默认簇大小。

表 11-4　exFAT 卷使用 512 字节扇区时的默认簇大小

卷大小	默认簇大小
<256 MB	4 KB
256 MB～32 GB	32 KB
32 GB～512 GB	128 KB
512 GB～1 TB	256 KB
1 TB～2 TB	512 KB
2 TB～4 TB	1 MB
4 TB～8 TB	2 MB
8 TB～16 TB	4 MB
16 TB～32 TB	8 MB
32 TB～64 TB	16 MB
≥64 TB	32 MB

正如 FAT64 这个名称所暗示的那样，文件大小限制已扩大至 2^{64}，最大可支持 16 EB 的文件。这一变化也与簇大小的增量相匹配，目前最大可支持 32 MB 的簇，但最多可达 2255 个扇区。exFAT 还增加了一个用于跟踪空闲簇的位图，借此可改善分配和删除操作的性能。最后，exFAT 目录中可以包含超过 1000 个文件。这些特性不仅可以提高可扩展性，也可以支持更大的磁盘。

另外，exFAT 还实现了一些原本仅 NTFS 具备的功能，例如支持访问控制列表（ACL）和事务（也叫事务安全 FAT，即 TFAT）。不过这些功能仅包含在 Windows Embedded CE 所实现的 exFAT 中，Windows 的 exFAT 中并不包含。

注意 ReadyBoost（详见卷 1 第 5 章）可配合格式化为 exFAT 的闪存设备使用，进而支持大小超过 4 GB 的缓存文件。

11.9.6 NTFS

正如本章开篇所述，NTFS 是 Windows 的原生文件系统格式之一。NTFS 使用 64 位簇编号。这使得 NTFS 可以寻址最多 16 百亿亿（10^{18}）个簇。但是 Windows 将 NTFS 卷的大小限制在 32 位簇的可寻址范围内，也就是略低于 8 PB（使用 2 MB 的簇）。表 11-5 列出了 NTFS 卷的默认簇大小（格式化 NTFS 卷时可更改这些设置）。每个 NTFS 卷最多可保存 $2^{32}-1$ 个文件。NTFS 格式最大支持大小为 16 EB 的文件，但具体实现中将最大文件的大小限制为 16 TB。

表 11-5 NTFS 卷的默认簇大小

卷大小	默认簇大小
<7 MB	不支持
7 MB～16 TB	4 KB
16 TB～32 TB	8 KB
32 TB～64 TB	16 KB
64 TB～128 TB	32 KB
128 TB～256 TB	64 KB
256 TB～512 TB	128 KB
512 TB～1024 TB	256 KB
1 PB～2 PB	512 KB
2 PB～4 PB	1 MB
4 PB～8 PB	2 MB

NTFS 包含很多高级功能，例如文件和目录安全性、备用数据流、磁盘配额、稀疏文件、文件压缩、符号（软）链接和硬链接、支持事务型语义、交接点以及加密。其重要功能之一是可恢复性。如果系统意外停止，FAT 卷的元数据可能处于不一致状态，导致大量文件和目录数据损坏。NTFS 以事务的方式记录对元数据进行的改动，因此文件系统结构可以修复到一致的状态，不会丢失文件或目录的结构信息（除非使用下文将要介绍的 TxF，否则文件数据依然可能会丢失）。此外，Windows 中的 NTFS 驱动程序还实现了自愈机制，通过这种机制无须重启系统，在 Windows 运行过程中对文件系统磁盘结构的大部分损坏执行细微的修复。

注意 截至撰写这部分内容，磁盘设备的常见物理扇区大小为 4 KB。但这些磁盘设备，即便出于兼容性方面的考虑，存储堆栈暴露给文件系统驱动程序的逻辑扇区大小依然是 512 字节。NTFS 驱动程序会通过计算确定正确的簇大小，该计算使用了逻辑扇区的大小，而非实际的物理大小。

从 Windows 10 开始，NTFS 原生支持 DAX 卷（DAX 卷详见下文“DAX 卷”一节）。NTFS 驱动程序还支持使用大页面对此类卷发起 I/O 操作。使用大页面映射 DAX 卷中的文件，这是通过两种方式实现的：NTFS 可以自动将文件与 2 MB 的簇边界对齐，或可以使用 2 MB 的簇大小对 DAX 卷进行格式化。

11.9.7 ReFS

复原文件系统（Resilient File System，ReFS）是 Windows 原生支持的另一种文件系统。该文件系统主要针对大型存储服务器设计，目的是克服 NTFS 的某些局限，例如缺乏联机自愈能力、卷修复能力，以及文件快照功能。ReFS 是一种“写新”（write-to-new）的文件系统，这意味着卷的元数据将总是通过向底层介质写入新数据，并将旧的元数据标记为“已删除”的方式进行更新。ReFS 文件系统的底层（可理解为磁盘上的数据结构）使用了一种名为 Minstore 的对象存储库，借此可为调用方提供一个键-值表接口。Minstore 类似于现代数据库引擎，具备可移植性，相比 NTFS，可使用不同的数据结构和算法（Minstore 使用 B+树）。

ReFS 的重要设计目标之一在于能够支持巨大的卷（可通过“存储空间”创建）。与 NTFS 类似，ReFS 也使用 64 位簇编号，最大可寻址 16 百亿亿个簇。ReFS 对可寻址的值没有大小限制，因此，理论上 ReFS 可管理最大 1 YB 的卷（使用 64 KB 大小的簇）。

与 NTFS 不同的地方在于，Minstore 无须通过一个中心位置存储自己在卷上的元数据（不过对象表也可以看成一种中心机制），对可寻址的值也没有任何限制，因此并不需要为众多不同大小的簇提供支持。ReFS 只支持 4 KB 和 64 KB 大小的簇。截至撰写这部分内容，ReFS 还不支持 DAX 卷。

下文将详细介绍 NTFS 和 ReFS 的数据结构及其高级功能。

11.9.8 文件系统驱动程序架构

文件系统驱动程序（File System Driver，FSD）负责管理文件系统格式。虽然 FSD 运行在内核模式，但与标准的内核模式驱动程序相比，其还有很多不同之处。其中最重要的差异也许是：它们必须在 I/O 管理器中注册为 FSD，并且与内存管理器的交互更广泛。为增强性能，文件系统驱动程序通常还需要依赖缓存管理器提供的服务。因此，它们使用了标准驱动程序所用的导出的 Ntoskrnl.exe 函数的超集。与标准内核模式驱动程序类似，我们必须使用 Windows 驱动开发包（WDK）来构建文件系统驱动程序（有关 WDK 的详细信息请参阅卷 1 第 1 章，以及 http://www.microsoft.com/whdc/devtools/wdk）。

Windows 使用了以下两种类型的 FSD。

- 本地 FSD，管理直接连接到计算机的卷。
- 网络 FSD，可供用户访问连接到远程计算机的数据卷。

11.9.9 本地 FSD

本地 FSD 包括 Ntfs.sys、Refs.sys、Refsv1.sys、Fastfat.sys、Exfat.sys、Udfs.sys、Cdfs.sys 以及 RAW FSD（集成在 Ntoskrnl.exe 中）。图 11-17 展示了本地 FSD 与 I/O 管理器和存储设备驱动程序交互过程的简化示意图。本地 FSD 负责向 I/O 管理器注册。当应用程序或系统首次访问卷时，I/O 管理器即可调用已注册的 FSD 执行卷识别。卷识别需要检查卷的启动扇区，通常为了检查一致性还会检查文件系统元数据。如果已注册的所有文件系统都无法识别一个卷，系统会为该卷分配 RAW 文件系统驱动程序，随后向用户展示一个对话框，询问是否要格式化该卷。如果用户选择不进行格式化，则 RAW 文件系统驱动程序将提供对该卷的访问，但仅限扇区层面的访问。换句话说，用户只能读取或写入完整的扇区。

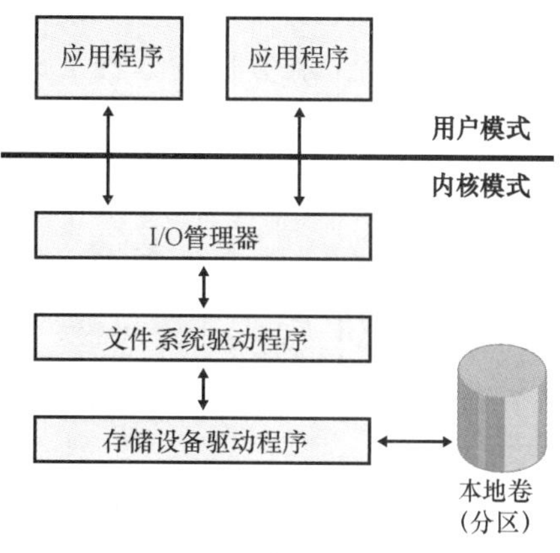

图 11-17 本地 FSD

文件系统识别的目的是让系统对于有效但未识别的文件系统获得 RAW 之外的另一个额外选项。为实现这个目的，系统定义了一种固定的数据结构类型（FILE_SYSTEM_RECOGNITION_STRUCTURE），该类型会被写入卷的第一个扇区。如果存在该数据结构，则将被操作系统识别，随后通知用户该卷包含有效但未识别的文件系统。系统依然会为该卷加载 RAW 文件系统，但不会提示用户格式化该卷。用户应用程序或内核模式驱动程序可能会使用新的文件系统 I/O 控制代码 FSCTL_QUERY_FILE_SYSTEM_RECOGNITION 来要求获得一份 FILE_SYSTEM_RECOGNITION_STRUCTURE 的副本。

Windows 可支持的每种文件系统格式的第一个扇区都会保留为该卷的启动扇区（boot sector）。启动扇区包含足够的信息，本地 FSD 可以借此将该扇区所在的卷识别为包含 FSD 可管理的格式，并借此定位其他必要的元数据，进而识别元数据在卷上的保存位置。

当本地 FSD（见图 11-17）识别一个卷后，会创建一个设备对象来表示挂载的文件系统格式。I/O 管理器会通过卷参数块（Volume Parameter Block，VPB）在卷的设备对象（由存储设备驱动程序创建）和 FSD 创建的设备对象之间建立连接。VPB 的连接会导致 I/O 管理器将以该卷设备对象为目标的 I/O 请求重定向至 FSD 设备对象。

为改善性能，本地 FSD 通常会使用缓存管理器来缓存文件系统数据，包括元数据。FSD 还会与内存管理器集成，以正确实现文件的映射。例如，每当应用程序试图截断文件时，FSD 必须查询内存管理器，以验证是否有进程映射了文件中截断点以外的部分（内存管理器详见卷 1 第 5 章）。Windows 不允许通过截断或删除文件的方式来删除被应用程序映射的文件数据。

本地 FSD 还支持文件系统的卸载操作，这样系统可以将 FSD 与卷对象之间的连接断开。当应用程序需要对卷在磁盘上的内容进行原始（RAW）访问时，或与卷相关联的介质被改变时，就需要进行卸载。卸载之后，当应用程序首次访问该介质时，I/O 管理器会重新为该介质进行卷的挂载操作。

11.9.10 远程 FSD

每个远程 FSD 都包含两个组件：一个客户端和一个服务器。客户端远程 FSD 可供应用程序访问远程文件和目录。客户端 FSD 组件可接收来自应用程序的 I/O 请求，将其转换为网络文件系统协议命令（如 SMB），随后这些命令被 FSD 通过网络发送给服务器端组件（也是一种远程 FSD）。服务器端 FSD 监听来自网络连接的命令，并向命令所要访问的文件或目录所在卷对应的本地 FSD 发出 I/O 请求，进而完成这些命令。

Windows 包含一个客户端远程 FSD，名为 LANMan Redirector（通常可简称为重定向器）；以及一个服务器端远程 FSD，名为 LANMan Server（%SystemRoot%\System32\Drivers\Srv2.sys）。图 11-18 展示了客户端通过重定向器和服务器 FSD 从服务器上远程访问文件时这几方之间的关系。

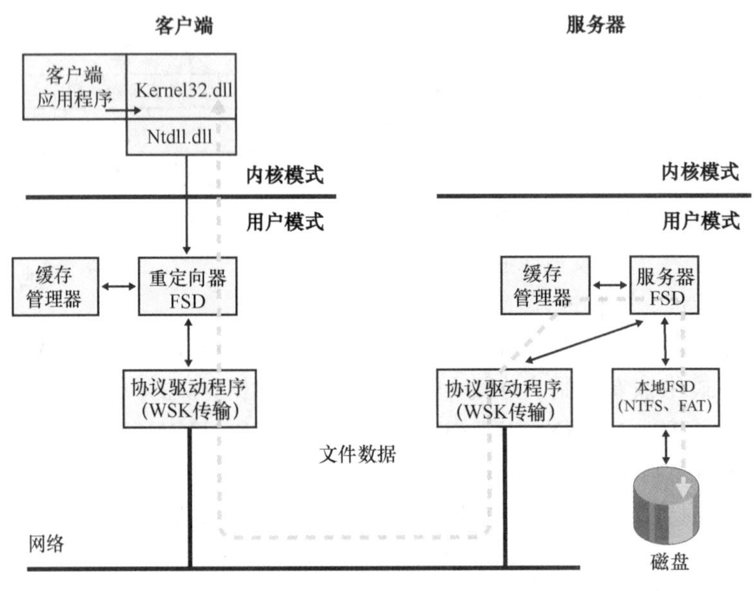

图 11-18　CIFS 文件共享

Windows 依赖通用 Internet 文件系统（Common Internet File System，CIFS）协议来调整重定向器和服务器间所交换消息的格式。CIFS 是微软服务器消息块（Server Message Block，SMB）协议的一个版本（有关 SMB 的详情请访问 https://docs.microsoft.com/windows/win32/fileio/microsoft-smb-protocol-and-cifs-protocol-overview）。

与本地 FSD 类似，客户端远程 FSD 通常使用缓存管理器服务对属于远程文件和目录的数据创建本地缓存文件，这种情况下，双方必须在客户端和服务器端之间实现一种分布式锁定机制。SMB 客户端远程 FSD 实现了一种名为 Oplock（Opportunistic Locking，机会锁）的分布式缓存一致性协议，这样，当一个应用程序访问远程文件时，它就能和另一端计算机上运行的应用程序访问同一个文件时看到的数据相同。第三方文件系统可以选择使用 Oplock 协议，或者也可能实现自己的协议。尽管服务器端远程 FSD 参与了跨客户端的缓存一致性的维护工作，但并不缓存来自本地 FSD 的数据，因为本地 FSD 会自行缓存自己的数据。

最基本的问题在于，只要一个资源可以被多个访问者同时共享访问，就必须提供一种序列化机制来对资源的写入操作进行仲裁，进而保证对任意一个特定时间，只有一个访问者可以执行写入访问。如果缺乏这种机制，那么资源就可能会损坏。所有实现 SMB 协议的文件服务器均会以 Oplock（机会锁）和 Lease（租约）作为锁定机制。具体使用哪种机制取决于服务器端和客户端的能力，其中 Lease 是首选机制。

Oplock　该功能实现于文件系统运行时库（FsRtlXxx 函数）中，可被任何文件系统驱动程序使用。远程文件服务器的客户端可以使用 Oplock 动态地确定为最大限度地减少网络流量，该使用哪种客户端缓存策略。当应用程序试图打开文件时，文件系统驱动程序或重定向器会代表该应用程序对共享中包含的这个文件请求一个 Oplock。授予 Oplock 后，客户端即可缓存文件，而不需要将每次读/写操作通过网络发送给文件服务器。例如，客户端能够以独占访问的方式打开一个文件，这样该客户端即可缓存对这个文件的所有读/写，并在文件关闭后将更新发送给文件服务器。相反，如果服务器未向客户端授予 Oplock，就必须将所有读/写发送到服务器。

一旦授予 Oplock，客户端就可开始缓存文件，并通过 Oplock 的类型确定可进行哪些类型的缓存。Oplock 并不一定要一直保持到客户端完成对文件的所有操作，如果服务器收到一个与现有已授予 Oplock 不兼容的操作，那么已授予的 Oplock 也可以随时打破。这意味着客户端必须能够快速对 Oplock 的打破做出响应并动态更改自己的缓存策略。

在 SMB 2.1 之前，Oplock 共分为以下四种类型。

- **1 级，独占式访问**。这种锁可供客户端以独占访问方式打开文件。客户端可执行预读取缓冲和读取或写入缓存。
- **2 级，共享式访问**。这种锁可以支持一个文件的多个并发读取者，但不支持写入者。客户端可执行预读取缓冲并对文件数据和属性进行读取缓存。对文件执行写入操作将导致锁的持有者收到“锁已打破”的通知。
- **批处理，独占式访问**。顾名思义，这种锁是一种用于处理批处理（.bat）文件的锁，文件中每行内容的处理都需要打开并关闭一次。客户端也许保持服务器上的文件处于打开状态，但应用程序可以（也许临时性地）关闭该文件。这种锁支持读取、写入和句柄缓存。
- **过滤器，独占式访问**。这种锁为应用程序和文件系统过滤器提供了一种机制，以便在其他客户端试图访问同一个文件时放弃自己的锁，但与 2 级锁的不同之处在于，打开的文件无法进行删除访问，其他客户端也不会收到共享违规的通知。这种锁支持读取和写入缓存。

以最简单的方式来说，如果多个客户端系统全都在缓存某一个服务器上的同一个共享文件，那么只要（来自任何客户端或服务器的）每个应用程序访问该文件时都只进行读取操作，那么这些读取操作都将能被每个系统的本地缓存所满足。这大幅减少了网络流量，因为并不需要服务器将文件内容发送给每个系统。此时依然需要在客户端系统和服务器之间交换锁信息，但这只需要很少的网络带宽。然而，如果哪怕只有一个客户端以读/写访问（或独占写入）的方式打开文件，那么任何一个客户端都无法使用自己的本地缓存，对文件执行的所有 I/O 操作必须立即发送到服务器，哪怕该文件从未被写入（锁定模式取决于文件的打开方式，而非具体的 I/O 请求）。

图 11-19 所示的这个例子可以帮助大家了解 Oplock 操作。服务器自动为打开并访问文件的第一个客户端授予了 1 级 Oplock。客户端上的重定向器将文件数据的读/写操作都缓存在客户端计算机上的文件缓存中。如果第二个客户端打开了同一个文件，该客户端也请求了一个 1 级 Oplock。然而，由于目前有两个客户端在访问同一个文件，所以服务器必须采取相应措施，以便为这两个客户端展示文件数据的一致视图。如果像图 11-19 中演示的那样，第一个客户端写入了文件，那么服务器会撤销它的 Oplock，并且不再向任何客户端授予 Oplock。当第一个客户端的 Oplock 被撤销或打破后，该客户端会把自己为该文件缓存的所有数据刷新到服务器端。

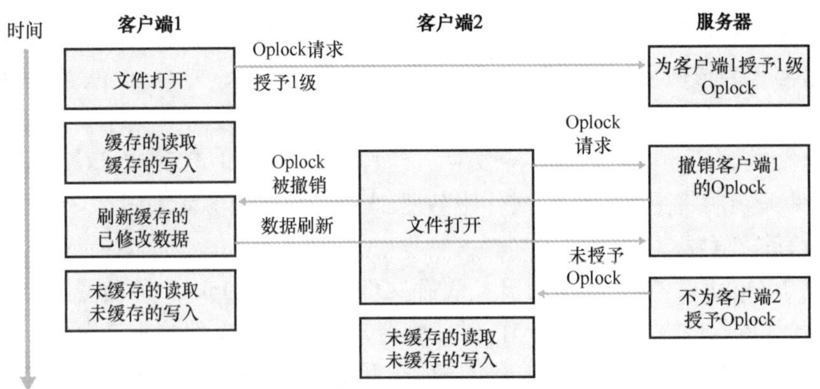

图 11-19　Oplock 范例

如果第一个客户端未写入文件，那么第一个客户端的Oplock就会被“降级”为2级Oplock，服务器为第二个客户端授予的也是这种锁。这样两个客户端就可以对读取操作进行缓存，但如果任一方写入了文件，那么服务器将撤销双方的Oplock，随后将只能在非缓存的情况下执行操作。一旦 Oplock 被打破，那么将无法再次授予打开该文件的同一个实例。然而，如果客户端关闭并重新打开同一个文件，服务器将重新评估需要向客户端授予哪种级别的锁，该评估工作将考虑其他哪些客户端打开了该文件，以及其中是否有至少一个客户端写入过该文件。

实验：查看已注册文件系统列表

当 I/O 管理器将设备驱动程序载入内存时，通常会为自己创建的代表驱动程序的驱动程序对象命名，并将其放入对象管理器的\Driver 目录下。I/O 管理器加载的任何驱动程序所对应的驱动程序对象，如果其 Type 特性值为 SERVICE_FILE_SYSTEM_DRIVER (2)，则都会被 I/O 管理器放入\FileSystem 目录下。因此使用诸如 WinObj（来自 Sysinternals）等工具即可看到系统中已注册的文件系统，如下图所示。请注意，文件系统过滤器驱动程序也会出现在该列表中。过滤器驱动程序详见下文介绍。

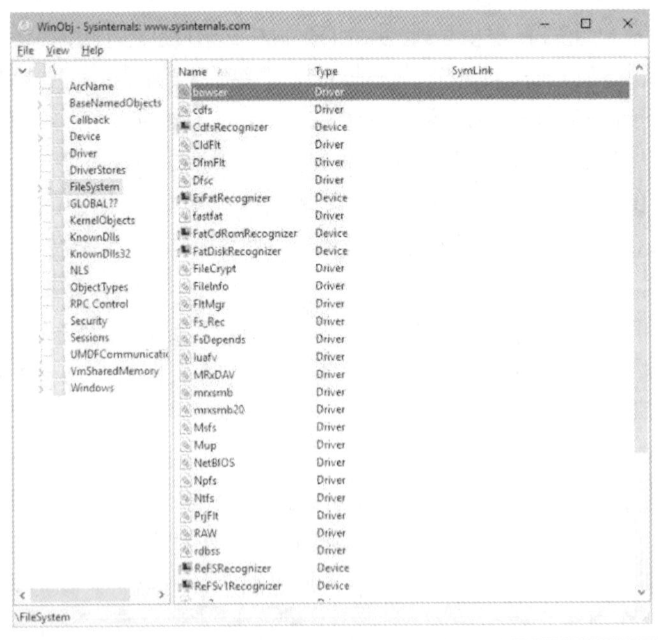

另一种查看已注册文件系统的方法是使用系统信息查看器。从“**开始**”菜单的“**运行**”对话框中运行 Msinfo32，选择“**软件环境**”下的“**系统驱动程序**”。随后点击“**类型**”列，列表将按照驱动程序进行排序，这样所有类型为 SERVICE_FILE_SYSTEM_DRIVER 的驱动程序就会显示在一起。

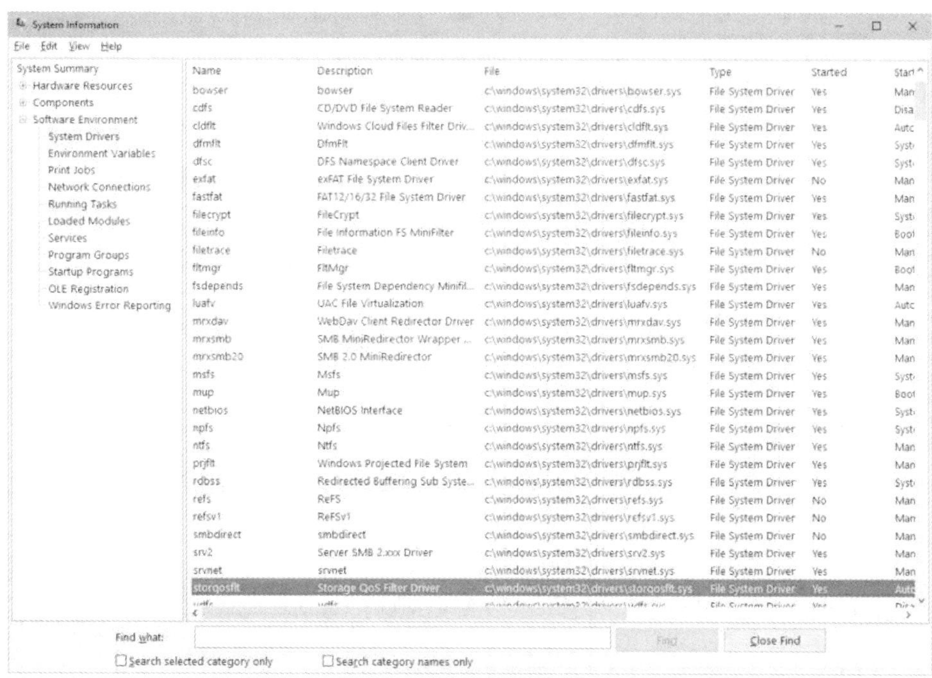

请注意，驱动程序即使注册为文件系统驱动程序，也并不一定意味着它是本地或远程 FSD。例如，NPFS（命名管道文件系统）是一种通过类似文件系统的私有命名空间实现命名管道的驱动程序。如上文所述，该列表中也包含文件系统过滤器驱动程序。

Lease 在 SMB 2.1 之前，SMB 协议会假设客户端和服务器间的网络连接是不会出错的，因此无法容忍瞬时网络故障、服务器重启动或集群故障转移导致的网络断开。当客户端收到网络断开事件时，会孤立所有受影响服务器上打开的句柄，并且对这些孤立句柄进行的所有后续 I/O 操作都将失败。类似地，服务器也会释放所有打开的句柄以及与已断开用户会话相关的资源。这种行为会导致应用程序丢失状态，并产生不必要的网络流量。

SMB 2.1 中引入了 Lease（租约）的概念，这是一种与 Oplock 类似的全新客户端缓存机制类型。租约的目的与 Oplock 相同，但提供了更高灵活性和更好的性能。

- **读取（R），共享式访问**。允许一个文件拥有多个并发读取者，但没有写入者。这种租约允许客户端执行预读取缓冲和读取缓存。
- **读取句柄（RH），共享式访问**。与 2 级 Oplock 类似，但额外的好处是可以让客户端在服务器上保持一个文件处于打开状态，即便客户端访问者已关闭了该文件（缓存管理器会对未写入数据进行延迟刷新，并根据可用内存状况清空未修改的缓存页）。这是一种比 2 级 Oplock 更好的做法，因为打开和关闭文件句柄期间无须破坏租约（这方面其实提供了与批处理 Oplock 类似的语义）。此类租约适合需要反复打开和关闭的文件，因为文件关闭后缓存不会失效，文件再次打开后也无须重新填充缓存，这可有效改善复杂的 I/O 密集型应用程序性能。

- **读取-写入（RW），独占式访问**。该租约可供客户端以独占访问方式打开文件。该租约允许客户端执行预读取缓冲和读取或写入缓存。
- **读取-写入-句柄（RWH），独占式访问**。此租约可供客户端以独占访问方式打开文件。该租约支持读取、写入和句柄缓存（类似于读取-句柄租约）。

相比 Oplock，租约的另一个优势在于，即便客户端上有多个打开的文件句柄，文件依然可以被缓存（对很多应用程序来说，这是一种很常见的行为）。这是通过使用一种租约密钥（通过 GUID 实现）做到的，租约密钥可由客户端创建，并与缓存文件的文件控制块（File Control Block，FCB）相关联，这样，同一个文件的所有句柄即可共享相同的租约状态，进而实现按文件进行缓存，而非按句柄进行缓存的功能。在引入租约前，当文件打开了新句柄时，哪怕是从同一个客户端打开，Oplock 都会被打破。图 11-20 展示了 Oplock 行为，图 11-21 展示了新的租约行为。

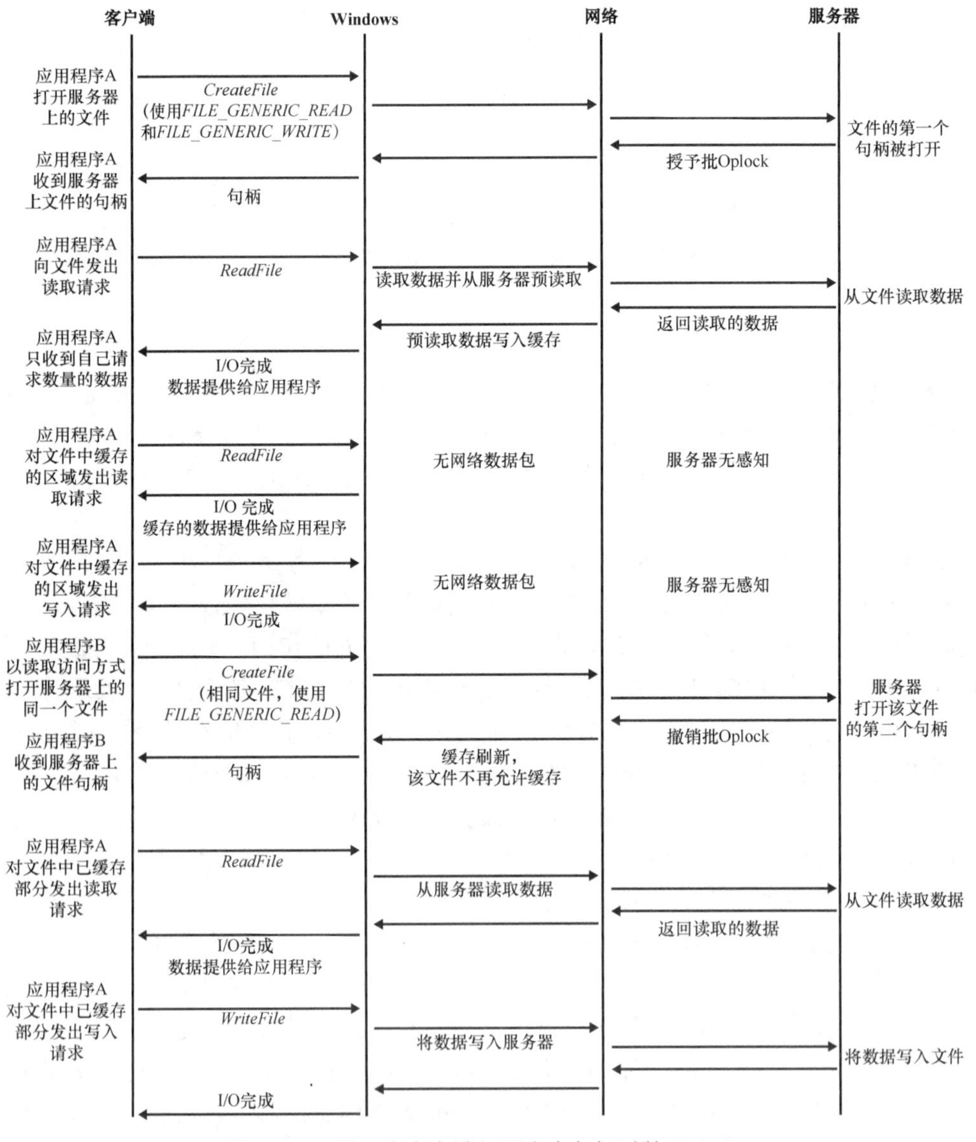

图 11-20 同一个客户端打开多个句柄时的 Oplock

图 11-21 同一个客户端打开多个句柄时的租约

在 SMB 2.1 之前，Oplock 只能授予或打破，但租约还可以转换。例如，读取租约可转换为读取-写入租约，这样可以大幅减少网络流量，因为特定文件的缓存无须失效并重新填充，就像是（2 级 Oplock）在锁打破后请求并授予 1 级 Oplock 那样。

11.9.11 文件系统操作

应用程序和系统能以两种方式访问文件：通过文件 I/O 函数（如 ReadFile 和 WriteFile）直接访问，以及通过读/写代表已映射文件节的一部分地址空间进行间接访问（映射文件的详情请参阅卷 1 第 5 章）。图 11-22 是一个简化的示意图，展示了这些文件系统操作涉及的组件以及它们之间的交互方式。如图 11-22 所示，FSD 可通过多个路径调用。

- 从执行显式文件 I/O 的用户或系统线程调用。
- 从内存管理器的已修改和已映射页写入器调用。

- 从缓存管理器的惰性写入器间接调用。
- 从缓存管理器的预读取线程间接调用。
- 从内存管理器的页面错误处理程序调用。

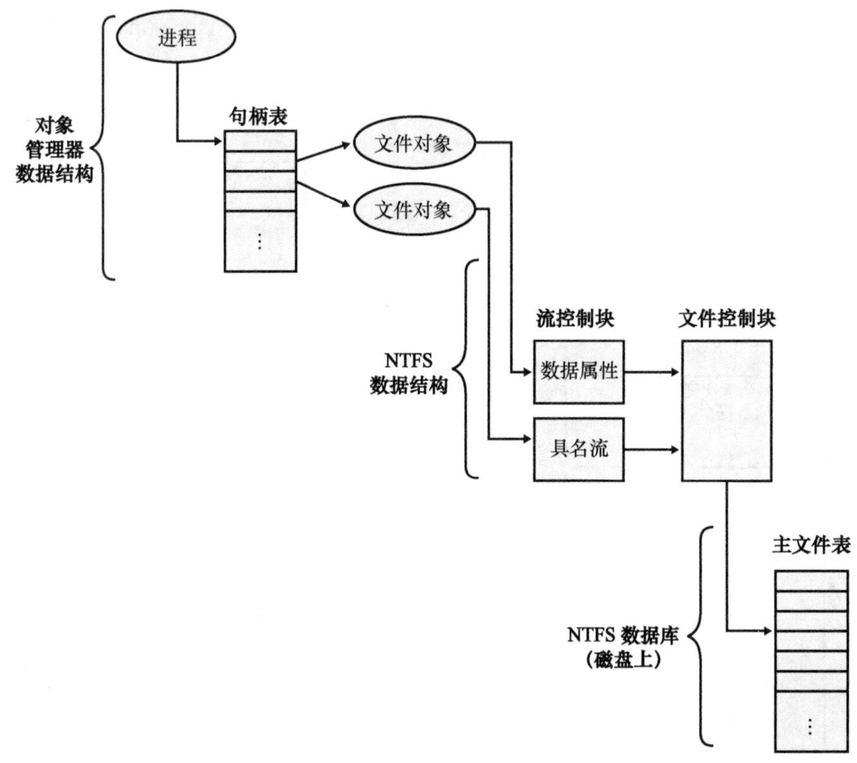

图 11-22　文件系统 I/O 涉及的组件

下文将分别介绍上述每种情况，以及 FSD 应对每种情况所采取的操作，从中也可以看到 FSD 对内存管理器和缓存管理器的依赖程度。

11.9.12　显式文件 I/O

应用程序访问文件最明显的方式是调用 Windows 的 I/O 函数，例如 CreateFile、ReadFile 以及 WriteFile。应用程序使用 CreateFile 打开一个文件，随后即可将 CreateFile 返回的句柄传递给其他 Windows 函数，实现文件的读取、写入或删除功能。CreateFile 函数实现于 Kernel32.dll 这个 Windows 客户端 DLL 中，可调用原生函数 NtCreateFile，为应用程序传递给自己的路径形成一个完整的根相对路径名（会处理路径名中的“.”和“..”符号），并为路径添加“\??”的前缀（例如\??\C:\Daryl\Todo.txt）。

NtCreateFile 系统服务使用 ObOpenObjectByName 来打开文件，它会解析以对象管理器根目录和路径名称的第一部分（“??”）开头的名称。第 8 章详细介绍了对象管理器名称的解析及其对进程设备映射的使用，此处将简要回顾相关步骤，不过将重点关注卷盘符的查找。

对象管理器执行的第一步操作是将“\??”转换为进程的每会话命名空间的目录，该目录是进程对象中设备映射结构中的 DosDevicesDirectory 字段所引用的（使用登录会话令牌中的登录会话引用字段从第一个进程进行传播)。通常只有网络共享的卷名称以及 Subst.exe 工具映射的驱动器盘符会存储在每会话目录中，因此在这些系统中，如果每会话目录中不存在某个名称(例如本例中的 C:)，对象管理器会在该每会话目录关联的设备映射的 GlobalDosDevicesDirectory 字段所引用的目录中重新查找。GlobalDosDevicesDirectory 字段始终指向\GLOBAL??目录，Windows 在这里存储了本地卷的盘符(详见第 8 章中的“会话命名空间”一节)。进程也可以有自己的设备映射，这是通过 RPC 等协议进行模拟时的一个重要特征。

卷盘符的符号链接会指向\Device 下的卷设备对象，因此，当对象管理器遇到卷对象时，它会将路径名称的其余部分交给 I/O 管理器为设备对象注册的解析函数 IopParseDevice(对于动态磁盘中的卷，符号链接会指向一个中间符号链接，这个中间符号链接最终指向卷设备对象)。图 11-23 展示了如何通过对象管理器命名空间访问卷对象。图中展示了\GLOBAL??\C:这个符号链接是如何指向\Device\HarddiskVolume6 这个卷设备对象的。

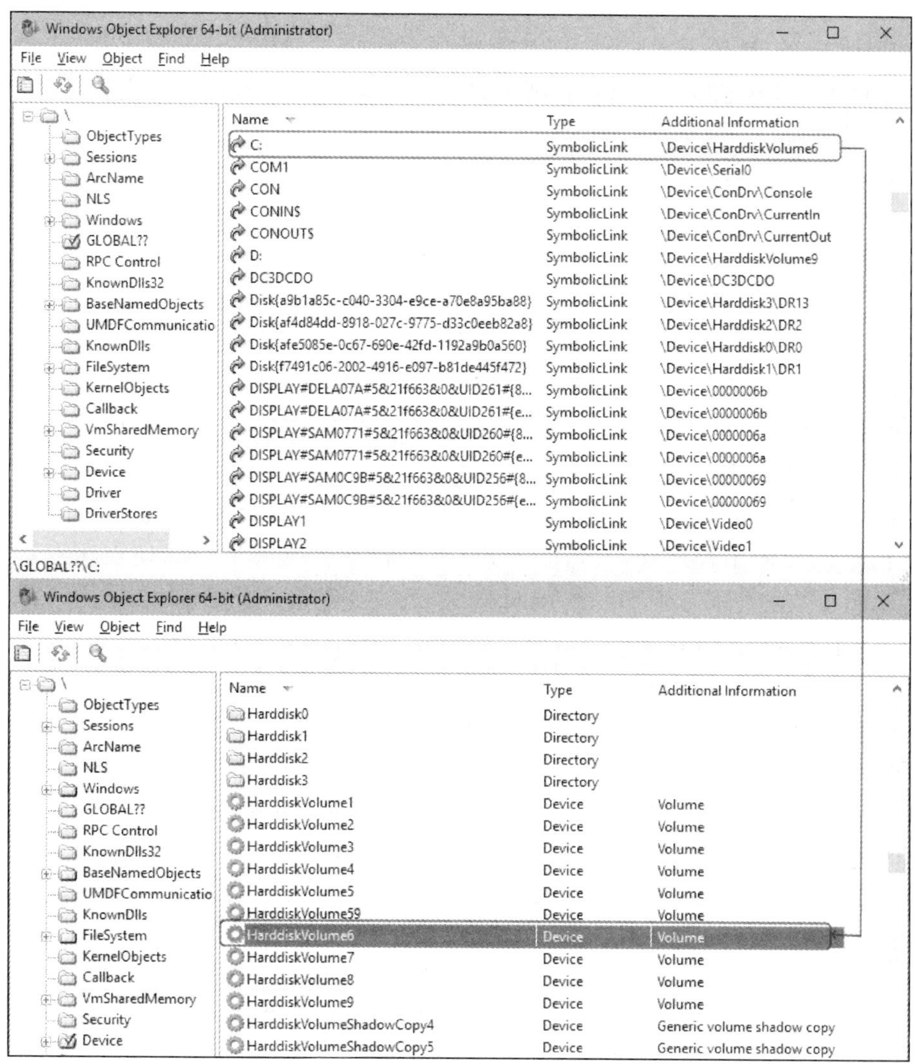

图 11-23 卷盘符的名称解析

在锁定了调用方的安全上下文并通过调用方的令牌获取了安全信息后，IopParseDevice

会创建一个类型为 IRP_MJ_CREATE 的 I/O 请求包（IRP），并创建一个文件对象来存储要打开的文件名称，以及用于查找卷的已挂载文件系统设备对象的卷设备对象 VPB，随后会使用 IoCallDriver 将该 IRP 传递给拥有该文件系统设备对象的文件系统驱动程序。

当 FSD 收到 IRP_MJ_CREATE IRP 时，会查找指定的文件，执行安全验证，如果文件存在并且用户有权按照所请求的方式访问该文件，则会返回成功状态代码。对象管理器会在进程的句柄表中为文件对象创建一个句柄，该句柄可通过调用链回传，最终作为 CreateFile 返回的参数抵达应用程序。如果文件系统的创建操作失败，I/O 管理器会删除其为文件创建的文件对象。

我们跳过了 FSD 如何在卷上定位要打开文件的方法细节，但 ReadFile 函数调用操作在很多方面与 FSD 和缓存管理器以及存储驱动程序的交互都是相同的。ReadFile 和 CreateFile 都是映射至 I/O 管理器函数的系统调用，但 NtReadFile 系统服务并不需要进行名称查找，它会调用对象管理器将 ReadFile 传递来的句柄转换为文件对象指针。如果在打开文件时，句柄显示调用方获得了读取文件的权限，则 NtReadFile 会继续创建一个 IRP_MJ_READ 类型的 IRP，并将其发送给文件所在卷的 FSD。NtReadFile 会获取 FSD 的设备对象（存储在文件对象中），并调用 IoCallDriver，随后 I/O 管理器即可从设备对象中找到 FSD 并将 IRP 提供给 FSD。

如果正在读取的文件可被缓存（即打开文件时未向 CreateFile 传递 FILE_FLAG_NO_BUFFERING 标记），则 FSD 会检查是否已经为该文件对象发起了缓存。如果某个文件对象已经发起了缓存，则文件对象中的 PrivateCacheMap 字段会指向一种专用缓存映射结构（上文已有相关介绍）。如果 FSD 尚未发起对某个文件对象的缓存（例如在首次读取或写入一个文件对象时），则 PrivateCacheMap 字段将为 Null。FSD 会调用缓存管理器的 CcInitializeCacheMap 函数来初始化缓存，在这一过程中，缓存管理器会创建私有缓存映射，并且如果引用同一个文件的另一个文件对象没有发起缓存，则创建一个共享缓存映射和节对象。

在验证了文件缓存已启用后，FSD 会将请求的文件数据从缓存管理器的虚拟内存复制到线程传递给 ReadFile 函数的缓冲区。文件系统会在 Try/except 块中执行复制操作，这样就能捕捉到由于无效应用程序缓冲区而导致的所有错误。文件系统会使用缓存管理器的 CcCopyRead 函数来执行复制。CcCopyRead 接受一个文件对象、文件偏移量以及长度作为参数。

当缓存管理器执行 CcCopyRead 时，会获取一个指向共享缓存映射的指针，该指针存储在文件对象中。上文曾经提到，共享缓存映射存储了指向虚拟地址控制块（VACB）的指针，文件每 256 KB 的块有一个对应的 VACB 项。如果文件中正被读取部分的 VACB 指针为 Null，则 CcCopyRead 会分配一个 VACB，在缓存管理器的虚拟地址空间中保留一个 256 KB 的视图，并使用 MmMapViewInSystemCache 将文件中的指定部分映射到该视图。随后 CcCopyRead 会直接将文件数据从映射的视图复制到自己传递的缓冲区（即最开始传递给 ReadFile 的缓冲区）。如果文件数据不在物理内存中，则复制操作会产生页面错误，随后将由 MmAccessFault 提供服务。

当发生页面错误时，MmAccessFault 会检查造成错误的虚拟地址，并在造成错误的进程的 VAD 树中查找虚拟地址描述符（VAD）（有关 VAD 树的详细信息请参阅卷 1 第 5 章）。这种情况下，VAD 描述了缓存管理器对正被读取的文件创建的已映射视图，因此 MmAccessFault 会调用 MiDispatchFault 来处理有效虚拟内存地址的页面错误。MiDispatchFault 会定位 VAD 指向的控制区，并通过该控制区找到表示所打开文件的文件对象（如果文件被打开多次，可能会有一个文件对象列表，并通过私有缓存映射中的指针链接在一起)。

得到文件对象后，MiDispatchFault 会调用 I/O 管理器的 IoPageRead 函数构建（IRP_MJ_READ 类型的）IRP，并将该 IRP 发送给文件对象指向的设备对象的拥有者 FSD。这样即可重新进入文件系统以读取通过 CcCopyRead 请求的数据，但这次的 IRP 会被标记为未缓存和分页 I/O。这些标记会向 FSD 发出信号，让 FSD 直接从磁盘上获取文件数据，这是通过判断磁盘上的哪些簇包含所请求的数据（确切机制取决于文件系统），并向拥有文件所在卷设备对象的卷管理器发送 IRP 实现的。FSD 设备对象中的卷参数块（VPB）字段会指向卷设备对象。

内存管理器会等待 FSD 完成 IRP 读取，随后将控制权返回给缓存管理器，并由缓存管理器继续执行之前被页面错误中断的复制操作。当 CcCopyRead 完成时，FSD 会将控制权返回给调用了 NtReadFile 的线程，并在缓存管理器和内存管理器的帮助下将所请求的文件数据复制到线程的缓冲区。

WriteFile 的路径与上述情况类似，差别在于 NtWriteFile 系统服务会生成类型为 IRP_MJ_WRITE 的 IRP，并且 FSD 会调用 CcCopyWrite 而非 CcCopyRead。CcCopyWrite 与 CcCopyRead 类似，保证了文件中正被写入的部分可映射至缓存，随后将 WriteFile 传递的缓冲区复制到缓存。

如果文件的数据已经被缓存（到系统工作集中），那么上述情况将会有几种变数。如果文件的数据已经存储在缓存中，则 CcCopyRead 将不产生页面错误。此外，在某些情况下，NtReadFile 和 NtWriteFile 会调用 FSD 的快速 I/O 入口点，而不是立即构建并发送 IRP 到 FSD。其中的一些条件包括：文件被读取的部分必须位于文件的前 4 GB 范围内，文件不能有锁定，文件正在被读取或写入的部分必须在文件当前分配的大小范围内。

对大部分 FSD 来说，快速 I/O 读取和写入的入口点可以调用缓存管理器的 CcFastCopyRead 和 CcFastCopyWrite 函数。这些标准复制例程的变体保证了在执行复制操作之前，文件的数据已被映射至文件系统缓存。如果无法满足这个条件，CcFastCopyRead 和 CcFastCopyWrite 则会认为无法实现快速 I/O。当快速 I/O 不可行时，NtReadFile 和 NtWriteFile 会回退以创建 IRP（有关快速 I/O 的详细介绍请参阅上文“快速 I/O”一节）。

11.9.13 内存管理器的已修改和已映射页写入器

内存管理器的已修改和已映射页写入器线程会被定期唤醒（以及在可用内存不足时被唤醒），并将已修改页面刷新到磁盘的后备存储中。这些线程会调用 IoAsynchronousPageWrite 来创建类型为 IRP_MJ_WRITE 的 IRP，并将页面写入分页文件，或写入映射后已被修改的文件。与 MiDispatchFault 创建的 IRP 类似，这些 IRP 都会被标记为未缓存和分页 I/O，因此，FSD 可以绕过文件系统缓存直接向存储驱动程序发出 IRP，进而将内存写入磁盘。

11.9.14 缓存管理器的惰性写入器

缓存管理器的惰性写入器线程在已修改页面的写入方面也起到了一定作用，它会定期刷新映射至缓存中，并且已知变脏的文件节视图。缓存管理器执行的刷新操作会调用 MmFlushSection，这会触发内存管理器将正在刷新的部分中的任何修改过的页面写入磁盘。与已修改和已映射页面写入器类似，MmFlushSection 会使用 IoSynchronousPageWrite

将数据发送给 FSD。

11.9.15　缓存管理器的预读取线程

缓存的工作依赖程序引用代码和数据时的两个特征：时间局部性（temporal locality）和空间局部性（spatial locality）。时间局部性背后的思想是，如果一个内存位置被引用，那么可能很快就会再次被引用。空间局部性背后的思想是，如果一个内存位置被引用，那么可能很快就会引用该位置周围的其他位置。因此，缓存通常在为曾被访问过的内存位置进行访问加速时可取得不错的效果，但对未曾访问过的内存位置，其加速效果就很糟糕（缓存几乎没有"前瞻性"）。为了将很快可能被用到的数据填充到缓存中，缓存管理器实现了两种机制，即预读取（read-ahead）线程和 Superfetch。

如上文所述，缓存管理器包含一个线程，该线程负责在应用程序、驱动程序或系统线程明确请求某些数据之前，尝试从文件中读取这些数据。这个预读取线程会借助针对文件执行读取操作的历史记录（这些记录存储在文件对象的私有缓存映射中）来确定要读取多少数据。当该线程执行预读取操作时，会直接将自己希望读取的文件部分映射至缓存（并在必要时分配 VACB），随后直接处理映射的数据。由内存访问引起的页面错误会调用页面错误处理程序，并借此将页面读入系统工作集。

预读取线程的一个局限在于只适用于打开的文件。而 Windows 中随后增加的 Superfetch 可以在文件打开之前主动将其加入缓存中。具体来说，内存管理器会将页面使用信息发送给 Superfetch 服务（%SystemRoot%\System32\Sysmain.dll），并由文件系统小型过滤器提供文件名称解析数据。Superfetch 服务会试图找出文件的使用模式，例如每周五 12:00 运行薪酬应用，每天早晨 8:00 运行 Outlook。在得出这些模式后，相关信息会存储在一个数据库中并会请求计时器。当文件最有可能被使用的时间即将到达时，计时器会启动并告诉内存管理器将相关文件（使用低优先级磁盘 I/O）读入低优先级内存。如果随后打开了这些文件，此时数据已经位于内存中，就无须等待数据从磁盘读取了。如果文件未被打开，低优先级内存将被系统回收。有关 Superfetch 服务内部原理的完整介绍请参阅卷 1 第 5 章。

11.9.16　内存管理器的页面错误处理程序

我们已经介绍了在显式文件 I/O 和缓存管理器预读取情况下页面错误处理程序的使用方式，但当任何应用程序访问作为映射文件视图的虚拟内存，并遇到代表文件中尚不位于内存中的部分对应的页面时，也会调用页面错误处理程序。内存管理器的 MmAccessFault 处理程序会执行与缓存管理器通过 CcCopyRead 或 CcCopyWrite 生成页面错误时相同的操作，通过 IoPageRead 向文件所在的文件系统发送 IRP。

11.9.17　文件系统过滤器驱动程序和微过滤器

文件系统驱动程序之上的过滤器驱动程序称为文件系统过滤器驱动程序。Windows 的 I/O 模型支持两种类型的文件系统过滤器驱动程序。

- 传统的文件系统过滤器驱动程序：通常会创建一个或多个设备对象，并通过 IoAttachDeviceToDeviceStack API 将其附加到文件系统设备上。传统的过滤器驱动程序可拦截来自缓存管理器或 I/O 管理器的所有请求，必须同时实现标准 IRP 调度函数和快速 I/O 路径。由于此类驱动程序的开发会涉及很多复杂问题（同步问题、未公开的接口、对原始文件系统的依赖性等），微软已经开发了一种统一的过滤器模型，该模型利用了一种名为微过滤器（Minifilter）的特殊驱动程序，以及已经停用的传统的文件系统驱动程序（IoAttachDeviceToDeviceStack API 在为 DAX 卷调用时会失败）。

- 微过滤器驱动程序：它是文件系统过滤器管理器（Fltmgr.sys）的客户端。文件系统过滤器管理器是一种传统的文件系统过滤器驱动程序，为文件系统过滤器的创建工作提供了丰富的文档化接口，隐藏了文件系统驱动程序和缓存管理器之间所有复杂的交互。微过滤器可通过 FltRegisterFilter API 与过滤器管理器注册。调用方通常只需指定一个实例设置例程以及不同的操作回调。对于文件系统管理的每个有效卷设备，过滤器管理器都会调用实例设置。微过滤器有机会决定是否附加到卷。微过滤器可以为每个主要的 IRP 函数代码指定操作前回调和操作后回调，并能通过某些“伪操作”描述与文件系统访问模式有关的内存管理器或缓存管理器内部语义。前回调会在文件系统驱动程序处理 I/O 之前执行，后回调会在 I/O 操作完成后执行。过滤器管理器还提供了自己的通信设施，不同的微过滤器驱动程序以及相关用户模式应用程序可借此进行通信。

查看所有文件系统请求并选择性地修改或完成这些请求，这种功能使一系列应用成为可能，例如远程文件复制服务、文件加密、高效备份以及许可。每个反恶意软件产品通常至少包含一个微过滤驱动程序，借此拦截应用程序的文件打开或修改操作。例如，在将 IRP 传播到命令所指向的文件系统驱动程序之前，恶意软件扫描器可以检查即将打开的文件，以确保文件是安全的。如果文件是安全的，则恶意软件扫描器将继续传递 IRP，但如果发现文件被感染，则恶意软件扫描器将隔离或清理该文件。如果文件无法清理，那么驱动程序会让 IRP 失败（通常会显示访问被拒绝的错误），这样恶意软件就无法激活了。

有关微过滤器和传统的过滤器驱动程序架构的详细介绍已超出了本章范围。有关传统过滤器驱动程序架构的详情请参阅卷 1 第 6 章，有关微过滤器的详细信息请参阅 MSDN（https://docs.microsoft.com/windows-hardware/drivers/ifs/file-system-minifilter-drivers）。

数据扫描节

从 Windows 8.1 开始，过滤器管理器开始与文件系统驱动程序配合，提供可供反恶意软件产品使用的数据扫描（Data-scan）节对象。数据扫描节对象与标准节对象类似（有关节对象的详情请参阅卷 1 第 5 章），但有下列差异。

- 数据扫描节对象可通过微过滤器回调函数（主要是从管理 IRP_MJ_CREATE 函数代码的回调）创建。当应用程序打开或创建文件时，过滤器管理器会调用这些回调。反恶意软件扫描器可以创建数据扫描节，随后在完成回调前开始扫描。
- 用于创建数据扫描节的 FltCreateSectionForDataScan API 可接收 FILE_OBJECT 指针。这意味着调用方无须提供文件句柄。文件句柄通常还不存在，因此需要使用 FltCreateFile API 来重新创建，随后还将创建其他文件创建 IRP，并再次与低级别的文件系统过滤器以递归的方式进行交互。有了新的 API，该过程会快很多，因为不再产生这些额外的递归调用。

数据扫描节可以像普通节那样使用传统的 API 进行映射。这样，反恶意软件应用程序就可以通过用户模式应用程序或内核模式驱动程序的形式来实现自己的扫描引擎。当数据扫描节被映射时，微过滤器驱动程序依然会生成 IRP_MJ_READ 事件，但这并不会造成什么问题，因为微过滤器完全不需要包含读取回调。

11.9.18 过滤命名管道和邮件槽

当属于用户应用程序的进程需要与另一个实体（进程、内核驱动程序或远程应用程序）通信时，即可利用操作系统提供的各项设施。最传统的方式是命名管道和邮件槽，因为它们在其他操作系统中也是可移植的。命名管道是管道服务器和一个或多个管道客户端之间产生的一种命名的单向通信渠道。同一个命名管道的所有实例共享相同的管道名称，但每个实例都有自己的缓冲区和句柄，并为客户端/服务器通信提供单独的通道。命名管道是通过文件系统驱动程序 NPFS 驱动程序（Npfs.sys）实现的。

邮件槽则是一个邮件槽服务器和一个或多个客户端之间的一种多向通信渠道。邮件槽服务器是一种通过 CreateMailslot 这个 Win32 API 创建邮件槽的进程，它只能读取由一个或多个客户端生成的小消息（远程计算机之间发送时最大为 424 字节）。客户端则是可将消息写入邮件槽的进程。客户端可通过标准的 CreateFile API 连接至邮件槽，随后可通过 WriteFile 函数发送消息。邮件槽通常主要用于在一个域内广播消息。如果一个域内的多个服务器进程每个都分别使用相同的名称创建邮件槽，那么每条以该邮件槽为地址并且发送到该域的消息都会被接收方的进程收到。邮件槽是通过邮件槽文件系统驱动程序 Msfs.sys 实现的。

邮件槽和 NPFS 驱动程序都实现了一种简单的文件系统。它们管理由文件和目录组成的命名空间，这些命名空间支持安全性，可以打开、关闭、读取、写入等。这两个驱动程序的详细介绍已超出了本书的内容范围。

从 Windows 8 开始，邮件槽和命名管道均由过滤器管理器提供支持。微过滤器也能通过在注册时指定的 FLTFL_REGISTRATION_SUPPORT_NPFS_MSFS 标记附加至邮件槽和命名管道卷（\Device\NamedPipe 和\Device\Mailslot，它们并非真正的卷）。随后微过滤器即可拦截并修改本地和远程进程之间，以及用户应用程序与其内核驱动程序之间产生的所有命名管道和邮件槽 I/O。此外，微过滤器还可以通过 FltCreateNamedPipeFile 或 FltCreateMailslotFile API，在不产生递归事件的前提下打开或创建命名管道或邮件槽。

注意 为何说命名管道和邮件槽文件系统驱动程序比 NTFS 和 ReFS 更简单？一个重要原因在于它们并不与缓存管理器产生太多的交互。命名管道驱动程序实现了快速 I/O 路径，但并不支持缓存读取或后写入。邮件槽驱动程序则完全不与缓存管理器交互。

11.9.19 控制重分析点的行为

NTFS 支持重分析点（reparse point）的概念，重分析点是一种由应用程序和系统定义的重分析数据组成的、18 KB 大小、可关联给单一文件的块（下文很多小节还将详细讨论）。某些类型的重分析点（如卷挂载点或符号链接）包含作为占位符的原始文件（或空目录）与另一个文件（该文件甚至可以位于另一个卷中）之间的链接。当 NTFS 文件系统驱动程序在路径上遇到重分析点后，会向设备堆栈的上级驱动程序返回一个错误代码。上级驱动程序（可能是另一个过滤器驱动程序）将会分析重分析点的内容，如果发现这是一个符号链接，则会向正确的卷设备重新发出另一个 I/O。

这个过程对于任何过滤器驱动程序来说都是复杂烦琐的。微过滤器驱动程序可以拦截 STATUS_REPARSE 的错误代码并通过新的 FltCreateFileEx2 API 重新打开重分析点，该 API 可接收一种额外的创建参数（Extra Create Parameter，ECP）列表，借此可进一步调整微过滤器上下文中目标文件的打开/创建进程的具体行为。一般来说，过滤器管理器支持不同的 ECP，每个 ECP 都可通过唯一的 GUID 加以识别。过滤器管理器提供了多种用于处理 ECP 和 ECP 列表的文档化 API。通常，微过滤器会使用 FltAllocateExtraCreateParameter 函数分配 ECP，向其中填充内容，随后在调用过滤器管理器的 I/O API 之前，将其通过 FltInsertExtraCreateParameter 插入列表中。

FLT_CREATEFILE_TARGET 这个额外创建的参数可以让过滤器管理器自动管理跨卷文件的创建（调用方需要指定标记）。微过滤器无须执行其他任何复杂操作。

为了支持容器隔离，也可以在非空目录上设置重分析点。同时，为了支持容器隔离，还可创建具备目录重分析点的新文件。在遇到非空目录重分析点后，文件系统的默认行为取决于该重分析点是否应用于文件完整路径的最后一个组件。如果是，则文件系统将像处理空目录那样返回 STATUS_REPARSE 的错误代码；如果不是，则会继续沿路径向下。

过滤器管理器可以通过另一个 ECP（名为 TYPE_OPEN_REPARSE）正确处理这种新的重分析点。该 ECP 包含一个描述符列表（OPEN_REPARSE_LIST_ENTRY 数据结构），其中每一项都（通过自己的重分析标记）描述了重分析点的类型，以及在解析路径时遇到这种类型的重分析点后，系统应该采取的行为。在正确初始化描述符列表后，微过滤器即可通过不同的方式应用新的行为。

- 使用 FltCreateFileEx2 函数对路径中任何一部分包含重分析点的文件发出新的打开（或创建）操作。该过程类似于 FLT_CREATEFILE_TARGET 这个 ECP 所执行的过程。
- 对 Pre-Create 回调所拦截的任何文件，全局应用新的重分析点行为。FltAddOpenReparseEntry 和 FltRemoveOpenReparseEntry API 可用于在实际创建文件前，为目标文件设置重分析点行为（创建前的回调会在开始创建文件前拦截文件创建请求）。Windows 容器隔离微过滤器驱动程序（Wcifs.sys）使用了该策略。

11.9.20 进程监视器

本书中大量使用的 Sysinternals 系统活动监视工具进程监视器（Procmon）就用到了被动的微过滤器驱动程序。“被动”是指它不会修改应用程序和文件系统驱动程序之间的 IRP 流。

进程监视器的工作原理：在系统启动后首次运行时，从自己的可执行映像（以资源形式存储在 Procmon.exe 中）中提取一个文件系统微过滤器驱动程序，并将该驱动程序安装到内存中，随后从磁盘上删除驱动程序的映像（除非配置了持久的启动时监视）。我们可以通过进程监视器的 GUI 指示该驱动程序监视分配了盘符的本地卷、网络共享、命名管道，以及邮件槽上的文件系统活动。当驱动程序收到开始监视卷的命令时，它会向过滤器管理器注册过滤回调，而过滤器管理器会被附加至代表卷上所挂载文件系统的设备对象。附加操作之后，I/O 管理器会以底层设备对象为目标，将 IRP 重定向至拥有该附加设备的驱动程序，本例中是指过滤器管理器，它会将事件发送至已注册的微过滤器驱动程序，也就是本例中的进程监视器。

当进程监视器驱动程序拦截了 IRP 时，会记录有关 IRP 命令的信息，包括目标文件名和与命令有关的其他参数（如读/写长度和偏移量），这些信息会被记录到非分页内核缓冲区中。每 500 毫秒，进程监视器的 GUI 程序会向进程监视器的接口设备对象发送一个 IRP，借此请求缓冲区中所包含最新活动信息的副本，随后将这些活动显示在自己的输出窗口中。进程监视器会在发生那一刻显示出所有的文件活动，因此它很适合用于排查与文件系统相关的系统和应用程序故障。在系统上首次运行进程监视器时，账户必须具备 Load Driver 和 Debug 特权。加载后，驱动程序将常驻，因此后续运行时只需要具备 Debug 特权。

在运行进程监视器时，它会以基本模式启动，只显示对排错工作最有价值的文件系统活动。处于基本模式的进程监视器会忽略（不显示）某些文件系统操作，包括：

- 针对 NTFS 元数据文件的 I/O。
- 针对分页文件的 I/O。
- System 进程生成的 I/O。
- 进程监视器进程生成的 I/O。

基本模式下的进程监视器还会使用更友好的名称（而不是表示名称的 IRP 类型）来报告文件的 I/O 操作。例如，IRP_MJ_WRITE 和 FASTIO_WRITE 的操作都会显示为 WriteFile，而 IRP_MJ_CREATE 的操作则会显示为 Open（如果代表打开操作）或 Create（如果代表新建文件）。

实验：查看进程监视器的微过滤器驱动程序

要查看已加载的文件系统微过滤器驱动程序，请以管理员身份启动命令提示符窗口，运行过滤器管理器控制程序（%SystemRoot%\System32\Fltmc.exe）。然后启动进程监视器（ProcMon.exe）并再次运行 Fltmc。这样将能看到进程监视器的过滤器驱动程序（PROCMON20）已加载，且 Instances 列中显示有一个非 0 值。最后退出进程监视器并再次运行 Fltmc。这次可以看到进程监视器的过滤器驱动程序依然加载，但实例数为 0。

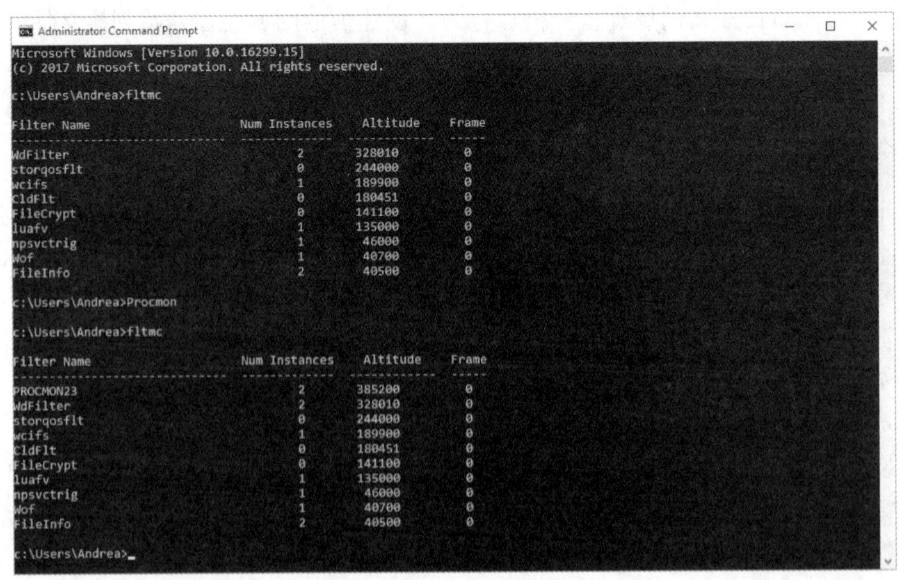

11.10 NT 文件系统

本节将介绍 NTFS（NT 文件系统）的内部架构，首先将一起看看推动其设计的需求。此外还将介绍磁盘上的数据结构，并介绍 NTFS 提供的一些高级功能，如恢复支持、分层卷以及加密文件系统（EFS）。

11.10.1 高端文件系统的要求

从一开始，NTFS 在设计上就包含了企业级文件系统所需的各种功能。为了在系统意外中断或崩溃时最大限度地避免数据丢失，文件系统必须在任何情况下都能确保其元数据的完整性；而为了保护敏感数据不被未经授权访问，文件系统必须具备集成的安全模型。最后，文件系统必须支持基于软件的数据冗余，借此作为硬件冗余的解决方案的低成本替代方案保护用户数据。本节将介绍 NTFS 是如何实现这些功能的。

11.10.2 可恢复性

为了满足可靠的数据存储和数据访问的要求，NTFS 提供了基于原子性事务概念的文件系统恢复能力。原子性事务是一种数据库内容的修改处理技术，保证了系统故障不会影响到数据库的一致性或完整性。原子性事务的基本原则是：名为事务（transaction）的数据库操作是一种全有或全无（all-or-nothing）的操作（事务被定义为会更改文件系统数据或更改卷的目录结构的 I/O 操作）。构成事务的独立磁盘更新必须以原子性的方式执行，也就是说，一旦事务开始执行，所有磁盘更新操作就必须完成。如果系统故障导致事务中断，那么已完成的部分必须撤销或回滚。回滚操作可将数据库返回至之前已知的一致状态，就好像事务从未执行过那样。

NTFS 使用原子性事务来实现自己的文件系统恢复功能。如果程序发起的 I/O 操作会改变 NTFS 卷结构（例如更改目录结构、扩展一个文件、为新文件分配空间等），NTFS 就会将该操作视为一种原子性事务。它会保证事务或能成功完成，或者如果在执行过程中系统出错也可成功回滚。下文“NTFS 恢复支持”一节将详细介绍 NTFS 实现该功能的细节。此外，NTFS 会对重要文件系统信息使用冗余的存储，这样，即使磁盘上的一个扇区坏了，NTFS 依然可以访问卷的关键文件系统数据。

11.10.3 安全性

NTFS 的安全性直接源于 Windows 对象模型。文件和目录会受到保护，无法被未经授权的用户访问（有关 Windows 安全性的详细信息，请参阅卷 1 第 7 章）。打开的文件是作为一个文件对象实现的，其安全描述符存储在磁盘上的一个隐藏的$Secure 元文件中，该文件位于一个名为$SDS（Security Descriptor Stream，安全描述符流）的流中。进程打开任何对象（包括文件对象）的句柄前，Windows 安全系统会验证进程是否具备授权功能。安全描述符与用户必须登录系统并提供密码的要求相结合，保证除非系统管理员或文件的所有者授予必要的权限，否则任何进程都无法访问文件（有关安全描述符的更多信息，请参阅卷 1 第 7 章中的“安全描述符和访问控制”一节)。

11.10.4 数据冗余和容错

除了文件系统数据的可恢复性，一些客户还希望自己的数据不因电源故障或灾难性磁盘故障而受到威胁。NTFS 的恢复能力确保了卷上的文件系统能保持可访问性，但无法保证用户文件的完整恢复。为了向不能承受数据丢失风险的应用程序提供保护，我们可以采用数据冗余机制。

用户文件的数据冗余是通过 Windows 分层驱动程序实现的，这样为磁盘提供了容错支持。NTFS 可以与卷管理器通信，卷管理器则与磁盘驱动器通信，借此将数据写入磁盘。卷管理器可以将数据从一个磁盘镜像（或复制）到另一个磁盘中，这样数据就有了一个随时可用的冗余副本。这种支持通常也叫 RAID 级别 1。卷管理器还可以通过三个或更多的磁盘，以条带的方式写入数据，并使用相当于一个磁盘的容量来存储奇偶校验信息。如果一个磁盘上的数据丢失或不可访问，驱动程序即可通过异或运算（exclusive-OR）重建磁盘内容，这种支持也叫 RAID 级别 5。

在 Windows 7 中，通过 Windows 分层驱动程序实现的 NTFS 数据冗余是由动态磁盘功能提供的。动态磁盘有很多局限，Windows 8.1 通过引入一种名为存储空间的全新存储硬件虚拟化技术克服了这些局限。存储空间可以创建已提供数据冗余和容错能力的虚拟磁盘。卷管理器并不区分虚拟磁盘和真实磁盘（因此用户模式组件也看不出两者间的差异）。NTFS 文件系统驱动程序与存储空间配合，可支持分层磁盘和 RAID 虚拟配置。下文还将详细介绍存储空间和存储空间直通。

11.10.5 NTFS 的高级功能

NTFS 除了满足关键系统有关可恢复、安全、可靠以及高效等方面的要求外，还提供了下列这些高级功能，使其可以为广泛的应用程序提供支持。下列部分功能可通过 API 的方式供应用程序使用，一些则是内部功能。

- 多数据流。
- 基于 Unicode 的名称。
- 通用索引设施。
- 动态坏簇重映射。
- 硬链接。
- 符号（软）链接和交叉。
- 压缩和稀疏文件。
- 变更日志记录。
- 每用户卷配额。
- 链接跟踪。
- 加密。
- POSIX 支持。
- 碎片整理。
- 只读支持和动态分区。

- 分层卷支持。

下文将概括介绍这些功能。

11.10.6 多数据流

在 NTFS 中，每个与文件相关联的信息单元（包括其名称、所有者、时间戳、内容等）都是作为文件属性实现的（NTFS 对象属性）。每个属性都由一个单一的流（stream），即一种简单的字节序列组成。这种通用的实现方式使得我们可以非常方便地向文件添加更多的属性（即添加更多的流）。由于文件的数据其实也只是文件的“另一个属性”，并且可以添加新的属性，因此，NTFS 文件（以及文件目录）可以包含多个数据流。

NTFS 文件有一个没有名字的默认数据流。应用程序可以创建额外的命名数据流，并通过名称访问这些数据流。为避免改变 Windows I/O API，该 API 可将一个字符串作为文件名参数，而数据流的名称是通过在文件名后附加一个冒号（:）来指定的。由于冒号是保留字符，因此可以作为文件名和数据流名称之间的分隔符，例如：

```
myfile.dat:stream2
```

每个流都有单独的分配大小（定义为每个流保留多少磁盘空间）、实际大小（调用方已使用的字节数）以及有效数据长度（数据流有多少已被初始化）。此外，每个流有一个单独的文件锁，可用于锁定字节范围以进行并发访问。

Windows 中有一个组件使用了多数据流：附件执行服务（Attachment Execution Service），当 Edge 或 Outlook 等应用程序使用标准 Windows API 保存来自互联网的附件时就会调用该服务。取决于下载文件的来源区域（例如“我的电脑”区域、内网区域或不信任区域），Windows 资源管理器可能会警告用户该文件可能来自不可信的位置，甚至可能彻底禁止用户访问该文件。例如，当从 Sysinternals 网站下载并执行 Process Explorer 时，会看到如图 11-24 所示的对话框。此类数据流也叫$Zone.Identifier，也俗称为“Web 标记”。

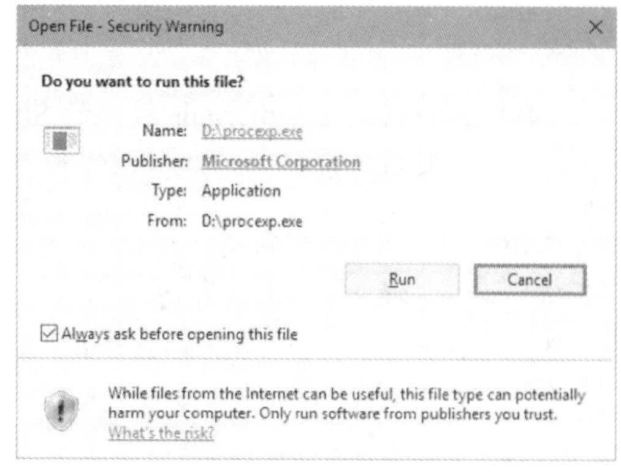

图 11-24 从互联网下载的文件在执行时显示的安全警报

注意 如果反选“打开此文件前总是询问”选项，该文件的 Zone identifier 数据流将被移除。

其他应用程序也可以使用多数据流功能。例如备份工具，可以使用额外的数据流在文件上存储与备份有关的时间戳。或者归档工具可以借此实现具备层级的存储，从而将寿命超过某个日期的文件，或者一定时间内未被访问过的文件移动至脱机存储位置。该工具可将文件复制到脱机存储位置，将文件的默认数据流设置为 0，并添加一个数据流来指定文件的存储位置。

实验：查看流

大部分 Windows 应用程序并未被设计用来处理备用命名流，但 **echo** 和 **more** 命令都支持。因此，查看流的最简单办法就是使用 **echo** 创建一个命名流，随后用 **more** 命令显示出来。下列的命令序列会创建一个名为 test 的文件，且该文件包含一个名为 stream 的流：

```
c:\Test>echo Hello from a named stream! > test:stream
c:\Test>more < test:stream
Hello from a named stream!

c:\Test>
```

如果列出目录内容，就会发现 Test 的文件大小并未反映出备用流中存储的数据，因为 NTFS 在文件查询（包括目录列出）操作中只返回未命名数据流的大小。

```
c:\Test>dir test
 Volume in drive C is OS.
 Volume Serial Number is F080-620F

 Directory of c:\Test

12/07/2018 05:33 PM                0 test
              1 File(s)              0 bytes
              0 Dir(s) 18,083,577,856 bytes free
c:\Test>
```

我们可以使用 Sysinternals 提供的 Streams 工具（见下方的输出结果）或使用 dir 命令的/r 开关来确定系统中的哪些文件和目录包含备用数据流。

```
c:\Test>streams test

streams v1.60 - Reveal NTFS alternate streams.
Copyright (C) 2005-2016 Mark Russinovich
Sysinternals - www.sysinternals.com

c:\Test\test:
          :stream:$DATA 29
```

11.10.7　基于 Unicode 的名称

与 Windows 作为整体一样，NTFS 也支持使用 16 位 Unicode 1.0/UTF-16 字符存储文件、目录和卷的名称。Unicode 为全球每种主要语言的每个字符都提供了一种唯一的表达方式（Unicode 甚至可以表示表情符号或一些小型图画），这有助于数据在不同的地区轻松移动。传统国际化字符表示法中，需要使用双字节编码方案将一些字符以 8 位存储，将另一些字符以 16 位存储，这种技术需要加载各种代码页来建立可用字符。而 Unicode 是这种技术的改进产物。由于 Unicode 对每个字符都有唯一的表示方法，因此完全不需要考虑具体加载了什么代码页。路径中的每个目录和文件名最多可长达 255 个字符，其中可包含 Unicode 字符、嵌入式空格以及多个句点。

11.10.8 通用索引设施

NTFS 架构在结构上允许使用 B 树结构对磁盘卷上的任意文件属性创建索引（但针对任意属性创建索引的功能并未提供给用户）。这种结构使得文件系统可以高效地找到符合某些条件的文件，例如特定目录下的所有文件。作为对比，FAT 文件系统只能索引文件名但无法排序，因此，在大目录中查找的速度会变得很慢。

NTFS 的多个功能利用了常规索引能力，包括合并安全描述符，借此可将卷中文件和目录的安全描述符存储在一个内部流中，进而消除重复项，并使用 NTFS 定义的内部安全标识符进行索引。这些功能对索引能力的运用详见下文“NTFS 的磁盘结构”一节。

11.10.9 动态坏簇重映射

通常来说，如果程序试图从坏的磁盘扇区读取数据，则读取操作将会失败，所分配簇中包含的数据将无法访问。然而，如果该磁盘被格式化为可容错的 NTFS 卷，则 Windows 卷管理器（或存储空间，取决于数据冗余具体由哪个组件提供）会动态地检索坏扇区上所存储数据的良好副本，再向 NTFS 告警称该扇区已损坏。随后 NTFS 将分配一个新的簇，取代坏扇区所在的簇，并将数据复制到新的簇中。NTFS 还会将坏簇添加到该卷的坏簇列表（存储在一个名为$BadClus 的隐藏元文件中）中，以后将永不使用该簇。这种数据恢复和动态坏簇重映射对文件服务器和需要容错的系统，以及无法承受数据丢失后果的应用程序来说非常重要。如果是在未使用卷管理器或存储空间的情况下遇到坏扇区（如系统启动的早期过程中），NTFS 依然会替换簇并且不再继续使用，但无法恢复坏扇区中的数据。

11.10.10 硬链接

硬链接（hard link）可以让多个路径指向同一个文件（目录不支持硬链接）。如果创建一个名为 C:\Documents\Spec.doc 的硬链接并指向现有文件 C:\Users\Administrator\Documents\Spec.doc，则这两个路径将链接到磁盘上同一个文件，我们可通过任一路径更改文件的内容。进程可通过 Windows 的 CreateHardLink 函数创建硬链接。

NTFS 通过保持对实际数据的引用计数来实现硬链接，每次为文件创建硬链接时，都会对数据进行一个额外的数据名引用。这意味着，如果一个文件有多个硬链接，则可以删除引用该数据的原始文件名（本例中为 C:\Users\ Administrator\Documents\Spec.doc），而其他硬链接（C:\Documents\Spec.doc）依然会保留并指向该数据。然而，因为硬链接是对磁盘数据的本地引用（由文件记录号表示），因此只能存在于同一个卷中，无法跨越卷或计算机使用。

实验：创建硬链接

我们可以通过两种方式创建硬链接：**fsutil hardlink create** 命令，或 **mklink** 工具配合/**H** 选项。在这个实验中，我们将使用 mklink，因为随后还将用该工具创建符号链接。

首先创建一个名为test.txt的文件并向其中添加一些内容，例如：

```
C:\>echo Hello from a Hard Link > test.txt
```

随后像这样创建一个名为hard.txt的硬链接：

```
C:\>mklink hard.txt test.txt /H
Hardlink created for hard.txt <<===>> test.txt
```

列出该目录的内容就会发现，这两个文件完全一致，创建日期、权限和文件大小都相同，仅文件名不同。

```
c:\>dir *.txt
 Volume in drive C is OS
 Volume Serial Number is F080-620F

 Directory of c:\

12/07/2018 05:46 PM                  26 hard.txt
12/07/2018 05:46 PM                  26 test.txt
              2 File(s)               52 bytes
              0 Dir(s) 15,150,333,952 bytes free
```

11.10.11 符号（软）链接和交叉

除了硬链接，NTFS还支持另一类文件名别名，即符号链接（symbolic link）或软链接（soft link）。与硬链接不同，符号链接是一种动态解释的字符串，可包含相对路径或绝对路径，指向任意存储设备上的位置（包括不同的本地卷，甚至包括另一个系统中的共享）。这意味着符号链接并不会让原始文件的引用计数增加，因而删除原始文件将导致数据丢失，最终只能留下一个指向不存在的文件的符号链接。最后，与硬链接不同，符号链接不仅可以指向文件，还可以指向目录，这又带来了一些额外的优势。

举例来说，如果路径C:\Drivers是一个重定向至%SystemRoot%\System32\Drivers的目录符号链接，应用程序读取C:\Drivers\Ntfs.sys时，实际上是在读取%SystemRoot%\System\Drivers\Ntfs.sys。目录符号链接可以将一些原本处于较深层级中的目录“提升”到更易用的深度，同时不破坏原始目录树的结构或内容。上面这个例子就将Drivers目录提升到了卷根目录下，借此在通过目录符号链接访问时，即可将Ntfs.sys的目录深度从三层减少到一层。文件符号链接的工作方式类似，我们可以将其看成一种快捷方式，只不过它们是在文件系统上实现的，而不只是由Windows资源管理器所管理的.lnk文件。与硬链接类似，符号链接可以使用mklink工具（不使用/H选项）或CreateSymbolicLink API创建。

由于一些老旧的应用程序在遇到符号链接的情况下可能表现得不够安全，跨越计算机使用时尤其如此，因此符号链接的创建需要具备SeCreateSymbolicLink特权，该特权通常只授予Administrators组的成员。从Windows 10开始，并且在启用了开发者模式（Developer Mode）的情况下，CreateSymbolicLink API的调用方还可以额外指定SYMBOLIC_LINK_FLAG_ALLOW_UNPRIVILEGED_CREATE标记来打破这个局限（让标准用户也能通过命令提示符窗口创建符号链接）。文件系统还提供了一个名为 SymLinkEvaluation 的行为选项，可通过下列命令配置：

```
fsutil behavior set SymLinkEvaluation
```

默认情况下，Windows 的默认符号链接评估策略只允许“本地到本地”和“本地到远程”的符号链接，不允许相反的情况，如下所示：

```
D:\>fsutil behavior query SymLinkEvaluation
Local to local symbolic links are enabled
Local to remote symbolic links are enabled.
Remote to local symbolic links are disabled.
Remote to Remote symbolic links are disabled.
```

符号链接是通过 NTFS 中一种名为重分析点的机制实现的（重分析点的详细信息请参阅下文“重分析点”一节）。重分析点是一个文件或目录，其中关联了一个名为“重分析数据”的数据块。重分析数据是用户定义的，关于文件或目录的数据，例如其状态或位置，可由创建数据的应用程序、文件系统过滤器驱动程序或 I/O 管理器通过重分析点读取。在 NTFS 在查找文件或目录过程中遇到重分析点后，将会返回 STATUS_REPARSE 状态代码，该代码向附加到卷的文件系统过滤器驱动程序以及 I/O 管理器发送信号，以便检查重分析数据。每个重分析点类型都有唯一的重分析标签。这些重分析标签可以让负责解读重分析数据的组件在无须检查重分析数据的情况下识别重分析点。重分析标签的所有者（无论是文件系统过滤器驱动程序或是 I/O 管理器）在识别重分析数据时可选择下列一个选项。

- 重分析标记的所有者可以操作跨越重分析点的文件 I/O 操作中指定的路径名称，并让 I/O 操作以更改后的路径名重新发出。例如，交叉（Junction，下文很快会介绍）就通过这种方式对目录查找进行重定向。
- 重分析标记的所有者可以从文件中移除重分析点，以某种方式修改文件，随后重新发出文件 I/O 操作通知。

Windows 未提供创建重分析点的函数。进程必须将 FSCTL_SET_REPARSE_POINT 文件系统控制代码与 Windows 的 DeviceIoControl 函数配合使用。进程可以使用 FSCTL_GET_REPARSE_POINT 文件系统控制代码来查询重分析点的内容。重分析点的文件属性中可设置 FILE_ATTRIBUTE_REPARSE_POINT 标记，这样应用程序就可以使用 Windows 的 GetFileAttributes 函数检查重分析点。

NTFS 支持的另一类重分析点称为交叉（也称卷挂载点）。交叉是 NTFS 中一个比较老的概念，工作方式几乎与目录符号链接完全相同，唯一的区别在于交叉只能在卷本地使用。相对于目录符号链接，交叉并未提供任何额外优势，只不过交叉可以兼容较老版本的 Windows，而目录符号链接并不能兼容。

如上文所述，现代版本的 Windows 已经可以创建指向非空目录的重分析点。系统行为（可通过微过滤器驱动程序控制）取决于重分析点在目标文件完整路径中的位置。过滤器管理器、NTFS 以及 ReFS 文件系统驱动程序均可使用导出的 FsRtlIsNonEmptyDirectoryReparsePointAllowed API 来检测是否允许在非空目录上使用重分析点的类型。

实验：创建符号链接

本实验将展示符号链接和硬链接之间的主要差异(即便是在处理同一个卷上的文件时)。创建一个名为 soft.txt 的符号链接，将其指向上一个实验中创建的 test.txt 文件：

```
C:\>mklink soft.txt test.txt
symbolic link created for soft.txt <<===>> test.txt
```

显示目录内容会发现，该符号链接不显示文件大小，并标识为<SYMLINK>类型。此外还会看到，创建时间对应于符号链接，而非目标文件的创建时间。符号链接还可以使用与目标文件不同的安全权限。

```
C:\>dir *.txt
 Volume in drive C is OS
 Volume Serial Number is 38D4-EA71

 Directory of C:\

05/12/2012  11:55 PM                 8 hard.txt
05/13/2012  12:28 AM    <SYMLINK>      soft.txt [test.txt]
05/12/2012  11:55 PM                 8 test.txt
               3 File(s)            16 bytes
               0 Dir(s)  10,636,480,512 bytes free
```

最后，如果删除了源文件 test.txt，则可以看到硬链接和符号链接都还存在，但符号链接已经不再指向有效的文件，而硬链接依然指向文件数据。

11.10.12 压缩和稀疏文件

NTFS 支持文件数据压缩。NTFS 会以透明的方式执行压缩和解压缩，应用程序无须任何改动即可使用该功能。目录也可以压缩，这样，以后在目录中创建的任何文件都会被压缩。

为了压缩和解压缩文件，应用程序可向 DeviceIoControl 传递文件系统控制代码 FSCTL_SET_COMPRESSION。该控制代码可利用文件系统控制代码 FSCTL_GET_COMPRESSION 查询文件或目录的压缩状态。被压缩的文件或目录会在属性中设置 FILE_ATTRIBUTE_COMPRESSED 标记，因此，应用程序也可以使用 GetFileAttributes 来确定文件或目录的压缩状态。

第二类压缩称为稀疏文件（sparse file）。如果文件被标记为稀疏，则 NTFS 将不为文件中被应用程序指定为空的区域在卷上分配空间。当应用程序从稀疏文件的空区域中读取时，NTFS 将返回用 0 填充的缓冲区。此类压缩很适合通过实施循环缓冲区来记录日志的客户端/服务器应用程序，这种情况下，服务器会将信息记录到一个文件中，客户端以异步方式读取日志信息。由于服务器写入的信息在客户端读取之后不再需要，因此无须将信息存储在文件中。通过让这种文件成为稀疏文件，客户端可将自己从文件中读取过的部分指定为“空”，这样即可释放卷的空间。服务器可以继续向文件中追加新信息，而不用担心文件增长过大消耗了卷上的所有可用空间。

与压缩文件类似，NTFS 会以透明的方式管理稀疏文件。应用程序通过向 DeviceIoControl 传递文件系统控制代码 FSCTL_SET_SPARSE 来指定一个文件的稀疏状态。要将文件的范围设置为空，应用程序可以使用 FSCTL_SET_ZERO_DATA 代码，并可使用控制代码 FSCTL_QUERY_ALLOCATED_RANGES 向 NTFS 要求描述文件中的哪些部分是稀疏的。下文即将介绍的 NTFS 变更日志就是稀疏文件的一种应用。

11.10.13 变更日志记录

很多类型的应用程序需要监控卷中文件和目录的变化。例如，自动备份程序可能会执行一个初始的完整备份，随后根据文件改动执行增量备份。应用程序监视卷中的变化情况最显而易见的一种做法就是扫描整个卷，记录所有文件和目录的状态，并在后续扫描中检测两次扫描之间产生的差异。但这种方法会严重拖累系统性能，如果计算机中包含成千上万个文件，则情况将更为严重。

作为一种替代方案，应用程序可以使用 Windows 的 FindFirstChangeNotification 或 ReadDirectoryChangesW 函数注册目录通知。应用程序只需以输入参数的方式指定自己要监视的目录名称，只要目录的内容发生变化，函数就会返回结果。虽然这种方式比全卷扫描更高效，但要求应用程序随时处于运行状态。使用这些函数同样要求应用程序扫描目录，因为 FindFirstChangeNotification 只能告知应用程序目录中发生了变更，但无法告知具体发生了什么变更。应用程序可以向 ReadDirectoryChangesW 传递一个缓冲区，这样文件系统驱动程序就可以负责将变更记录填入其中。然而，如果缓冲区溢出，应用程序就必须准备退而求其次地对整个目录进行扫描。

为了克服上述两种方式的不足，NTFS 还提供了第三种方法：应用程序可以使用 DeviceIoControl 函数的 FSCTL_CREATE_USN_JOURNAL（USN 是指更新序列号）文件系统控制代码来配置 NTFS 变更日志（Change Journal）设施。这样，NTFS 便会将有关文件和目录变更的信息记录到一个名为变更日志的内部文件中。变更日志通常足够大，几乎可以保证应用程序总是有机会处理变更，而不会错过任何信息。应用程序可以使用 FSCTL_QUERY_USN_JOURNAL 文件系统控制代码从变更日志中读取记录，并可指定在有可用新记录的情况下，DeviceIoControl 函数始终不允许完成。

11.10.14 每用户卷配额

系统管理员通常需要跟踪或限制用户在共享存储卷上使用的磁盘空间，因此，NTFS 提供了配额管理功能。NTFS 的配额管理可以为每个用户强制指定配额，借此可以方便地跟踪用量并了解用户何时会触及警报阈值和限制阈值。经过配置，如果用户超过了自己的警报限制，NTFS 还可以向系统事件日志中记录一条代表这种情况的事件。类似地，如果用户试图使用超过配额限制的存储容量，NTFS 也可以在系统事件日志中记录事件，并且可以让导致配额超限的应用程序文件 I/O 因为“磁盘已满”的错误而失败。

NTFS 依赖创建文件和目录的用户的安全标识符（SID）来跟踪用户使用的容量（SID 的详细信息请参阅卷 1 第 7 章）。用户所拥有的文件和目录的逻辑大小会被统计到管理员为用户定义的配额限制中。因此，用户无法通过创建一个大于配额限制的稀疏文件，随后用非零数据填充该文件的方式规避配额限制。类似地，虽然 50 KB 的文件可能压缩到 10 KB，但在计算配额时将会记作完整的 50 KB。

默认情况下，卷并未启用配额跟踪。我们需要使用卷属性对话框的配额选项卡（见

图 11-25）来启用配额，指定默认的警报和限制阈值，并配置用户达到警报或限制配额后的 NTFS 行为。从该对话框中打开的配额项工具可供管理员为每个用户指定不同的限制和行为。应用程序如果需要与 NTFS 配合管理机制交互，则可使用 COM 配额接口，包括 IDiskQuotaControl、IDiskQuotaUser 以及 IDiskQuotaEvents。

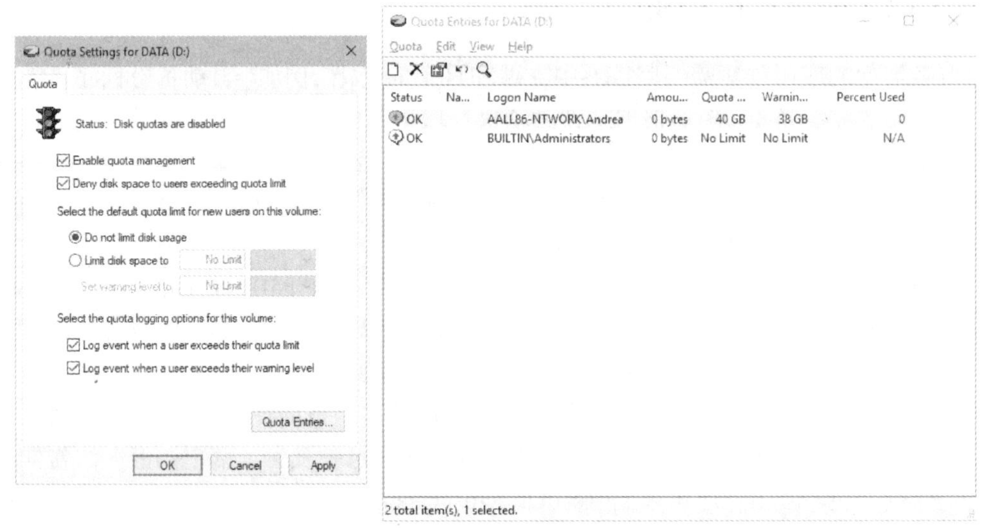

图 11-25　通过卷属性对话框打开的配额设置对话框

11.10.15　链接跟踪

外壳（Shell）快捷方式可以让用户将文件放置在自己的外壳命名空间（如自己的桌面上），再将其链接至文件系统命名空间中的文件。Windows 开始菜单就大量使用了外壳的快捷方式。类似地，对象链接和嵌入（OLE）链接可以将来自一个应用程序的文档以透明的方式嵌入另一个应用程序的文档中。微软 Office 办公套件中的 PowerPoint、Excel 和 Word 等都使用了 OLE 链接。

虽然外壳链接和 OLE 链接提供了一种将不同的文件相互连接，以及将文件与外壳命名空间相互连接的简单方法，但如果用户移动了外壳或 OLE 链接源（链接源是指链接指向的文件或目录），最终可能会变得非常难以管理。Windows 中的 NTFS 支持一种名为分布式链接跟踪的服务应用程序，借此可在目标移动后维持外壳和 OLE 链接的完整性。借助对 NTFS 链接跟踪的支持，如果位于 NTFS 卷上的链接目标移动到原始卷域内任何其他的 NTFS 卷上，链接跟踪服务可以透明地跟踪移动操作，并更新链接以反映变化。

NTFS 链接跟踪支持基于一种可选文件属性：对象 ID。应用程序可以使用 FSCTL_CREATE_OR_GET_OBJECT_ID（借此在未分配的情况下分配 ID）和 FSCTL_SET_OBJECT_ID 文件系统控制代码向文件分配对象 ID。对象 ID 可使用 FSCTL_CREATE_OR_GET_OBJECT_ID 和 FSCTL_GET_OBJECT_ID 文件系统控制代码查询。FSCTL_DELETE_OBJECT_ID 文件系统控制代码可以让应用程序从文件中删除对象 ID。

11.10.16　加密

企业用户通常会在计算机上存储敏感信息。虽然存储在公司服务器上的数据通常会使用适当的网络安全设置和物理访问控制机制加以妥善保护，但笔记本电脑中存储的数据在笔记本电脑丢失或被盗后往往会面临风险。此时无法通过 NTFS 文件权限获得所需的保护，因为只要用非 Windows 平台的 NTFS 文件读取软件，就可以忽略这些安全设置而完整访问 NTFS 卷中的文件。此外，如果使用另一个 Windows 系统以管理员账户访问这些文件，NTFS 文件权限也将失去作用。卷 1 第 6 章曾经提到，管理员账户具备“获取所有权”和“备份”特权，这两项特权使得管理员只需覆盖对象的安全设置，即可访问任何可保护对象。

NTFS 包含了一项名为加密文件系统（Encrypting File System，EFS）的设施，用户可以借此加密敏感数据。EFS 的操作与文件压缩的类似，对应用程序完全透明，这意味着当使用获得授权的用户账户运行的应用程序需要读取数据时，文件数据可以自动解密，在获得授权的应用程序更改数据后，数据也可以自动加密。

注意 NTFS 不允许加密位于系统卷根目录或\Windows 目录中的文件，因为这里的很多文件是系统启动过程必需的，而启动阶段 EFS 尚未激活。如果希望加密这些文件，BitLocker 是一种更适合的技术，它可以支持全卷加密。下文将会提到，BitLocker 可以与 NTFS 配合实现文件加密。

用户模式下的 EFS 依赖于 Windows 提供的加密服务，因此，它既包含与 NTFS 紧密集成的内核模式组件，也包含负责与本地安全机构子系统（LSASS）和加密 DLL 通信的用户模式 DLL。

被加密的文件只能通过账户 EFS 私钥/公钥对中的私钥来访问，私钥则会使用账户的密码锁定。对于丢失或被盗的笔记本电脑中的 EFS 加密文件，如果无法得知具备授权账户的密码，则将无法通过任何手段查看（除非暴力破解攻击）。

应用程序可使用 Windows 的 EncryptFile 和 DecryptFile API 函数来加密与解密文件，并使用 FileEncryptionStatus 检索与文件或目录 EFS 有关的属性，例如，文件或目录是否被加密。被加密的文件或目录会在属性中设置 FILE_ATTRIBUTE_ENCRYPTED 标记，因此，应用程序也可以通过 GetFileAttributes 判断文件或目录的加密状态。

11.10.17 POSIX 风格的删除语义

POSIX 子系统已被废弃，无法在 Windows 操作系统中使用。Windows Subsystem for Linux（WSL）取代了最初的 POSIX 子系统。NTFS 文件系统驱动程序已经通过更新统一了 Windows 和 Linux 中在对 I/O 的操作支持方面存在的一些差异。例如，Linux 的 unlink（或 rm）命令，可以删除文件或文件夹。在 Windows 中，应用程序无法删除正在被其他应用程序使用的文件（文件有打开的句柄）；相反，Linux 通常支持这种做法：在源文件已被删除的情况下，其他进程依然可以正常运行。为了支持 WSL，Windows 10 中的 NTFS 文件系统驱动程序支持一种新操作，即 POSIX Delete。

Win32 DeleteFile API 实现了标准的文件删除。目标文件将被打开（新建一个句柄），再通过 NtSetInformationFile 这个原生 API 为文件附加一个处置标签。该标签只是告诉 NTFS 文件系统驱动程序该文件即将被删除。文件系统驱动程序会检查对 FCB（文件控制块）的引用数量是否等于 1，这意味着该文件没有其他未处理的打开句柄。如果等于 1，则文件系统驱动程序会将文件标记为“关闭时删除”并返回。只有在文件句柄关闭之后，IRP_MJ_CLEANUP 调度例程才会从底层介质中将该文件物理删除。

但类似的架构无法兼容 Linux 的 unlink 命令。WSL 子系统需要删除文件时，会采用 POSIX 风格的删除：使用新增的 FileDispositionInformationEx 信息类调用 NtSetInformationFile 的原生 API，指定一个标记（FILE_DISPOSITION_POSIX_SEMANTICS）。NTFS 文件系统驱动程序通过在 CCB（上下文控制块，一种代表磁盘上对象的打开实例的数据结构）中插入一个标记的方式将文件标记为“POSIX 删除”。随后它会用一个特殊的内部例程重新打开该文件，将新句柄（可以称为 PosixDeleted 句柄）附加给 SCB（流控制块）。在原始句柄关闭后，NTFS 文件系统驱动程序会检测是否存在 PosixDeleted 句柄，并将关闭该句柄的工作项加入队列。该工作项完成后，清理例程检测到该句柄已标记为“POSIX 删除”，随后将该文件从物理上移至隐藏目录“\$Extend\$Deleted”。其他文件依然可以对源文件执行操作，但该文件已不再位于原始的命名空间中，只有当最后一个句柄关闭后，该文件才会被删除（第一个删除请求已将 FCB 标记为“关闭时删除”）。

如果因任何不寻常原因导致系统无法删除目标文件（例如有缺陷的内核驱动造成了悬空引用，或突然断电），当 NTFS 文件系统下次有机会挂载该卷时，会检查\$Extend\$Deleted 目录，并使用标准文件删除例程删除其中的所有文件。

注意　从 2019 年 5 月更新（19H1）开始，Windows 10 已经使用 POSIX delete 作为默认文件删除方法。这意味着 DeleteFile API 也将表现出全新的行为。

实验：观察 POSIX 删除

在这个实验中，我们将借助本书随附资源中包含的 FsTool 工具观察 POSIX 删除的运作。该实验需要在 Windows Server 2019（RS5）版本中进行。实际上，更新的客户端版本 Windows 已经默认实现了 POSIX 删除。首先打开一个命令提示符窗口，使用 FsTool 的命令行参数/**touch** 生成一个被应用程序独占使用的 txt 文件：

```
D:\>FsTool.exe /touch d:\Test.txt
NTFS / ReFS Tool v0.1
Copyright (C) 2018 Andrea Allievi (AaLl86)

Touching "d:\Test.txt" file... Success.
   The File handle is valid... Press Enter to write to the file.
```

看到上述提示后，不要按下回车键，打开另一个命令提示符窗口，然后试着打开并删除该文件：

```
D:\>type Test.txt
The process cannot access the file because it is being used by another process.

D:\>del Test.txt

D:\>dir Test.txt
 Volume in drive D is DATA
 Volume Serial Number is 62C1-9EB3

 Directory of D:\

12/13/2018  12:34 AM                    49 Test.txt
               1 File(s)                49 bytes
               0 Dir(s)  1,486,254,481,408 bytes free
```

毫不意外，在被 FsTool 独占访问时，我们无法打开该文件。试图删除该文件时，系统会将其标记为删除，但系统无法将其从文件系统命名空间中移除。如果尝试通过文件资源管理器再次删除该文件，也将遇到类似的行为。当我们在第一个命令提示符窗口中按下回车键并退出 FsTool 工具时，该文件实际上已经被 NTFS 文件系统驱动程序删掉了。

下一步是使用 POSIX 删除来处理该文件。为此可以为 FsTool 工具指定命令行参数 **/pdel**。在第一个命令提示符窗口中使用命令行参数**/touch** 重启动 FsTool（源文件已标记为删除，无法再次删除）。按下回车键之前，切换至第二个窗口并执行下列命令：

```
D:\>FsTool /pdel Test.txt
NTFS / ReFS Tool v0.1
Copyright (C) 2018 Andrea Allievi (AaLl86)

Deleting "Test.txt" file (Posix semantics)... Success.
Press any key to exit...
D:\>dir Test.txt
 Volume in drive D is DATA
 Volume Serial Number is 62C1-9EB3

 Directory of D:\

File Not Found
```

这次 Test.txt 文件已完全从文件系统的命名空间中删除，但依然有效。如果在第一个命令提示符窗口中按下回车键，FsTool 依然可以向文件写入数据。这是因为在内部，该文件已被移入\$Extend\$Deleted 隐藏系统目录。

11.10.18 碎片整理

虽然 NTFS 在分配块进而扩展文件时会尽可能地保持文件的连续，但随着时间的推移，卷上的文件不可避免地会变得碎片化，尤其是当文件被多次扩展或可用空间较为有限时。如果一个文件的数据占据了不连续的簇，那么该文件就是碎片化的。例如，图 11-26 展示了一个包含五个片段的碎片化文件。不过与大部分文件系统（包括 Windows 中的 FAT）一样，除了为主文件表（MFT）预留一块名为 MFT 的磁盘空间区域外，NTFS 在保持文件连续性方面并没有做太多的工作（而是由系统自带的碎片整理工具负责）（卷的可用空间不足时，NTFS 可以让其他文件从 MFT 区域分配空间）。为 MFT 保留可用区域有助于让它保持连续，但 MFT 依然不可避免地会变得碎片化（有关 MFT 的详细信息请参阅下文“主文件表”一节）。

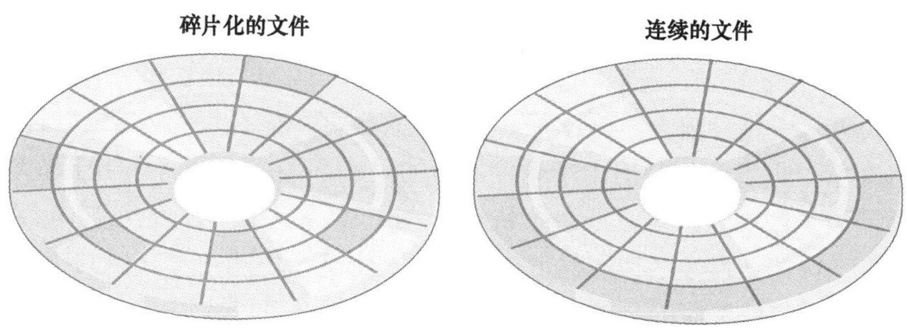

图 11-26 碎片化文件和连续文件

为了促进第三方磁盘碎片整理工具的开发，Windows 提供了碎片整理 API，此类工具可通过这些 API 移动文件数据，并让文件分布在连续的簇上。该 API 由文件系统控件组成，可让应用程序获得卷的可用和已用簇分布图（FSCTL_GET_VOLUME_BITMAP），获得文件的簇使用情况图（FSCTL_GET_RETRIEVAL_POINTERS），并移动文件（FSCTL_MOVE_FILE）。

Windows 自带一个碎片整理工具，可通过驱动器优化工具（%SystemRoot%\System32\Dfrgui.exe）访问，如图 11-27 所示；该工具提供了命令行接口（%SystemRoot%\System32\Defrag.exe），这样即可以非交互式方式或计划方式运行，但命令行接口无法提供丰富的报告或控制选项（例如排除某些文件或目录）。

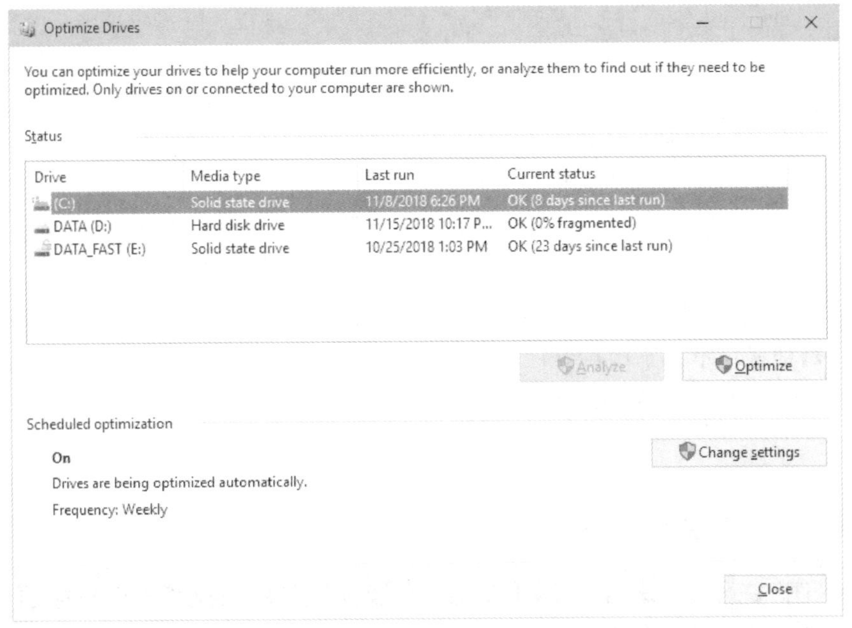

图 11-27　驱动器优化工具

NTFS 中实现的碎片整理机制唯一的局限在于：无法整理分页文件和 NTFS 日志文件的碎片。驱动器优化工具是磁盘碎片整理工具的改进版本，最早出现在 Windows 7 中。该工具通过更新，已经可以支持分层卷、SMR 磁盘以及 SSD 固态硬盘。其优化引擎实现于驱动器优化服务（Defragsvc.dll）中，公开了图形化工具和命令行接口所用的 IDefragEngine COM 接口。

对于固态硬盘，该工具也实现了重新修剪（Retrim）操作。为了理解重新修剪操作，首先需要简要介绍固态硬盘的结构。固态硬盘将数据存储在闪存单元中，这些闪存单元被分组为 4 KB～16 KB 的页，通常每 128～512 个页组合成一个块。只有空的闪存单元可被直接写入。如果其中包含数据，则必须先清除现有数据才能执行写入操作。固态硬盘的写入操作可以在单个页上进行，但由于硬件本身的限制，清除命令将作用于整个块。因此，向固态硬盘的空页中写入数据是一种很快速的操作，但如果要向已经包含内容的页写入新数据，速度将变得非常慢（这种情况下，需要首先将整个块的内容存储到缓存中，随后将整个块的内容清除，被覆盖的页被写入缓存的块中，最终将更新后的整个块重新写入闪存介质）。为了解决此问题，NTFS 文件系统驱动程序会在每次删除磁盘簇（这些簇可能部分属于或完全属于同一个文件）时向 SSD 控制器发送 TRIM 命令。作为对 TRIM 命令的回应，SSD 会在可能的情况下开始异步清除整个块。值得注意的是，如果被删除的区域只对应了块中的部分页，那么 SSD 控制器将无法执行任何操作。

重新修剪操作会分析固态硬盘并开始向可用空间中的每个簇发送 TRIM 命令（以 1 MB 大小的块为单位）。这样做的背后有不同的动机。

- TRIM 命令并非总能成功发出（文件系统对修剪的要求并不是非常严格）。
- NTFS 文件系统会对页（而非 SSD 块）发送 TRIM 命令。磁盘优化工具在执行重新修剪操作时，会搜索碎片化的块。对于这些块，首先会将有效数据移动到一些临时块中，对原始块进行碎片整理甚至插入属于其他碎片化块的偶数页，并最终针对清理后的原始块发送 TRIM 命令。

注意 磁盘优化工具对可用空间发送 TRIM 命令的方式有些巧妙：磁盘优化工具会分配一个空的稀疏文件并搜索一块可用空间（大小在 128 KB ~ 1 GB 之间）。随后它会通过 FSCTL_MOVE_FILE 控制代码调用文件系统，并将数据从稀疏文件（大小为 1 GB，但实际上不包含任何有效数据）移动到空区域。底层文件系统实际上会清除一个或多个 SSD 块的内容（不包含有效数据的稀疏文件在读取时会产生归零的数据块）。这就是 SSD 固件中实现的 TRIM 命令。

对于分层磁盘和 SMR 磁盘，驱动器优化工具支持两个补充操作：Slabify（也叫 Slab 合并）和分层优化（Tier Optimization）。存储在分层卷上的大文件可由位于不同层的区域（Extent）组成。Slab 合并操作不仅可对文件的区域表（Extent Table）整理碎片（这个过程称为合并），而且可将文件内容移动到叠合的 Slab 中（Slab 是精简配置磁盘中的分配单位，详见下文“存储空间”一节）。Slab 的最终目标是让文件使用较少数量的 Slab。分层优化可将频繁访问的文件（包括已被明确固定的文件）从容量层移动到性能层，以及将不频繁访问的数据从性能层移动到容量层。为此，优化引擎需要查询分层引擎，分层引擎会根据用户访问每个文件的热度图，告诉优化引擎该将哪些文件区域移动到容量层，以及将哪些移动到性能层。

注意 分层磁盘和分层引擎将在下文中详细介绍。

实验：重新修剪 SSD 卷

我们可以使用 **defrag.exe /L** 命令针对高速 SSD 或 NVMe 的卷执行重新修剪：

```
D:\>defrag /L c:
Microsoft Drive Optimizer
Copyright (c) Microsoft Corp.

Invoking retrim on (C:)...

The operation completed successfully.

Post Defragmentation Report:

        Volume Information:
               Volume size              = 475.87 GB
                Free space              = 343.80 GB

        Retrim:
                 Total space trimmed      = 341.05 GB
```

在上述例子中，卷的大小为 475.87GB，可用空间 343.80GB，仅 341GB 被擦除和修剪了。很明显，如果对传统机械硬盘上的卷执行上述命令将会收到错误信息（备份卷的硬件不支持请求的操作）。

11.10.19　动态分区

NTFS 驱动程序允许用户动态调整任何分区（包括系统分区）的大小，借此收缩[①]或扩展（前提是有足够的可用空间）分区。如果磁盘上有足够的空间，扩展分区实际上非常容易，只需 FSCTL_EXPAND_VOLUME 文件系统控制代码即可实现。分区收缩则是一个较为复杂的过程，因为要把希望减去的区域中目前存储的文件系统数据移动到收缩结束后依然保留的区域内（为此会采用一种类似碎片整理的机制）。收缩是通过两个组件实现的：收缩引擎和文件系统驱动程序。

收缩引擎实现于用户模式下。它会与 NTFS 通信以确定可回收的最大字节数，即有多少数据可以从即将被减去的区域中移动至收缩之后依然保留在卷中的区域内。收缩引擎会使用上文提到的标准碎片整理机制，因此无法支持重新定位正在使用中的分页文件碎片以及其他任何已经被 FSCTL_MARK_HANDLE 文件系统控制代码标记为不可移动的文件（如休眠文件）。主文件表的备份（$MftMirr）、NTFS 元数据事务日志（$LogFile）以及卷标文件（$Volume）无法移动，这也限制了卷收缩后的最小大小，进而导致了空间的浪费。

文件系统驱动程序收缩代码负责保证卷在整个收缩过程中保持一致的状态。为此它公开了一个接口，可使用三个请求描述当前操作，这些请求会通过 FSCTL_SHRINK_VOLUME 控制代码发出。

- ShrinkPrepare 请求，必须先于其他任何操作发出。该请求能以扇区为单位获取所需的新卷的大小，这样文件系统就可以阻止在新卷边界之外的后续分配。ShrinkPrepare 请求并不会验证卷是否可以按照指定的容量缩小，但它保证了该容量在数值上是有效的，并保证没有正在进行中的其他收缩操作。请注意，准备操作结束后，卷的文件句柄会与收缩请求相关联。如果文件句柄被关闭，则操作会认定为被中止。
- ShrinkCommit 请求，由收缩引擎在 ShrinkPrepare 请求之后发出。这种状态下，文件系统会尝试删除最近一次准备请求中所请求数量的簇（如果有多个准备请求设置了不同的大小，则以最后一个请求的大小为准）。ShrinkCommit 请求会假设收缩引擎已完成运行，如果要减去的区域内还存在任何已分配块，则意味着失败。
- ShrinkAbort 请求，可由收缩引擎发出，或由某些事件（如卷的文件句柄被关闭）产生。该请求可将分区还原为最初的大小并再次允许在原本需要减去的区域内重新进行分配，借此撤销 ShrinkCommit 操作。不过收缩引擎做的碎片整理工作依然会保留。

如果系统在收缩过程中重启动，NTFS 会通过本章下文即将介绍的元数据恢复机制将文件系统恢复到一致的状态。由于实际的收缩操作是在所有其他操作都完成之后才执行的，因此卷会保持自己的原始大小，只有已经刷新到磁盘的碎片整理结果会被永久保留。

最后，收缩卷操作会对卷的卷影复制（shadow copy）机制产生一些影响。上文曾经

---

① 此处的“收缩”（Shrinking）在简体中文版 Windows 中称为“压缩”，但因易与 NTFS 文件压缩（Compression）功能的“压缩”以及 Zip 压缩格式等“压缩”混淆，因而此处使用“收缩”。——译者注

提过，“写入时复制”机制可以让 VSS 只保留文件中实际被修改的部分，但同时依然链接到原始文件数据。对于已删除的文件，其文件数据将不与任何可见文件相关联，而是以可用空间的形式呈现出来，这些可用空间很可能位于即将被收缩的区域中。因此，收缩引擎会与 VSS 通信，使其参与到收缩过程中。总之，VSS 机制的作用是将已删除文件的数据复制到自己的差分区域，并根据需要扩大差分区域以容纳更多数据。这个细节很重要，因为它对卷可收缩的大小产生了另一个限制，即便有充足的可用空间的卷也会受到该限制的影响。

11.10.20　NTFS 对分层卷的支持

分层卷是由不同类型的存储设备和底层存储介质构成的。分层卷通常是在单个物理或虚拟磁盘的基础上创建的。存储空间提供的虚拟磁盘可由多个物理磁盘组成，这些磁盘可以使用不同的类型（以及不同的性能表现）：高速 NVMe 磁盘、SSD 以及传统机械硬盘。此类虚拟磁盘就称为分层磁盘（存储空间中使用的术语是“存储层”）。另外，分层卷可以在物理 SMR 磁盘的基础上创建，这类 SMR 磁盘包含传统的“随机访问”高速区域和“严格顺序访问”容量区域。所有分层卷都有一个共同特点：它们由支持高速随机 I/O 的“性能”层，以及可能支持或不支持随机 I/O、速度更慢，但容量更大的“容量”层共同组成。

注意　SMR 磁盘、分层卷和存储空间的详细信息请参阅本章下文。

NTFS 文件系统驱动程序通过多种方式为分层卷提供了支持。

- 卷被拆分为两个区域，分别对应于分层的磁盘区域（容量区域和性能区域）。
- 新增的$DSC 特性（类型为$LOGGED_UTILITY_STREAM）指定了要将文件存储到哪一层。NTFS 公开了一个新增的“固定”接口，借此可将文件锁定到指定的层（“固定”这种说法由此而来），同时可防止文件被分层引擎移动到其他层。
- 存储层管理服务在支持分层卷中起着核心的作用。每当读写文件流时，NTFS 文件系统驱动程序会记录 ETW“热度”事件。分层引擎可使用这些事件，通过累积（为 1MB 的块）并定期将其记录至一个 JET 数据库中（每小时记录一次）。这样每隔 4 小时，分层引擎会处理热度数据库一次，并通过一种复杂的“热度老化”算法来决定哪些文件是新的（热文件），哪些是旧的（冷文件）。分层引擎会根据计算而来的热度数据在性能和容量层间移动文件。

此外，NTFS 分配器通过更新，已经可以根据$DSC 特性指定的分层区域来分配文件簇。NTFS 分配器可使用特定算法来决定要将卷的簇分配到哪一层。该算法的操作将按照以下顺序进行检查。

1）如果文件是卷 USN 日志，则始终从容量层分配。

2）MFT 项（文件记录）和系统元数据文件始终从性能层分配。

3）如果文件曾被明确“固定”（意味着文件具备$DSC 特性），则从指定的存储层分配。

4）如果系统为客户端版 Windows，则始终优先选择性能层；否则会从容量层分配。

5）如果性能层没有空间，则从容量层分配。

应用程序可以使用 NtSetInformationFile API 配合 FileDesiredStorageClassInformation 信息类为文件指定期望的存储层。该操作也称文件固定，如果在新创建文件的句柄上执行该操作，中央分配器就会在指定的存储层中分配新的文件内容。否则，如果文件已经存在并且位于错误的存储层中，分层引擎会在下次运行时将文件移动到正确的存储层（该操作也叫分层优化，可由分层引擎计划任务或 SchedulerDefrag 任务发起）。

注意　需要注意的是，此处介绍的 NTFS 分层卷与 ReFS 文件系统驱动程序所提供的分层功能是截然不同的概念。

实验：查看分层卷中的文件固定

如上文所述，NTFS 分配器使用一种特定算法来决定要从哪个层分配。在这个实验中，我们会将一个大文件复制到分层卷，并观察文件固定操作的影响。复制完成后，请以管理员身份打开 **PowerShell** 窗口（右击“**开始**”按钮，选择“**Windows PowerShell（管理员）**”），随后使用 **Get-FileStorageTier** 命令获取文件的分层信息：

```
PS E:\> Get-FileStorageTier -FilePath 'E:\Big_Image.iso' | FL FileSize,
DesiredStorageTierClass, FileSizeOnPerformanceTierClass, FileSizeOnCapacityTierClass,
PlacementStatus, State

FileSize                       : 4556566528
DesiredStorageTierClass        : Unknown
FileSizeOnPerformanceTierClass : 0
FileSizeOnCapacityTierClass    : 4556566528
PlacementStatus                : Unknown
State                          : Unknown
```

上述例子显示，Big_Image.iso 文件已经从容量层获得了分配（该例是在 Windows Server 系统上执行得到的）。为了确认这一点，可以将该文件从分层磁盘复制到一个高速 SSD 卷。可以看到传输速率很慢（取决于机械硬盘速度，通常在 160 ~ 250 MB/s 之间）：

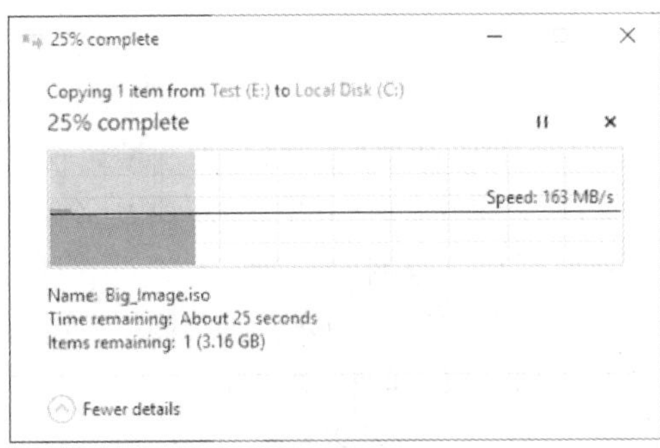

随后即可通过 **Set-FileStorageTier** 命令执行“固定”操作，例如：

```
PS E:\> Get-StorageTier -MediaType SSD | FL FriendlyName, Size, FootprintOnPool, UniqueId

FriendlyName    : SSD
Size            : 128849018880
FootprintOnPool : 128849018880
UniqueId        : {448abab8-f00b-42d6-b345-c8da68869020}

PS E:\> Set-FileStorageTier -FilePath 'E:\Big_Image.iso' -DesiredStorageTierFriendlyName
'SSD'
PS E:\> Get-FileStorageTier -FilePath 'E:\Big_Image.iso' | FL FileSize,
DesiredStorageTierClass, FileSizeOnPerformanceTierClass, FileSizeOnCapacityTierClass,
PlacementStatus, State
```

```
FileSize                          : 4556566528
DesiredStorageTierClass           : Performance
FileSizeOnPerformanceTierClass    : 0
FileSizeOnCapacityTierClass       : 4556566528
PlacementStatus                   : Not on tier
State                             : Pending
```

从上述范例可知，该文件已被正确固定到性能层，但它的内容依然在容量层中。当分层引擎计划任务开始运行后，会将文件区域从容量层移动到性能层。我们可以通过系统自带的 **defrag.exe /g** 工具运行驱动器优化工具，强制进行分层优化：

```
PS E:> defrag /g /h e:
Microsoft Drive Optimizer
Copyright (c) Microsoft Corp.

Invoking tier optimization on Test (E:)...


Pre-Optimization Report:

        Volume Information:
                Volume size                 = 2.22 TB
                Free space                  = 1.64 TB
                Total fragmented space      = 36%
                Largest free space size     = 1.56 TB

        Note: File fragments larger than 64MB are not included in the fragmentation statistics.

The operation completed successfully.

Post Defragmentation Report:

        Volume Information:
                Volume size                 = 2.22 TB
                Free space                  = 1.64 TB

        Storage Tier Optimization Report:
                % I/Os Serviced from Perf Tier  Perf Tier Size Required
                100%                            28.51 GB *
                95%                             22.86 GB
...
                20%                             2.44 GB
                15%                             1.58 GB
                10%                             873.80 MB
                5%                              361.28 MB

        * Current size of the Performance tier: 474.98 GB
          Percent of total I/Os serviced from the Performance tier: 99%

        Size of files pinned to the Performance tier: 4.21 GB
        Percent of total I/Os: 1%

        Size of files pinned to the Capacity tier: 0 bytes
        Percent of total I/Os: 0%
```

驱动器优化工具确认了文件已被“固定”。随后可再次执行 **Get-FileStorageTier** 命令查看其“固定”状态，或再次将该文件复制到 SSD 卷。这次传输速率将会提高很多，因为文件内容已完全位于性能层中。

```
PS E:\> Get-FileStorageTier -FilePath 'E:\Big_Image.iso' | FL FileSize, Desire-
  dStorageTierClass, FileSizeOnPerformanceTierClass, FileSizeOnCapacityTierClass,
```

```
PlacementStatus, State

FileSize                           : 4556566528
DesiredStorageTierClass            : Performance
FileSizeOnPerformanceTierClass     : 0
FileSizeOnCapacityTierClass        : 4556566528
PlacementStatus                    : Completely on tier
State                              : OK
```

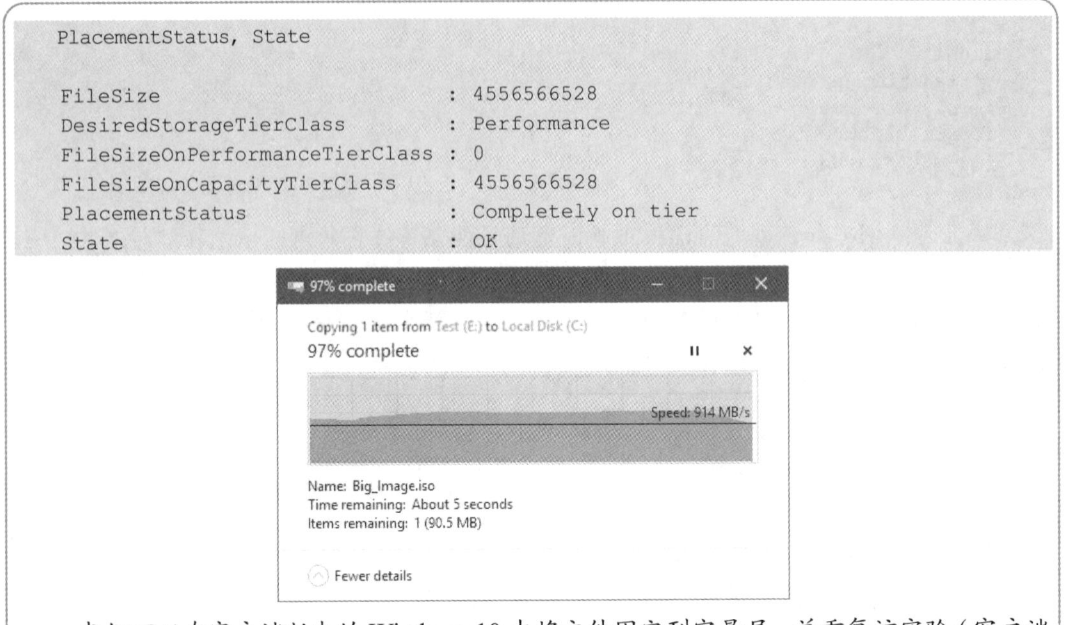

我们可以在客户端版本的 Windows 10 中将文件固定到容量层，并重复该实验（客户端版 Windows 10 默认会从性能层分配文件的簇）。相同的“固定”功能也包含在本书随附工具所提供的 FsTool 应用程序中，大家可以使用该工具直接将文件复制到希望使用的存储层。

11.11　NTFS 驱动程序

如卷 1 第 6 章所述，在 Windows I/O 系统框架中，NTFS 和其他文件系统其实是运行在内核模式下的可加载设备驱动程序。使用 Windows 或其他 I/O API 的应用程序可以间接调用这些驱动程序。如图 11-28 所示，Windows 环境子系统调用 Windows 系统服务，后者随后找到适当的已加载驱动程序并进行调用（有关系统服务调度的详细信息，请参阅第 8 章的“系统服务处理”一节）。

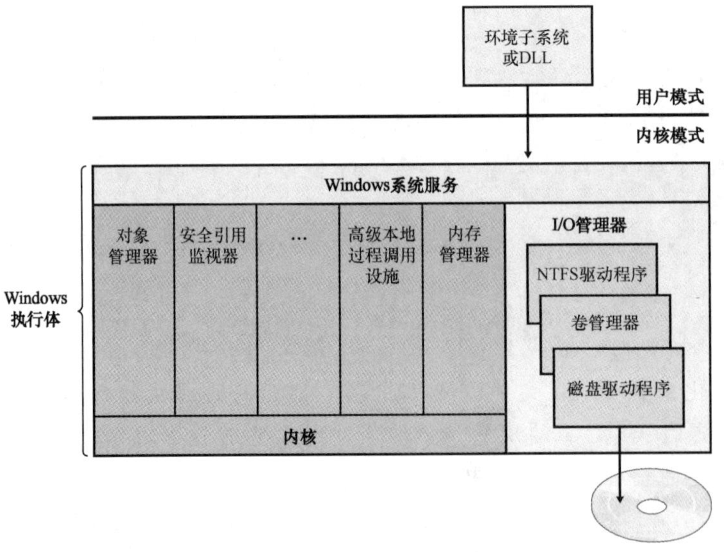

图 11-28　Windows I/O 系统组件

分层驱动程序通过调用 Windows 执行体的 I/O 管理器向彼此传递 I/O 请求。通过以 I/O 管理器作为中介，每个驱动程序可以保持独立，可在不影响其他驱动程序的情况下加载或卸载。此外，NTFS 驱动程序还与其他三个 Windows 执行体组件进行交互，如图 11-29 所示，这些组件均与文件系统密切相关。

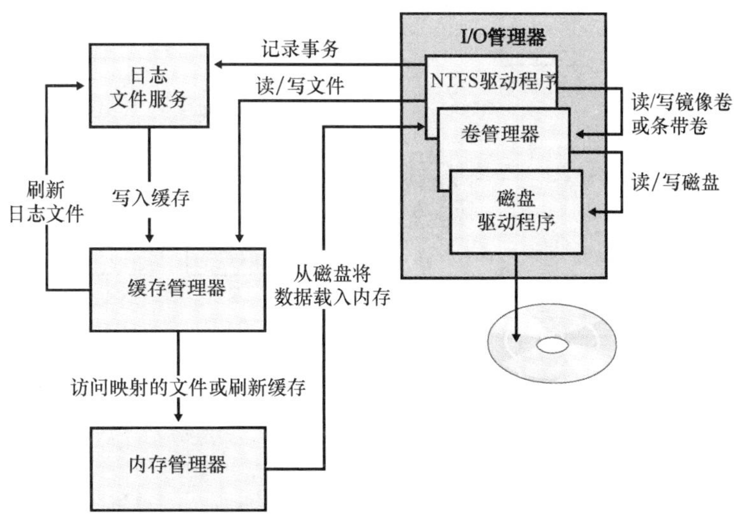

图 11-29 NTFS 和相关组件

日志文件服务（LFS）是 NTFS 的一部分，为维护磁盘写入日志提供服务。LFS 写入的日志文件可用于在系统故障后恢复 NTFS 格式的卷（详见下文“日志文件服务”一节）。

如上文所述，缓存管理器是 Windows 执行体组件，负责为 NTFS 和其他文件系统驱动程序（包括网络文件系统驱动程序的服务器和重定向器）提供系统级缓存服务。所有为 Windows 实现的文件系统都通过映射至系统地址空间，随后访问虚拟内存的方式来访问缓存的文件。为此，缓存管理器为 Windows 内存管理器提供了一个专门的文件系统接口。当程序试图访问文件中尚未载入缓存的部分（缓存缺失）时，内存管理器会调用 NTFS 来访问磁盘驱动程序，进而从磁盘上获取文件内容。缓存管理器为了优化磁盘 I/O，还会使用自己的惰性写入器线程调用内存管理器，以通过后台活动的方式将缓存内容刷新至磁盘（异步磁盘写入）。

与其他文件系统类似，NTFS 也通过将文件实现为对象的方式参与了 Windows 的对象模型。这种实现使得文件可以被对象管理器共享和保护，而 Windows 的对象管理器组件管理了所有执行体级别的对象（详见第 8 章的“对象管理器”一节）。

应用程序创建与访问文件的方式与对待其他 Windows 对象的方式相同：使用对象句柄。当 I/O 请求到达 NTFS 时，Windows 对象管理器和安全系统已经验证了调用方的进程在尝试访问文件对象的方式上具有权限。安全系统已经对比了调用方的访问令牌以及文件对象的访问控制列表项（访问控制列表详见卷 1 第 7 章）。I/O 管理器也已将文件句柄转换为指向文件对象的指针。NTFS 会使用文件对象中的这些信息来访问磁盘上的文件。

图 11-30 展示了将文件句柄链接至文件系统的磁盘结构的数据结构。

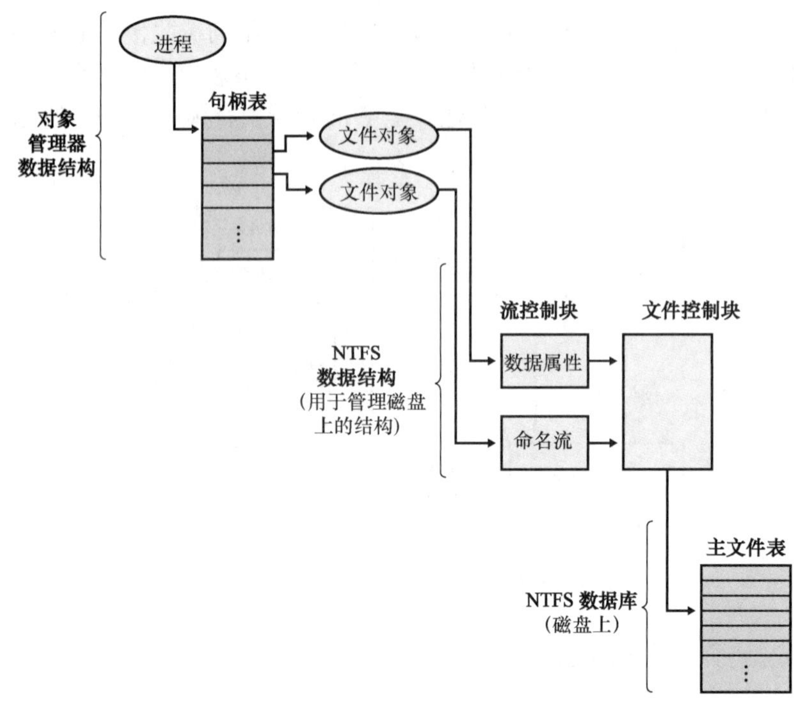

图 11-30　NTFS 数据结构

NTFS 会根据几个指针从文件对象获取磁盘上文件的对应位置。如图 11-30 所示，文件对象表示对“打开文件”系统服务的一次调用，文件对象指向调用方试图读/写的文件特性的流控制块（SCB）。在图 11-30 中，一个进程同时打开了一个文件的未命名数据属性和命名流（备用数据属性）。SCB 代表文件的每个属性，其中包含如何在文件中找到特定属性所需的信息。文件的所有 SCB 都指向一个名为文件控制块（FCB）的通用数据结构。FCB 中包含一个指针（实际上这是 MFT 中的索引，详见下文“文件记录号”一节），该指针指向文件在基于磁盘的主文件表（MFT）中的记录，下文将详细介绍 MFT。

11.12　NTFS 的磁盘结构

本节介绍了 NTFS 卷的磁盘结构，包括如何划分磁盘空间并将其整理成簇、如何将文件整理成目录、如何将文件数据和特性信息存储到磁盘中，还将介绍 NTFS 数据压缩的工作原理。

11.12.1　卷

NTFS 的结构以卷（volume）开始。卷对应磁盘上的一个逻辑分区，是在我们将部分或全部磁盘格式化为 NTFS 的过程中创建的。我们也可以使用存储空间功能创建涵盖多个物理磁盘的 RAID 虚拟磁盘，为此可以使用控制面板中的“管理存储空间”管理单元，或使用 Windows PowerShell 中的存储空间相关命令（如 New-StoragePool 命令，可新建存储池。存储空间功能的完整 PowerShell 命令列表可访问：https://docs.microsoft.com/

powershell/module/storagespaces/）。

一个磁盘上可以包含一个或多个卷。NTFS 对每个卷的处理都独立于其他卷。图 11-31 展示了一个总容量为 2 TB 的磁盘包含三种不同磁盘配置的范例。

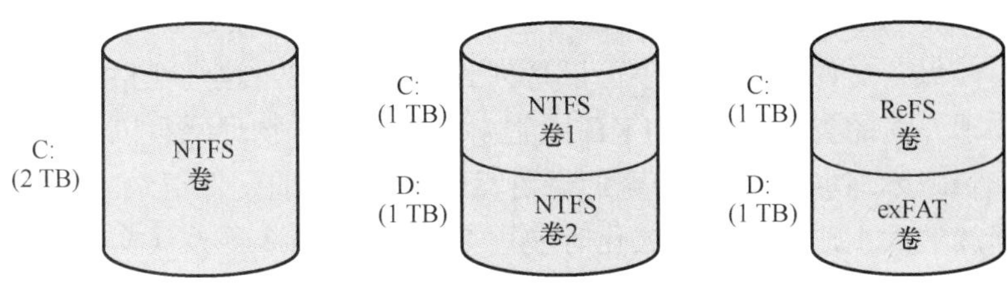

图 11-31 磁盘配置范例

卷是由一系列文件以及磁盘分区中剩余的未分配空间组成的。在所有 FAT 文件系统中，卷也包含了专门格式化并供文件系统使用的区域。不过 NTFS 卷或 ReFS 卷会将所有文件系统数据（如位图和目录，甚至系统自举程序）存储为普通文件。

注意 在 Windows 10 和 Window Server 2019 中，NTFS 卷的磁盘格式为 3.1 版，该版本自 Windows XP 和 Windows Server 2003 时就在使用。卷的版本号存储在$Volume 元数据文件中。

11.12.2 簇

当用户使用 format 命令或磁盘管理控制台 MMC 插件格式化卷时，NTFS 卷上的簇（cluster）大小（也叫簇因子，cluster factor）就确定了。默认簇因子随着卷的不同大小而变化，但它始终是物理扇区的整数倍，并且总是 2 的幂（1 个扇区、2 个扇区、4 个扇区、8 个扇区，以此类推）。簇因子以簇中的字节数来表示，例如 512 B、1 KB、2 KB 等。

在内部，NTFS 只引用簇（不过 NTFS 会塑造底层卷 I/O 操作，使簇始终与扇区对齐，并且长度是扇区大小的倍数）。NTFS 使用簇作为分配单元，以维持相对于物理扇区大小的独立性。这种独立性使得 NTFS 可以通过使用更大的簇因子更高效地支持大容量磁盘，或者支持扇区大小超过 512 B 的新磁盘。在更大的卷上，使用更大的簇因子有助于降低碎片化程度并加速分配，但代价是会浪费一定的磁盘空间（如果簇大小为 64 KB，而文件大小仅为 16 KB，那么将有 48 KB 被浪费）。命令行下的 format 命令和磁盘管理控制台“操作”菜单中“所有任务”选项下的格式化菜单项都会根据卷大小选择默认的簇因子，但我们可以更改这个大小。

NTFS 通过逻辑簇编号（Logical Cluster Number，LCN）引用磁盘上的物理位置。LCN 可以理解为从卷首到卷尾的所有簇的编号。为了将 LCN 转换为物理磁盘地址，当磁盘驱动程序接口进行查询时，NTFS 会将 LCN 与簇因子相乘，得到卷上的物理字节偏移量。NTFS 会通过虚拟簇编号（Virtual Cluster Number，VCN）的方式引用文件中的数据。VCN 是指对属于特定文件的所有簇进行的编号，从 0 到 m。不过 VCN 在物理上未必是物理连续的，它们可以映射到卷上任意数量的 LCN。

11.12.3 主文件表

在 NTFS 中，卷上存储的所有数据（包括用于定位和检索文件的数据结构、自举数据，以及记录整个卷的分配状态的位图，即 NTFS 元数据）都包含在文件里。将一切存储在文件中，使得文件系统可以轻松定位并维护数据，并用安全描述符为每个文件提供保护功能。此外，如果磁盘的某个部分损坏，NTFS 也可以重新定位元数据文件，防止磁盘变得无法访问。

MFT（Master File Table，主文件表）是 NTFS 卷结构的核心。MFT 可以实现为一个文件记录数组，每条文件记录的大小可以是 1 KB 或 4 KB，这是在格式化卷时定义的，取决于底层物理介质的类型：具备 4 KB 原生扇区大小的新物理磁盘以及分层磁盘通常使用 4 KB 的文件记录，具备 512 B 扇区的老磁盘使用 1 KB 的文件记录。每个 MFT 项的大小并不取决于簇的大小，并可在格式化时使用 **Format /l** 命令更改（文件记录的具体结构请参阅下文“文件记录”一节）。从逻辑上来看，卷上的每个文件都在 MFT 中有一条对应的记录，甚至 MFT 本身也有一条记录。除了 MFT，每个 NTFS 卷还包含一系列元数据文件，其中保存了实现文件系统结构所需的信息。每个 NTFS 元数据文件的名称均以美元符号（$）开头，都是隐藏文件。例如，MFT 的文件名为$MFT。NTFS 卷上的其他文件都是普通的用户文件和目录，如图 11-32 所示。

图 11-32 NTFS 元数据文件在 MFT 中的文件记录

通常来说，每个 MFT 记录都对应一个不同的文件。然而，如果文件包含大量属性或变得高度碎片化，那么一个文件可能就需要多个记录。此时，存储了其他记录位置信息的第一个 MFT 记录往往称为基本文件记录（base file record）。

当首次访问一个卷时，NTFS 必须首先挂载卷，也就是说，从磁盘读取元数据并构建内部数据结构，随后才能处理应用程序对文件系统的访问。为了挂载卷，NTFS 会在卷启动记录（Volume Boot Record，VBR，位于 LCN 0 中）中查找，VBR 包含一种名为启动参数块（Boot Parameter Block，BPB）的数据结构，借此可以找到 MFT 的物理磁盘地址。MFT 的文件记录是表中的第一项，第二条文件记录则指向磁盘中间位置一个名为 MFT 镜像（文件名$MFTMirr）的文件，其中包含 MFT 中前四行内容的副本。如果 MFT 因某种原因无法读取，就可以使用这个不完整的 MFT 副本来定位元数据文件。

NTFS 找到 MFT 的文件记录后，就会在文件记录的数据属性中获取从 VCN 至 LCN 的映射信息，并将其保存在内存中。每次运行（有关“运行”的详细信息请参阅下文“常驻和非常驻属性”一节）都会获得一个从 VCN 到 LCN 的映射和运行长度，因为任何 VCN 定位 LCN 都离不开这些信息。这个映射信息可以告诉 NTFS 包含 MFT 的运行在磁盘上的位置。随后 NTFS 会处理其他几个元数据文件的 MFT 记录，并打开这些文件。接下来 NTFS 会执行文件系统恢复操作（详见下文“恢复”一节），并最终打开其余元数据文件。至此，卷可供用户访问了。

注意 为保持简洁，本章的文字和图表将“运行”表示为一个 VCN、一个 LCN 以及一个运行长度。实际上，NTFS 会在磁盘上将这些信息压缩为一个“LCN/next-VCN”对。给定一个起始 VCN 后，NTFS 就可以从下一个 VCN 中减去这个 VCN，进而确定一个运行长度。

当系统运行时，NTFS 会向另一个重要的元数据文件，即日志文件（文件名$LogFile）写入数据。NTFS 使用日志文件记录会对 NTFS 卷结构产生影响的所有操作包括可能改变目录结构的文件创建或任何其他命令，例如复制。系统故障后，可以使用该日志文件恢复 NTFS 卷，详见下文“恢复”一节。

MFT 中还有一项是为根目录（也叫“\”，例如“C:\”）保留的。它的文件记录中包含一个存储在 NTFS 根目录结构下的文件和目录的索引。当 NTFS 首次被要求打开一个文件时，它会在根目录的文件记录中搜索该文件。打开文件后，NTFS 会存储该文件的 MFT 记录号，这样读/写文件时就可以直接访问文件的 MFT 记录。

NTFS 会使用一个位图文件（文件名$BitMap）记录卷的分配状态。位图文件的数据属性包含一个位图，其中每一位都代表卷上的一个簇，借此即可识别每个簇是空闲还是已经分配给文件。

安全文件（文件名$Secure）存储了整个卷的安全描述符数据库。NTFS 文件和目录都有可单独设置的安全描述符，但为了节约空间，NTFS 会将这些设置存储在一个公共文件中，这样使用相同安全设置的文件和目录就可以引用同一个安全描述符。在大部分环境中，整个目录树都会使用相同的安全设置，因此这项优化措施可大幅节约磁盘空间。

对于系统卷，则会通过另一个系统文件：启动文件（文件名$Boot）存储 Windows 的自举代码。如果试图从非系统卷启动，则这些代码会在屏幕上显示错误信息。为了让系统顺利启动，自举代码必须位于特定磁盘地址，这样才能被启动管理器（Boot Manager）找到。在格式化过程中，format 命令会通过为其创建文件记录的方式将这块区域定义为一个文件。所有文件都在 MFT 中，所有簇或者是空闲的，或者已经分配给某个文件，NTFS

中不存在隐藏的文件或簇，不过一些文件（元数据）对用户不可见。启动文件以及 NTFS 元数据文件也可以使用其他 Windows 对象所用的安全描述符进行保护。而这种“磁盘上一切皆文件”的模型也意味着可以通过常规的文件 I/O 修改自举代码，不过启动文件会因受到保护而禁止修改。

NTFS 还维持了一个坏簇文件（文件名$BadClus），其中记录了磁盘卷上的所有已经故障的区域；此外还有一个名为卷文件的文件（文件名$Volume），其中包含了卷名称、格式化卷所用的 NTFS 版本信息，以及代表卷状态和健康度的一系列标记位，例如会用一个位代表卷已损坏，必须使用 Chkdsk 工具修复（Chkdsk 工具详见下文）。大写字母文件（文件名$UpCase）包含了大写字母和小写字母之间的转换表。NTFS 还维护了一个包含特性定义表的文件（文件名$AttrDef），其中定义了卷支持的属性类型，以及这些属性是否可被索引，是否可在系统恢复操作中恢复信息等。

注意　图 11-32 展示了一个 NTFS 卷的主文件表，并标出了元数据文件对应的项。需要注意的是，第 16 条之前的文件记录，其顺序是可以保证固定不变的。第 16 条之后的元数据文件，其顺序受制于 NTFS 创建这些记录的顺序。实际上，第 16 条之后的元数据文件都不是格式化工具创建的，而是由 NTFS 驱动程序在（格式化完成后）首次挂载该卷时创建的。文件系统驱动程序生成的这些元数据文件的排列顺序无法保证。

NTFS 会将很多元数据文件存储到扩展（目录名$Extend）元数据目录中，包括对象标识符文件（文件名$ObjId）、配额文件（文件名$Quota）、变更日志文件（文件名$UsnJrnl）、重分析点文件（文件名$Reparse）、Posix 删除目录（$Deleted）以及默认资源管理器目录（目录名$RmMetadata）。这些文件存储了与 NTFS 扩展功能有关的信息。对象标识符文件存储了文件对象 ID，配额文件存储了启用配额功能的卷的配额限制和行为信息，变更日志文件记录了文件和目录产生的变更，重分析点文件存储了卷中哪些文件和目录包含重分析点数据的相关信息。

Posix 删除目录（$Deleted）包含已经使用新的 Posix 语义删除，对用户不可见的文件。当应用程序最初请求的文件删除操作关闭了文件句柄后，使用 Posix 语义删除的文件会被移动至该目录。虽然文件的名称已经从命名空间中删除了，但其他应用程序如果对该文件具备有效的引用，此时依然可以正常运行。有关 Posix 删除的详细信息请参阅上文。

默认资源管理器目录包含与事务型 NTFS（TxF）支持有关的目录，例如，事务日志目录（目录名$TxfLog）、事务隔离目录（目录名$Txf）以及事务修复目录（文件名$Repair）。事务日志目录包含 TxF 基础日志文件（文件名$TxfLog.blf）以及任意数量的日志容器文件，这主要取决于事务日志的大小，但始终至少包含两个容器文件：一个适用于内核事务管理器（KTM）日志流（文件名$TxfLogContainer00000000000000000001），另一个适用于 TxF 日志流（文件名$TxfLogContainer00000000000000000002）。事务日志目录还包含 TxF 旧页流（文件名$Tops），下文将详细介绍。

实验：查看 NTFS 信息

我们可以使用系统自带的 Fsutil.exe 命令行工具查看有关 NTFS 卷的信息，包括 MFT 与 MFT 区域的放置和大小：

```
d:\>fsutil fsinfo ntfsinfo d:
NTFS Volume Serial Number :          0x48323940323933f2
NTFS Version :                       3.1
LFS Version :                        2.0
Number Sectors :                     0x000000011c5f6fff
Total Clusters :                     0x00000000238bedff
Free Clusters :                      0x000000001a6e5925
Total Reserved :                     0x00000000000011cd
Bytes Per Sector :                   512
Bytes Per Physical Sector :          4096
Bytes Per Cluster :                  4096
Bytes Per FileRecord Segment       : 4096
Clusters Per FileRecord Segment :    1
Mft Valid Data Length :              0x0000000646500000
Mft Start Lcn :                      0x00000000000c0000
Mft2 Start Lcn :                     0x0000000000000002
Mft Zone Start :                     0x00000000069f76e0
Mft Zone End :                       0x00000000069f7700
Max Device Trim Extent Count :       4294967295
Max Device Trim Byte Count :         0x10000000
Max Volume Trim Extent Count :       62
Max Volume Trim Byte Count :         0x10000000
Resource Manager Identifier :        81E83020-E6FB-11E8-B862-D89EF33A38A7
```

在本例中，D:卷在 4 KB 原生扇区磁盘（模拟旧式 512 B 扇区）上使用了 4 KB 的文件记录（MFT 项），并使用了 4 KB 的簇。

11.12.4 文件记录号

NTFS 卷上的文件可以使用一种名为文件记录号（file record number）的 64 位值来识别，该值中包含一个文件号和一个序号。文件号对应于文件的文件记录在 MFT 中的位置减 1（如果文件有多个文件记录，则对应基本文件记录的位置减 1）。序号在每次 MFT 文件记录被重复使用时都会增加，这样 NTFS 就可以执行内部一致性检查。文件记录号如图 11-33 所示。

63 序号	47 文件号 0

图 11-33 文件记录号

11.12.5 文件记录

NTFS 并不仅仅将文件视为一种文本或二进制数据的存储库，而是将文件视为一种属性/值对的集合，而其中的一个属性（名为“未命名数据属性”）恰好保存了文件本身的数据内容。构成文件的其他属性包括文件名、时间戳信息，甚至其他命名数据属性。图 11-34 演示了一个小文件的 MFT 记录。

每个文件的属性都作为一个单独的字节流存储在文件中。严格来说，NTFS 并不读/写文件，它读/写的是属性流。NTFS 提供了这些与属性有关的操作，即创建、删除、读取（字节范围）、写入（字节范围）。读/写服务通常会在文件的未命名数据属性上执行操作，不过调用方可以使用命名数据流语法指定不同的数据属性。

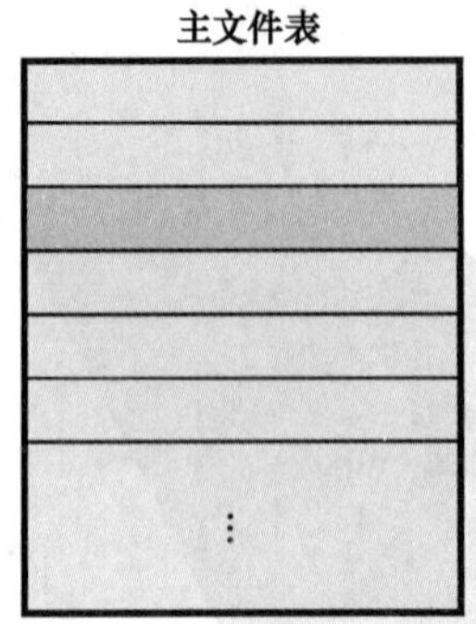

图 11-34　一个小文件的 MFT 记录

表 11-6 列出了 NTFS 卷上文件的属性（并非每个文件都包含所有这些属性）。NTFS 的每个属性可以是未命名的，也可以是命名的。例如$LOGGED_UTILITY_STREAM 就是一个命名特性，该属性被 NTFS 的不同组件用于多种用途。表 11-7 列出了$LOGGED_UTILITY_STREAM 属性可能的名称以及各自的用途。

表 11-6　NTFS 卷上文件的属性

属性	属性类型名称	是否常驻	描述
卷信息	$VOLUME_INFORMATION、$VOLUME_NAME	始终、始终	仅$Volume 元数据文件包含该属性，存储了卷版本和卷标信息
标准信息	$STANDARD_INFORMATION	始终	诸如只读、存档等文件属性以及时间戳，包括文件的创建或上次修改的时间
文件名	$FILE_NAME	也许	以 Unicode 1.0 字符表示的文件名。一个文件可以有多个文件名属性，例如文件存在硬链接，或长名称文件为了供 MS-DOS 和 16 位 Windows 应用程序访问而自动生成的短名称
安全描述符	$SECURITY_DESCRIPTOR	也许	该属性的存在主要是为了向后兼容老版本 NTFS，很少在当前版本（3.1）NTFS 中使用。NTFS 将几乎所有安全描述符存储在$Secure 元数据文件中，并为使用相同设置的文件和目录共享这些描述符。老版本 NTFS 将专用安全描述符信息存储在每个文件和目录中。一些文件依然包含 $SECURITY_DESCRIPTOR 属性，如$Boot
数据	$DATA	也许	文件的内容。在 NTFS 中，一个文件只有一个默认未命名数据属性，但可以有多个命名数据属性，也就是说，文件可以包含多个数据流。目录没有默认数据属性，但可以有可选命名数据属性。 命名数据流甚至可用于特定的系统用途，例如，存储服务可以使用存储保留区域表（Storage Reserve Area Table）流（$SRAT）在卷上创建预留空间。该属性仅适用于$Bitmap 元数据文件。存储保留详见下文
索引根、索引分配	$INDEX_ROOT、$INDEX_ALLOCATION	始终、从不	这些属性用于实现目录、安全性、配额以及其他元数据文件所用的 B 树数据结构
属性列表	$ATTRIBUTE_LIST	也许	包含组成文件的所有属性，以及每个属性在 MFT 中所处的文件记录号。当一个文件需要多个 MFT 文件记录时就会出现该属性

续表

属性	属性类型名称	是否常驻	描述
索引位图	$BITMAP	也许	该属性可用于不同的用途：对于非常驻目录（始终存在$INDEX_ALLOCATION），位图记录了哪些 4 KB 大小的索引块已被 B 树使用，以及哪些索引块可以在 B 树增长后继续使用。MFT 中有一个未命名的"$Bitmap"属性，可跟踪哪些 MFT 段正被使用，以及哪些段可供以后的新文件或需要更多空间的现有文件使用
对象 ID	$OBJECT_ID	始终	文件或目录的 16 位标识符（GUID）。链接跟踪服务会为外壳快捷方式和 OLE 链接源文件分配对象 ID。NTFS 提供了 API，借此可以使用对象 ID 而非文件名来打开文件和目录
重分析信息	$REPARSE_POINT	也许	该属性存储了文件的重分析点数据。NTFS 交叉和挂载点包含了该属性
扩展属性	$EA、$EA_INFORMATION	也许、始终	扩展属性是一种名称/值对，通常并不使用，主要是为了向 OS/2 应用程序提供向后兼容性
记录的工具流	$LOGGED_UTILITY_STREAM	也许	该属性类型可被 NTFS 的不同组件用于多种用途，详见表 11-7

表 11-7 $LOGGED_UTILITY_STREAM 属性

属性	属性类型名称	是否常驻	描述
加密文件流	$EFS	也许	在这个属性中存储了管理文件加密所需的数据，如解密文件所需的加密密钥版本，以及被授权可访问该文件的用户列表
联机加密备份	$EfsBackup	也许	EFS 联机加密会使用该属性存储原始加密数据流组成的块
事务型 NTFSData	$TXF_DATA	也许	在文件或目录成为事务的一部分后，TxF 便会在$TXF_DATA 属性中存储事务数据，如文件的唯一事务 ID
所需存储类	$DSC	常驻	所需存储类可用于将文件"固定"到首选存储层中。详见"NTFS 对分层卷的支持"一节

表 11-6 列出了属性名称，然而，这些属性实际上对应于数字类型代码，NTFS 用这些代码来排列文件记录中的属性。MFT 记录中的文件属性是按照这些类型代码（以数字升序的顺序）排序的，有些属性类型可能不止出现一次，例如一个文件可能有多个数据属性，或有多个文件名。所有可能的属性类型（及其名称）都位于$AttrDef 元数据文件中。

文件记录中的每个属性都可以用属性类型代码区分，并有一个值和一个可选的名称。属性的值是组成该属性的字节流。例如，$FILE_NAME 属性的值就是文件的名称，$DATA 属性的值就是用户在文件中存储的数据字节。

大多数属性并没有名称，但与索引有关的属性和$DATA 属性通常都有名称。名称区分了一个文件可以包含同一类型的多个属性。例如，一个包含命名数据流的文件有两个$DATA 属性：一个未命名的$DATA 属性存储了默认的未命名数据流，另一个命名的$DATA 属性存储了备用命名数据流所包含的命名流数据。

11.12.6 文件名

NTFS 和 FAT 都允许路径中的每个文件名最长达到 255 个字符。文件名可以包含

Unicode 字符以及多个句点和嵌入的空格。然而，MS-DOS 提供的 FAT 文件系统文件名被限制为 8 个（非 Unicode）字符，后跟一个句点以及三个字符的扩展。图 11-35 直观演示了 Windows 可支持的不同文件命名空间以及它们的交叉情况。

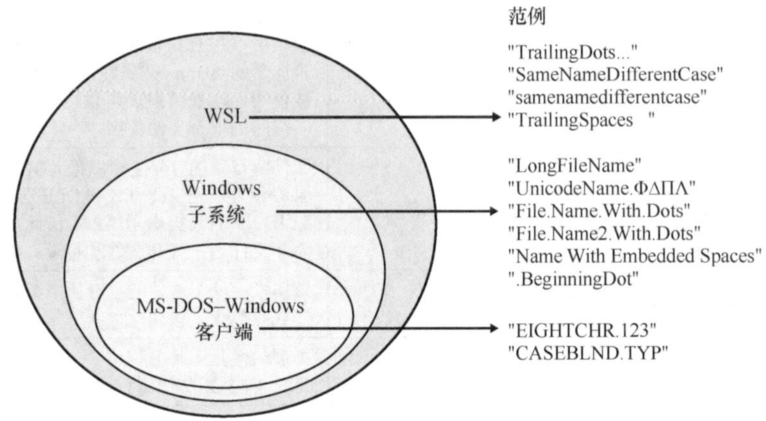

图 11-35　Windows 文件命名空间

在 Windows 可支持的所有应用程序执行环境中，Windows Subsystem for Linux（WSL）需要最大的命名空间，因此 NTFS 命名空间等同于 WSL 命名空间。WSL 可以创建对 Windows 和 MS-DOS 应用程序不可见的名称，包括尾部带有句点和空格的名称。通常来说，使用更大的 POSIX 命名空间创建文件并不会造成什么问题，因为只有当我们需要让 WSL 应用程序使用这种文件时才会这样做。

然而，32 位 Windows 应用程序与 MS-DOS 和 16 位 Windows 应用程序之间的关系更密切。图 11-35 中的 Windows 区域代表 Windows 子系统可以在 NTFS 卷上创建，但 MS-DOS 和 16 位 Windows 应用程序不可见的文件名。这一组中包含比 MS-DOS 的 8.3 格式名称更长的文件名，包含 Unicode（国际）字符的名称、多个句点或在开头处使用句点的名称，以及嵌入空格的名称。出于兼容性考虑，使用这样的名称创建文件时，NTFS 会自动为该文件生成一个替代的、MS-DOS 风格的文件名。如果为 **dir** 命令使用 **/x** 选项，Windows 就会显示这种短名称。

MS-DOS 文件名是 NTFS 文件的全功能别名，与长文件名存储在同一个目录下。图 11-36 显示了一个具备自动生成的 MS-DOS 文件名属性的 MFT 文件记录。

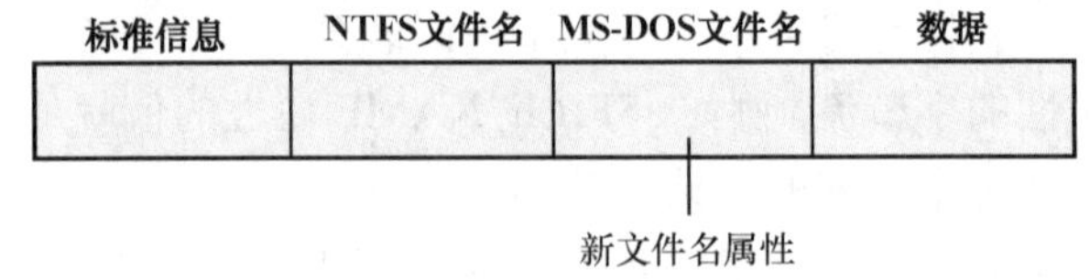

图 11-36　具备自动生成的 MS-DOS 文件名属性的 MFT 文件记录

NTFS 名称和生成的 MS-DOS 名称存储在同一个文件记录中，因此可以代表同一个文件。MS-DOS 名称可用于打开、读取、写入或复制文件。如果用户使用长文件名或短文件名对文件执行更名操作，那么新名称将同时替代长短两个原有名称。如果新名称不是有效的 MS-DOS 名称，则 NTFS 会为文件生成另一个 MS-DOS 名称（请注意，NTFS 只为第一个文件名生成 MS-DOS 风格的文件名）。

注意 硬链接也是以类似方式实现的。当为一个文件创建硬链接时，NTFS 会在文件的 MFT 文件记录中添加另一个文件名属性，并在新链接所在目录的索引分配特性中添加一个项。不过这两种情况在一方面有所差异：当用户删除一个有多个名称（硬链接）的文件时，文件记录和文件将保留在原位。只有在最后一个名称（硬链接）删除后，文件及其记录才会被删除。然而，如果文件同时具备 NTFS 名称和自动生成的 MS-DOS 名称，用户可以使用任何一个名称删除该文件。

NTFS 会使用下列算法从长文件名中生成 MS-DOS 名称。该算法实际上是在内核函数 RtlGenerate8dot3Name 中实现的，未来版本的 Windows 中可能出现变化。这个函数也可被其他驱动程序使用，如 CDFS、FAT 以及第三方文件系统。

1）从长名称中删除对 MS-DOS 名称来说非法的所有字符，包括空格和 Unicode 字符。删除开头和结尾的句点。删除嵌入的所有其他句点，但最后一个句点除外。

2）将句点（如果存在）之前的字符串截断为 6 个字符（可能已经是 6 个或更少的字符了，因为当名称中存在任何 MS-DOS 非法字符时都会使用该算法）。如果剩下 2 个或更少的字符，则生成并连接一个 4 字符的十六进制校验字符串。附加字符串~n（其中 n 是一个从 1 开始的数字，用于区分截断后依然同名的多个文件）。将句点（如果存在）之后的字符截断为 3 个字符。

3）将结果转换为大写字母。MS-DOS 是不区分大小写的，该步骤保证了 NTFS 不会生成一个和旧名称只有字母大小写这唯一差异的新名称。

4）如果生成的名称与目录中原有的名称重复，则会增大~n 字符串。如果 n 大于 4 并且还没有连接校验值，则将句点前的字符串截断为 2 个字符，随后生成并连接一个 4 字符的十六进制校验字符串。

表 11-8 列出了图 11-35 中的长 Windows 文件名以及相应的 NTFS 生成的 MS-DOS 版本名称。当前的算法和图 11-35 中列举的例子应该可以帮助大家概括了解 NTFS 生成的 MS-DOS 风格的文件名是什么样的。

注意 从 Windows 8.1 开始，默认情况下，所有 NTFS 不可启动卷的短名称生成功能已被禁用。如果希望在老版本的 Windows 中禁用短名称的生成功能，可将注册表中 HKLM\SYSTEM\CurrentControlSet\Control\FileSystem\NtfsDisable8dot3NameCreation 这个 DWORD 值的数据设置为 1 并重启系统。但这可能会破坏与老应用程序的兼容性。

表 11-8 NTFS 生成的文件名

Windows 长名称	NTFS 生成的短名称
LongFileName	LONGFI~1
UnicodeName.FDPL	UNICOD~1
File.Name.With.Dots	FILENA~1.DOT
File.Name2.With.Dots	FILENA~2.DOT
File.Name3.With.Dots	FILENA~3.DOT
File.Name4.With.Dots	FILENA~4.DOT
File.Name5.With.Dots	FIF596~1.DOT
Name With Embedded Spaces	NAMEWI~1
.BeginningDot	BEGINN~1
25¢.two characters	255440~1.TWO
©	6E2D~1

11.12.7 隧道

NTFS 使用隧道（Tunneling）的概念实现与旧式应用程序的兼容，这些应用程序会依赖文件系统来缓存某些文件元数据，甚至在文件消失（例如被删除或更名后）一段时间后依然会维持这样的缓存。借助隧道功能，任何与原文件使用相同名称创建的新文件，在一定时间内都将保持与原文件相同的元数据。这种机制开始是为了使用 Safe save 编程方法复制 MS-DOS 程序的预期行为，借此将修改后的数据复制到一个临时文件中，原文件被删除，随后将临时文件更名为原文件的名称。这种情况下，预期的行为是：更名后的临时文件应该看起来与原文件完全相同，否则创建时间应该在每次修改后持续更新（这也是“已修改时间”的用法）。

NTFS 使用了隧道技术，这样在从目录中删除一个文件名时，其长名称和短名称以及创建时间信息都会保存在缓存中。在向目录添加新文件后，可以搜索缓存查看是否有可还原的隧道数据。因为这些操作会应用给目录，而每个目录实例都有自己的缓存，因此，目录删除后缓存也会被删除。

如果所使用的名称会导致删除并重建同名文件，NTFS 将为下列一系列操作使用隧道。

- 删除 + 创建。
- 删除 + 更名。
- 更名 + 创建。
- 更名 + 更名。

默认情况下，NTFS 会将隧道缓存保留 15 秒，不过我们可以修改 HKLM\SYSTEM\CurrentControlSet\Control\FileSystem 注册表键下的 MaximumTunnelEntryAgeInSeconds 值来更改默认的超时值。新建一个名为 MaximumTunnelEntries 的值并将其设置为 0 也可以彻底禁用隧道功能，不过这可能导致依赖该功能的老旧应用程序无法运行。在禁用短名称生成（参见上一节）功能的 NTFS 卷上，隧道默认已被禁用。

我们可以在命令提示符下通过下列实验看到隧道的作用。

1）创建一个名为 file1 的文件。

2）等待 15 秒以上（隧道缓存的默认超时值）。

3）新建一个名为 file2 的文件。

4）执行 dir /TC，请留意创建时间。

5）将 file1 更名为 file。

6）将 file2 更名为 file1。

7）执行 dir /TC，留意完全相同的创建时间。

11.12.8 常驻和非常驻属性

如果一个文件非常小，就可以将所有属性和值（例如其数据）都放入描述该文件的文件记录中。如果属性的值存储在 MFT（可能是文件的主文件记录或 MFT 中其他位置下的扩展记录）中，这样的属性就称为常驻属性（例如图 11-37 中的所有属性都是常驻属性）。有几个属性始终被定义为常驻属性，这样 NTFS 就可以定位非常驻属性了。例如，标准信息和索引根属性就始终是常驻属性。

每个属性都以一个标准的头部（Header）开始，其中包含有关该属性的信息，NTFS

会使用这些信息以一种通用的方式管理各种属性。这个头部始终是常驻的，记录了属性的值是常驻的还是非常驻的。对于常驻属性，头部还包含从头部到属性值的偏移量信息，以及属性值的长度，例如图 11-37 就展示了文件名属性。

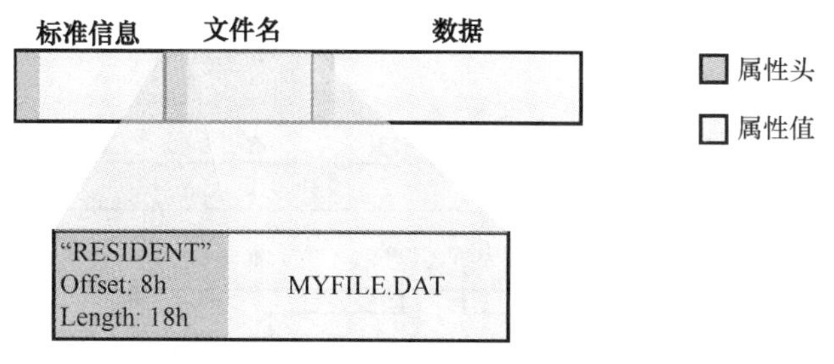

图 11-37 常驻属性的头部和值

当一个属性的值直接存储在 MFT 中时，NTFS 访问该值所需的时间将大幅减少。此时不需要在表中查找文件，然后读取连续分配的单元来找到文件的数据（FAT 文件系统就是这样做的），NTFS 只需访问磁盘一次即可立即检索到数据。

如图 11-38 所示，小目录和小文件的属性都可以常驻在 MFT 中。对于小目录，索引根属性包含了该目录内文件（和子目录）的文件记录号索引（整理为 B 树形式）。

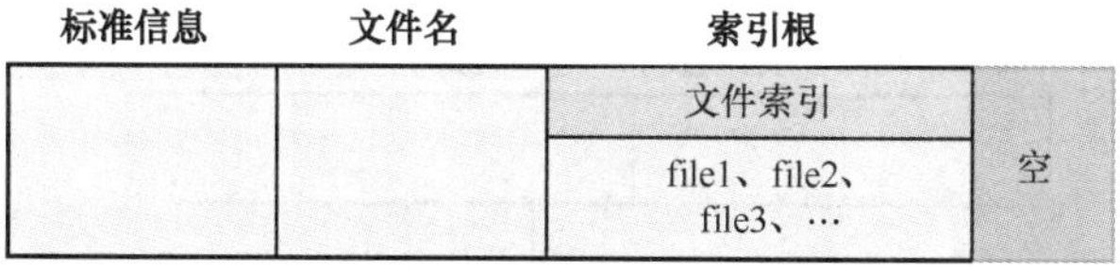

标准信息	文件名	索引根	
		文件索引	空
		file1、file2、file3、…	

图 11-38 小目录的 MFT 文件记录

当然，很多文件和目录无法完全装入 1 KB 或 4 KB 固定大小的 MFT 记录中。如果特定属性的值（例如文件的数据属性）太大，无法完全由 MFT 文件记录容纳，NTFS 会在 MFT 之外为该属性的值分配簇。一组连续的簇称为一个“运行”（或一个“范围”）。如果属性的值随后继续增长（例如用户向文件中附加了数据），那么 NTFS 将为额外的数据分配另一个运行。如果属性的值存储在运行中（而非 MFT 中），这种属性就称为非常驻属性。文件系统会决定特定属性是常驻的或是非常驻的，数据实际位置对访问数据的应用程序是完全透明的。

对于非常驻属性，就像大文件的数据属性那样，其头部包含了 NTFS 在磁盘上定位属性值所需的信息。图 11-39 展示了两个“运行”中存储的非常驻数据属性。

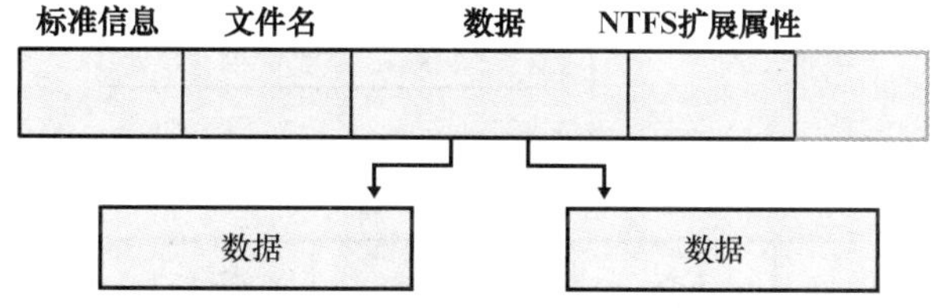

图 11-39 包含两个数据运行的大文件的 MFT 文件记录

在所有的标准属性中，只有可增长的属性会成为非常驻属性。对于文件，可增长的属性包括数据和属性列表（图 11-39 中未展示）。标准信息和文件名属性始终是常驻的。

大目录也可以有非常驻属性（或部分属性），如图 11-40 所示。在本例中，MFT 文件记录没有足够的空间来存储包含该大目录中所有文件索引的 B 树。因此，该索引的一部分内容被存储到索引根特性中，其余部分则存储到名为“索引分配”的非常驻运行中。这里显示的索引根、索引分配以及位图属性都是简化后的效果，下一节还将详细介绍这些概念。标准信息和文件名属性始终是常驻的。对该大目录来说，头部和索引根属性中的至少一部分值也是常驻的。

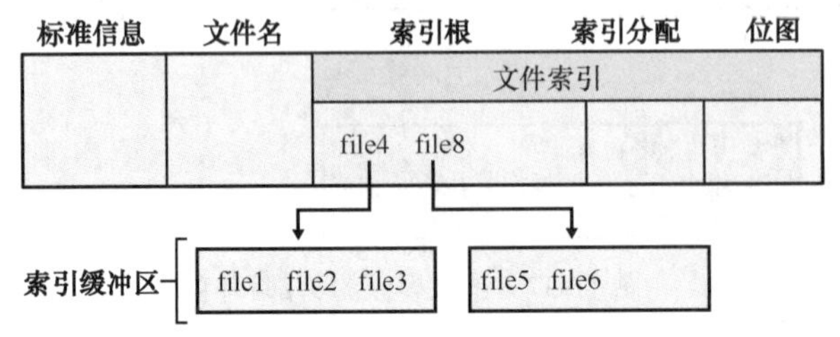

图 11-40　使用非常驻文件名索引的大目录的 MFT 文件记录

当一个属性的值无法纳入 MFT 文件记录而需要单独分配时，NTFS 会通过 VCN 到 LCN 的映射对来跟踪运行。LCN 代表整个卷上从 0 到 n 的簇序列，VCN 则对属于特定文件的簇从 0 到 m 进行编号。例如，图 11-41 展示了非常驻数据属性的“运行”中簇的编号方式。

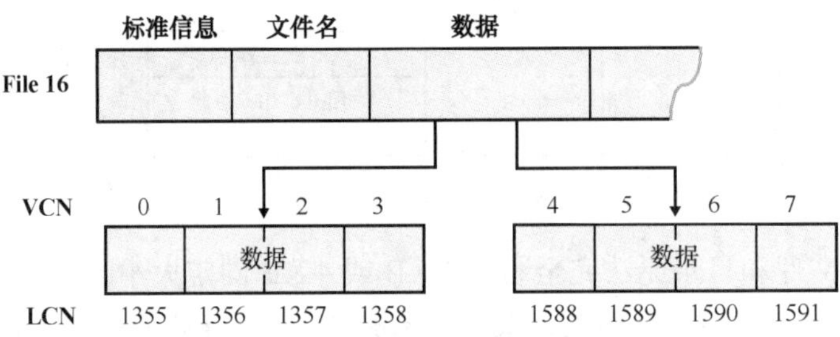

图 11-41　非常驻数据属性的 VCN

如果该文件有两个以上的运行，那么第三个运行的编号将从 VCN 8 开始。如图 11-42 所示，数据属性头部包含此处这两个运行的 VCN 到 LCN 映射，借此 NTFS 可以轻松找到在磁盘上分配的位置。

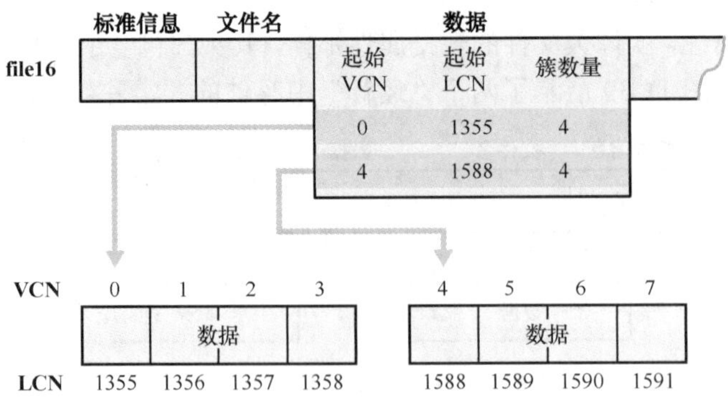

图 11-42　非常驻数据属性的 VCN 到 LCN 映射

虽然图 11-41 只显示了数据运行，但如果 MFT 文件记录中没有足够空间来容纳，其他属性也可以存储在运行中。如果特定文件有太多属性无法容纳在 MFT 记录中，还可以使用第二条 MFT 记录来包含额外的属性（或非常驻属性的属性头部）。这种情况下，将会添加一个名为"属性列表"的属性。属性列表属性包含每个文件属性的名称和类型代码，以及属性在 MFT 记录中的文件号。属性列表属性是为这些情况提供的：文件的所有属性无法容纳在文件的文件记录中，或文件增长过大或过于碎片化以至于一个 MFT 记录无法包含查找文件的所有运行所需的多个 VCN 至 LCN 映射。包含超过 200 个运行的文件通常就需要属性列表。总的来说，属性头部会始终包含在 MFT 文件记录中，但属性的值可能会在 MFT 之外的一个或多个范围里。

11.12.9 数据压缩和稀疏文件

NTFS 支持针对每个文件、每个目录或每个卷，使用 LZ77 算法的变体（LZNT1）进行压缩（NTFS 压缩只适用于用户数据，不适用于文件系统元数据）。在 Windows 8.1 和后续版本中，还可以使用新的算法套件来压缩文件，该套件包含 LZX（最紧凑）和 XPRESS（分别使用 4 KB、8 KB 或 16 KB 的块大小，速度各异）。此类压缩可以通过命令使用，例如，外壳命令 **compact**（以及 File Provder API），它利用了 Windows Overlay Filter（WOF）文件系统过滤器驱动程序（Wof.sys）来操作 NTFS 备用数据流和稀疏文件，但严格来说并非 NTFS 驱动程序的一部分。WOF 的介绍已超出了本书范围，详见 https://devblogs.microsoft. com/oldnewthing/20190618-00/?p=102597。

我们可以使用 Windows 的 GetVolumeInformation 函数查看一个卷是否被压缩。要查看一个文件实际压缩后的大小，可使用 Windows 的 GetCompressedFileSize 函数。最后，要查看或更改文件/目录的压缩设置，可使用 Windows 的 DeviceIoControl 函数（查看 FSCTL_GET_COMPRESSION 和 FSCTL_SET_COMPRESSION 这两个文件系统控制代码）。另外需要注意，虽然设置文件的压缩状态即可立即压缩（或解压缩）该文件，但设置目录或卷的压缩状态无法立即发起压缩和解压缩的操作。该操作实际上是在为该目录或卷中以后新创建的文件和子目录设置默认压缩状态（不过如果是在资源管理器中使用目录的属性对话框来压缩该目录，则整个目录树中的内容将被立即压缩）。

下文将通过一个稀疏数据的压缩用例来介绍 NTFS 压缩。随后还将讨论传统文件和稀疏文件的压缩。

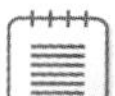

注意 DAX 卷或 EFS 加密文件不支持 NTFS 压缩。

11.12.10 压缩稀疏数据

稀疏数据通常很大，但相对于其大小来说，通常只包含少量非零数据。稀疏矩阵就是稀疏数据的一个例子，如上文所述，NTFS 使用从 0 到 m 的 VCN 来枚举文件的簇。每个 VCN 映射至一个对应的 LCN，LCN 标识了簇在磁盘上的位置。图 11-43 展示了一个常规的、未压缩文件的运行（磁盘分配）及其 VCN 和映射到的 LCN。

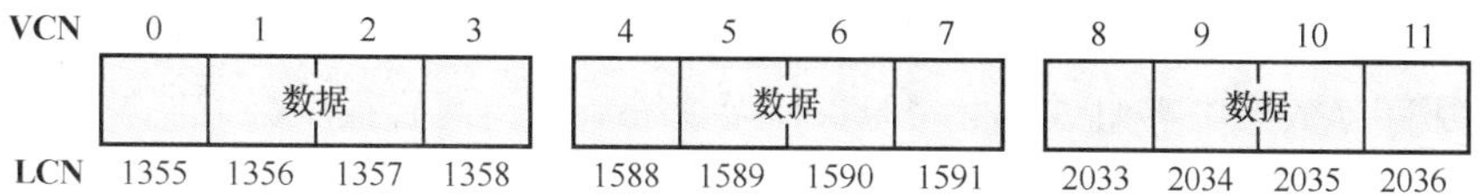

图 11-43 未压缩文件的运行

该文件存储在 3 个运行中，每个运行的长度为 4 个簇，因此共有 12 个簇。图 11-44 显示了该文件的 MFT 记录。如上文所述，为节约空间，MFT 记录的数据属性（包括 VCN 到 LCN 的映射）只为每个运行记录一个映射，而非为每个簇记录一个映射。不过要注意，从 0 到 11 的每个 VCN 都有相关的 LCN 与之对应。第一项从 VCN 0 开始，涵盖 4 个簇；第二项从 VCN 4 开始，涵盖 4 个簇，以此类推。这种项格式通常是典型的未压缩文件。

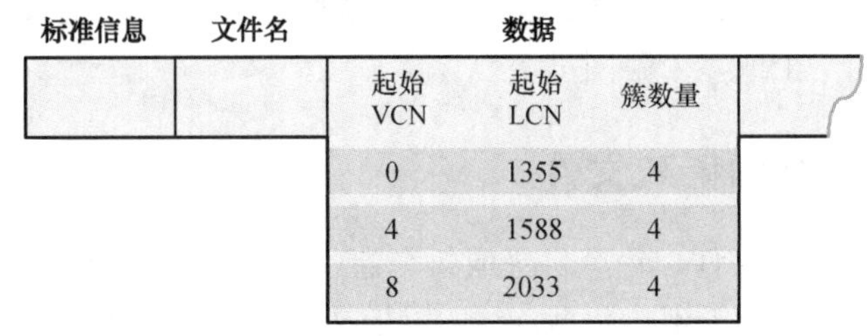

图 11-44 未压缩文件的 MFT 记录

当用户在 NTFS 卷上选择一个要压缩的文件后，NTFS 的一种压缩技术会将文件中一长串由零组成的字符串删除。如果文件数据是稀疏的，经此操作后通常文件将只占用原本所需磁盘空间的一小部分。如果随后对文件执行写入操作，则 NTFS 只需要为包含非零数据的运行分配空间。

图 11-45 描述了一个包含稀疏数据的压缩文件所对应的运行。请注意，文件 VCN 的某些范围（16～31 以及 64～127）是没有分配磁盘的。

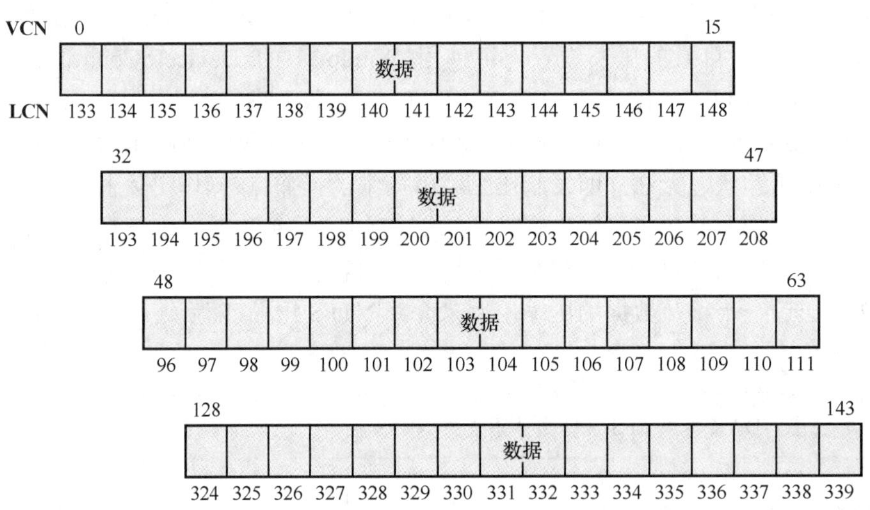

图 11-45 包含稀疏数据的压缩文件所对应的运行

该压缩文件的 MFT 记录省略了包含零的 VCN 块，因此也没有为其分配物理存储。例如，图 11-46 中的第一个数据项从 VCN 0 开始，涵盖 16 个簇；第二个项跳转到 VCN 32，涵盖 16 个簇。

当程序从压缩文件中读取数据时，NTFS 会检查 MFT 记录以确定 VCN 到 LCN 的映射是否涵盖了被读取的位置。如果程序是从文件中一个尚未分配的“空洞”读取，这意味着文件中那部分数据由零组成，因此 NTFS 无须进一步访问磁盘就会返回零。如果程序向“空洞”写入非零数据，则 NTFS 会悄悄分配磁盘空间并写入数据。对于包含大量零数据的稀疏文件来说，这是一种非常高效的技术。

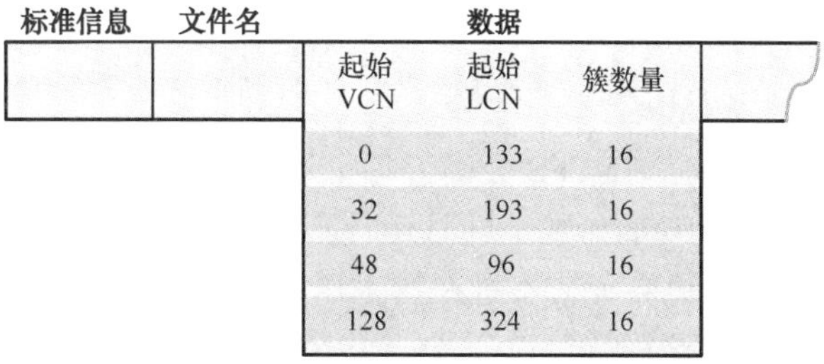

标准信息	文件名	数据		
		起始 VCN	起始 LCN	簇数量
		0	133	16
		32	193	16
		48	96	16
		128	324	16

图 11-46 包含稀疏数据的压缩文件所对应的 MFT 记录

11.12.11 非稀疏数据的压缩

上述稀疏文件压缩的例子其实有些“刻意”，这个例子描述了一种当文件的整个节都被零填充时的“压缩”，但文件中的其余数据并未受到压缩的影响。大部分文件中的数据并非稀疏的，但依然可以使用压缩算法来压缩。

在 NTFS 中，用户可以压缩特定的文件或一个目录中的所有文件（被压缩的目录中以后新建的文件也会被自动压缩，如果以编程的方式使用 FSCTL_SET_COMPRESSION 来启用对目录的压缩，则目录中现有的文件需要单独进行压缩）。压缩文件时，NTFS 会将文件中尚未处理的数据分成长度为 16 个簇的压缩单元（例如簇的大小为 8 KB 时，压缩单元大小就为 128 KB）。文件中的某些数据序列可能无法大幅压缩，甚至可能完全无法压缩。因此，对于文件中的每个压缩单元，NTFS 会判断压缩该单元是否可以节约至少 1 个簇的容量。如果压缩后无法释放出至少 1 个簇的容量，那么 NTFS 会分配一个 16 个簇的运行，将该单元中的数据直接写入磁盘，不进行压缩。如果 16 个簇单元中的数据可以压缩至 15 个簇或更少的簇，NTFS 将只分配包含压缩后数据所需数量的簇，随后将其写入磁盘。图 11-47 展示了一个包含 4 个运行的文件的压缩。图中未填充阴影的区域代表压缩之后该文件实际占用的存储位置。第 1、2 和 4 个运行都已被压缩，第 3 个运行未压缩。虽然包含 1 个未压缩的运行，压缩该文件也节约了 26 个簇的磁盘空间（41%）。

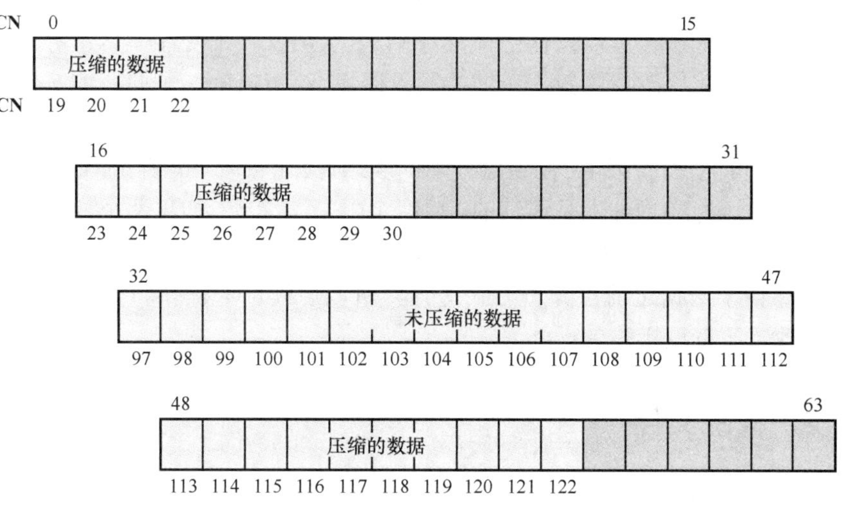

图 11-47 压缩文件包含的数据运行

> **注意**　尽管本章的图表都展示了连续的 LCN，但压缩单元并不需要存储在物理上连续的簇中。占用非连续簇的运行，其 MFT 记录会比图 11-47 所示的记录略为复杂一些。

在将数据写入压缩文件后，NTFS 会确保每个运行都从虚拟的 16 簇边界开始。因此，每个运行的起始 VCN 都是 16 的倍数，并且运行不会超过 16 个簇。当访问压缩文件时，NTFS 每次至少读/写一个压缩单元。不过在写入压缩后的数据时，NTFS 会试图将压缩单元存储在物理连续的位置，这样就可以通过一个 I/O 操作完全读取。NTFS 压缩单元大小为 16 个簇，选择这个大小主要是为了避免产生内部碎片：压缩单元越大，存储数据所需的总体磁盘空间就越小。这 16 个簇的压缩单元大小实际上是在“产生尽量小的压缩文件”和“降低随机访问文件的程序读取操作速度”之间进行权衡后的结果。每次缓存缺失都必须对相当于 16 个簇的数据解压缩（缓存缺失更可能出现在随机访问时）。图 11-48 显示了图 11-47 中压缩文件的 MFT 记录。

标准信息	文件名	数据		
		起始 VCN	起始 LCN	簇数量
		0	19	4
		16	23	8
		32	97	16
		48	113	10

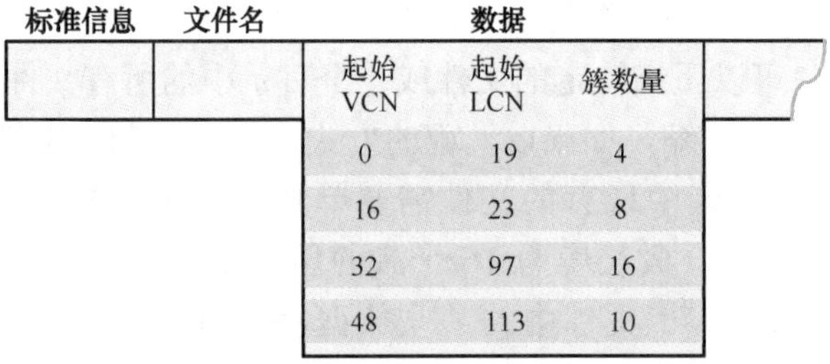

图 11-48　压缩文件的 MFT 记录

这个压缩文件和上文包含稀疏数据的压缩文件两个例子最主要的差别在于：该文件中的三个压缩运行的长度都小于 16 个簇。从文件的 MFT 文件记录中读取这些信息后，NTFS 可以知道文件中的数据是否被压缩。如果任何不超过 16 个簇的运行中包含压缩数据，NTFS 在首次将数据读入缓存时必须解压缩。恰巧 16 个簇长度的运行不包含压缩数据，因此不需要解压缩。

如果运行中的数据已被压缩，则 NTFS 会将数据解压缩到从头开始的缓冲区，随后将其复制到调用方的缓冲区。NTFS 还会将解压缩后的数据载入缓存，因此，同一个运行的后续读取就会和其他缓存读取操作一样快。NTFS 会将文件的更新写入缓存，利用惰性写入器以异步的方式将修改后的数据压缩并写入磁盘。该策略确保了向压缩文件执行写入操作不会比非压缩文件的写入操作产生更明显的延迟。

NTFS 会尽可能保持压缩文件磁盘分配的连续性。正如 LCN 所示，在图 11-47 中，压缩文件的前两个运行在物理上是连续的，后两个也是连续的。如果两个或更多运行是连续的，NTFS 就会像处理其他文件数据那样执行磁盘预读取。由于连续文件数据的读取和解压缩可在程序请求数据之前以异步方式进行，所以后续读取操作将直接从缓存中获得数据，这大幅改善了读取操作的性能。

11.12.12　稀疏文件

稀疏文件（sparse file，NTFS 文件类型，与上文描述的包含稀疏数据的文件不是一回事）实际上是一种压缩文件，但 NTFS 不会对文件中的非稀疏数据应用压缩。NTFS 管理稀疏文件 MFT 记录运行数据的方式，与管理由稀疏数据和非稀疏数据组成的压缩文件的方式完全相同。

11.12.13 变更日志文件

变更日志文件（\$Extend\$UsnJrnl）是一种稀疏文件，NTFS 在其中存储了文件和目录的变更记录。诸如 Windows 文件复制服务（FRS）和 Window 搜索服务等应用程序可以使用该日志响应文件和目录发生的变化。

日志将变更项存储在$J 数据流中，日志的最大大小存储在$Max 数据流中。项是可以包含版本信息的，其中包含有关文件或目录变更的如下信息。

- 变更时间。
- 变更原因（参阅表 11-9）。
- 文件或目录的属性。
- 文件或目录的名称。
- 文件或目录的 MFT 文件记录号。
- 文件的父目录的文件记录号。
- 安全 ID。
- 记录的更新序列号（USN）。
- 有关变更来源的额外信息（用户、FRS 等）。

表 11-9 变更日志的变更原因

标识符	原因
USN_REASON_DATA_OVERWRITE	文件或目录中的数据被覆盖
USN_REASON_DATA_EXTEND	数据被添加至文件或目录
USN_REASON_DATA_TRUNCATION	文件或目录中的数据被截断
USN_REASON_NAMED_DATA_OVERWRITE	文件数据流中的数据被覆盖
USN_REASON_NAMED_DATA_EXTEND	文件数据流中的数据被扩展
USN_REASON_NAMED_DATA_TRUNCATION	文件数据流中的数据被截断
USN_REASON_FILE_CREATE	新文件或目录被创建
USN_REASON_FILE_DELETE	文件或目录被删除
USN_REASON_EA_CHANGE	文件或目录的扩展属性被更改
USN_REASON_SECURITY_CHANGE	文件或目录的安全描述符被更改
USN_REASON_RENAME_OLD_NAME	文件或目录被更名，这是老名称
USN_REASON_RENAME_NEW_NAME	文件或目录被更名，这是新名称
USN_REASON_INDEXABLE_CHANGE	文件或目录的索引状态已改变(无论索引服务是否处理该文件或目录)
USN_REASON_BASIC_INFO_CHANGE	文件或目录的属性和时间戳已改变
USN_REASON_HARD_LINK_CHANGE	文件或目录添加或移除了硬链接
USN_REASON_COMPRESSION_CHANGE	文件或目录的压缩状态已改变
USN_REASON_ENCRYPTION_CHANGE	文件或目录启用或禁用了加密状态（EFS）
USN_REASON_OBJECT_ID_CHANGE	文件或目录的对象 ID 已改变
USN_REASON_REPARSE_POINT_CHANGE	文件或目录的重分析点已改变，或者文件或目录添加或删除了新的重分析点（如符号链接）

续表

标识符	原因
USN_REASON_STREAM_CHANGE	文件添加或删除了新数据流或已更名
USN_REASON_TRANSACTED_CHANGE	值已添加（ORed）至变更原因，代表该变更是最近提交 TxF 事务的结果
USN_REASON_CLOSE	文件或目录句柄已关闭，代表这是一系列操作中对文件进行的最终更改
USN_REASON_INTEGRITY_CHANGE	文件的范围（运行）内容已更改，相关完整性流已更新为新校验值。该标识符由 ReFS 文件系统生成
USN_REASON_DESIRED_STORAGE_CLASS_CHANGE	当流从容量层移动至性能层（反之亦然）时，NTFS 文件系统驱动程序会生成该事件

实验：读取变更日志

我们可以使用系统自带的%SystemRoot%\System32\Fsutil.exe 工具创建、删除或查询日志信息：

```
d:\>fsutil usn queryjournal d:
Usn Journal ID    : 0x01d48f4c3853cc72
First Usn         : 0x0000000000000000
Next Usn          : 0x0000000000000a60
Lowest Valid Usn  : 0x0000000000000000
Max Usn           : 0x7fffffffffff0000
Maximum Size      : 0x0000000000a00000
Allocation Delta  : 0x0000000000200000
Minimum record version supported : 2
Maximum record version supported : 4
Write range tracking: Disabled
```

从上述输出结果中可知，卷上变更日志的最大大小（10 MB）及其当前状态。作为一个简单的实验，我们可以看看 NTFS 如何记录日志中的变化，为此请在当前目录下创建一个名为 Usn.txt 的文件，将其更名为 UsnNew.txt，随后使用 Fsutil 转储日志：

```
d:\>echo Hello USN Journal! > Usn.txt
d:\>ren Usn.txt UsnNew.txt
d:\>fsutil usn readjournal d:
...

Usn               : 2656
File name         : Usn.txt
File name length  : 14
Reason            : 0x00000100: File create
Time stamp        : 12/8/2018 15:22:05
File attributes   : 0x00000020: Archive
File ID           : 0000000000000000000c000000617912
Parent file ID    : 00000000000000000018000000617ab6
Source info       : 0x00000000: *NONE*
Security ID       : 0
Major version     : 3
Minor version     : 0
Record length     : 96

Usn               : 2736
File name         : Usn.txt
```

```
File name length  : 14
Reason            : 0x00000102: Data extend | File create
Time stamp        : 12/8/2018 15:22:05
File attributes   : 0x00000020: Archive
File ID           : 0000000000000000000c000000617912
Parent file ID    : 00000000000000000018000000617ab6
Source info       : 0x00000000: *NONE*
Security ID       : 0
Major version     : 3
Minor version     : 0
Record length     : 96

Usn               : 2816
File name         : Usn.txt
File name length  : 14
Reason            : 0x80000102: Data extend | File create | Close
Time stamp        : 12/8/2018 15:22:05
File attributes   : 0x00000020: Archive
File ID           : 0000000000000000000c000000617912
Parent file ID    : 00000000000000000018000000617ab6
Source info       : 0x00000000: *NONE*
Security ID       : 0
Major version     : 3
Minor version     : 0
Record length     : 96

Usn               : 2896
File name         : Usn.txt
File name length  : 14
Reason            : 0x00001000: Rename: old name
Time stamp        : 12/8/2018 15:22:15
File attributes   : 0x00000020: Archive
File ID           : 0000000000000000000c000000617912
Parent file ID    : 00000000000000000018000000617ab6
Source info       : 0x00000000: *NONE*
Security ID       : 0
Major version     : 3
Minor version     : 0
Record length     : 96

Usn               : 2976
File name         : UsnNew.txt
File name length  : 20
Reason            : 0x00002000: Rename: new name
Time stamp        : 12/8/2018 15:22:15
File attributes   : 0x00000020: Archive
File ID           : 0000000000000000000c000000617912
Parent file ID    : 00000000000000000018000000617ab6
Source info       : 0x00000000: *NONE*
Security ID       : 0
Major version     : 3
Minor version     : 0
Record length     : 96

Usn               : 3056
File name         : UsnNew.txt
File name length  : 20
Reason            : 0x80002000: Rename: new name | Close
Time stamp        : 12/8/2018 15:22:15
File attributes   : 0x00000020: Archive
```

```
    File ID              : 0000000000000000000c000000617912
    Parent file ID       : 00000000000000000018000000617ab6
    Source info          : 0x00000000: *NONE*
    Security ID          : 0
    Major version        : 3
    Minor version        : 0
    Record length        : 96
```

这些项反映了命令行操作基础上所涉及的各种修改操作。如果卷没有启用变更日志（这种情况常见于非系统卷，因为没有应用程序请求文件变更通知或创建USN日志），也可以通过下列命令轻松启用（本例中请求了一个10 MB的日志）:

```
d:\ >fsutil usn createJournal d: m=10485760 a=2097152
```

日志是稀疏的，因此永远不会溢出，当磁盘上的日志大小超出文件定义的最大值后，NTFS会将变更信息窗口之前的文件数据清零，使其大小等于日志文件的最大值，如图11-49所示。为防止应用程序不断超过日志大小时频繁调整大小，NTFS只在日志大小超过应用程序定义最大尺寸的两倍后开始收缩日志。

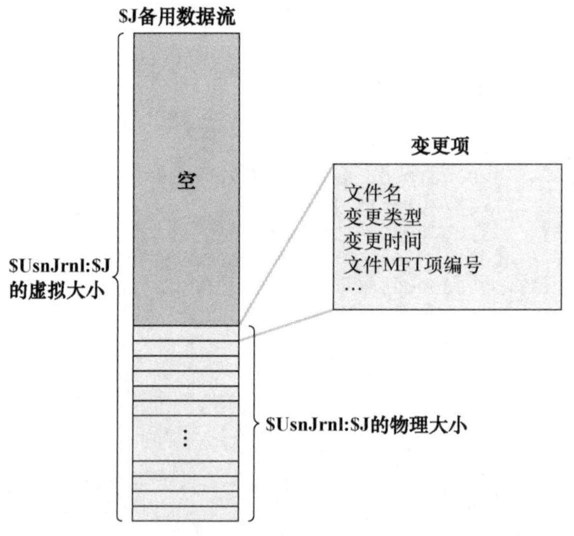

图 11-49 变更日志（$UsnJrnl）的空间分配

11.12.14 索引

在NTFS中，文件目录只是文件名的一个索引，也就是说，文件名（连同其文件记录号）的集合会被组织为B树。要创建目录，NTFS会对目录中文件的文件名属性创建索引。卷根目录的MFT记录如图11-50所示。

从概念上来说，目录的MFT项在其索引根属性中包含一个该目录中文件排序后的列表。不过对于较大的目录，文件名实际上存储在固定4 KB大小的索引缓冲区（索引分配属性的非常驻值）中，借此包含并整理文件名。索引缓冲区实现了一种B树数据结构，可最大限度减少寻找特定文件所需的磁盘访问次数，尤其是在大型目录中。索引根属性包含B树的第一层（根子目录），并指向包含下一层（也许是更多子目录或文件）的索引缓冲区。

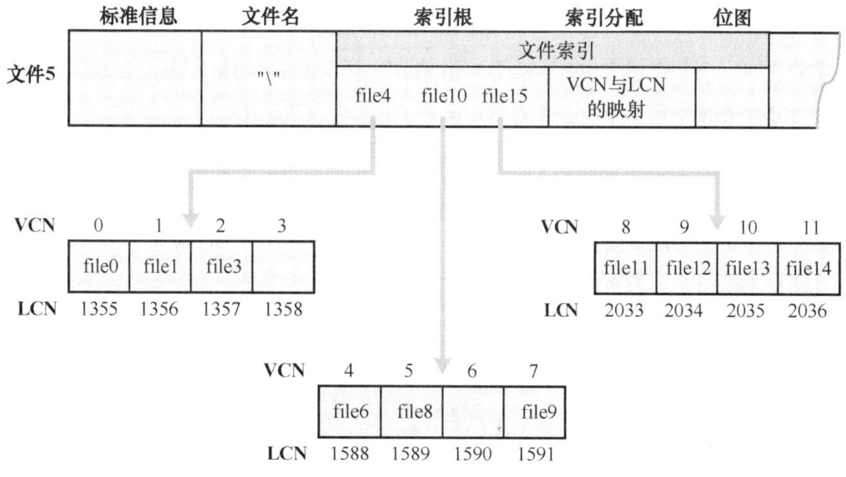

图 11-50 卷根目录的文件名索引

图 11-50 只展示了索引根属性和索引缓冲区中的文件名（如 file6），其实索引中的每个项也包含描述该文件的 MFT 中的记录号以及文件的时间戳和文件大小信息。NTFS 会从文件的 MFT 记录复制时间戳和文件大小信息。这种被 FAT 和 NTFS 使用的技术需要将更新后的信息写入两个地方。即便如此，这也可以大幅加快目录浏览速度，因为文件系统无须打开目录中的每个文件，即可显示每个文件的时间戳和大小信息。

索引分配属性会将索引缓冲区运行的 VCN 映射到 LCN，而该 LCN 指向索引缓冲区在磁盘上的位置，位图属性则可用于跟踪索引缓冲区中哪些 VCN 已被使用，哪些空闲。图 11-50 展示了每个 VCN（即每个簇）的一个文件项，但文件名项实际上已经打包到每个簇中。每个 4 KB 的索引缓冲区通常会包含大约 20 到 30 个文件名项（取决于目录中文件名的长度）。

B 树数据结构是一种平衡树，是用于组织磁盘中所存储数据的最佳选择，因为可以最大限度减少寻找项所需的磁盘访问次数。在 MFT 中，目录的索引根属性包含多个文件名，这些名称可作为 B 树的第二级索引。索引根属性中的每个文件名都有一个与之相关的可选指针以指向索引缓冲区。该索引缓冲区会指向词典分类顺序（Lexicographic）值小于自己的文件名。例如在图 11-50 中，file4 是 B 树中的第一级项，它指向词典分类顺序上所包含文件名小于自己的索引缓冲区，即文件名 file0、file1 和 file3。请注意，本例中使用的文件名 file1、file3 等并非字面意义上的文件名，而是为了展现文件的相对位置，按照显示过程中的词典分类顺序排序的名称。

将文件名存储在 B 树中有多个好处：目录查找速度更快，因为文件名已经以排序后的方式存储好了；当高层软件枚举目录中的文件时，NTFS 将返回排序后的名称；由于 B 树更倾向于在宽度而非深度方向上增长，因此 NTFS 的查找速度并不会因为目录增长而下降。

NTFS 还提供了对文件名之外其他索引数据的常规支持，而一些 NTFS 功能（如对象 ID、配额跟踪以及整合的安全性）也需要使用索引来管理内部数据。

B 树索引是 NTFS 的一种通用能力，可用于整理安全描述符、安全 ID、对象 ID、磁盘配额记录以及重分析点。目录也叫文件名索引，其他类型的索引则可称为视图索引。

11.12.15　对象 ID

除了将分配给文件或目录的对象 ID 存储在 MFT 记录的$OBJECT_ID 属性中，NTFS 还会在\$Extend\$ObjId 元数据文件的$O 索引中保存对象 ID 和文件记录号之间的对应关系。该索引可按照对象 ID（一种 GUID）整理所有项，借此 NTFS 可以快速根据 ID 定位文件。该功能可供应用程序使用 NtCreateFile 原生 API 以及 FILE_OPEN_BY_FILE_ID 标记，通过对象 ID 打开文件或目录。图 11-51 展示了 MFT 记录中$ObjId 元数据文件和$OBJECT_ID 属性之间的关系。

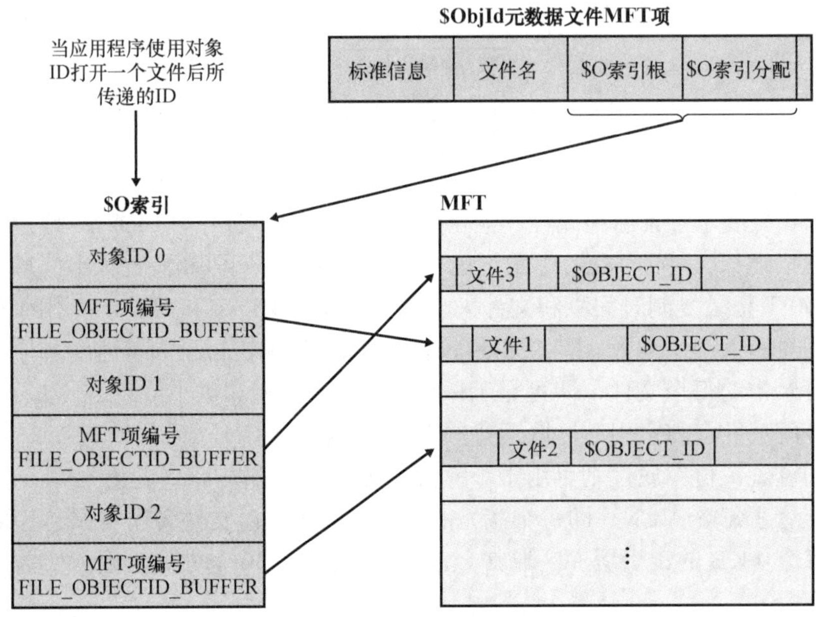

图 11-51　$ObjId 和$OBJECT_ID 的关系

11.12.16　配额跟踪

NTFS 将配额信息存储在\$Extend\$Quota 元数据文件中，其中包含命名索引根属性$O 和$Q。图 11-52 展示了这些索引的组织方式。就像 NTFS 会为每个安全描述符分配一个唯一内部安全 ID 一样，NTFS 也会为每个用户分配一个唯一用户 ID。当管理员为用户定义配额时，NTFS 会分配一个与该用户的 SID 对应的用户 ID。在$O 索引中，NTFS 会创建一个项，借此将 SID 映射至用户 ID，并使用 SID 对该索引排序；在$Q 索引中，NTFS 会创建配额控制项。配额控制项包含用户的配额限制值，以及用户在卷上已使用的磁盘空间总量信息。

当应用程序创建文件或目录时，NTFS 会获取应用程序用户的 SID 并在$O 索引中查找相关的用户 ID。NTFS 会将用户 ID 记录到新文件或目录的$STANDARD_INFORMATION 属性中，借此将分配给该文件或目录的所有磁盘空间计入该用户的配额中。随后 NTFS 会在$Q 索引中查找配额项，并确定新分配是否会导致用户超出自己的警报或限制阈值。如果新分配会导致用户超出阈值，则 NTFS 会执行相应的措施，如在系统事件日志中记录事件，或不允许用户创建文件或目录。随着文件或目录大小的更改，NTFS 会更新$STANDARD_

INFORMATION 属性中存储的、与用户 ID 相关的配额控制项。NTFS 会使用 NTFS 通用 B 树索引将用户 ID 与账户 SID 高效关联在一起，并借此通过用户 ID 快速找出用户的配额控制信息。

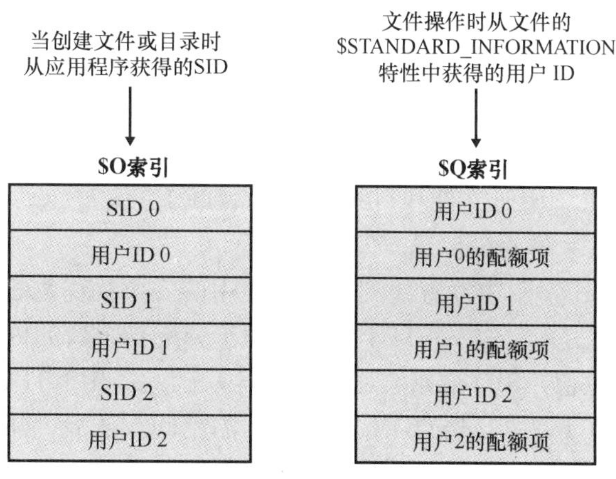

图 11-52 $Quota 索引

11.12.17 综合安全性

NTFS 始终支持安全性，借此管理员可以指定哪个用户可以或不可以访问特定的文件和目录。为了优化安全描述符的磁盘利用率，NTFS 会使用一个名为$Secure 的中心元数据文件，从而只存储每个安全描述符的一个实例。

如图 11-53 所示，$Secure 文件包含两个索引属性：$SDH（安全描述符哈希）和$SII（安全 ID 索引），此外还包含一个名为$SDS（安全描述符流）的数据流属性。NTFS 为卷上每个唯一安全描述符分配一个内部 NTFS 安全 ID（和 Windows SID 不是一回事，Windows SID 用于标识唯一的计算机和用户账户），并用一种简单的哈希算法为安全描述符创建哈希。哈希可以看成描述符的一种潜在的、非唯一的速记表达。$SDH 索引项将安全描述符哈希映射至安全描述符在$SDS 数据属性中的存储位置，$SII 索引项将 NTFS 安全 ID 映射至安全描述符在$SDS 数据属性中的位置。

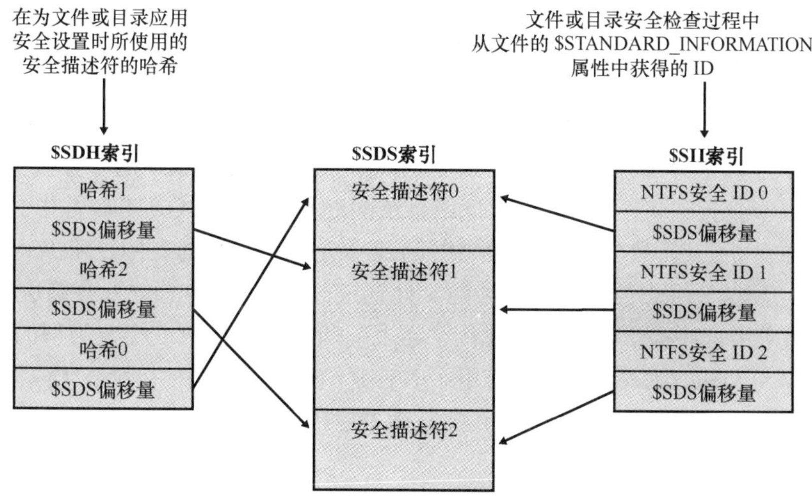

图 11-53 $Secure 索引

当将安全描述符应用给文件或目录时，NTFS 会获取描述符的哈希，并在$SDH 索引中查找匹配项。NTFS 会根据相应的安全描述符的哈希对$SDH 索引项排序，并将项存储在 B 树中。如果在$SDH 索引中找到匹配的描述符，则 NTFS 会通过该项的偏移量值找出安全描述符项的偏移量，并从$SDS 属性读取安全描述符。如果哈希匹配但安全描述符不匹配，则 NTFS 会在$SDH 索引中查找另一个匹配项。在 NTFS 找到严格的匹配项后，想要应用安全描述符的文件或目录即可直接引用$SDS 特性中的现有安全描述符。NTFS 在进行引用时，会从$SDH 项读取 NTFS 安全标识符，将其存储在文件或目录的$STANDARD_INFORMATION 属性中。所有文件和目录都具备 NTFS 的这个属性，其中存储了有关文件的基本信息，如属性、时间戳信息、安全描述符。

如果 NTFS 在$SDH 索引中没有找到与想要应用的安全描述符相符的项，这意味着该安全描述符在这个卷上是唯一的，NTFS 会为描述符分配一个新的内部安全 ID。NTFS 内部安全 ID 是一种 32 位值，SID 通常会比它大几倍，因此，用 NTFS 的安全 ID 代替 SID 还可节约$STANDARD_INFORMATION 属性占用的空间。随后，NTFS 会将该安全描述符添加到$SDS 数据属性的尾部，并在$SDH 和$SII 索引中添加表示该描述符在$SDS 数据中偏移量的项。

当应用程序试图打开文件或目录时，NTFS 会使用$SII 索引查找文件或目录的安全描述符。NTFS 会从 MFT 项的$STANDARD_INFORMATION 属性中读取文件或目录的内部安全 ID，随后使用$Secure 文件的$SII 索引在$SDS 数据属性中定位该 ID。对$SDS 属性的偏移量使得 NTFS 可以顺利读取安全描述符并完成安全检查。NTFS 会将最近访问过的 32 个安全描述符及其$SII 索引项存储在缓存中，这样就只需要在$SII 未缓存时才会访问$Secure 文件。

NTFS 不会删除$Secure 文件中的项，哪怕卷中的文件和目录都不再引用。保留这些项并不会导致磁盘空间的浪费，因为大部分卷，哪怕已经使用了很长时间，也只会产生很少量的唯一安全描述符。

NTFS 对通用 B 树索引的使用使得具备相同安全设置的文件和目录最终可以共享安全描述符。$SII 索引可以帮助 NTFS 在$Secure 文件中快速查找安全描述符并执行安全检查，$SDH 索引可以帮助 NTFS 快速确定应用给文件或目录的安全描述符是否已经存储在$Secure 文件中并且可以被共享。

11.12.18 重分析点

如上文所述，重分析点是一块由应用程序定义的、最大 16 KB 的重分析数据。另外，还有一个 32 位重分析标签会存储在文件或目录的$REPARSE_POINT 属性中。当应用程序创建或删除重分析点时，NTFS 会更新\$Extend\$Reparse 元数据文件，NTFS 在其中存储的项标识了包含重分析点的文件和目录的文件记录号。在一个中心位置存储这些记录使得 NTFS 能够为应用程序提供接口，借此枚举卷上的所有重分析点或指定类型的重分析点，例如挂载点。\$Extend\$Reparse 文件使用了 NTFS 的通用 B 树索引设施，根据重分析点标签和文件记录号整理文件的项（在一个名为$R 的索引中）。

实验：查看不同的重分析点

文件或目录重分析点可包含任意类型的任意数据。这个实验将使用系统自带的 fsutil.exe 工具，使用类似第 8 章介绍的方法，分析符号链接和现代应用程序 AppExecutionAlias 的重分析点内容。首先创建一个符号链接：

```
C:\>mklink test_link.txt d:\Test.txt
symbolic link created for test_link.txt <<===>> d:\Test.txt
```

随后即可使用 **fsutil reparsePoint query** 命令查看重分析点内容：

```
C:\>fsutil reparsePoint query test_link.txt
Reparse Tag Value : 0xa000000c
Tag value: Microsoft
Tag value: Name Surrogate
Tag value: Symbolic Link

Reparse Data Length: 0x00000040
Reparse Data:
0000:  16 00 1e 00 00 00 16 00 00 00 00 00 64 00 3a 00 ............d.:.
0010:  5c 00 54 00 65 00 73 00 74 00 2e 00 74 00 78 00 \.T.e.s.t...t.x.
0020:  74 00 5c 00 3f 00 3f 00 5c 00 64 00 3a 00 5c 00 t.\.?.?.\.d.:.\.
0030:  54 00 65 00 73 00 74 00 2e 00 74 00 78 00 74 00 T.e.s.t...t.x.t.
```

毫不意外，内容是一种简单的数据结构（REPARSE_DATA_BUFFER，详见 Microsoft Docs 网站），其中包含符号链接目标和所显示的文件名。我们甚至可以使用 **fsutil reparsePoint delete** 命令删除这个重分析点：

```
C:\>more test_link.txt
This is a test file!

C:\>fsutil reparsePoint delete test_link.txt

C:\>more test_link.txt
```

如果删除该重分析点，文件将变成 0 字节。这是设计特性，因为链接文件的未命名数据流（$DATA）是空的。我们可以针对已安装现代应用程序（下文例子中使用了 Spotify）的 AppExecutionAlias 重复该实验：

```
C:\>cd C:\Users\Andrea\AppData\Local\Microsoft\WindowsApps
C:\Users\andrea\AppData\Local\Microsoft\WindowsApps>fsutil reparsePoint query Spotify.exe
Reparse Tag Value : 0x8000001b
Tag value: Microsoft

Reparse Data Length: 0x00000178
Reparse Data:
0000:  03 00 00 00 53 00 70 00 6f 00 74 00 69 00 66 00  ....S.p.o.t.i.f.
0010:  79 00 41 00 42 00 2e 00 53 00 70 00 6f 00 74 00  y.A.B...S.p.o.t.
0020:  69 00 66 00 79 00 4d 00 75 00 73 00 69 00 63 00  i.f.y.M.u.s.i.c.
0030:  5f 00 7a 00 70 00 64 00 6e 00 65 00 6b 00 64 00  _.z.p.d.n.e.k.d.
0040:  72 00 7a 00 72 00 65 00 61 00 30 00 00 00 53 00  r.z.r.e.a.0...S
0050:  70 00 6f 00 74 00 69 00 66 00 79 00 41 00 42 00  p.o.t.i.f.y.A.B.
0060:  2e 00 53 00 70 00 6f 00 74 00 69 00 66 00 79 00  ..S.p.o.t.i.f.y.
0070:  4d 00 75 00 73 00 69 00 63 00 5f 00 7a 00 70 00  M.u.s.i.c._.z.p.
0080:  64 00 6e 00 65 00 6b 00 64 00 72 00 7a 00 72 00  d.n.e.k.d.r.z.r.
0090:  65 00 61 00 30 00 21 00 53 00 70 00 6f 00 74 00  e.a.0.!.S.p.o.t.
```

```
00a0:  69 00 66 00 79 00 00 00 43 00 3a 00 5c 00 50 00  i.f.y...C.:.\.P.
00b0:  72 00 6f 00 67 00 72 00 61 00 6d 00 20 00 46 00  r.o.g.r.a.m. .F.
00c0:  69 00 6c 00 65 00 73 00 5c 00 57 00 69 00 6e 00  i.l.e.s.\.W.i.n.
00d0:  64 00 6f 00 77 00 73 00 41 00 70 00 70 00 73 00  d.o.w.s.A.p.p.s.
00e0:  5c 00 53 00 70 00 6f 00 74 00 69 00 66 00 79 00  \.S.p.o.t.i.f.y.
00f0:  41 00 42 00 2e 00 53 00 70 00 6f 00 74 00 69 00  A.B...S.p.o.t.i.
0100:  66 00 79 00 4d 00 75 00 73 00 69 00 63 00 5f 00  f.y.M.u.s.i.c._.
0110:  31 00 2e 00 39 00 34 00 2e 00 32 00 36 00 32 00  1...9.4...2.6.2.
0120:  2e 00 30 00 5f 00 78 00 38 00 36 00 5f 00 5f 00  ..0._.x.8.6._._.
0130:  7a 00 70 00 64 00 6e 00 65 00 6b 00 64 00 72 00  z.p.d.n.e.k.d.r.
0140:  7a 00 72 00 65 00 61 00 30 00 5c 00 53 00 70 00  z.r.e.a.0.\.S.p.
0150:  6f 00 74 00 69 00 66 00 79 00 4d 00 69 00 67 00  o.t.i.f.y.M.i.g.
0160:  72 00 61 00 74 00 6f 00 72 00 2e 00 65 00 78 00  r.a.t.o.r...e.x.
0170:  65 00 00 00 30 00 00 00                          e...0...
```

从上述输出结果中可以看到另一种类型的重分析点：被现代应用程序使用的 AppExecutionAlias。详细信息请参阅第 8 章。

11.12.19 存储保留和 NTFS 预留

Windows Update 和 Windows 安装程序必须能正确应用重要的安全更新，哪怕系统卷已经快要装满（需要确保此时也有足够的可用空间）。为了实现这种目标，Windows 10 引入了存储保留（storage reserve）。在介绍存储保留前，首先需要了解何谓 NTFS 预留（reservation）以及为何需要这样的功能。

当 NTFS 文件系统挂载一个卷时，会计算该卷的已用和可用空间。然而，没有哪种磁盘属性可以直接记录这两个数值；NTFS 会在磁盘上维持并存储卷位图，借此代表卷上所有簇的状态。NTFS 挂载代码会扫描该位图并统计已用簇的数量（已用簇在位图中对应的位会被设置为“1”），随后通过一个简单的公式（卷中簇的总数减去已用簇的总数）就可以得到可用簇的数量。计算得到的这两个计数器会存储在卷控制块（VCB）的数据结构中，代表已挂载的卷，只会在卷被卸载之前存在于内存中。

在常规的卷 I/O 活动中，NTFS 必须维持保留簇的总数，该计数器的存在主要出于下列原因。

- 写入压缩文件和稀疏文件时，系统必须确保整个文件都是可写入的，因为打开此类文件的应用程序可能会在整个文件中存储未压缩的有效数据。
- 首次创建一个可写入的映像支撑节时，文件系统必须为整个节大小预留足够的可用空间，哪怕并未在卷上分配任何物理空间。
- USN 日志和 TxF 会使用该计数器来保证 USN 日志与 NTFS 事务可以获得足够的空间。

NTFS 还会在常规 I/O 活动中维持另一个计数器——总可用空间，这是用户可以看到并用来存储新文件或数据的最终空间量。这三个概念都是 NTFS 预留的一部分。NTFS 预留最重要的特点是：计数器只是内存中的易失性表示，会在卷卸载时销毁。

存储保留则是一种基于 NTFS 预留的功能，允许文件拥有分配的存储保留区域。存储保留定义了 15 个不同的保留区域（其中 2 个由操作系统保留），它们被定义并存储在内存和 NTFS 磁盘数据结构中。

要使用新增的磁盘保留功能，应用程序需使用文件系统控制代码 FSCTL_QUERY_STORAGE_RESERVE 定义卷的存储保留区域，借此通过一种数据结构指定要保留的空间总量和区域 ID。这会导致 VCB 中多个计数器被更新（存储保留区域维持在内存中），并在$Bitmap 元数据文件的$SRAT 命名数据流中插入一个新的数据流。$SRAT 数据流中包含的数据结构可跟踪每个保留区域，包括保留簇和已用簇的数量。应用程序可通过文件系统控制代码 FSCTL_QUERY_STORAGE_RESERVE 查询有关存储保留区域的信息，并使用 FSCTL_DELETE_STORAGE_RESERVE 代码删除存储保留。

定义了存储保留区域后，应用程序就可以保证该空间不会被任何其他组件使用。随后应用程序可以使用 NtSetInformationFile 原生 API 以及 FileStorageReserveIdInformationEx 信息类将文件和目录分配到存储保留区域。NTFS 文件系统驱动程序会管理请求，为此需要更新保留区域内存中的保留和已用簇计数器，并更新卷中属于 NTFS 预留的已保留簇总数。此外还会存储并更新目标文件在磁盘上的$STANDARD_INFO 属性。后者通过 4 位来存储保留区域 ID，借此系统只需解析 MFT 项即可快速枚举属于一个保留的每个文件（NTFS 在 FSCTL_QUERY_FILE_LAYOUT 代码的调度函数中实现了该枚举）。用户可以使用 **fsutil storageReserve findByID** 命令枚举属于存储保留的文件，只需指定感兴趣的卷路径名和存储保留 ID 即可。

存储保留为一些基本文件操作（如文件创建和更名）造成了新的副作用。新创建的文件或目录会自动继承父目录的存储保留 ID，重命名（移动到）新父目录位置的文件或目录也面临这种情况。由于更名操作会更改文件或目录的存储保留 ID，这意味着该操作也可能因为空间不足而失败。将非空目录移动至新父目录位置，意味着新的存储保留 ID 会以递归的方式应用至所有文件和子目录。在存储保留所保留的空间耗尽后，系统开始使用卷上的可用空间，因此无法总是保证该操作可以成功。

实验：观察存储保留

从 Windows 10 的 2019 年 5 月的更新（19H1）开始，我们可以通过自带的 fsutil.exe 工具查看现有的 NTFS 保留：

```
C:\>fsutil storagereserve query c:
Reserve ID:         1
flags:              0x00000000
Space Guarantee:    0x0                   (0 MB)
Space Used:         0x0                   (0 MB)
Reserve ID:         2
flags:              0x00000000
Space Guarantee:    0x0                   (0 MB)
Space Used:         0x199ed000            (409 MB)
```

Windows 安装程序定义了两个 NTFS 保留：一个硬保留（ID 1），被安装程序用于存储自己的文件，无法被其他应用程序删除或替换；另一个软保留（ID 2），用于存储临时文件，例如系统日志和 Windows Update 下载的文件。在上述范例中，安装程序已经可以安装自己的所有文件（无须执行 Windows Update），因此硬保留为空，软保留已经分配了自己的所有保留空间。我们可以使用 **fsutil storagereserve findById** 命令枚举一个保留中包含的所有文件（注意输出内容很长，因此可以考虑使用 > 符号将输出重定向为文件）。

```
C:\>fsutil storagereserve findbyid c: 2
...

********* File 0x0002000000018762 *********
File reference number     : 0x0002000000018762
File attributes           : 0x00000020: Archive
File entry flags          : 0x00000000
Link (ParentID: Name)     : 0x0001000000001165: NTFS Name     :
Windows\System32\winevt\Logs\OAlerts.evtx
Link (ParentID: Name)     : 0x0001000000001165: DOS Name      : OALERT~1.EVT
Creation Time             : 12/9/2018 3:26:55
Last Access Time          : 12/10/2018 0:21:57
Last Write Time           : 12/10/2018 0:21:57
Change Time               : 12/10/2018 0:21:57
LastUsn                   : 44,846,752
OwnerId                   : 0
SecurityId                : 551
StorageReserveId          : 2
Stream                    : 0x010 ::$STANDARD_INFORMATION
    Attributes            : 0x00000000: *NONE*
    flags                 : 0x0000000c: Resident | No clusters allocated
    Size                  : 72
    Allocated Size        : 72
Stream                    : 0x030 ::$FILE_NAME
    Attributes            : 0x00000000: *NONE*
    flags                 : 0x0000000c: Resident | No clusters allocated
    Size                  : 90
    Allocated Size        : 96
Stream                    : 0x030 ::$FILE_NAME
    Attributes            : 0x00000000: *NONE*
    flags                 : 0x0000000c: Resident | No clusters allocated
    Size                  : 90
    Allocated Size        : 96
Stream                    : 0x080 ::$DATA
    Attributes            : 0x00000000: *NONE*
    flags                 : 0x00000000: *NONE*
    Size                  : 69,632
    Allocated Size        : 69,632
    Extents               : 1 Extents
                          : 1: VCN: 0 Clusters: 17 LCN: 3,820,235
```

11.12.20　事务支持

借助内核对内核事务管理器（KTM）的支持，以及通用日志文件系统提供的必要设施，NTFS 实现了一种名为事务型 NTFS（也叫 TxF）的事务模型。TxF 提供了一系列用户模式 API，应用程序可以借此对自己的文件和目录执行事务型操作，并通过文件系统控制（FSCTL）接口管理自己的资源管理器。

注意　作为向 Windows 引入原子性事务的一种方式，Windows Vista 引入了对 TxF 的支持。NTFS 驱动程序也因此进行了一些修改，但实际上并未改变 NTFS 数据结构的格式，所以自 Windows XP 和 Windows Server 2003 起，NTFS 格式版本就始终为 3.1。TxF 重新使用原本只为支持 EFS 而使用的属性类型（$LOGGED_UTILITY_STREAM），并未增加新的属性类型，借此实现了向后兼容性。

TxF 是一个强大的 API，但因为过于复杂，开发者需要考虑很多问题，因此只有少数应用程序用到了该功能。截至撰写这部分内容，微软正考虑在后续版本的 Windows 中弃用 TxF API。但考虑到内容的完整性，本书依然会概括介绍 TxF 的架构。

TxF 的整体架构如图 11-54 所示，其中包含以下多个组件。

- 实现于 Kernel32.dll 库中的事务 API。
- 一个读取 TxF 日志的库（%SystemRoot%\System32\Txfw32.dll）。
- 一个用于实现 TxF 日志功能的 COM 组件（%SystemRoot\System32\Txflog.dll）。
- NTFS 驱动程序内部的事务型 NTFS 库。
- 用于读/写日志记录的 CLFS 基础架构。

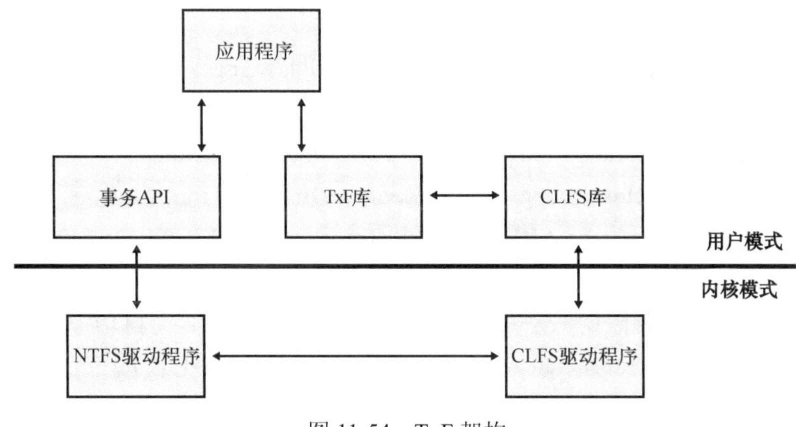

图 11-54 TxF 架构

11.12.21 隔离

虽然事务型文件操作是可选的，但正如第 10 章介绍的事务型注册表（TxR）操作那样，TxF 也会对无法感知事务的常规应用程序产生一定影响，因为它可以保证实现隔离的事务型操作。举例来说，如果杀毒软件正在扫描的文件被其他应用程序通过事务型操作修改了，则 TxF 必须确保扫描器能读取到执行事务型操作前的数据，而在事务型操作中访问文件的应用程序必须能读取到修改后的数据。这种模型也叫读取-提交隔离（read-committed isolation）。

读取-提交隔离涉及事务写入者和事务读取者的概念。写入者始终能看到文件最新版本的视图，包括当前与该文件相关事务做出的所有改动。任何时候，一个文件只能有一个事务写入者，这意味着这种写入是独占式的写入。另外，事务读取者在打开文件时只能访问该文件提交后的版本，因此读取者与写入者所做的改动是相互隔离的。这样读取者就可以对文件获得一致的视图，哪怕此时还有写入者正在提交改动。要查看更新后的数据，事务读取者必须打开一个指向修改后的文件新句柄。

事务写入者和事务读取者还会禁止非事务型写入者打开文件，因此，除非执行事务型操作，否则将无法更改文件。非事务型读取者的行为与事务型读取者的行为类似，只能看到文件句柄打开时最后一次提交后的文件内容。不过与事务型读取者不同的是，非事务型读取者无法实现读取-提交隔离，因此无须打开新句柄，也可以始终获得事务型操作的文件最近一次提交后的最新版本视图。这样无法感知事务的应用程序才能表现出符合预期的行为。

总而言之，TxF 的读取-提交隔离模型具备下列特征：

- 变更会与事务型读取者相互隔离。
- 如果相关事务因为计算机崩溃或卷被强行卸载而回滚，变更也会回滚（撤销）。
- 如果相关事务成功提交，变更也会刷新到磁盘。

11.12.22 事务型 API

TxF 实现了 Windows 文件 I/O API 的事务型版本，它们均使用“Transacted”作为后缀。

- **Create API**：CreateDirectoryTransacted、CreateFileTransacted、CreateHardLinkTransacted、CreateSymbolicLinkTransacted。
- **Find API**：FindFirstFileNameTransacted、FindFirstFileTransacted、FindFirstStreamTransacted。
- **Query API**：GetCompressedFileSizeTransacted、GetFileAttributesTransacted、GetFullPathNameTransacted、GetLongPathNameTransacted。
- **Delete API**：DeleteFileTransacted、RemoveDirectoryTransacted。
- **Copy** 和 **Move/Rename API**：CopyFileTransacted、MoveFileTransacted。
- **Set API**：SetFileAttributesTransacted。

此外，当所传递的文件句柄是事务的一部分时，一些 API 会自动参与到事务型操作中，例如，由 CreateFileTransacted API 创建的事务。表 11-10 列出了在处理事务型文件句柄时，默认行为有变化的 Windows API。

表 11-10 被 TxF 改变的 API 行为

API 名称	变化
CloseHandle	在所有应用程序关闭到文件的事务型句柄前，事务不被提交
CreateFileMapping、MapViewOfFile	对参与事务的文件映射视图的修改与事务本身有关
FindNextFile、ReadDirectoryChanges、GetInformationByHandle、GetFileSize	如果文件句柄是事务的一部分，则这些操作将应用读取-隔离规则
GetVolumeInformation	如果卷支持 TxF，那么函数将返回 FILE_SUPPORTS_TRANSACTIONS
ReadFile、WriteFile	对事务型文件句柄的读取和写入操作是事务的一部分
SetFileInformationByHandle	如果文件句柄是事务的一部分，那么对 FileBasicInfo、FileRenameInfo、FileAllocationInfo、FileEndOfFileInfo 和 FileDispositionInfo 类的改变也将是事务型的
SetEndOfFile、SetFileShortName、SetFileTime	如果文件句柄是事务的一部分，那么改变也将是事务型的

11.12.23 磁盘上的实现

如表 11-7 所示，TxF 使用$LOGGED_UTILITY_STREAM 特性类型来存储事务中当前或曾经涉及的文件和目录的额外数据。该属性也叫$TXF_DATA，其中包含的重要信息可供 TxF 为与事务相关的文件保存活跃的脱机数据。该特性会永久保存在 MFT 中，也就是说，即使文件不再与事务相关，数据流依然会存在，具体原因见下文。该属性的主要组件如图 11-55 所示。

图 11-55 所示的第一个字段是资源管理器根的文件记录号，主要负责与文件有关的事务。默认资源管理器的文件记录号为 5，这也是 MFT 中根目录（\）的文件记录号，如图 11-31 所

示。TxF 在为文件创建 FCB 时需要这些信息，这样才可以将其与正确的资源管理器链接在一起；NTFS 收到事务文件请求时，也需要为事务创建登记（Enlistment）。

RM根的文件记录号
标记
TxF文件 ID（TxID）
NTFS元数据的LSN
用户数据的LSN
目录索引的LSN
USN索引

图 11-55　$TXF_DATA 属性

$TXF_DATA 属性中存储的另一个重要数据是 TxF 文件的 ID，即 TxID，这也解释了为何$TXF_DATA 属性永远不会被删除。因为 NTFS 在写入事务日志时会将文件名写入记录，因此需要通过一种具备唯一性的方式来识别同一目录下可能使用相同名称的文件。举例来说，如果在一个事务中从某个目录里删除了 sample.txt，随后在同一个目录中创建了一个同名的新文件（都在同一个事务中进行），TxF 就需要通过某种具备唯一性的方式区分 sample.txt 的两个实例。这种区分由一个 64 位的唯一数字（TxID）实现，当新文件（或文件的一个实例）关联事务之后，TxF 会增大这个数字。由于永远不能重复使用，所以 TxID 具备永久性，$TXF_DATA 属性永远不会从文件中移除。

同样重要的是，事务涉及的每个文件都会存储三个 CLFS（Common Logging File System，通用日志文件系统）LSN。每当事务被激活（如创建、更名或写入操作过程中）时，TxF 会向其 CLFS 日志写入一条日志记录，每条记录都会分配一个 LSN，而该 LSN 会被写入$TXF_DATA 属性的相应字段。第一个 LSN 所存储的日志记录可标识出与该文件有关的 NTFS 元数据变化。举例来说，如果事务操作改变了文件的标准属性，TxF 必须更新相关的 MFT 文件记录，并存储用于描述该变化的日志记录的 LSN。在文件的数据被修改后，TxF 将使用第二个 LSN。最后，当目录的文件名索引需要更改文件所涉及的事务，或参与事务的目录收到 TxID 时，TxF 将使用第三个 LSN。

$TXF_DATA 属性还存储了内部标记，借此向 TxF 以及提交时应用到文件的 USN 记录描述状态信息。一个 TxF 事务可以跨越多个 USN 记录，这些记录的部分内容可能已经被 NTFS 的恢复机制（见下文）更新了，因此，索引可以告诉 TxF 在恢复之后还需要应用多少个 USN 记录。

TxF 会对每个卷使用默认资源管理器来跟踪其事务状态，不过 TxF 也支持额外的资源管理器（名为辅助资源管理器）。这些资源管理器可由应用程序写入者定义，可将元数据保存在应用程序选择的任何目录中，并为撤销、备份、还原和重做操作定义自己的事务工作单元。默认资源管理器和辅助资源管理器均可包含一定数量的元数据文件和目录，借此描述自己的当前状态。

- $Txf 目录，位于$Extend\$RmMetadata 目录下，文件被事务操作删除或覆盖写入后，会在这里进行链接。
- $Tops，即 TxF Old Page Stream（TOPS，TxF 旧页流）文件，其中包含默认数据流和一个名为$T 的备用数据流。TOPS 文件的默认流包含与资源管理器有关的元数据，如 GUID、CLFS 日志策略以及恢复工作起始位置的 LSN。$T 流包含部分被事务写入器覆盖写入的文件数据（而非完整覆盖写入，完整覆盖写入会将文件移动至$Txf 目录）。
- TxF 日志文件，即存储事务记录的 CLFS 日志文件。对于默认资源管理器，这些文件是$TxfLog 目录的一部分，但辅助资源管理器可将其存储在任何位置。TxF 使用了一种名为$TxfLog.blf 的复用基础日志文件。文件\$Extend\$RmMetadata\$TxfLog\$TxfLog 包含两个流：用于保存内核事务管理器元数据记录的 KtmLog 流，以及保存 TxF 日志记录的 TxfLog 流。

实验：查询资源管理器信息

我们可以使用系统自带的 Fsutil.exe 命令行工具查询与默认资源管理器有关的信息，或借此创建、启动和停止辅助资源管理器，并配置其日志策略和行为。下列命令可查询根目录（\）的默认资源管理器的相关信息：

```
d:\>fsutil resource info \
Resource Manager Identifier :     81E83020-E6FB-11E8-B862-D89EF33A38A7
KTM Log Path for RM: \Device\HarddiskVolume8\$Extend\$RmMetadata\$TxfLog\$TxfLog::
  KtmLog
Space used by TOPS:    1 Mb
TOPS free space:       100%
RM State:              Active
Running transactions: 0
One phase commits:     0
Two phase commits:     0
System initiated rollbacks: 0
Age of oldest transaction: 00:00:00
Logging Mode:          Simple
Number of containers: 2
Container size:        10 Mb
Total log capacity:    20 Mb
Total free log space: 19 Mb
Minimum containers:    2
Maximum containers:    20
Log growth increment: 2 container(s)
Auto shrink:           Not enabled

RM prefers availability over consistency.
```

如上文所述，**fsutil resource** 命令针对 Txf 资源管理器提供了多种配置选项，甚至可以在我们自选的任意目录下创建辅助资源管理器。例如，可以使用 **fsutil resource create c:\rmtest** 命令在 Rmtest 目录下创建辅助资源管理器，随后使用 **fsutil resource start c:\rmtest** 命令将其启动。请注意，随后该文件夹下会出现$Tops 和$TxfLogContainer*文件，以及 TxfLog 和$Txf 目录。

11.12.24 日志记录的实现

在因为持续的事务而更改了磁盘内容后，TxF 都会将改动记录写入自己的日志。TxF 使用多种日志记录类型来跟踪事务变化，但无论哪种类型，所有 TxF 日志记录都有一个通用的头部，其中包含的信息可用于识别记录类型、与记录有关的操作、记录应用到的 TxID，以及与其相关的 KTM 事务的 GUID。

重做（Redo）记录指定了在事务没有实际从缓存刷新到磁盘的情况下，应该如何将已提交的改动重新应用到卷。另外，撤销（Undo）记录则指定了在需要进行回滚时，如何撤销尚未提交的事务中涉及的改动。一些记录仅适用于重做，这意味着其中不包含任何等价的撤销信息，而一些记录可能同时包含了重做和撤销信息。

TxF 通过 TOPS 文件维护两个关键数据：基础 LSN（Base LSN）和重启动 LSN（Restart LSN）。基础 LSN 决定了日志中第一条有效记录的 LSN，重启动 LSN 则表明启动资源管理器时应从哪个 LSN 开始恢复。TxF 写入重启动记录时会更新这两个值，代表改动已应用给卷并刷新到磁盘，这意味着文件系统已与最新的重启动 LSN 完全一致。

TxF 还会写入补偿性日志记录（Compensating Log Record，CLR），这些记录存储了事务回滚过程中执行的操作。CLR 主要用于存储“Undo-next”（撤销下一个）LSN，借此让恢复过程跳过已被处理的撤销记录，而不会重复执行撤销操作（这种情况多见于系统在恢复阶段失败，但已经执行了部分撤销操作的情况）。最后，TxF 还需要处理准备（Prepare）、中止（Abort）以及提交（Commit）记录，这些记录描述了与 TxF 有关的 KTM 事务状态。

11.13 NTFS 恢复支持

NTFS 恢复支持保证了在发生断电或系统故障的情况下，不会让任何文件系统操作（事务）处于未完成的状态，并且无须运行磁盘的修复工具亦可保持磁盘卷结构的完整。NTFS Chkdsk 工具可用于修复因 I/O 错误（如磁盘坏扇区、电气异常或磁盘故障）或软件 Bug 导致的灾难性磁盘损坏。但在 NTFS 恢复功能的支持下，已经很少需要使用 Chkdsk 了。

如上文“可恢复性”一节所述，NTFS 借助事务处理方案来实现可恢复性。这种策略保证，即使非常大的磁盘，也可以用非常快的速度（在几秒内）实现全磁盘恢复。NTFS 的恢复过程仅限文件系统数据，这确保了用户不会因为文件系统错误而丢失整个卷，除非应用程序采取特定操作（例如将缓存文件刷新到磁盘），NTFS 的恢复支持无法保证用户数据在崩溃后可以完整更新，这项工作是由事务型 NTFS（TxF）负责的。

下文详细介绍了 NTFS 用于记录文件系统数据结构改动的事务日志方案，并将介绍 NTFS 如何在系统故障后恢复卷。

11.13.1 设计

NTFS 实现了可恢复文件系统的设计。可恢复文件系统通过使用最初为事务处理开发的日志记录技术（也叫 Journal）保证了卷的一致性。如果操作系统崩溃，可恢复文件系统将执行恢复过程以访问存储在日志文件中的信息，进而恢复一致性。由于文件系统已将磁盘写入记录到日志中，无论多大的卷，恢复过程都可以在几秒内完成（不像 FAT 文件系统，恢复时间与卷的大小密切相关）。可恢复文件系统的恢复过程是精确的，可保证卷被恢复至一致的状态。

可恢复文件系统所实现的安全性需要付出一定的代价。每个会改变卷结构的事务，都需要为该事务的每个子操作将一条记录写入日志文件中。这种日志记录所造成的开销可通过文件系统的日志批处理操作得以改善，即通过一个 I/O 操作将多条记录写入日志文件。此外，可恢复文件系统还可以使用惰性写入文件系统这种优化措施，甚至可以延长两次缓存刷新操作的间隔时间，因为如果在将缓存的变化刷新到磁盘之前系统就已崩溃，文件系统元数据依然可以恢复。这种缓存性能提升机制与惰性写入文件系统相互配合，可有效弥补甚至完全抵消可恢复文件系统日志记录活动所产生的性能开销。

无论是慎重写入操作还是惰性写入文件系统，都无法保证为用户文件数据提供保护。如果系统在应用程序写入文件的过程中崩溃，文件可能丢失或损坏。更糟的是，崩溃可能导致惰性写入文件系统出错，进而破坏原有文件，甚至让整个卷处于不可访问的状态。

为实现比传统文件系统更高的可恢复性，NTFS 可恢复文件系统实现了多种策略。首先，NTFS 可恢复性保证了卷结构不会损坏，因此系统出现故障后，所有文件依然是可以访问的。其次，尽管 NTFS 无法保证在系统崩溃后依然保护用户数据（一些改动可能会从缓存中丢失），但应用程序可以利用 NTFS 的直写和缓存刷新能力保证以适当的时间间隔将文件改动记录到磁盘上。

缓存直写（强制将写操作立即记录到磁盘上）和缓存刷新（强制将缓存内容写入磁盘）都是很高效的操作。NTFS 无须执行额外的磁盘 I/O 即可将改动刷新到多种不同的文件系统数据结构，因为对数据结构的改动均已通过一个写操作记录至日志文件，如果出现故障导致缓存内容丢失，则可从日志中恢复文件系统的改动。此外，与 FAT 文件系统不同，即便系统随后遇到故障，NTFS 也能保证用户数据在直写操作或缓存刷新后处于一致、立即可用的状态。

11.13.2　元数据日志记录

NTFS 使用与 TxF 相同的日志技术提供文件系统的可恢复性，同样需要将文件系统元数据的所有修改操作记录到日志文件中。不过与 TxF 的不同之处在于，NTFS 内置的文件系统恢复支持并未使用 CLFS，而是通过使用一种名叫日志文件服务（并非第 10 章介绍的后台服务进程）的内部日志记录实现。另一个不同之处在于，TxF 只在调用方选择执行事务操作时使用，NTFS 则会记录所有元数据改动，这样文件系统即可在系统故障后继续保持一致。

11.13.3　日志文件服务

日志文件服务（Log File Service，LFS）是 NTFS 驱动程序中的一系列内核模式例程，NTFS 借此来访问日志文件。NTFS 会向 LFS 传递一个打开的文件对象的指针，以此指定要访问的日志文件。LFS 会初始化新的日志文件，或调用 Windows 缓存管理器通过缓存访问现有日志文件，具体过程如图 11-56 所示。请注意，虽然 LFS 和 CLFS 的名字听起来类似，但它们代表了适合不同用途的不同日志实现，只不过在很多方面有着类似的操作。

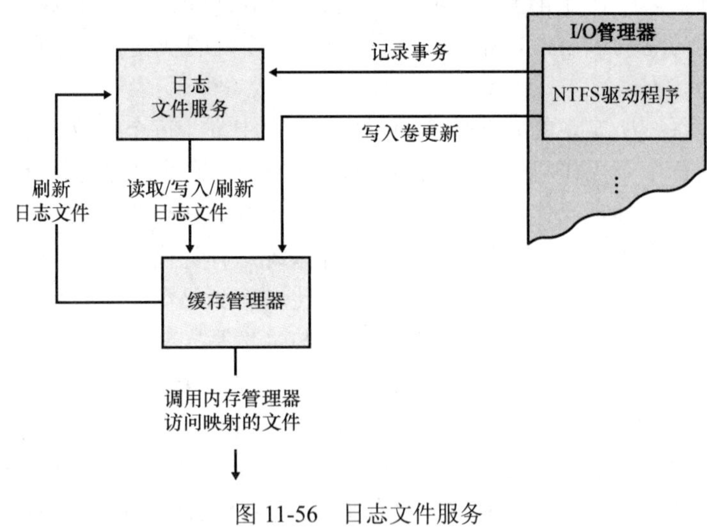

图 11-56　日志文件服务

LFS 会将日志文件拆分为两个区域：一个是重启动区域，另一个是“无限”日志记录区域，如图 11-57 所示。

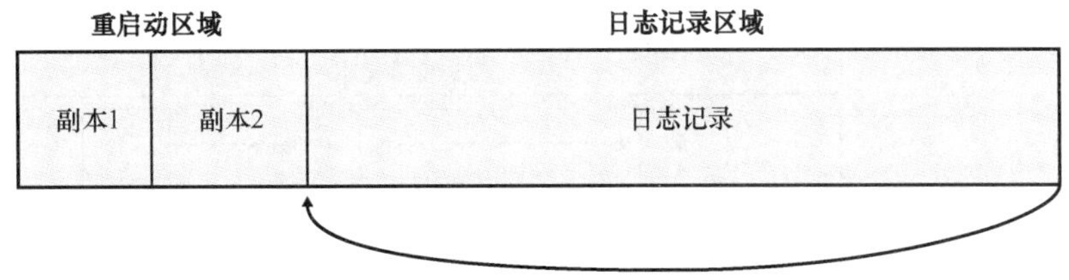

图 11-57 日志文件的区域

NTFS 调用 LFS 来读/写重启动区域。NTFS 使用重启动区域来存储上下文信息，例如系统故障后的恢复过程中，NTFS 在日志记录区域中开始读取的位置。LFS 还会对重启动区域数据维持第二个副本，以免第一个副本出错或因为其他原因无法访问。日志文件的其余部分均为日志记录区域，其中包含 NTFS 在系统故障后为了恢复卷而写入的事务记录。LFS 会以循环的方式使用日志文件（并保证不会覆盖自己需要的信息），这使得日志文件看起来似乎有着无限的空间。与 CLFS 类似，LFS 也会使用 LSN 来区分写入日志文件的记录。当 LFS 在文件中循环记录时，会增加 LSN 的数值。NTFS 使用 64 位值来表示 LSN，因此可用 LSN 的数量非常大，几乎是无限的。

NTFS 永远不会直接向日志文件读/写事务记录，而是会调用 LFS 提供的服务打开日志文件，写入日志记录，以向前或向后的顺序读取日志记录，将日志记录刷新至特定的 LSN，或将日志文件的开头位置设置为更高的 LSN。恢复过程中，NTFS 会调用 LFS 来执行与 TxF 恢复相同的操作：为未刷新的已提交改动执行重做操作，随后为未提交的改动执行撤销操作。

系统是通过以下流程保证卷可恢复的。

1）NTFS 首先调用 LFS，在缓存的日志文件中记录所有即将修改卷结构的事务。

2）NTFS 修改卷（依然在缓存中）。

3）缓存管理器提示 LFS 将日志文件刷新到磁盘（LFS 通过调用缓存管理器实现刷新，并会告知缓存管理器要刷新哪些内存页。可参考图 11-56 所示的调用序列）。

4）缓存管理器将日志文件刷新到磁盘，进而将卷改动（元数据操作本身）刷新到磁盘。

这些步骤确保了如果文件系统改动最终不成功，可从日志文件检索相应事务，并在文件系统恢复过程中重做或撤销。

当系统重启动后首次使用一个卷时，即可自动开始文件系统恢复过程。NTFS 会检查崩溃之前记录到日志文件中的事务是否已被应用到卷上，如果还没，则会重做。NTFS 还保证了崩溃前没有完整记录的事务会被撤销，使其不会出现在卷中。

11.13.4 日志记录类型

NTFS 的恢复机制使用了与 TxF 恢复机制类似的日志记录类型：更新（Update）记录，对应于 TxF 所用的重做和撤销记录；检查点（Checkpoint）记录，类似于 TxF 的重启动记录。图 11-58 展示了日志文件中的三个更新记录。每个记录代表事务的一个子操作，会创建一个新文件。每个更新记录中的“重做”项会告诉 NTFS 如何将子操作重新应用给卷，而“撤销”项则会告诉 NTFS 如何回滚（撤销）子操作。

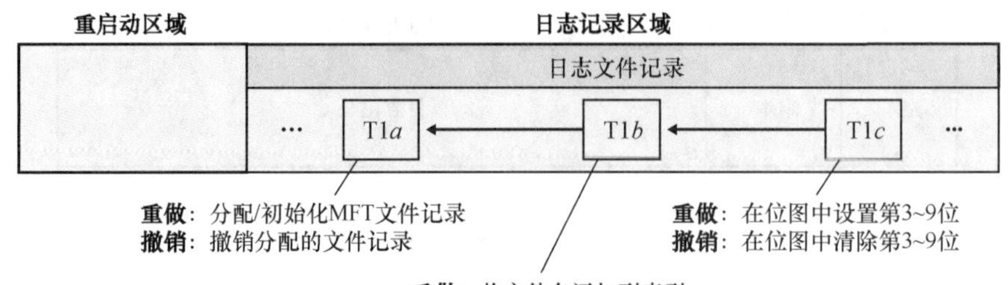

图 11-58　日志文件中的更新记录

在记录了一个事务（例如本例中调用 LFS 向日志文件写入三条更新记录）后，NTFS 会在缓存中针对卷本身执行子操作。缓存更新完毕后，NTFS 会向日志文件写入另一条记录，借此将整个事务标记为已完成，这个子操作也称为事务提交。事务提交完毕后，NTFS 即可保证哪怕操作系统随后故障，整个事务也会出现在卷上。

在从系统故障中恢复时，NTFS 会读取日志文件并重做每个已提交的事务。虽然 NTFS 已在系统故障前完成了已提交事务，但它并不知道缓存管理器是否已将对卷的改动及时刷新到磁盘。当系统出现故障时，这些更新可能已从缓存中丢失。因此 NTFS 会再次执行已提交事务，以确保磁盘上的内容是最新的。

在文件系统恢复过程中重做了已提交事务后，NTFS 会在日志文件中查找故障时尚未提交的所有事务，并对每个已记录的子操作进行回滚。在图 11-58 中，NTFS 将首先撤销 T1c 子操作，随后跟随向后的指针到达 T1b 并撤销该子操作。NTFS 还将继续跟随向后的指针撤销所有子操作，直到抵达事务中的第一个子操作。通过跟随指针进行处理，NTFS 可以知道必须撤销多少个更新记录，以及撤销哪些更新记录才能将一个事务彻底回滚。

重做和撤销信息可以用物理或逻辑的方式来表达。作为维护文件系统结构的最底层软件，NTFS 所写入的更新记录包含了物理描述，其中指定了磁盘上需要对卷进行更改、移动等操作的特定字节范围。这一点与 TxF 有所不同，TxF 使用逻辑描述表达了要执行的更新操作，例如“删除文件 A.dat”。NTFS 会为下列每种事务写入更新记录（通常会包含多条记录）。

- 创建文件。
- 删除文件。
- 扩展文件。
- 截断文件。
- 设置文件信息。
- 重命名文件。
- 更改应用给文件的安全性设置。

更新记录中的重做和撤销信息必须经过精心设计，因为尽管 NTFS 可以撤销事务，从系统故障中恢复，甚至能够正常运行，但它可能依然会尝试重做一个已经完成的事务，或者撤销一个从未发生或已被撤销的事务。类似地，NTFS 可能尝试重做或撤销包含多个更新记录的事务，但其中部分记录已经在磁盘上完成了。因此，更新记录的格式必须保证重复执行相同的重做或撤销操作可以实现幂等的结果（即中性效果）。例如，设置一个已经设置过的位，将不会产生任何影响；但开关一个已经切换过的位，将会产生影响。文件系统还必须能正确处理中间卷状态。

除了更新记录，NTFS 还会定期向日志文件中写入检查点记录，如图 11-59 所示。

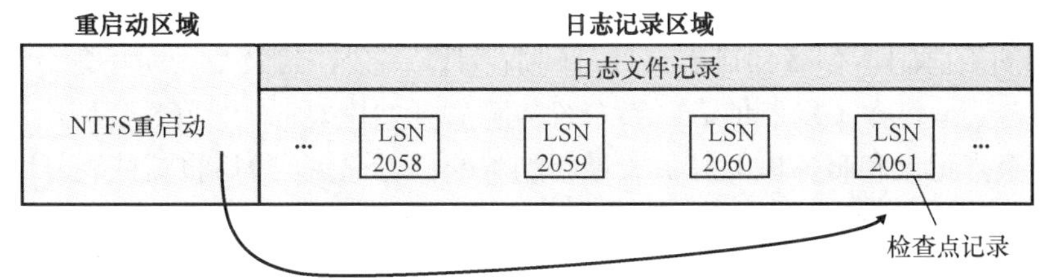

图 11-59 日志文件中的检查点记录

检查点记录可以帮助 NTFS 确定在突然发生崩溃的情况下，需要执行怎样的处理方式才能恢复卷。NTFS 可以借助检查点记录中存储的信息获知很多情况，例如，必须抵达日志文件中多远的位置才能开始恢复。在写入检查点记录后，NTFS 会将该记录的 LSN 存储到重启动区域，这样，当系统崩溃需要恢复文件系统时，就可以快速找到最新写入的检查点记录，这与 TxF 使用重启动 LSN 的原因是相同的。

尽管 LFS 向 NTFS 呈现的日志文件似乎是无限大的，但其实并非如此。日志文件本身就足够大，并且检查点记录的写入频率足够高（该操作通常可释放日志文件空间），这些因素使得日志文件几乎不会被填满。尽管如此，LFS 也会像 CLFS 那样跟踪下列多个运行参数来确定日志文件被填满的可能性。

- 可用日志空间。
- 写入一条传入的日志记录和撤销该写入操作（如果必要）所需的空间量。
- 回滚所有活动（未提交）事务（如果必要）所需的空间量。

如果日志文件不具备可容纳上述最后两项所需的总空间，LFS 会返回“日志文件已满”错误，NTFS 会发出异常。NTFS 异常处理程序将回滚当前事务，并将其放入队列中以便稍后重新启动。

为了释放日志文件的空间，NTFS 必须暂时阻止针对文件进一步执行的事务。为此，NTFS 会阻止文件创建和删除的操作，随后请求以独占的方式访问所有系统文件，并以共享方式访问所有的用户文件。借此，活跃事务将会逐渐成功完成，或收到“日志文件已满”的异常。NTFS 会回滚收到异常的事务并将其放入队列。

一旦按照上文介绍的方式阻止了针对文件执行的事务活动，NTFS 会调用缓存管理器将未写入的数据（包括未写入的日志文件数据）刷新到磁盘。在将一切都安全地刷新到磁盘后，NTFS 就不再需要日志文件中的数据了。随后它会将日志文件的开头重设为当前位置，让日志文件“变空”。接着，NTFS 会重启动队列中的事务。除了 I/O 处理会短暂地暂停外，日志文件已满错误不会对程序的执行产生任何影响。

上述场景只是 NTFS 使用日志文件的一个例子，日志文件不仅可用于文件系统的恢复，而且可用于正常运行过程中的错误恢复。下文将进一步介绍错误恢复过程。

11.13.5 恢复

系统启动后，当程序首次访问 NTFS 卷时，NTFS 会自动执行磁盘恢复（如果无须恢复，则该过程将被忽略)。恢复取决于 NTFS 在内存中维护的两个表：一个事务表，其作用类似 TxF 维护的表；以及一个脏页表，其中记录了缓存中的哪些页包含对文件系统结构的改动但尚未写入磁盘。恢复过程中必须将这些数据刷新到磁盘。

NTFS 每隔 5 秒向日志文件中写入一次检查点记录。在此之前，它会调用 LFS 将事务表和脏页表的当前副本存储到日志文件。随后 NTFS 会在检查点记录中包含日志记录的 LSN，该日志记录包含了复制的表。当系统故障后开始恢复时，NTFS 会调用 LFS 来定位包含最新检查点记录和事务以及脏页表最新副本的日志记录，随后将这些表复制到内存中。

日志文件通常包含最后一个检查点记录后产生的后续更新记录，这些更新记录代表最后一次写入检查点记录之后对卷进行的改动。NTFS 必须更新事务和脏页表，将新的操作包含在内。更新这些表后，NTFS 会使用表和日志文件的内容来更新卷本身。

为了执行卷恢复，NTFS 会将日志文件扫描三次。为了最大限度地减少磁盘 I/O，还会在第一次扫描时将文件内容载入内存。每次扫描都是为了实现不同的目的。

1）分析。

2）重做事务。

3）撤销事务。

11.13.6　分析扫描

如图 11-60 所示，在分析扫描过程中，NTFS 会从日志文件开头处最后一次检查点操作开始位置向前扫描，借此查找更新记录，并用这些记录来更新已经复制到内存的事务和脏页表。请注意图中的内容，检查点操作在日志文件中存储了三条记录，更新记录可能穿插在这些记录中。因此，NTFS 必须在检查点操作起始位置开始自己的扫描。

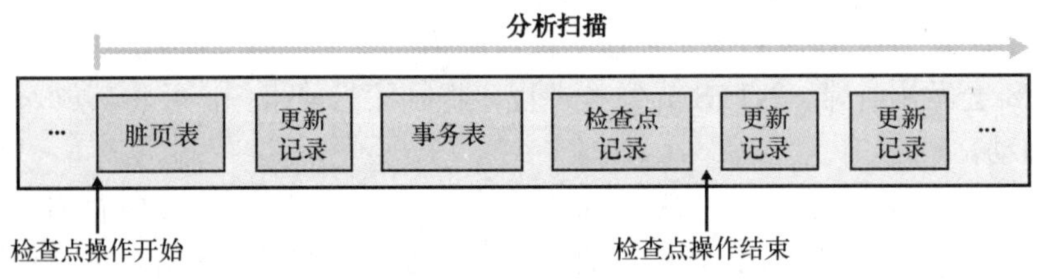

图 11-60　分析扫描

日志文件中的检查点操作之后出现的大部分更新记录都代表对事务表或脏页表的改动。举例来说，如果某条更新记录为“事务已提交”记录，那么该记录所代表的事务必须从事务表中移除。同理，如果更新记录为修改文件系统数据结构的页更新记录，那么必须更新脏页表以反映这一变化。

内存中的表处于最新状态之后，NTFS 会扫描这些表来确定所有尚未应用到磁盘的操作中最早的更新记录所对应的 LSN。事务表包含未提交（未完成）事务的 LSN，脏页表包含缓存中尚未刷新到磁盘的记录的 LSN。而 NTFS 在这两个表中找到的最早更新记录的 LSN 决定了重做操作的起始位置。然而，如果最后的检查点记录更早，则 NTFS 将从这里直接开始重做。

注意　TxF 恢复模型并不存在明显的分析过程，相反，正如上文所述，TxF 会在重做过程中执行与分析类似的操作。

11.13.7 重做扫描

如图 11-61 所示，在重做阶段，NTFS 会从分析阶段确定的最早更新记录对应的 LSN 处开始，向前扫描日志文件内容。NTFS 会寻找页更新记录，其中包含系统故障前已经写入，但尚未刷新到磁盘的卷改动。NTFS 会在缓存中重做这些更新。

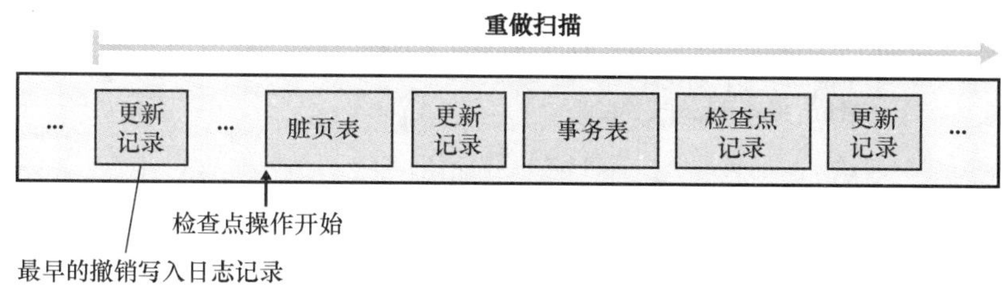

图 11-61　重做扫描

当 NTFS 抵达日志文件结尾时，已经使用必要的卷改动更新了缓存，而缓存管理器的惰性写入器可以开始在后台将缓存内容写入磁盘了。

11.13.8 撤销扫描

完成重做扫描后，NTFS 开始执行撤销操作，借此回滚系统故障时所有未提交的事务。图 11-62 展示了日志文件中的两个事务：事务 1 已在系统故障前提交，但事务 2 未提交。NTFS 必须撤销事务 2。

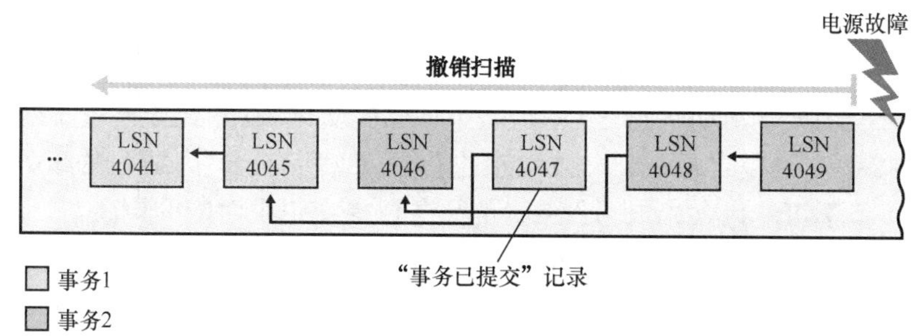

图 11-62　撤销扫描

假设事务 2 创建了一个文件，这个操作包含三个子操作，每个子操作都有自己的更新记录。在日志文件中，事务的更新记录是由后向指针链接的，因为它们通常并不连续。

NTFS 事务表会列出每个未提交事务最后记录下来的更新记录的 LSN。在本例中，事务表将 LSN 4049 确认为事务 2 记录下来的最后一条更新记录。按照图 11-63 从右到左的顺序，NTFS 对事务 2 进行了回滚。

找到 LSN 4049 后，NTFS 会查找并执行撤销信息，并将分配位图中的第 3～9 位清除。随后，NTFS 会跟随后向指针抵达 LSN 4048，根据指示将新文件名从相应的文件名索引中删除。最后，NTFS 会跟随后向指针抵达 LSN 4046，并根据指示撤销为该文件保留的 MFT 文件记录。这样事务 2 就成功回滚了。如果还有其他未提交的事务需要撤销，则 NTFS 会按照上述过程进行回滚。由于撤销事务会影响到卷的文件系统结构，所以 NTFS 必须将撤销操作记录到日志文件中。毕竟恢复过程中可能再次遭遇断电，此时 NTFS 将不得不重新执行撤销操作！

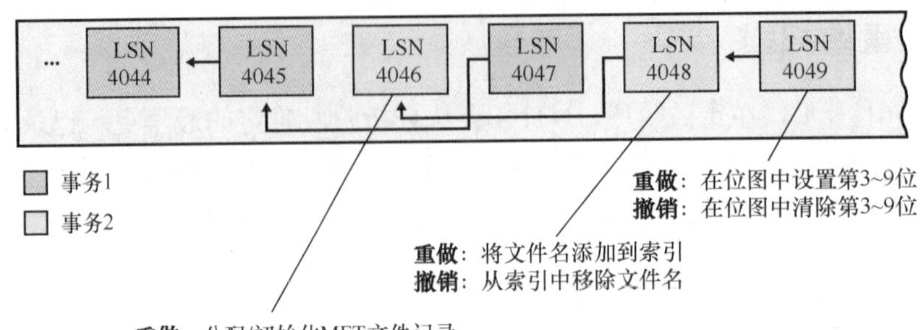

图 11-63 撤销事务

在恢复过程的撤销操作都完成后，卷已经被还原为一致的状态。此时，NTFS 已经准备好将缓存中的变动刷新到磁盘上，以确保卷的内容保持最新状态。然而在此之前，NTFS 必须执行 TxF 注册的回调，借此发出 LFS 刷新的通知。由于 TxF 和 NTFS 都使用了提前写入日志的机制，为保证自己元数据的一致性，在刷新 NTFS 日志前，TxF 必须通过 CLFS 首先刷新自己的日志（类似地，TOPS 文件必须先于 CLFS 管理的日志文件进行刷新）。随后 NTFS 会写入一个“空的”LFS 重启动区域，以代表卷已经处于一致的状态，如果系统立即再次出现故障，此时无须进行恢复。恢复完成。

NTFS 能够保证通过恢复过程将卷还原为某种预先存在的一致状态，但该状态未必恰巧是系统崩溃前那一刻的状态。NTFS 无法提供这样的保证，因为出于性能方面的考虑，它使用了惰性提交的算法，这意味着日志文件并不会在每次写入了事务已提交记录之后就立即刷新到磁盘。相反，众多事务已提交记录会分批次一起写入，例如当缓存管理器调用 LFS 将日志文件刷新到磁盘时写入，或 LFS 将检查点记录写入日志文件（每 5 秒一次）时写入。导致恢复后的卷并不一定为最新状态的另一个原因在于，系统崩溃时，很多并行执行的事务可能还处于活动状态，其中一些事务已提交记录可能已经写入磁盘，但也有些记录可能尚未写入。恢复之后处于一致状态的卷会包含所有已写入磁盘的事务已提交记录对应的更新，但不可能包含尚未写入磁盘的事务已提交记录对应的更新。

系统故障后，NTFS 使用日志文件来恢复卷，但这过程中也利用了日志事务自身所实现的其他重要机制。文件系统必然包含大量代码，这些代码专门用于恢复常规文件 I/O 过程中所产生的文件系统错误。由于 NTFS 会将每个更改了卷结构的事务记录到日志中，因此，当遇到文件系统错误后，也可以使用日志文件进行恢复，进而大幅简化自己的错误处理代码。上述日志文件已满错误就是使用日志文件进行错误恢复的一个例子。

程序收到的大部分 I/O 错误并非文件系统错误，因此无法完全由 NTFS 来解决。例如，当被调用以创建一个文件时，NTFS 可能首先会在 MFT 中创建文件记录，随后在目录索引中录入新文件的名称。然而当 NTFS 尝试在位图中为该文件分配空间时，可能发现磁盘已满，文件创建请求无法完成。这种情况下，NTFS 会使用日志文件中的信息撤销自己已经完成的操作，并取消为该文件保留的数据结构。随后，NTFS 会向调用方返回磁盘已满的错误信息，而调用方必须对该错误做出适当的反应。

11.13.9 NTFS 坏簇恢复

Windows 中包含的卷管理器（VolMgr）可以从容错卷上的坏扇区中恢复数据，但如果硬盘无法执行坏扇区重映射，或备用扇区已耗尽，则卷管理器将无法通过坏扇区来替换坏掉的扇区。当文件系统读取这样的扇区时，卷管理器将无法恢复数据，而是会向文件系统发出警报，称该数据只有一个副本。

FAT 文件系统不响应卷管理器的这种警报。此外，FAT 和卷管理器都无法跟踪坏扇区，因此，为了防止卷管理器为文件系统重复恢复数据，用户必须运行 Chkdsk 或 Format 工具。Chkdsk 和 Format 工具在阻止使用坏扇区方面的效果都不理想。Chkdsk 工具需要花费较长时间找到并移除坏扇区，而 Format 工具只是直接清空自己格式化的分区中的所有数据。

为了支持类似卷管理器坏扇区替换这样的功能，NTFS 可以动态替换包含坏扇区的簇，并持续跟踪坏簇，以避免坏簇被重复使用（上文曾经提过，NTFS 通过对逻辑簇而非物理扇区进行寻址来维持自己的可移植性）。当卷管理器无法替换坏扇区时，NTFS 将执行这些功能。当卷管理器返回坏扇区警报，或当硬盘驱动器返回坏扇区错误时，NTFS 会分配新的簇来替换包含坏扇区的簇。NTFS 还会将卷管理器恢复的数据复制到新簇，以重建数据冗余。

图 11-64 展示了一个用户文件的 MFT 记录，该文件在数据运行中包含一个坏簇，因为该数据运行在坏簇出现之前就已经存在。在收到坏扇区的错误信息后，NTFS 会将包含该扇区的簇重新分配到自己的坏簇文件$BadClus。这样就可以防止该坏簇被重新分配给其他文件。随后，NTFS 会为文件分配一个新簇，并更改文件的 VCN 到 LCN 的映射，指向新的簇。这种坏簇重映射（上文进行过介绍）如图 11-64 所示。编号 1357 的簇包含坏扇区，必须替换为一个好的簇。

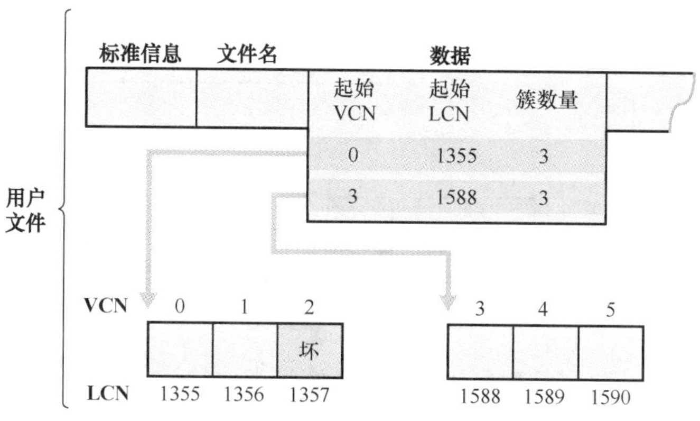

图 11-64 包含坏簇的用户文件的 MFT 记录

没人希望收到坏扇区错误信息，但在错误真正出现后，NTFS 和卷管理器的组合能够提供可行的最佳解决方案。如果坏扇区位于冗余卷上，那么卷管理器可以恢复数据并在可能的情况下替换该扇区。如果无法替换该扇区，则会向 NTFS 发出警报，NTFS 可以替换包含坏扇区的簇。

如果卷未配置为冗余卷，则坏扇区中的数据将无法恢复。如果卷被格式化为 FAT 文件系统并且卷管理器无法恢复数据，那么读取坏扇区将得到不确定的结果。如果文件系统的某些控制结构位于坏扇区中，则整个文件或文件组（甚至整个磁盘）都可能丢失。在最好的情况下，受影响文件中的一些数据（往往是坏扇区之外的所有文件数据）也会丢失。此外，FAT 文件系统很可能将坏扇区重新分配给卷上的同一个或另一个文件，并导致问题再次出现。

与其他文件系统一样，如果没有卷管理器的帮助，NTFS 也无法从坏扇区恢复数据。

不过 NTFS 最大限度遏制了坏扇区可能造成的损害。如果 NTFS 在读取操作过程中发现坏扇区，它会重映射包含该扇区的簇，如图 11-65 所示。如果该卷未配置为冗余卷，NTFS 会向调用程序返回一个数据读取错误。尽管坏簇中的数据丢失，但文件的其余部分（以及整个文件系统）依然完好无损，发出调用的程序可以酌情对数据丢失做出响应，并且坏簇也不会再用于以后的分配。如果在写入（而非读取）操作中发现了坏簇，NTFS 将重映射簇，随后才写入，这可以避免数据丢失，也不会产生错误。

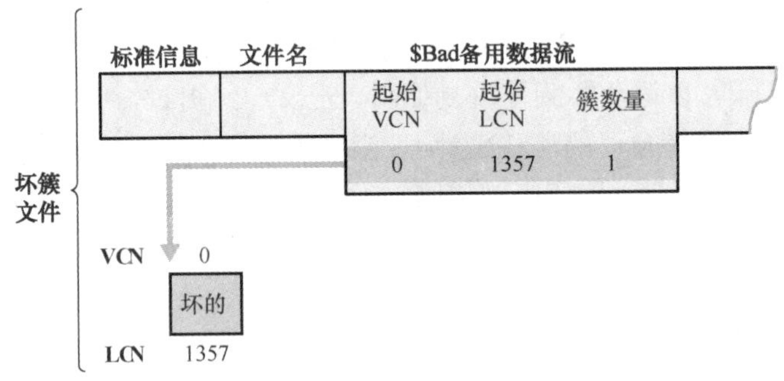

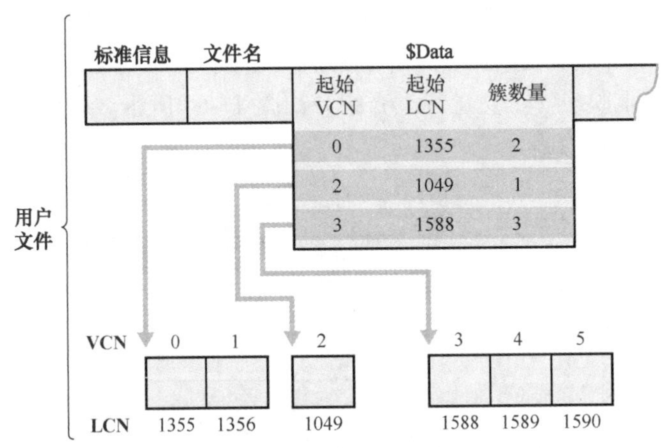

图 11-65　坏簇重映射

如果包含文件系统数据的扇区出错，也会执行类似的恢复过程。如果坏扇区位于冗余卷上，NTFS 会使用卷管理器提供的恢复数据动态地替换簇。如果卷不是冗余的，那么数据将无法恢复，此时 NTFS 会在$Volume 元数据文件中设置一位来表示卷有损坏。系统下次重启动时，NTFS Chkdsk 工具会检查该位，如果该位已设置，Chkdsk 将开始执行，通过重建 NTFS 元数据来修复文件系统中的错误。

在一些极罕见的情况下，甚至可容错的磁盘配置也可能会出现文件系统损坏。这种双重错误会导致文件系统数据和重建文件系统数据的机制同时失效。如果系统在 NTFS 正写入 MFT 文件记录（例如文件名索引或日志文件）的镜像副本时崩溃，那么这些文件系统数据的镜像副本可能无法完整更新。如果系统重启动并且主磁盘上恰巧在磁盘镜像的不完整写入位置出现了坏扇区，NTFS 将无法从磁盘镜像中恢复正确的数据。NTFS 实现了一种特殊的方案来检测文件系统数据遇到的此类情况。如果发现不一致，NTFS 会在卷文件中设置损坏位，这会导致系统下次重启动时 Chkdsk 重建 NTFS 元数据。由于容错磁盘配置中很少出现文件系统错误，因此也就很少需要用到 Chkdsk。它是作为一种安全预防措施提供的，而不是为了实现第一手数据恢复策略。

Chkdsk 在 NTFS 上的使用与 FAT 文件系统中的使用有很大差异。在向磁盘写入任何内容前，FAT 会设置卷的脏位，然后在改动操作完成后重置该位。如果系统崩溃时存在正在进行中的 I/O 操作，则这个脏位将维持已设置的状态，系统重启动时将运行 Chkdsk。但在 NTFS 上，Chkdsk 只会在发现意外或遇到不可读的文件系统数据时才会运行，而 NTFS 不能从冗余卷或单个卷的冗余文件系统结构中恢复数据（系统启动扇区会在卷的最后一个扇区保存一个副本，启动系统和运行 NTFS 恢复过程所需的 MFT 内容（$MftMirr）也有类似副本，这种冗余确保了 NTFS 总能启动和恢复自己）。

表 11-11 总结了当格式化为 Windows 可支持的不同文件系统的卷上存在坏扇区时，根据上文介绍将会发生的情况。

表 11-11 NTFS 数据恢复场景总结

场景	磁盘支持坏扇区重映射，且具备空闲扇区	磁盘无法执行坏扇区重映射，或不具备空闲扇区
容错卷[①]	1）卷管理器恢复数据 2）卷管理器执行坏扇区替换 3）文件系统未感知到错误	1）卷管理器恢复数据 2）卷管理器向文件系统发送数据和坏扇区错误 3）NTFS 执行簇重映射
非容错卷	1）卷管理器无法恢复数据 2）卷管理器向文件系统发送坏扇区错误 3）NTFS 执行簇重映射，数据丢失[②]	1）卷管理器无法恢复数据 2）卷管理器向文件系统发送坏扇区错误 3）NTFS 执行簇重映射，数据丢失

如果出现坏扇区的卷是容错卷（RAID-1 镜像卷或 RAID-5/RAID-6 卷），并且硬盘支持坏扇区替换（同时空闲扇区还没耗尽），那么无论使用什么文件系统（FAT 或 NTFS）都没关系，卷管理器可以在无须用户或文件系统介入的情况下替换坏扇区。

如果出现坏扇区的硬盘不支持坏扇区替换，则由文件系统负责替换（重映射）坏扇区，或（对于 NTFS）替换坏扇区所在的簇。FAT 文件系统未提供扇区或簇的重映射功能。NTFS 簇重映射的好处在于，文件中损坏的部分可在不损坏文件（或不损坏文件系统，视具体情况而定）的情况下修复，而坏簇将永远不再被使用。

11.13.10 自治愈

面对如今容量高达数 TB 的存储设备，将卷脱机进行一致性检查可能会导致重要服务中断长达数小时。鉴于很多磁盘损坏仅局限于一个文件或元数据的一小部分，NTFS 实现了一种自治愈功能，可以在卷保持联机的状态修复损坏。在 NTFS 检测到损坏后，会阻止访问已损坏的文件并创建一个系统工作线程，借此对损坏的数据结构执行类似 Chkdsk 的修复，并在修复完成后恢复文件的访问。在上述过程中，依然可以正常访问其他文件，借此最大限度避免服务中断。

我们可以使用 **fsutil repair set** 命令查看并设置卷的修复选项，具体选项如表 11-12 所示。Fsutil 工具使用 FSCTL_SET_REPAIR 文件系统控制代码设置这些选项，这些选项会保存在卷的 VCB 中。

① 容错卷是指镜像集（RAID-1）或 RAID-5 集。
② 写入操作的数据不会丢失：NTFS 会在写入前重映射簇。

表 11-12 NTFS 自治愈行为

标记	行为
SET_REPAIR_ENABLED	为卷启用自治愈
SET_REPAIR_WARN_ABOUT_DATA_LOSS	如果自治愈过程无法完全恢复文件，则指定是否向用户展示可视化警报
SET_REPAIR_DISABLED_AND_BUGCHECK_ON_CORRUPTION	如果使用 fsutil behavior set NtfsBugCheckOnCorrupt 1 设置 NTFS 的 NtfsBugCheckOnCorrupt 注册表值，并且该标记已设置，系统将以 STOP 代码 0x24 崩溃，借此代表文件系统损坏。为避免陷入重启动循环，该设置会在系统启动时自动清除

在所有情况，包括可视化警报被禁用（默认设置）的情况下，NTFS 会将自己执行的所有自治愈操作记录到 System 事件日志中。

除了定期自动进行自治愈，NTFS 还支持通过 FSCTL_INITIATE_REPAIR 和 FSCTL_WAIT_FOR_REPAIR 控制代码手动发起自治愈过程（此类自治愈操作也叫主动自治愈），该过程可通过 **fsutil repair initiate** 命令和 **fsutil repair wait** 命令启动。这样，用户即可强制修复特定的文件，并等待文件修复操作执行完毕。

要检查自治愈机制的状态，可使用 FSCTL_QUERY_REPAIR 控制代码或使用 **fsutil repair query** 命令：

```
C:\>fsutil repair query c:
Self healing state on c: is: 0x9

 Values: 0x1 - Enable general repair.
         0x9 - Enable repair and warn about potential data loss.
        0x10 - Disable repair and bugcheck once on first corruption.
```

11.13.11 联机磁盘检查和快速修复

在一些罕见的情况下，磁盘损坏不受 NTFS 驱动程序（通过自治愈、日志文件服务等机制）的管理，需要系统运行 Windows 磁盘检查工具并让卷脱机。造成磁盘损坏的原因有很多：硬盘的存储介质出错以及瞬时内存错误等，文件系统的元数据可能会因此而损坏。对于装有多个 TB 级容量硬盘的大型文件服务器，完整运行磁盘检查工具可能需要数天的时间。在这种环境中，让卷长时间脱机往往是不可接受的。

在 Windows 8 之前，NTFS 实现了一种更简单的健康模型，其中文件系统卷或者是健康的，或者是不健康的（通过存储在$VOLUME_INFORMATION 属性中的脏位来识别）。在该模型中，只要需要，就会将卷脱机，直到修复损坏的文件系统，随后将卷重新恢复到健康状态为止。脱机时间与卷中存储的文件数量成正比。为了减少或避免因文件系统损坏而导致的停机，Windows 8 重新设计了 NTFS 的健康模型和磁盘检查机制。

新模型引入了新的组件，这些组件相互配合提供了联机磁盘检查工具，可大幅缩短文件系统严重损坏所造成的停机时间。NTFS 驱动程序可以在常规的系统 I/O 过程中识别出多种类型的损坏。如果检测到损坏，则 NTFS 会试图进行自治愈（参见上一节）。如果不成功，则 NTFS 驱动程序会在\$Extend\$RmMetadata\$Repair 文件的$Verify 流中写入一个新的损坏记录。

这种损坏记录是一种通用数据结构，NTFS 可借此描述内存中和磁盘上的元数据损坏。损坏记录由一个固定大小的头部来表示，其中包含版本信息、标记、通过 GUID 代表的唯一记录类型、可变大小的损坏类型描述，以及可选的上下文。

损坏记录项正确添加后，NTFS 会通过自己的事件提供程序（名为 Microsoft-Windows-Ntfs-UBPM）发出一条 ETW 事件。该 ETW 事件由服务控制管理器使用，借此启动 Spot Verifier 服务（有关触发启动服务的详情请参阅第 10 章）。

Spot Verifier 服务（实现于 Svsvc.dll 库中）会验证发出的损坏信号是否是误报（一些损坏是内存问题导致的间歇性损坏，可能并非磁盘真的损坏了）。Spot Verifier 进行验证的同时会删除$Verify 流中的项。如果项所描述的损坏并非误报，则 Spot Verifier 会触发卷$VOLUME_INFORMATION 属性中的主动扫描位（Proactive Scan Bit，P-bit），进而触发对文件系统的联机扫描。联机扫描由主动式扫描程序（Proactive Scanner）执行，是作为一种维护任务由 Windows 任务计划程序在适当的时候运行的（该任务位于 Microsoft\Windows\Chkdsk 下，如图 11-66 所示）。

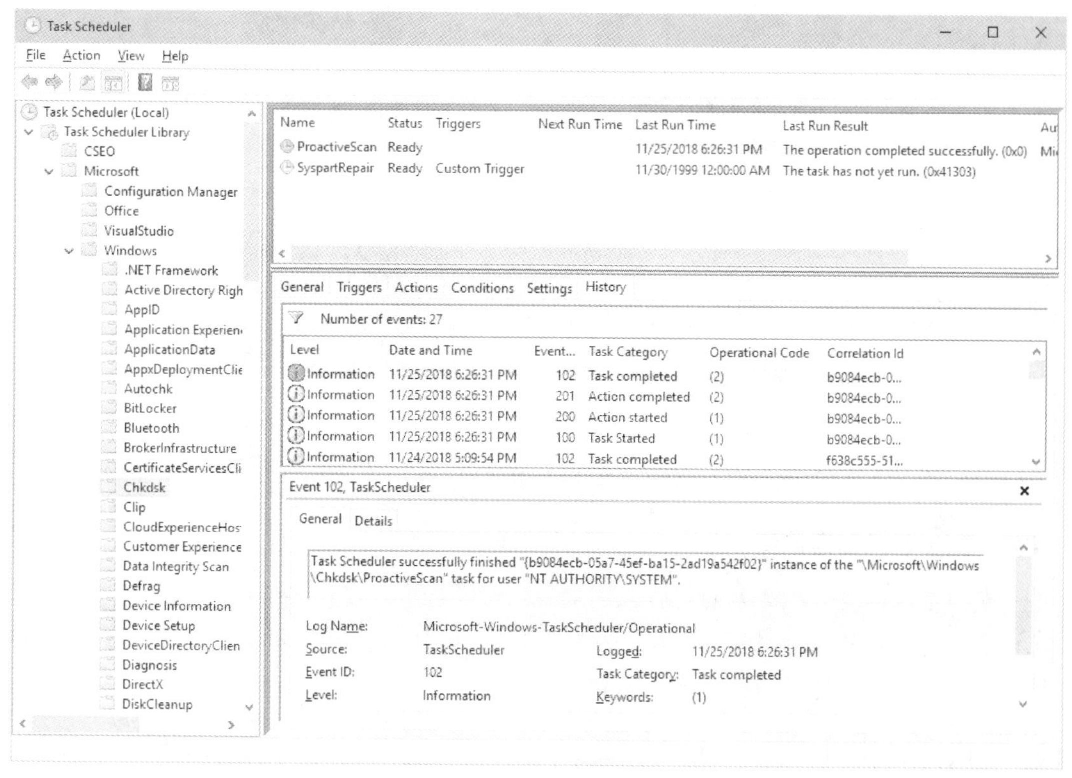

图 11-66 主动式扫描维护任务

主动式扫描程序实现于 Untfs.dll 库中，会被 Windows 磁盘检查工具（Chkdsk.exe）导入。当主动式扫描程序运行时，它会通过卷影复制服务为目标卷创建快照，并针对影子卷完整运行磁盘检查工具。影子卷是只读的，磁盘检查代码可以识别出这一点，因此不会直接修复找到的错误，而是会尝试使用 NTFS 的自治愈功能自动修复错误。如果修复失败，则它会向文件系统驱动程序发送 FSCTL_CORRUPTION_HANDLING 代码，进而在元数据文件\$Extend\$RmMetadata\$Repair 的$Corrupt 流中创建一个项，并设置该卷的脏位。

与之前版本的 Windows 相比，脏位的含义略有不同。NTFS 根命名空间的$VOLUME_INFORMATION 属性依然包含脏位，也包含 P 位，借此可要求进行主动式扫描；此外还包含 F 位，可用于对出现严重损坏的卷执行完整的磁盘检查。如果 P 位或 F 位被启用，或$Corrupt 流包含一条或多条损坏记录，那么文件系统驱动程序会将该脏位设置为 1。

如果损坏依然未能解决，那么在卷已脱机的情况下，已经无法通过其他方法来修复了（但未必需要立即卸载该卷）。Spot Fixer 是一个新增组件，被磁盘检查工具和 Autocheck 工具所共享。Spot Fixer 可以使用由主动式扫描程序插入$Corrupt 流的记录。启动时，Autocheck 原生应用程序检测到卷是脏的，但此时并不进行完整的磁盘检查，而是只修复$Corrupt 流中的损坏项，这个操作只需要几秒。图 11-67 展示了上文介绍过的 NTFS 各组件实现的不同修复方法。

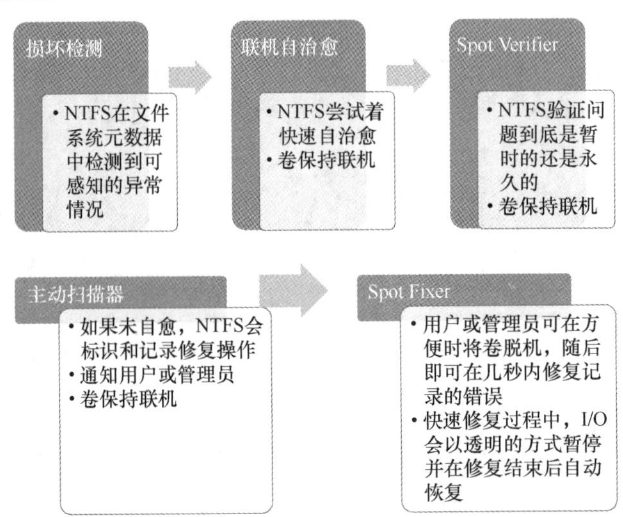

图 11-67　多种组件为 NTFS 卷的联机磁盘检查和快速故障修复提供的不同方案

主动式扫描可通过 **chkdsk /scan** 命令手工启动。通过类似的方式，我们也可以使用命令行参数**/spotfix** 让磁盘检查工具执行 Spot Fixer。

实验：测试联机磁盘检查

我们可以通过一个简单的实验来测试联机磁盘检查。假设要针对 D:卷执行联机磁盘检查，可以先从 D 盘播放一个较大的视频流。同时以管理员身份打开命令提示符窗口，并通过下列命令启动联机磁盘检查：

```
C:\>chkdsk d: /scan
The type of the file system is NTFS.
Volume label is DATA.

Stage 1: Examining basic file system structure ...
  4041984 file records processed.
File verification completed.
  3778 large file records processed.
  0 bad file records processed.

Stage 2: Examining file name linkage ...
Progress: 3454102 of 4056090 done; Stage: 85%; Total: 51%; ETA: 0:00:43 ..
```

随后会发现，视频流不会停止，依然可以流畅播放。如果联机磁盘检查发现了故障并且无法在卷挂载的情况下修复，它会在系统文件$Repair 的$Corrupt 流中插入记录。为修复错误，需要卸载卷，但修复过程的速度非常快。在这种情况下，只需重启动计算机或通过命令行手动执行 Spot Fixer 即可：

```
C:\>chkdsk d: /spotfix
```

如果选择执行 Spot Fixer，此时视频流的播放会被中断，因为卷需要卸载。

11.14 加密文件系统

Windows 包含一种名为 Windows BitLocker 驱动器加密的全卷加密功能。BitLocker 可加密并保护卷免受脱机攻击，可一旦系统已成功启动，BitLocker 的工作就完成了。此时可由加密文件系统（Encrypting File System，EFS）保护特定文件和目录不被系统中其他已通过身份验证的用户访问。当为数据选择保护方法时，BitLocker 和 EFS 之间并不是“非此即彼”的选择，这两种技术都针对一些具体，但并不重叠的威胁提供保护。通过配合使用，BitLocker 和 EFS 可以联手为系统中的数据提供“深度防御”。

EFS 使用对称加密（文件的加密和解密使用同一个密钥）的范式加密文件和目录。随后，这个对称加密密钥会使用获得授权可访问文件的每位用户所持有的非对称加密（一个密钥用于加密，称为公钥；另一个密钥用于解密，称为私钥）密钥进行加密。这些加密方法的细节和背后的理论已超出了本书范围，相关入门知识可参阅：https://docs.microsoft.com/windows/desktop/SecCrypto/cryptography-essentials。

EFS 能够与 Windows 下一代加密技术（Cryptography Next Generation，CNG）API 配合工作，因此可配置为使用 CNG 所能支持（或加入其中）的任何算法。默认情况下，EFS 将使用高级加密标准（Advanced Encryption Standard，AES）进行对称加密（256 位密钥），并使用 Rivest-Shamir-Adleman（RSA）公钥算法进行非对称加密（2048 位密钥）。

用户可以通过 Windows 资源管理器来加密文件，为此需要打开文件的“属性”对话框，点击“高级”，随后选中“加密内容以便保护数据”选项，如图 11-68 所示（文件可以被加密或压缩，但无法同时被加密和压缩）。用户也可以通过命令行工具 Cipher（%SystemRoot%\System32\Cipher.exe）加密文件，或以编程的方式使用 Windows API，例如使用 EncryptFile 和 AddUsersToEncryptedFile 来加密文件。

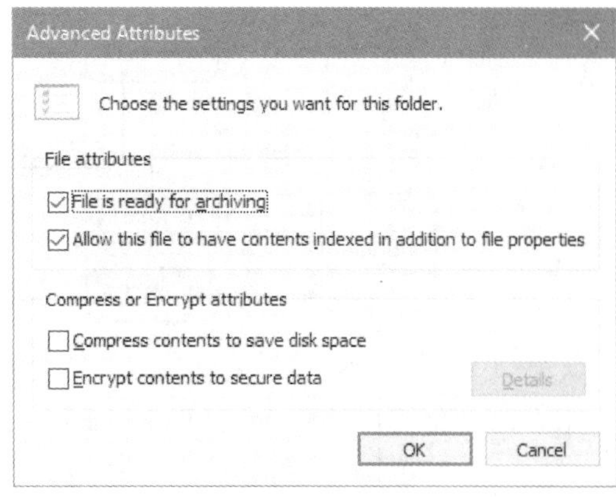

图 11-68 使用**高级属性**对话框加密文件

对于设置为加密的目录，Windows 会自动加密目录中包含的所有文件。当文件被加密时，EFS 会为该文件生成一个随机数，EFS 将其称为文件加密密钥（File Encryption Key，FEK）。EFS 会使用 FEK 通过对称加密方法加密文件的内容，随后 EFS 会使用该用户的非对称公钥加密 FEK，并将加密后的 FEK 存储在文件的$EFS 备用数据流中。公钥的来源可以由管理员通过分配 X.509 证书或智能卡的方式指定，也可以随机生成。生成的证书会被加入用户的证书存储中，随后即可使用证书管理器（%SystemRoot%\System32\Certmgr.msc）查看。EFS 完成这些步骤后，文件即可受到保护。其他用户没有文件的解密 FEK，因而无法解密数据；同时因为没有该用户的私钥，自然也就无法解密 FEK。

对称加密算法通常速度很快，因此很适合用于加密大量数据，如文件数据。然而对称加密算法也有弱点：只要获得了密钥，即可绕过它的安全保护。如果多个用户希望共享只使用对称加密算法保护的加密文件，那么每个用户都需要访问该文件的 FEK。不对 FEK 加密这明显是一个安全问题；但如果只对 FEK 进行一次加密，这需要所有用户共享同一个 FEK 解密密钥，这也是一种潜在的安全问题。

确保 FEK 的安全是一个棘手的难题，而 EFS 通过加密架构中基于公钥的这部分机制解决了这个问题。为需要访问文件的每个用户分别加密文件的 FEK，这样即可让多个用户共享同一个加密文件。EFS 可以用每个用户的公钥加密文件的 FEK，随后将每个用户加密后的 FEK 存储在文件的$EFS 数据流中。任何人都可以访问用户的公钥，但任何人都无法使用公钥来解密这个公钥所加密的数据。用户只能使用自己的私钥来解密文件，而操作系统必须能访问这些私钥。用户的私钥可以成功解密文件中该用户对应的加密 FEK 副本。基于公钥的算法通常速度很慢，但 EFS 只使用这些算法加密 FEK。将密钥管理工作拆分为公钥和私钥两部分，使得密钥管理工作相比对称加密算法更容易一些，同时也解决了 FEK 安全保护的难题。

EFS 的架构如图 11-69 所示，其中包含多个组件。对 EFS 的支持已经被并入 NTFS 驱动程序中。当 NTFS 遇到加密文件时，它会执行文件中包含的 EFS 函数。当应用程序访问加密文件时，由 EFS 函数对文件数据进行加密和解密。虽然 EFS 会将 FEK 与文件数据存储在一起，但 FEK 会使用用户的公钥进行加密。若要加密或解密文件数据，EFS 必须先借助驻留在用户模式下的 CNG 密钥管理服务解密文件的 FEK。

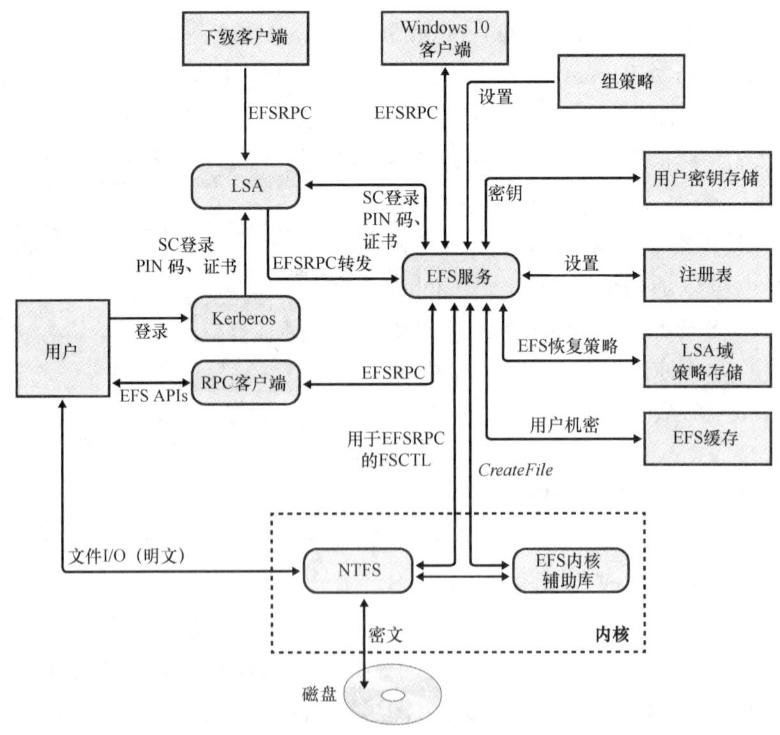

图 11-69 EFS 的架构

本地安全机构子系统（LSASS，%SystemRoot%\System32\Lsass.exe）负责管理登录会话，同时也承载了 EFS 服务（Efssvc.dll）。例如，当 EFS 需要解密 FEK 以便解密用户想要访问的文件数据时，NTFS 会向 LSASS 内部的 EFS 服务发出请求。

11.14.1 首次加密文件

在遇到加密文件后，NTFS 驱动程序会调用 EFS 辅助函数。文件的属性中记录了该文件是被加密的，同时还可通过这种方式记录文件是被压缩的（详见上文）。NTFS 有一个专门的接口，可以将文件从非加密状态转换为加密状态，但该过程很大程度上是由用户模式组件驱动的。如上文所述，Windows 可以让用户通过两种方式来加密文件：使用命令行工具 cipher，或在 Windows 资源管理器的“高级属性”对话框中选中“加密内容以便保护数据”选项。这两种方式都用到了 Windows 的 EncryptFile API。

EFS 只在加密文件中存储一个信息块，共享该文件的每个用户都在这个信息块中有一个对应的项。这些项称为密钥项（Key Entry），EFS 会将其存储在文件的 EFS 数据的数据解密字段（Data Decryption Field，DDF）中。多个密钥项的集合则被称为密钥环（Key Ring），正如上文所述，EFS 可供多个用户共享同一个加密文件。

图 11-70 展示了文件的 EFS 的信息和密钥项的格式。EFS 在密钥项的第一部分存储了精确描述用户公钥所需的足够信息。这些数据包括用户的安全 ID（SID）（请注意，SID 无法保证一定存在）、存储密钥的容器名称、加密提供程序的名称，以及非对称密钥对的证书哈希。解密过程只会用到非对称密钥证书哈希。密钥项的第二部分包含 FEK 的加密版本。EFS 会通过 CNG 使用所选的非对称加密算法和用户的公钥来加密 FEK。

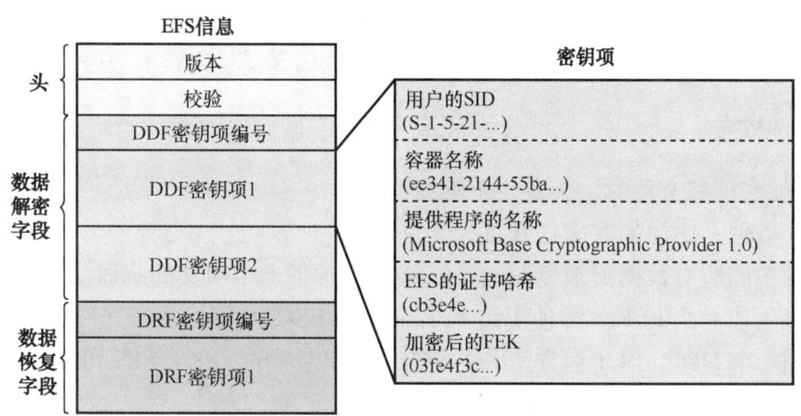

图 11-70 EFS 的信息和密钥项的格式

EFS 在文件的数据恢复字段（Data Recovery Field，DRF）中存储了有关恢复密钥项的信息。DRF 项的格式与 DDF 项的完全相同。DRF 的用途是，当管理工作必须访问用户的数据时，让指定的账户或恢复代理解密用户文件。例如，当公司员工忘记自己的登录密码时，管理员可以重置用户密码，但如果不借助恢复代理，用户加密的数据将无法恢复。

恢复代理是通过本地计算机或域的加密数据恢复代理安全策略定义的。该策略可通过图 11-71 所示的本地安全策略 MMC 控制台配置。当使用添加恢复代理向导（右键点击“加密文件系统”并点击“添加数据恢复代理”）时，可以添加恢复代理并指定恢复代理使用哪个私钥/公钥对（通过证书来指定）进行 EFS 恢复。Lsasrv（本地安全机构服务，详见卷 1 第 7 章）会在初始化及收到有关恢复策略已更改的通知时解释恢复策略。EFS 会使用为 EFS 恢复注册的加密提供程序为每个恢复代理创建 DRF 密钥项。

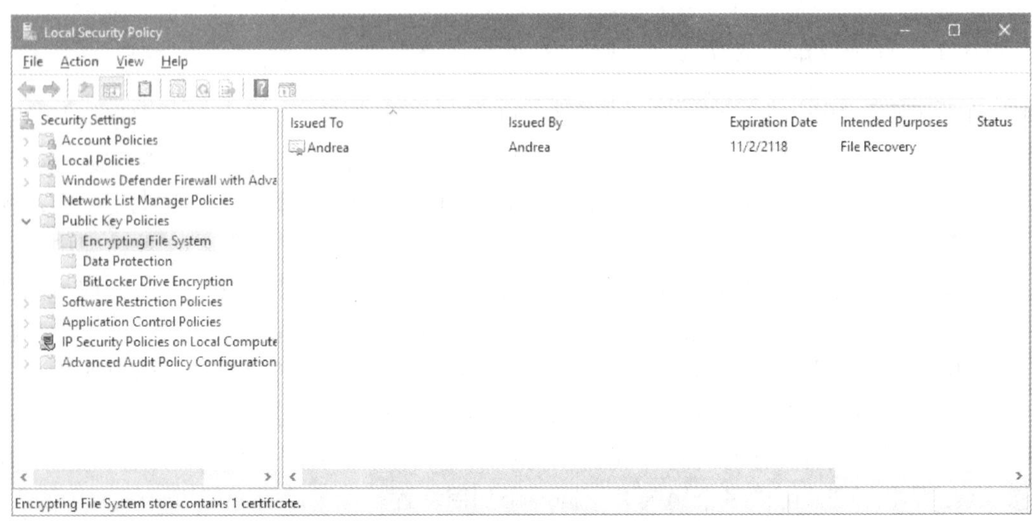

图 11-71　加密数据恢复代理组策略

用户可以使用 cipher /r 命令创建自己的数据恢复代理（Data Recovery Agent，DRA）证书。借此生成的私钥证书文件可通过恢复代理向导导入，也可以通过域控制器或管理员解密文件所用的计算机的“证书”控制台导入。

作为为文件创建 EFS 信息的最后一步，Lsasrv 会使用 Cryptographic Provider 1.0 的 MD5 哈希设施计算 DDF 和 DRF 的校验值。Lsasrv 将校验值计算结果存储在 EFS 信息头部。EFS 会在解密过程中参考这些校验值，以确保文件的 EFS 信息内容不被损坏或不被篡改。

加密文件数据

当用户加密现有文件时，会发生下列操作。

1）EFS 以独占访问的方式打开目标文件。

2）文件中的所有数据流被复制到系统临时目录下一个明文的临时文件中。

3）随机生成一个 FEK，并使用该 FEK 通过 AES-256 算法加密文件。

4）创建一个 DDF，其中包含使用用户的公钥加密后的 FEK。EFS 可以从用户的 X.509 版本 3 文件加密证书中自动获取用户的公钥。

5）如果通过组策略指定了恢复代理，则会创建一个 DRF，其中包含使用 RSA 和恢复代理的公钥加密后的 FEK。

6）EFS 从恢复代理的 X.509 版本 3 证书中自动获取恢复代理的公钥，而该证书存储在 EFS 策略中。如果有多个恢复代理，则会使用每个代理的公钥加密一个 FEK 副本，并分别创建 DRF 来存储每个加密后的 FEK。

注意　证书中的 File Recovery（文件恢复）属性是增强型密钥使用（Enhanced Key Usage，EKU）字段的一个用例。EKU 拓展和拓展属性决定并限制了证书的有效用途。作为微软公钥基础架构（PKI）的一部分，File Recovery 是微软定义的一个 EKU 字段。

7）EFS 将加密后的数据以及 DDF 和 DRF 重新写回文件。由于对称加密不会增加额外数据，因此文件加密后的体积只会有很小的变化。元数据主要由加密后的 FEK 组成，通常大小不会超过 1 KB。因此，加密前后文件大小的字节数通常不会有变化。

8）明文临时文件被删除。

在用户将文件保存到已被加密的文件夹之后，也将发生类似上述过程的操作，只不过不会创建临时文件。

11.14.2 解密过程

当应用程序访问被加密的文件时，将发生如下解密过程。

1）NTFS 识别到文件被加密，向 EFS 驱动程序发出一个请求。

2）EFS 驱动程序检索 DDF 并将其传递给 EFS 服务。

3）EFS 服务从用户配置文件检索用户的私钥，并用私钥解密 DDF 以获得 FEK。

4）EFS 服务将 FEK 回传给 EFS 驱动程序。

5）EFS 驱动程序使用 FEK 解密文件中应用程序需要访问的部分。

注意 当应用程序打开文件时，只会对文件中应用程序需要的那部分数据进行解密，因为 EFS 使用了加密块链接（Cipher Block Chaining）。如果用户移除文件的加密特性，此时的行为将有所不同，那么整个文件都会被解密并重写为明文形式。

6）EFS 驱动程序将解密后的数据返回给 NTFS，NTFS 将其发送给发出请求的应用程序。

11.14.3 备份加密的文件

任何文件加密设施在设计上都有一个重要的问题需要注意：除了通过加密设施访问文件的应用程序之外，文件数据永远不能以未加密的形式出现。这种限制会对使用存档介质存储文件的备份工具产生较大影响。EFS 通过为备份工具提供一种专用设施解决了该问题，借此备份工具可以备份并恢复处于加密状态的文件。同时，备份工具无须解密文件数据，也不需要在自己的备份过程中重新加密文件数据。

备份工具可以使用 EFS API 的 OpenEncryptedFileRaw、ReadEncryptedFileRaw、WriteEncryptedFileRaw 和 CloseEncryptedFileRaw 函数访问文件加密后的内容。在备份过程中，当备份工具以原始访问（raw access）的形式打开一个文件时，将能调用 ReadEncryptedFileRaw 来获取文件数据。所有 EFS 备份工具 API 都可以向 NTFS 发出 FSCTL。例如，ReadEncryptedFileRaw API 首先会向 NTFS 驱动程序发出 FSCTL_ENCRYPTION_FSCTL_IO 控制代码以读取$EFS 流，随后即可读取文件的所有流（包括 $DATA 流和可选的备用数据流）。如果流被加密，则可通过 ReadEncryptedFileRaw API 使用 FSCTL_READ_RAW_ENCRYPTED 控制代码向文件系统驱动程序请求加密后的流数据。

实验：查看 EFS 信息

EFS 还提供其他一些可供应用程序操作加密后的文件的 API 函数。例如，应用程序可使用 AddUsersToEncryptedFile API 函数允许其他用户访问加密文件，并使用

RemoveUsersFromEncryptedFile 撤销其他用户对加密文件的访问。应用程序可使用 QueryUsersOnEncryptedFile 函数获取文件相关 DDF 和 DRF 密钥字段的信息，或使用 QueryUsersOnEncryptedFile 返回 SID、证书哈希值，并显示所包含的每个 DDF 和 DRF 密钥字段的相关信息。下列输出结果来自 Sysinternals 的 EFSDump 工具，在通过命令行参数指定加密文件后，该工具将输出下列内容：

```
C:\Andrea>efsdump Test.txt
EFS Information Dumper v1.02
Copyright (C) 1999 Mark Russinovich
Systems Internals - http://www.sysinternals.com

C:\Andrea\Test.txt:
DDF Entries:
    WIN-46E4EFTBP6Q\Andrea:
        Andrea(Andrea@WIN-46E4EFTBP6Q)
    Unknown user:
        Tony(Tony@WIN-46E4EFTBP6Q)
DRF Entry:
    Unknown user:
        EFS Data Recovery
```

从以上内容中可知，Test.txt 文件有两个 DDF 项，分别对应用户 Andrea 和 Tony，有一个 DRF 项对应 EFS 数据恢复代理，这也是当前系统中注册的唯一的一个恢复代理。我们可以使用 Cipher 工具添加或移除文件 DDF 项中的用户。例如：

```
cipher /adduser /user:Tony Test.txt
```

上述命令可以允许用户 Tony 访问加密文件 Test.txt（向文件的 DDF 中添加一项）。

11.14.4 复制加密的文件

在复制加密的文件时，系统并不会首先解密文件，随后在目标位置重新加密该文件，而是会直接将加密后的数据和 EFS 备用数据流复制到目标位置。然而，如果目标位置不支持备用数据流，也就是说，目标位置并非是 NTFS 卷（例如是 FAT 卷），或目标位置是网络共享（哪怕该共享承载于 NTFS 卷上），此时将无法照常进行复制操作，因为备用数据流将会丢失。如果是通过 Windows 资源管理器执行复制操作，此时会出现一个对话框提示用户目标卷不支持加密，并询问用户是否继续将文件以不加密形式复制到目标位置。如果用户同意，则文件会被解密并复制到指定位置。如果在命令行下进行复制，则 Copy 命令将直接失败并返回错误信息“无法加密指定的文件”。

11.14.5 BitLocker 加密卸载

NTFS 文件系统驱动程序可以使用加密文件系统（EFS）提供的服务来执行文件加密和解密操作。这些内核模式的服务可以与通过回调提供给 NTFS 的用户模式加密文件服务（Efssvc.dll）通信。当用户或应用程序首次加密文件时，EFS 服务会向 NTFS 驱动程序发送 FSCTL_SET_ENCRYPTION 的控制代码。NTFS 文件系统驱动程序可以使用 EFS 的“写入”回调对原始文件中的数据执行内存中加密。实际的加密过程始终会对文件内容进行拆分，通常会将 2 MB 大小的文件块（Block）拆分为 512 B 的小块（Chunk）。EFS 库会使用 BCryptEncrypt API 加密拆分后的小块。如上文所述，加密引擎由内核 CNG 驱动程序（Cng.sys）提供，该引擎支持 EFS 所使用的 AES 或 3DES 算法（以及其他一些算法）。EFS 会对每个 512 B 的小块（这也是标准硬盘扇区上最小的物理尺寸）进行加密，每一轮加密操作还会使用当前块的字节偏移量更新 IV（Initialization Vector，初始化向量，也叫盐值（salt value），这是一种 128 位的数字，用于为加密方案实现随机化）。

在 Windows 10 中，BitLocker 加密卸载（Offload）进一步改善了加密性能。在启用 BitLocker 的情况下，存储堆栈已经包含一个由全卷加密驱动程序（Fvevol.sys）创建的设备，如果卷已被加密，那么可在物理磁盘扇区上进行实时加密/解密；否则将直接通过 I/O 请求加以处理。

NTFS 驱动程序可以使用 IRP 扩展来延后文件的加密操作。IRP 扩展由 I/O 管理器提供（有关 I/O 管理器的详细信息，请参阅卷 1 第 6 章），可借此在 IRP 中存储不同类型的额外信息。当创建文件时，EFS 驱动程序会探测设备堆栈，借此使用 IOCTL_FVE_GET_CDOPATH 控制代码检查是否存在 BitLocker 控制设备对象（Control Device Object，CDO）。如果存在，则会在 SCB 中设置一个标记，代表该流可支持加密卸载。

每当读取或写入加密文件，或文件被首次加密时，NTFS 驱动程序会根据之前设置的标记来判断是否需要加密/解密每个文件块。在启用加密卸载的情况下，NTFS 会跳过对 EFS 的调用，直接在 IRP 中添加一个 IRP 扩展，该扩展将被发送到相关卷设备以便执行物理 I/O。在 IRP 扩展中，NTFS 驱动程序存储了即将读取或写入文件块的起始虚拟字节偏移量、其大小，以及一些标记。最终，NTFS 驱动程序会使用 IoCallDriver API 将 I/O 发送给相关卷设备。

卷管理器将解析 IRP 并将其发送给正确的存储驱动程序。BitLocker 驱动程序可以识别 IRP 扩展，并使用自己的例程加密 NTFS 发送到设备堆栈的数据，这些操作会针对物理扇区执行（作为一种卷过滤器驱动程序，BitLocker 中并未实现文件和目录的概念）。一些存储驱动程序，例如逻辑磁盘管理器驱动程序（VolmgrX.sys，为动态磁盘提供了支持）则是附加到卷设备对象的过滤器驱动程序。这些驱动程序位于卷管理器之下，但位于 BitLocker 驱动程序之上，可以提供数据冗余、条带或存储虚拟化功能，这些特征通常是将原始 IRP 拆分为多个次级 IRP 实现的，这些次级 IRP 会被发送到不同的物理磁盘设备。在这种情况下，次级 I/O 在被 BitLocker 驱动程序拦截后，将使用不同的盐值对数据进行加密，从而导致文件数据被损坏。

IRP 扩展也支持 IRP 传播的概念，每当原始 IRP 被拆分时，都会自动修改存储在 IRP 扩展中的文件虚拟字节偏移量。通常，EFS 驱动程序会在 512 字节的边界上加密文件块，但 IRP 无法在小于扇区大小的对齐情况下拆分。因此，BitLocker 可以正确加密和解密数据，确保不会导致文件被损坏。

BitLocker 驱动程序的很多例程无法承受内存故障。然而，因为 IRP 扩展是在拆分 IRP 时从非分页池中动态分配的，因此该分配可能失败。I/O 管理器会通过 IoAllocateIrpEx 例程解决此问题。内核驱动程序可通过该例程分配 IRP（例如传统的 IoAllocateIrp）。但新例程分配了一个额外的堆栈位置，并将所有 IRP 扩展存储在其中。在新 API 分配的 IRP 上请求 IRP 扩展的驱动程序将不再需要通过非分页池来分配新的内存。

> **注意**　无论是否需要向多个物理设备发出多个 I/O，存储驱动程序均可出于不同原因决定拆分 IRP。例如卷影复制驱动程序（Volsnap.sys）当需要从“写入时复制”的卷影副本中读取文件时，如果文件驻留在不同区域，例如一部分文件位于实时卷中，另一部分文件位于卷影副本（该副本则位于隐藏目录 System Volume Information 中）的差分文件中，此时就会拆分 I/O。

11.14.6　联机加密支持

当加密或解密文件流时，文件流会被 NTFS 驱动程序以独占形式锁定。这意味着在加密或解密操作进行期间，其他应用程序无法访问该文件。对于较大的文件，这个限制会让文件在数秒钟甚至数分钟内无法使用。很明显，对于大规模文件服务器环境，这种问题是无法接受的。

为了解决此问题，新版本的 Windows 10 引入了对联机加密的支持。通过适当的同步，NTFS 驱动程序可以在无须独占式访问的情况下加密或解密文件。只有在目标加密流是（命名或未命名）非常驻数据流的情况下，EFS 才会启用联机加密（否则将继续通过标准加密过程来处理）。如果所有条件均满足，EFS 服务会向 NTFS 驱动程序发送 FSCTL_SET_ENCRYPTION 的控制代码，借此设置启用联机加密的标记。

联机加密的可行要归功于“$EfsBackup”属性（$LOGGED_UTILITY_STREAM 类型）和范围锁（range lock）的引入。范围锁是一个新的功能，可以让文件系统驱动程序（以独占或共享访问的方式）锁定文件中的部分区域。启用联机加密后，内部函数 NtfsEncryptDecryptOnline 通过创建$EfsBackup 属性（及其 SCB）并针对文件的前 2 MB 范围获取共享锁，借此启动加密或解密过程。共享锁意味着多个读取者依然可以从文件的这个范围中读取，但其他写入者需要等待加密或解密操作完成后才能向其中写入新数据。

NTFS 驱动程序会从非分页池中分配一个 2 MB 的缓冲区，并在卷上保留一些簇，这些簇是代表 2 MB 的可用空间所必需的（簇的总数取决于卷的簇大小）。联机加密函数从物理磁盘读取原始数据，并将其存储到分配的缓冲区中。如果未启用 BitLocker 加密卸载（详见上文），该缓冲区将使用 EFS 服务加密；如果已启用，则由 BitLocker 驱动程序在将数据写入之前保留的簇对数据进行加密。

在这个阶段，NTFS 只将整个文件锁定很少一段时间：在锁定期间，NTFS 会将包含未加密数据的簇从原始流的范围表中移除，将其分配给非常驻属性$EfsBackup，并使用包含加密后新数据的簇替换原始流范围表中被移除的范围。在释放独占锁之前，NTFS 驱动程序会计算一个新的高水位线（high watermark）的值，并将其同时存储在原始文件的内存 SCB 中，以及$EFS 备用数据流的 EFS 载荷中。随后，NTFS 会释放独占锁。包含原始数据的簇会首先被清零，随后如果没有更多的块需要处理，则这些簇将被释放。如果还有其他块要处理，则会针对下一个 2 MB 的块重新启动联机加密处理的过程。

高水位线值存储了代表加密和非加密数据之间边界的文件偏移量。任何针对水位线以上位置执行的并发写入都能够以原始的未加密形式进行，但对水位线以下的位置执行的并发写入需要首先加密，随后才能实际写入。不允许对当前锁定的范围进行写入操作。图 11-72 展示了对一个 16 MB 大小的文件持续进行联机加密的范例。前两个块（2 MB 大小）已经被加密，高水位线值被设置为 4 MB，这条线将文件分为加密数据和未加密数据两部分。

在高水位线之后的 2 MB 块上设置了范围锁。应用程序依然可以读取该块，但无法向其中写入任何新数据（如果要写入，则必须先等待）。该块的数据被加密并存储在保留簇中。在获取了独占的文件所有权后，原始块的簇被重映射至$EfsBackup 流（为此可移除或拆分它们在原始文件范围表中的项，并在$EfsBackup 属性中插入一个新项），而新的簇会被插入之前的簇的位置。借此，高水位线值将增大，文件锁被释放，联机加密过程继续从 6 MB 偏移量处开始进行下一步处理。$EfsBackup 流中原先的簇被清零，继续被下一阶段的处理重复使用。

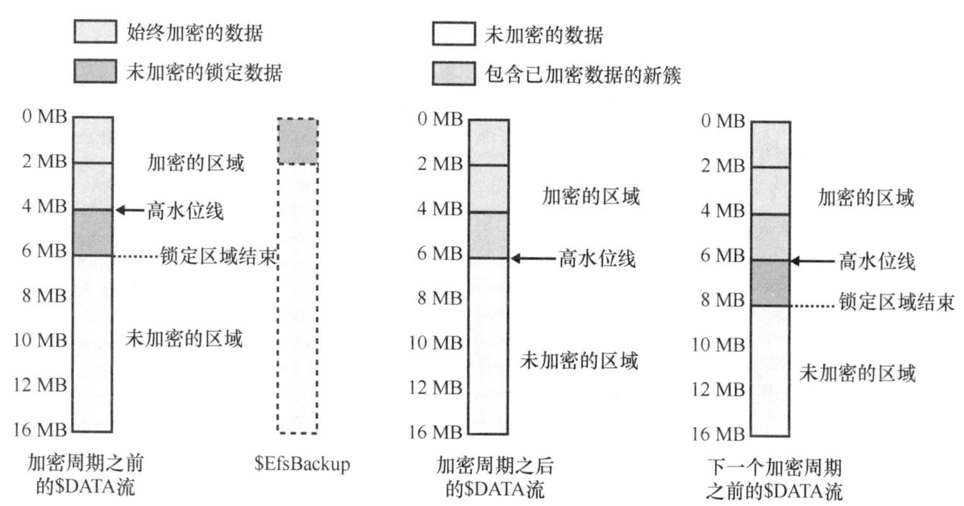

图 11-72 一个 16MB 文件的持续联机加密范例

这种新的实现方式使得 NTFS 可以原地进行加密或解密，而无须使用临时文件（详见“加密文件数据”一节）。更重要的是，这使得 NTFS 在执行文件加密或解密操作的过程中，其他应用程序依然可以使用甚至修改目标文件流（独占锁的持续时间很短，并不会被试图使用该文件的应用程序所察觉）。

11.15 直接访问磁盘

持久性内存（persistent memory）是固态硬盘技术的一种演进：这是一种新型的非易失性存储介质，具备类似于 RAM 的性能特征（低延迟、高带宽），驻留在内存总线（DDR）上，但可以像标准磁盘设备那样使用。

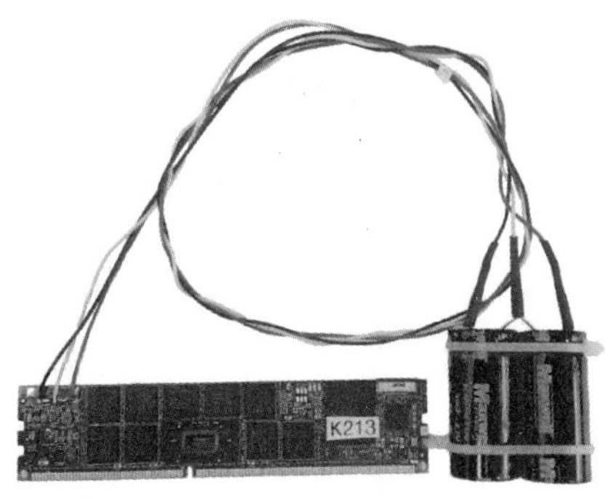

图 11-73 一个包含 DRAM 和闪存芯片的 NVDIMM。需要连接电池或板载超级电容器来维持 DRAM 芯片中的数据

Windows 操作系统使用直接访问磁盘（Direct Access Disk，DAX）这个术语代表此类持久性内存技术（另一个常用术语为存储类内存，Storage Class Memory，缩写为 SCM）。图 11-73 所示的非易失性双列直插内存模块（NVDIMM）就是这种全新存储类型的一个例子。NVDIMM 是一种在断电后依然可

以维持内容的内存类型，“双列直插”标志着该内存使用 DIMM 封装方式。截至撰写这部分内容，共有三种类型的 NVDIMM：只包含闪存存储的 NVIDIMM-F；最常见的，在同一模块上同时包含闪存存储和传统 DRAM 芯片的 NVDIMM-N；使用持久性 DRAM 芯片，在断电后也不会丢失数据的 NVDIMM-P。

DAX 的主要特点之一是支持对持久性内存进行零复制访问，而这也是实现高性能的关键。这意味着很多组件（如文件系统驱动程序和内存管理器）需要更新才能支持 DAX，毕竟这是一种颠覆性技术。

Windows Server 2016 是首款支持 DAX 的 Windows 操作系统：这种新的存储模式可兼容大部分现有应用程序，因此，这些应用程序无须改动即可在 DAX 磁盘上运行。为实现最高性能，DAX 卷上的文件和目录需要使用内存映射 API 映射至内存，而卷也需要使用一种特殊的 DAX 模式进行格式化。截至撰写这部分内容，仅 NTFS 支持 DAX 卷。

下文将介绍直接访问磁盘的运作方式和全新驱动程序模型的架构细节，以及对负责支持 DAX 卷的下列主要组件所进行的修改：NTFS 驱动程序、内存管理器、缓存管理器，以及 I/O 管理器。此外，系统内置的以及第三方文件系统过滤器驱动程序（包括微型过滤器）同样需要更新，才能充分利用 DAX。

11.15.1 DAX 驱动程序模型

为了支持 DAX 卷，Windows 需要引入一种全新的存储驱动程序模型。SCM 总线驱动程序（Scmbus.sys）是一种全新的总线驱动程序，它可以枚举系统中的物理和逻辑持久性内存（Persistent Memory，PM）设备，而这些设备会连接到内存总线（枚举的执行通过 NFIT ACPI 表进行）。该总线驱动程序并非 I/O 路径的一部分，而是一种由 ACPI 枚举器管理的主总线驱动程序，由 HAL（硬件抽象层）通过硬件数据库注册表键（HKLM\SYSTEM\CurrentControlSet\Enum\ACPI）提供。有关即插即用设备枚举的详细信息请参阅卷 1 第 6 章。

图 11-74 展示了 SCM 存储驱动程序模型的架构。SCM 总线驱动程序会创建两个不同类型的设备对象。

- 代表物理 PM 设备的物理设备对象（Physical Device Object，PDO）。NVDIMM 设备通常包含一个或多个相互交错的 NVDIMM-N 模块，如果只有一个模块，则 SCM 总线驱动程序将只创建表示这个 NVDIMM 单元的一个物理设备对象；如果包含多个模块，则会创建两个不同设备，借此代表每个 NVDIMM-N 模块。所有的物理设备都由微型端口驱动程序 Nvdimm.sys 管理，它可以控制物理 NVDIMM 并监视其健康状况。
- 代表单一 DAX 磁盘的功能设备对象（Functional Device Object，FDO），该对象由持久性内存驱动程序 Pmem.sys 管理。该驱动程序控制所有可由字节寻址的交错集，并负责针对 DAX 卷执行的所有的 I/O。持久性内存驱动程序是每个 DAX 磁盘的类驱动程序（取代了传统存储堆栈中的 Disk.sys）。

SCM 总线驱动程序和 NVDIMM 微型端口驱动程序都公开了一些可用于与 PM 类驱动器通信的接口。这些接口是通过 IRP_MJ_PNP 主函数使用 IRP_MN_QUERY_INTERFACE 请求公开的。接收到请求后，SCM 总线驱动程序会知道应该公开自己的通信接口，因为调用方指定了{8de064ff-b63042e4-ea88-6f24c8641175}这个接口 GUID。同样，持久性内存驱动程序需要通过{0079c21b-917e-405e-cea9-0732b5bbcebd}这个 GUID 与 NVDIMM 设备通信。

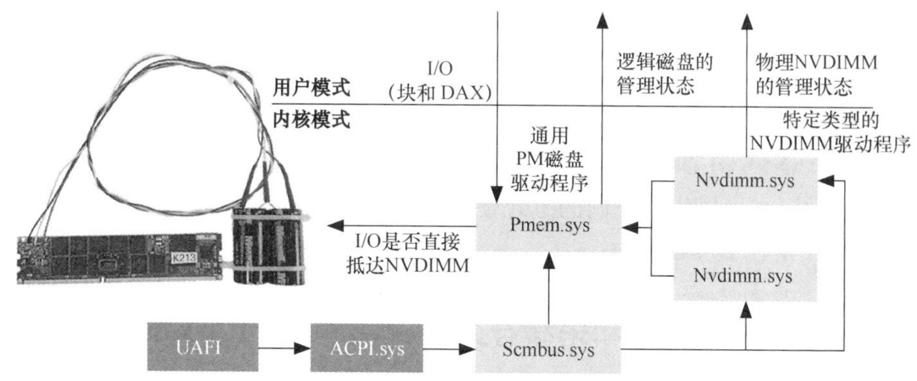

图 11-74　SCM 存储驱动程序模型

新的存储驱动程序模型实现了明确的责任划分：PM 类驱动程序管理逻辑磁盘功能（打开、关闭、读取、写入、内存映射等），而 NVDIMM 驱动程序管理物理设备及其运行状况。未来，只需更新 Nvdimm.sys 驱动程序即可增加对新类型 NVDIMM 的支持（无须更改 Pmem.sys）。

11.15.2 DAX 卷

DAX 存储驱动程序模型引入了一种新类型的卷，即 DAX 卷。当用户使用 Format 工具首次格式化一个分区时，可以在命令行中指定/DAX 参数。如果底层介质是使用 GPT 分区格式的 DAX 磁盘，在创建 NTFS 所需的基本磁盘数据结构前，该工具会在目标卷的 GPT 分区项（对应于编号 58 的位）中写入 GPT_BASIC_DATA_ATTRIBUTE_DAX 标记。有关 GUID 分区表的参考资料可访问：https://en.wikipedia.org/wiki/GUID_Partition_Table。

当 NTFS 驱动程序随后挂载该卷时，会识别出该标记并向底层存储驱动程序发送 STORAGE_QUERY_PROPERTY 控制代码。该 IOCTL 可被 SCM 总线驱动程序识别，SCM 会用另一个标记响应文件系统驱动程序，借此指定底层磁盘为 DAX 磁盘。只有 SCM 总线驱动程序可以设置该标记。验证过这两个条件后，只要没有通过注册表 HKLM\System\CurrentControlSet\Control\FileSystem\NtfsEnableDirectAccess 键禁用对 DAX 的支持，NTFS 就会启用对 DAX 卷的支持。

DAX 卷与标准卷不同，主要是因为 DAX 卷支持对持久性内存进行零复制访问。内存映射文件使得应用程序可以通过映射视图直接访问底层硬件磁盘扇区，这意味着没有任何中间组件会拦截任何 I/O，这种特征实现了极高的性能（如上文所述，可能会对包括微型过滤器在内的文件系统过滤器驱动程序产生一定的影响）。

当应用程序创建由驻留在 DAX 卷上的文件支撑的内存映射节时，内存管理器会询问文件系统是否应该以 DAX 模式创建该节，但只有在卷被格式化为 DAX 模式时才会创建这样的节。当这样的文件通过 MapViewOfFile API 映射时，内存管理器会向文件系统询问该文件中特定范围数据对应的物理内存范围。文件系统驱动程序会将所请求的文件范围转换为一个或多个卷的相对范围（扇区偏移量和长度），并要求 PM 磁盘类驱动程序将卷的范围转换为物理内存范围。内存管理器在收到物理内存范围后，将更新目标进程页表中的节，借此直接映射至持久性存储。这是一种真正的零复制存储访问方式：应用程序将能直接访问持久性内存，完全不需要读取或写入分页文件。这一点很重要：这种情况下，缓存管理器无须介入。下文将介绍这一特点的实际意义。

应用程序可以使用 GetVolumeInformation API 来识别 DAX 卷。如果该 API 返回的标记包含 FILE_DAX_VOLUME，就意味着卷被格式化为可兼容 DAX 的文件系统（目前仅 NTFS）。应用程序也可以借助相同的方式使用 GetVolumeInformationByHandle API 来识别一个文件是否驻留在 DAX 磁盘上。

11.15.3　DAX 卷上缓存和未缓存的 I/O

尽管 DAX 卷的内存映射 I/O 为底层存储提供了零复制访问方式，DAX 卷依然支持通过标准方式（使用传统的 ReadFile 和 WriteFile API）执行的 I/O。正如开头所述，Windows 支持两种类型的常规 I/O：缓存的和未缓存的。针对 DAX 卷执行这两种类型的 I/O 所产生的效果有很大区别。

缓存 I/O 依然需要缓存管理器介入，当为文件创建共享的缓存映射时，缓存管理器会要求内存管理器创建直接映射至 PM 硬件的节对象。NTFS 可以通过新增的 CcInitializeCacheMapEx 例程告知缓存管理器目标文件处于 DAX 模式。随后缓存管理器即可将数据从用户缓冲区复制到持久性内存，也就是说，缓存 I/O 会对持久性存储执行“一次复制”访问操作。请注意，缓存 I/O 依然会与其他内存映射 I/O 保持一致（缓存管理器使用了同一个节）；与内存映射 I/O 的情况类似，此时依然不需要读取或写入分页文件，因此无须启用延迟写入器线程和智能预读取。

这种直接映射的含义在于：一旦 NtWriteFile 函数完成，缓存管理器就直接写入 DAX 磁盘。这意味着缓存 I/O 本质上是未缓存的。因此未缓存 I/O 请求会被文件系统直接转换为缓存 I/O，这样缓存管理器就依然可以在用户缓冲区和持久性内存之间直接执行复制操作。此类 I/O 与缓存 I/O 以及内存映射 I/O 依然保持了一致。

NTFS 在处理与元数据文件有关的更新时依然会使用标准 I/O。每个文件的 DAX 模式 I/O 是在创建流的时候决定的，为此需要在流控制块中设置一个标记。系统元数据文件永远不会设置该属性，因此当映射此类文件时，缓存管理器会创建标准的非 DAX 文件支撑的节，并使用标准存储堆栈来执行分页文件读写 I/O（最终，每个 I/O 都会像块卷那样由 Pmem 驱动程序处理，并会使用扇区原子性算法。详见“块卷”一节）。这种行为是兼容预写入日志记录功能所必需的。在刷新相应日志之前，元数据不能被持久保存到磁盘上。因此，如果元数据文件被 DAX 映射，预写入日志记录的相关要求就会被打破。

对文件系统功能的影响

由于不执行常规分页 I/O，并且应用程序能够直接访问持久性内存，这些特征使得文件系统和相关过滤器用来实现多种功能所需的传统挂钩点（hook point）不复存在。

DAX 卷无法支持多个功能，例如文件加密、压缩文件、稀疏文件、快照及 USN 日志支持。

在 DAX 模式下，文件系统已经无法得知可写入的内存映射文件何时被修改。当首次创建内存节时，NTFS 文件系统驱动程序会更新文件的修改和访问时间，并在 USN 变更日志中将该文件标记为已修改。同时，NTFS 驱动程序会发出一个代表目录更改的通知信号。DAX 卷已经无法兼容任何类型的传统过滤器驱动程序，并且对微型过滤器（过滤器管理器客户端）产生了巨大的影响。诸如 BitLocker 和卷影副本驱动程序（Volsnap. sys）等组件无法作用于 DAX 卷，因此会从设备堆栈中移除。由于微型过滤器已经无法得知文件是否已被修改，因此，诸如上文描述的那种反恶意软件文件访问扫描程序也将无法得知自己是否需要对某个文件执行病毒扫描。此时它只能假设任何句柄关闭时都意味着文件内容发生了更改。因而也会对性能产生较大的不利影响，为了支持 DAX 卷，微型过滤器必须以手动的方式选择性启用。

11.15.4 可执行映像的映射

Windows 加载器将可执行映像载入内存时，会用到内存管理器提供的内存映射服务。加载器会向 NtCreateSection API 提供 SEC_IMAGE 标记以创建内存映射映像节。该标记会指定加载器将这个节映射为映像，应用所有必要的修复。但在 DAX 模式下不会发生这样的操作，否则所有重定位和修复操作都会应用给 PM 磁盘上的原始映像文件。为了正确处理这个问题，内存管理器在映射存储于 DAX 模式卷的可执行映像时，将应用以下策略：

- 如果已经有一个代表二进制文件数据节的控制区域（意味着应用程序已经打开了该映像并读取了二进制数据），内存管理器会创建一个空的、由内存支撑的映像节，并将数据从现有数据节复制到新创建的映像节，随后对这个映像节应用必要的修复。
- 如果该文件没有数据节，则内存管理器会创建一个常规的非 DAX 映像节，从而创建出标准的无效原型 PTE（详见卷 1 第 5 章）。在这种情况下，当属于映像支撑的节的地址上发生无效访问的页面错误时，内存管理器会使用 Pmem 驱动程序的标准读取和写入例程将数据读入内存。

截至撰写这部分内容，Windows 10 还不支持原地执行，这意味着加载器无法直接从 DAX 存储中执行映像。不过这并不是问题，因为 DAX 模式的卷最初在设计时就是为了存储需要极高访问速度的数据。不过未来版本的 Windows 将会支持 DAX 卷的原地执行。

实验：使用进程监视器观察 DAX I/O

我们可以使用 Sysinternals 提供的进程监视器和 FsTool.exe 工具观察 DAX I/O，这些工具都包含在本书的随附资源中。当应用程序从驻留在 DAX 模式卷上的内存映射文件读取或写入时，系统不会产生任何分页 I/O，因此 NTFS 驱动程序或附加在其上或其下的微型过滤器将看不到任何操作。为了观察到这样的行为，我们需要打开进程监视器，假设有两个卷分别挂载为 P:盘和 Q:盘，可按照类似下图的方式设置过滤器（Q:盘为 DAX 卷）。

Process Monitor Filter

Display entries matching these conditions:

Process Name　is　System　then　Include

Reset　Add　Remove

Column	Relation	Value	Action
Process N...	is	FsTool.exe	Include
Process N...	is	System	Include
Path	begins with	P:\	Include
Path	begins with	Q:\	Include
Process N...	is	Procmon.exe	Exclude
Process N...	is	Procexp.exe	Exclude
Process N...	is	Autoruns.exe	Exclude

OK　Cancel　Apply

为了让 DAX 卷产生 I/O，可以使用 FsTool 工具模拟一次 DAX 复制。在下列范例内容中，我们将位于 P:盘这个 DAX 块模式卷（即便普通磁盘上创建的标准卷也可以用来完成本实验）上的一个 ISO 映像文件复制到 DAX 模式的 Q:盘：

```
P:\>fstool.exe /daxcopy p:\Big_image.iso q:\test.iso
NTFS / ReFS Tool v0.1
Copyright (C) 2018 Andrea Allievi (AaL186)

Starting DAX copy...
   Source file path: p:\Big_image.iso.
   Target file path: q:\test.iso.
   Source Volume: p:\ - File system: NTFS - Is DAX Volume: False.
   Target Volume: q:\ - File system: NTFS - Is DAX Volume: True.

   Source file size: 4.34 GB

Performing file copy... Success!
   Total execution time: 8 Sec.
   Copy Speed: 489.67 MB/Sec

Press any key to exit...
```

进程监视器捕获到了 DAX 复制操作的踪迹，确认实现了我们预期的结果。

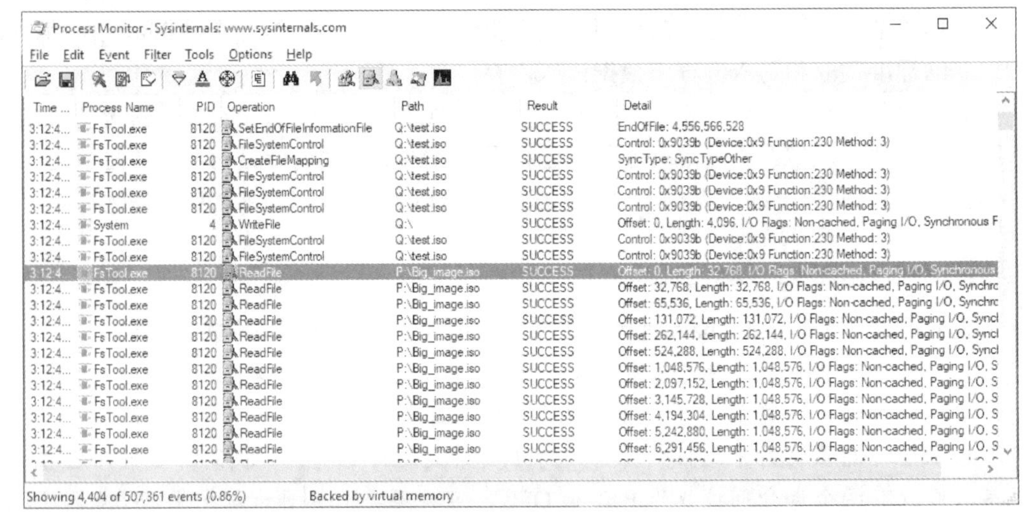

从上述结果中可以看到，对于目标文件（Q:\test.iso），只有 CreateFileMapping 操作

被拦截了，完全没有可见的 WriteFile 事件。在复制执行过程中，进程监视器只检测到对源文件执行的分页 I/O。这些分页 I/O 是由内存管理器产生的，它需要从源卷中读回数据，因为应用程序在访问内存映射文件时产生了页面错误。

要看到内存映射 I/O 和标准缓存 I/O 之间的差异，我们需要使用标准文件复制操作再次复制该文件。要查看源文件数据上产生的分页 I/O，则还需要重启动系统，因为原始数据依然遗留在缓存中：

```
P:\>fstool.exe /copy p:\Big_image.iso q:\test.iso
NTFS / ReFS Tool v0.1
Copyright (C) 2018 Andrea Allievi (AaLl86)

Copying "Big_image.iso" to "test.iso" file... Success.
   Total File-Copy execution time: 13 Sec - Transfer Rate: 313.71 MB/s.
Press any key to exit...
```

如果将进程监视器获得的跟踪结果与上一次结果比较，就可以确认缓存 I/O 是一种“一次复制”操作。缓存管理器依然会在应用程序提供的缓冲区（直接映射至 DAX 磁盘的）和系统缓存之间复制内存块。事实再次证明：目标文件并未产生任何分页 I/O。

Process Monitor - Sysinternals: www.sysinternals.com

File Edit Event Filter Tools Options Help

Time ...	Process Name	PID	Operation	Path	Result	Detail
2:59:2...	FsTool.exe	9992	ReadFile	P:\Big_image.iso	SUCCESS	Offset: 0, Length: 1,048,576, Priority: Normal
2:59:2...	FsTool.exe	9992	ReadFile	P:\Big_image.iso	SUCCESS	Offset: 0, Length: 1,048,576, I/O Flags: Non-cached, Paging I/O, Priority: Nc
2:59:2...	FsTool.exe	9992	WriteFile	Q:\test.iso	SUCCESS	Offset: 0, Length: 1,048,576, Priority: Normal
2:59:2...	FsTool.exe	9992	FileSystemControl	Q:\test.iso	SUCCESS	Control: 0x9039b (Device:0x9 Function:230 Method: 3)
2:59:2...	System	4	ReadFile	P:\Big_image.iso	SUCCESS	Offset: 1,048,576, Length: 1,048,576, I/O Flags: Non-cached, Paging I/O, P
2:59:2...	System	4	ReadFile	P:\Big_image.iso	SUCCESS	Offset: 2,097,152, Length: 1,048,576, I/O Flags: Non-cached, Paging I/O, P
2:59:2...	System	4	WriteFile	Q:\	SUCCESS	Offset: 0, Length: 4,096, I/O Flags: Non-cached, Paging I/O, Synchronous F
2:59:2...	FsTool.exe	9992	FileSystemControl	Q:\test.iso	SUCCESS	Control: 0x9039b (Device:0x9 Function:230 Method: 3)
2:59:2...	FsTool.exe	9992	ReadFile	P:\Big_image.iso	SUCCESS	Offset: 1,048,576, Length: 1,048,576
2:59:2...	FsTool.exe	9992	WriteFile	Q:\test.iso	SUCCESS	Offset: 1,048,576, Length: 1,048,576
2:59:2...	System	4	ReadFile	P:\Big_image.iso	SUCCESS	Offset: 3,145,728, Length: 1,048,576, I/O Flags: Non-cached, Paging I/O, P
2:59:2...	System	4	ReadFile	P:\Big_image.iso	SUCCESS	Offset: 4,194,304, Length: 1,048,576, I/O Flags: Non-cached, Paging I/O, P
2:59:2...	FsTool.exe	9992	ReadFile	P:\Big_image.iso	SUCCESS	Offset: 2,097,152, Length: 1,048,576
2:59:2...	FsTool.exe	9992	WriteFile	Q:\test.iso	SUCCESS	Offset: 2,097,152, Length: 1,048,576
2:59:2...	System	4	ReadFile	P:\Big_image.iso	SUCCESS	Offset: 5,242,880, Length: 1,048,576, I/O Flags: Non-cached, Paging I/O, P
2:59:2...	System	4	ReadFile	P:\Big_image.iso	SUCCESS	Offset: 6,291,456, Length: 1,048,576, I/O Flags: Non-cached, Paging I/O, P
2:59:2...	FsTool.exe	9992	ReadFile	P:\Big_image.iso	SUCCESS	Offset: 3,145,728, Length: 1,048,576
2:59:2...	FsTool.exe	9992	WriteFile	Q:\test.iso	SUCCESS	Offset: 3,145,728, Length: 1,048,576
2:59:2...	System	4	ReadFile	P:\Big_image.iso	SUCCESS	Offset: 7,340,032, Length: 1,048,576, I/O Flags: Non-cached, Paging I/O, P
2:59:2...	System	4	ReadFile	P:\Big_image.iso	SUCCESS	Offset: 8,388,608, Length: 1,048,576, I/O Flags: Non-cached, Paging I/O, P
2:59:2...	FsTool.exe	9992	ReadFile	P:\Big_image.iso	SUCCESS	Offset: 4,194,304, Length: 1,048,576

Showing 13,088 of 856,082 events (1.5%)　　Backed by virtual memory

作为最后一个实验，我们可以试着在位于同一个 DAX 卷上的两个文件之间，或在位于不同 DAX 卷上的两个文件之间执行 DAX 复制操作：

```
P:\>fstool /daxcopy q:\test.iso q:\test_copy_2.iso
TFS / ReFS Tool v0.1
Copyright (C) 2018 Andrea Allievi (AaLl86)

Starting DAX copy...
   Source file path: q:\test.iso.
   Target file path: q:\test_copy_2.iso.
   Source Volume: q:\ - File system: NTFS - Is DAX Volume: True.
   Target Volume: q:\ - File system: NTFS - Is DAX Volume: True.
Great! Both the source and the destination reside on a DAX volume.
Performing a full System Speed Copy!
   Source file size: 4.34 GB

Performing file copy... Success!
   Total execution time: 8 Sec.
```

```
    Copy Speed: 501.60 MB/Sec

Press any key to exit...
```

最后一个实验捕获的结果证明了 DAX 卷上的内存映射 I/O 不会产生任何分页 I/O。无论源文件或目标文件，都不会产生任何 WriteFile 或 ReadFile 事件。

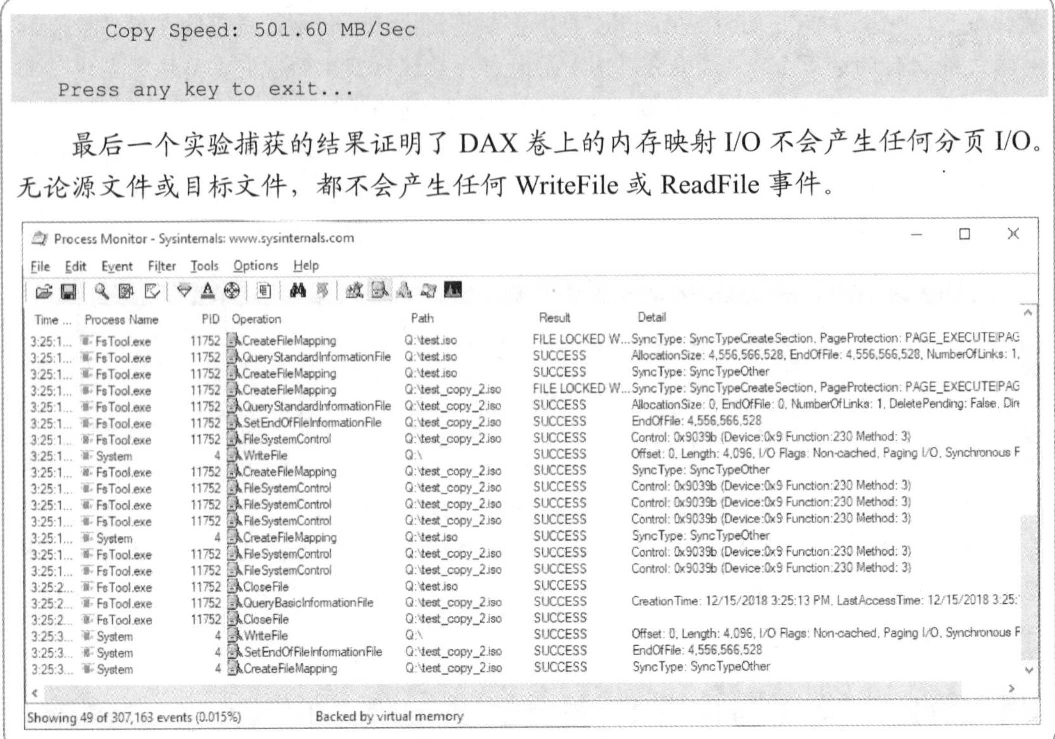

11.15.5 块卷

在某些情况下，DAX 卷的一些局限是不可接受的。Windows 通过块模式卷（block-mode volume）为 PM 硬件提供向后兼容性，传统 I/O 堆栈会像对待机械硬盘和 SSD 硬盘上的普通卷那样管理这种块卷。块卷还沿用了原有的存储语义：所有 I/O 操作都需要经由存储堆栈抵达 PM 磁盘类驱动程序（不过不存在微型过滤器驱动程序，因为不需要）。块卷完全兼容所有现有应用程序、传统过滤器以及微型过滤器驱动程序。

持久性内存存储能够以字节级别的粒度执行 I/O。更确切地说，I/O 是以缓存行的粒度执行的，具体大小取决于架构，但通常为 64 字节。不过块模式卷会被公开为标准卷，以扇区为粒度（通常为 512 字节或 4 KB）执行 I/O。如果正在写入 DAX 卷但设备突然遭遇断电，那么数据块（扇区）中将同时包含新老数据。应用程序并未针对这种情况做好准备。在块模式下，扇区的原子性是由 PM 磁盘类驱动程序实现的块转换表（Block Translation Table，BTT）算法保证的。

BTT 算法由英特尔开发，将可用磁盘分割成最高可达 512 GB 的块（称为“竞技场”）。该算法对每个竞技场维护一个 BTT，并通过一种简单的“指示/查找”将 LBA 映射到属于该竞技场的内部块。对于映射中的每个 32 位项，算法会使用两个最重要的位（MSB）存储块的状态（共有有效、归零、错误三种状态）。尽管该表维持了每个 LBA 的状态，但 BTT 算法会提供一种包含 nfree 块数组的 Flog 区域来保证扇区的原子性。

nfree 块包含算法提供扇区原子性所需的全部数据。数组中共有 256 个 nfree 项，每个 nfree 项的大小为 32 字节，因此 Flog 区域将占用 8 KB 空间。每个 nfree 项被一个 CPU 使用，因此 nfree 的总数用于描述一个竞技场可以并发处理的原子性 I/O 的数量。图 11-75

展示了格式化为块模式的 DAX 磁盘的布局。BTT 算法所使用的数据结构对文件系统驱动程序是不可见的。BTT 算法消除了可能出现的子扇区撕裂式写入，如上文所述，为了支持文件系统写入元数据，即使格式化为 DAX 的卷，也需要这种算法。

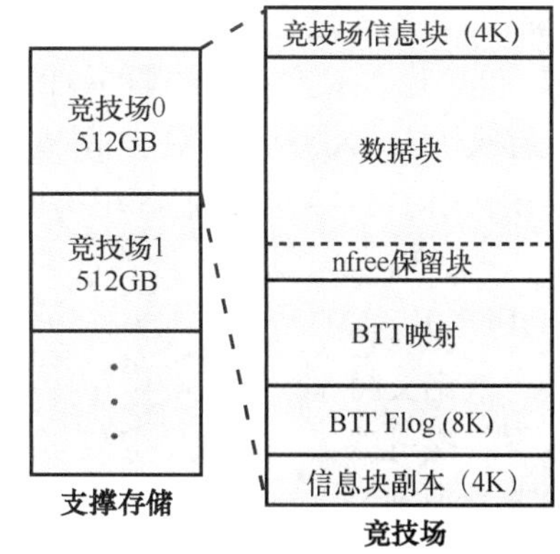

图 11-75 支持原子性扇区（BTT 算法）的 DAX 磁盘布局

块模式卷的分区项中不存在 GPT_BASIC_DATA_ATTRIBUTE_DAX 标记。NTFS 会像处理普通卷那样依靠缓存管理器来执行缓存 I/O，并通过 PM 磁盘类驱动程序处理未缓存 I/O。Pmem 驱动程序公开的读取和写入函数可以为用户缓冲区和设备物理块地址构建内存描述符列表（MDL，详见卷 1 第 5 章），借此执行直接内存访问（DMA）传输。BTT 算法提供了扇区原子性。图 11-76 展示了传统卷、DAX 卷以及块卷的 I/O 堆栈。

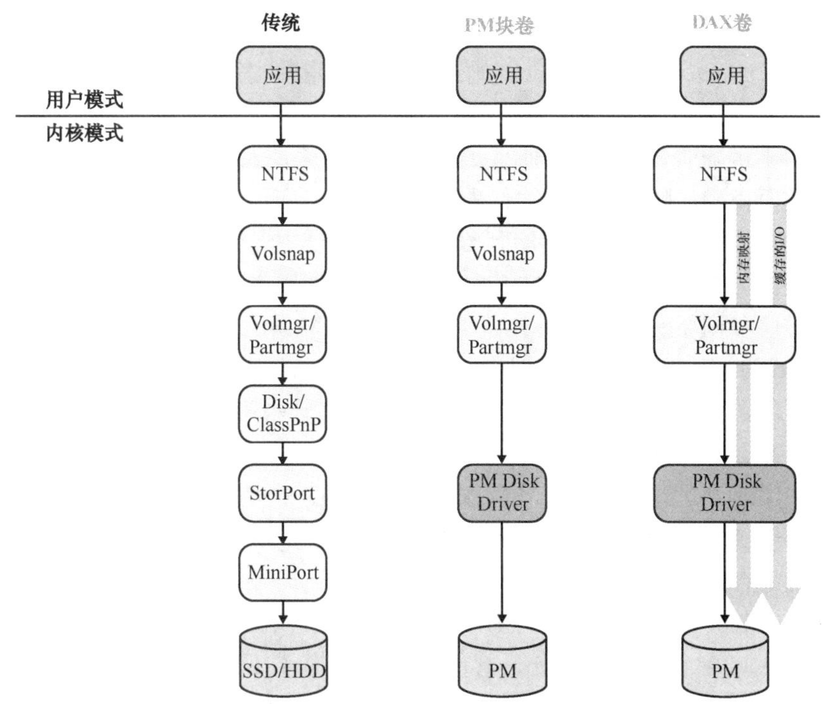

图 11-76 传统卷、块模式卷和 DAX 卷的设备 I/O 堆栈对比

11.15.6 文件系统过滤器驱动程序和 DAX

传统的过滤器驱动程序和微型过滤器无法作用于 DAX 卷。此类驱动程序通常可增强文件系统的功能，经常需要与文件系统驱动程序管理的所有操作进行交互。不同类型的过滤器可以为文件系统驱动程序提供新的功能，或修改现有功能的行为，例如反病毒、加密、复制、压缩、分层存储管理（Hierarchical Storage Management，HSM）等。DAX 驱动程序模型大幅更改了 DAX 卷与这些组件的交互方式。

如上文所述，文件被映射到内存后，无论是 DAX 模式下的文件系统，或是位于文件系统驱动程序之上或之下的所有过滤器驱动程序，都无法收到任何读取或写入的 I/O 请求。这意味着依赖数据拦截的过滤器驱动程序将会失效。为最大限度减少可能的兼容性问题，在挂载了 DAX 卷后，现有的微型过滤器将无法通过 InstanceSetup 回调收到通知。如果依然希望作用于 DAX 卷，则新开发的或更新后的微型过滤器驱动程序在通过 FltRegisterFilter 这个内核 API 与过滤器管理器注册时，需要指定 FLTFL_REGISTRATION_SUPPORT_DAX_VOLUME 标记。

决定支持 DAX 卷的微型过滤器还会面临一个限制：无法拦截任何形式的分页 I/O。数据转换过滤器（提供加密或压缩功能）完全无法正确处理内存映射文件；反恶意软件过滤器会受到上文提及的影响，因为必须针对每个打开和关闭操作执行扫描，因此无法判断写入操作是否真正发生（该影响主要涉及对文件最后一次更新时间的检测方面）。传统过滤器已无法兼容：如果驱动程序调用 IoAttachDeviceToDevice 堆栈 API（或类似的函数），I/O 管理器会直接让请求失败（并记录一条 ETW 事件）。

11.15.7　刷新 DAX 模式的 I/O

传统硬盘（HDD、SSD、NVme）始终包含一个意在提高整体性能的缓存。当存储驱动程序发出写入 I/O 时，实际上首先会将数据传输到缓存中，随后才会被写入持久性介质。操作系统提供了正确的刷新机制，保证了数据最终能被写入存储设备，并通过时间顺序保证数据可以按照正确的顺序写入。对于常规的缓存 I/O，应用程序可以调用 FlushFileBuffers API 来确保数据以可证明的方式存储到磁盘中（这将产生一个 IRP，其主函数代码为 NTFS 驱动程序实现的 IRP_MJ_FLUSH_BUFFERS）。未缓存 I/O 会被 NTFS 直接写入磁盘，因此无须考虑排序和刷新的问题。

DAX 模式的卷就无法做到上述这一切了。文件被映射到内存后，NTFS 驱动程序对将要写入磁盘的数据一无所知。如果应用程序正在将一些关键数据结构写入 DAX 卷，但写入过程中断电了，那么应用程序将无法保证所有数据结构都能正确写入底层介质。此外，它也无法保证数据能够按照请求的顺序进行写入。这是因为从 CPU 的角度来看，PM 存储被实现为一种经典的物理内存。处理器使用了 CPU 缓存机制，但在读/写 DAX 卷时使用了自己的缓存机制。

因此新版 Windows 10 不得不为 DAX 映射区域引入新的刷新 API，以便借此执行必要的工作优化从 CPU 缓存刷新 PM 内容的过程。这些 API 同时适用于用户模式的应用程序和内核模式的驱动程序，会根据 CPU 架构进行高度优化（例如标准 x64 系统会使用 CLFLUSH 和 CLWB 操作码）。希望对 DAX 卷执行 I/O 排序和刷新的应用程序，可以针对 PM 映射的区域调用 RtlGetNonVolatileToken 函数，该函数会返回一个非易失性令牌，随后即可配合 RtlFlushNonVolatileMemory 或 RtlFlushNonVolatileMemoryRanges API 使用。这些 API 将执行从 CPU 缓存到底层 PM 设备的实际数据刷新工作。

内存复制操作将使用标准的操作系统函数来执行，默认将执行时间性复制（temporal copy）操作，这意味着数据总是会通过 CPU 缓存，并维持执行顺序。另外，非时间性复制操作会使用专门的处理器操作码（具体同样取决于 CPU 架构，x64 CPU 使用 MOVNTI 操作码）来绕过 CPU 缓存。这种情况下将无法维持顺序，但执行速度更快。RtlWriteNonVolatileMemory 可公开针对非易失性内存的双向内存复制操作。默认情况下，该 API 会执行传统的时间性复制操作，但应用程序可以通过 WRITE_NV_MEMORY_FLAG_NON_TEMPORAL 标记请求执行非时间性复制操作，从而加快复制操作的速度。

11.15.8 大型页和巨型页的支持

在 DAX 模式的卷上通过内存映射节读/写文件时，内存管理器的处理方式与非 DAX 节的处理方式类似：如果在映射时指定了 MEM_LARGE_PAGES 标记，则内存管理器会检测到一个或多个文件范围指向了足够多的已对齐连续物理空间（NTFS 分配的文件范围），并使用大型页（2 MB）或巨型页（1 GB）来映射物理 DAX 空间（有关内存管理器和大型页的详情请参阅卷 1 第 5 章）。与传统的 4 KB 页相比，大型页和巨型页有很多优势，尤其是可大幅改善 DAX 文件的性能，因为可减少在处理器页表结构中进行查找的次数，同时减少了要在处理器的地址转换后备缓冲区（Translation Lookaside Buffer，TLB）中存储的项的数量。对于内存占用量大并且需要随机访问内存的应用程序，CPU 可能需要花费大量时间查找 TLB 项，并在 TLB 缺失的情况下读/写页表层次结构。此外，使用大型/巨型页还可以大幅节约提交开销，因为只需要为页面目录的父项和页目录（只针对大文件，不针对巨型文件）进行记账。页表空间（每 2 MB 的叶 VA 空间对应 4 KB）无须记账。因此举例来说，对于一个 2 TB 的文件映射，系统使用大型页和巨型页即可节约 4 GB 的已提交内存。

NTFS 驱动程序会与内存管理器合作，在映射 DAX 卷上文件时对大型页和巨型页提供支持。

- 默认情况下，每个 DAX 分区都以 2 MB 的边界对齐。
- NTFS 支持 2 MB 大小的簇。以 2 MB 簇格式化的 DAX 卷可以保证只为卷上存储的文件使用大型页。
- NTFS 不支持 1 GB 大小的簇。如果 DAX 卷上存储的文件大小超过 1 GB，并且有一个或多个文件范围存储在足够的持续物理空间，则内存管理器将使用巨型页映射该文件（巨型页使用两个页面映射级别，大型页使用三个）。

如卷 1 第 5 章所述，对于常规的、由内存支撑的节，只有当描述 PM 页的范围未在 DAX 卷上正确对齐时，内存管理器才会使用大型页和巨型页（这个对齐是相对于卷的 LCN 而不是相对于文件的 VCN 而言的）。对于大型页，这意味着范围需要从 2 MB 的边界开始，而巨型页则需要从 1 GB 的边界开始。如果 DAX 卷上的文件并未完全对齐，则内存管理器将只能为对齐的块使用大型页或巨型页，并会继续对其他块使用标准的 4 KB 页。

为了促进并增加大型页的使用，NTFS 文件系统提供了 FSCTL_SET_DAX_ALLOC_ALIGNMENT_HINT 的控制代码，应用程序可以借此针对新的文件范围设置自己首选的对齐方式。该 I/O 控制代码接收的值规定了首选对齐方式、起始偏移量（可用于指定对齐需要从何处开始）以及其他一些标记。通常来说，应用程序在创建了一个全新的文件，但尚未映射该文件时，可以向文件系统驱动程序发送该 IOCTL。这样，在为文件分配空间的同时，NTFS 就可以拿到落在首选对齐方式范围内的可用簇。

如果所请求的对齐方式不可用（例如卷的碎片化程度极高），则该 IOCTL 可以指定文件系统应当使用的回退（Fallback）行为：让请求失败，或转而求其次地使用备用对齐方式（备用方式可通过参数指定）。该 IOCTL 甚至可以作用于已经存在的文件，借此为文件指定新扩展的对齐方式。应用程序可以使用 FSCTL_QUERY_FILE_REGIONS 控制代码或 **fsutil dax queryfilealignment** 命令查询文件的所有范围所使用的对齐方式。

实验：操作 DAX 的文件对齐

我们可以使用本书随附资源提供的 FsTool 工具观察不同类型的 DAX 文件对齐。要完成该实验，计算机上需要具备 DAX 卷。打开命令提示符窗口，使用该工具将一个大文件（建议最少 4 GB）复制到 DAX 卷。在下列范例中，两个 DAX 磁盘挂载为 P:盘和 Q:盘。Big_Image.iso 文件会使用 FsTool 工具通过标准操作复制到 Q:盘这个 DAX 卷上：

```
D:\>fstool.exe /copy p:\Big_DVD_Image.iso q:\test.iso
NTFS / ReFS Tool v0.1
Copyright (C) 2018 Andrea Allievi (AaLl86)

Copying "Big_DVD_Image.iso" to "test.iso" file... Success.
   Total File-Copy execution time: 10 Sec - Transfer Rate: 495.52 MB/s.
Press any key to exit...
```

我们可以使用 FsTool.exe 工具的/queryalign 命令行参数查看新的 test.iso 文件的对齐方式，或者也可以使用 Windows 内置工具 fsutil.exe 的 queryFileAlignment 参数：

```
D:\>fsutil dax queryFileAlignment q:\test.iso

  File Region Alignment:

    Region        Alignment      StartOffset        LengthInBytes
    0             Other          0                  0x1fd000
    1             Large          0x1fd000           0x3b800000
    2             Huge           0x3b9fd000         0xc0000000
    3             Large          0xfb9fd000         0x13e00000
    4             Other          0x10f7fd000        0x17e000
```

如以上输出结果所示，文件的第一个块存储在 4 KB 的对齐簇中。该工具显示的偏移量并非相对于卷的偏移量（即 LCN），而是相对于文件的偏移量（即 VCN）。这个差别很重要，因为大型页和巨型页映射所需的对齐是相对于卷页的偏移量。随着不断地增长，文件的一些簇将从卷中 2 MB 或 1 GB 边界对齐的偏移量分配。这样，内存管理器就可以使用大型页或巨型页来映射文件中的这些部分。接下来和前面的实验类似，我们试试通过指定目标对齐提示来执行 DAX 复制：

```
P:\>fstool.exe /daxcopy p:\Big_DVD_Image.iso q:\test.iso /align:1GB
NTFS / ReFS Tool v0.1
Copyright (C) 2018 Andrea Allievi (AaLl86)

Starting DAX copy...
   Source file path: p:\Big_DVD_Image.iso.
   Target file path: q:\test.iso.
   Source Volume: p:\ - File system: NTFS - Is DAX Volume: True.
   Target Volume: q:\ - File system: NTFS - Is DAX Volume: False.

   Source file size: 4.34 GB
   Target file alignment (1GB) correctly set.

Performing file copy... Success!
   Total execution time: 6 Sec.
   Copy Speed: 618.81 MB/Sec
```

```
Press any key to exit...

P:\>fsutil dax queryFileAlignment q:\test.iso

  File Region Alignment:

    Region          Alignment         StartOffset          LengthInBytes
    0               Huge              0                    0x100000000
    1               Large             0x100000000          0xf800000
    2               Other             0x10f800000          0x17b000
```

在后一种情况下，文件被立即分配到下一个 1 GB 对齐的簇中。文件内容的前 4 GB（0x100000000 字节）被存储在连续的空间中。当内存管理器映射文件的这部分内容时，将只需要使用 4 个页目录指针表（Page Directory Pointer Table，PDPT）项，而不需要使用 2048 个页表。这有助于节约物理内存空间，并显著提高 CPU 访问 DAX 节数据时的性能。为确认复制操作确实是使用大型页进行的，我们可以向计算机连接内核调试器（本地内核调试器足矣），并为 FsTool 工具使用**/debug** 开关：

```
P:\>fstool.exe /daxcopy p:\Big_DVD_Image.iso q:\test.iso /align:1GB /debug
NTFS / ReFS Tool v0.1
Copyright (C) 2018 Andrea Allievi (AaLl86)

Starting DAX copy...
   Source file path: p:\Big_DVD_Image.iso.
   Target file path: q:\test.iso.
   Source Volume: p:\ - File system: NTFS - Is DAX Volume: False.
   Target Volume: q:\ - File system: NTFS - Is DAX Volume: True.

   Source file size: 4.34 GB
   Target file alignment (1GB) correctly set.

Performing file copy...
 [Debug] (PID: 10412) Source and Target file correctly mapped.
         Source file mapping address: 0x000001F1C0000000 (DAX mode: 1).
         Target file mapping address: 0x000001F2C0000000 (DAX mode: 1).
         File offset : 0x0 - Alignment: 1GB.

Press enter to start the copy...

 [Debug] (PID: 10412) File chunk's copy successfully executed.
Press enter go to the next chunk / flush the file...
```

我们可以使用调试器的**!pte** 扩展查看最终生效的内存映射。首先需要使用**.process** 命令移动至适当的进程上下文，随后即可分析 FsTool 显示的已映射的虚拟地址：

```
8: kd> !process 0n10412 0
Searching for Process with Cid == 28ac
PROCESS ffffd28124121080
    SessionId: 2 Cid: 28ac    Peb: a29717c000 ParentCid: 31bc
    DirBase: 4cc491000 ObjectTable: ffff950f94060000 HandleCount: 49.
    Image: FsTool.exe

8: kd> .process /i ffffd28124121080
You need to continue execution (press 'g' <enter>) for the context
to be switched. When the debugger breaks in again, you will be in
the new process context.

8: kd> g
```

```
 Break instruction exception - code 80000003 (first chance)
nt!DbgBreakPointWithStatus:
fffff804`3d7e8e50 cc              int     3

8: kd> !pte 0x000001F2C0000000
                                               VA 000001f2c0000000
PXE at FFFFB8DC6E371018   PPE at FFFFB8DC6E203E58   PDE at FFFFB8DC407CB000
contains 0A0000D57CEA8867 contains 8A000152400008E7 contains 0000000000000000
pfn d57cea8   ---DA--UWEV  pfn 15240000 --LDA--UW-V  LARGE PAGE pfn 15240000

PTE at FFFFB880F9600000
contains 0000000000000000
LARGE PAGE pfn 15240000
```

通过调试器命令**!pte**可以证实，DAX文件的前1 GB空间是使用巨型页映射的。实际上，页目录和页表都不存在。FsTool 工具还可用于为已存在的文件设置对齐方式。FSCTL_SET_DAX_ALLOC_ALIGNMENT_HINT 控制代码虽然不实际移动任何数据，但可以为新分配的文件范围提供提示，因为文件在以后可能会继续增大：

```
D:\>fstool e:\test.iso /align:2MB /offset:0
NTFS / ReFS Tool v0.1
Copyright (C) 2018 Andrea Allievi (AaLl86)

Applying file alignment to "test.iso" (Offset 0x0)... Success.
Press any key to exit...

D:\>fsutil dax queryfileAlignment e:\test.iso

  File Region Alignment:

    Region          Alignment        StartOffset           LengthInBytes
    0               Huge             0                     0x100000000
    1               Large            0x100000000           0xf800000
    2               Other            0x10f800000           0x17b000
```

11.15.9 虚拟PM磁盘和存储空间支持

持久性内存是专为服务器系统和关键业务应用程序（如巨型SQL数据库）设计的，这类系统需要极快的响应速度，每秒可能需要处理数千条查询。一般来说，此类服务器会通过Hyper-V提供的虚拟机来运行应用程序。Windows Server 2019支持一种新的虚拟硬盘：虚拟PM磁盘。虚拟PM由VHDPMEM文件提供支持，截至撰写这部分内容，只能通过Windows PowerShell创建此类文件（或对普通的VHD文件进行转换）。虚拟PM磁盘可通过VHDPMEM文件直接映射位于主机中真实DAX磁盘上的空间块，而该文件必须位于DAX卷上。

在连接到虚拟机后，Hyper-V会向客户机系统公开一个虚拟PM设备（VPMEM）。这个虚拟PM设备是由位于虚拟UEFI BIOS中的NVDIMM固件接口表（NVDIMM Firmware Interface Table，NFIT）描述的（有关NVFIT表的详细信息请参阅ACPI 6.2规范）。SCM总线驱动程序读取该表并创建代表虚拟NVDIMM设备以及PM磁盘的常规设备对象。Pmem磁盘类驱动程序会像管理常规PM磁盘那样管理虚拟PM磁盘，并在此基础上创建虚拟卷。有关Windows虚拟机监控程序及其组件的详细信息请参阅第9章。图11-77展示了使用虚拟PM设备的虚拟机所使用的PM堆栈。其中深灰色组件是虚拟化堆栈的组成

部分，浅灰色组件在客户机和主机分区中完全相同。

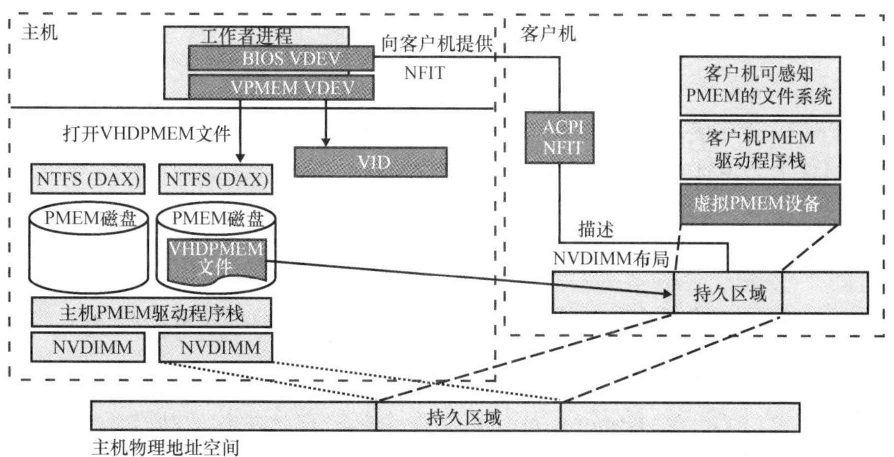

图 11-77 虚拟 PM 架构

虚拟 PM 设备可公开连续地址空间，该空间是从主机中虚拟的（意味着主机上的 VHDPMEM 文件并不需要连续）。虚拟 PM 设备可同时支持 DAX 和块模式，但与主机中的情况类似，模式必须在格式化卷的时候确定。此外还能支持大型页和巨型页，具体使用方式和主机系统的相同。仅第 2 代虚拟机支持虚拟 PM 设备以及映射 VHDPMEM 文件。

Windows Server 2019 中的存储空间直通功能也支持在虚拟存储池中使用 DAX 磁盘。不同类型磁盘组成的混合阵列可以包含一个或多个 DAX 磁盘。阵列中的 PM 磁盘可配置为针对大容量的分层式虚拟磁盘提供容量层或性能层的存储容量，或者也可以配置为充当高性能缓存。有关存储空间的详细介绍请参阅下文。

实验：创建并挂载 VHDPMEM 映像

我们可以使用 PowerShell 创建、转换虚拟 PM 磁盘并将其分配给 Hyper-V 虚拟机。在这个实验中，我们需要一个 DAX 磁盘和运行 Windows 10 于 10 月更新（RS5 或后续版本）的第 2 代虚拟机（创建虚拟机的方法介绍已超出了本实验范围）。请以管理员身份打开 Windows PowerShell 提示符窗口，进入 DAX 模式的磁盘，随后创建虚拟 PM 磁盘（本例中的 DAX 磁盘为 Q:盘）：

```
PS Q:\> New-VHD VmPmemDis.vhdpmem -Fixed -SizeBytes 256GB -PhysicalSectorSizeBytes 4096

ComputerName            : 37-4611k2635
Path                    : Q:\VmPmemDis.vhdpmem
VhdFormat               : VHDX
VhdType                 : Fixed
FileSize                : 274882101248
Size                    : 274877906944
MinimumSize             :
LogicalSectorSize       : 4096
PhysicalSectorSize      : 4096
BlockSize               : 0
ParentPath              :
DiskIdentifier          : 3AA0017F-03AF-4948-80BE-B40B4AA6BE24
FragmentationPercentage : 0
Alignment               : 1
Attached                : False
```

```
DiskNumber                :
IsPMEMCompatible          : True
AddressAbstractionType    : None
Number                    :
```

虚拟 PM 磁盘可使用固定大小，这意味着所有空间需要预先分配，这是设计使然。第二步要创建虚拟 PM 控制器并将其连接到虚拟机。请先确认虚拟机已经关机，随后运行下列命令。请将“TestPmVm”替换为虚拟机实际名称：

```
PS Q:\> Add-VMPmemController -VMName "TestPmVm"
```

最后，我们需要将创建好的虚拟 PM 磁盘连接到虚拟机的 PM 控制器：

```
PS Q:\> Add-VMHardDiskDrive "TestVm" PMEM -ControllerLocation 1 -Path 'Q:\VmPmemDis.vhdpmem'
```

我们可以使用 **Get-VMPmemController** 命令来验证该操作的结果：

```
PS Q:\> Get-VMPmemController -VMName "TestPmVm"

VMName     ControllerNumber Drives
------     ---------------- ------
TestPmVm   0                {Persistent Memory Device on PMEM controller number
                             0 at location 1}
```

启动虚拟机，可以看到 Windows 检测到新的虚拟磁盘。在虚拟机中打开磁盘管理控制台（diskmgmt.msc），随后使用 GPT 分区格式初始化该磁盘。接着创建一个简单卷，为其分配盘符，但不要格式化。

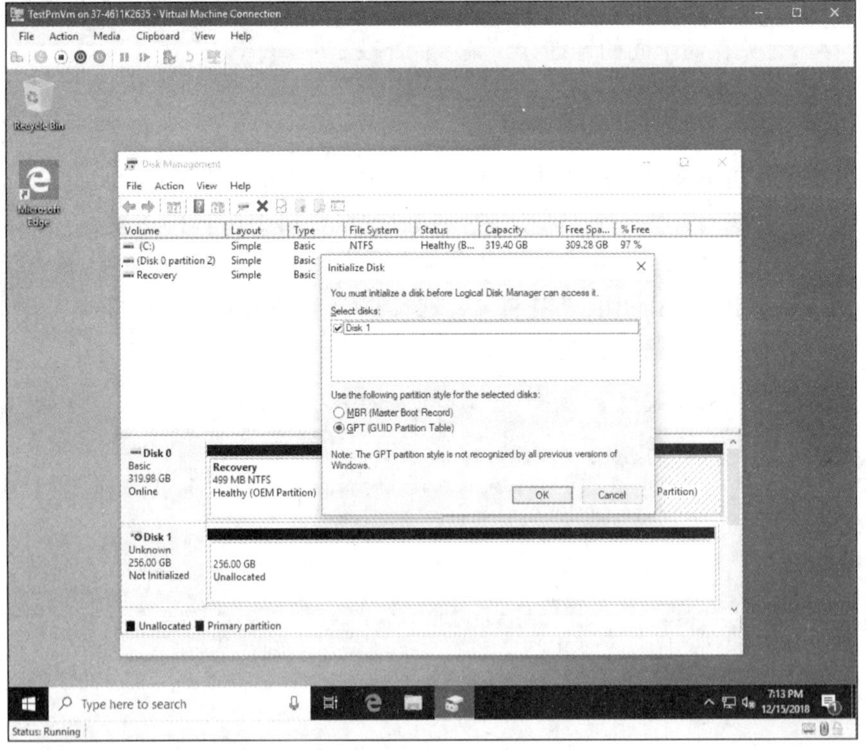

我们需要将该虚拟 PM 磁盘格式化为 DAX 模式。在虚拟机中以管理员身份打开命令提示符，假设虚拟 PM 磁盘为 E:盘，需要执行下列命令：

```
C:\>format e: /DAX /fs:NTFS /q
The type of the file system is RAW.
The new file system is NTFS.

WARNING, ALL DATA ON NON-REMOVABLE DISK
DRIVE E: WILL BE LOST!
Proceed with Format (Y/N)? y
QuickFormatting 256.0 GB
Volume label (32 characters, ENTER for none)? DAX-In-Vm
Creating file system structures.
Format complete.
     256.0 GB total disk space.
     255.9 GB are available.
```

随后可使用系统内置的 fsutil.exe 工具配合 **fsinfo volumeinfo** 命令行参数确认该虚拟磁盘已格式化为 DAX 模式:

```
C:\>fsutil fsinfo volumeinfo C:
Volume Name : DAX-In-Vm
Volume Serial Number : 0x1a1bdc32
Max Component Length : 255
File System Name : NTFS
Is ReadWrite
Not Thinly-Provisioned
Supports Case-sensitive filenames
Preserves Case of filenames
Supports Unicode in filenames
Preserves & Enforces ACL's
Supports Disk Quotas
Supports Reparse Points
Returns Handle Close Result Information
Supports POSIX-style Unlink and Rename
Supports Object Identifiers
Supports Named Streams
Supports Hard Links
Supports Extended Attributes
Supports Open By FileID
Supports USN Journal
Is DAX Volume
```

11.16 复原文件系统

Windows Server 2012 R2 引入了一种名为复原文件系统（Resilient File System，ReFS）的高级文件系统。该文件系统是一种名为"存储空间"的全新存储架构的一部分，这种架构提供了多种功能，包括同时使用固态硬盘和传统机械硬盘来创建一种分层的虚拟存储卷（下文将简要介绍存储空间及其分层存储功能）。ReFS 是一种"写新"（write-to-new）文件系统，这意味着文件系统元数据永远不会在原地更新，更新后的元数据会被写入新位置，旧的元数据则被标记为已删除。这个属性很重要，也是能保证数据完整性的重要功能之一。ReFS 最初的设计目标包括以下几方面。

1）自治愈、联机卷检查和修复（几乎可完全消除因文件系统出错导致的数据不可用）

以及直写（write-through）支持（下文将详细介绍直写）。

2）所有用户数据的数据完整性（硬件和软件层面）。

3）高效快速的文件快照（块克隆）。

4）支持极大容量的卷（EB 级别）和文件。

5）数据和元数据自动分层，支持 SMR（叠瓦式磁记录）和未来的固态磁盘。

ReFS 已经发展出不同的版本。本书介绍的是 ReFS v2，该版本最初是在 Windows Server 2016 中实现的。图 11-78 展示了 ReFS 和 NTFS 在高层实现方面的差异。ReFS 并没有完全重写 NTFS，而是采用另一种方法将 NTFS 通过两个部分来实现：一部分可以理解磁盘上的格式，另一部分则无法理解。

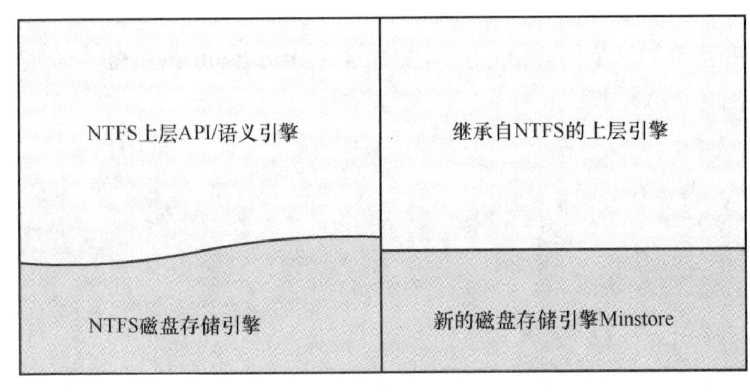

图 11-78　ReFS 和 NTFS 的高层实现对比

ReFS 用 Minstore 取代了磁盘上的存储引擎。Minstore 是一种可恢复的对象存储库，能为其调用方提供一个键-值表接口，并为针对这些表的修改操作实现了一种分配写入语义，同时可与 Windows 缓存管理器相互集成。从本质上来看，Minstore 是一种库，实现了可扩展的现代化写入时复制文件系统应有的核心能力。ReFS 利用 Minstore 来实现文件、目录等。要理解 ReFS，首先要理解 Minstore，因此下面来看看 Minstore 到底是什么。

11.16.1　Minstore 架构

Minstore 中的所有内容都是表（table）。表由多行（row）组成，每行则由键-值对组成。存储在磁盘上的 Minstore 表可使用 B+树来表示。当存储在易失性内存（RAM）中时，Minstore 表可以使用哈希表来表示。B+树也叫平衡树，有很多重要属性，如下。

1）通常每个节点包含大量子节点。

2）只在叶上存储数据指针（指向包含键值的磁盘文件块的指针），而不在内部节点上存储。

3）从根节点到叶节点的每个路径长度均相同。

其他文件系统（如 NTFS）通常会使用 B 树（另一种数据结构，用于描述“二进制搜索树”，但这与“二进制树”是两回事）将数据指针和键存储在树的每个节点上。这种技术大幅减少了 B 树中每个节点可装入的项的数量，从而导致 B 树的层数增多，因此导致记录的搜索时间变长。

图 11-79 展示了一个 B+树的范例。在图中所示的树上，根和内部节点只包含键，通过这些键可以正确地访问位于叶节点中的数据。叶节点都位于同一个层级，通常会链接在一起。因此，无须发出大量 I/O 操作即可找到树上的元素。

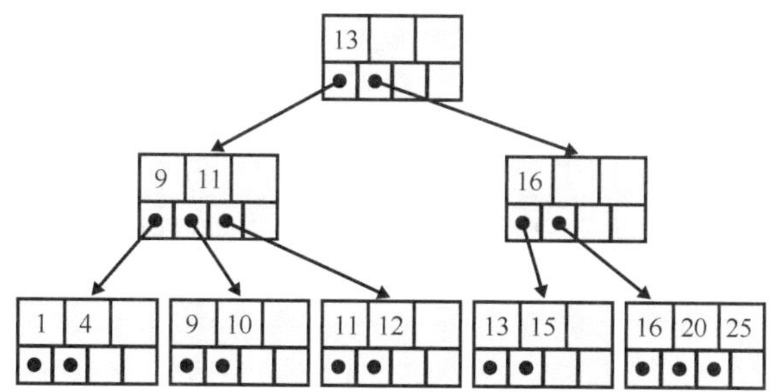

图 11-79 B+树范例。仅叶节点包含数据指针，引导者节点只包含到子节点的链接

举例来说，假设 Minstore 需要访问键 20 对应的节点。根节点中包含的键可以充当索引。值大于或等于 13 的键存储在被右侧指针索引的子节点中，而值小于 13 的键存储在左侧指针索引的子节点中。当 Minstore 抵达包含实际数据的叶节点后，即可轻松访问键 16 和键 25 所对应的节点中包含的数据，而无须扫描整棵树。

此外，叶节点通常会使用链表链接在一起。这意味着对于巨型树，举例来说，Minstore 只需要访问根节点和中间节点一次，就可以查询一个文件夹中的所有文件，当然前提假设是类似图 11-79 中所示，所有文件都由存储在叶节点中的值所表示的。如上文所述，Minstore 通常使用 B+树来表示文件或目录之外的其他对象。

在本书中，我们使用“B+树”和“B+表”代表同一个概念。Minstore 定义了不同种类的表，表可以创建，可以向其中添加或删除行，或更新其中的行。外部实体可以枚举表，或在其中查找某一行。Minstore 的核心是由对象表所表示的。对象表是一种索引，包含卷上每个根（非嵌入式）B+树的位置。B+树可以嵌入其他树中，子树的根会存储在父树的行中。

Minstore 中的每个表都是由一个复合体（Composite）和一种模式（Schema）定义的。复合体其实是一组规则，描述了根节点（有时甚至子节点）的行为以及如何寻找并操作 B+表中的每个节点。Minstore 支持两种类型的根节点，这些节点分别由不同的复合体所管理。

- **写入时复制（Copy on Write，CoW）**：当树被修改时，此类根节点的位置会产生变动。这意味着如果进行了修改，则会写入一个全新的 B+树，原来的树会被标记为删除。为了处理这些节点，相应的复合体需要维持一种对象 ID，并在写入表时使用该 ID。
- **嵌入式（Embedded）**：此类根节点会存储在另一个 B+树的索引项的数据部分（叶节点的值）。嵌入式复合体维持了对索引项的引用，而该索引项存储了嵌入式根节点。

创建表时指定的模式可以告诉 Minstore 该使用什么类型的键、表的根节点和叶节点应该有多大，以及表中的行该如何布局。ReFS 为文件和目录使用了不同的模式。目录是由对象表引用的 B+表对象，其中可包含三个不同的行（Files、Links 和 File IDs，分别对应文件、链接和文件 ID）。在 ReFS 中，每一行的键代表了文件名称、链接或文件 ID。文件则是一种表，其中的每一行包含各种属性（属性代码和值两两成对）。

针对表执行的每一种操作（关闭、修改、写入磁盘、删除）都由一个 Minstore 事务表示。Minstore 事务类似于数据库中的事务，是一种工作单元，有时候可能由多个事务组成，只能以原子性的方式执行或成功或失败。表则是通过一种名为“更新树”的过程写入磁盘的。在请求对树进行更新后，事务会从树上排空，更新完成前不允许启动新的事务。

嵌入式表是 ReFS 中的另一个重要的概念，对于这种表，其 B+树的根节点会位于另一个 B+树的行中。ReFS 大量使用了嵌入式表。例如，每个文件都是一个 B+树，这种树的根会被嵌入目录对应的行。嵌入式表也支持改变父表的移动操作。根节点的大小是固定的，具体大小由表的模式所决定。

11.16.2　B+树的物理布局

Minstore 中的 B+树由桶（Bucket）组成。这种桶类似于常规的 B+树节点。叶桶包含树正在存储的数据，中间桶称为引导者（Director）节点，只用于直接查找树的下一级（在图 11-79 中，每个节点都是一个桶）。由于引导者节点只用于将流量引导至子桶，因此无须具备子桶中键的相同副本，只需要在两个桶中选择一个值来使用（在 ReFS 中，键通常是压缩后的文件名）。中间桶的数据则包含逻辑簇号（LCN）和所指向的桶的校验值（校验值使得 ReFS 能够实现自治愈功能）。Minstore 表的中间节点可以视为一种默克尔树（Merkle Tree），其中每个叶节点都以数据块的哈希值作为标签，而每个非叶节点都以自己的子节点标签的哈希值作为标签。

每个桶都由一个索引头和一个索引脚组成，其中索引头描述了该桶，而索引脚则是一个按照正确的顺序指向索引项的偏移量数组。在索引头和索引脚之间则是索引项。一个索引项代表 B+表中的一行；每一行都是一种简单的数据结构，提供了键和数据的位置和大小信息（位于同一个桶中）。图 11-80 展示了一个包含三行的叶桶的范例，这些行都使用位于索引脚的偏移量进行索引。在叶页中，每一行都包含了键和实际数据（或另一个嵌入式树的根节点）。

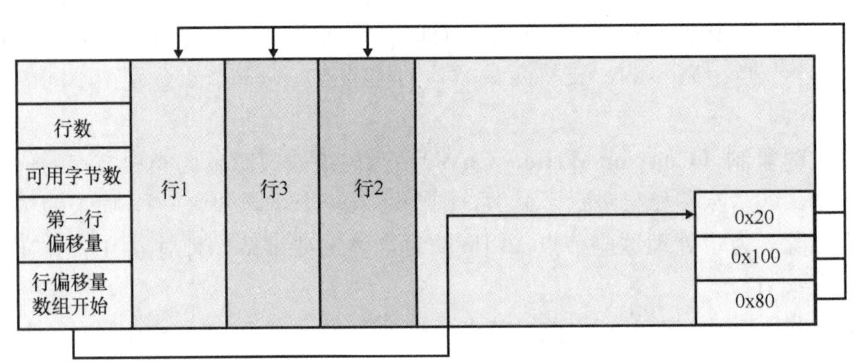

图 11-80　包含三个索引项的叶桶，按照索引脚中的偏移量数组进行排序

11.16.3　分配器

当文件系统要求 Minstore 分配一个桶时（B+表会使用一种名为“桶固定”的过程请求桶），Minstore 需要通过某种方法持续跟踪底层介质的可用空间。第一版 Minstore 使用

了一种具备层级结构的分配器，这意味着会使用多个分配器对象，每个对象从自己的父分配器中分配空间。当根分配器映射了整个卷的空间后，每个分配器将变成一个使用lcn-count表方案的B+树。该方案会将行的键描述为分配器从其父节点获得的LCN范围，并将行的值描述为一个分配器区域。在最初的实现中，分配器区域描述了该区域中每个块相对于其子节点的状态（可用或已分配），以及拥有自己对象的所有者ID。

图11-81展示了这种层级式分配器最初实现结果的简化版本。在图中，一个大型分配器只包含一个分配单元：相应的位所代表的空间已经被分配给中型分配器，目前该空间是空的。此时，该中型分配器是大型分配器的子分配器。

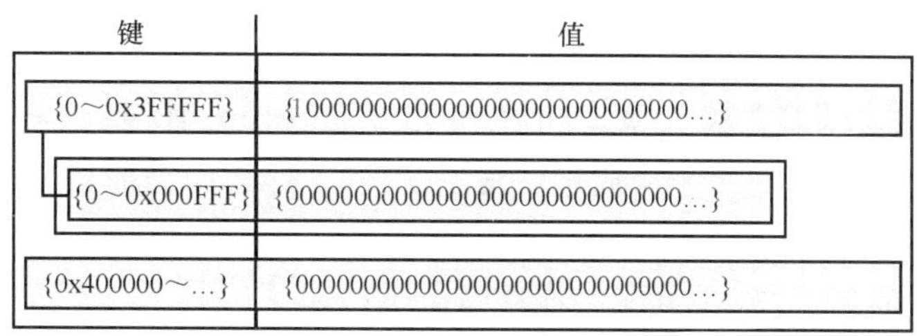

图11-81 早前的层级式分配器

B+表深度依赖分配器来获得新桶，并借此为现有桶的写入副本寻找空间（从而实现“写新”策略）。最新版Minstore使用策略驱动的分配器取代了层级式分配器，这样做的目的在于在文件系统中构建一种“中心位置”，进而为存储分层提供支持。每一个存储层都是一种类型的存储设备（如SSD、NVMe或传统机械硬盘）。存储分层详见下文介绍，简单来说，该功能可为磁盘提供快速随机访问的存储区域，不过这种区域一般比只能顺序访问的区域容量小很多。

新增的策略驱动的分配器进行了大量优化（每秒可支持更多的分配），可以根据请求的存储层（底层存储设备类型）定义不同的分配区域。当文件系统为新数据请求空间时，中心分配器将通过策略驱动引擎决定从哪个区域开始进行分配。该策略引擎可感知存储层（意味着元数据始终可以写入性能层，绝不会写入SMR容量层，因为元数据本质上是随机写入的），支持ReFS带（Band），并实现了延迟分配逻辑（Deferred Allocation Logic，DAL）。延迟分配逻辑依赖于这样一个事实：当文件系统创建一个文件时，通常也会为文件内容分配所需空间。Minstore并不会向底层文件系统返回LCN范围，而是会返回一个令牌，其中包含了预留的空间，因此可保证该分配不会因为磁盘已满而失败。当最终写入文件时，分配器会为文件内容分配LCN并更新元数据。这就解决了SMR磁盘可能遇到的问题（详见下文），并使得ReFS可以在不到1秒的时间里创建非常大的文件（64 TB甚至更大）。

策略驱动的分配器由三个中心分配器组成，它们在磁盘上都实现为全局B+表。不过在载入内存后，分配器会使用AVL树来表示。AVL树是另一种可以自我平衡的二叉树，本书不详细介绍。尽管B+表中的每一行均由范围索引，但这些行的数据部分依然包含一个位图，或作为一项优化措施，只包含已分配簇的数量（如果所分配的空间连续）。这三个分配器会用于不同目的。

- 中型分配器（Medium Allocator，MAA）是命名空间中每个文件的分配器，但由其他分配器分配的某些B+表除外。中型分配器自身就是一个B+表，因此需要为自己的元数据更新（依然遵循“写新”策略）寻找空间，而这也是小型分配器（SAA）的作用。

- 小型分配器（Small Allocator，SAA）可以为自己、中型分配器，以及另外两个表分配空间。另外两个表分别是 Integrity State 表（完整性状态表，ReFS 借此可支持完整性流）和 Block Reference Counter 表（块引用计数器表，ReFS 借此可支持文件的块克隆）。
- 容器分配器（Container Allocator，CAA）会在为容器表分配空间时使用，这种基础表为 ReFS 提供了簇的虚拟化能力，同时也被大量用于容器压缩（详见下文）。此外，容器分配器包含一个或多个描述自身所用空间的项。

当使用格式化工具为 ReFS 创建初始的基本数据结构时，会创建三个分配器。中型分配器最开始描述了卷的所有簇。SAA 和 CAA 元数据（均为 B+表）空间是从 MAA 中分配的（该操作只会在卷的整个生命周期中发生一次）。SAA 中会被插入一个项，该项描述了中型分配器所使用的空间。分配器创建完毕后，就不再需要从 MAA 分配额外的 SAA 和 CAA 项了（除非 ReFS 发现分配器本身已损坏）。

为了对文件执行“写新”操作，ReFS 必须首先咨询 MAA 以找到可以写入的空间。在分层存储配置中，该操作可感知不同存储层的存在。成功找到可写入的空间后，ReFS 会更新文件的流范围表，以反映该范围的新位置，并更新文件的元数据。随后，新的 B+树会被写入磁盘上的可用空间块中，原先的表则会被转换为可用空间。如果该写入操作被标记为“直写”，则意味着发生崩溃后，该写入操作必须能被重新发现，为此 ReFS 会写入一条日志记录来记录该“写新”操作（详见下文“ReFS 直写”一节）。

11.16.4　页表

当 Minstore 更新 B+树中的桶时（也许是因为需要移动子节点，或向表中添加一行），通常还需要更新父（或引导者）节点（更确切地说，Minstore 会使用不同的链接指向每个节点新的和原来的子桶）。这是因为，如上文所述，每个引导者节点都包含其下所有叶节点的校验值，此外，叶节点可能已被移动甚至被删除。这会导致同步问题，例如，假设一个线程正在读取 B+树，而同时有一行被删除了。如果锁定该树并等待针对物理介质的每个修改操作，则会造成极大的性能开销。Minstore 需要通过一种更方便、快捷的方法来跟踪有关树的信息。Minstore 页表（与 CPU 的页表没有任何关系）是一种内存中的哈希表，由每个 Minstore 的根表（通常为目录和文件表）专用，借此可以跟踪哪些桶是脏的、可用的，或者已被删除的。这个表绝对不会存储到磁盘上。在 Minstore 中，“桶”和“页”这两个术语往往是可以互换使用的，页通常驻留在内存中，而桶存储在磁盘上，但它们都代表了同一个上层概念。“树”和“表”一般也可以互换使用，这也解释了“页表”这个名字的由来。页表中的行由目标桶的 LCN（作为键）和一个数据结构（作为值）组成，该数据结构可跟踪页的状态并协助 B+树实现同步。

当首次读取或创建一个页时，代表页表的哈希表中会插入一个新项。只有在满足下列所有条件的情况下，才能删除页表中的项。

- 没有正在访问该页的活动事务。
- 页是干净的，没有任何修改。

■ 页并不是原有页执行“写入时复制”操作产生的新页。

在这些规则的限制下，干净的页才能反复进入页表，然后被删除，而脏页则会始终停留在页表中，直到 B+树被更新并最终写入磁盘。将树写入持久介质的过程在很大程度上取决于页表在任何特定时间的状态。如图 11-82 所示，页表被 Minstore 用作内存中的缓存，进而产生一种隐含的状态机来描述每个页的状态。

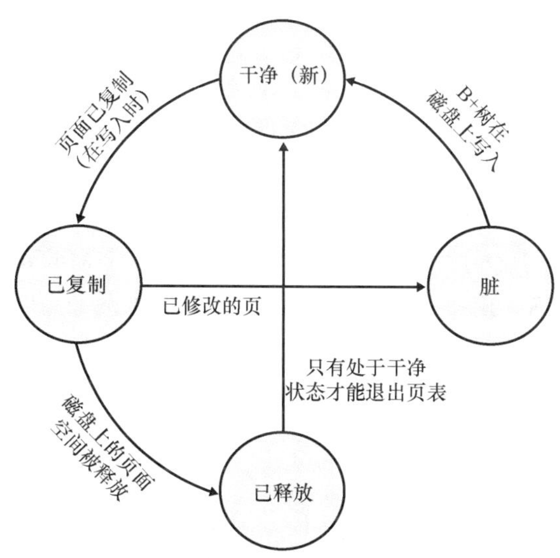

图 11-82 该图展示了页表中的脏页（桶）的状态。在对原有页执行写入复制操作时，或因 B+树增长而需要更多的空间来存储桶时，就会产生新页

11.16.5 Minstore I/O

Minstore 会以不同的方式读/写最终物理介质中的 B+树，读取操作通常会针对树的不同部分分段进行，这意味着读取操作可能只包含一些叶桶，又如作为事务型访问的一部分或抢占式预读取操作进行。将桶读入缓存（详见上文“缓存管理器”一节）后，Minstore 依然无法解读自己的数据，因为还需要先验证桶校验值。预期校验值存储在父节点中：在 ReFS 驱动程序（位于 Minstore 之上）拦截了读取到的数据后，就会知道节点依然需要验证。此时父节点已经位于缓存中（已经在树中进入子节点位置），并且包含了子节点的校验值。Minstore 已经具备了验证桶中所含有效数据需要的全部信息。请注意，页表中可能包含一些从未被访问过的页面，这是因为其校验值依然需要验证。

Minstore 在执行树的更新操作时，会将整个 B+树作为单一事务进行写入。树更新过程会将 B+树的脏页写入物理磁盘。导致树需要更新的原因有很多：应用程序明确刷新了自己的变更、系统在内存不足或其他类似条件下运行、缓存管理器将缓存的数据刷新到磁盘等。值得注意的是，Minstore 通常会使用惰性写入器线程来延迟写入更新后的树。如上文所述，有多个触发器可以触发惰性写入器（例如脏页数量达到某一阈值）。

Minstore 并不了解树更新请求背后的原因。Minstore 要做的第一件事是确保没有其他事务在同时修改树（为此将使用一些复杂的同步基元）。初始同步完成后，Minstore 会开始写入脏页并删除旧页面。在这种“写新”的实现中，新页面代表已被修改因而需要替换内容的桶；释放的页面则是需要与父节点断开链接的旧页面。如果事务需要修改叶节点，则会在内存中复制根桶和叶页面，随后 Minstore 会在不修改任何链接的前提下，在页表中创建相应的页表项。

树更新算法枚举了页表中的每个页，然而页表对页面在 B+树的哪个层级上完全没有概念，因此该算法会从更外部的节点（通常为叶节点）开始检查 B+树，直到抵达根节点。对于每个页面，算法将执行下列步骤。

1）检查页面状态。如果是已释放的页面，则会跳过该页。如果是脏页，则会更新其父指针和校验值，并将该页面放入一个由等待写入页面组成的内部列表。

2）丢弃旧页面。

当算法抵达根节点时，会直接在对象表中更新根节点的父指针和校验值，并最终将根桶放置在等待写入页面的列表中。至此，Minstore 就可以在底层卷上的可用空间中写入新树，并将旧树保留在原来的位置。旧树只会被标记为已释放，但依然存在于物理介质中。这是一个重要特性，算得上是“写新”策略的精髓，可以让 Minstore 基础之上的 ReFS 文件系统支持高级联机恢复功能。图 11-83 展示了一个包含两个新叶页（A'和 B'）的 B+表的更新过程。如图所示，位于页表中的页为浅灰色，旧页面则为深灰色。

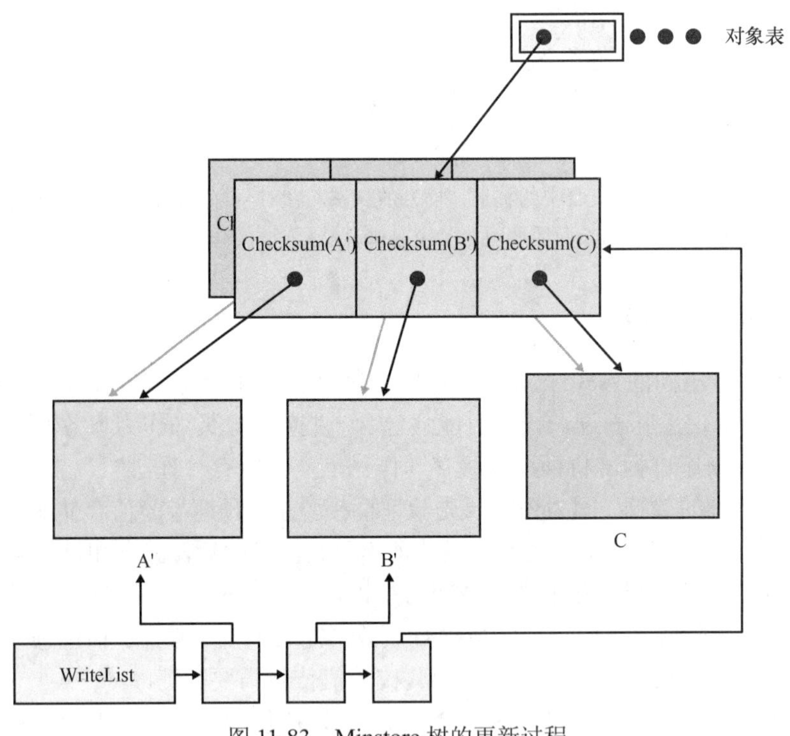

图 11-83　Minstore 树的更新过程

在树更新的过程中，对树维持独占式访问可能造成一些性能问题，并且其他方无法对独占锁定的树执行任何读取或写入操作。在最新版的 Windows 10 中，Minstore 中的 B+树已经具备了世代（Generational）的概念，每个 B+树都被附加了一个世代编号。这意味着树中的某个页面可能在某个世代看来是脏页。如果某个页面最开始只对某个特定世代的树是脏的，那么即可直接更新，无须进行写入时复制，因为最终的树还没有写入磁盘。

在新模型中，树更新的过程通常可分为两个阶段。

- **可失败阶段**：Minstore 获得树独占锁，增大树的世代编号，计算并分配树更新需要的内存，将锁转为共享锁。

- **不可失败阶段**：该阶段使用共享锁执行（意味着其他 I/O 可以读取该树），Minstore 会更新引导者节点的链接和所有树的校验值，并将最终的树写入底层磁盘。如果在写入磁盘的过程中有其他事务需要更改树，则 Minstore 会检测到树的世代编号增大，随后会对树再次进行写入时复制操作。

在这种新模式下，Minstore 只在可失败阶段持有独占锁。这意味着树更新可以与其他 Minstore 事务并行执行，这可以大幅改善系统整体性能。

11.16.6 ReFS 架构

如上文所述，ReFS 是 NTFS 实现与 Minstore 的结合体，其中每个文件和目录都是配置为某种方案的 B+树。文件系统卷是一种扁平的目录命名空间。此外，上文也曾提到，NTFS 由不同的组件组成，如下。

- **核心文件系统支持**：描述文件系统和其他系统组件（如缓存管理器和 I/O 子系统）之间的接口，并公开文件的创建、打开、读取、写入、关闭等概念。
- **高级文件系统功能支持**：描述现代文件系统的一些高级功能，如文件压缩、文件链接、配额跟踪、重分析点、文件加密、恢复支持等。
- **依赖于磁盘的组件和数据结构**：MFT 和文件记录、簇、索引包、驻留和非驻留属性等（详见上文“NT 文件系统”一节）。

ReFS 在很大程度上保持了前两部分不变，但使用 Minstore 取代了依赖于磁盘的组件，如图 11-84 所示。

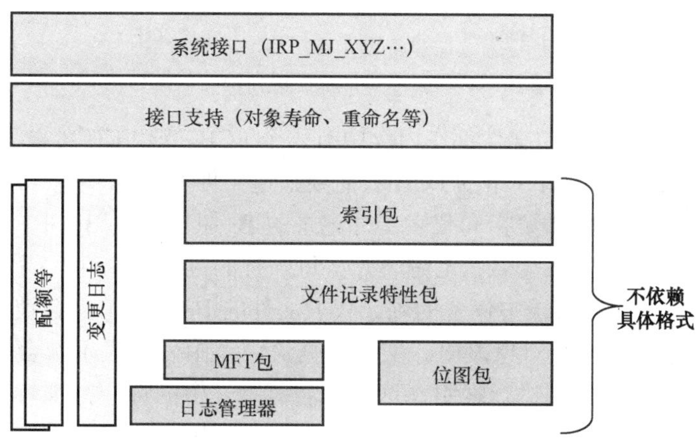

图 11-84 ReFS 架构方案

在“NTFS 驱动程序”一节我们介绍了将文件句柄与文件系统的磁盘结构链接在一起的实体。在 ReFS 文件系统驱动程序中，这些数据结构（代表调用方试图读取的 NTFS 属性的流控制块，以及包含指向磁盘 MFT 中文件记录指针的文件控制块）依然有效，但在底层的持久存储方面略有差异。对这些对象的更改需要通过 Minstore 进行，而不能直接转换为针对磁盘上 MFT 的更改。如图 11-85 所示，在 ReFS 中：

- 一个文件控制块（FCB）代表一个文件或目录，其中包含一个指向 Minstore B+树的指针，以及一个对父目录的流控制块和键（目录名）的引用。FCB 是由文件对象通过 FsContext2 字段指向的。

- 一个流控制块（SCB）代表文件对象打开的流。ReFS 所用的数据结构是 NTFS 数据结构简化后的版本。当代表目录时，SCB 会包含一个指向目录索引的链接，该链接位于代表该目录的 B+树中。SCB 会通过 FsContext 字段指向文件对象。
- 一个卷控制块（VCB）代表当前挂载并格式化为 ReFS 的卷。当 ReFS 驱动程序识别出一个正确格式化的卷后，将创建 VCB 数据结构，附加到卷设备对象扩展，并链接到一个位于全局数据结构中的列表，该列表是 ReFS 文件系统驱动程序在初始化时分配的。VCB 包含卷上当前已打开的所有目录 FCB 的表，其中的内容会通过引用 ID 进行索引。

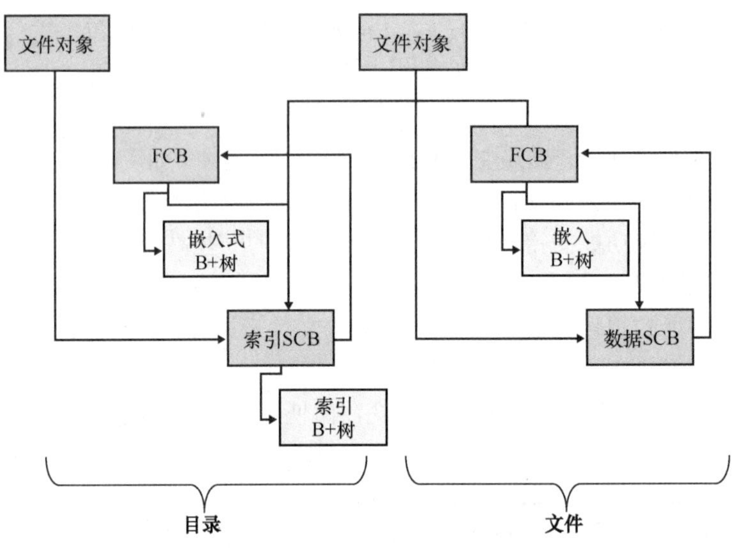

图 11-85 ReFS 文件和目录在内存中的数据结构

在 ReFS 中，每个打开的文件都在内存中有一个 FCB，该 FCB 可被不同的 SCB 指向（取决于打开的流数量）。NTFS 中的 FCB 只需要知道文件的 MFT 项就可以正确更改文件属性，而 ReFS 中的 FCB 需要指向代表文件记录的 B+树。文件 B+树中的每一行都代表文件的一个属性，例如 ID、全名、范围表等。每一行的键都是属性代码（一个整数值）。

文件记录是文件所在目录中包含的项。代表文件的 B+树根节点会被嵌入至目录项的值数据中，永远不会出现在对象表内。文件数据流由范围表所表示，会嵌入文件记录的 B+树中。范围表可通过范围进行索引，这意味着范围表中的每一行都有一个作为行键的 VCN 范围，文件范围的 LCN 则可作为行的值。在 ReFS 中，范围表可能会变得非常大（毕竟这只是一种普通的 B+树），这样 ReFS 就可以支持非常大的文件，甚至超出了 NTFS 的支持上限。

图 11-86 展示了对象表、文件、目录和文件范围表，ReFS 使用 B+树代表它们，并借此提供文件系统命名空间。

目录是一种 Minstore B+树，负责单一的扁平命名空间。ReFS 目录可以包含以下几方面：

- 文件。
- 到目录的链接。
- 到其他文件（文件 ID）的链接。

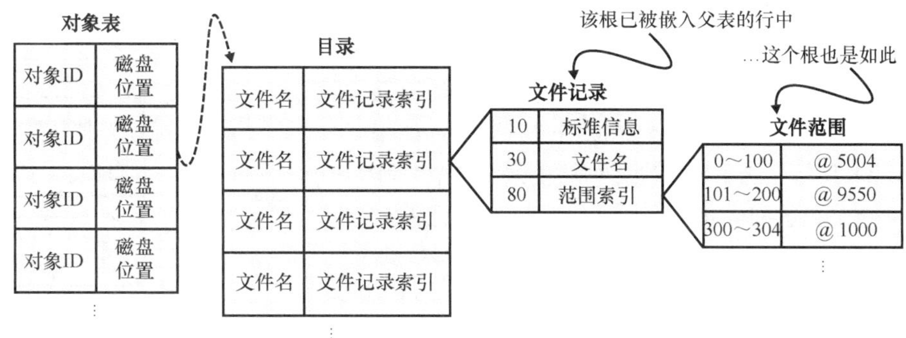

图 11-86 ReFS 中的文件和目录

目录 B+树中的行由<键, <类型,值>>对组成，其中键是项的名称，值取决于目录项的类型。为了支持查询和其他高级语义，Minstore 还在不可见目录行中存储了一些内部数据。此类不可见行的键以 Unicode 零字符开头。另外还有一行值得一提，那就是目录的文件行。每个目录都有一条记录，在 ReFS 中，该文件记录会作为一个文件行，使用一个众所周知的“零键”存储在自己的目录中。这会对 ReFS 为目录维持内存中的数据结构产生一些影响。在 NTFS 中，目录实际上是文件记录的一种属性（通过 Index Root 和 Index Allocation 属性实现）；但在 ReFS 中，目录是一种存储在目录本身中的文件记录（名为目录索引记录）。因此，当 ReFS 操作目录或向目录插入文件时，必须确保目录索引已打开并驻留在内存中。为了能够更新目录，ReFS 会在已打开的流控制块中存储一个指向目录索引记录的指针。

上述 ReFS B+树的配置并没有解决一个重要问题。当系统枚举目录中所有文件时，都需要打开并解析每个文件的 B+树。这意味着需要对底层存储介质的不同位置发出大量 I/O 请求。如果介质是机械硬盘，那么此时的性能将会相当糟糕。

为了解决这个问题，ReFS 在文件嵌入表的根节点中（而非子文件 B+树的行中）存储了一种 STANDARD_INFORMATION 数据结构。STANDARD_INFORMATION 数据结构包含枚举文件所需的全部信息（如文件的访问时间、大小、属性、安全描述符 ID、更新序列号等）。文件的嵌入根节点会被存储在父目录的 B+树的叶桶中。通过将这种数据结构放在文件的嵌入根节点中，当系统枚举目录中的所有文件时，只需要解析目录 B+树中的项，而无须访问描述每个文件的 B+表。代表目录的 B+树已经位于页表中，因此枚举速度会非常快。

11.16.7 ReFS 在磁盘上的结构

与上文有关 NTFS 的小节类似，本节介绍了 ReFS 卷的磁盘结构。本节将专注于 NTFS 和 ReFS 之间的差异，不再涉及上文已经介绍过的概念。

与 NTFS 类似，ReFS 卷的引导扇区也包含一个小型数据结构，其中包含基础的卷信息（如序列号、簇大小等）、文件系统标识符（ReFS OEM 字符串和版本），以及 ReFS 容器大小（详见下文“叠瓦式磁记录卷”一节）。卷中最重要的数据结构是卷超级块（Volume Super Block），其中包含最新卷检查点记录的偏移量，会被复制到三个不同的簇中。当挂载卷时，ReFS 会读取其中一个卷检查点，验证并解析其内容（检查点记录包含校验值），最终得到每个全局表的偏移量。

卷挂载过程会打开对象表，获得读取根目录所需的信息，其中包含构成卷命名空间的所有目录树。对象表和容器表是最关键的数据结构，同时也是所有卷元数据的起点。容器表公开了虚拟化命名空间，如果没有它，ReFS 将无法正确识别任何簇的最终位置。作为一种可选功能，Minstore 可以让客户端在自己的对象表行中存储一些信息。对象表行的值如图 11-87 所示，其中包含两个不同部分：Minstore 拥有的部分，以及 ReFS 拥有的部分。ReFS 还会存储一些父信息，以及目录中高水位线的 USN 编号（详见下文“安全性和变更日志”一节）。

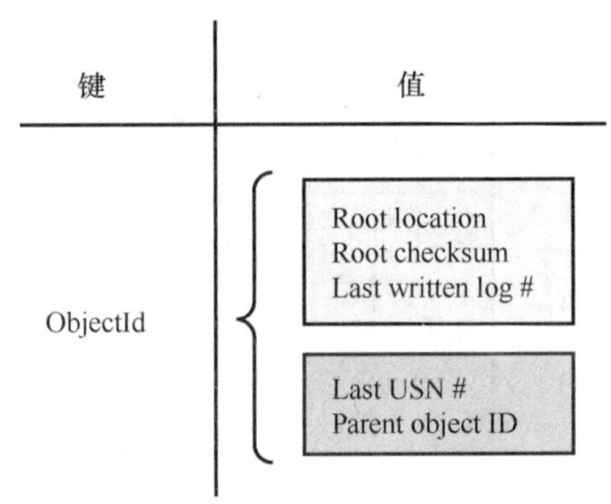

图 11-87　由 ReFS 部分（下方矩形框）和 Minstore 部分（上方矩形框）组成的对象表项

11.16.8　对象 ID

ReFS 还需要解决与文件 ID 有关的另一个问题。出于各种原因（主要是为了有效跟踪并存储文件元数据，而不要将这些信息与命名空间绑定到一起），ReFS 需要为通过文件 ID 打开文件（例如使用 OpenFileById API）的应用程序提供支持。NTFS 是通过$Extend\$ObjId 文件（使用$0 索引根属性，详见上文有关 NTFS 的章节）实现这一目标的。在 ReFS 中，为每个目录分配一个 ID 是一种微不足道的操作，实际上，Minstore 会将目录的对象 ID 存储在对象表中。但问题在于，当系统需要为文件分配 ID 时，ReFS 不像 NTFS 那样有一个中心的文件 ID 存储库。为了正确找到目录树中的文件 ID，ReFS 将文件 ID 空间分为两部分：目录部分和文件部分。目录 ID 使用目录部分，并使用对象表中行的键进行索引。文件部分则从目录的内部文件 ID 空间中分配。代表目录的 ID 通常在其文件部分有一个“0”，但该目录中的所有文件会共享同一个目录部分。通过在目录的 B+树中添加一个单独的行（由<文件 ID, 文件名>对组成），ReFS 为文件 ID 的概念提供了支持，借此可将文件 ID 映射至目录中的文件名。

当系统需要使用文件 ID 打开 ReFS 卷中的文件时，ReFS 会通过下列方式满足请求。

1）打开由目录部分指定的目录。

2）查询文件部分的键在目录 B+树中对应的 FileId 行。

3）在目录 B+树中查询最后一次所找到的文件名。

细心的读者可能已经注意到，该算法并未解释当文件被更名或移动后会发生什么。更名后的文件的 ID 应当与之前的 ID 的位置相同，即使新目录的 ID 与文件 ID 的目录部分并不相同。ReFS 的解决方法是：使用新的“墓碑”（tombstone）项取代旧目录 B+树中的原始文件 ID 项，这个“墓碑”项的值并未指定目标文件名，而是包含为更名后的文件新分配的 ID（其中的目录部分和文件部分均已改变）。新目录的 B+树中也会分配另一个新的文件 ID 项，这样即可将新的本地文件 ID 分配给更名后的文件。如果该文件随后被移动到另一个目录，则第二个目录的 ID 项会被删除，因为已经不再需要了，对于任何特定文件，一个文件最多只需要一个“墓碑”项。

11.16.9　安全性和变更日志

在文件系统中，为 Windows 对象安全提供支持的机制主要包含在文件系统部分所实现的一些高级组件中，这一点自 NTFS 以来始终如此。为了支持同一套语义集，底层磁盘实现已经进行了更新。在 ReFS 中，对象安全描述符被存储在卷的全局安全描述符 B+树中。表中的每个安全描述符会计算出一个哈希值（使用一种专有算法，该算法只用于与自己有关的安全描述符），同时每个描述符还会分配一个 ID。

当系统为文件附加新的安全描述符时，ReFS 驱动程序会计算安全描述符的哈希值，并检查该哈希值是否已经存在于全局安全表中。如果已存在，则 ReFS 会解析其 ID，并将其存储在文件 B+树嵌入根节点中的 STANDARD_INFORMATION 数据结构内。如果全局安全表中不存在该哈希值，则 ReFS 会执行一个类似的过程，但首先会将新安全描述符添加到全局 B+树，随后生成新的 ID。

全局安全表中的行使用了<<哈希, ID>, <安全描述符, 引用计数>>的格式，其中哈希和 ID 的含义如上文所述，安全描述符内容是安全描述符本身的原始字节载荷，而引用计数是对卷上有多少个对象正在使用该安全描述符的粗略估算结果。

NTFS 实现了一种变更日志功能，借此应用程序和服务可以查询对卷上文件过去进行的改动。ReFS 实现了与 NTFS 兼容，但存在略微差异的变更日志功能。ReFS 日志会将变更项存储在另一个卷的全局 Minstore B+树中的变更日志文件（元数据目录表）内。ReFS 只在卷挂载时才会打开并解析卷的变更日志文件。日志的最大大小存储在日志文件的 $USN_MAX 属性中。在 ReFS 中，每个文件和目录都在父目录嵌入根节点的 STANDARD_INFORMATION 数据结构中包含自己的最后一个 USN（更新序列号）。借助日志文件和每个文件与目录的 USN 编号，ReFS 即可提供用于读取和枚举卷日志文件的如下三个 FSCTL。

- **FSCTL_READ_USN_JOURNAL：**直接读取 USN 日志。调用方需指定自己要读取的日志 ID 以及预计要读取的 USN 记录的编号。
- **FSCTL_READ_FILE_USN_DATA：**检索指定文件或目录的 USN 变更日志信息。
- **FSCTL_ENUM_USN_DATA：**扫描所有的文件记录，只枚举在调用方指定的 USN 记录范围内最后更新的 USN。ReFS 可以扫描对象表，随后扫描对象表引用的每个目录，最后返回这些目录中位于指定时间范围内的文件，借此满足查询要求。这个过程比较慢，因为需要打开并检查每个目录（目录的 B+树可能分散在整个磁盘上）。ReFS 对此的优化措施是，将一个目录中所有文件的最高 USN 存储在该目录的对象表项中，这样 ReFS 只需要访问自己确定在指定范围内的目录，就能满足查询的要求。

11.17 ReFS 高级功能

本节将介绍 ReFS 的高级功能，这些功能证明了为何 ReFS 更适合大型服务器系统，例如 Azure 云平台基础设施所使用的大型服务器系统。

11.17.1 文件块克隆（快照支持）和稀疏 VDL

传统上，存储系统会在卷层面上实现快照和克隆功能（例如动态卷）。在现代数据中心，当数以百计的虚拟机通过独立的卷运行并存储数据时，这种方式在可扩展性方面已经无法满足要求了。ReFS 最初的设计目标之一就是支持文件层面的快照以及可扩展的克隆功能（虚拟机通常映射至底层主机存储中的一个或几个文件），这意味着 ReFS 需要能通过某种方法非常快速地克隆整个文件，或者只克隆文件中的几个块。将一个文件中一定范围的块克隆至另一个文件的块，这不仅可以实现文件层面的快照，还能为只需要访问一个或多个文件中特定几个块的应用程序实现更细化的克隆。VHD 差分磁盘合并就是一个很好的例子。

ReFS 公开了全新的 FSCTL_DUPLICATE_EXTENTS_TO_FILE，借此可将一个文件中的块范围复制到同一个文件或不同文件的块范围中。克隆操作完成后，对任何一个文件中被克隆的块范围执行的写入操作都会以“写新”的方式进行，借此即可保留被克隆的块。当被克隆的块只剩下一个引用时，即可进行原地写入。源文件和目标文件的句柄、克隆文件块的所有细节、从源文件克隆哪些块，以及目标范围是什么，这些都可以作为参数。

如上一节所述，ReFS 会将构成文件数据流的 LCN 索引到范围索引表中，这是一种嵌入式 B+树，位于文件记录的行中。为了支持块克隆操作，Minstore 使用了一种全新的全局索引 B+树（名为块计数引用表），借此跟踪被克隆的每个块范围的引用计数。最开始该索引是空的。第一次成功的克隆操作会在该表中添加一行或多行记录，代表该块目前的引用计数为 2。如果这些块的某个视图被删除，则对应的行也会被移除。写入操作会查询该索引来判断是否要进行“写新”，或进行原地写入。在分配器中标记空闲块时也会查询该索引。如果被释放的簇属于某个文件，则该簇范围的引用计数将会减小。如果表中的引用计数归零，那么对应的空间将被标记为已释放。

图 11-88 展示了一个文件克隆范例。在克隆了整个文件（图中的文件 1 和文件 2）后，这两个文件具备完全相同的范围表，Minstore 块计数引用表显示了对两个卷范围的两种引用方式。

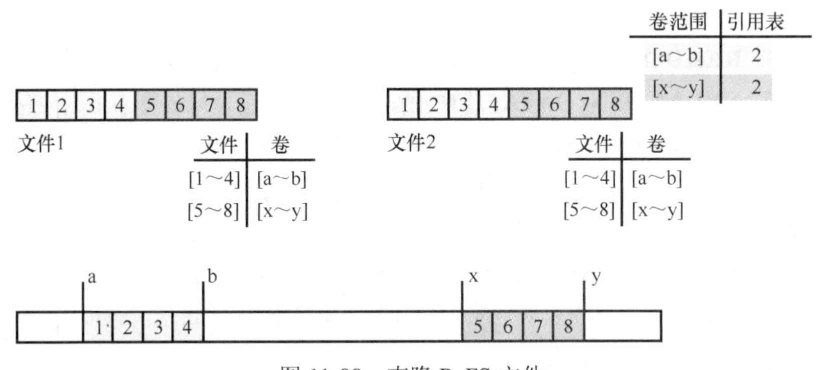

图 11-88 克隆 ReFS 文件

为了减小表的大小，Minstore 会尽可能地自动合并块引用计数表中的行。在 Windows Server 2016 中，Hyper-V 使用了新增的克隆 FSCTL，因此，虚拟机的复制以及多个快照的内容合并速度非常快。

与 NTFS 类似，ReFS 还支持文件有效数据长度（Valid Data Length，VDL）的概念。ReFS 可使用$$ZeroRangeInStream 文件数据流来跟踪文件中每个已分配数据块的有效或无效状态。对文件请求的所有新分配都处于无效状态，对文件执行的首次写入操作则会让该分配变得有效。ReFS 对无效文件范围的读取请求会返回为零的内容。该技术与上文介绍过的 DAL 类似。应用程序可以使用文件系统控制代码 FSCTL_SET_ZERO_DATA，在逻辑上将文件的一部分归零，而无须实际写入任何数据（Hyper-V 会通过该功能快速创建固定大小的 VHD）。

实验：通过 Hyper-V 观察 ReFS 的快照支持

在这个实验中，我们将使用 Hyper-V 来测试 ReFS 的卷快照支持。我们需要使用 Hyper-V 管理器创建一个虚拟机并在其中安装操作系统。当首次启动时，右键点击虚拟机，并选择“**检查点**”菜单项，为该虚拟机创建一个检查点。随后在虚拟机中安装一些应用程序（本例我们在 Windows Server 2012 中安装了 Office）并再次创建检查点。

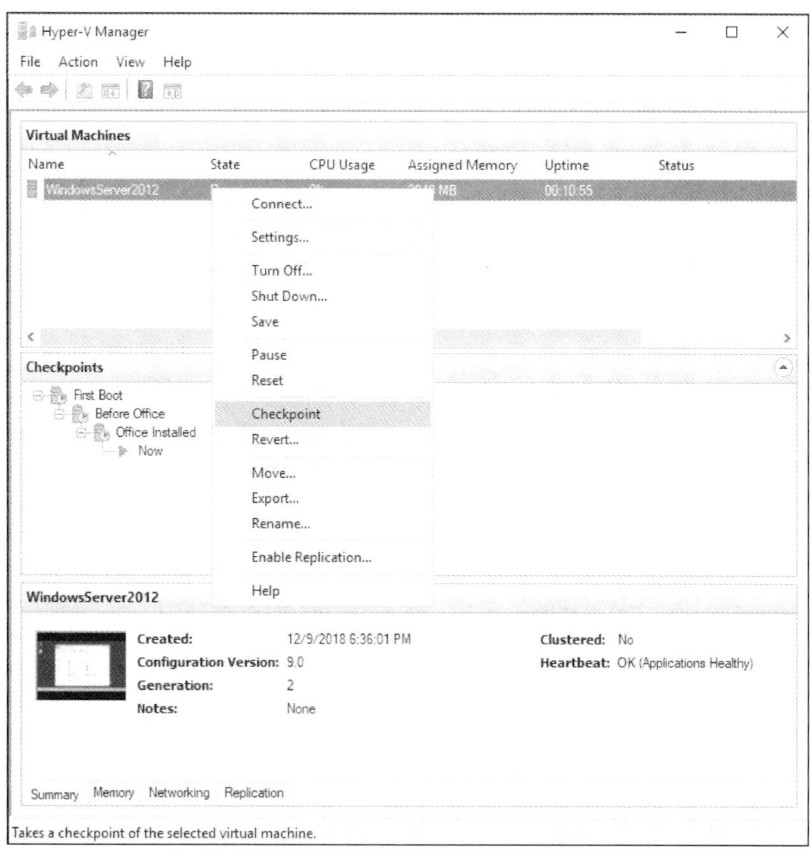

关闭该虚拟机，并使用 Windows 资源管理器找到虚拟磁盘文件。随后可以看到虚拟磁盘以及其他多个文件，这些文件代表了当前检查点和上一个检查点之间的差异化内容。

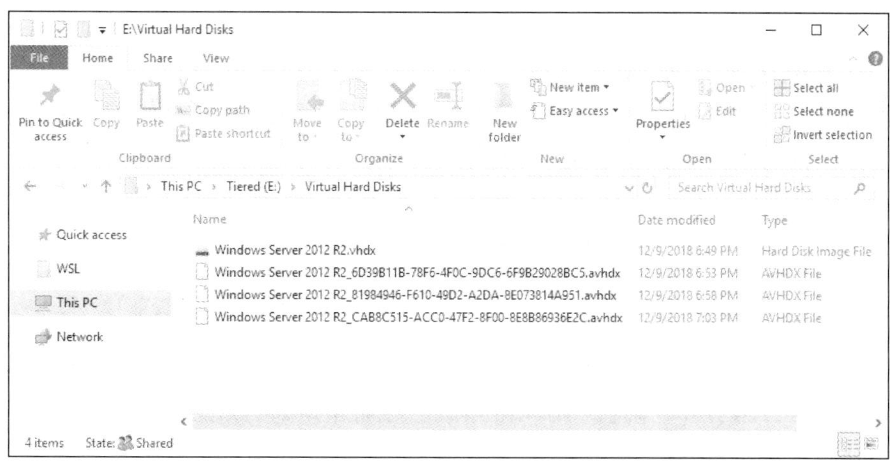

再次打开 Hyper-V 管理器并删除整个检查点树（右键点击第一个根检查点，选择“**删除检查点子树**”菜单项），我们会发现整个合并过程只需要几秒钟。这是因为 Hyper-V 使用了 ReFS 对块克隆的支持，通过控制代码 FSCTL_DUPLICATE_EXTENTS_TO_FILEI/O 将检查点内容正确合并到了基础虚拟硬盘文件中。如上文所述，块克隆实际上并不移动数据。如果使用格式化为 exFAT 或 NTFS 文件系统的卷重复上述实验，将会发现检查点合并的耗时延长了很多。

11.17.2 ReFS 直写

ReFS 的设计目标之一是将因为文件系统损坏导致的不可用性降到接近于零的水平。下一节将介绍 ReFS 从磁盘故障中恢复所采用的各种联机修复方法。但在介绍这些方法前，首先有必要了解在将事务写入底层介质时，ReFS 是如何实现直写的。

直写是指系统能够合理地保证操作结果在崩溃恢复之后依然可见之前，任何基元修改操作（如创建文件、扩展文件、写入块）都不能被视为完成。直写的性能对各种 I/O 场景都非常重要，这些场景可以分为两类文件系统操作：数据操作和元数据操作。

当 ReFS 对一个文件进行原地更新而不需要变更任何元数据（例如系统修改一个已分配文件的内容，但并未扩展文件的长度）时，直写性能的开销最小。由于 ReFS 对元数据使用了“写入时分配”的策略，因此，在元数据产生变化后，为其他场景进行直写的开销是非常大的。例如文件被重命名，意味着从文件系统的根一直到描述该文件名称的块，所有元数据块都必须写入一个新位置。ReFS 写入时分配的本质还有一个特性：并不会原地修改数据。这意味着，与 NTFS 相比，系统的恢复不应撤销任何操作。

为了实现直写，Minstore 使用了提前写入日志（Write-Ahead-Logging，WAL）。这种方法如图 11-89 所示，系统会将记录附加到一个在逻辑上无限长的日志中。当恢复时，将读取并重新应用该日志。Minstore 对除分配器表之外的其他所有表维护了一个逻辑重做事务记录日志。每个日志记录都描述了一个完整的事务，这样即可在恢复时重新应用。每个事务记录包含一个或多个操作重做记录，其中描述了实际要执行的高层操作（如在表 X 中插入[键 K/值 V]对）。事务记录可实现对特定事务的恢复，这是一种原子性的单位（任何事务都不能部分重做）。从逻辑上来看，日志被每个 ReFS 事务所拥有，日志记录会被记录到一个小型日志缓冲区中。如果事务已提交，则日志缓冲区会被附加到内存中的卷日志中，并在稍后写入磁盘；但如果事务被中止，那么内部日志缓冲区也将被丢弃。直写事务会等待来自日志引擎的确认，由此得知截至通知那一刻的日志均已提交，而非直写事务可以无须确认，随时继续。

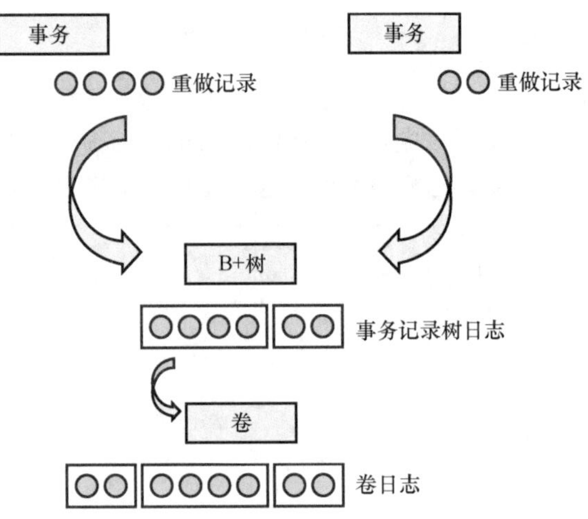

图 11-89 Minstore 的提前写入日志方案

此外，ReFS 还会利用检查点将系统的某些视图提交至底层磁盘，这会导致一些之前写入的日志记录变得不再有必要。一旦检查点将受影响的树的视图提交至磁盘，就不再需要事务的重做日志记录了。这意味着检查点将负责确定可以被日志引擎丢弃的日志记录范围。

11.17.3 ReFS 恢复支持

为了确保文件系统卷在任何时候都处于可用状态，ReFS 使用了不同的恢复策略。虽然 NTFS 也支持类似的恢复机制，但 ReFS 的目标是淘汰所有的脱机检查工具（如 NTFS 所用的 Chkdsk 工具），因为针对大容量磁盘运行这类工具可能需要花费数小时，甚至需要重启动操作系统。ReFS 主要使用下列四种恢复策略。

- 通过校验值和纠错码检测损坏的元数据。完整性流可使用文件实际内容的校验值（该校验值存储在文件 B+树表的一个行中）来验证并维持文件数据的完整性，借此维持文件本身（而不仅仅是文件系统元数据）的完整性。
- 只要有另一个可用的有效副本，ReFS 即可智能修复出错的任何数据。其他副本可能由 ReFS 本身提供（例如 ReFS 会为对象表这样的关键结构创建元数据副本），或可借助存储空间（详见下文“存储空间”一节）提供卷冗余功能。
- ReFS 实现的抢救操作可将损坏的数据从联机的文件系统命名空间中移除。
- ReFS 会尽可能地通过效果最好的技术来重建丢失的元数据。

上述的第一个和第二个策略源自 ReFS 所依赖的 Minstore 库（下文将详细介绍完整性流）。对于每个指向不同磁盘块中的子节点（或引导者节点）的链接，对象表和所有全局 Minstore B+树表都会维持一个校验值。当 Minstore 检测到某个块和自己的预期不相符时，就会自动尝试从自己复制的某个副本（如果存在）中进行修复。如果副本不可用，Minstore 则会向 ReFS 上层返回一个错误信息。ReFS 会发起联机抢救操作来响应这种错误信息。

抢救（salvage）是指：当 ReFS 在目录 B+树中检测到损坏的元数据时，为了尽可能多地还原数据所采取的任何必要修复措施。这种抢救操作是 Zap 技术演变的产物，而 Zap 技术的目标是让卷重新恢复联机状态，哪怕这可能导致损坏的数据最终丢失。该技术可以从文件命名空间中移除所有受损的元数据，这些元数据可用于稍后的修复过程。

假设一个目录 B+树的引导者节点损坏。这种情况下，Zap 操作可以修复父节点，重写到子节点的所有链接并重新让树实现平衡，但损坏的节点最初指向的数据将彻底丢失。Minstore 不知道该如何修复损坏的主节点所指向的项。

为了解决这个问题，并在抢救过程中正确恢复目录树，ReFS 需要知道子目录的标识，即便目录表本身已经无法访问（例如可能因为引导者节点损坏）。这种将已丢失目录树的部分内容恢复出来的能力是通过引入卷全局表实现的，这个表名为父子表（parent-child table），可以针对目录提供冗余信息。

父子表中的键代表父表的 ID，数据中则包含一个子表 ID 的列表。抢救操作会扫描该表，读取子表的列表，重建一个新的未损坏的 B+树，并在其中包含损坏节点的所有子目录。除了需要子表 ID，为了完全还原损坏的父目录，ReFS 还需要知道子表的名称，这些子表最初存储在父 B+树的键中。子表通过一种自我记录的项包含了这些信息（主要是目录链接信息，详见上一节）。抢救过程会打开恢复的子表，读取自我记录，并将目录链接重新插入父表。该策略使得 ReFS 能够恢复损坏的引导者或根节点的所有子目录（但依然无法恢复文件）。图 11-90 展示了一个针对损坏的根节点（代表“Bar”目录）执行 Zap 操作和抢救操作的范例。通过这种抢救操作，ReFS 可以快速让文件系统恢复联机，并且只丢失目录中的两个文件。

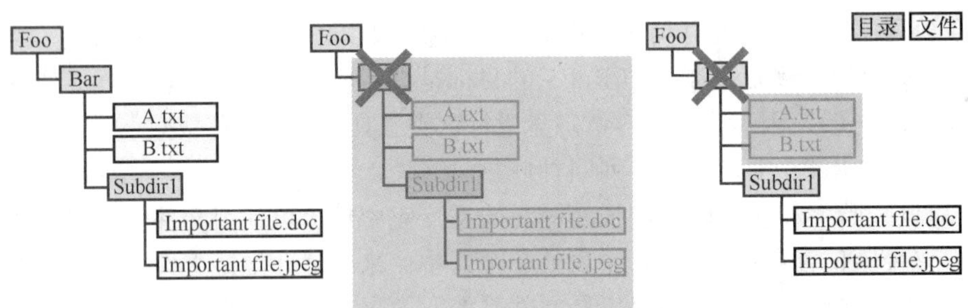

图 11-90　Zap 操作和抢救操作对比

抢救完成后，ReFS 会尽可能地使用效果最好的技术重建缺失的信息。例如，可以通过从其他桶中读取的信息恢复丢失的文件 ID（这要感谢可区分文件 ID 和表的核对规则）。此外，ReFS 还会利用少量额外信息增强 Minstore 对象表的功能，借此加快修复速度。虽然 ReFS 会使用这些启发式方法实现尽可能好的效果，但我们依然需要明白，ReFS 主要依靠元数据和存储堆栈提供的冗余能力在不丢失数据的情况下修复损坏的内容。

在非常罕见的情况下，关键的元数据也可能损坏，ReFS 可以将卷挂载为只读模式，但这并不能用于处理表的损坏。举例来说，如果容器表和容器表的所有副本均已损坏，那么卷将无法以只读模式挂载。但只要跳过这些表，文件系统依然可以直接忽略这些全局表（例如就像分配器那样），这样用户依然可能有机会恢复自己的数据。

ReFS 还支持文件的完整性流，借此可通过校验值保证文件数据（而不仅仅是文件系统的元数据）的完整性。ReFS 会在完整性流中存储构成文件范围表的每个“运行”的校验值（该校验值会存储在范围表行中的数据节内）。该校验值使得 ReFS 可以在访问数据前验证数据的完整性。在返回任何启用了完整性流的数据前，ReFS 首先会计算其校验值，并将计算得到的值与文件元数据中存储的值进行比较。如果校验值不符，则意味着数据已损坏。

ReFS 公开了可被清理器（scrubber，也叫数据完整性扫描器）使用的 FSCTL_SCRUB_DATA 控制代码。清理器实现在 Discan.dll 库中，作为任务计划程序任务公开，可在系统启动时执行或每周执行一次。当清理器向 ReFS 驱动程序发送 FSCTL 时，ReFS 驱动程序会对整个卷进行完整性检查：ReFS 驱动程序将检查引导节、每个全局 B+树，以及文件系统的元数据。

注意　本节介绍的联机抢救操作与执行脱机抢救的操作有所差异。Windows 中包含的 refsutil.exe 工具可执行这样的脱机抢救操作，当卷损坏到甚至无法以只读模式挂载（很罕见的情况）时即可使用该工具。脱机抢救操作会浏览卷上的所有簇，查找似乎是元数据的页面，并尽最大努力将这些页面重新组合起来。

11.17.4 泄漏检测

簇泄漏（leak）是指这样的情况：某个簇被标记为已分配，但没有对该簇的任何引用。ReFS 中可能因为不同的原因发生这样的簇泄漏。当检测到某个目录损坏时，联机抢救可以隔离损坏并重建树，最终只会丢失一些位于根目录下的文件。如果在树更新算法将 Minstore 事务写入磁盘之前系统崩溃，这可能导致文件名丢失。这种情况下，文件的数据已被正确写入磁盘，但 ReFS 没有指向该数据的元数据。代表该文件本身的 B+树表可能依然存在于磁盘上的某个位置，但其嵌入表已不再链接到任何目录 B+树。

Windows 自带的 refsutil.exe 工具支持泄漏检测操作，可扫描整个卷，并使用 Minstore 浏览卷的整个命名空间。随后它可以用自己在命名空间中找到的每个 B+树构建一个列表（每个树可以用一种包含标识符头的已知数据结构来识别），并查询 Minstore 分配器，将识别出来的每个树的列表与分配器标记为有效的树列表进行比较。如果发现存在差异，泄漏检测工具会通知 ReFS 驱动程序，将所发现的未泄漏的树分配的簇标记为空闲。

卷发生的另一种泄漏可能会影响到块引用计数器表，例如，当某个簇的范围所处的行，其引用计数器数值高于实际引用该簇的文件的计数器数值时就会发生这种情况。lower-case 工具可以计算出正确的引用计数并修复该问题。

为了正确识别并修复泄漏，泄漏检测工具必须在脱机卷上执行操作，但通过使用与 NTFS 联机扫描类似的技术，这类工具也可以针对目标卷的只读快照执行操作，而这种快照是由卷影复制服务提供的。

实验：使用 Refsutil 查找并修复 ReFS 卷上的泄漏

在这个实验中，我们将使用系统自带的 refsutil.exe 工具，查找并修复 ReFS 卷可能出现的簇泄漏问题。默认情况下，该工具不需要卸载卷，因为它可以针对卷的只读快照执行操作。要通过该工具修复找到的泄漏，我们可以使用/**x** 命令行参数覆盖默认设置。请以管理员身份打开命令提示符窗口并运行下列命令（在本例中，1 TB 的 ReFS 卷被挂载为 E:盘，/**v** 参数可以启用该工具的详细输出模式）。

```
C:\>refsutil leak /v e:
Creating volume snapshot on drive \\?\Volume{92aa4440-51de-4566-8c00-bc73e0671b92}...
Creating the scratch file...
Beginning volume scan... This may take a while...
Begin leak verification pass 1 (Cluster leaks)...
End leak verification pass 1. Found 0 leaked clusters on the volume.

Begin leak verification pass 2 (Reference count leaks)...
End leak verification pass 2. Found 0 leaked references on the volume.

Begin leak verification pass 3 (Compacted cluster leaks)...
End leak verification pass 3.

Begin leak verification pass 4 (Remaining cluster leaks)...
End leak verification pass 4. Fixed 0 leaks during this pass.

Finished.
Found leaked clusters: 0
Found reference leaks: 0
Total cluster fixed : 0
```

11.17.5 叠瓦式磁记录卷

截至撰写这部分内容，传统机械硬盘所面临的最大问题之一在于记录方式本身所面临的固有物理局限。为了增大磁盘容量，硬盘盘片的密度必须不断增大，然而，为了能读/写越来越小的信息单元，机械硬盘磁头的物理尺寸也必须越来越小。这会造成比特反转（Bit flip）[①]的能量壁垒日渐降低，这意味着环境温度所蕴含的能量可能在无意中造成比特反转，进而危及数据完整性。虽然固态硬盘（SSD）在面向消费者的系统中基本已经普及，但大型存储服务器依然在使用传统的机械硬盘，只有这类硬盘可以用更低的成本来提供更大的容量。为了解决机械硬盘面临的这种问题，业界提出了多种解决方案，其中最有效的一种方案名为叠瓦式磁记录（Shingled Magnetic Recording，SMR），如图 11-91 所示。传统的 PMR（Perpendicular Magnetic Recording，垂直磁记录）技术使用了平行轨道的布局，而 SMR 磁盘用于读取数据的磁头远小于用于写入数据的磁头。更大的写入磁头意味着它可以更有效地磁化介质（进而写入数据），而不会对可读性或稳定性产生影响。

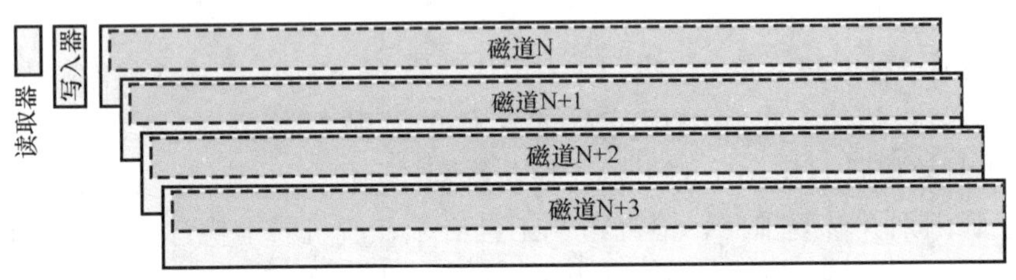

图 11-91 在 SMR 磁盘中，写入磁道远大于读取磁道

这种新配置造成了一些逻辑上的问题。如果不替换部分连续磁道上的数据，那么几乎不可能向硬盘上的磁道写入数据。为了解决这个问题，SMR 磁盘将硬盘分为多个区域（zone），技术上每个区域可称为一个带（band）。区域主要分为两种类型。

- 传统（或快速）区域的工作方式与传统 PMR 磁盘一样，可进行随机写入。
- 写指针区域是有自己的“写指针”并且需要严格进行顺序写入的带（并不一定如此，支持主机感知的 SMR 磁盘也支持写入首选区域这样的概念，借此依然可支持随机写入。不过 ReFS 并未使用此类区域）。

SMR 磁盘中的每个带通常为 256 MB，可以作为一个基本 I/O 单位使用。这意味着系统可以在不干扰其他带的情况下向一个带写入。SMR 磁盘共分为三种类型。

- **驱动器管理（drive-managed）**：在主机看来，这种驱动器与非叠瓦式驱动器没有任何区别。主机无须遵循任何特殊协议，因为所有数据处理工作和磁盘区域的存在以及顺序写入的限制都是由设备固件负责管理的。此类 SMR 磁盘兼容性很好，但也存在一些局限，即用于将随机写入转换为顺序写入的磁盘缓存容量是有限的，带的清理是一种复杂操作，并且顺序写入检测也很重要。这些局限都会对性能产生不利影响。
- **主机管理（host-managed）**：此类设备要求主机严格遵循特定的 I/O 规则。主机需要按顺序写入才能不破坏现有数据。如果有命令违反了这一假设，那么硬盘将会拒绝执行这样的命令。主机管理的硬盘只支持顺序写入区域和传统区域，传统区

① 比特反转是指计算机系统（硬盘、内存、CPU 等）中所存储的二进制数据，因为软硬件故障或外部干扰导致其状态在不经意间发生变化的情况，例如，原本的“0”被反转为“1”，原本的“1”被反转为“0”。在某些情况下，这种问题可能导致数据错误、程序崩溃，甚至系统崩溃。——译者注

域可以位于任何介质上，包括非 SMR 硬盘、驱动器管理的 SMR 以及闪存。

- **主机感知（host-aware）**：驱动器管理和主机管理两种技术的结合体，这种硬盘可以管理存储设备“叠瓦式”的本质特征，并能执行主机发出的任何命令，而无论该命令是否连续。然而，主机可以知道这种硬盘是叠瓦式的，因此可以查询硬盘以获得 SMR 区域信息。这样，主机就可以围绕叠瓦式的本质特征优化自己的写入操作，同时依然让硬盘具备足够的灵活性和向后兼容性。主机感知的硬盘支持顺序写入首选区域的概念。

截至撰写这部分内容，ReFS 是唯一能原生支持主机管理 SMR 磁盘的文件系统。ReFS 为支持这类硬盘所使用的策略可实现非常大的容量（20 TB 甚至更高），并且与分层卷所用的策略类似，通常可通过存储空间创建（有关存储空间的详细信息请参阅最后一节）。

11.17.6 ReFS 对分层卷和 SMR 的支持

分层卷类似于主机感知的 SMR 磁盘，其中包含一个快速随机访问区域（通常由 SSD 提供）和一个速度较慢的顺序写入区域。但这并非必备条件，分层磁盘也可以由不同的随机访问磁盘，甚至相同速度的磁盘组成。ReFS 通过在卷命名空间基础上构建的文件和目录命名空间之间提供一个新的逻辑间接层，即可正确管理分层卷和 SMR 磁盘。这个新的间接层将卷划分为多个互不重叠的逻辑容器（因此任何一个簇在任意时间里只能存在于一个容器中）。容器代表了卷中的一个区域，一个卷上的所有容器始终大小相等，这个大小是根据底层磁盘的类型决定的：标准分层磁盘为 64 MB，SMR 磁盘为 256 MB。容器也可称为 ReFS 带，因为如果配合 SMR 磁盘使用，容器的大小将会与 SMR 带的大小完全一致，每个容器可以一对一映射至每个 SMR 带。

该间接层如图 11-92 所示，是通过全局容器表配置和提供的。该表的行由存储了容器的 ID 和类型的键组成。对于不同类型的容器（压实或被压缩容器），各自的行数据内容也有所差异。对于非压缩容器（ReFS 压缩的详细介绍请参阅下一节），行数据是一种数据结构，其中包含容器中可寻址簇范围的映射。这样 ReFS 就获得一种虚拟 LCN 到真实 LCN 命名空间的映射。

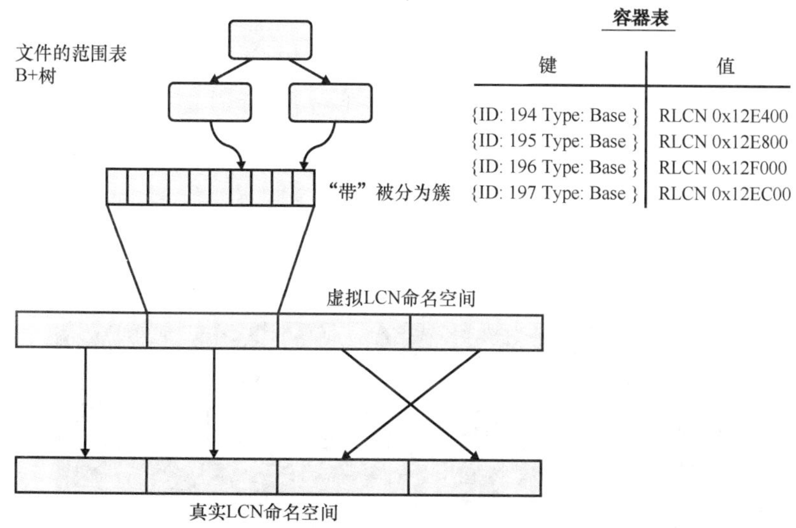

图 11-92 容器表提供了一种从虚拟 LCN 到真实 LCN 映射的间接层

容器表很重要：ReFS 和 Minstore 管理的所有数据都需要通过容器表来管理（只有少数

例外），因此 ReFS 会对这个重要的表创建多个副本。为了对一个块执行 I/O 操作，ReFS 首先必须查找相应范围的容器位置，进而得到数据的实际位置。这是通过范围表实现的，范围表的行数据中包含簇范围的目标虚拟 LCN。容器 ID 可通过数学关系从 LCN 中派生而来。这个新增的间接层使得 ReFS 能够在无须查询或修改文件范围表的前提下移动容器位置。

ReFS 可使用由存储空间、硬件分层卷以及 SMR 磁盘提供的存储层。ReFS 会将小规模的随机 I/O 重定向到速度更快的存储层，并用顺序写入方式将这些写入操作移至速度较慢的存储层（移出操作发生在容器层面上）。实际上在 ReFS 中，“快速存储层”（或闪存存储层）这个术语指的是随机访问区域，这种区域可能由 SMR 磁盘的传统带提供，也可能完全由 SSD 或 NVMe 设备提供；“慢速存储层”（或 HDD 层）术语指的是顺序写入区域或机械硬盘。ReFS 会根据底层存储介质的类型使用不同的行为。非 SMR 磁盘没有顺序要求，所以簇可以在卷上任意位置分配；而 SMR 磁盘如上文所述，需要满足严格的顺序要求，因此 ReFS 永远不会将随机数据写入慢速存储层。

默认情况下，ReFS 使用的所有元数据都需要驻留在快速存储层中；即便在处理一般的写入请求时，ReFS 也会尽可能使用快速存储层。在非 SMR 磁盘的配置中，当闪存容器装满后，ReFS 会将容器从闪存移动至 HDD（这意味着在连续写入工作负载中，ReFS 会不断地将容器从闪存移动到 HDD）。如果需要，ReFS 还能执行反向移动，从 HDD 中选择容器并将其移动到闪存以供后续执行持续写入。该功能也叫容器旋转（container rotation），可分为两个阶段实现。在存储驱动程序复制了实际数据后，ReFS 会修改上文提到的容器 LCN 映射，但无须修改任何文件的范围表。

容器旋转只在非 SMR 磁盘上实现。这一点很重要，因为在 SMR 磁盘中，ReFS 驱动程序永远不会自动在不同的存储层之间移动数据。如果应用程序可感知 SMR 磁盘并且希望将数据写入 SMR 的容量层，此时可使用控制代码 FSCTL_SET_REFS_FILE_STRICTLY_SEQUENTIAL。当应用程序向文件句柄中发送该控制代码时，ReFS 驱动程序会将所有新数据写入卷的容量层中。

实验：观察 SMR 磁盘的存储层

我们可以使用 Windows 自带的 FsUtil 工具查询 SMR 磁盘的信息，如每个层的大小、可用空间和空闲空间等。为此需要以管理员身份打开命令提示符窗口。可以在搜索框中输入 **cmd**，随后右键点击“**命令提示符**”，选择“**以管理员身份运行**”。接下来请运行如下命令：

```
fsutil volume smrInfo <VolumeDrive>
```

请将上述命令中的<VolumeDrive>替换为 SMR 磁盘的盘符。

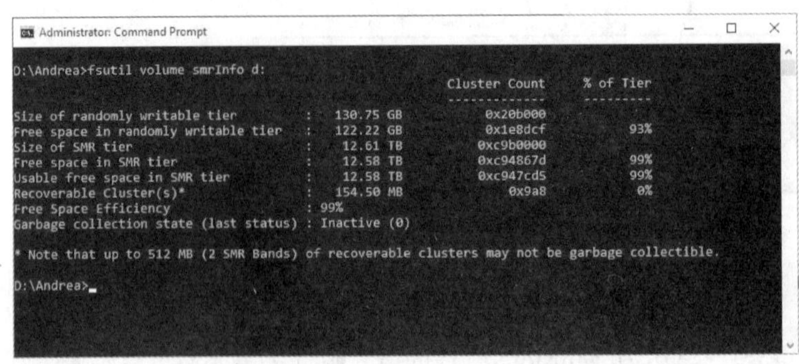

此外，我们还可以通过下列命令启动垃圾回收（有关该功能的详情请参阅下一节）：

```
fsutil volume smrGc <VolumeDrive> Action=startfullspeed
```

甚至可以通过相应的 Action 参数停止或暂停垃圾回收。也可以指定 IoGranularity 参数来进行更精确的垃圾回收，该参数指定了垃圾回收 I/O 的粒度。另外，还可以使用 start 操作替代 startfullspeed 操作。

11.17.7 容器压实

容器旋转会造成性能问题，尤其是在存储小文件，而这些小文件无法装满整个带时。此外，如上文所述，SMR 磁盘永远不会进行容器旋转。之前曾经提到，每个 SMR 带都有相关的写入指针（由硬件实现），借此可识别顺序写入的位置。如果系统以非顺序方式在写入指针之前或之后写入，就会破坏其他簇中的数据（因此 SMR 固件必须拒绝此类写入）。

ReFS 支持两种类型的容器：基础容器（base container）和压实容器（compacted container）[①]，基础容器会将虚拟簇的范围直接映射至物理空间，而压实容器会将虚拟容器映射至多个不同的基础容器。为了正确映射压实容器所映射的空间与构成压实容器的基础容器之间的对应关系，ReFS 实现了一种分配位图，该位图存储在全局容器索引表（这是另一种表，其中的每一行描述一个压实容器）的行中。如果相关的簇已经分配，则该位图中有一位会被设置为 1，反之则会设置为 0。

图 11-93 展示了一个基础容器(C32)范例，该容器将虚拟 LCN 范围(0x8000 至 0x8400)映射到真实卷的 LCN（0xB800 至 0xBC00，通过 R46 区分）。如上文所述，特定虚拟 LCN 范围的容器 ID 是从起始处的虚拟簇编号派生而来的，所有容器实际上是连续的。这样，ReFS 就永远不需要针对特定容器范围查找容器 ID。图 11-93 中的容器 C32 只有 560（0x230）个持续分配的簇（总共有 1024 个簇）。只有基础容器末端的可用空间能被 ReFS 使用。或者对于非 SMR 磁盘，如果基础容器中间位置的一大块空间被释放，这些空间也可以被重用。即便非 SMR 磁盘，这方面同样要求空间必须是连续的。

如果容器变得碎片化(因为一些小的文件范围最终被释放)，ReFS 可以将基础容器转换为压实容器。该操作使得 ReFS 能够重用容器的闲置空间，而无须在描述容器本身所用簇的文件范围表中重新分配任何行。

ReFS 提供了一种对碎片化容器进行碎片整理的方法。在常规系统 I/O 活动中，需要更新或创建很多小文件或数据块。因此，位于慢速存储层中的容器可以容纳被释放的小块簇，并很快变得碎片化。压实容器这项功能可以在慢速存储层中生成一个新的空带，借此即可对容器进行适当的碎片整理。压实容器操作只在分层卷的容量层中进行，其主要设计目标有以下两个。

- **压实操作是 SMR 磁盘的垃圾回收机制：**对于 SMR 磁盘，ReFS 只能以顺序的方式将数据写入容量区域。小数据无法在慢速存储层中的容器里单独更新。这些数

① 本节介绍的压实（compacted）容器和下一节将要介绍的压缩（compressed）功能是两个不同的概念。目前网上的一些文档将 compacted 容器称为“压缩容器”，但为了避免与下一节介绍的 compressed 功能混淆，这里将其称为“压实容器”。还请读者注意区分。——译者注

据并不会驻留在 SMR 写入指针所指向的位置，因此，任何此类 I/O 都可能破坏同一个带中的其他数据。在这种情况下，数据会被复制到一个新带中。非 SMR 磁盘不存在这种问题，ReFS 可以直接更新驻留在小型层中的数据。

- **在非 SMR 分层卷中，压实操作催生了容器旋转：**当数据从快速层移动至慢速层时，所产生的空闲容器可以作为向前旋转的目标。

簇大小：64 KB　　　容器大小：64 MB（0x400 个簇）
卷大小：1 TB（0x1000000 个簇）

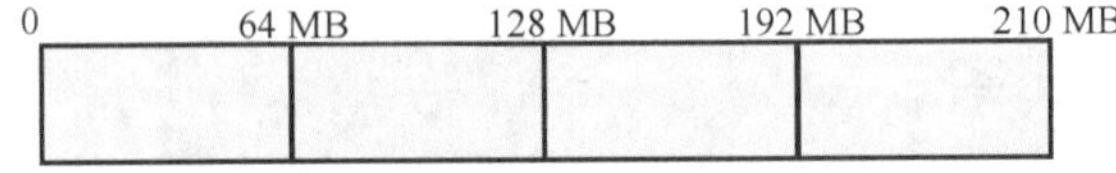

基础容器C32

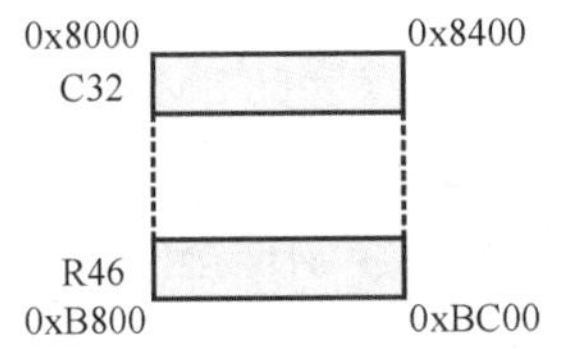

容器表项：

键 -> （ID: 32，类型：Base）

值 -> 分配的大小：0x230个簇
实际LCN：[0xB800~0xBC00]

范围表

VCN RANGE	LCN	CONTAINER ID
[0～0x400]	0x18400	97
[0x400～0x800]	0x32000	200
[0x800～0xA00]	0x61E00	391
[0xA00～0xC00]	0x11200	68
[0xC00～0xD20]	0x8110	32

图 11-93　由 210 MB 文件寻址的基础容器范例，容器 C32 只使用了 64 MB 空间中的 35 MB

当格式化卷时，ReFS 会从容量层分配一些专门用于执行压实操作的基础容器，这些容器称为压实保留容器。压实操作首先会在慢速层中搜索碎片化的容器。ReFS 会将碎片化容器读入系统内存并整理碎片。随后，碎片整理后的数据会存储到位于容量层的压实保留容器中。借此，由文件范围表寻址的原始容器就被压实了。描述它的范围变为虚拟范围（压实操作会增加另一个间接层），并指向由另一个基础容器（保留容器）所描述的虚拟 LCN。压实结束后，原始物理容器会被标记为已释放，随后即可用作其他用途。原始容器还可以充当新的压实保留容器。由于位于慢速层中的容器通常会在相对较短的时间内变得高度碎片化，所以压实操作可以在慢速层中产生大量空带。

由压实容器分配的簇可以存储在不同的基础容器中。为了正确管理压实容器中这种存储在不同基础容器中的簇，ReFS 还额外使用了另一个间接层，该层由全局容器索引表和压实容器的不同布局共同提供。图 11-94 展示了与图 11-93 相同的容器，但这次该容器因为碎片化已进行了压实（总共 560 个簇释放了 272 个）。在容器表中，描述压实容器的行存储了压实容器所描述的簇范围、与基础容器所描述的虚拟簇之间的映射关系。压实容器最多支持 4 个不同范围（也叫“腿”）。这 4 条腿创建了第二个间接层，使得 ReFS 能够高效地整理容器碎片。压实容器的分配位图也提供了第二个间接层。通过检查所分配的簇（对应于位图中的“1”）位置，ReFS 可以正确映射压实容器中每个碎片化的簇。

在图 11-94 所示的例子中，第一个被设置为“1”的位处于位置 17，也就是十六进制的 0x11。在本例中，1 位对应 16 个簇，但在实际的实现中，1 位只对应 1 个簇。这意味着在压实容器 C32 偏移量 0x110 处分配的第一个簇，其实存储在基础容器 C124 的虚拟簇 0x1F2E0 中。压实容器 C32 中偏移量 0x230 处的簇之后的可用空间会映射至基础容器 C56。物理容器 R46 已被 ReFS 重新映射，并成为一个空的压实保留容器，被基础容器 C180 所映射。

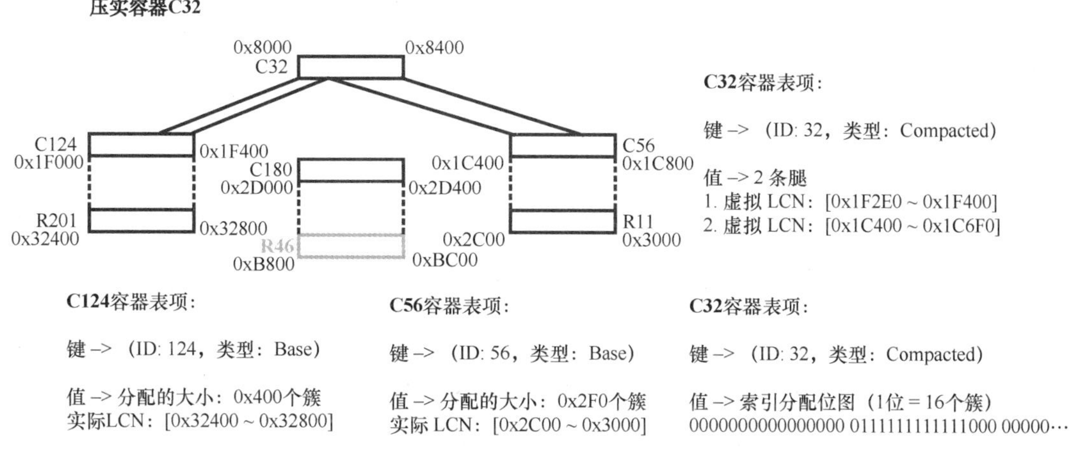

图 11-94 容器 C32 已被压实到基础容器 C124 和 C56 中

在 SMR 磁盘中，启动压实操作的过程也叫垃圾回收。对于 SMR 磁盘，应用程序可以通过文件系统控制代码 FSCTL_SET_REFS_SMR_VOLUME_GC_PARAMETERS 决定在什么时候手动启动、停止或暂停垃圾回收过程。

与 NTFS 相反，对于非 SMR 磁盘，ReFS 卷分析引擎可以自动启动容器压实过程。ReFS 会追踪慢速层和快速层的闲置空间以及慢速层可用的可写入闲置空间。如果闲置空间与可用空间之间的差异超过阈值，则卷分析引擎会自动发起压实过程。此外，如果底层存储是由存储空间提供的，则会定期由一个专门的线程执行容器压实。

11.17.8 压缩和幻象

ReFS 不支持原生文件系统压缩，但在分层卷上，文件系统可以通过容器压缩（compression）在慢速层中节省出更多的可用容器。每当 ReFS 执行容器压实时，都会将位于碎片化基础容器中的原始数据读入内存。此时，如果启用了压缩功能，则 ReFS 会压缩数据并将其写入压缩后的压实容器。ReFS 支持四种压缩算法：LZNT1、LZX、XPRESS 以及 XPRESS_HUFF。

很多分层存储管理（Hierarchical Storage Management，HMR）软件解决方案还支持幻象（Ghosted）文件的概念。产生这种状态文件的原因有很多。例如，当 HSM 将用户文件（或文件中的某些块）迁移到云服务时，用户随后通过其他设备修改了云中的文件副本，HSM 过滤器驱动程序需要跟踪文件的哪些部分发生了变化，并需要为每个修改过的文件范围设置幻象状态。通常，HMR 会通过自己的过滤器驱动程序跟踪幻象状态。在 ReFS 中则无须这样做，因为 ReFS 公开了一个新的 I/O 控制代码 FSCTL_GHOST_FILE_EXTENTS。过滤器驱动程序可以向 ReFS 驱动程序发送该 IOCTL，借此将文件的部分内容设置为幻象状态。此外，还可以通过 I/O 控制代码 FSCTL_QUERY_GHOSTED_ FILE_EXTENTS 查询文件处于幻象状态的范围。

ReFS 通过将新的状态信息直接存储在文件范围表中实现了幻象文件，如上文所述，文件范围表是通过文件记录中嵌入的表实现的。过滤器驱动程序可以为文件的每个范围（必须与簇对齐）设置幻象状态。当 ReFS 驱动程序拦截了针对幻象范围的读取请求时，会向调用方返回错误代码 STATUS_GHOSTED，随后过滤器驱动程序即可拦截读取操作，并将其重定向至适当的位置（如在上文的例子中，会被重定向至云服务）。

11.18　存储空间

存储空间（storage space）技术取代了动态磁盘功能，可以为物理存储硬件提供虚拟化能力。该技术最初是为大型存储服务器设计的，但也包含在客户端版本的 Windows 10 中。存储空间允许用户混合使用不同的底层存储介质来创建虚拟磁盘，这些介质在性能方面有着不同的特征。

截至撰写这部分内容，存储空间可支持这些类型的存储设备：非易失性高速缓存（NVMe）、闪存盘、持久性内存（PM）、SATA 和 SAS 接口的固态硬盘（SSD），以及传统机械硬盘（HDD）。通常 NVMe 速度最快，HDD 速度最慢。存储空间共有如下四个设计目标。

- **性能：**存储空间实现了对内置服务器端缓存的支持，可实现存储性能最大化，并支持分层磁盘和 RAID 0 配置。
- **可靠性：**除了跨区卷（RAID 0），当数据分布在不同的物理磁盘或同一个集群的不同节点时，存储空间还支持镜像卷（RAID 1 和 10）以及校验卷（RAID 5、6、50、60）配置。
- **灵活性：**存储空间可供系统创建能在集群不同节点间自动移动的虚拟磁盘，并能根据空间使用情况自动缩容或扩容。
- **可用性：**存储空间卷内置容错能力。这意味着如果设备或包含在集群中的一台服务器发生故障，存储空间依然可将 I/O 流量重定向至其他节点，该过程（在某种程度上）完全无须用户介入。存储空间不会产生单点故障。

存储空间直通（storage spaces direct）是存储空间技术演变后的产物。存储空间直通是为大型数据中心设计的，其中可能包含大量服务器，分别配备了不同的高速和慢速磁盘，借此创建为存储池。原本的技术不支持未连接 JBOD 磁盘阵列的服务器集群，因此新技术的名称中增加了“直通”这个词。所有服务器都通过快速以太网连接（例如 10 GbE 或 40GbE）。而远程磁盘之所以能够对系统呈现为本地磁盘，这是通过两个驱动程序实现的：集群微型端口驱动程序（Clusport.sys）以及集群块过滤器驱动程序（Clusbflt.sys），这些内容已超出了本书的范围。所有存储物理单元（本地和远程磁盘）均添加到存储池中，存储池作为管理、汇聚和隔离的主要单位，在它之上可创建虚拟磁盘。

整个存储集群由存储空间使用一个名为 Blueprint（蓝图）的 XML 文件在内部进行映射。该文件由存储空间的 GUI 自动生成，使用不同存储实体组成的树描述了整个集群：机架（Rack）、底盘（Chassis）、计算机（Machine）、JBOD（Just a Bunch of Disks）以及磁盘（Disk）。这些实体构成整个集群的每一层。服务器（计算机）可以连接至不同的 JBOD

或直接连接各种磁盘。在这种情况下，JBOD 可以用一个实体抽象并代表。通过类似的方式，多台计算机可以位于同一个底盘上，而多个底盘又组成一个服务器机架。最终，集群可能会包含多个服务器机架。通过用 Blueprint 来代表，存储空间能够与各种磁盘集群配合使用，并在磁盘、JBOD 或计算机故障后，将 I/O 流量重定向至正确的替代实体。存储空间直通最多可以承受两个同级别实体的故障。

11.18.1 存储空间的内部架构

存储空间与动态磁盘之间最大的一个区别在于，存储空间可创建虚拟磁盘对象，存储空间驱动程序（Spaceport.sys）可将这样的对象以实际磁盘设备对象的形式呈现给系统。而动态磁盘工作在更高层面上：需要将虚拟卷对象暴露给系统（意味着用户模式的应用程序依然可以访问原始磁盘）。卷管理器负责创建由多个动态卷组成的单一卷。存储空间驱动程序（一种完整驱动程序，而非微型驱动程序）介于分区管理器（Partmgr.sys）和磁盘类驱动程序之间。

存储空间的架构如图 11-95 所示，主要包含两部分：独立于平台的库，以及相关环境部分。其中前者负责实现存储空间核心功能；后者是独立于具体平台的，可将存储空间核心功能链接至当前环境。环境层向存储空间提供了基本核心功能，根据所运行平台的不同，可通过多种方式实现（因为存储空间可充当可启动的实体，Windows 引导加载器和引导管理器需要知道如何解析存储空间，因而需要同时提供 UEFI 和 Windows 的实现）。核心基础功能包括内存管理例程（alloc、free、lock、unlock 等）、设备 I/O 例程（Control、Pnp、Read 和 Write）及同步方法。这些函数通常是对特定系统例程包装的产物。例如在 Windows 平台上，读取服务就是通过创建一个类型为 IRP_MJ_READ 的 IRP 并将其发送给正确的磁盘驱动程序实现的；而在 UEFI 环境中，则是使用 BLOCK_IO_PROTOCOL 实现的。

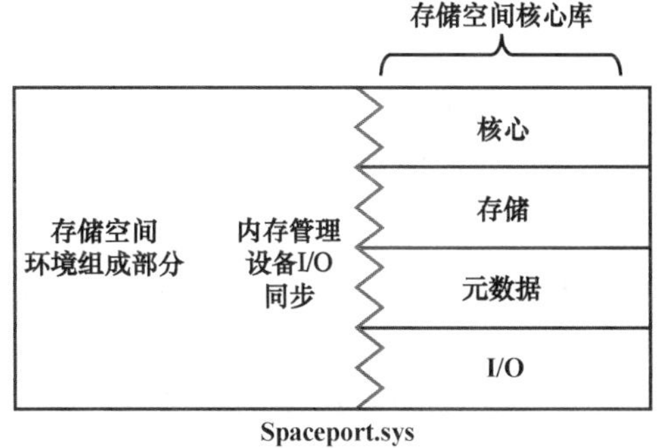

图 11-95 存储空间的架构

除了系统引导和 Windows 内核中的实现，存储空间在崩溃转储过程中同样必须可用，这是由 Spacedump.sys 崩溃转储过滤器驱动程序实现的。存储空间甚至可以作为用户模式库（Backspace.dll）使用，借此即可兼容老版本 Windows 操作系统，使其能够操作存储空间所创建的虚拟磁盘（尤其是 VHD 文件）；甚至如果 EFI 系统分区本身就包含在存储空间实体中，还可以作为 UEFI DXE 驱动程序（HyperSpace.efi）被 UEFI BIOS 执行。一些较新的 Surface 设备出厂时可能配备了大容量固态硬盘，而这些硬盘实际上就是由两块或更多高速 NVMe 硬盘组成的。

存储空间核心是作为一种静态库实现的，不仅独立于特定平台，并且可以被所有不同环境层导入。它由核心（Core）、存储（Store）、元数据（Metadata）及 I/O 四层组成。核心是最高层，实现了存储空间所提供的全部功能。存储层是负责读取和写入集群数据库（通过 Blueprint 文件创建）记录的组件。元数据层负责解释从存储层读取的二进制记录，并通过不同对象公开整个集群的数据库：池（Pool）、驱动器（Drive）、空间（Space）、范围（Extent）、列（Column）、层（Tier）和元数据（Metadata）。I/O 组件是最底层，能够以适当的顺序方式向正确的设备发出 I/O，当然这还要依赖更高层所解析的数据。

11.18.2 存储空间提供的服务

存储空间支持不同类型的磁盘配置功能。借助该功能，用户可以创建完全由快速磁盘（SSD、NVMe、PM）、慢速磁盘，甚至混合使用所有可支持类型的磁盘（混合配置）创建的虚拟磁盘。对于混合部署，即使混合使用不同类型的存储设备，存储空间依然可通过下列两个功能创建快速又高效的集群。

- **服务器缓存**：存储空间可以从集群中隐藏一个快速驱动器，并将其用作慢速驱动器的缓存。存储空间支持使用 PM 磁盘作为 NVMe 或 SSD 硬盘的缓存，NVMe 硬盘可以用作 SSD 硬盘的缓存，而 SSD 硬盘可以用作传统机械硬盘的缓存。与分层磁盘不同，这种缓存对虚拟卷上的文件系统是不可见的。这意味着缓存并不知道某个文件的访问频率是否高于其他文件。存储空间通过用日志记录冷热块的方式为虚拟磁盘实现了一种高速缓存。热块代表文件中频繁被系统访问的部分（文件的范围），而冷块代表文件中很少被访问的部分。该日志将缓存实现为一种队列，热块始终位于队列头部，冷块则位于尾部。这样，如果缓存被装满，冷块就可以从缓存中移除，并放入慢速存储中保存，而热块通常会在缓存中驻留更长的时间。
- **分层**：存储空间可以创建分层磁盘，并由 ReFS 和 NTFS 负责管理。ReFS 可支持 SMR 磁盘，但 NTFS 只支持由存储空间提供的分层磁盘。文件系统会跟踪冷热块，并根据文件使用情况对带进行旋转（详见上文“ReFS 对分层卷和 SMR 的支持”一节）。存储空间还使得文件系统驱动程序可以支持固定（pin）功能，该功能可以将文件固定在快速存储层并始终锁定到这里，直到解除锁定。这种情况下将永远不执行带旋转。在执行操作系统升级的过程中，Windows 会使用固定功能将新文件固定到快速存储层中。

如上文所述，存储空间的设计目标之一在于灵活性。存储空间支持创建可扩展的虚拟磁盘，但在集群的底层设备上只消耗实际分配的空间。此类虚拟磁盘也叫精简预配（thin provisioned）磁盘。在固定预配的磁盘中，需要一次性从底层存储集群分配全部空间；而在精简预配磁盘中，只需要分配实际使用的空间，这样就可以创建出远大于底层存储集群容量的虚拟磁盘。当可用空间减少时，系统管理员可以向集群动态添加磁盘。存储空间会自动将新添加的物理磁盘包含到池中，并将已分配的块重新分配到新增的磁盘上。

存储空间可通过碎片（slab）支持精简预配磁盘。碎片是一种分配单位，类似于 ReFS 中容器的概念，但会应用于更底层的堆栈：碎片是虚拟磁盘的分配单位，而非文件系统中的概念。默认情况下，每个碎片大小为 256 MB，但如果底层存储集群允许（例如集群有大量可用空间），碎片可以更大。存储空间核心会跟踪虚拟磁盘中的每个碎片，并能使用自己的分配器动态分配或释放碎片。值得注意的是，每个碎片都可以看成一个可靠性点：在镜像和奇偶校验配置中，每个碎片中存储的数据都会自动在整个集群中进行复制。

当创建精简预配磁盘时，依然需要指定一个“大小”。文件系统需要知道虚拟磁盘的大小，随后才能正确格式化新卷并创建所需的元数据。卷就绪后，存储空间只有在新数据实际写入磁盘时才会分配碎片，这种方法也叫“写入时分配”。请注意，预配类型对卷上的文件系统是不可见的，因此文件系统并不知道底层磁盘到底是精简预配还是固定预配。

存储空间通过镜像和奇偶校验机制消除了可能的单点故障。在由多个磁盘组成的大型存储集群中，通常使用 RAID 6 作为主要的奇偶校验解决方案。RAID 6 最多可承受两个底层设备故障，无须用户介入即可无缝重建数据。然而，当集群遇到一个（或两个）故障点后，重建阵列所需的时间（平均修复时间，即 MTTR）很长，往往会导致严重的性能降级。

存储空间通过使用本地重建代码（Local Reconstruction Code，LRC）算法解决了这个问题，该算法减少了重建大型磁盘阵列所需的读取次数，但代价是增加了一个额外的奇偶校验单元。如图 11-96 所示，LRC 算法将磁盘阵列拆分成不同的行，并为每一行增加了一个奇偶校验单元。如果一块磁盘出现故障，则只需要读取该行中的其他磁盘，因此故障阵列的重建速度更快，效率更高。

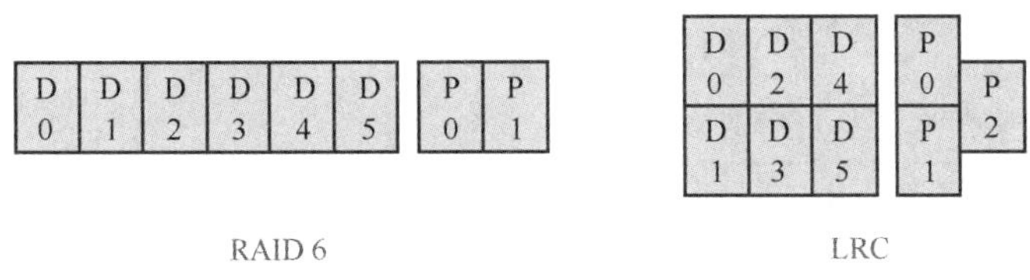

图 11-96 RAID 6 奇偶校验和 LRC 算法

图 11-96 展示了在由八块磁盘组成的集群中，典型的 RAID 6 奇偶校验实现和 LRC 算法实现之间的差异。在 RAID 6 配置中，如果一块（或两块）磁盘出现故障，为了正确重建丢失的信息，其他六块磁盘都需要读取；但在 LRC 中，只需要读取与故障磁盘位于同一行中的其他磁盘。

实验：创建分层卷

服务器和客户端版本的 Windows 10 均原生支持存储空间。我们可以使用图形用户界面或 Windows PowerShell 创建分层磁盘。在这个实验中，我们将创建虚拟分层磁盘，为此需要准备一台工作站系统，除了 Windows 引导磁盘外，该系统必须有一块空的 SSD 和一块空的机械硬盘（HDD）。为了完成测试，我们可以使用 Hyper-V 模拟出类似的配置。在这种情况下，需要在 SSD 上创建一个虚拟磁盘文件，并在机械硬盘上创建另一个虚拟磁盘文件。

首先要以管理员身份打开 Windows PowerShell。为此请右键点击开始菜单，选择 “**Windows PowerShell**（管理员）”。请验证系统已识别出已安装磁盘的类型：

```
PS C:\> Get-PhysicalDisk | FT DeviceId, FriendlyName, UniqueID, Size, MediaType, CanPool
DeviceId FriendlyName                 UniqueID                       Size MediaType CanPool
-------- ------------                  --------                      ----- --------- -------
2        Samsung SSD 960 EVO 1TB eui.0025385C61B074F7 1000204886016 SSD        False
0        Micron 1100 SATA 512GB  500A071516EBA521      512110190592 SSD        True
1        TOSHIBA DT01ACA200      500003F9E5D69494     2000398934016 HDD        True
```

在上述范例中，系统已经识别出两块 SSD 和一块机械硬盘。请确认空磁盘的 CanPool 值设置为 True。如果不为 True，则意味着磁盘上包含有效分区，需要将其删除。如果在虚拟化环境中进行实验，系统可能会无法正确识别底层磁盘的介质类型。

```
PS C:\> Get-PhysicalDisk | FT DeviceId, FriendlyName, UniqueID, Size, MediaType, CanPool

DeviceId FriendlyName      UniqueID                                  Size MediaType CanPool
-------- ------------      ------------                              ---- --------- -------
2        Msft Virtual Disk 600224802F4EE1E6B94595687DDE774B  137438953472 Unspecified True
1        Msft Virtual Disk 60022480170766A9A808A30797285D77 1099511627776 Unspecified True
0        Msft Virtual Disk 6002248048976A586FE149B00A43FC73  274877906944 Unspecified False
```

在这种情况下，我们可以手动指定磁盘类型，为此请运行 **Set-PhysicalDisk -UniqueId (Get-PhysicalDisk)[<IDX>].UniqueID -MediaType <Type>**命令，其中 IDX 是上述输出结果中的行号，MediaType 是 SSD 或 HDD（取决于磁盘类型）。例如：

```
PS C:\> Set-PhysicalDisk -UniqueId (Get-PhysicalDisk)[0].UniqueID -MediaType SSD
PS C:\> Set-PhysicalDisk -UniqueId (Get-PhysicalDisk)[1].UniqueID -MediaType HDD
PS C:\> Get-PhysicalDisk | FT DeviceId, FriendlyName, UniqueID, Size, MediaType, CanPool

DeviceId FriendlyName      UniqueID                                  Size MediaType CanPool
-------- ------------      --------                                  ---- --------- -------
2        Msft Virtual Disk 600224802F4EE1E6B94595687DDE774B  137438953472 SSD         True
1        Msft Virtual Disk 60022480170766A9A808A30797285D77 1099511627776 HDD         True
0        Msft Virtual Disk 6002248048976A586FE149B00A43FC73  274877906944 Unspecified False
```

随后需要创建存储池，其中将包含构成新虚拟磁盘的所有物理磁盘。接着还需要创建存储层。在本例中，我们将存储池的名称设置为 DefaultPool：

```
PS C:\> New-StoragePool -StorageSubSystemId (Get-StorageSubSystem).UniqueId -FriendlyName
DeafultPool -PhysicalDisks (Get-PhysicalDisk -CanPool $true)

FriendlyName OperationalStatus HealthStatus IsPrimordial IsReadOnly    Size AllocatedSize
------------ ----------------- ------------ ------------ ----------    ---- -------------
Pool         OK                 Healthy     False              1.12 TB        512 MB

PS C:\> Get-StoragePool DefaultPool | New-StorageTier -FriendlyName SSD -MediaType SSD
...
PS C:\> Get-StoragePool DefaultPool | New-StorageTier -FriendlyName HDD -MediaType HDD
...
```

最后，可以创建虚拟分层卷，为此需要分配名称并指定每一层的大小。本例中，我们创建了一个名为 TieredVirtualDisk 的分层卷，其中包含一个 120 GB 的性能层和一个 1000 GB 的容量层：

```
PS C:\> $SSD = Get-StorageTier -FriendlyName SSD
PS C:\> $HDD = Get-StorageTier -FriendlyName HDD
PS C:\> Get-StoragePool Pool | New-VirtualDisk -FriendlyName "TieredVirtualDisk"
-ResiliencySettingName "Simple" -StorageTiers $SSD, $HDD -StorageTierSizes 128GB, 1000GB
...
PS C:\> Get-VirtualDisk | FT FriendlyName, OperationalStatus, HealthStatus, Size,
FootprintOnPool

FriendlyName      OperationalStatus HealthStatus          Size FootprintOnPool
------------      ----------------- ------------          ---- ---------------
TieredVirtualDisk OK                Healthy      1202590842880   1203664584704
```

创建好虚拟磁盘后还需要创建分区，并通过常规的方式（例如使用磁盘管理控制台或 Format 工具）格式化新建的卷。卷格式化完毕后，即可使用 fsutil.exe 工具验证底层卷是否为分层卷：

```
PS E:\> fsutil tiering regionList e:
Total Number of Regions for this volume: 2
Total Number of Regions returned by this operation: 2

   Region # 0:
        Tier ID: {448ABAB8-F00B-42D6-B345-C8DA68869020}
        Name: TieredVirtualDisk-SSD
        Offset: 0x0000000000000000
        Length: 0x0000001dff000000

Region # 1:
        Tier ID: {16A7BB83-CE3E-4996-8FF3-BEE98B68EBE4}
        Name: TieredVirtualDisk-HDD
        Offset: 0x0000001dff000000
        Length: 0x000000f9ffe00000
```

11.19 总结

Windows 支持各种文件系统格式，这些文件系统均可被本地系统和远程客户端访问。文件系统过滤器驱动程序架构提供了一种简洁的方式，借此可拓展并增强文件系统的访问。而 NTFS 和 ReFS 都为本地文件系统存储提供了一种可靠、安全、可扩展的文件系统格式。虽然 ReFS 是一个相对较新的文件系统，并且实现了一些针对大型服务器环境设计的高级功能，但 NTFS 通过更新也可支持新的设备类型和功能（如 POSIX 删除、联机磁盘检查和加密）。

缓存管理器提供了一种高速智能机制，借此可减少磁盘 I/O 并提高系统的整体吞吐率。通过在虚拟块的基础上进行缓存，缓存管理器可执行智能预读取，甚至可针对远程的网络文件系统执行这样的操作。通过借助全局内存管理器的映射文件基元来访问文件数据，缓存管理器提供了一种特殊的快速 I/O 机制，可降低读/写操作需要的 CPU 时间，同时将与物理内存管理有关的所有事务留给 Windows 内存管理器，借此减少重复代码，提高效率。

借助对 DAX 和 PM 磁盘的支持，以及存储空间和存储空间直通、分层卷、SMR 磁盘兼容性等属性，Windows 依然矗立在下一代存储架构的前沿，为高可用性、可靠性、性能和云规模的存储提供了必要的设计。

第 12 章将介绍 Windows 的启动和关闭。

第 12 章　启动和关机

首先，本章介绍了引导[①] Windows 所需的步骤与会影响系统启动的选项，了解引导过程的细节可以帮助我们诊断引导过程中可能遇到的问题；也介绍了新增的 UEFI 固件的细节，以及这种固件相比于古老的 BIOS 所带来的改进；还介绍了 Windows 启动管理器、Windows 加载器、NT 内核、测量启动过程和新增的安全运行（Secure Launch）过程所涉及的全部组件的作用。安全启动过程可检测到针对启动序列所发起的各种类型的攻击。随后，本章介绍了引导过程中可能出现的各类错误以及相应的解决方法。最后，本章介绍了系统有序关闭过程中所发生的情况。

12.1　引导过程

当介绍 Windows 引导过程时，首先需要从 Windows 的安装开始讲，随后介绍引导支持文件的执行过程。设备驱动程序也是引导过程中的一个重要组成部分，因此，我们还会介绍设备驱动程序在加载和初始化过程中如何控制引导的不同阶段。随后介绍执行体子系统的初始化，以及内核通过启动会话管理器进程（Smss.exe）来启动 Windows 中的用户模式，进而启动两个初始会话（会话 0 和会话 1）。我们会重点介绍这一过程中屏幕上显示的各种信息，这些信息可以帮助大家将内部过程与自己在 Windows 引导过程中观察到的信息联系起来。

对于使用可扩展固件接口（Extensible Firmware Interface，EFI）和基本输入/输出系统（Basic Input/Output System，BIOS）的计算机，其引导过程的早期阶段有很大差异。EFI 是一种较新的标准，能消除 BIOS 所用的大部分遗留的 16 位代码，并支持加载预引导程序和驱动程序，进而为操作系统的加载提供支持。EFI 2.0 也被称为统一 EFI，即 UEFI，该标准已被大量计算机制造商所采用。下文将详细描述 UEFI 计算机的引导过程。

为了对不同的固件实现提供支持，Windows 提供了一种引导架构，该架构可将用户和开发人员之间的各种差异抽离出来。这样，无论计算机使用了什么类型的固件，都可以向用户和开发者提供一种更一致的环境和体验。

12.1.1　UEFI 引导

Windows 的引导过程并非从用户打开计算机电源或按下重置按钮时开始的，而是始

---

① 由于历史原因，“Boot”一词在 Windows 的不同功能中使用了不同的译法，有的叫“启动”，也有的叫“引导”。为了与 Windows 中相关功能的称呼保持一致，本章中出现的“Boot”会视具体情况译为“启动”或“引导”，还请读者注意。——译者注

于在计算机上安装 Windows 的那一刻。在执行 Windows 安装程序的某一时刻即会对系统的主硬盘进行一些准备工作，使其能够被 Windows 启动管理器和 UEFI 固件所理解。在讨论 Windows 启动管理器代码的作用前，先简单看看 UEFI 平台接口。

UEFI 是一套软件，它为平台提供了第一个基础编程接口。“平台”这个词在这里代表了主板、芯片组、中央处理器（CPU）以及构成计算机“引擎”的其他组件。如图 12-1 所示，UEFI 规范提供了四种基础服务，可以在大部分可用的 CPU 架构（x86、ARM 等）中运行。下面以 x86-64 架构为主进行简要介绍。

- **上电**：平台上电后，UEFI Security Phase（安全阶段）开始处理平台重启动事件，验证 Pre EFI 初始化模块代码，将处理器从 16 位实模式切换为 32 位扁平模式（此时依然不支持分页）。
- **平台初始化**：PEI（EFI 预初始化）阶段会初始化 CPU、UEFI 内核代码和芯片组，并最终将控制权转交给 DXE（Driver Execution Environment，驱动程序执行环境）阶段。DXE 阶段是首个完全以 64 位模式运行的代码。实际上，最后一个 PEI 模块（名为 DXE IPL）会将执行模式切换为 64 位长模式。该阶段会在固件卷（存储在系统 SPI 闪存芯片中）内部搜索并执行每个外设的启动驱动程序（也叫 DXE 驱动程序）。下文介绍的重要安全功能“安全启动”就是以 UEFI DXE 驱动程序的形式实现的。
- **操作系统引导**：UEFI DXE 阶段结束后，执行控制权会交给 BDS（Boot Device Selection，启动设备选择）阶段。该阶段负责实现 UEFI 引导加载器。BDS 阶段会寻找并执行安装程序的 Windows UEFI 引导管理器。
- **关闭**：UEFI 固件实现了一些运行时服务（甚至可用于操作系统），这些服务负责关闭平台电源。Windows 通常不会使用这些功能（而是依赖于 ACPI 接口）。

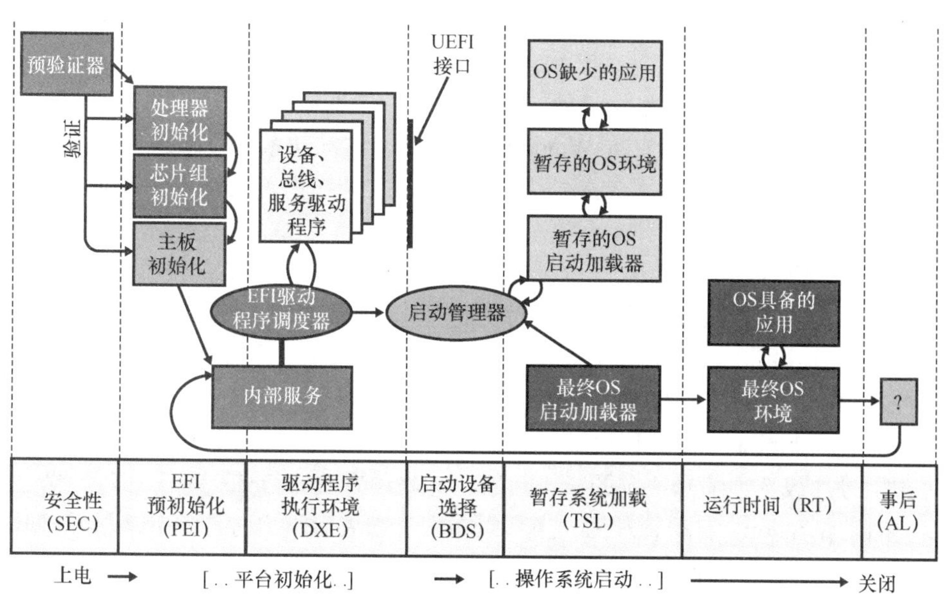

图 12-1 UEFI 框架

有关完整 UEFI 框架的介绍已经超出了本书范围。当 UEFI BDS 阶段结束后，固件依然拥有整个平台，并向操作系统的引导加载器提供下列服务。

- **引导服务**：为引导加载器和其他 EFI 应用程序提供基本功能，如基本内存管理、同步、文本和图形控制台 I/O，以及磁盘和文件 I/O。引导服务实现的某些例程可以枚举并查询已安装的“协议”（EFI 接口）。此类服务只在固件拥有整个平台时可用，当引导加载器调用 ExitBootService EFI 运行时 API 后会被丢弃。
- **运行时服务**：提供日期和时间服务、胶囊式固件更新（固件升级），以及访问 NVRAM 数据（如 UEFI 变量）的方法。操作系统正常运行后，这些服务依然可以访问。
- **平台配置数据**：系统 ACPI 和 SMBIOS 表总是可以通过 UEFI 框架访问。

UEFI 引导管理器可以读/写计算机硬盘并理解 FAT/FAT32 以及 El Torito 这样的基础文件系统（El Torito 用于从光盘引导）。规范要求引导硬盘使用 GPT（GUID 分区表）方案创建分区，这种方案可以使用 GUID 识别不同的分区以及这些分区在系统中所起的作用。GPT 方案克服了老旧的 MBR 方案所受的一些局限，最多支持 128 个分区，使用了 64 位 LBA 寻址模式（因此可以支持容量更大的分区）。每个分区可以使用一个唯一的 128 位 GUID 值进行识别。此外，还会用另外一个 GUID 来识别分区的类型。虽然 UEFI 只定义了三种分区类型，但不同的操作系统厂商会定义自己的分区 GUID 类型。UEFI 标准要求至少具备一个格式化为 FAT32 文件系统的 EFI 系统分区。

Windows 安装程序在初始化磁盘时，通常会创建至少四个分区。

- EFI 系统分区，其中复制了 Windows 启动管理器（Bootmgrfw.efi）、内存测试应用程序（Memtest.efi）、系统锁定策略（Winsipolicy.p7b，仅适用于启用 Device Guard 的系统）以及引导资源文件（Bootres.dll）。
- 一个恢复分区，其中存储了当系统启动出现问题时，需要引导至 Windows 环境所需的文件（boot.sdi 和 Winre.wim）。该分区会格式化为 NTFS。
- 一个 Windows 保留分区，安装工具会将其作为一种高速、可恢复的临时存储区来保存临时数据。此外，一些系统工具会使用这个保留分区来重映射引导卷中损坏的扇区（保留分区不包含任何文件系统）。
- 一个引导分区（这是安装 Windows 的分区，通常与系统分区是不同的），其中包含了引导文件。该分区会格式化为 NTFS，安装在内置硬盘上的 Windows 只支持从 NTFS 的分区上引导。

在将 Windows 文件放置到引导分区后，Windows 安装程序会将引导管理器复制到 EFI 系统分区，并将引导分区的内容对系统的其他部分隐藏起来。UEFI 规范定义了一些全局变量，这些变量驻留在 NVRAM（系统的非易失 RAM）中，即便在运行阶段，当操作系统完整控制整个平台后，这些变量依然可供访问（UEFI 的其他一些变量甚至可以驻留在系统 RAM 中）。Windows 安装程序通过设置某些 UEFI 变量（如 Boot000X 变量，其中“X”是一个由引导加载选项编号决定的唯一数字，此外还有 BootOrder 变量）来配置 UEFI 平台，以便启动 Windows 启动管理器。当系统在安装结束后重启时，UEFI 引导管理器将能自动执行 Windows 启动管理器的代码。

表 12-1 总结了 UEFI 引导过程所涉及的组件，图 12-2 展示了一个采用 GPT 分区方案的硬盘布局范例（位于 Windows 引导分区中的文件实则存储在\Windows\System32 目录下）。

表 12-1 UEFI 引导过程涉及的组件

组件	用途	位置
bootmgfw.efi	读取引导配置数据库（Boot Configuration Database，BCD），并在需要时显示引导菜单以执行预引导程序，如内存测试工具（Memtest.efi）	EFI 系统分区
Winload.efi	加载 Ntoskrnl.exe 及其依赖项（SiPolicy.p7b、hvloader.dll、hvix64.exe、Hal.dll、Kdcom.dll、Ci.dll、Clfs.sys、Pshed.dll）以及需要在引导时启动的设备驱动程序	Windows 引导分区
Winresume.efi	如果从休眠状态恢复，则将从休眠文件（Hiberfil.sys）恢复，而不需要执行常规的 Windows 加载过程	Windows 引导分区
Memtest.efi	如果从引导菜单（或引导管理器）选择该选项，则可启动一个图形界面，供用户扫描内存并检测内存错误	EFI 系统分区
Hvloader.dll	如果被引导管理器检测到并正确启用，则该模块将成为虚拟机监控程序启动器（之前版本的 Windows 中叫作 hvloader.efi）	Windows 引导分区
Hvix64.exe（或 hvax64.exe）	Windows 虚拟机监控程序（Hyper-V）。取决于处理器架构，该文件可能使用不同的名称。这也是基于虚拟化的安全性（VBS）的基础组件	Windows 引导分区
Ntoskrnl.exe	负责初始化执行体子系统以及引导启动和系统启动设备驱动程序，帮助系统做好准备以运行原生应用程序和 Smss.exe	Windows 引导分区
Securekernel.exe	Windows 安全内核。为安全的 VTL 1 环境提供内核模式服务，并为常规环境提供一些基础服务（详见第 9 章）	Windows 引导分区
Hal.dll	内核模式 DLL，负责将 Ntoskrnl 和服务连接到硬件。它还充当了主板的驱动程序，为主板上未通过其他驱动程序加以管理的组件提供支持	Windows 引导分区
Smss.exe	初始实例，通过启动自己的副本来初始化每个会话。会话 0 实例会加载 Windows 子系统驱动程序（Win32k.sys）并启动 Windows 子系统进程（Csrss.exe）和 Windows 初始化进程（Wininit.exe）。所有其他会话实例均会启动一个 Csrss 和一个 Winlogon 进程	Windows 引导分区
Wininit.exe	启动服务控制管理器（SCM）、本地安全机构进程（LSASS）及本地会话管理器（LSM）。初始化注册表的其余部分并执行用户模式初始化任务	Windows 引导分区
Winlogon.exe	协调登录和用户安全性，启动 Bootim 和 LogonUI	Windows 引导分区
Logonui.exe	在登录界面上展示交互式登录	Windows 引导分区
Bootim.exe	展示图形化的交互式引导菜单	Windows 引导分区
Services.exe	加载并初始化自启动设备驱动程序和 Windows 服务	Windows 引导分区
TcbLaunch.exe	在支持全新 Intel TXT 技术的系统中，协调操作系统的安全运行功能	Windows 引导分区
TcbLoader.dll	包含在安全运行上下文中运行的 Windows 加载程序代码	Windows 引导分区

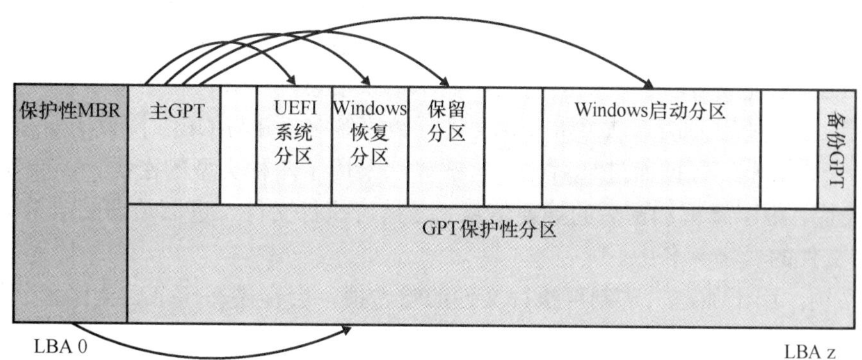

图 12-2 UEFI 系统的硬盘布局范例

安装程序的另一个用途是准备 BCD，在 UEFI 系统中，BCD 存储于系统卷根目录下的\EFI\Microsoft\Boot\BCD 文件中。该文件包含的选项可启动安装程序所安装版本的

Windows，以及之前已经安装的其他版本的 Windows。如果 BCD 已存在，那么安装程序会直接向其中添加与新安装系统有关的条目。有关 BCD 的详细信息请参阅第 10 章。

所有 UEFI 规范，包括 PEI 和 BDS 阶段、安全启动等概念的详细信息，可参阅 https://uefi.org/specifications。

12.1.2 BIOS 引导过程

受限于篇幅，本书将不再介绍古老的 BIOS 引导过程。有关 BIOS 预引导和引导过程的详细介绍，可参阅本书上一版卷 2 的相关章节。

12.1.3 安全启动

如本书卷 1 第 7 章所述，Windows 在设计上即可防范恶意软件。所有老旧的 BIOS 系统都容易受到高级持续性威胁（Advanced Persistent Threat，APT），这类威胁会借助 Bootkit 隐蔽自身并执行代码。Bootkit 是一种特殊类型的恶意软件，可以先于 Windows 启动管理器运行，进而在不被反病毒解决方案检测到的情况下运行注入模块。BIOS Bootkit 的初始部分通常位于系统盘的主引导记录（MBR）或卷引导记录（VBR）扇区中。这样，老旧的 BIOS 系统在开机后就会直接执行 Bootkit 代码，而非操作系统主代码。随后，恶意代码开始运行操作系统加密保存在硬盘其他区域中的原始引导代码。这类 Bootkit 甚至能在任何版本 Windows 的引导阶段直接修改内存中的操作系统代码。

正如大量安全研究人员所证明的那样，UEFI 规范的第一个版本依然容易受到这个问题的影响，因为固件、引导加载器以及其他组件并不进行验证，因此能够从物理上接触到计算机的攻击者可篡改这些组件，用恶意引导加载器替换原本的引导加载器。实际上，任何 EFI 应用程序（符合可移植/可执行格式或简洁可执行文件格式的可执行文件）只要在相对引导变量中正确注册，都可用于引导系统。此外，即便 DXE 驱动程序也并未进行正确验证，使得在 SPI 闪存中注入恶意 EFI 驱动程序具备了可行性。Windows 无法正确识别被篡改的引导过程。

这个问题推动着 UEFI 联盟设计开发了安全启动技术。安全启动（Secure Boot）是 UEFI 的一项功能，可以确保引导过程中所加载的每个组件都包含数字签名并通过验证。安全启动使得 PC 只能使用被 PC 制造商或用户信任的软件引导。在安全启动中，固件负责验证所有组件（DXE 驱动程序、UEFI 引导管理器、加载器等），验证通过才会加载。如果某个组件未能通过验证，则会向用户显示错误信息，引导过程会被中止。

验证过程会使用公钥算法（如 RSA）进行数字签名，并与 UEFI 固件中可接受或要拒绝的证书（或哈希）数据库进行对比。这些算法采用了两种类型的密钥。

1）公钥，用于解密加密后的摘要信息（是指可执行文件二进制数据的哈希值）。该密钥存储在文件的数字签名中。

2）私钥，用于加密二进制可执行文件的哈希值，会存储在一个安全保密的位置。可执行文件的数字签名包含三个阶段。

- 使用强哈希算法（如 SHA256）计算文件内容的摘要。强“哈希”可以产生一个唯一（并且相对较小）的消息摘要，可用于完整代表原始数据（有点像一种复杂的校验值）。哈希算法是一种单向加密，也就是说，无法从摘要逆推出源文件。
- 使用密钥中的私钥加密计算出来的摘要。

■ 将加密后的摘要、密钥中的公钥以及哈希算法的名称存储在文件的数字签名中。

这样，当系统需要验证并确认文件的完整性时，只需要重新计算文件哈希并将其与（从数字签名中解密出的）摘要进行对比即可。除了私钥的拥有者，其他人都无法修改或改变数字签名中存储的加密摘要。

这种简化的模型还可以进一步扩展，创建一种证书链，其中的每一环都可被固件所信任。实际上，如果某个特定证书中的公钥对固件来说是未知的，但该证书由受信任的实体（中间证书或根证书）在另一时间签署，那么固件认为这种内部公钥依然是可以被信任的。这种机制名为信任链，如图 12-3 所示。该机制依赖这样一种事实：用于代码签名的数字证书可以使用另一个受信任的高级证书（中间证书或根证书）的公钥进行签名。此处对该模型的介绍进行了简化，因为完整详细的介绍已经超出了本书范围。

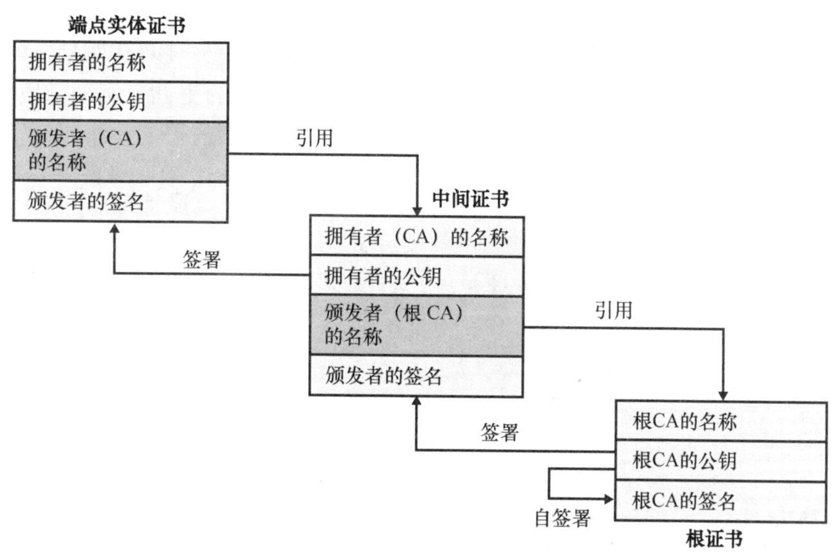

图 12-3 简化后的信任链

允许/撤销 UEFI 证书以及哈希值必须通过图 12-4 所示的实体建立一种信任层级。这些实体存储在 UEFI 变量中。

- **平台密钥（Platform Key，PK）**：平台密钥代表信任的根基，用于保护密钥交换密钥数据库。平台供应商会在生产过程中将PK的公共部分放入UEFI固件，而私密部分依然由供应商保管。
- **密钥交换密钥（Key Exchange Key，KEK）**：密钥交换密钥数据库包含的受信任证书可用于修改允许的签名数据库（DB）、不允许的签名数据库（DBX）以及时间戳签名数据库（DBT）。KEK 数据库通常包含操作系统供应商证书（OSV），由 PK 保护其安全性。

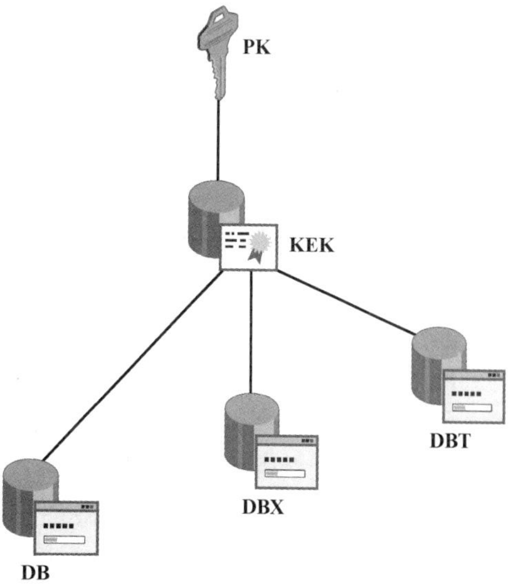

图 12-4 UEFI 安全启动所用的信任链证书

用于验证引导加载器和其他预引导组件的哈希值和签名保存在三个数据库中。允许的签名数据库（DB）包含特定的二进制文件或证书（或其哈希值）的哈希值，它们可用于生成代码签名证书，而这种证书可用于对引导加载器和其他预引导组件进行签名（需要遵守信任链模型）。不允许的签名数据库（DBX）包含已被破坏或被撤销的特定二进制文件或证书（或其哈希值）的哈希值。时间戳签名数据库（DBT）包含在对引导加载器映像进行签名时所需的时间戳证书。所有这些数据库都会被KEK锁定而无法编辑。

为妥善保护安全启动密钥，不应允许固件更新密钥，除非试图更新密钥的实体能够（使用带有数字签名的特定载荷，也叫“验证描述符”）证明自己拥有创建变量所用密钥的私密部分。UEFI通过已验证变量（Authenticated Variable）实现了这种机制。截至撰写这部分内容，UEFI规范只允许两类签名密钥：X509和RSA2048。一个认证变量可通过写入一个空的更新来清除，但其中依然需要包含一个有效的验证描述符。在首次创建已验证变量时，其中同时存储了创建变量的密钥中对应的公共部分，以及时间初始值（或一个单调计数器），并且随后只接受使用该密钥签名，且具备相同类型的更新。例如，使用某个PK创建的KEK变量，只能使用通过该PK签名的验证描述符更新。

注意　UEFI固件在安全启动环境中使用已验证变量的方式可能导致一些混乱。实际上，PK、KEK和签名数据库会使用已验证变量来存储。存储启动配置数据的其他UEFI引导变量依然是常规的运行时变量。这意味着在安全启动环境中，用户依然可以毫无障碍地更新或更改引导配置（甚至更改引导顺序）。不过这并不算是问题，因为每一种引导应用程序（无论来源或顺序如何）都需要进行安全验证。安全启动在设计上并不是为了禁止修改系统引导配置而产生的。

12.1.4　Windows启动管理器

如上文所述，UEFI固件需要读取并执行Windows启动管理器（Bootmgfw.efi）。EFI固件会将控制权转交给启用了分页并以长模式运行的启动管理器，而UEFI内存映射所定义的内存空间也会进行一一映射。因此与BIOS系统不同，此时并不需要切换执行上下文。当从彻底关机或休眠（S4电源状态）下启动或恢复Windows操作系统时，Windows启动管理器实际上是第一个被调用的应用程序。自Windows Vista开始，Windows启动管理器就进行了全面的重新设计，其目的在于：

- 为使用各类复杂技术的多种操作系统的启动提供支持。
- 将操作系统的特定启动代码区分为启动应用程序（Windows加载器）和恢复应用程序（Winresume）。
- 隔离并向启动应用程序提供通用启动服务，这也是启动库的作用。

尽管Windows启动管理器的最终目标很明显，但它的整个架构依然很复杂。从这里开始，我们将用“启动应用程序”这个词组代表各种操作系统加载器，例如Windows加载器以及其他加载器。启动管理器有很多用途，例如：

- 初始化启动记录器和启动应用程序所需的基本系统服务（详见下文）。
- 初始化安全功能（如安全启动和测量启动），加载它们的系统策略，验证它们的完整性。

- 定位、打开并读取引导配置数据存储器。
- 创建“引导列表”并展示基本引导菜单（如果引导菜单策略被设置为“Legacy”）。
- 管理 TPM 并解锁被 BitLocker 加密的驱动器（如果获取解密密钥失败，则会显示 BitLocker 解锁界面并提供恢复方法）。
- 运行指定的启动应用程序，管理启动失败后的恢复程序（Windows 恢复环境）。

首先需要执行的操作之一是配置启动日志设施并初始化启动库。启动应用程序包含一套标准库，这个库会在启动管理器运行时进行初始化。一旦标准启动库初始化完成，随后它们的核心服务就可以被所有启动应用程序所使用。这些服务包括一个基础的内存管理器（支持地址转换、分页和堆分配）、固件参数（例如引导设备和 BCD 中的启动管理器项）、一个事件通知系统（用于测量启动）、时间、启动记录器、加密模块、受信任平台模块（Trusted Platform Module，TPM）、网络、显示驱动程序以及 I/O 系统（还有一个基础的 PE 加载器）。我们可以把启动库设想成一种适用于启动管理器和启动应用程序的特殊基本硬件抽象层（HAL）。在该库初始化的早期阶段，还将初始化“系统完整性”启动库组件。系统完整性服务的目标是为安全相关系统事件（如加载了新代码、连接了调试器等）的报告和记录提供所需平台。这是利用 TPM 提供的功能实现的，主要用于测量启动功能中。我们将在下文“测量启动”一节详细介绍该功能。

为了正确执行，启动管理器初始化函数（BmMain）需要一种名为 ApplicationParameters（应用程序参数）的数据结构，顾名思义，该数据结构描述了自己的启动参数（如引导设备、BCD 对象的 GUID 等）。为了编译这个数据结构，启动管理器会使用 EFI 固件服务，这样做的目的在于获得其自身可执行文件的完整相对路径，并获得存储在活跃 EFI 启动变量（BOOT000X）中的启动加载选项。EFI 规范中规定，EFI 启动变量必须包含有关启动项的简短描述、启动管理器的完整设备和文件路径，以及其他一些可选数据。Windows 使用这种可选数据来存储和描述自己 BCD 对象的 GUID。

注意 可选数据可以包含任何其他由启动管理器在后续阶段解析的启动选项。这就可以从 UEFI 变量配置启动管理器，而完全无须使用 Windows 注册表。

实验：操作 UEFI 启动变量

我们可以使用本书随附资源提供的 UefiTool 工具转储系统中的所有 UEFI 启动变量。为此请以管理员身份启动该工具并指定**/enum** 参数（在搜索框中搜索 cmd，右键点击“**命令提示符**”，选择“**以管理员身份运行**”）。常规系统会使用大量 UEFI 变量。该工具支持按照名称和 GUID 过滤变量，甚至可使用**/out** 参数将所有变量名和数据导出为文本文件。

首先将所有 UEFI 变量导出为文本文件：

```
C:\Tools>UefiTool.exe /enum /out Uefi_Variables.txt
UEFI Dump Tool v0.1
Copyright 2018 by Andrea Allievi (AaLl86)

Firmware type: UEFI
Bitlocker enabled for System Volume: NO

Successfully written "Uefi_Variables.txt" file.
```

随后可使用下列过滤器得到 UEFI 启动变量列表:

```
C:\Tools>UefiTool.exe /enum Boot
UEFI Dump Tool v0.1
Copyright 2018 by Andrea Allievi (AaLl86)

Firmware type: UEFI
Bitlocker enabled for System Volume: NO
EFI Variable "BootCurrent"
   Guid : {8BE4DF61-93CA-11D2-AA0D-00E098032B8C}
   Attributes: 0x06 ( BS RT )
   Data size : 2 bytes
   Data:
   00 00                                        |

EFI Variable "Boot0002"
   Guid       : {8BE4DF61-93CA-11D2-AA0D-00E098032B8C}
   Attributes: 0x07 ( NV BS RT )
   Data size : 78 bytes
   Data:
   01 00 00 00 2C 00 55 00 53 00 42 00 20 00 53 00 |    , U S B S
   74 00 6F 00 72 00 61 00 67 00 65 00 00 00 04 07 | t o r a g e
   14 00 67 D5 81 A8 B0 6C EE 4E 84 35 2E 72 D3 3E | g ü¿ l Nä5.r >
   45 B5 04 06 14 00 71 00 67 50 8F 47 E7 4B AD 13 | E q gPÅG K¡
   87 54 F3 79 C6 2F 7F FF 04 00 55 53 42 00       | çT≤y / USB

EFI Variable "Boot0000"
   Guid       : {8BE4DF61-93CA-11D2-AA0D-00E098032B8C}
   Attributes: 0x07 ( NV BS RT )
   Data size : 300 bytes
   Data:
   01 00 00 00 74 00 57 00 69 00 6E 00 64 00 6F 00 |     t W I n d o
   77 00 73 00 20 00 42 00 6F 00 6F 00 74 00 20 00 | w s B o o t
   4D 00 61 00 6E 00 61 00 67 00 65 00 72 00 00 00 | M a n a g e r
   04 01 2A 00 02 00 00 00 00 A0 0F 00 00 00 00 00 | * á
   00 98 0F 00 00 00 00 00 84 C4 AF 4D 52 3B 80 44 |   ÿ    ä »MR;ÇD
   98 DF 2C A4 93 AB 30 B0 02 02 04 04 46 00 5C 00 | ÿ ,ñô½0 F \
   45 00 46 00 49 00 5C 00 4D 00 69 00 63 00 72 00 | E F I \ M i c r
   6F 00 73 00 6F 00 66 00 74 00 5C 00 42 00 6F 00 | o s o f t \ B o
   6F 00 74 00 5C 00 62 00 6F 00 6F 00 74 00 6D 00 | o t \ b o o t m
   67 00 66 00 77 00 2E 00 65 00 66 00 69 00 00 00 | g f w . e f i
   7F FF 04 00 57 49 4E 44 4F 57 53 00 01 00 00 00 |     WINDOWS
   88 00 00 00 78 00 00 00 42 00 43 00 44 00 4F 00 | ê x B C D O
   42 00 4A 00 45 00 43 00 54 00 3D 00 7B 00 39 00 | B J E C T = { 9
   64 00 65 00 61 00 38 00 36 00 32 00 63 00 2D 00 | d e a 8 6 2 c -
   35 00 63 00 64 00 64 00 2D 00 34 00 65 00 37 00 | 5 c d d - 4 e 7
   30 00 2D 00 61 00 63 00 63 00 31 00 2D 00 66 00 | 0 - a c c 1 - f
   33 00 32 00 62 00 33 00 34 00 34 00 64 00 34 00 | 3 2 b 3 4 4 d 4
   37 00 39 00 35 00 7D 00 00 00 6F 00 01 00 00 00 | 7 9 5 } o
   10 00 00 00 04 00 00 00 7F FF 04 00             |

EFI Variable "BootOrder"
   Guid       : {8BE4DF61-93CA-11D2-AA0D-00E098032B8C}
   Attributes: 0x07 ( NV BS RT )
   Data size : 8 bytes
   Data:
   02 00 00 00 01 00 03 00                         |

<Full output cut for space reasons>
```

该工具甚至可以解释每个启动变量的内容。你可以使用/**enumboot** 参数来运行:

```
C:\Tools>UefiTool.exe /enumboot
UEFI Dump Tool v0.1
Copyright 2018 by Andrea Allievi (AaL186)

Firmware type: UEFI
Bitlocker enabled for System Volume: NO

System Boot Configuration
   Number of the Boot entries: 4
   Current active entry: 0
   Order: 2, 0, 1, 3

Boot Entry #2
   Type: Active
   Description: USB Storage

Boot Entry #0
   Type: Active
   Description: Windows Boot Manager
   Path: Harddisk0\Partition2 [LBA: 0xFA000]\\EFI\Microsoft\Boot\bootmgfw.efi
   OS Boot Options: BCDOBJECT={9dea862c-5cdd-4e70-acc1-f32b344d4795}

Boot Entry #1
   Type: Active
   Description: Internal Storage

Boot Entry #3
   Type: Active
   Description: PXE Network
```

当该工具可以解析启动路径时，即可输出相对路径行（同样适用于 Winload 操作系统加载选项）。UEFI 规范为启动项的路径字段定义了不同的解释，这主要取决于硬件接口。如果要更改系统启动顺序，则只需设置 BootOrder 变量的值，或者使用 **/setbootorder** 命令行参数即可做到。不过需要注意，这可能会让 BitLocker 卷主密钥失效（详见下文“测量启动”一节）：

```
C:\Tools>UefiTool.exe /setvar bootorder {8BE4DF61-93CA-11D2-AA0D-00E098032B8C}
0300020000000100
UEFI Dump Tool v0.1
Copyright 2018 by Andrea Allievi (AaL186)

Firmware type: UEFI
BitLocker enabled for System Volume: YES

Warning, The "bootorder" firmware variable already exist.
Overwriting it could potentially invalidate the system BitLocker Volume Master Key.
Make sure that you have made a copy of the System volume Recovery Key.
Are you really sure that you would like to continue and overwrite its content? [Y/N] y
The "bootorder" firmware variable has been successfully written.
```

在构建了 ApplicationParameters 数据结构并获得了所有启动路径（\EFI\Microsoft\Boot 是主工作目录）后，启动管理器会打开并解析引导配置数据（Boot Configuration Data）文件。从系统内部来看，该文件是一个注册表配置单元，其中包含了所有的启动应用程序描述符，通常会在系统启动完毕后映射至 HKLM\BCD00000000 虚拟键。启动管理器使用启动库打开并读取 BCD 文件。该库可以使用 EFI 服务读/写硬盘上的物理扇区。截至撰写这部分内容，该库实现了多种文件系统的轻量级版本，包括 NTFS、FAT、ExFAT、UDFS、El Torito，以及为 Network Boot I/O、VMBus I/O（适用于 Hyper-V 虚拟机）和 WIM 映像

I/O 提供支持的虚拟文件系统。引导配置数据配置单元解析完成后，即可通过 GUID 定位描述启动管理器的 BCD 对象，代表启动参数的所有项都会被添加到 ApplicationParameters 数据结构的 Startup 节。BCD 中的项可以包含启动管理器、Winload 以及启动过程所涉及的其他组件解释的可选参数。表 12-2 列出了这些选项以及它们对启动管理器的影响，表 12-3 列出了所有启动应用程序可用的 BCD 选项列表，表 12-4 列出了适用于 Windows 启动加载器的 BCD 选项，表 12-5 列出了控制 Windows 虚拟机监控程序执行的 BCD 选项。

表 12-2 Windows 启动管理器（Bootmgr）的 BCD 选项

可读名称	值	BCD 元素代码	含义
bcdfilepath	路径	BCD_FILEPATH	指向磁盘上的 BCD 文件（通常为\Boot\BCD）
displaybootmenu	布尔值	DISPLAY_BOOT_MENU	决定启动管理器是否显示引导菜单或自动选择默认项
noerrordisplay	布尔值	NO_ERROR_DISPLAY	隐藏启动管理器遇到的错误信息
resume	布尔值	ATTEMPT_RESUME	决定是否尝试从休眠状态恢复，Windows 休眠后会自动设置该选项
timeout	秒	TIMEOUT	启动管理器选择默认项之前的等待秒数
resumeobject	GUID	RESUME_OBJECT	标识从休眠状态恢复时要使用的启动应用程序
displayorder	列表	DISPLAY_ORDER	定义启动管理器的显示顺序列表
toolsdisplayorder	列表	TOOLS_DISPLAY_ORDER	定义启动管理器的工具显示顺序列表
bootsequence	列表	BOOT_SEQUENCE	定义一次性启动序列
default	GUID	DEFAULT_OBJECT	要运行的默认启动项
customactions	列表	CUSTOM_ACTIONS_LIST	定义在按下特定键盘按键组合后要采取的自定义操作
processcustomactionsfirst	布尔值	PROCESS_CUSTOM_ACTIONS_FIRST	决定启动管理器在按顺序启动前是否要运行自定义操作
bcddevice	GUID	BCD_DEVICE	BCD 存储所在位置的设备 ID
hiberboot	布尔值	HIBERBOOT	表示该启动是否为混合启动
fverecoveryurl	字符串	FVE_RECOVERY_URL	指定 BitLocker 恢复 URL 字符串
fverecoverymessage	字符串	FVE_RECOVERY_MESSAGE	指定 BitLocker 恢复消息字符串
flightedbootmgr	布尔值	BOOT_FLIGHT_BOOTMGR	决定是否通过 Flight Bootmgr 来执行

其中，Windows 启动管理器的所有 BCD 元素代码均以 BCDE_BOOTMGR_TYPE 开头，为了节省版面，已在表 12-2 中删除。

表 12-3 适用于启动应用程序的 BCD 库选项（对所有对象类型均有效）

可读名称	值	BCD 元素代码	含义
advancedoptions	布尔值	DISPLAY_ADVANCED_OPTIONS	如果为 False，则将在启动失败后执行默认行为，启动自动恢复命令启动项；否则显示启动错误信息，为用户提供与启动项有关的高级启动选项菜单。等同于按下 F8 键
avoidlowmemory	整数	AVOID_LOW_PHYSICAL_MEMORY	强制让启动加载器尽量避免使用低于指定值的物理地址。有时一些老旧的设备（如 ISA 设备）需要该选项，因为只有低于 16 MB 的内存是可用的或可见的

续表

可读名称	值	BCD 元素代码	含义
badmemoryaccess	布尔值	ALLOW_BAD_MEMORY_ACCESS	强制使用坏页列表中的内存页（有关页面列表的详情，请参阅卷 1 第 5 章）
badmemorylist	页帧号（PFN）数组	BAD_MEMORY_LIST	指定系统中已知因 RAM 故障而损坏的物理页列表
baudrate	波特率 bps 数	DEBUGGER_BAUDRATE	当远程内核调试器主机通过串口连接时，指定要使用的非默认波特率（默认为 19200）
bootdebug	布尔值	DEBUGGER_ENABLED	为启动加载器启用远程启动调试。启用该选项后，即可使用 Kd.exe 或 Windbg.exe 连接启动加载器
bootems	布尔值	EMS_ENABLED	可让 Windows 为启动应用程序启用紧急管理服务（Emergency Management Services，EMS），借此通过串口报告启动信息并接收系统管理命令
busparams	字符串	DEBUGGER_BUS_PARAMETERS	如果使用物理 PCI 调试设备提供内核调试，可为该设备指定 PCI 总线、功能和设备编号（或 ACPI DBG 表索引）
channel	0 到 62 之间的通道编号	DEBUGGER_1394_CHANNEL	与<debugtype> 1394 配合使用，指定内核调试通信所使用的 IEEE 1394 通道
configaccesspolicy	Default DisallowMmConfig	CONFIG_ACCESS_POLICY	配置系统是否使用内存映射的 I/O 访问 PCI 制造商的配置空间，或回退为使用 HAL 的 I/O 端口访问例程。有时可用于解决平台设备出现的问题
debugaddress	硬件地址	DEBUGGER_PORT_ADDRESS	指定调试所用串口（COM）的硬件地址
debugport	COM 端口号	DEBUGGER_PORT_NUMBER	通过远程内核调试器主机连接时，为默认串口（对于至少有两个串口的系统，通常为 COM2）指定替代值
debugstart	Active AutoEnable Disable	DEBUGGER_START_POLICY	启用内核调试的情况下，指定调试器设置。当遇到断点或内核异常，包括内核崩溃时，AutoEnable 可启用调试器
debugtype	Serial 1394 USB Net	DEBUGGER_TYPE	指定内核调试器是要通过串口、火线（IEEE 1394）、USB 或以太网端口进行通信（默认为串口）
hostip	IP 地址	DEBUGGER_NET_HOST_IP	通过以太网启用内核调试器的情况下，指定要连接的目标 IP 地址
port	整数	DEBUGGER_NET_PORT	通过以太网启用内核调试器的情况下，指定要连接的目标端口号
key	字符串	DEBUGGER_NET_KEY	通过以太网启用内核调试器的情况下，指定对调试器数据包进行加密所用的加密密钥
emsbaudrate	波特率 bps 数	EMS_BAUDRATE	指定 EMS 要使用的波特率
emsport	COM 端口号	EMS_PORT_NUMBER	指定 EMS 要使用的串口（COM）端口
extendedinput	布尔值	CONSOLE_EXTENDED_INPUT	允许启动应用程序利用 BIOS 的支持获得扩展的控制台输入功能
keyringaddress	物理地址	FVE_KEYRING_ADDRESS	指定 BitLocker 密钥环所在的物理地址
firstmegabytepolicy	UseNone UseAll UsePrivate	FIRST_MEGABYTE_POLICY	指定 HAL 如何使用低 1 MB 物理内存缓解电源状态过渡期间 BIOS 损坏的情况

续表

可读名称	值	BCD 元素代码	含义
fontpath	字符串	FONT_PATH	指定启动应用程序要使用的OEM字体文件的路径
graphicsmodedisabled	布尔值	GRAPHICS_MODE_DISABLED	禁用启动应用程序的图形模式
graphicsresolution	分辨率	GRAPHICS_RESOLUTION	设置启动应用程序图形分辨率
initialconsoleinput	布尔值	INITIAL_CONSOLE_INPUT	指定系统插入 PC/AT 键盘输入缓冲区的初始字符
integrityservices	Default Disable Enable	SI_POLICY	启用或禁用代码完整性服务，该服务被内核模式代码签名所使用，默认启用
locale	本地化字符串	PREFERRED_LOCALE	设置启动应用程序的区域选项（如 EN-US）
noumex	布尔值	DEBUGGER_IGNORE_USERMODE_EXCEPTIONS	启用内核调试的情况下禁用用户模式异常。如果启动到调试模式后遇到系统挂起（冻结），则可尝试启用该选项
recoveryenabled	布尔值	AUTO_RECOVERY_ENABLED	启用可能存在的恢复序列。全新安装的 Windows 可借此设置基于 Windows PE 的启动和恢复界面
recoverysequence	列表	RECOVERY_SEQUENCE	定义恢复序列（详见上文）
relocatephysical	物理地址	RELOCATE_PHYSICAL_MEMORY	将自动选择的 NUMA 节点的物理内存重定位到指定的物理地址
targetname	字符串	DEBUGGER_USB_TARGETNAME	在与 USB2 或 USB3 调试器一起使用时（debugtype 设置为 USB），定义 USB 调试器的目标名称
testsigning	布尔值	ALLOW_PRERELEASE_SIGNATURES	启用测试签名模式，驱动程序开发者可以借此加载本地签名的 64 位驱动程序。该选项会导致桌面上显示水印
truncatememory	以字节为单位的地址	TRUNCATE_PHYSICAL_MEMORY	忽略指定物理地址以上的物理内存

其中，启动应用程序的所有 BCD 元素代码均以 BCDE_LIBRARY_TYPE 开头，为了节省版面，已在表 12-3 中删除。

表 12-4 Windows 操作系统加载器（Winload）的 BCD 选项

BCD 元素	值	BCD 元素代码	含义
bootlog	布尔值	LOG_INITIALIZATION	会让 Windows 将启动记录写入%SystemRoot%\Ntbtlog.txt
bootstatuspolicy	DisplayAllFailures ignoreAllFailures IgnoreShutdownFailures IgnoreBootFailures	BOOT_STATUS_POLICY	如果系统上次启动或关机未成功完成，则默认会向用户显示启动排错菜单，该元素可修改系统的这一默认行为
bootux	Disabled Basic Standard	BOOTUX_POLICY	定义用户在启动过程中看到的图形界面。Disabled 意味着启动过程不显示任何图形界面（仅显示黑屏），Basic 将只显示加载进度条，Standard 会显示常规的 Windows 登录动画
bootmenupolicy	遗留支持	BOOT_MENU_POLICY	指定存在多个启动项时要显示的启动菜单类型（详见下文“启动菜单”一节）

续表

BCD 元素	值	BCD 元素代码	含义
clustermodeaddressing	处理器数量	CLUSTERMODE_ ADDRESSING	定义一个高级可编程中断控制器（APIC）集群中可包含的处理器的数量最大值
configflags	标记	PROCESSOR_ CONFIGURATION_ FLAGS	指定与处理器相关的配置标记
dbgtransport	传输映像名	DBG_TRANSPORT_ PATH	不再使用默认内核调试传输（Kdcom.dll、Kd1394、Kdusb.dll），转为使用指定的文件，借此可使用通常不受 Windows 支持的特殊调试传输方式
debug	布尔值	KERNEL_DEBUGGER_ ENABLED	启用内核模式调试
detecthal	布尔值	DETECT_KERNEL_ AND_HAL	启用 HAL 动态检测
driverloadfailurepolicy	Fatal UseErrorControl	DRIVER_LOAD_ FAILURE_POLICY	指定了当启动驱动程序加载失败后的加载器行为。Fatal 将禁止启动，UseErrorControl 会让系统采用驱动程序的默认错误行为，具体行为由相应的服务键来指定
ems	布尔值	KERNEL_EMS_ ENABLED	让内核使用 EMS（如果只使用 bootems，则只有启动加载器可以使用 EMS）
evstore	字符串	EVSTORE	存储启动预加载配置单元的位置
groupaware	布尔值	FORCE_GROUP_ AWARENESS	在将组种子成员关联给新进程时，迫使系统使用组 0 之外的其他组。仅适用于 64 位 Windows
groupsize	整数	GROUP_SIZE	强制设置可以包含在一个组中的逻辑处理器数量最大值（最大为 64）。可借此强制在通常不需要的系统中创建处理器组。数值必须为 2 的幂次方，通常只适用于 64 位的 Windows
hal	HAL 映像名	HAL_PATH	覆盖 HAL 映像的默认文件名（Hal.dll）。在使用已检查的 HAL 和内核时，该选项较为有用（同时需要指定内核元素）
halbreakpoint	布尔值	DEBUGGER_HAL_ BREAKPOINT	会让 HAL 在初始化的早期停止在断点上。Windows 内核初始化过程要做的第一件事是初始化 HAL，因此这个断点将会是最早的一个断点（除非使用了启动调试）。如果在不使用/DEBUG 开关的情况下使用该选项，则系统将蓝屏并显示 STOP 错误代码 0x00000078 (PHASE0_ EXCEPTION)
novesa	布尔值	BCDE_OSLOADER_ TYPE_DISABLE_ VESA_BIOS	禁止使用 VESA 显示模式
optionsedit	布尔值	OPTIONS_EDIT_ ONE_TIME	启用启动管理器中的选项编辑器。通过该选项，启动管理器允许用户以交互的方式为当前启动过程设置所需的命令行选项和开关。这类似于按下 F10 键后的效果
osdevice	GUID	OS_DEVICE	指定安装了操作系统的设备
pae	Default ForceEnable ForceDisable	PAE_POLICY	Default 可以让启动加载器确定系统是否支持 PAE 并加载 PAE 内核。ForceEnable 可以强制执行此行为，而 ForceDisable 强制加载器加载非 PAE 版本的 Windows 内核（即使系统已被检测出支持 x86 PAE 并且具有超过 4 GB 的物理内存）。但是，Windows 10 已不再支持非 PAE x86 内核

续表

BCD 元素	值	BCD 元素代码	含义
pciexpress	Default ForceDisable	PCI_EXPRESS_ POLICY	可用于禁止对 PCI Express 总线和设备的支持
perfmem	大小（MB）	PERFORMANCE_ DATA_MEMORY	为性能数据记录分配的缓冲区大小。该选项的作用与 removememory 类似，可以防止 Windows 看到指定的可用内存大小
quietboot	布尔值	DISABLE_BOOT_ DISPLAY	可让 Windows 不要初始化负责在启动过程中展示位图图像界面所需的 VGA 视频驱动程序。该驱动程序可用于显示启动进度信息，因此禁用后 Windows 将不再显示此类信息
ramdiskimagelength	长度（字节）	RAMDISK_IMAGE_ LENGTH	指定内存盘（Ram Disk）的大小
ramdiskimageoffset	偏移量（字节）	RAMDISK_IMAGE_ OFFSET	如果内存盘包含虚拟文件系统之外的其他数据（如头数据），则可以指定启动加载器该从哪里开始读取内存盘文件
ramdisksdipath	映像文件名	RAMDISK_SDI_ PATH	指定要加载的 SDI 内存盘的名称
ramdisktftpblocksize	块大小	RAMDISK_TFTP_ BLOCK_SIZE	如果从网络上的 TFTP 服务器加载 WIM 内存盘，则指定要使用的块大小
ramdisktftpclientport	端口号	RAMDISK_TFTP_ CLIENT_PORT	如果从网络上的 TFTP 服务器加载 WIM 内存盘，则指定要使用的端口
ramdisktftpwindowsize	窗口大小	RAMDISK_TFTP_ WINDOW_SIZE	如果从网络上的 TFTP 服务器加载 WIM 内存盘，则指定要使用的窗口大小
removememory	大小（字节）	REMOVE_MEMORY	指定不允许 Windows 使用的内存数量
restrictapiccluster	集群存编号	RESTRICT_APIC_ CLUSTER	定义系统可使用的 APIC 集群数量最大值
resumeobject	对象 GUID	ASSOCIATED_ RESUME_OBJECT	指定从休眠状态恢复要使用的应用程序，通常为 Winresume.exe
safeboot	Minimal Network DsRepair	SAFEBOOT	指定安全模式启动选项。Minimal 对应于无网络的安全模式，Network 对应有网络的安全模式，DsRepair 是指目录服务还原模式的安全模式（详见下文“安全模式”一节）
safebootalternateshell	布尔值	SAFEBOOT_ ALTERNATE_SHELL	可以让 Windows 使用 HKLM\SYSTEM\CurrentControlSet\Control\SafeBoot\AlternateShell 值所指定的程序作为图形化 shell，而不是默认值（即 Windows 资源管理器）。该选项在备用启动菜单中称为“带命令提示符的安全模式”
sos	布尔值	SOS	可以让 Windows 列出标记为在启动时加载的设备驱动程序，随后显示系统版本号（包括构建号）、物理内存量以及处理器数量
systemroot	字符串	SYSTEM_ROOT	指定操作系统相对于 osdevice 的安装路径
targetname	名称	KERNEL_DEBUGGER_ USB_TARGETNAME	对于 USB 调试，可借此为被调试计算机分配名称
tpmbootentropy	Default ForceDisable ForceEnable	TPM_BOOT_ ENTROPY_ POLICY	迫使启动加载器选择特定的 TPM 引导熵策略并传递给内核。使用 TPM 引导熵的情况下，可使用通过 TPM（如果存在）获得的数据填充内核的随机数生成器（RNG）

续表

BCD 元素	值	BCD 元素代码	含义
usefirmwarepcisettings	布尔值	USE_FIRMWARE_PCI_SETTINGS	让 Windows 不再为 PCI 设备动态分配 IO/IRQ 资源，让设备由 BIOS 配置。详见微软知识库文章 148501
uselegacyapicmode	布尔值	USE_LEGACY_APIC_MODE	强制使用基本 APIC 功能，哪怕芯片组支持扩展 APIC 功能。主要在硬件错误或不兼容的情况下使用
usephysicaldestination	布尔值	USE_PHYSICAL_DESTINATION	强制使用物理目标模式下的 APIC
useplatformclock	布尔值	USE_PLATFORM_CLOCK	强制使用平台的时钟源作为系统的性能计数器
vga	布尔值	USE_VGA_DRIVER	强制 Windows 使用 VGA 显示驱动程序，而非第三方高性能驱动程序
winpe	布尔值	WINPE	被 Windows PE 用于让配置管理器将注册表的 SYSTEM 配置单元加载为易失性配置单元，这样在内存中对该配置单元进行的改动将不被保存到配置单元映像中
x2apicpolicy	Disabled Enabled Default	X2APIC_POLICY	指定在芯片组支持的情况下是否使用扩展 APIC 功能。Disabled 等同于设置了 uselegacyapicmode，Enabled 可以强制打开 ACPI 功能(即使检测到错误)，Default 则可以使用芯片组自己的报告功能(除非存在错误)
xsavepolicy	整数	XSAVEPOLICY	强制从 XSAVE 策略资源驱动程序(Hwpolicy.sys)加载特定的 XSAVE 策略
xsaveaddfeature0-7	整数	XSAVEADDFEATURE 0-7	用于测试现代 Intel 处理器对 XSAVE 的支持，借此可伪造处理器的某些特性(即使实际上并不支持)。这有助于增加 CONTEXT 结构的大小，并确认当未来出现新的扩展功能后，应用程序依然可以正常运行。不过这并不能启用任何实际的额外功能
xsaveremovefeature	整数	XSAVEREMOVEFEATURE	强制让进入的 XSAVE 功能不报告给内核，即使处理器本身是支持的
xsaveprocessorsmask	整数	XSAVEPROCESSORSMASK	XSAVE 策略适用的处理器位掩码
xsavedisable	布尔值	XSAVEDISABLE	关闭对 XSAVE 功能的支持，即使处理器本身是支持的

其中，Windows 操作系统加载器的所有 BCD 元素代码均以 BCDE_OSLOADER_TYPE 开头，为了节省版面，已在表 12-4 中删除。

表 12-5 Windows 虚拟机监控程序加载器（hvloader）的 BCD 选项

BCD 元素	值	BCD 元素代码	含义
hypervisorlaunchtype	Off Auto	HYPERVISOR_LAUNCH_TYPE	启用 Hyper-V 系统中加载的虚拟机监控程序，或将其强制禁用
hypervisordebug	布尔值	HYPERVISOR_DEBUGGER_ENABLED	启用或禁用虚拟机监控程序调试器
hypervisordebugtype	Serial 1394 None Net	HYPERVISOR_DEBUGGER_TYPE	指定虚拟机监控程序调试器类型(使用串口、IEEE 1394 或网络接口)

续表

BCD 元素	值	BCD 元素代码	含义
hypervisoriommupolicy	Default Enable Disable	HYPERVISOR_IOMMU_POLICY	启用或禁用虚拟机监控程序 DMA 保护，该功能可阻止所有热插拔 PCI 端口的直接内存访问（DMA），直到用户登录 Windows 为止
hypervisormsrfilterpolicy	Disable Enable	HYPERVISOR_MSR_FILTER_POLICY	控制根分区是否允许访问受限制的 MSR（特殊模块寄存器）
hypervisormmionxpolicy	Disable Enable	HYPERVISOR_MMIO_NX_POLICY	启用或禁用对 UEFI 运行时服务代码和数据内存区的不可执行（NX）保护
hypervisorenforcedcodeintegrity	Disable Enable Strict	HYPERVISOR_ENFORCED_CODE_INTEGRITY	启用或禁用 HVCI，该功能可以防止根分区内核分配无符号的可执行内存页
hypervisorschedulertype	Classic Core Root	HYPERVISOR_SCHEDULER_TYPE	指定虚拟机监控程序的分区调度类型
hypervisordisableslat	布尔值	HYPERVISOR_SLAT_DISABLED	如果处理器支持，则可迫使虚拟机监控程序忽略二级地址转换（SLAT）功能
hypervisornumproc	整数	HYPERVISOR_NUM_PROC	指定虚拟机监控程序可用的逻辑处理器的最大数量
hypervisorrootprocpernode	整数	HYPERVISOR_ROOT_PROC_PER_NODE	指定每个节点的根虚拟处理器的总数
hypervisorrootproc	整数	HYPERVISOR_ROOT_PROC	指定根分区中的虚拟处理器的最大数量
hypervisorbaudrate	波特率 bps 数	HYPERVISOR_DEBUGGER_BAUDRATE	如果使用串口虚拟机监控程序调试，可指定要使用的波特率
hypervisorchannel	0 到 62 之间的通道编号	HYPERVISOR_DEBUGGER_1394_CHANNEL	如果使用火线（IEEE 1394）虚拟机监控程序调试，则可指定要使用的通道编号
hypervisordebugport	COM 端口号	HYPERVISOR_DEBUGGER_PORT_NUMBER	如果使用串口虚拟机监控程序调试，则可指定要使用的 COM 端口
hypervisoruselargevtlb	布尔值	HYPERVISOR_USE_LARGE_VTLB	允许虚拟机监控程序使用更大数量的虚拟 TLB 项
hypervisorhostip	IP 地址（二进制格式）	HYPERVISOR_DEBUGGER_NET_HOST_IP	在虚拟机监控程序网络调试中，指定目标计算机（调试器）的 IP 地址
hypervisorhostport	整数	HYPERVISOR_DEBUGGER_NET_HOST_PORT	指定虚拟机监控程序网络调试所用的网络端口
hypervisorusekey	字符串	HYPERVISOR_DEBUGGER_NET_KEY	指定对通过网线发送的数据包进行加密所用的加密密钥
hypervisorbusparams	字符串	HYPERVISOR_DEBUGGER_BUSPARAMS	指定虚拟机监控程序调试所用的网络适配器的总线、设备和功能编号
hypervisordhcp	布尔值	HYPERVISOR_DEBUGGER_NET_DHCP	指定是否允许虚拟机监控程序调试器使用 DHCP 获得网络接口的 IP 地址

其中，Windows 虚拟机监控程序加载器的所有 BCD 元素代码均以 BCDE_OSLOADER_

TYPE 开头，为了节省版面，已在表 12-5 中删除。

BCD 存储中的每一项都在启动过程中起着关键作用。在每个启动项（每个启动项都是 BCD 中的一个对象）中，都会列出所有启动选项，它们以注册表子键的形式存储在配置单元中（见图 12-5）。这些选项被称为 BCD 元素。Windows 启动管理器可以添加或删除任何启动选项，无论它们位于物理配置单元，还是只位于内存中。这一点很重要，因为下一节“启动菜单”将会提到，并非所有 BCD 选项都需要存在于物理配置单元中。

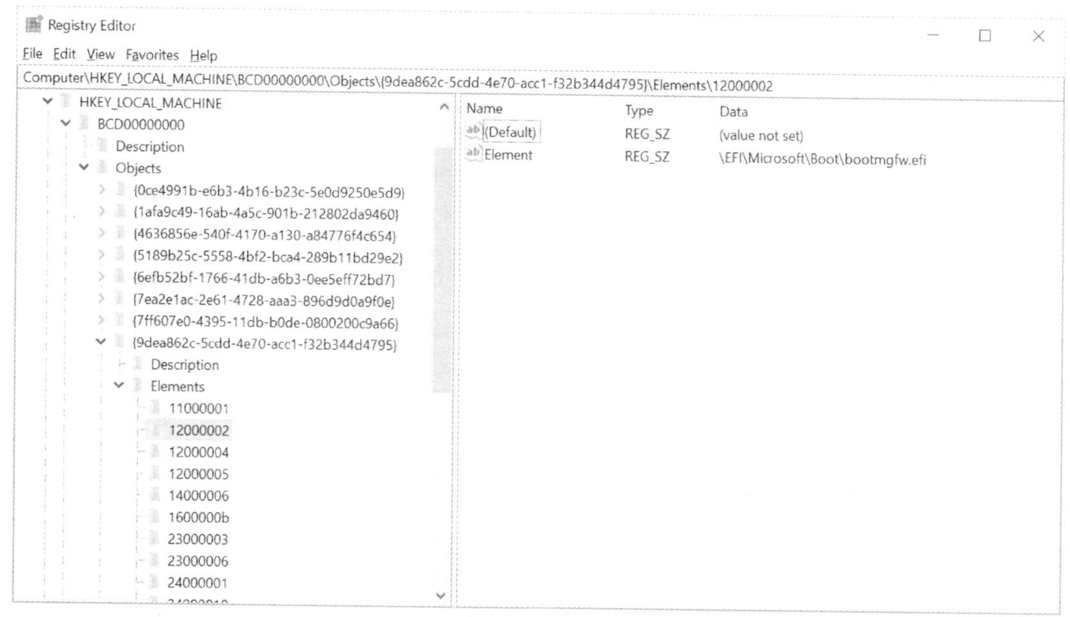

图 12-5 Windows 启动管理器的 BCD 对象及其相关启动选项范例

如果启动配置数据的配置单元损坏，或解析启动项时遇到错误，启动管理器会通过恢复 BCD 配置单元重试相关操作。恢复 BCD 配置单元通常存储在\EFI\Microsoft\Recovery\BCD 中。系统也可配置为跳过常规配置单元，直接使用该存储，为此要使用 **recoverybcd** 参数（存储于 UEFI 启动变量）或使用 Bootstat.log 文件。

系统已经准备好加载安全启动策略，显示启动菜单（如果需要）并运行启动应用程序。固件信任或不信任的启动证书列表均位于 db 和 dbx 这两个 UEFI 已验证变量中。代码完整性启动库会负责读取并解析 UEFI 变量，但这些变量只能控制是否可以加载特定的启动管理器模块。一旦 Windows 启动管理器成功运行，就可使用微软提供的证书列表进一步自定义或扩展 UEFI 提供的安全启动配置。安全启动策略文件（位于\EFI\Microsoft\Boot\SecureBootPolicy.p7b 中）、平台清单策略文件（.pm 文件）以及补充策略（.pol 文件）都会被解析并与存储在 UEFI 变量中的策略合并。由于内核代码完整性引擎最终将接管，因此这些附加的策略可以包含与操作系统有关的信息和证书。通过这种方式，一些 Windows 的安全版本（例如 S 版本）就可以在无须消耗宝贵的 UEFI 资源的前提下验证多个证书。借此也可以创建出信任根，因为指定新的自定义证书列表的文件已经使用 UEFI 允许的签名数据库中包含的数字证书签名了。

如果未被启动选项（nointegritycheck 或 testsigning）或安全启动策略禁用，则启动管理器会对自己的完整性进行自我验证：从硬盘上打开自己的文件，并验证其数字签名。如果安全启动已启用，则会根据安全启动签名策略来验证签名链。

启动管理器会初始化启动调试器，并检查是否需要展示 OEM 位图（通过 BGRT 的系统 ACPI 表）。如果需要，则会清空屏幕并展示徽标。如果 Windows 启用了 BCD 设置来通知启动管理器恢复休眠（或混合启动），此时的启动过程将大幅简化，将直接运行 Windows 恢复应用程序（Winresume.efi），并由该应用程序将休眠文件的内容读入内存，同时将控制权转交给内核中的代码，借此从休眠状态恢复。这些代码负责重新启动系统在上次关闭时处于活跃状态的驱动程序。Hiberfil.sys 文件只在计算机上次关闭到休眠状态或启用混合启动功能的情况下才有效。这是因为，为了避免反复从同一个状态下恢复，休眠文件会在恢复完成后失效。Windows 恢复应用程序 BCD 对象会通过一个专门的 BCD 元素（名为 resumeobject，详见下文的“休眠和快速启动”一节）与启动管理器描述符链接。

启动管理器会通过相关的 BCD 元素检测是否注册了自定义的 OEM 启动操作，如果已注册，则会处理这些操作。截至撰写这部分内容，唯一可支持的自定义操作是运行 OEM 启动序列。这样，OEM 厂商就可以注册自定义的恢复序列，并当用户在启动过程中按下特定按键后执行自己的恢复序列。

12.1.5　启动菜单

Windows 8 及后续版本引入了一项名为现代启动（modern boot）的新技术，使得标准启动配置下的经典（传统）启动菜单永远无法显示。现代启动为 Windows 提供了丰富的图形化启动体验，同时保持了深入探索与启动相关设置的功能。在这种配置下，即使在不带键盘和鼠标的计算机上，用户也可以通过触控操作选择自己要运行的操作系统。新的启动菜单是在 Win32 子系统的基础上绘制而来的，下文的“Smss、Csrss 和 Wininit”一节将详细介绍具体架构。

Bootmenupolicy 启动选项控制了启动加载器是使用旧的技术还是新的技术来显示启动菜单。如果计算机中不存在 OEM 启动序列，则启动管理器会枚举链接到启动管理器 displayorder 启动选项的所有系统启动项 GUID（如果该值为空，启动管理器将使用默认启动项）。对于找到的每个 GUID，启动管理器会打开相对的 BCD 对象并查询启动应用程序类型、启动设备以及可读描述。所有这些属性缺一不可，否则启动项会被视为无效并被跳过。如果启动管理器没有找到有效的启动应用程序，则会向用户展示错误信息，整个启动过程将被终止。启动菜单的显示算法从这里开始生效。此处会使用一个重要函数 BmpProcessBootEntry 来确定是否要显示遗留启动菜单。

- 如果默认启动应用程序（而非 Bootmgr 的启动项）的启动菜单策略明确设置为 Modern 类型，则该算法会立即退出并通过 BmpLaunchBootEntry 函数运行默认启动项。值得注意的是，这种情况下将不检查用户是否按下了键盘按键，因此无法强制停止启动过程。如果系统包含多个启动项，则默认启动应用程序在内存中维持的启动选项列表中会被加入一个特殊的 BCD 选项[1]。这样在系统启动的后续阶段，Winlogon 就可以识别该选项并显示现代菜单。
- 如果默认启动应用程序的启动策略为传统类型（或完全未设置），并且只存在一个

① 这个多重启动“特殊选项”没有名字。其元素代码为 BCDE_LIBRARY_TYPE_MULTI_BOOT_SYSTEM（对应于十六进制的 0x16000071）。

启动项，则 BmpProcessBootEntry 会检查用户是否按下了 F8 键或 F10 键。这两个键在 bootmgr.xsl 资源文件中被描述为“高级选项”和“启动选项”键。如果启动管理器检测到启动时按下了其中一个键，则会将相关 BCD 元素添加到默认启动应用程序在内存中维持的启动选项列表中（这个 BCD 元素不会写入硬盘）。随后将由 Windows 加载器处理这两个启动选项。最后，BmpProcessBootEntry 会检查系统是否被强制在即使只存在一个启动项，依然显示启动菜单（通过“displaybootmenu”选项进行检查）。

- 如果找到多个启动项，则会检查超时值（存储为一个 BCD 选项），如果超时值设置为 0，将会立即运行默认应用程序，否则会使用 BmDisplayBootMenu 函数来显示传统启动菜单。

在显示传统启动菜单的同时，启动管理器会枚举 toolsdisplayorder 启动选项列出的已安装的启动工具。

12.1.6 运行启动应用程序

Windows 启动管理器的最后一个目标是正确地运行启动应用程序（即使该应用程序位于 BitLocker 加密的驱动器中），并在出现问题后管理恢复序列。BmpLaunchBootEntry 会收到一个 GUID 以及需要运行的应用程序所对应的启动选项列表。该函数执行的第一个操作是（通过 BCD 元素）检查指定的启动项是否为 Windows Recovery（WinRE）项。此类启动应用程序主要用于处理恢复序列。如果是 WinRE 类型的项，则系统需要决定 WinRE 试图恢复的启动应用程序。在这种情况下，还需要首先识别并解锁（如果被加密）待恢复启动应用程序所在的启动设备。

BmTransferExecution 例程会使用启动库提供的服务打开启动应用程序所在的设备，并识别该设备是否被加密。如果已被加密，则会首先解密，随后读取目标操作系统的加载器文件。如果目标设备被加密，则 Windows 启动管理器会首先试图从 TPM 获取主密钥。在这种情况下，TPM 只有在满足某些条件（详见下一段）时才会解封主密钥。这样一来，如果某些启动配置被更改（例如启用了安全启动），则 TPM 将无法释放密钥。如果从 TPM 获取密钥的操作失败，Windows 启动管理器会显示一个类似图 12-6 所示的界面，要求用户输入解锁密钥（即使启动菜单策略被设置为 Modern，也会显示该界面，因为这种状态下系统还无法运行现代启动用户界面）。截至撰写这部分内容，启动管理器支持四种不同的解锁方法：PIN 码、密码、外部介质和恢复密钥。如果用户无法提供密钥，则启动过程将被中断，随后将运行 Windows 恢复序列。

固件可用于读取并验证目标操作系统加载程序。验证过程是通过代码完整性库进行的，该库可以针对文件的数字签名应用安全启动策略（系统策略和所有定制策略）。在将执行实际传递给目标启动应用程序之前，Windows 启动管理器需要通知已注册组件（尤其是 ETW 和测量启动），告诉它们启动应用程序已在运行。此外，启动管理器还需要确保 TPM 无法用于解封其他东西。

代码的执行会通过 BlImgStartBootApplication 转交给 Windows 加载器。该例程只在出现某些错误的情况下返回。与之前一样，启动管理器会在出现错误后运行 Windows 恢复序列。

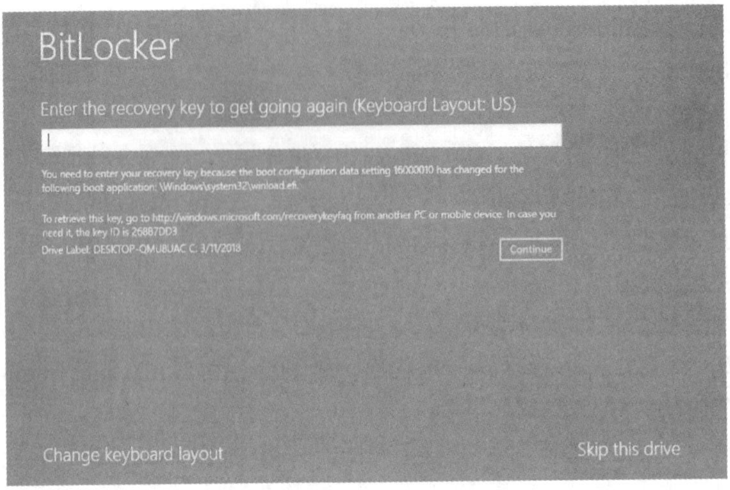

图 12-6　因为启动配置中的某些设置被更改而显示的 BitLocker 恢复过程

12.1.7　测量启动

2006 年年底，Intel 推出了可信执行技术（Trusted Execution Technology，TXT），该技术能确保真实的操作系统在可信赖的环境中启动，而不被外部代理（如恶意软件）修改或篡改。TXT 使用 TPM 和加密技术来测量软件与平台（UEFI）组件。Windows 8.1 及后续版本支持一个名为测量启动（measured boot）的新功能，该功能可测量从固件到启动系统的驱动器在内的每个组件，将测量结果存储在计算机的 TPM 中，随后提供一个可以远程测试的日志，以供验证客户端的启动状态。如果没有 TPM，这项技术也将不复存在。“测量”这个词是指计算一个特定实体（如代码、数据结构、配置或其他任何可载入内存的东西）的加密哈希值的过程。测量结果可用于多种目的。测量启动可以在 Windows 运行之前为反恶意软件解决方案提供所有启动组件的可信赖（可防欺骗和篡改）日志。这样，反恶意软件解决方案可以通过这些日志来判断在自己启动之前就已运行的组件到底是可信赖的还是被恶意软件感染的。本地计算机上运行的软件可将日志发送到远程服务器进行评估。通过与 TPM 以及非微软软件相配合，测量启动可以让网络上可信赖的服务器验证 Windows 启动过程的完整性。

TPM 的主要规则如下。

- 为需要保护的机密信息提供一种安全的非易失性存储设备。
- 为平台配置寄存器（Platform Configuration Register，PCR）提供存储测量结果的位置。
- 提供硬件加密引擎和真随机数生成器。

TPM 将测量启动的测量结果存储在 PCR 中。每个 PCR 提供一个存储区域，可以在固定容量的空间内存储不限数量的测量结果。该功能是由加密哈希的一个属性提供的。Windows 启动管理器（或后续参与工作的 Windows 加载器）永远不会直接写入 PCR 寄存器，而是会“扩展”PCR 的内容。这种“扩展”操作会获取 PCR 的当前值，将新的测量值附加其中，并对合并后的值计算加密哈希（通常使用 SHA-1 或 SHA-256）。哈希操作的结果就是新的 PCR 值。这种“扩展”方法保证了测量结果的顺序依赖性。加密哈希的属性之一就在于，它对顺序有依赖性。这意味着对 A 和 B 两个值创建的哈希，将会不同于对 B 和 A 两个值创建的哈希。由于 PCR 会被扩展（而非写入），因此，即使恶意软件能够扩展 PCR，也只能导致 PCR 中包含了无效的测量结果。这种加密哈希的另一个属性在于，无法根据特定哈希值逆向创建出能产生该值的数据。因此，除非用严格一致的顺序测量相同的对象，否则无法将 PCR 扩展为特定结果。

在启动过程的早期阶段，启动库的系统完整性模块会注册不同的回调函数。每个回调函数都会在后续启动序列的不同节点调用，这样做的目的在于管理已测量的启动事件，例如启用测试签名、启动调试器、PE 映像加载、启动应用程序运行、哈希、运行、退出，以及 BitLocker 解锁。每个回调将决定要对哪些类型的数据创建哈希，进而将其扩展至 TPM 的 PCR 中。例如，当启动管理器或 Windows 加载器启动一个外部的可执行映像时，都会生成三个测量启动事件，这些事件对应了映像加载过程的不同阶段：LoadStarting、ApplicationHashed 以及 ApplicationLaunched。在这种情况下，发送给 TPM PCR（11 和 12）的被测量实体就分别为映像的哈希、映像数字签名的哈希、映像基值以及映像大小。

在系统启动完成后，所有测量结果还会用于一种名为认证（attestation）的过程中。由于加密后的哈希值具备唯一性，所以可以使用 PCR 值及其日志来准确了解正在执行的软件版本以及软件的执行环境。在这个阶段，Windows 会使用 TPM 来提供 TPM 引述（quote），借此 TPM 可对 PCR 值添加签名，以保证这些值在传输过程中不会被恶意或无意地修改。这样可以保证测量结果的真实性。引述的测量结果会被发送到一个认证机构，这是一个可信任的第三方实体，能够验证 PCR 值，并将其与一个已知良好值数据库进行比较，进而解读这些值。这种证明模型所涉及的全部模块的介绍已经超出了本书范围。这种做法的最终目标是：远程服务器可以确认客户端为可信任的实体，还是已经被某些恶意组件所篡改。

上文曾经提到，启动管理器能够自动解锁被 BitLocker 加密的启动卷。在这个过程中，系统还利用了 TPM 提供的另一项重要服务：安全的非易失性存储。TPM 的非易失性随机访问内存（NVRAM）在断电后依然可以维持数据，具备比系统内存更多的安全功能。在分配 TPM NVRAM 时，系统会指定下列内容。

- **读取访问权**：指定 TPM 的哪个特权级别（也叫“位置”）可以读取数据。更重要的是，指定能够读取数据的任何 PCR 是否必须包含特定的值。
- **写入访问权**：与上述情况类似，不过适用于写入访问。
- **特性/权限**：为读取或写入提供可选的授权值（例如密码）以及临时性或永久性的锁（即内存可以被锁定以进行写入访问）。

用户首次加密启动卷时，BitLocker 会用另一个随机对称密钥加密其卷主密钥（Volume Master Key，VMK），随后以扩展的 TPM PCR 值（尤其是 PCR 7 和 11，它们用于测量 BIOS 和 Windows 启动序列）为条件“密封”该密钥。密封是指让 TPM 对一个数据块进行加密，这样，只有在指定的 PCR 具备正确值的情况下，才能让由进行加密操作的同一个 TPM 来解密。在后续启动过程中，如果被篡改的启动序列或不同的 BIOS 配置请求“解封”，那么 TPM 将拒绝该请求，因而不进行解封，也不会提供 VMK 加密密钥。

实验：使 TPM 测量结果失效

在这个实验中，我们将通过一种快速的方法让 BIOS 配置失效，进而导致 TPM 的测量结果失效。在测量启动序列、驱动程序和数据之前，测量启动功能会首先对 BIOS

配置（存储在 PCR1 中）进行静态测量。测量得到的 BIOS 配置数据严格取决于硬件制造商，有时甚至包含 UEFI 启动顺序列表。在开始实验前，请确认自己的系统包含有效的 TPM。为此可在“开始”菜单的搜索框中输入 **tpm.msc** 并运行，随后可以打开受信任平台模块（TPM）管理控制台。请检查状态栏是否显示“TPM 已就绪可供使用”的字样，以验证 TPM 是否存在并已启用。

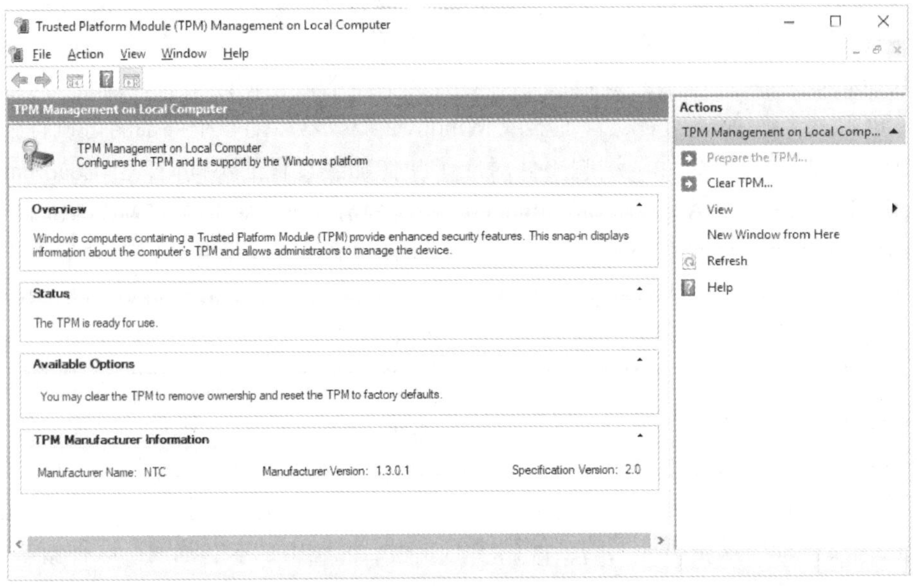

随后需要对系统卷进行 BitLocker 加密。如果系统卷已加密，则可跳过这一步，但请务必确保自己已经保存了恢复密钥（要查看恢复密钥，可在控制面板的 BitLocker 驱动器加密工具中选择“备份恢复密钥”）。点击任务栏图标打开文件资源管理器，随后打开“此电脑”，右键点击系统卷（其中包含所有的 Windows 文件，通常为 C:盘）并选择“**启用 BitLocker**”。初始验证完成后，在看到“选择启动时解锁你的驱动器的方式”页面后，选择“**让 BitLocker 自动解锁我的驱动器**”。这样，TPM 就会使用启动测量值作为“解封”密钥将 VMK 封存。别忘了保存或打印恢复密钥，后续操作会用到它。如果缺少该密钥，则将无法访问自己的文件。其他所有选项请都使用默认值。

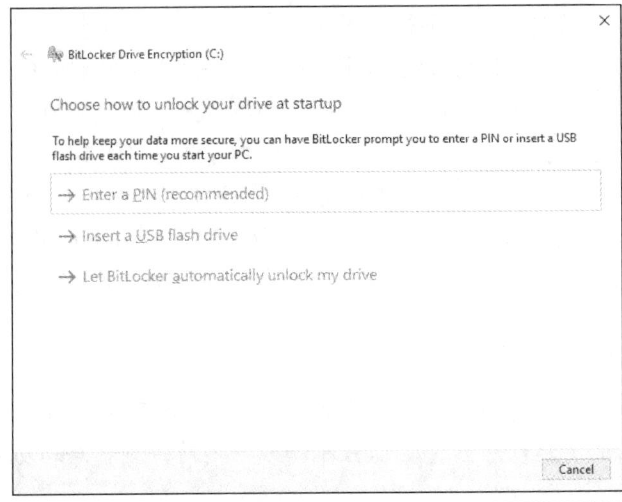

加密完成后，关闭计算机并重新开机，但这次请进入 UEFI BIOS 配置界面（不同厂商生产的计算机进入该界面的方法略有差异，详见硬件用户手册）。在 BIOS 配置页面中，只需更改启动顺序并重启计算机即可（此外，也可以使用本书随附资源中提供的 UefiTool 工具更改启动顺序）。如果所用硬件的制造商在 TPM 测量结果中包含启动顺序信息，那么在 Windows 启动之前，你应该看到 BitLocker 恢复信息。如果这种方式不可用，为了让 TPM 测量结果失效，那么可以在开机前插入 Windows 安装光盘或 U 盘。如果启动顺序已正确配置，则 Windows 安装引导代码将自动运行，并按任意键显示 CD 或 DVD 的启动信息。如果不按下任意按键，则系统将继续处理下一个启动项。此时启动序列已更改，导致 TPM 测量结果存在差异，因此 TPM 将无法解封 VMK。

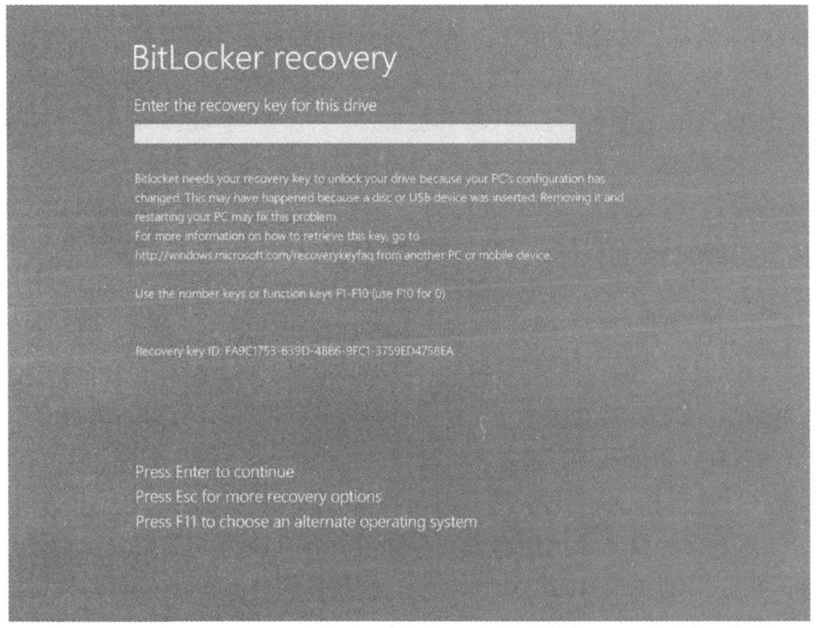

如果在启用了安全启动功能的情况下禁用该功能，也会让 TPM 测量结果无效（获得与上述操作相同的结果）。这个实验验证了测量启动功能与 BIOS 配置是相关联的。

12.1.8 可信执行

尽管测量启动为远程实体提供了一种确认启动过程完整性的方法，但有一个重要问题依然未能解决：启动管理器依然信任计算机的固件代码，并使用固件服务与 TPM 进行有效通信进而启动整个平台。截至撰写这部分内容，已经多次出现针对 UEFI 核心固件进行的攻击操作。TXT 通过改进可支持另一项重要功能，即安全运行[①]（Secure Launch）。安全运行（在 Intel 的术语中也叫 Trusted Boot，可信启动）提供了安全认证的代码模块（Authenticated Code Module，ACM），这些模块由 CPU 制造商进行签名，并由芯片组（而

① 在计算机领域，Boot 和 Launch 通常都可理解为“启动”。但因上文介绍的 Secure Boot 功能诞生较早，且已被微软正式称为“安全启动”，因此为了避免混淆，对于随后诞生且截至翻译本书时未有官方中文译名的 Secure Launch 功能，在本书中将其称为“安全运行”。还请读者注意区分。——译者注

非固件）负责执行。安全运行提供了无须重置平台，即可对可重置 PCR 进行动态测量的能力。在这种情况下，操作系统需要提供一种特殊的可信启动（TBOOT）模块，借此初始化平台的安全模式运作并初始化安全运行过程。

ACM 是由芯片组制造商提供的一段代码。ACM 由制造商签名，其代码在处理器内部的特殊安全内存中以一种最高特权等级运行。ACM 可使用一种特殊的 GETSEC 指令来调用。ACM 有两种类型：BIOS 和 SINIT。其中 BIOS ACM 可测量 BIOS 并执行 BIOS 的某些安全功能，而 SINIT ACM 可执行操作系统 TCB（TBOOT）模块的测量和运行工作。BIOS ACM 和 SINIT ACM 通常都包含在系统 BIOS 映像中（这并非严格要求），但如果需要，它们也可以被操作系统更新和替换（详见下文“安全运行”一节）。

ACM 是可信测量的核心根，因此需要在最高安全级别上运行，并且需要保护它免受各种类型的攻击。处理器的微码可将 ACM 模块复制到安全内存中，并在执行各种检查后允许其执行。处理器会验证 ACM 在设计上是否适用于目标芯片组。此外，还会验证 ACM 的完整性、版本以及数字签名是否与硬编码到芯片组保险丝（Fuse）中的公钥相匹配。如果上述任何一项检查失败，则 GETSEC 指令将拒绝执行 ACM。

安全运行的另一项关键功能是对 TPM 的动态信任根测量（Dynamic Root of Trust Measurement，DRTM）提供了支持。如上文“测量启动”一节所述，16 个不同的 TPM PCR 寄存器（0 到 15）提供了启动测量所需的存储。启动管理器可以扩展这些 PCR，但除非重置平台（或上电），否则无法清除其内容。这也解释了为何此类测量称为静态测量。动态测量是对无须重置平台即可重置的 PCR 进行的测量。安全运行和受信任的操作系统使用了六个动态 PCR（动态 PCR 共有八个，但另外两个是预留的，操作系统暂未使用）。

在典型的 TXT 启动序列中，启动处理器会在验证了 ACM 的完整性后执行 ACM 启动代码，然后测量关键的 BIOS 组件，随后退出 ACM 安全模式并跳转至 UEFI BIOS 启动代码。接下来，BIOS 会测量其余的所有代码，配置平台，验证测量结果，执行 GETSEC 指令。这条 TXT 指令可以加载 BIOS ACM 模块，由该模块执行安全检查并锁定 BIOS 配置。在这个阶段，UEFI BIOS 可以测量每个选项 ROM 代码（对于每个设备）以及初始程序加载（Initial Program Load，IPL）。至此，平台就已经处于可以引导操作系统（具体来说，将使用 IPL 引导）的状态。

TXT 启动序列是静态信任根测量（Static Root of Trust Measurement，SRTM）的一部分，因为受信任的 BIOS 代码（以及启动管理器）已经通过验证并处于良好的已知状态，在下次平台重置前将不再发生变化。通常来说，对于启用 TXT 的操作系统，会用一个特殊的 TCB（TBOOT）模块来作为要加载的第一个内核模块。这个 TBOOT 模块的作用是初始化平台，使其为安全模式的运行做好准备，并初始化安全运行功能。Windows 的 TBOOT 模块名叫 TcbLaunch.exe。在启动安全运行功能前，这个 TBOOT 模块必须被 SINIT ACM 模块进行认证。因此需要有一些组件来执行 GETSEC 指令并启动 DRTM。在 Windows 的安全运行模型中，这个组件就是启动库。

系统在进入安全模式（secure mode）[①]前，必须先将平台置于已知状态（在这种状态下，除自举处理器外，所有其他处理器都处于一种特殊的空闲状态，因此其他代码都无法执行）。

---

① 此处的安全模式和为了对无法正常启动的系统进行排错而进入的安全模式（safe mode）是不同的概念。——译者注

启动库将执行 GETSEC 指令，指定 SENTER 操作。这会导致处理器执行下列工作。

1）验证 SINIT ACM 模块并将其载入处理器的安全内存中。

2）清除所有相关动态的 PCR 并测量 SINIT ACM，以启动 DRTM。

3）执行 SINIT ACM 代码，借此测量受信任的操作系统代码并执行启动控制策略（launch control policy）。该策略决定了当前测量结果（位于某些动态 PCR 寄存器中）是否允许操作系统被视为“受信任”的。

如果上述任何一个检查失败，将会认定计算机被攻击，ACM 将发出 TXT 重置命令，这会导致任何类型的软件都无法执行，直到平台被强制重置。如果检查均通过，ACM 会退出 ACM 模式并跳转至受信任的操作系统入口点（在 Windows 中，这个入口点是 TcbLaunch.exe 模块的 TcbMain 函数），借此启用安全运行。随后，受信任的操作系统会得到控制权，这样就可以针对自己需要的每个测量结果扩展并重置动态 PCR（或使用另一套机制保证信任链）。

整个安全运行功能架构的介绍已经超出了本书范围。TXT 规范详情请参考 Intel 的手册。有关 Windows 可信执行实现方式的详细介绍，请参阅下文“安全运行”一节。图 12-7 展示了 Intel TXT 涉及的全部组件。

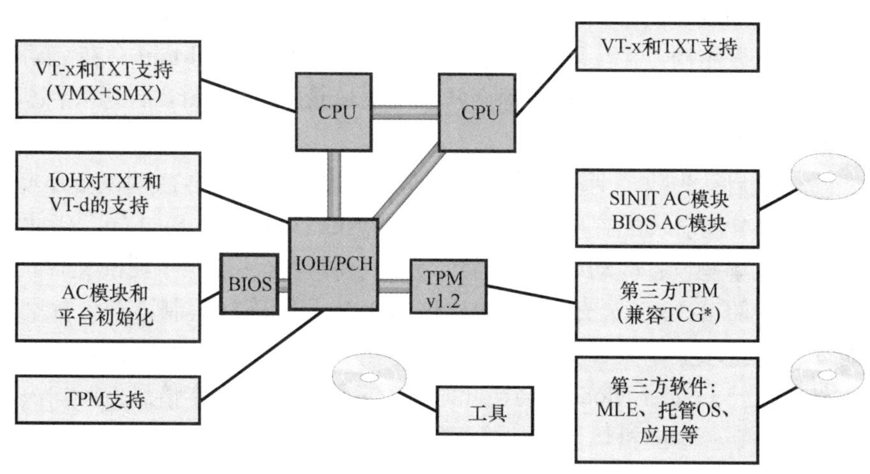

图 12-7 Intel TXT 组件

12.1.9 Windows 操作系统加载器

Windows 操作系统加载器（Winload）是启动管理器所运行的启动应用程序，其用途是加载并正确执行 Windows 内核。该过程包含很多重要任务。

- 为内核创建执行环境。这包括初始化并使用内核的页表，以及创建内存映射。EFI 操作系统加载器还会设置并初始化内核的栈、共享用户页、GDT、IDT、TSS 以及段选择器。
- 在磁盘栈初始化之前，将需要执行或访问的所有模块载入内存。其中也包括内核和 HAL，因为操作系统加载器一旦交出控制权，就需要由内核与 HAL 来处理基础服务的早期初始化工作。启动过程中不可缺少的驱动程序和注册表系统配置单元需要载入内存。
- 确定是否需要执行 Hyper-V 和安全内核（VSM），如果需要，则会正确加载并启动它们。

- 使用新增的高分辨率启动图形库（BGFX，取代了古老的 Bootvid.dll 驱动程序）绘制第一个背景动画。
- 对于支持 Intel TXT 的系统，协调安全运行功能的启动序列（有关测量启动、安全运行以及 Intel TXT 功能的详细介绍请参阅上文）。最初这项任务是在虚拟机监控程序加载器中实现的，但从 Windows 10 的 10 月更新（RS5）开始，已被转交给了 Winload 执行。

Windows 加载器在每个 Windows 版本中经历了多次改进和完善。OslMain 是主要的加载器函数（被启动管理器调用），它可以（重新）初始化启动库并调用内部的 OslpMain。截至撰写这部分内容，启动库支持以下两种执行上下文。

- 固件上下文，意味着分页被禁用。实际上分页并未被禁用，而是由执行物理地址一对一映射的固件提供，并且仅固件服务会被用于内存管理。Windows 会在启动管理器中使用这种执行上下文。
- 应用程序上下文，意味着分页已启用，且由操作系统提供。Windows 加载器使用了这个上下文。

在由操作系统加载器接管执行过程前，启动管理器会创建并初始化供 Windows 内核使用的四级 x64 页表结构，并且只创建自映射和标识映射项。OslMain 会在启动前切换至应用程序上下文。OslPrepareTarget 例程会从系统根目录的 bootstat.dat 文件中读取最后一次启动时的启动/关机状态。

如果最后一次启动失败了两次以上，则会返回到启动管理器并启动恢复环境，否则会直接读取 SYSTEM 注册表配置单元的\Windows\System32\Config\System，借此判断为了完成启动需要加载哪些设备驱动程序（配置单元是一种包含注册表子树的文件，有关注册表的详细介绍请参阅第 10 章）。随后会初始化 BGFX 显示库（绘制第一个背景图像）并在需要时显示高级选项菜单（详见上文“启动菜单”一节）。NT 内核启动过程中所需的重要的数据结构之一 Loader Block，会在此时进行分配并填充基本信息，例如，系统配置单元的基址和大小、一个随机熵值（如果可能，则将从 TPM 查询而来）等。

OslInitializeLoaderBlock 包含的代码可以查询系统的 ACPI BIOS 以检索基本设备和配置信息（包括系统 CMOS 中存储的事件时间和日期信息）。这些信息会被收集到内部数据结构中，并在启动完成后存储在 HKLM\HARDWARE\DESCRIPTION 注册表键中。这是一个遗留的注册表键，它的存在只是为了保证兼容性。如今，有关硬件的这些信息会存储在即插即用管理器的数据库中。

随后，Winload 开始从启动卷加载进行内核初始化所必需的文件。启动卷是被启动的系统的系统目录（通常是\Windows）所在的卷。Winload 将执行下列步骤。

1）判断是否需要加载虚拟机监控程序或安全内核（通过 BCD 的 hypervisorlaunchtype 选项和 VSM 策略决定）。如果需要，则会启动虚拟机监控程序设置过程的阶段 0。阶段 0 会将 HV 加载器模块（Hvloader.dll）预加载到 RAM 内存中并执行 HvlLoadHypervisor 初始化例程。后者将虚拟机监控程序映像（Hvix64.exe、Hvax64.exe 或 Hvaa64.exe，取决于架构）及其所有依赖项加载并映射到内存。

2）枚举所有可被固件枚举的磁盘，并将列表附加给加载器参数块（Loader Parameter Block）。此外，如果在配置数据中进行了指定，还会加载聚合初始计算机配置的配置单元

（Imc.hiv）并将其附加给加载器块。

3）初始化内核代码完整性模块（CI.dll）并构建 CI 加载器块。该模块随后会在 NT 内核与安全内核间共享。

4）处理任何未决的固件更新（Windows 10 支持通过 Windows Update 分发固件更新）。

5）加载相应的内核和 HAL 映像（默认为 Ntoskrnl.exe 和 Hal.dll）。如果 Winload 加载这两个文件失败，则将会显示错误信息。在开始加载这两个模块的依赖项之前，Winload 会通过数字证书验证其内容并载入 API Set Schema 系统文件。这样即可处理 API Set 的导入了。

6）初始化调试器，加载正确的调试器传输。

7）如果需要，则加载 CPU 微码更新模块（Mcupdate.dll）。

8）OslpLoadAllModules 最后会加载 NT 内核和 HAL 依赖的模块：ELAM 驱动程序、核心扩展、TPM 驱动程序，以及其他需要在启动时运行的驱动程序（会按照顺序加载，文件系统驱动程序会优先加载）。启动设备驱动程序是指启动系统所必需的驱动程序。这些驱动程序的配置存储在 SYSTEM 注册表配置单元中。每个设备驱动程序都在 HKLM\SYSTEM\CurrentControlSet\Services 之下有一个注册表子键。例如，Services 有一个名为 rdyboost、适用于 ReadyBoost 驱动程序的子键，如图 12-8 所示（有关 Services 注册表项的详细介绍，请参阅第 10 章中的“Windows 服务”一节）。所有启动驱动程序的启动值均为 SERVICE_BOOT_START (0)。

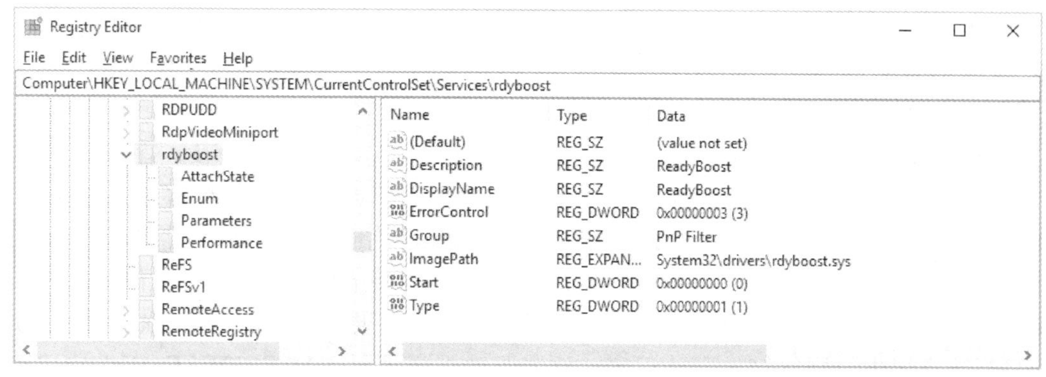

图 12-8 ReadyBoost 驱动程序的服务设置

9）到这一阶段，为了正确分配物理内存，Winload 依然使用 EFI 固件提供的服务（AllocatePages 启动服务例程）。虚拟地址转换工作此时由运行在应用程序执行上下文中的启动库负责管理。

10）读入用于实现国际化的 NLS（国家语言系统）文件。默认情况下，这些文件为 l_intl.nls、C_1252.nls 和 C_437.nls。

11）如果评估后的策略需要启动 VSM，则会执行安全内核设置工作的阶段 0，借此解析 VSM 加载器支持例程（由 Hvloader.dll 模块导出）的位置，并加载安全内核模块（Securekernel.exe）及其所有依赖项。

12）对于 S 版本的 Windows，还将判断 Windows 应用程序的最低用户模式可配置代码完整性签名的级别。

13）调用 OslArchpKernelSetupPhase0 例程，执行内核转换所需的内存步骤，例如分配 GDT、IDT 和 TSS，映射 HAL 虚拟地址空间，分配内核栈、共享用户页以及 USB 传统交接（legacy handoff）。Winload 会使用 UEFI 的 GetMemoryMap 设施来获取完整的系统物理内存映射，并将属于 EFI 运行时代码/数据的每个物理页映射至虚拟内存空间。随后完整的物理映射将被传递给操作系统内核。

14）执行 VSM 设置过程的阶段 1，将所需的全部 ACPI 表从 VTL0 复制到 VTL1 内存（该步骤还会创建 VTL1 页表）。

15）虚拟内存转换模块已完全正常运行，因此，Winload 将调用 ExitBootServices 这个 UEFI 函数来摆脱固件启动服务，并使用 UEFI 的运行时函数 SetVirtualAddressMap 将剩余的运行时 UEFI 服务重映射至所创建的虚拟地址空间。

16）如果需要，将启动虚拟机监控程序和安全内核（严格按照该顺序启动）。如果成功，执行控制权将返回给 Hyper-V 根分区上下文中的 Winload（有关 Hyper-V 的详细信息请参阅第 9 章）。

17）通过 OslArchTransferToKernel 例程将执行权转交给内核。

12.1.10　从 iSCSI 启动

Internet SCSI（iSCSI）设备是一种网络附加存储设备，借此可通过 iSCSI 主机总线适配器（HBA）或以太网连接远程物理磁盘。不过这些设备和传统的网络附加存储（NAS）有较大不同，因为可以针对磁盘提供块级访问，而传统 NAS 使用了基于逻辑访问的网络文件系统。因此使用 Microsoft iSCSI 发起程序通过以太网连接提供访问的 iSCSI 磁盘，能像其他任何类型的磁盘一样出现在启动加载器和操作系统中。使用 iSCSI 磁盘代替本地存储，可以帮助企业节约空间、耗电量以及降低冷却压力。

传统上，虽然 Windows 只支持从本地连接的磁盘启动，或通过 PXE 进行网络启动，但现代版本的 Windows 也可通过一种名为 iSCSI 启动的机制原生支持从 iSCSI 设备启动。如图 12-9 所示，启动加载器（Winload.efi）会读取必须存在于物理内存中（通常通过 ACPI 暴露）的 iSCSI 启动固件表（iBFT）来检测系统是否支持 iSCSI 启动设备。借助 iBFT，Winload 可以获知远程磁盘的位置、路径和认证信息。如果存在该表，Winload 会打开并加载制造商提供的网络接口驱动程序，这些驱动程序采用 CM_SERVICE_NETWORK_BOOT_LOAD (0x1)启动标志。

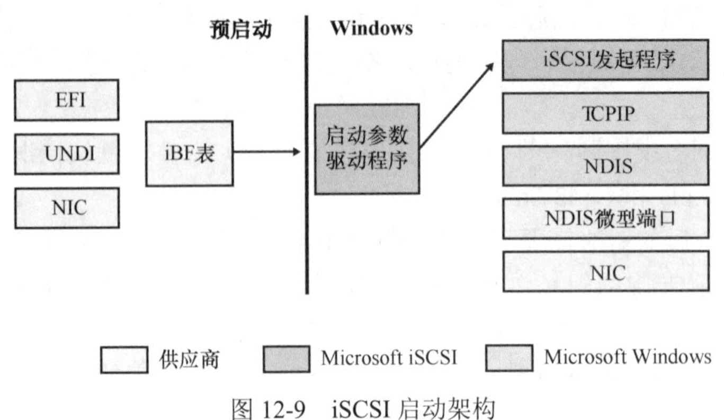

图 12-9　iSCSI 启动架构

此外，Windows 安装程序也可以读取该表来确定可启动的 iSCSI 设备，进而直接安装到此类设备上，这样就不需要使用安装镜像了。在 Microsoft iSCSI 发起程序的帮助下，

Windows 就获得了从 iSCSI 启动的能力。

12.1.11 虚拟机监控程序加载器

虚拟机监控程序加载器（文件名为 Hvloader.dll）作为一个启动模块，可正确加载并启动 Hyper-V 虚拟机监控程序和安全内核。有关 Hyper-V 与安全内核的详细介绍请参阅第 9 章。虚拟机监控程序加载器模块已深入集成于 Windows 加载器，其主要目标有两个。

- 检测硬件平台，加载并启动正确版本的 Windows 虚拟机监控程序（Intel 系统为 Hvix64.exe，AMD 系统为 Hvax64.exe，ARM64 系统为 Hvaa64.exe）。
- 解析虚拟安全模式（Virtual Secure Mode，VSM）策略，加载并启动安全内核。

在 Windows 8 中，该模块是一个由 Winload 按需加载的外部可执行文件。当时，虚拟机监控程序加载器唯一的作用是加载并启动 Hyper-V。随着 VSM 和可信启动功能的引入，该架构已重新设计，使得不同的组件可实现更紧密的集成。

如上文所述，虚拟机监控程序的设置分为两个阶段。第一阶段始于 Winload 中 NT 加载器块初始化完成之后的那一刻。HvLoader 会通过某些 CPUID 指令检测目标平台，复制 UEFI 的物理内存映射，并发现 IOAPIC 和 IOMMU。随后，HvLoader 会将正确的虚拟机监控程序映像（以及所有依赖项，如调试器传输）载入内存，并检查虚拟机监控程序的版本信息与预期是否一致（这解释了 HvLoader 为何无法启动不同版本的 Hyper-V）。在这一阶段，HvLoader 会收集虚拟机监控程序加载器块，这是一种重要的数据结构，可用于在 HvLoader 和虚拟机监控程序（类似于 Windows 加载器块）本身之间传递重要的系统参数。第一阶段最重要的步骤是构建虚拟机监控程序页表层次结构。这种刚生成的页表只包含虚拟机监控程序映像（及其依赖项）与第一个兆字节之下的系统物理页之间的映射。后者是一种由启动过渡代码（详见下文）使用的标识映射。

当 Winload 最后的工作完成时，便会开始第二阶段：UEFI 固件的启动服务已被弃用，因此 HvLoader 代码会将 UEFI 运行时服务的物理地址范围复制到虚拟机监控程序加载器块，并捕获处理器状态；随后会禁用中断、调试器和分页；接着将调用 HvlpTransferToHypervisorViaTransitionSpace，将代码的执行转移到 1MB 之下的物理页。位于这里的代码（过渡代码）将切换页表，重新启用分页，并转移到虚拟机监控程序代码（实际上会创建两个地址空间）。虚拟机监控程序启动后，将使用保存的处理器上下文，以正确方式将代码的执行转回给一个名为根分区（详见第 9 章）的新虚拟机上下文中运行的 Winload。

由于一些操作只能在虚拟机监控程序启动之后进行，因此虚拟安全模式的启动分为三个阶段。

1）第一阶段与虚拟机监控程序设置过程的第一阶段非常类似。数据被从 Windows 加载器块复制到刚分配的 VSM 加载器块，生成主密钥、IDK 密钥和 Crashdump 密钥，SecureKernel.exe 模块会被载入内存。

2）第二阶段由 Winload 在 OslPrepareTarget 工作过程的后期发起，此时虚拟机监控程序已初始化完成但尚未运行。与虚拟机监控程序设置过程的第二阶段类似，UEFI 运行时服务的物理地址范围会被复制到 VSM 加载器块，同时复制的还有 ACPI 表、代码完整性数据、完整的系统物理内存映射，以及虚拟化调用的代码页。第二阶段还会使用 OslpVsmBuildPageTables 函数构建用于受保护 VTL1 内存空间的受保护页表层次结构及所需 GDT。

3）第三阶段是最终的“运行”阶段。虚拟机监控程序已经运行起来，第三阶段将执行最终的检查（例如检查是否存在 IOMMU，根分区是否具备 VSM 特权 IOMMU，这对 VSM 很重要，详见第 9 章）。这个阶段还会设置加密的虚拟机监控程序崩溃转储区域，复制 VSM 加密密钥，并将执行转移给安全内核入口点（SkiSystemStartup）。安全内核入口点代码运行在 VTL 0 下。VTL 1 则是随后由安全内核代码通过 HvCallEnablePartitionVtl 这个虚拟化调用启动的（详见第 9 章）。

12.1.12　VSM 启动策略

启动时，Windows 加载器需要判断是否启动虚拟安全模式（Virtual Secure Mode，VSM）。为保证所有恶意软件都无法禁用这种新的防护措施，系统会使用一种特殊的策略来密封 VSM 启动设置。默认配置下，当首次启动时（Windows 安装程序复制完 Windows 文件后），Windows 加载器会使用 OslSetVsmPolicy 例程读取并密封 VSM 配置，这些配置存储在 HKLM\SYSTEM\CurrentControlSet\Control\DeviceGuard 下的 VSM 根注册表键中。

VSM 可由不同的源启用。

- **Device Guard 场景**。每个场景都以子键形式存储在 VSM 根键下。名为 Enabled 的 DWORD 注册表值控制对应的场景中是否启用。如果有一个或多个场景被激活，那么 VSM 将被启用。
- **全局设置**。存储在注册表值 EnableVirtualizationBasedSecurity 中。
- **HVCI 代码完整性策略**。存储在代码完整性策略文件（Policy.p7b）中。

另外，默认情况下，启用虚拟机监控程序的同时，也将自动启用 VSM（除非存在 HyperVVirtualizationBasedSecurityOptOut 注册表值）。

每个 VSM 激活源都可以指定一个锁定策略。如果锁定模式已启用，则 Windows 加载器会构建一个名为 VbsPolicy 的安全启动变量，并在其中存储 VSM 激活模式和平台配置。VSM 平台的一部分配置会根据检测到的系统硬件动态生成，另外一部分配置则可直接从 VSM 根键下的 RequirePlatformSecurityFeatures 注册表值中读取。随后每次启动时都会读取这个安全启动变量，而该变量中存储的配置将始终替代 Windows 注册表中的配置。

这样，即使恶意软件通过修改 Windows 注册表禁用了 VSM，Windows 依然可以忽略这些改动，以保证用户环境的安全。恶意软件无法修改 VSM 安全启动变量，因为根据安全启动规范的要求，只有包含可信任数字签名的新变量才可以修改或删除原先的变量。微软提供了一个特殊的签名工具可以禁用 VSM 保护，该工具是一个特殊的 EFI 启动应用程序，可以设置另一个名为 VbsPolicyDisabled 的带签名的安全启动变量。Windows 加载器可以在启动时识别该变量。如果发现该变量存在，则 Winload 将删除 VbsPolicy 安全变量，并修改注册表以禁用 VSM（同时修改全局设置和每个激活的场景）。

实验：理解 VSM 策略

在这个实验中，我们将了解安全内核的启动过程是如何抵抗外部篡改的。首先请在兼容的 Windows 版本（通常为专业版或商业版）中启用基于虚拟化的安全性（Virtualization Based Security，VBS）。在这些版本的系统中，我们可以通过任务管理器快速了解 VBS 是否已启用。如果 VBS 已启用，即可在“**详细信息**”选项卡下看到一个名为 Secure System 的进程。不过即便已经启用，也别忘了检查 UEFI 锁是否已启用。在开始菜单的搜索框中输入“**组策略编辑器**”（或 **gpedit.msc**）并启动本地组策略编辑器控制台，随后依次进入“计算机配置”→“管理模板”→“系统”→“Device Guard”，双击“**打开基于虚拟化的安全**”。请确保该策略设置为“**已启用**”，并且相关选项的设置如下图所示。

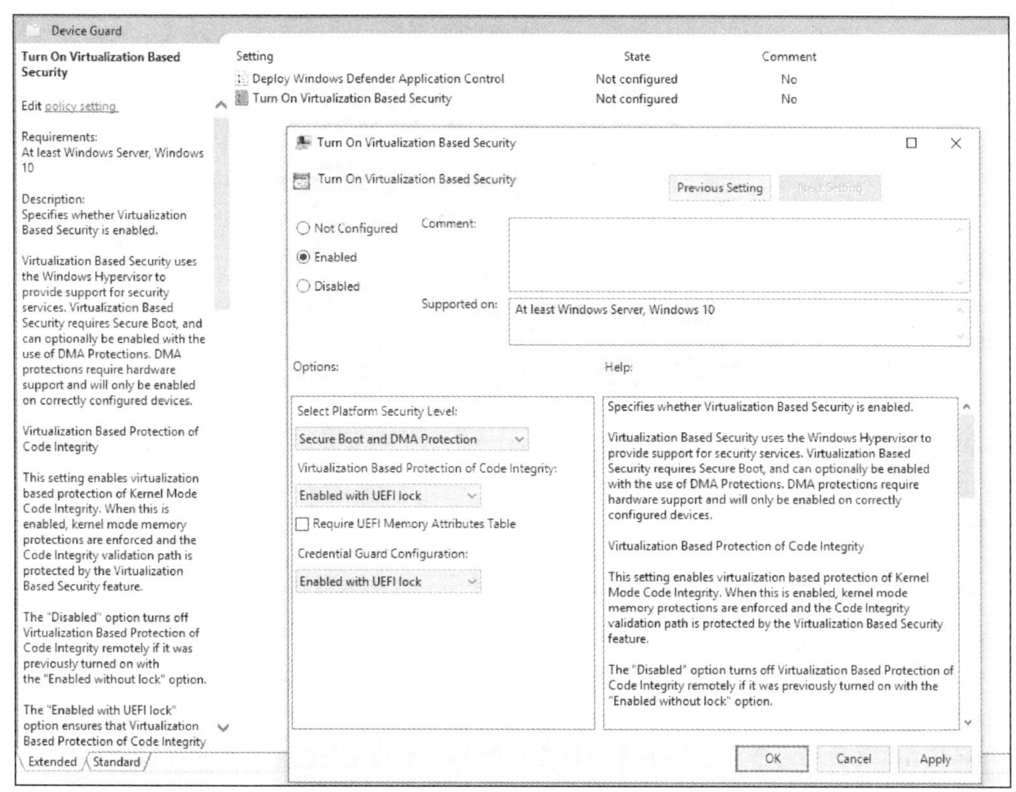

接下来需要检查安全启动是否已启用（为此可以使用系统信息工具或系统 BIOS 配置工具确认安全启动的激活状态），随后重启系统。“使用 UEFI 锁启用”选项甚至可以防止管理员权限的用户进行篡改。重启系统后，通过相同的组策略禁用 VBS（务必将所有设置都禁用）并删除 HKEY_LOCAL_MACHINE\SYSTEM\CurrentControlSet\Control\DeviceGuard 下的所有注册表键和值（也可将其全部设置为“0”）。请使用注册表编辑器正确删除所有值。

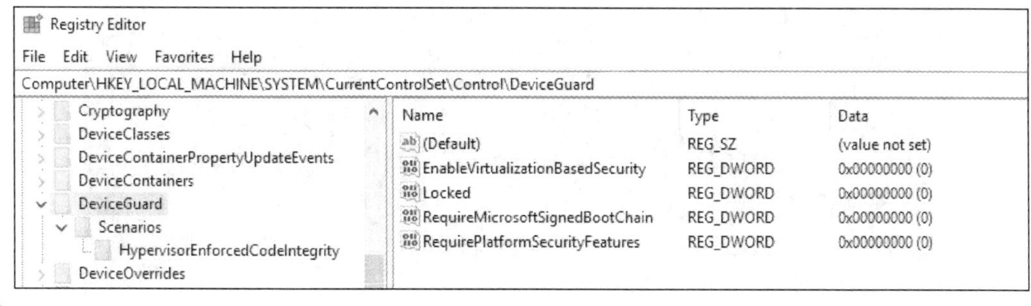

使用管理员权限运行的命令提示符窗口运行“**bcdedit/set {current} hypervisorlaunchtype off**”命令禁用虚拟机监控程序，然后再次重启系统。系统重启后，即便 VBS 和虚拟机监控程序已经按照预期正确关闭，依然可以通过任务管理器看到 Secure System 和 LsaIso 进程。这是因为 UEFI 服务变量 VbsPolicy 依然包含原策略，因此，恶意程序或用户无法轻易禁用这一层额外的保护。为了确认这一点，请运行 **eventvwr** 打开系统事件查看器并进入“Windows 日志”→“系统”。向下拖动事件列表，应该能看到有一条描述 VBS 激活类型的事件（事件来源为 Kernel-Boot）。

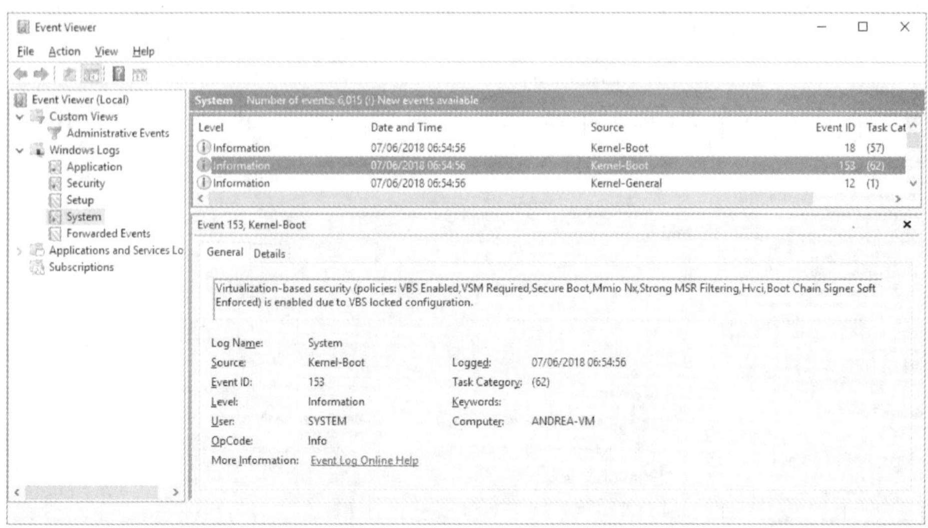

VbsPolicy 是一种由启动服务认证的 UEFI 变量，这意味着当操作系统切换到运行时模式后，该变量将不可见。上一个实验中用到的 UefiTool 工具无法显示此类变量。为了查看 VbsPolicy 变量内容，请再次重启计算机，禁用安全启动，随后使用 Efi Shell。Efi Shell（包含在本书随附资源中）必须复制到 FAT32 文件系统 U 盘的 efi\boot 路径下，并将其命名为 bootx64.efi。随后用这个 U 盘启动系统即可运行 Efi Shell。接着请运行下列命令:

```
dmpstore VbsPolicy -guid 77FA9ABD-0359-4D32-BD60-28F4E78F784B
```

（77FA9ABD-0359-4D32-BD60-28F4E78F784B 是安全启动私有命名空间的 GUID。）

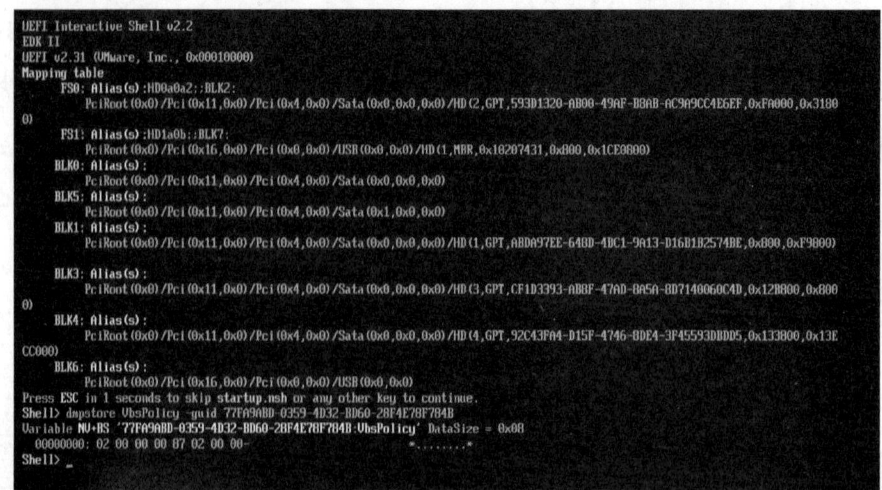

12.1.13 安全运行

如果可信执行（通过 VSM 策略中的一个特定功能值）已启用，并且系统兼容该功能，那么 Winload 将启用一个与常规启动路径略有差异的全新启动路径。这个新启动路径称为安全运行（secure launch）。安全运行实现了 Intel 可信启动（TXT）技术（或 AMD64 的 SKINIT 技术）。可信启动通过两个组件实现：启动库和 TcbLaunch.exe 文件。启动库在初始化的时候会检测到可信启动功能已启用，并注册一个拦截不同事件的启动回调。可拦截事件包括启动应用程序运行、哈希计算及启动应用程序结束。Windows 加载器在这个早期环节并不加载虚拟机监控程序，而会执行安全运行设置过程的三个阶段（从现在开始，我们将“安全运行的设置过程”称为“TCB 设置过程”）。

如上文所述，安全运行的最终目标是运行安全的启动序列，其中 CPU 是唯一可信任的根。为此，系统需要摆脱对所有固件的依赖。

为了实现这一点，Windows 会创建一个 RAM 磁盘并将其格式化为 FAT 文件系统，其中包含 Winload、虚拟机监控程序、VSM 模块，以及启动系统所需的全部操作系统启动组件。Windows 加载器（Winload）会使用 BlImgLoadBootApplication 例程将 TcbLaunch.exe 从系统启动磁盘读入内存。后者将触发可由 TCB 启动回调管理的三个事件。该回调首先会准备运行测量启动环境（Measured Launch Environment，MLE）；然后检查 ACM 模块和 ACPI 表，并映射所需的 TXT 区域；最后用一个特殊的 TXT MLE 例程替换启动应用程序的入口点。

在 OslExecuteTransition 例程运行的最新阶段，Windows 加载器并不会启动虚拟机监控程序的运行序列。相反，它会将执行转交给 TCB 运行序列，这个过程相当简单。TCB 启动应用程序将通过上文介绍过的 BlImgStartBootApplication 例程启动。修改后的启动应用程序入口点将调用 TXT MLE 运行例程，借此执行 GETSEC(SENTER) TXT 指令。该指令可测量内存中的 TcbLaunch.exe 可执行文件（TBOOT 模块），如果测量成功，则 MLE 运行例程会将代码执行转交给真正的启动应用程序入口点（TcbMain）。

安全运行环境中执行的第一个代码是 TcbMain 函数。这个实现相当简单：重新初始化启动库，注册事件以接收虚拟化运行/恢复通知，随后调用安全 RAM 磁盘中 Tcbloader.dll 模块内的 TcbLoadEntry。Tcbloader.dll 模块是受信任 Windows 加载器的小型版本，其作用是加载、验证并启动虚拟机监控程序，设置虚拟化调用页面，以及运行安全内核。安全运行过程就此结束，接下来将由虚拟机监控程序和安全内核负责 NT 内核与其他模块的验证工作并提供信任链。随后执行将返回 Windows 加载器，并通过标准的 OslArchTransferToKernel 例程回到 Windows 内核。

图 12-10 展示了安全运行功能的结构与涉及的所有组件。用户可以使用本地组策略编辑器启用安全运行功能，为此只需要在“计算机配置”→“管理模板”→“系统”→“Device Guard”下调整“打开基于虚拟化的安全”设置即可。

注意 可信启动的 ACM 模块由 Intel 提供，依赖于特定芯片组。大部分 TXT 接口都是物理内存中的内存映射。这意味着 HvLoader 甚至可以访问 SINIT 区域，验证 SINIT ACM 版本，并在需要时对其更新。Windows 使用一个特殊的压缩 WIM 文件（名为 Tcbres.wim）实现了这一点，该文件中包含每个芯片组的所有已知 SINIT ACM 模块。如果需要，MLE 准备阶段还可以打开该压缩文件，从中提取正确的二进制模块，并用它替换 TXT 区域中原始的 SINIT 固件内容。当调用安全运行过程时，CPU 会将 SINIT ACM 载入安全内存，验证其数字签名的完整性，随后将其公钥的哈希值与芯片组中硬编码的哈希值进行对比。

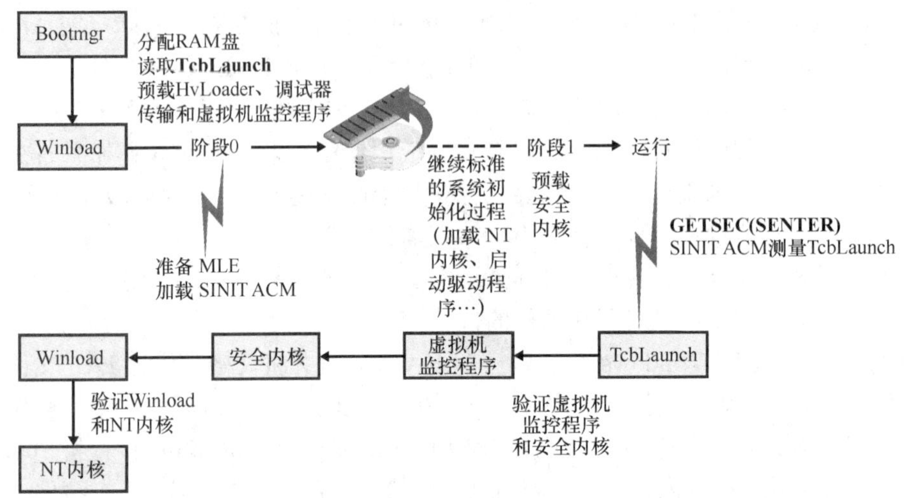

图 12-10　安全运行功能的结构与涉及的所有组件。请留意来自 RAM 磁盘的虚拟机监控程序和安全内核

AMD 平台上的安全运行

虽然安全运行功能仅适用于支持 TXT 技术的 Intel 计算机，但从 Windows 10 的 2020 年春季更新开始，Windows 提供了对 SKINIT 的支持，这是 AMD 开发的一项类似技术，可用于从最初不受信任的操作模式开始，以可验证的方式启动可信任的软件。

SKINIT 的用途与 Intel 的 TXT 相同，也可用于安全运行功能的启动流程。不过与 TXT 的不同之处在于，SKINIT 基于一种名为安全加载器（Secure Loader，SL）的小型软件，在 Windows 中，SL 是通过 AMD 所提供的 Amddrtm.dll 库文件的资源节中包含的 amdsl.bin 二进制文件实现的。SKINIT 指令可以重新初始化处理器，进而建立安全的执行环境，并以一种无法篡改的方式开始执行 SL。安全加载器位于安全加载器程序块中，这个 64 KB 的结构可由 SKINIT 指令转换到 TPM 中。TPM 可测量 SL 的完整性并将执行转交给它的入口点。

SL 可以验证系统状态，将测量结果扩展到 PCR 中，并将执行转交给 AMD MLE 运行例程，该例程位于 TcbLaunch.exe 模块中一个单独的二进制文件内。MLE 例程可以初始化 IDT 和 GDT 并构建将处理器切换至长模式所需的页表（AMD 计算机中的 MLE 执行于 32 位受保护模式下，这是为了尽可能地减少 TCB 中的代码）。与 Intel 系统一样，最后它会跳回 TcbLaunch，重新初始化启动库，注册事件以接收虚拟化运行/恢复通知，随后调用 Tcbloader.dll 模块内的 TcbLoadEntry。从这里往后，引导流程就与 Intel 系统中实现的安全运行功能完全相同了。

12.1.14　初始化内核与执行体子系统

当 Winload 调用 Ntoskrnl 时，它会传递一种名为加载器参数块的数据结构。加载器参数块包含系统分区和启动分区路径、一个到内存表（由 Winload 生成，用于描述系统物理内存）的指针、一个物理硬件树（用于构建易失性的 HARDWARE 注册表配置单元）、一个 SYSTEM 注册表配置单元在内存中的副本，以及一个指向 Winload 已加载启动驱动程序列表的指针。此外还包含到目前为止执行过的所有与启动工作有关的其他信息。

实验：加载器参数块

启动时，内核会在 KeLoaderBlockvariable 中保留一个指向加载器参数块的指针。内核会在启动过程的第一阶段丢弃该参数块，因此，查看该结构内容的唯一方法是在启动前连接内核调试器，并在最初的内核调试器断点处断开。如果可以做到这一点，那么可使用 **dt** 命令转储这个参数块，如下所示：

```
kd> dt poi(nt!KeLoaderBlock) nt!LOADER_PARAMETER_BLOCK
   +0x000 OsMajorVersion    : 0xa
   +0x004 OsMinorVersion    : 0
   +0x008 Size              : 0x160
   +0x00c OsLoaderSecurityVersion : 1
   +0x010 LoadOrderListHead : _LIST_ENTRY [ 0xfffff800`2278a230 - 0xfffff800`2288c150 ]
   +0x020 MemoryDescriptorListHead : _LIST_ENTRY [ 0xfffff800`22949000 - 0xfffff800
                                                                          `22949de8 ]
   +0x030 BootDriverListHead : _LIST_ENTRY [ 0xfffff800`22840f50 - 0xfffff800`2283f3e0 ]
   +0x040 EarlyLaunchListHead : _LIST_ENTRY [ 0xfffff800`228427f0 - 0xfffff800`228427f0 ]
   +0x050 CoreDriverListHead : _LIST_ENTRY [ 0xfffff800`228429a0 - 0xfffff800`228405a0 ]
   +0x060 CoreExtensionsDriverListHead : _LIST_ENTRY [ 0xfffff800`2283ff20 - 0xfffff800
                                                                          `22843090 ]
   +0x070 TpmCoreDriverListHead : _LIST_ENTRY [ 0xfffff800`22831ad0 - 0xfffff800`22831ad0 ]
   +0x080 KernelStack       : 0xfffff800`25f5e000
   +0x088 Prcb              : 0xfffff800`22acf180
   +0x090 Process           : 0xfffff800`23c819c0
   +0x098 Thread            : 0xfffff800`23c843c0
   +0x0a0 KernelStackSize   : 0x6000
   +0x0a4 RegistryLength    : 0xb80000
   +0x0a8 RegistryBase      : 0xfffff800`22b49000 Void
   +0x0b0 ConfigurationRoot : 0xfffff800`22783090 _CONFIGURATION_COMPONENT_DATA
   +0x0b8 ArcBootDeviceName : 0xfffff800`22785290 "multi(0)disk(0)rdisk(0)partition(4)"
   +0x0c0 ArcHalDeviceName : 0xfffff800`22785190 "multi(0)disk(0)rdisk(0)partition(2)"
   +0x0c8 NtBootPathName    : 0xfffff800`22785250 "\WINDOWS\"
   +0x0d0 NtHalPathName     : 0xfffff800`22782bd0 "\"
   +0x0d8 LoadOptions       : 0xfffff800`22772c80 "KERNEL=NTKRNLMP.EXE NOEXECUTE=OPTIN
                                HYPERVISORLAUNCHTYPE=AUTO DEBUG ENCRYPTION_KEY=****
                                DEBUGPORT=NET
                                HOST_IP=192.168.18.48 HOST_PORT=50000 NOVGA"
   +0x0e0 NlsData           : 0xfffff800`2277a450 _NLS_DATA_BLOCK
   +0x0e8 ArcDiskInformation : 0xfffff800`22785e30 _ARC_DISK_INFORMATION
   +0x0f0 Extension         : 0xfffff800`2275cf90 _LOADER_PARAMETER_EXTENSION
   +0x0f8 u                 : <unnamed-tag>
   +0x108 FirmwareInformation : _FIRMWARE_INFORMATION_LOADER_BLOCK
   +0x148 OsBootstatPathName : (null)
   +0x150 ArcOSDataDeviceName : (null)
   +0x158 ArcWindowsSysPartName : (null)
```

此外，也可以针对 MemoryDescriptorListHead 字段使用**!loadermemorylist** 命令来转

储物理内存范围:

```
kd> !loadermemorylist 0xfffff800`22949000
Base        Length      Type
0000000001  0000000005  (26) HALCachedMemory       ( 20 Kb )
0000000006  000000009a  ( 5) FirmwareTemporary     ( 616 Kb )
...
0000001304  0000000001  ( 7) OsloaderHeap          ( 4 Kb )
0000001305  0000000081  ( 5) FirmwareTemporary     ( 516 Kb )
0000001386  000000001c  (20) MemoryData            ( 112 Kb )
...
0000001800  0000000b80  (19) RegistryData          ( 11 Mb 512 Kb )
0000002380  00000009fe  ( 9) SystemCode            ( 9 Mb 1016 Kb )
0000002d7e  0000000282  ( 2) Free                  ( 2 Mb 520 Kb )
0000003000  0000000391  ( 9) SystemCode            ( 3 Mb 580 Kb )
0000003391  0000000068  (11) BootDriver            ( 416 Kb )
00000033f9  0000000257  ( 2) Free                  ( 2 Mb 348 Kb )
0000003650  00000008d2  ( 5) FirmwareTemporary     ( 8 Mb 840 Kb )
000007ffc9  0000000026  (31) FirmwareData          ( 152 Kb )
000007ffef  0000000004  (32) FirmwareReserved      ( 16 Kb )
000007fff3  000000000c  ( 6) FirmwarePermanent     ( 48 Kb )
000007ffff  0000000001  ( 5) FirmwareTemporary     ( 4 Kb )
NumberOfDescriptors: 90

Summary
Memory Type           Pages
Free                  000007a89c  (     501916)   ( 1 Gb 936 Mb 624 Kb )
LoadedProgram         0000000370  (        880)   ( 3 Mb 448 Kb )
FirmwareTemporary     0000001fd4  (       8148)   ( 31 Mb 848 Kb )
FirmwarePermanent     000000030e  (        782)   ( 3 Mb 56 Kb )
OsloaderHeap          0000000275  (        629)   ( 2 Mb 468 Kb )
SystemCode            0000001019  (       4121)   ( 16 Mb 100 Kb )
BootDriver            000000115a  (       4442)   ( 17 Mb 360 Kb )
RegistryData          0000000b88  (       2952)   ( 11 Mb 544 Kb )
MemoryData            0000000098  (        152)   ( 608 Kb )
NlsData               0000000023  (         35)   ( 140 Kb )
HALCachedMemory       0000000005  (          5)   ( 20 Kb )
FirmwareCode          0000000008  (          8)   ( 32 Kb )
FirmwareData          0000000075  (        117)   ( 468 Kb )
FirmwareReserved      0000000044  (         68)   ( 272 Kb )
                      ==========  ==========
Total                 000007FFDF  (     524255) = ( ~2047 Mb )
```

加载器参数扩展可以显示系统硬件、CPU 功能以及启动类型等实用信息:

```
kd> dt poi(nt!KeLoaderBlock) nt!LOADER_PARAMETER_BLOCK Extension
   +0x0f0 Extension : 0xfffff800`2275cf90 _LOADER_PARAMETER_EXTENSION
kd> dt 0xfffff800`2275cf90 _LOADER_PARAMETER_EXTENSION
nt!_LOADER_PARAMETER_EXTENSION
   +0x000 Size              : 0xc48
   +0x004 Profile           : _PROFILE_PARAMETER_BLOCK
   +0x018 EmInfFileImage    : 0xfffff800`25f2d000 Void
   ...
   +0x068 AcpiTable         : (null)
   +0x070 AcpiTableSize     : 0
  +0x074 LastBootSucceeded : 0y1
   +0x074 LastBootShutdown : 0y1
```

```
+0x074 IoPortAccessSupported : 0y1
 +0x074 BootDebuggerActive : 0y0
 +0x074 StrongCodeGuarantees : 0y0
 +0x074 HardStrongCodeGuarantees : 0y0
 +0x074 SidSharingDisabled : 0y0
 +0x074 TpmInitialized   : 0y0
 +0x074 VsmConfigured    : 0y0
 +0x074 IumEnabled       : 0y0
 +0x074 IsSmbboot        : 0y0
 +0x074 BootLogEnabled   : 0y0
 +0x074 FeatureSettings  : 0y0000000 (0)
 +0x074 FeatureSimulations : 0y000000 (0)
 +0x074 MicrocodeSelfHosting : 0y0
 ...
 +0x900 Bootflags        : 0
 +0x900 DbgMenuOsSelection : 0y0
 +0x900 DbgHiberBoot     : 0y1
 +0x900 DbgSoftRestart   : 0y0
 +0x908 InternalBootflags : 2
 +0x908 DbgUtcBootTime   : 0y0
 +0x908 DbgRtcBootTime   : 0y1
 +0x908 DbgNoLegacyServices : 0y0
```

Ntoskrnl 开始执行阶段 0，它的初始化过程分为两个阶段，这是第一个阶段（阶段 1 是第二个阶段）。大部分执行体子系统都有一个初始化函数，可以通过接收参数来识别当前正在执行的阶段。

阶段 0 期间，中断会被禁用。这个阶段的作用是建立所需的基本结构，以便让阶段 1 所需要的服务能被调用。Ntoskrnl 的启动函数 KiSystemStartup 会在每个系统处理器的上下文中被调用（详见下文“内核初始化阶段 1”一节）。该函数负责初始化处理器的启动结构并设置全局描述符表（Global Descriptor Table，GDT）和中断描述符表（Interrupt Descriptor Table，IDT）。如果从启动处理器调用，启动例程还将初始化控制流防护（Control Flow Guard，CFG）检查功能，并与内存管理器协调以初始化 KASLR。KASLR 的初始化应当在系统启动的早期阶段完成，这样内核才能为各种虚拟内存区域（如 PFN 数据库和系统 PTE 区域，有关 KASLR 的详细信息请参阅卷 1 第 5 章）分配随机 VA 范围。KiSystemStartup 将初始化内核调试器、XSAVE 处理器区域，并在需要时初始化 KVA 影子，随后它会调用 KiInitializeKernel。如果 KiInitializeKernel 在启动 CPU 上运行，则会执行系统级的内核初始化任务，例如，初始化内部列表以及被所有 CPU 共享的其他数据结构。它还会构建并压缩系统服务描述符表（System Service Descriptor Table，SSDT）并为内部的 KiWaitAlways 和 KiWaitNever 计算随机值，这些值会被用于内核指针的编码中。另外，KiInitializeKernel 还会检查虚拟化是否已启动，如果启动，则会映射虚拟化调用页面并开始处理器的启发（有关虚拟机监控程序的启发，请参阅第 9 章）。

当使用兼容的处理器执行时，KiInitializeKernel 还起到其他重要作用：初始化并启用控制强制技术（Control Enforcement Technology，CET）。这是一种相对较新的硬件功能，简单来说，可实现一种硬件影子栈，借此检测并阻止 ROP 攻击。该技术可保护用户模式应用程序及内核模式驱动程序（但前提是 VSM 可用）。KiInitializeKernel 会初始化 Idle 进程和线程，并调用 ExpInitializeExecutive。KiInitializeKernel 和 ExpInitializeExecutive 通常会在每个系统处理器上执行。当由启动处理器执行时，ExpInitializeExecutive 会依赖负责协调过程阶段 0 的 InitBootProcessor 函数，而后续处理器只需要调用 InitOtherProcessors 即可。

注意 ROP（Return-Oriented Programming，返回导向的编程）是一种可被攻击利用的技术，攻击者可获得对程序调用栈的控制，进而劫持程序的控制流，并执行精心选择的机器指令序列（名为 "Gadget"，小工具），而这些机器指令已经存在于计算机内存中了。通过将多个这种 "小工具" 精心连接在一起，攻击者即可在计算机上执行任意操作。

InitBootProcessor 首先会验证启动加载器。如果用于运行 Windows 的启动加载器版本与正确的 Windows 内核不匹配，那么该函数会让系统崩溃并显示 LOADER_BLOCK_MISMATCH 错误检查代码（0x100）。如果匹配，则该函数会初始化 CPU 的旁视指针（look-aside pointer）池，随后查询并遵守 BCD 的 Burnmemory 启动选项，抛弃这个选项值所指定数量的物理内存。该函数会对 Winload 所加载的 NLS 文件（详见上文）执行足够数量的初始化操作，进而让从 Unicode 到 ANSI 的转换以及其他 OEM 转换可以正常工作。接下来，该函数会继续初始化 Windows 硬件错误架构（Windows Hardware Error Architecture，WHEA）并调用 HAL 函数 HalInitSystem，该函数为 HAL 提供了一个在 Windows 进一步执行重要的初始化任务之前获得系统控制权的机会。HalInitSystem 负责初始化并启动 HAL 的不同组件，如 ACPI 表、调试器描述符、DMA、固件、I/O MMU、系统计时器、CPU 拓扑、性能计数器及 PCI 总线。HalInitSystem 的一个重要职责是让每个 CPU 中断控制器准备好接收中断，以及配置间隔时钟计时器中断，该中断主要用于 CPU 时间计量（有关 CPU 时间计量的详情，请参阅本书卷 1 第 4 章）。

当 HalInitSystem 退出后，InitBootProcessor 将接手并开始计算时钟计时器的倒数过期时间。在大部分现代处理器中，会使用这种倒数来优化除法计算，借此还可以更快速地执行乘法运算，并且因为 Windows 必须对当前的 64 位时间值进行除法运算才能找出即将过期的计时器，这种静态计算有助于减少时钟间隔激发时的中断延迟。InitBootProcessor 使用了一个辅助例程 CmInitSystem0，以从 SYSTEM 配置单元的控制向量中获取注册表值。这个数据结构包含超过 150 种内核调优选项，同时也是 HKLM\SYSTEM\CurrentControlSet\Control 注册表键的一部分，其中甚至包含了当前安装系统的许可数据和版本信息等。所有这些信息都会预加载并存储在全局变量中。随后，InitBootProcessor 会继续设置系统根路径，在内核映像中寻找要在蓝屏界面上显示的崩溃信息字符串，并将其位置缓存起来，以避免在出现崩溃时再进行查找，因为这种方式很危险并且不可靠。随后，InitBootProcessor 会初始化计时器子系统以及共享的用户数据页。

至此，InitBootProcessor 已经准备好为执行体、驱动程序认证器以及内存管理器调用阶段 0 初始化例程。这些组件将执行下列初始化任务。

1）执行体初始化各种内部锁、资源、列表及变量，并验证注册表中的产品套件类型是否有效，这是为了阻止随意修改注册表数据，以便 "升级" 为并未实际购买的 Windows 版本。这只是内核中执行的众多此类检查之一。

2）如果被启用，驱动程序认证器会初始化各种设置，并根据系统的当前状态（如是否启用了安全模式）和认证选项执行不同的行为。它还会针对随机选择驱动程序的测试挑选要测试的目标驱动程序。

3）内存管理器构建页表、PFN 数据库和内部数据结构，这些都是提供基本内存服务所必需的。首先，它会强制执行物理内存最大支持量的限制，并为系统文件缓存构建预留一块区域。随后它会为分页和非分页内存池创建内存区域（详见本书卷 1 第 5 章）。其他执行体子系统、内核以及设备驱动程序会使用这两个内存池分配自己的数据结构。最后，它会创建 UltraSpace，这是一个 16 TB 的区域，能为不需要 TLB 刷新、快速且低开销的页面映射提供支持。

接下来，InitBootProcessor 会启用虚拟机监控程序 CPU 动态分区（如果已启用且具备适当许可），并调用 HalInitializeBios，设置 HAL 中与传统 BIOS 模拟代码有关的部分。这些代码可用于允许访问（或模拟访问）16 位实模式中断和内存，它们主要被 Bootvid 所使用（该驱动程序已被 BGFX 取代，但出于兼容性的目的而保留）。

至此，InitBootProcessor 枚举了 Winload 加载的启动时运行的驱动程序，并会调用 DbgLoadImageSymbols 以便让内核调试器（如果已连接）加载这些驱动程序的符号。如果主机调试器已经配置了符号加载时选项上的断点，那么这将是内核调试器能够获得系统控制权的第一个点。InitBootProcessor 随后会调用 HvlPhase1Initialize，由它来执行之前阶段尚未完成的剩余的 HVL 初始化工作。如果计算机配置为使用紧急管理服务（EMS），当该函数返回时，还会调用 HeadlessInit 以初始化串口控制台。

InitBootProcessor 还会构建启动过程稍后将会用到的版本信息，如构建编号、Service Pack 版本、Beta 版本状态等。随后，它会将 Winload 之前加载的 NLS 表载入分页池，重新进行初始化，并按照全局标记的指定创建内核栈跟踪数据库（有关全局标记的详细信息，请参阅本书卷 1 第 6 章）。

最后，InitBootProcessor 会调用对象管理器、安全引用监视器、进程管理器、用户模式调试框架以及即插即用管理器。这些组件将执行下列初始化工作。

1）在对象管理器初始化过程中，将定义构建对象管理器命名空间所必需的对象，这样，其他子系统就可以向其中插入对象。此外还会创建系统进程和全局内核句柄表，这样就可以开始进行资源跟踪了。此时还会计算加密对象头所用的值，并创建 Directory 和 SymbolicLink 类型的对象。

2）安全引用监视器会初始化与安全性有关的全局变量（如系统 SID 和特权 LUID）和内存数据库，并创建 Token 类型的对象。随后它将创建并准备第一个 Local System 账户令牌，以便将其分配给初始进程（有关 Local System 账户的详细介绍请参阅本书卷 1 第 7 章）。

3）进程管理器的大部分初始化工作都在阶段 0 进行：定义进程、线程、作业以及分区对象类型，设置列表以跟踪活动进程和线程。另外还会初始化系统级的进程缓解选项，并将其与 HKLM\SYSTEM\CurrentControlSet\Control\Session Manager\Kernel\MitigationOptions 注册表值指定的选项合并。随后，进程管理器会创建执行体系统分区对象（名为 MemoryPartition0）。这个名称有些误导性，因为该对象实际上是一种执行体分区对象，这是一种新的 Windows 对象类型，其中封装了内存分区和缓存管理器分区（用于支持新的应用程序容器）。

4）进程管理器会为初始化进程创建一个进程对象，并将其命名为 Idle。作为最后一步，进程管理器会创建受保护的 System 进程和系统线程，以此执行 Phase1Initialization 例程。该线程并不会立即运行，因为此时中断依然被禁用。System 进程是一种受保护进程，可防范用户模式的攻击，因为它的虚拟地址空间被用于映射系统和代码完整性驱动程序所使用的敏感数据。此外，System 进程的句柄表还维护了内核句柄。

5）用户模式调试框架创建了调试对象类型的定义，这类对象可用于将调试器连接到进程并接收调试器事件。有关用户模式调试的详细介绍请参阅第 8 章。

6）将进行即插即用管理器的阶段 0 初始化，期间将初始化用于同步访问总线资源所需的执行体资源。

当控制返回到 KiInitializeKernel 之后，还需要为当前处理器分配 DPC 栈，将 IRQL 提升至调度级别，并启用中断。随后控制将进入空闲循环，这会导致步骤 4 创建的系统线程开始执行阶段 1（从属处理器开始等待自己的初始化，直到下文将要介绍的阶段 1 的步骤 11）。

12.1.15　内核初始化阶段 1

只要 Idle 线程得到执行机会，将开始内核初始化的第一阶段。该阶段包含下列步骤。

1）顾名思义，Phase1InitializationDiscard 将丢弃内核映像中 INIT 节所包含的代码，借此保留内存。

2）初始化线程将自己的优先级设置为 31，这是最高优先级，主要是为了防止自己被抢占。

3）评估 BCD 选项，借此指定虚拟处理器（hypervisorrootproc）数量的最大值。

4）创建 NUMA/组拓扑关系，系统会尝试通过这种关系在逻辑处理器和处理器组之间实现最优化的映射关系，除非被相关 BCD 设置覆盖，否则还会考虑 NUMA 的位置和距离。

5）HalInitSystem 执行自己的第一阶段初始化，让系统准备好接收来自外设的中断。

6）系统时钟中断初始化完成，启用系统时钟的时钟周期（tick）生成工作。

7）初始化传统的启动视频驱动程序（Bootvid），该驱动程序只用于输出调试信息，以及由 SMSS 启动的原生应用程序（如 NT Chkdsk）所生成的信息。

8）内核构建各种字符串和版本信息，如果启用了 SOS 启动选项，这些信息会通过 Bootvid 显示在屏幕上。其中包括完整的版本信息、支持的处理器数量以及支持的内存数量。

9）调用电源管理器的初始化过程。

10）通过 HalQueryRealTimeClock 初始化系统时间，随后将其作为系统的启动时间存储起来。

11）在多处理器系统中，其他处理器将由 KeStartAllProcessors 和 HalAllProcessorsStarted 初始化。可被初始化并可支持的处理器数量取决于多种因素的组合，包括实际安装的物理处理器数量、已安装 Windows 版本的许可信息、启动选项（如 numproc 和 bootproc），以及是否启用了动态分区（仅限服务器系统）。在所有可用处理器均初始化完毕后，系统处理器的相关性会被更新，以涵盖所有处理器。

12）对象管理器初始化全局系统 Silo、每个处理器的非分页查找列表和描述符，以及基本审计（如果被系统控制向量启用）。它会创建命名空间根目录（\）、\KernelObjects 目录、\ObjectTypes 目录以及 DOS 设备名映射目录（\Global??），并在其中创建 Global 和 GLOBALROOT 链接。对象管理器还会创建 Silo 设备映射，借此控制 DOS 设备名映射并将其附加给系统进程。它还将创建传统的\DosDevices符号链接（为了维持兼容性），该符号链接会指向 Windows 子系统设备名映射目录。最后，对象管理器会将每个已注册的对象类型插入\ObjectTypes目录对象中。

13）调用执行体以创建执行体的对象类型，包括信号量、互斥、事件、计时器、键控事件、推锁以及线程池工作器。

14）调用 I/O 管理器以创建 I/O 管理器对象类型，包括设备、驱动程序、控制器、适配器、I/O 完成、等待完成以及文件对象。

15）内核初始化系统监视器（Watchdog）。监视器主要分两种类型：DPC 监视器，负责检查 DPC 例程的执行时间是否超过指定时间；CPU Keep Alive 监视器，负责确认每个 CPU 是否总能提供响应。如果系统由虚拟机监控程序执行，那么监视器将不被初始化。

16）内核初始化每个 CPU 的处理器控制块（KPRCB）数据结构，计算 NUMA 成本阵列，最后计算系统时钟周期和量程时长。

17）无论此前调试器是否被触发，此时内核调试器库都会完成调试设置和参数的初始化工作。

18）事务管理器创建自己的对象类型，例如登记（Enlistment）、资源管理器以及事务管理器类型。

19）为全局系统 Silo 初始化用户模式调试库（Dbgk）数据结构。

20）如果已启用驱动程序认证器并取决于验证选项，则启用池认证，并开始跟踪系统进程的对象句柄。

21）安全引用监视器在对象管理器命名空间中创建\Security目录，通过安全描述符对该目录提供保护，只允许 SYSTEM 账户进行完整访问。如果启用了审计，还将初始化审计数据结构。此外，安全引用监视器会初始化内核模式 SDDL 库并创建在 LSA 初始化完成后发送信号的事件（\Security\LSA_AUTHENTICATION_INITIALIZED）。最后，安全引用监视器会调用内部的 CiInitialize 例程以首次进行内核代码完整性组件（Ci.dll）的初始化，期间会初始化所有代码的完整性回调并保存启动驱动程序列表，以供后续审计与认证工作使用。

22）进程管理器为执行体系统分区创建系统句柄。首先，该句柄永远不会被取消引用，因此系统分区无法被销毁。随后，进程管理器将初始化对内核可选扩展的支持（详见步骤 26）。它会为各种操作系统服务注册主机调用，例如，后台活动审查器（Background Activity Moderator，BAM）、桌面活动审查器（Desktop Activity Moderator，DAM）、多媒体类计划程序服务（Multimedia Class Scheduler Service，MMCSS）、内核硬件跟踪，以及 Windows Defender System Guard。最后，如果启用 VSM，还会创建第一个最小化进程 IUM 系统进程，并将其命名为 Secure System。

23）创建\SystemRoot符号链接。

24）调用内存管理器以执行第一阶段的初始化工作。首先，该阶段将创建 Section 对象类型，初始化所有相关结构（如控制区），并创建\Device\PhysicalMemory节对象。随后，它将初始化对内核控制流防护（control flow guard）功能的支持，并创建页面文件支撑的节，这些节将用于描述用户模式 CFG 位图（有关控制流防护的更多信息请参阅本书卷 1 第 7 章）。内存管理器将初始化对内存隔区的支持（仅限兼容 SGX 的系统），以及对热补丁的支持，还将初始化页面组合数据结构和系统内存事件。最后，它将启动三个内存管理器系统工作线程（Balance Set Manager、Process Swapper 和 Zero Page Thread 详见本书卷 1 第 5 章），并创建一个用于将 API 集 Schema 内存缓冲区映射至系统空间所使用的节对象（这个系统空间之前已由 Windows 加载器分配）。这些新创建的系统线程将有机会在阶段 1 结束后的后续环节中执行。

25）NLS 表被映射至系统空间，这样就可以被用户模式进程轻松映射。

26）缓存管理器初始化文件系统缓存数据结构并创建自己的工作线程。

27）配置管理器在对象管理器命名空间中创建\Registry 键对象，并将内存中的 SYSTEM 配置单元作为适当的配置单元文件打开。随后它会将 Winload 传递来的初始硬件树数据复制到易失的 HARDWARE 配置单元。

28）系统初始化内核可选扩展。该功能由 Windows 8.1 引入，目的在于在不使用标准 PE（可移植可执行）导出的前提下，将私有系统组件和 Windows 加载器数据（如内存缓存要求、UEFI 运行时服务指针、UEFI 内存映射、SMBIOS 数据、安全启动策略及代码完整性数据）导出给不同的内核组件（如安全内核）。

29）勘误表管理器（errata manager）初始化并扫描注册表中的勘误信息，以及包含各类驱动程序对应的勘误信息的 INF 数据库（INF 是一种驱动程序安装文件，详见本书卷 1 第 6 章）。

30）处理与生产有关的设置。生产模式（manufacturing mode）是一种特殊的操作系统模式，可用于处理与生产商有关的各类任务，例如组件和支持测试。该功能仅适用于移动系统，由 UEFI 子系统提供。如果固件（通过一个特殊的 UEFI 协议）告知操作系统这个特殊模式已启用，Windows 将从 HKLM\System\CurrentControlSet\ Control\ManufacturingMode 注册表键读/写所有的必要信息。

31）初始化 Superfetch 及其预取程序。

32）初始化内核虚拟存储管理器，该组件是内存压缩功能的一部分。

33）初始化 VM 组件，该组件是一种用于与虚拟机监控程序通信的内核可选扩展。

34）初始化并设置当前时区信息。

35）初始化全局文件系统驱动程序数据结构。

36）初始化 NT Rtl 压缩引擎。

37）如果需要，设置对虚拟机监控程序调试器的支持，这样系统的其他部分就不需要使用自己的设备了。

38）通过在已注册的传输（如 Kdcom.dll）中调用 KdDebuggerInitialize1 例程，执行与调试器传输相关的阶段 1 工作。

39）高级本地过程调用（ALPC）子系统初始化 ALPC 端口类型和 ALPC 可等待端口类型对象，并将旧的 LPC 对象设置为别名。

40）如果系统（使用 BCD 的 Bootlog 选项）启用了启动日志记录，将初始化启动日志文件。如果系统启动到安全模式，则会判断是否需要运行备用 shell（例如启动到带命令提示符的安全模式）。

41）调用执行体以执行它的第二阶段初始化工作，这期间会在内核中配置有关 Windows 许可的部分功能，例如，认证包含了许可数据的注册表设置。此外，如果存在来自启动应用程序的持久数据（如内存诊断结果或从休眠状态恢复的信息），那么相关日志文件和信息还会被写入硬盘或注册表。

42）上述方式的启动还将创建 MiniNT/WinPE 注册表键，随后在命名空间中创建 NLS 对象目录，该目录稍后将用于保存各种内存映射 NLS 文件的节对象。

43）初始化 Windows 内核代码完整性策略（例如受信任签名方列表和证书哈希）和调试选项，所有相关设置会从加载器程序块复制到内核 CI 模块（Ci.dll）。

44）再次调用电源管理器并进行初始化。这次将设置对电源请求、电源监视器、用于亮度调整通知的 ALPC 通道，以及配置文件回调的支持。

45）开始初始化 I/O 管理器。这是系统启动过程中的一个复杂阶段，大部分启动时间都在处理这一阶段的工作。

I/O 管理器首先初始化各种内部结构并创建驱动程序和设备对象类型及它们的根目录：\Driver、\FileSystem、\FileSystem\Filters、\UMDFCommunicationPorts（适用于 UMDF 驱动程序框架）。然后初始化内核填充码引擎并调用即插即用管理器、电源管理器和 HAL，以开始执行动态设备枚举和初始化所涉及的不同阶段（这个复杂而特殊的过程请参阅本书卷 1 第 6 章）。最后处理 Windows 管理规范（WMI）子系统，进而为设备驱动程序提供 WMI 支持（详见第 10 章）。期间还将初始化 Windows 事件跟踪（ETW）并将所有存在的启动持久数据写入 ETW 事件。

I/O 管理器启动与平台相关的错误驱动程序并初始化硬件错误资源的全局表。这二者是 Windows 硬件错误基础架构的重要组成部分。然后 I/O 管理器将执行首个安全内核调用，要求安全内核在 VTL 1 下执行自己初始化过程最后阶段的工作。此外，期间还将初始化加密的安全转储驱动程序，并从 Windows 注册表（HKLM\System\CurrentControlSet\Control\CrashControl）读取部分配置信息。

再根据依赖性和加载顺序枚举并排序启动时运行的所有驱动程序（有关注册表中所包含的驱动程序加载控制信息处理方式的详细介绍请参阅本书卷 1 第 6 章）。所有链接的内核模式 DLL 都将使用内置的 RAW 文件系统驱动程序进行初始化。

在这一阶段，I/O 管理器还会将 Ntdll.dll、Vertdll.dll 以及 WOW64 版本的 Ntdll 映射至系统地址空间。首先调用所有启动时运行的驱动程序来执行相关的驱动程序初始化工作，接下来会启动系统运行的设备驱动程序。Windows 子系统设备名会以符号链接的形式创建到对象管理器的命名空间中。

46）配置管理器注册并启动自己 Windows 注册表的 ETW 跟踪日志记录提供程序，以跟踪整个配置管理器的活动。

47）事务管理器设置 Windows 软件跟踪预处理器（WPP）并注册自己的 ETW 提供程序。

48）至此，引导时运行的以及系统启动时运行的驱动程序均已加载，勘误表管理器将加载并解析 INF 数据库中的驱动程序勘误表，并应用注册表 PCI 配置中的应变措施。

49）如果计算机启动到安全模式，那么这一情况也将被记录到注册表中。

50）除非在注册表中明确禁用，否则将启用 Ntoskrnl 和驱动程序中内核模式代码的分页。

51）调用电源管理器以完成初始化工作。

52）初始化对内核时钟计时器的支持。

53）在 Ntoskrnl 的 INIT 节被丢弃前，系统的其余许可信息（包括注册表中存储的当前策略设置）将被复制到一个私有系统节中，随后设置系统过期时间。

54）调用进程管理器以设置作业速率限制和系统进程创建时间。它将为受保护进程初始化静态环境，并在先前由I/O管理器映射的用户模式系统库（通常是Ntdll.dll、Ntdll32.dll和Vertdll.dll）中查找各种系统定义的入口点。

55）调用安全引用监视器来创建与LSASS通信的Command Server线程。这一阶段将创建引用监视器命令端口，LSA会使用该端口向SRM发送命令（有关Windows实施安全性的详情请参阅卷1第7章）。

56）如果VSM已启用，那么加密的VSM密钥将被保存到硬盘。系统中用户模式的库会被映射至Secure System进程。这样，安全内核就可以收到有关VTL 0下系统DLL的所有必要信息。

57）会话管理器（SMSS）进程（详见本书卷1第2章）将启动。Smss负责为Windows提供可见接口的用户模式环境，下一节将介绍该组件的初始化过程。

58）启用Bootvid驱动程序，以允许NT磁盘检查工具显示输出的字符串。

59）查询TPM启动熵值。这些值在每次启动系统时只能查询一次，通常来说，到这一步，TPM系统驱动程序应该已经查询过了，但如果因为某些原因该驱动程序尚未运行（也许被用户禁用），那么未查询的值依然是可用的。因此，为了避免出现这种情况，内核也可以手动查询该值。正常情况下，内核自己的查询操作应该会失败。

60）加载器参数块使用和引用的所有内存（例如位于INIT节中的Ntoskrnl的初始化代码和所有启动时运行的驱动程序）都将被释放。

作为执行体和内核初始化完成之前的最后一步，第一阶段的初始化线程会将终止时的关键中断标记设置给新的Smss进程，这样，如果Smss进程退出或因为其他原因被终止，那么内核将进行拦截并进入附加的调试器（如果有的话），然后让系统崩溃并显示CRITICAL_PROCESS_DIED停止代码。

如果5秒的等待时间结束（也就是说，崩溃并等待5秒后），会话管理器会被认定为已成功启动，第一阶段的初始化线程将会退出。因此，启动处理器将开始执行步骤22中创建的某一个内存管理器系统线程，或返回到Idle循环。

12.1.16 Smss、Csrss和Wininit

Smss与其他用户模式进程类似，但有两点不同。首先，Windows认为Smss是操作系统中可信的部分；其次，Smss是一个原生应用程序。由于是受信任的操作系统组件，所以Smss会以轻量级保护进程（Protected Process Light，PPL，详见本书卷1第3章）的方式运行，可以执行其他进程几乎无法执行的工作，如创建安全令牌。由于是原生应用程序，所以Smss并未使用Windows API，它只使用了核心执行体API，这些API被统称为Windows原生API（通常由Ntdll暴露）。Smss并不使用Win32 API，因为在Smss启动时，Windows子系统尚未开始执行。实际上，Smss首要任务之一就是启动Windows子系统。

Smss的初始化过程详见本书卷1第2章“会话管理器”一节，这节内容介绍了Smss初始化过程的所有细节。当主Smss进程创建子Smss进程时，会以参数形式传递两个节对象的句柄。这两个节对象代表了用在多个Smss和Csrss实例之间交换数据所用的共享缓冲区（一个用在父子Smss进程之间通信，一个用在客户端子系统进程之间通信）。主Smss使用RtlCreateUserProcess例程生成子进程，指定一个标记来指示进程管理器新建会话。这种情况下，PspAllocateProcess 内核函数将调用内存管理器为新会话创建地址空间。

初始化过程结束时，子 Smss 启动的可执行文件的名称存储在共享节中。如第 2 章所述，对于会话 0，要启动的可执行文件通常为 Wininit.exe；对于任何其他交互式会话，要启动的是 Winlogon.exe。这里有一个重要概念需要注意：在新会话 0 的 Smss 启动 Wininit 之前，它首先会通过 ALPC 端口 SmApiPort 连接到主 Smss 并加载和初始化所有子系统。

会话管理器将获得 Load Driver 特权，并要求内核将 Win32k 驱动程序（使用 NtSetSystemInformation 原生 API）加载并映射到新会话的地址空间。随后它会启动客户端-服务器的子系统进程（Csrss.exe），并在命令行中指定下列信息：根 Windows 对象的目录名称（\Windows）、共享节对象的句柄、子系统名称（Windows）以及子系统的 DLL。

- **Basesrv.dll**，子系统进程的服务器端。
- **Sxssrv.dll**，并行子系统支持扩展模块。
- **Winsrv.dll**，多用户子系统支持模块。

客户端-服务器子系统进程将执行一些初始化工作：启用一些进程缓解选项，从其令牌中移除不需要的特权，启动自己的 ETW 提供程序，并初始化 CSR_PROCESS 数据结构的链表以跟踪系统中将要启动的所有 Win32 进程。随后它会解析自己的命令行，获取共享节的句柄，并创建两个 ALPC 端口。

- **CSR API 命令端口**（\Sessions\<ID>\Windows\ApiPort）：每个 Win32 进程都会使用该 ALPC 端口与 Csrss 子系统通信（Kernelbase.dll 会在自己的初始化例程中连接到该端口）。
- **子系统会话管理器 API 端口**（\Sessions\<ID>\Windows\SbApiPort）：会话管理器用它向 Csrss 发送命令。

Csrss 会创建两个线程，以此调度 ALPC 端口所收到的命令。最后，它会通过另一个 ALPC 端口（\SmApiPort）连接到会话管理器，这个端口是之前在 Smss 初始化过程中创建的（第 2 章所描述初始化过程中的步骤 6）。在连接过程中，Csrss 进程会发送自己刚创建的会话管理器 API 端口的名称。从此刻开始，新的交互式会话就可以启动了。因此，主 Csrss 线程最终退出。

启动子系统进程后，子 Smss 会运行自己的初始进程（Wininit 或 Winlogon）并退出。只有 Smss 的主实例会保持活跃状态。Smss 的主线程会在 Csrss 的进程句柄上永久等待，而其他 ALPC 线程会等待创建新会话或子系统的消息。如果 Wininit 或 Csrss 意外终止，那么内核将会让系统崩溃，因为这些都是关键进程。如果 Winlogon 意外终止，那么与其关联的会话会被注销。

挂起的文件重命名操作

可执行映像和 DLL 在使用的时候需要映射到内存中，这使得 Windows 启动完成后将无法更新核心系统文件（除非使用热修补技术，但这种技术仅适用于微软提供的操作系统补丁）。Windows 的 MoveFileEx API 包含一个选项，可以指定将文件的移动操作推迟到系统下次启动时进行。如果 Service Pack 和热修复程序必须更新使用中的内存映射文件，则可将需要替换的文件安装到系统中的一个临时位置内，随后使用 MoveFileEx API 让它们替换使用中的文件。如果使用该选项，则 MoveFileEx 会将相关命令记录到 HKLM\

SYSTEM\CurrentControlSet\ Control\Session Manager 下的 PendingFileRenameOperations 和 PendingFileRenameOperations2 注册表值中。这些注册表值的类型为 MULTI_SZ，其中的每个操作都会指定一组文件名：第一个文件名是源位置，第二个文件名是目标位置。删除操作则会使用空字符串作为目标位置。我们可以使用 Windows Sysinternals（https://docs.microsoft.com/sysinternals/）提供的 Pendmoves 工具查看已注册的延迟更名和删除命令。

Wininit 将按照卷 1 第 2 章“Windows 初始化过程”一节介绍的过程执行自己的启动步骤，如创建初始窗口站和桌面对象。Wininit 还会设置用户环境，启动 Shutdown RPC 服务器和 WSI 接口（详见下文“关机”一节），并创建服务控制管理器（SCM）进程（Services.exe），该进程会加载所有被标记为需要自启动的服务和设备驱动程序。通过共享的 Svchost 进程运行的本地会话管理器（Lsm.dll）服务也是在这时启动的。然后 Wininit 会检查系统之前是否崩溃，如果是，它会处理崩溃转储并启动 Windows 错误报告进程（werfault.exe）进行后续处理。最后，Wininit 会启动本地安全验证子系统服务（%SystemRoot%\System32\Lsass.exe），如果凭据保护已启用，还会启动 Isolated LSA Trustlet（Lsaiso.exe）并永久等待系统关闭请求。

会话 1 和后续会话则会运行 Winlogon。Wininit 创建了非交互式会话 0 的窗口站，而 Winlogon 创建了默认的交互式会话窗口站（名为 WinSta0）和两个桌面，即 Winlogon 安全桌面及默认的用户桌面。然后 Winlogon 会使用 NtQuerySystemInformation API 查询系统启动信息（只对第一个交互式登录会话执行该操作）。如果启动配置包含易失性操作系统选择菜单标记，则它会启动 GDI 系统（进而产生一个 UMDF 宿主进程 fontdrvhost.exe）并运行现代启动菜单应用程序（Bootim.exe）。易失性操作系统选择菜单标记是在启动过程的早期阶段由 Bootmgr 设置的（前提是检测到多重启动环境），详见上文“启动菜单”一节。

Bootim 是一个负责绘制现代启动菜单的 GUI 应用程序。新的现代启动机制使用了 Win32 子系统（图形驱动程序和 GDI+调用），这是为了支持用更高分辨率显示启动选项以及其他高级选项。这种方式甚至支持触控屏，因此，用户可以通过触控来选择要启动哪个操作系统。Winlogon 会运行新增的 Bootim 进程并等待它终止。在用户做出选择后，Bootim 将会退出。Winlogon 可以检查退出代码，因此能够检测到用户是选择了一个操作系统，还是选择了某个启动工具，或是直接请求系统关闭。如果用户选择了不同于当前操作系统的其他操作系统，Bootim 将会在主系统引导存储（有关 BCD 存储的详细信息请参阅上文“Windows 启动管理器”一节）中添加 bootsequence 这个一次性 BCD 选项。当 Winlogon 使用 NtShutdownSystem API 重启计算机后，Windows 启动管理器可识别出新的启动序列（随后删除之前设置的 BCD 选项）。Winlogon 会将前一个启动项标记为“良好”，随后重启动系统。

实验：操作现代启动菜单

在 Csrss 启动后，由 Winlogon 生成的现代启动菜单应用程序实际上是一种经典的 Win32 GUI 应用程序。本实验将证明这一点。用配置为多重启动的系统执行该实验可以获得更好的效果，否则无法在现代启动菜单中看到多个启动项。

打开一个非特权模式的命令提示符窗口（在开始菜单搜索框中输入 **cmd**），使用 **cd /d C:\Windows\System32** 命令（其中 C 是启动卷的盘符）进入启动卷的\Windows\ System32 路径。随后输入 **Bootim.exe** 并按下**回车键**。然后可以看到一个类似现代启动菜单的界面，其中只显示了关闭计算机的选项。这是因为 Bootim 进程此时是使用非管理员特权的标准令牌（由用户账户控制生成）启动的。实际上，该进程并不能访问系统启动配置数据。按下 Ctrl+Alt+Del 组合键启动任务管理器并终止 BootIm 进程，或者直接选择 **“关闭计算机”**。实际的关机过程是由调用方进程（在原始启动序列中该进程是 Winlogon）而非 BootIm 启动的。

随后使用管理员特权打开命令提示符窗口。为此请右击其图标或搜索结果中的 **“命令提示符”**，并选择 **“以管理员身份运行”**。在新的命令提示符窗口中启动 BootIm 可执行文件，这一次即可看到真正的现代启动菜单，其中包含了所有启动选项和工具，类似下图所示。

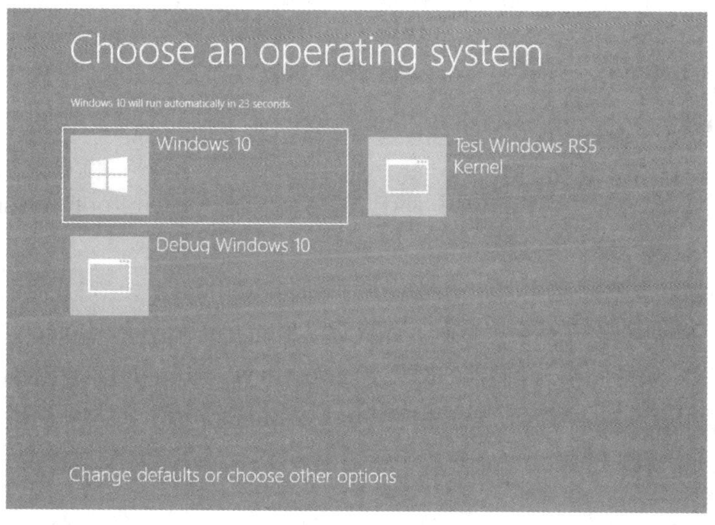

其他情况下，Winlogon 都会等待 LSASS 进程和 LSM 服务的初始化。随后会产生一个新的 DWM 进程实例（桌面窗口管理器，用于绘制现代图形界面的组件），并将系统中已注册凭据提供程序（默认情况下，微软凭据提供程序支持基于密码、PIN 码以及生物特征的登录）加载到一个名为 LogonUI（%SystemRoot%\System32\Logonui.exe）的子进程中，该进程负责显示登录界面（有关 Wininit、Winlogon 和 LSASS 的启动序列的详细信息，请参阅卷 1 第 7 章）。

启动 LogonUI 进程后，Winlogon 会启动其内部的有限状态机。借此可以管理不同登录类型所产生的所有可能的状态，例如标准交互式登录、终端服务器、快速用户切换、Hiberboot。在标准的交互式登录类型中，Winlogon 会显示一个欢迎界面并等待来自凭据提供程序的交互式登录通知（如果需要，还会配置 SAS 序列）。在用户提供了自己的凭据（密码、PIN 码或生物特征验证信息）后，Winlogon 会创建登录会话 LUID，并使用在 LSASS（有关该进程的详细信息可参阅卷 1 第 7 章）中注册的身份验证程序包验证该登录操作。即便身份验证失败，此时的 Winlogon 也会将当前的启动过程标记为“良好”。如果身份验证成功，对于客户端版本的 Windows，Winlogon 将验证“连续登录”场景，这种情况下每次只能产生一个会话；如果还存在其他的活跃会话，则会询问用户希望如何处理。随后它会从正在登录的用户配置文件中加载注册表配置单元并将其映射至 HKCU，此外还会将所需的 ACL 添加到新会话的窗口站和桌面，并创建用户的环境变量，随后将这些变量存储到 HKCU\Environment 中。

随后 Winlogon 会等待 Sihost 进程，并运行 HKLM\SOFTWARE\Microsoft\Windows NT\CurrentVersion\WinLogon\Userinit（可通过逗号分隔多个可执行文件）指定的一个或多个可执行文件来启动外壳。上述值默认会指向\Windows\System32\Userinit.exe。新建的 Userinit 进程运行在 Winsta0\Default 桌面上。Userinit.exe 将执行下列操作。

1）创建仅在每个会话内有效的 Explorer Session 键 HKCU\Software\Microsoft\Windows\CurrentVersion\Explorer\SessionInfo\。

2）处理 HKCU\Software\Policies\Microsoft\Windows\System\Scripts 中指定的用户脚本以及 HKLM\SOFTWARE\Policies\Microsoft\Windows\System\Scripts 中指定的计算机登录脚本（计算机脚本是在用户脚本之后运行的，因此可以覆盖用户脚本中的设置）。

3）运行 HKCU\Software\Microsoft\Windows NT\CurrentVersion\Winlogon\Shell 中指定的以逗号分隔的一个或多个外壳。如果该值不存在，则 Userinit.exe 将运行 HKLM\SOFTWARE\Microsoft\Windows NT\CurrentVersion\Winlogon\Shell 指定的一个或多个外壳，默认为 Explorer.exe。

4）如果组策略指定了用户配置文件配额，将启动%SystemRoot%\System32\Proquota.exe 为当前用户应用配额。

最后 Winlogon 会通知已注册的网络提供程序，告知用户已登录，并启动 mpnotify.exe 进程。微软的网络提供程序——多提供程序路由器（Multiple Provider Router，%SystemRoot%\System32\Mpr.dll）将还原用户存储在 HKCU\Network and HKCU\Printers 下的持久映射驱动器和映射的打印机。图 12-11 展示了登录后在 Process Monitor 中看到的进程树（使用其启动功能）。请注意，Smss 进程变暗了（意味着已经退出），这代表了初始化每个会话所生成的副本。

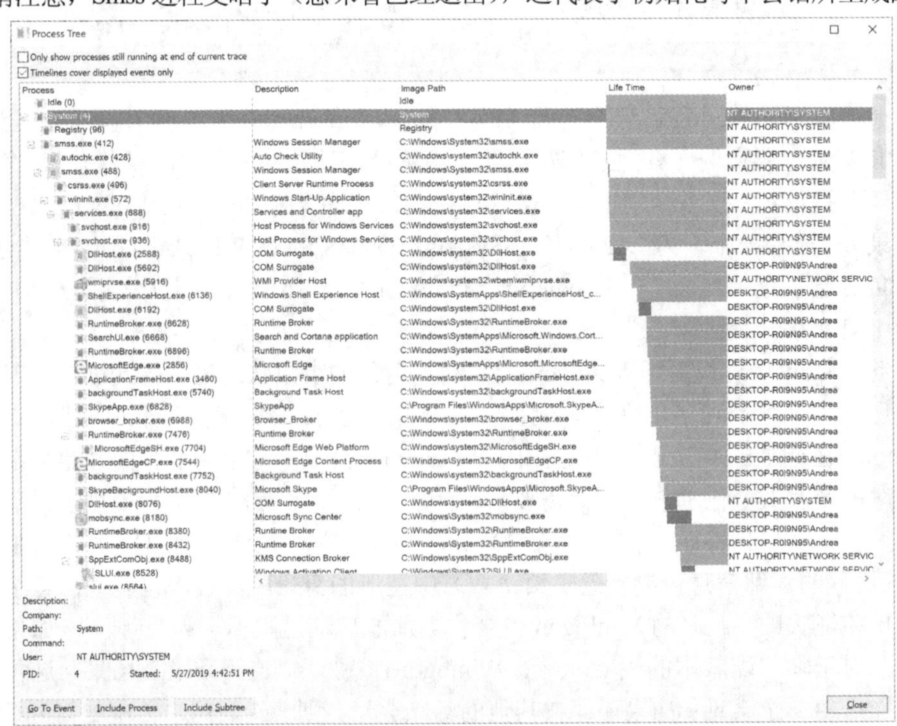

图 12-11　登录过程中涉及的进程

12.1.17 ReadyBoot

如果系统可用内存小于 400 MB，则 Windows 会使用标准逻辑的启动时预取器（详见卷 1 第 5 章）；但如果系统的可用内存大于 400 MB，则会使用 RAM 缓存来优化启动过程。缓存大小取决于可用 RAM 的总数，只要足够大，就可以创建大小合理的缓存，同时依然能为系统提供顺利启动所需的内存。ReadyBoot 通过两个二进制文件实现：ReadyBoost 驱动程序（Rdyboost.sys）和 Sysmain 服务（Sysmain.dll，它还实现了 SuperFetch）。

缓存由存储管理器实现，存储管理器在实现缓存和 ReadyBoost 缓存时使用了同一个驱动程序（Rdyboost.sys），但缓存的数量是由之前存储在注册表中的启动方案决定的。尽管启动缓存可以像 ReadyBoost 缓存那样进行压缩，但 ReadyBoost 和 ReadyBoot 缓存管理机制之间的一个差异在于：ReadyBoot 模式下的缓存未被加密。ReadyBoost 服务会在服务启动完毕 50 秒后，或在对内存产生其他需求时删除缓存。

系统启动时，在 NT 内核初始化阶段 1 过程中，ReadyBoost 驱动程序（属于卷过滤器驱动程序）会拦截启动卷的创建操作，并决定是否启用缓存。只有当目标卷已在 HKLM\System\CurrentControlSet\Services\rdyboost\Parameters\ReadyBootVolumeUniqueId 注册表值中注册过的情况下，才会启用缓存。该值包含了启动卷的 ID。如果 ReadyBoot 被启用，则 ReadyBoost 驱动程序会开始（通过 ETW）记录所有卷的启动 I/O；如果之前的启动方案已经在 BootPlan 注册表二进制值中注册，则它还会运行一个系统线程，通过异步卷读取填充整个缓存。当新安装的 Windows 系统首次启动时，这两个注册表值还不存在，因此，缓存和日志跟踪都不会启用。

在这种情况下，Sysmain 服务（由 SCM 在启动过程稍后的阶段启动）将决定是否启用缓存，并将检查系统配置以及所运行的 Windows SKU 版本。有些情况下，ReadyBoot 会被彻底禁用，例如，启动盘为固态硬盘时。如果检查结果是肯定的，则 Sysmain 会启用 ReadyBoot，为此需要在相应的注册表值（ReadyBootVolumeUniqueId）中写入启动卷 ID，并在 HKLM\SYSTEM\CurrentControlSet\Control\WMI\AutoLogger\Readyboot 注册表键中启用 WMI ReadyBoot Autologger。当系统下一次启动时，ReadyBoost 驱动程序就会记录所有卷的 I/O，但不填充缓存（此时启动方案依然不存在）。

在多次启动后，Sysmain 服务会使用闲置的 CPU 时间为下一次启动计算启动时的缓存方案。它会分析已记录的 ETW I/O 事件来确定访问过哪些文件，以及这些文件在磁盘上的位置，随后会将处理后的跟踪结果以.fx 格式的文件存储到%SystemRoot%\Prefetch\Readyboot 中，并根据前五次启动生成的跟踪文件来计算新的启动缓存方案。Sysmain 服务会将新生成的方案存储到注册表值中，如图 12-12 所示。ReadyBoost 启动驱动程序将读取启动方案并填充缓存，以此最大限度地缩短启动过程所需的时间。

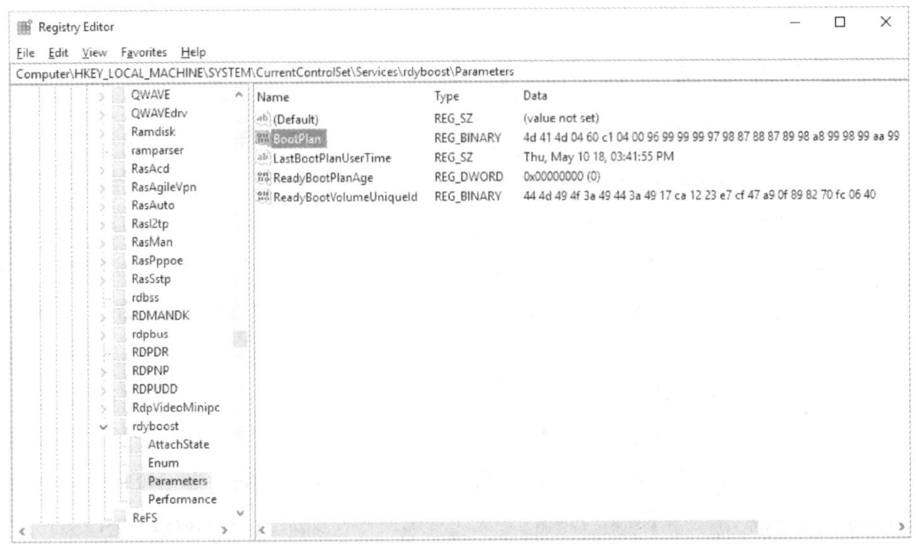

图 12-12　ReadyBoot 的配置和统计状态

12.1.18　自动启动的映像

除了 Winlogon 键中的 Userinit 和 Shell 注册表值，在启动和登录过程中，默认情况下，系统组件还会检查并自动处理很多其他注册表的位置和目录。Msconfig 工具（%SystemRoot%\System32\Msconfig.exe）可以显示多个位置所配置的映像。Sysinternals 网站上提供的 Autoruns 工具（见图 12-13）可以检查比 Msconfig 更多的位置，并显示与配置为自动运行的映像有关的详细信息。默认情况下，Autoruns 只显示至少配置了一个自动运行映像的位置，不过只要在 Options 菜单中选中 Include Empty Locations 选项，就可以显示自己能检查的所有位置。Options 菜单还提供了隐藏微软相关项的选项，不过建议始终将该选项与 Verify Image Signatures 选项配合使用，否则可能会忽略通过虚假的公司名称信息伪装成微软映像的恶意程序。

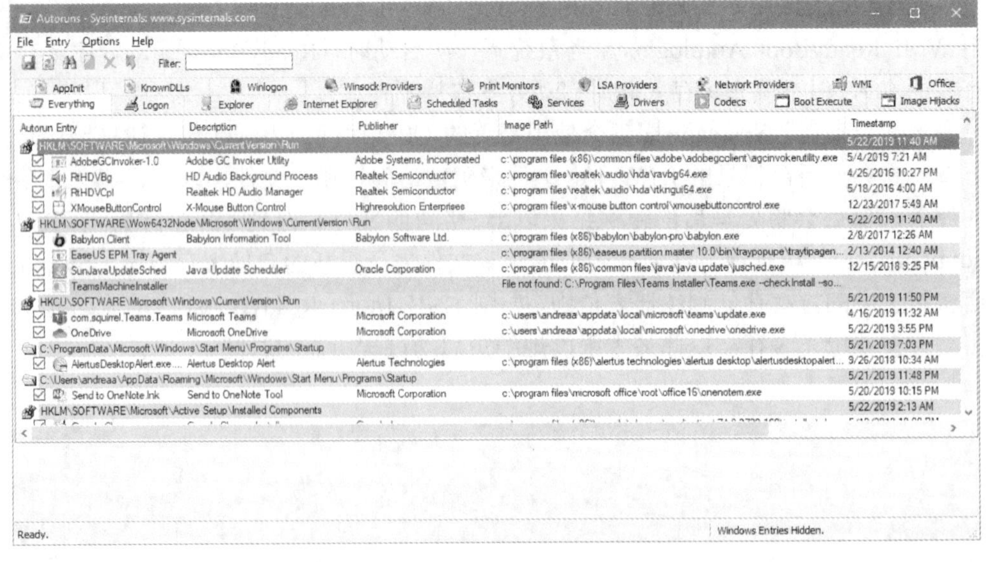

图 12-13　Sysinternals 提供的 Autoruns 工具

12.1.19 关机

系统关机过程涉及不同的组件。Wininit 在执行完所有初始化任务后，就会永久等待系统关机。

在有人登录的情况下，如果有进程调用 Windows 的 ExitWindowsEx 函数以发起关机过程，则系统会向该会话的 Csrss 发送一条消息，告知系统即将关机。Csrss 反过来会模拟调用方，向 Winlogon 发送一条 RPC 消息，告知对方执行系统关机。Winlogon 会检查系统是否处于混合启动（有关混合启动的详细信息，请参阅下文“休眠和快速启动”一节）的过渡阶段中，随后模拟当前已登录用户（该用户可能具备或不具备与发起系统关机操作的用户相同的安全上下文），要求 LogonUI 将屏幕画面变暗（该行为可通过注册表值 HKLM\Software\Microsoft\Windows NT\CurrentVersion\Winlogon\FadePeriodConfiguration 进行配置），并使用特殊的内部标记调用 ExitWindowsEx。同样，这个调用会向该会话中的 Csrss 进程发送一条要求将系统关闭的消息。

这一次，Csrss 看到的请求来自 Winlogon，随后会按照关机级别逆序循环检查交互式用户（依然不是发出关机请求的用户）登录会话中的所有进程。进程可以调用 SetProcessShutdownParameters 来指定自己的关机级别，系统可以借此了解该进程相对于其他进程的退出顺序。有效的关机级别范围介于 0 到 1023 之间，默认值为 640。举例来说，Explorer 会将自己的关机级别设置为 2，任务管理器会设置为 1。对于每个拥有顶层窗口的活动进程，Csrss 会向进程中拥有 Windows 消息循环的每个线程发送 WM_QUERYENDSESSION 消息。如果线程返回了 TRUE，则系统可以继续关机。随后 Csrss 会向请求退出的线程发送 WM_ENDSESSION 这个 Windows 消息。Csrss 会等待该线程退出，等待时间则由 HKCU\Control Panel\Desktop\HungAppTimeout 值决定（默认为 5000 毫秒）。

如果线程没有在超时前退出，则 Csrss 会将屏幕暗淡显示，并展示图 12-14 所示的应用程序挂起界面（我们可以禁用该界面，为此需要将 HKCU\Control Panel\Desktop\AutoEndTasks 注册表值的数值设置为 1）。该界面会告知我们目前哪个程序在运行，并在可能的情况下显示程序状态信息。Windows 会告知哪个程序没有及时关闭，并会让用户选择是要终止该进程，还是要取消关机的过程（该界面永远不会超时，意味着关机请求会在这种状态下无限期等待）。此外，第三方应用程序还可以在这里显示自己的状态信息，例如虚拟化产品可以显示正在运行的活跃虚拟机的数量（为此需要用到 ShutdownBlockReasonCreate API）。

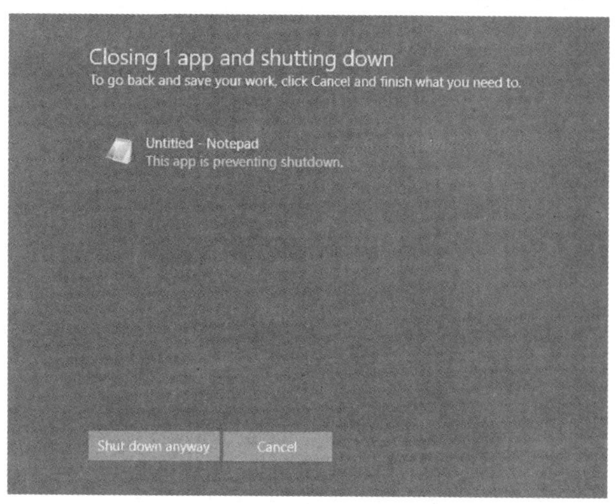

图 12-14 应用程序挂起界面

实验：查看 HungAppTimeout 的效果

要查看 HungAppTimeout 注册表值的效果，可启动记事本，输入一些文字后注销。在 HungAppTimeout 注册表值指定的时间到期后，Csrss.exe 会显示一个提示信息，询问我们是否要终止记事本进程，而该进程并未退出，因为它在等待我们决定是否保存输入的文字内容。如果选择取消，Csrss.exe 将终止关机操作。

如果再次尝试关机（记事本的查询对话框依然打开的情况下），则记事本会显示自己的消息对话框，告知我们无法正确关机。不过该对话框只起到向用户告知相关信息的作用，Csrss.exe 依然会认为记事本“挂起”，并显示用于终止不响应进程的界面。

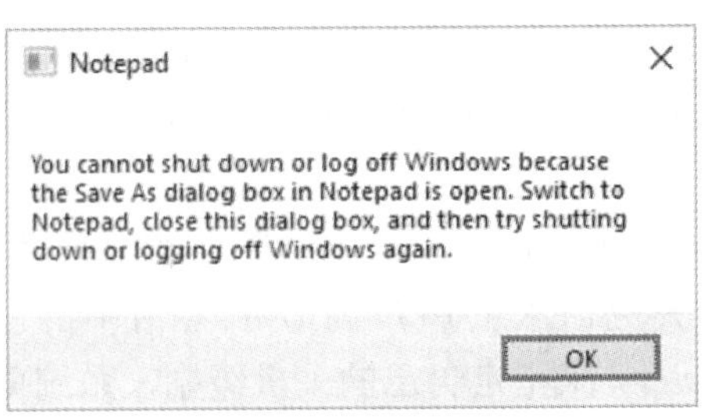

如果线程在超时之前退出，Csrss 会继续向拥有窗口的进程中的其他线程发送 WM_QUERYENDSESSION/WM_ENDSESSION 消息对。一旦进程中拥有窗口的所有线程均已退出，Csrss 就终止该进程，并继续处理交互式会话中的下一个进程。

如果 Csrss 发现控制台应用程序，则会发送 CTRL_LOGOFF_EVENT 事件以调用控制台控制处理程序（只有服务进程会在关机时收到 CTRL_SHUTDOWN_EVENT 事件）。如果处理程序返回了 FALSE，则 Csrss 会终止进程。如果处理程序返回了 TRUE，或在 HKCU\Control Panel\Desktop\WaitToKillTimeout 定义的时间（默认为 5000 毫秒）内未响应，则 Csrss 会显示如图 12-14 所示的程序挂起界面。

随后，Winlogon 状态机会调用 ExitWindowsEx，以便让 Csrss 终止交互式用户会话中的 COM 进程。

至此，交互式用户会话中的所有进程已被终止。Wininit 随后会调用 ExitWindowsEx，不过这次会在系统进程的上下文中执行。这会导致 Wininit 向会话 0（即运行该服务的会话）中的 Csrss 发送一条消息。随后，Csrss 会检查隶属于系统上下文的所有进程，执行并发送 WM_QUERYENDSESSION/WM_ENDSESSION 消息给 GUI 线程（与之前的过程一样）。不过此时发送的不是 CTRL_LOGOFF_EVENT，而是向已经注册了控制处理应用程序的控制台程序发送 CTRL_SHUTDOWN_EVENT。请注意，SCM 也是一种注册了控制处理程序的控制台程序。当它收到关机请求后，会向所有注册了关机通知的服务发送服务关闭的控制消息。有关服务关闭的详细信息（例如 Csrss 为 SCM 使用的关闭超时），请参阅第 10 章的“Windows 服务”一节。

尽管 Csrss 执行了与终止用户进程时相同的超时操作，但这一过程中并不显示任何对话框，也不会终止任何进程（系统进程超时对应的注册表值取自默认用户配置文件）。这些超时只是为了让系统进程在系统关机前有机会清理并退出。因此，当系统关闭时，很多系统进程（如 Smss、Wininit、Services 和 LSASS）实际上依然还在运行。

一旦 Csrss 完成了向系统进程通知系统即将关闭的工作，Wininit 就会被唤醒，等待 60 秒让所有会话销毁，随后如果需要，还会调用系统的还原功能（此时系统中没有活动的用户进程，因此系统的还原功能可以还原之前正被使用的所有文件）。为了完成关闭过程，Wininit 会关闭 LogonUi 并调用执行体子系统函数 NtShutdownSystem。该函数可调用 PoSetSystemPowerState 函数以协调驱动程序以及执行体子系统剩余组件（即插即用管理器、电源管理器、执行体、I/O 管理器、配置管理器以及内存管理器）的关闭过程。

例如，PoSetSystemPowerState 会调用 I/O 管理器，向所有请求了关闭通知的设备驱动程序发送关闭 I/O 的数据包。该操作使得设备驱动程序有机会在 Windows 退出前执行设备可能需要进行的特殊处理任务。随后会换入工作线程的栈，配置管理器会将对注册表数据进行的改动刷新到磁盘，内存管理器则会将包含文件数据的所有已修改页面写入对应的文件中。如果启用了在系统关闭时清空页面文件的选项，内存管理器还将在此时清空页面文件。I/O 管理器会被再次调用，以通知文件系统驱动程序系统正在关闭。系统关闭过程止于电源管理器。电源管理器所要执行的操作取决于用户到底是选择了关机、重启动，还是计算机遭遇了断电。

现代应用都依赖 Windows 关机接口（Windows Shutdown Interface，WSI）来正确地关闭系统。WSI API 依然使用 RPC 实现进程之间的通信，并且支持宽限期。借助宽限期这种机制，在关机过程实际开始之前，用户将能收到系统即将关闭的通知，甚至系统需要安装更新时也会用到这种机制。Advapi32 可以使用 WSI 与 Wininit 通信。Wininit 会排队等待一个计时器，该计时器会在宽限期结束时触发，并调用 Winlogon 来初始化关机请求。Winlogon 将调用 ExitWindowsEx，后续过程与上文介绍的过程完全相同。所有 UWP 应用程序（甚至全新的开始菜单）都会使用 ShutdownUX 模块来关闭系统。ShutdownUX 负责管理 UWP 应用程序的电源状态转换，并链接到 Advapi32.dll。

12.1.20 休眠和快速启动

为了加快系统启动速度，Windows 8 引入了一项名为快速启动（fast startup）的新功能（也叫混合启动）。在之前版本的 Windows 中，如果支持 S4 系统电源状态（有关电源管理器的详细信息请参阅卷 1 第 6 章），Windows 允许用户将系统置于休眠（hibernation）模式。为了正确理解快速启动功能，首先需要明确休眠的全过程。

当用户或应用程序调用 SetSuspendState API 时，电源管理器会收到一个工作项。该工作项包含内核初始化电源状态转换所需的全部信息。电源管理器会将未完成的休眠请求通知预取器（prefetcher），并等待其所有未决 I/O 全部完成。随后它会调用 NtSetSystemPowerState 这个内核 API。

NtSetSystemPowerState 是对整个休眠过程进行协调的关键函数。该例程可以检查调用方的令牌中是否包含关机特权，与即插即用管理器、注册表以及电源管理器进行同步（这样即可避免同时执行的其他事务可能造成的干扰），并循环处理所有已加载的驱动程序，向它们发出 IRP_MN_QUERY_POWER 这个 IRP。通过这种方式，电源管理器即可告知每个驱动程序电源操作已启动，因此，启动程序对应的设备不能再启动任何 I/O 操作，也不能执行可能会阻止休眠的其他任何操作。如果上述任何一个请求失败（也许驱动程序正在执行重要的 I/O），那么休眠过程都将被中止。

电源管理器使用内部例程修改系统启动配置数据（BCD），借此启用“Windows 恢复”这个启动应用程序。顾名思义，该应用程序负责恢复休眠的系统（更多细节可参阅上文“Windows 启动管理器”一节）。电源管理器将会：

- 打开用于启动系统的 BCD 对象，读取相关的 Windows 恢复应用程序 GUID（存储在一个特殊的未命名的 BCD 元素中，其值为 0x23000003）。
- 搜索 BCD 中存储的恢复对象，打开对象并检查其描述符。随后写入 BCD 的设备和路径元素，将其链接至启动盘上的\Windows\System32\winresume.efi 文件，并通过主系统 BCD 对象填充启动设置（如启动调试器选项）。最后将休眠文件的路径和设备描述符添加到 BCD 的 filepath 和 filedevice 元素中。
- 更新根启动管理器 BCD 对象：将所发现的 Windows 恢复启动应用程序的 GUID 写入 BCD 的 resumeobject 元素，将 resume 元素设置为 1。如果休眠功能用于快速启动功能，还会将 hiberboot 元素设置为 1。

随后，电源管理器会将 BCD 数据刷新到磁盘，计算所有需要写入休眠文件的物理内存范围（该过程极为复杂，本书无法详细介绍），并向每个驱动程序发送一个新的 IRP（IRP_MN_SET_POWER 函数）。这一次，驱动程序必须将自己的设备置于睡眠状态，已经没有机会让请求失败并停止休眠过程了。系统现在已经准备好可以休眠了，电源管理器将启动一个“睡眠者”线程，其唯一的作用是让计算机断电。随后它将等待另一个事件，只有当恢复操作成功完成（并且系统被用户重新启动）后该事件才会发出信号。

睡眠者线程通过 DPC 例程让所有 CPU 停止，但运行睡眠者线程的 CPU 除外，该 CPU 将负责捕获系统时间，禁用中断，并保存 CPU 状态。最后睡眠者线程会调用电源状态句柄例程（在 HAL 中实现），该例程将执行让整个系统处于睡眠状态所需的 ACPI 机器代码，并调用例程将所有物理内存页写入硬盘。睡眠者线程会使用崩溃转储存储驱动程序发出所需的底层磁盘 I/O，借此将数据写入休眠文件。

Windows 启动管理器在自己启动过程的早期阶段，可识别恢复 BCD 元素（存储在启动管理器 BCD 描述符中），打开 Windows 恢复启动应用程序 BCD 对象，读取保存的休眠数据。最后，它会将执行转交给 Windows 恢复启动应用程序（Winresume.efi）。Winresume 的入口例程 HbMain 将重新初始化启动库，并对休眠文件执行不同的检查。

- 验证该文件是否是被相同架构的处理器写入的。
- 检查是否存在有效且大小正确的页面文件。
- 检查固件是否上报了某些硬件配置变化（通过 FADT 和 FACS 这两个 ACPI 表）。
- 检查休眠文件的完整性。

如果上述任何一项检查失败，那么 Winresume 将终止执行并将控制权转交给启动管理器，后者将丢弃休眠文件并重新进行标准冷启动。相反，如果上述检查都成功通过，那么 Winresume 将使用 UEFI 启动库读取休眠文件并还原所有保存的物理页内容。随后它将构建所需的页表和内存数据结构，将必要信息复制到操作系统的上下文，最终将执行权转交给 Windows 内核，再还原最初的 CPU 上下文。Windows 内核代码将从最初让系统休眠的电源管理器睡眠者线程重新启动。电源管理器会重新启用中断，并解冻其他所有系统 CPU。随后它会更新系统时间（从 CMOS 读取），重新设置（Rebase）所有系统计时器和监视器（Watchdog），并向每个系统驱动程序发送另一个 IRP，即 IRP_MN_SET_POWER，要求驱动程序重启自己的设备。最后还将重启预取器，并将启动加载器日志发送给预取器以便进一步处理。系统现已正常运行，系统电源状态变为 S0（完全开启）。

快速启动功能也是通过休眠实现的。当应用程序将 EWX_HYBRID_SHUTDOWN 标记传递给 ExitWindowsEx API，或当用户点击开始菜单中的关机按钮时，如果系统支持 S4（休眠）电源状态并启用了休眠文件，那么将开始进行混合关机。当 Csrss 关闭了所有交互式会话进程、会话 0 服务以及 COM 服务器时（真正的关机过程详见“关机”一节），Winlogon 会检测到关机请求带有 Hybrid 标记，此时不会唤醒 Winint 的关机代码，而是会执行另一项操作。新增的 Winlogon 状态可使用 NtPowerInformation 这个系统 API 关闭显示器，然后告诉 LogonUI 存在未完成的混合关机操作，并最终调用 NtInitializePowerAction API 让系统开始休眠。随后的过程与上述休眠过程完全相同。

实验：理解混合关机

我们可以在系统关机后通过外部操作系统手动挂载 BCD 存储，借此观察混合关机的效果。首先请确保系统启用了快速启动功能。为此请通过开始菜单打开“**控制面板**”，选择“**系统和安全性**”，再打开“**电源**”选项。点击“**电源**”选项窗口左上角的“**选择电源按钮的功能**”链接，应该可以看到类似下图所示的界面。

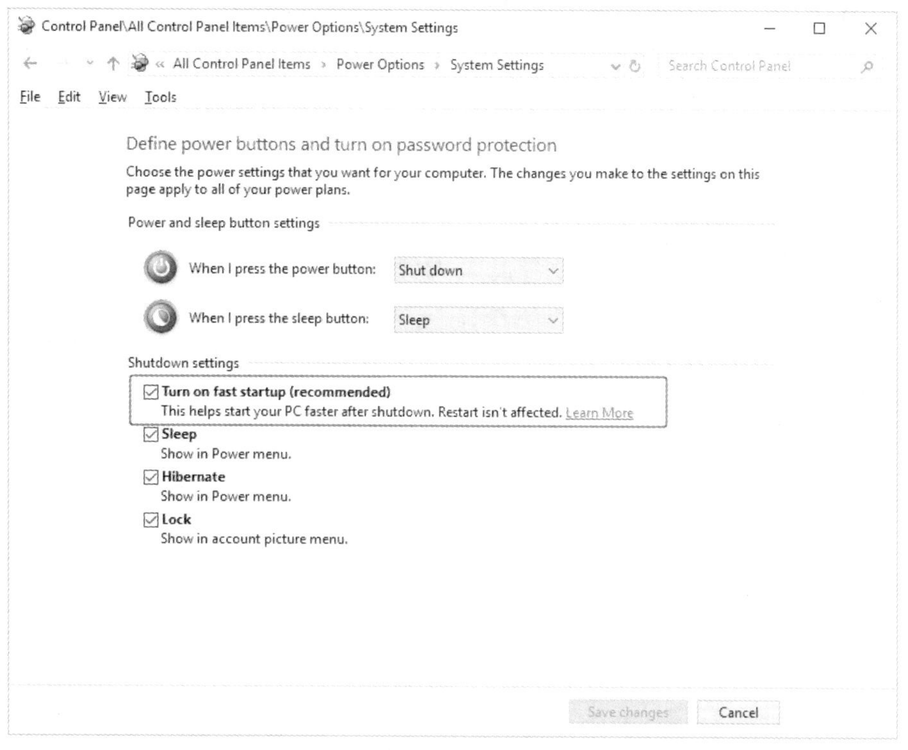

如上图所示，请选中“**启用快速启动**”选项。否则系统将执行标准关机。然后即可使用开始菜单中的关机按钮以关闭计算机。在计算机关闭前，请插入包含外部操作系统（例如无须安装即可运行的“Live”Linux）的光盘或 U 盘。这个实验不能使用 Windows 安装程序（或其他任何基于 WinRE 的环境），因为安装过程会在挂载系统卷之前清除休眠数据。

关闭计算机后，通过外部光盘或 U 盘启动计算机。不同厂商的计算机的具体操作步骤可能不同，并且通常需要访问 BIOS 界面。如需了解如何访问 BIOS 并通过外部驱动器引导，请查阅计算机用户手册（例如在 Surface Pro 和 Surface Book 笔记本上通常按下音量增大键不松手，随后按下并松开电源键即可进入 BIOS 配置界面）。当新操作系统启动时，使用分区工具（具体工具取决于操作系统类型）挂载主 UEFI 系统分区。具体方法不再详述。系统分区成功挂载后，可将位于\EFI\Microsoft\Boot\BCD 的系统启动配置数据文件复制到外部驱动器（或用于启动计算机的 U 盘）中，随后即可重启计算机并等待 Windows 从睡眠状态恢复了。

计算机启动后运行注册表编辑器并进入根注册表键 HKEY_LOCAL_MACHINE。随后从“**文件**”菜单中选择“**加载配置单元**”。找到之前保存的 BCD 文件，选择“**打开**”，为新加载的配置单元分配一个 BCD 键名称。然后即可查找主启动管理器 BCD 对象。在所有的 Windows 系统中，这个根 BCD 对象的 GUID 都是{9DEA862C-5CDD-4E70-ACC1-F32B344D4795}。打开相应的键及其 Elements 子键。如果系统之前曾正确地使用混合关机的方式关闭，此时将能看到 BCD 的 resume 和 hiberboot 元素（对应的键名称分别为 26000005 和 26000025，详见表 12-2），它们的 Element 注册值则会设置为 1。

为了正确找到与当前 Windows 安装所对应的 BCD 元素，可使用 displayorder 元素（键名称为 24000001），它会列出所有已安装操作系统的启动项。Element 注册表值中有一个 GUID 列表，其中列出了描述所有已安装操作系统加载器的 BCD 对象。请检查描述 Windows 恢复应用程序的 BCD 对象，读取 BCD 的 resumeobject 元素对应的 GUID 值（对应于 23000006 键）。该具备 GUID 的 BCD 对象在 filepath 元素中列出了休眠文件的路径，该元素对应于名为 22000002 的键。

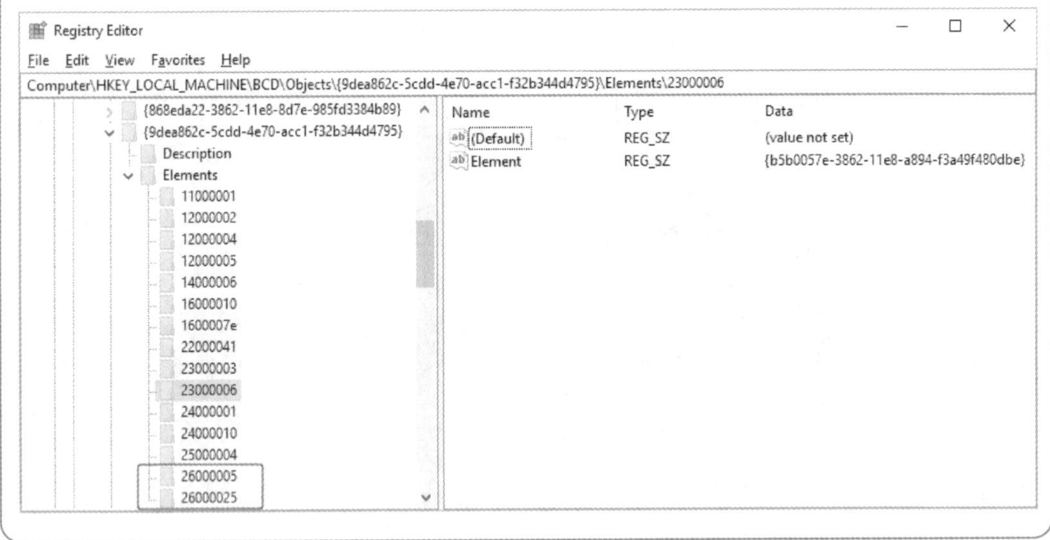

12.1.21 Windows 恢复环境（WinRE）

Windows 恢复环境提供了可修复大部分常见启动问题的工具和自动修复技术。其中主要包含以下六个工具。

- **系统还原**：如果 Windows 无法启动，可借此将系统还原为之前的状态，支持在安全模式下使用。

- **系统镜像恢复器**：在之前版本的 Windows 中也叫“Complete PC 还原”或自动系统恢复（Automated System Recovery，ASR），可利用完整备份还原 Windows，该功能不使用系统还原点，因为其中可能不包含所有损坏的文件或丢失的数据。
- **启动修复**：这个自动化工具可以检测常见的 Windows 启动问题并自动尝试修复。
- **计算机重置**：这个工具可以删除不属于标准 Windows 安装的所有应用程序和驱动程序，将所有设置还原为默认值，将 Windows 恢复为刚安装完成时的状态。用户可以选择保留所有的个人数据文件或将其全部清除，后一种情况中的 Windows 将自动进行全新重装。
- **命令提示符**：如果需要在手动介入的情况下进行排错或修复问题（例如从其他驱动器复制文件或修改 BCD），则可以使用命令提示符来访问完整的 Windows 外壳，并可以启动几乎任何 Windows 程序（只要程序的依赖性能被满足）。而早期版本 Windows 中的恢复控制台只支持一组有限的专用命令。
- **Windows 内存诊断工具**：可通过内存诊断测试检查出错的 RAM。出错的 RAM 可能是造成内核与应用程序随机崩溃以及系统不稳定问题的主要原因。

使用 Windows 安装光盘或启动盘启动系统时，Windows 安装程序可用于安装 Windows 或修复现有的安装。如果选择修复现有的安装，则系统会显示一个类似于现代启动菜单（见图 12-15）的界面，其中提供了多种选项。

用户可以选择从另一个驱动器启动，使用不同的操作系统（前提是已在系统的 BCD 存储中正确注册），或选择使用某种恢复工具。上述所有恢复工具（内存诊断工具除外）均位于“故障排查”选项下。

对于全新系统的安装过程，Windows 安装程序还会在恢复分区上安装 WinRE。在使用开始菜单中的相关按钮重启计算机时，按下 Shift 键的同时点击“重启动”按钮即可访问 WinRE。如果系统使用了传统启动菜单，则可在启动管理器执行过程中按下 F8 键以访问高级启动选项。如果看到“修复计算机”选项，这意味着在计算机本地硬盘中存在 WinRE 的副本。此外，如果系统因为文件损坏或因 Winload 无法理解的其他原因而无法启动，则会指示启动管理器在下一次重启的过程中自动启动 WinRE。此时将不再显示如图 12-15 所示的对话框，恢复环境会自动启动如图 12-16 所示的启动修复工具。

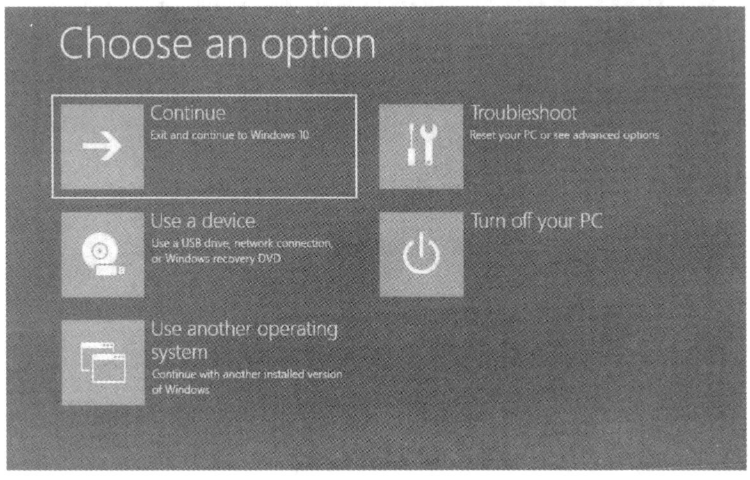

图 12-15 Windows 恢复环境启动界面

在扫描和修复流程结束后，工具可以自动尝试修复发现的所有问题，包括从安装介质替换系统文件。如果启动修复工具无法自动修复错误，即用户可以尝试其他方法，此时将再次显示系统恢复选项对话框。

Windows 内存诊断工具可以从运行中的系统启动，也可以在 WinRE 中通过命令提示符运行 mdsched.exe 来启动。该工具会询问用户是否要重启计算机以便运行测试。如果系统使用传统启动菜单，则可以使用 Tab 键在工具菜单中导航并执行内存诊断工具。

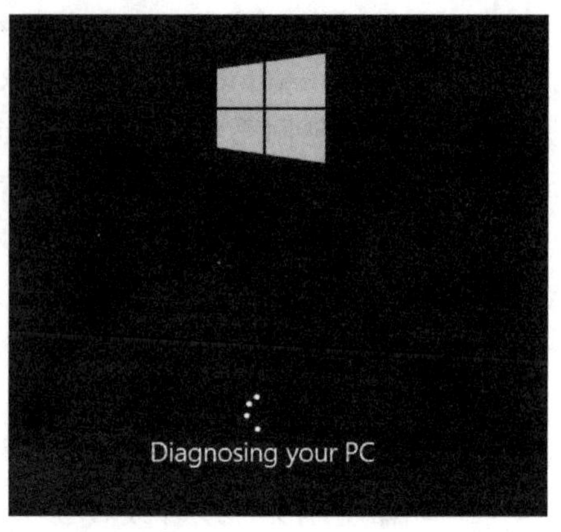

图 12-16 启动恢复工具

12.1.22 安全模式

Windows 系统无法启动最常见的原因也许是设备驱动程序导致计算机在启动过程中崩溃。由于软件或硬件配置会随着时间的推移而改变，驱动程序中随时可能出现潜藏的错误。Windows 为管理员提供了一种解决此类问题的方法：启动至安全模式。安全模式是一种启动配置，其中只包含少量的设备驱动程序和服务。通过只运行系统启动所必需的驱动程序和服务，Windows 可以避免加载导致崩溃的第三方驱动程序和非必要的驱动程序。

我们可以通过不同的方式进入安全模式。

- 将系统启动到 WinRE，在高级选项中选择“启动设置”（见图 12-17）。

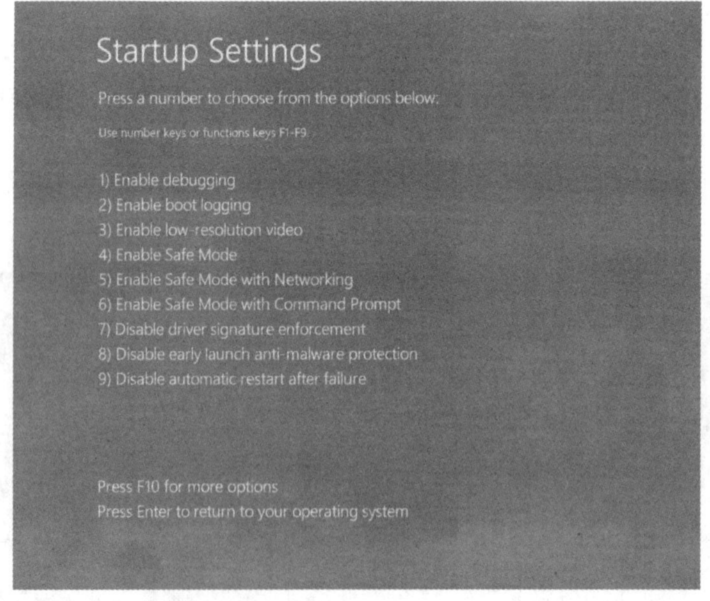

图 12-17 启动设置界面，用户可以在这里选择不同类型的安全模式

- 多重启动环境中，在现代启动菜单选择“更改默认值或选择其他选项”，随后进入“故障排查”选项并选择“启动设置”。
- 如果系统使用传统启动菜单，可按下 F8 键进入“高级启动选项”菜单。

我们通常可以从安全模式的三种变体中选择其中一种使用：标准安全模式、带网络的安全模式，以及带命令提示符的安全模式。标准安全模式包含成功启动系统所必需的最少数量的设备驱动程序和服务。带网络的安全模式在标准安全模式的基础上额外运行了网络驱动程序和服务。带命令提示符的安全模式和标准安全模式相同，但在启用了 GUI 模式的情况下，此时 Windows 会运行命令提示符应用程序（Cmd.exe）而非 Windows Explorer 这个外壳。

Windows 还包含第四种安全模式：目录服务还原模式，该模式与标准安全模式和带网络的安全模式有所差异。我们可以使用目录服务还原模式来启动系统，使域控制器的活动目录服务处于离线且未打开的状态。随后即可针对数据库执行修复操作，或从备份介质还原。目录服务还原模式下会加载除活动目录服务外的其他所有驱动程序和服务。如果因为活动目录数据库损坏而无法登录系统，则可通过该模式进行修复。

12.1.23 安全模式下加载的驱动程序

Windows 如何知道在标准安全模式和带网络的安全模式下需要加载哪些设备驱动程序和服务呢？答案位于 HKLM\SYSTEM\ CurrentControlSet\Control\SafeBoot 注册表键中。该键包含 Minimal 和 Network 子键，每个子键下还包含多个子键，其中指定了设备驱动程序、服务或驱动程序组的名称。例如，BasicDisplay.sys 子键指定了启动配置中需要包含的基础显示设备驱动程序。该驱动程序为任何兼容 PC 的显示适配器提供了最基础的图形化服务。系统会使用该驱动程序作为安全模式下的显示驱动程序，以替代虽然可以驱动适配器的高级硬件功能，但可能存在问题而导致系统无法启动的“高级”驱动程序。SafeBoot 键下的每个子键都用一个默认值描述了子键对应的内容，例如，BasicDisplay.sys 子键的默认值就是 Driver（驱动程序）。

Boot 文件系统子键的默认值为 Driver Group（驱动程序组）。当开发者设计设备驱动程序的安装脚本（.inf 文件）时，可以指定设备驱动程序属于某个驱动程序组。系统定义的驱动程序组包含在 HKLM\SYSTEM\ CurrentControlSet\Control\ServiceGroupOrder 键下的 List 值中。开发者通过指定某个驱动程序作为一个驱动程序组的成员，即可向 Windows 表明该驱动程序需要在系统启动过程的哪个阶段启动。ServiceGroupOrder 键的主要用途是定义驱动程序组的加载顺序，某些类型的驱动程序必须先于或后于其他类型的驱动程序加载。驱动程序配置注册表键下的 Group 值可将该驱动程序关联给某个组。

驱动程序和服务的配置键位于 HKLM\SYSTEM\CurrentControlSet\Services 之下。查看该键会发现 BasicDisplay 键是基础显示设备驱动程序所对应的键，从注册表中可以看到，该驱动程序是 Video 组的成员。Windows 访问系统驱动器所需的任何文件系统驱动程序，只要被放置在 Boot 文件系统组，就会被自动加载。其他文件系统驱动程序则属于 File System 组，标准安全模式和带网络的安全模式也会加载这个组的驱动程序。

在启动到安全模式后，启动加载器（Winload）会将一个相关开关作为命令行参数传递给内核（Ntoskrnl.exe），此外，还会传递我们在 BCD 中为要启动的系统指定的其他任何开关。当启动到任何一种安全模式时，Winload 会将 BCD 的 safeboot 选项设置为描述所选择安全模式类型的值。对于标准安全模式，Winload 会将其设置为 minimal，带网络的安全模式则会设置为 network，带命令提示符的安全模式会设置为 minimal 并设置

alternateshell，目录服务还原模式则会设置为 dsrepair。

注意　关于安全模式在启动过程中排除的驱动程序，存在一个例外。Winload（而非内核）会在启动时加载注册表键中 Start 值为 0 的任何驱动程序。Winload 并不检查注册表中的 SafeBoot 键，因为它会假设 Start 值为 0 的任何驱动程序都是系统成功启动所必需的。由于 Winload 不通过检查 SafeBoot 注册表键来确定要加载的驱动程序，所以 Winload 会加载所有启动时运行的驱动程序（随后将由 Ntoskrnl 启动它们）。

Windows 内核会在启动过程的阶段 1（Phase1InitializationDiscard，详见上文“内核初始化阶段 1”一节）结束时扫描启动参数，以寻找安全模式开关，并根据结果为内部变量 InitSafeBootMode 设置对应的值。在 InitSafeBoot 函数中，内核会将 InitSafeBootMode 值写入注册表 HKLM\SYSTEM\CurrentControlSet\Control\SafeBoot\Option\OptionValue 中，这样用户模式组件（如 SCM）就可以确定系统所处的启动模式。此外，如果系统以带命令提示符的安全模式启动，内核会将 HKLM\SYSTEM\CurrentControlSet\Control\ SafeBoot\Option\UseAlternateShell 值设置为 1。内核会将 Winload 传递给自己的参数并记录到 HKLM\SYSTEM\ CurrentControlSet\Control\SystemStartOptions 值中。

当 I/O 管理器内核子系统加载 HKLM\SYSTEM\CurrentControlSet\Services 指定的设备驱动程序时，I/O 管理器会执行 IopLoadDriver 函数。当即插即用管理器检测到新设备并要动态加载该设备的驱动程序时，即插即用管理器会执行 PipCallDriverAddDevice 函数。这些函数都会先调用 IopSafebootDriverLoad 函数，随后才加载目标驱动程序。IopSafebootDriverLoad 可以检查 InitSafeBootMode 的值，并决定是否应该加载该驱动程序。举例来说，如果系统以标准安全模式启动，IopSafebootDriverLoad 会查看该驱动程序是否属于 Minimal 子键下指定的某个组。如果 IopSafebootDriverLoad 发现这里列出了该驱动程序的组，就会告知调用方该驱动程序可以加载。否则，IopSafebootDriverLoad 会在 Minimal 子键下查找该驱动程序的名称。如果名称被列为子键，那么该驱动程序就可以加载。如果 IopSafebootDriverLoad 找不到驱动程序组或驱动程序名称子键，则该驱动程序将不被加载。如果系统以带网络的安全模式启动，那么 IopSafebootDriverLoad 还会针对 Network 子键执行这样的查找。如果系统未以安全模式启动，则 IopSafebootDriverLoad 会让所有的驱动程序正常加载。

12.1.24　可感知安全模式的用户程序

当 SCM 用户模式组件（由 Services.exe 实现）在启动过程中初始化时，SCM 会检查 HKLM\SYSTEM\CurrentControlSet\Control\SafeBoot\Option\OptionValue 的值以确定系统是否正在以安全模式启动。如果是，则 SCM 会体现出与 IopSafebootDriverLoad 相同的操作。虽然 SCM 可以处理 HKLM\SYSTEM\ CurrentControlSet\Services 下列出的服务，但它只加载由安全模式子键按照名称指定的服务。有关 SCM 初始化过程的详细介绍，请参阅第 10 章“Windows 服务”一节。

当用户登录时，Userinit（%SystemRoot%\System32\Userinit.exe）组件将负责初始化用户环境，这个用户模式组件也需要知道系统是否以安全模式启动。它会检查 HKLM\SYSTEM\CurrentControlSet\Control\SafeBoot\Option\UseAlternateShell 值。如果该值已设

置，则 Userinit 将运行 HKLM\SYSTEM\CurrentControlSet\Control\ SafeBoot\AlternateShell 下指定的程序作为用户的外壳，而不会直接运行 Explorer.exe。Windows 会在安装过程中将程序名称 Cmd.exe 写入 AlternateShell 值，这样 Windows 命令提示符就可以成为带命令提示符的安全模式下的默认外壳。虽然命令提示符已经成为外壳，但我们依然可以运行 Explorer.exe 来启动 Windows 资源管理器，甚至可以直接通过命令提示符运行任何其他 GUI 程序。

应用程序如何确定系统是否以安全模式启动？调用 Windows 的 GetSystemMetrics (SM_CLEANBOOT)函数即可。如果批处理脚本需要在系统以安全模式启动之后执行某些操作，则可以直接查找 SAFEBOOT_OPTION 环境变量，因为系统只有以安全模式启动后才会定义这个环境变量。

12.1.25 启动状态文件

Windows 使用启动状态文件（%SystemRoot%\Bootstat.dat）记录自己在系统生命周期各个阶段（包括启动和关机）的进展。这样，启动管理器、Windows 以及启动修复工具就可以检测到异常关机或未能正常关机的情况，进而为用户提供启动恢复和诊断选项，例如 Windows 恢复环境。这个二进制文件包含大量信息，系统可通过这些信息了解生命周期内下列阶段的成功情况。

- 启动。
- 关机和混合关机。
- 从睡眠或挂起状态恢复。

启动状态文件还可以指出用户上次尝试启动操作系统时是否检测到问题，以及当时所显示的恢复选项，这意味着用户已经意识到问题并采取了一些措施。Ntdll.dll 中的运行时库 API（Rtl）包含了 Windows 用于从该文件中读取和写入的私有接口。与 BCD 一样，该文件也不允许用户编辑。

12.2 总结

本章首先介绍了 Windows 正常/异常启动和关闭过程中涉及的详细步骤。为了让系统在启动过程的早期阶段也获得安全保护，免受来自外部的各种攻击，系统中设计并实现了大量全新安全技术。其次介绍了确保系统以足够快速的方式正常启动、顺利运行，并最终成功关机所涉及的各类 Windows 与核心系统机制的整体结构。